汉语主题词表

CHINESE THESAURUS

工程技术卷

第Ⅵ册　武器工业、原子能技术、航空航天

中国科学技术信息研究所　编

科学技术文献出版社
SCIENTIFIC AND TECHNICAL DOCUMENTATION PRESS
·北　京·

图书在版编目（CIP）数据

汉语主题词表. 工程技术卷. 第6册，武器工业、原子能技术、航空航天 / 中国科学技术信息研究所编. — 北京：科学技术文献出版社，2014.9
ISBN 978-7-5023-9052-5

Ⅰ. ①汉… Ⅱ. ①中… Ⅲ. ①《汉语主题词表》 ②武器工业—《汉语主题词表》 ③核技术—《汉语主题词表》 ④航空航天工业—《汉语主题词表》 Ⅳ. ① G254.242

中国版本图书馆 CIP 数据核字（2014）第 127982 号

汉语主题词表（工程技术卷） 第Ⅵ册 武器工业、原子能技术、航空航天

策划编辑：周国臻 责任编辑：周国臻 隋 阳 张 微 责任出版：张志平

出 版 者 科学技术文献出版社
地 址 北京市复兴路15号 邮编 100038
编 务 部 (010) 58882938，58882087（传真）
发 行 部 (010) 58882868，58882874（传真）
邮 购 部 (010) 58882873
官方网址 www.stdp.com.cn
发 行 者 科学技术文献出版社发行 全国各地新华书店经销
印 刷 者 北京时尚印佳彩色印刷有限公司
版 次 2014 年 9 月第 1 版 2014 年 9 月第 1 次印刷
开 本 880×1230 1/16
字 数 1536千
印 张 51.5
书 号 ISBN 978-7-5023-9052-5
定 价 258.00元

《汉语主题词表(工程技术卷)》编委会

顾　问 （按姓名笔划排序）

卜书庆　国家图书馆
马张华　北京大学信息管理系
王启慎　中国科学技术信息研究所
王建雄　中国科学技术信息研究所
司　莉　武汉大学信息管理学院
白光武　中国科学技术信息研究所
关家麟　中国科学技术信息研究所
孙伯庆　中国化工信息中心
吴家栖　交通运输部科学研究院
张　涵　北京大学信息管理系
汪东波　国家图书馆
苏新宁　南京大学信息管理学院
邱祖斌　中国航空工业发展研究中心
陈树年　华东理工大学科技信息研究所
周铁生　国家安全生产监督管理总局信息研究院
侯汉清　南京农业大学信息管理系
赵建华　军事科学院战争理论和战略研究部
赵建国　军事科学院战争理论和战略研究部
贾君枝　山西大学经济与管理学院
钱起霖　中国科学技术信息研究所
曹树金　中山大学资讯管理学院
龚昌明　中国国防科技信息中心
曾新红　深圳大学图书馆
鲍绵福　工业和信息化部电子科学技术情报研究所
戴维明　南京政治学院训练部

《汉语主题词表（工程技术卷）》
编制人员及编制单位名单

主　　编　贺德方

副 主 编　乔晓东　曾建勋

编制人员　（按姓氏笔划排序）

于秀春　马 恩　马 骏　马 捷　马 然　马占营　马红妹　毛笑菲　王 波　王 星
王 琳　王立学　王国田　王俊海　王冠华　王晓云　王晰巍　付 静　付天香　史宇清
田 峰　石荣珺　乔晓东　任超超　伍莹乐　刘 伟　刘 佳　刘双双　刘建平　刘羿彤
危 红　孙伯庆　孙清玉　朱连花　吴东敏　吴家栖　吴雯娜　宋培彦　宋朝彝　张 亚
张 明　张 洁　张 鹏　张向先　张玎玎　张劲松　张洁雪　张海涛　张逢升　张逸群
李 芳　李 岩　李青华　李春萌　李海军　杨代庆　肖 东　邱凤鸣　陆险峰　陈 永
陈 磊　陈千山　陈必武　陈树年　陈惠兰　周 冰　周 杰　周法宪　周铁生　周紫君
林 峥　武 帅　武 洁　武晓峰　范增杰　范慧慧　郑 丹　郑 敏　郑晓云　郑燕华
金 敏　侯键菲　姜静华　洪 建　胡 滨　胡晓辉　贺德方　赵 捷　赵红哲　赵金玉
郝叶丽　饶黄裳　唐 晔　夏佩福　徐晓焰　敖雪蕾　顾德南　高依旻　高英军　高碧红
常 春　盖 葳　盛苏平　黄 敏　黄 微　龚昌明　彭 佳　曾建勋　曾雅萍　蒋 艳
韩丽影　鲍 静　鲍秀林　潘 峰

编制单位及人员

中国科学技术信息研究所（贺德方　乔晓东　曾建勋　吴雯娜　常 春　鲍秀林　张逸群　高碧红　王 星　王 琳　郝叶丽　宋培彦　张 鹏　赵 捷　盛苏平　刘 伟　胡 滨　王立学　杨代庆　周 杰）

吉林大学管理学院（马 捷　刘 佳　张海涛　黄 微　张向先　王晰巍）

中国计量科学研究院（刘羿彤　潘 峰　张 明）

国家安全生产监督管理总局信息研究院（张逢升　刘双双　周铁生）

冶金工业信息标准研究院（顾德南　付 静　李春萌　王俊海　马占营）

华东理工大学科技信息研究所（李青华　马 然　陈树年　盖 葳　朱连花　郑 敏）

中国核科技信息与经济研究院（赵红哲　马 恩　武 洁）

中国国防科技信息中心（韩丽影　龚昌明　李 岩　武 帅　王晓云　马红妹）

上海交通大学图书馆（夏佩福 陈必武 范慧慧 黄 敏 姜静华 郑燕华 张 洁 彭 佳 李 芳 敖雪蕾）
工业和信息化部电子科学技术情报研究所（范增杰 鲍 静 张洁雪 伍莹乐 赵金玉 于秀春）
中国化工信息中心（陆险峰 李海军 张劲松 张玎玎 孙伯庆）
东华大学图书馆（陈惠兰 刘建平 邱凤鸣 陈 磊）
亚太建设科技信息研究院（宋朝彝 陈千山 郑 丹 石荣珺 田 峰 周法宪 王国田 陈 永）
河海大学图书馆（吴东敏 孙清玉 武晓峰 林 峥 洪 建 周 冰 付天香 蒋 艳 肖 东 胡晓辉 史宇清 高依旻）
交通运输部科学研究院（周紫君 吴家栖 侯键菲 张 亚 饶黄裳）
中国航空工业发展研究中心（曾雅萍 王 波 任超超 高英军 马 骏）
同济大学图书馆（危 红 王冠华 唐 晔 金 敏 毛笑菲 郑晓云 徐晓焰）

审核人员

钱起霖（中国科学技术信息研究所）
陈树年（华东理工大学科技信息研究所）
鲍绵福（工业和信息化部电子科学技术情报研究所）
龚昌明（中国国防科技信息中心）
邱祖斌（中国航空工业发展研究中心）
吴家栖（交通运输部科学研究院）
吴雯娜（中国科学技术信息研究所）
曾雅萍（中国航空工业发展研究中心）
刘建平（东华大学图书馆）
顾德南（冶金工业信息标准研究院）
吴东敏（河海大学图书馆）
鲍 静（工业和信息化部电子科学技术情报研究所）
鲍秀林（中国科学技术信息研究所）
周紫君（交通运输部科学研究院）
王乃洪（中国航天系统科学与工程研究院）
孙伯庆（中国化工信息中心）

软件设计人员

王 星 刘敏健 赵 捷 杨彦芳 高 岩（中国科学技术信息研究所）

前　言

《汉语主题词表》是我国第一部大型综合性叙词表，1980 年 6 月由中国科学技术情报研究所（现中国科学技术信息研究所）作为主持单位编制、科学技术文献出版社出版，包括自然科学和社会科学领域，共收词汇 108 568 个。《汉语主题词表》是我国情报界与图书馆界 20 世纪 70 年代集体协作的智慧结晶。由于它覆盖各个学科专业，收词量大，编制体例规范，主题标引规则通用性强，推动了我国主题标引工作的开展，在促进计算机文献数据库的建立，以及专业叙词表的编制、发展与完善方面，都发挥了极为重要的作用，于 1985 年获得国家科学技术进步二等奖。1991 年 5 月，中国科学技术信息研究所对自然科学部分进行了修订与增补，出版了《汉语主题词表（自然科学增订本）》。增订后主表共收录主题词 81 198 条，其中正式主题词 68 823 条，非正式主题词 12 375 条。

从 20 世纪 90 年代末开始，信息网络技术在世界范围内得到普及和应用，以谷歌、百度为代表的网络搜索引擎，逐渐发展成为网络时代主流的信息检索方式。随着数字信息资源的快速增加，网络检索面临严重的检全和检准问题，很多目标信息被淹没在海量信息之中，很多知识被隐藏于数据冗余之间，解决这些问题需要有大型叙词表作为基础工具来强化知识系统建设、深化数据处理和挖掘，推进知识的组织与服务。

鉴于《汉语主题词表》对我国情报检索语言发展的历史贡献，以及图书情报界对网络环境下新型《汉语主题词表》的期待，中国科学技术信息研究所于 2009 年启动了《汉语主题词表（工程技术卷）》的重新编制工作。4 年来，我们收集与加工了包括文献关键词、用户检索词、各类百科全书、专业术语、相关专业及综合叙词表等词汇资源；建立了收词量达 400 万条的中文基础词库；研究了词汇概念的分类方法；构建了概念与文献导航的分类体系；开发了适用于网络环境的叙词表协同编制与管理平台；在广泛征集用户意见，充分论证叙词表机器应用模式的基础上，面向数字信息资源组织，制定了《汉语主题词表》编制手册；联合国内十几家工程技术领域图书情报机构上百名专家，分领域开展专业术语选词工作，对专业概念进行归类与同义词归并、关系建立、类目划分、审定英文，并增加参考注释等工作。在大家共同努力下，《汉语主题词表（工程技术卷）》的重新编制工作历经 4 年完成，如期出版。

考虑到《汉语主题词表》需要满足网络环境下知识组织与数据处理的需要，《汉语主题词表（工程技术卷）》加大了收词量，共收录优选词 19.6 万条，非优选词 16.4 万条；等同率从 0.18 提高到 0.84。属分参照度为 2.14，相关参照度为 0.63。《汉语主题词表（工程技术卷）》在体系结构、词汇术语、词间关系等方面，都得到改进和创新。同时建立了《汉语主题词表》服务系统，提供在线概念检索和辅助标引服务，通过可视化技术，展示各类概念关系。从工程技术诸多专业着手，正确地建立复杂的概念关系绝非易事，《汉语主题词表（工程技术卷）》

中相关细节之争论或缺陷尚有待于不断交流、完善和持续更新。

本次《汉语主题词表（工程技术卷）》的重新编制是新时期我国图书情报界全国性大协作工程的成果，是网络在线编制叙词表的协同示范。在此谨向参加编制工作的所有单位和个人以及参与论证和指导的研究单位和个人表示感谢。

《汉语主题词表》的建设和应用具有深厚的理论基础和应用前景，网络环境下《汉语主题词表》的应用和实践，既可以运用于资源组织与知识关联，也可以支撑知识展示与数据服务，通过有机地嵌入信息系统，实现基于《汉语主题词表》的机器标注和语义关联，直接应用到主题标引、智能检索、自动聚类、热点追踪、知识链接、术语服务、科研关系网络构建等多个方面。我们期待着一方面与业界同行继续推进《汉语主题词表》的基础建设和维护更新，另一方面期盼社会各界全面推进网络环境下《汉语主题词表》的应用实践，促进知识资源的有序组织和知识服务的深层发展，服务于学术界和社会大众。

《汉语主题词表（工程技术卷）》编委会

2014 年 4 月

目　　录

编制说明

一、编制目的与过程

1. 目的与功能

1980 年，中国科学技术情报研究所（现中国科学技术信息研究所）和北京图书馆主编的《汉语主题词表》（以下简称《汉表》），由科学技术文献出版社出版，是国内第一部综合性大型叙词表。1991 年，中国科学技术情报研究所对《汉表》自然科学部分进行修订后出版。经过 20 多年的发展，叙词表作为重要的知识组织工具，无论是编制方式还是使用方法都发生巨大变化，同时，网络环境下数字信息资源的指数增长，大数据时代数据分析挖掘技术日臻完善，更加凸现对大型叙词表的应用需求，中国科学技术信息研究所于 2009 年立项，专门成立《汉表》项目组开始重新编制《汉语主题词表（工程技术卷）》（以下简称《汉表（工程技术卷）》。经过 4 年的时间，《汉表（工程技术卷）》于 2013 年全部完成并于 2014 年正式出版。重新编制的《汉表（工程技术卷）》收录了新概念、新术语，及时反映了科学技术的最新变化，吸取知识组织的新理论、新方法和新技术，完善了《汉表（工程技术卷）》的体系结构。既继承了传统叙词表的优势，又适应网络时代的发展，能够满足数字科研环境下对海量文本数据组织和挖掘的需求。

2. 编制过程

从 2009 年开始，《汉表》项目组采集加工各种语词资源，构建了 400 余万条术语的中文基础词库，包括多种中文叙词表、规范科技术语表、术语标准、专业词典、在线百科、文献作者关键词、网络用户检索词等。按照学科分类遴选出工程技术专业的科技术语 125 万条，形成候选词汇集，同步开发了适宜于多单位多用户在线协同修订的《汉表》编表平台。《汉表》项目组基于国家标准 GB/T 13190—1991《汉语叙词表编制规则》制定了“《汉表（工程技术卷）》编制手册”，之后参考 ISO 25964-1《信息与文献——叙词表及其与其他词表的互操作》国际标准以及近年来叙词表编制方面的最新研究成果进行改进，并基于《中国图书资料分类法》（第 4 版）（以下简称《资料法》）（第 4 版）建立了分类表。

2010 年，中国科学技术信息研究所组织 16 个单位参加《汉表（工程技术卷）》的编制工作，这些单位是吉林大学管理学院、中国计量科学研究院、国家安全生产监督管理总局信息研究院、冶金工业信息标准研究院、华东理工大学科技信息研究所、中国核科技信息与经济研究院、中国国防科技信息中心、上海交通大学图书馆、工业和信息化部电子科学技术情报研究所、中国化工信息中心、东华大学图书馆、亚太建设科技信息研究院、河海大学图书馆、交通运输部科学研究院、中国航空工业发展研究中心、同济大学图书馆。各单位在统一的编表平台上协同编制各自的专业叙词表，依据编制手册，对候选词库进行语词遴选、同义词归并及语词分类工作；并以概念为单位，构建概念间的等级关系和相关关系。

2012 年，将各参加单位按专业编制的叙词表逐步合并，解决合并中产生的概念冲突及逻辑关系错误。2013 年，对叙词表语词的关系进行全面审核，对优选词英文翻译、优选词分类进行逐一核查。2014 年初，全面完成《汉表（工程技术卷）》的最后审定并正式出版。

3. 主要参数与特点

《汉表（工程技术卷）》共收录优选词 19.6 万条，非优选词 16.4 万条，总词量 36 万条，叙词表结构更趋合理，相关指标有较大改善，其中：等同率为 0.84（非优选词数/优选词数）；属分参照度为 2.14[（属项词数＋分项词数）/优选词总数]；相关参照度为 0.63（参项词数/优选词总数）；无关联比为 0（无关联词数/优选词总数）。词族约 4300 个，平均每个词族含有 46 个概念，词族层级主要分为 2～5 层。为了实现跨语言应用，每个优选词都配备一个或一个以上对应的英文译名。

《汉表（工程技术卷）》的主要特点有：①充分考虑网络环境下叙词表的编制和应用特征，等同率高，收录的概念量远多于以往版本，1980 年出版的《汉表》收录正式主题词 91 158 条，非正式主题词 17 410 条，共计 108 568 条；1991 年修订出版的《汉语主题词表（自然科学增订本）》，收录自然科学领域的语词共 81 198 条，其中正式主题词 68 823 条，非正式主题词 12 375 条。②基于文献数据库，全面考虑词频信息的作用，贯彻用户保障原则，兼顾术语规范性。③基于语义计算、共现聚类等技术，促进词间关系的建立，语义关联更为紧密。④基于《中国图书资料分类法》，全面修订和重新编制分类表，基本具备分类主题一体化应用功能，形成分类表—基础词库—概念的体系结构。⑤印刷版与网络版同时出版，形成人机两用的知识表达工具，适应用户的多样化需求。

4. 维护机制与方法

叙词表维护是叙词表生存和发展的基础。中国科学技术信息研究所在重新编制《汉表（工程技术卷）》的同时，本着用户参与维护的原则，建立《汉表》维护更新平台。首先，研制叙词表编制的计算机辅助技术，实现对新词的发现和推荐，术语的自动归类、概念相关性计算以及中英文翻译的自动推荐，对词和词间关系进行动态维护。其次，构建基于网络的叙词表协同编制软件，为专业人员进行叙词表的维护提供规范、统一的工作平台。再次，《汉表》服务系统提供网络化、交互式、可视化的维护功能，在网上进行维护工作，普通网络用户和专业标引人员可以便捷地在网上提出新增概念术语，建立或修订相应的词间关系，或者上传对现有术语的修订意见，为叙词表维护提供参考。叙词表维护人员既可以将修订内容分发给不同的编制者进行讨论，也可以将修订内容在总体叙词表环境下进行显示和检查，理顺新的词间关系，核实所有互逆概念，剔除或调整已有的相同或相近概念。

与此同时，《汉表》服务系统将向广大社会公众和科研人员提供基于知识学习的术语检索服务，为相关信息机构提供在线标引服务。《汉表（工程技术卷）》竭诚为数字内容产业机构、图书情报机构等提供基于机器使用的应用服务，希望相关部门和单位与我们联系使用《汉表（工程技术卷）》的授权事宜。

二、编制方法

1. 选词原则与范围

《汉表（工程技术卷）》在遵循叙词表基本选词原则基础上，强化了以下两条原则：①词频相关度原则。具有较高词频的专业概念所对应的语词是叙词表的首要候选词，综合考虑词语规范性、用户使用偏好等信息，共同确定候选概念语词。②专业相关度原则。以工程技术领域为主，语词按专业相关度从高到低进行筛选，凡与本专业密切相关的、科研生产中迫切需要的重要语词概念入选本专业领域语词。

依照汉语词类的特点，《汉表（工程技术卷）》选词以名词和名词性词组为主，主要是文献主题中用来表示相关事物及事物特征的各学科领域名词术语。另外，对主题概念起修饰作用的形容词也适当选入。主要有下列类型：

1）工程技术领域的普通名词术语。例如：
载重汽车、金属材料、跟踪雷达等。
2）表示事物的性质、现象、状态的语词。例如：
耐久性、放电、非均相、额定载荷、循环等。
3）表示工作、工艺过程、方法的语词。例如：
加压、统计、测量、维修、结构试验、无损探伤等。
4）表示学科、理论、定理、原理等名词术语。例如：
软件工程学、合金理论、感光原理、菲涅尔定律等。
5）表示通用数量、数值、形状、尺寸的语词。例如：
余量、差值、初始值、球型、高度、厚度等。
6）表示通用时间、地点、方位的语词。例如：
高峰期、顶部、区域、方向、位置、斜向等。
7）表示通用文献类型、信息载体的语词。例如：
手册、说明书、缩微胶片、音视频产品、电子书等。

2. 等同关系建立方法

在自然语言语词或众多的关键词中，有许多词形不同然而含义却完全相同或非常接近的情况，如："计算机"与"电脑"，"自行车"、"单车"与"脚踏车"等。《汉表》将同义词群中的一个词频较高的规范化语词选作优选词，其他词作为非优选词纳入词表，与优选词建立等同关系，提供由非优选词到对应的优选词的途径。在叙词表中，优选词与非优选词是一对一或一对多的同义词组或准同义词组，《汉表》使用"Y"、"D"等同关系指引符号，Y 指向优选词，D 指向非优选词。

（1）等同关系类型

1）完全同义词。例如：

混凝土
　D 砼

2）准同义词或近义词。例如：

合金学
　D 合金理论

3）部分反义词。例如：

粗糙度
　D 光滑度

4）专指词与泛指词。例如：

电动汽车
　D 电动两门汽车

（2）优选词的选定

优选词选定遵循下列基本原则：①依据叙词表所欲覆盖的学科范围、专业范围，结合被标引文献的特点、检索系统类型以及信息用户的需求进行选定。②依据科学性、实用性和时效性原则进行选词。选定的优选词应是各个学科领域内经常出现的、通用的、能准确表达科学概念、具有主题聚类功能的语词。③选定的优选词，必须是概念明确、一词一义、词形简练。不得选用概念容易混淆、词义不清的词语作为优选词。当某优选词在不同学科领域有不同的内涵时，应采取各种措施加以区分、限定。④选定的优选词应具广泛的通用性，并具有规范的表达形式。当一个主题概念有多种表述形式时，应选择其中较通用、较规范的作为优选词。⑤选定的优选词应符合汉语的构词特点。在词形上符合作为语词标识的要求，并尽量选用便于字面成族的词。⑥选定的优选词应尽量同国内外叙词表相兼容。

（3）优选词选择方法举例

1）选择专业、行业内较为通用的词作优选词。例如：

混凝土施工（优选词）
砼工程（非优选词）
砼施工（非优选词）
混凝土工程施工（非优选词）

2）一般选全称作优选词。但当简称更为通行且含义清晰时，也可选简称作优选词。例如：

热力发动机（优选词）
热机（非优选词）

光纤（优选词）
光导纤维（非优选词）

3）一般选新称作优选词。例如：

混凝土搅拌（优选词）
砼搅拌（非优选词）

4）不同译名之间，选择较通用或意译名作优选词；外来语音译词已通用或被公认者，也可作优选词；包含有外文译名的词取通行的惯用译名作优选词。例如：

涡轮（优选词）
透平（非优选词）

5）某些近义词之间，一般选择较为概括、通用的词作优选词。例如：

隔绝灭火（优选词）
火区封闭（非优选词）

6）某些反义词之间，一般选择表示正面含义的词作优选词，但也有例外，主要视其侧重点而定。例如：

理想波导（优选词）
非理想波导（非优选词）

非均质流体（优选词）
均质流体（非优选词）

7）某些专指词与泛指词之间，用泛指词代替专指词作优选词。例如：

穿甲枪弹（优选词）

　穿甲燃烧枪弹（非优选词）

　穿甲燃烧曳光枪弹（非优选词）

3. 等级关系建立方法

等级关系，是指上位优选词和下位优选词之间的关系，亦称属分关系。其反映词间等级关系的结构形式，是叙词表与一般词汇表或词典的主要区别之一。建立等级关系的目的是为文献标引与情报检索提供族性检索的需要。汉语叙词表中，词间的等级关系符号有："S（属）"、"F（分）"和"Z（族）"。

"S"是上位优选词的指引符，用在下位优选词之上，指出它的上位优选词；

"F"是下位优选词的指引符，用在上位优选词之下，指出它的下位优选词；

"Z"是族首词的指引符，用在依等级关系构成一族的、除族首词及族首词的直接下位词之外的其他优选词下，指出它所属词族的族首词。

（1）等级关系类型

等级关系主要类型为属种关系，也包含少量整体与部分关系、概念与实例关系。属种关系是叙词表内反映词间等级关系的主要类型。两个概念的外延具有包含关系，是建立属种关系的基础。判断两个概念的外延是否真正存在包含关系的判别式如下：

上述判别式自下而上是"全部是……"，自上而下是"部分是……"。符合这个判别式的两个优选词的外延，具有包含关系，可以构成属种关系。因此，"透镜"和"目镜"之间可以构成属种关系。

凡是不符合这个判别式的两个优选词，其外延不具有包含关系，不能构成等级关系。例如：

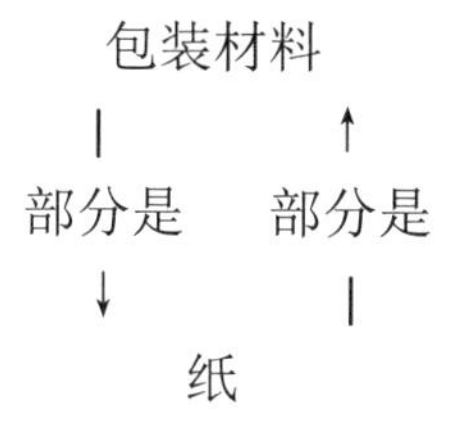

此例中，自下而上是"有些纸是包装材料"，自上而下为"有些包装材料是纸"，不符合上述判别式。因此，"包装材料"与"纸"不能构成等级关系。如果是"包装纸"，则与"包装材料"可以构成等级关系。

事物的整体与部分之间，在概念的外延上不存在包含关系，因而一般不构成等级关系。例如："发动机"与"汽车"是两个不同概念，它们的外延不具有包含关系，不能构成等级关系。但在某些特殊情况下，为满足族性检索的需要，特定的整体与部分关系可以作为等级关系处理。以下几种整体与部分关系可以作为属分关系处理。

1）地理区域之间。例如：

外海区域

　S 海域

2）某些组织机构与其下属机构之间。例如：

计量机构
F 计量科学研究所

3）学科及其分支，事物及其组成部分之间。例如：

计算机科学
F 软件工程学
计算机图形学

（2）族首词选定规则与参照关系

族首词是一族词中能概括该词族的最上位词，即只有分项没有属项。在具有等级关系的一群优选词中，一般可根据检索系统需要，选定具有实际族性检索意义的词作为族首词。族首词可以是某一学科专业内能形成独立专题，或是某专题中主要研究对象、研究方法及设备仪器的类称词。一个词族的大小，应根据实际检索需要而定。选定的族首词，不能在其他优选词的分项中出现。如果必须出现，则该词不能选作族首词。

每条优选词的族首词用指引符“Z”指引。例如：

高层钢结构
S 建筑金属结构
Z 建筑结构

4. 相关关系建立方法

相关关系，是指优选词之间除等级关系之外彼此关联的关系。相关关系的显示是双向的，用“C（参）”表示相关关系。一般来说，一个优选词可以与一个或多个优选词建立相关参照。但是，一个优选词一般只与具有等级关系的两个或多个优选词中的一个建立相关关系。相关关系主要表现为因果关系、应用关系、部分重合关系、对立关系、矛盾关系和没有建立等级关系的事物的整体与部分关系等。例如：

计算机
C 键盘

地基失稳
C 固结沉降

辐照
C 辐射改性

线性码
C 非线性码

电流密度
C 电流效率

汽车污染
C 汽车尾气

显微摄影
C 显微术

5. 分类表编排规则

（1）分类表功能与编制原则

在《汉表（工程技术卷）》中，分类表主要用于从学科、专业领域对优选词进行分类显示，提供按学科、按专业查找优选词的途径，便于通过对同类优选词进行比较，准确选词，也是对文献进行分类标引的工具，这是原《汉表》的“范畴索引”所不具备的。在《汉表》的编制过程中，可用来控制选词的范围和深度。

《汉表》分类表以《中国图书资料分类法》（以下简称《资料法》）为基础进行编制，保持《资料法》结构体系和标记体系的完整性，与我国各信息机构的标引系统/检索系统、已建文献数据库相关标识相兼容。由于将一部具有分类标引功能的分类法作为叙词表的分类显示体系，使叙词表和分类表有机地结合起来，兼顾优选词分类和文献分类的需求，从而具备“分类主题一体化”的应用功能。当优选词（主题概念）和类目（学科概念和主题概念）使用相同的分类号连接起来后，即实现优选词和类目的基本对应，为自动标引特别是自动分类奠定坚实的基础。

（2）分类表编制依据与修改重点

《汉表》分类表基本沿用《资料法》的类目体系和标记制度，考虑了类目的文献统计频次、优选词/关键词的统计频次，并参考了《中国图书馆分类法》（第 5 版）。

《汉表》分类表相对于《资料法》（第 4 版），编制的重点为：细分与粗分的程度不同，在保持类目体系完整的前提下，基本采用工程技术和自然科学类目相对细分、社会科学类目相对粗分的原则。使用含义完整的类名，为了准确表达类目的含义，放弃了下位类省略上位类已经表达含义的做法，采用含义完整的类名。根据文献分类和优选词分类的需要，完善类目注释。类目注释包括类目含义注释和类目（类号）使用方法注释两种基本类型。删除专用复分表、设置“某某概论”类目，相关内容归入该类中的“概论”。由于总论信息、控制、实验、测量、检测、导航等概念（或作为构词元素）通用性高，现有各类均无法容纳，故增设或修改了若干类目。增设的类目包括：

1）“自然科学总论”大类增设：

N95 信息科学、信息技术

N96 控制论、控制技术

2）“工程技术总论”大类增设：

TB461 试验技术、试验设备

TB462 测量技术、测量设备

TB463 检测技术、检测设备

TB465 导航技术、导航设备

3）增设“通用概念”大类：

通用概念在优选词分类时较难处理。因此，将“通用概念”从原来的“总论复分表”中抽出，增设为独立的一级大类（借用 ZT 的号码），专门用于优选词分类。

上述新增设的类目，均通过设置交替类目或类目注释，说明与相关类的关系。

（3）优选词分类规则

1）基本规则

优选词应按其表达概念的本质属性归入相应的类目。例如："铸铁"归入"TG143 铸铁"，不归入"TF6 铁合金冶炼"。

凡是能归入某下位类的优选词，不归入其上位类，要求优选词应归入最恰当的类目，优选词的外延不应大于或小于类目的外延。例如，在下例中，"球墨铸铁"应归入"TG143.5"，不归入"TG143"。

TG143	... 铸铁
TG143.5	.... 球墨铸铁
TG143.9	.... 其他铸铁

2）具有多重属性的优选词分类

凡是具有多重属性的优选词，可以分别归入几个不同学科的类目，以增加优选词的分类检索入口。例如："清洁能源"归入"TK01"和"X382"；"建筑能源"归入"TK01"和"TU111"。

3）交替类目的对应

交替类目和正式类目是对应关系，交替类目的注释中说明其宜入的类目。

三、编排结构

1. 印刷版结构

《汉表（工程技术卷）》印刷版由以下部分构成：前言，对叙词表的编制目的、适用范围作全面概括介绍。编制说明，对叙词表的编制原则、体系结构和使用说明，以范例形式详加阐述。主表，由款目词组成，款目序列按汉语拼音字顺规定的同音同调同形排列，主表是主题标引和检索查询的主要工具。分类表，是使用叙词表的辅助工具，是词汇分类的依据。

（1）参照项的种类、作用和符号

《汉表（工程技术卷）》中使用下列汉语拼音字符作词间关系的指引符号：

Y 优选词指引符。只在非优选词下使用，其后所列的词是与对应非优选词等同的优选词。

D 非优选词指引符。只在优选词下使用，其后所列的词是该优选词所对应的非优选词。

S 上位优选词指引符。其后所列优选词是本条优选词的上位优选词。

F 下位优选词指引符。其后所列优选词是本条优选词的下位优选词。

C 相关优选词指引符。其后所列优选词是本条优选词的相关优选词。

Z 族首词指引符。其后所列优选词是本条优选词所属的族首词。

（2）语词的款目结构

主表是叙词表的正文部分，包括优选词和非优选词，其款目格式为：

1）优选词在上，其下依次为：英文翻译、分类号、代项 D、属项 S、分项 F、参项 C、族项 Z；

2）优选词为族首词时，在款目词后加"*"标记；

3）优选词的"属项 S"为族首词时，也在其后加"*"标记，并不再重复出现相应的族项 Z。

4）优选词的"参项 C"对应的优选词不在该册中时，在其后加"→"，后跟该词所属册的编号。

5）非优选词的款目只有“用项 Y”。

例如：

显像管

kinescope

TN141.3

D 电视机显像管

电视显像管

阴极射线显像管

S 阴极射线管

F 扁平显像管

彩色显像管

黑白显像管

平面显像管

投影显像管

像素管

C 电子枪

偏转线圈

显示器

显像管玻壳

Z 电真空器件

电视显像管

Y 显像管

玻璃*

glass

TB32；TQ17

D 玻璃材料

F 低温玻璃

光学玻璃

纳米多孔玻璃

石英玻璃

微晶玻璃板

座舱玻璃

C 玻璃肥料 →(9)

玻璃光纤 →(7)(9)

玻璃结构 →(9)

玻璃密度 →(9)

玻璃模具 →(9)

玻璃制品 →(9)

防雾剂 →(9)

……

还原焙烧

reduction roasting

TF046.2

S 焙烧*

F 磁化还原焙烧

C 铁精矿

冶金还原气

（3）分类表结构与显示

分类表包括两个部分：分类简表、分类详表。分类简表覆盖全部学科，展示一级或二级类目。自然科学（N、O、P、Q）和工程技术（TB-TV）及U、V、X共23个学科展示到二级，其他学科只展示到一级。分类详表展示该分册涉及的一个或多个学科的全部类目。类目显示时加“.”表示类目等级。分类详表中交替类目加“[ ]”进行标记，并在其下说明其宜入类目。例如：

[TD927] ... 矿石热处理、矿石烧结、团矿

宜入 TF046。

（4）出版分册与专业构成

为了方便工程技术领域不同专业机构和用户的使用，《汉表（工程技术卷）》按专业分13册出版，每册单独进行字顺排版。考虑到对《汉表（工程技术卷）》整体字顺排序使用的需求，可以经申请提供单独按需印制服务。各册与专业对照表如下：

分册		词量
第Ⅰ册	工程基础科学、通用技术、通用概念	28 238
第Ⅱ册	矿业工程、石油与天然气工业	30 359
第Ⅲ册	冶金工业、金属工艺	45 403
第Ⅳ册	机械、仪表工业	43 468
第Ⅴ册	能源与动力工程、电工技术	33 717
第Ⅵ册	武器工业、原子能技术、航空航天	30 249
第Ⅶ册	电子技术、通信技术	36 309
第Ⅷ册	自动化技术、计算机技术	37 579
第Ⅸ册	化学工业	32 256
第Ⅹ册	轻工业、手工业、生活服务业	35 597
第Ⅺ册	建筑科学、水利工程	44 589
第Ⅻ册	交通运输	25 813
第XIII册	环境科学、安全科学	23 601

2. 服务系统

《汉表（工程技术卷）》将通过《汉表》服务系统（http://ct.istic.ac.cn）提供网络化服务，具备用户管理、分类导航、术语检索、机器辅助标引、概念可视化等功能。《汉表》服务系统需要使用“IE内核”的浏览器。

（1）分类导航

分类导航按照分类层级体系自上而下逐层显示专业术语及其术语信息，展示某分类所属族首词和术语列表。

（2）术语检索

通过“模糊匹配”、“精确匹配”、“前方一致”、“后方一致”可以检索术语，检索结果以列表方式显示所检索术语的“分类”、“族首词”等属性，浏览该术语的详细属性。

（3）术语详细信息浏览

通过术语检索或分类导航，可以查看命中优选词层级结构、词间关系、释义、英文翻译等信息。

（4）知识地图

“知识地图”对注册用户进行开放，以可视化方式显示术语之间的“属/分”、“用/代”、“参”等关系，地图上最多会展示三个级别深度的优选词节点。

（5）机器辅助标引

对文献进行受控标引是叙词表的主要功能之一。系统基于《汉表》具有自动标引功能，当输入工程技术领域相关文献标题和摘要时，可以输出代表性高的优选词作为标引词，还可以赋予文献合适的分类号。

除此之外，《汉表》服务系统还提供“热词排行”、“相关文献”、“百科搜索”和“意见建议”等功能；提供针对相关术语的“相关文献”检索服务；可以将当前术语链接到“百度百科”或“互动百科”进行检索。还可以对相应的术语提出相关意见建议；具体使用可以网上浏览“《汉表》服务系统使用说明”。

3. 应用领域

《汉表》自 1980 年诞生以来，作为信息组织与检索的重要基础工具，在我国图书情报界和信息文献领域发挥了其应有的作用。基于网络环境而重新编制的《汉表（工程技术卷）》，应用领域除信息标引与检索之外，还包括学科分类导航、机器翻译、跨语言检索、主题可视化服务、语义计算、文本处理等方面，也与标准数据协议、映射或互操作、主题图、向本体转化等多种重要信息技术密切相关。

（1）知识学习

经过向分类、概念关系细化、定义注释等多个方向发展，《汉表（工程技术卷）》可以具备网络百科的功能，成为用户的网络参考知识工具。对知识管理机构来说，可以利用可视化等多种信息技术，将《汉表（工程技术卷）》用于研制开发具备知识节点网络的相关产品。从汉语规范化角度出发，《汉表（工程技术卷）》也是用户查找和检索规范专业术语、基础词汇和通用词汇的常用工具，兼具词典的功能。

（2）学科导航与智能检索

《汉表（工程技术卷）》具备主题分类一体化应用功能。从学科分类入口浏览查询，可以获得所需类目及相应信息；也可以浏览《汉表（工程技术卷）》词族知识概念体系。《汉表（工程技术卷）》同时具备分类表、叙词表和本体的共同属性，能够实现不同颗粒度的智能查询与检索功能，可以是分类层级类目的批量文献信息获取，也可以是主题概念级别的扩检与缩检，结合其他词表映射融合等多种不同方法，可以实现不同目的和条件下的智能检索。

（3）文本信息处理

《汉表（工程技术卷）》由一系列语词库组成，可根据不同目的，用于切词、信息抽取、聚类、词频统计、情感分析等文本处理基础工作。通过《汉表（工程技术卷）》的英汉双语对照，可实现英汉双语检索功能等，利用其中英汉对应词库及词间关系，可以为英汉机器翻译系统的开发提供基础语料。同时，利用《汉表（工程技术卷）》语词、术语、概念等语料词汇系统，可以开展研究热点领域监测、专业知识挖掘、领域知识聚类等相关的系列应用。

主　　表

“三废”处理
Y 废物处理

“三废”治理
Y 废物处理

0 燃烧炸弹
Y 燃烧炸弹

10MW 高温气冷堆
10MW high temperature gas cooled reactor
TL4
S 高温气冷型堆
Z 反应堆

^{138}Cs
Y 铯-138

1553B 数据总线
Y 1553B 总线

1553B 总线
1553B bus
V247
D 1553B 数据总线
1553 总线
MIL-STD-1553B 总线
S 总线*
C ARINC429 总线
MIC 总线 →(8)
飞机电子系统

1553 总线
Y 1553B 总线

1 号喷气燃料
Y 喷气燃料

Ⅰ类超导体
Y 超导体

220Rn 子体
Y 氡子体

222Rn 子体
Y 氡子体

24 小时轨道
Y 地球同步轨道

2 号喷气燃料
Y 喷气燃料

3D C/SiC 复合材料
Y 碳化硅陶瓷基复合材料

3D 技术
Y 三维技术

3 号喷气燃料
Y 喷气燃料

429 总线
Y ARINC429 总线

4D 导引
Y 四维导引

4 号喷气燃料
Y 喷气燃料

5Gev 强聚焦电子同步加速器
Y 电子同步加速器

600MW 发电机
Y 发电机

600MW 发电机组
Y 发电机组

6 自由度运动模拟器
Y 六自由度运动模拟器

796 燃料
Y 单元推进剂

8253 计数器
Y 计数器

8254 计数器
Y 计数器

ARINC429 总线
ARINC429 bus
V24
D 429 总线
S 总线*
C 1553B 总线

Ar 离子轰击
Y 氩离子轰击

Bennett 机构
Y 机构

BEPCⅡ直线加速器
Y 北京正负电子对撞机

BHWR 型堆
Y 沸腾重水型堆

BTT 导弹
Y 倾斜转弯导弹

Bump 进气道
Bump intake duct
V232.97
S 进气道*

Busemann 进气道
Busemann intake duct
V232.97
S 进气道*

BZ 毒剂
Y 毕兹

B 毒剂
Y 全身中毒性毒剂

C/SiC 陶瓷基复合材料
Y 碳化硅陶瓷基复合材料

CAMAC 系统
Y 计算机自动测控系统

CANDU 堆
Y 坎杜型堆

CANDU 反应堆
Y 坎杜型堆

CANDU 型堆
Y 坎杜型堆

CBR 洗消
Y 洗消

CCD 成像仪
Y 电荷耦合器件成像仪

CCD 太阳敏感器
CCD sun sensors
TP2；V441
S 太阳传感器
Z 传感器

CCD 探测器
CCD detectors
TH7；TL82
S 电子设备*
探测器*
C 电荷耦合器件 →(7)

CCD 星跟踪器
CCD star tracker
V556
D CCD 星敏感器
S 星座跟踪器
C 航天器制导
Z 制导设备

CCD 星敏感器
Y CCD 星跟踪器

CdZnTe 探测器
Y 碲锌镉探测器

cepfr-1 堆
Y 零功率堆

CMDB 推进剂
Y 改性双基推进剂

CNC 控制
Y 数字控制

C 毒剂
Y 刺激剂

D-3He 聚变
Y 氘氚聚变

DataSocket 技术
Y 数字控制

DH 型压缩机
Y 压缩机

DOE 试验设计
Y 试验设计

DSR 试验
Y 动态剪切流变试验

ECAP 变形
Y 变形

ECM 飞机
Y 反电子措施飞机

ECW 飞机
Y 电子对抗飞机

elmax 装置
Y 磁镜

EMCDB 推进剂
EMCDB propellants
V51
S 固体推进剂
Z 推进剂

EUREX 法
Y 核燃料后处理

FAA 认证
Y 飞机合格认证

FBM 模型
Y 分形布朗运动模型

FBRF 堆
Y 快中子脉冲堆

FBR 型堆
Y 快堆

FEM 分析
Y 有限元法

Fluorox 法
Y 核燃料后处理

Froude 数
Y 弗劳德数

GAP 推进剂
GAP propellant
V51
S 固体推进剂
Z 推进剂

GA 毒剂
Y 塔崩

GB 毒剂
Y 沙林

GCFR 型堆
Y 快堆

GD 毒剂
Y 梭曼

GEO 卫星
Y 地球同步卫星

GM 管
Y GM 计数管

GM 计数管
GM counter tubes
TL8
D GM 管
G-M 计数管
盖革-弥勒(GM)计数管
S 计数管
Z 电真空器件

G-M 计数管
Y GM 计数管

G-M 计数器
Y 计数器

GPS 弹道修正引信
Y 弹道修正引信

GPS 导航卫星
Y 导航卫星

GPS-惯性组合导航
Y INS/GPS 组合导航

GPS 卫星导航
GPS satellite navigation
V249.3
S 导航*

GPS 引信
Y 引信

GPS 制导
GPS guidance
V448
D 导航星全球定位系统制导
S 卫星制导
Z 制导

GPS 制导炸弹
GPS guided bombs
TJ414
S 制导炸弹
Z 炸弹

GPS 姿态测量系统
GPS attitude measurement systems
V249.3
S 姿态测量系统
Z 测量系统

gs 过程
Y 双温过程

Gurney 襟翼
Y 格尼襟翼

G 负荷
Y 加速度应激

G 类毒剂
Y 神经性毒剂

H-3
Y 氚

H∞速度控制
Y 速度控制

Halex 法
Y 核燃料后处理

HAPS 系统
Y 高空平台

He-3
Y 氦-3

He3 正比计数器
Y 计数器

HELAC 直线加速器
Y 直线加速器

Helmholtz 不稳定性
Y 亥姆霍兹不稳定性

HgCdTe 探测器
Y 碲镉汞探测器

HGI2 半导体探测器
Y 碘化汞探测器

HL-1M 托卡马克装置
Y HL-1M 装置

HL-1M 装置
HL-1M tokamak
TL6
D HL-1M 托卡马克装置
S 托卡马克
Z 热核装置

HL-1 装置
HL-1 device
TL6
S 托卡马克
Z 热核装置

HP3 机器人
Y 机器人

HPGe 探测器
Y 高纯锗探测器

HT-7 托卡马克装置
Y HT-7 装置

HT-7 装置
HT-7 tokamak
TL6
D HT-7 托卡马克装置

S 托卡马克
Z 热核装置

HTPB 复合固体推进剂
Y 端羟基聚丁二烯推进剂

HTPB 推进剂
Y 端羟基聚丁二烯推进剂

HTPE 推进剂
Y 端羟基聚丁二烯推进剂

HWGCR 型堆
Y 重水慢化气冷型堆

HWLWR 型堆
Y 重水慢化水冷型堆

H 型压缩机
Y 压缩机

ICF 靶
Y 惯性约束聚变靶

ICF 装置
Y 惯性约束聚变装置

ICP 发射光谱仪
Y 电感耦合等离子发射光谱仪

ICP 光谱仪
Y 电感耦合等离子发射光谱仪

ICRF 加热
ICRF heating
TL6
D 离子回旋加热
S 等离子技术*
加热*

INS/GPS 系统
Y INS/GPS 组合导航系统

INS/GPS 组合导航
INS/GPS navigation
TN96；V249.3；V448
D GPS-惯性组合导航
全球定位系统-惯性组合导航
S 组合导航
Z 导航

INS/GPS 组合导航系统
INS/GPS navigation system
TN96；V249.3；V448
D INS/GPS 系统
INS/GPS 组合式导航系统
惯性/GPS 组合导航系统
惯性/卫星组合导航系统
惯性导航系统/全球定位系统
全球定位系统/惯性导航系统
S 定位系统*
惯性导航系统
全球导航系统
综合系统*
Z 导航系统

INS/GPS 组合式导航系统
Y INS/GPS 组合导航系统

INS/SAR 组合导航
INS/SAR integrated navigation
V249.3
S 组合导航
Z 导航

JET 装置
JET device
TH；TL63
S 托卡马克
Z 热核装置

Kelvin-Helmholtz 不稳定性
Y 亥姆霍兹不稳定性

K 反射镜
Y 反射镜

Laval 喷管
Y 拉瓦尔喷管

Laval 喷嘴
Y 拉瓦尔喷嘴

LMFBR 堆
Y 液态金属快增殖型堆

LMFBR 型堆
Y 液态金属快增殖型堆

LOPRA 堆
Y 低功率堆

LWGR 型堆
Y 轻水冷却石墨慢化型堆

LWOR 型堆
Y 轻水慢化有机物冷却型堆

L 型压缩机
Y 压缩机

Matlab 优化设计
Y 优化设计

Ma 数
Y 马赫数

MEMS 陀螺
Y 微机械陀螺仪

MEMS 陀螺仪
Y 微机械陀螺仪

MEMS 引信
Y 引信

MIL-STD-1553B 总线
Y 1553B 总线

MOTOMAN 机器人
Y 机器人

MOX 燃料
Y 混合氧化物燃料

MR/GPS 制导
MR/GPS guidance
TJ765；V448
S 复合制导
Z 制导

MR 堆
Y 石墨慢化堆

mtse 装置
Y 磁镜

MW 发电机
Y 发电机

M 数
Y 马赫数

M 数配平
Y 飞机配平系统

M 数效应
Y 压缩性效应

M 形机翼
Y 后掠翼

M 型压缩机
Y 压缩机

NaI 探测器
Y 碘化钠探测器

NASA 航天计划
Y 美国航天计划

NEPE 固体推进剂
Y NEPE 推进剂

NEPE 推进剂
NEPE propellants
V51
D NEPE 固体推进剂
S 固体推进剂
Z 推进剂

nif 装置
Y 国家点火装置

Ni 基高温合金
Y 镍基高温合金

Nomex 蜂窝
Y 蜂窝夹芯板

O_2/CO_2 燃烧技术
Y 富氧燃烧

OMR 型堆
Y 有机冷却慢化堆

PC 机控制
Y 计算机控制

PC 控制
Y 计算机控制

PIN 光电探测器
PIN photodetector
TL82；TP2
D PIN 光探测器
S 半导体光电探测器
C PIN 二极管 →(7)
PIN 光电二极管 →(7)
Z 电子设备
探测器

PIN 光探测器
Y PIN 光电探测器

PIN 探测器
PIN detector
TH7；TL82；TP2
S 半导体探测器
F Si-PIN 探测器

Z 探测器

PIV 测量
PIV measurement
V21
S 测量*

pr-6 装置
Y 磁镜

pr-7 装置
Y 磁镜

pr 装置
Y 磁镜

Purex 法
Y 核燃料后处理

Purex 过程
Y 核燃料后处理

Purex 流程
Y 核燃料后处理

PU 推进剂
Y 聚氨酯推进剂

Q3D 磁谱仪
Q3D magnetic spectrometer
TB9；TH7；TL81
S 磁谱仪
Z 谱仪

RDX-CMDB 推进剂
RDX-CMDB propellant
V51
S 固体推进剂
C 含能催化剂 →(9)
Z 推进剂

Redox 法
Y 核燃料后处理

Robinson 不稳定性
Robinson instability
O4；TL5
S 稳定性*

RPL 剂量计
Y 辐射光致发光剂量计

RSSP 机构
Y 机构

s8g 原型堆
Y 船用反应堆

Sagnac 效应
Y 萨格纳克效应

Saltex 法
Y 核燃料后处理

SAR 成像制导
SAR imaging guidance
TJ765；V448
S 成像制导
Z 制导

SGR 型堆
Y 钠冷石墨型堆

SiCf/SiC 复合材料
Y 碳化硅陶瓷基复合材料

SINS/GPS 制导炸弹
SINS/GPS guided bombs
TJ414
S 复合制导炸弹
Z 炸弹

Si-PIN 探测器
Si-PIN detectors
TH7；TL82；TP2
S PIN 探测器
硅半导体探测器
Z 探测器

SI 制
Y 计量单位

SI 制
Y 计量单位

SMR 反射镜
Y 反射镜

SPOT 图像
SPOT image
TP7；V474
D SPOT 影像
S 卫星图像
Z 图像

SPOT 影像
Y SPOT 图像

SPRITE 探测器
SPRITE detectors
TL82；TP2
S 探测器*

sr-ob 堆
Y 次临界装置

sr-Of 堆
Y 零功率堆

Stephenson 机构
Y 机构

Steven 试验
Steven test
TJ5
S 武器试验*

SZR 型堆
Y 钠冷氢化锆慢化型堆

S 弯进气道
Y S 形进气道

S 形机翼
Y S 形前缘翼

S 形进气道
S-shaped inlet
V232.97
D S 弯进气道
蛇形进气道
S 进气道*
F 短 S 弯进气道

S 形前缘机翼
Y S 形前缘翼

S 形前缘翼
ogee planform wing
V224
D S 形机翼
S 形前缘机翼
S 型前缘翼
双三角机翼
双三角翼
S 细长翼
Z 机翼

S 型前缘翼
Y S 形前缘翼

TDI CCD 相机
Y TDICCD 相机

TDICCD 相机
TDICCD camera
TB8；V248
D TDI CCD 相机
S 航空相机
Z 照相机

Thorex 法
Y 核燃料后处理

Ti-Ni 合金
Y 钛镍合金

Ti 合金
Y 钛合金

TMX 装置
TMX devices
TL64
S 串级磁镜
C 磁镜型堆
Z 热核装置

TNT 比当量
TNT equivalent proportion
TJ0
S TNT 当量
Z 当量

TNT 当量
TNT equivalent
TJ0
D TNT 当量法
百万吨级梯恩梯当量
吨级梯恩梯当量
梯恩梯当量
S 当量*
F TNT 比当量
C 爆炸威力

TNT 当量法
Y TNT 当量

top 事故
Y 瞬态超功率事故

TVM 制导
Y 指令-寻的制导

T 尾布局
T tail layout
V221

S 飞机构型
Z 构型

T 形机翼
Y 梯形翼

T 形尾翼
Y T 型尾翼

T 型尾翼
T-tail
V225
D T 形尾翼
梯形尾翼
S 尾翼*
C 深失速

UCAV 编队
Y 无人战斗机编队

UFO 事件
Y 飞碟

UFO 现象
Y 飞碟

UFO 学
Y 飞碟

UKAEA-内斯特堆
Y 中子源热堆

UO_2 粉末
uranium dioxide powder
TB4；TL92
S 粉末*

U 形尾翼
Y 尾翼

vgl 装置
Y 磁镜

VX 毒剂
Y 维埃克斯

V 类毒剂
Y 神经性毒剂

V 形尾翼
V tails
V225
S 尾翼*
F 上反 V 形尾翼
下反 V 形尾翼
C 差动尾翼
双立尾

V 型发动机
Y 发动机

V 型压缩机
Y 压缩机

WSEIAC 模型
Y 武器系统效能评估 WSEIAC 模型

W 形机翼
Y 后掠翼

W 型压缩机
Y 压缩机

W 型罩
W type cap
TJ41
S 药型罩
Z 弹药零部件

XPS 分析
XPS analysis
O4；O6；TL817
S 能谱分析
Z 谱分析

XRD 图谱
XRD patterns
TL8；TQ17
S 图谱*
C 有效弹性模量 →(1)

X-t 记录仪
Y 记录仪

X 辐射
X radiation
O4；TL7
D X 光辐射
X 射线辐射
S 辐射*
C X 射线设备 →(4)
γ 辐射
射线摄影 →(1)

X 光辐射
Y X 辐射

X 光能谱
X-ray energy spectrum
TL5
S 能谱
Z 谱

X 光探测器
Y X 射线探测器

X 射线防护
X-ray protection
R；TL7；X9
S 射线防护
Z 防护

X 射线分幅相机
Y 照相机

X 射线辐射
Y X 辐射

X 射线剂量
X-ray dose
R；TL5
S 辐射剂量
Z 剂量

X 射线探测
X-ray detection
TL8
S 辐射探测
C X 射线光谱仪 →(4)
Z 探测

X 射线探测器
X-ray detectors
TH7；TL81
D X 光探测器
S 辐射探测器
F X 射线阵列探测器
软 X 射线探测器
Z 探测器

X 射线相机
Y 照相机

X 射线衍射照相机
Y 照相机

X 射线照相机
Y 照相机

X 射线阵列探测器
X-ray array detectors
TH7；TL82
S X 射线探测器
Z 探测器

ZEBRA 堆
Y 零功率堆

ZEEP 堆
Y 零功率堆

ZENITH 堆
Y 零功率堆

Z 箍缩
Y 直线 Z 箍缩装置

Z 箍缩靶
Y 直线 Z 箍缩装置

Z 箍缩装置
Y 直线 Z 箍缩装置

Z 型腔
Y 型腔

α 放射性
alpha activity
TL7
S 放射性
Z 物理性能

α 核素
alpha nuclides
TL94
S 核素*

α 剂量计
Y 剂量计

α 剂量学
alpha dosimetry
TL7
S 剂量学*
C α 探测

α 径迹探测器
Y α 探测器

α 粒子谱仪
Y α 谱仪

α 粒子探测器
Y α 探测器

α 能谱
alpha energy spectra

O4；TH7；TL81
S 能谱
Z 谱

α谱仪
alpha spectrometer
TH7；TL81
D α粒子谱仪
α射线谱仪
S 谱仪*

α射线谱仪
Y α谱仪

α射线探测器
Y α探测器

α衰变放射性同位素
alpha decay radioisotope
O6；TL92
S 放射性同位素
F 钚-238
钚-239
钚-240
氡-220
氡-222
锎-252
镅241
钍-232
铀-235
铀-238
Z 同位素

α探测
alpha detection
TL8
S 粒子探测
C α剂量学
Z 探测

α探测器
alpha detector
TH7；TL65；TL82
D α径迹探测器
α粒子探测器
α射线探测器
S 粒子探测器
Z 探测器

β放射性
beta-activity
TL7
S 放射性
Z 物理性能

β放射性气溶胶
Y 放射性气溶胶

β辐射
beta radiation
O4；TL7
S 辐射*
C β射线
放射性

β剂量计
Y 剂量计

β剂量学
beta dosimetry
TL7
S 剂量学*
C β探测
电子探测

β谱
beta spectra
O4；TL8
S 谱*
C β探测

β闪烁计数器
Y 计数器

β射线
beta ray
O4；TL7
S 射线*
C β辐射
电子束 →(7)

β衰变放射性同位素
beta decay radioisotope
O6；TL92
S 放射性同位素
F 电子俘获放射性同位素
负β衰变放射性同位素
正β衰变放射性同位素
Z 同位素

β探测
beta detection
TL8
S 粒子探测
C β剂量学
β谱
Z 探测

γ测量
Y γ射线测量

γ反应
Y 光核反应

γ放射性
γ-radioactivity
TL7
D 伽玛特性
S 放射性
Z 物理性能

γ辐射
gamma radiation
O4；TL7
D γ-辐射
γ射线辐射
γ-射线辐照
γ照射
低能γ辐射
环境γ辐射
缓发γ辐射
瞬发γ辐射
S 辐射*
C X辐射
γ谱
低能γ射线
放射性
辐射屏蔽
辐照装置
核反应
煤粉流量 →(5)
衰变
中子活化分析

γ-辐射
Y γ辐射

γ辐射测量
gamma radiation measurements
TL8
S 辐射测量*
F γ谱测量
γ射线测量

γ辐射剂量
γ radiation dose rate
TL7
D γ辐射剂量率
γ剂量
S 辐射剂量
Z 剂量

γ辐射剂量率
Y γ辐射剂量

γ辐照装置
Y 辐照装置

γ共振能谱仪
Y γ谱仪

γ核素
gamma nuclide
TL8
S 核素*

γ剂量
Y γ辐射剂量

γ剂量计
gamma-ray dosimeter
TL81
S 剂量计
Z 仪器仪表

γ剂量学
gamma dosimetry
TL7
S 剂量学*
C γ射线探测

γ剂量仪
γ dosimeter
TL8
S 剂量计
Z 仪器仪表

γ粒子
Y γ射线

γ灵敏度
γ-ray sensitivity
TL8
S 灵敏度*

γ能谱
gamma-ray spectrum
O4；TL8
D γ射线能谱
S γ谱

能谱
C γ射线
Z 谱

γ能谱分析
gamma spectrometry analysis
O4；O6；TL817
S 能谱分析
Z 谱分析

γ能谱仪
Y γ谱仪

γ谱
gamma spectra
O4；TH7；TL81
S 谱*
F γ能谱
中子-伽马谱
C γ辐射
γ射线探测
逃逸峰

γ谱测量
gamma spectrum measurement
TL8
S γ辐射测量
Z 辐射测量

γ谱分析
gamma spectral analysis
TH7；TL8
S 谱分析*

γ谱仪
gamma spectrometers
TH7；TL81
D γ共振能谱仪
γ能谱仪
γ射线谱仪
伽玛能谱仪
S 谱仪*
F 便携式γ能谱仪
C γ射线

γ扫描
gamma ray scanning
TL2
S 扫描*

γ射线
gamma rays
O4；TL8
D γ粒子
丙种射线
伽马射线
S 射线*
F 低能γ射线
高能γ射线
双能γ射线
瞬发γ射线
特征γ射线
C γ能谱
γ谱仪

γ射线测量
gamma-ray measurement
TB9；TL2；TL8
D γ测量
S γ辐射测量
Z 辐射测量

γ射线弹
gamma ray bombs
TJ91
S 辐射武器
F 声光弹
Z 武器

γ射线辐射
Y γ辐射

γ-射线辐照
Y γ辐射

γ射线能谱
Y γ能谱

γ射线谱仪
Y γ谱仪

γ射线探测
gamma-ray detection
TL8
D γ探测
S 辐射探测
C γ剂量学
γ谱
放射性同位素扫描
Z 探测

γ射线探测器
Y γ探测器

γ探测
Y γ射线探测

γ探测器
gamma detector
TH7；TL82
D γ射线探测器
S 粒子探测器
Z 探测器

γ探测效率
γ detection efficiency
TL8
S 探测效率
Z 效率

γ透射扫描
gamma transmossion scanning
R；TL99
D 光子透射扫描
S 扫描*
C 计算机层析成像

γ照射
Y γ辐射

μ介子探测
muon detection
TL8
S 粒子探测
Z 探测

μ子催化核聚变
Y μ子-催化聚变

μ子-催化聚变
muon-catalyzed fusion
TL6
D μ子催化核聚变
S 聚变反应
Z 核反应

μ综合控制
Y 鲁棒控制

π介子剂量学
pion dosimetry
TL7
D π-介子剂量学
S 剂量学*
C π介子探测

π-介子剂量学
Y π介子剂量学

π介子探测
pion detection
TL8
S 粒子探测
C π介子剂量学
Z 探测

Ω装置
omega facciltty
TL6
S 惯性约束聚变装置
Z 热核装置

阿波罗飞船
Apollo spacecraft
V476
S 载人飞船
Z 航天器

阿尔芬波
alfven waves
TL6
S 波*

阿罗肼
Y 肼类燃料

阿特拉斯火箭
Y 火箭

锕类元素
Y 锕系元素

锕系
Y 锕系元素

锕系元素
actinides
O6；TG1；TL92
D 锕类元素
锕系
S 化学元素*
C 錒系金属 →(3)
超铀元素
放射性

安定剂
Y 稳定剂

安定面
stabilator
V225

D 稳定表面
稳定面
S 气动操纵面
F 垂直安定面
水平安定面
C 后掠尾翼
机身构件
升降副翼
翼型
Z 操纵面

安定性
Y 稳定性

安定性分析
Y 安全分析

安定性能
Y 稳定性

安定性试验
stability test
[TJ07]
S 性能试验*
F 殉爆试验

安防管理
Y 安全管理

安防设备
Y 防护装置

安控指令
safety control command
TJ765
D 安全控制指令
S 指令*
F 自毁指令

安控中心
security control center
TJ768
D 安全控制中心
S 测控中心
Z 中心（机构）

安全*
safety
X9
D 安全防范知识
安全氛围
安全格局
安全工程技术
安全工作
安全机理
安全基础
安全基础工作
安全技能
安全技术
安全技术改造
安全技术说明书
安全技术条件
安全科技
安全科学技术
安全容量
安全条件
安全条件论证
安全相关性
不安全
大安全
确保安全
F 导弹安全
辐射安全
核安全
核能安全
核试验安全
核武器安全
C 安全措施
安全服务 →(8)
安全供水 →(11)
安全管理
安全规程 →(13)
安全技术管理 →(13)
安全节能 →(5)
安全开关 →(5)
安全科学 →(13)
安全控制
安全色彩 →(1)(5)
安全设计
安全生产 →(13)
安全生产管理条例 →(11)
安全体系 →(7)(8)(10)(11)(12)(13)
安全系数 →(1)(2)(3)(4)(11)(12)(13)
暴露 →(1)(3)(9)(11)(13)
电气安全
防护
航空航天安全
交通安全 →(2)(5)(12)(13)
食品安全 →(10)
通信安全 →(5)(7)(8)(13)
信息安全 →(7)(8)(13)

安全(反应堆)
Y 反应堆安全

安全棒
Y 紧急停堆棒

安全保险机构
Y 保险机构

安全保险装置
Y 保险装置

安全保障设备
Y 安全设备

安全爆破器材
Y 爆破器材

安全避让
Y 避让

安全参数
safety parameters
TL4；X9
S 参数*
C 安全极限 →(13)

安全储存寿命
safe storage life
[TJ07]
D 安全贮存寿命
S 储存寿命
C 核武器库存
化学武器储存
Z 寿命

安全传感器
Y 传感器

安全措施
safety measures
TL78；X9
D 安全对策
安全方法
安全方针
安全手段
保安措施
S 措施*
C 安全
安全标志 →(13)
安全调查 →(13)
保险装置
实体保护

安全带
safety belt
TS94；U4；V244
D 安全带固定装置
安全带互锁装置
安全带加强板
安全带拉紧器
安全带栓扣
安全带系统
安全带装置
安全带状装置
安全肩带
半被动安全带
背带系统
乘员安全带
座椅安全带
座椅背带
S 安全防护用品*
安全装置*
C 座椅

安全带固定装置
Y 安全带

安全带互锁装置
Y 安全带

安全带加强板
Y 安全带

安全带拉紧器
Y 安全带

安全带栓扣
Y 安全带

安全带系统
Y 安全带

安全带装置
Y 安全带

安全带状装置
Y 安全带

安全电雷管
Y 电雷管

安全度
Y 安全性

安全度水平
Y 安全性

安全对策
Y 安全措施

安全阀配重
Y 配重

安全返回技术
Y 航天器返回技术

安全方法
Y 安全措施

安全方针
Y 安全措施

安全防范设备
Y 防护装置

安全防范设施
Y 安全设施

安全防范知识
Y 安全

安全防护设备
Y 防护装置

安全防护设施
Y 安全设施

安全防护用品*
safety protection articles
X9
D 安全用品
F 安全带
防毒面具
防护服
飞行头盔
呼吸防护用品
卡头
氧气面罩
C 安防产品 →(13)
安全装置
防护装置

安全防护装置
Y 防护装置

安全飞行
Y 飞行安全

安全飞行高度
Y 飞行高度

安全分析*
safety analysis
X9
D 安定性分析
安全分析法
安全性分析
保护分析
F 核安全分析
可靠性增长分析
临界安全分析
C 安全温度 →(1)
工程分析

安全分析法
Y 安全分析

安全氛围
Y 安全

安全服
Y 防护服

安全高度
safety height
TB8；V32
S 飞行高度
F 最小安全高度
Z 飞行参数
高度

安全格局
Y 安全

安全工程技术
Y 安全

安全工作
Y 安全

安全管理*
safety management
X9
D 安防管理
安全管理办法
安全管理创新
安全管理等级
安全管理对策
安全管理方式
安全管理工作
安全管理能力
安全管理水平
安全管理问题
安全监理
安全监理责任
安全监理职责
安全科学管理
安全系统管理
安全性管理
安全治理
安全综合管理
工程安全监理
管理安全
F 放射性安全管理
核安全管理
C 安监人员 →(13)
安全
安全标志 →(13)
安全管理措施 →(13)
安全管理工程 →(13)
安全管理体制 →(13)
安全管理学 →(13)
安全管理制度 →(13)
安全活动 →(13)
安全监察制度 →(13)
安全教育 →(2)(13)
安全裕度 →(13)
安全整治 →(13)
管理

安全管理办法
Y 安全管理

安全管理创新
Y 安全管理

安全管理等级
Y 安全管理

安全管理对策
Y 安全管理

安全管理方式
Y 安全管理

安全管理工作
Y 安全管理

安全管理能力
Y 安全管理

安全管理水平
Y 安全管理

安全管理问题
Y 安全管理

安全航路
Y 航道

安全机理
Y 安全

安全基础
Y 安全

安全基础工作
Y 安全

安全技能
Y 安全

安全技术
Y 安全

安全技术改造
Y 安全

安全技术说明书
Y 安全

安全技术条件
Y 安全

安全技术装备
Y 安全设备

安全肩带
Y 安全带

安全监理
Y 安全管理

安全监理责任
Y 安全管理

安全监理职责
Y 安全管理

安全科技
Y 安全

安全科学管理
Y 安全管理

安全科学技术
Y 安全

安全壳
containment
TL35；TL36
D 安全壳(反应堆)
安全壳壳体(反应堆)

反应堆安全壳
核反应堆安全壳
S 反应堆部件*
C 放射性源项
辐射防护
裂变产物
屏蔽材料
手套箱

安全壳(反应堆)
Y 安全壳

安全壳壳体(反应堆)
Y 安全壳

安全壳喷淋系统
containment spray system
TL35；TL36
D 喷淋系统(安全壳)
S 喷射系统*

安全控制*
safety control
X9
D 安全控制技术
安全系统控制
安全性控制
F 爆炸控制
预警控制
C 安全
安全防护 →(13)
工程控制

安全控制技术
Y 安全控制

安全控制指令
Y 安控指令

安全控制中心
Y 安控中心

安全喷淋
Y 喷淋强度

安全起爆装置
Y 保险装置

安全起飞速度
Y 起飞速度

安全容量
Y 安全

安全设备*
safety installation
TH6；X9
D 安全保障设备
安全技术装备
安全装备
F 飞行安全装备
核安全设备
C 安全产品 →(7)(8)(11)(13)
安全设备学 →(13)
安全设施
防护装置
航海 →(12)
消防系统 →(1)(5)(8)(11)(12)(13)

安全设计
safety design
V37；X9
D 安全性设计
故障安全设计
故障自动防护设计
破损安全设计
S 性能设计*
F 安全疏散设计
C 安全
残疾人设施 →(11)
消极空间 →(1)(11)
灾害防治 →(1)(2)(4)(5)(7)(8)(11)(12)(13)

安全设施*
safety facilities
X9
D 安全防范设施
安全防护设施
F 热室
人防设施
C 安全设备
保护装置 →(2)(3)(4)(5)(8)(11)(13)
设施安全 →(13)

安全手段
Y 安全措施

安全寿命
safe life
V37；X9
D 破损安全寿命
S 寿命*
C 安全裕度 →(13)

安全疏散设计
safety evacuation design
V37；X9
S 安全设计
Z 性能设计

安全逃生
safe escape
V244.2
S 逃生
Z 救生

安全特性
Y 安全性

安全条件
Y 安全

安全条件论证
Y 安全

安全系统*
safety system
X9
F 安全自毁系统
被动安全系统
故障报警系统
引信安全系统
C 安全体系 →(7)(8)(10)(11)(12)(13)
保护系统
报警系统
监视系统
生命保障系统
识别系统 →(7)(8)(11)(12)
系统
预警系统
灾害系统 →(8)(11)(13)

安全系统管理
Y 安全管理

安全系统控制
Y 安全控制

安全相关性
Y 安全

安全性*
security
X9
D 安全度
安全度水平
安全特性
安全性能
安全性质
不安全性
F 被动安全性
发射安全性
飞行器安全性
固有安全性
枪械安全性
热安全性
射击安全性
引信安全性
C 保护性能 →(1)(2)(5)(7)(8)(9)(10)(11)
冲击波感度 →(1)
防护性能
工程性能
环境性能
可靠性
性能
灾害性 →(11)(13)
重大危险源 →(13)

安全性分析
Y 安全分析

安全性管理
Y 安全管理

安全性控制
Y 安全控制

安全性能
Y 安全性

安全性设计
Y 安全设计

安全性预测
Y 安全预测

安全性质
Y 安全性

安全因数
Y 安全因素

安全因素
safety factor
TL78；X9
D 安全因数
安全因子
S 因素*
C 事故隐患 →(13)
危险有害因素 →(13)

安全因子
Y 安全因素

安全引爆
safe initiation
TJ43；TJ45
S 起爆*

安全引爆装置
safe initiating devices
TJ51
S 起爆器材
Z 器材

安全用品
Y 安全防护用品

安全预测*
safety forecasting
TD7；X9
D 安全性预测
危害预测
危险性预测
F 故障预测
C 预测

安全执行机构
Y 引信执行机构

安全治理
Y 安全管理

安全注射系统
Y 堆芯应急冷却系统

安全贮存寿命
Y 安全储存寿命

安全装备
Y 安全设备

安全装置*
safety device
TH6；X9
D 机械安全防护装置
家用安全装置
提升安全装置
F 安全带
卡头
C 安全防护 →(13)
安全防护用品
安全控制系统 →(8)
保护装置 →(2)(3)(4)(5)(8)(11)(13)
保险装置
报警装置
防护性能
防护装置
防雷装置 →(5)(11)
消防装置 →(2)(4)(11)(13)
装置

安全着陆
Y 迫降

安全自毁系统
self-destruction system
TJ765；V445
D 导弹安全自毁系统
自毁系统
S 安全系统*
C 导弹发射
自毁

安全自毁装置
Y 自毁装置

安全综合管理
Y 安全管理

安全座椅
safety chair
U4；V223
S 座椅*

安装找正
Y 对准

鞍型填料
Y 填料

铵油爆破剂
Y 爆破材料

岸对舰导弹
Y 岸防导弹

岸防导弹
coastal defense missile
TJ761.9
D 岸对舰导弹
岸舰导弹
海防导弹
S 反舰导弹
Z 武器

岸舰导弹
Y 岸防导弹

岸炮
shore gun
TJ399
D 海岸炮
要塞炮
S 火炮
Z 武器

按键波形
Y 波形

按提前点引导
Y 前置点导引

暗舱飞行
Y 仪表飞行

暗舱着陆
Y 仪表着陆

凹槽火焰稳定器
cavity flameholder
TJ454；V232
D 凹腔火焰稳定器
S 火焰稳定器
Z 燃烧装置

凹底雷管
Y 雷管

凹坑表面
Y 表面

凹模型腔
Y 型腔

凹腔
reentrant
V232
S 型腔*

凹腔火焰稳定器
Y 凹槽火焰稳定器

八极磁铁
octupole magnet
TL5
S 磁性材料*

八角截面风洞
Y 低速风洞

八角形风洞
Y 低速风洞

靶*
target
[TJ07]；V216
D 靶(核工业)
靶标
靶标布放
靶标施放
靶面
靶子
布靶
放靶
供靶
核靶
活动靶标
F 薄膜靶
低温靶
电子束靶
核聚变靶
厚靶
激光靶
加速器靶
金平面靶
离子束靶
气靶
腔靶
球形靶
韧致辐射靶
烧蚀靶
射击靶
同位素靶
C 靶场试验
靶机
靶室
核反应

靶(核工业)
Y 靶

靶板
target plate
TJ01
D 平面靶
平面调制靶
S 射击靶
Z 靶

靶标
Y 靶

靶标布放

Y 靶

靶标布放计划
Y 试验计划

靶标导弹
Y 靶弹

靶标施放
Y 靶

靶场
ranges
V216；V417
D 磁测量靶场
飞机校靶场
射击靶场
S 试验设施*
F 弹道靶
海上靶场
航天靶场
试验靶场
虚拟靶场
C 打靶试验
弹落点
射击试验

靶场安全
range safety
TJ01；V216.8
S 航空航天安全*
C 靶场监测
靶场试验
导弹试验靶场
导弹自毁装置

靶场测控
range measurement and control
V21
S 测控*

靶场测量
target range measurement
TJ01；V216
D 靶场测试
S 测量*
F 靶场外测
脱靶量测量
下靶场测量
C 靶场测量设备
靶场试验
导弹测试系统
外场测试设备

靶场测量设备
shooting range measure equipment
[TJ07]；V216.8
S 靶场设备
C 靶场测量
弹道测量
Z 设备

靶场测试
Y 靶场测量

靶场监测
range monitoring
TJ01
S 检测*
C 靶场安全

靶场设备
range equipment
TJ01；V216.8
S 设备*
F 靶场测量设备
C 试验靶场

靶场射击
range firing
TJ01；TJ3
S 射击*
C 靶场使用射表

靶场使用射表
range operation firing table
TJ01；TJ3
S 射表*
C 靶场射击

靶场试验
range test
TJ01；V216
D 靶试
试验场试验
S 武器试验*
F 打靶试验
C 靶
靶场安全
靶场测量
试验靶场

靶场外测
range field measurement
TJ01；V216
S 靶场测量
Z 测量

靶场效能
weapon shooting range efficiency
TJ01；V216.8
S 效能*

靶弹
target missiles
TJ76
D 靶标导弹
火箭靶
火箭靶弹
S 导弹
Z 武器

靶道
Y 弹道靶

靶道实验
Y 弹道试验

靶道试验
Y 弹道试验

靶机
target drone
V279
D 超音速靶机
低空靶机
高空靶机
航模靶
航模靶机
空靶
模拟靶机
目标飞机
无人靶机
无人驾驶靶机
无人驾驶飞机靶
亚音速靶机
遥控靶机
遥控飞机靶
中高空靶机
中高空飞机靶
S 重于空气航空器
C 靶
无人机
Z 航空器

靶雷
target torpedo
TJ63
D 靶雷(鱼雷)
鱼雷靶
S 射击靶
F 鱼雷声靶
Z 靶

靶雷(鱼雷)
Y 靶雷

靶面
Y 靶

靶瞄准
target pointing
TL6
S 瞄准*

靶球
Y 靶丸

靶区
target area
TE2；TJ01；V216.8
D 靶域
S 工作区*
C 井眼轨迹 →(2)

靶试
Y 靶场试验

靶室
target chamber
TL5
S 加速器设备
C 靶
Z 设备

靶丸*
target pellet
TL
D 靶球
芯块
F 慢化剂芯块
燃料芯块
增殖芯块
C 芯块密度

靶丸注入
pellet injection
TL5；TL6
S 注入*
C 燃料芯块

靶域
Y 靶区

靶子
Y 靶

白光瞄准镜
white light sighting telescope
TJ2
S 光学瞄准镜
Z 瞄准装置

白陶土
Y 活性白土

百万吨级梯恩梯当量
Y TNT 当量

摆锤冲击试验设备
Y 试验设备

摆动磁铁
wiggler magnets
S；TL5
D 波荡器
S 磁性材料*
C 粒子加速器
同步辐射

摆动控制
oscillating control method
V249.122.2
S 姿态控制
F 摆起控制
倒立摆控制
防摆控制
横摆力矩控制
抗摆控制
倾摆控制
Z 飞行控制

摆动理论(外弹道学)
Y 刚体弹道学

摆动喷管
Y 可动喷管

摆动气缸
oscillating cylinder
TH13；V232
D 摆动汽缸
S 气缸
Z 发动机零部件

摆动汽缸
Y 摆动气缸

摆动扫描地球敏感器
Y 地平仪

摆动试验
Y 颠簸试验

摆渡车
ferry push car
V351.3
S 机场特种车辆
Z 车辆

摆起控制
swing-up control
V249.122.2
S 摆动控制
载运工具控制*
C 导航控制系统 →(8)
Z 飞行控制

摆式压缩机
Y 压缩机

摆式阻尼器
Y 减摆阻尼器

摆振试验
shimmy test
TB1；V215
S 振动试验
Z 力学试验

摆振阻尼器
Y 减摆阻尼器

扳机
trigger
TJ2
S 发射机构
Z 枪械构件

班机
Y 旅客机

班机飞行
Y 航线飞行

班期飞行
Y 航线飞行

班用机枪
squad machine gun
TJ24
S 机枪
C 班用枪
Z 枪械

班用枪
squad rifles
TJ2
S 枪械*
C 班用机枪
班用轻机枪
步枪

班用枪族
Y 枪械

班用轻机枪
squad light machine gun
TJ24
S 轻机枪
C 班用枪
Z 枪械

班组武器
Y 班组支援武器

班组支援武器
squad support weapons
TJ2
D 班组武器
S 轻武器*

搬迁技术
Y 迁移

搬运式地面站
Y 移动式卫星地面站

搬运式发射装置
Y 机动发射装置

板*
plate
TG1；TS6
D 板(结构件)
板材结构
触敏控制板
功能板
梁脚板
梁肘板
石棉垫板
F 挠性悬臂板
C 板材 →(1)
板形 →(3)
地板 →(11)
顶板 →(2)
混凝土构造物 →(5)(11)
建筑构件 →(1)(4)(11)
楼板 →(11)
墙板 →(11)

板(结构件)
Y 板

板(燃料)
Y 板型燃料组件

板材结构
Y 板

板件*
panel
TH13
D 板式部件
F 多孔层板
防晃挡板
蒙皮
C 板式翅片 →(1)

板片波形
Y 波形

板式部件
Y 板件

板型燃料组件
fuel plates
TL35
D 板(燃料)
板状燃料
板状燃料元件
板状燃料组件
燃料板
S 燃料元件
Z 反应堆部件

板型叶片
plate blade
TH13；V232.4
D 层板叶片
S 叶片*

板型元件

plate type components
TL35
D 板状元件
S 燃料元件
Z 反应堆部件

板状燃料
Y 板型燃料组件

板状燃料元件
Y 板型燃料组件

板状燃料组件
Y 板型燃料组件

板状元件
Y 板型元件

半被动安全带
Y 安全带

半长轴
semimajor axis
V526
S 轨道参数*

半敞开式座舱
Y 敞开式座舱

半穿甲弹头
Y 半穿甲战斗部

半穿甲战斗部
semi-armor piercing warhead
TJ41
D 半穿甲弹头
内爆式爆破杀伤战斗部
S 常规战斗部
Z 战斗部

半导体电子器件
Y 半导体器件

半导体工艺*
semiconductor technology
TN3
D 半导体加工
半导体加工工艺
半导体生产
半导体生产工艺
半导体微细加工
半导体制造
半导体制造工艺
F 调制掺杂
中子溅射
C 半导体材料 →(3)(4)(5)(7)(9)
半导体衬底 →(7)
半导体电极 →(7)
半导体工艺设备 →(1)(3)(7)
半导体结构 →(7)
半导体器件
电子产品
电子工艺 →(1)(7)
封装 →(1)(4)(7)
光致抗蚀剂 →(7)(9)
集成电路工艺 →(1)(7)
离子束注入

半导体光电探测器
semiconductor photodetector
TL814
S 电子设备*
探测器*
F PIN 光电探测器
金属-半导体-金属光电探测器

半导体加工
Y 半导体工艺

半导体加工工艺
Y 半导体工艺

半导体可饱和吸收反射镜
Y 反射镜

半导体器件*
semiconductor
TN3
D 半导体电子器件
半导体元件
半导体元器件
固态器件
固体器件
F 绝缘栅极晶体管
C 半导体材料 →(3)(4)(5)(7)(9)
半导体衬底 →(7)
半导体工艺
半导体工艺设备 →(1)(3)(7)
半导体结构 →(7)
半导体器件模拟 →(1)
电真空器件
电子器件 →(7)

半导体桥
Y 半导体桥火工品

半导体桥电雷管
Y 半导体桥雷管

半导体桥火工品
semiconductor bridge
TJ45
D 半导体桥
S 火工品零部件
C 发火期
Z 零部件

半导体桥雷管
semiconductive bridge detonator
TJ452
D 半导体桥电雷管
玻璃半导体电雷管
S 雷管
Z 火工品

半导体生产
Y 半导体工艺

半导体生产工艺
Y 半导体工艺

半导体探测器
semiconductor detector
TH7；TL81；TN95
D 半导体探测设备
结型探测器
晶体管探测器
S 探测器*
F PIN 探测器
碲化镉探测器
碲锌镉探测器
碘化汞探测器
硅半导体探测器
面垒探测器
热电探测器
锑化铟半导体探测器
微型半导体探测器
雪崩探测器
锗半导体探测器
C 半导体材料 →(3)(4)(5)(7)(9)
半导体工艺设备 →(1)(3)(7)
位置敏感探测器

半导体探测设备
Y 半导体探测器

半导体微细加工
Y 半导体工艺

半导体元件
Y 半导体器件

半导体元器件
Y 半导体器件

半导体制造
Y 半导体工艺

半导体制造工艺
Y 半导体工艺

半地下发射
Y 导弹发射

半短舱
Y 短舱

半刚接式旋翼
semi-rigid rotor
V275.1
D 半刚性旋翼
半固接式旋翼
半铰接式旋翼
半无铰式旋翼
杠杆式旋翼
跷板式旋翼
跷跷扳式旋翼
跷跷板式旋翼
跷跷板旋翼
S 旋翼*
C 刚接式旋翼
铰接式旋翼

半刚性桨毂
Y 螺旋桨毂

半刚性旋翼
Y 半刚接式旋翼

半功率点
Y 功率点

半固接式旋翼
Y 半刚接式旋翼

半滚倒转
Y 特技飞行

半铰接式旋翼
Y 半刚接式旋翼

半径*

radius
O1
D 长半径
处理半径
等平均半径
根部半径
惯性半径
过渡半径
界面半径
连接半径
球面半径
驱动半径
双半径
损害半径
圆半径
中半径
转角半径
自由半径
最小转向半径
F 爆炸半径
抛撒半径
破坏半径
作用半径

半可燃药筒
semi-combustible cartridge cases
TJ412
D 带金属底座可燃药筒
S 可燃药筒
Z 弹药零部件

半联接
Y 连接

半履带车辆
Y 半履带式车辆

半履带式车辆
semi-tracked vehicle
TJ811
D 半履带车辆
S 履带车辆
Z 车辆

半埋外挂
semisubmerged carriage
V222
D 半埋悬挂
S 外挂*
C 武器挂架

半埋悬挂
Y 半埋外挂

半模
Y 半模型

半模实验
Y 半模型试验

半模试验
Y 半模型试验

半模型
half model
V221
D 半模
半锥体
S 风洞模型
Z 力学模型

半模型试验
half-model test
V211.7
D 半模实验
半模试验
S 模型试验*

半前置点法导引
Y 半前置法导引

半前置法导引
semi-predicted point guidance
TJ765
D 半前置点法导引
S 导引*
C 防空导弹

半前置角法导引
Y 前置点导引

半球聚爆
Y 内爆

半球陀螺
Y 半球谐振陀螺仪

半球谐陀螺
Y 半球谐振陀螺仪

半球谐振陀螺
Y 半球谐振陀螺仪

半球谐振陀螺仪
hemispherical resonant gyro
V241.5；V441
D 半球陀螺
半球谐陀螺
半球谐振陀螺
S 谐振陀螺仪
Z 陀螺仪

半球形燃烧室
Y 球型燃烧室

半失速
Y 失速

半失速状态
Y 失速

半寿命
half-life
TL6；TN8
S 寿命*

半数弹着圆半径
Y 毁伤半径

半数命中半径
Y 毁伤半径

半数杀伤剂量
Y 半致死剂量

半数伤害剂量
medium casualty dosage
TJ92
S 毒害剂量
C 毒剂
Z 剂量

半数失能剂量
medium incapacitating dosage
TJ92
D 中等失能剂量
S 毒害剂量
C 失能性毒剂
Z 剂量

半数致死剂量
Y 半致死剂量

半衰期
half-life
TL92
S 时期*
C 分寿命放射性同位素
毫秒寿命放射性同位素
秒寿命放射性同位素
纳秒寿命放射性同位素
年寿命放射性同位素
天寿命放射性同位素
小时寿命放射性同位素

半无铰式尾桨
Y 尾桨

半无铰式旋翼
Y 半刚接式旋翼

半物理仿真试验
Y 半物理模拟试验

半物理模拟试验
semi-physical simulation experiment
V216
D 半物理仿真试验
S 物理模拟试验
Z 模拟试验
物理试验

半液浮速率陀螺仪
Y 速率陀螺仪

半硬式飞艇
Y 硬式飞艇

半圆头部整流罩
Y 整流罩

半圆柱型腔
Y 型腔

半致死剂量
half lethal dose
TJ92；TL7
D 半数杀伤剂量
半数致死剂量
S 致死剂量
C 毒剂
Z 剂量

半主动激光制导
Y 激光半主动制导

半主动控制起落架
semi-active control landing gears
V226
S 起落架*

半主动悬挂系统
Y 半主动悬挂装置

半主动悬挂装置
semi-active suspension system
TJ81；U2；U4
D 半主动悬挂系统
半主动悬架系统
S 悬挂装置*

半主动悬架系统
Y 半主动悬挂装置

半主动寻的
Y 半主动寻的制导

半主动寻的制导
semiactive homing guidance
TJ765
D 半主动寻的
半主动制导
S 寻的制导
Z 制导

半主动制导
Y 半主动寻的制导

半主动姿态稳定
Y 姿态稳定

半锥体
Y 半模型

半自动点火
Y 自动点火

半自动跟踪系统
Y 自动跟踪系统

半自动红外导引头
Y 红外导引头

半自动火炮
Y 火炮

半自动机
semi-automat
TJ303
S 装填机
Z 火炮构件

半自动榴弹发射器
semi-automatic grenade launcher
TJ29
D 半自动榴弹枪
S 榴弹发射器
Z 轻武器

半自动榴弹枪
Y 半自动榴弹发射器

半自动瞄准
Y 瞄准

半自动炮
Y 火炮

半自动手枪
semi-automatic pistol
TJ21
D 自动装填手枪
S 手枪
C 半自动武器
Z 枪械

半自动武器
semi-automatic weapon
TJ2
S 轻武器*
C 半自动手枪

半自动装填机构
Y 供弹机构

伴飞
Y 伴随飞行

伴生放射性废物
accompanying radioactive waste
TL94；X5
S 废弃物*

伴随飞行
accompanying flight
V323
D 伴飞
S 航空飞行
Z 飞行

伴随轨道
adjoint orbit
V529
S 卫星轨道
Z 飞行轨道

伴随卫星
concomitant satellite
V474
S 人造卫星
Z 航天器
卫星

邦纳球谱仪
Y 环形质谱仪

帮纳球谱仪
Y 中子谱仪

棒(控制)
Y 控制棒

棒(燃料)
Y 燃料棒

棒弹出事故
Y 弹棒事故

棒束
Y 燃料棒束

棒束(燃料元件)
Y 燃料棒束

棒束控制组件
Y 控制棒

包舱运输
chartered cabin transportation
V353
S 航空运输
C 包机运输
Z 运输

包飞机运输
Y 包机运输

包封
encapsulation
TL94；TM2；TN91；TQ32
D 包封法
包封作业
S 工艺方法*
C 包封率 →(9)

包封法
Y 包封

包封作业
Y 包封

包复
Y 包覆

包复率
Y 包覆

包覆*
coating
TB3；TG1；TG9
D 包复
包复率
包覆处理
包覆方法
包覆工艺
包覆技术
包覆性能
表面包覆
表面包覆处理
表面涂覆
玻璃包覆
激光包覆
F 推进剂包覆
C 包覆改性 →(1)(3)
包覆火药 →(9)
包覆剂 →(9)
包覆相 →(3)
表面材料 →(1)
表面掺杂 →(1)
表面处理 →(1)(3)(4)(7)(9)
封装 →(1)(4)(7)
复合覆层 →(3)
化工工艺 →(1)(2)(4)(7)(9)(10)(11)(13)
纳米包覆 →(1)(3)
喷涂 →(3)(9)(11)
热收缩性能 →(10)
循环性能 →(3)(5)

包覆材料
Y 覆层材料

包覆处理
Y 包覆

包覆方法
Y 包覆

包覆工艺
Y 包覆

包覆技术
Y 包覆

包覆颗粒
coated particle
TL2
S 颗粒*
F 包覆燃料颗粒

包覆颗粒燃料
Y 包覆燃料颗粒

包覆燃料颗粒
coated fuel particle
TL2
D 包覆颗粒燃料
涂层燃料颗粒
S 包覆颗粒
燃料颗粒
C 高温气冷型堆
Z 颗粒

包覆性能
Y 包覆

包机运输
charter transportation
V352
D 包飞机运输
S 航空运输
C 包舱运输
Z 运输

包壳(燃料)
Y 燃料包壳

包壳材料
cladding materials
TL34
D 燃料棒包壳材料
S 反应堆材料*
F 液态锂铅

包壳管
cladding tube
TL3
S 管*
C 核燃料

包络*
envelope
O1；TH13
D 包络法
F 大飞行包络
束包络
束流包络
C 包络理论 →(4)
范成法 →(3)
展成 →(3)

包络法
Y 包络

包容性试验
containment test
TB4；V21
S 性能试验*

包套
Y 壳体

保安措施
Y 安全措施

保藏
Y 储藏

保藏方法
Y 储藏

保藏工艺
Y 储藏

保藏技术
Y 储藏

保存期限
Y 储存寿命

保护*
protection
X9；ZT5
D 保护方法
保护类型
F 失超保护
实体保护
真空保护
自保护
C 保护层 →(2)(3)(11)
保护区 →(13)
保护原则 →(1)
电气保护 →(5)(7)(12)(13)
环境保护 →(2)(3)(5)(11)(12)(13)
计算机保护 →(8)
建筑防护 →(11)
通信保护 →(7)
信息保护 →(7)(8)

保护材料
Y 防护材料

保护动作
protection action
TL8；TM7
S 动作*

保护动作整定值
Y 保护整定值

保护方法
Y 保护

保护分析
Y 安全分析

保护工艺
Y 工艺方法

保护类型
Y 保护

保护系统*
protection system
TL4；TM7
D 闭锁式保护系统
闭锁式超范围距离保护系统
乘员头颈保护系统
电源保护系统
过电压保护系统
漏电保护系统
F 反应堆保护系统
金属热防护系统
C 安全体系 →(7)(8)(10)(11)(12)(13)
安全系统
电源保护电路 →(7)

保护整定值
protection setting value
TL8；TM5
D 保护动作整定值
S 数值*

保护自动化
protection automation
V244
D 自动保护
自动保护功能
S 自动化*

保冷材料
Y 保温隔热材料

保暖材料
Y 保温隔热材料

保温材料
Y 保温隔热材料

保温隔热材料*
thermal insulation material
TB3；TU5
D 保冷材料
保暖材料
保温材料
多层隔热材料
防热材料
隔热保温材料
隔热材料
绝热材料
F 隔热瓦
C 保温 →(1)
保温节能 →(11)
保温结构 →(11)
保温砂浆 →(9)
保温温度 →(1)
保温砖 →(11)
玻璃纤维 →(9)(10)
材料
聚苯乙烯泡沫塑料 →(9)
冷藏车 →(4)(12)
莫来石纤维 →(10)
耐热铝基复合材料 →(1)
耐热陶瓷 →(1)(9)
轻质板材 →(11)
石棉 →(10)(11)
石棉纤维 →(10)
衰减系数 →(7)
温控材料 →(1)
蓄热系数 →(1)
岩棉 →(10)(11)

保险备炸装置
Y 保险装置

保险机构
insurance mechanism
TJ2；TJ43
D 安全保险机构
保险机构(引信)
电保险机构
隔离机构
惯性保险机构
化学保险机构
机电保险机构
机械保险机构
解除保险机构
气体保险机构
枪炮保险机构
燃气动力保险机构

射击保险器
手榴弹保险机构
水压保险机构
压力保险机构
引信保险机构
引信保险装置
自动保险机构
S 保险装置*
引信机构
F 后坐保险机构
C 火炮构件
枪械构件
手榴弹部件
稳定性
Z 引信部件

保险机构(引信)
Y 保险机构

保险起爆器
Y 起爆器

保险器
Y 保险装置

保险伞
Y 救生伞

保险引爆器
Y 起爆器

保险装置*
safety device
TH；TJ4；X9
D 安全保险装置
安全起爆装置
保险备炸装置
保险器
联锁(保安措施)
F 保险机构
C 安全措施
安全装置
保险开关 →(5)

保险装置(反应堆安全)
Y 反应堆安全保险装置

保形外挂
conformal carriage
V222
D 保形悬挂
S 外挂*
C 保形油箱

保形悬挂
Y 保形外挂

保形油箱
conformal tanks
V24
S 飞机油箱
C 保形外挂
Z 油箱

保修设备
Y 维修设备

保养设备
maintenance equipment
[TJ07]；TH17；U2
S 设备*

保养维修
Y 维修

保障*
support
X9
D 保障过程
F 弹药保障
航空工程保障
核安全保障
后勤保障
技术保障
生命保障
载人航天生命保障
装备保障

保障车辆*
support vehicles
TJ81；U4
D 车辆保障
辅助车辆
F 工程保障车辆
技术保障车辆
战斗保障车辆
装甲保障车辆

保障度
supportability
TJ01；ZT72
D 保障性
S 程度*
F 备件保障度

保障概率
support probability
TJ01
S 概率*

保障过程
Y 保障

保障性
Y 保障度

保障性评估
supportability assessment
[TJ07]
S 性能评价*

保证负荷
Y 极限荷载

报废弹药
discarded ammunitions
TJ41
S 弹药*
C 废旧炮弹

报警*
alarm
X9
D 报警方式
报警事件
告警
告警技术
警报
F 冲突告警
碰撞预警
鱼雷报警
紫外告警
C 报警灵敏度 →(13)
报警器 →(4)(8)(13)
报警系统
报警装置
系统管理总线 →(8)
灾害防治 →(1)(2)(4)(5)(7)(8)(11)(12)(13)

报警方式
Y 报警

报警设备
Y 报警装置

报警事件
Y 报警

报警网络
Y 报警系统

报警系统*
warning system
TU99；U2；X9
D 报警网络
告警系统
警报系统
警告系统
警戒系统
F 导弹逼近告警系统
故障报警系统
机舱监测报警系统
近地告警系统
失速告警系统
C 安全体系 →(7)(8)(10)(11)(12)(13)
安全系统
报警
报警电路 →(7)
报警记录 →(13)
报警控制 →(8)
报警控制器 →(8)
报警器 →(4)(8)(13)
报警信号 →(7)
避碰
预警系统
总线制 →(8)

报警装置*
warning device
TH6；TH7；X9
D 报警设备
车辆警报装置
地震报警装置
辐射报警装置
告警装置
警报系统装置
警报装置
警告装置
汽车报警装置
汽车警报器
预警设备
预警装置
F 航空遥感报警器
C 安全装置
报警
监测仪器
自动报警系统 →(8)(13)

报时钟

Y 时钟

报纸计数器
Y 计数器

暴露时间
exposure duration
R；TD7；TJ9
S 时间*

暴露污染物
Y 污染物

爆发器
exploder mechanism
TJ45
S 动力源火工品
F 密闭爆发器
Z 火工品

爆发压力
Y 爆炸压力

爆高
Y 炸高

爆高控制
blasting height control
TJ91
S 工程控制*
数学控制*

爆轰*
detonation
TQ56
F 两相爆轰
云雾爆轰
C 内爆

爆轰波形
detonation wave form
O3；TJ410.1；TQ56
S 波形*

爆轰管
detonation tube
TJ45
S 动力源火工品
Z 火工品

爆轰机理
Y 爆轰理论

爆轰理论
detonation theory
O3；TD2；TJ5
D 爆轰机理
S 工程理论*

爆轰特性
Y 爆轰性能

爆轰性能
detonation property
O3；TJ510.1
D 爆轰特性
S 爆炸性能
C 爆破器材
Z 化学性质

爆轰压力
detonation pressure
TJ01
S 压力*

爆击试验
Y 爆震试验

爆聚
Y 内爆

爆破材料
blasting material
TD2；TJ5；TQ56
D 铵油爆破剂
爆破剂
爆破料
爆炸材料
S 材料*

爆破弹
blasting cartridge
TJ412
D 爆破炮弹
S 主用炮弹
F 杀爆弹
C 破片速度
Z 炮弹

爆破弹头
Y 爆破战斗部

爆破弹药引信
Y 炮弹引信

爆破弹引信
Y 炮弹引信

爆破地雷
blast mine
TJ512
S 防步兵地雷
Z 地雷

爆破航弹
Y 爆破炸弹

爆破火箭弹
blast rocket shell
TJ415
S 火箭弹
F 杀伤火箭弹
Z 武器

爆破剂
Y 爆破材料

爆破雷管
Y 雷管

爆破料
Y 爆破材料

爆破榴弹
Y 榴弹

爆破炮弹
Y 爆破弹

爆破片
rupture disk
TH13；TH4；V23
S 电子元器件*
C 压力容器 →(4)

爆破器
demolition kit
TJ51
S 爆破器材
F 火箭爆破器
Z 器材

爆破器材
demolition equipment
TJ51
D 安全爆破器材
爆破器具
爆破系统
爆破装置
爆炸系统
S 器材*
F 爆破器
爆炸物品
起爆器材
震源弹
C 爆轰性能
爆破装药 →(2)
炸药装药 →(9)

爆破器具
Y 爆破器材

爆破燃烧炸弹
blast incendiary bombs
TJ414
S 爆破炸弹
燃烧炸弹
F 滑翔炸弹
Z 炸弹

爆破扫雷
demolition minesweeping
TJ518
S 扫雷*
C 爆破扫雷器

爆破扫雷器
demolition minesweeping device
TJ518
S 地雷扫雷器
C 爆破扫雷
Z 军事装备

爆破顺序
Y 点火次序

爆破筒引信
Y 武器引信

爆破系统
Y 爆破器材

爆破效果
blasting effect
O3；TD2；TJ51
D 爆破作用
S 效果*

爆破效应
Y 爆炸效应

爆破压力
burst pressure

O3；TD2；TJ51
D 最高爆发压力
S 压力*
C 爆速 →(9)
爆炸
煤矿安全炸药 →(2)

爆破药包
demolition charge
TJ515
S 动力源火工品
F 直列药包
Z 火工品

爆破有害效应
poisonous effects of blasting
O3；TJ51
S 爆炸效应*

爆破炸弹
blast bomb
TJ414
D 爆破航弹
低阻爆破炸弹
低阻力爆破炸弹
低阻杀伤爆破炸弹
航空爆破炸弹
S 炸弹*
F 爆破燃烧炸弹
燃料空气炸弹
C 破片速度

爆破战斗部
blast warhead
TJ76
D 爆破弹头
S 常规战斗部
C 破片初速
破片速度
Z 战斗部

爆破振动效应
Y 爆破震动效应

爆破震动效应
vibration effect of blasting
TB4；TD2；TJ51
D 爆破振动效应
S 爆炸效应*
振动效应*

爆破装置
Y 爆破器材

爆破作用
Y 爆破效果

爆燃
deflagration
TD2；TK4；TQ0；TQ56；V231.2
D 爆燃现象
爆震燃烧
等压爆燃
突燃
S 燃烧*
C 可燃气云 →(9)

爆燃控制
conflagration control
TL；U4
S 爆炸控制
工程控制*
Z 安全控制
军备控制

爆燃式发动机
Y 脉冲爆震火箭发动机

爆燃现象
Y 爆燃

爆容
Y 比电容

爆室
explosion chamber
TJ91
D 爆炸洞
S 实验室*
C 地下核试验

爆丝
Y 爆炸桥丝

爆推靶
exploding pusher target
TL5
S 激光聚变靶
Z 靶

爆压
Y 爆炸压力

爆炸*
explosion
O3；TD2；X9
D 爆炸方式
爆炸过程
爆炸模式
F 表面爆炸
成坑爆炸
弹药爆炸
地面爆炸
地下爆炸
核爆炸
空中爆炸
水下爆炸
推进剂爆炸
C 爆破压力
爆炸半径
爆炸开关 →(5)
爆炸能量 →(5)(9)
爆炸驱动 →(8)
爆炸事故 →(13)
爆炸温度 →(9)
冲击影响 →(13)
起爆

爆炸半径
burst radius
O3；TL91
S 半径*
C 爆破参数 →(2)
爆炸

爆炸波传播
Y 传爆

爆炸波效应
Y 冲击波效应

爆炸箔
explosive foil
TJ45
S 火工品零部件
Z 零部件

爆炸箔起爆器
exploding foil initiator
TJ45；TJ51
D 爆炸箔起爆系统
S 起爆器
C 飞片速度
Z 器材

爆炸箔起爆系统
Y 爆炸箔起爆器

爆炸材料
Y 爆破材料

爆炸成形弹丸
Y 爆炸成型弹丸

爆炸成型弹丸
explosive formed projectile
TJ412
D 爆炸成形弹丸
S 弹丸
F 多爆炸成型弹丸
C 聚能装药 →(9)
侵彻
药型罩
Z 弹药零部件

爆炸导火索
Y 导爆索

爆炸地震效应
Y 地下核爆炸效应

爆炸洞
Y 爆室

爆炸二极管
Y 爆炸逻辑元件

爆炸方式
Y 爆炸

爆炸分离
explosive separation
TJ765；V55
S 分离*

爆炸分离试验
explosive separation tests
TJ765.4；V55
S 爆炸试验
Z 武器试验

爆炸分散型化学武器
explosive dispersing type chemical weapons
TJ92
S 化学武器
C 化学导弹
化学炮弹
化学枪榴弹
化学手榴弹
Z 武器

爆炸高度

Y 炸高

爆炸过程
Y 爆炸

爆炸火光
Y 核火球

爆炸火球
Y 核火球

爆炸减压
explosive decompression
V245.3；V444
S 压力处理*

爆炸控制
explosion control
TD7；TJ5；X9
D 爆炸阻断
阻爆
S 安全控制*
军备控制*
F 爆燃控制
炸高控制

爆炸力
explosive power
TJ4；TJ5
S 力*
C 弹药爆炸
炸药爆炸 →(9)

爆炸零门
Y 爆炸逻辑元件

爆炸逻辑零门
Y 爆炸逻辑元件

爆炸逻辑门
Y 爆炸逻辑元件

爆炸逻辑元件
explosive logic element
TJ45
D 爆炸二极管
爆炸零门
爆炸逻辑零门
爆炸逻辑门
爆炸整流器
S 火工品*

爆炸螺钉
Y 爆炸螺栓

爆炸螺帽
Y 爆炸螺母

爆炸螺母
explosive nut
TJ45
D 爆炸螺帽
S 动力源火工品
F 分离螺母
Z 火工品

爆炸螺栓
explosive bolt
TJ45
D 爆炸螺钉
S 动力源火工品
Z 火工品

爆炸铆钉
Y 动力源火工品

爆炸模式
Y 爆炸

爆炸破片
explosion fragment
TJ41
S 破片*

爆炸启动器
Y 爆炸起动器

爆炸起动器
explosive starter
TJ45；TM5
D 爆炸启动器
弹药起动装置
火药起动机
火药起动器
S 起动器*
C 爆炸开关 →(5)

爆炸气体动力学
Y 气体动力学

爆炸桥丝
exploding bridge wire
TJ457
D 爆丝
S 索类火工品
Z 火工品

爆炸杀伤地雷
Y 破片型地雷

爆炸实验
Y 爆炸试验

爆炸式反应装甲
Y 反应装甲

爆炸试验
explosion test
TJ01
D 爆炸实验
实航爆炸试验
S 威力试验
F 爆炸分离试验
Z 武器试验

爆炸索
Y 导爆索

爆炸特性
Y 爆炸性能

爆炸网络
explosion network
TJ45
S 动力源火工品
Z 火工品

爆炸威力
explosion strength
TJ01
S 爆炸性能
C TNT 当量
Z 化学性质

爆炸威力试验
Y 威力试验

爆炸物
Y 爆炸物品

爆炸物检测
explosive detection
TL8
S 检测*
F 地雷检测

爆炸物品
explosive material
TJ45；TQ56
D 爆炸物
S 爆破器材
C 弹药
火工品
Z 器材

爆炸系统
Y 爆破器材

爆炸效果
Y 爆炸作用

爆炸效应*
explosion effect
TJ41；TJ51；TL91
D 爆破效应
F 爆破有害效应
爆破震动效应
核爆炸效应
C 弹药爆炸
核爆炸
效应
炸药爆炸 →(9)

爆炸性能
explosion property
O3；TJ510.1；TQ56
D 爆炸特性
爆炸性质
S 化学性质*
F 爆轰性能
爆炸威力
起爆能力
C 低爆速 →(9)

爆炸性质
Y 爆炸性能

爆炸序列
explosion sequence
TJ456
D 错位爆炸序列
隔爆爆炸序列
S 传爆管
F 爆炸元件
传爆系列
直列式爆炸序列
Z 火工品

爆炸序列元件
Y 爆炸元件

爆炸压力

explosion pressure
TJ01
D 爆发压力
爆压
S 压力*

爆炸延迟元件
explosive delay element
TJ455
D 延期元件(炸药)
S 火工品*
F 延期管
延期装置

爆炸元件
explosive component
TJ45
D 爆炸序列元件
S 爆炸序列
Z 火工品

爆炸整流器
Y 爆炸逻辑元件

爆炸装甲
Y 反应装甲

爆炸阻断
Y 爆炸控制

爆炸作用
explosion action
O3；TJ51；TL91
D 爆炸效果
S 作用*

爆震
knocking
O3；TK4；V23
D 非理想爆震
理想爆震
S 热工故障*
C 爆震试验
点火

爆震强度
knock intensity
V23
S 强度*

爆震燃烧
Y 爆燃

爆震燃烧室
detonation combustion chamber
V232
S 燃烧室*

爆震试验
knocking test
V216.2
D 爆击试验
爆震性能试验
S 发动机试验*
C 爆震

爆震性能试验
Y 爆震试验

背带系统
Y 安全带

北斗/罗兰组合导航系统
big dipper/loran integrated navigation system
V249.3
S 北斗卫星导航系统
导航系统*
综合系统*
Z 航天系统

北斗卫星导航定位系统
Y 北斗卫星导航系统

北斗卫星导航系统
beidou satellites navigation system
V249.3
D 北斗卫星导航定位系统
S 全球导航系统
卫星导航系统
F 北斗/罗兰组合导航系统
Z 导航系统
航天系统

北京正负电子对撞机
Beijing electron positron collider
TL53
D BEPC II 直线加速器
S 电子储存环
Z 储存环

北约制式枪弹
Y 制式枪弹

贝尔鞍形填料
Y 柱填料

贝塔射线计数器
Y 计数器

备份电池
Y 电池

备件保障度
spare part supportability
[TJ07]；TH13
S 保障度
C 备件满足率
Z 程度

备件故障率
spare part failure rate
TH17；TJ0
S 比率*

备件计划
spare part plans
[TJ07]
S 计划*

备件满足率
spare part fill rate
[TJ07]
S 比率*
C 备件保障度

备降场
Y 备降机场

备降机场
alternate aerodrome
V351
D 备降场
备用机场
备用迫降场
预备机场
S 机场
Z 场所

备用撑杆
Y 起落架构件

备用电池
Y 电池

备用机场
Y 备降机场

备用迫降场
Y 备降机场

备用应急飞行操纵系统
Y 飞行操纵系统

背负式进气道
top-mounted intake port
V232.97
D 顶部进气道
S 进气道*

背景辐射
Y 本底辐射

背面 Ar^+轰击
Y 氩离子轰击

背面放映合成摄影
Y 摄影

背鳍(飞机)
Y 机身构件

背枢式弹射座椅
Y 弹射座椅

背压阀
back-pressure valve
TH13；V23
D 回压阀
S 阀门*

背叶片
back blade
TH13；V232.4
S 叶片*

钡同位素
barium isotopes
TL92
S 碱土金属同位素
Z 同位素

倍压加速器
multivoltage accelerators
O4；TL5
D 并激式高频高压加速器
高频高压加速器
高压倍加器
考克饶夫-瓦尔顿加速器
S 静电加速器
Z 粒子加速器

倍增管
Y 电子倍增器

被动安全系统

passive safety system
TL3；X9
D 被动安全装置
非能动
非能动安全
非能动安全系统
非能动部件
非能动系统
S 安全系统*
C 被动安全 →(12)(13)

被动安全性
passive safety
TL3；X9
D 被动安全性能
非能动安全性
S 安全性*
C 被动安全 →(12)(13)
反应堆安全

被动安全性能
Y 被动安全性

被动安全装置
Y 被动安全系统

被动单脉冲导引头
passive monopulse seeker
TJ765
S 雷达导引头
Z 制导设备

被动导引头
passive seeker
TJ765
D 被动式导引头
被动式寻的头
被动寻的装置
无源导引头
S 导引头
F 光电导引头
光学导引头
Z 制导设备

被动电磁装甲
passive electromagnetic armor
TJ811
S 电磁装甲
Z 装甲

被动定轨
passive orbit determination
V526；V556
S 轨道确定*

被动段
inertial flight phase
TJ76
D 惯性飞行段
滑行段
滑行路线
滑行行程
S 导弹飞行段*

被动防护
passive protection
TJ811
D 被动防御
被动式防护
消极防护
S 防护*
C 被动攻击 →(8)

被动防御
Y 被动防护

被动雷达导引头
passive radar seeker
TJ765
S 雷达导引头
Z 制导设备

被动热控制
passive thermal control
V245.3；V444
D 被动式热控制
S 物理控制*
主被动控制*

被动声探测
passive acoustic detection
TJ6
S 声探测
Z 探测

被动式测地卫星
Y 测地卫星

被动式导引头
Y 被动导引头

被动式防护
Y 被动防护

被动式热控制
Y 被动热控制

被动式悬挂系统
Y 悬挂装置

被动式寻的头
Y 被动导引头

被动探测
Y 无源探测

被动卫星姿态控制系统
Y 卫星姿态控制系统

被动稳定
Y 无源稳定

被动寻的
Y 被动制导

被动寻的制导
Y 被动制导

被动寻的装置
Y 被动导引头

被动制导
passive guidance
TJ765；V448
D 被动寻的
被动寻的制导
S 寻的制导
Z 制导

被动姿态控制
passive attitude control
V249.122.2
S 主被动控制*
姿态控制
Z 飞行控制

被动姿态稳定
Y 姿态稳定

被动自导
passive homing
TJ63
S 鱼雷自导
Z 制导

被迫跳伞
Y 跳伞

奔月飞行
Y 月球飞行

奔月轨道
Y 环月轨道

本场飞行
Y 场内飞行

本底辐射
background radiation
O4；P1；TL7
D 背景辐射
大地本底
S 辐射*
C 残余辐射

本体稳定姿态控制系统
Y 姿态控制系统

崩裂聚变
Y 不完全熔合反应

泵*
pump
TH3
D 泵类
泵型
变向泵
串并联泵
单腔动作室
单腔分泵
对角泵
多功能泵
多头泵
反泵
复式泵
高能泵
高效泵
高质泵
滑板泵
机泵
机动泵
轮泵
螺桨泵
门泵
膜片泵
F 飞机供油泵
控制泵
C 泵零件 →(4)
泵试验 →(4)
泵性能 →(4)
泵站 →(2)(4)(11)(13)
泵站技术改造 →(4)(11)

出水管 →(11)
发泡机 →(9)
铝铬砖 →(9)(11)
螺旋挤出成型 →(9)
泡沫 →(1)(2)(9)(10)(11)(13)
泡沫分离 →(9)
泡沫陶瓷 →(9)
泡罩包装 →(1)
运行特性

泵冲数计数器
Y 计数器

泵类
Y 泵

泵轮
pump impeller
TH13；V232.4
S 转子叶片
Z 叶片

泵型
Y 泵

鼻锥
Y 飞行器头部

匕首
dagger
TJ28
S 冷兵器*
F 军用匕首

匕首枪
dagger pistol
TJ27
D 匕首手枪
S 特种枪
Z 枪械

匕首手枪
Y 匕首枪

比*
ratio
O1
D 比例
F 导弹质量比
涵道比
厚弦比
环径比
活度比
临界压力比
落压比
喷管面积比
氢氘比
升阻比
同位素比
推进剂质量比
推重比
有效载荷质量比
增压比
增殖比
展弦比
质子比
C 比例尺度 →(1)
比率
信噪比 →(1)(7)

比不平衡
Y 平衡

比冲
Y 比推力

比冲量
Y 比推力

比电容
specific capacity
TL38
D 爆容
比能量
比容量
储能密度
S 电性能*

比高
Y 比例爆高

比耗
Y 燃料消耗率

比空气重的飞行器
Y 重于空气航空器

比例
Y 比

比例爆高
scaled burst height
TJ91
D 比高
比例爆炸高度
核爆炸比高
S 炸高
Z 高度

比例爆炸高度
Y 比例爆高

比例尺比率
Y 标度因数

比例导航
Y 比例导引

比例导引
proportional navigation
TJ765
D 比例导航
比例导引法
比例接近法引导
比例引导
S 导引*
F 变结构比例导引
变系数修正比例导引
纯比例导引
积分比例导引
扩展比例导引
脉冲比例导引
偏置比例导引
虚拟目标比例导引
C 防空导弹

比例导引法
Y 比例导引

比例计数器
Y 计数器

比例接近法引导
Y 比例导引

比例控制*
proportional control
TP2
F 气动比例控制
气动伺服控制
C 数学控制
系统控制 →(3)(4)(5)(8)(11)(13)

比例模型
Y 缩尺模型

比例伺服系统
Y 伺服系统

比例引导
Y 比例导引

比率*
ratio
O1
D 比数
比值
率值
F 备件故障率
备件满足率
迟缓率
氡析出率
飞机完好率
活化率
计数率
剂量当量率
爬升率
跑道失效率
曲率
燃料消耗率
烧蚀率
注量率
装填率
C 比
化学比率 →(1)(3)(9)(10)
回收率 →(2)(3)(5)(9)(10)(13)
收率 →(1)(2)(3)(9)(10)
速率 →(1)(2)(3)(5)(7)(8)(9)(10)(11)(12)(13)
物理比率
吸收率 →(1)(5)(7)

比能量
Y 比电容

比容量
Y 比电容

比赛步枪
Y 比赛用枪

比赛弹
Y 比赛枪弹

比赛枪弹
match cartridge
TJ411
D 比赛弹
竞赛弹
运动步枪弹
运动步枪子弹
运动枪弹
S 民用枪弹

C 比赛用枪
Z 枪弹

比赛用枪
match rifle
TJ2
D 比赛步枪
运动步枪
运动枪
S 民用枪械
C 比赛枪弹
标准手枪
Z 枪械

比数
Y 比率

比推力
specific impulse
V430
D 比冲
比冲量
S 推力*
C 发动机参数
能量特性
热工参数 →(4)(5)

比相雷达引信
Y 雷达引信

比相引信
Y 无线电引信

比油耗
specific fuel consumption
TK4；V23；V46
S 消耗*

比值
Y 比率

笔式枪
Y 钢笔手枪

笔试记录仪
Y 记录仪

毕托管
Y 空速管

毕兹
BZ agent
TJ92
D BZ 毒剂
S 失能性毒剂
Z 毒剂

闭轨校正
closed orbit correction
TL5
S 校正*

闭合等离子体装置
closed plasma devices
TL63
S 热核装置*
F 大型螺旋装置
仿星器
环形箍缩装置
紧凑环
螺旋器
内环装置
托卡马克
C 环径比

闭合式斤斗
Y 闭合式筋斗

闭合式筋斗
closed loop
V323
D 闭合式斤斗
S 飞机筋斗
Z 飞行

闭合装置
closing unit
V23
S 装置*
C 闭合继电器 →(5)

闭环光纤陀螺
closed loop fiber optic gyroscope
V241.5
S 光纤陀螺
Z 陀螺仪

闭环火控系统
closed-loop fire control system
TJ31；TJ811
D 闭环火力控制系统
S 火控系统
自动控制系统*
Z 武器系统

闭环火力控制系统
Y 闭环火控系统

闭环校射
closed-loop fire correction
TJ3
S 校射*

闭环遥测系统
Y 遥测系统

闭环遥控系统
Y 遥控系统

闭口风洞
Y 低速风洞

闭口式风洞
Y 低速风洞

闭路加油
Y 加油

闭路式风洞
Y 低速风洞

闭路制导
closed-loop circuit guidance
TJ765；V448
S 惯性制导
Z 制导

闭气炮闩
Y 炮闩

闭式段风洞
Y 低速风洞

闭式回流风洞
Y 回流式风洞

闭式回路供氧面罩
Y 氧气面罩

闭式加油
Y 压力加油

闭式螺旋桨轴
Y 螺旋桨轴

闭式叶盘
closed blisk
V232
S 叶盘
Z 盘

闭式座舱
Y 密闭座舱

闭锁机
Y 闭锁装置

闭锁机构
Y 闭锁装置

闭锁式保护系统
Y 保护系统

闭锁式超范围距离保护系统
Y 保护系统

闭锁斜面
Y 闭锁装置

闭锁装置
locking device
TJ2；TJ3
D 闭锁机
闭锁机构
闭锁斜面
断线闭锁装置
开闩机构
开锁机构
拉杆机构
炮闩摆动式闭锁机
炮闩起落式闭锁机
炮膛闭锁机构
炮膛闭锁装置
枪械闭锁机构
退弹机构
C 闭锁开关 →(5)
防误闭锁 →(8)
机械装置 →(2)(3)(4)(12)

壁*
wall
TU2
D 砌壁
F 开缝壁
喷管壁
C 墙 →(2)(3)(7)(9)(11)(12)(13)

壁板
Y 饰面

壁边界层
wall boundary layer
V211
S 边界层

F 端壁附面层
Z 流体层

壁厚设计
Y 结构设计

壁面干扰
Y 洞壁干扰

壁面干涉
Y 洞壁干扰

壁面效应
wall effect
O3；V211.74
S 效应*

壁面压力
wall pressure
V211
D 壁压
S 压力*
C 边界层

壁温试验
wall temperature test
V216
S 环境试验*
C 壁温测量 →(1)

壁压
Y 壁面压力

避弹衣
Y 防弹衣

避雷试验
lightning tests
TU8；V216
D 雷击试验
S 自然环境试验
C 防雷 →(5)(11)
Z 环境试验

避免碰撞
Y 避碰

避碰*
collision avoidance
U4；U6；V249
D 避免碰撞
避碰操作
避碰策略
避碰措施
避碰规划
避碰撞
避撞
防碰撞
防相撞
防止碰撞
防撞
横向防撞
交叉路口防撞
碰撞防护
碰撞回避
天车防撞
无碰撞
智能防撞
自动防撞
纵向防撞
F 航行避碰
C 报警系统
避让
船舶碰撞 →(12)
导航系统
飞行安全
轨迹规划 →(8)
航标 →(7)(12)
简单气象飞行
空中相撞
碰撞 →(1)(12)(13)
汽车行驶 →(12)
转向幅度 →(4)(12)
最晚施舵点模型 →(12)
最优路径规划 →(8)

避碰操纵
Y 航行避碰

避碰操作
Y 避碰

避碰策略
Y 避碰

避碰措施
Y 避碰

避碰规划
Y 避碰

避碰航行操纵
Y 航行避碰

避碰撞
Y 避碰

避让*
avoidance
U2；U6；V249
D 安全避让
回避
F 威胁回避
C 避碰

避让操纵
Y 航行避碰

避让航行操纵
Y 航行避碰

避撞
Y 避碰

边角废料
Y 废料

边界*
boundary
K；O1；ZT72
D 分区界线
界线
境界线
F 颤振边界
喘振边界
失速边界
失稳边界
C 界面 →(1)(2)(3)(5)(7)(11)(13)
控制线 →(11)(12)

边界层
boundary layer
V211
D 边界层内层
边界层外层
不平衡边界层
低能边界层
附面层
S 流体层*
F 壁边界层
层流边界层
超音速边界层
大气边界层
非定常边界层
可压缩边界层
热边界层
三维边界层
湍流边界层
温度边界层
行星边界层
C 壁面压力
边界层转捩
流体流

边界层动量厚度
Y 边界层厚度

边界层动量损失厚度
Y 边界层厚度

边界层分离
boundary layer separation
O3；V211
D 附面层分离
S 分离*
F 湍流边界层分离
C 边界层稳定性
攻角
零升力
气动失速
扰流器
旋转失速

边界层风洞
boundary layer wind tunnel
V211.74
D 大气边界层风洞
S 风洞*

边界层干扰
boundary layer interaction
V211.46
S 气动干扰*

边界层厚度
boundary layer thickness
V211
D 边界层动量厚度
边界层动量损失厚度
边界层能量损失厚度
附面层厚度
S 厚度*
F 边界层位移厚度
C 边界层流

边界层计算
boundary layer calculation
V211
S 计算*

边界层空气动力学
Y 工业空气动力学

边界层控制
boundary layer control
V211
D 层流控制
附面层控制
S 控制*
流体控制*
F 层流边界层控制
附面层吸除

边界层理论
boundary layer theory
V211
D 附面层理论
模糊边界层理论
S 流动理论
Z 理论

边界层流
boundary laminar flow
V211
S 层流
C 边界层厚度
雷诺数
马格努斯效应
Z 流体流

边界层内层
Y 边界层

边界层能量损失厚度
Y 边界层厚度

边界层燃烧
Y 附面层燃烧

边界层外层
Y 边界层

边界层位移厚度
boundary layer displacement thickness
V211
S 边界层厚度
Z 厚度

边界层稳定性
boundary layer stability
V211
D 附面层稳定性
S 稳定性*
C 边界层分离
气动稳定性

边界层吸附
boundary layer suction
O3；V211
D 边界层吸入
边界层注射
附面层抽吸
界面粘附
S 吸附*

边界层吸入
Y 边界层吸附

边界层效应
boundary layer effects
V211
S 效应*

边界层注射
Y 边界层吸附

边界层转变
Y 边界层转捩

边界层转捩
boundary layer transition
V211
D 边界层转变
附面层转捩
S 转捩*
F 高超声速边界层转捩
平板边界层转捩
C 边界层
雷诺数
转捩层

边界单元法
Y 边界元法

边界积分法
Y 边界元法

边界识别
boundary identification
TL6
S 识别*

边界涡
Y 附着涡

边界涡量流
Y 附着涡

边界元
Y 边界元法

边界元法
boundary element method
O1；TU4；V211
D 边界单元法
边界积分法
边界元
边界元素法
直接边界元法
S 有限元法*
C 边界条件 →(1)

边界元素法
Y 边界元法

边框
Y 门窗

边条
edging
V224
S 气动操纵面
Z 操纵面

边条机翼
Y 边条翼

边条涡
strake vortex
V211
S 涡流*

边条翼
strake wing
V224
D 边条机翼
涡流边条
S 机翼*
C 后掠翼
机翼边条

边条翼布局
Y 边条翼构型

边条翼构型
strake-wing configurations
V221
D 边条翼布局
S 飞机构型
Z 构型

边缘*
edge
ZT2；ZT74
F 后缘
前缘
叶片尾缘

边缘发火步枪弹
Y 步枪弹

边缘发火枪弹
Y 步枪弹

边缘方向
edge direction
TH11；V23
S 方向*
C 边缘检测 →(8)

编程
Y 程序设计

编程法
Y 程序设计

编程方法
Y 程序设计

编程风格
Y 程序设计

编程技术
Y 程序设计

编程设计
Y 程序设计

编程特点
Y 程序设计

编队保持
Y 编队飞行

编队飞行
formation flight
V323
D 编队保持
飞机编队飞行
椭圆轨道编队飞行
S 航空飞行
F 近距离编队飞行
C 测高精度 →(7)

飞行控制
飞行控制系统
简单气象飞行
Z 飞行

编队飞行控制
Y 飞行控制

编队飞行控制系统
Y 飞行控制系统

编队飞行卫星
Y 卫星编队飞行

编队飞行卫星群
Y 卫星编队飞行

编队飞行小卫星
small satellite formation flying
V474
D 编队小卫星
S 小卫星
Z 航天器
卫星

编队飞行星座
Y 编队星座

编队构形
formation configuration
V32
D 编队重构
S 构型*

编队卫星
Y 卫星编队飞行

编队小卫星
Y 编队飞行小卫星

编队星座
formation satellite constellation
V474；V52
D 编队飞行星座
S 星座*

编队重构
Y 编队构形

编码成像
coded imaging
TL6
S 成像*

编制程序
Y 程序设计

蝙蝠雷
Y 特种地雷

扁平炮塔
Y 坦克炮塔

扁平扇形喷嘴
flat-spray nozzle
TH13；TK2；V232
S 喷嘴*
C 喷射角 →(4)

变安装角机翼
Y 变形机翼

变叉耦合旋动错觉
cross-coupled gyral illusion
R；V32
S 飞行错觉*
C 躯体旋动错觉

变传动比飞行控制
variable gain flight control
V249.1
D 变增益飞行控制
S 飞行控制*
机械控制*

变传动比自动飞行控制系统
Y 自动飞行控制系统

变反角机翼
Y 变形机翼

变反三角机翼
Y 变形机翼

变反三角翼
Y 变形机翼

变风压风洞
Y 风洞

变轨
orbit changing
V526
D 变轨技术
轨道变换
S 轨道运行
F 机动变轨
脉冲变轨
气动力辅助变轨
小推力变轨
Z 运行

变轨发动机
orbit maneuver engine
V439
D 轨道转移火箭发动机
S 火箭发动机
F 轨道机动发动机
近地点发动机
远地点发动机
Z 发动机

变轨技术
Y 变轨

变轨控制
transfer orbital control
V448；V526
D 轨道变更控制
S 轨道控制
C 航天器对接
Z 轨迹控制

变后掠机翼
Y 变后掠翼

变后掠翼
variable sweep wing
V224
D 变后掠机翼
S 后掠翼
C 变后掠翼飞机
箭形机翼
Z 机翼

变后掠翼布局
Y 气动构型

变后掠翼飞机
variable sweep wing aircraft
V271
D 变翼飞机
后掠翼飞机
可变翼飞机
S 飞机*
C 变后掠翼
超临界机翼
三角翼飞机

变化*
change
ZT5
F 反应性变化
衰变
C 波动 →(1)(3)(4)(5)(7)(8)(11)

变换*
transformation
O1；ZT5
D 变换方法
F 姿态角变换
C 切换 →(1)(4)(5)(7)(8)(12)
置换 →(1)(7)(11)(13)
转化 →(1)(5)(9)(13)
转换

变换方法
Y 变换

变换杆
Y 快慢机

变级压缩机
Y 压缩机

变几何发动机
Y 变循环喷气发动机

变几何机翼
Y 后掠翼

变几何喷气发动机
Y 变循环喷气发动机

变几何设计
variable geometrydesign
V221
S 发动机设计*

变几何涡轮
variable geometry turbine
V232.93
S 涡轮*

变几何形状喷气发动机
Y 变循环喷气发动机

变几何形状
Y 后掠翼

变结构比例导引
variable structure proportional navigation
TJ765
S 比例导引

Z 导引

变结构滑模控制
Y 滑模变结构控制

变结构自适应控制
Y 自适应变结构控制

变截面涡轮增压
variable geometry turbocharger
V23
S 涡轮增压
Z 增压

变截面叶片
Y 扭曲叶片

变矩螺旋桨
Y 可调螺距螺旋桨

变距风扇
Y 涡轮风扇

变距机构
variable distance mechanism
V228
S 机械机构*

变距桨
Y 可调螺距螺旋桨

变距铰
Y 旋翼部件

变距螺桨
Y 可调螺距螺旋桨

变距螺旋桨
Y 可调螺距螺旋桨

变量荷载
Y 动载荷

变量化设计
variational design
V221
D 变量设计
S 设计*

变量设计
Y 变量化设计

变量载荷
Y 动载荷

变螺距螺旋桨
Y 可调螺距螺旋桨

变密度风洞
variable density tunnel
V211.74
S 风洞*

变频交流电源系统
Y 交流供电系统

变频伺服系统
Y 伺服系统

变前掠翼
variable forward-swept wing
V224
S 前掠翼
Z 机翼

变前置角法导引
Y 前置点导引

变容积机飞机环境控制系统
Y 飞机环控系统

变容积式飞机环控系统
Y 飞机环控系统

变三角翼
Y 变形机翼

变色导爆管
color-changeable shock-conducting tube
TJ45
S 导爆管
Z 火工品

变输入转速机构
Y 调速装置

变速调制盘叶片
Y 叶片

变速发电机
Y 发电机

变速恒频电源系统
Y 飞机电源系统

变速控制力矩陀螺
variable speed control moment gyros
V241.5
S 控制力矩陀螺
Z 陀螺仪

变速摄影
Y 摄影

变推力发动机
Y 变推力火箭发动机

变推力火箭发动机
variable thrust rocket engine
V439
D 变推力发动机
可调推力发动机
可调推力火箭发动机
可控推力火箭发动机
S 火箭发动机
Z 发动机

变推力液体火箭发动机
Y 液体火箭发动机

变弯度机翼
Y 变形机翼

变弯度叶片
Y 弯叶片

变稳定性飞机
variable stability aircraft
V271.3
D 变稳飞机
空中飞行模拟机
空中飞行模拟器
S 研究机
C 变稳定性飞行控制
Z 飞机

变稳定性飞行控制
variable stability flight control
V249.1
D 变稳飞行控制
可变稳定性飞行控制
S 飞行控制*
稳定控制*
C 变稳定性飞机

变稳飞机
Y 变稳定性飞机

变稳飞行控制
Y 变稳定性飞行控制

变系数修正比例导引
variable coefficient corrected propotional guidance
TJ765
S 比例导引
Z 导引

变向泵
Y 泵

变向设备
Y 瞄准装置

变形*
deformation
O3；TB3
D ECAP 变形
变形方式
变形分配度
变形过程
变形力作用线
变形路径迭代
变形特点
变形效果
变形行为
变形影响
变形原因
底鼓机理
模样变形
无变形
形变
F 碘坑
固化变形
C 奥氏体相变 →(3)
变形奥氏体 →(3)
变形参数 →(1)(3)(4)(10)(11)
变形分布 →(3)
变形分析 →(11)
变形监测 →(11)
变形力 →(3)
变形量 →(1)(4)
变形孪晶 →(3)
变形缺陷 →(3)(4)
变形特性 →(1)(2)(11)
变形应力 →(1)
变形预测 →(2)
材料生产 →(1)(4)
弹性极限 →(1)
防变形 →(1)(3)
构件变形 →(1)(2)(3)(4)(5)(9)(10)(11)(12)
加工变形 →(1)(3)(4)(9)(11)
拉伸 →(1)(2)(3)(9)(10)(11)
力学性能

挠度 →(1)(4)(11)(12)
屈服点 →(1)
松弛 →(1)(3)(5)(7)(11)
形变马氏体 →(3)
应变
中性角 →(3)

变形方式
Y 变形

变形飞机
transformation planes
V271
D 变形飞行器
S 飞机*

变形飞行器
Y 变形飞机

变形分配度
Y 变形

变形过程
Y 变形

变形机翼
reconfigurable wing
V224
D 变安装角机翼
变反角机翼
变反三角机翼
变反三角翼
变三角翼
变弯度机翼
变形翼
变迎角机翼
变展长机翼
机翼变形
几何扭转翼
S 机翼*

变形力作用线
Y 变形

变形路径迭代
Y 变形

变形镍基合金涡轮盘
Y 燃气涡轮盘

变形特点
Y 变形

变形无人机
Y 无人机

变形效果
Y 变形

变形行为
Y 变形

变形翼
Y 变形机翼

变形影响
Y 变形

变形原因
Y 变形

变型枪
Y 枪械

变性*
denaturation
TG2；TH16
D 变性处理
F 推进剂流变性
C 变性淀粉 →(10)
改性
理化性质 →(1)(2)(3)(9)(10)(11)(13)
性能

变性处理
Y 变性

变循环
variable cycle
V231
S 循环*

变循环发动机
Y 变循环喷气发动机

变循环喷气发动机
variable cycle jet engine
V235
D 变几何发动机
变几何喷气发动机
变几何形状喷气发动机
变循环发动机
交几何形状喷气发动机
可变几何发动机
可变循环发动机
S 涡轮喷气发动机
C 可调喷管
Z 发动机

变压变频电源系统
Y 飞机电源系统

变压变频交流电源系统
Y 交流供电系统

变压力风洞
Y 风洞

变异点
change point
V23
S 点*
C 年径流 →(11)

变异设计
Y 设计

变翼飞机
Y 变后掠翼飞机

变迎角机翼
Y 变形机翼

变载机构
Y 机构

变增益飞行控制
Y 变传动比飞行控制

变栅距风扇
Y 涡轮风扇

变展长机翼
Y 变形机翼

变阻尼悬挂系统
Y 悬挂装置

变阻式加热器
Y 电阻加热器

便携式γ能谱仪
portable γ spectrometer
TL81
D 便携式γ谱仪
S γ谱仪
便携式谱仪
Z 谱仪

便携式γ谱仪
Y 便携式γ能谱仪

便携式布洒器
Y 布撒器

便携式导弹
portable missile
TJ76
D 轻便导弹
S 导弹
Z 武器

便携式地对空导弹
Y 便携式防空导弹

便携式地空导弹
Y 便携式防空导弹

便携式反坦克导弹
portable anti-tank missiles
TJ76
S 反坦克导弹
Z 武器

便携式防空导弹
portable antiaircraft missile
TJ76
D 便携式地对空导弹
便携式地空导弹
S 防空导弹
C 低空防空武器
Z 武器

便携式防空导弹系统
portable antiaircraft missile systems
TJ76
S 防空导弹系统
Z 导弹系统
防御系统

便携式火箭
Y 火箭

便携式火箭发射装置
Y 火箭发射装置

便携式喷毒器
Y 布撒器

便携式谱仪
portable spectrometer
TL81
S 谱仪*
F 便携式γ能谱仪

便携式生命保障系统

Y 轻便生命保障系统

便携式探雷器
Y 单兵探雷器

标称功率
Y 额定功率

标称轨道
nominal orbits
V529
S 航天器轨道
Z 飞行轨道

标称轨道位置
Y 轨道位置

标称马力
Y 额定功率

标称能力
Y 额定功率

标定*
calibration
TH7
D 标定常数
标定方法
测头标定
F 在轨标定
C 标定精度 →(4)
仪表检测 →(1)(4)
仪器调试 →(4)

标定常数
Y 标定

标定方法
Y 标定

标定功率
Y 额定功率

标定推力发动机
Y 航空发动机

标度模型
Y 缩尺模型

标度因数
scaling factor
TH7；V241
D 比例尺比率
尺寸比例尺比率
刻度因数
S 因子*

标记
Y 标志

标记代谢库技术
labelled pool technique
TL99
S 示踪技术
C 标志
同位素标记
Z 技术

标记化合物
labelled compounds
O6；TL92
D 示踪化合物

C 闪烁扫描
双标记
同位素标记
无载体同位素

标距
gauge length
TG1；TQ33；V23
S 距离*
C 材料试验机 →(4)

标模
Y 风洞模型

标时系统
Y 时统系统

标识
Y 标志

标志*
symbol
ZT99
D 标记
标识
F 飞机标志
双标记
C 标记代谢库技术
标记语言 →(8)
同位素交换
无载体同位素

标志弹
Y 染色弹

标准*
standards
G
D 相关标准
F 辐射防护标准
航空航天标准
军用标准
C 标准化 →(1)(3)(8)(12)
规范
规格 →(1)(2)(3)(4)(7)(8)(9)(10)
信息产业标准 →(1)(7)(8)(13)
准则

标准波形
Y 波形

标准磁罗经
Y 磁罗经

标准大气条件
Y 大气条件

标准大气状态
Y 大气条件

标准弹道
standard trajectory
TJ76
S 外弹道
Z 弹道

标准氡室
standard radon chamber
TH7；TL8
S 氡测量仪
Z 探测器

标准废水
Y 废水

标准功率
Y 额定功率

标准轨道
standard orbit
V529
S 航天器轨道
Z 飞行轨道

标准化规范
Y 规范

标准具
Y 干涉仪

标准模型(风洞)
Y 风洞模型

标准气象条件
Y 非标准气象条件

标准气压高度
Y 气压高度

标准燃烧室
standard combustion chambers
TQ52；V232
S 燃烧室*

标准手枪
standard pistol
TJ21
S 手枪
C 比赛用枪
Z 枪械

标准线
Y 基线

标准源
standard sources
TB9；TL84
D 国际标准源

标准再入轨道
Y 再入轨道

标准总线
Y 总线

表层*
surface layers
ZT6
D 表面层
表面层结构
表面层模型
界面层
面层
面层结构
F 锂铅包层
液态包层
C 表面涂层 →(1)(3)(10)
表面组织 →(3)
镀层 →(3)(7)(9)
结构层
界面 →(1)(2)(3)(5)(7)(11)(13)
膜
润湿 →(10)

涂层
吸附

表层缺陷
Y 表面缺陷

表尺
aiming rule
TJ2
S 瞄准机构
Z 枪械构件

表定修正量
Y 射击校正量

表观马赫数
Y 马赫数

表观缺陷
Y 表面缺陷

表观迎角
Y 攻角

表决工程系统
Y 工程系统

表面*
surface
ZT6
D 凹坑表面
擦痕表面
定位表面
多重分形表面
分界表面
工程表面
工作表面
过渡表面
均匀表面
控制表面
磨合表面
内孔表面
抛光表面
偏置表面
入射表面
升华表面
实际表面
完全光滑表面
亚表面
原表面
支撑表面
织构表面
主要表面
组合表面
F 飞机表面
C 表面处理 →(1)(3)(4)(7)(9)
表面分析 →(3)
界面 →(1)(2)(3)(5)(7)(11)(13)
面 →(1)(3)(4)(11)
型面

表面安定性
Y 稳定性

表面包覆
Y 包覆

表面包覆处理
Y 包覆

表面爆炸
surface explosion
O3；TL91
S 爆炸*

表面层
Y 表层

表面层结构
Y 表层

表面层模型
Y 表层

表面疵病
Y 表面缺陷

表面放电点火器
Y 点火器

表面放射性沾污
Y 放射性沾染

表面辐射
surface radiation
TL
S 辐射*

表面裂纹探测
Y 表面探测

表面膜
Y 膜

表面缺陷*
surface defects
TG2
D 表层缺陷
表观缺陷
表面疵病
表面质量缺陷
F 碘坑
C 凹坑 →(3)
表面毛化 →(3)
表面纵裂 →(1)(3)
夹杂物 →(3)
裂纹缺陷 →(4)
麻坑 →(11)
涂层缺陷 →(3)
外观缺陷 →(1)(2)(3)(4)(5)(9)(10)(11)
修复
锈蚀 →(3)
氧化铁皮 →(3)
铸坯缺陷 →(3)

表面燃烧
surface combustion
V231.1
S 推进剂燃烧
C 表面点火 →(5)
Z 燃烧

表面热流
surface heat flow
V211
S 流体流*
C 表面传热系数 →(3)

表面烧蚀
surface ablation
TJ76；V525
S 烧蚀*
C 大气再入
烧蚀深度

表面升力分布
Y 升力

表面势垒探测器
Y 面垒探测器

表面探测
surface detection
V214
D 表面裂纹探测
S 探测*

表面涂覆
Y 包覆

表面稳定燃烧
Y 稳定燃烧

表面污染源
Y 污染源

表面吸附
Y 吸附

表面硬化装甲
Y 特种装甲

表面张力贮箱
surface tension tank
V233；V432
D 局部管理式表面张力贮箱
全管理式表面张力贮箱
S 推进剂贮箱
Z 贮箱

表面质量缺陷
Y 表面缺陷

表示盘
Y 指示器

表示设备
Y 指示器

表速
Y 飞行速度

表压力
Y 压力

表演飞机
demonstrator
V271
S 飞机*

表演飞行
flight performance
V323
D 飞机空中表演
飞行表演
航空表演
演示飞行
S 航空飞行
Z 飞行

冰冻
Y 结冰

冰冻试验

Y 结冰试验

冰风洞
icing wind tunnel
V211.74
D 结冰风洞
S 低速风洞
Z 风洞

冰凝汽器
ice condensers
TL35
D 冷凝器(用冰)
S 冷却装置*
C 反应堆冷却剂系统

冰上起降
Y 冰上起落

冰上起落
take-off and landing on ice
V32
D 冰上起降
雪上起降
雪上起落
S 起落
C 滑橇式起落架
Z 操纵

冰形
Y 结冰

兵器
Y 武器

兵器材料
Y 武器材料

兵器工业
Y 武器工业

兵器试验
Y 武器试验

兵器系统
Y 武器系统

兵器装备
Y 武器

兵员装甲运输车
Y 装甲人员输送车

丙种射线
Y γ射线

并串联起爆系统
Y 起爆器材

并激式高频高压加速器
Y 倍压加速器

并联火箭发动机
multi-rocket engine cluster
V439
D 火箭发动机组
集束式火箭发动机
S 火箭发动机
Z 发动机

并联可靠性
Y 可靠性

并联式运载火箭
Y 捆绑式运载火箭

并联式作动器
Y 作动器

并联引爆系统
Y 引爆装置

并联致动器
Y 作动器

并联座舱
Y 座舱

并列助推器发动机
Y 助推火箭发动机

并列作动器
Y 作动器

并列座舱
Y 座舱

并行子空间算法
parallel subspace algorithms
V247
S 算法*

并行子空间优化
concurrent subspace optimization
V221
S 优化*

病毒类生物战剂
virus biological agent
TJ93
D 东部马脑炎病毒
东马病毒
俄国春夏脑炎病毒
非洲出血热病毒
剂孔贡雅病毒
立夫特山谷热病毒
裂谷热病毒
马尔堡病毒
森林脑炎病毒
委马病毒
委内瑞拉马脑脊髓炎病毒
西部马脑脊髓炎病毒
西马病毒
S 生物战剂
F 炭疽病毒
Z 武器

拨转作动器
Y 作动器

波*
wave
O4
F 阿尔芬波
辐射热波
激波
快波
炮口冲击波
膨胀波
枪口冲击波
水中冲击波
随行波
C 微波 →(1)(7)
小波 →(1)(7)(8)

波瓣喷管
lobed nozzle
V232.97
S 喷管*

波荡器
Y 摆动磁铁

波动计数器
Y 计数器

波动陀螺
fluctuation gyro
V241.5
S 陀螺仪*
F 固体波动陀螺

波浪热病原体
Y 细菌类生物战剂

波束式制导
Y 驾束制导

波束制导
Y 驾束制导

波纹板分离器
Y 分离设备

波纹板式推力室
Y 推力室

波纹状蒙皮
Y 蒙皮

波纹状喷管
Y 排气喷管

波形*
waveform
O4；TN0；TP2
D 按键波形
板片波形
标准波形
波形步态
波形发生
波形回放
波形特点
波形特性
超宽带脉冲波形
磁通波形
定态波形
读出波形
辐射波形
干扰波形
工作波形
光电脉冲波形
激光脉冲波形
模拟波形
切换波形
全波形
试验波形
F 爆轰波形
C 波形编码 →(7)
波形处理 →(7)
磁势 →(5)
失真度测量 →(3)

波形步态

Y 波形

波形发生
Y 波形

波形回放
Y 波形

波形特点
Y 波形

波形特性
Y 波形

波状喷管
Y 排气喷管

波阻
wave drag
O3；V211
D 波阻力
S 阻力*
F 水波阻力

波阻力
Y 波阻

玻璃*
glass
TB3；TQ17
D 玻璃材料
F 座舱玻璃
C 玻璃肥料 →(9)
玻璃光纤 →(7)(9)
玻璃激光器 →(7)
玻璃加工 →(9)
玻璃结构 →(9)
玻璃密度 →(9)
玻璃模具 →(9)
玻璃强度 →(1)
玻璃涂层 →(3)
玻璃微珠 →(9)
玻璃制品 →(9)
防雾剂 →(9)

玻璃半导体电雷管
Y 半导体桥雷管

玻璃包覆
Y 包覆

玻璃材料
Y 玻璃

玻璃固化体
vitrification
TL94
S 固化*
C 放射性固体废物

玻璃剂量计
Y 辐射光致发光剂量计

玻璃闪烁体
glass scintillators
TL8
S 闪烁体*
C 固体闪烁探测器

玻璃稳定性
Y 稳定性

玻璃纤维导火索
Y 导爆索

玻璃座舱
Y 座舱

剥离*
stripping
TG1
D 剥离工艺
剥离技术
层离
脱层
F 二次剥离
漩涡脱落
C 剥离力矩 →(4)

剥离工艺
Y 剥离

剥离技术
Y 剥离

菠萝弹
Y 子母弹

菠萝弹(航弹)
Y 子母弹

伯克利超级重离子直线加速器
Y 超级重离子直线加速器

驳壳枪
Y 手枪

铂同位素
platinum isotopes
O6；TL92
S 同位素*

箔条弹
chaff projectile
TJ41；TN97
D 箔条干扰弹
S 军事装备*
C 箔条干扰 →(7)
箔条干扰物 →(7)

箔条干扰弹
Y 箔条弹

薄板翼型
Y 薄翼型

薄壁榴弹
Y 榴弹

薄壁球壳
thin spherical shell
V214.3
S 球形壳体
Z 壳体

薄激波层理论
Y 流动理论

薄蒙皮
Y 蒙皮

薄膜靶
thin-foil target
TL5
S 靶*

薄膜电点火具
Y 电点火具

薄膜冷却
film cooling
O4；V233；V432
D 落膜冷却
膜冷却
S 冷却*
C 液体喷射 →(5)

薄膜冷却火箭发动机
Y 火箭发动机

薄膜元件
thin-film component
V233.3
S 元件*

薄物体气体动力学
Y 气体动力学

薄型机翼
Y 薄翼

薄型翼面
Y 薄翼型

薄翼
thin wings
V224
D 薄型机翼
S 机翼*
F 小展弦比薄翼
C 薄翼型
菱形机翼
挠性翼型

薄翼理论
Y 流动理论

薄翼型
thin airfoil type
V221
D 薄板翼型
薄型翼面
S 翼型*
C 薄翼
无限翼展机翼

补偿*
compensation
ZT5
D 补偿处理
补偿技术
补偿校正
F 惯性补偿
罗差补偿
气动补偿
稳定性补偿
误差补偿
像移补偿
C 补偿变压器 →(5)
补偿方法 →(5)
电力补偿 →(5)

补偿处理
Y 补偿

补偿技术
Y 补偿

补偿配重
Y 配重

补偿片
balance tab
V222
D 补翼
修正片
S 后缘操纵面
C 调整片
副翼
机身构件
襟翼
Z 操纵面

补偿式高速摄影机
Y 高速摄像机

补偿校正
Y 补偿

补充加油
Y 加油

补充加注
supplement
V55
D 补加
S 加注*

补充燃烧
Y 燃烧

补给*
replenishment
U6
F 燃料补给

补加
Y 补充加注

补加修正量
Y 射击校正量

补救措施
remedial action
TL7；TL94
D 补救行动
厂址复原过程
S 措施*
C 辐射防护
辐射剂量
核设施退役
去污

补救维修
Y 事后维修

补救行动
Y 补救措施

补气系统
Y 补气装置

补气装置
air supplement unit
V430
D 补气系统
S 装置*

补强加固工程
Y 加固

补强施工
Y 加固

补燃发动机
afterburning engine
V434
D 补燃火箭发动机
补燃加力发动机
补燃循环发动机
分级燃烧火箭发动机
S 液体火箭发动机
F 高压补燃火箭发动机
液氧/煤油补燃发动机
C 分级燃烧
Z 发动机

补燃火箭发动机
Y 补燃发动机

补燃加力发动机
Y 补燃发动机

补燃式循环
Y 补燃循环

补燃室
Y 加力燃烧室

补燃循环
afterburning cycles
V430
D 补燃式循环
分级燃烧循环
S 循环*
C 分级燃烧

补燃循环发动机
Y 补燃发动机

补贴工艺
Y 工艺方法

补压系统
Y 增压系统

补翼
Y 补偿片

捕弹器
bullet trap
TJ2
D 弹头吸收器
S 枪械构件*

捕获*
capture
TL6
D 捕获方法
俘获
F 激波捕获
目标捕获
姿态捕获
最大风能捕获
C 捕获跟踪 →(7)
核反应

捕获方法
Y 捕获

捕获区域
Y 捕获域

捕获域
acquisition domain
TJ76
D 捕获区域
S 区域*
C 导引头
寻的制导

不安全
Y 安全

不安全性
Y 安全性

不爆震燃料
Y 航空燃料

不抽壳
Y 枪械故障

不点火
Y 点火

不定期维护
Y 定期检修

不定期维修
Y 定期检修

不对称推力飞行
Y 推力不对称飞行

不对称涡
Y 非对称涡

不对称翼剖面
Y 翼型

不对称翼型
Y 非对称翼型

不对准性
Y 对准

不放襟翼下降
Y 下降飞行

不复位
Y 复位

不恒定流
Y 非恒定流

不击发
Y 枪械故障

不加力推力
Y 发动机推力

不加热
Y 加热

不解体检测
non disassembly testing
TJ811
S 检测*

不可调加力燃烧室

Y 加力燃烧室

不可调收敛喷管
Y 收敛喷管

不可见性
invisibility
P4；V321.2
S 能见度
Z 程度

不可逆助力飞行操纵系统
Y 飞行操纵系统

不连续因子
discontinuous factor
TL3
S 因子*
C 控制棒
气冷堆

不明飞行物
Y 飞碟

不平衡
Y 平衡

不平衡边界层
Y 边界层

不平衡流
Y 非平衡流

不平顺性
Y 平顺性

不取弹
Y 枪械故障

不确定性优化设计
uncertainty optimization design
V423
S 优化设计*

不停机测试设备
Y 测试装置

不透气式防毒衣
Y 防毒服

不完全弹道测量
incomplete trajectory measurement
TJ765
S 弹道测量
Z 测量

不完全熔合反应
incomplete fusion reactions
O4；TL61
D 崩裂聚变
整体转移反应
S 核反应*

不稳定流
Y 非恒定流

不稳定流动
Y 非定常流动

不稳定流动空气动力学
Y 非定常流空气动力学

不稳定叶型
Y 叶型

不稳定裕度
Y 稳定裕度

不稳定运动空气动力学
Y 非定常流空气动力学

不稳运动
Y 非定常运动

不载人飞船
Y 无人飞船

不载人航天器
Y 无人航天器

布靶
Y 靶

布靶计划
Y 试验计划

布带缠绕
tape winding
V47
S 缠绕*

布袋雷
Y 特种地雷

布毒车
Y 布撒器

布局*
layout
TB2；ZT5
F 座舱布局

布局方案
Y 布置

布局方法
Y 布置

布局方式
Y 布置

布局规划
Y 布置

布局特点
Y 布置

布局型式
Y 布置

布雷*
minelaying
TJ512；TJ61
F 布雷（地雷）
布雷（水雷）
C 布雷系统
探雷

布雷（地雷）
land mine laying
TJ512
S 布雷*
F 航空布雷
火箭布雷
火炮布雷
机动布雷
机械布雷
抛撒布雷
C 地雷
地雷场
地雷群
地雷探测

布雷（水雷）
sea-mine laying
TJ61
S 布雷*
F 海上布雷
进攻性布雷
潜艇布雷
水面舰艇布雷
C 布雷靶场
布雷装置
水雷探测

布雷靶场
minelaying range
TJ06
D 布雷试验场
S 海上靶场
C 布雷（水雷）
Z 试验设施

布雷车
minelaying vehicle
TJ516
S 布雷装备
特种军用车辆
F 火箭布雷车
机械布雷车
抛撒布雷车
C 机动布雷
Z 军事装备
军用车辆

布雷弹
Y 布雷炮弹

布雷方案
mine layout proposal
TJ516
S 武器运用方案
Z 技术方案

布雷火箭
Y 布雷装备

布雷火箭弹
mine-delivered rocket shells
TJ415
D 火箭布雷弹
S 火箭弹
C 火箭布雷
火箭布雷系统
Z 武器

布雷炮弹
mine-delivered artillery shells
TJ412
D 布雷弹
S 特种炮弹
C 火炮布雷
Z 炮弹

布雷器

Y 布雷装置

布雷器材
Y 布雷装备

布雷设备
Y 布雷装备

布雷试验场
Y 布雷靶场

布雷系统
minelaying system
TJ516
S 武器装备系统
F 火箭布雷系统
抛撒布雷系统
C 布雷
布雷装备
Z 武器系统

布雷装备
minelaying equipment
TJ516
D 布雷火箭
布雷器材
布雷设备
S 军事装备*
F 布雷车
布雷装置
C 布雷系统

布雷装置
minelaying equipment
TJ516
D 布雷器
S 布雷装备
F 水雷布放装置
C 布雷（水雷）
Z 军事装备

布雷子母弹
mine scattering cargo shell
TJ412
D 布雷子母炮弹
S 子母炮弹
C 火炮布雷
Z 炮弹

布雷子母炮弹
Y 布雷子母弹

布里渊光纤陀螺
brillouin fiber-optic gyroscope
V241.5
S 光纤陀螺
Z 陀螺仪

布撒器
disperser
TJ92
D 便携式布洒器
便携式喷毒器
布毒车
布洒器
车用布撒器
车用布洒器
撒粉器
S 喷射装置*
F 飞机布洒器
C 布洒分散型化学武器

布洒分散型化学武器
spraying dispersing type chemical weapons
TJ92
S 化学武器
C 布撒器
Z 武器

布洒器
Y 布撒器

布设
Y 布置

布设方法
Y 布置

布设形式
Y 布置

布氏杆菌
Y 细菌类生物战剂

布站
station-distribution
TJ768；U4
D 站点布局
站点布设
S 布置*
C 站点选址 →(11)

布置*
arrangement
ZT5
D 布局方案
布局方法
布局方式
布局规划
布局特点
布局型式
布设
布设方法
布设形式
布置方案
布置方法
布置方式
布置特点
布置型式
部署方式
陈设布置
方案布置
规划布局
规划布置
设计布局
设计布置
总体布置方案
F 布站
目标散布
C 布线 →(5)(7)(8)(11)
公交枢纽 →(12)
设计

布置方案
Y 布置

布置方法
Y 布置

布置方式
Y 布置

布置特点
Y 布置

布置型式
Y 布置

步兵便携式武器
Y 步兵武器

步兵机动车
Y 步兵战车

步兵轻武器
Y 步兵武器

步兵输送车
Y 装甲人员输送车

步兵坦克
Y 坦克

步兵武器
infantry weapon
E；TJ
D 步兵便携式武器
步兵轻武器
S 轻武器*
C 步枪

步兵战车
infantry fighting vehicle
TJ811.91
D 步兵机动车
步兵战斗车
步兵装甲战车
步战车
机械化步兵战车
S 战车
F 履带式步兵战车
轮式步兵战车
C 装甲战车
Z 军用车辆
武器

步兵战斗车
Y 步兵战车

步兵装甲战车
Y 步兵战车

步机枪弹
Y 步枪弹

步机枪子弹
Y 步枪弹

步进模块
Y 模块

步骑枪
Y 卡宾枪

步枪
rifle
TJ22
D 长枪
来复枪
S 枪械*
F 大口径步枪
电子步枪

反装备步枪
狙击步枪
军用步枪
卡宾枪
气步枪
无托步枪
战术步枪
自动步枪
C 班用枪
步兵武器
单兵武器

步枪弹
rifle cartridge
TJ411
D 边缘发火步枪弹
边缘发火枪弹
步机枪弹
步机枪子弹
步枪子弹
S 枪弹*

步枪子弹
Y 步枪弹

步态稳定性
Y 稳定性

步行稳定性
Y 稳定性

步战车
Y 步兵战车

钚 238
Y 钚-238

钚-238
plutonium 238
O6；TL92
D 钚 238
S α 衰变放射性同位素
钚同位素
硅-32 衰变放射性同位素
年寿命放射性同位素
自发裂变放射性同位素
Z 同位素

钚 239
Y 钚-239

钚-239
plutonium 239
O6；TL92
D 钚 239
S α 衰变放射性同位素
钚同位素
年寿命放射性同位素
自发裂变放射性同位素
Z 同位素

钚 240
Y 钚-240

钚-240
plutonium 240
O6；TL92
D 钚 240
S α 衰变放射性同位素
钚同位素
年寿命放射性同位素
自发裂变放射性同位素
Z 同位素

钚弹芯
plutonium bullet core
TJ91
S 核武器部件*

钚堆
plutonium reactors
TL4
S 反应堆*
F 凤凰堆
C 零功率堆
原型快堆

钚生产堆
plutonium production reactors
TL4
S 生产堆
Z 反应堆

钚同位素
plutonium isotopes
O6；TL92
S 同位素*
F 钚-238
钚-239
钚-240

钚再循环
plutonium recycle
TL24；TL94
S 循环*
C 钚 →(3)
燃料循环中心

部分封闭救生艇
Y 救生艇

部分轨道武器
Y 轨道武器

部分加压服
partial pressure suit
V244；V445
D 部分压力服
代偿服
代偿袜
分压服
高空代偿服
S 加压服
C 航天服
全压服
Z 飞行服

部分身体辐照
Y 身体局部辐照

部分适气防毒服
Y 防毒服

部分透气防毒服
Y 防毒服

部分透气防毒衣
Y 防毒服

部分透气式防毒服
Y 防毒服

部分压力服
Y 部分加压服

部分重复使用运载器
Y 可重复使用运载器

部件检修
maintenance of component
TN0；U4；V267
D 部件维修
S 维修*

部件空气动力学
Y 空气动力学

部件匹配
component matching
V260.1
S 匹配*

部件特性*
component characteristics
TH13
F 转子稳定性
C 航空发动机
设备性能
涡扇发动机

部件维修
Y 部件检修

部署方式
Y 布置

部位*
position
ZT74
D 部位点
关键部位
基本部位
要害部位
重点部位
F 进气口
起火部位
膛口
芯部
C 定向 →(1)(2)(5)(7)(8)(12)
位置

部位点
Y 部位

擦痕表面
Y 表面

擦肩发射
Y 越肩发射

材料*
materials
TB3
D 材料类型
材料品种
材料体系
材料系统
材料选用
材料选择
材料学科
材料种类
材料组合

材质选择
常用材料
原辅材料
F 爆破材料
辐射材料
航空航天材料
航空结构材料
天然矿物材料
武器材料
C 半导体材料 →(3)(4)(5)(7)(9)
包装材料 →(1)(4)(9)(10)
宝石学 →(10)
保温隔热材料
薄膜材料 →(1)
材料变形 →(1)
材料生产 →(1)(4)
材料性能
超导材料 →(1)(3)(5)(9)
磁性材料
存储材料 →(1)(8)(9)
电工材料 →(1)(3)(4)(5)(7)(9)(10)(11)
电极材料 →(1)(5)(7)
电子材料 →(1)(5)(7)(9)(10)
多孔材料 →(1)(3)
反应堆材料
防护材料
复合材料
高分子材料 →(1)(4)(5)(9)(11)
工程材料
功能材料
光学材料 →(1)(3)(4)(5)(7)(9)
焊接材料 →(3)(7)
核材料
活性材料 →(1)(3)(5)(9)
激光材料 →(7)
胶凝材料 →(2)(9)(11)
结构
金属材料
晶体材料 →(1)(3)(5)(7)
卷烟材料 →(10)
木材 →(10)
纳米材料 →(1)(3)(4)(5)(7)(9)(10)
耐火材料 →(1)(3)(9)(10)(11)
尼龙材料 →(1)(9)(10)
摄影材料 →(1)(9)(10)
声学材料 →(1)(11)(13)
石材 →(1)(2)(9)(11)(12)(13)
饰品材料 →(10)
水工材料 →(11)
胎体材料 →(9)(10)
下脚料 →(10)(13)
原料 →(1)(2)(5)(9)(10)(11)
增强材料 →(1)(9)(11)

材料脆化武器
Y 金属脆化武器

材料工艺
Y 工艺方法

材料机械性能
Y 机械性能

材料类型
Y 材料

材料品种
Y 材料

材料设计*
material design
TB3
D 材质设计
F 换料设计
C 设计

材料实验堆
Y 材料试验堆

材料实验反应堆
Y 材料试验堆

材料试验堆
material testing reactor
TL4
D 材料实验堆
材料实验反应堆
S 辐照堆
Z 反应堆

材料特点
Y 材料性能

材料特性
Y 材料性能

材料特征
Y 材料性能

材料体系
Y 材料

材料物性
Y 材料性能

材料系统
Y 材料

材料性能*
material properties
TB3
D 材料特点
材料特性
材料特征
材料物性
材料性质
材质特性
材质性能
料性
F 烧蚀性能
推进剂性能
C 材料
材料改性 →(1)
材料结构 →(1)(2)(3)(4)(9)(10)(11)
材料科学 →(1)(3)(10)
产品性能 →(1)(8)(10)
工程性能
疲劳试验
衰减
性能
性能变化 →(1)(2)(3)(5)(9)(10)

材料性质
Y 材料性能

材料选用
Y 材料

材料选择
Y 材料

材料学科
Y 材料

材料隐身
Y 隐身材料

材料种类
Y 材料

材料组合
Y 材料

材质设计
Y 材料设计

材质特性
Y 材料性能

材质性能
Y 材料性能

材质选择
Y 材料

采场浸出
stope leaching
TL2
S 浸出*
C 爆破筑堆 →(2)

采光技术
Y 照明

采矿*
mining
TD8
D 采矿法
采矿方法
采矿方式
采矿工艺
采矿过程
采矿技术
采矿作业
采煤方式
开矿
矿藏开采
矿层开采
矿产开采
矿床开采
矿床开采技术
矿床开发
矿区开采
矿区开发
矿山采矿
矿山开采
矿山开发
矿物开采
矿业开采
F 地浸采铀
溶浸
原地浸出采铀
C 采场 →(2)
采矿设备 →(2)
成井 →(2)
出矿 →(2)
工作面 →(2)
开采 →(2)(10)(11)
矿井作业 →(2)(11)(12)
矿山 →(2)
煤矿开采 →(2)

探采对比分析 →(2)
作业

采矿法
Y 采矿

采矿方法
Y 采矿

采矿方式
Y 采矿

采矿工艺
Y 采矿

采矿过程
Y 采矿

采矿技术
Y 采矿

采矿作业
Y 采矿

采煤方式
Y 采矿

采样*
sampling
ZT5
D 采样点
采样法
采样方法
采样方式
采样工作
采样技术
抽样
取样
取样方法
样品采集
F 随机抽样
C 采集 →(1)(8)
采样次数 →(1)
采样理论 →(7)
采样流量 →(13)
采样设备 →(4)(5)(8)(11)(13)
采制样 →(2)
环境物质 →(13)
取样口 →(13)

采样点
Y 采样

采样法
Y 采样

采样方法
Y 采样

采样方式
Y 采样

采样飞行控制
Y 取样飞行控制

采样工作
Y 采样

采样技术
Y 采样

彩色照相机
Y 照相机

参试设备
Y 试验设备

参数*
parameters
O1；ZT3
D 参数选定
参数选取
关键参数
合理参数
特性参数
特征参数
特征指标
F 安全参数
弹道参数
绝热温比
可靠性参数
卫星参数
稳态参数
修正罗德里格参数
姿态参数
总体参数
C 参数检测 →(8)
参数优化 →(8)
过程参数 →(1)(2)(4)(7)(11)
理化参数 →(1)(3)(7)(9)(10)(13)
深孔爆破 →(2)
污泥参数 →(13)
物性参数 →(1)(3)(5)(7)(11)
冶金参数 →(1)(3)(4)(7)(9)(10)

参数化控制
Y 参数控制

参数空间法
parameter space methods
V249
S 方法*
C 飞行控制系统

参数控制*
parameter control
TP1
D 参数化控制
工作参数控制
F 空燃比控制
C 数学控制
系统控制 →(3)(4)(5)(8)(11)(13)

参数选定
Y 参数

参数选取
Y 参数

参照轨道根数
reference orbital elements
V526
D 参照轨道要素
S 轨道参数*

参照轨道要素
Y 参照轨道根数

残骸*
debris
V244；V445
F 飞机残骸
空间残骸
C 航空事故

残骸(核)
Y 裂变产物

残留不平衡
Y 平衡

残留污染物
Y 污染物

残热排出
Y 非能动余热排出系统

残热排出系统
Y 余热排出系统

残液
Y 废液

残余辐射
residual radiation
TL7；TL92
D 残余物辐射
宇宙微波本底辐射
S 辐射*
C 本底辐射
空间辐射

残余物辐射
Y 残余辐射

舱*
chamber
U6；V223；V423
D 舱室
舱室机械
舱室鉴定
舱体
钛合金舱体
F 乘员舱
弹药舱
吊舱
发动机舱
飞机机舱
火箭舱
机组舱
驾驶舱
客舱
控制舱
冷藏舱
密封舱
燃料舱
设备舱
试验舱
通用测试方舱
行李舱
压力舱
真空舱
座舱
C 航天器舱

舱壁门
Y 舱门

舱段
bay section
V421
S 航天器部件*

舱段分离
cabin separation
V47
S 级间分离
Z 分离

舱口
Y 舱门

舱门
cabin door
U6；V223
D 舱壁门
舱口
舱室门
S 门窗*
F 空间站舱门
C 安全门 →(11)(13)
出舱
舵属具 →(12)
航天器入口
开舱
制动件 →(4)(12)

舱内材料
cabin material
V25
S 机身材料
Z 材料

舱内大气
cabin atmosphere
V423
D 舱内气氛
座舱大气
S 大气*
F 座舱微小气候
C 座舱

舱内航天服
intravehicular space suit
V445
D 舱内活动服
S 航天服
C 舱外航天服
Z 飞行服

舱内环境
Y 舱室环境

舱内活动
intravehicular activity
V52
S 航天活动
C 载人航天飞行
Z 活动

舱内活动服
Y 舱内航天服

舱内气氛
Y 舱内大气

舱内正常大气环境
cabin normal atmospheric environment
V444
S 舱室环境
C 座舱微小气候
Z 航空航天环境

舱室
Y 舱

舱室环境
cabin environments
V444
D 舱内环境
S 航天器环境
F 舱内正常大气环境
Z 航空航天环境

舱室机械
Y 舱

舱室鉴定
Y 舱

舱室门
Y 舱门

舱体
Y 舱

舱外航天服
extravehicular space suit
V445
S 航天服
C 舱内航天服
Z 飞行服

舱外活动
extravehicular activity
V52
D 出舱活动
航天器舱外活动
宇航员舱外活动
S 航天活动
F 太空行走
C 航天飞机有效载荷
航天服
系留
有效载荷
载人机动装置
Z 活动

舱外机动装置
extravehicular mobility units
V444
S 载人机动装置
Z 航天器

舱外作业
extravehicular operation
V52
S 航天员作业
Z 作业

舱音记录器
cockpit voice recorders
TH7；V248
S 飞行参数记录器
Z 航空仪表
记录仪

操动机构
Y 操纵系统

操动系统
Y 操纵系统

操舵控制系统
Y 舵系统

操舵仪
Y 驾驶仪

操舵装置
Y 舵机

操控方法
Y 控制

操控方式
Y 控制

操控技术
Y 控制

操控舒适性
Y 行车舒适性

操控系统
Y 控制系统

操雷
Y 操演用鱼雷

操雷(鱼雷)
Y 操演用鱼雷

操雷段
exercise torpedo section
TJ63
S 鱼雷部件*

操瞄系统
operation and aiming systems
TJ3
D 操作瞄准系统
S 瞄准系统
Z 系统

操演用鱼雷
exercise torpedo
TJ631
D 操雷
操雷(鱼雷)
实习鱼雷
训练鱼雷
S 鱼雷*

操纵*
steering
U2；U6
D 操纵方法
操纵方式
操纵技术
F 飞行操纵
模型操纵
平稳操纵
人工操纵
线操纵
远程操纵
C 操纵稳定性 →(8)(12)
驾驶 →(5)(8)(12)(13)

操纵(飞行)
Y 飞行操纵

操纵策略
handling strategy
TH11；V32

S 策略*

操纵导数
control derivative
V212；V249
D 导数控制
S 气动导数*

操纵地雷
Y 遥控地雷

操纵发动机
Y 火箭发动机

操纵方法
Y 操纵

操纵方式
Y 操纵

操纵负荷系统
control loading system
TH13；V216
S 操纵系统*

操纵机构
Y 操纵系统

操纵机构舱
Y 驾驶舱

操纵技术
Y 操纵

操纵律
steering law
V529
S 规律*
C 控制力矩陀螺
姿态控制
自适应控制系统 →(8)

操纵面*
control plane
V225
D 舵面
控制面
F 多操纵面
气动操纵面
C 操纵面发散
操纵面反效
操纵面嗡鸣
多块网格
面 →(1)(3)(4)(11)

操纵面发散
control surface divergence
V212
D 舵面发散
飞机操纵面发散
C 操纵面
操纵面反效
气动弹性

操纵面反效
control surface reversal
V212
D 舵面反效
飞机操纵面反效
C 操纵面
操纵面发散
气动弹性

操纵面偏角
Y 舵偏角

操纵面升力
Y 升力

操纵面嗡鸣
control surface buzz
V211.47
D 舵面嗡鸣
S 鸣音*
C 操纵面
低速气动特性
飞机噪声
气动效应

操纵面作动系统
Y 舵系统

操纵品质
Y 飞行品质

操纵品质规范
Y 飞行品质

操纵器
Y 操纵系统

操纵室
Y 控制室

操纵舒适性
Y 行车舒适性

操纵特点
Y 操纵性

操纵系统*
manipulating systems
TH13；TP2
D 操动机构
操动系统
操纵机构
操纵器
操纵装置
动力操纵系统
损管自动操纵系统
损害管制自动操纵系统
硬式操纵系统
转弯操纵控制系统
作动系统
F 操纵负荷系统
电传操纵系统
飞机主操纵系统
飞行操纵系统
光传操纵系统
航向控制系统
软式操纵系统
自动变速操纵系统
座舱盖操纵系统
C 操纵件 →(4)(8)
电磁操动机构 →(5)
电液系统
飞机系统
开断特性 →(5)
制动装置
转向系统

操纵系统反配重
Y 配重

操纵响应
Y 操纵性

操纵效率
driving efficiency
V32
S 效率*

操纵效能
control efficiency
V212
S 飞行品质
C 推进器
艉轴 →(12)
Z 质量

操纵性*
maneuverability
U6；V212.12
D 操纵特点
操纵响应
操纵性能
动操纵性
俯仰操纵性
横侧操纵性
横向操纵性
静操纵性
搡纵响应
应急操纵性
纵向操纵性
F 飞机操纵性
可操纵性
C 操作性能
控制性能
自动驾驶仪

操纵性飞行试验
Y 稳定性飞行试验

操纵性能
Y 操纵性

操纵用火箭发动机
Y 火箭发动机

操纵转向阻尼器
Y 阻尼器

操纵装置
Y 操纵系统

操作*
operation
TB4；ZT5
D 操作法
操作范围
操作工艺
操作技法
操作技巧
操作技术
操作技艺
操作指导
操作姿势
方向可操作度
F 空间操作
模拟操作
武器操作

C 操作力矩 →(4)
电气操作 →(5)
计算机操作 →(1)(4)(7)(8)
加工
炼钢操作 →(3)(13)
网络操作 →(7)(8)
冶金炉操作 →(3)(8)(9)
制造
自动操作
作业

操作参数*
operating parameter
TH17
F 发射参数
C 工程参数 →(1)

操作舱
operational compartments
V223
S 控制舱
C 航天器部件
Z 舱

操作法
Y 操作

操作范围
Y 操作

操作飞行训练器
Y 飞行训练模拟器

操作工艺
Y 操作

操作机构
actuating mechanism
TH13；V227
S 机构*
F 扑翼机构
收放机构
伺服机构
指令执行机构

操作技法
Y 操作

操作技巧
Y 操作

操作技术
Y 操作

操作技艺
Y 操作

操作可靠性
operating reliability
TJ6；TJ7
S 操作性能*
可靠性*

操作瞄准系统
Y 操瞄系统

操作设计
operational design
V221
S 设计*

操作台
Y 工作台

操作特点
Y 操作性能

操作特性
Y 操作性能

操作特征
Y 操作性能

操作性能*
serviceability
TB4
D 操作特点
操作特性
操作特征
F 操作可靠性
C 操纵性
控制性能
性能

操作指导
Y 操作

操作姿势
Y 操作

槽道流
channel flow
V211
S 流体流*

侧壁干扰
Y 洞壁干扰

侧壁气垫船
sidewall hovercraft
U6；V274
D 侧壁式气垫船
双体气垫船
S 船舶*

侧壁式气垫船
Y 侧壁气垫船

侧壁效应
Y 洞壁干扰

侧传动机构
Y 传动装置

侧传动器
Y 传动装置

侧风定向起落架
Y 起落架

侧风起飞
crosswind takeoff
V32
D 飞机侧风起飞
S 起飞
Z 操纵

侧风着陆
cross-wind landing
V32
S 着陆
Z 操纵

侧管式抗荷服
Y 抗荷服

侧滚角
Y 滚转角

侧滑*
sideslip
U4；V32
D 侧滑现象
横滑
F 飞机侧滑

侧滑角
angle of sideslip
U4；V212
S 飞行状态参数
Z 飞行参数

侧滑现象
Y 侧滑

侧滑仪
slip indicators
V241.4
S 飞行仪表
C 飞机侧滑
Z 航空仪表

侧滑指示器
sideslip indicator
V241.4
S 指示器*
C 飞机侧滑

侧滑转弯控制
skid-to-turn control
V249.1
S 导弹控制
Z 军备控制

侧滑着陆
Y 飞机侧滑

侧力板控制
side-force panel control
V249
S 力学控制*

侧面燃烧药柱
Y 推进剂药柱

侧喷流
Y 侧向喷流

侧推火箭发动机
Y 火箭发动机

侧洗角
Y 角

侧洗角导数
Y 气动导数

侧向
sidewise
TH11；V23
S 方向*

侧向空气动力系数
Y 气动力系数

侧向控制
lateral guidance
TH11；V249.122.2
S 方向控制*
姿态控制
C 控制语言 →(8)
欠驱动机器人 →(8)
Z 飞行控制

侧向喷流
side jet
V211
D 侧喷流
S 射流*

侧向气动力系数
Y 气动力系数

侧向制导
Y 横向导引

侧压式进气道
sidewall compression inlet
V232.97
S 进气道*
C 超燃冲压发动机
高超音速进气道

侧转机翼
Y 反对称机翼

测爆计
Y 测爆仪

测爆仪
explosimeter
TB4；U6；V23
D 测爆计
S 测量仪器*

测程
Y 测距

测磁法
Y 磁测量

测地卫星
geodesic satellite
V474
D 被动式测地卫星
大地测地卫星
大地测量卫星
动力测地卫星
激光测地卫星
几何测地卫星
气球测地卫星
闪光测地卫星
主动式测地卫星
S 对地观测卫星
C 有源卫星
Z 航天器
卫星

测定器
Y 测量仪器

测定位置系统
Y 定位系统

测定仪
Y 测量仪器

测定装置
Y 测量装置

测氡仪
emanometer
TH7；TL82
D 氡监测器
氡探测器
S 分析仪*

测发控系统
Y 导弹测发控系统

测辐射热计
Y 辐射热计

测辐射热探测器
Y 辐射热计

测辐射热仪
Y 辐射热计

测功试验
Y 测力试验

测轨精度
Y 定轨精度

测绘相机
mapping camera
TB8；V248
S 照相机*

测绘仪*
coordinate machine
TH7
D 激光地形测绘仪
F 高度表
C 测量仪器
绘图仪 →(4)(8)

测距*
distance measurement
P2
D 测程
测距方法
距离测度
距离测量
距离测试
距离度量
行程测量
F 激光跟踪测距
雷达测距
C 测距传感器 →(4)(8)
测距精度 →(1)(7)
测距仪 →(1)(4)

测距方法
Y 测距

测距系统
range measurement system
TJ768
D 测量距离系统
圆圆系统
S 测量系统*
C 接近指示器

测控*
measurement and control
TP1
D 测控管理
测控计划
测控技术
测控领域
测控原理
测量控制技术
虚拟测试
虚拟测试技术
自动测试技术
自动化测试技术
自动检测技术
F 靶场测控
导弹测控
地面测控
多目标测控
飞行器测控
海上测控
航空测控
航天测控
无线测控

测控保障系统
Y 测控系统

测控管理
Y 测控

测控计划
Y 测控

测控计算机
measurement control computer
TP3；V247
S 计算机*

测控技术
Y 测控

测控领域
Y 测控

测控平台
measurement and control platform
TJ768；V551
S 测控设备
C 航空总线 →(8)
Z 设备

测控设备
measurement and control equipment
TJ768；V55
D 测控装置
测量控制设备
S 设备*
F 测控平台
航天测控设备

测控体制
Y 测控系统

测控通信
measurement control and communication
V243；V443
S 通信*
F 航天测控通信

测控通信网
Y 测量控制网

测控通信系统

TT&C and communication system
TJ765；TN91；V556
S 通信系统*
F 航天测控通信系统

测控网
Y 测量控制网

测控网络
Y 测量控制网

测控网络系统
Y 测量控制网

测控系统*
measurement and control system
TP2
D 测控保障系统
测控体制
测量控制系统
测试控制系统
发控设备
跟随控制系统
跟踪测控系统
F 测试发射控制系统
计算机自动测控系统
天基测控系统
微波统一测控系统
卫星测控系统
无线测控系统
C 测量系统
测试系统 →(4)(8)
轨道控制
控制系统

测控应答机
measurement and control transponders
TJ768
S 收发器*

测控原理
Y 测控

测控站
measurement and control station
TJ768；V551
D 测量控制站
测量站
S 台站*
F 地面测控站
飞机测控站
航天测控站
遥测站

测控中心
measurement and control center
TJ765；TJ768
D 测量控制中心
S 中心（机构）*
F 安控中心
发射控制中心
航天测控中心

测控装置
Y 测控设备

测力
Y 力学测量

测力试验
dynamometer check
V211.74
D 测功试验
S 风洞试验
Z 气动力试验

测量*
measurement
TB4
D 测量范围
测量工艺
测量过程
测量问题
测试测量
量测
量测方法
量度
F PIV 测量
靶场测量
弹道测量
多目标测量
飞行轨迹测量
飞行时间测量
核测量
剂量测量
漂移量测量
燃烧测试
束流测量
束团长度测量
水平测量
膛压测量
微推力测量
相对位置测量
在轨测量
C 参数测量 →(1)(3)(4)(5)(7)(8)
测点 →(1)(11)(13)
测定 →(1)(2)(3)(4)(5)(7)(8)(9)(10)(11)(12)(13)
测量电极 →(1)
测量方案 →(3)
测量方法 →(1)(2)(3)(4)(5)(7)(8)(9)(11)(12)
测量工具 →(3)(4)
测量结果 →(1)
测量体制 →(1)
测量质量 →(1)
测量中心 →(1)
磁测量
地质测量 →(1)(2)(11)(12)
电测量 →(1)(2)(3)(4)(5)(7)(8)
度量 →(1)(3)(4)(7)(8)
辐射测量
工程测量 →(1)(2)(3)(11)(12)
光学测量
机械测量
基准面 →(3)(11)(12)
几何量测量 →(1)(2)(3)(4)(7)(8)(10)
检测流程 →(1)
矿山测量 →(2)
力学测量
量程 →(1)(4)
声学测量 →(1)(4)(5)(7)(11)(13)
网络测量 →(1)(3)(7)(8)
温度测量
形状测量 →(1)(3)(4)(7)(8)(12)
性能测量
遥测

测量变换器
Y 测量装置

测量单位
Y 计量单位

测量范围
Y 测量

测量飞机
survey aircraft
V271
S 飞机*
F 先进靶场测量飞机

测量分析仪
Y 分析仪

测量工艺
Y 测量

测量过程
Y 测量

测量距离系统
Y 测距系统

测量控制技术
Y 测控

测量控制设备
Y 测控设备

测量控制网
surveying control network
TJ765；V556
D 测控通信网
测控网
测控网络
测控网络系统
S 网络*
F 测试网络
航天测控网
C 测控通信技术 →(7)

测量控制系统
Y 测控系统

测量控制站
Y 测控站

测量控制中心
Y 测控中心

测量试验
Y 测试

测量网格
Y 网格

测量问题
Y 测量

测量系统*
measurement system
TB4
D 精密测量系统
静电位测量系统
量测系统
料位测量系统
平面度测量系统
球栅测量系统
热值测量系统

扫描测量系统
深度测量系统
微机测量系统
无线随钻测量系统
物位测量系统
压力分布测量系统
栅式测量系统
轴角测量系统
F 测距系统
测时系统
弹道测量系统
惯性测量系统
雷达测量系统
姿态测量系统
C 测控系统
测量装置
测试系统 →(4)(8)
计量系统 →(1)(2)(5)(8)(11)
监测系统
检测系统

测量仪表
Y 测量仪器

测量仪器*
measuring instrument
TB4；TH7；TP2
D 测定器
测定仪
测量仪表
测试测量仪器
测试计量仪器
电动测量仪
电动测量仪器
调幅度测量仪
动态测量仪
辅助测量仪器
机械量测量仪器
积分式测量仪器
激波测量仪器
计量仪表
计量仪器
溅射测量仪
溅射测量仪器
溅射计
可程控测量仪器
累计式测量仪器
螺纹测量仪
扭矩测量仪
偏摆测量仪
平面测量仪
曲率测量仪器
数字式测量仪器
同轴度测量仪
位置测量仪
仪表(测量)
指示式测量仪器
综合测量仪器
F 测爆仪
核仪器
能量计
推力矢量电液位置伺服系统
C 比较仪 →(4)
测绘仪
测量工具 →(3)(4)
测量装置
电测量仪器仪表 →(1)(4)(5)(7)(8)(12)
几何量测量仪器
计量器具 →(2)(3)(4)(5)
检测仪器 →(1)(3)(4)(5)(7)(8)(10)(12)(13)
力学测量仪器
流量计 →(4)
路面质量测量仪器 →(1)(4)(12)
热工仪表 →(1)(2)(4)(5)(7)(9)
声学测量仪器 →(1)(2)(4)
时间测量仪
探测器
仪器 →(4)

测量噪声
measurement noise
V21
S 噪声*

测量站
Y 测控站

测量转换器
Y 测量装置

测量装置*
measuring set
TB4；TH7
D 测定装置
测量变换器
测量转换器
传输测量装置
磁特性自动测量装置
F 惯性测量装置
C 测量工具 →(3)(4)
测量系统
测量仪器
测试系统 →(4)(8)
测试装置
检测仪器 →(1)(3)(4)(5)(7)(8)(10)(12)(13)
零件尺寸 →(4)
试验设备
探测器
装置

测时系统
time measurement systems
TJ765
S 测量系统*

测时仪器
Y 时间测量仪

测试*
testing
TB4
D 测量试验
测试法
测试技术
测试实验
测试试验
测验
F 单元测试
地面测试
风洞测试
攻击测试
惯导测试
离线测试
批量测试
试飞测试
卫星测试
无损测试
武器测试
循环测试
C 测定 →(1)(2)(3)(4)(5)(7)(8)(9)(10)(11)(12)(13)
测试功能 →(1)
测试管理 →(1)
测试结果 →(1)
测试系统 →(4)(8)
测试性要求
计算机测试
试验

测试测量
Y 测量

测试测量仪器
Y 测量仪器

测试发控系统
Y 测试发射控制系统

测试发射
test launch
V55
S 发射*

测试发射控制系统
testing launch and control system
TJ765；V55
D 测试发控系统
测试发射系统
地面测发控系统
S 测控系统*
发射测试系统
专用系统*
Z 试验系统

测试发射系统
Y 测试发射控制系统

测试发射预案
test-launch preplan
V55
S 发射预案
Z 预案

测试法
Y 测试

测试工作台
Y 试验台

测试管*
determination tube
TE9；TH7
F 文丘里管

测试机
Y 测试装置

测试计量仪器
Y 测量仪器

测试技术
Y 测试

测试架
Y 试验台

测试控制系统
Y 测控系统

测试器
Y 测试装置

测试设备
Y 测试装置

测试实验
Y 测试

测试试验
Y 测试

测试台架
Y 试验台

测试条件
Y 试验条件

测试网络
testing network
TP3；V21
S 测量控制网
Z 网络

测试性*
test performance
TB4；TP3
D 测试性能
测试属性
F 低可观测性
跟踪性能
可探测性
C 测试系统 →(4)(8)
测试性要求
工程性能
灵敏度
敏感性
性能

测试性能
Y 测试性

测试性设计
Y 可测性设计

测试性要求
testability requirements
TJ01
S 要求*
C 测试
测试系统 →(4)(8)
测试性

测试仪器设备
Y 测试装置

测试属性
Y 测试性

测试装置*
test equipment
TB4；TH7；TP2
D 不停机测试设备
测试机
测试器
测试设备
测试仪器设备
通用检测设备
卫星测试设备
卫星专用测试设备
卫星总测设备
F 地面测试设备
故障测试设备
惯导测试设备
航测平台
机载测试设备
C 测量装置

测速定轨
velocimetry orbital determination
V526
S 轨道确定*

测速瞄准具
Y 瞄准具

测速陀螺仪
Y 速率陀螺仪

测头标定
Y 标定

测温
Y 温度测量

测温法
Y 温度测量

测温方法
Y 温度测量

测温方式
Y 温度测量

测温技术
Y 温度测量

测温原理
Y 温度测量

测压试验
pressure measurement test
V211.74
S 风洞试验
C 测压通道 →(5)
Z 气动力试验

测验
Y 测试

测云雷达
cloud detection radar
V243.1
S 雷达*

测重
Y 称重

策划
Y 规划

策略*
strategy
ZT0
F 操纵策略
储存策略
C 信息策略 →(7)(8)
诊断

层
Y 结构层

层板冷却叶片
Y 冷却叶片

层板喷注器
platelet injector
V431
D 层板式喷注器
S 喷注器*

层板式喷注器
Y 层板喷注器

层板推力室
platelet thrust chamber
V431
S 推力室*

层板叶片
Y 板型叶片

层叠复合材料
Y 双层复合材料

层离
Y 剥离

层流
laminar flow
O3；TL
D 成层流
分层流
S 流体流*
F 边界层流

层流边界层
laminar boundary layer
V211
D 层流附面层
层流附着面
S 边界层
C 层流翼型
Z 流体层

层流边界层控制
laminar boundary layer control
V211
S 边界层控制
Z 控制
流体控制

层流弹翼
Y 机翼

层流附面层
Y 层流边界层

层流附着面
Y 层流边界层

层流火焰面模型
laminar flame surface model
V21
S 火焰面模型
Z 热模型

层流机翼
Y 机翼

层流控制
Y 边界层控制

层流流动
Y 分层流动

层流燃烧

laminar combustion
V231.1
S 燃烧*
C 层流火焰 →(5)

层流翼
Y 机翼

层流翼剖面
Y 翼型

层流翼型
laminar flow airfoil
V221
D 低阻力翼型
自然层流翼型
S 翼型*
C 层流边界层

层膜
Y 膜

层式结构
Y 结构层

层压材料
Y 复合材料

层状流动
Y 分层流动

差动活塞发动机
Y 活塞式发动机

差动平尾
Y 差动尾翼

差动式水平安定面
Y 差动尾翼

差动尾翼
differential tail
V225
D 差动平尾
差动式水平安定面
S 水平尾翼
C V形尾翼
全动尾翼
Z 尾翼

差分不平衡
Y 平衡

差分磁罗盘
differential magnetic compass
U6；V241.6
S 磁罗经
Z 导航设备

差速传动机构
Y 传动装置

差速复合发动机
Y 组合发动机

差值*
difference
O1；ZT3
F 速度差

插头锥管式空中加油
Y 空中加油

插头锥套式空中加油
Y 空中加油

插座护套
Y 护套

拆除(反应堆)
Y 反应堆拆除

拆除(裂变堆)
Y 反应堆拆除

拆卸(燃料组件)
Y 燃料元件

柴油发动机
Y 柴油机

柴油航空发动机
Y 航空发动机

柴油机*
diesel engine
TK4
D 柴油发动机
柴油机发动机
狄塞尔发动机
狄塞尔内燃机
F 装甲车辆柴油机
C TR燃烧系统 →(5)
柴油机油 →(2)(4)
电液调速器 →(4)
顶杆护套 →(5)
动力装置
缸内流场 →(5)
缸内微粒 →(5)
含氧添加剂 →(9)
机油消耗 →(5)
抗压强度 →(1)
螺旋进气道
磨合油 →(2)(4)
碾瓦 →(5)(12)
排气管 →(5)
排气颗粒 →(5)
排气温度 →(1)
排烟异常 →(12)
起动转速 →(4)
气缸油 →(2)(4)
气门导管 →(4)
燃耗 →(5)(12)
燃油喷射 →(5)
乳化柴油 →(2)(9)
碳烟排放 →(13)
乙醇柴油混合燃料 →(5)(12)

柴油机发动机
Y 柴油机

掺混流
Y 流体混合

掺杂*
doping
TM2；TN3
D 掺杂方法
掺杂方式
掺杂工艺
掺杂效应
非掺
非掺杂
再掺杂
F 调制掺杂
C 掺杂电极 →(7)
光催化活性 →(9)
合金化 →(1)(3)
镧 →(3)
塞贝克系数 →(5)
稀土 →(3)

掺杂方法
Y 掺杂

掺杂方式
Y 掺杂

掺杂工艺
Y 掺杂

掺杂效应
Y 掺杂

缠绕*
twining
TB3；TS1
D 缠绕法
缠绕法成型
缠绕方式
缠绕工艺
缠绕过程
F 布带缠绕
C 粗纺 →(10)
干法合成 →(9)
卷取张力 →(3)(10)

缠绕法
Y 缠绕

缠绕法成型
Y 缠绕

缠绕方式
Y 缠绕

缠绕工艺
Y 缠绕

缠绕过程
Y 缠绕

产额*
yield
TL
F 光产额
核反应产额
溅射产额

产额(核反应)
Y 核反应产额

产额(聚变)
Y 聚变产额

产品纯度
product purity
TL27
S 程度*

产品分离
Y 物质分离

产品可制造性
product manufacturability

TH16；V23
S 性能*

产品零部件
Y 零部件

产品设计*
product design
F；TB2
D 工业化设计
工业设计
广义工业设计
设计产品
生产设计
狭义工业设计
再制造设计
制造设计
F 陀螺设计
样机设计
C 材料质感 →(1)
产品 →(1)(2)(3)(4)(7)(8)(9)(10)(11)(13)
产品模型 →(1)(4)
工艺设计
机械设计
设计
设计趋势 →(1)
设计项目 →(1)
制造科学 →(4)

产品设计定型试验
Y 设计定型试验

产品生产定型试验
Y 生产定型试验

产品失效
product diseffecfion
V328.5；V445
S 失效*

产品验收
product acceptance
[TJ07]
S 验收*

产生器
Y 发生器

产氧系统
Y 供氧系统

产业废弃物
Y 工业废弃物

产业工厂
Y 工厂

颤动
Y 颤振

颤动不稳定效应
Y 颤动效应

颤动不稳定性效应
Y 颤动效应

颤动模型
Y 颤振模型

颤动效应
flutter effect
V211.46
D 颤动不稳定效应
颤动不稳定性效应
颤振不稳定性效应
纵向耦合振动效应
S 气动效应*

颤抖
Y 颤振

颤摄飞行试验
Y 颤振飞行试验

颤振
flutter
V211.46
D 颤动
颤抖
抖振
振颤
S 振动*
F 非线性颤振
机翼颤振
跨音速颤振
双垂尾抖振
亚音速颤振
C 超音速
大气湍流
飞行品质
临界风速 →(5)
气动稳定性
嗡鸣

颤振边界
flutter boundary
V211.46
D 抖振边界
S 边界*
C 颤振抑制 →(4)

颤振不稳定性效应
Y 颤动效应

颤振导数
flutter derivatives
V211
S 气动导数*

颤振飞行试验
flutter flight test
V217
D 颤摄飞行试验
颤振试飞
飞行颤振
飞行颤振试验
S 强度飞行试验
Z 飞行器试验

颤振分析
flutter analysis
V211.46
S 运动分析*
C 颤振计算

颤振风洞
flutter wind tunnels
V211.74
S 风洞*

颤振计算
flutter calculation
V211.46
S 计算*
C 颤振分析

颤振简化模型
Y 颤振模型

颤振模态飞行控制
flutter mode flight control
V249.1
D 颤振模态控制
S 随控布局飞行控制
运动控制*
C 防颠簸飞行控制
Z 飞行控制

颤振模态飞行控制系统
Y 随控布局飞机控制系统

颤振模态控制
Y 颤振模态飞行控制

颤振模型
flutter model
V221
D 颤动模型
颤振简化模型
S 气动模型
Z 力学模型

颤振失稳
flutter instability
O3；V211.47
S 失稳*

颤振试飞
Y 颤振飞行试验

颤振试验
flutter test
V216
D 抖振试验
S 振动试验
Z 力学试验

颤振速度
flutter speed
V211.46
D 颤振速率
S 速度*

颤振速率
Y 颤振速度

颤振特性
Y 颤振性能

颤振性能
flutter performance
V211.46
D 颤振特性
颤振性质
S 力学性能*

颤振性质
Y 颤振性能

颤振载荷
Y 动载荷

颤振阻尼器
Y 阻尼器

长半径
Y 半径

长冲程
long stroke
TK4；V23
S 行程*

长度*
length
O1；TB9
D 超长度
大长度
最大长度
最优长度
F 扩散长度
跑道长度
束团长度

长短叶片
split blades
TH13；V232.4
S 叶片*
F 短叶片
末级长叶片

长杆式穿甲弹
Y 尾翼稳定脱壳穿甲弹

长航时无人机
Y 高空长航时无人机

长桁
Y 机身构件

长颈喷嘴
long-necked nozzle
TH13；TK2；V232
S 喷嘴*

长距离飞行
Y 远程飞行

长孔
slotted hole
V23
S 孔洞*

长期辐照
Y 慢性照射

长期航天飞行
long duration space flight
V529
D 长期空间飞行
长时间航天飞行
S 行星际飞行
C 行星环境
载人航天飞行
Z 飞行

长期空间飞行
Y 长期航天飞行

长期运行
long-term operation
TV6；V23
S 运行*

长枪
Y 步枪

长燃时发动机
Y 火箭发动机

长燃时火箭发动机
Y 火箭发动机

长时间航天飞行
Y 长期航天飞行

长时间气动加热
Y 气动加热

长寿命废料
Y 废料

长寿命废物
Y 废弃物

长条形反射镜
Y 反射镜

长尾管喷管
Y 长尾喷管

长尾喷管
long-tail nozzles
V232.97
D 长尾管喷管
S 排气喷管
Z 喷管

长效电池
Y 电池

长延期雷管
Y 延期雷管

长延期引信
Y 延期引信

长焰烧嘴
Y 气体喷嘴

常规靶场
Y 常规武器试验靶场

常规兵器
Y 常规武器

常规兵器靶场
Y 常规武器试验靶场

常规弹道导弹
conventional ballistic missile
TJ761.3
S 常规导弹
弹道导弹
Z 武器

常规弹头
Y 常规战斗部

常规弹药
conventional ammunition
TJ41
S 弹药*
C 常规导弹
常规炮弹
常规装药深弹
常规装药鱼雷

常规导弹
conventional missile
TJ76
S 常规武器
导弹
F 常规弹道导弹
常规战术导弹
地地常规导弹
C 常规弹药
导弹弹头
飞行器头部
Z 武器

常规风洞
conventional wind tunnel
V211.74
S 风洞*

常规计算
Y 计算

常规雷场
Y 地雷场

常规炮弹
conventional shell
TJ412
S 炮弹*
C 常规弹药

常规设备
Y 设备

常规武器
conventional weapon
TJ0
D 常规兵器
S 武器*
F 常规导弹
常规装药深弹

常规武器试验靶场
conventional weapon test shooting ranges
TJ01
D 常规靶场
常规兵器靶场
S 试验靶场
C 火炮试验
枪械试验
Z 试验设施

常规武器试验基地
conventional weapon test base
TJ01
S 武器试验基地
C 火炮试验
枪械试验
Z 基地

常规战斗部
conventional warhead
TJ76
D 常规弹头
反舰战斗部
S 战斗部*
F 半穿甲战斗部
爆破战斗部
穿甲战斗部
串联战斗部

多模战斗部
聚焦战斗部
聚能战斗部
可变形战斗部
杀伤战斗部
子母战斗部
组合式战斗部

常规战术导弹
conventional tactical missiles
TJ761.1
S 常规导弹
战术导弹
Z 武器

常规装备
Y 设备

常规装药深弹
depth charge with conventional charge
TJ65
D 常规装药深水炸弹
S 常规武器
深弹
C 常规弹药
水中武器
Z 武器
炸弹

常规装药深水炸弹
Y 常规装药深弹

常规装药鱼雷
conventional charge torpedo
TJ631
S 鱼雷*
C 常规弹药
水中武器

常见事故
Y 事故

常温空气无焰燃烧
Y 燃烧

常用材料
Y 材料

常用空气动力学
Y 工业空气动力学

厂址(核装置)
Y 核设施

厂址复原过程
Y 补救措施

场*
field
O4
F 剂量场
流场
速度场
尾场
C 磁场
电场 →(5)
力场 →(1)(2)(11)

场到场
Y 运输

场到门
Y 运输

场到站
Y 运输

场地
Y 场所

场地设计*
site design
TU98
D 场所设计
F 航站楼设计
核电站设计
C 设计
站场布局 →(12)

场定向控制
field oriented control
V249.122.2
S 定向控制
F 磁场定向控制
Z 方向控制
飞行控制

场内飞行
airdrome flight
V323
D 本场飞行
场外飞行
飞机进场
飞行器进场
机场空域内飞行
机场空域外飞行
基地内飞行
S 航空飞行
C 盘旋
着陆
Z 飞行

场内抢救
Y 飞机抢救

场坪
Y 机坪

场坪发射
pad launching
TJ768
S 固定发射
Z 飞行器发射

场所*
habitat
TU98；ZT74
D 场地
特殊场所
现场
F 地雷场
发射场
机场
着陆场
C 堆场 →(2)(3)(5)(11)(12)(13)

场所设计
Y 场地设计

场外飞行
Y 场内飞行

场外抢救
Y 飞机抢救

场外应急
off-site emergency
TL7
S 核应急
Z 应急

场站设备
Y 机场设备

敞开式弹射
Y 弹射

敞开式风洞
Y 风洞

敞开式供氧面罩
open supply oxygen mask
TS94；V244
D 非气密供氧面罩
S 氧气面罩
Z 安全防护用品

敞开式座舱
open cockpit
V223
D 半敞开式座舱
S 飞机座舱
C 密闭座舱
Z 舱

超薄电池
Y 电池

超长度
Y 长度

超大型飞机
ultra-large aircraft
V271
S 大飞机
Z 飞机

超大型客机
Y 旅客机

超大型喷气式客机
Y 喷气式飞机

超大型鱼雷
super large torpedoes
TJ631
S 鱼雷*
C 水中武器

超导磁场陀螺仪
Y 超导陀螺仪

超导激光武器
superconducting laser weapons
TJ864
S 超导武器
激光武器
Z 武器

超导加速器
superconducting accelerators
TL5
S 粒子加速器*

超导胶体探测器
Y 辐射探测器

超导聚能武器
superconducting shaped-charge weapons
TJ91
S 超导武器
Z 武器

超导离子束武器
superconducting plasma beam weapons
TJ864
S 超导武器
定向能武器
Z 武器

超导体*
superconductors
TM2
D Ⅰ类超导体
磁通钉扎
第二类超导体
F 低温超导体
C 超导材料 →(1)(3)(5)(9)
超导电机 →(5)
超导转子 →(4)
导体 →(1)(5)(7)

超导体托卡马克
Y 超导托卡马克

超导托卡马克
superconducting tokamak
TL62；TL63
D 超导体托卡马克
超导托卡马克核聚变实验装置
超导托卡马克核聚变装置
超导托卡马克装置
S 托卡马克
Z 热核装置

超导托卡马克核聚变实验装置
Y 超导托卡马克

超导托卡马克核聚变装置
Y 超导托卡马克

超导托卡马克装置
Y 超导托卡马克

超导陀螺
Y 超导陀螺仪

超导陀螺仪
superconductive gyroscope
V241.5；V441
D 超导磁场陀螺仪
超导陀螺
超低温陀螺
超低温陀螺仪
低温超导陀螺
低温陀螺
低温陀螺仪
S 陀螺仪*

超导武器
superconducting weapons
TJ9
S 新概念武器
F 超导激光武器
超导聚能武器
超导离子束武器
Z 武器

超导直线加速器
superconducting linear accelerator
TL5
S 直线加速器
Z 粒子加速器

超低空飞机
extreme low-altitude aircraft
V271
D 超低空飞行飞机
S 低空飞机
C 超低空飞行
Z 飞机

超低空飞行
zero-feet flight
V323
D 近地飞行
掠地飞行
贴地飞行
自动贴地飞行
S 低空飞行
C 超低空飞机
地形跟踪飞机
Z 飞行

超低空飞行飞机
Y 超低空飞机

超低空飞行训练
Y 飞行训练

超低速
ultra-low speed
V23
S 速度*
C 压铸 →(3)

超低温陀螺
Y 超导陀螺仪

超低温陀螺仪
Y 超导陀螺仪

超地球同步转移轨道
Y 转移轨道

超额定状态
Y 额定工况

超高飞行速度导弹
Y 超高速导弹

超高空飞行训练
Y 飞行训练

超高空核爆炸
Y 核爆炸

超高燃速推进剂
super high burning rate propellant
V51
S 高燃速推进剂
Z 推进剂

超高射频武器
super high RF weapons
TJ864
S 硬杀伤性信息武器
Z 武器

超高速弹道学
Y 弹道学

超高速导弹
hypervelocity missile
TJ76
D 超高飞行速度导弹
S 高速导弹
Z 武器

超高速动能导弹
super high velocity kinetic energy missile
TJ866
S 高速导弹
Z 武器

超高速发射架
Y 超高速发射装置

超高速发射器
Y 超高速发射装置

超高速发射装置
hypervelocity launchers
V55
D 超高速发射架
超高速发射器
S 高速发射装置
Z 发射装置

超高速飞行器
Y 高速飞行器

超高速风洞
Y 高超音速风洞

超高速碰撞
hypervelocity impact
V52
D 超高速撞击
C 空间碎片
碎片云

超高速气体动力学
extremely high-speed gas dynamics
V211
S 气体动力学
Z 动力学
科学

超高速射弹武器
Y 动能武器

超高速武器
hypervelocity weapon
TJ9
S 武器*
F 超音速武器

超高速鱼雷
hypervelocity torpedoes
TJ631
S 鱼雷*
C 水中武器

超高速撞击
Y 超高速碰撞

超高速撞击试验
Y 鸟撞试验

超高压缸
ultra-high pressure fuel tank
TH13；V232
S 高压缸
F 超高压油缸
C 高压设备 →(9)
Z 发动机零部件

超高压管
Y 超高压管道

超高压管道
super high pressure pipelines
TL35；U1
D 超高压管
S 压力管道
Z 管道

超高压气球
super pressure balloon
V273
D 超压力气球
超压式气球
S 高空气球
C 气象探测气球
Z 航空器

超高压油缸
ultra-high pressure cylinder
TH13；TK0；V232
S 超高压缸
液压缸*
Z 发动机零部件

超高音速风洞
Y 高超音速风洞

超光谱成像卫星
gyperspectral imaging satellite
V474
S 成像卫星
Z 航天器
卫星

超机动飞行
super-maneuvering flight
V323
S 机动飞行
Z 飞行

超机动性
super maneuver ability
V249
S 机械性能*
物理性能*

超级腐蚀弹
Y 超级腐蚀武器

超级腐蚀武器
super corrosion weapons
TJ99
D 超级腐蚀弹
S 反固定目标非致命武器
Z 武器

超级绝热材料
Y 烧蚀材料

超级离心机
ultracentrifuge
TL2
D 超离心机
超临界离心机
S 离心机
C 气体离心机
同位素分离
Z 分离设备

超级武器
Y 武器

超级重离子直线加速器
superhilacs
TL5
D 伯克利超级重离子直线加速器
S 重离子直线加速器
C 重离子直线高能同步加速器
Z 粒子加速器

超精密端面齿盘转台
Y 转台

超空化
supercavitation
TJ63；TV1
D 超空泡技术
S 空化*
C 超空泡武器
非定常性

超空化水翼
supercavitating hydrofoil
V226
D 超空泡水翼
空泡水翼
全空泡水翼
S 水翼*

超空泡技术
Y 超空化

超空泡螺旋桨
Y 空泡螺旋桨

超空泡射弹
super cavitation projectiles
TJ6
S 超空泡武器
Z 水中武器

超空泡水翼
Y 超空化水翼

超空泡武器
supercavitation weapons
TJ63
S 水中武器*
F 超空泡射弹
C 超空化

超空泡鱼雷
super-cavitation torpedoes
TJ631
S 鱼雷*
C 水中武器

超口径弹
Y 超口径炮弹

超口径炮弹
supercaliber projectile
TJ412
D 超口径弹
S 炮弹*
C 大口径弹药

超宽带脉冲波形
Y 波形

超离心法
ultracentrifugation
TL2
S 离心分离
C 离心浓缩厂
气体离心法
Z 分离

超离心机
Y 超级离心机

超离心加浓厂
Y 离心浓缩厂

超临界机翼
supercritical wing
V224
D 超临界翼
S 机翼*
C 变后掠翼飞机
超临界翼型

超临界离心机
Y 超级离心机

超临界燃烧
Y 燃烧

超临界水堆
Y 超临界水冷堆

超临界水冷堆
supercritical water cooled reactor
TL4
D 超临界水堆
S 水冷堆
Z 反应堆

超临界条件
supercritical conditions
TL
S 条件*

超临界无激波翼型
Y 超临界翼型

超临界循环
supercritical cycle
TL3
S 循环*

超临界叶型
Y 叶型

超临界翼
Y 超临界机翼

超临界翼剖面
Y 翼型

超临界翼型
supercritical airfoil profile
V221
D 超临界无激波翼型
无激波跨音速翼型
S 跨音速翼型
C 超临界机翼
Z 翼型

超前偏置控制
leadbias control
V249
S 导弹控制
Z 军备控制

超轻型飞机
ultralight aircraft
V271
S 飞机*
C 轻型飞机

超轻型飞行器
Y 飞行器

超轻型水上飞机
super light seaplanes
V271.5
S 水上飞机
Z 飞机

超轻型坦克
super-light tanks
TJ811
S 坦克
Z 军用车辆
武器

超燃冲压发动机
scramjet engine
V235.21
D 超燃冲压发动机技术
超燃发动机
超声速冲压发动机
超声速冲压喷气发动机
超声速燃烧冲压发动机
超音速冲压喷气发动机
超音速燃烧冲压发动机
超音速燃烧冲压喷气发动机
S 冲压发动机
C 侧压式进气道
高超音速进气道
激波串
Z 发动机

超燃冲压发动机技术
Y 超燃冲压发动机

超燃发动机
Y 超燃冲压发动机

超热中子堆
epithermal reactors
TL4
S 热中子堆
F 快堆
Z 反应堆

超热中子束
epithermal neutron beam
TL99
S 射束*

超声波波速
Y 超音速

超声波传播速度
Y 超音速

超声波声速
Y 超音速

超声波速
Y 超音速

超声波速度
Y 超音速

超声分子束
supersonic molecular beam
TL99
S 射束*

超声疲劳试验
ultrasonic fatigue testing
TG1；TH7；V216.3
S 疲劳试验
Z 力学试验

超声速
Y 超音速

超声速边界层
Y 超音速边界层

超声速颤振
Y 超音速颤振

超声速冲压发动机
Y 超燃冲压发动机

超声速冲压喷气发动机
Y 超燃冲压发动机

超声速导弹
supersonic missile
TJ76
D 超音速导弹
S 高速导弹
Z 武器

超声速低空导弹
supersonic low altitude missile
TJ76
D 超音速低空导弹
S 防空导弹
C 核火箭发动机
Z 武器

超声速度
Y 超音速

超声速反舰导弹
supersonic anti-ship missile
TJ761.9
D 超音速反舰导弹
S 反舰导弹
Z 武器

超声速飞航导弹
Y 超声速巡航导弹

超声速飞机
Y 超音速飞机

超声速飞行
Y 超音速飞行

超声速飞行空气动力学
Y 超音速空气动力学

超声速飞行器
Y 超音速飞行器

超声速风洞
Y 超音速风洞

超声速风洞干扰
Y 风洞干扰

超声速风洞喷管
Y 风洞喷管

超声速风洞天平
Y 风洞天平

超声速附面层
Y 超音速边界层

超声速轰炸机
Y 超音速轰炸机

超声速后缘
Y 后缘

超声速技术
Y 超音速

超声速进气道
Y 超音速进气道

超声速进气口
Y 超音速进气道

超声速客机
Y 超音速旅客机

超声速空气动力学
Y 超音速空气动力学

超声速空气射流
Y 超音速射流

超声速扩散器
Y 超声速扩压器

超声速扩压
Y 超声速扩压器

超声速扩压器
supersonic diffuser
TK0；V232
D 超声速扩散器
超声速扩压
超音速扩压器
S 扩压器
C 超音速风洞
超音速喷管
Z 发动机零部件

超声速流
Y 高超声速流

超声速流动
Y 高超声速流

超声速旅客机
Y 超音速旅客机

超声速面积律
Y 面积律

超声速喷管
Y 超音速喷管

超声速气流
Y 高超声速流

超声速前缘
Y 前缘

超声速燃烧
Y 超音速燃烧

超声速燃烧冲压发动机
Y 超燃冲压发动机

超声速燃烧室
Y 超音速燃烧室

超声速射流
Y 超音速射流

超声速太空飞行器
Y 超音速飞行器

超声速特性
Y 超音速特性

超声速巡航
Y 超音速巡航

超声速巡航导弹
supersonic cruise missile
TJ761.6
D 超声速飞航导弹
超音速巡航导弹
S 巡航导弹
Z 武器

超声速巡航进气道
Y 超音速进气道

超声速压气机
Y 离心压气机

超声速叶型
Y 叶型

超声速引射器
Y 超音速引射器

超声速运输机
Y 超音速运输机

超声速战斗机
Y 超音速歼击机

超声速振动叶型
Y 叶型

超声速轴对称进气道
supersonic axisymmetrical inlets
V232.97
S 超音速进气道
轴对称进气道
Z 进气道

超声速状态
Y 超音速

超声速阻力
Y 超音速阻力

超声武器
ultrasonic weapon
TJ9
S 特种武器
Z 武器

超声引信
Y 声引信

超声阻力
Y 超音速阻力

超失速攻角
Y 失速迎角

超视距导弹
over-the-horizon guided missiles
TJ76
S 导弹
Z 武器

超视距空对空导弹
Y 超视距空空导弹

超视距空空导弹
over-the-horizon air-to-air missiles
TJ76
D 超视距空对空导弹
S 空空导弹
Z 武器

超视距探测
over-the-horizon detection
TN95；V249.3
S 探测*
C 超视距雷达 →(7)

超瞬发临界
super-prompt criticality
TL32
S 临界*

超速炮
hypervelocity gun
TJ399
D 高速炮
S 火炮
C 超速炮弹
Z 武器

超速炮弹
super speed cartridge
TJ412
S 炮弹*
C 超速炮

超细加工
Y 微细加工

超小卫星
Y 超小型卫星

超小型飞行器
super-mini aerial vehicle
V27
S 小型飞行器
F 超小型旋翼飞行器
Z 飞行器

超小型固定翼飞行器
Y 固定翼飞机

超小型人造卫星
Y 超小型卫星

超小型卫星
superminiature satellite
V474
D 超小卫星
超小型人造卫星
S 小卫星
Z 航天器
卫星

超小型无人机
subminiature unmanned aerial vehicles
V279.2
S 小型无人机
Z 飞机

超小型无人驾驶直升机
super-mini unmanned helicopter
V275.13
S 小型无人直升机
Z 飞机

超小型无人旋翼机
subminiature unmanned rotorcrafts
V275.1；V279.2
S 无人旋翼机
Z 飞机
航空器

超小型旋翼飞行器
subminiature rotor aircraft
V27
S 超小型飞行器
旋翼飞行器
Z 飞行器

超压力气球
Y 超高压气球

超压式气球
Y 超高压气球

超音出口涡轮叶栅
supersonic turbine cascade
TH13；TK0；V232
S 涡轮叶栅
Z 叶栅

超音速
ultrasonic velocity
O4；TB5；V23
D 超声波波速
超声波传播速度
超声波声速
超声波速
超声波速度
超声速
超声速度
超声速技术
超声速状态
S 速度*
C 颤振
高超声速
混凝土 →(11)(12)
亚声速

超音速靶机
Y 靶机

超音速边界层
supersonic boundary layer
V211
D 超声速边界层
超声速附面层
超音速附面层
S 边界层
Z 流体层

超音速颤动
Y 超音速颤振

超音速颤振
Supersonic flutter
V211.46
D 超声速颤振
超音速颤动
S 振动*

超音速冲压喷气发动机
Y 超燃冲压发动机

超音速导弹
Y 超声速导弹

超音速低空导弹
Y 超声速低空导弹

超音速反舰导弹
Y 超声速反舰导弹

超音速飞机
supersonic aircraft
V271
D 超声速飞机
S 飞机*
C 超音速飞行
超音速飞行器
超音速翼型
跨音速飞机
喷气式飞机

超音速飞行
supersonic flight
V323
D 超声速飞行
S 高速飞行
C 超音速飞机
超音速特性
高超音速飞行
跨音速飞行
亚声速飞行
Z 飞行

超音速飞行器
supersonic vehicles
V27；V47
D 超声速飞行器
超声速太空飞行器
超音速太空飞行器
S 飞行器*
F 高超音速飞行器
C 超音速飞机

超音速风洞
supersonic wind tunnel
V211.74
D 超声速风洞
S 高速风洞
F 高超音速风洞
跨超音速风洞
C 超声速扩压器
高超声速流
三音速风洞
Z 风洞

超音速附面层
Y 超音速边界层

超音速轰炸机
supersonic bombers
V271.44
D 超声速轰炸机
高超音速轰炸机
S 轰炸机
F 高超音速空天轰炸机
Z 飞机

超音速火焰喷枪
supersonic flame spray gun
TG1；V431
S 喷射器*

超音速歼击机
ultrasonic fighter
V271.41
D 超声速战斗机
超音速战斗机
S 歼击机
Z 飞机

超音速进气道
supersonic inlet
V232.97
D 超声速进气道
超声速进气口
超声速巡航进气道
S 进气道*
F 超声速轴对称进气道
高超音速进气道

超音速客机
Y 超音速旅客机

超音速空气动力特性
Y 超音速特性

超音速空气动力学
supersonic aerodynamics
V211
D 超声速飞行空气动力学
超声速空气动力学
S 空气动力学
F 高超音速空气动力学
Z 动力学
科学

超音速扩压器
Y 超声速扩压器

超音速流
Y 高超声速流

超音速旅客机
supersonic passenger aircraft
V271.3
D 超声速客机
超声速旅客机
超音速客机
S 旅客机
Z 飞机

超音速面积律
Y 面积律

超音速喷管
supersonic nozzle
V232.97
D 超声速喷管
跨声速喷管
跨音速喷管
跨音速喷管(风洞)
亚声速喷管
亚音速喷管
音速喷管
S 喷管*
F 高超音速喷管
拉瓦尔喷管
C 超声速扩压器
高超声速流
跨音速流
音速喷嘴

超音速喷流
Y 超音速射流

超音速喷嘴
supersonic flow nozzle
TH13；TK2；V232
S 音速喷嘴
Z 喷嘴

超音速气动特性
Y 超音速特性

超音速燃烧
supersonic combustion
V231.1
D 超声速燃烧
高超音速燃烧
S 燃烧*
C 侵蚀燃烧
燃料燃烧 →(5)

超音速燃烧冲压发动机
Y 超燃冲压发动机

超音速燃烧冲压喷气发动机
Y 超燃冲压发动机

超音速燃烧室
supersonic combustion chamber
V232
D 超声速燃烧室
S 燃烧室*
C 激波串

超音速射流
supersonic jet
V211
D 超声速空气射流
超声速射流
超音速喷流
S 射流*
C 喷管气流

超音速太空飞行器
Y 超音速飞行器

超音速特性

supersonic characteristics
V211
D 超声速特性
超音速空气动力特性
超音速气动特性
S 空气动力特性
物理性能*
F 高超音速气动特性
C 超音速飞行
Z 流体力学性能

超音速武器
supersonic weapon
TJ9
S 超高速武器
Z 武器

超音速巡航
supercruise
V323
D 超声速巡航
超音速巡航飞行
S 巡航飞行
Z 飞行

超音速巡航导弹
Y 超声速巡航导弹

超音速巡航飞行
Y 超音速巡航

超音速压气机
Y 离心压气机

超音速叶型
Y 叶型

超音速翼剖面
Y 翼型

超音速翼型
supersonic airfoil
V221
D 菱形翼型
双弧形翼型
双楔形翼型
双圆弧翼型
S 翼型*
C 超音速飞机
后掠翼

超音速引射器
supersonic ejector
TK1；V232
D 超声速引射器
S 喷射器*

超音速运输机
supersonic transport aircraft
V271.2
D 超声速运输机
S 运输机
Z 飞机

超音速战斗机
Y 超音速歼击机

超音速战略轰炸机
Y 战略轰炸机

超音速阻力
supersonic drag
V212
D 超声速阻力
超声阻力
S 气动阻力
Z 阻力

超音通流风扇
supersound flow fan
V232.93
S 风扇*

超铀废物
transuranic waste
TL94；X5
S 废弃物*

超铀核素
higher chain product
O6；TL
S 核素*

超铀元素
transuranium elements
O6；TL
S 化学元素*
C 锕系元素

超远程火箭弹
super long range rocket projectiles
TJ415
S 火箭弹
Z 武器

超远程炮弹
super long range projectiles
TJ412
S 增程弹
Z 炮弹

超越空气动力学
Y 稀薄气体动力学

超越射击
Y 火炮射击

超越性加工
Y 精加工

超载起飞
Y 起飞

超致死辐照
Y 致死性辐照

超致死剂量
Y 容许剂量

超致死性辐照
Y 致死性辐照

超重氢
Y 氚

超重型坦克
superheavy tank
TJ811
S 坦克
Z 军用车辆
武器

超重型直升机
Y 重型直升机

潮湿试验
humidity test
V216
D 防潮试验
耐潮湿试验
耐潮试验
耐湿试验
耐湿性试验
湿试验
S 自然环境试验
F 湿热试验
C 湿度 →(1)(3)(5)(11)
Z 环境试验

车
Y 车辆

车灯反射镜
Y 反射镜

车架式起落架
Y 起落架

车辆*
vehicle
U2
D 车
车辆产品
车辆分类
车型
车型分类
动力车辆
机车产品
客车产品
行驶车辆
整车
F 航空电源车
机场特种车辆
空调车
履带车辆
热试车
通信电源车
无人地面车辆
星球车
指挥车
装甲通信车
C 参考车速 →(12)
车辆管理 →(12)
车辆零部件
车辆密度 →(12)
车辆试验
车用发动机 →(5)
电动车 →(4)(12)
仿真车 →(10)
缸径 →(5)
挂车 →(12)
机车 →(2)(12)
交通控制
绞车 →(2)(4)(12)
客车 →(12)
碰撞速度 →(12)
汽车 →(4)(12)(13)
倾摆系统 →(12)
石油专用车 →(2)(9)(12)
尾气排放 →(13)

车辆保障
Y 保障车辆

车辆部件
Y 车辆零部件

车辆产品
Y 车辆

车辆传动装置
Y 传动装置

车辆分类
Y 车辆

车辆附件
Y 车辆零部件

车辆构件
Y 车辆零部件

车辆警报装置
Y 报警装置

车辆零部件*
vehicle component
U4
D 车辆部件
车辆附件
车辆构件
F 装甲车辆部件
C 车辆
车辆厂 →(12)
车辆尺寸 →(12)
车辆结构 →(12)
车用发动机 →(5)
零部件

车辆试验*
vehicle tests
TJ；U4
D 试车
F 装甲车辆试验
C 车辆
工程试验

车辆试验场
Y 试验场

车辆试验站
Y 试验场

车辆洗消
Y 洗消

车辆系统*
vehicle systems
U4
F 炮塔系统
C 驾驶系统

车辆主传动装置
Y 传动装置

车轮传动装置
Y 传动装置

车轮平衡配重
Y 配重

车型
Y 车辆

车型分类
Y 车辆

车用布撒器
Y 布撒器

车用布洒器
Y 布撒器

车载导弹
vehicular missile
TJ76；V421
S 机动导弹
武器*

车载地面站
vehicle earth stations
V551
D 车载地球站
车载式地面站
车载式地球站
S 地面站
Z 台站

车载地球站
Y 车载地面站

车载发射
Y 机动发射

车载发射装置
Y 机动发射装置

车载火箭发射装置
Y 火箭发射装置

车载火炮
Y 车载炮

车载机关炮
vehicular automatic cannon
TJ35
S 车载炮
自动炮
Z 武器

车载机枪
vehicular machine gun
TJ24
D 车装机枪
S 机枪
武器*
F 坦克机枪
Z 枪械

车载激光武器
vehicular laser weapons
TJ864
S 激光武器
武器*

车载榴弹炮
vehicular howitzers
TJ33
S 榴弹炮
Z 武器

车载炮
vehicular guns
TJ399
D 车载火炮
S 火炮
F 车载机关炮
Z 武器

车载迫击炮
Y 迫击炮

车载式地面站
Y 车载地面站

车载式地球站
Y 车载地面站

车载式迫击炮
Y 迫击炮

车载式探雷器
vehicular mine detector
TJ517
S 地雷探测器
Z 探雷器

车载式自行火炮
Y 自行火炮

车载无人飞行器
Y 车载无人机

车载无人机
vehicular unmanned aerial vehicles
V279
D 车载无人飞行器
车载遥控飞行器
S 无人机
Z 飞机

车载遥控飞行器
Y 车载无人机

车载自行火炮
Y 自行火炮

车装机枪
Y 车载机枪

彻底洗消
Y 洗消

尘埃
Y 粉尘

尘土颗粒
Y 粉尘

尘云
Y 粉尘

尘渣
Y 粉尘

沉底雷
Y 沉底水雷

沉底水雷
bottom mine
TJ61
D 沉底雷
非触发沉底雷
S 水雷*

沉积废料
Y 废料

沉积物浸出液
Y 废液

沉速
Y 下沉速度

陈设布置
Y 布置

称量
Y 称重

称量标准
Y 称重

称量车
Y 衡器

称量程序
Y 称重

称量法
Y 称重

称量过程
Y 称重

称量技术
Y 称重

称量器
Y 衡器

称量设备
Y 衡器

称量形式
Y 称重

称量仪表
Y 衡器

称量仪器
Y 衡器

称量装置
Y 衡器

称重*
weighting
TB9；TG8；TH7
D 测重
称量
称量标准
称量程序
称量法
称量过程
称量技术
称量形式
称重测定法
称重测量法
称重程序
称重法
称重技术
称重自动化
秤量
重量测量
F 飞机称重
C 重量

称重测定法
Y 称重

称重测量法
Y 称重

称重程序
Y 称重

称重法
Y 称重

称重管理系统
weighing management system
V221；V423
S 管理系统*

称重计量设备
Y 衡器

称重技术
Y 称重

称重平台
Y 衡器

称重器具
Y 衡器

称重设备
Y 衡器

称重仪
Y 衡器

称重仪表
Y 衡器

称重仪器
Y 衡器

称重装置
Y 衡器

称重自动化
Y 称重

撑杆水雷
Y 触发水雷

成层流
Y 层流

成分配方
Y 配方

成功开发
Y 开发

成坑爆炸
cratering explosion
O3；TL
S 爆炸*
C 核爆炸

成品轴承
Y 轴承

成套动力装置
Y 动力装置

成象技术
Y 成像

成象间谍卫星
Y 军用卫星

成象制导
Y 成像制导

成像*
imaging
O4；TB8；TN91
D 成象技术
成像方式
成像技术
F 编码成像
分层成像
工业 CT
工业计算机断层成像
计算机层析成像
射线成像
数字辐射成像
卫星成像
C 成像材料 →(1)
成像尺寸 →(1)
成像仿真 →(4)(8)
成像装置 →(1)
图像
显示设备 →(4)(5)(7)
像点 →(4)

成像导引头
imaging seeker
TJ765
S 导引头
F 热成像导引头
Z 制导设备

成像方式
Y 成像

成像技术
Y 成像

成像探测器
imaging detector
TH7；TM5；V248
D 图像探测器
S 探测器*
C 成像处理 →(8)
成像处理器 →(8)

成像卫星
imaging satellites
V474
S 应用卫星
F 超光谱成像卫星
地球成像卫星
光学成像卫星
商业成像卫星
Z 航天器
卫星

成像引信
imaging fuze
TJ434
S 近炸引信
F 红外成像引信
Z 引信

成像侦察飞机
Y 成像侦察机

成像侦察机
imaging reconnaissance aircraft

V271.46
D 成像侦察飞机
S 侦察机
C 航空侦察
Z 飞机

成像侦察卫星
imaging reconnaissance satellite
V474
D 图像侦察卫星
S 侦察卫星
F 光学成像侦察卫星
雷达成像侦察卫星
Z 航天器
卫星

成像制导
imaging guidance
TJ765；V448
D 成象制导
S 制导*
F SAR 成像制导
电视成像制导
红外成像制导
主动成像制导
C 成像制导系统

成像制导系统
imaging guidance system
TJ765；V448
S 制导系统*
C 成像制导

成形*
forming
TQ0
D 成形法
成形法加工
成形方法
成形方式
成形分析
成形工序
成形工艺
成形工艺分析
成形过程
成形技术
成形加工
成形控制
成形路径
成形新工艺
成形性分析
成形修整
成形质量
成型加工工艺
成型加工技术
成型制造
F 喷丸成形
C 波束形成 →(7)
玻璃加工 →(9)
成形刀具 →(3)
成形机理 →(3)(4)(9)
成形精度 →(3)(4)
成形磨削 →(3)
成形砂轮 →(3)
成形铣刀 →(3)
成形性能 →(3)
成形运动 →(4)
成形载荷 →(3)(4)
成型 →(1)(3)(4)(7)(9)(10)(11)(12)
成型机 →(3)(9)
成型压力 →(3)(9)
翻边 →(3)
金属加工 →(3)(4)
拉伸 →(1)(2)(3)(9)(10)(11)
毛坯尺寸 →(3)(11)
熔融 →(3)(9)(10)(13)
熔融泵 →(9)
熔融纺丝 →(9)
熔融共混 →(9)
塑料成型 →(9)
缩径 →(2)(11)
凸度 →(3)(4)
压制成型 →(1)(3)(4)(9)(11)
液态金属 →(3)
注射成型 →(3)(9)
铸造 →(1)(3)(4)

成形法
Y 成形

成形法加工
Y 成形

成形方法
Y 成形

成形方式
Y 成形

成形分析
Y 成形

成形工序
Y 成形

成形工艺
Y 成形

成形工艺分析
Y 成形

成形过程
Y 成形

成形技术
Y 成形

成形加工
Y 成形

成形控制
Y 成形

成形路径
Y 成形

成形新工艺
Y 成形

成形性分析
Y 成形

成形修整
Y 成形

成形质量
Y 成形

成型加工工艺
Y 成形

成型加工技术
Y 成形

成型制造
Y 成形

成组配重
Y 配重

承力筒
loaded cylinder
V423
S 航天器部件*

承受载荷
Y 承载

承压管
Y 压力管道

承压管道
Y 压力管道

承压热冲击
pressurized thermal shock
TL3
S 冲击*

承载
load bearing
O3；TU3；V215
D 承受载荷
承载方式
承载负荷
承重
受载
载重
载重量系数
载重指数
支承载荷
重荷载
重力荷载
S 载荷*
C 承重砖 →(11)

承载方式
Y 承载

承载负荷
Y 承载

承载平台*
load-bearing platform
TN91
F 飞机平台
空中平台
武器平台

承载器
Y 衡器

承载翼肋
Y 翼肋

承重
Y 承载

城市污染物
Y 污染物

乘波飞行器
waverider

V27
S 飞行器*
F 类乘波飞行器

乘波构形
Y 乘波构型

乘波构型
wave-rider configuration
V221
D 乘波构形
乘波体
乘波外形
S 气动构型
F 吻切锥乘波构型
C 高超音速飞行器
升阻比
Z 构型

乘波品质
Y 乘坐品质

乘波体
Y 乘波构型

乘波外形
Y 乘波构型

乘车舒适性
Y 行车舒适性

乘员安全带
Y 安全带

乘员舱
crew module
V223
S 舱*

乘员返回飞行器
Y 可回收航天器

乘员个体防护
Y 个体防护

乘员集体防护
Y 集体防护

乘员救生技术
crew rescue technology
V244.2
S 救生技术
Z 防救技术

乘员头颈保护系统
Y 保护系统

乘员约束系统
occupant restraint system
U4；V223.2
S 系统*

乘坐品质
riding quality
V212
D 乘波品质
乘座品质
防颠品质
S 质量*
C 防颠簸飞行控制
座椅

乘坐品质飞行控制
Y 防颠簸飞行控制

乘坐品质控制
ride quality control
V249
S 航天器控制
Z 载运工具控制

乘坐舒适度
Y 行车舒适性

乘坐舒适性
Y 行车舒适性

乘座品质
Y 乘坐品质

乘座舒适性
Y 行车舒适性

程度*
degree
ZT72
F 保障度
产品纯度
富集度
猛度
能见度
束流发射度
湍流度
余度
C 化合度 →(1)(2)(9)(10)
活度
清晰度 →(1)(4)(7)

程序编制
Y 程序设计

程序弹道
Y 方案弹道

程序飞行段
Y 助推段

程序飞行控制
programmed flight control
V249.1
S 飞行控制*
自动控制*

程序跟踪
program tracking
V556
S 跟踪*

程序管制
program management and control
V355
D 飞行程序控制
S 空中交通管制
C 雷达管制
Z 交通控制

程序化设计
Y 程序设计

程序块谱
Y 疲劳载荷谱

程序设计*
programming
TP3
D 编程
编程法
编程方法
编程风格
编程技术
编程设计
编程特点
编制程序
程序编制
程序化设计
程序设计法
程序设计方法
程序设计风格
计算机程序设计
软件编程
软件化设计
软件设计
软件设计方法
F 飞行程序设计
C 编程环境 →(8)
程序窗口 →(8)
程序流程图 →(8)
可重构性 →(1)(4)
设计

程序设计法
Y 程序设计

程序设计方法
Y 程序设计

程序设计风格
Y 程序设计

程序引导
program designation
V55
S 引导*

程序制导
programmed guidance
TJ765；V448
D 方案制导
预置制导
自律式程序制导
S 自主制导
C 程序制导系统
遥操作系统 →(8)
Z 制导

程序制导系统
programmed guidance system
TJ765；V448
S 制导系统*
C 程序制导

程序组
Y 计算机软件

秤量
Y 称重

秤重仪
Y 衡器

池式堆
pool type reactors
TL4

D 池式反应堆
游泳池堆
游泳池反应堆
游泳池式反应堆
游泳池式轻水反应堆
S 水冷堆
Z 反应堆

池式反应堆
Y 池式堆

迟点火
Y 点火延迟

迟发辐射效应
Y 缓发辐射效应

迟发火
Y 点火延迟

迟缓率
delay rate
TK2；TK4；V23
S 比率*

迟滞性
Y 时滞

持久试验
Y 耐久性试验

持久性污染物
Y 污染物

持续照射
Y 慢性照射

尺寸*
size
ZT2
F 临界尺寸
C 尺寸公差 →(3)
尺度
距离
粒径 →(1)(2)(3)(5)(9)(11)(12)(13)
数量

尺寸比例尺比率
Y 标度因数

尺寸模型
Y 缩尺模型

尺寸优化
size optimization
V221
D 尺度优化
S 优化*

尺度*
scale
ZT2
D 无尺度
F 净空尺度
湍流积分尺度
C 尺寸

尺度鉴别
Y 尺度识别

尺度识别
dimension recognition
TJ6
D 尺度鉴别
S 识别*

尺度效应
scale effect
V211
D 缩尺效应
S 气动效应*

尺度优化
Y 尺寸优化

尺码计数器
Y 计数器

齿杆行程
Y 行程

齿轮*
gear
TH13
D 传动齿轮
F 航空齿轮
C 齿轮变位 →(4)
齿轮副 →(4)
齿轮机构 →(4)
齿轮加工 →(3)
齿轮油 →(2)(4)
活齿 →(4)
机械效率 →(4)
轮 →(4)(5)

赤道轨道
Y 地球同步轨道

赤道轨道卫星
Y 同步卫星

赤道卫星
Y 同步卫星

赤磷发烟剂
Y 发烟剂

炽热点火系统
Y 点火系统

充放电*
charge-discharge
TM91
D 充放电过程
F 空间静电放电
C 充放电器 →(5)
充放电试验 →(5)
放电器 →(5)

充放电过程
Y 充放电

充氦飞艇
helium-filled airship
V274
S 飞艇
Z 航空器

充气飞船
Y 飞船

充气飞行时间
gas-filled time-of-flight
TL8
S 飞行时间
Z 航行诸元

充气航天结构
Y 充气式航天结构

充气设备
Y 充气装置

充气式航天结构
inflatable aerospace structure
V423
D 充气航天结构
S 航天结构
Z 工程结构

充气性能
aeration performance
V211
S 气体性质
Z 流体力学性能

充气装置
air charging system
U4；V244
D 充气设备
S 装置*

充砂配重
Y 配重

充填*
filling
TD8
D 充填法
充填方式
充填工艺
充填过程
充填技术
填充
填充方法
填充过程
填充体系
F 充氧
回填
C 空区 →(2)
罗克休泡沫 →(2)

充填材料
Y 填料

充填法
Y 充填

充填方式
Y 充填

充填工艺
Y 充填

充填过程
Y 充填

充填技术
Y 充填

充填料
Y 填料

充填物料

Y 填料

充填原料
Y 填料

充氧
oxygenation
V244
S 充填*

充氧车
oxygen dispensers
U4；V351.3
D 气瓶运输车
S 机场特种车辆
Z 车辆

充液航天器
liquid filled spacecraft
V47
S 航天器*
F 充液卫星

充液式抗荷服
Y 抗荷服

充液卫星
liquid-filled satellite
V474
S 充液航天器
人造卫星
Z 航天器
卫星

充裕度
Y 裕度

充注
Y 注入

冲波边界层干扰
Y 激波边界层干扰

冲波干扰
Y 激波干扰

冲波衰减
Y 激波衰减

冲波损失
Y 激波损失

冲波效应
Y 激波效应

冲锋枪
submachine gun
TJ23
D 短机关枪
手枪式机枪
手提机枪
小机枪
S 枪械*
F 轻型冲锋枪
微声冲锋枪

冲锋枪弹
Y 手枪弹

冲锋手枪
assault pistol
TJ21
S 手枪
Z 枪械

冲击*
impact
O3；ZT5
F 承压热冲击
弹道冲击
着陆冲击
C 冲击磨损 →(3)(4)
冲击能量 →(3)
冲击扭矩 →(4)
冲击试验 →(1)
碰撞 →(1)(12)(13)

冲击波弹
Y 减少剩余放射性弹

冲击波动力学
blast wave dynamics
V211
S 动力学*
C 激波演变

冲击波效应
shock wave effect
O3；TJ91
D 爆炸波效应
S 战斗部效应
C 冲击波温度 →(1)
Z 武器效应

冲击波演变
Y 激波演变

冲击波引信
Y 近炸引信

冲击波阵面
shock front
V211
D 激波阵面
S 阵面*

冲击感度
Y 撞击感度

冲击管
Y 空速管

冲击环境
shock environment
V421
D 制动冲击环境
S 环境*

冲击空气涡轮
Y 冲压涡轮

冲击片点火管
slapper igniting tubes
TJ454
S 点火具
Z 火工品

冲击片雷管
flight plate detonator
TJ452
D 飞片雷管
拍击雷管
S 雷管
Z 火工品

冲击气缸
impact cylinder
TH13；V232
S 气缸
Z 发动机零部件

冲击桥
Y 装甲架桥车

冲击韧性试验
Y 断裂韧性试验

冲击式喷气发动机
Y 冲压发动机

冲击式透平
Y 冲压涡轮

冲击式涡轮
Y 冲压涡轮

冲击塔
Y 落塔

冲击涡轮
Y 冲压涡轮

冲击系数
Y 动力系数

冲激引信
Y 近炸引信

冲角
Y 攻角

冲角效应
Y 迎角效应

冲力式涡轮
Y 冲压涡轮

冲量*
impulse
V430
F 点火冲量
多冲量
发火冲量
后效冲量
双冲量
微冲量

冲突*
conflict
TP3
D 冲突问题
冲突协商
F 飞行冲突
C 冲突处理 →(7)
约束网络 →(8)

冲突告警
conflict alert
V249；X9
S 报警*

冲突探测
conflict probe
V249.3
S 探测*

冲突问题
Y 冲突

冲突协商
Y 冲突

重返大气层防护屏蔽
Y 航天器隔热屏蔽

重返大气层飞行器
Y 再入飞行器

重返地球飞行
Y 重返地球航天飞行

重返地球航天飞行
return to earth space flight
V529
D 返回地球航天飞行
回归地球航天飞行
重返地球飞行
重返地球空间飞行
S 航天飞行
C 航天器再入
行星际飞行
Z 飞行

重返地球空间飞行
Y 重返地球航天飞行

重复使用返回器
Y 返回器

重复使用防热层
Y 热屏蔽

重复使用飞行器
Y 可重复使用航天器

重复使用航天器
Y 可重复使用航天器

重复使用火箭发动机
Y 可重复使用火箭发动机

重复使用运载火箭
reusable launch vehicle
V475.1
D 多次使用运载火箭
可多次使用运载火箭
可重复使用运载火箭
重复使用运载器
S 运载火箭
C 多次点火
可回收运载火箭
Z 火箭

重复使用运载器
Y 重复使用运载火箭

重复使用载人航天器
Y 可重复使用航天器

重构*
reconstruction
Q93；TP3
D 重构方法
重构技术
重建
F 弹道重建
故障重构

重构方法
Y 重构

重构技术
Y 重构

重建
Y 重构

重新加油
Y 加油

重新利用
Y 资源利用

冲压发动机
ramjet
V235.21
D 冲击式喷气发动机
冲压喷气发动机
冲压式发动机
冲压式空气喷气发动机
冲压式喷气发动机
双燃烧室冲压发动机
S 喷气发动机
F 超燃冲压发动机
高超音速冲压喷气发动机
固体冲压发动机
双模冲压喷气发动机
涡轮冲压发动机
旋转冲压发动机
亚燃冲压发动机
引射式冲压发动机
C 冲压进气燃烧室
Z 发动机

冲压发动机导弹
ramjet missile
TJ76
D 冲压喷气发动机导弹
S 导弹
C 冲压火箭发动机
Z 武器

冲压发动机燃烧室
Y 冲压进气燃烧室

冲压火箭发动机
ducted rocket engine
V439
D 冲压式火箭发动机
管道火箭发动机
火箭冲压发动机
火箭冲压喷气发动机
S 火箭发动机
F 固体火箭冲压发动机
液体冲压发动机
整体式火箭冲压发动机
C 冲压发动机导弹
压火 →(5)
Z 发动机

冲压进气燃烧室
ram air combustor
V232；V43
D 冲压发动机燃烧室
冲压燃烧室
冲压式空气喷气发动机燃烧室
S 燃烧室*
C 冲压发动机

冲压空气涡轮
Y 冲压涡轮

冲压喷气发动机
Y 冲压发动机

冲压喷气发动机导弹
Y 冲压发动机导弹

冲压喷气式直升飞机
Y 喷气直升机

冲压燃烧室
Y 冲压进气燃烧室

冲压式发动机
Y 冲压发动机

冲压式火箭发动机
Y 冲压火箭发动机

冲压式空气喷气发动机
Y 冲压发动机

冲压式空气喷气发动机燃烧室
Y 冲压进气燃烧室

冲压式喷气发动机
Y 冲压发动机

冲压式喷气推进
Y 喷气推进

冲压式翼伞
Y 翼伞

冲压式主发动机
Y 主火箭发动机

冲压推进
Y 喷气推进

冲压涡轮
ram turbine
V232.93
D 冲击空气涡轮
冲击式透平
冲击式涡轮
冲击涡轮
冲力式涡轮
冲压空气涡轮
S 涡轮*

抽风系统
Y 排气系统

抽检弹
Y 试验导弹

抽检弹头
Y 导弹弹头

抽检试验
Y 批检试验

抽壳机构
Y 抛壳机构

抽气孔栏
Y 抽运孔栏

抽提分离

Y 萃取

抽筒机构
Y 抛壳机构

抽筒装置
Y 抛壳机构

抽筒子
Y 抛壳机构

抽样
Y 采样

抽运孔栏
pumped limiters
TL6
D 抽气孔栏
S 孔栏
Z 热核装置

出舱
delivery from vault
V52
S 航天活动
C 舱门
Z 活动

出舱活动
Y 舱外活动

出汗假人
sweating manikin
V21
S 假人*
F 暖体出汗假人

出口管
exit tube
V23
D 出口管线
S 管*

出口管线
Y 出口管

出口旋流
Y 涡流

出口压力损失系数
Y 损失系数

出气尾管
Y 排气喷管

出水试验
water exit test
TJ01
S 水中武器试验
C 出水 →(11)(13)
Z 武器试验

出水姿态
Y 姿态

出油量
oil pump capacity
U4；V31
S 油量*

初步环境评估
Y 环境评价

初次临界
Y 初始临界

初次燃烧
Y 一次燃烧

初定轨
Y 初轨确定

初段制导
Y 初制导

初轨计算
Y 初始轨道计算

初轨确定
preliminary orbit determination
V526；V556
D 初定轨
初始轨道确定
S 轨道确定*

初级辐射器
Y 辐射器

初级空气动力学
Y 工业空气动力学

初检
Y 初始检查

初期弹道
Y 初始弹道

初期核辐射
Y 早期核辐射

初期试验飞行器
Y 试验飞行器

初始不平衡
Y 平衡

初始弹道
initial trajectory
TJ765
D 初期弹道
初始段弹道
筒中弹道
助飞段弹道
S 导弹弹道
Z 弹道

初始段弹道
Y 初始弹道

初始对准
initial alignment
E；U6；V249
S 对准*
F 动基座初始对准
C 初始化 →(8)
初始化程序 →(8)
初始设置 →(8)

初始轨道
preliminary orbits
V529
S 航天器轨道
Z 飞行轨道

初始轨道计算
preliminary orbit calculation
V526
D 初轨计算
S 轨道计算
Z 计算

初始轨道确定
Y 初轨确定

初始核辐射
Y 早期核辐射

初始环境评审
Y 环境评价

初始检查
initial inspection
TJ765
D 初检
S 导弹检查
Z 准备

初始临界
initial criticality
TL4
D 初次临界
首次临界
S 临界*

初始瞄准
initial aiming
V24
S 瞄准*

初始散布
Y 导弹战术技术性能

初始姿态
Y 姿态

初始姿态捕获
Y 姿态捕获

初速预测
muzzle velocity prediction
TJ41
S 预测*
C 初速 →(1)
炮口初速
炮口速度

初样设计
Y 样机设计

初制导
initial guidance
TJ765；V448
D 初段制导
发射段制导
发射制导
主动段制导
自导段制导
自控段制导
S 导弹制导
Z 制导

除冰雪*
ice and snow removing
U2；U4
D 清冰除雪
融冰化雪

融雪化冰
F 电脉冲除冰
飞机除冰
C 冰雪融化剂 →(12)

除污
Y 去污

除污机理
Y 去污

除污染
Y 去污

除雨系统
Y 飞机系统

储备箱
Y 贮箱

储备行程
Y 行程

储藏*
store
ZT5
D 保藏
保藏方法
保藏工艺
保藏技术
储藏方法
储藏方式
收藏方法
贮藏
F 辐射贮藏
C 保鲜剂 →(10)
储藏温度 →(1)
存储
核桃 →(10)
贮藏效果 →(10)
贮存稳定性 →(1)

储藏方法
Y 储藏

储藏方式
Y 储藏

储藏库
Y 贮存设施

储存
Y 存储

储存策略
storage strategies
[TJ07]
S 策略*
C 储存试验
武器储存

储存弹
Y 储存试验弹

储存弹头
Y 导弹弹头

储存方法
Y 存储

储存过程
Y 存储

储存环*
storage rings
TL594
D 存储环
环(储存)
旋进型储存环
贮存环
F 电子储存环
高级光源储存环
冷却储存环
重离子储存环
C 粒子加速器
同步辐射光源

储存技术
Y 存储

储存可靠度
Y 储存可靠性

储存可靠性
storage reliability
TJ01
D 储存可靠度
贮存可靠性
S 可靠性*
性能*
C 储存试验

储存期限
Y 储存寿命

储存设施
Y 贮存设施

储存试验
storage test
TJ01
D 封存包装试验
贮存试验
S 环境试验*
F 加速贮存试验
C 储存策略
储存可靠性
储存寿命

储存试验弹
storaged test missile
TJ761.9
D 储存弹
S 试验导弹
Z 武器

储存寿命
storable life
[TJ07]
D 保存期限
储存期限
储存有效期限
适用期
贮存寿命
S 寿命*
F 安全储存寿命
导弹储存寿命
C 储存试验
弹药储存
固化性能 →(9)

储存体系
Y 存储系统

储存系统
Y 存储系统

储存有效期限
Y 储存寿命

储存-运输-发射箱
Y 贮运发射箱

储集系统
Y 存储系统

储库
Y 库场

储能传动器
Y 传动装置

储能密度
Y 比电容

储气管
Y 风洞气源

储气瓶
Y 气瓶

储箱
Y 贮箱

储箱理论容积
Y 储箱容积

储箱气垫火箭发动机
Y 挤压式火箭发动机

储箱容积
tank volume
V423
D 储箱理论容积
储箱总容积
S 容量*

储箱总容积
Y 储箱容积

储油箱
Y 油箱

储运发射箱
Y 贮运发射箱

储运箱式发射装置
Y 发射箱

处理*
treatment
ZT5
D 处理措施
处理法
处理工艺
处理过程
处理技术
处理手法
处理系统
处置技术
料理
F 飞机排故方法
机匣处理
减容处理
燃料后处理

武器装备报废
C 表面处理 →(1)(3)(4)(7)(9)
措施
地基处理 →(11)(12)
废气处理 →(2)(8)(9)(11)(13)
废水处理 →(3)(9)(13)
废物处理
化学处理 →(3)(4)(5)(7)(9)(10)(11)(13)
计算机处理 →(1)(8)
垃圾处理 →(11)(13)
热处理 →(1)(3)(4)(5)(7)(8)(9)(10)(13)
湿处理 →(10)
数据处理
水处理 →(2)(5)(9)(10)(11)(13)
图像处理 →(1)(3)(7)(8)(10)
污泥处理 →(2)(11)(13)
误差处理
信道处理 →(7)
信号处理 →(4)(7)(8)(12)
信息处理
压力处理
油气处理 →(2)
孕育处理 →(3)

处理半径
Y 半径

处理措施
Y 处理

处理法
Y 处理

处理工艺
Y 处理

处理过程
Y 处理

处理回收
Y 回收

处理技术
Y 处理

处理加固
Y 加固

处理手法
Y 处理

处理系统
Y 处理

处置*
disposal
ZT5
F 特情处置

处置场
disposal site
TL94
D 核废物处置场
核废物处置库
S 处置设施
Z 设施

处置技术
Y 处理

处置库
disposal repository
TL94
S 处置设施
F 高放废物处置库
核废料贮存库
最终处置库
Z 设施

处置设施
disposal facilities
TL94
S 核设施
F 处置场
处置库
Z 设施

触变火箭推进剂
Y 胶凝火箭推进剂

触变喷气燃料
Y 胶凝火箭推进剂

触变推进剂火箭发动机
thixotropic propellant rocket engine
V434
S 液体火箭发动机
C 凝胶推进剂
再点火
Z 发动机

触发地雷
contact mine
TJ512
D 触发雷
S 地雷*
C 触发引信

触发雷
Y 触发地雷

触发灵敏度
triggering sensitivity
TJ43
S 灵敏度*
C 触发引信

触发锚雷
Y 锚雷

触发水雷
contact mine
TJ61
D 撑杆水雷
S 水雷*
F 定向攻击水雷
主动攻击水雷
C 触发引信

触发信号
triggering signal
TH7；V23
S 信号*
C 触发器 →(7)(8)
触发系统 →(8)

触发引信
contact fuze
TJ432
D 断发引信
碰炸引信
着发引信
S 引信*
F 机电引信
机械引信
拉发引信
延期引信
C 触发地雷
触发灵敏度
触发水雷
触发鱼雷

触发引信鱼雷
Y 触发鱼雷

触发鱼雷
contact torpedo
TJ631
D 触发引信鱼雷
S 鱼雷*
C 触发引信

触发装置
Y 引信触发机构

触雷概率
mine hit probability
TJ61
D 触雷公算
触雷几率
S 概率*

触雷公算
Y 触雷概率

触雷几率
Y 触雷概率

触陆区灯
Y 着陆灯

触敏控制板
Y 板

氚
tritium
O6；TL6
D H-3
超重氢
氢-3
S 负β衰变放射性同位素
氢同位素
C 氚提取厂
辐射
Z 同位素

氚靶
tritium target
TL5
D 氚核靶
S 同位素靶
Z 靶

氚测量
tritium measurement
TL8
S 核测量
Z 测量

氚钛靶
tritiated titanium target

TL5
S 加速器靶
Z 靶

氚探测器
Y 辐射探测器

氚提取厂
tritium extraction plants
TL2
D 氚提取工厂
S 同位素分离工厂
C 氚
重水慢化剂
Z 设施

氚提取工厂
Y 氚提取厂

氚增殖比
tritium breeding ratio
TL6
S 增殖比
Z 比

穿地弹
Y 钻地弹

穿盖弹射
through canopy ejection
V244
S 弹射*

穿甲爆炸燃烧弹
Y 燃烧炮弹

穿甲弹
Y 穿甲炮弹

穿甲弹道学
Y 终点弹道学

穿甲弹头
Y 穿甲战斗部

穿甲弹药
armor piercing ammunition
TJ41
S 反装甲车弹药
C 穿甲炮弹
穿甲枪弹
Z 弹药

穿甲航弹
Y 穿甲炸弹

穿甲能力
armor-penetrating ability
TJ41
D 穿甲威力
穿甲效能
穿破甲威力
S 作战能力
C 穿甲炮弹
穿甲枪弹
穿甲效应
穿甲战斗部
穿透能力
Z 使用性能
战术技术性能

穿甲炮弹
armor piercing projectile
TJ412
D 穿甲弹
钝头穿甲弹
S 主用炮弹
F 动能穿甲弹
杆式穿甲弹
高射穿甲弹
脱壳穿甲弹
钨合金穿甲弹
铀合金穿甲炮弹
C 穿甲弹药
穿甲能力
穿甲试验
坦克弹药
跳弹试验
药型罩
撞击速度
Z 炮弹

穿甲枪弹
armor-piercing bullet
TJ411
D 穿甲燃烧枪弹
穿甲燃烧曳光枪弹
穿甲子弹
S 枪弹*
F 脱壳枪弹
异形穿甲弹
C 穿甲弹药
穿甲能力
撞击速度

穿甲燃烧弹
Y 燃烧炮弹

穿甲燃烧枪弹
Y 穿甲枪弹

穿甲燃烧曳光枪弹
Y 穿甲枪弹

穿甲试验
armor piercing test
TJ01；TJ4
S 武器试验*
C 穿甲炮弹
穿甲炸弹
反装甲能力

穿甲威力
Y 穿甲能力

穿甲效能
Y 穿甲能力

穿甲效应
armor-piercing effect
TJ01
S 武器效应*
C 穿甲能力
穿甲战斗部

穿甲炸弹
armor-piercing bomb
TJ414
D 穿甲航弹
穿破炸弹
航空穿甲炸弹
S 炸弹*
C 穿甲试验
穿透能力

穿甲战斗部
armor piercing warhead
TJ76
D 穿甲弹头
S 常规战斗部
C 穿甲能力
穿甲效应
穿透能力
Z 战斗部

穿甲子弹
Y 穿甲枪弹

穿甲纵火弹
Y 燃烧炮弹

穿破甲威力
Y 穿甲能力

穿破炸弹
Y 穿甲炸弹

穿透能力
penetrating ability
TJ41
D 穿透特性
穿透性能
S 战术技术性能*
C 穿甲能力
穿甲炸弹
穿甲战斗部

穿透深度
Y 破甲深度

穿透时间
penetration time
TJ92；X7
S 时间*
C 防毒服
防毒面具

穿透特性
Y 穿透能力

穿透物
Y 侵彻体

穿透性能
Y 穿透能力

穿透炸弹
Y 钻地弹

穿越辐射探测器
Y 辐射探测器

传爆
transmission of detonation
O3；TJ45
D 爆炸波传播
S 传播*
C 索类火工品

传爆管
booster tube

TJ456
D 继爆管
扩爆管
S 接力元件
F 爆炸序列
Z 火工品

传爆系列
explosive train
TJ456
D 传火系列
S 爆炸序列
F 非电传爆系统
Z 火工品

传爆性能
detonating transfer performance
TJ456
S 化学性质*

传爆序列
igniter train
TJ456
D 传爆装置
S 接力元件
Z 火工品

传爆药
booster charge
TJ5
S 火工药剂*

传爆药柱
booster pellet
TJ456
D 传火药柱
S 接力元件
C 太安 →(9)
Z 火工品

传爆装置
Y 传爆序列

传播*
propagation
G；ZT5
F 传爆
火焰传播
压力波传播

传递对准
transfer alignment
TJ765；V249
S 对准*
F 快速传递对准

传动齿轮
Y 齿轮

传动机构
Y 传动装置

传动机械
Y 传动装置

传动器
Y 传动装置

传动设备
Y 传动装置

传动装置*
driving gear
TH13；U4
D 侧传动机构
侧传动器
差速传动机构
车辆传动装置
车辆主传动装置
车轮传动装置
储能传动器
传动机构
传动机械
传动器
传动设备
船用空气传动装置
弹性传动机构
导叶传动机构
电磁式恒速传动装置
动力传动机构
动力传动装置
非线性传动机构
刚性传动机构
过桥传动机构
恒速传动装置
恒速驱动装置
机械传动结构
机械液压差动式恒速传动装置
间歇传动机构
舰艇动力传动装置
进给传动机构
链传动机构
螺旋传动机构
盘式传动机构
气门传动机构
软式传动机构
声呐传动机构
双功率流传动装置
塑性传动机构
坦克传动机构
坦克传动装置
凸轮传动机构
凸轮传动装置
尾桨传动机构
楔传动机构
液力传动机构
液压传动机构
液压传动器
硬式传动机构
直升机尾桨传动机构
制动传动机构
中心传动装置
轴系传动装置
主传动器
自由涡轮恒速器
F 螺旋桨轴
液力传动装置
综合传动装置
C 差速器 →(4)
齿轮机构 →(4)
传动 →(3)(4)(5)(10)(11)(12)
传动部位 →(4)
传动系统 →(2)(3)(4)(5)(8)(10)
传动性能 →(4)
调速装置
动力传动链 →(4)
动力传动系统 →(4)
动力装置
机械装置 →(2)(3)(4)(12)
驱动装置 →(3)(4)
输送装置 →(1)(2)(3)(4)(5)(9)(10)(11)
凸轮机构 →(4)(5)(10)(12)
轴
轴系精度 →(7)

传感电路
Y 传感器

传感器*
sensor
TH7；TP2
D 安全传感器
传感电路
传感器件
传感器结构
传感器元件
传感设备
传感元件
传感针
传感装置
敏感器
新型传感器
专用传感器
F 磁航向传感器
惯性传感器
过载传感器
航天器传感器
机载传感器
机载多传感器
空速管
太阳传感器
旋转传感器
姿态传感器
综合射频传感器
C 传感器管理 →(8)
传感器探头 →(8)
感知器 →(8)

传感器飞机
sensor aircraft
V271
D 多传感器飞机
S 飞机*

传感器件
Y 传感器

传感器结构
Y 传感器

传感器引爆武器
sensor ignition weapons
TJ99
S 新概念武器
Z 武器

传感器元件
Y 传感器

传感设备
Y 传感器

传感元件
Y 传感器

传感针
Y 传感器

传感装置
Y 传感器

传火管
igniting primer
TJ45
S 传火元件
Z 火工品

传火具
Y 传火元件

传火系列
Y 传爆系列

传火药柱
Y 传爆药柱

传火元件
transmitting fire element
TJ45
D 传火具
S 接力元件
F 传火管
Z 火工品

传热管
heat exchanger tube
TK1；TL3
D 导热管
换热管
换热管束
换热器管
换热器管束
热交换管
S 热管*
C 传热 →(1)(2)(3)(5)(9)(10)(11)
供热管道 →(5)(11)
管束
换热表面 →(5)
椭圆管换热器 →(5)

传热管束
heating surface bank
TL3
S 管束*

传输*
transfer
O4；TN91
D 传输方法
传输方式
传输技术
传输形式
传输业务
传送
传送方式
传送技术
F 功率电传
C 传输安全 →(8)
传输电缆 →(5)
传输格式 →(7)
传输机制 →(7)
传输流 →(7)
传输模式 →(7)
传输平台 →(7)
传输失真 →(7)
传输协议 →(7)
传输信号 →(7)
通信传输 →(1)(7)(8)(11)
通信传输网络 →(7)
信息传输 →(7)

传输测量装置
Y 测量装置

传输方法
Y 传输

传输方式
Y 传输

传输技术
Y 传输

传输形式
Y 传输

传输业务
Y 传输

传输总线
Y 总线

传送
Y 传输

传送方式
Y 传输

传送技术
Y 传输

传送空投
Y 空投

传统优化设计
Y 优化设计

传焰管
Y 联焰管

传质*
mass transfer
TK1
D 传质过程
质量转换
F 激波传质
C 离子传递 →(9)
质量损失速率 →(9)

传质过程
Y 传质

船
Y 船舶

船舶*
ships
U6
D 船
船舶领域
船艇
F 侧壁气垫船
C 安全航速 →(12)
船舶动力 →(5)(12)
船舶航行 →(12)
船舶节能 →(12)
船舶流量 →(12)
船舶密度 →(12)
船舶市场 →(12)
船舶质量 →(12)
海运 →(12)
舰船 →(7)(12)
码头 →(12)
水运工程 →(12)

船舶导航
marine navigation
TN8；V249.3
D 舰船导航
S 导航*
C 船舶交通管理 →(12)
船舶碰撞 →(12)
导航系统
舰船通信 →(7)
水运工程 →(12)

船舶核动力装置
Y 船用反应堆

船舶领域
Y 船舶

船舶设备*
ship equipment
U6
D 船舶装备
船舶装置
船用设备
船载设备
舰船设备
舰船装备
舰船装置
舰载设备
F 浮筒
救生艇
C 冲击隔离 →(1)
船用电动机 →(5)
船用发动机 →(12)
舵装置 →(12)
机组自动化 →(8)(11)

船舶推进堆
Y 船用反应堆

船舶用堆
Y 船用反应堆

船舶装备
Y 船舶设备

船舶装置
Y 船舶设备

船舶自动舵
Y 自动驾驶仪

船身断阶
Y 机身构件

船身式水上飞机
Y 水上飞机

船艇
Y 船舶

船用反应堆
ship reactor
TL3；TL4；U6
D s8g 原型堆
船舶核动力装置

船舶推进堆
船舶用堆
船用核动力装置
船用核反应堆
S 反应堆*

船用核动力装置
Y 船用反应堆

船用核反应堆
Y 船用反应堆

船用空气传动装置
Y 传动装置

船用设备
Y 船舶设备

船用钛合金
marine titanium alloy
TG1；V25
S 钛合金
Z 合金

船用压水堆
marine pressurized water reactors
TL3
S 压水型堆
Z 反应堆

船载炮
Y 舰炮

船载设备
Y 船舶设备

喘振边界
surge margin
O3；TK4；V23
D 喘振边界线
喘振界线
S 边界*
C 喘振 →(4)

喘振边界线
Y 喘振边界

喘振界线
Y 喘振边界

喘振试验
surge test
V216.2
S 发动机试验*

串并联泵
Y 泵

串并联引爆系统
Y 引爆装置

串级磁镜
tandem mirror
TL5
S 磁镜
F TMX 装置
Z 热核装置

串级实验
cascade experiment
TL2
S 实验*

串联风扇发动机
Y 涡扇发动机

串联聚能战斗部
tandem shaped warhead
TJ76
D 串联随进战斗部
S 聚能战斗部
Z 战斗部

串联气缸
series air cylinder
TH13；V232
S 气缸
Z 发动机零部件

串联式助推器
Y 助推火箭发动机

串联随进战斗部
Y 串联聚能战斗部

串联谐振试验设备
Y 试验设备

串联战斗部
series warhead
TJ76
S 常规战斗部
Z 战斗部

串联座舱
Y 座舱

串列加速器
tandem accelerator
TL5
D 串列静电加速器
串列式加速器
S 粒子加速器*

串列静电加速器
Y 串列加速器

串列式加速器
Y 串列加速器

串列式静电加速器
Y 静电加速器

串列式叶片
Y 串列叶片

串列式叶栅
tandem cascade
TH13；TK0；V232
D 串列叶栅
S 叶栅*
C 串列叶片

串列叶片
tandem blade
TH13；V232.4
D 串列式叶片
串裂式叶片
S 叶片*
C 串列式叶栅

串列叶栅
Y 串列式叶栅

串列助推发动机
Y 助推火箭发动机

串列助推器
Y 助推火箭发动机

串列座舱
Y 座舱

串裂式叶片
Y 串列叶片

串翼式飞机
Y 纵列式直升机

串翼式直升机
Y 纵列式直升机

串油
Y 窜油

串油故障
Y 窜油

窗框
Y 门窗

吹风
Y 鼓风

吹风冷却
Y 气体冷却

吹风气
Y 鼓风

吹气
Y 鼓风

吹气襟翼
blown flap
V224
D 上吹襟翼
S 襟翼
F 外吹气襟翼
C 喷气襟翼
增升机翼
Z 操纵面

吹气式风洞
Y 暂冲式风洞

吹吸式风洞
Y 暂冲式风洞

吹引式风洞
Y 暂冲式风洞

垂尾
Y 垂直尾翼

垂尾前缘
Y 前缘

垂直安定面
vertical stabilizer
V225
S 安定面
C 垂直尾翼
Z 操纵面

垂直靶
Y 立靶

垂直导弹发射装置

Y 垂直发射装置

垂直度控制
verticality control
V249.122.2
D 竖向控制
S 姿态控制
Z 飞行控制

垂直-短距起落动力装置
Y 航空动力装置

垂直短距起落飞机
Y 直升机

垂直短距起落风洞
V/STOL wind tunnels
V211.74
D 垂直短距起落实验风洞
S 低速风洞
C 喷流干扰
Z 风洞

垂直短距起落实验风洞
Y 垂直短距起落风洞

垂直舵
Y 方向舵

垂直发射
vertical launching
TJ768
D 垂直发射技术
垂直冷发射
S 导弹发射
F 共架垂直发射
水下垂直发射
C 垂直发射装置
Z 飞行器发射

垂直发射技术
Y 垂直发射

垂直发射系统
Y 垂直发射装置

垂直发射装置
vertical launcher
TJ768
D 垂直导弹发射装置
垂直发射系统
导弹垂直发射系统
导弹垂直发射装置
导弹发射平台
导弹发射台
S 导弹发射装置
F 舰载垂直发射装置
C 垂直发射
Z 发射装置

垂直飞行
vertical flight
V323
S 航空飞行
C 爬升
气球飞行
悬停
Z 飞行

垂直风洞
Y 立式风洞

垂直减速器
Y 落塔

垂直降落
Y 垂直着陆

垂直斤斗
Y 垂直筋斗

垂直筋斗
vertical loop
V323
D 垂直斤斗
S 飞机筋斗
Z 飞行

垂直冷发射
Y 垂直发射

垂直命中
right-angled hit
TJ76
S 命中*

垂直起飞
vertical takeoff
V32
S 起飞
Z 操纵

垂直起飞飞机
Y 直升机

垂直起降
Y 垂直起落

垂直起降飞机
Y 直升机

垂直起降飞行器
Y 直升机

垂直起降能力
Y 垂直起降性能

垂直起降性能
VTOL capability
V32
D 垂直起降能力
垂直起落能力
S 飞机性能
Z 载运工具特性

垂直起降战斗机
vertical take off and landing fighter
V271.4；V275
D 垂直起降战机
S 直升机
Z 飞机

垂直起降战机
Y 垂直起降战斗机

垂直起落
vertical takeoff and landing
V32
D 垂直起降
垂直升降
飞机垂直起落
S 起落
C 直升机
Z 操纵

垂直起落飞机
Y 直升机

垂直起落飞机悬停
Y 悬停

垂直起落能力
Y 垂直起降性能

垂直起落试验台
Y 试验台

垂直升降
Y 垂直起落

垂直升降速度指示器
Y 飞行速度指示器

垂直试验台
Y 试验台

垂直速度表
Y 飞行速度指示器

垂直探测仪
vertical detector
TH7；V248
S 探测器*

垂直推力发动机
Y 升力喷气发动机

垂直尾翼
vertical tail
V225
D 垂尾
立尾
S 尾翼*
F 双立尾
C 垂直安定面
方向舵

垂直下降
Y 下降飞行

垂直鸭翼
Y 前翼

垂直状态显示仪
Y 主飞行显示器

垂直着陆
vertical landing
V32；V525
D 垂直降落
垂直着落
S 着陆
Z 操纵

垂直着落
Y 垂直着陆

锤锻件
Y 锻件

锤击法
Y 锤击试验

锤击试验
hammering test

V21
D 锤击法
锤压试验
可锻性试验
S 火工品试验
C 锤击 →(3)(4)
Z 武器试验

锤压试验
Y 锤击试验

纯比例导引
pure propotional guidance
TJ765
S 比例导引
Z 导引

纯方位跟踪
bearings only tracking
TN95；V249.3
D 方位跟踪
仅方位跟踪
S 跟踪*
C 纯方位定位 →(12)

纯航空汽油
Y 航空汽油

纯角度跟踪
bearing-only-tracking
V249.3
S 跟踪*

醇类燃料
alcohol fuels
TQ51；U4；V51
D 醇燃料
S 燃料*
C 代用燃料 →(5)
汽车燃料 →(12)

醇燃料
Y 醇类燃料

磁饱和引信
Y 磁引信

磁材料
Y 磁性材料

磁测
Y 磁测量

磁测定
Y 磁测量

磁测量*
magnetic measurement
TM93
D 测磁法
磁测
磁测定
磁测量技术
磁性测试
磁学测量
F 磁航向测量
C 测量
磁饱和 →(5)
磁链观测 →(5)
磁通检测 →(1)
电磁测量 →(5)

磁测量靶场
Y 靶场

磁测量技术
Y 磁测量

磁差动引信
Y 磁引信

磁场*
magnetic fields
O4
F 辅助磁场
强磁场
约束磁场
C 场
场极板 →(7)
场强 →(1)(5)
场强测量 →(5)
磁场计 →(4)(5)
磁化 →(3)(4)(5)(9)
磁路 →(5)(7)
磁体 →(1)(3)(5)
能量

磁场定向控制
field oriented control
V249.122.2
S 场定向控制
物理控制*
F 磁场定向矢量控制
定子磁场定向控制
定子磁链定向控制
气隙磁链定向控制
转子磁场定向控制
Z 方向控制
飞行控制

磁场定向矢量控制
flux-oriented vector control
V249.122.2
S 磁场定向控制
矢量控制*
Z 方向控制
飞行控制
物理控制

磁场分布
magnetic field distribution
TL5
S 分布*
C 磁饱和 →(5)
电磁场 →(5)
电磁连铸 →(3)

磁场干扰
Y 电磁干扰

磁电干扰
Y 电磁干扰

磁电感应雷管
Y 磁电雷管

磁电雷管
magnetoelectric detonator
TJ452
D 磁电感应雷管
S 电雷管
Z 火工品

磁电引信
Y 磁引信

磁浮陀螺
Y 磁悬浮陀螺

磁浮陀螺仪
Y 磁悬浮陀螺

磁感应引信
Y 磁引信

磁箍束等离子发动机
Y 等离子体发动机

磁过滤机
Y 电磁过滤器

磁过滤器
Y 电磁过滤器

磁过滤弯管
magnetic filter bending pipe
TL5
S 管*
C 磁过滤 →(2)(5)
电磁过滤器

磁航向测量
magnetic heading measurement
V21
S 磁测量*

磁航向传感器
magnetic course sensor
TP2；V241
S 传感器*

磁环*
magnetic loop
TG1；TM2
F 纳米晶磁环

磁极间隙
magnet gap
TL5
S 间隙*

磁镜
magnetic mirror
O4；TL62；TL63
D elmax 装置
mtse 装置
pr-6 装置
pr-7 装置
pr 装置
vgl 装置
磁镜聚变实验装置
镜子(磁)
直流实验装置
S 开式等离子体装置
F 串级磁镜
C 辉光 →(7)
聚变反应
Z 热核装置

磁镜堆
Y 磁镜型堆

磁镜聚变实验装置
Y 磁镜

磁镜新型堆研究
Y 磁镜新型研究堆

磁镜新型研究堆
magnetic mirror new type reactor
TL63；TL64
D 磁镜新型堆研究
S 磁镜型堆
C 小型磁镜新型研究堆
Z 反应堆

磁镜型堆
magnetic mirror type reactors
TL4；TL64
D 磁镜堆
S 热核堆
F 磁镜新型研究堆
小型磁镜新型研究堆
C TMX 装置
Z 反应堆

磁绝缘临界条件
magnetically insulated critical condition
TL5
S 条件*

磁空气动力学
Y 气体动力学

磁控进气道
magnetic control inlets
V232.97
S 进气道*

磁力矩器
magnetic torquer
V441
S 发生器*

磁力自导
Y 鱼雷自导

磁粒光整加工
Y 精加工

磁粒加工
Y 磨料流加工

磁流变光整加工
Y 精加工

磁流体动力风洞
Y 电磁加速风洞

磁流体风洞
Y 电磁加速风洞

磁滤机
Y 电磁过滤器

磁罗经
magnetic compass
U6；V241.6
D 标准磁罗经
磁罗盘
磁通门罗经
磁致伸缩罗盘
电磁摆
电磁罗经
反射磁罗经
复示磁罗经
光学磁罗经
救生磁罗经
救生艇罗经
陀螺磁罗盘
远读磁罗盘
S 罗盘
F 差分磁罗盘
电子磁罗盘
数字磁罗盘
C 罗差补偿
Z 导航设备

磁罗盘
Y 磁罗经

磁膜引信
Y 磁引信

磁谱仪
magnetic spectrometer
TB9；TH7；TL81
D 磁透镜谱仪
S 谱仪*
F Q3D 磁谱仪

磁气体动力学
Y 气体动力学

磁轫致辐射
Y 同步辐射

磁扫雷器
Y 磁性扫雷器

磁水压引信
Y 磁引信

磁探测
magnetic detection
TL8
D 磁探测系统
磁性探测
磁异常探测
磁异探测
S 探测*

磁探测器
magnetic detector
P5；TH7；V248
D 磁性探测器
S 探测器*

磁探测系统
Y 磁探测

磁特性自动测量装置
Y 测量装置

磁梯度加速器
magnetic gradient accelerators
TL5
S 粒子加速器*
C 碰撞聚变

磁梯度引信
Y 磁引信

磁通波形
Y 波形

磁通钉扎
Y 超导体

磁通门罗经
Y 磁罗经

磁透镜谱仪
Y 磁谱仪

磁性材料*
magnetic materials
TM2
D 磁材料
磁性物质
F 八极磁铁
摆动磁铁
二极磁铁
六极磁铁
扭摆磁铁
切割磁铁
扫描磁铁
四极磁铁
C 材料
磁性电极 →(5)
导磁体 →(5)
电工材料 →(1)(3)(4)(5)(7)(9)(10)(11)
功能材料
铁氧体 →(5)
退磁因子 →(5)

磁性测试
Y 磁测量

磁性刚体航天器
Y 刚体航天器

磁性过滤机
Y 电磁过滤器

磁性气体动力学
Y 气体动力学

磁性扫雷
magnetic minesweeping
TJ518
S 非接触扫雷
C 磁性扫雷器
磁性探雷器
Z 扫雷

磁性扫雷器
magnetic mineclearing device
TJ518
D 磁扫雷器
电磁扫雷器
S 非接触扫雷器
C 磁性扫雷
Z 军事装备

磁性探测
Y 磁探测

磁性探测器
Y 磁探测器

磁性探雷器
magnetic mine detector
TJ517
S 地雷探测器

C 磁性扫雷
Z 探雷器

磁性物质
Y 磁性材料

磁性制导
Y 地磁制导

磁悬浮飞机
magplane
V271
S 飞机*

磁悬浮陀螺
magnetic suspension gyroscope
V241.5
D 磁浮陀螺
磁浮陀螺仪
S 悬浮陀螺仪
Z 陀螺仪

磁悬浮液浮陀螺仪
Y 悬浮陀螺仪

磁学测量
Y 磁测量

磁异常探测
Y 磁探测

磁异探测
Y 磁探测

磁引信
magnetic fuze
TJ434
D 磁饱和引信
磁差动引信
磁电引信
磁感应引信
磁膜引信
磁水压引信
磁梯度引信
静磁引信
主动电磁引信
S 近炸引信
Z 引信

磁约束
magnetic confinement
O4；TL6
S 约束*
F 环形约束

磁约束核聚变
Y 磁约束聚变

磁约束聚变
magnetic confinement fusion
TL62
D 磁约束核聚变
磁约束聚变装置
磁约束受控核聚变
磁约束受控热核聚变
S 聚变反应
Z 核反应

磁约束聚变装置
Y 磁约束聚变

磁约束受控核聚变
Y 磁约束聚变

磁约束受控热核聚变
Y 磁约束聚变

磁约束托卡马克实验装置
Y 磁约束装置

磁约束装置
magnetic confinement system
TL63
D 磁约束托卡马克实验装置
S 热核装置*
F 注入器

磁云室
Y 云雾室

磁制导
Y 地磁制导

磁致伸缩罗盘
Y 磁罗经

磁致伸缩振动台
Y 振动台

磁中心
magnetic center
TL5
S 中心*
C 束流

次反射镜
Y 反射镜

次级反应
Y 二次反应

次口径炮
subcaliber gun
TJ399
S 火炮
C 次口径炮弹
Z 武器

次口径炮弹
subcaliber projectile
TJ412
S 炮弹*
C 次口径炮

次临界
subcriticality
TL32
S 临界*

次临界堆
Y 次临界装置

次临界反应堆
Y 次临界装置

次临界驱动堆
Y 次临界装置

次临界实验
Y 临界试验

次临界系统
Y 次临界装置

次临界装置
subcritical assemblies
TL4
D sr-ob 堆
次临界堆
次临界反应堆
次临界驱动堆
次临界系统
指数堆
中子倍增
中子倍增公式
中子倍增装置
中子增殖
S 实验堆
Z 反应堆

次生废物
Y 废弃物

次声波武器
Y 次声武器

次声武器
infrasonic weapon
TJ96
D 次声波武器
S 特种武器
Z 武器

次声引信
Y 声引信

次谐波聚束器
subharmonic buncher
TL5
S 聚束器
Z 设备

刺刀
bayonet
TJ2
D 军用刺刀
枪刺
S 冷兵器*

刺激剂
irritants
TJ92
D C 毒剂
防暴剂
西阿尔
S 毒剂*
C 催泪弹
催泪手榴弹

刺激能量
Y 发火能量

刺激性弹
Y 催泪弹

刺激性毒剂手榴弹
Y 催泪手榴弹

刺激性榴弹
irritant grenade
TJ29
S 榴弹*
C 化学刺激性武器
化学弹药

刺激性污染物
Y 污染物

聪明武器
Y 灵巧武器

粗糙度效应
Y 钝度效应

粗对准
coarse alignment
E；TJ765
S 对准*
C 惯性导航系统

粗废物
Y 废弃物

粗滤器
coarse filter
TH13；TJ92
S 过滤装置*

粗猛着陆
Y 硬着陆

促动器
Y 作动器

猝发堆
Y 脉冲堆

簇束注入
cluster beam injection
TL63
S 束注入
Z 注入

窜机油
Y 窜油

窜机油故障
Y 窜油

窜气
blow-by
TK0；TK4；V23
D 窜气故障
S 发动机故障*

窜气故障
Y 窜气

窜烧机油
channeling burning oil
TK0；U4；V23
S 发动机故障*

窜油
oil blowby
TK0；U4；V23
D 串油
串油故障
窜机油
窜机油故障
窜油现象
S 发动机故障*

窜油现象
Y 窜油

催化点火
catalytic ignition
TK1；V430；V432
S 点火*
C 催化 →(1)(9)(13)
催化点火器
催化机理 →(9)
催化燃烧
催化燃烧反应器
催化燃烧室

催化点火器
catalytic igniter
TJ454；V232
S 点火器
C 催化点火
Z 燃烧装置

催化反应器
Y 催化装置

催化焚烧
Y 催化燃烧

催化剂装置
Y 催化装置

催化燃烧
catalytic combustion
TQ0；V231.1
D 催化焚烧
催化燃烧法
催化燃烧技术
燃烧催化
S 燃烧*
C 催化点火
催化燃烧反应器
催化燃烧室
硫磺回收 →(9)
微尺度 →(11)
尾气 →(13)
助燃剂

催化燃烧法
Y 催化燃烧

催化燃烧反应器
catalytic combustion reactor
V232
D 催化燃烧蒸发器
催化燃烧装置
S 催化装置*
燃烧装置*
C 催化点火
催化燃烧

催化燃烧技术
Y 催化燃烧

催化燃烧室
catalytic combustor
TK1；V232
S 燃烧室*
C 催化点火
催化燃烧

催化燃烧蒸发器
Y 催化燃烧反应器

催化燃烧装置
Y 催化燃烧反应器

催化元件
catalysis element
TP2；V23
D 黑白元件
S 元件*
C 催化传感器 →(8)
催化装置

催化转化装置
Y 催化装置

催化装置*
catalytic reactors
TQ0
D 催化反应器
催化剂装置
催化转化装置
F 催化燃烧反应器
C 催化元件
化工装置 →(2)(4)(5)(9)(10)(11)(13)

催泪弹
tear shell
TJ92
D 刺激性弹
控暴弹
瓦斯弹
S 化学炮弹
F 子母催泪弹
C 刺激剂
化学刺激性武器
化学弹药
Z 炮弹

催泪手榴弹
tear gas hand grenade
TJ279；TJ511；TJ92
D 刺激性毒剂手榴弹
化学刺激剂式手榴弹
S 控暴武器
C 刺激剂
化学弹药
Z 武器

催眠弹
Y 特种炮弹

摧毁概率
destruction probability
TJ0
S 毁伤概率
Z 概率

摧毁能力
destructiveness
TJ0
D 抗毁性能
S 战术技术性能*
F 毁伤面积
破片率
杀伤能力

摧毁作战物资弹药
Y 高新技术弹药

萃取*
extraction
O6；TQ0
D 抽提分离

萃取法
萃取方法
萃取分离
萃取工艺
萃取过程
萃取技术
提取分离
F 溶剂萃取
C 萃取剂 →(3)
萃取设备 →(3)
萃取液 →(9)
石油醚 →(2)
提取 →(2)(3)(8)(9)(10)(13)

萃取(溶剂)
Y 溶剂萃取

萃取法
Y 萃取

萃取方法
Y 萃取

萃取分离
Y 萃取

萃取工艺
Y 萃取

萃取过程
Y 萃取

萃取技术
Y 萃取

淬熄
Y 熄火故障

存储*
storage
F
D 储存
储存方法
储存过程
储存技术
存储策略
存储方法
存储方式
存储类型
存储模式
存储形式
存放
存放方法
存贮
贮存
贮存过程
F 地下储存
乏燃料贮存
放射性废物储存
干法贮存
推进剂储存
武器储存
C 包装 →(1)
储藏
储能 →(5)(11)
储运 →(2)(10)(12)(13)
存储管理 →(8)
计算机存储 →(2)(5)(7)(8)(9)

存储测试
storage measurement and test
TJ01
D 存储测试技术
S 计算机测试*

存储测试技术
Y 存储测试

存储测试系统
memory test system
TJ410.6
S 存储系统*
试验系统*

存储策略
Y 存储

存储方法
Y 存储

存储方式
Y 存储

存储环
Y 储存环

存储类型
Y 存储

存储模式
Y 存储

存储器系统
Y 存储系统

存储稳定性
Y 稳定性

存储系统*
storage system
TP3
D 储存体系
储存系统
储集系统
存储器系统
存贮器系统
存贮系统
信息存储系统
贮存系统
F 存储测试系统
C 存储机制 →(8)
存储库 →(8)
存储器存取 →(8)
文件系统 →(7)(8)
硬件系统 →(8)

存储形式
Y 存储

存放
Y 存储

存放方法
Y 存储

存在空间
Y 空间

存贮
Y 存储

存贮器系统
Y 存储系统

存贮系统
Y 存储系统

措施*
method
ZT0
D 手段
F 安全措施
补救措施
缓解措施
C 处理
方案 →(1)(2)(7)(8)(10)(11)(12)(13)

错缝拼装
Y 装配

错位爆炸序列
Y 爆炸序列

搭载
embark
V475
S 运载*
C 航天器飞行

搭载发射
carry launching
V55
S 航天器发射
Z 飞行器发射

搭载科学试验
Y 搭载实验

搭载实验
get-away experiment
V417
D 搭载科学试验
搭载试验
S 空间试验
Z 航天试验

搭载试验
Y 搭载实验

搭载有效载荷
Y 航天器搭载

达斯伯里同步加速器
Y 电子同步加速器

打靶实验
Y 打靶试验

打靶试验
shooting practice test
TJ01
D 打靶实验
S 靶场试验
C 靶场
打击精度
Z 武器试验

打包精度
Y 精度

打火
Y 点火

打击概率

striking probability
TJ0
S 概率*

打击精度
strike accuracy
TJ0
S 精度*
C 打靶试验

打击威力
Y 攻击能力

打击效果
striking effect
TJ0
S 效果*
C 深弹攻击
鱼雷攻击

打捞浮筒
Y 浮筒

打捞钢缆
Y 浮筒

打捞器材
Y 浮筒

打捞千斤
Y 浮筒

打捞设备
Y 浮筒

打捞装备
Y 浮筒

打捞装具
Y 浮筒

打样设计
preliminary design
V221
S 工艺设计*

打印式记录仪
Y 记录仪

大安全
Y 安全

大长度
Y 长度

大地本底
Y 本底辐射

大地测地卫星
Y 测地卫星

大地测量卫星
Y 测地卫星

大发动机
Y 大型发动机

大飞机
large aircraft
V271
D 大型飞机
民用大飞机
S 飞机*
F 超大型飞机

大飞机项目
large aircraft project
V2
S 型号研制项目*

大飞行包络
big flight envelope
V214
S 包络*

大风扇发动机
Y 涡扇发动机

大功率沸腾管式型堆
Y 轻水冷却石墨慢化型堆

大功率微波发射器
Y 大功率微波武器

大功率微波武器
high power microwave weapons
TJ864
D 大功率微波发射器
高功率微波发射机
高功率微波发射装置
S 硬杀伤性信息武器
Z 武器

大攻角
Y 大迎角

大攻角飞行
high angle of attack flight
V323
D 大迎角飞行
S 航空飞行
Z 飞行

大攻角机动飞行
large angle of attack maneuver flight
V323
S 飞机机动飞行
Z 飞行

大攻角空气动力学
Y 大迎角空气动力学

大攻角试验
test at high attack angle
V211.74
D 大迎角试验
S 风洞试验
Z 气动力试验

大规模杀伤武器
mass destruction weapon
TJ9
S 杀伤武器
Z 武器

大涵道比
Y 涵道比

大涵道比发动机
Y 高涵道比涡轮风扇发动机

大涵道比涡扇发动机
Y 高涵道比涡轮风扇发动机

大焓降叶型
Y 叶型

大角度机动
large-angle maneuver
TP1；V249.1
S 机动*
F 大角度姿态机动

大角度机动控制
Y 机动控制

大角度姿态机动
large angle attitude maneuvers
V249；V448
S 大角度机动
姿态机动
Z 机动

大角速率动调陀螺仪
DTG with large angular velocity
V241.5；V441
S 动力调谐陀螺仪
Z 陀螺仪

大空域变轨弹道
large airspace orbital-transfer trajectory
TJ765
S 导弹弹道
C 虚拟目标
Z 弹道

大口径标准步枪
Y 大口径步枪

大口径步枪
heavy calibre rifles
TJ22
D 大口径标准步枪
S 步枪
Z 枪械

大口径弹药
large caliber ammunitions
TJ41
S 弹药*
C 超口径炮弹
大口径榴弹
大口径枪弹

大口径火炮
large caliber gun
TJ399
D 大口径炮
S 火炮
F 大口径舰炮
Z 武器

大口径机枪
large caliber machine gun
TJ24；TJ25
D 重型机枪
转管机枪
S 机枪
Z 枪械

大口径舰炮
large caliber shipborne gun
TJ391
D 大口径舰用火炮
S 大口径火炮

舰炮
Z 武器

大口径舰用火炮
Y 大口径舰炮

大口径狙击步枪
Y 狙击步枪

大口径榴弹
heavy caliber grenades
TJ29
S 榴弹*
C 大口径弹药

大口径炮
Y 大口径火炮

大口径枪弹
large caliber ball cartridge
TJ411
S 枪弹*
C 大口径弹药

大雷诺数风洞
Y 高雷诺数风洞

大流量加注
Y 加注

大流量压缩机
Y 压缩机

大流量叶型
Y 叶型

大挠度理论
large deflection theory
V23
S 工程理论*

大炮
Y 火炮

大偏心率轨道
large eccentricity orbits
V526
D 小偏心率轨道
S 飞行轨道*

大破口
Y 大破口失水事故

大破口失水事故
large-break LOCA
TL36；TL6
D 大破口
大破裂
S 破口失水事故
Z 核事故

大破裂
Y 大破口失水事故

大气*
atmosphere
P4
D 大气结构
F 舱内大气
湍流大气
卫星大气
行星大气
C 臭氧 →(13)
大气压力 →(2)
航天环境

大气边界层
atmospheric boundary layer
V211
S 边界层
Z 流体层

大气边界层风洞
Y 边界层风洞

大气层爆炸
Y 空中爆炸

大气层飞行动力学
Y 飞行力学

大气层飞行力学
Y 飞行力学

大气层飞行器
Y 航空器

大气层核爆炸
Y 核爆炸

大气层核试验
atmospheric nuclear test
TJ91；TL91
D 低空核爆炸试验
低空核试验
空中核试验
S 核试验
F 高空核试验
Z 武器试验

大气层进入
Y 大气再入

大气层内拦截弹
endoatmosphere intercept missiles
TJ761.7
S 导弹拦截器
Z 武器

大气层试验
Y 空中爆炸

大气层外拦截弹
exdoatmosphere intercept missiles
TJ761.7
D 大气层外拦截器
S 导弹拦截器
Z 武器

大气层外拦截器
Y 大气层外拦截弹

大气飞行力学
Y 飞行力学

大气飞行器
Y 航空器

大气腐蚀试验
atmospheric corrosion test
TG1；V216
S 环境腐蚀试验
Z 环境试验
试验

大气结构
Y 大气

大气进入
Y 大气再入

大气扩散风洞
Y 风洞

大气能见度
atmospheric visibility
P4；V321.2
S 能见度
Z 程度

大气扰动
atmospheric disturbance
P4；V321.2
S 扰动*

大气式燃烧器
Y 燃烧器

大气数据
Y 大气数据系统

大气数据传感系统
Y 嵌入式大气数据传感系统

大气数据系统
air data system
TP2；V247
D 大气数据
S 数据系统*
F 嵌入式大气数据传感系统

大气探测
Y 气象探测

大气条件
ambient conditions
V321.2
D 标准大气条件
标准大气状态
大气状态
空气状态
S 气象条件
Z 条件

大气湍流
atmospheric turbulence
V211
D 大气紊流
S 气相湍流
F 晴空湍流
C 颤振
飞机颠簸
Z 流体流

大气湍流度
Y 湍流度

大气紊流
Y 大气湍流

大气涡流
Y 涡流

大气压力风洞
air pressure wind tunnel
V211.74

S 风洞*

大气遥感探测
Y 气象探测

大气再入*
atmosphere reentry
V525
D 大气层进入
大气进入
再入
再入大气
再入大气层
再入方式
F 弹道式再入
高超音速再入
航天器再入
载人再入
C 表面烧蚀
末端机动
气动力辅助变轨
入轨
头部烧蚀
再入飞行器

大气再入风洞试验
Y 再入风洞试验

大气再入轨道
Y 再入轨道

大气再入模拟
Y 再入模拟

大气助推变轨
Y 气动力辅助变轨

大气状态
Y 大气条件

大柔性飞机
large flexibility aircraft
V271
S 柔性飞机
Z 飞机

大升力旋翼
Y 旋翼

大推力
high thrust
V43
S 推力*

大推力长程试车
Y 热试车

大推力发动机
Y 航空发动机

大椭圆轨道
large elliptical orbits
V526
S 椭圆轨道
Z 飞行轨道

大西洋试验靶场
Y 导弹试验靶场

大弦长旋翼
Y 旋翼

大型发动机
large engine
V23
D 大发动机
S 航空发动机
Z 发动机

大型飞机
Y 大飞机

大型废弃物
Y 废弃物

大型航天结构
large aerospace structures
V423
D 大型空间结构
S 航天结构
C 国际空间站
航天器
Z 工程结构

大型航天器
Y 航天器

大型集装箱检测系统
large container detecting system
TL8；U1
S 检测系统*

大型军用运输机
Y 军用运输机

大型客机
Y 旅客机

大型空间结构
Y 大型航天结构

大型螺旋装置
large helical device
TL63
S 闭合等离子体装置
C 螺旋器
扭曲仿星器
Z 热核装置

大型喷气式客机
Y 喷气式飞机

大型水雷
large sea mine
TJ61
S 水雷*
C 水中武器

大型鱼雷
large torpedo
TJ631
D 重型鱼雷
S 鱼雷*
C 水中武器

大型运输机
large transport aircraft
V271.2
S 运输机
Z 飞机

大型运载火箭
Y 重型运载火箭

大迎角
high incidence
V211
D 大攻角
S 攻角
C 飞行品质
非对称涡
分离流
三角翼
细长体
旋涡运动
Z 角

大迎角飞行
Y 大攻角飞行

大迎角空气动力学
high angle of attack aerodynamics
V211
D 大攻角空气动力学
S 空气动力学
Z 动力学
科学

大迎角绕流
high incidence flow around
V211
S 绕流
Z 流体流

大迎角绕流结构
flow structure of high incidence
V214
S 流场结构
Z 物理化学结构

大迎角试验
Y 大攻角试验

大载荷涡轮
Y 高载荷涡轮

大展弦比
high-aspect-ratio
V222；V224
S 展弦比
Z 比

大展弦比飞机
high-aspect-ratio aircraft
V271
D 大展弦比机翼飞机
S 飞机*

大展弦比机翼
Y 细长翼

大展弦比机翼飞机
Y 大展弦比飞机

大展弦比模型机翼
large aspect ratio model wing
V224
S 机翼*

大锥角药型罩
large angle cavity liners
TJ412
S 药型罩
Z 弹药零部件

代偿服
Y 部分加压服

代偿袜
Y 部分加压服

代码记录器
Y 记录仪

带翅体
Y 有翼体

带电粒子反应
charged particle reactions
O4；TL32；TL8
D 带电粒子核反应
S 核反应*

带电粒子核反应
Y 带电粒子反应

带电粒子输运
charged particle transport
TL8
D 带电粒子输运理论
输运(带电粒子)
S 粒子输运
Z 输运

带电粒子输运理论
Y 带电粒子输运

带电粒子束
charged particle beam
TL8
S 射束*

带电粒子探测
charged particle detection
O4；TL8
D 带电粒子探测器
S 粒子探测
F 电子探测
离子探测
Z 探测

带电粒子探测器
Y 带电粒子探测

带电作业检测试验设备
Y 试验设备

带飞时间
Y 飞行时间

带飞试验
Y 模型带飞试验

带盖弹射
Y 弹射

带故障着陆
Y 迫降

带冠叶片
shrouded blade
TH13；V232.4
S 叶片*

带滑移铰空间机器人
Y 空间机器人

带金属底座可燃药筒
Y 半可燃药筒

带离弹射
Y 弹射

带形图纸记录仪
Y 记录仪

带形纸记录仪
Y 记录仪

带压管道
Y 压力管道

带翼轨道飞行器
Y 轨道飞行器

贷物运输
Y 货物运输

待发段逃逸
Y 发射逃逸

待航时间
Y 飞行时间

待积当量剂量
Y 待积有效剂量

待积剂量当量
Y 待积有效剂量

待积剂量当量H50
Y 待积有效剂量

待积吸收剂量
Y 待积有效剂量

待积有效剂量
committed effective dose
TL7
D 待积当量剂量
待积剂量当量
待积剂量当量H50
待积吸收剂量
待积有效剂量当量
待积有效剂量当量Hε,50
S 辐射剂量
Z 剂量

待积有效剂量当量
Y 待积有效剂量

待积有效剂量当量Hε,50
Y 待积有效剂量

待开发
Y 开发

单兵便携式防空导弹
Y 单兵导弹

单兵导弹
shoulder-launched missile
TJ76
D 单兵便携式防空导弹
单兵防空导弹
肩射导弹
肩射防空导弹
S 防空导弹
C 单兵武器
Z 武器

单兵防空导弹
Y 单兵导弹

单兵火加发射装置
Y 火箭发射装置

单兵火箭
Y 单兵火箭弹

单兵火箭弹
individual rocket projectile
TJ415
D 单兵火箭
S 火箭弹
Z 武器

单兵火箭发射器
Y 单兵火箭筒

单兵火箭发射装置
Y 火箭发射装置

单兵火箭筒
man-portable bazookas
TJ71
D 单兵火箭发射器
单兵筒式武器
S 火箭筒
Z 轻武器

单兵轻武器
Y 单兵武器

单兵探雷器
one-man mine detector
TJ517
D 便携式探雷器
S 地雷探测器
Z 探雷器

单兵筒式武器
Y 单兵火箭筒

单兵武器
personal weapon
E；TJ2
D 单兵轻武器
单兵战斗武器
单兵自卫武器
单兵作战武器
S 轻武器*
F 个人自卫武器
火箭筒
理想单兵战斗武器
C 步枪
单兵导弹
手枪

单兵战斗武器
Y 单兵武器

单兵自卫武器
Y 单兵武器

单兵作战武器
Y 单兵武器

单侧离心压气机
Y 离心压气机

单层球壳

single layer spherical shells
V214.3
S 球形壳体
Z 壳体

单点失效
single point failure
V421
S 失效*

单点式刹车
Y 飞机刹车

单动式压缩机
Y 压缩机

单发爆炸击毁概率
Y 单发杀伤概率

单发飞机
single engined aircraft
V271
S 飞机*
C 多发动机飞机
双发飞机

单发飞行事故
Y 航空事故

单发击毁概率
Y 单发杀伤概率

单发命中概率
single shot hit probability
TJ765
S 命中概率
Z 概率

单发起飞
Y 起飞

单发杀伤概率
single-shot kill probability
TJ76
D 单发爆炸击毁概率
单发击毁概率
S 杀伤概率
Z 概率

单发升限
Y 升限

单飞
solo flight
V323
S 航空飞行
Z 飞行

单缝襟翼
Y 开缝襟翼

单缸压缩机
Y 压缩机

单管炮
single barrel gun
TJ399
D 身管火炮
S 火炮
Z 武器

单光子发射计算机断层照相术
Y 计算机层析成像

单轨火箭滑车
Y 火箭橇

单涵道涡轮喷气发动机
Y 涡轮喷气发动机

单基推进剂
Y 均质推进剂

单级导弹
Y 导弹

单级火箭
single stage rocket
V471
D 单级入轨火箭
S 火箭*

单级入轨
single stage to orbit
V529
S 航天飞行
Z 飞行

单级入轨飞行器
single stage to orbit vehicle
V475.1
S 航天运载器
Z 运载器

单级入轨火箭
Y 单级火箭

单级入轨运载火箭
single stage orbit-to-orbit launch vehicle
V475.1
D 单级入轨运载器
S 运载火箭
Z 火箭

单级入轨运载器
Y 单级入轨运载火箭

单级压气机
Y 轴流压气机

单级压缩机
Y 压缩机

单级轴流压气机
Y 轴流压气机

单级轴流压缩机
Y 轴流压气机

单极坐标惯性导航系统
unipolar inertial navigation system
V249.3
S 惯性导航系统
C 单极性 →(7)
Z 导航系统

单晶体叶片
Y 单晶叶片

单晶叶片
single crystal blade
TH13；V232.4
D 单晶体叶片
S 叶片*

单壳机身
Y 机身

单孔喷嘴
Y 单喷嘴

单口加油
Y 加油

单块式机翼
Y 盒形机翼

单框架控制力矩陀螺
single gimbal control moment gyroscopes
V241.5
S 控制力矩陀螺
Z 陀螺仪

单列压缩机
Y 压缩机

单路离心喷嘴
Y 离心喷嘴

单路喷嘴
Y 单喷嘴

单路遥测系统
Y 遥测系统

单盘刹车
Y 飞机刹车

单盘式刹车
Y 飞机刹车

单喷嘴
single nozzle
TH13；TK2；V232
D 单孔喷嘴
单路喷嘴
S 喷嘴*

单腔动作室
Y 泵

单腔分泵
Y 泵

单人飞行器
one-man vehicles
V27
D 个人飞行器
旋翼单人飞行器
S 飞行器*

单通道飞机
single channel aircraft
V271
D 窄体飞机
S 飞机*

单通道记录仪
Y 记录仪

单推-2
Y 单元推进剂

单推-3
Y 单元推进剂

单微射流
single micro jet

V211
S 射流*

单位燃料消耗率
Y 燃料消耗率

单位燃油消耗率
Y 燃料消耗率

单相流体回路
single-phase fluid circuit
V41
S 流体回路
Z 回路

单项联调
Y 航天器对接

单旋翼
Y 旋翼

单旋翼布局
Y 气动构型

单叶旋翼
Y 旋翼

单翼飞机
Y 单翼机

单翼机
monoplane
V271
D 单翼飞机
S 飞机*
C 双翼机
下单翼飞机

单翼战斗机
monowing fighters
V271.41
S 歼击机
Z 飞机

单元*
unit
ZT6
D 单元类型
F 发射单元
微型惯性测量单元
C 程序代码 →(8)
电源模块 →(7)
接收模块 →(7)
神经元 →(8)

单元测试
unit testing
TJ760.6；V553
D 单组元测试
S 测试*

单元测试设备
Y 导弹测试设备

单元法
Y 有限元法

单元类型
Y 单元

单元燃料
Y 单元推进剂

单元燃料火箭发动机
Y 单组元推进剂火箭发动机

单元推进剂
monopropellant
V51
D 796 燃料
单推-2
单推-3
单元燃料
单组分火箭燃料
单组分喷气燃料
单组元推进剂
S 液体推进剂
F 高能单元推进剂
Z 推进剂

单元推进剂火箭发动机
Y 单组元推进剂火箭发动机

单站无源定位跟踪系统
single-station passive location and tracking systems
V556
S 位置跟踪系统
C 单站无源定位 →(7)
Z 定位系统
跟踪系统

单支点半柔壁喷管
Y 风洞喷管

单址天线
single access antenna
V443
S 卫星天线
Z 天线

单轴发动机
Y 涡轮喷气发动机

单轴军用涡轮喷气发动机
Y 涡轮喷气发动机

单轴气浮台
single axis air bearing table
V416.8
S 气浮台
Z 试验设备

单轴转台
Y 转台

单轴姿态控制
single-axis attitude control
V249.122.2
S 姿态控制
Z 飞行控制

单轴姿态稳定
Y 姿态稳定

单转子发动机
Y 涡轮喷气发动机

单转子涡轮喷气发动机
Y 涡轮喷气发动机

单转子压气机
Y 轴流压气机

单转子轴流式涡轮喷气发动机
Y 涡轮喷气发动机

单转子轴流压气机
Y 轴流压气机

单转子轴向式压气机
Y 轴流压气机

单自由度陀螺仪
single degree of freedom gyroscope
V241.5；V441
S 陀螺仪*
F 积分陀螺仪
速率积分陀螺

单自由度振荡
unidirection oscillation
V211
S 振荡*

单组分火箭燃料
Y 单元推进剂

单组分喷气燃料
Y 单元推进剂

单组元测试
Y 单元测试

单组元发动机
Y 单组元推进剂火箭发动机

单组元喷嘴
Y 双喷嘴

单组元推进剂
Y 单元推进剂

单组元推进剂火箭发动机
monopropellant rocket engine
V434
D 单元燃料火箭发动机
单元推进剂火箭发动机
单组元发动机
S 液体火箭发动机
F 肼发动机
Z 发动机

单作用压缩机
Y 压缩机

单座战斗机
single-seated fighter
V271.41
S 歼击机
Z 飞机

弹棒事故
rod ejection accident
TL36
D 棒弹出事故
S 反应性引入事故
C 控制棒
Z 核事故

弹仓
magazine
TJ2
S 供弹机构
Z 枪械构件

弹舱
Y 弹药舱

弹带
ammo belt
TJ412
S 炮弹部件
F 塑料弹带
铜弹带
Z 弹药零部件

弹道*
trajectory
TJ01；V212
D 弹道轨迹
弹射轨迹
弹丸轨迹
相对弹道
F 导弹弹道
方案弹道
飞行弹道
火箭弹道
基准弹道
六自由度弹道
平直弹道
全程弹道
射弹弹道
深弹水中弹道
椭圆弹道
无风弹道
亚轨道弹道
鱼雷弹道
炸弹弹道
最佳弹道
最小能量弹道
C 弹道冲击
弹射救生
弹射座椅
立靶精度

弹道靶
ballistic target
TJ01
D 靶道
弹道靶道
弹道试验靶道
自由飞弹道靶
S 靶场
C 室内靶场
Z 试验设施

弹道靶道
Y 弹道靶

弹道靶道试验
Y 弹道试验

弹道靶试验
Y 弹道试验

弹道辨识
trajectory identification
TJ765
S 导弹识别
F 快速弹道识别
C 弹道导弹防御
导弹对抗
Z 目标识别

弹道参数
ballistic parameter
TJ01
S 参数*
F 内弹道参数
外弹道参数
C 弹道测量
弹道分析
弹道观测
弹道设计
弹道数据
弹道性能

弹道测量
trajectory measurement
TJ01
D 弹道测试
弹路测量
S 测量*
F 不完全弹道测量
内弹道测试
水下弹道测量
外弹道测量
C 靶场测量设备
弹道参数
弹道分析
导弹弹道
飞行弹道
飞行力学
射弹弹道

弹道测量系统
trajectory-measuring system
TJ768
D 外测系统
外弹道测量系统
S 测量系统*

弹道测试
Y 弹道测量

弹道冲击
ballistic impact
TJ01
D 反弹冲击
S 冲击*
C 弹道

弹道导弹
ballistic missile
TJ761.3
D 弹道式导弹
野战军弹道导弹
再入式导弹
S 导弹
F 常规弹道导弹
固体弹道导弹
海基弹道导弹
近程弹道导弹
精确制导弹道导弹
空射弹道导弹
陆基弹道导弹
液体弹道导弹
战略弹道导弹
战区弹道导弹
战术弹道导弹
中程弹道导弹
洲际弹道导弹
Z 武器

弹道导弹防御
ballistic missile defense
TJ76
D 主动战略防御
S 导弹防御
C 弹道辨识
区域防御导弹
Z 防御

弹道导弹防御计划
ballistic missile defense programs
TJ76
S 导弹防御计划
Z 计划

弹道导弹防御系统
ballistic missile defense system
TJ76
S 导弹防御系统
Z 导弹系统
防御系统

弹道导弹试验靶场
Y 导弹试验靶场

弹道导弹预警系统
Y 导弹预警系统

弹道仿真
trajectory simulation
TJ3；TJ765；TP3
D 弹道模拟
弹射仿真
全弹道仿真
全弹道模拟
S 军事仿真*
C 弹道模型

弹道飞行
ballistic trajectory flight
V323
S 导弹飞行
C 自由飞行弹道
Z 飞行

弹道飞行器
Y 弹道式飞行器

弹道分析
trajectory analysis
TJ01
S 运动分析*
C 弹道参数
弹道测量
弹道观测
弹道极限
弹道计算
质点弹道模型

弹道跟踪
trajectory tracking
TJ765
S 跟踪*

弹道跟踪数据
trajectory tracking datas
TJ765
S 弹道数据

C 导弹跟踪
Z 数据

弹道观测
trajectory observation
TJ765
S 观测*
C 弹道参数
弹道分析
弹道探测

弹道规划
trajectory programming
TJ765
S 导弹发射准备
C 弹道设计
弹道试验
Z 准备

弹道轨迹
Y 弹道

弹道极限
ballistic limit
TJ01
S 界限*
C 弹道分析
弹道设计
弹道性能
终点弹道学

弹道计算
trajectory calculation
TJ01
S 计算*
F 弹道外推
内弹道计算
C 弹道分析
弹道精度
弹道预测

弹道精度
trajectory accuracy
TJ01
S 精度*
C 弹道计算

弹道控制
trajectory control
TJ765；V212
D 轨迹控制系统
S 轨迹控制*

弹道快速识别
Y 快速弹道识别

弹道落点
Y 弹落点

弹道模拟
Y 弹道仿真

弹道模型
ballistic model
TJ01
S 模型*
F 刚体弹道模型
内弹道模型
外弹道模型
质点弹道模型
C 弹道仿真

弹道拟合误差
Y 弹道偏差

弹道炮
Y 弹道试验炮

弹道偏差
trajectory deflection
TJ01；TJ3；TJ765
D 弹道拟合误差
S 误差*
C 弹道扰动
弹道修正

弹道气象修正
ballisitic meteorological correction
TJ765
S 弹道修正
C 弹道扰动
Z 修正

弹道枪
Y 试验枪

弹道倾角
trajectory slope angle
TJ0
S 角*

弹道扰动
trajectory disturbance
TJ01
S 扰动*
C 弹道偏差
弹道气象修正

弹道散布
Y 弹道性能

弹道设计
ballistic design
TJ01
S 设计*
F 内弹道设计
外弹道设计
C 弹道参数
弹道规划
弹道极限
弹道数据
弹道预测

弹道摄影
Y 摄影

弹道式导弹
Y 弹道导弹

弹道式导弹构型
Y 导弹构型

弹道式飞行器
ballistic vehicle
V27；V47
D 弹道飞行器
无升力飞行器
S 飞行器*
C 试验飞行器
运载火箭
再入飞行器

弹道式再入
ballistic reentry
V525
D 无升力式再入
S 大气再入*

弹道式再入飞行器
Ballistic reentry vehicle
TJ76；V471.07
S 再入飞行器
Z 飞行器

弹道试验
ballistic testing
TJ01
D 靶道实验
靶道试验
弹道靶道试验
弹道靶试验
S 武器试验*
F 内弹道试验
外弹道试验
C 弹道规划
弹道数据
弹道探测

弹道试验靶道
Y 弹道靶

弹道试验弹
Y 试验炮弹

弹道试验炮
ballistic test guns
TJ399
D 弹道炮
试验火炮
S 试验炮
F 轻气炮
Z 武器

弹道数据
trajectory data
TJ01
D 弹道诸元
S 数据*
F 弹道跟踪数据
C 弹道参数
弹道设计
弹道试验
弹道探测

弹道探测
trajectory detection
TJ765；V249.3
S 武器探测
C 弹道观测
弹道试验
弹道数据
弹道预测
Z 探测

弹道特点
Y 弹道性能

弹道特性
Y 弹道性能

弹道特征
Y 弹道性能

弹道外推
trajectory extrapolation
TJ01
S 弹道计算
Z 计算

弹道系数
ballistic coefficient
TJ01
S 弹丸性能
Z 战术技术性能

弹道相机
ballistic camera
TB8；V447
D 弹道照相机
实时弹道相机
S 航天相机
Z 照相机

弹道性能
ballistic performance
TJ01；TJ765
D 弹道散布
弹道特点
弹道特性
弹道特征
S 战术技术性能*
F 弹道一致性
内弹道性能
外弹道特性
C 弹道参数
弹道极限
弹道学

弹道修正
ballistic correction
TJ3；TJ765
S 修正*
F 弹道气象修正
末段弹道修正
一维弹道修正
C 弹道偏差
弹道优化
弹道重建

弹道修正弹
trajectory correction projectiles
TJ412
D 弹道修正炮弹
反装甲弹药
反装甲子弹药
S 炮弹*
C 修正弹药

弹道修正弹药
Y 修正弹药

弹道修正炮弹
Y 弹道修正弹

弹道修正引信
trajectory correction fuze
TJ431
D GPS 弹道修正引信
一维弹道修正引信
S 引信*
F 二维弹道修正引信

弹道学*
ballistics
TJ01
D 超高速弹道学
F 导弹弹道学
刚体弹道学
航空弹道学
流体弹道学
内弹道学
实验弹道学
外弹道学
终点弹道学
C 弹道性能
飞行力学

弹道一致性
trajectory consistency
TJ01
S 弹道性能
性能*
C 弹道优化
Z 战术技术性能

弹道隐身
ballistic stealth
V218
S 隐身技术*

弹道优化
trajectory optimization
TJ3；TJ765
D 弹道最佳化
弹道最优化
S 优化*
C 弹道修正
弹道一致性
最佳飞行

弹道预测
trajectory prediction
TJ3；TJ765
S 预测*
C 弹道计算
弹道设计
弹道探测
弹道准备

弹道炸
Y 早炸

弹道照相机
Y 弹道相机

弹道中段
Y 中间弹道

弹道重构
Y 弹道重建

弹道重建
trajectory reconstruction
TJ01；TJ765
D 弹道重构
S 重构*
C 弹道修正

弹道诸元
Y 弹道数据

弹道准备
ballistic preparation
TJ301
S 射击准备
C 弹道预测
Z 准备

弹道自导段
Y 自导段

弹道自控段
Y 导弹飞行段

弹道最佳化
Y 弹道优化

弹道最优化
Y 弹道优化

弹底间隙
cartridge head space
TJ41
S 间隙*

弹底排气
Y 底部排气

弹鼓
cartridge drum
TJ412
D 弹箱
S 容弹具
Z 枪械构件

弹管间隙
cartridge-tube gap
TJ3
S 间隙*

弹夹
magazine clip
TJ2
S 枪附件
Z 附件

弹坑
crater
TJ412；TJ414
S 坑*
C 弹药爆炸

弹链
ammunition belt
TJ2
S 容弹具
Z 枪械构件

弹路测量
Y 弹道测量

弹落点
warhead impact point
TJ765
D 弹道落点
弹头落点
S 落点
F 导弹落点
C 靶场
Z 点

弹目交会
projectile-target encounter

TJ41
D 弹目交会过程
弹目遭遇
S 交会*

弹目交会过程
Y 弹目交会

弹目偏差
Y 射弹偏差

弹目遭遇
Y 弹目交会

弹幕射击
Y 拦阻射击

弹片
Y 破片

弹上设备
Y 弹载设备

弹上天线
Y 弹载天线

弹身
Y 弹体

弹身-弹翼-尾翼组合体
Y 翼身组合体

弹膛
bullet chamber
TJ2
S 枪膛
Z 枪械构件

弹体
missile body
TJ760.3
D 弹身
弹体(导弹)
导弹弹体
S 导弹部件*
F 细长弹体
旋转弹体
C 导弹结构

弹体(导弹)
Y 弹体

弹体对接
missile body joint
TJ76
D 弹头弹体对接
导弹头体对接
头体对接
S 导弹发射准备
C 导弹头体结合设备
Z 准备

弹体赋形天线
Y 弹载天线

弹体结构
missile body structure
TJ760.3
S 导弹结构
Z 工程结构

弹体天线
Y 弹载天线

弹体组件
missile body component
TJ760.3；V421
S 导弹部件*
F 尾段

弹头
Y 战斗部

弹头弹体对接
Y 弹体对接

弹头弹体分离
Y 头体分离

弹头防热
missile nose heat protection
TJ76
D 弹头热防护
S 防护*
C 导弹防护系统

弹头技术准备
warhead technical preparation
TJ76
D 导弹弹头技术准备
S 导弹技术准备
C 导弹地面设备
Z 准备

弹头结构
warhead structure
TJ760.3
S 导弹结构
Z 工程结构

弹头控制
warhead control
V448
S 导弹控制
Z 军备控制

弹头落点
Y 弹落点

弹头气动加热
Y 气动加热

弹头气动特性
Y 空气动力特性

弹头热防护
Y 弹头防热

弹头突防
Y 导弹突防

弹头突防技术
Y 导弹突防

弹头威力
Y 战斗部威力

弹头吸收器
Y 捕弹器

弹头效应
warhead effect
TJ01
S 武器效应*

弹头引信
nose fuze
TJ431
D 端头引信
头部无线电引信
头部引信
S 导弹引信
Z 引信

弹头整流罩
Y 导弹整流罩

弹头姿控
Y 弹头姿态控制

弹头姿态
Y 姿态

弹头姿态控制
warhead attitude control
V249.122.2
D 弹头姿控
S 姿态控制
Z 飞行控制

弹托
projectile-sabot
TJ412
D 炮弹弹托
S 炮弹部件
F 塑料弹托
Z 弹药零部件

弹丸
bullet
TJ411
S 弹药零部件*
F 爆炸成型弹丸
高速弹丸
聚能杆式弹丸
旋转弹丸
自锻弹丸

弹丸测速
Y 弹丸速度测量

弹丸初速
projectile muzzle velocity
TJ3；TJ412
S 弹丸速度
Z 速度

弹丸底部气动特性
Y 弹丸气动特性

弹丸飞行力学
Y 飞行力学

弹丸飞行时间
projectile flight time
TJ412
S 弹丸性能
Z 战术技术性能

弹丸飞行速度
Y 弹丸速度

弹丸轨迹
Y 弹道

弹丸激波

projectile shock
TJ412
S 激波
Z 波

弹丸加料
pellet fueling
TL
S 物料操作*

弹丸空气动力学
projectile aerodynamics
V211
D 弹丸实验空气动力学
弹丸头部空气动力学
旋成弹体空气动力学
S 空气动力学
Z 动力学
科学

弹丸气动特性
projectile aerodynamic characteristics
V211
D 弹丸底部气动特性
弹丸头部气动特性
稳定翼气动力特性
稳定翼气动力特性(弹丸)
S 空气动力特性
Z 流体力学性能

弹丸强度
strength of projectile
TJ412
S 强度*

弹丸侵彻
projectile penetration
TJ412
S 侵彻
Z 弹药作用

弹丸设计
projectile design
TJ412
S 弹药设计
Z 武器设计

弹丸实验空气动力学
Y 弹丸空气动力学

弹丸速度
projectile velocity
TJ412
D 弹丸飞行速度
S 速度*
F 弹丸初速
C 火炮射击

弹丸速度测量
projectile velocity measurement
TJ01
D 弹丸测速
S 外弹道测量
C 弹丸运动 →(4)
Z 测量

弹丸头部空气动力学
Y 弹丸空气动力学

弹丸头部气动特性
Y 弹丸气动特性

弹丸性能
projectile performance
TJ411；TJ412
S 战术技术性能*
F 弹道系数
弹丸飞行时间
弹重

弹丸药柱
projectile grain
TJ412
S 药柱*

弹丸质心
Y 弹芯

弹丸重量
Y 弹重

弹丸重心
Y 弹芯

弹丸注入
Y 弹丸注入器

弹丸注入器
pellet injector
TL35
D 弹丸注入
弹丸注入系统
S 注入器
Z 热核装置

弹丸注入系统
Y 弹丸注入器

弹尾
projectile tail
TJ412
S 炮弹部件
Z 弹药零部件

弹尾翼空气动力学
Y 弹翼空气动力学

弹匣
box magazine
TJ2
S 容弹具
Z 枪械构件

弹箱
Y 弹鼓

弹心
Y 弹芯

弹芯
bullet core
TJ411
D 弹丸质心
弹丸重心
弹心
枪弹弹心
S 枪弹部件*
F 异型弹芯

弹药*
ammunition
TJ41
D 弹药产品
弹药技术
武器弹药
F 报废弹药
常规弹药
大口径弹药
低消耗弹药
多用途弹药
反舰弹药
反直升机弹药
反装甲车弹药
防空弹药
废旧弹药
高新技术弹药
航空弹药
教练弹药
军用弹药
库存弹药
民用弹药
炮兵弹药
全备弹药
燃料空气弹药
杀伤弹药
试验弹药
坦克弹药
特种弹药
通用弹药
投掷式弹药
未爆弹药
无壳弹药
小口径弹药
野战弹药
远程弹药
增程弹药
制式弹药
子弹药
子母弹药
C 爆炸物品
弹药运输
榴弹
炮弹
枪弹
深弹
炸弹

弹药包装箱
Y 弹药箱

弹药保障
ammunition support
TJ41
D 弹药技术保障
S 保障*

弹药爆炸
ammunition explosion
TJ41
S 爆炸*
F 子弹爆炸
C 爆炸力
爆炸效应
弹坑

弹药补给车
Y 装甲弹药补给车

弹药部件

Y 弹药零部件

弹药舱
ammunition cabins
V223
D 弹舱
飞机炸弹舱
炮弹舱
炮弹储存舱
炸弹舱
S 舱*
F 发射舱
尾舱

弹药产品
Y 弹药

弹药车
Y 装甲弹药补给车

弹药储存
ammunition storage
TJ41
D 弹药贮存
S 武器储存
C 储存寿命
弹药包装 →(1)
Z 存储

弹药工程
ammunition engineering
TJ41
S 工程*

弹药构件
Y 弹药零部件

弹药故障
ammunition failure
TJ41
S 故障*
F 早炸

弹药计数器
Y 计数器

弹药技术
Y 弹药

弹药技术保障
Y 弹药保障

弹药零部件*
ammunition component
TJ41
D 弹药部件
弹药构件
F 弹丸
地雷部件
定心部
火箭弹部件
炮弹部件
深弹部件
手榴弹部件
药型罩

弹药破坏作用
ammunition destructive effects
TJ41
S 弹药作用*
F 毁伤
破甲
侵彻
杀伤
硬摧毁
C 破坏半径
鱼雷破坏作用

弹药起动装置
Y 爆炸起动器

弹药设计
ammunition design
TJ41
S 武器设计*
F 弹丸设计
引信设计

弹药生产
ammunition production
TH16；TJ41
S 武器装备生产
Z 生产

弹药输送车
Y 装甲弹药补给车

弹药筒
Y 药筒

弹药系统
ammunition system
TJ41
S 武器装备系统
F 弹引系统
伞弹系统
引信系统
Z 武器系统

弹药箱
caisson
TJ41
D 弹药包装箱
S 箱*
C 弹药包装 →(1)

弹药销毁
ammunition disposal
[TJ07]
S 销毁*
C 高热剂
武器销毁

弹药效力
Y 弹药作用

弹药运输
ammunition transportation
TJ41
S 货物运输*
F 导弹运输
C 弹药
武器运输车

弹药贮存
Y 弹药储存

弹药作用*
ammunition effect
TJ41
D 弹药效力
F 弹药破坏作用
核爆炸破坏作用
聚能破甲效应
破片作用
C 作用

弹翼*
guided missile wing
TJ760.3；V421
D 外露翼
F 导弹弹翼
火箭弹尾翼
栅格翼
主翼
C 火箭尾翼
机翼
翼展

弹翼-弹身组合体
Y 翼身组合体

弹翼结构
missile wing structure
TJ760.3
D 弹翼折叠机构
S 导弹结构
Z 工程结构

弹翼空气动力学
Missile wing aerodynamics
V211
D 弹尾翼空气动力学
S 空气动力学
Z 动力学
科学

弹翼折叠机构
Y 弹翼结构

弹引系统
projectile fuze system
TJ412
D 炮弹-引信系统
S 弹药系统
Z 武器系统

弹用发动机
Y 火箭发动机

弹用涡轮喷气发动机
Y 弹用涡喷发动机

弹用涡喷发动机
missile turbojet engine
TJ76；V235
D 弹用涡轮喷气发动机
S 涡轮喷气发动机
Z 发动机

弹用涡扇发动机
misssile-borne turbofan engines
TJ76；V235
S 军用涡扇发动机
Z 发动机

弹载环境
Y 航天器环境

弹载设备

missile-borne equipment
TJ76
D 弹上设备
S 设备*

弹载摄影
Y 摄影

弹载探测系统
missile-borne detection systems
TJ76
S 导弹分系统
探测系统*
Z 导弹系统

弹载天线
guided missile antenna
TJ76；TN8
D 弹上天线
弹体赋形天线
弹体天线
导弹天线
S 飞行器天线
F 引信天线
C 弹载雷达 →(7)
导弹部件
Z 天线

弹重
projectile weight
TJ412
D 弹丸重量
S 弹丸性能
Z 战术技术性能

弹着点
Y 命中

弹着点密集度
Y 落点分布

弹着点偏差
Y 落点偏差

弹子榴霰弹
Y 杀伤榴霰弹

氮-13 反应
nitrogen 13 reactions
TL
D 氮-14 反应
氮-15 反应
S 核反应*
C 氮-15

氮-14 反应
Y 氮-13 反应

氮-15
nitrogen-15
O6；TL92
S 氮同位素
C 氮-13 反应
Z 同位素

氮-15 反应
Y 氮-13 反应

氮 16
Y 氮-16

氮-16
nitrogen 16
O6；TL92
D 氮 16
S 氮同位素
负 β 衰变放射性同位素
秒寿命放射性同位素
Z 同位素

氮同位素
nitrogen isotopes
O6；TL92
S 同位素*
F 氮-15
氮-16

当量*
equivalent
O6
F TNT 当量
剂量当量
C 等效温度 →(1)
数量

当量环境谱
equivalent environmental spectrum
V214
S 环境谱
Z 谱

当量加速关系
equivalent accelerated relation
V215.5
S 关系*

当量深度
Y 深度

挡油板
oil baffle
TM3；V23
S 挡油装置
Z 油装置

挡油装置
fuel baffle device
V23
S 油装置*
F 挡油板

刀形折叠尾翼
Y 导弹尾翼

氘
deuterium
O6；TL92
D 氢-2
S 氢同位素
Z 同位素

氘靶
deuterium target
O4；TL5；TL8
D 极化靶
S 同位素靶
C 自旋取向 →(3)
Z 靶

氘氚堆
D-T reactors
TL64
D 氘氚反应堆
S 热核堆
F 脉冲氘氚堆
Z 反应堆

氘氚反应堆
Y 氘氚堆

氘氚聚变
D-T fusion
O4；TL46；TL6
D D-3He 聚变
氘-氚聚变
S 聚变反应
Z 核反应

氘-氚聚变
Y 氘氚聚变

氘核靶
Y 氘靶

氘核束
Y 氘束

氘化水
Y 重水慢化剂

氘束
deuteron beam
TL6
D 氘核束
S 射束*

导爆管
detonating tube
TJ456
D 导引传爆管
S 接力元件
F 变色导爆管
C 传爆可靠性 →(2)
Z 火工品

导爆索
detonating cord
TJ457
D 爆炸导火索
爆炸索
玻璃纤维导火索
导爆线
导火绳
导火索
导火线
铠装式柔爆索
起爆引信
引爆线
引信(雷管)
S 索类火工品
C 雷管
Z 火工品

导爆索连接器
Y 索类火工品

导爆索组件
detonating cord assemblies
TJ457
S 索类火工品
Z 火工品

导爆线
Y 导爆索

导爆装置
Y 引爆火工品

导弹
guided missiles
TJ76
D 单级导弹
导弹武器
导弹武器系列
导弹武器装备
导弹装备
动能导弹
S 武器*
F 靶弹
便携式导弹
常规导弹
超视距导弹
冲压发动机导弹
弹道导弹
弹性体导弹
地地导弹
多弹头导弹
多级导弹
多用途导弹
反导弹导弹
反辐射导弹
反舰导弹
反坦克导弹
反卫星导弹
防空导弹
高速导弹
固体导弹
海基导弹
核导弹
化学导弹
机动导弹
教学弹
近程导弹
精确制导导弹
空地导弹
空空导弹
陆基导弹
敏捷导弹
炮射导弹
潜射导弹
倾斜转弯导弹
试验导弹
数字化导弹
双射程导弹
通用导弹
筒射导弹
微型导弹
吸气式导弹
小型导弹
新型导弹
旋转导弹
巡飞导弹
巡航导弹
训练弹
液体导弹
隐身导弹
有翼导弹
战略导弹
战术导弹
侦察导弹
智能导弹
中程导弹
助推-滑翔导弹
自控导弹
自旋导弹
C FlexRay 总线 →(8)
导弹管理
飞行器
火箭发动机
倾斜转弯 →(12)

导弹安全
guided missile safety
TJ76
S 安全*
C 导弹自毁
导弹自毁装置

导弹安全自毁系统
Y 安全自毁系统

导弹安全自毁装置
Y 导弹自毁装置

导弹靶场
Y 导弹试验靶场

导弹搬运
Y 导弹运输

导弹包装箱
guided missile containers
TJ768
S 箱*

导弹被动制导
passive missile guidance
TJ765
S 导弹制导
Z 制导

导弹逼近告警系统
missile approach warning system
TN97；V244
S 报警系统*
导弹系统*
C 导弹告警 →(7)

导弹部队训练发射
Y 导弹训练发射

导弹部件*
missile component
TJ760.3
D 导弹线管
导弹组件
F 弹体
弹体组件
导弹弹翼
导弹舵机
导弹惯性器件
导弹天线罩
导弹整流罩
头锥
C 弹载天线
导弹稳定裙
火箭部件

导弹仓库
guided missile depot
TJ768
D 导弹储存仓库
S 库场*
C 导弹储存

导弹操纵仿真
Y 导弹控制模拟

导弹操纵模拟
Y 导弹控制模拟

导弹测发控系统
missile testing 、 launching and control systems
TJ768
D 测发控系统
S 导弹控制系统
发射控制系统
F 导弹发控系统
Z 导弹系统
武器系统

导弹测控
missile measurement and control
TJ768
S 测控*

导弹测试
missile testing
TJ760.61
S 武器测试
F 导弹单元测试
C 导弹测试设备
导弹管理
导弹综合坑道
Z 测试

导弹测试车
missile test vehicle
TJ768
D 导弹地面测试车
地面测试车
S 特种军用车辆
Z 军用车辆

导弹测试设备
missile-test equipment
TJ760.6
D 单元测试设备
导弹单元测试设备
导弹分系统测试设备
导弹检测设备
导弹综合测试设备
S 导弹地面设备
地面测试设备
C 导弹测试
导弹发射准备
Z 测试装置
地面设备

导弹测试系统
missile testing system
TJ760.6
S 试验系统*
C 靶场测量

导弹测试阵地
Y 导弹技术阵地

导弹储存
guided missile storage
TJ760.89
D 导弹贮存
S 武器储存
C 导弹仓库
导弹储存寿命
导弹发射阵地
导弹综合坑道
Z 存储

导弹储存仓库
Y 导弹仓库

导弹储存期
Y 导弹储存寿命

导弹储存寿命
guided missile storage life
TJ76
D 导弹储存期
导弹贮存寿命
S 储存寿命
导弹战术技术性能
C 导弹储存
Z 寿命
战术技术性能

导弹垂直发射系统
Y 垂直发射装置

导弹垂直发射装置
Y 垂直发射装置

导弹单元测试
missile unit testing
TJ760.61
S 导弹测试
Z 测试

导弹单元测试设备
Y 导弹测试设备

导弹弹道
missile trajectory
TJ760
D 导弹轨迹
S 弹道*
F 初始弹道
大空域变轨弹道
击顶弹道
拦截弹道
跳跃式弹道
有控弹道
再入弹道
中间弹道
终点弹道
自由飞行弹道
C 弹道测量
导弹发射
导弹飞行
导弹飞行段

导弹弹道学
missile ballistics
TJ760
S 弹道学*
C 导弹飞行

导弹弹射装置
missile ejection units
TJ768
S 弹射装置
C 火箭发动机
Z 发射装置

导弹弹体
Y 弹体

导弹弹头
missile warhead
V421
D 抽检弹头
储存弹头
导弹化学弹头
导弹化学战斗部
导弹母弹头
导弹生物弹头
导弹生物战头部
导弹头
导弹头部
导弹训练弹头
导弹战斗部
合练弹头
机动弹头
教练弹头
教练导弹弹头
试验弹头
训练弹头
遥测弹头
云爆弹头
振动弹头
S 飞行器头部*
战斗部*
F 再入弹头
钻地弹头
C 常规导弹
头部 →(3)

导弹弹头技术准备
Y 弹头技术准备

导弹弹翼
guided missile wing
TJ760.3
D 导弹弹翼机构
导弹折叠翼
S 弹翼*
导弹部件*
F 导弹尾翼
折叠弹翼
C 导弹结构

导弹弹翼机构
Y 导弹弹翼

导弹导引头
Y 导引头

导弹地面测试车
Y 导弹测试车

导弹地面发射阵地
Y 导弹发射场

导弹地面设备
missile ground equipment
TJ768
D 定向定位设备
对接结合设备
S 航空航天地面设备
F 导弹测试设备
导弹瞄准设备
导弹头体结合设备
导弹转运设备
C 弹头技术准备
导弹发射场
导弹阵地设施
Z 地面设备

导弹地下井
Y 导弹发射井

导弹电液伺服机构
missile electro-servo mechanisms
TJ760.3
S 伺服机构
Z 机构

导弹电源配电系统
missile power distribution systems
TJ760.3
S 导弹分系统
电力系统*
电源系统*
输配系统*
C 弹上电源 →(7)
Z 导弹系统

导弹定型
Y 武器定型

导弹动力系统
missile propulsion system
[TJ763]
D 导弹动力装置
导弹推进系统
S 导弹分系统
动力系统*
Z 导弹系统

导弹动力学
missile dynamics
TJ760
S 航空力学
Z 航空航天学

导弹动力装置
Y 导弹动力系统

导弹对抗
guided missile countermeasures
TJ76
C 弹道辨识

导弹多弹头
Y 多弹头

导弹舵机
guided missile steering engine
TJ765
D 导弹伺服机构
S 导弹部件*
舵机*

导弹发动机
Y 火箭发动机

导弹发动机壳体

missile engine case
V431
S 发动机壳体
Z 壳体

导弹发控系统
missile launching control system
TJ768
D 导弹发射控制系统
S 导弹测发控系统
Z 导弹系统
武器系统

导弹发射
missile launching
TJ768
D 半地下发射
炮弹发射
S 飞行器发射*
F 垂直发射
导弹连续发射
导弹齐射
导弹试射
导弹训练发射
导弹作战发射
地下井发射
定向发射
共架发射
固定发射
机动发射
空空导弹发射
冷发射
面发射
炮式发射
潜射
倾斜发射
热发射
软发射
水平发射
水下发射
筒式发射
箱式发射
越肩发射
C 安全自毁系统
导弹弹道
导弹发射试验
导弹发射条件
导弹再装填时间
动态对准
发射场
发射方位角
发射区
发射失败
发射试验
发射顺序
发射装置
级间分离
头体分离
武器发射
液压发射
诸元装定

导弹发射场
guided missile launching sites
TJ768
D 导弹地面发射阵地
导弹发射场坪
S 发射场
C 导弹地面设备
导弹阵地
导弹阵地工程
Z 场所

导弹发射场坪
Y 导弹发射场

导弹发射车
missile launching vehicle
TJ811
D 导弹运输起竖发射车
发射车
发射导弹车
S 火力支援车
F 反坦克导弹发射车
Z 军用车辆
武器

导弹发射管
missile launch tube
TJ768
S 导弹发射装置
C 武器发射
Z 发射装置

导弹发射架
Y 导弹发射装置

导弹发射井
guided missile launching silos
TJ768
D 导弹地下井
地下发射井
地下井
发射井
S 导弹阵地设施
C 地下发射阵地
地下井发射
发射场
Z 设施

导弹发射控制
missile-launching control
TJ765
S 导弹控制
发射控制
Z 军备控制

导弹发射控制系统
Y 导弹发控系统

导弹发射平台
Y 垂直发射装置

导弹发射器
Y 导弹发射装置

导弹发射试验
guided missile launch tests
TJ765.4
S 导弹试验
发射试验
C 导弹发射
Z 飞行器试验
武器试验

导弹发射台
Y 垂直发射装置

导弹发射条件
guided missile launching conditions
TJ768
S 发射条件
C 导弹发射
Z 条件

导弹发射筒
Y 发射筒

导弹发射系统
Y 导弹发射装置

导弹发射箱
Y 发射箱

导弹发射阵地
missile launching position
TJ768
S 导弹阵地
发射阵地
F 地下发射阵地
C 导弹储存
导弹技术阵地
Z 阵地

导弹发射装置
missile launcher
TJ768
D 导弹发射架
导弹发射器
导弹发射系统
S 发射装置*
F 垂直发射装置
导弹发射管
多联装发射装置
发射箱
机动发射装置
同心筒式发射装置
C 火箭发动机

导弹发射准备
missile launching preparation
TJ768
D 导弹射击准备
S 准备*
F 弹道规划
弹体对接
导弹瞄准
导弹诸元准备
发射台对接
C 导弹测试设备
导弹技术准备
加注设备

导弹反应时间
Y 导弹响应时间

导弹防护系统
guided missile protection systems
TJ76
S 导弹分系统
防护系统*
C 弹头防热
Z 导弹系统

导弹防空系统
Y 导弹防御系统

导弹防卫系统

Y 导弹防御系统

导弹防御
missile defense
TJ76
D 末段防御
S 防御*
F 弹道导弹防御
国家导弹防御
海基导弹防御
巡航导弹防御
C 导弹拦截
导弹突防
导弹预警系统
反导弹防御
反导武器
高空突防

导弹防御计划
missile defense programs
TJ76
S 导弹计划
F 弹道导弹防御计划
Z 计划

导弹防御体系
Y 导弹防御系统

导弹防御系统
guided missile defence systems
TJ76
D 导弹防空系统
导弹防卫系统
导弹防御体系
S 导弹系统*
防御系统*
F 弹道导弹防御系统
国家导弹防御系统
海基导弹防御系统
海军导弹防御系统

导弹仿真
missile simulation
TJ765.4
D 导弹模拟
S 军事仿真*
F 导弹攻防仿真
导弹控制模拟
C 导弹模拟器

导弹飞行
guided missile flight
V323
S 航空飞行
F 弹道飞行
C 导弹弹道
导弹弹道学
导弹飞行段
飞行力学
Z 飞行

导弹飞行段*
missile flight phase
TJ765
D 弹道自控段
F 被动段
再入段
助推段
自导段
C 导弹弹道
导弹飞行

导弹飞行控制
Y 导弹制导

导弹飞行力学
Y 飞行力学

导弹飞行试验
missile flight test
TJ765.4
S 导弹试验
飞行试验
C 导弹试验靶场
Z 飞行器试验
武器试验

导弹飞行姿态仿真器
Y 导弹训练仿真器

导弹分离系统
guided missile separation systems
TJ760.3
S 导弹分系统
C 级间分离
头体分离
Z 导弹系统

导弹分系统
guided missile subsystems
TJ760.3
S 导弹系统*
F 弹载探测系统
导弹电源配电系统
导弹动力系统
导弹防护系统
导弹分离系统
导弹控制系统
导弹制导系统
引战系统

导弹分系统测试设备
Y 导弹测试设备

导弹改型
missile modification
TJ76
S 改型
Z 改造

导弹告警系统
Y 导弹预警系统

导弹跟踪
missile tracking
TJ765
D 导弹追踪
S 飞行器跟踪
C 弹道跟踪数据
导弹跟踪网
导弹跟踪系统
Z 跟踪

导弹跟踪网
guided missile tracking networks
TJ768
S 跟踪网
C 导弹跟踪
目标自动跟踪
Z 网络

导弹跟踪系统
missile tracking system
TJ768
S 导弹系统*
跟踪系统*
C 导弹跟踪

导弹工业
missile industry
TJ
S 武器工业
Z 工业

导弹攻防仿真
missile attack-defense simulation
TJ765.4
S 导弹仿真
Z 军事仿真

导弹攻击区
missile attack region
TJ76
D 导弹允许发射区
S 区域*

导弹构架
Y 导弹结构

导弹构型
guided missile configuration
TJ760.2
D 弹道式导弹构型
地空导弹构型
飞航式导弹构型
正常式构型
S 气动构型
C 长径比 →(1)
导弹结构
运载火箭构型
Z 构型

导弹管理
guided missile management
TJ760
S 设备管理*
C 导弹
导弹测试
导弹技术
导弹检测
导弹控制

导弹惯性器件
missile inertial devices
TJ76
S 导弹部件*
F 惯性参考球
惯性制导器件
捷联惯组
C 导弹制导系统

导弹轨迹
Y 导弹弹道

导弹核武器
Y 核导弹

导弹化学弹头
Y 导弹弹头

导弹化学战斗部
Y 导弹弹头

导弹机动发射装置
Y 机动发射装置

导弹基地
missile base
TJ768
S 基地*
C 导弹阵地

导弹计划
guided missile plan
TJ760
S 武器计划
F 导弹防御计划
Z 计划

导弹技术
missilery
TJ76
S 航天技术
C 导弹管理
Z 航空航天技术

导弹技术阵地
missile technical service position
TJ768
D 导弹测试阵地
导弹水平阵地
S 导弹阵地
C 导弹发射阵地
Z 阵地

导弹技术准备
missile technical preparation
TJ76
S 准备*
F 弹头技术准备
导弹检测
导弹检查
C 导弹发射准备

导弹检测
missile inspection and measuring
E；TJ760.6
S 导弹技术准备
C 导弹管理
Z 准备

导弹检测设备
Y 导弹测试设备

导弹检查
missile checkout
TJ765.4
S 导弹技术准备
F 初始检查
发射电路检查
Z 准备

导弹结构
guided missile structure
TJ7
D 导弹构架
S 飞行器结构
F 弹体结构
弹头结构
弹翼结构
C 弹体
导弹弹翼
导弹构型
Z 工程结构

导弹精度
guided missile accuracy
TJ760
D 导弹落点精度
导弹命中精度
导弹射击精度
导弹射击误差
导弹准确度
S 精度*
C 导弹可靠性
导弹战术技术性能
脱靶距离

导弹可靠性
guided missile reliability
TJ760
S 飞行器可靠性
C 导弹精度
Z 可靠性

导弹空气动力学
missile aerodynamics
V211
S 飞行器空气动力学
Z 动力学
科学

导弹控制
missile control
TJ765
S 军备控制*
F 侧滑转弯控制
超前偏置控制
弹头控制
导弹发射控制
导弹姿态控制
C 导弹管理

导弹控制仿真
Y 导弹控制模拟

导弹控制模拟
guided missile control simulation
TJ765
D 导弹操纵仿真
导弹操纵模拟
导弹控制仿真
S 导弹仿真
仿真*
C 导弹模拟器
Z 军事仿真

导弹控制器
Y 导弹控制系统

导弹控制系统
missile control system
TJ760.3
D 导弹控制器
S 导弹分系统
武器控制系统
F 导弹测发控系统
导弹姿态控制系统
Z 导弹系统
武器系统

导弹拦截
missile interception
TJ76
D 导弹拦截技术
S 拦截*
F 动能拦截
多层拦截
远程拦截
主动段拦截
C 导弹防御
导弹拦截能力
导弹拦截器
导弹拦截试验
导弹拦截系统
拦截概率
拦截能力

导弹拦截弹
Y 导弹拦截器

导弹拦截技术
Y 导弹拦截

导弹拦截能力
guided missile interception capability
TJ760
S 导弹战术技术性能
C 导弹拦截
Z 战术技术性能

导弹拦截器
guided missile interceptors
TJ76
D 导弹拦截弹
S 反导武器
F 大气层内拦截弹
大气层外拦截弹
地基拦截弹
破片杀伤拦截弹
天基拦截弹
助推段拦截器
C 导弹拦截
Z 武器

导弹拦截试验
guided missile interception tests
TJ765.4
S 导弹试验
拦截试验
C 导弹拦截
反导弹防御
Z 飞行器试验
武器试验

导弹拦截系统
missile intercept systems
E；TJ765
S 导弹武器系统
拦截系统
C 导弹拦截
Z 防御系统
武器系统

导弹连续发射
missile continuous launching
TJ76
D 多次发射

连射
连续发射
S 导弹发射
C 多联装发射装置
Z 飞行器发射

导弹落点
drop point of missile
TJ765
S 弹落点
Z 点

导弹落点精度
Y 导弹精度

导弹瞄准
guided missile aiming
TJ765
S 导弹发射准备
瞄准*
C 瞄准系统
瞄准装置
Z 准备

导弹瞄准车
missile sighting vehicle
TJ768
S 特种军用车辆
Z 军用车辆

导弹瞄准设备
missile sighting equipment
TJ768
D 地面瞄准设备
瞄准设备
S 导弹地面设备
Z 地面设备

导弹命中精度
Y 导弹精度

导弹模拟
Y 导弹仿真

导弹模拟器
guided missile simulators
TJ768
S 模拟器*
F 导弹训练仿真器
C 导弹仿真
导弹控制模拟

导弹模型
guided missile model
TJ76
S 工程模型*

导弹末制导
missile terminal guidance
TJ765
S 导弹制导
末制导
Z 制导

导弹母弹头
Y 导弹弹头

导弹齐射
missile battery launching
TJ765
D 齐射(导弹)
S 导弹发射
Z 飞行器发射

导弹起竖
missile erecting
TJ765
S 起竖
F 快速起竖
C 起竖设备
Z 操作

导弹起竖车
missile erecting vehicle
TJ768；TJ812
D 运输起竖车
运输竖起车
S 起竖车
Z 军用车辆

导弹设计
guided missile design
TJ760.2
S 武器设计*
F 导弹自动驾驶仪设计

导弹射程
missile-firing distance
TJ760
S 导弹战术技术性能
C 导弹总体设计
Z 战术技术性能

导弹射击精度
Y 导弹精度

导弹射击误差
Y 导弹精度

导弹射击指挥仪
Y 导弹指挥仪

导弹射击诸元准备
Y 导弹诸元准备

导弹射击准备
Y 导弹发射准备

导弹生物弹头
Y 导弹弹头

导弹生物战头部
Y 导弹弹头

导弹识别
guided missile identification
TJ76
S 目标识别*
F 弹道辨识
C 反导弹防御

导弹式水雷
missile-propelled naval mines
TJ61
S 水雷*

导弹试射
missile test launching
TJ765
D 导弹试验发射
试验发射
S 导弹发射
Z 飞行器发射

导弹试验
guided missile test
[TJ07]；TJ76；V416
S 飞行器试验*
武器试验*
F 导弹发射试验
导弹飞行试验
导弹拦截试验
全弹试验
C 导弹试验靶场

导弹试验靶场
missile test shooting ranges
TJ768
D 大西洋试验靶场
弹道导弹试验靶场
导弹靶场
导弹试验场
东部试验靶场
西部试验靶场
S 试验靶场
F 下靶场
C 靶场安全
导弹飞行试验
导弹试验
Z 试验设施

导弹试验场
Y 导弹试验靶场

导弹试验发射
Y 导弹试射

导弹水平阵地
Y 导弹技术阵地

导弹水下发射
Y 水下发射

导弹伺服机构
Y 导弹舵机

导弹探测
guided missile detection
TJ76；TN2
S 武器探测
C 导弹突防
Z 探测

导弹天线
Y 弹载天线

导弹天线罩
missile radome
TJ760.3
S 导弹部件*
C 导弹整流罩

导弹头
Y 导弹弹头

导弹头部
Y 导弹弹头

导弹头体对接
Y 弹体对接

导弹头体分离

Y 头体分离

导弹头体结合设备
missile warhead-body connection equipment
TJ768
S 导弹地面设备
C 弹体对接
Z 地面设备

导弹头锥
Y 头锥

导弹突防
missile penetration
TJ76；TJ86
D 弹头突防
弹头突防技术
S 突防
F 地形回避
机动突防
C 弹道导弹诱饵 →(7)
导弹防御
导弹探测
突防概率
突防能力
突防诱饵
Z 防御

导弹推进
guided missile propulsion
[TJ763]
S 推进*

导弹推进系统
Y 导弹动力系统

导弹外弹道学
missile exterior ballistics
TJ760.1
S 外弹道学
Z 弹道学

导弹尾翼
missile tail
TJ760.3
D 刀形折叠尾翼
圆弧折叠尾翼
S 导弹弹翼
尾翼*
Z 弹翼
导弹部件

导弹稳定
Y 导弹稳定性

导弹稳定裙
missile stabilizing skirt
V421
S 气动操纵面
C 导弹部件
Z 操纵面

导弹稳定性
missile stability
TJ76
D 导弹稳定
S 导弹战术技术性能
稳定性*
C 气动导数
Z 战术技术性能

导弹武器
Y 导弹

导弹武器攻击系统
Y 导弹武器系统

导弹武器系列
Y 导弹

导弹武器系统
missile weapon system
E；TJ0
D 导弹武器攻击系统
S 武器系统*
F 导弹拦截系统
地地导弹武器系统
地空导弹武器系统
反坦克导弹武器系统
防空导弹武器系统
机载导弹武器系统
舰载导弹系统
潜舰导弹武器系统
C 导弹系统

导弹武器装备
Y 导弹

导弹系统*
guided missile system
TJ76
F 导弹逼近告警系统
导弹防御系统
导弹分系统
导弹跟踪系统
导弹预警系统
反舰导弹系统
反坦克导弹系统
防空导弹系统
机动导弹系统
巡航导弹系统
战术导弹系统
C 导弹武器系统
制导系统

导弹线管
Y 导弹部件

导弹响应时间
missile response time
TJ760
D 导弹反应时间
S 时间*
C 导弹再装填时间

导弹销毁
missile disposal
TJ760.89
S 武器销毁
C 导弹延寿
Z 销毁

导弹型号
missile types
TJ76
S 武器型号
Z 型号

导弹性能
Y 导弹战术技术性能

导弹训练弹头
Y 导弹弹头

导弹训练发射
missile training launch
TJ765
D 导弹部队训练发射
S 导弹发射
C 导弹训练仿真器
Z 飞行器发射

导弹训练仿真器
guided missile training simulators
TJ768
D 导弹飞行姿态仿真器
导弹训练模拟器
S 导弹模拟器
训练模拟器
C 导弹训练发射
Z 模拟器

导弹训练模拟器
Y 导弹训练仿真器

导弹延寿
missile service life extending
TJ76
S 寿命*
C 导弹销毁

导弹研制
missile development
TJ76
S 武器研制
Z 研制

导弹引信
guided missile fuze
TJ431
D 地地导弹引信
地空导弹引信
空地导弹引信
空对地导弹引信
空对空导弹引信
空空导弹引信
S 武器引信
F 弹头引信
Z 引信

导弹预警
Y 导弹预警系统

导弹预警卫星
missile early warning satellites
V474
S 预警卫星
Z 航天器
卫星

导弹预警卫星系统
missile early warning satellite system
TJ768
S 导弹预警系统
Z 导弹系统
预警系统

导弹预警系统
missile early warning system
TJ768
D 弹道导弹预警系统

导弹告警系统
导弹预警
潜地导弹预警系统
天基红外导弹预警系统
巡航导弹预警系统
有翼导弹预警系统
S 导弹系统*
预警系统*
F 导弹预警卫星系统
C 导弹防御

导弹允许发射区
Y 导弹攻击区

导弹运输
missile transportation
V55
D 导弹搬运
导弹转运
S 弹药运输
C 导弹运输车
导弹转运设备
推进剂运输车
Z 货物运输

导弹运输车
missile transporter
TJ768；TJ812
D 导弹运载车
导弹运载器
导弹运载装置
导弹装运车
S 武器运输车
C 导弹运输
Z 军用车辆

导弹运输起竖发射车
Y 导弹发射车

导弹运输设备
Y 导弹转运设备

导弹运载车
Y 导弹运输车

导弹运载器
Y 导弹运输车

导弹运载装置
Y 导弹运输车

导弹再装填时间
missile reloading time
TJ765
D 导弹重复装填时间
S 导弹战术技术性能
C 导弹发射
导弹响应时间
Z 战术技术性能

导弹战斗部
Y 导弹弹头

导弹战术技术性能
missile tactical and technical performance
TJ760
D 初始散布
导弹性能
S 战术技术性能*
F 导弹储存寿命
导弹拦截能力
导弹射程
导弹稳定性
导弹再装填时间
发射准备时间
投掷重量
C 导弹精度

导弹折叠翼
Y 导弹弹翼

导弹阵地
missile positions
TJ768
S 阵地*
F 导弹发射阵地
导弹技术阵地
C 导弹发射场
导弹基地
导弹阵地设施

导弹阵地地下工程
Y 导弹阵地工程

导弹阵地工程
missile position engineering
TJ768
D 导弹阵地地下工程
S 工程*
C 导弹发射场
导弹阵地设施
发射场工程
综合发射场

导弹阵地设施
missile position installations
TJ768
S 设施*
F 导弹发射井
导弹综合坑道
对接综合实验台
装配工房
C 导弹地面设备
导弹阵地
导弹阵地工程

导弹整流罩
missile fairing
TJ760.3
D 弹头整流罩
S 导弹部件*
整流罩*
C 导弹天线罩

导弹指挥仪
missile director
TJ765
D 导弹射击指挥仪
S 火控指挥仪*

导弹制导
missile guidance
TJ765
D 导弹飞行控制
S 飞行器制导
F 初制导
导弹被动制导
导弹末制导
中制导
C 导弹制导系统
Z 制导

导弹制导系统
missile guidance system
TJ76
S 导弹分系统
制导系统*
C 导弹惯性器件
导弹制导
Z 导弹系统

导弹制造
guided missile manufacturing
TJ760.5
S 飞行器制造
武器制造
C 导弹总体设计
Z 制造

导弹质量
missile mass
V423
S 质量*

导弹质量比
Missile mass ratio
E；TJ76；V423
S 比*

导弹重复装填时间
Y 导弹再装填时间

导弹诸元准备
missile data preparation
TJ765
D 导弹射击诸元准备
S 导弹发射准备
C 导弹作战发射
射程装定
Z 准备

导弹助推器
Y 助推火箭发动机

导弹贮存
Y 导弹储存

导弹贮存寿命
Y 导弹储存寿命

导弹转运
Y 导弹运输

导弹转运设备
missile transferring equipment
TJ768
D 导弹运输设备
导弹转载设备
导弹装运箱
S 导弹地面设备
C 导弹运输
Z 地面设备

导弹转载设备
Y 导弹转运设备

导弹装备
Y 导弹

导弹装运车

Y 导弹运输车

导弹装运箱
Y 导弹转运设备

导弹追踪
Y 导弹跟踪

导弹准确度
Y 导弹精度

导弹姿控系统
Y 导弹姿态控制系统

导弹姿态控制
control of missile attitude
V249.122.2
S 导弹控制
姿态控制
Z 飞行控制
军备控制

导弹姿态控制系统
missile attitude control system
TJ76
D 导弹姿控系统
S 导弹控制系统
Z 导弹系统
武器系统

导弹子弹头
Y 再入弹头

导弹自动驾驶仪
missile autopilot
TJ765
S 驾驶仪*
F 过载自动驾驶仪

导弹自动驾驶仪设计
missile autopilot design
V421
S 导弹设计
Z 武器设计

导弹自毁
missile self-destruction
TJ765
S 自毁*
F 离心自毁
C 导弹安全
导弹自毁装置

导弹自毁机构
Y 导弹自毁装置

导弹自毁装置
guided missile destructors
TJ76
D 导弹安全自毁装置
导弹自毁机构
S 自毁装置
C 靶场安全
导弹安全
导弹自毁
Z 装置

导弹综合测试设备
Y 导弹测试设备

导弹综合坑道
missile integrated tunnel
TJ768
S 导弹阵地设施
C 导弹测试
导弹储存
Z 设施

导弹总体设计
general missile design
TJ760.2
S 总体设计*
C 导弹射程
导弹制造

导弹组件
Y 导弹部件

导弹作战发射
missile operational launching
TJ765
S 导弹发射
F 防区外发射
C 导弹诸元准备
Z 飞行器发射

导电加热
Y 加热

导电药电底火
Y 电底火

导电药电雷管
Y 电雷管

导电药式电底火
Y 电底火

导电药式电雷管
Y 电雷管

导阀控制泵
Y 控制泵

导光纤维
Y 光纤

导轨炮
Y 轨道炮

导航*
navigation
TN96；TP2；U6
D 导航方法
导航技术
导航控制
导航勤务
领航
领航(电子)
领航(航空)
引航
F GPS 卫星导航
船舶导航
地标导航
地磁导航
地磁辅助导航
地图导航
地形辅助导航
电磁导航
定位导航
航空导航
航路导航
航天器导航
机器人导航
交通导航
陆地导航
全球导航
三维导航
声导航
视觉导航
手机导航
数字导航
双曲线导航
水上引导航行
水下导航
塔康导航
天文导航
通信导航
图像导航
卫星导航
相对导航
战区导航
自主导航
组合导航
C 驳船 →(12)
侧音测距 →(1)
地形回避
港务监督 →(12)
跟踪
海上安全 →(12)
海运 →(12)
航海仪表 →(4)(12)
迷航
引航员

导航标灯
Y 航行灯

导航灯
Y 航行灯

导航地灯
Y 机场灯

导航吊舱
navigation pod
V223
S 吊舱
Z 舱

导航定位卫星
Y 导航卫星

导航方法
Y 导航

导航飞控系统
flight navigation systems
TN96；V249
S 导航系统*
飞行控制系统
专用系统*
Z 飞行系统

导航分系统
Y 导航系统

导航攻击系统
navigation attack system
V24

S 导航系统*
攻击系统
Z 武器系统

导航计算
navigation calculation
V249.31
S 计算*

导航技术
Y 导航

导航精度
navigation accuracy
TN8；V249.3
S 精度*
C 惯性导航系统
组合导航

导航控制
Y 导航

导航模块
Y 模块

导航平台
navigation platform
TB4；TN96；V249.3
S 导航设备*
平台*
F 三轴平台
稳定平台

导航勤务
Y 导航

导航人造卫星
Y 导航卫星

导航设备*
navigation aid
TB4
F 导航平台
导航信标
飞机导航设备
激光信标
救生信标
雷达应答信标
罗盘
全向信标
无线电导航设备

导航台站
navigation station
U6；V351；V351.1
D 归航台
S 机场建筑*
C 机场

导航图
navigation chart
TN8；V249.3
D 航图
航行地图
领航图
S 图*

导航卫星
navigation satellite
V474
D GPS 导航卫星
导航定位卫星
导航人造卫星
导航卫星系统
航标卫星
航空导航卫星
全球导航卫星
S 应用卫星
C 全球定位系统 →(7)
卫星导航
有源卫星
Z 航天器
卫星

导航卫星系统
Y 导航卫星

导航系统*
navigation system
TN96
D 导航分系统
F 北斗/罗兰组合导航系统
导航飞控系统
导航攻击系统
地面导航系统
惯性导航系统
轰炸导航系统
红外导航系统
空中导航系统
区域导航系统
全球导航系统
塔康导航系统
卫星导航系统
助航灯光系统
着陆导航系统
C 避碰
船舶导航
导航计算机 →(7)
定位系统
航速 →(12)
制导系统

导航信标
navigation beacon
TN96；V249.3
D 主信标
S 导航设备*
F 机场信标
无线电导航信标
C 空中交通管制

导航信号
navigation signal
TN96；V249.3
S 信号*

导航星库
guide star catalog
V448
D 导航星数据库
导航星星库
导航星座数据库
S 数据库*
C 星图识别

导航星全球定位系统制导
Y GPS 制导

导航星数据库
Y 导航星库

导航星星库
Y 导航星库

导航星座
navigation constellation
V448；V474
S 星座*

导航星座数据库
Y 导航星库

导航站
guidance station
U6；V551
D 航标站
信标台
引导站
指向器
制导站
S 台站*
F 无线电导航台
遥控制导站
C 航速 →(12)

导火绳
Y 导爆索

导火索
Y 导爆索

导火线
Y 导爆索

导流片
guide vane
TH13；V211.7
D 反扭导流片
拐角导流片
预扭导流片
S 风洞部件*
C 导向叶片
静叶片

导流叶片
Y 导向叶片

导气式自动机
Y 火炮自动机

导气装置
gas operated device
TJ2
S 枪械构件*

导热管
Y 传热管

导数控制
Y 操纵导数

导水叶
Y 导向叶片

导通角
conduction angle
TL81
S 角*
C 辐射探测器

导向控制

Y 制导控制

导向器叶片
Y 导向叶片

导向叶片
guide vanes
TH13；V232.4
D 导流叶片
导水叶
导向器叶片
导叶
导叶瓣
活动导叶
S 叶片*
F 涡轮导向叶片
C 导流片
导向叶栅
双列叶栅

导向叶栅
nozzle blade cascade
TH13；TK0；V232
S 叶栅*
C 导向轮 →(4)
导向叶片
导向装置 →(4)

导叶
Y 导向叶片

导叶瓣
Y 导向叶片

导叶传动机构
Y 传动装置

导引*
guidance
ZT5
D 导引作用
F 半前置法导引
比例导引
飞机导引
飞行导引
横向导引
近程导引
前置点导引
四维导引
先期导引
远程导引
载机导引
自动导引
组合导引
最优导引

导引传爆管
Y 导爆管

导引弹道
guided trajectory
TJ765；V212
D 驾束弹道
驾束制导弹道
运动学弹道
制导弹道
S 飞行弹道
Z 弹道

导引回路
guidance circuit
TJ76
S 回路*

导引控制
Y 制导控制

导引控制器
Y 导引头

导引伞
Y 引导伞

导引头
seeker
TJ765
D 导弹导引头
导引控制器
目标跟踪器
寻的器
寻的头
寻的位标器
寻的制导头
寻的装置
引导头
制导头
主动式导引头
自动导引头
自动寻的头
自动寻的装置
S 制导设备*
F 被动导引头
成像导引头
电磁导引头
多模导引头
反辐射导引头
复合导引头
捷联导引头
雷达导引头
双模导引头
图像导引头
位标器
C 捕获域

导引系统
Y 制导系统

导引作用
Y 导引

倒车动叶
Y 动叶片

倒车油动机
Y 发动机

倒飞供油
Y 空中加油

倒飞供油泵
Y 飞机供油泵

倒飞斤斗
Y 倒飞筋斗

倒飞筋斗
inverted loop
V323
D 倒飞斤斗
S 飞机筋斗
Z 飞行

倒立摆控制
inverted pendulum control
V249.122.2
S 摆动控制
Z 飞行控制

倒数计时
Y 航天前作业

道路*
road
U4
D 交通道路
路
马路
F 机场跑道
C 道路规划 →(12)
道路宽度 →(12)
道路面积 →(12)
道路试验 →(1)(11)(12)
路面 →(12)
桥梁 →(12)
融雪剂 →(12)
通道
运输能力 →(12)

道面管理系统
Y 机场道面管理系统

得失相当
break-even
O4；TL64
D 零功率平衡
S 能量平衡
C 热核堆
Z 平衡

得失相当聚爆
Y 内爆

灯*
lamp
TM92；TS95
D 灯管
灯泡
电灯
电灯泡
电珠
普通照明灯泡
照明灯
照明灯泡
F 航空障碍灯
航行灯
C 灯光控制器 →(5)
灯具 →(10)
灯丝 →(3)(5)
灯丝温度 →(1)
照明
照明光源 →(5)(11)
照明设备 →(5)(10)(11)
照明系统 →(11)

灯管
Y 灯

灯泡
Y 灯

灯泡式发电机
Y 发电机

登机口
Y 登机门

登机门
boarding gate
V351.3
D 登机口
S 门窗*

登机桥
Y 旅客登机车

登机梯
Y 旅客登机车

登陆车
lander
E；TJ812.7
S 特种军用车辆
Z 军用车辆

登陆器
Y 着陆器

登陆设备
Y 降落装置

登陆月球
Y 月球着陆

登陆装置
Y 降落装置

登月舱
lunar modules
V423
D 月球舱
月球着陆舱
月球着落舱
S 着陆器
C 月球着陆
Z 舱
航天器部件

登月飞船
Y 月球航天器

登月飞行
Y 月球飞行

登月飞行器
Y 月球航天器

登月轨道
Y 环月轨道

登月活动
moon landing activity
V52
S 航天活动
C 载人登月
Z 活动

登月计划
Y 探月计划

等待轨道
Y 停泊轨道

等幅谱
Y 疲劳载荷谱

等高飞行
Y 飞行

等级*
grade
ZT72
D 级别
F 维修等级
C 品位 →(1)(2)(3)(11)

等截面叶片
Y 圆柱形叶片

等离子点火系统
plasma ignition system
TK0；V233.3
S 点火系统*

等离子点火装置
plasma ignition device
TJ454；V232
S 点火器
Z 燃烧装置

等离子发电器
Y 等离子体发生器

等离子发动机
Y 等离子体发动机

等离子发生器
Y 等离子体发生器

等离子法
Y 等离子技术

等离子风洞
Y 等离子体风洞

等离子割炬
Y 等离子体发生器

等离子火箭发动机
Y 等离子体发动机

等离子火炬
Y 等离子体发生器

等离子技术*
plasma process
O4
D 等离子法
等离子体法
F ICRF 加热
等离子体激励
等离子体推进
等离子体隐身技术
C 等离子弧 →(3)
等离子体反应器
等离子体约束
激光镀覆 →(3)
离子束抛光 →(4)

等离子炬
Y 等离子体发生器

等离子体发动机
plasma engine
V439
D 磁箍束等离子发动机
等离子发动机
等离子火箭发动机
等离子体火箭发动机
电磁发动机
S 电火箭发动机
C 射频离子发动机
Z 发动机

等离子体发生器
plasma generator
O6；TL；TM93
D 等离子发电器
等离子发生器
等离子割炬
等离子火炬
等离子炬
等离子装置
S 发生器*

等离子体法
Y 等离子技术

等离子体反应器
plasma reactor
TL63
S 反应装置*
C 等离子技术
等离子喷涂 →(3)(9)

等离子体风洞
plasma wind tunnel
V211.74
D 等离子风洞
S 高超音速风洞
Z 风洞

等离子体火箭发动机
Y 等离子体发动机

等离子体激励
plasma excitation
V211
S 等离子技术*
激励*
F 等离子体气动激励

等离子体加速器
Y 集团加速器

等离子体控制
plasma control
O4；TL6
S 流体控制*

等离子体离心机
plasma centrifuge
TL
D 真空电弧离心机
S 离心机
C 同位素分离
Z 分离设备

等离子体气动激励
plasma pneumatic excitation
V211
S 等离子体激励
气动激励
Z 等离子技术
激励

等离子体推进
plasma propulsion
V43
D 等离子推进
S 等离子技术*
推进*
C 电磁推进
离子推进

等离子体推进器
plasma thruster
V43
S 推进器*
F 稳态等离子体推进器

等离子体武器
Y 等离子武器

等离子体隐身技术
plasma stealth technology
V218
D 等离子隐身技术
S 等离子技术*
隐身技术*
F 电磁隐身

等离子体羽流
plasma plume
V211
S 羽流
Z 流体流

等离子体约束
plasma confinement
O4；TL6
S 约束*
C 等离子技术
等离子体产生 →(7)
等离子体处理 →(4)(7)

等离子体装置
plasma devices
TL63；TL65
D 太阳器
S 开式等离子体装置
C 等离子体开关 →(5)
Z 热核装置

等离子推进
Y 等离子体推进

等离子武器
plasma weapon
TJ864
D 等离子体武器
S 定向能武器
Z 武器

等离子隐身技术
Y 等离子体隐身技术

等离子装置
Y 等离子体发生器

等力线
isodyne
V23
Y 摄影

等平均半径
Y 半径

等倾摄影
Y 摄影

等容燃烧
Y 定容燃烧

等熵喷管效率
Y 喷管效率

等速飞行
Y 飞行

等速射
Y 火炮射击

等速下降
Y 下降飞行

等速圆周飞行
Y 飞行

等温型压缩机
Y 压缩机

等效电学模型
equivalent electrical analogue
V21
S 模型*

等效飞行品质
Y 飞行品质

等效攻角
equivalent attack angles
V211
S 攻角
Z 角

等效介质模型
equivalent medium model
V21
S 模型*

等效力学模型
equivalent mechanical model
V21
S 力学模型*
模型*

等效损伤
equivalent damage
TB3；V215
S 损伤*

等斜倾线机翼
Y 机翼

等压爆燃
Y 爆燃

等压推力室
Y 推力室

低倍放大摄影
Y 显微摄影

低层反导
Y 低空反导

低超声速风洞
Y 风洞

低超音速风洞
Y 风洞

低纯废液
Y 废液

低当量核爆炸
low-yield nuclear explosion
TJ91
S 核爆炸
Z 爆炸

低当量核武器
low equivalent nuclear weapons
TJ91
S 特殊性能核武器
Z 武器

低地轨道
Y 近地轨道

低地球轨道
Y 近地轨道

低地球轨道环境
low earth orbit environment
V419
S 地球轨道环境
Z 航空航天环境

低地球轨道卫星
Y 低轨道卫星

低放废水
low-level radioactive wastewater
TL94；X5
D 低放射性废水
低水平放射性废水
S 放射性废水
Z 废水

低放废物
low-level radioactive waste
TL94；X7
D 低放固体废物
低放射性废物
低中放废物
极低放废物
S 废弃物*
C 高放废物
中放废物

低放固体废物
Y 低放废物

低放射性
low radioactivity
TL7
S 放射性
Z 物理性能

低放射性废水
Y 低放废水

低放射性废物
Y 低放废物

低附带毁伤
small incident damage
TJ0
S 毁伤

Z 弹药作用

低铬合金
low chromium alloy
V23
S 合金*

低功率点
Y 功率点

低功率堆
low-power reactor
TL4
D LOPRA 堆
低功率堆装置
S 实验堆
Z 反应堆

低功率堆装置
Y 低功率堆

低轨
Y 近地轨道

低轨道
Y 近地轨道

低轨道卫星
close-orbit satellite
V474
D 低地球轨道卫星
小型低轨道卫星
S 近地卫星
F 天基红外低轨卫星
Z 航天器
卫星

低轨道卫星星座
Y 低轨卫星星座

低轨通信卫星
Y 通信卫星

低轨卫星系统
LEO satellite systems
V57
S 卫星系统
Z 航天系统

低轨卫星星座
leo satellite constellations
V474
D 低轨道卫星星座
S 卫星星座
Z 星座

低后坐力武器
low recoil force weapons
E；TJ0
S 射击武器
Z 武器

低活性
low-activity
TL61；TQ42
S 活性*

低级滑翔伞
Y 滑翔伞

低剂量辐照
low dose irradiation
TL7
S 辐照*
C 辐射剂量
慢性照射

低架干扰
Y 支架干扰

低可观测飞行器
low observable spacecrafts
V27
S 飞行器*

低可观测性
low observability
TB4；TJ7
S 测试性*

低可探测技术
low detection technology
TN97；V218
S 隐身技术*

低可探测性
Y 隐身性能

低空靶机
Y 靶机

低空反导
low altitude anti-missile
E；TJ76
D 低层反导
S 反导弹防御
C 快速弹道识别
Z 防御

低空防空导弹
low altitude antiaircraft missile
TJ76
D 防低空导弹
S 防空导弹
C 低空防空武器
低空防御武器
Z 武器

低空防空武器
low altitude anti-aircraft weapons
E；TJ0
D 低空高射武器
S 武器*
C 便携式防空导弹
低空防空导弹
高炮

低空防御武器
low altitude defense weapons
E；TJ0
S 防御武器
C 低空防空导弹
Z 武器

低空防撞
Y 飞行防撞

低空飞机
low altitude aircraft
V271
S 飞机*
F 超低空飞机
C 低空飞行
强击机
侦察机

低空飞行
low altitude flight
V323
S 航空飞行
F 超低空飞行
C 低空飞机
低空高速飞行试验
Z 飞行

低空飞行器
low- flight air vehicle
V27
S 飞行器*

低空风切变
low-level wind shear
P4；V321.2
S 风切变
Z 应变

低空高射武器
Y 低空防空武器

低空高速飞行试验
low altitude high speed flight test
V217
D 低空高速试飞
S 性能飞行试验
C 低空飞行
Z 飞行器试验

低空高速试飞
Y 低空高速飞行试验

低空核爆炸试验
Y 大气层核试验

低空核试验
Y 大气层核试验

低空空域
lower airspace
V32
S 空域*

低空探测
low-altitude detection
TN95；V249.3
S 航空探测
Z 探测

低空突防
low altitude penetration
E；TJ76
D 低空突防技术
S 突防
Z 防御

低空突防技术
Y 低空突防

低雷诺数
low Reynolds number
V211
S 雷诺数
Z 无量纲数

低雷诺数风洞
Y 低密度风洞

低流量喷嘴
Y 流量喷嘴

低密度风洞
low density wind tunnel
V211.74
D 低雷诺数风洞
分子束风洞
离子束风洞
稀薄气流风洞
稀薄气体风洞
自由分子流风洞
自由离子流风洞
S 高超音速风洞
Z 风洞

低密度气体
Y 稀薄气体

低密度烧蚀材料
Y 烧蚀材料

低能γ辐射
Y γ辐射

低能γ射线
low energy γ ray
TL32
S γ射线
C γ辐射
Z 射线

低能边界层
Y 边界层

低能激光武器
low energy laser weapons
TJ864
S 激光武器
F 激光致僵武器
激光致盲武器
Z 武器

低能激光致盲干扰武器
Y 激光致盲武器

低能加速器
low-energy accelerator
TL5
S 粒子加速器*

低排放物燃烧室
Y 低污染燃烧室

低频不稳定燃烧
low frequency instable combustion
V231.1
S 燃烧*

低频穿越电离层通信卫星
Y 通信卫星

低频疲劳
Y 低周疲劳

低频线振动台
Y 振动台

低频响应
bass response
V23
S 响应*

低频自导
low frequency homing
TJ63
S 鱼雷自导
Z 制导

低燃烧速度推进剂
Y 低燃速推进剂

低燃速推进剂
low burning rate propellant
V51
D 低燃烧速度推进剂
缓燃推进剂
S 固体推进剂
Z 推进剂

低散热发动机
Y 发动机

低伸弹道
Y 平直弹道

低水平放射性废水
Y 低放废水

低水平计数器
Y 计数器

低速安定性
Y 低速稳定性

低速闭口风洞
Y 低速风洞

低速飞行
slow-speed flying
V323
S 航空飞行
Z 飞行

低速风洞
low speed wind tunnel
V211.74
D 八角截面风洞
八角形风洞
闭口风洞
闭口式风洞
闭路式风洞
闭式段风洞
低速闭口风洞
矩形截面风洞
开口式风洞
椭圆形风洞
椭圆形截面风洞
圆角多边形风洞
圆截面风洞
S 风洞*
F 冰风洞
垂直短距起落风洞
低速增压风洞
低湍流度风洞
立式风洞
气象风洞
全尺寸风洞
烟风洞
阵风风洞
C 回流式风洞
下吹式风洞

低速风洞试验
low-speed tunnel test
V211.74
S 风洞试验
Z 气动力试验

低速空气动力特性
Y 低速气动特性

低速空气动力学
Low speed aerodynamics
V211
S 空气动力学
Z 动力学
科学

低速平衡
Y 平衡

低速气动特性
low speed aerodynamic characteristic
V211
D 低速空气动力特性
低速特性
S 空气动力特性
物理性能*
C 操纵面嗡鸣
Z 流体力学性能

低速失速
Y 失速

低速特性
Y 低速气动特性

低速稳定性
low speed stability
TK4；V23
D 低速安定性
飞行器低速安定性
飞行器低速稳定性
S 速度稳定性
Z 稳定性
物理性能

低速旋翼
Y 旋翼

低速压气机
low speed air compressors
TH4；V232
S 压缩机*

低速增压风洞
low speed supercharging wind tunnels
V211.74
S 低速风洞
Z 风洞

低速转台
Y 转台

低特征信号推进剂
low characteristic signal propellant
V51
S 推进剂*

低湍流度风洞
low turbulence wind tunnel
V211.74
D 低紊流度风洞
S 低速风洞
Z 风洞

低温靶
cryogenic target
TL5
D 低温冷冻靶
S 靶*

低温超导体
low temperature superconductor
TM2；V23
S 超导体*
C 低温超导磁体 →(5)

低温超导陀螺
Y 超导陀螺仪

低温低热堆
Y 低温供热堆

低温堆
Y 低温供热堆

低温发动机
Y 低温推进剂火箭发动机

低温风洞
cryogenic wind tunnel
V211.74
D 冷冻风洞
冷风洞
S 高雷诺数风洞
Z 风洞

低温供热堆
low temperature nuclear heating reactor
TL3；TL4
D 低温低热堆
低温堆
低温核反应堆
低温核供热堆
S 供热堆
Z 反应堆

低温航天器
cryogenic spacecraft
V47
S 航天器*

低温核反应堆
Y 低温供热堆

低温核供热堆
Y 低温供热堆

低温加注
cryogenic propellant loading
V55
S 加注*

低温加注系统
Y 加注系统

低温冷冻靶
Y 低温靶

低温烧蚀材料
Y 烧蚀材料

低温试验
low temperature test
U4；V216
D 低温性能试验
抗寒试验
耐低温试验
S 环境试验*
C 低温测量 →(1)(4)
耐寒试验

低温推进剂
cryogenic propellant
V51
D 冷冻推进剂
S 液体推进剂
C 液体火箭发动机
Z 推进剂

低温推进剂火箭发动机
cryogenic propellant rocket engine
V434
D 低温发动机
低温液体火箭发动机
S 液体火箭发动机
F 氢氧发动机
烃氧发动机
Z 发动机

低温推进剂贮箱
cryogenic propellant tank
V432
S 推进剂贮箱
Z 贮箱

低温陀螺
Y 超导陀螺仪

低温陀螺仪
Y 超导陀螺仪

低温性能试验
Y 低温试验

低温液体火箭发动机
Y 低温推进剂火箭发动机

低紊流度风洞
Y 低湍流度风洞

低污染燃烧
low pollution combustion
TK1；V231.1
D 低污染燃烧技术
S 燃烧*

低污染燃烧技术
Y 低污染燃烧

低污染燃烧室
low emission combustor
V232
D 低排放物燃烧室
S 燃烧室*

低消耗弹药
low comsumption ammunitions
TJ41
S 弹药*

低循环
low-cycle
V231
S 循环*

低循环疲劳
Y 低周疲劳

低压舱
Y 真空舱

低压缸
low pressure cylinder
TH13；V232
D 低压气缸
低压汽缸
S 压气缸
F 低压内缸
低压外缸
Z 发动机零部件

低压力指数推进剂
Y 固体推进剂

低压煤气烧嘴
Y 气体喷嘴

低压母线安装式电器设备
Y 电气设备

低压内缸
low pressure inner casing
TH13；V232
S 低压缸
Z 发动机零部件

低压气缸
Y 低压缸

低压汽缸
Y 低压缸

低压燃气烧嘴
Y 气体喷嘴

低压燃烧
low pressure combustion
V231.1
S 燃烧*

低压燃油系统
Y 飞机燃油系统

低压透平
Y 低压涡轮

低压外缸
low pressure outer cylinder
TH13；V232
S 低压缸
Z 发动机零部件

低压涡轮
low pressure turbine
V232.93
D 低压透平
S 涡轮*
C 低压泵 →(4)

低压压气机
low pressure compressor
TH4；V232

S 压缩机*

低压压缩机
Y 压缩机

低氧条件
low oxygen condition
TL94
S 条件*

低易损性
low vulnerability
E；TJ01
S 战术技术性能*

低易损性推进剂
Y 固体推进剂

低噪声飞机
quiet aircraft
V271
D 低噪音飞机
S 飞机*
C 发动机噪声 →(5)
飞机噪声

低噪音飞机
Y 低噪声飞机

低中放废物
Y 低放废物

低重力
Y 微重力

低重力环境下制造
Y 空间制造

低重力生产
Y 空间制造

低周疲劳
low cycle fatigue
O3；TG1；V215
D 低频疲劳
低循环疲劳
条件疲劳极限
S 疲劳*
C 应变幅 →(1)

低自由度协同优化
low degree-of-freedom collaborative optimization
V32
S 优化*

低阻爆破炸弹
Y 爆破炸弹

低阻发烟炸弹
Y 发烟炸弹

低阻航空燃烧炸弹
Y 燃烧炸弹

低阻力爆破炸弹
Y 爆破炸弹

低阻力燃烧炸弹
Y 燃烧炸弹

低阻力翼型
Y 层流翼型

低阻力炸弹引信
Y 炸弹引信

低阻燃烧炸弹
Y 燃烧炸弹

低阻杀伤爆破炸弹
Y 爆破炸弹

低阻炸弹引信
Y 炸弹引信

低阻子母炸弹
Y 子母弹

滴油
oil dripping
TJ811；U4
Y 柴油机

狄塞尔内燃机
Y 柴油机

狄氏剂
dieldrin
P7；TL；TQ45
S 杀生剂*
C 艾氏剂 →(9)
异狄氏剂 →(9)

笛卡尔网格
Y 直角网格

底凹弹
hollow base projectile
TJ412
S 增程弹
Z 炮弹

底部流
Y 底流

底部流动
Y 底流

底部排气
bottom exhaust
TJ412
D 弹底排气
底排燃气
S 排气*
C 底部排气弹

底部排气弹
base bleed projectile
TJ412
D 底排弹
S 炮弹*
C 底部排气
底排装药 →(9)

底部排气装置
base bleed unit
TJ412
D 底喷装置
S 炮弹部件
C 底排装药 →(9)
Z 弹药零部件

底部喷流
base jet
V211
S 射流*

底部烧蚀
base ablation
V211；V231；V430
S 烧蚀*
C 火箭发动机
火箭排气
烧蚀深度

底部压力
base pressure
[TJ763]；V43
D 底部压强
底压
S 压力*
C 底部阻力

底部压强
Y 底部压力

底部阻力
base drag
TJ01；V211
D 底阻
S 气动阻力
C 底部压力
Z 阻力

底鼓机理
Y 变形

底火
pirmers
TJ451
S 点火火工品
F 电底火
炮弹底火
枪弹底火
撞击底火
Z 火工品

底火感度试验
primer sensitivity test
TJ451
S 感度试验
Z 武器试验

底火火帽
Y 火帽

底框
Y 门窗

底流
base flow
V211
D 底部流
底部流动
S 流体流*
C 尾流

底排弹
Y 底部排气弹

底排燃气
Y 底部排气

底排装置
base bleed equipments

TJ412
S 装置*

底喷装置
Y 底部排气装置

底压
Y 底部压力

底缘不凸出式弹壳
Y 枪弹弹壳

底缘弹壳
Y 枪弹弹壳

底缘底火
Y 枪弹底火

底缘凸出式弹壳
Y 枪弹弹壳

底阻
Y 底部阻力

地标导航
landmark navigation
V249.3；V448
D 地标领航
陆标导航
S 导航*

地标领航
Y 地标导航

地表处置
Y 浅地层处置

地表控制站
Y 地面控制站

地表下爆炸
Y 地下爆炸

地表效应
Y 地面效应

地表效应飞机
Y 地效飞行器

地表效应试飞
Y 地面效应飞行试验

地层处置
Y 地质处置

地磁导航
earth-magnetism navigation
V249.3；V448
S 导航*

地磁辅助导航
geomagnetic aided navigation
V249.3；V448
S 导航*

地磁匹配
Y 地磁匹配制导

地磁匹配制导
geomagnetic matching guidance
TJ765；V448
D 地磁匹配
S 相关制导
Z 制导

地磁制导
magnetic guidance
TJ765；V448
D 磁性制导
磁制导
S 制导*

地地常规导弹
surface to surface conventional missile
TJ762.1
S 常规导弹
地地导弹
Z 武器

地地弹道导弹
ballistic surface-to-surface missile
TJ761.3；TJ762.1
D 地对地弹道导弹
S 地地导弹
陆基弹道导弹
Z 武器

地地导弹
surface to surface missile
TJ762.1
D 地对地导弹
地一地导弹
面对面导弹
S 导弹
F 地地常规导弹
地地弹道导弹
Z 武器

地地导弹武器系统
surface-to-surface missile weapon systems
E；TJ0
S 导弹武器系统
Z 武器系统

地地导弹引信
Y 导弹引信

地地火箭
Y 地地火箭弹

地地火箭弹
ground-to-ground rocket projectile
TJ415
D 地地火箭
面对面火箭
S 地面武器
火箭弹
Z 武器

地地战术导弹
ground-to-ground tactical missiles
TJ761.1；TJ762.1
D 地对地战术导弹
S 战术导弹
Z 武器

地地战役战术导弹
surface-to-surface operational and tactical missiles
TJ761.1；TJ762.1
S 战术导弹
Z 武器

地对地弹道导弹
Y 地地弹道导弹

地对地导弹
Y 地地导弹

地对地战术导弹
Y 地地战术导弹

地对舰导弹
Y 反舰导弹

地对空导弹
Y 防空导弹

地对空导弹武器系统
Y 防空导弹系统

地对空导弹系统
Y 防空导弹系统

地对空反辐射导弹
Y 对空反辐射导弹

地对空火箭
Y 防空导弹

地对空监视
ground to air surveillance
V556
D 地面对航天监视
地面对空间监视
S 空间监视
C 航天器跟踪
Z 监视

地基观测
ground-based observation
P4；V419
S 观测*

地基激光武器
ground-based laser weapons
TJ864
S 激光武器
Z 武器

地基拦截弹
ground-based intercept missiles
TJ76
D 地基拦截器
S 导弹拦截器
Z 武器

地基拦截器
Y 地基拦截弹

地基中段防御系统
ground-based midcourse defense systems
TJ76
S 防御系统*

地舰导弹
Y 反舰导弹

地浸
in-situ leaching
TL2
D 地浸采矿
地浸采矿工艺
地浸法
地浸法开采

地浸工艺
地浸过程
地浸开采
地下溶浸采矿
地下溶浸工艺
就地浸出
原地浸出
S 溶浸
F 地浸采铀
碱法地浸
酸法地浸
原地浸出采铀
C 铀 →(3)
Z 采矿

地浸采矿
Y 地浸

地浸采矿工艺
Y 地浸

地浸采铀
in-situ leaching uranium mining
TD8；TL2
S 采矿*
地浸

地浸法
Y 地浸

地浸法开采
Y 地浸

地浸工艺
Y 地浸

地浸过程
Y 地浸

地浸开采
Y 地浸

地空导弹
Y 防空导弹

地空导弹构型
Y 导弹构型

地空导弹武器
Y 防空导弹

地空导弹武器系统
surface to air missile weapon system
TJ0；TJ76
S 导弹武器系统
Z 武器系统

地空导弹武器装备
Y 防空导弹

地空导弹系统
Y 防空导弹系统

地空导弹引信
Y 导弹引信

地空导弹装备
Y 防空导弹

地空火箭
Y 防空导弹

地雷*
land mine
TJ512
D 地雷技术
F 触发地雷
反坦克地雷
反直升机地雷
防步兵地雷
防空雷
非触发地雷
非金属地雷
教练地雷
金属地雷
抗登陆地雷
可撒布地雷
全备地雷
特种地雷
无壳地雷
制式地雷
智能地雷
C 布雷（地雷）
地雷探测
扫雷
武器

地雷部件
land mine component
TJ512
D 地雷机构
S 弹药零部件*
F 诡计机构

地雷场
minefield
TJ512
D 常规雷场
雷场
S 场所*
F 防坦克地雷场
智能雷场
C 布雷（地雷）

地雷对抗
Y 反水雷

地雷防护
land mine protection
TJ512
S 武器防护
Z 防护

地雷机构
Y 地雷部件

地雷技术
Y 地雷

地雷检测
land mine checkout
TJ512
S 爆炸物检测
Z 检测

地雷群*
mine cluster
TJ512
D 雷群
F 反直升机雷群
C 布雷（地雷）

地雷扫雷器
mineclearing devices
TJ518
D 扫雷器(地雷)
S 扫雷器
F 爆破扫雷器
非接触扫雷器
Z 军事装备

地雷探测
landmine detection
TJ512
S 探雷*
C 布雷（地雷）
地雷

地雷探测器
land mine detector
TJ517
S 探雷器*
F 车载式探雷器
磁性探雷器
单兵探雷器
非金属探雷器
中子探雷器

地雷引信
land mine fuze
TJ431
D 反坦克地雷引信
防步兵地雷引信
复合地雷引信
雷引信
耐爆地雷引信
S 武器引信
Z 引信

地理位置指示器
geographical position indicator
V241.4
S 航向指示器
Z 指示器

地面安全控制
Y 地面控制

地面保险控制机构
Y 地面控制

地面保障
Y 地勤保障

地面保障设备
ground handling equipment
TJ768；V551
D 地面保障系统
地面支持设备
地面支持装置
地面支援设备
地面支援系统
S 航空航天地面设备
设备*
F 加注设备
卫星地面保障设备
C 跟踪网
空中交通管制
Z 地面设备

地面保障系统

Y 地面保障设备

地面爆炸
land surface burst
TL91
S 爆炸*

地面测发控系统
Y 测试发射控制系统

地面测控
ground measurement and control
V556
S 测控*

地面测控设备
Y 地面测试设备

地面测控系统
ground test and control system
TJ765；V556
S 地面系统*

地面测控站
ground station of measurement and control
TJ768；V551
D 地面测量站
S 测控站
地面站
Z 台站

地面测量站
Y 地面测控站

地面测试
ground testing
V21
S 测试*
F 卫星地面测试

地面测试车
Y 导弹测试车

地面测试设备
ground test equipment
TJ768.3；V55
D 地面测控设备
地面试验设备
S 测试装置*
航空航天地面设备
F 导弹测试设备
时统设备
外场测试设备
Z 地面设备

地面测试系统
ground instrumentation system
V216；V551
S 试验系统*

地面弹射试验
Y 弹射试验

地面导航
Y 陆地导航

地面导航系统
land navigation system
TN96；V249.3
D 陆地导航系统
S 导航系统*
地面系统*
C 惯性导航

地面导航站
aeronautical ground station
V551
S 地面站
Z 台站

地面导引着陆系统
Y 着陆导航系统

地面灯光设备
Y 地面设备

地面点火试验
ground firing test
V216.2
D 地面试车
S 点火试验
Z 发动机试验

地面调温系统
Y 地面系统

地面对航天监视
Y 地对空监视

地面对空间监视
Y 地对空监视

地面发射
Y 面发射

地面发射设备
ground launch equipments
TJ768；V55
D 地面发射装置
S 航空航天地面设备
F 发射台
Z 地面设备

地面发射装置
Y 地面发射设备

地面仿真试验
Y 地面模拟试验

地面仿真系统
Y 地面系统

地面飞行模拟机
Y 飞行模拟器

地面飞行模拟器
Y 飞行模拟器

地面辐射源
ground emitter signals
TL929
S 辐射源*

地面辅助设备
ground auxiliary equipment
V55
S 地面设备*
辅助设备*

地面跟踪站
ground tracking station
V551
S 地面站
Z 台站

地面供气设备
Y 供气装置

地面管制
Y 地面控制

地面滑行
ground taxi
V32
S 滑行
Z 运动

地面滑行控制
Y 滑行控制

地面火炮
Y 野战炮

地面加油
ground refueling
V352
S 飞机加油
F 地面压力加油
Z 加油

地面监测
ground monitoring
V55
S 监测*

地面监视
ground surveillance
V55
S 监视*

地面检测
ground acquisition
V55
S 检测*

地面检测设备
ground detection and test instrument
TJ768
D 地面检查测试设备
S 检测设备*
C 外场检测

地面检查测试设备
Y 地面检测设备

地面接收站
ground receiving station
V551
D 卫星地面接收站
S 地面站
C 地面接收设备 →(7)
Z 台站

地面径迹
ground tracks
V474
S 轨迹*
F 星下点轨迹

地面可储存推进剂
Y 可储存火箭推进剂

地面空调车(机场)
Y 空调车

地面控制
ground control
V249；V355
D 地面安全控制
地面保险控制机构
地面管制
S 控制*
C 航天器控制
井下工具 →(2)
卫星导航系统
着陆控制

地面控制进场系统
approach and landing system
V249
D 地面控制进场着陆系统
地面指挥进场系统
进场着陆系统
进近着陆
进近着陆系统
着陆进近
S 地面控制系统
飞行控制系统
Z 地面系统
飞行系统
控制系统

地面控制进场着陆系统
Y 地面控制进场系统

地面控制进近系统
Y 着陆导航系统

地面控制系统
ground-control system
V216；V551
S 地面系统*
控制系统*
F 地面控制进场系统

地面控制站
ground control station
V551
D 地表控制站
地上控制站
S 地面站
C 全球定位系统 →(7)
Z 台站

地面瞄准设备
Y 导弹瞄准设备

地面瞄准系统
Y 地面系统

地面模拟
Y 地面模拟试验

地面模拟设备
ground simulation equipments
V55
S 模拟器*

地面模拟试验
ground simulation test
V216
D 地面仿真试验
地面模拟
S 地面试验
模拟试验*
Z 试验

地面模拟系统
Y 地面系统

地面炮
Y 野战炮

地面炮兵火箭弹
Y 炮兵火箭弹

地面热平衡实验
ground thermal equilibrium experiment
V416
S 地面试验
Z 试验

地面设备*
ground equipment
V351.3；V55
D 地面灯光设备
地面装置
F 地面辅助设备
航空航天地面设备
C 地面系统
发射基地

地面设施
surface installation
TE3；V351.3；V55
S 设施*

地面实验
Y 地面试验

地面实验系统
ground experimental system
V216；V551
S 地面系统*
试验系统*

地面试车
Y 地面点火试验

地面试车台
ground test stand
V216
S 发动机试车台
C 空中试车台
台架试验
Z 试验台

地面试验
ground test
V216；V416
D 地面实验
地面通过性试验
地面验证
静态地面试验
S 试验*
F 地面模拟试验
地面热平衡实验
地面振动试验

地面试验技术
ground test technologies
V216
S 试验技术*

地面试验设备
Y 地面测试设备

地面数据处理系统
Y 地面系统

地面数据系统
ground data systems
V216；V551
S 地面系统*
数据系统*

地面台架试车
Y 台架试车

地面台站
Y 地面站

地面通过性试验
Y 地面试验

地面通信卫星
Y 通信卫星

地面温度调节系统
Y 地面系统

地面武器
surface weapon
E；TJ0
S 武器*
F 地地火箭弹
野战炮

地面系统*
ground-based system
V216；V551
D 地面调温系统
地面仿真系统
地面瞄准系统
地面模拟系统
地面数据处理系统
地面温度调节系统
地面指挥进近系统
F 地面测控系统
地面导航系统
地面控制系统
地面实验系统
地面数据系统
地面应用系统
地面站系统
航天器地面系统
C 地面设备

地面效应
ground effect
V211
D 地表效应
S 气动效应*
C 地面效应飞行试验
喷流干扰
下洗流
直升机

地面效应飞行器
Y 地效飞行器

地面效应飞行试验
ground effect flight test
V217
D 地表效应试飞
地面效应试飞
S 气动力飞行试验

C 地面效应
Z 飞行器试验

地面效应器
Y 地效飞行器

地面效应试飞
Y 地面效应飞行试验

地面压力加油
ground pressure refueling
V352
S 地面加油
压力加油
Z 加油

地面压力加油系统
ground pressure refueling system
V216；V551
S 地面站系统
压力加油系统
Z 地面系统
流体系统

地面验证
Y 地面试验

地面应用分系统
ground application subsystem
V216；V551
S 地面应用系统
Z 地面系统

地面应用系统
ground application system
V216；V551
S 地面系统*
F 地面应用分系统

地面载荷
ground loads
V215
D 滑行载荷
停机载荷
S 载荷*

地面站
earth station
V551
D 地面台站
地球站
陆地地球站
陆地站
S 台站*
F 车载地面站
地面测控站
地面导航站
地面跟踪站
地面接收站
地面控制站
地面终端站
广播电视卫星地球站
小口径天线地球站
遥测地面站
移动式卫星地面站
战术卫星基地站
C 地球站设备 →(7)
站用电源 →(7)

地面站系统
ground station system
V216；V551
S 地面系统*
F 地面压力加油系统

地面振动试验
ground vibration test
V216
S 地面试验
振动试验
Z 力学试验
试验

地面支持设备
Y 地面保障设备

地面支持装置
Y 地面保障设备

地面支援设备
Y 地面保障设备

地面支援系统
Y 地面保障设备

地面指挥进场系统
Y 地面控制进场系统

地面指挥进近系统
Y 地面系统

地面指挥引进系统
Y 着陆导航系统

地面终端
Y 地面终端站

地面终端站
land terminal
V551
D 地面终端
陆上终端
S 地面站
Z 台站

地面装置
Y 地面设备

地炮
Y 野战炮

地平穿越式地球敏感器
Y 地平仪

地平仪
horizon
V241
D 摆动扫描地球敏感器
地平穿越式地球敏感器
地球传感器
地球敏感器
地球水平线传感器
反照地球敏感器
飞轮扫描地球敏感器
光学姿态敏感器
静态地球敏感器
扫描地球敏感器
圆锥扫描地球敏感器
自旋扫描地球敏感器
S 姿态指示器
F 红外地平仪
Z 指示器

地平仪试验台
Y 试验台

地勤保障
ground service support
V551
D 地面保障
S 飞行保障
Z 保障

地勤车辆
Y 机场特种车辆

地球成像卫星
earth-imaging satellite
V474
D 对地成像卫星
S 成像卫星
Z 航天器
卫星

地球传感器
Y 地平仪

地球辐射带
earth radiation belt
P4；V419
S 辐射带
Z 环境

地球观测
Y 对地观测

地球观测平台
Y 地球物理观测台

地球观测卫星
Y 对地观测卫星

地球观测系统
Y 对地观测系统

地球观察
Y 对地观测

地球观察卫星
Y 对地观测卫星

地球轨道环境
earth orbital environment
V419
D 同步地球轨道环境
S 地外环境
F 低地球轨道环境
C 近地轨道
空间辐射
Z 航空航天环境

地球环境监测卫星
Y 地球环境卫星

地球环境卫星
geostationary operational environmental satellite
V474
D 地球环境监测卫星
地球静止业务环境卫星
地球同步环境卫星
高层大气研究卫星

S 观测卫星
Z 航天器
卫星

地球火星飞行轨道
Y 地球-火星轨道

地球-火星轨道
Earth-Mars orbits
V529
D 地球火星飞行轨道
S 航天器轨道
C 轨道力学
行星际轨道
转移轨道
Z 飞行轨道

地球金星飞行轨道
Y 地球-金星飞行轨道

地球-金星飞行轨道
Earth-Venus flight orbit
V529
D 地球金星飞行轨道
S 航天器轨道
C 行星际轨道
转移轨道
Z 飞行轨道

地球静止轨道
Y 地球同步轨道

地球静止轨道气象卫星
Y 静止轨道气象卫星

地球静止轨道卫星
Y 地球同步卫星

地球静止气象卫星
Y 静止轨道气象卫星

地球静止卫星
Y 地球同步卫星

地球静止卫星轨道
Y 地球同步轨道

地球静止卫星运载火箭
geostationary satellite carrier rockets
V475.1
S 卫星运载火箭
Z 火箭

地球静止业务环境卫星
Y 地球环境卫星

地球空间
geospace
P3；V419
S 太空
F 近地空间
Z 空间

地球空间双星探测计划
earth's space exploration program binary data
V52
S 双星计划
Z 航天计划
探测计划

地球敏感器
Y 地平仪

地球水平线传感器
Y 地平仪

地球水星飞行轨道
Y 地球-水星飞行轨道

地球-水星飞行轨道
Earth-Mercury flight orbits
V529
D 地球水星飞行轨道
S 航天器轨道
C 轨道力学
转移轨道
Z 飞行轨道

地球探测计划
Y 探测计划

地球探测卫星
Y 对地观测卫星

地球同步轨道
geosynchronous orbit
V529
D 24 小时轨道
赤道轨道
地球静止轨道
地球静止卫星轨道
对地静止轨道
二十四小时轨道
同步卫星轨道
S 卫星轨道
C 轨道力学
静止轨道
同步卫星
Z 飞行轨道

地球同步轨道气象卫星
Y 静止轨道气象卫星

地球同步轨道卫星
Y 地球同步卫星

地球同步环境卫星
Y 地球环境卫星

地球同步气象卫星
Y 静止轨道气象卫星

地球同步通信卫星
Y 同步通信卫星

地球同步卫星
geosynchronous satellite
V474
D GEO 卫星
地球静止轨道卫星
地球静止卫星
地球同步轨道卫星
对地静止卫星
S 同步卫星
Z 航天器
卫星

地球卫星
Y 人造卫星

地球物理观测台
geophysical observatory
V476
D 地球观测平台
S 观测台
Z 台站

地球物理卫星
geophysical satellite
V474
D 轨道地球物理观察站
极轨道地球物理观察站
S 科学卫星
C 对地观测
Z 航天器
卫星

地球物理武器
geophysical weapon
TJ9
D 地震武器
S 新概念武器
F 环境武器
气象武器
Z 武器

地球遥感卫星
Y 遥感卫星

地球月球飞行轨道
Earth-Moon trajectories
V529
S 环月轨道
C 返回轨道
交会轨道
行星际轨道
Z 飞行轨道

地球站
Y 地面站

地球资历源卫星
Y 资源卫星

地球资源观测
Y 对地观测

地球资源观测卫星
earth resource observation satellite
V474
S 观测卫星
遥感卫星
F 地质勘探卫星
C 资源探测
Z 航天器
卫星

地球资源勘测卫星
Y 地质勘探卫星

地球资源卫星
Y 资源卫星

地球资源卫星地面系统
Y 卫星地面系统

地球资源遥感卫星
Y 遥感卫星

地区规划
Y 区域规划

地上控制站

Y 地面控制站

地速
ground speed
V32
D 对地速度
毫地速
S 航行诸元*
C 空速

地速指示器
ground speed indicator
V241.4
S 飞行速度指示器
C 偏航表
Z 指示器

地图导航
map navigation
TN8；V249.3
S 导航*
C 地图服务器 →(8)
地图控件 →(8)
地图漫游 →(7)

地图匹配制导
map matching guidance
TJ765
D 地图重合制导
S 地形跟踪制导
相关制导
C 地形跟踪
Z 制导

地图重合制导
Y 地图匹配制导

地外辐射
Y 空间辐射

地外环境
extraterrestrial environment
V419；X2
D 近地环境
S 航天环境
F 地球轨道环境
行星环境
月球环境
C 空间
空间探测
太空
物理环境 →(13)
Z 航空航天环境

地外生命*
extraterrestrial life
V419
D 地外文明
地外智慧生命
地外智慧生物
外星文明
智慧生物
F 火星生命
C 地外通信
空间生物学
生命探测器
生物卫星

地外生命探索
extraterrestrial life exploration
V419
D 地外文明探索
航天地外生命探索
S 空间探测
Z 探测

地外生物学
Y 空间生物学

地外通信
extraterrestrial communication
V419
S 通信*
C 地外生命

地外文明
Y 地外生命

地外文明探索
Y 地外生命探索

地外智慧生命
Y 地外生命

地外智慧生物
Y 地外生命

地外资源
Y 太空资源

地下爆炸
underground explosion
O3；TJ91
D 地表下爆炸
S 爆炸*
F 地下核爆炸

地下储存
underground storage
TE8；TL94
D 地下贮存
S 存储*
C 废物储存 →(13)

地下处理
Y 地质处置

地下处置
Y 地质处置

地下发射
Y 地下井发射

地下发射井
Y 导弹发射井

地下发射阵地
underground launching position
TJ768
D 地下井式发射阵地
S 导弹发射阵地
C 导弹发射井
地下井发射
Z 阵地

地下核爆炸
underground nuclear explosion
O3；TL91
D 封闭式爆炸
封闭式地下核爆炸
封闭式核爆炸
密封爆炸
浅层地下核爆炸
浅层核爆炸
S 地下爆炸
核爆炸
C 地下核试验
Z 爆炸

地下核爆炸效应
underground nuclear explosion effects
TJ91；TL91
D 爆炸地震效应
S 核爆炸效应
C 地下核试验
Z 爆炸效应

地下核试验
underground nuclear test
TJ91；TL91
D 流体核试验
平洞核试验
竖井核试验
S 核试验
C 爆室
地下核爆炸
地下核爆炸效应
Z 武器试验

地下核试验场
Y 核试验场

地下井
Y 导弹发射井

地下井发射
silo launching
TJ765
D 地下发射
发射井发射
井口发射
井内发射
竖井发射
S 导弹发射
C 导弹发射井
地下发射阵地
Z 飞行器发射

地下井式发射阵地
Y 地下发射阵地

地下溶浸采矿
Y 地浸

地下溶浸工艺
Y 地浸

地下设施
underground installation
TL；TU9
D 设施(地下)
S 设施*
C 地下建筑 →(11)
地下结构 →(11)

地下贮存
Y 地下储存

地效飞船
Y 地效飞行器

地效飞机
Y 地效飞行器

地效飞行器
hovercraft
V27
D 地表效应飞机
地面效应飞行器
地面效应器
地效飞船
地效飞机
地效器
气垫车
气垫飞机
气垫飞行器
气垫交通器
气垫式飞机
三栖飞机
S 飞行器*
C 气垫层

地效器
Y 地效飞行器

地效翼
ground-effect wing
V224
S 机翼*

地心轨道
Y 环地轨道

地形等高线匹配制导
Y 地形匹配制导

地形辅助导航
terrain-aided navigation
V249.3；V448
S 导航*

地形跟随
Y 地形跟踪

地形跟随地形回避雷达
Y 地形回避跟踪雷达

地形跟随飞行
Y 地形跟踪

地形跟随飞行控制
Y 地形跟踪飞行控制

地形跟随飞行控制系统
Y 地形跟踪飞行控制系统

地形跟随雷达
Y 地形回避跟踪雷达

地形跟随系统
Y 地形跟踪飞行控制系统

地形跟踪
terrain following
V32
D 地形跟随
地形跟随飞行
地形跟踪飞行
飞机地形跟随
S 跟踪*
C 地图匹配制导
地形回避
航迹规划
巡航导弹

地形跟踪飞机
terrain following aircraft
V271.4
S 军用飞机
C 超低空飞行
地形回避
Z 飞机

地形跟踪飞行
Y 地形跟踪

地形跟踪飞行控制
terrain following flight control
V249.12
D 地形跟随飞行控制
地形回避飞行控制
地形回避控制
地形匹配飞行控制
S 跟踪控制*
自动飞行控制
Z 飞行控制

地形跟踪飞行控制系统
terrain following flight control systems
V249
D 地形跟随飞行控制系统
地形跟随系统
飞机地形跟踪飞行控制系统
S 地形跟踪系统
飞行控制系统
Z 飞行系统
跟踪系统

地形跟踪雷达
Y 地形回避跟踪雷达

地形跟踪系统
terrain-following system
TJ765
S 跟踪系统*
F 地形跟踪飞行控制系统
自动地形跟踪系统

地形跟踪制导
terrain following guidance
TJ765
S 制导*
F 地图匹配制导
地形匹配制导
景像匹配制导

地形回避
terrain avoidance
V249.3
S 导弹突防
飞机突防
C 导航
地形跟踪
地形跟踪飞机
Z 防御

地形回避飞行控制
Y 地形跟踪飞行控制

地形回避跟踪雷达
terrain avoidance and tracking radar
TN95；V243.1
D 地形跟随地形回避雷达
地形跟随雷达
地形跟踪雷达
地形回避雷达
S 雷达*

地形回避控制
Y 地形跟踪飞行控制

地形回避雷达
Y 地形回避跟踪雷达

地形匹配
terrain matching
V32
S 匹配*

地形匹配飞行控制
Y 地形跟踪飞行控制

地形匹配制导
terrain-matching guidance
TJ765
D 地形等高线匹配制导
S 地形跟踪制导
Z 制导

地一地导弹
Y 地地导弹

地域覆盖天线
Y 点波束天线

地域性策略
Y 区域规划

地月转移轨道
earth-moon transfer orbits
V529
S 转移轨道
C 月球卫星
Z 飞行轨道

地震报警装置
Y 报警装置

地震环境武器
earthquake environment weapons
TJ9
S 环境武器
Z 武器

地震武器
Y 地球物理武器

地质处理
Y 地质处置

地质处置
geological disposal
TL94；X7
D 地层处置
地下处理
地下处置
地质处理
地质掩埋
S 放射性废物处理
F 核废物地质处置
陆地处置
C 玻璃固化 →(9)
核材料管理

核燃料循环
Z 废物处理

地质处置库
geological repository
TL94；X7
D 高放废物地质处置库
S 放射性废物设施
Z 垃圾处理设施

地质勘探卫星
geological prospecting satellite
V474
D 地球资源勘测卫星
S 地球资源观测卫星
Z 航天器
卫星

地质掩埋
Y 地质处置

第二级火箭发动机
Y 助推火箭发动机

第二类超导体
Y 超导体

第三代主战坦克
third-generation main battle tanks
TJ811
S 主战坦克
Z 军用车辆
武器

第三级火箭发动机
Y 助推火箭发动机

第三宇宙速度
third cosmic velocity
V419
S 宇宙速度
Z 速度

第四代反应堆
generation iv reactors
TL4；TL99
D 第四代核能
第四代核能系统
S 反应堆*
F 加速器驱动洁净核能系统

第四代核能
Y 第四代反应堆

第四代核能系统
Y 第四代反应堆

第四代核武器
fourth generation nuclear weapons
TL3
S 核武器
Z 武器

第四代主战坦克
fourth generation main battle tanks
TJ811
S 主战坦克
Z 军用车辆
武器

第四级火箭发动机
Y 助推火箭发动机

碲镉汞探测器
HgCdTe Detector
TL8；TN2
D HgCdTe 探测器
S 探测器*

碲化镉半导体探测器
Y 碲化镉探测器

碲化镉探测器
cadmium telluride detector
TH7；TL8
D 碲化镉半导体探测器
S 半导体探测器
Z 探测器

碲锌镉探测器
CdZnTe detector
TH7；TL81
D CdZnTe 探测器
S 半导体探测器
Z 探测器

颠簸试验
bump test
TH7；V216
D 摆动试验
翻滚试验
滚转试验
摇摆试验
S 振动试验
C 飞机颠簸
Z 力学试验

颠振模态飞行控制系统
Y 随控布局飞机控制系统

典型结构
Y 结构

典型应用
Y 应用

点*
point
O1；ZT2
F 变异点
非设计点
分离点
功率点
航路点
落点
设计点
炸点
C 面 →(1)(3)(4)(11)
线

点波束天线
spot beam antenna
TN8；V443
D 地域覆盖天线
区域复盖天线
区域覆盖天线
S 天线*
卫星天线
C 区域覆盖 →(7)(12)

点堆
point reactor
TL3；TL4
D 点堆模型
S 快堆
Z 反应堆

点堆模型
Y 点堆

点堆中子动力学
point reactor neutron kinetics
TL31
S 中子动力学
Z 动力学

点防御导弹
point defense missile
TJ76
S 防空导弹
C 野战防空武器
Z 武器

点放射源
Y 点辐射源

点辐射源
point source
O6；P1；TL929
D 点放射源
S 辐射源*

点火*
ignition
TK1；V233
D 不点火
打火
点火方法
点火方式
点火过程
点火技术
点火瞬态过程
点火正时
点燃
固定床点火
聚变点火
木垛火
热烟气点火
热渣点火
引燃
着火过程
F 催化点火
多次点火
多点点火
火花点火
火箭点火
激光点火
空中点火
快点火
脉冲点火
水下点火
微油点火
压缩点火
再点火
自燃点火
C 爆震
点火电极 →(5)
点火开关 →(5)
点火试验

点火温度 →(1)
电火花 →(3)
反应堆启动
火焰
燃烧
烧结 →(1)(2)(3)(9)

点火参量
Y 点火参数

点火参数
ignition parameter
V51
D 点火参量
S 工艺参数*
C 点火器
点火温度 →(1)
点火系统

点火迟延
Y 点火延迟

点火冲量
igniting impulse
TJ4
S 冲量*

点火次序
firing order
V233.3
D 爆破顺序
点火顺序
发火次序
发火顺序
起爆顺序
S 顺序*
C 点火理论
点火延迟

点火电火花
Y 火花点火

点火电嘴
Y 点火塞

点火发动机
ignition engines
V435
D 热解点火器
S 固体火箭发动机
C 热点火 →(9)
Z 发动机

点火方法
Y 点火

点火方式
Y 点火

点火峰压
maximum igniting pressure
TJ45
S 压力*

点火故障
ignition failure
TK0；V233.3
D 点火失效
S 发动机故障*

点火管
Y 点火具

点火过程
Y 点火

点火火工品
ignition pyrotechnics
TJ454
D 点火器材
点火器材(火工品)
引燃火工品
S 火工品*
F 底火
点火具
点火药盒
火帽

点火机构
Y 点火系统

点火激励器
Y 点火器

点火技术
Y 点火

点火具
ignition device
TJ454
D 点火管
点火具(火工品)
S 点火火工品
F 冲击片点火管
电点火具
延期点火具
C 点火系统
Z 火工品

点火具(火工品)
Y 点火具

点火理论
ignition theory
V231.1
S 燃烧理论
C 点火次序
点火温度 →(1)
点火系统
Z 理论

点火器
igniter
TJ454；V232
D 表面放电点火器
点火激励器
点火装置
S 燃烧装置*
F 催化点火器
等离子点火装置
点火塞
电点火器
火箭发动机点火器
火炬式点火器
无触点点火装置
C 点火参数
点火开关 →(5)
点火试验
点火系统
放电器 →(5)
喷嘴

点火器材
Y 点火火工品

点火器材(火工品)
Y 点火火工品

点火器塞
Y 点火塞

点火器推进剂
Y 固体推进剂

点火前试验
Y 发射前试验

点火球形环
ignition spherical torus
TL6
S 托卡马克
C 紧凑环
Z 热核装置

点火塞
ignition plug
TJ454；V232
D 点火电嘴
点火器塞
火花塞
S 点火器
C 点火延迟
火花点火
火花点火发动机 →(12)
Z 燃烧装置

点火绳
Y 点火线

点火失效
Y 点火故障

点火时间
ignition time
U4；V23
D 点燃时间
S 时间*
F 点火延迟时间

点火时间滞后
Y 点火延迟

点火实验
Y 点火试验

点火试验
ignition test
V216.2
D 点火实验
着火点试验
S 发动机试验*
F 地面点火试验
静态点火试验
空中点火试验
C 点火
点火器
点火系统

点火顺序
Y 点火次序

点火瞬态
ignition transient
V231；V430
S 瞬时状态
C 点火延迟
Z 状态

点火瞬态过程
Y 点火

点火索
Y 点火线

点火特性
Y 点火性能

点火系
Y 点火系统

点火系统*
ignition system
TJ454；TK4；U4；V233
D 炽热点火系统
点火机构
点火系
点火线路
发火系统
F 等离子点火系统
电子点火系统
发动机点火系统
激光点火系统
数字点火系统
自动点火系统
C 点火参数
点火电流 →(5)
点火具
点火理论
点火器
点火试验
点燃式发动机 →(5)
发动机系统
锅炉燃烧系统 →(5)
航空发动机附件
燃烧系统 →(4)(5)(8)

点火线
ignition wire
TJ457；TQ56
D 点火绳
点火索
火绳
引火线
S 索类火工品
C 点火延迟
Z 火工品

点火线路
Y 点火系统

点火信号
ignition signal
V233；V432
S 信号*

点火性能
ignition performance
V233
D 点火特性
点燃性能
发火性能
S 热学性能*
C 点燃式发动机 →(5)
抗爆率 →(2)
燃烧
燃烧室性能 →(1)

点火延迟
ignition delay
V233
D 迟点火
迟发火
点火迟延
点火时间滞后
点火滞后
点燃滞后
发火延迟
延迟点火
着火延迟
S 时滞*
C 点火次序
点火塞
点火瞬态
点火线
点火延迟时间
点燃式发动机 →(5)
推进剂点火

点火延迟期
Y 点火延迟时间

点火延迟时间
ignition delay time
TK4；TQ56；V43
D 点火延迟期
延迟点火时间
S 点火时间
C 点火延迟
激光点火
Z 时间

点火药盒
igniter cartridge
TJ454
S 点火火工品
Z 火工品

点火元件
ignition element
TJ454
S 引爆火工品
C 点火开关 →(5)
Z 火工品

点火正时
Y 点火

点火滞后
Y 点火延迟

点火装置
Y 点火器

点火姿态
Y 姿态

点脉动压力
Y 脉动压力

点燃
Y 点火

点燃时间
Y 点火时间

点燃温度
Y 燃点

点燃性能
Y 点火性能

点燃滞后
Y 点火延迟

点位控制
Y 姿态控制

点涡
point vortex
O3；P4；V211
Y 碘-129

碘-129
iodine-129
O6；TL92
D 碘 129
S 碘同位素
负β衰变放射性同位素
内转换放射性同位素
年寿命放射性同位素
Z 同位素

碘化汞探测器
mercuric iodide detectors
TH7；TL81
D HGI2 半导体探测器
碘化汞探测器阵列
S 半导体探测器
Z 探测器

碘化汞探测器阵列
Y 碘化汞探测器

碘化钠闪烁探测器
Y 碘化钠探测器

碘化钠闪烁体
Y 碘化钠探测器

碘化钠探测器
NaI scintillation detector
TL81
D NaI 探测器
碘化钠闪烁探测器
碘化钠闪烁体
S 固体闪烁探测器
Z 探测器

碘坑
iodine pit
TL4
S 变形*
表面缺陷*
C 反应堆运行
现象

碘硫循环
IS cycle
TL99
S 循环*

碘同位素
iodine isotopes
TL92
S 同位素*
F 碘-129

电保险机构
Y 保险机构

电爆管
Y 电雷管

电爆活门
electroexplosive valves
TJ45
S 动力源火工品
Z 火工品

电爆炸箔起爆系统
Y 起爆器材

电爆装置
Y 电火工品

电波干扰
Y 电磁干扰

电波折射修正
radio wave refraction correction
TK0；V55
S 修正*

电操纵飞行控制
Y 电传飞行控制

电厂*
power plant
TM6
D 电站
F 轨道太阳能电站
核电站
太空发电站
C RB 功能 →(5)
变电站 →(2)(5)(11)(12)
大型发电机 →(5)
电厂建设 →(5)
电厂设备
电厂运行 →(5)
电场 →(5)
电网 →(2)(5)(7)(12)
发电运行 →(5)
飞机机舱
数字发电系统 →(5)
塔式发电系统 →(5)
压降特性 →(9)
液力机械 →(5)
余热发电系统 →(5)

电厂电气设备
Y 电厂设备

电厂辅助设备
Y 电厂设备

电厂设备*
power plant equipment
TM6
D 电厂电气设备
电厂辅助设备
发电厂设备
F 核电厂设备
C 电厂
电厂用泵 →(4)
电气设备
发电系统 →(5)(9)(11)

电池*
batteries
TM91
D 备份电池
备用电池
长效电池
超薄电池
电池技术
电化学电池
独立电源
高分子电池
后备电池
化学电池
F 航空蓄电池
氢氧燃料电池
C 电池部件 →(5)(7)
电池储能 →(5)
电池管理 →(5)
电池结构 →(5)
电池温度 →(1)
电池质量 →(5)
电池组
电解 →(3)(9)(13)
电源
独立发电系统 →(5)

电池技术
Y 电池

电池室
Y 电源舱

电池组*
battery set
TM91
D 电池组合框
电池组合箱
电池组架
电池组件
电池组结构
组合电池组
F 高压太阳电池阵
折叠状太阳电池阵
C 电池
电池组管理 →(5)
电气设备

电池组合框
Y 电池组

电池组合箱
Y 电池组

电池组架
Y 电池组

电池组件
Y 电池组

电池组结构
Y 电池组

电传操纵
Y 电传飞行控制

电传操纵飞行控制系统
Y 电传飞行控制系统

电传操纵系统
fly-by-wire
TH13；TP2；V227
S 操纵系统*
F 电传飞行控制系统

电传动履带车辆
electric driven track laying vehicles
TJ811
S 履带车辆
Z 车辆

电传飞控系统
Y 电传飞行控制系统

电传飞行操纵
Y 电传飞行控制

电传飞行操纵系统
Y 电传飞行控制系统

电传飞行控制
fly by wire control
V249.1
D 电操纵飞行控制
电传操纵
电传飞行操纵
电子飞行控制
有线电传飞行控制
S 飞行控制*
C 电传飞行控制系统

电传飞行控制系统
fly-by-wire system
TP2；V249
D 电传操纵飞行控制系统
电传飞控系统
电传飞行操纵系统
电传系统
电子飞行控制系统
飞机电传操纵系统
飞机电传飞行控制系统
飞机电子飞行控制系统
飞机准电传操纵系统
准电传飞行操纵系统
准电传飞行控制系统
S 电传操纵系统
电子系统*
飞行控制系统
控制系统*
C 电传飞行控制
Z 操纵系统
飞行系统

电传系统
Y 电传飞行控制系统

电磁摆
Y 磁罗经

电磁波干扰
Y 电磁干扰

电磁波武器
Y 电磁脉冲武器

电磁波炸弹

Y 电磁炸弹

电磁测程仪
Y 电磁计程仪

电磁测速仪
Y 电磁计程仪

电磁场干扰
Y 电磁干扰

电磁船速仪
Y 电磁计程仪

电磁弹射
electromagnetic ejection
V244
S 弹射*

电磁弹射器
Y 电磁式弹射装置

电磁导弹
Y 电磁炮

电磁导航
electromagnetic navigation
TN8；V249.3
S 导航*
C 电磁仿真 →(7)

电磁导引头
electromagnetic seekers
TJ765
S 导引头
Z 制导设备

电磁发动机
Y 等离子体发动机

电磁发射
electromagnetic launch
TJ3
S 电发射
C 电磁炮
Z 发射

电磁发射器
Y 电磁炮

电磁防护服
Y 防电磁辐射服装

电磁辐射安全标准
Y 辐射防护标准

电磁辐射防护
protection from electromagnetic radiation
TL7；X5
D 电磁辐射防治
防电磁辐射
S 防护*
辐射防护

电磁辐射防治
Y 电磁辐射防护

电磁辐射干扰
Y 电磁干扰

电磁干扰*
electromagnetic interference
TM1；TM8；TN91；TN97
D 磁场干扰
磁电干扰
电波干扰
电磁波干扰
电磁场干扰
电磁辐射干扰
电磁骚扰
电讯干扰
辐射电磁干扰
辐射干扰
辐射骚扰
抗电磁干扰
F 多体干扰
C 磁压缩 →(7)
电磁辐射测量 →(5)
电磁兼容性 →(5)(7)
辐射功率 →(5)
干扰

电磁感应雷管
Y 电雷管

电磁轨道发射
electromagnetic rail launching
TJ3
S 电发射
C 轨道炮
Z 发射

电磁轨道炮
Y 电磁炮

电磁过滤器
magnetic filters
TL352
D 磁过滤机
磁过滤器
磁滤机
磁性过滤机
永磁过滤器
S 过滤装置*
C 磁过滤弯管

电磁激波管
Y 激波管

电磁计程仪
electromagnetic log
TH7；V241
D 电磁测程仪
电磁测速仪
电磁船速仪
S 几何量测量仪器*

电磁加速风洞
electrofluid dynamic augmented wind tunnel
V211.74
D 磁流体动力风洞
磁流体风洞
S 高焓风洞
Z 风洞

电磁罗经
Y 磁罗经

电磁脉冲弹
electromagnetic pulse bomb
TJ864
S 电磁脉冲武器
C 电磁脉冲效应
核电磁脉冲
Z 武器

电磁脉冲武器
electromagnetic pulse weapon
TJ864
D 电磁波武器
电磁武器
S 定向能武器
F 电磁脉冲弹
战略电磁脉冲武器
C 核电磁脉冲
Z 武器

电磁脉冲效应
electromagnetic pulse effect
TJ91；TL91
C 电磁脉冲弹
电磁炸弹

电磁内爆
electromagnetic implosion
O3；TJ864
D 电磁内向爆炸
S 内爆
Z 爆炸

电磁内向爆炸
Y 电磁内爆

电磁炮
electromagnetic gun
TJ399；TJ9
D 电磁导弹
电磁发射器
电磁轨道炮
S 电炮
F 轨道炮
C 电磁发射
Z 武器

电磁骚扰
Y 电磁干扰

电磁扫雷器
Y 磁性扫雷器

电磁式弹射装置
electro magnetic ejection installation
V55
D 电磁弹射器
S 弹射装置
Z 发射装置

电磁式恒速传动装置
Y 传动装置

电磁式压缩机
Y 压缩机

电磁式振动台
Y 振动台

电磁式自动记录仪
Y 记录仪

电磁探雷
electromagnetic mine detection
TJ517
S 探雷*

电磁推动
Y 电磁推进

电磁推进
electromagnetic propulsion
V43
D 电磁推动
S 电推进
C 等离子体推进
Z 推进

电磁武器
Y 电磁脉冲武器

电磁线圈炮
Y 线圈炮

电磁引信
electromagnetic fuze
TJ434
S 近炸引信
Z 引信

电磁隐身
electromagnetic stealth
V218
S 等离子体隐身技术
Z 等离子技术
隐身技术

电磁炸弹
electromagnetic bomb
TJ414；TJ864
D 电磁波炸弹
电子炸弹
S 特种炸弹
C 电磁脉冲效应
硬杀伤性信息武器
Z 炸弹

电磁装甲
electromagnetic armor
TJ811
D 电磁装甲技术
S 特种装甲
F 被动电磁装甲
主动电磁装甲
Z 装甲

电磁装甲技术
Y 电磁装甲

电灯
Y 灯

电灯泡
Y 灯

电底火
electric primer
TJ451
D 导电药电底火
导电药式电底火
桥丝电底火
桥丝式电底火
S 底火
Z 火工品

电点火管
Y 电点火具

电点火管(火工品)
Y 电点火具

电点火具
electric igniter
TJ454
D 薄膜电点火具
电点火管
电点火管(火工品)
电点火头(火工品)
电发火管
发射点火具
放热合金丝点火器
燃气发生器点火具
双桥电点火器
续航点火具
S 点火具
C 点火药 →(9)
Z 火工品

电点火器
electric ignitor
TJ454；V232
D 电点火塞
电点火头
电子点火器
电子点火装置
S 点火器
F 电脉冲点火器
C 电子点火 →(5)(12)
电子开关 →(5)
Z 燃烧装置

电点火塞
Y 电点火器

电点火头
Y 电点火器

电点火头(火工品)
Y 电点火具

电点火系统
Y 电子点火系统

电动测量仪
Y 测量仪器

电动测量仪器
Y 测量仪器

电动飞机
Y 多电飞机

电动静液压作动器
Y 电动静液作动器

电动静液作动器
electrical hydrostatic actuator
TH13；V245
D 电动静液压作动器
电静液作动器
S 电作动器
Z 作动器

电动力鱼雷
Y 电动鱼雷

电动模型飞机
electric model planes
V278
S 飞机模型
Z 工程模型

电动式振动台
Y 振动台

电动伺服机构
electric servomechanism
TH13；TP2；V245
D 电伺服机构
继电器式伺服机构
继电伺服机构
S 伺服机构
Z 机构

电动伺服系统
Y 伺服系统

电动随动系统
Y 伺服系统

电动推进
Y 电推进

电动线导鱼雷
Y 线导鱼雷

电动鱼雷
electric torpedo
TJ631.2
D 电动力鱼雷
S 鱼雷*

电动助力转向系
Y 电动助力转向系统

电动助力转向系统
electric power assisted steering system
TJ810.34；U2；U4
D 电动助力转向系
S 电动转向系统
C 转向泵 →(4)
Z 动力系统
转向系统

电动转向系统
electric steering system
TJ810.34；U2；U4
S 动力系统*
转向系统*
F 电动助力转向系统

电动装甲车
electric armored vehicles
TJ811
S 装甲车辆
Z 军用车辆

电发动机
Y 电火箭发动机

电发火管
Y 电点火具

电发火机构
Y 引信发火机构

电发射
electric launch
V55
D 电发射技术

S 发射*
F 电磁发射
电磁轨道发射
电热发射
C 电子发射材料 →(7)
发射极 →(7)
混合电炮

电发射技术
Y 电发射

电飞行操纵系统
Y 飞行操纵系统

电浮陀螺
Y 静电陀螺仪

电浮陀螺仪
Y 静电陀螺仪

电辅助加热
Y 加热

电感点火系统
Y 电子点火系统

电感耦合等离子发射光谱仪
inductive coupling plasma emission spectrometer
TH7；TL81
D ICP 发射光谱仪
ICP 光谱仪
电感藕合等离子发射光谱仪
S 谱仪*

电感藕合等离子发射光谱仪
Y 电感耦合等离子发射光谱仪

电感引信
Y 电引信

电感应加热风洞
electroinductance heating wind tunnel
V211.74
S 高焓风洞
Z 风洞

电工安全
Y 电气安全

电工设备
Y 电气设备

电故障
Y 电气故障

电光探测
Y 光电探测

电光源
Y 光源

电荷耦合器件成像仪
CCD imager
TH7；V241；V441
D CCD 成像仪
S 光学仪器*

电荷耦合探测器
charge-coupled detector
TH7；TL8
S 探测器*

电荷收集效率
charge collection efficiency
TL81
S 效率*
C 电荷输运 →(5)

电弧风洞
Y 电弧加热风洞

电弧加热发动机
arc heating engines
V439
S 电热火箭发动机
Z 发动机

电弧加热风洞
arc heated wind tunnel
V211.74
D 电弧风洞
烧蚀风洞
S 高超音速风洞
高焓风洞
Z 风洞

电弧加热推力器
arc heating thrusters
V434
S 电弧推力器
Z 推进器

电弧喷气发动机
Y 电弧喷射发动机

电弧喷射发动机
arc jet engine
V439
D 电弧喷气发动机
S 电热火箭发动机
Z 发动机

电弧喷射推力器
arc jet thrusters
V434
S 电弧推力器
Z 推进器

电弧推力
arc push force
V439.4
S 力*
推力*

电弧推力器
arc thrusters
V434
S 电推力器
F 电弧加热推力器
电弧喷射推力器
Z 推进器

电化学电池
Y 电池

电火工品
electric initiating explosive device
TJ45
D 电爆装置
S 火工品*
F 桥丝式电火工品

电火花点火
Y 火花点火

电火花强制点火
Y 火花点火

电火箭
Y 电火箭发动机

电火箭发动机
electric rocket engine
V439
D 电发动机
电火箭
S 非化学火箭发动机
F 等离子体发动机
电热火箭发动机
离子发动机
Z 发动机

电击枪
stun-gun
TJ27
D 电击手枪
电休克枪
电子致瘫枪
休克手枪
S 特种枪
Z 枪械

电击手枪
Y 电击枪

电介质径迹探测器
dielectric track detector
TH7；TL8
D 径迹探测器(电介质)
S 径迹探测器
Z 探测器

电静液作动器
Y 电动静液作动器

电空气动力学
electric air dynamics
V211
S 空气动力学
Z 动力学
科学

电控
Y 电气控制

电控点火系统
Y 电子点火系统

电控旋翼
electrically controlled rotor
V275.1
S 旋翼*

电控制
Y 电气控制

电缆小车钢丝绳缓冲装置
Y 缓冲装置

电缆引入装置
cable entry
TD6；TJ51
D 引入装置

S 电气设备*
防护装置*

电雷管
electric detonator
TJ452
D 安全电雷管
导电药电雷管
导电药式电雷管
电爆管
电磁感应雷管
独角式电雷管
独脚电雷管
钝感电雷管
钝感雷管
火花式电雷管
火花隙雷管
聚波雷管
S 雷管
F 磁电雷管
工业电雷管
瞬发电雷管
Z 火工品

电离层探测
ionospheric sounding
TN97；V476
S 气象探测
C 火箭探测
探空仪 →(4)
Z 探测

电离辐射
ionizing radiation
O4；O6；TH7；TL7；TL8
D 电离辐照
S 辐射*
C 放射性
职业性照射

电离辐射防护
ionizing radiation protection
TJ91；TL7
S 辐射防护
Z 防护

电离辐照
Y 电离辐射

电离计
Y 电离真空计

电离探测器
Y 辐射探测器

电离真空计
ionization vacuum gauge
TB7；TL
D 电离计
S 仪器仪表*

电力传输卫星
Y 人造卫星

电力干扰弹
Y 石墨炸弹

电力控制
Y 电气控制

电力设备
Y 电气设备

电力推进
Y 电推进

电力推进系统
electric propulsion system
TM92；V43
D 电推进系统
S 推进系统*

电力系统*
electric power system
TM7
F 导弹电源配电系统
飞机配电系统
交流供电系统
C 潮流转移因子 →(5)
串联补偿 →(5)
电力网格 →(5)
电力系统测量 →(5)
电力系统潮流 →(5)
电力系统分析 →(5)
电力系统工具箱 →(3)(4)(5)
电力系统设计 →(5)
电气系统
电网 →(2)(5)(7)(12)
电网系统 →(1)(5)(12)
电源系统
动态安全域 →(5)
多分辨形态梯度 →(5)
负荷水平 →(4)
功率因数 →(5)(7)
供电质量 →(5)
国家电网 →(5)
合闸相角 →(5)
核电站
接入系统 →(5)(7)
模态参与因子 →(5)
输电 →(5)
输电能力 →(5)

电力系统破坏弹
Y 碳纤维弹

电力引信
Y 电引信

电流密度
current density
O4；TL
D 密度(电流)
S 密度*
C 电流 →(3)(5)(7)(12)
电流效率 →(3)
束流

电罗经
Y 电子指南针

电罗盘
Y 无线电罗盘

电脉冲除冰
electro-impulse-deicing
U4；V244.1
S 除冰雪*

电脉冲点火器
electrical pulse igniter
TJ454；V232
S 电点火器
Z 燃烧装置

电脑
Y 计算机

电脑产品
Y 计算机

电脑程序
Y 计算机软件

电脑控制
Y 计算机控制

电脑软件
Y 计算机软件

电脑设计
Y 计算机设计

电脑系统
Y 计算机系统

电脑智能控制
Y 智能控制

电能武器
electric energy weapons
TJ9
S 新概念武器
F 电炮
Z 武器

电抛光去污
Y 化学除垢

电炮
electric blasting
TJ399；TJ9
D 电气炮
S 电能武器
新能源火炮
F 电磁炮
电热炮
混合电炮
线圈炮
Z 武器

电起爆器
electric initiator
TJ51
D 电起爆装置
钝感电起爆器
S 起爆器
Z 器材

电起爆装置
Y 电起爆器

电气安全*
electrical safety
TM0；TU8
D 电工安全
电气安全性
电业安全
F 核电安全
C 安全
电气安全措施 →(5)

电气安全设计 →(5)
电气操作 →(5)
电气故障
电气接线 →(5)
电位差 →(5)

电气安全性
Y 电气安全

电气隔离
electrical isolation
TL8
S 隔离*
C 电气控制线路 →(5)
线性光耦合器 →(4)(7)

电气故障*
electrical accident
TM92
D 电故障
功率故障
三相故障
F 航天器带电
C 不对称故障 →(1)(4)
传感器故障 →(8)
电机故障 →(5)
电气安全
故障
击穿 →(5)(7)

电气控制*
electric control
TM92
D 电控
电控制
电力控制
F 电压定向控制
直接力/气动力复合控制
C 电气控制设计 →(5)
工程控制

电气炮
Y 电炮

电气设备*
electrical equipment
TM5
D 低压母线安装式电器设备
电工设备
电力设备
电气用具
电气装备
电气装置
电器设备
电器装置
风场电气设备
高原电气设备
工业电气设备
关联电气设备
户外电气设备
机床电气设备
建筑物电气装置
潜水电气设备
潜油电气设备
热带电气设备
少油电气设备
正压型电气设备
智能化电器设备
中压电器设备
F 电缆引入装置
C 保护电器 →(5)
电厂设备
电池组
电机生产设备 →(5)
电抗器 →(5)
电气 →(2)(5)(11)(12)
电气开关 →(5)
电气配置 →(5)
电气设备管理 →(5)
电器线路 →(5)
电容器组 →(5)
高压电气设备 →(5)
设备
水利设备 →(11)(12)
压力设备
正压保护 →(5)

电气设备舱
Y 电子舱

电气系统*
electrical system
TM7
D 电气主系统
电器系统
电系统
F 发动机电控系统
飞机电气系统
C 电力系统
电气系统设计 →(5)
电液系统
工程系统
级联系统 →(8)
接入系统 →(5)(7)

电气用具
Y 电气设备

电气运行*
electrical operation
TM7
F 交流运行
脉冲运行
C 电传动 →(5)
运行

电气主系统
Y 电气系统

电气装备
Y 电气设备

电气装置
Y 电气设备

电器设备
Y 电气设备

电器系统
Y 电气系统

电器装置
Y 电气设备

电燃撞针
Y 动力源火工品

电热发动机
Y 电热火箭发动机

电热发射
electrothermal launching
TJ399
S 电发射
F 电热化学发射
C 电热炮
Z 发射

电热发射器
Y 电热炮

电热飞行服
electric flight suits
V244；V445
S 飞行服*
C 防寒服

电热化学发射
electrothermal chemical launching
V55
D 电热化学发射技术
S 电热发射
Z 发射

电热化学发射技术
Y 电热化学发射

电热化学炮
Y 电热炮

电热火箭发动机
electrothermal rocket engines
V439
D 电热发动机
电热肼火箭发动机
S 电火箭发动机
F 电弧加热发动机
电弧喷射发动机
C 核电推进
离子发动机
Z 发动机

电热肼火箭发动机
Y 电热火箭发动机

电热肼推力室
Y 推力室

电热炮
electrothermal gun
TJ399；TJ9
D 电热发射器
电热化学炮
S 电炮
C 电热发射
Z 武器

电热轻气炮
Y 轻气炮

电容感应引信
Y 电引信

电容近炸引信
capacitance proximity fuze
TJ434
S 近炸引信
Z 引信

电容器引信
Y 电容引信

电容式剂量计
Y 剂量计

电容引信
capacitance fuze
TJ434
D 电容器引信
S 电引信
Z 引信

电扇
Y 风扇

电视成像制导
TV imaging guidance
TJ765；V448
S 成像制导
Z 制导

电视导引头
TV seeker
TJ765
D 电视寻的装置
S 光电导引头
Z 制导设备

电视跟踪
Y 视频跟踪

电视跟踪测量系统
Y 光电跟踪测量系统

电视跟踪系统
television tracking systems
TJ765；V556
S 光电跟踪系统
广播电视系统*
C 电视跟踪器 →(7)
Z 跟踪系统
光电系统

电视广播卫星
Y 广播卫星

电视广播系统
Y 广播电视系统

电视火力控制
television fire control
V24
S 火力控制
Z 军备控制

电视末制导
TV terminal guidance
TJ765；V448
S 末制导
Z 制导

电视寻的装置
Y 电视导引头

电视遥控制导导弹
Y 电视制导导弹

电视引信
Y 无线电引信

电视侦察弹
television reconnaissance shell
TJ412
D 电视侦察炮弹
战场监视弹
S 侦察炮弹
Z 炮弹

电视侦察炮弹
Y 电视侦察弹

电视直播卫星
television live satellite
V474
D 广播电视直播卫星
直播电视卫星
S 广播卫星
Z 航天器
卫星

电视制导
television guidance
TJ765；V448
D 电视制导系统
S 光电制导
Z 制导

电视制导导弹
television-guided missile
TJ76
D 电视遥控制导导弹
S 精确制导导弹
C 电视制导武器
Z 武器

电视制导航弹
Y 电视制导炸弹

电视制导武器
television-guided weapon
E；TJ0
S 制导武器
C 电视制导导弹
电视制导炸弹
Z 武器

电视制导系统
Y 电视制导

电视制导炸弹
television-guided bomb
TJ414
D 电视制导航弹
S 制导炸弹
C 电视制导武器
Z 炸弹

电束聚变装置
Y 惯性约束聚变装置

电瞬态
electric transient
TL
S 瞬时状态
C 电涌 →(5)
Z 状态

电伺服机构
Y 电动伺服机构

电台
Y 无线电台

电特性
Y 电性能

电推进
electric propulsion
TK0；V43
D 电动推进
电力推进
电推进技术
S 推进*
F 电磁推进
核电推进
静电推进
C 联合动力装置 →(5)
推进变压器 →(5)

电推进技术
Y 电推进

电推进器
Y 电推力器

电推进系统
Y 电力推进系统

电推力器
electric thruster
V434
D 电推进器
电子回旋共振推力器
S 推进器*
F 电弧推力器
微波电热推力器

电位*
electric potential
O4
F 悬浮电位
C 电势系数 →(5)
电位差计 →(5)
电位器 →(5)
电压 →(3)(5)(7)(8)(11)
电阻 →(1)(3)(5)(7)
击穿 →(5)(7)

电位计式自动记录仪
Y 记录仪

电位悬浮
Y 悬浮电位

电系统
Y 电气系统

电校准
Y 电子校准

电信技术
Y 通信技术

电信设备
Y 通信设备

电信网
Y 通信网

电信网络
Y 通信网

电信卫星

Y 通信卫星

电信系统
Y 通信系统

电性
Y 电性能

电性能*
electrical properties
O4；TM7
D 电特性
电性
电学特性
电学性能
电学性质
抗电性能
雷管电性能
省电性能
输电性能
F 比电容
坦克电磁兼容性
C 电参数 →(5)
电测量 →(1)(2)(3)(4)(5)(7)(8)
电气性能 →(1)(4)(5)(7)(8)(10)(12)
电气性能指标 →(5)
电子性能 →(1)(7)(13)
物理性能
性能

电休克枪
Y 电击枪

电悬浮陀螺
Y 静电陀螺仪

电悬浮陀螺仪
Y 静电陀螺仪

电学特性
Y 电性能

电学性能
Y 电性能

电学性质
Y 电性能

电讯干扰
Y 电磁干扰

电压定向控制
voltage oriented control
V249.122.2
S 电气控制*
定向控制
Z 方向控制
飞行控制

电业安全
Y 电气安全

电液舵机
electric-hydraulic steering machines
TH13；V227
S 舵机*

电液伺服作动器
electro-hydraulic servo actuator
V245
S 伺服作动器
Z 作动器

电液系统*
electro-hydraulic system
TP2
F 电液转向系统
推力矢量电液位置伺服系统
C 操纵系统
电气系统
液压系统 →(4)

电液转向系统
electrohydraulic steering system
TJ810.34；U2；U4
S 电液系统*
转向系统*

电引信
electrical fuze
TJ434
D 电感引信
电力引信
电容感应引信
S 近炸引信
F 电容引信
静电引信
Z 引信

电源*
power supply
TN8
D 电源供应器
电源管理器件
电源技术
电源器件
电源设备
电源装置
F 飞机电源
火箭电源
卫星电源
C 变换器 →(1)(4)(5)(7)(9)
电池
电动机 →(4)(5)
电流源 →(7)
电压源 →(7)
电源电路 →(7)
电源功率 →(5)
电源开关 →(5)
全向置换 →(7)

电源保护系统
Y 保护系统

电源舱
power cabins
V223
D 电池室
S 电子舱
F 蓄电池室
Z 舱

电源供应器
Y 电源

电源管理器件
Y 电源

电源技术
Y 电源

电源器件
Y 电源

电源设备
Y 电源

电源设备舱
Y 设备舱

电源系统*
power supply system
TM7；TN8
F 导弹电源配电系统
飞机电源系统
航天器电源系统
C 电力系统
发电系统 →(5)(9)(11)
接入系统 →(5)(7)

电源装置
Y 电源

电站
Y 电厂

电真空器件*
electronic vacuum device
TN1
D 真空电子器件
F 电子倍增器
计数管
漂移管
C 半导体器件

电真空陀螺
Y 静电陀螺仪

电真空陀螺仪
Y 静电陀螺仪

电珠
Y 灯

电装甲
electric armors
TJ811
S 特种装甲
Z 装甲

电子倍增器
electron multiplier
TL8；TN1
D 倍增管
通道电子倍增器
S 电真空器件*
C 电子倍增电荷耦合器件 →(7)

电子病毒武器
Y 计算机病毒武器

电子步枪
electronic rifles
TJ22
S 步枪
Z 枪械

电子舱
electronics compartments
V223
D 电气设备舱
电子设备舱

S 设备舱
F 电源舱
C 导航传感器 →(8)
Z 舱

电子产品*
electronic product
TN
F 航空电子产品
航天电子产品
C 半导体存储器 →(8)
半导体工艺
半导体工艺设备 →(1)(3)(7)
布线 →(5)(7)(8)(11)
产品 →(1)(2)(3)(4)(7)(8)(9)(10)(11)(13)
电声技术 →(7)
电声器件 →(7)(8)
电声设备 →(7)
电声系统 →(7)
电子产品编码 →(7)
电子产品设计 →(7)
电子产品制造 →(7)
电子导体 →(5)
电子节能产品 →(7)
电子设备
电子系统
监控模块 →(8)
监控摄像头 →(1)(8)
节能性 →(5)
热安全 →(13)

电子储存环
electron storage ring
TL594
S 储存环*
F 北京正负电子对撞机
合肥电子储存环

电子磁罗经
Y 电子磁罗盘

电子磁罗盘
electronic magnetic compass
TH7；U6；V241.6
D 电子磁罗经
S 磁罗经
Z 导航设备

电子点火器
Y 电点火器

电子点火系统
electronic ignition system
TK0；U4；V233.3
D 电点火系统
电感点火系统
电控点火系统
S 点火系统*
电子系统*

电子点火装置
Y 电点火器

电子吊舱
electronic pod
V223
S 吊舱
Z 舱

电子定时引信
electronic time fuze
TJ433
D 电子时间引信
S 定时引信
Z 引信

电子对抗弹药
electronic countermeasure ammunitions
TJ41
S 特种弹药
F 光电干扰弹药
诱惑弹药
C 反辐射炮弹
干扰火箭弹
干扰炮弹
Z 弹药

电子对抗吊舱
electronic countermeasure pod
TN97；V223
D 反电子措施吊舱
S 吊舱
F 电子侦察吊舱
光电吊舱
Z 舱

电子对抗飞机
electronic countermeasure aircraft
V271.491
D ECW 飞机
电子飞机
电子战飞机
S 军用飞机
F 反电子措施飞机
通信干扰飞机
C 电子对抗 →(7)
Z 飞机

电子对抗无人机
electronic countermeasure unmanned aerial vehicle
V271.4；V279
D 电子战无人机
S 军用无人机
F 反辐射无人机
Z 飞机

电子对抗直升机
Y 电子战直升机

电子飞机
Y 电子对抗飞机

电子飞行控制
Y 电传飞行控制

电子飞行控制系统
Y 电传飞行控制系统

电子飞行仪表
Y 飞行仪表

电子飞行仪表系统
Y 飞行仪表

电子俘获放射性同位素
electron capture radioisotopes
O6；TL92
S β衰变放射性同位素
F 镉-109
钴-57
氯-36
锶-85
锗-68
Z 同位素

电子辐照加速器
electron irradiation accelerator
TL7
S 电子加速器
Z 粒子加速器

电子干扰弹
Y 干扰炮弹

电子干扰飞机
Y 通信干扰飞机

电子干扰直升机
Y 电子战直升机

电子感应加速器
Y 电子回旋加速器

电子攻击飞机
electronic attack aircraft
V271.41
S 攻击战斗机
Z 飞机

电子回旋共振推力器
Y 电推力器

电子回旋加速器
betatron
TL5
D 电子感应加速器
S 电子加速器
回旋加速器
Z 粒子加速器

电子计数管
Y 计数管

电子计算机
Y 计算机

电子计算机控制
Y 计算机控制

电子加速
Y 电子加速器

电子加速器
electron accelerator
TL5
D 电子加速
S 粒子加速器*
F 电子辐照加速器
电子回旋加速器
电子帘加速器
电子直线加速器

电子角跟踪
electronic angle tracking
TJ765
S 跟踪*

电子结构*
electronic structure

TN
F 航空电子结构

电子空炸引信
Y 空炸引信

电子冷却
electronic cooling
TL35；TL5
D 电子冷却技术
S 冷却*
C 电子束 →(7)
电子温度 →(1)
电子温控器 →(5)
束流强度

电子冷却技术
Y 电子冷却

电子帘加速器
electron curtain accelerator
TL5
S 电子加速器
Z 粒子加速器

电子零部件
Y 电子元器件

电子零件
Y 电子元器件

电子罗经
Y 电子指南针

电子罗盘
Y 电子指南针

电子瞄准具
Y 瞄准具

电子能谱分析
electron spectroscepy for chemical analysis
O4；O6；TL817
D 电子能谱分析法
S 能谱分析
C 荧光探针 →(8)
Z 谱分析

电子能谱分析法
Y 电子能谱分析

电子屏幕
Y 显示屏

电子器材
Y 电子设备

电子情报飞机
Y 电子侦察飞机

电子情报卫星
Y 电子侦察卫星

电子设备*
electronic equipment
TN8
D 电子器材
电子整机
电子装备
电子装置
无线电设备
无线电装置
无线设备
无线装置
F CCD 探测器
半导体光电探测器
航天电子设备
机载电子设备
精密电子设备
军用电子设备
C 电子产品
电子电路 →(5)(7)(8)
电子设备结构 →(7)
电子设备描述语言 →(8)
电子系统
无线电技术 →(7)
无线通信设备 →(7)

电子设备舱
Y 电子舱

电子时间引信
Y 电子定时引信

电子束靶
electron beam targets
TL5
S 靶*
C 惯性约束
激光靶

电子束加工
electron beam machining
TG5；V26；V46
S 加工*
C 等离子体加工 →(3)(4)
激光加工 →(3)(4)(7)

电子束加速器
electron-beam accelerator
TL5
S 粒子加速器*

电子束聚变堆
electron beam fusion reactor
TL35；TL4
D 电子束聚变装置
电子束型堆
S 热核堆
C 电子束聚变加速器
惯性约束聚变装置
Z 反应堆

电子束聚变加速器
electron beam fusion accelerator
TL5
S 粒子束聚变加速器
C 电子束聚变堆
Z 粒子加速器

电子束聚变装置
Y 电子束聚变堆

电子束型堆
Y 电子束聚变堆

电子探测
electron detection
TL8
D 正电子探测
S 带电粒子探测
C β 剂量学

Z 探测

电子同步加速器
electron synchrotron
TB9；TL5
D 5Gev 强聚焦电子同步加速器
达斯伯里同步加速器
汉堡同步加速器
剑桥电子加速器
西德电子同步加速器
S 同步加速器
Z 粒子加速器

电子维修车
electronic maintenance vehicle
TJ768
S 通用特种车
Z 军用车辆

电子系统*
electronic systems
O4；TN
F 电传飞行控制系统
电子点火系统
飞机电子系统
高频系统
综合航电系统
C 电子产品
电子设备
电子战系统 →(7)
工程系统
光电系统

电子显示技术
Y 显示

电子显示牌
Y 显示屏

电子显示屏
Y 显示屏

电子显示器
Y 显示器

电子校准
electronic calibration
TL8
D 电校准
S 校准*

电子学*
electronics
TN
F 航空航天电子学

电子延期雷管
Y 延期雷管

电子引信
electronic fuze
TJ434
S 无线电引信
Z 引信

电子邮件炸弹
E-mail bomb
TJ99；TP3
D 邮件炸弹
S 网络风险*

网络战武器
C 电子邮件软件 →(8)
邮件病毒 →(8)
邮件蠕虫 →(8)
Z 武器

电子元器件*
electronic parts and components
TN6
D 电子零部件
电子零件
F 爆破片
C 电器 →(3)(5)(7)(10)(12)
器件模型 →(8)

电子炸弹
Y 电磁炸弹

电子战飞机
Y 电子对抗飞机

电子战无人机
Y 电子对抗无人机

电子战直升机
electronic warfare helicopter
V275.13
D 电子对抗直升机
电子干扰直升机
S 军用直升机
F 舰载电子战直升机
Z 飞机

电子侦察吊舱
electronic reconnaissance pod
V223
S 电子对抗吊舱
侦察吊舱
C 电子侦察飞机
Z 舱

电子侦察飞机
electronic reconnaissance aircraft
V271.46
D 电子情报飞机
电子侦察机
S 侦察机
C 电子侦察吊舱
反电子措施飞机
Z 飞机

电子侦察飞艇
Y 军用飞艇

电子侦察机
Y 电子侦察飞机

电子侦察卫星
electronic reconnaissance satellite
V474
D 电子情报卫星
S 侦察卫星
F 雷达成像卫星
Z 航天器
卫星

电子整机
Y 电子设备

电子直线加速器
electron linac
TL5
S 电子加速器
F 行波电子直线加速器
C 束团长度
Z 粒子加速器

电子指南针
electronic compass
TN99；V241.62
D 电罗经
电子罗经
电子罗盘
S 位置指示器
Z 指示器

电子致瘫枪
Y 电击枪

电子装备
Y 电子设备

电子装置
Y 电子设备

电子自毁机构
Y 自毁装置

电子综合显示系统
Y 机载综合显示系统

电子综合显示仪
Y 机载综合显示系统

电阻管式加热器
Y 电阻加热器

电阻加热器
electric resistance heater
V2
D 变阻式加热器
电阻管式加热器
石墨电阻加热器
S 加热设备*

电作动器
electrical actuators
V245
S 作动器*
F 电动静液作动器

垫层*
cushion course
P5；U4
D 水垫层
止浆垫
F 气垫层
C 垫层材料 →(11)
过渡层 →(1)
屏蔽层 →(5)

吊舱
nacelle
V223
D 吊舱系统
航空吊舱
瞄准吊舱
S 舱*
F 导航吊舱
电子吊舱
电子对抗吊舱
飞机吊舱
红外测量吊舱
机载吊舱
加油吊舱
侦察吊舱
C 飞机挂架
外挂物
悬挂装置

吊舱系统
Y 吊舱

吊放声呐
Y 航空声呐

吊放式声呐
Y 航空声呐

吊挂
Y 悬挂

吊挂架
Y 挂架

调变剂
Y 调节剂

调查*
survey
ZT5
F 源项调查

调度*
scheduling
F；TP2
D 调度方案
调度方法
调度方式
F 飞机调度
航班调度
卫星任务调度
C 调度服务 →(5)
调度管理 →(5)
服务模型 →(1)
计算机调度 →(8)
流水车间 →(8)

调度方案
Y 调度

调度方法
Y 调度

调度方式
Y 调度

调度系统*
scheduling system
U2
D 优化调度系统
F 调度指挥系统
C 调度管理 →(5)

调度指挥系统
dispatching commanding system
U2；V55
D 指挥调度系统
S 调度系统*

调幅度测量仪

Y 测量仪器

调功加热
Y 加热

调合工艺
Y 工艺方法

调换
Y 交换技术

调机飞行
transfer flight
V323
D 飞行签派
S 航空飞行
Z 飞行

掉换
Y 交换技术

跌落试验
Y 落震试验

跌落试验台
Y 落震试验台

迭代制导
iterative guidance
TJ765；V448
S 制导*

叠层复合材料
Y 双层复合材料

叠氮聚合物推进剂
Y 固体推进剂

碟式飞行器
Y 碟形飞行器

碟形飞行器
disc-shaped flight craft
V27
D 碟式飞行器
碟型飞行器
人造飞碟
S 飞行器*

碟型飞行器
Y 碟形飞行器

丁羟复合固体推进剂
Y 端羟基聚丁二烯推进剂

丁羟固体推进剂
HTPB solid propellants
V51
S 复合推进剂
Z 推进剂

丁羟推进剂
Y 端羟基聚丁二烯推进剂

仃放刹车
Y 飞机刹车

顶部间隙泄漏流
top clearance leakage flow
V211
S 间隙泄漏流
Z 流体流

顶部进气道
Y 背负式进气道

顶弹
Y 枪械故障

顶弹故障
Y 枪械故障

顶风
Y 迎风

顶级火箭发动机
Y 末级火箭发动机

顶置火炮
top mounted gun
TJ38
S 坦克炮
Z 武器

定标关系
scaling relations
TL6
S 关系*

定常空气动力学
Steady aerodynamics
V211
D 稳定流动空气动力学
S 空气动力学
Z 动力学
科学

定常流
Y 恒定流

定点
fixed point
V412.41
S 定位*
C 浮点 →(8)

定点保持
Y 轨道控制

定点导航
Y 定位导航

定点发射
Y 固定发射

定点回转
Y 悬停回转

定点着陆
Y 精确着陆

定高引爆
Y 起爆

定轨
Y 轨道确定

定轨精度
orbit determination precision
V526；V556
D 测轨精度
S 精度*
C 轨道确定
预定轨道

定检周期
Y 检定周期

定角引爆
Y 起爆

定距螺桨
Y 可调螺距螺旋桨

定距起爆
Y 起爆

定距引爆
Y 起爆

定量检测系统
Y 检测系统

定律*
law
ZT0
F 傅里叶定律
面积律

定模型腔
Y 型腔

定期航班飞行
Y 航线飞行

定期航线
scheduled airline
U6；V355
S 航线*

定期检修
periodic inspection
TH17；TN0；V267
D 不定期维护
不定期维修
定期维修
定期修
定时维护
定时维修
S 计划性维修
C 时不变系统 →(8)
Z 维修

定期维修
Y 定期检修

定期修
Y 定期检修

定起角试验
Y 跳角试验

定容燃烧
constant volume combustion
V231.2；V43
D 等容燃烧
S 燃烧*

定容燃烧器
constant pressure burners
TJ7
S 燃烧器*

定深
depth setting
TJ63

定深控制

depthkeeping control
TJ63
S 数学控制*
制导控制
C 潜艇 →(12)
水下机器人 →(8)
Z 控制

定深器
depth setting mechanism
TJ61
S 水雷定深机构
Z 水雷部件

定时*
timing
TP2
D 定时方式
F 恒比定时

定时地雷
timing land mine
TJ512
S 非触发地雷
C 定时引信
Z 地雷

定时方式
Y 定时

定时机构
Y 引信定时机构

定时机构(降落伞)
time mechanisms(parachutes)
V244.2
S 降落伞附件
C 开伞装置
Z 附件

定时机构(引信)
Y 引信定时机构

定时精度
timing precision
TJ01
D 时统精度
S 精度*
C 时间校准

定时水雷
time-fuzed sea mine
TJ61
D 时间控制水雷
时控水雷
S 非触发水雷
C 定时引信
Z 水雷

定时维护
Y 定期检修

定时维修
Y 定期检修

定时引信
time fuze
TJ433
D 时间引信
S 引信*
F 电子定时引信
C 定时地雷
定时水雷
定时炸弹

定时炸弹
time bomb
TJ414
D 航空定时炸弹
S 炸弹*
C 定时引信

定速巡航系统
cruise control system
V241.48
S 巡航系统
Z 交通运输系统

定态波形
Y 波形

定位*
positioning
TB4；ZT5
D 定位法
定位方案
定位方式
定位技术
反定位
无定位
F 定点
动态定位
飞行器定位
轨道定位
落点定位
深度定位
实时影像跟踪定位
微定位
质心定位
组合导航定位
C 不对中 →(3)(4)
车辆定位 →(1)(3)(4)(12)
定位服务器 →(8)
定位识别 →(7)
定位系统
定位装置
定向 →(1)(2)(5)(7)(8)(12)
方位角
跟踪
位置
中间柱 →(2)(11)

定位表面
Y 表面

定位导航
positioning and navigation
TN96；V249.3；V448
D 定点导航
S 导航*
C 定位系统

定位导航系统
Y 定位系统

定位法
Y 定位

定位方案
Y 定位

定位方式
Y 定位

定位格架
space grid
TH13；TL2；TL35
D 定位隔架
S 定位装置*

定位隔架
Y 定位格架

定位机构
Y 定位装置

定位技术
Y 定位

定位控制
Y 位置控制

定位设备
Y 定位装置

定位系统*
positioning system
TN96；U6
D 测定位置系统
定位导航系统
位置测定系统
F INS/GPS 组合导航系统
气动位置伺服系统
推力矢量电液位置伺服系统
位置跟踪系统
位置姿态系统
C 导航系统
定位
定位导航
定位信号 →(7)
定位业务 →(7)
定位装置
跟踪系统

定位装置*
locating device
TG8；TH13；TH7
D 定位机构
定位设备
F 定位格架
C 定位
定位夹具 →(3)
定位系统
定心辊 →(3)(4)
夹紧装置 →(2)(3)(4)(8)(10)(11)(12)
装置

定向定位设备
Y 导弹地面设备

定向发射
directional emission
TJ765
S 导弹发射
Z 飞行器发射

定向辐射
directed radiation
TL

S 辐射*

定向辐射能武器
Y 定向能武器

定向辐射探测器
Y 辐射探测器

定向攻击水雷
directional attacking mine
TJ61
S 触发水雷
F 声呐浮标水雷
Z 水雷

定向管
Y 定向器

定向机轮式起落架
Y 起落架

定向控制
directional control
TH11；V249.122.2
D 方位控制
S 方向控制*
姿态控制
F 场定向控制
电压定向控制
太阳帆板定向控制
天线定向控制
C 航向误差 →(3)(4)
Z 飞行控制

定向瞄准
Y 方位瞄准

定向能攻击武器
Y 定向能武器

定向能量武器
Y 定向能武器

定向能武器
directed energy weapon
TJ864
D 定向辐射能武器
定向能攻击武器
定向能量武器
聚能武器
能束武器
射线武器
S 新概念武器
F 超导离子束武器
等离子武器
电磁脉冲武器
激光武器
粒子束武器
Z 武器

定向抛撒
oriented mine dispersion
TJ512
S 抛撒布雷
C 抛撒布雷车
Z 布雷

定向器
orientation device
TJ393
D 定向管
S 发射装置构件*

定向杀伤弹药
directional anti-personnel ammunitions
TJ41
S 杀伤弹药
Z 弹药

定向杀伤战斗部
Y 定向战斗部

定向设备
Y 瞄准装置

定向探测
directional detection
TN97；V249.3
S 探测*

定向无线电信号台
Y 无线电导航信标

定向性
Y 方向性

定向战斗部
orientation warhead
TJ76
D 定向杀伤战斗部
S 杀伤战斗部
Z 战斗部

定心部
bourrelet band
TJ41
S 弹药零部件*

定形型腔
Y 型腔

定型*
commitment
TB2；TH16
D 定型工作
分系统定型
工程定型
全系统定型
F 设计定型
武器定型
C 定型试验大纲
拉幅整理 →(10)

定型飞行试验
qualification flight test
TJ765.4；V217；V417
D 定型试飞
鉴定试飞
鉴定性飞行试验
S 飞行试验
F 新机试飞
型号试飞
Z 飞行器试验

定型工作
Y 定型

定型试飞
Y 定型飞行试验

定型试验大纲
test program for type approval
E；TJ05
S 技术方案*
C 定型
定型试验弹
新机试飞

定型试验弹
type test missiles
TJ761.9
S 试验导弹
C 定型试验大纲
Z 武器

定叶片
Y 静叶片

定翼机
Y 固定翼飞机

定装弹
Y 定装式炮弹

定装式炮弹
fixed cartridge
TJ412
D 定装弹
S 炮弹*

定子磁场定向控制
stator field oriented vector control
V249.122.2
S 磁场定向控制
Z 方向控制
飞行控制
物理控制

定子磁链定向
Y 定子磁链定向控制

定子磁链定向控制
stator flux linkage orientation
V249.122.2
D 定子磁链定向
S 磁场定向控制
F 定子磁链定向矢量控制
Z 方向控制
飞行控制
物理控制

定子磁链定向矢量控制
stator flux oriented vector control
V249.122.2
S 定子磁链定向控制
矢量控制*
Z 方向控制
飞行控制
物理控制

定子叶片
Y 静叶片

东部马脑炎病毒
Y 病毒类生物战剂

东部试验靶场
Y 导弹试验靶场

东马病毒
Y 病毒类生物战剂

氡 220
Y 氡-220

氡-220
radon 220
O6；TL92
D 氡 220
S α 衰变放射性同位素
氡同位素
秒寿命放射性同位素
Z 同位素

氡 222
Y 氡-222

氡-222
radon 222
O6；TL92
D 氡 222
S α 衰变放射性同位素
氡同位素
天寿命放射性同位素
Z 同位素

氡测量仪
radon content meter
TH7；TL8
D 氡含量仪
S 辐射探测器
F 标准氡室
Z 探测器

氡短寿命子体
Y 氡子体

氡含量仪
Y 氡测量仪

氡监测器
Y 测氡仪

氡控制
radon control
TL7
D 氡浓度控制
S 流体控制*
C 气体污染控制 →(13)
室内环境控制 →(8)

氡浓度
radon concentration
P5；TL7
S 浓度*
C 氡析出率
降氡 →(13)

氡浓度控制
Y 氡控制

氡室
radon chamber
TL7；TL8
S 实验室*

氡探测器
Y 测氡仪

氡同位素
radon isotopes
O6；TL92
S 同位素*
F 氡-220
氡-222

氡析出
Y 氡析出率

氡析出量
Y 氡析出率

氡析出率
radon emanation rate
TL32；TL77
D 氡析出
氡析出量
氡析出面积
S 比率*
C 氡浓度

氡析出面积
Y 氡析出率

氡子体
radon daughters
O6；TL7
D 220Rn 子体
222Rn 子体
氡短寿命子体
S 子体产物
C 降氡 →(13)
Z 同位素

动安定性
Y 动力稳定性

动操纵性
Y 操纵性

动导数
dynamic stability derivative
V211；V212
S 气动导数*

动调陀螺
Y 动力调谐陀螺仪

动调陀螺仪
Y 动力调谐陀螺仪

动方向稳定性
Y 动力稳定性

动负荷
Y 动载荷

动荷载
Y 动载荷

动基座初始对准
initial alignment on moving base
E；TJ765
S 初始对准
动基座对准
Z 对准

动基座对准
moving base alignment
E；TJ765
S 对准*
F 动基座初始对准
C 惯性导航系统
天线座 →(1)(7)

动静叶干扰
action leaf interference
V211.46
S 干扰*

动力*
power
O3；TK0
D 动力方式
动水力
F 航空动力
核动力
火箭动力
气动力
组合动力
C 动力机械 →(3)(5)(11)
动力试验
动力装置
发射动力系统
能量

动力不稳定性
Y 动力稳定性

动力操纵系统
Y 操纵系统

动力测地卫星
Y 测地卫星

动力测试
kinetic test
U4；V216
S 力学测量*

动力车辆
Y 车辆

动力传动机构
Y 传动装置

动力传动装置
Y 传动装置

动力调谐陀螺
Y 动力调谐陀螺仪

动力调谐陀螺仪
dynamically tuned gyro
V241.5；V441
D 动调陀螺
动调陀螺仪
动力调谐陀螺
动力陀螺仪
动态调谐陀螺
动态调谐陀螺仪
S 二自由度陀螺仪
F 大角速率动调陀螺仪
C 再平衡回路
Z 陀螺仪

动力堆
power reactor
TL4
D 动力反应堆
S 反应堆*
F 沸水型堆
凤凰堆
空间动力堆
镁诺克斯型堆

气冷实验堆
热离子堆
推进堆
压力管式堆
压水型堆
原型快堆
C 沸腾重水型堆
改进型气冷堆
高温气冷型堆
供热堆
海水淡化堆
核电站
核能 →(5)
加压重水堆
快堆
钠冷氢化锆慢化型堆
钠冷石墨型堆
轻水冷却石墨慢化型堆
轻水慢化有机物冷却型堆
有机冷却慢化堆
重水慢化气冷型堆
重水慢化水冷型堆

动力法定轨
Y 动力学定轨

动力反应堆
Y 动力堆

动力方式
Y 动力

动力飞行弹道
Y 有控弹道

动力飞行段
Y 助推段

动力飞行段弹道
Y 有控弹道

动力分析模型
dynamic analytical model
O3；V21
D 动力学分析模型
S 力学模型*

动力负荷
Y 动载荷

动力干扰效应
dynamic interference effects
V211.46
S 气动效应*

动力荷载
Y 动载荷

动力滑翔机
Y 滑翔机

动力机
Y 发动机

动力机构
Y 动力装置

动力计算模型
dynamic calculation model
O3；V21
D 动力学计算模型
S 力学模型*

动力精度
Y 精度

动力控制*
power control
TK0
F 发动机控制
气动控制
燃料控制
燃气动力控制
推力控制
C 工程控制
力学控制
燃烧控制 →(9)

动力模拟试验
dynamic simulation test
V211.74
S 风洞试验
Z 气动力试验

动力入流
dynamic inflow
V211
S 来流
Z 流体流

动力三角翼
Y 动力悬挂滑翔机

动力伞
powered parachute
V244.2
S 滑翔伞
Z 降落伞

动力设备
Y 动力装置

动力试验
dynamic test
O3；V216.2
D 动力性能试验
动力性试验
动力学试验
动态力学试验
S 静动力试验
F 动力学环境试验
高速撞击模拟试验
落震试验
鸟撞试验
温度冲击试验
C 动力
气动力试验
Z 力学试验

动力透平
Y 动力涡轮

动力推进系统
dynamic push drive system
U6；V430
S 动力系统*
推进系统*

动力陀螺仪
Y 动力调谐陀螺仪

动力稳定
Y 动力稳定性

动力稳定性
dynamic stability
V212
D 动安定性
动方向稳定性
动力不稳定性
动力稳定
动稳定
动稳定度
动稳定性
S 力学性能*
稳定性*
C 单层网壳 →(11)
静态稳定性
流值 →(12)
马歇尔试验 →(12)
配重

动力涡轮
power turbine
V232.93
D 动力透平
自由透平
自由涡轮
S 涡轮*
F 风力涡轮

动力涡轮转子
power turbine rotors
TH13；TK0；V232
S 涡轮转子
Z 转子

动力吸振器
dynamic vibration absorber
U6；V23
S 减振器*

动力系数
dynamic coefficient
U4；V212
D 冲击系数
S 系数*
F 气动力系数
C 动力响应 →(1)
动力学性能 →(12)
动态试验 →(1)

动力系统*
power system
TK0
D 机电动力系统
新型动力系统
有理映照动力系统
F 弹射动力系统
导弹动力系统
电动转向系统
动力推进系统
动力转向系统
发射动力系统
功率调节系统
航空动力系统
核动力系统
热动力系统
鱼雷动力系统

C 动力工程 →(5)
动力机组 →(4)(5)
动力装置
发动机系统
工程系统
混沌控制 →(8)
力学系统
模态参数 →(1)
气动汽车 →(4)(12)
气动系统
汽轮机系统 →(5)(8)(9)
驱动系统
热力系统 →(5)
推进系统
压力系统 →(3)(4)

动力消振器
Y 减振器

动力性能试验
Y 动力试验

动力性试验
Y 动力试验

动力悬挂滑翔机
powered hanging glider
V277
D 动力三角翼
S 滑翔机
Z 航空器

动力学*
dynamics
O3
D 动态力学
F 冲击波动力学
发射动力学
反应堆动力学
计算结构动力学
气体动力学
伸展动力学
时空动力学
束流动力学
中子动力学

动力学定轨
dynamics orbit determination
V526；V556
D 动力法定轨
S 轨道确定*

动力学分析模型
Y 动力分析模型

动力学环境试验
dynamic environmental test
V216
S 动力试验
力学环境试验
F 空气动力场试验
Z 环境试验
力学试验

动力学计算模型
Y 动力计算模型

动力学试验
Y 动力试验

动力因数
dynamic factor
TJ；U4
S 因子*

动力用压缩机
Y 压缩机

动力源火工品
cartridge actuated device
TJ45
D 爆炸铆钉
电燃撞针
解锁器
解脱器
作功火工品
S 火工品*
F 爆发器
爆轰管
爆破药包
爆炸螺母
爆炸螺栓
爆炸网络
弹射弹
电爆活门
火工机构
聚能切割器
震源弹

动力转向系统
power steering system
TJ810.34；U2；U4
S 动力系统*
转向系统*

动力装置*
motor assembly
TK0
D 成套动力装置
动力机构
动力设备
过氧化氢动力装置
水能动力装置
坦克动力装置
逃生动力装置
逃逸动力装置
应急动力装置
装甲车辆动力装置
F 弹射动力装置
航空动力装置
航天动力装置
鱼雷动力装置
C 柴油机
传动装置
动力
动力机械 →(3)(5)(11)
动力机组 →(4)(5)
动力系统
动力总成 →(12)
发电机
发动机
火箭推进
机械装置 →(2)(3)(4)(12)
内燃机 →(5)
起动器
牵引动力装置 →(4)(12)
推进系统
液压装置 →(2)(3)(4)(5)(11)

动力装置舱
Y 驾驶舱

动力装置性能*
powerplant properties
TK1
F 发动机性能
供油特性
喷管性能
涡轮性能
C 工程性能
性能

动量法
momentum method
V211
S 方法*

动目标检测
moving target detection
TN95；V249.3
D 动目标探测
动态目标检测
机动目标检测
移动目标检测
运动目标检测
S 检测*
F 机载动目标检测
C 微动特性 →(3)

动目标探测
Y 动目标检测

动能穿甲弹
kinetic armor-piercing projectiles
TJ412
S 穿甲炮弹
Z 炮弹

动能弹
kinetic energy projectiles
TJ411
S 防暴弹
Z 枪弹

动能弹药
kinetic energy ammunition
TJ41
S 特种弹药
C 动能武器
Z 弹药

动能导弹
Y 导弹

动能拦截
kinetic energy interception
TJ76
S 导弹拦截
Z 拦截

动能拦截弹
Y 动能拦截器

动能拦截器
kinetic energy intercept implement
TJ76；TJ866；V47
D 动能拦截弹

动能杀伤飞行器
动能杀伤拦截器
动能杀伤器
S 拦截器
F 固体动能拦截器
天基动能拦截器
Z 航天武器

动能杀伤飞行器
Y 动能拦截器

动能杀伤拦截器
Y 动能拦截器

动能杀伤器
Y 动能拦截器

动能武器
kinetic energy weapon
TJ866
D 超高速射弹武器
高速动能导弹
能量武器
S 新概念武器
F 天基动能武器
C 动能弹药
Z 武器

动声引信
Y 声引信

动水力
Y 动力

动态*
dynamic
ZT5
F 飞行动态
C 动态测试 →(1)
动态磁场 →(5)
动态特性 →(1)(8)
趋势 →(1)(5)(7)(10)(13)

动态不稳定性
Y 动态稳定性

动态测力天平
dynamic balance
V441
S 衡器*

动态测量仪
Y 测量仪器

动态潮流模型
Y 动态模型

动态调谐陀螺
Y 动力调谐陀螺仪

动态调谐陀螺仪
Y 动力调谐陀螺仪

动态定位
dynamic positioning
V448.231；V448.235
S 定位*

动态对准
dynamic alignment
TJ765；V448
S 对准*
C 导弹发射

动态飞行
dynamic flight
V323
S 航空飞行
Z 飞行

动态飞行仿真系统
Y 飞行仿真

动态负荷
Y 动载荷

动态干扰
dynamic interference
V211.46
S 干扰*

动态荷载
Y 动载荷

动态剪切流变试验
dynamic shear rheological test
U4；V211.7
D DSR 试验
S 流变试验
C 车辙因子 →(12)
Z 气动力试验

动态空气动力学
dynamic aerodynamics
V211
S 空气动力学
Z 动力学
科学

动态力学
Y 动力学

动态力学试验
Y 动力试验

动态模糊模型
Y 动态模型

动态模型
dynamic model
TP2；V211
D 动态潮流模型
动态模糊模型
动态时序模型
动态有限元模型
过程动态模型
S 模型*
F 动态热模型
动态误差模型

动态目标检测
Y 动目标检测

动态气动力
unsteady aerodynamics
TH4；V211
S 气动力
Z 动力

动态气动力特性
Y 动态气动特性

动态气动特性
dynamic aerodynamic characteristics
V211
D 动态气动力特性
S 空气动力特性
物理性能*
Z 流体力学性能

动态气动载荷
unsteady aerodynamic loads
V215
S 气动载荷
Z 载荷

动态嵌套网格
Y 运动嵌套网格

动态热模型
dynamic thermal process model
V21
S 动态模型
热模型*
Z 模型

动态入流
dynamic inflow
V211
S 来流
Z 流体流

动态设计方法
Y 设计

动态失速
dynamic stall
V212
S 失速*

动态时序模型
Y 动态模型

动态试验技术
dynamic test techniques
V1；V21
S 试验技术*
F 虚拟动态试验技术

动态稳定
Y 动态稳定性

动态稳定度
Y 动态稳定性

动态稳定性
dynamic stability
O3；U6；V212
D 动态不稳定性
动态稳定
动态稳定度
动稳性
S 稳定性*
物理性能*

动态误差补偿
dynamic error compensation
O1；V448.23
S 误差补偿
Z 补偿
误差处理

动态误差模型

dynamic errors model
V21
S 动态模型
Z 模型

动态响应试验台
Y 试验台

动态有限元模型
Y 动态模型

动态载荷
Y 动载荷

动态作用
Y 动载荷

动稳定
Y 动力稳定性

动稳定度
Y 动力稳定性

动稳定性
Y 动力稳定性

动稳性
Y 动态稳定性

动压反馈
dynamic pressure feedback
TH13；V245；V444
S 反馈*

动压气浮陀螺仪
Y 气浮陀螺仪

动叶
Y 动叶片

动叶片
moving blade
TH13；V232.4
D 倒车动叶
动叶
S 叶片*
F 转轮叶片
C 动叶栅
旋翼
叶顶间隙

动叶栅
rotor cascade
TH13；TK0；V232
S 叶栅*
C 动叶片
二次流
静叶片
轴流风机 →(4)

动液传动装置
Y 液力传动装置

动载
Y 动载荷

动载荷
dynamic load
O3；TU3；V215
D 变量荷载
变量载荷
颤振载荷
动负荷
动荷载
动力负荷
动力荷载
动态负荷
动态荷载
动态载荷
动态作用
动载
负荷(动态)
晃动载荷
活动荷载
活荷载
活载荷
可变荷载
可变荷载(活荷载)
偶然荷载
任意荷载
任意载荷
运动荷载
运动载荷
载荷(动态)
S 载荷*
F 飞行载荷
起动载荷
气动载荷
屈曲荷载
瞬变负荷
推力载荷
振动荷载
C 动载能力 →(4)

动载火箭
Y 运载火箭

动作*
motion
ZT5
F 保护动作
对抗动作

动作记录器
Y 记录仪

冻结轨道
frozen orbit
V529
S 卫星轨道
Z 飞行轨道

洞壁干扰
wind tunnel wall interference
V211.46
D 壁面干扰
壁面干涉
侧壁干扰
侧壁效应
风洞侧壁干扰
S 气动干扰*
C 壁流 →(2)
支架干扰

斗式计数器
Y 计数器

抖动偏频激光陀螺
dithered offset frequency laser gyros
V241.5
S 激光陀螺仪
Z 陀螺仪

抖振
Y 颤振

抖振边界
Y 颤振边界

抖振试验
Y 颤振试验

抖振载荷
Y 振动荷载

陡升速度
Y 爬升速度

陡梯度起落飞机
Y 直升机

毒害剂量
poisonous dose
R；TJ92
D 毒剂剂量
中毒剂量
中毒量
S 剂量*
F 半数伤害剂量
半数失能剂量
容许剂量
伤害剂量
有效剂量
致死剂量

毒剂*
toxicant
TJ92
D 化学毒剂
有毒制剂
F 刺激剂
糜烂性毒剂
全身中毒性毒剂
神经性毒剂
失能性毒剂
致死性毒剂
窒息性毒剂
C 半数伤害剂量
半致死剂量
生物战剂

毒剂弹药
Y 化学弹药

毒剂地雷
Y 化学地雷

毒剂火箭弹
Y 化学火箭弹

毒剂剂量
Y 毒害剂量

毒剂检定
Y 化学侦察

毒剂炮弹
Y 化学炮弹

毒剂迫击炮弹
Y 化学迫击炮弹

毒剂枪榴弹

Y 化学枪榴弹

毒剂手榴弹
Y 化学手榴弹

毒剂武器
Y 化学武器

毒剂消毒
Y 洗消

毒剂云团
Y 毒云

毒剂沾染
chemical contamination
TJ92
D 染毒
S 沾染
F 人员染毒
Z 污染

毒剂侦查
Y 化学侦察

毒剂侦察
Y 化学侦察

毒剂侦检
Y 化学侦察

毒剂中毒
chemical agent poisoning
R；TJ92
S 事故*

毒气弹
Y 化学炮弹

毒气弹药
Y 化学弹药

毒气手榴弹
Y 化学手榴弹

毒物（反应堆）
Y 核毒物

毒物（核）
Y 核毒物

毒性*
toxicity
O6；Q1；R
F 防毒性能
推进剂毒性
C 化学性质
生物特征 →(1)(3)(7)(9)(10)(11)(12)(13)
性能

毒烟弹
toxic smoke bombs
TJ92
S 化学炮弹
C 化学弹药
Z 炮弹

毒云
poisonous clouds
TJ92
D 毒剂云团
S 流体流*
排放物*
F 放射性烟云

独角式电雷管
Y 电雷管

独脚电雷管
Y 电雷管

独立导航
Y 自主导航

独立电源
Y 电池

独立式悬挂系统
Y 悬挂装置

独立式悬挂装置
Y 悬挂装置

独立稳定性
Y 稳定性

独立悬挂
independent suspending
S；TJ810.3
S 悬挂*

读出波形
Y 波形

读写计数器
Y 计数器

度量单位
Y 计量单位

度量衡
Y 计量单位

端壁附面层
end wall boundary layers
V211
S 壁边界层
Z 流体层

端壁翼刀
endwall fence
V222
S 翼刀
C 压气机叶栅
叶栅流
Z 飞机结构件

端净空
Y 机场净空

端面燃烧药柱
Y 端燃药柱

端羟基聚丁二烯推进剂
hydroxy terminated polybutadiene propellant
V51
D HTPB 复合固体推进剂
HTPB 推进剂
HTPE 推进剂
丁羟复合固体推进剂
丁羟推进剂
S 聚丁二烯推进剂
C 推进剂防老剂
Z 推进剂

端燃药柱
end burning grain
V51
D 端面燃烧药柱
S 推进剂药柱
Z 药柱

端头
Y 头锥

端头帽
Y 头锥

端头体
Y 头锥

端头引信
Y 弹头引信

端翼
Y 小翼

短 S 弯进气道
short S shaped inlets
V232.97
S S 形进气道
Z 进气道

短舱
nacelle
V223
D 半短舱
飞机短舱
S 飞机机舱
F 发动机短舱
Z 舱

短程导弹
Y 近程导弹

短程飞机
short-haul aircraft
V271.2
S 运输机
Z 飞机

短程空空导弹
Y 近程空空导弹

短化喷管
length-shorted exhaust nozzle
V232.97
S 喷管*

短环燃烧室
Y 短环形燃烧室

短环形燃烧室
short annular combustion chambers
V232
D 短环燃烧室
短燃烧室
S 环形燃烧室
Z 燃烧室

短机关枪
Y 冲锋枪

短基线干涉仪
short base-line interferometer
TH7；V441

S 干涉仪*

短矩起落飞机
short takeoff and landing aircraft
V275.2
S 飞机*
F 倾转翼飞机

短距起飞
Y 短距起落

短距起降
Y 短距起落

短距起落
short take-off and landing
V32
D 短距起飞
短距起降
飞机短距起降
飞机短距起落
S 起落
Z 操纵

短距起落飞机
Y 直升机

短距起落水上飞机
Y 水上飞机

短期辐照
Y 急性辐照

短燃烧室
Y 短环形燃烧室

短寿命
short life
TL375
S 寿命*

短寿命核
Y 短寿命核素

短寿命核素
short-lived nuclide
TL5；TL8
D 短寿命核
S 核素*

短停射击
Y 火炮射击

短突扩扩压器
Y 突扩扩压器

短延期雷管
Y 延期雷管

短叶片
short blades
TH13；V232.4
S 长短叶片
Z 叶片

短翼
stub wing
V224
D 武器挂载短翼
直升机短翼
直升机辅助机翼
直升机辅助翼
S 机翼*
C 复合式直升机

段发雷管
Y 延期雷管

断层摄影术
computed tomographic
TL99
S 拍摄技术*

断电弹
Y 石墨炸弹

断发引信
Y 触发引信

断壳
Y 射击故障

断裂*
fracture
O3；P5；TG1
D 断裂方式
断裂过程
断裂特征
断裂位置
断裂现象
断裂行为
断裂形貌
断裂形式
裂断
破断
破裂
破裂极限
破裂现象
破裂形态
折断现象
致裂
F 涡破裂
C 爆裂 →(2)(3)(4)(5)(9)(11)(12)
断口 →(1)(3)
断裂分析 →(1)
断裂过程区 →(11)
断裂性能 →(1)
剪切 →(1)(3)(9)(10)(11)
开裂控制 →(1)(2)
抗硫化氢腐蚀 →(3)
裂缝 →(1)(2)(3)(11)(12)
破裂机理 →(4)
破裂压力 →(4)

断裂方式
Y 断裂

断裂过程
Y 断裂

断裂韧性试验
fracture toughness testing
TB3；V216；V416
D 冲击韧性试验
S 断裂性能试验
C 延性 →(1)
Z 力学试验

断裂特征
Y 断裂

断裂位置
Y 断裂

断裂现象
Y 断裂

断裂行为
Y 断裂

断裂形貌
Y 断裂

断裂形式
Y 断裂

断裂性能试验
fracture performance test
TG1；V216；V416
S 强度试验
F 断裂韧性试验
Z 力学试验

断面
Y 截面

断面测量仪
Y 断面仪

断面特征
Y 截面

断面仪
profiler
TH7；V248.1
D 断面测量仪
S 几何量测量仪器*

断线闭锁装置
Y 闭锁装置

断续线记录仪
Y 记录仪

煅烧废物
Y 工业废弃物

锻件*
forgings
TG3
D 锤锻件
锻压件
压锻件
铸锻件
F 航空锻件
核电锻件
C 锻造 →(3)
金属零件 →(3)(4)

锻模型腔
Y 型腔

锻压件
Y 锻件

堆内部件
Y 反应堆部件

堆内构件
Y 反应堆部件

堆内回路
in-pile loop
TL3
D 考验回路

S 反应堆实验装置
回路*
C 实验孔道
Z 反应堆部件

堆内热离子堆
Y 热离子堆

堆心
Y 堆芯

堆芯
reactor cores
TL35
D 堆心
反应堆堆芯
芯(反应堆)
S 反应堆部件*
F 反应堆栅元
非均匀堆芯
换料堆芯
C 堆芯破裂
堆芯燃料管理
堆芯收集器
功率密度
控制棒
慢化剂
燃料元件

堆芯材料
core material
TL2；TL3；TL4
S 反应堆材料*

堆芯隔离冷却
Y 堆芯隔离冷却系统

堆芯隔离冷却系统
reactor core isolation cooling system
TL3
D 堆芯隔离冷却
堆芯冷却
S 反应堆冷却剂系统
Z 反应堆部件

堆芯换料
Y 换料

堆芯结构
Y 壳-芯结构

堆芯紧急冷却系统
Y 堆芯应急冷却系统

堆芯冷却
Y 堆芯隔离冷却系统

堆芯喷淋系统
Y 堆芯应急冷却系统

堆芯破裂
reactor core disruption
TL36；TL38
D 堆芯破裂事故
假想堆芯破裂事故
S 堆芯事故
C 堆芯
Z 核事故

堆芯破裂事故
Y 堆芯破裂

堆芯燃料管理
in-core fuel management
TL24
S 核材料管理
核燃料管理
C 堆芯
Z 管理

堆芯熔化
Y 堆芯熔化事故

堆芯熔化进程
Y 堆芯熔化事故

堆芯熔化事故
core meltdown accident
TL36
D 堆芯熔化
堆芯熔化进程
熔毁
S 堆芯事故
C 堆芯收集器
放射性源项
Z 核事故

堆芯设计
reactor core design
TL3
S 反应堆设计
Z 工程设计

堆芯事故
core accident
TL36
S 反应堆事故
F 堆芯破裂
堆芯熔化事故
Z 核事故

堆芯收集器
core catchers
TL35
S 反应堆部件*
C 堆芯
堆芯熔化事故

堆芯损坏
Y 堆芯损伤

堆芯损伤
core damage
TL36；TL38
D 堆芯损坏
S 损伤*

堆芯损伤评价
core damage assessment
TL36；TL38
S 损伤评估
Z 评价

堆芯淹没系统
Y 堆芯应急冷却系统

堆芯应急冷却系统
emergency core cooling system
TL35；TL38
D 安全注射系统
堆芯紧急冷却系统
堆芯喷淋系统
堆芯淹没系统
堆芯再淹没系统
沸水堆应急堆芯冷却系统
高压冷却剂注入
高压冷却剂注入系统
压水堆应急堆芯冷却系统
应急堆芯冷却系统
S 反应堆冷却剂系统
应急系统*
制冷系统*
C 快速冷却 →(1)
喷雾冷却 →(1)
失水事故
雾冷堆
Z 反应堆部件

堆芯再淹没系统
Y 堆芯应急冷却系统

堆殖区
Y 增殖区

对策*
countermeasure
ZT
F 维修对策

对策选择
Y 决策

对称体
symmetrical body
V221
S 几何形体*
F 二维轴对称体
旋成体

对称翼剖面
Y 翼型

对称翼型
symmetrical airfoil
V221
S 翼型*

对称翼型翼
Y 无弯度机翼

对称振子天线
Y 偶极子天线

对地成像卫星
Y 地球成像卫星

对地攻击导弹
Y 空地导弹

对地攻击飞机
ground attack aircraft
V271.41
S 攻击战斗机
Z 飞机

对地攻击武器
Y 空地武器

对地观测
earth observation
V419；V476
D 地球观测
地球观察

地球资源观测
空间对地观测
卫星对地观测
S 卫星观测
C 地球物理卫星
Z 观测

对地观测体系
Y 对地观测系统

对地观测卫星
earth observation satellite
V474
D 地球观测卫星
地球观察卫星
地球探测卫星
对地观察卫星
国土普查卫星
环境观测卫星
降雨观测卫星
陆地观测技术卫星
陆地观测卫星
商用观测卫星
摄影测图卫星
S 观测卫星
F 测地卫星
对地观测小卫星
C 卫星观测
Z 航天器
卫星

对地观测系统
earth observation system
V249.3；V476
D 地球观测系统
对地观测体系
空间对地观测系统
S 观测系统
Z 监测系统

对地观测小卫星
small earth observation satellite
V474
S 对地观测卫星
小卫星
Z 航天器
卫星

对地观察卫星
Y 对地观测卫星

对地静止轨道
Y 地球同步轨道

对地静止卫星
Y 地球同步卫星

对地速度
Y 地速

对地遥感卫星
Y 遥感卫星

对动式压缩机
Y 压缩机

对动型压缩机
Y 压缩机

对动压缩机
Y 压缩机

对航天器防御
Y 反航天器防御

对角泵
Y 泵

对接(航天)
Y 航天器对接

对接舱
docking module
V423
D 航天器对接舱
S 航天器舱
C 服务舱
Z 舱
航天器部件

对接动力学
Y 空间对接动力学

对接仿真试验台
docking simulation test bench
V41
S 航天试验设备
试验台*
Z 航天设备
试验设备

对接轨道
Y 交会轨道

对接轨迹规划
docking trajectory planning
V32
S 规划*

对接过程
Y 航天器对接

对接机构
Y 空间对接机构

对接技术
Y 航天器对接

对接结构
docking structures
V423
S 航天结构
Z 工程结构

对接结合设备
Y 导弹地面设备

对接联调
Y 航天器对接

对接联合调试
Y 航天器对接

对接设备
Y 对接装置

对接试验
docking test
V417
S 航天试验*

对接系统
Y 航天器对接

对接装置
docking devices
V55
D 对接设备
S 装置*

对接综合实验台
butt joint comprehensive test-bed
V41；V526
D 对接综合试验台
S 导弹阵地设施
Z 设施

对接综合试验台
Y 对接综合实验台

对抗*
countermeasures
E；TN97
D 对抗方法
对抗技术
反对抗
F 红外隐身
空间对抗
武器对抗

对抗动作
voluntary atraining maneuvers
V32
S 动作*

对抗方法
Y 对抗

对抗技术
Y 对抗

对空导弹
Y 防空导弹

对空反辐射导弹
air defense antiradiation missiles
TJ761.9
D 地对空反辐射导弹
S 反辐射导弹
Z 武器

对空间侦察
Y 航天侦察

对空监视
Y 空间监视

对空控制员
Y 航空管制员

对空情报雷达
air defense surveillance radar
TN95；V243.1
D 对空搜索雷达
S 雷达*
F 航空管制雷达

对空射击
fire at air target
TJ3
D 对空中目标射击
火炮对空射击
S 火炮射击
C 高射机枪
Z 射击

对空搜索雷达
Y 对空情报雷达

对空中目标射击
Y 对空射击

对流马赫数
convective mach number
V211
S 马赫数
Z 无量纲数

对流燃烧
convective burning
V231.1
S 燃烧*

对陆攻击导弹
Y 空地导弹

对时
Y 时间校准

对时方式
Y 时间校准

对数率表
Y 剂量计

对消器*
canceller
TN95
F 座舱消音器
C 自适应对消 →(7)

对消效应
offset effects
TJ91
S 武器效应*

对正
Y 对准

对置式压缩机
Y 压缩机

对置压缩机
Y 压缩机

对中找正
Y 对准

对重
Y 配重

对转桨
Y 对转螺旋桨

对转螺旋桨
contra-rotating propellers
U6；V232
D 对转桨
反向螺旋桨
反转螺旋桨
S 螺旋桨*
C 对转涡轮

对转涡轮
counter-rotating turbine
V232.93
S 涡轮*
F 无导叶对转涡轮
C 对转螺旋桨
对转双转子电机 →(5)
对转压气机

对转压气机
counter-rotating air compressors
V232
S 压缩机*
C 对转涡轮

对撞机
Y 直线对撞机

对撞束
colliding beam
O4；TL5
D 交叉束
碰撞束
S 射束*
C 束流强度
直线对撞机

对准*
alignment
ZT5
D 安装找正
不对准性
对正
对中找正
对准技术
套准技术
找正
F 初始对准
传递对准
粗对准
动基座对准
动态对准
多位置对准
二位置对准
方位对准
光学对准
距离对准
空中对准
C 对准标记 →(7)
装夹 →(3)(4)

对准技术
Y 对准

吨级梯恩梯当量
Y TNT 当量

钝度效应
bluntness effect
V211
D 粗糙度效应
S 气动效应*
C 钝头体
头锥

钝感弹药
insensitive ammunitions
TJ41
S 特种弹药
Z 弹药

钝感电雷管
Y 电雷管

钝感电起爆器
Y 电起爆器

钝感雷管
Y 电雷管

钝前缘
blunt leading edge
V224
S 前缘
C 翼型振荡
Z 边缘

钝头穿甲弹
Y 穿甲炮弹

钝头体
blunt-nosed body
V221
S 物体*
C 钝度效应

钝尾体
Y 后体

钝锥
blunted cone
V221
S 几何形体*

多摆稳定
Y 稳定

多板云室
Y 云雾室

多爆炸成型弹丸
multi-explosion shaped bullets
TJ412
S 爆炸成型弹丸
Z 弹药零部件

多卜勒计程仪
Y 多普勒计程仪

多操纵面
multi control surfaces
V225
S 操纵面*

多层防御
multi-layer defense
E；TJ76
D 分层防御
S 反导弹防御
Z 防御

多层隔热材料
Y 保温隔热材料

多层隔热结构
multi-layer insulation
V423
S 功能结构*

多层拦截
multilayer interception
E；TJ76
S 导弹拦截
Z 拦截

多冲量
multi impulse

V430
S 冲量*

多传感器飞机
Y 传感器飞机

多次点火
multi-time ignition
TK1；V430；V432
S 点火*
F 二次点火
C 回火 →(3)
可重复使用火箭发动机
内燃机 →(5)
重复使用运载火箭

多次发射
Y 导弹连续发射

多次喷射
multiple-injection
V430
S 喷射*
F 二次喷射

多次乳化
multiple emulsion
TL6
Y 可回收航天器

多次使用火箭发动机
Y 可重复使用火箭发动机

多次使用运载火箭
Y 重复使用运载火箭

多次用飞船
Y 可重复使用航天器

多次用航天器
Y 可重复使用航天器

多弹头
multiple warhead
V421
D 导弹多弹头
机动式多弹头
机动再入体
集束式多弹头
全导式多弹头
霰弹式多弹头
子母式多弹头
S 再入弹头
F 分导式多弹头
Z 飞行器头部
战斗部

多弹头导弹
multiple-warhead missile
TJ761.4
S 导弹
C 分导式多弹头
Z 武器

多弹头分导再入飞行器
multiple independently targeted reentry vehicle
TJ76
D 分导飞行器
S 再入飞行器
Z 飞行器

多道分析
multichannel analysis
TL8
S 分析*

多道脉冲幅度分析
multi-channel pulse amplitude analysis
TB9；TH7；TL8
S 脉冲幅度分析
Z 物理分析

多点点火
multi-point ignition
TJ51
S 点火*

多点喷射
multi-point injection
V430
S 喷射*
F 多点燃油喷射
多点顺序喷射

多点起爆
multipoint initiation
TJ51
D 多点引爆
S 起爆*

多点燃油喷射
multiport fuel injection
V430
S 多点喷射
燃料喷射
Z 喷射

多点顺序喷射
multi-point sequential injection
V430
S 多点喷射
Z 喷射

多点同步起爆网络
multi-point synchronous explosive circuit
TD2；TJ51
S 网络*

多点引爆
Y 多点起爆

多电飞机
more electrical aircraft
V271
D 电动飞机
全电飞机
全电控飞机
S 飞机*

多段悬臂拼装
Y 装配

多段翼型
multi-element airfoils
V221
S 翼型*

多发动机飞机
multiengine aircraft
V271
D 多发飞机
S 飞机*
C 单发飞机
双发飞机

多发飞机
Y 多发动机飞机

多分量天平
Y 风洞天平

多刚体航天器动力学
Y 航天器动力学

多缸压缩机
Y 压缩机

多工制导
Y 多模制导

多功能泵
Y 泵

多功能导弹
Y 多用途导弹

多功能歼击机
Y 多用途歼击机

多功能手榴弹
Y 多用途手榴弹

多功能战斗机
Y 多用途歼击机

多管发射
Y 武器发射

多管火箭
Y 多管火箭炮

多管火箭发动机
Y 火箭发动机

多管火箭发射车
Y 多管火箭炮

多管火箭发射系统
Y 多管火箭炮

多管火箭炮
multibarrel rocket guns
TJ393
D 多管火箭
多管火箭发射车
多管火箭发射系统
多管火箭炮系统
多管火箭武器
多管火箭系统
S 火箭炮
F 远程多管火箭炮
Z 武器

多管火箭炮系统
Y 多管火箭炮

多管火箭武器
Y 多管火箭炮

多管火箭系统
Y 多管火箭炮

多管炮

multi-barrel gun
TJ399
S 火炮
Z 武器

多管枪
Y 枪械

多光谱摄影机
Y 多光谱相机

多光谱探测
multispectral detection
V249.3
S 光学探测
Z 探测

多光谱相机
multispectral camera
TB8；V248
D 多光谱摄影机
S 航空相机
Z 照相机

多航迹规划
multi-route planning
V32
S 航迹规划
Z 规划

多活塞式刹车
Y 飞机刹车

多机编队
multiple aircraft formation
V32
S 飞机编队
Z 空中编队

多级导弹
multiple-stage missile
TJ76
S 导弹
C 级间分离
Z 武器

多级固体运载火箭
multi-stage solid carrier rockets
V475.1
S 多级运载火箭
Z 火箭

多级火箭
multi-stage rocket
V471
S 火箭*

多级开伞
Y 开伞装置

多级燃气涡轮
Y 燃气涡轮

多级伞系统
Y 降落伞

多级透平
Y 多级涡轮

多级涡轮
multistage turbine
V232.93
D 多级透平
S 轴流涡轮
Z 涡轮

多级旋风分离器
Y 分离设备

多级压气机
Y 多级轴流压气机

多级运载火箭
multi-stage launch vehicle
V475.1
S 运载火箭
F 多级固体运载火箭
捆绑式运载火箭
C 级间分离
空中发射
有效载荷质量比
Z 火箭

多级轴流压气机
multi stage axial flow compressor
V232
D 多级压气机
S 轴流压气机
Z 压缩机

多阶段燃烧
Y 分级燃烧

多孔层板
laminate porous plates
V25
S 板件*

多孔喷头
Y 多喷嘴

多孔喷嘴
Y 多喷嘴

多孔形填料
Y 填料

多块网格
multi-block grid
V247
D 分块网格
S 网格*
C 操纵面

多联装导弹发射装置
Y 多联装发射装置

多联装发射装置
multiple launchers
TJ765
D 多联装导弹发射装置
S 导弹发射装置
C 导弹连续发射
Z 发射装置

多列压缩机
Y 压缩机

多裂纹结构
multiple cracked structure
TH11；V25
S 结构*

多路定标器
multiscaler
TL8
S 仪器仪表*

多路遥测系统
multiplexer remote supervision system
TP7；V556
S 遥测系统
自动化系统*
Z 远程系统

多轮驱动
multi driving wheels
TJ81；U4
S 驱动*

多米诺推进剂
Y 高能推进剂

多模导引头
multimode seeker
TJ765
D 多模引导头
S 导引头
Z 制导设备

多模复合寻的制导
multi-mode integrated homing guidance
TJ765；V448
S 多模复合制导
Z 制导

多模复合制导
multi-mode compound guidance
TJ765；V448
S 复合制导
F 多模复合寻的制导
Z 制导

多模跟踪
Y 多模式跟踪

多模光纤陀螺
Y 光纤陀螺

多模式跟踪
multi-mode tracking
TJ765；TN95；V249.3
D 多模跟踪
复合跟踪
S 自动跟踪
Z 跟踪

多模态变结构控制
multi-mode structure control
V249.1
S 结构模态控制
Z 飞行控制
结构控制
模态控制

多模态飞行控制系统
multi-mode flight control systems
V249
S 飞行控制系统
Z 飞行系统

多模卫星
Y 人造卫星

多模引导头
Y 多模导引头

多模引信
multi-mode fuses
TJ43
S 引信*

多模战斗部
multi-mode warheads
TJ76
S 常规战斗部
Z 战斗部

多模制导
multi-mode guidance
TJ765；V448
D 多工制导
S 复合制导
Z 制导

多目标测控
multipurpose measurement and control
V21
S 测控*

多目标测量
multipurpose measurement
P5；V556
S 测量*

多目标分配
multipurpose assignment
TJ7；V24
S 目标分配
Z 分配

多目标攻击
multipurpose attacking
E；V323.1
S 攻击*

多目标探测
multipurpose detection
V249.3
S 目标探测
Z 探测

多盘式刹车
Y 飞机刹车

多喷管
multi-nozzle
V232.97
S 喷管*

多喷嘴
multiple jet
TH13；TK2；V232
D 多孔喷头
多孔喷嘴
S 喷嘴*

多普勒测程仪
Y 多普勒计程仪

多普勒测速
Doppler velocity measurement
V55
S 性能测量*
C 多普勒雷达 →(7)

多普勒伏尔
Y 甚高频全向信标

多普勒跟踪
doppler tracking
TN95；V55
S 无线电跟踪
C 多普勒参数 →(7)
多普勒跟踪系统
多普勒雷达 →(7)
多普勒信号 →(7)
跟踪雷达 →(7)
Z 跟踪

多普勒跟踪系统
doppler tracking system
TJ765；TN95；V556
D 速度跟踪系统
S 无线电跟踪系统
C 多普勒导航系统 →(7)
多普勒跟踪
Z 跟踪系统
无线电系统

多普勒计程仪
doppler velocity log
TN96；U6；V241
D 多卜勒计程仪
多普勒测程仪
S 几何量测量仪器*

多普勒全向信标
Y 全向信标

多普勒甚高频全向信标
Y 甚高频全向信标

多普勒无线电引信
Y 多普勒引信

多普勒效应无线电引信
Y 多普勒引信

多普勒引信
doppler fuze
TJ434
D 多普勒无线电引信
多普勒效应无线电引信
S 无线电引信
F 连续波多普勒引信
Z 引信

多群
Y 多群理论

多群理论
multigroup theory
O4；TL31；TL32
D 多群
多群模型
S 中子输运理论
Z 理论

多群模型
Y 多群理论

多任务飞机
Y 通用飞机

多任务卫星
Y 多用途卫星

多任务直升机
Y 多用途直升机

多数表决系统
Y 容错飞行控制系统

多态模型
multistate model
V21
S 模型*

多体分离
multi-body separation
V529
S 分离*

多体干扰
multi-body interference
V211.46
S 电磁干扰*

多体航天器
multi-body spacecraft
V47
S 航天器*
F 多体卫星

多体卫星
multi-body satellite
V474
S 多体航天器
人造卫星
Z 航天器
卫星

多天体交会
multiple celestial bodies rendezvous
V526
S 交会*

多头泵
Y 泵

多头齐射枪弹
Y 枪弹

多网合一
Y 网络

多微孔材料
Y 微孔材料

多位气缸
multiposition cylinder
TH13；V232
S 气缸
Z 发动机零部件

多位置对准
multiposition alignment
TJ765；V448
S 对准*

多相推进剂
Y 异质推进剂

多向结构装甲
Y 复合装甲

多项式稳定性
Y 稳定性

多斜孔气膜冷却
multiple inclined hole air film cooling
V231.1
S 气膜冷却
Z 冷却

多星测控
multi-satellite measurement and control
V556
S 卫星测控
Z 测控

多星发射
Y 卫星发射

多学科集成设计
Multidisciplinary integrated design
V221；V423
S 设计*

多学科设计优化
multidisciplinary design optimization
V221
D 多学科优化
多学科优化设计
S 优化*

多学科优化
Y 多学科设计优化

多学科优化设计
Y 多学科设计优化

多用途弹药
multipurpose ammunitions
TJ41
S 弹药*
C 多用途导弹
多用途炮弹
多用途枪榴弹
多用途手榴弹
多用途鱼雷

多用途导弹
multipurpose missile
TJ76
D 多功能导弹
多用途制导导弹
S 导弹
C 多用途弹药
Z 武器

多用途飞机
Y 通用飞机

多用途歼击机
multipurpose fighter
V271.41
D 多功能歼击机
多功能战斗机
多用途战斗机
S 歼击机
F 多用途轻型战斗机
Z 飞机

多用途炮弹
multipurpose shell
TJ412
D 复合作用弹
复合作用炮弹
S 炮弹*
C 多用途弹药

多用途枪榴弹
multipurpose rifle grenades
TJ29
S 枪榴弹
C 多用途弹药
Z 榴弹

多用途轻型战斗机
multipurpose light fighters
V271.41
S 多用途歼击机
Z 飞机

多用途手榴弹
multipurpose hand grenade
TJ511
D 多功能手榴弹
S 手榴弹
C 多用途弹药
Z 榴弹

多用途卫星
multipurpose satellite
V474
D 多任务卫星
S 人造卫星
Z 航天器
卫星

多用途无人驾驶飞机
Y 无人机

多用途鱼雷
multipurpose torpedo
TJ631
S 鱼雷*
C 多用途弹药

多用途战斗机
Y 多用途歼击机

多用途直升机
multipurpose helicopter
V275.1
D 多任务直升机
通用直升机
S 直升机
Z 飞机

多用途制导导弹
Y 多用途导弹

多余物控制
more residue control
TN0；V26；V46
Y 液体推进剂

多圆弧叶型
multi-arc blade airfoils
V221
S 叶型
Z 翼型

多约束优化
multiconstraint optimization
V37
S 优化*

多运动平台
multi-motion platform
V216
S 平台*

多站点
Y 台站

多支点半柔壁喷管
Y 风洞喷管

多支点全柔壁喷管
Y 风洞喷管

多支柱起落架
multi-stanchion landing gears
V226
S 起落架*

多重飞行控制
Y 生存式飞行控制

多重飞行控制系统
Y 余度飞行控制系统

多重分形表面
Y 表面

多轴疲劳试验
multiaxial fatigue experimental
TE9；TH7；V216.3
S 疲劳试验
Z 力学试验

多轴压缩机
Y 压缩机

多轴振动试验
multi-axes vibration test
V216
S 振动试验
Z 力学试验

多转子喷气发动机
multispool jet engines
V235
D 三轴发动机
三转子喷气发动机
S 涡轮喷气发动机
Z 发动机

多组分同位素
multicomponent isotope
O6；TL92
D 多组分稳定同位素
S 同位素*

多组分稳定同位素
Y 多组分同位素

多组元推进剂
Y 液体推进剂

舵回路
Y 舵系统

舵机*
steering engine
U6；V227
D 操舵装置
方向舵机
飞机舵机

飞机舵面伺服作动器
飞行操纵作动器
飞行器舵机
非线性舵机
复合舵机
副翼舵机
横推器
横向舵机
继电式舵机
配平舵机
平尾舵机
升降舵舵机
升降付翼舵机
伺服舵机
液压复合舵机
自动舵机
自主式舵机
阻尼舵机
组合舵机
F 导弹舵机
电液舵机
气动舵机
液压舵机
余度舵机

舵机舱
Y 驾驶舱

舵机装置舱
Y 驾驶舱

舵面
Y 操纵面

舵面发散
Y 操纵面发散

舵面反效
Y 操纵面反效

舵面配重
control surface balance
V245
D 配重箱
配重装置
平衡配重
平衡重
质量补偿
S 配重*
C 舵 →(12)

舵面嗡鸣
Y 操纵面嗡鸣

舵偏角
rudder deflection angle
TJ76；V421
D 操纵面偏角
控制角
S 角*
C 燃气舵
升力

舵系统
rudder system
V249
D 操舵控制系统
操纵面作动系统
舵回路
S 控制系统*
设备系统*
C 无人机

惰层
Y 中子反射层

惰性火箭弹
Y 教练火箭弹

惰性气体发生器
Y 气体发生器

惰性气体增压系统
Y 增压系统

俄国春夏脑炎病毒
Y 病毒类生物战剂

锇同位素
osmium isotopes
O6；TL92
S 同位素*

额定工况
rated condition
TK0；V231
D 超额定状态
额定状态
亚额定状态
S 工况*

额定功率
nominal power
O4；TK4；V228
D 标称功率
标称马力
标称能力
标定功率
标准功率
额定功率输出
功率标定
功率额定值
铭牌功率
许用功率
S 功率*

额定功率输出
Y 额定功率

额定状态
Y 额定工况

恶劣气象条件
bad weather condition
V321.2
S 气象条件
Z 条件

饵雷
Y 诡计地雷

饵雷（地雷）
Y 诡计地雷

二倍最小功率点
Y 功率点

二冲程发动机
two-stroke engine
TK0；V234
D 二行程发动机
两冲程发动机
双缸发动机
S 活塞式发动机
C 二冲程 →(4)(5)
二冲程柴油机 →(5)(12)
二冲程内燃机 →(5)
Z 发动机

二次剥离
second transfer
TL8
S 剥离*

二次点火
reignition
TK1；V233
S 多次点火
Z 点火

二次反应
secondary reaction
O6；TL32
D 次级反应
S 核反应*
C 溶出率 →(3)
熟料溶出 →(3)

二次防护
secondary effect protection
E；TJ811；X9
D 二次效应防护
S 防护*

二次废物
Y 废弃物

二次废渣
Y 废渣

二次分离器
Y 分离设备

二次辐射效应
secondary radiation effect
TL32
S 辐射效应*

二次监视雷达
secondary surveillance radar
TN95；V243.1
S 雷达*

二次空气喷射
Y 气体二次喷射

二次离子质谱计
Y 二次离子质谱仪

二次离子质谱仪
secondary ion mass spectrometer
TH7；TL32
D 二次离子质谱计
S 谱仪*

二次流
secondary flow
V211
S 流体流*
C 动叶栅

二次抛射弹道
Y 外弹道

二次喷射
secondary injection
V430
D 二次喷注
二级喷射
S 多次喷射
F 气体二次喷射
C 推力矢量控制
Z 喷射

二次喷射控制
secondary injection control
V249；V433
S 推进控制
Z 动力控制

二次喷注
Y 二次喷射

二次起爆
Y 二次引爆

二次效应防护
Y 二次防护

二次引爆
secondary initiation
TJ51
D 二次起爆
S 起爆*

二次资源利用
Y 资源利用

二回路系统
secondary circuit system
TL3
S 反应堆冷却剂系统
回路系统
Z 反应堆部件

二级点火
two stage ignition
TK1；V430；V432
S 火箭点火
C 二次喷油 →(5)
高能点火 →(5)
Z 点火

二级航空维修
Y 野战维修

二级火箭
two stage rocket
V471
S 火箭*

二级喷射
Y 二次喷射

二级入轨
Y 入轨

二级维修
Y 野战维修

二级涡轮
second stage turbine
V232.93
D 两级透平
两级涡轮
S 轴流涡轮
Z 涡轮

二级增压装置
Y 增压装置

二极磁铁
dipole magnet
TL5
S 磁性材料*

二甲胺基氰磷酸乙酯
Y 塔崩

二甲胺基氰膦酸乙酯
Y 塔崩

二阶往复惯性力
two-stage reciprocating inertia force
TH4；V228
S 往复惯性力
Z 内力

二进制计数器
Y 计数器

二氯化碳酰
Y 光气

二氯碳酰
Y 光气

二十四小时轨道
Y 地球同步轨道

二维弹道修正引信
two-dimensional trajectory correction fuzes
TJ434
S 弹道修正引信
Z 引信

二维风洞
two dimensional wind tunnel
V211.74
D 二元风洞
S 风洞*

二维机翼
Y 二元机翼

二维进气道
Y 二元进气道

二维流
two-dimensional flow
O3；V211
D 二维流动
二维水流
S 流体流*
C 三维流

二维流动
Y 二维流

二维喷管
Y 二元喷管

二维扫描系统
Y 扫描设备

二维水流
Y 二维流

二维叶栅
Y 平面叶栅

二维翼型
two-dimensianal airfoil
V221
D 二元翼型
S 翼型*

二维轴对称体
2D axisymmetric bodies
V221
S 对称体
Z 几何形体

二位置对准
two position alignment
TJ765；V448
S 对准*
C 捷联惯导系统

二硝酰胺铵
ammonium dinitramide
V511
S 高能氧化剂
Z 化学剂

二行程发动机
Y 二冲程发动机

二氧化碳冷却堆
carbon dioxide cooled reactor
TL4
S 气冷堆
C 改进型气冷堆
镁诺克斯型堆
Z 反应堆

二元风洞
Y 二维风洞

二元化学弹药
binary chemical ammunition
TJ92
S 化学弹药
C 二元化学战剂
Z 弹药

二元化学武器
binary chemical weapon
TJ92
S 化学武器
C 二元化学战剂
Z 武器

二元化学战剂
binary chemical agent
TJ92
S 化学战剂
C 二元化学弹药
二元化学武器
Z 武器

二元机翼
two dimensional airfoil
V224
D 二维机翼

二元翼
S 机翼*

二元进气道
two-dimensional inlet
V232.97
D 二维进气道
S 进气道*

二元喷管
two-dimensional nozzle
V232.97
D 二维喷管
S 喷管*

二元叶栅
Y 平面叶栅

二元翼
Y 二元机翼

二元翼型
Y 二维翼型

二自由度测速陀螺
Y 速率陀螺仪

二自由度陀螺
Y 二自由度陀螺仪

二自由度陀螺仪
two-degree-freedom gyroscope
V241.5；V441
D 二自由度陀螺
两自由度陀螺仪
S 陀螺仪*
F 动力调谐陀螺仪
航向陀螺仪
自由转子陀螺仪

二自由度液浮陀螺仪
Y 液浮陀螺仪

发爆器
Y 起爆器

发电厂设备
Y 电厂设备

发电机*
electric generators
TM3
D 600MW 发电机
MW 发电机
变速发电机
灯泡式发电机
发电器
高速发电机
光发电器
盘式发电器
汽轮机发电机
十二相发电机
数字式发电机
太阳能发电器
同步控制发电器
透平型发电机
微机式发电机
小型汽油发电机
谐波发电机
压电发电机
液压发电机
直线振动发电机
主机轴带发电机
F 航空发电机
温差发电器
C 电动机 →(4)(5)
电枢 →(5)
定子 →(5)
定子端部 →(5)
定子铁心 →(5)
动力装置
发电机变压器 →(5)
发电机并网 →(5)
发电机出口断路器 →(5)
发电机定子 →(5)
发电机控制 →(5)
发电机组
发电设备 →(5)
发电系统 →(5)(9)(11)
分配因子 →(5)
互补发电系统 →(5)
混合发电系统 →(5)
机组 →(1)(2)(3)(4)(5)(9)(11)(12)
集流管 →(4)(11)
集水管 →(11)
可再生能源发电系统 →(5)
内冷水系统 →(1)
氢气系统 →(5)(9)
数字发电系统 →(5)
塔式发电系统 →(5)
跳闸 →(5)
同期并网 →(5)
主变压器 →(5)
转子温度 →(4)

发电机组*
generating unit
TM6
D 600MW 发电机组
F 核电机组
C 电机 →(5)(8)(12)
发电机
惯性时间常数 →(5)
机组 →(1)(2)(3)(4)(5)(9)(11)(12)
数字发电系统 →(5)

发电器
Y 发电机

发电卫星
Y 太阳能卫星

发动机*
engine
U4；V228
D V 型发动机
倒车油动机
低散热发动机
动力机
环保型发动机
绝热发动机
前置发动机
燃烧发动机
试验发动机
陶瓷发动机
特种发动机
旋转式发动机
引擎
油动机
原动机
中置发动机
F 航空发动机
活塞式发动机
军用发动机
脉冲发动机
喷气发动机
喷射发动机
燃料电池发动机
燃气涡轮发动机
验证机
智能发动机
组合发动机
C 电动机 →(4)(5)
电动机转矩 →(4)
动力机械 →(3)(5)(11)
动力技术 →(5)
动力配置 →(4)
动力装置
发动机功率 →(4)
发动机零部件
发动机叶片
发动机质量 →(5)
发动机转速 →(4)
混合气浓度 →(5)
进气道
歧管 →(5)
气体补给 →(5)
润滑油 →(2)(4)
推进器
推力
万有特性 →(5)
制动推力

发动机不能起动故障
engine start failure
TK0；U4；V23
S 发动机故障*

发动机布局
Y 发动机设计

发动机部件
Y 发动机零部件

发动机参数
motor performance parameter
U4；V23
D 发动机额定参数
发动机性能参数
S 设备参数*
C 比推力
发动机性能
总体参数

发动机舱
engine compartment
V223
S 舱*
F 发动机短舱

发动机操纵
Y 发动机控制

发动机测试
Y 发动机试验

发动机点火系统
engine ignition systems
TK0；V233.3
S 点火系统*
发动机系统*
C 发动机点火 →(5)

发动机电控系统
electronic control system of engine
U4；V233
D 发动机电子控制系统
S 电气系统*
发动机控制系统
Z 发动机系统
控制系统
专用系统

发动机电子控制系统
Y 发动机电控系统

发动机调节
Y 发动机控制

发动机调节系统
Y 发动机控制系统

发动机动力性能
engine power performance
U4；V23
S 发动机性能
F 推进性能
C 发动机工况
发动机功率 →(4)
发动机排量 →(12)
发动机起动系统
发动机设计
发动机效率 →(5)
气缸
Z 动力装置性能

发动机短舱
engine nacelles
V223
S 短舱
发动机舱
F 发动机消声短舱
Z 舱

发动机额定参数
Y 发动机参数

发动机反推力
engine reverse thrust
V23
D 发动机负推力
S 发动机推力
反推力
C 发动机加速性
Z 推力

发动机-飞机机体配合
Y 飞机-发动机匹配

发动机-飞机匹配
Y 飞机-发动机匹配

发动机飞机尾喷管匹配
Y 飞机-发动机匹配

发动机飞机相容性
Y 飞机-发动机匹配

发动机飞机整体化
Y 飞机-发动机匹配

发动机飞行试验
Y 空中试车台

发动机飞行试验台
Y 空中试车台

发动机飞行载荷谱
Y 飞行载荷谱

发动机负推力
Y 发动机反推力

发动机附件
Y 航空发动机附件

发动机高度特性
Y 发动机性能

发动机工况
engine conditions
V23
D 发动机工作状态
S 工况*
C 发动机动力性能

发动机工作状态
Y 发动机工况

发动机供给系统
engine supply system
U4；V233
D 供油系
S 发动机系统*

发动机构件
Y 发动机零部件

发动机故障*
engine failure
TK0；U4；V23
D 引擎故障
F 窜气
窜烧机油
窜油
点火故障
发动机不能起动故障
拉缸
气路故障
敲缸
停缸
熄火故障
叶片故障
C 发动机零部件
故障
热弯曲 →(3)(4)
失速

发动机故障诊断
engine diagnosis
TK0；V263.6
D 发动机监测
发动机检测
发动机检查
发动机诊断
起动机检查
S 诊断*

发动机关机*
engine cutoff
V434
D 关车
火箭发动机关车
火箭发动机关机
火箭发动机停车
推力终止
F 耗尽关机
紧急关机
C 发动机控制

发动机关机减速性
Y 发动机加速性

发动机管路特性
engine pipeline characteristic
TK0；U4；V23
S 工程性能*

发动机滑油系统
engine lubrication system
V233
D 发动机润滑系统
S 发动机系统*
流体系统*
润滑系统*

发动机极限工况试车
Y 热试车

发动机集中控制系统
engine concentrated control system
TK4；V233.7
S 发动机控制系统
集中式系统*
热学系统*
Z 发动机系统
控制系统
专用系统

发动机加速性
pickup of engine
V23
D 发动机关机减速性
发动机减速性
发动机起动加速性
S 发动机性能
物理性能*
C 怠速运转 →(5)
发动机抖动 →(12)
发动机反推力
发动机缓速器 →(4)(12)
发动机设计
发动机失效
发动机稳定性
Z 动力装置性能

发动机监测
Y 发动机故障诊断

发动机减速性
Y 发动机加速性

发动机检测
Y 发动机故障诊断

发动机检查
Y 发动机故障诊断

发动机检修
Y 发动机维修

发动机节流特性
engine throttle characteristic
V231；V43
D 节流特性
油门特性
S 发动机性能
C 发动机可靠性试验
发动机控制
发动机排放 →(13)
发动机排量 →(12)
发动机排气
发动机燃料系统
节流 →(2)(4)
节流机构 →(4)
Z 动力装置性能

发动机结构可靠性试验
Y 发动机可靠性试验

发动机进气道
Y 进气道

发动机进气管
Y 进气道

发动机壳体
motor body
V431
S 壳体*
F 导弹发动机壳体
火箭发动机壳体

发动机可靠度
Y 发动机可靠性

发动机可靠性
engine reliability
V328.5
D 发动机可靠度
S 可靠性*
C 发动机性能

发动机可靠性试验
engine reliability test
V216.2
D 发动机结构可靠性试验
S 发动机试验*
可靠性试验
C 发动机节流特性
Z 性能试验

发动机空气动力学
Engine aerodynamics
V211
D 发动机气动力学
航空发动机空气动力学
进气道空气动力学
S 气体动力学
Z 动力学
科学

发动机空中停车
Y 空中停车

发动机控制
engine control
TP1；V233.7
D 发动机操纵
发动机调节
引擎控制
S 动力控制*
F 发动机转速控制
防喘控制
航空发动机控制
火箭发动机控制
进气控制
喷气发动机控制
推进剂控制
正冲波位置调节
总距油门控制
C 发动机关机
发动机节流特性

发动机控制单元
Y 发动机控制系统

发动机控制模块
Y 发动机控制系统

发动机控制系统
engine control system
U4；V233
D 发动机调节系统
发动机控制单元
发动机控制模块
S 发动机系统*
控制系统*
专用系统*
F 发动机电控系统
发动机集中控制系统
发动机数控系统

发动机零部件*
engine components
TK0
D 发动机部件
发动机构件
发动机零件
发动机另件
F 发动机喷管
发动机燃烧室
发动机叶片
发动机转子
航空发动机部件
火箭发动机部件
火焰筒
进气锥
孔式喷油嘴
扩压器
排气混合器
喷油杆
气缸
C 发动机
发动机故障
航空发动机附件
减振器
零部件
内燃机 →(5)
叶片
制动件 →(4)(12)

发动机零件
Y 发动机零部件

发动机另件
Y 发动机零部件

发动机排气
engine exhaust
V231
D 喷气火舌
喷气流
S 排气*
C 发动机节流特性
发动机排放 →(13)
发动机排量 →(12)

发动机排气系统
Y 排气系统

发动机喷管
engine nozzle
V232.97
S 发动机零部件*
排气喷管
F 火箭发动机喷管
气动塞式喷管
C 发动机配气机构 →(12)
喷管气流
Z 喷管

发动机启动系统
Y 发动机起动系统

发动机起动加速性
Y 发动机加速性

发动机起动系统
engine starting system
U4；V233
D 发动机启动系统
S 发动机系统*
C 发动机动力性能

发动机气道
Y 进气道

发动机气动力学
Y 发动机空气动力学

发动机气缸
Y 气缸

发动机汽缸
Y 气缸

发动机燃料系统
engine fuel system
U4；V233
D 发动机燃料系统部件
发动机燃油系统
S 发动机系统*
燃料系统*
F 火箭发动机燃料系统
C 代用燃料发动机 →(5)
发动机节流特性

发动机燃料系统部件
Y 发动机燃料系统

发动机燃烧室
engine combustor
V232.95
S 发动机零部件*
F 火箭发动机燃烧室

发动机燃油系统
Y 发动机燃料系统

发动机热力计算
engine thermodynamic calculation
V231.1
S 计算*

发动机润滑
Y 发动机维修

发动机润滑系
Y 发动机维修

发动机润滑系统
Y 发动机滑油系统

发动机设计*
engine design
TB2；V23
D 发动机布局
引擎设计
F 变几何设计
航空发动机设计
火箭发动机设计
进气道设计
燃烧室设计
叶型设计
C 发动机动力性能
发动机加速性

发动机失效
engine failure
V23
S 失效*
C 发动机加速性

发动机使用寿命
engine service life
V23；V328.5
D 发动机寿命
S 寿命*

发动机试车
Y 发动机试验

发动机试车台
engine test bed
V216
D 发动机试验台
S 试车台
F 地面试车台
航空发动机试车台
火箭发动机试车台
空中试车台
Z 试验台

发动机试验*
engine test
V216.2
D 发动机测试
发动机试车
检验试车
引擎试验
F 爆震试验
喘振试验
点火试验
发动机可靠性试验
航空发动机试验
火箭发动机试验
起动试验
热试
台架试车
吞水试验
羽流试验
自由射流试验
C 发动机性能
工程试验

发动机试验设备
Y 试验设备

发动机试验台
Y 发动机试车台

发动机试验台架
Y 空中试车台

发动机寿命
Y 发动机使用寿命

发动机数控系统
engine numerical control system
U4；V233
S 发动机控制系统
Z 发动机系统
控制系统
专用系统

发动机特点
Y 发动机性能

发动机特性
Y 发动机性能

发动机停车
Y 发动机熄火

发动机推力
engine thrust
V43
D 不加力推力
S 推力*
F 发动机反推力
喷气发动机推力

发动机推力重量比
Y 推重比

发动机推质比
Y 推重比

发动机推重比
Y 推重比

发动机维护
Y 发动机维修

发动机维修
engine maintenance
TH17；U4；V267
D 发动机检修
发动机润滑
发动机润滑系
发动机维护
S 维修*

发动机稳定性
engine stability
V231
S 发动机性能
稳定性*
C 发动机加速性
Z 动力装置性能

发动机熄火
engine stall
U4；V23；V430
D 发动机停车
发动机自动熄火
S 熄火故障
F 空中停车
C 级间分离
燃烧
Z 发动机故障

发动机熄火故障
Y 熄火故障

发动机系统*
engine systems
TK4
F 发动机点火系统
发动机供给系统
发动机滑油系统
发动机控制系统
发动机起动系统
发动机燃料系统
发动机悬置系统
发动机引气系统
进气系统
排气系统
C 点火系统
动力系统
冷却系统 →(1)
排放系统
喷射系统
燃料喷射系统 →(5)
燃料系统
燃烧系统 →(4)(5)(8)
设备系统
推进系统

发动机消声短舱
engine noise elimination pods
V223
S 发动机短舱
Z 舱

发动机型号
engine type
U4；V23
S 型号*

发动机性能
engine performance
U4；V23
D 发动机高度特性
发动机特点
发动机特性
S 动力装置性能*
F 发动机动力性能
发动机加速性
发动机节流特性
发动机稳定性
C 发动机参数
发动机功率 →(4)
发动机可靠性
发动机试验

发动机特性计算 →⑿
发动机效率 →(5)
发动机原理 →(5)
燃料特性 →(5)(9)
燃烧
万有特性 →(5)

发动机性能参数
Y 发动机参数

发动机悬置系统
engine suspension system
U4；V233
S 发动机系统*

发动机药柱
Y 推进剂药柱

发动机叶片
engine blade
TH13；TK0；V232.4
D 围带
S 发动机零部件*
叶片*
F 航空发动机叶片
C 发动机

发动机仪表
engine instrument
TH7；V241.7
S 仪器仪表*

发动机引气系统
engine bleed air system
V233
S 发动机系统*
C 发动机配气机构 →⑿

发动机运输车
Y 机场特种车辆

发动机诊断
Y 发动机故障诊断

发动机振动
engine vibrations
O3；V231
S 设备振动*

发动机整流罩
engine fairing
V232
D 航空发动机整流罩
S 整流罩*
C 进气道

发动机转速控制
motor speed control
TP1；V233.7
S 发动机控制
速度控制*
Z 动力控制

发动机转子
engine rotors
TH13；TK0；V232
S 发动机零部件*
转子*
F 航空发动机转子

发动机自动熄火
Y 发动机熄火

发光剂量计
Y 辐射光致发光剂量计

发光衰减时间
luminescence decay time
TL8
S 时间*

发汗冷却
sweat cooling
V231.1
S 冷却*

发火冲量
firing impulse
TJ5
S 冲量*

发火次序
Y 点火次序

发火刺激量
Y 发火能量

发火点
Y 燃点

发火感度
firing sensitivity
TJ45
S 感度*

发火机构
Y 引信发火机构

发火可靠度
Y 发火可靠性

发火可靠性
firing reliability
TJ45
D 发火可靠度
作用可靠度
S 引信可靠性
Z 可靠性
战术技术性能

发火能量
firing energy
TJ45
D 刺激能量
发火刺激量
S 能量*
C 引信发火机构

发火期
ignition period
TD7；TJ4
D 发火时间
S 时期*
C 半导体桥火工品

发火时间
Y 发火期

发火顺序
Y 点火次序

发火系统
Y 点火系统

发火性能
Y 点火性能

发火延迟
Y 点火延迟

发火装置
Y 引信发火机构

发控车
Y 发射控制车

发控车辆
Y 发射控制车

发控设备
Y 测控系统

发控系统
Y 发射控制系统

发控中心
Y 发射控制中心

发控装置
Y 发射控制设备

发裂
Y 裂纹

发令弹
Y 信号枪弹

发热器
Y 加热设备

发散喷管
Y 扩散喷管

发射*
emission
TJ765；V55
D 发射(飞行器)
发射(空间飞行)
发射保险
发射法
发射方式
发射工作
发射过程
发射技术
F 测试发射
电发射
海上发射
机载发射
空中发射
武器发射
遥控发射
液压发射
C 弹射
辐射源
接收 →(7)
性能判别 →(5)

发射(飞行器)
Y 发射

发射(空间飞行)
Y 发射

发射安全
launch safety
V551

S 航空航天安全*

发射安全性
launching security
TJ0
S 安全性*
航天器性能
C 燃料空气炸药
武器发射
Z 载运工具特性

发射包线
launching envelopes
TJ765
D 发射边界
S 线*
C 防区外发射

发射保险
Y 发射

发射边界
Y 发射包线

发射部分
Y 发射单元

发射参数
emission parameters
TJ3；TJ765
S 操作参数*
C 发射深度
发射条件
武器发射

发射舱
launch compartment
TJ76
S 弹药舱
Z 舱

发射测试系统
launch test systems
V55
S 试验系统*
F 测试发射控制系统

发射场
launching site
TJ768；V55
D 发射场坪
发射场系统
发射坪
S 场所*
F 导弹发射场
海上发射场
航天器发射场
火箭发射场
综合发射场
C 导弹发射
导弹发射井
发射塔架
发射装置
航空航天地面设备
航天器发射

发射场安全
launching site safety
V551
S 航空航天安全*
C 飞行安全

发射场工程
launching site engineering
V55
S 航天工程
C 导弹阵地工程
Z 工程

发射场坪
Y 发射场

发射场系统
Y 发射场

发射车
Y 导弹发射车

发射窗口
Y 发射时间

发射单元
launch parts
TJ3
D 发射部分
S 单元*
C 发射模块 →(7)
发射天线 →(7)

发射导弹车
Y 导弹发射车

发射点
Y 发射位置

发射点火具
Y 电点火具

发射电路检查
launch circuit inspection
TJ765
S 导弹检查
Z 准备

发射动力系统
launching power systems
TJ765
S 动力系统*
C 动力

发射动力学
launching dynamics
TH11；TJ3
S 动力学*
F 火炮发射动力学

发射度
Y 束流发射度

发射度(束流)
Y 束流发射度

发射端
Y 辐射源

发射段弹道
Y 有控弹道

发射段制导
Y 初制导

发射法
Y 发射

发射方式
Y 发射

发射方位角
launch azimuth
TJ3；TJ765
S 方位角
C 导弹发射
火炮射击
Z 角

发射飞行器
Y 飞行器发射

发射服务
launch service
V554
S 服务*

发射工作
Y 发射

发射故障
Y 发射失败

发射管发射
Y 武器发射

发射轨道
launching trajectory
V529
S 卫星轨道
Z 飞行轨道

发射过程
Y 发射

发射后不管
fire and forget
TJ765
S 空空导弹发射
Z 飞行器发射

发射环境
Y 发射条件

发射环境效应
launching environment effects
TJ765；V55
S 环境效应*

发射机构
launching mechanism
TJ2
S 枪械构件*
F 扳机
快慢机

发射基地
launching base
TJ768；V55
S 基地*
F 航天器发射试验基地
C 地面设备
发射阵地
综合发射场

发射计划
Y 空间发射计划

发射技术

Y 发射

发射架
Y 发射装置

发射架调平装置
Y 调平机构

发射架转塔
launcher turret
V55
S 发射装置构件*
F 雾化整流装置

发射井
Y 导弹发射井

发射井发射
Y 地下井发射

发射决策
emission decision
V55
S 决策*

发射控制
launch control
TJ765
S 军备控制*
F 导弹发射控制

发射控制车
launch control vehicle
V55
D 发控车
发控车辆
控制车
S 技术保障车辆
特种军用车辆
Z 保障车辆
军用车辆

发射控制机
Y 火控指挥仪

发射控制设备
launch control equipment
TJ768；V55
D 发控装置
发射控制台
发射控制装置
S 设备*

发射控制台
Y 发射控制设备

发射控制系统
launch control system
TJ768
D 发控系统
S 武器控制系统
F 导弹测发控系统
Z 武器系统

发射控制中心
launch control center
TJ768
D 发控中心
S 测控中心
F 发射指挥控制中心
Z 中心（机构）

发射控制装置
Y 发射控制设备

发射平台
launching platform
TJ768；V55
S 武器平台
F 海上发射平台
活动发射平台
Z 承载平台

发射坪
Y 发射场

发射前测试
Y 发射前试验

发射前试验
prelaunch test
TJ765.4
D 点火前试验
发射前测试
S 发射试验
C 航天前作业
Z 武器试验

发射枪榴弹步枪
Y 榴弹发射器

发射勤务塔
Y 发射塔架

发射区
emitter region
TJ768；V55
S 工作区*
F 允许发射区
C 导弹发射
航天器发射

发射任务
launch missions
V55
D 发射任务书
S 任务*

发射任务书
Y 发射任务

发射设备
Y 发射装置

发射设施
launching facility
V55
D 发射综合设施
航天发射综合设施
S 设施*

发射深度
launching depth
TJ765
S 深度*
C 发射参数
潜射导弹
水下发射

发射失败
launch abort
TJ76；V55
D 发射故障
发射失败(航天)
发射未成功
S 故障*
C 导弹发射

发射失败(航天)
Y 发射失败

发射时
Y 发射时间

发射时机
Y 发射时间

发射时间
launch time
TJ7；V525；V55
D 发射窗口
发射时
发射时机
发射最佳时间
S 时间*
C 卫星发射
月球探测器

发射实验
Y 发射试验

发射事故
launch accidents
V551
S 航空航天事故*

发射试验
launching test
TJ01
D 发射实验
S 武器试验*
F 导弹发射试验
发射前试验
空中发射试验
水下发射试验
C 导弹发射
卫星发射

发射释放机构
Y 空投系统

发射顺序
launching sequence
TJ76；V55
S 顺序*
C 导弹发射

发射速度
Y 射速

发射塔
Y 发射塔架

发射塔架
launching tower
V55
D 发射勤务塔
发射塔
航天发射塔
S 建筑结构*
C 发射场

发射台
launching pad

TJ768；V55
S 地面发射设备
F 火箭发射台
Z 地面设备

发射台对接
launch pad butt joint
TJ76；V55
S 导弹发射准备
C 航天器发射
Z 准备

发射探测器
launch detector
TH7；V248
S 探测器*

发射逃逸
launch escape
V445
D 待发段逃逸
S 逃生
C 航天救生
Z 救生

发射条件
launching condition
TJ76；V55
D 发射环境
S 条件*
F 导弹发射条件
C 发射参数

发射筒
launcher barrel
TJ768
D 导弹发射筒
S 发射装置*
C 筒式发射

发射卫星
Y 卫星发射

发射未成功
Y 发射失败

发射位置
launching location
V55
D 发射点
S 位置*
C 相干区 →(7)

发射武器
Y 武器投放

发射系统
Y 发射装置

发射箱
launching container
TJ768
D 储运箱式发射装置
导弹发射箱
箱式发射装置
S 导弹发射装置
F 贮运发射箱
C 防空导弹
箱式发射
Z 发射装置

发射型计算机断层照相术
Y 计算机层析成像

发射预案
launch reserve scheme
V55
S 预案*
F 测试发射预案

发射原理
launch principles
TJ01
S 原理*

发射源
Y 辐射源

发射载荷
launch load
TJ01
S 载荷*
C 发射装置

发射噪声
shot noise
TJ76；V55
S 噪声*

发射阵地
firing position
TJ768
S 阵地*
F 导弹发射阵地
C 发射基地

发射指挥控制中心
launch command and control center
V55
S 发射控制中心
C 航天测控中心
Z 中心（机构）

发射制导
Y 初制导

发射质量
Y 起飞质量

发射诸元
launch data
TJ0
S 诸元*

发射转换器
Y 快慢机

发射装置*
launcher
TJ768；V55
D 发射架
发射设备
发射系统
射击系统
F 弹射装置
导弹发射装置
发射筒
高速发射装置
火箭发射装置
机载武器投放装置
舰上发射装置
模拟发射装置
深弹发射装置
水下发射装置
武器装挂发射装置
鱼雷发射装置
C 导弹发射
发射场
发射载荷
运载火箭
装置

发射装置调平器
Y 调平机构

发射装置构件*
launcher member
V55
F 定向器
发射架转塔

发射准备时间
launch preparation time
TJ76
S 导弹战术技术性能
Z 战术技术性能

发射综合设施
Y 发射设施

发射最佳时间
Y 发射时间

发生器*
producer
TP2
D 产生器
生成器
F 磁力矩器
等离子体发生器
激波发生器
激波管
气体发生器
束流脉冲发生器
数据包发生器
随机序列发生器
温度畸变发生器
涡流发生器
直流蒸汽发生器
C 发生炉 →(9)
信号发生器 →(4)(5)(7)(8)

发生器（蒸汽）
Y 蒸汽发生器

发纹
Y 裂纹

发现距离
detection distance
TJ811
S 距离*

发烟车
smoking vehicle
TJ536；TJ92
S 专用特种车
C 发烟器材
Z 军用车辆

发烟弹

Y 烟幕弹

发烟弹药
smoke munition
TJ41
S 特种弹药
C 发烟火箭弹
发烟枪榴弹
发烟手榴弹
发烟炸弹
烟幕弹
Z 弹药

发烟罐
smoke pot
TJ536；TJ92
D 烟幕罐
烟雾罐
S 罐*
C 发烟剂
发烟器材

发烟火箭弹
smoke rocket projectile
TJ415
S 特种火箭弹
C 发烟弹药
发烟剂
Z 武器

发烟剂
screening agent
TJ536
D 赤磷发烟剂
烟幕剂
烟雾剂
遮蔽剂
S 烟火剂*
C 发烟罐
发烟火箭弹
发烟枪榴弹
发烟炸弹
发烟战斗部

发烟炮弹
Y 烟幕弹

发烟器材
smoke producing device
TJ536
D 发烟装置
烟幕装置
S 烟火装置
C 发烟车
发烟罐
Z 装置

发烟枪榴弹
smoke rifle grenade
TJ29
D 发烟掷榴弹
S 枪榴弹
C 发烟弹药
发烟剂
Z 榴弹

发烟手榴弹
smoke hand grenade
TJ511
S 特种手榴弹
C 发烟弹药
Z 榴弹

发烟性能
smoke releasing performance
TJ536
S 气体性质
Z 流体力学性能

发烟炸弹
smoke bomb
TJ414
D 低阻发烟炸弹
S 特种炸弹
F 烟幕炸弹
C 发烟弹药
发烟剂
Z 炸弹

发烟战斗部
smoke warheads
TJ76
S 特种战斗部
C 发烟剂
化学导弹
Z 战斗部

发烟掷榴弹
Y 发烟枪榴弹

发烟装置
Y 发烟器材

乏燃料
spent fuel
TL2；V51
S 核燃料
C 乏燃料元件
核燃料后处理
Z 燃料

乏燃料储存
Y 乏燃料贮存

乏燃料储存池
Y 乏燃料贮存

乏燃料处理
spent fuel treatment
TH16；TL24
S 核燃料生产
F 乏燃料后处理
Z 生产

乏燃料管理
spent fuel management
TL2
S 燃料管理
Z 管理

乏燃料后处理
spent fuel reprocessing
TH16；TL24
S 乏燃料处理
核燃料后处理
Z 处理
生产

乏燃料后处理厂
spent fuel reprocessing plant
TB4；TL2
S 核燃料后处理厂
Z 工厂
设施

乏燃料容器
spent fuel cask
TL352
S 屏蔽容器
C 乏燃料元件
Z 容器

乏燃料水池
Y 乏燃料贮存

乏燃料元件
spent fuel elements
TL24
D 乏燃料组件
辐照元件
S 燃料元件
C 乏燃料
乏燃料容器
后处理 →(1)
Z 反应堆部件

乏燃料贮存
spent fuel storage
TL24；TM6
D 乏燃料储存
乏燃料储存池
乏燃料水池
贮存(乏燃料)
S 存储*
C 燃料循环中心
贮存设施

乏燃料组件
Y 乏燃料元件

阀
Y 阀门

阀促动器
Y 作动器

阀门*
valve
TH13
D 阀
活门
截门
F 背压阀
C 阀门管理 →(5)
阀门结构 →(4)
阀门井 →(11)
阀门控制 →(4)
法兰 →(4)
夹紧装置 →(2)(3)(4)(8)(10)(11)(12)
结构长度 →(4)
控制开关 →(5)
流量 →(1)(2)(3)(4)(5)(7)(8)(9)(11)(12)(13)
设备调节 →(4)
物料泄漏 →(1)
液动风机 →(4)

法定单位
Y 计量单位

法定计量单位
Y 计量单位

法律法规*
legislation
D
F 航空法
核安全法规

法向过载
normal overload
TB1；V215
S 载荷*

法制计量单位
Y 计量单位

帆式翼伞
Y 翼伞

帆翼式飞行座椅
Y 飞行弹射座椅

翻滚试验
Y 颠簸试验

翻新
Y 改造

翻新工艺
Y 改造

翻新技术
Y 改造

翻修寿命
time between overhauls
V267
S 寿命*

翻转机翼
Y 倾转机翼

钒钛合金
vanadium-titanium alloy
TG1；V25
S 合金*

反泵
Y 泵

反步兵地雷
Y 防步兵地雷

反侧甲地雷
Y 炸侧甲地雷

反侧甲雷
Y 炸侧甲地雷

反冲化学
Y 放射化学

反冲质子探测器
Y 中子探测器

反弹冲击
Y 弹道冲击

反弹道导弹
Y 反弹道导弹导弹

反弹道导弹导弹
antiballistic missile
TJ761.7
D 反弹道导弹
S 反导弹导弹
Z 武器

反弹阻尼器
Y 阻尼器

反导
Y 反导弹防御

反导弹
Y 反导弹导弹

反导弹导弹
countermissile
TJ761.7
D 反导弹
反导导弹
反导防空导弹
反导拦截弹
拦截弹
拦截导弹
S 导弹
反导武器
F 反弹道导弹导弹
反巡航导弹
反战术弹道导弹导弹
C 拦截弹道
炮射导弹
炮式发射
制导精度
Z 武器

反导弹防御
anti-missile defense
E；TJ76
D 反导
反导弹技术
反导技术
S 防御*
F 低空反导
多层防御
激光反导
双层防御
协同反导
C 导弹防御
导弹拦截试验
导弹识别

反导弹激光武器
Y 反导激光武器

反导弹技术
Y 反导弹防御

反导弹武器
Y 反导武器

反导导弹
Y 反导弹导弹

反导防空导弹
Y 反导弹导弹

反导激光武器
anti-missile laser weapons
TJ864
D 反导弹激光武器
激光反导武器
S 反导武器
激光武器
Z 武器

反导技术
Y 反导弹防御

反导舰炮
anti-missile naval guns
TJ391
S 反导武器
舰炮
Z 武器

反导拦截弹
Y 反导弹导弹

反导武器
anti-missile weapon
E；TJ0
D 反导弹武器
S 武器*
F 导弹拦截器
反导弹导弹
反导激光武器
反导舰炮
近程反导武器
C 导弹防御

反电磁波辐射导弹
Y 反辐射导弹

反电子措施吊舱
Y 电子对抗吊舱

反电子措施飞机
electronic countermeasures aircraft
V271.491
D ECM 飞机
S 电子对抗飞机
C 电子侦察飞机
通信干扰飞机
Z 飞机

反定位
Y 定位

反对称机翼
antisymmetric wings
V224
D 侧转机翼
剪刀翼
斜机翼
斜置翼
S 机翼*
C 反对称机翼飞机

反对称机翼飞机
antisymmetric wing aircraft
V271
D 斜翼机
S 飞机*
C 反对称机翼

反对抗
Y 对抗

反飞机导弹
Y 防空导弹

反飞机炸弹

antiaircraft bomb
TJ414
S 炸弹*
C 防空弹药

反辐射导弹
antiradiation missile
TJ761.9
D 反电磁波辐射导弹
反辐射导弹武器
反辐射制导导弹
反雷达导弹
防辐射导弹
干扰寻的导弹
S 导弹
F 对空反辐射导弹
高速反辐射导弹
空射反辐射导弹
C 反雷达武器
Z 武器

反辐射导弹武器
Y 反辐射导弹

反辐射导引头
anti-radiation seeker
TJ765
S 导引头
Z 制导设备

反辐射航弹
Y 反辐射炸弹

反辐射炮弹
anti-radiation projectiles
TJ414
S 特种炮弹
C 电子对抗弹药
反雷达武器
Z 炮弹

反辐射无人飞行器
Y 反辐射无人机

反辐射无人机
anti-radiation unmanned aerial vehicle
V271.4；V279
D 反辐射无人飞行器
反辐射无人驾驶飞机
反辐射无人驾驶飞行器
S 电子对抗无人机
干扰飞机
C 无人机数据链 →(7)
Z 飞机
军事装备

反辐射无人驾驶飞机
Y 反辐射无人机

反辐射无人驾驶飞行器
Y 反辐射无人机

反辐射炸弹
anti-radiation bombs
TJ414
D 反辐射航弹
反雷达炸弹
S 炸弹*
C 反雷达武器

反辐射制导导弹
Y 反辐射导弹

反固定目标非致命武器
anti-fixed target nonlethal weapons
TJ99
D 反基础设施非致命武器
反器材特种弹
S 非致命武器
F 超级腐蚀武器
金属脆化武器
Z 武器

反光镜
Y 反射镜

反规划
Y 规划

反航天器防御
antispacecraft defense
TJ86
D 对航天器防御
S 防御*
C 空间站

反后坐装置
recoil mechanism
TJ303
D 反后座装置
缓冲器(火炮)
火炮反后坐装置
火炮缓冲器
制退复进机
制退机
驻退复进机
S 火炮构件*
F 复进机
制退器

反后座装置
Y 反后坐装置

反基础设施非致命武器
Y 反固定目标非致命武器

反舰弹药
ant-iship ammunition
TJ41
S 弹药*
F 反潜弹药
C 反舰导弹
反舰鱼雷
水雷

反舰导弹
anti-ship missile
TJ761.9
D 地对舰导弹
地舰导弹
掠海导弹
S 导弹
反舰武器
海战武器
F 岸防导弹
超声速反舰导弹
反舰巡航导弹
反潜导弹
舰舰导弹
空舰导弹
潜舰导弹
潜射反舰导弹
亚音速反舰导弹
远程反舰导弹
C 反舰弹药
海上发射
隐身反舰导弹
Z 武器

反舰导弹武器系统
Y 反舰导弹系统

反舰导弹系统
anti-ship missile weapon system
TJ0；TJ76
D 反舰导弹武器系统
S 导弹系统*

反舰艇鱼雷
Y 反舰鱼雷

反舰武器
anti-ship weapons
E；TJ0
D 反战舰武器
S 武器*
F 反舰导弹
反潜武器

反舰巡航导弹
anti-ship cruise missile
TJ761.6；TJ761.9
S 反舰导弹
Z 武器

反舰鱼雷
anti-ship torpedoes
TJ631
D 反舰艇鱼雷
S 鱼雷*
F 反潜鱼雷
C 反舰弹药

反舰战斗部
Y 常规战斗部

反舰直升机
anti-ship helicopter
V275.131
S 武装直升机
Z 飞机

反桨
Y 顺桨机构

反空降地雷
Y 防空雷

反恐武器
anti-terrorist weapons
E；TJ9
S 控暴武器
Z 武器

反馈*
feedback
N96
D 反馈技术
反馈类型

F 动压反馈
反应性反馈
角度反馈
温度反馈
C 反馈极性 →(7)(8)
响应

反馈技术
Y 反馈

反馈类型
Y 反馈

反馈式速率陀螺仪
Y 速率陀螺仪

反雷措施
Y 反水雷

反雷达导弹
Y 反辐射导弹

反雷达武器
radar buster
E；TJ0
S 攻击武器
C 反辐射导弹
反辐射炮弹
反辐射炸弹
Z 武器

反雷达隐身
Y 雷达反隐身

反雷达炸弹
Y 反辐射炸弹

反扭导流片
Y 导流片

反跑道炸弹
anti-runway bomb
TJ414
S 炸弹*

反配重
Y 配重

反器材步枪
Y 反装备步枪

反器材特种弹
Y 反固定目标非致命武器

反潜弹药
anti-submarine ammunition
TJ41
S 反舰弹药
C 反潜导弹
反潜水雷
反潜炸弹
Z 弹药

反潜导弹
anti-submarine missile
TJ761.9
D 反潜艇导弹
舰对水下导弹
S 反舰导弹
反潜武器
F 舰潜导弹
空潜导弹
C 反潜弹药
Z 武器

反潜飞机
Y 反潜机

反潜航弹
Y 反潜炸弹

反潜火力控制
anti-submarine fire control
V249.12
S 反潜控制
火力控制
Z 飞行控制
军备控制

反潜机
anti-submarine aircraft
V271.48
D 反潜飞机
S 军用飞机
F 反潜搜索机
C 航空反潜
轰炸机
侦察机
Z 飞机

反潜控制
anti-submarine warfare control
V249.12
S 军备控制*
自动飞行控制
F 反潜火力控制
Z 飞行控制

反潜平台
anti-submarine platforms
TJ67
S 武器平台
Z 承载平台

反潜水雷
antisubmarine mine
TJ61
S 水雷*
C 反潜弹药

反潜搜索机
anti-submarine warfare search aircraft
V271.48
D 反潜艇搜索飞机
S 反潜机
C 水上侦察机
巡逻机
Z 飞机

反潜艇导弹
Y 反潜导弹

反潜艇航弹
Y 反潜炸弹

反潜艇搜索飞机
Y 反潜搜索机

反潜艇鱼雷
Y 反潜鱼雷

反潜艇直升机
Y 反潜直升机

反潜武器
anti-submarine weapon
TJ67
S 反舰武器
F 反潜导弹
反潜鱼雷
反潜炸弹
Z 武器

反潜巡逻机
anti-submarine patrol aircraft
V271.4；V271.48
S 巡逻机
Z 飞机

反潜鱼雷
anti-submarine torpedo
TJ631；TJ67
D 反潜艇鱼雷
S 反舰鱼雷
反潜武器
F 反潜自导鱼雷
航空反潜鱼雷
Z 武器
鱼雷

反潜鱼雷引信
Y 鱼雷引信

反潜炸弹
anti-submarine bomb
TJ414；TJ67
D 反潜航弹
反潜艇航弹
S 反潜武器
炸弹*
C 反潜弹药
Z 武器

反潜战直升机
Y 反潜直升机

反潜直升机
anti-submarine helicopter
V275.131
D 反潜艇直升机
反潜战直升机
S 武装直升机
F 舰载反潜直升机
Z 飞机

反潜自导鱼雷
anti-submarine homing torpedo
TJ631；TJ67
S 反潜鱼雷
自导鱼雷
Z 武器
鱼雷

反人员非致命武器
anti-personnel nonlethal weapons
TJ99
D 失能武器
失能型非致命武器
S 非致命武器
Z 武器

反射层

reflecting horizon
TL3
S 反应堆部件*
F 中子反射层

反射层(中子)
Y 中子反射层

反射磁罗经
Y 磁罗经

反射光学系统
Y 光学系统

反射镜*
mirrors
TH7
D K 反射镜
SMR 反射镜
半导体可饱和吸收反射镜
长条形反射镜
车灯反射镜
次反射镜
反光镜
反射镜面
硅反射镜
冷反光镜
冷反射镜
逆向反射镜
前表面反射镜
前涂反光镜
石英柱体反射镜
无反射镜
显微镜反射镜
自适应反射镜
F 空间反射镜
球面反射镜
C 光学镜 →(1)(4)(7)(10)(12)
望远镜 →(4)

反射镜面
Y 反射镜

反射瞄准具
Y 瞄准具

反射器*
reflector
TN8；TN97
D 反射体
反射装置
F 雷达反射器

反射体
Y 反射器

反射装置
Y 反射器

反水雷*
countermine
TJ61
D 地雷对抗
反雷措施
反水雷技术
F 航空反水雷
猎雷
浅水反水雷
C 灭雷
灭雷具
水雷战

反水雷兵器
Y 反水雷武器

反水雷技术
Y 反水雷

反水雷能力
naval mine countermeasure capability
E；TJ6
S 能力*
C 水雷
水雷对抗
水雷战

反水雷武器
naval mine countermeasure weapon
E；TJ0
D 反水雷兵器
S 水中武器*
F 猎雷武器
灭雷武器
扫雷武器

反水雷系统
anti naval mine systems
TJ61
S 武器系统*
F 水雷对抗系统

反坦克兵器
Y 反坦克武器

反坦克步枪
Y 反坦克枪

反坦克侧甲地雷
Y 炸侧甲地雷

反坦克侧甲雷
Y 炸侧甲地雷

反坦克弹
Y 反坦克弹药

反坦克弹药
anti-tank ammunition
TJ41
D 反坦克弹
反坦克子弹药
S 反装甲车弹药
C 反坦克地雷
反坦克火箭弹
反坦克炮弹
反坦克炸弹
Z 弹药

反坦克导弹
anti-tank guided missile
TJ76
D 反坦克制导武器
快速发射导弹
S 导弹
反坦克武器
F 便携式反坦克导弹
轻型反坦克导弹
远程反坦克导弹
重型反坦克导弹
C 击顶弹道
Z 武器

反坦克导弹发射车
anti-tank missile launching vehicle
TJ811
S 导弹发射车
Z 军用车辆
武器

反坦克导弹武器系统
anti-tank missile weapon system
E；TJ0
S 导弹武器系统
反坦克武器系统
Z 武器系统

反坦克导弹系统
anti-tank missile system
TJ76
S 导弹系统*
F 重型反坦克导弹系统

反坦克地雷
anti-tank mine
TJ512
D 防坦克地雷
防坦克雷
S 地雷*
反坦克武器
F 炸侧甲地雷
炸车底地雷
C 反坦克弹药
Z 武器

反坦克地雷引信
Y 地雷引信

反坦克航弹
Y 反坦克炸弹

反坦克火箭
Y 反坦克火箭弹

反坦克火箭弹
anti-tank rocket projectile
TJ415
D 反坦克火箭
反装甲火箭
S 反坦克武器
火箭弹
F 破甲火箭弹
C 反坦克弹药
Z 武器

反坦克火箭弹引信
Y 火箭弹引信

反坦克火箭发射器
Y 反坦克火箭筒

反坦克火箭筒
anti-tank rocket launcher
TJ71
D 反坦克火箭发射器
S 反坦克武器
火箭筒
Z 轻武器
武器

反坦克火炮

Y 反坦克炮

反坦克炮
anti-tank gun
TJ37
D 反坦克火炮
防坦克炮
战防炮
S 反坦克武器
火炮
F 履带式自行反坦克炮
C 反坦克炮弹
Z 武器

反坦克炮弹
anti-tank shell
TJ412
S 反坦克武器
炮弹*
C 反坦克弹药
反坦克炮
坦克弹药

反坦克枪
anti-tank rifle
TJ2
D 反坦克步枪
战防枪
S 反坦克武器
枪械*
Z 武器

反坦克枪榴弹
anti-tank rifle grenade
TJ411
D 反装甲枪榴弹
S 反坦克武器
枪榴弹
Z 榴弹

反坦克武器
anti-tank weapon
E；TJ0
D 反坦克兵器
反战车武器
反装甲武器
S 武器*
F 反坦克导弹
反坦克地雷
反坦克火箭弹
反坦克火箭筒
反坦克炮
反坦克炮弹
反坦克枪
反坦克枪榴弹
反坦克炸弹
智能反坦克武器

反坦克武器系统
anti-tank weapon system
TJ0
D 反坦克系统
S 武器系统*
F 反坦克导弹武器系统

反坦克武装直升机
Y 反坦克直升机

反坦克系统
Y 反坦克武器系统

反坦克炸弹
anti-tank bomb
TJ414
D 反坦克航弹
S 反坦克武器
炸弹*
F 智能反坦克炸弹
C 反坦克弹药
Z 武器

反坦克直升机
anti-armour helicopter
V275.131
D 反坦克武装直升机
S 武装直升机
Z 飞机

反坦克制导武器
Y 反坦克导弹

反坦克智能雷场
Y 防坦克地雷场

反坦克子弹药
Y 反坦克弹药

反推力
counter thrust
V228；V43
D 反作用推力
S 推力*
F 发动机反推力

反推喷管
Y 逆喷管

反推自适应控制
back stepping adaptive control
TJ765
S 自动控制*

反尾旋降落伞
Y 反尾旋伞

反尾旋伞
anti-spin parachute
V244.2
D 反尾旋降落伞
改出螺旋降落伞
抗螺旋伞
S 降落伞*

反卫激光武器
Y 激光反卫星武器

反卫武器
Y 反卫星武器

反卫星
Y 反卫星技术

反卫星导弹
anti-satellite missiles
TJ76
S 导弹
F 非核反卫星导弹
空间导弹
C 反卫星武器
Z 武器

反卫星激光武器
Y 激光反卫星武器

反卫星技术
anti-satellite technology
TJ86
D 反卫星
S 军事航天技术
F 激光反卫星
C 卫星试验
Z 航空航天技术

反卫星试验
anti-satellite tests
TJ86；V41
S 航天试验*

反卫星卫星
anti-satellite satellite
TJ86；V474
D 截击式卫星
截击卫星
拦截卫星
卫星拦截器
S 军用卫星
C 航天器防御
航天武器
卫星试验
Z 航天器
卫星

反卫星武器
anti-satellite weapons
TJ86；V47
D 反卫武器
S 航天武器*
F 激光反卫星武器
C 反卫星导弹

反物质弹药
anti-materiel ammunitions
TJ41
D 反物资弹药
S 非致命弹药
F 乙炔反坦克弹
Z 弹药

反物质武器
anti-matter weapon
TJ99
S 新概念武器
F 反物质炸弹
Z 武器

反物质淹没炸弹
Y 反物质炸弹

反物质炸弹
anti-matter bombs
TJ414
D 反物质淹没炸弹
S 反物质武器
特种炸弹
Z 武器
炸弹

反物资弹药
Y 反物质弹药

反向螺旋桨

Y 对转螺旋桨

反向喷管
Y 逆喷管

反向喷流
backward jet
V211
S 射流*

反信息武器
Y 信息武器

反信息武器装备
Y 信息武器

反旋转错觉
Y 躯体旋动错觉

反巡航导弹
anti-cruise missiles
TJ761.7
D 反巡航导弹导弹
S 反导弹导弹
Z 武器

反巡航导弹导弹
Y 反巡航导弹

反循环工艺
Y 循环

反隐身
anti-stealth
TN91；TN97；V218
D 反隐身技术
反隐形技术
消隐
消隐技术
S 隐身技术*
F 空间反隐身
雷达反隐身
旁瓣消隐
频域反隐身
C 图形消隐 →(7)

反隐身技术
Y 反隐身

反隐形技术
Y 反隐身

反应产物运输
Y 反应产物运输系统

反应产物运输系统
reaction product transport systems
TL32
D 反应产物运输
氦气射流法
运输(反应产物)
S 反应堆实验装置
F 跑兔管
C 核反应
加速器设备
实验堆
Z 反应堆部件

反应堆*
nuclear reactor
TL3；TL4
D 核电反应堆
核动力堆
核动力反应堆
核动力装置
核反应堆
核反应装置
核裂变堆
核裂变反应堆
核能系统
裂变堆
裂变反应堆
小型反应堆
原子反应堆
原子核反应堆
原子能反应堆
F 钚堆
船用反应堆
第四代反应堆
动力堆
辐照堆
高通量堆
高温堆
供热堆
海水淡化堆
混合堆
金属慢化堆
浸没式反应堆
均匀堆
可移动堆
脉冲堆
浓缩铀堆
气冷堆
氢化物慢化堆
热核堆
热中子堆
熔盐堆
生产堆
石墨慢化堆
示范堆
水冷堆
天然铀堆
钍堆
微堆
雾冷堆
先进反应堆
箱式堆
研究与试验堆
液态金属冷却堆
液态燃料堆
一体化反应堆
有机冷却堆
有机慢化堆
增殖堆
蒸汽冷却堆
重水堆
C 反应堆工艺
功率激增
核动力系统
核工程
裂变产物
临界
燃料元件
散射裂变截面

反应堆安全
reactor safety
TL36
D 安全(反应堆)
核反应堆安全
S 核安全
C 安全裕度 →(13)
被动安全性
反应堆可靠性
反应堆事故
热通道因子
Z 安全

反应堆安全保险装置
reactor safety fuses
TL36；TL78
D 保险装置(反应堆安全)
反应堆保护装置
S 反应堆部件*
C 紧急停堆

反应堆安全壳
Y 安全壳

反应堆安全实验设备
Y 反应堆实验装置

反应堆保护系统
reactor protection system
TL36
D 反应堆防护系统
反应堆紧急停堆系统
S 保护系统*
C 反应堆事故
紧急停堆

反应堆保护装置
Y 反应堆安全保险装置

反应堆部件*
reactor components
TL35
D 堆内部件
堆内构件
反应堆内部部件
反应堆内部件
F 安全壳
堆芯
堆芯收集器
反射层
反应堆安全保险装置
反应堆冷却剂系统
反应堆实验装置
反应堆装料机
回路系统
控制棒
控制棒驱动机构
燃料元件
增殖区
中子吸收体
C 反应堆辅助系统
骨架 →(1)(4)(5)(8)(9)(11)
冷却系统 →(1)
屏蔽层 →(5)

反应堆材料*
reactor materials
TL34
D 核反应堆材料
裂变反应堆材料
F 包壳材料

堆芯材料
核毒物
聚变堆材料
C 材料
辐射防护
锆合金 →(3)
基材 →(9)
冷却介质
慢化剂
屏蔽材料
燃料包壳

反应堆材料(聚变堆)
Y 聚变堆材料

反应堆拆除
reactor dismantling
TL94
D 拆除(反应堆)
拆除(裂变堆)
S 施工作业*
C 反应堆退役
燃料元件

反应堆调试
reactor commissioning
TL36
D 调试(反应堆)
S 调试*
C 反应堆退役

反应堆动力学
reactor kinetics
TL32
S 动力学*

反应堆毒物
Y 核毒物

反应堆断电事故
Y 反应堆事故

反应堆堆芯
Y 堆芯

反应堆防护系统
Y 反应堆保护系统

反应堆辅助系统
reactor auxiliary system
TL35
S 辅助系统
C 反应堆部件
Z 系统

反应堆工程
reactor engineering
TL3
D 反应堆工程学
S 核工程
Z 工程

反应堆工程学
Y 反应堆工程

反应堆工艺
reactor technology
TL3
D 反应堆工艺学
S 工艺方法*
C 反应堆
核工程

反应堆工艺学
Y 反应堆工艺

反应堆功率-冷却失调事故
Y 反应堆事故

反应堆化学
Y 放射化学

反应堆监测系统
reactor monitoring systems
TL36
D 反应堆仪表监测系统
S 监测系统*

反应堆减速剂
Y 慢化剂

反应堆紧急停堆系统
Y 反应堆保护系统

反应堆可靠性
reactor reliability
TL36
S 可靠性*
C 反应堆安全

反应堆孔道
reactor channels
TL35
S 反应堆实验装置
F 燃料通道
实验孔道
Z 反应堆部件

反应堆控制棒
Y 控制棒

反应堆控制元件
Y 控制棒

反应堆冷却剂
reactor coolant
TL34
D 反应堆载热剂
S 冷却介质*
F 氟锂铍熔盐

反应堆冷却剂补给系统
Y 反应堆冷却剂系统

反应堆冷却剂事故
Y 反应堆事故

反应堆冷却剂损失事故
Y 反应堆事故

反应堆冷却剂系统
reactor coolant system
TL35
D 反应堆冷却剂补给系统
反应堆冷却系统
冷却系统(裂变堆)
S 反应堆部件*
F 堆芯隔离冷却系统
堆芯应急冷却系统
二回路系统
稳流套
一回路系统
余热排出系统
C 冰凝汽器
供水系统 →(11)
开式循环冷却系统
冷却介质
流体流
钠回路
旁路 →(3)(5)(7)
热流道 →(9)
限制器
压力管道
蒸汽发生器

反应堆冷却系统
Y 反应堆冷却剂系统

反应堆冷水事故
Y 反应堆事故

反应堆理论
reactor theory
TL2；TL31
S 工程理论*

反应堆慢化剂
Y 慢化剂

反应堆模拟机
Y 反应堆模拟器

反应堆模拟器
reactor simulators
TL36
D 反应堆模拟机
反应堆模拟装置
模拟机(反应堆)
S 模拟器*

反应堆模拟装置
Y 反应堆模拟器

反应堆内部部件
Y 反应堆部件

反应堆内部件
Y 反应堆部件

反应堆钠凝结事故
Y 反应堆事故

反应堆屏蔽
reactor shielding
TL34
S 辐射屏蔽
Z 屏蔽

反应堆启动
reactor start-up
TL38；TL4
D 反应堆起动
开堆
启动(反应堆)
启动(裂变堆)
S 启动*
C 点火

反应堆启动事故
Y 反应堆事故

反应堆起动

Y 反应堆启动

反应堆燃料
Y 核燃料

反应堆燃料(聚变)
Y 热核燃料

反应堆燃料(裂变)
Y 核燃料

反应堆燃料后处理
Y 核燃料后处理

反应堆燃料元件
Y 燃料元件

反应堆热柱
Y 热柱

反应堆容器
reactor vessels
TL35
D 容器(反应堆)
S 容器*
F 反应堆压力容器

反应堆设计
reactor design
TL4
S 工程设计*
F 堆芯设计

反应堆设计基准事故
Y 设计基准事故

反应堆实验装置
reactor experimental facilities
TL3
D 反应堆安全实验设备
实验装置(反应堆)
S 反应堆部件*
F 堆内回路
反应产物运输系统
反应堆孔道

反应堆事故
reactor accident
TL36; X7
D 反应堆断电事故
反应堆功率-冷却失调事故
反应堆冷却剂事故
反应堆冷却剂损失事故
反应堆冷水事故
反应堆钠凝结事故
反应堆启动事故
非快速停堆预期事故
核反应堆事故
石墨潜能释放事故
S 核事故*
F 堆芯事故
反应性引入事故
功率激增
破裂事故
设计基准事故
失流事故
失水事故
瞬态超功率事故
C 反应堆安全
反应堆保护系统
反应堆运行
核安全分析
烧毁事故 →(13)
应急处理 →(1)

反应堆事故分析
Y 核安全分析

反应堆退役
reactor decommissioning
TL94
S 核设施退役
C 反应堆拆除
反应堆调试
Z 退役

反应堆压力壳
Y 反应堆压力容器

反应堆压力容器
reactor pressure vessel
TL352
D 反应堆压力壳
核反应堆芯压力容器
S 反应堆容器
Z 容器

反应堆一回路
Y 一回路系统

反应堆仪表监测系统
Y 反应堆监测系统

反应堆运行
reactor operation
TL38
D 反应堆运转
裂变反应堆运行
原子能反应堆运行
运行(反应堆)
运行(裂变堆)
S 运行*
F 停堆
C 碘坑
反应堆事故

反应堆运转
Y 反应堆运行

反应堆载热剂
Y 反应堆冷却剂

反应堆栅元
reactor cell
TL32
D 栅元
栅元(反应堆)
栅元计算
S 堆芯
Z 反应堆部件

反应堆主回路
Y 一回路系统

反应堆装料机
reactor charging machines
TL3
D 装料机(裂变堆)
S 反应堆部件*

反应堆最大可信事故
Y 最大可信事故

反应活性
reaction activity
O6; TL3
D 高反应活性
化学反应活性
S 反应性
活性*
Z 化学性质

反应式装甲
Y 反应装甲

反应特性
Y 反应性

反应性
reactivity
O6; TL3; TQ0
D 反应特性
反应性能
S 化学性质*
F 反应活性
C 催化剂 →(3)(9)(13)
反应器 →(9)
落棒法
转化率 →(9)
转化器 →(9)

反应性变化
reactivity change
TL3
S 变化*

反应性反馈
reactivity feedback
TL3
S 反馈*

反应性能
Y 反应性

反应性引入事故
reactivity-insertion accident
TL36
S 反应堆事故
F 弹棒事故
落棒事故
Z 核事故

反应装甲
reactive armor
TJ811
D 爆炸式反应装甲
爆炸装甲
反应式装甲
反作用装甲
主动装甲
S 特种装甲
F 夹层反应装甲
Z 装甲

反应装置*
reaction device
TQ0
D 化学装置
F 等离子体反应器
C 合成设备 →(2)(9)
化工装置 →(2)(4)(5)(9)(10)(11)(13)

反鱼雷
anti-torpedo
TJ63
S 鱼雷对抗
Z 对抗

反鱼雷武器
anti-torpedo armament
E；TJ0
S 水中武器*
C 反鱼雷鱼雷

反鱼雷系统
anti-torpedo system
TJ63
S 武器系统*
鱼雷系统*

反鱼雷鱼雷
antitorpedo torpedo
TJ631
S 鱼雷*
C 反鱼雷武器

反战车武器
Y 反坦克武器

反战舰武器
Y 反舰武器

反战术弹道导弹
Y 反战术弹道导弹导弹

反战术弹道导弹导弹
anti tactical ballistic missile
TJ761.7
D 反战术弹道导弹
S 反导弹导弹
Z 武器

反照地球敏感器
Y 地平仪

反直升机弹药
anti-helicopter ammunitions
TJ41
S 弹药*
C 反直升机地雷
反直升机火箭筒

反直升机地雷
anti-helicopter landmine
TJ512
D 反直升机雷
S 地雷*
F 反直升机智能地雷
C 反直升机弹药
反直升机武器

反直升机火箭筒
antihelicopter rocket launcher
TJ71
S 火箭筒
C 反直升机弹药
反直升机武器
Z 轻武器

反直升机雷
Y 反直升机地雷

反直升机雷群
anti-helicopter mine clusters
TJ512
S 地雷群*

反直升机武器
anti-helicopter weapons
E；TJ0
S 攻击武器
C 反直升机地雷
反直升机火箭筒
Z 武器

反直升机智能地雷
anti-helicopter intelligent mine
TJ512
D 反直升机智能雷
防直升机智能地雷
智能反直升机地雷
S 反直升机地雷
智能地雷
Z 地雷
武器

反直升机智能雷
Y 反直升机智能地雷

反转螺旋桨
Y 对转螺旋桨

反装备步枪
anti equipment rifles
TJ22；TJ99
D 反器材步枪
S 步枪
Z 枪械

反装备非致命武器
anti-equipment non-lethal weapons
TJ99
S 非致命武器
F 金属氢武器
Z 武器

反装甲车弹药
anti-armoured vehicle ammunitions
TJ41
S 弹药*
F 穿甲弹药
反坦克弹药
C 反装甲车火箭弹

反装甲车火箭弹
anti armor vehicle rocket projectile
TJ415
S 火箭弹
C 反装甲车弹药
Z 武器

反装甲弹药
Y 弹道修正弹

反装甲火箭
Y 反坦克火箭弹

反装甲能力
anti-armor capability
E；TJ0
S 战术技术性能*
C 穿甲试验
破甲试验
碎甲试验

反装甲枪榴弹
Y 反坦克枪榴弹

反装甲武器
Y 反坦克武器

反装甲子弹药
Y 弹道修正弹

反装甲子母炮弹
Y 子母炮弹

反作用控制
reaction control
V41；V433
S 推力控制
F 反作用喷气控制
Z 动力控制

反作用喷气控制
reaction jets control
V433
S 反作用控制
喷气控制
Z 动力控制
流体控制

反作用推力
Y 反推力

反作用装甲
Y 反应装甲

返回*
return
V525
D 返回方式
返回过程
飞船返回过程
正常返回
F 航天器返回
应急返回

返回舱
return module
V423
S 航天器舱
F 飞船返回舱
回收舱
卫星返回舱
Z 舱
航天器部件

返回地球航天飞行
Y 重返地球航天飞行

返回方式
Y 返回

返回轨道
return orbit
V529
D 往返飞行轨道
S 航天器轨道
F 再入轨道
C 地球月球飞行轨道
Z 飞行轨道

返回轨道控制

Y 返回控制

返回轨道设计
return orbits design
V423；V525
S 航天器设计
Z 飞行器设计

返回过程
Y 返回

返回技术
Y 航天器返回技术

返回控制
return to control
V249.1
D 返回轨道控制
返回落点控制
S 飞行控制*
C 轨道控制
姿态控制

返回落点控制
Y 返回控制

返回器
returner
V47
D 一次性返回器
重复使用返回器
S 可回收航天器
Z 航天器

返回式航天器
Y 可回收航天器

返回式卫星
recoverable satellite
V474
D 回收卫星
可回收卫星
S 可回收航天器
人造卫星
C 军用卫星
Z 航天器
卫星

返回式遥感卫星
Y 遥感卫星

返回速度
Y 飞行速度

返回系统
return system
V525
S 航天系统*

返排工艺
Y 工艺方法

范艾伦辐射带
Y 辐射带

范爱伦辐射带
Y 辐射带

范德格喇夫加速器
Y 静电加速器

方案布置
Y 布置

方案弹道
project trajectory
TJ01；TJ760
D 程序弹道
自主弹道
S 弹道*

方案评估
program assessment
TJ01
S 评价*

方案制导
Y 程序制导

方法*
methodology
ZT71
D 方法特点
方式
基本方法
F 参数空间法
动量法
非定常涡格法
均匀化方法
落棒法
屏蔽法
双时间法
涡格法
周期法
C 测量方法 →(1)(2)(3)(4)(5)(7)(8)(9)(11)(12)
电工方法 →(1)(3)(4)(5)(7)(8)(11)(12)
电化学方法 →(9)
分析方法
工艺方法
施工技术 →(1)(2)(3)(9)(11)(12)
样式 →(1)(2)(7)(8)(10)(12)
制备 →(1)(2)(3)(4)(9)(10)(13)

方法特点
Y 方法

方式
Y 方法

方位*
position
ZT74
F 脱靶方位

方位对准
bearing alignment
TJ765；V448
S 对准*
C 捷联惯导系统

方位跟踪
Y 纯方位跟踪

方位角
azimuth angle
TJ3；TJ765
S 角*
F 发射方位角
瞄准方位角
提前方位角
C 定位

方位角限制器
Y 回转限制器

方位控制
Y 定向控制

方位瞄准
azimuth aiming
V24
D 定向瞄准
方向瞄准
S 轰炸瞄准
Z 瞄准

方位陀螺
Y 航向陀螺仪

方位陀螺仪
Y 航向陀螺仪

方位指示器
Y 航向指示器

方位走向
Y 方向

方向*
trend
ZT74
D 方位走向
特征方向
F 边缘方向
侧向
迎风
C 导向 →(2)(4)(11)(12)
定向 →(1)(2)(5)(7)(8)(12)
航向
换向 →(1)(4)(5)(9)
取向 →(1)(3)(5)(9)
转向

方向舵
yawer
V225
D 垂直舵
航向舵
S 主操纵面
C 垂直尾翼
水平尾翼
Z 操纵面

方向舵机
Y 舵机

方向辐射探测器
Y 辐射探测器

方向机
Y 回转机构

方向角速度
Y 偏航角速度

方向可操作度
Y 操作

方向控制*
directional control
TH11；TP1
D 控向
F 侧向控制

定向控制
横向控制
纵向控制
C 航向控制
运动控制

方向瞄准
Y 方位瞄准

方向升降舵
Y 升降舵

方向误差
deflection error
TJ0
S 误差*
C 方向信息测度 →(1)

方向性*
directivity
ZT4
D 定向性
指向性
F 航向稳定性
稳态转向特性
C 性能

方向修正量
Y 射击校正量

方向指示器
Y 航向指示器

防摆控制
anti-sway control
V249.122.2
D 防摇控制
S 摆动控制
机械控制*
Z 飞行控制

防雹火箭
hail-suppression rockets
V471
S 气象火箭
Z 火箭

防暴弹
anti-riot projectile
TJ411
D 防暴弹药
警用弹药
S 枪弹*
F 动能弹
染色弹
闪光弹
橡皮弹
C 霰弹

防暴弹药
Y 防暴弹

防暴剂
Y 刺激剂

防暴枪
riot gun
TJ279
D 防爆枪
S 控暴武器
C 武警装备
Z 武器

防暴枪榴弹
anti-riot rifle grenade
TJ29
S 枪榴弹
Z 榴弹

防暴染色弹
Y 染色弹

防爆服
Y 防护服

防爆枪
Y 防暴枪

防冰设计
Y 抗冰设计

防冰试验
Y 结冰试验

防步兵地雷
anti-personnel mine
TJ512
D 反步兵地雷
防步兵雷
S 地雷*
F 爆破地雷
滚雷
连环雷
破片型地雷
C 破片速度

防步兵地雷引信
Y 地雷引信

防步兵雷
Y 防步兵地雷

防颤振配重
Y 配重

防潮试验
Y 潮湿试验

防尘试验
Y 砂尘试验

防喘控制
anti-surge control
TP1；V231；V233.7
S 发动机控制
机械控制*
Z 动力控制

防弹
Y 防弹性能

防弹背心
bulletproof vest
TJ9；TS94
S 防弹衣
Z 安全防护用品
服装

防弹服
Y 防弹衣

防弹钢板
Y 装甲板

防弹性
Y 防弹性能

防弹性能
bulletproof performance
TJ0
D 防弹
防弹性
抗弹能力
抗弹性能
抗侵彻能力
S 战术技术性能*

防弹衣
flak suit
TJ9；TS94
D 避弹衣
防弹服
军用防弹服
软质防弹衣
S 军用防护服
F 防弹背心
Z 安全防护用品
服装

防低空导弹
Y 低空防空导弹

防滴试验设备
Y 试验设备

防颠簸飞行控制
ride flight control
V249.1
D 乘坐品质飞行控制
S 随控布局飞行控制
C 颤振模态飞行控制
乘坐品质
随控布局飞机控制系统
Z 飞行控制

防颠簸飞行控制系统
Y 阵风缓和系统

防颠品质
Y 乘坐品质

防电磁辐射
Y 电磁辐射防护

防电磁辐射服装
electromagnetic protection suit
TL7；TS94；X9
D 电磁防护服
S 防辐射服
Z 安全防护用品
服装

防冻害设计
Y 抗冰设计

防冻设计
Y 抗冰设计

防毒斗蓬
Y 防毒服

防毒斗篷
Y 防毒服

防毒服
toxicity protective clothing
TJ92；TS94；X9
D 不透气式防毒衣
部分适气防毒服
部分透气防毒服
部分透气防毒衣
部分透气式防毒服
防毒斗蓬
防毒斗篷
防毒服装
防毒围裙
防毒靴套
防毒衣
隔绝式防毒服
隔绝式防毒衣
过滤式防毒服
含炭透气防毒衣
化学吸收型透气服
浸渍服
浸渍服装
连身式防毒衣
两截式防毒衣
内循环通风防毒衣
强制通风防毒衣
轻型防毒衣
透气防毒服
透气式防毒服
透气式防毒衣
物理吸附型透气服
物理吸收型透气服
重型防毒衣
S 生化防护服
C 穿透时间
防毒产品 →(11)(13)
Z 安全防护用品
服装

防毒服装
Y 防毒服

防毒罐
Y 滤毒罐

防毒口罩
protective oral-nasal mask
TJ92；TS94
S 防毒面具
Z 安全防护用品

防毒面具
anti-gas mask
TJ92；X9
D 防毒面罩
飞行员防毒面具
隔绝式防毒面具
过滤式防毒面具
海军防毒面具
空勤人员防毒面具
马用防毒面具
普通军用防毒面具
生氧面具
水陆两用防毒面具
坦克乘员防毒面具
特种防毒面具
特种用途防毒面具
野战防毒面具
S 安全防护用品*
F 防毒口罩
C 穿透时间

防毒面罩
Y 防毒面具

防毒围裙
Y 防毒服

防毒性能
anti-virus performance
TJ92；TU8
S 毒性*
防护性能*

防毒靴套
Y 防毒服

防毒衣
Y 防毒服

防盾
armored shields
TJ303
D 防护挡板
S 火炮构件*

防范技巧
Y 防护

防范技术
Y 防护

防范体系
Y 防护系统

防范系统
Y 防护系统

防放射性服
Y 防辐射服

防辐射
Y 辐射防护

防辐射材料
anti-radiation resistant material
TB3；TL7
D 辐射防护材料
抗辐射材料
S 防护材料*
C 辐射防护
辐射功率 →(5)
辐射敏感性

防辐射导弹
Y 反辐射导弹

防辐射服
anti-radiation protective coverall
TJ91；TS94；X9
D 防放射性服
防射线服
S 生化防护服
F 防电磁辐射服装
Z 安全防护用品
服装

防辐射热性能
anti-radiation thermal performance
TL7
S 防辐射性
热学性能*
Z 物理性能

防辐射性
anti-radiation resistance
TL7；TS94
D 防辐射性能
抗辐射性能
S 物理性能*
F 防辐射热性能

防辐射性能
Y 防辐射性

防感应雷
anti-induction mines
TJ512
S 非触发地雷
Z 地雷

防寒服
cold-proof suits
TS94；V244
D 防寒服装
抗寒服
御寒服
S 服装*
C 电热飞行服

防寒服装
Y 防寒服

防护*
protection
X9；ZT5
D 防范技巧
防范技术
防护处理
防护范围
防护方法
防护方式
防护工艺
防护技术
防护模式
防护手段
防护行动
防护形式
防护原理
F 被动防护
弹头防热
电磁辐射防护
二次防护
防雾
防紫外线
放射防护
飞机防冰
个体防护
化学防护
机身防抖
集体防护
加速度防护
舰艇防火防爆
空间防护
生物防护
武器防护
主动防护
C 安全

工程防护 →(2)(3)(11)(12)
抗震加固 →(11)

防护(辐射)
Y 辐射防护

防护材料*
protective material
TB3
D 保护材料
F 防辐射材料
C 材料
防水毡 →(11)

防护处理
Y 防护

防护挡板
Y 防盾

防护范围
Y 防护

防护方法
Y 防护

防护方式
Y 防护

防护服
protective clothing
TL7；TS94；X9
D 安全服
防爆服
防护服装
防护工作服
防护衣具
防酸服
防油服
整体防护服
S 安全防护用品*
服装*
F 防晒服
隔离服
救生衣
军用防护服
生化防护服
压力服
C 辐射防护
职业安全 →(13)

防护服装
Y 防护服

防护工艺
Y 防护

防护工作服
Y 防护服

防护技术
Y 防护

防护剂*
repellent
TQ33
D 阻隔剂
F 辐射防护剂
燃料抗爆剂
推进剂防老剂
C 保护剂 →(1)(2)(3)(7)(9)(10)(11)

防护救生系统
protective life-saving systems
V244.2
S 救生系统
Z 生命保障系统

防护救生装备
Y 救生设备

防护力
Y 防护性能

防护模式
Y 防护

防护能力
Y 防护性能

防护器材
Y 防护装置

防护器具
Y 防护装置

防护设备
Y 防护装置

防护手段
Y 防护

防护套
Y 护套

防护体系
Y 防护系统

防护通风
protective ventilation
TJ9；TU8；TU9
S 通风*

防护系数
protection factor
TJ92
D 防护因数
S 系数*
C 个体防护
集体防护

防护系统*
protection system
X9
D 防范体系
防范系统
防护体系
预防系统
F 导弹防护系统
金属热防护系统

防护行动
Y 防护

防护形式
Y 防护

防护性
Y 防护性能

防护性能*
protective performance
TJ
D 防护力
防护能力
防护性
F 防毒性能
C 安全性
安全装置
性能

防护衣具
Y 防护服

防护因数
Y 防护系数

防护原理
Y 防护

防护装备
Y 防护装置

防护装甲
protective armors
TJ811
S 装甲*
F 主动防护装甲

防护装置*
preventer
TJ9；X9
D 安防设备
安全防范设备
安全防护设备
安全防护装置
防护器材
防护器具
防护设备
防护装备
F 电缆引入装置
防热装置
风挡
滤毒罐
C 安全产品 →(7)(8)(11)(13)
安全防护用品
安全设备
安全装置
防雷装置 →(5)(11)

防化类装备
Y 防化装备

防化设施
Y 人防设施

防化武器装备
Y 防化装备

防化侦察车
Y 核生化侦察车

防化装备
chemical defense equipment
TJ92
D 防化类装备
防化武器装备
S 军事装备*
F 洗消装备

防晃板
Y 防晃挡板

防晃挡板
anti-slosh baffle

V214；V423
D 防晃板
晃动挡板
S 板件*

防溅试验设备
Y 试验设备

防救
Y 防险救生

防救技术*
distress prevention and rescue technique
V244
D 防险救生技术
F 救生技术

防救器材
Y 救生设备

防救训练
distress prevention and life-saving training
V244
D 防险救生训练
S 训练*
F 救生训练

防空弹药
antiaircraft ammunition
TJ41
S 弹药*
C 反飞机炸弹
防空雷
高炮
高射机枪弹
高射榴弹

防空导弹
antiaircraft guided missile
TJ76
D 地对空导弹
地对空火箭
地空导弹
地空导弹武器
地空导弹武器装备
地空导弹装备
地空火箭
对空导弹
反飞机导弹
防空导弹武器
面对空导弹
面空导弹
S 导弹
F 便携式防空导弹
超声速低空导弹
单兵导弹
低空防空导弹
点防御导弹
舰空导弹
近程防空导弹
区域防御导弹
远程防空导弹
战术防空导弹
中程防空导弹
中远程防空导弹
C 半前置法导引
比例导引
发射箱
拦截空域
提前方位角
Z 武器

防空导弹武器
Y 防空导弹

防空导弹武器系统
anti-air defense missile weapon system
TJ0
S 导弹武器系统
Z 武器系统

防空导弹系统
anti-aircraft guided missile system
TJ0；TJ76
D 地对空导弹武器系统
地对空导弹系统
地空导弹系统
面空导弹系统
S 导弹系统*
防御系统*
F 便携式防空导弹系统
舰载防空导弹系统
陆基防空导弹系统
中程防空导弹系统

防空反导系统
anti-air defense anti-missile systems
TJ76
S 防御系统*

防空高炮
Y 高炮

防空火控系统
anti-aircraft fire control system
TJ3
D 防空火力控制系统
野战防空火控系统
S 火控系统
Z 武器系统

防空火力控制
anti-aircraft fire control
V24
S 火力控制
Z 军备控制

防空火力控制系统
Y 防空火控系统

防空火炮
Y 高炮

防空机枪
Y 高射机枪

防空激光武器
anti-aircraft laser weapon
TJ864
D 激光防空武器
S 激光武器
武器*

防空降地雷
Y 防空雷

防空雷
anti-airdrop mine
TJ512
D 反空降地雷
防空降地雷
S 地雷*
C 防空弹药

防空炮
Y 高炮

防空炮弹
Y 高射炮弹

防空装备
anti-aircraft equipment
E；TJ0
S 军事装备*

防雷击电磁脉冲
Y 雷电电磁脉冲

防冷桥
Y 防热结构

防霉试验
Y 霉菌试验

防喷试验设备
Y 试验设备

防碰撞
Y 避碰

防区外导弹
outside defence area missiles
TJ76；V27
D 防区外对陆攻击导弹
防区外发射导弹
防区外发射武器
防区外攻击导弹
防区外空对地导弹
区外发射导弹
S 空地导弹
Z 武器

防区外对陆攻击导弹
Y 防区外导弹

防区外发射
stand-off launching
TJ765
S 导弹作战发射
C 发射包线
机载制导武器
制导炸弹
Z 飞行器发射

防区外发射导弹
Y 防区外导弹

防区外发射武器
Y 防区外导弹

防区外攻击导弹
Y 防区外导弹

防区外空对地导弹
Y 防区外导弹

防区外联合攻击武器
stand-off area combined attack weapons
E；TJ0
D 防区外武器
S 攻击武器
Z 武器

防区外武器
Y 防区外联合攻击武器

防热板
Y 热屏蔽

防热材料
Y 保温隔热材料

防热层
Y 热屏蔽

防热结构
thermal protection structure
TU3；V214；V423
D 防冷桥
防热系统
隔热构造
热防护系统
S 工程结构*
C 保温 →(1)

防热系统
Y 防热结构

防热罩
Y 热屏蔽

防热装置
thermal protective device
V228
D 隔热装置
S 防护装置*

防晒服
sun protection clothing
TL7；TS94；X9
S 防护服
Z 安全防护用品
服装

防射线服
Y 防辐射服

防生物武器
Y 生物武器防护

防生物战
Y 生物武器防护

防失速控制
stall protection control
V249.1
S 飞行控制*

防失速控制系统
stall protection control system
V249
D 飞机防失速控制系统
S 飞行控制系统
C 失速
Z 飞行系统

防水胶粘剂
Y 胶粘剂

防水粘合剂
Y 胶粘剂

防酸服
Y 防护服

防坦克地雷
Y 反坦克地雷

防坦克地雷场
anti-tank minefield
TJ512
D 反坦克智能雷场
防坦克雷场
S 地雷场
Z 场所

防坦克雷
Y 反坦克地雷

防坦克雷场
Y 防坦克地雷场

防坦克炮
Y 反坦克炮

防尾旋系统
anti-spin systems
V244
S 飞行控制系统
C 尾旋 →(4)
Z 飞行系统

防污
Y 污染防治

防污技术
Y 污染防治

防污染
Y 污染防治

防污染技术
Y 污染防治

防污设计
Y 污染防治

防污治污
Y 污染防治

防雾
anti-fog
V328.3
S 防护*

防细菌
Y 生物防护

防险救生
distress prevention and life saving
V244.2
D 防救
S 救生*

防险救生技术
Y 防救技术

防险救生器材
Y 救生设备

防险救生设备
Y 救生设备

防险救生训练
Y 防救训练

防相撞
Y 避碰

防摇控制
Y 防摆控制

防油服
Y 防护服

防有害放射线
Y 辐射防护

防御*
defense
E
D 防御方法
防御技术
防御手段
F 导弹防御
反导弹防御
反航天器防御
航天器防御
突防

防御方法
Y 防御

防御技术
Y 防御

防御手段
Y 防御

防御武器
defense weapon
E；TJ0
S 武器*
F 低空防御武器
末端防御武器

防御武器系统
defense weapons system
E；TJ0
S 防御系统*
武器系统*

防御系统*
defense system
E；TJ0
F 导弹防御系统
地基中段防御系统
防空导弹系统
防空反导系统
防御武器系统
近程防御系统
拦截系统
轻型防空系统
中程增程防空系统
自行防空系统
C 安防系统 →(11)(13)

防直升机智能地雷
Y 反直升机智能地雷

防止空中航空器相撞
Y 飞行防撞

防止碰撞
Y 避碰

防治污染
Y 污染防治

防撞

Y 避碰

防撞结构
collision protection structure
V244.1
S 工程结构*

防紫外线
ultraviolet resistance
TL7
S 防护*

防紫外线功能
ultraviolet protective property
TL7
S 功能*
C 太阳伞 →(10)

房屋构造
Y 建筑结构

仿贝壳结构
Y 核壳结构

仿昆扑翼飞行器
insect-like flapping wing air vehicles
V27
S 扑翼飞行器
Z 飞行器

仿生飞行器
Y 飞行器

仿生扑翼飞行机器人
Y 仿生扑翼飞行器

仿生扑翼飞行器
bionic flapping wing air vehicles
V27
D 仿生扑翼飞行机器人
S 扑翼飞行器
C 仿生材料 →(1)
仿生复合材料 →(1)
仿生合成 →(1)
Z 飞行器

仿星器
stellarator
TL63
D 脉动器仿星器
S 闭合等离子体装置
F 扭曲仿星器
C 等离子体诊断 →(4)
仿星器型堆
锯齿振荡
偏滤器
Z 热核装置

仿星器堆
Y 仿星器型堆

仿星器型堆
stellarator type reactors
TL63；TL64
D 仿星器堆
S 热核堆
C 仿星器
Z 反应堆

仿真*
simulation
TP3
D 仿真方法
仿真模拟
模拟
模拟方式
模拟仿真
模拟过程
F 导弹控制模拟
飞行仿真
飞行器仿真
非定常数值模拟
风模拟
加速度仿真
结冰模拟
可视化仿真
空间环境模拟
流场模拟
热流模拟
失重模拟
太阳模拟
旋涡模拟
直接物理模拟
C 仿真策略 →(8)
仿真功能 →(7)
仿真管理 →(8)
仿真界面 →(8)
仿真精度 →(8)
仿真开发 →(8)
仿真模块 →(8)
仿真模型 →(8)
仿真验证 →(1)(8)
仿真语言 →(8)
军事仿真
模拟补偿 →(7)
模拟器
模拟通道 →(8)
软件仿真 →(1)(5)(7)(8)

仿真方法
Y 仿真

仿真飞行
Y 飞行仿真

仿真机
Y 模拟器

仿真可视化
Y 可视化仿真

仿真模拟
Y 仿真

仿真模拟器
Y 模拟器

仿真模型试验
simulation model test
TB4；V216
S 模拟试验*
模型试验*

仿真培训器
Y 训练模拟器

仿真器
Y 模拟器

仿真设备
Y 模拟器

仿真试验
Y 模拟试验

仿真试验技术
Y 模拟试验技术

仿真试验设备
Y 模拟试验设备

仿真系统*
simulation system
TP3
D 模拟系统
F 交会对接仿真系统
C 仿真软件 →(8)
模拟器
软件冗余 →(8)

仿真训练器
Y 训练模拟器

仿真仪
Y 模拟器

纺织服装
Y 服装

纺织服装品
Y 服装

放靶
Y 靶

放电风洞
Y 热射风洞

放电加热风洞
Y 热射风洞

放飞
release for flight
V323
S 航空飞行
Z 飞行

放化分离
radiochemical separation
TL941
S 分离*

放宽静安定性
Y 放宽静稳定性

放宽静稳定性
relaxed static stability
O3；V249
D 放宽静安定性
S 力学性能*
稳定性*

放炮器
Y 起爆器

放气
Y 排气

放气式风洞
Y 下吹式风洞

放燃油软管
Y 软管

放热合金丝点火器

Y 电点火具

放射安全防护
Y 放射防护

放射保护作用
Y 放射防护

放射测量法
Y 辐射测量

放射尘
Y 放射性尘埃

放射防护
radiological protection
TH7；TJ91；TL7
D 放射安全防护
放射保护作用
放射性防护
放射性货物安全防护
S 防护*
F 辐射防护
射线防护

放射防护评价
Y 辐射防护评价

放射废物处置
Y 放射性废物处理

放射化学
radiochemistry
O6；TL99
D 反冲化学
反应堆化学
辐射化工
辐射化学
热原子化学
S 科学*
F 宇宙线化学
C 放射性
辐射分解
核反应
同位素分离

放射计
Y 辐射计

放射剂量
Y 辐射剂量

放射烧伤
Y 辐射烧蚀

放射事故
radiation accident
TL73
D 放射性事故
辐射事故
核辐射事故
S 核事故*
C 辐射防护
应急处理 →(1)

放射武器
Y 辐射武器

放射物质
Y 放射性物质

放射型气溶胶
Y 放射性气溶胶

放射性
radioactivity
O6；TL7；X5
D 浓度(放射性核素)
S 物理性能*
F α放射性
β放射性
γ放射性
低放射性
感生放射性
高放射性
气载放射性
中放射性
C β辐射
γ辐射
锕系元素
钚 →(3)
电离辐射
放射化学
放射性同位素
放射性物质
非密封放射源
辐射
辐射测量
辐射监测仪
辐射源
剂量
屏蔽
容许剂量
铀 →(3)
沾染
最大容许活度

放射性安全管理
radiological safety control
TL7
S 安全管理*
C 放射性分析

放射性材料
Y 放射性物质

放射性测定
Y 射线检测

放射性测量
Y 辐射测量

放射性测量方法
Y 辐射测量

放射性测试
Y 辐射测量

放射性尘埃
radioactive dust
TL91；X5
D 放射尘
放射性粉尘
放射性灰尘
放射性落下灰
放射性微尘
放射性坠尘
S 放射性沾染物
Z 沾染物

放射性防护
Y 放射防护

放射性废料
A-waste
TL94；X5
S 废料*

放射性废料处置
Y 放射性废物处理

放射性废气
radioactive gaseous waste
TL94；X7
D 放射性气态废物
放射性气体废物
S 废气*
C 放射性废物 →(13)
放射性物质

放射性废弃物处理
Y 放射性废物处理

放射性废水
radioactive wastewater
TL94；X7
S 废水*
F 低放废水
含氚废水
C 放射性物质

放射性废物储存
radioactive waste storage
TL94；X5
D 放射性废物就地储存
放射性废物贮存
放射性固体废物贮存
盐层贮存
盐矿储存
贮存衰减法
S 存储*
F 核废料储存

放射性废物储存库
Y 废物库

放射性废物处理
radioactive waste disposal
TL94；X5
D 放射废物处置
放射性废料处置
放射性废弃物处理
放射性废物处理技术
放射性废物处置
放射性废物处置方法
放射性废物调理
放射性三废处理方法
S 废物处理*
F 地质处置
放射性废液处理
高放废物处置
核废料处理
C 放射性废物 →(13)
放射性废物管理

放射性废物处理技术
Y 放射性废物处理

放射性废物处理设施
Y 放射性废物设施

放射性废物处理装置
Y 放射性废物设施

放射性废物处置
Y 放射性废物处理

放射性废物处置方法
Y 放射性废物处理

放射性废物调理
Y 放射性废物处理

放射性废物管理
radioactive waste management
TL94；X3
S 环境管理*
F 核废物管理
C 放射性废物 →(13)
放射性废物处理
放射性环境影响评价 →(13)

放射性废物就地储存
Y 放射性废物储存

放射性废物库
Y 废物库

放射性废物设施
radioactive waste facilities
TL94；X7
D 放射性废物处理设施
放射性废物处理装置
放射性废物贮存设施
S 垃圾处理设施*
F 地质处置库
废物库

放射性废物贮存
Y 放射性废物储存

放射性废物贮存设施
Y 放射性废物设施

放射性废液
radioactive liquid waste
TL94；X5
D 放射性液体废物
液体放射性废物
S 废液*
F 高放废液
核废液
中放废液
C 放射性物质

放射性废液处理
radioactive liquid waste treatment
TL94；X5；X7
D 放射性流出物处置
S 放射性废物处理
F 高放废液处理
Z 废物处理

放射性废源
Y 放射性污染源

放射性废渣
radioactive waste residue
TL941.3；X7
D 含放射性废渣
S 废渣*

放射性分析
radioactive assay
O6；TL27；TL73
S 性能分析*
C 放射性安全管理

放射性粉尘
Y 放射性尘埃

放射性敷贴器
Y 辐射源

放射性辐射
Y 核辐射

放射性辐射效应
Y 辐射效应

放射性固体废物
radioactive solid waste
TL941.3；X7
S 固体废物*
C 玻璃固化体
固体放射性废物

放射性固体废物库
Y 废物库

放射性固体废物贮存
Y 放射性废物储存

放射性核废料
Y 核废物

放射性核废物
Y 核废物

放射性核束
Y 放射性束流

放射性核素
Y 放射性同位素

放射性核素迁移
radionuclide migration
TL94；X5
D 核素迁移
迁移(放射性核素)
S 迁移*
C 放射生态学 →(13)
放射性沉降物 →(13)
放射性同位素
国境外放射性污染
示踪技术

放射性灰尘
Y 放射性尘埃

放射性活度
radioactive activity
TB9；TL8
D 放射源活度
S 活度*
F 核素比活度

放射性活度测量
radioactive activity measurement
TL81
S 活度测量
Z 性能测量

放射性货物安全防护
Y 放射防护

放射性监测器
Y 辐射监测仪

放射性监测仪
Y 辐射监测仪

放射性监护器
Y 辐射监测仪

放射性检测
Y 射线检测

放射性检验
Y 射线检测

放射性胶体
radiocolloids
R；TL94
S 放射性物质*
胶体*
C 放射性药物

放射性矿物
radioactive minerals
TD1；TL2
S 放射性物质*
F 铀矿物

放射性流出物
Y 放射性排放物

放射性流出物处置
Y 放射性废液处理

放射性落下灰
Y 放射性尘埃

放射性年龄测定
radiometric dating
TL84
S 射线检测
Z 理化检测

放射性排出物
Y 放射性排放物

放射性排放物
radioactive effluent
TL94；X5；X7
D 放射性流出物
放射性排出物
流出物
S 排放物*
F 放射性烟云
C 放射性污染物 →(13)

放射性气溶胶
radioactive aerosol
O6；TL94
D β放射性气溶胶
放射型气溶胶
放射性微粒
S 胶体*
C 放射性沉降物 →(13)
放射性污染物 →(13)

放射性气态废物
Y 放射性废气

放射性气体

radgas
TL941.2；X7
S 气体*
C 放射性污染物 →(13)

放射性气体废物
Y 放射性废气

放射性去污
Y 洗消

放射性三废处理方法
Y 放射性废物处理

放射性示踪剂
radioactive tracer
TL93
S 示踪剂*

放射性事故
Y 放射事故

放射性输运
Y 辐射输运

放射性束流
radioactive ion beam
O4；TL5；TL8
D 放射性核束
放射性束流线
S 束流*

放射性束流线
Y 放射性束流

放射性探测
Y 辐射探测

放射性同位素
radioisotopes
O6；TL92
D 放射性核素
放射性同位素类
放射性同位素源
S 同位素*
F α衰变放射性同位素
β衰变放射性同位素
分寿命放射性同位素
毫秒寿命放射性同位素
秒寿命放射性同位素
内转换放射性同位素
纳秒寿命放射性同位素
年寿命放射性同位素
亲骨同位素
天寿命放射性同位素
同质异能跃迁同位素
小时寿命放射性同位素
重离子衰变放射性同位素
自发裂变放射性同位素
C 放射性
放射性核素迁移
放射性物质
非密封放射源
废放射源
密封放射源

放射性同位素标记药物
Y 放射性药物

放射性同位素类
Y 放射性同位素

放射性同位素热源
radioisotope heat sources
TL92
D 热源(放射性同位素)
S 热源*
C 放射性废物 →(13)

放射性同位素扫描
radioisotope scanning
R；TL92
D 扫描(放射性同位素)
S 闪烁扫描
C γ射线探测
计算机层析成像
Z 扫描

放射性同位素源
Y 放射性同位素

放射性危害
Y 辐射危害

放射性微尘
Y 放射性尘埃

放射性微粒
Y 放射性气溶胶

放射性污染清除
radioactive decontamination
TL94；X5
D 放射性沾染消除
消除放射性沾染
消除沾染
S 污染防治*

放射性污染源
radioactive pollution source
TL94；X5
D 放射性废源
放射性源
S 污染源*
C 放射性环境影响评价 →(13)

放射性武器
Y 辐射武器

放射性物质*
radioactive materials
TL93；X5
D 放射物质
放射性材料
F 放射性胶体
放射性矿物
放射性药物
裂变产物
C 放射性
放射性废气
放射性废水
放射性废物 →(13)
放射性废液
放射性同位素
辐射源
危险物质
物质

放射性洗消
Y 洗消

放射性泄漏
radioactive leak
TL
S 泄漏*
F 核泄漏
C 辐射效应

放射性烟云
radioactive cloud
TL
D 原子云
S 毒云
放射性排放物
Z 流体流
排放物

放射性药物
radiopharmaceuticals
O6；TL7；TL92
D 放射性同位素标记药物
S 放射性物质*
F 示踪粒子
C 放射性胶体
双同位素相减技术

放射性液体废物
Y 放射性废液

放射性仪表
Y 辐射仪器

放射性源
Y 放射性污染源

放射性源项
radioactive source term
TL7
D 源项
源项控制
S 环境污染*
C 安全壳
堆芯熔化事故
辐射剂量
裂变产物

放射性沾染
radiological contamination
TJ91；TL73
D 表面放射性沾污
辐射沾染
核辐射沾染
S 沾染
Z 污染

放射性沾染物
radioactive contaminant
TJ91；X5
D 裂变产物污染物
S 沾染物*
F 放射性尘埃

放射性沾染消除
Y 放射性污染清除

放射性坠尘
Y 放射性尘埃

放射源
Y 辐射源

放射源丢失
radioactive sources loss
TL73；TL78
D 放射源丢失事故
S 核事故*

放射源丢失事故
Y 放射源丢失

放射源管理
radioactive sources management
TL7
S 核材料管理
C 辐射源
Z 管理

放射源活度
Y 放射性活度

放射照相
radiography
TG1；TL99
S 拍摄技术*

飞参记录系统
Y 飞行参数记录器

飞参记录仪
Y 飞行参数记录器

飞参系统
Y 飞行参数记录器

飞船
space vehicle
V476
D 充气飞船
航天飞船
救生飞船
空间飞船
试验飞船
太空船
太空飞船
宇宙飞船
S 航天器*
F 无人飞船
载人飞船

飞船舱
Y 航天器舱

飞船对接
Y 航天器对接

飞船发射
Y 航天器发射

飞船返回舱
spacecraft re-entry modules
V423
S 返回舱
Z 舱
航天器部件

飞船返回过程
Y 返回

飞船环境
Y 航天器环境

飞船回收
Y 航天器回收

飞船机动飞行
Y 航天器机动飞行

飞船控制
Y 航天器控制

飞船模型
Y 航天器模型

飞船屏蔽
Y 航天器屏蔽

飞船设计
airship design
V423
S 航天器设计
C 飞机设计
航空维修
Z 飞行器设计

飞船事故
Y 航天器事故

飞船维修
airship maintenance
TH17；TH7；V467
S 航天器维修
Z 维修

飞船污染
spacecraft pollution
V47；X7
S 航天器环境污染
Z 环境污染

飞船系统
airship system
V444
D 飞船应用系统
S 航天器系统
C 载人航天系统
Z 航天系统

飞船研制
airship development
V423
S 航天器研制
Z 研制

飞船仪表
Y 航天器仪表

飞船应用系统
Y 飞船系统

飞船着陆
Y 航天器着陆

飞船座舱
Y 航天器座舱

飞船座舱模拟器
Y 航天器座舱模拟器

飞船座椅
Y 航天器座椅

飞弹
Y 巡航导弹

飞碟
unidentified flying object
V27；V419
D UFO 事件
UFO 现象
UFO 学
不明飞行物
飞盘
幽浮
S 飞行体
Z 飞行器

飞碟探索
flying saucer exploration
V47
D 飞碟研究
S 空间探测
Z 探测

飞碟学
ufology
V47
S 空间科学
Z 科学

飞碟研究
Y 飞碟探索

飞航导弹
Y 巡航导弹

飞航导弹系统
Y 巡航导弹系统

飞航式导弹
Y 巡航导弹

飞航式导弹构型
Y 导弹构型

飞机*
aircraft
V271
F 变后掠翼飞机
变形飞机
表演飞机
测量飞机
超轻型飞机
超音速飞机
传感器飞机
磁悬浮飞机
大飞机
大展弦比飞机
单发飞机
单通道飞机
单翼机
低空飞机
低噪声飞机
短矩起落飞机
多电飞机
多发动机飞机
反对称机翼飞机
飞机族
高超音速飞机
高空飞机
固定翼飞机
航天测控飞机
核动力飞机
机动飞机
激光飞机

教练机
军用飞机
跨音速飞机
宽体飞机
老龄飞机
联接翼飞机
螺旋桨飞机
民用飞机
喷气式飞机
牵引飞机
前掠翼飞机
轻型飞机
全尺寸飞机
全天候飞机
柔性飞机
三角翼飞机
三翼面飞机
伞翼机
实用飞机
试验飞机
受油机
双发飞机
双机身飞机
双翼机
水上飞机
水下飞机
随控布局飞机
特技飞机
通信飞机
推力矢量飞机
尾撑式飞机
无人机
无尾飞机
下单翼飞机
小型飞机
鸭式飞机
亚音速飞机
研究机
运输机
直升机
智能飞机
重型飞机
专机
C 飞机试验
航空
航空汽油
航空器
机场
机载设备
雷达导航 →(7)

飞机安定性
Y 飞机稳定性

飞机安全
Y 航空安全

飞机钣金
Y 飞机钣金制造

飞机钣金零件
aircraft sheet metal parts
V222
S 飞机零件
Z 飞机零部件
航空航天零件

飞机钣金制造
aircraft sheet metal manufacturing
V262
D 飞机钣金
S 飞机制造
Z 制造

飞机半滚倒转
Y 特技飞行

飞机保养
Y 飞机维修

飞机背鳍
Y 机身构件

飞机壁板
aircraft panel
V222
S 航空器壁板
F 机翼壁板
C 机身隔框
Z 饰面

飞机编队
formation of planes
V32
S 空中编队*
F 多机编队
双机编队
无人机编队

飞机编队飞行
Y 编队飞行

飞机标志
aircraft markings
V271
D 飞机识别标志
S 标志*
C 飞机识别

飞机表面
aircraft surface
V271
S 表面*

飞机布局
Y 飞机构型

飞机布雷
Y 航空布雷

飞机布洒器
aircraft sprayer
TJ92
D 航空布洒器
化学航空布洒器
机载布撒器
S 布撒器
Z 喷射装置

飞机部件
aircraft component
V222
D 航空部件
S 飞机零部件*
F 尾锥
C 飞机结构件
航空电机 →(5)

飞机材料
Y 航空材料

飞机残骸
aircraft wreckage
V244
S 残骸*

飞机舱
Y 飞机机舱

飞机舱盖
Y 机身构件

飞机操纵
Y 飞行操纵

飞机操纵机构
Y 飞行操纵系统

飞机操纵面发散
Y 操纵面发散

飞机操纵面反效
Y 操纵面反效

飞机操纵品质
Y 飞机操纵性

飞机操纵系统
Y 飞行操纵系统

飞机操纵系统附件
Y 飞机附件

飞机操纵性
aircraft controllability
V212
D 飞机操纵品质
飞机可控性
S 操纵性*
C 飞行操纵

飞机操作
Y 飞行操纵

飞机操作系统
Y 飞行操纵系统

飞机侧风起飞
Y 侧风起飞

飞机侧滑
aircraft sideslip
V323
D 侧滑着陆
S 侧滑*
机动飞行
C 侧滑仪
侧滑指示器
航向稳定性
航向误差 →(3)(4)
横滚 →(4)
行车安全 →(12)(13)
Z 飞行

飞机测控站
aircraft measurement station
V351
D 飞机测量站
S 测控站
Z 台站

飞机测量站
Y 飞机测控站

飞机测试
Y 航空测量

飞机产品
Y 航空产品

飞机颤振模态飞行控制系统
Y 随控布局飞机控制系统

飞机厂
Y 飞机制造厂

飞机场
Y 机场

飞机场跑道
Y 机场跑道

飞机场选址
Y 机场选址

飞机称重
Aircraft weighting
V221
D 飞机重量控制
S 称重*
飞机校验
Z 检验

飞机冲洗
Y 洗消

飞机除冰
aircraft deicing
V244
S 除冰雪*

飞机除冰车
aircraft deicing vehicle
V244
S 技术保障车辆
Z 保障车辆

飞机垂直起落
Y 垂直起落

飞机导航
Y 航空导航

飞机导航设备
aircraft navigation equipment
TN96；V241.6
D 航空导航设备
机载导航设备
机载领航设备
S 导航设备*

飞机导航系统
Y 空中导航系统

飞机导引
aircraft guidance
V249.3
D 飞机制导
S 导引*
F 着舰导引
C 空中交通管制
雷达导航 →(7)

飞机低可探测技术
Y 飞机隐身技术

飞机地面放油系统
Y 飞机燃油系统

飞机地面空调车
Y 飞机空调车

飞机地面试验
aircraft ground test
V216
S 飞机试验
Z 飞行器试验

飞机地面压力加油系统
Y 压力加油系统

飞机地面作业调度
aircraft ground operation scheduling
V352
S 飞机调度
Z 调度

飞机地形跟随
Y 地形跟踪

飞机地形跟踪飞行控制系统
Y 地形跟踪飞行控制系统

飞机颠簸
aircraft bumpiness
V212
D 飞机飘摆
飞行颠簸
晴空颠簸
晴空飞机颠簸
S 飞行状态
C 大气湍流
颠簸试验
风切变
阵风扰动
Z 状态

飞机电传操纵系统
Y 电传飞行控制系统

飞机电传飞行控制系统
Y 电传飞行控制系统

飞机电气设备
Y 机载电子设备

飞机电气系统
aircraft electrical system
V242
D 航空电气系统
S 电气系统*
飞机系统
F 飞机配电系统
C 供电特性 →(5)
Z 航空系统

飞机电台
Y 航空电台

飞机电源
aircraft power supply
V242
D 飞机二次电源
飞机辅助电源
飞机供电
飞机应急电源
飞机主电源
航空电源
机载电源
S 电源*

飞机电源试验台
Y 试验台

飞机电源系统
aircraft electrical power system
V242
D 变速恒频电源系统
变压变频电源系统
飞机供电系统
航空电源系统
S 电源系统*
飞机系统
Z 航空系统

飞机电子飞行控制系统
Y 电传飞行控制系统

飞机电子设备
Y 机载电子设备

飞机电子系统
avionics system
V243
D 航电系统
航空电子系统
机载电子系统
机载航空电子系统
S 电子系统*
飞机系统
机载系统*
C 1553B 总线
航空电子学
Z 航空系统

飞机吊舱
aircraft pod
V223
D 飞机-吊舱
S 吊舱
Z 舱

飞机-吊舱
Y 飞机吊舱

飞机调度
aircraft scheduling
V32；V355
D 飞行调度
飞行调配
飞行调整
飞行前调配
S 调度*
F 飞机地面作业调度
飞机着陆调度
C 空中交通管制

飞机顶层设计
aircraft top-level design
V221
S 飞机设计
Z 飞行器设计

飞机定位

aircraft positioning
V249.3
S 飞行器定位
Z 定位

飞机动力学
Y 飞行力学

飞机动力装置
Y 航空动力装置

飞机短舱
Y 短舱

飞机短距起降
Y 短距起落

飞机短距起落
Y 短距起落

飞机多重飞行控制系统
Y 余度飞行控制系统

飞机舵机
Y 舵机

飞机舵面
Y 主操纵面

飞机舵面伺服作动器
Y 舵机

飞机二次电源
Y 飞机电源

飞机发电机
Y 航空发电机

飞机发动机
Y 航空发动机

飞机-发动机匹配
aircraft-engine matching
V228；V271
D 发动机-飞机机体配合
发动机-飞机匹配
发动机飞机尾喷管匹配
发动机飞机相容性
发动机飞机整体化
飞机-发动机相容性
飞机-发动机一体化
飞机-发动机整体化
机体-发动机匹配
S 匹配*

飞机发动机试车台
Y 航空发动机试车台

飞机-发动机相容性
Y 飞机-发动机匹配

飞机-发动机一体化
Y 飞机-发动机匹配

飞机-发动机整体化
Y 飞机-发动机匹配

飞机发射
Y 机载发射

飞机反潜
Y 航空反潜

飞机方向安定性
Y 航向稳定性

飞机方向稳定性
Y 航向稳定性

飞机防冰
aircraft ice protection
V244
S 防护*

飞机防颠波飞行控制系统
Y 阵风缓和系统

飞机防滑刹车
aeroplane anti-skidding braking
V226
S 飞机刹车
Z 制动装置

飞机防滑系统
aircraft anti skid system
V249
S 飞机系统
Z 航空系统

飞机防火灭火
Y 飞机失火

飞机防失速控制系统
Y 防失速控制系统

飞机放油系统
Y 飞机燃油系统

飞机飞行
Y 航空飞行

飞机飞行安全
Y 航空飞行安全

飞机飞行控制
Y 飞行控制

飞机飞行控制系统
Y 飞行控制系统

飞机飞行品质
Y 飞行品质

飞机飞行试验
Y 飞行试验

飞机飞行速度控制系统
Y 飞行速度控制系统

飞机飞行位置保持系统
Y 俯仰修正系统

飞机飞行性能
Y 飞行品质

飞机飞行自动控制系统
Y 飞行控制系统

飞机服役寿命延长
Y 飞机延寿

飞机俯冲
Y 俯冲

飞机俯仰
Y 俯仰

飞机俯仰姿态控制
Y 纵向控制

飞机辅助操纵系统
Y 飞行操纵系统

飞机辅助电源
Y 飞机电源

飞机辅助动力装置
Y 航空动力装置

飞机附件
aircraft accessory
V245
D 飞机操纵系统附件
S 航空附件
C 飞机系统
Z 附件

飞机复合材料
Y 航空复合材料

飞机复合材料零件
aircraft composite parts
V222
S 飞机零件
Z 飞机零部件
航空航天零件

飞机副翼
Y 副翼

飞机副油箱
Y 可投放油箱

飞机腹鳍
Y 机身构件

飞机改进
Y 飞机改型

飞机改型
aircraft conversion
V271
D 飞机改进
飞机改装
S 改型
Z 改造

飞机改装
Y 飞机改型

飞机概念设计
aircraft conceptual design
V221
S 飞机设计
Z 飞行器设计

飞机隔舱
Y 飞机机舱

飞机隔框
Y 机身隔框

飞机工程
Y 航空工程

飞机工程保障
Y 航空工程保障

飞机工业
Y 航空工业

飞机工装
aircraft tooling
TG7；TH16；V261
S 工装*

飞机供电
Y 飞机电源

飞机供电系统
Y 飞机电源系统

飞机供油泵
aircraft fuel supply pump
V232.97
D 倒飞供油泵
飞机燃油系统增压泵
航空燃油泵
S 泵*

飞机供油系统
aircraft fuel supply system
V245
D 燃油供给系统
S 飞机系统
供油系统
Z 供应系统
航空系统
流体系统
燃料系统

飞机构件
Y 飞机结构件

飞机构型
aircraft configuration
V221
D 飞机布局
飞机气动构型
飞机外形
S 气动构型
F T 尾布局
边条翼构型
飞翼构型
机身构型
机身-机翼-尾翼构型
机翼-短舱构型
进气道-机身构型
联结翼布局
三翼面布局
C 长径比 →(1)
面积律
随控布局飞行器
下单翼飞机
翼身组合体
Z 构型

飞机构造
Y 飞机结构

飞机故障
aircraft failure
V244
S 故障*
F 飞行故障
起落架故障
C 飞机可靠性

飞机挂架
pylon
V245
D 飞机挂梁
飞机悬挂装置
航空挂架
可转挂架
翼下挂架
直升机挂架
S 飞机结构件*
F 武器挂架
C 吊舱
吊挂系统 →(4)
可投放油箱
外挂
外挂干扰
直升机吊挂系统

飞机挂梁
Y 飞机挂架

飞机管理系统
aircraft management system
V37
S 飞机系统
管理系统*
Z 航空系统

飞机惯性导航
aircraft inertial navigation
V249.3
S 惯性导航
Z 导航

飞机光传飞行控制系统
Y 光传飞行控制系统

飞机航向安定性
Y 航向稳定性

飞机航行灯
aircraft navigation light
TM92；TS95；V242
S 航空灯
Z 灯

飞机合格认证
aircraft certification
V2
D FAA 认证
S 认证*

飞机核动力推进
Y 飞机核推进

飞机核推进
aircraft nuclear propulsion
V228
D 飞机核动力推进
S 核推进
Z 推进

飞机荷载
aircraft loads
O3；V215
D 飞机载荷
S 载荷*
F 着陆载荷
C 飞机重量

飞机桁条
Y 机身构件

飞机横滚控制
Y 横向控制

飞机横向安定性
Y 横向稳定性

飞机横向控制
Y 横向控制

飞机横向稳定性
Y 横向稳定性

飞机滑跑
Y 滑行

飞机滑橇
Y 滑橇

飞机滑行道
Y 机场跑道

飞机滑行灯
Y 机场灯

飞机滑行控制
Y 滑行控制

飞机环境控制系统
Y 飞机环控系统

飞机环控系统
aircraft environment control system
V245.3
D 变容积机飞机环境控制系统
变容积式飞机环控系统
飞机环境控制系统
飞机座舱供气系统
飞机座舱加热系统
飞机座舱通风系统
飞机座舱温度调节系统
飞机座舱温度控制系统
飞机座舱压力调节系统
机载环境控制系统
S 飞机控制系统
机载系统*
F 座舱环境控制系统
Z 飞行系统
航空系统

飞机火控
Y 航空火力控制

飞机火控系统
Y 机载火控系统

飞机火力控制
Y 航空火力控制

飞机火力控制系统
Y 机载火控系统

飞机货舱
Y 飞机机舱

飞机机舱
aircraft cabin
V223
D 飞机舱
飞机隔舱
飞机货舱
飞机武备舱
飞机武器舱

机舱
减速伞舱
进气道舱
伞舱
直升机舱
S 舱*
F 短舱
飞控舱
起落架舱
无人机舱
虚拟机舱
自动化机舱
C 电厂
飞机座舱
机身
续航能力

飞机机动
Y 飞机机动飞行

飞机机动飞行
aircraft maneuvers
V323
D 飞机机动
非常规机动
空战机动
S 机动飞行
F 大攻角机动飞行
过失速机动飞行
C 航天器机动飞行
歼击机
Z 飞行

飞机机架
Y 机身

飞机机轮
aircraft wheel
TH13；V226
D 飞机轮
航空机轮
机轮
可抛弃机轮
S 起落架构件
F 尾轮
主轮
C 起落架
Z 飞机结构件

飞机机轮刹车系统
Y 机轮刹车系统

飞机机轮刹车装置
Y 机轮刹车系统

飞机机身
Y 机身

飞机机身结构
Y 机身结构

飞机机体
Y 机身

飞机机头
aircraft nose
V223
D 飞机头部
S 飞行器头部*
C 机头 →(4)

飞机机务
Y 航空机务

飞机机翼
Y 机翼

飞机机翼负载
Y 翼载荷

飞机机翼机身干扰
Y 翼身干扰

飞机机翼折叠机构
Y 飞行操纵系统

飞机急盘旋下降
Y 下降飞行

飞机急上升转弯
Y 转弯飞行

飞机急跃升
Y 跃升

飞机急跃升倒转
Y 特技飞行

飞机集装箱
Y 航空集装箱

飞机技术
Y 航空技术

飞机加添燃料
Y 飞机加油

飞机加添燃油
Y 飞机加油

飞机加油
aircraft refueling
V245
D 飞机加添燃料
飞机加添燃油
飞机加注航油
飞机加注燃料
飞机加注燃油
飞机加注油料
航空加油
S 加油*
F 地面加油
空中加油
C 空中加油系统

飞机加油车
plane refueller
U4；V351.3
S 机场特种车辆
Z 车辆

飞机加注航油
Y 飞机加油

飞机加注燃料
Y 飞机加油

飞机加注燃油
Y 飞机加油

飞机加注油料
Y 飞机加油

飞机驾驶
Y 飞行操纵

飞机驾驶舱
Y 驾驶舱

飞机驾驶杆
Y 飞行操纵系统

飞机驾驶盘
Y 飞行操纵系统

飞机驾驶员
Y 飞行员

飞机减速板
Y 减速板

飞机检测
aircraft detection
V21
D 飞机检查
S 交通检测*
F 机舱监测

飞机检查
Y 飞机检测

飞机降落
Y 飞机着陆

飞机降落滑跑距高
Y 着陆滑跑距离

飞机降落控制
Y 着陆控制

飞机降落速度
Y 着陆速度

飞机交流发电机
Y 航空发电机

飞机脚蹬
aircraft foot pedal
TH13；V222
S 构件*
C 飞行操纵系统

飞机较靶
Aircraft boresighting
V21
D 飞机武器系统校靶
S 飞机校验
Z 检验

飞机结冰
aircraft icing
V244；V321.2
D 航空结冰
S 航空器结冰
F 机翼结冰
Z 结冰

飞机结构
aircraft structure
V214
D 飞机构造
S 航空器结构
F 机身结构
机体结构
机翼结构
尾段结构

隐身结构
C 飞机结构件
Z 工程结构

飞机结构材料
aircraft construction material
V25
S 飞行器结构材料
Z 材料

飞机结构件*
aircraft structural element
V214
D 飞机构件
飞机结构零件
F 飞机挂架
飞机蒙皮
机身构件
机翼构件
起落架构件
C 飞机部件
飞机结构
紧固孔 →(4)

飞机结构力学
Y 航空器结构力学

飞机结构零件
Y 飞机结构件

飞机结构强度
aircraft construction strength
V215
D 飞机强度
S 强度*

飞机结构设计
aircraft structural design
V221
S 飞机设计
结构设计*
F 机体结构设计
机翼结构设计
Z 飞行器设计

飞机结构寿命
aircraft structural lifetime
V214
S 飞机寿命
Z 寿命

飞机结构损伤
aircraft structural damage
V214；V328.5
D 飞机损伤
S 毁伤
损伤*
Z 弹药作用

飞机结构修理
Y 飞机维修

飞机筋斗
aircraft loop
V323
S 特技飞行
F 闭合式筋斗
垂直筋斗
倒飞筋斗
飞机斜筋斗
全筋斗
Z 飞行

飞机襟翼
Y 襟翼

飞机紧急放油系统
Y 飞机燃油系统

飞机紧急起飞
Y 起飞

飞机进场
Y 场内飞行

飞机进场管制
Y 进场控制

飞机进场间隔
Y 飞行控制

飞机进场控制
Y 滑行控制

飞机进场着陆系统
Y 着陆导航系统

飞机进气道
Y 进气道

飞机救护
Y 飞机抢救

飞机救生设备
Y 航空救生装备

飞机军械
Y 机载武器

飞机军械舱
Y 军械舱

飞机可靠性
aircraft reliability
V328.5
S 飞机性能
飞行器可靠性
C 飞机故障
飞行安全
Z 可靠性
载运工具特性

飞机可控性
Y 飞机操纵性

飞机可投放油箱
Y 可投放油箱

飞机客舱
Y 客舱

飞机空调车
air conditioning cart for aircraft
V245.3
D 飞机地面空调车
S 技术保障车辆
Z 保障车辆

飞机空气动力学
aircraft aerodynamics
V211.4
D 航空空气动力学
S 飞行器空气动力学
Z 动力学
科学

飞机空中表演
Y 表演飞行

飞机空中加油
Y 空中加油

飞机空中紧急迫降
Y 迫降

飞机控制
Y 飞行器控制

飞机控制系统
aircraft control system
V249
S 飞机系统
飞行控制系统
F 飞机环控系统
飞机控制增稳系统
飞机下滑航迹控制系统
飞机主操纵系统
随控布局飞机控制系统
Z 飞行系统
航空系统

飞机控制增稳系统
aircraft control augmentation systems
V249
D 飞行控制增益
控制增稳
控制增益系统
增控系统
增控增稳系统
增稳飞行控制
S 飞机控制系统
C 增稳
Z 飞行系统
航空系统

飞机库
Y 机库

飞机跨音速颤振
Y 跨音速颤振

飞机拉平
Y 拉平

飞机拉平控制
Y 拉平控制

飞机拉烟
Y 飞机尾迹

飞机拦阻
Y 拦阻装置

飞机拦阻设备
Y 拦阻装置

飞机拦阻系统
Y 拦阻装置

飞机类型
Y 飞机型号

飞机利用率
aircraft use rate
V35；V353

D 飞机日利用率
S 交通参数*

飞机良好率
Y 飞机完好率

飞机零部件*
aircraft assemblies and parts
V222
F 飞机部件
飞机零件
机尾

飞机零件
aircraft parts
V222
S 飞机零部件*
航空零件
F 飞机钣金零件
飞机复合材料零件
Z 航空航天零件

飞机旅客运输
Y 航空客运

飞机轮
Y 飞机机轮

飞机轮毂
Y 起落架构件

飞机螺旋桨
Y 航空螺旋桨

飞机盲目降落
Y 仪表着陆

飞机盲目着陆
Y 仪表着陆

飞机美学
aircraft aesthetic
V21
S 航空学
Z 航空航天学

飞机蒙皮
aircraft skins
V222
D 飞艇蒙皮
机身蒙皮
机翼蒙皮
镜面蒙皮
S 飞机结构件*
蒙皮
F 智能蒙皮
C 机身
整体壁板
Z 板件

飞机瞄准控制系统
Y 飞机武器系统

飞机模拟器
Y 飞行模拟器

飞机模型
aircraft models
V278
D 航空模型
航空模型飞机
航模
简化飞机模型
模型飞机
S 航空器模型
F 弹射模型飞机
电动模型飞机
特技模型飞机
线操纵模型飞机
橡筋模型飞机
遥控模型飞机
C 机身-机翼-尾翼构型
Z 工程模型

飞机爬升
Y 爬升

飞机排故方法
aircraft fault isolation method
V267
S 处理*
C 飞行保障

飞机排序
aircraft sequencing
V271
C 终端区

飞机盘旋
Y 盘旋

飞机炮塔
aircraft turret
V24
D 机载炮塔
炮塔(机载)
S 炮塔
C 航炮
轰炸机
Z 塔

飞机跑道
Y 机场跑道

飞机配电系统
aircraft electrical power distribution system
V242
S 电力系统*
飞机电气系统
Z 电气系统
航空系统

飞机配平
Y 飞机配平系统

飞机配平系统
aircraft trimming system
V245
D M数配平
飞机配平
飞机配平装置
马赫数配平
配平机构
配平系统
配平装置
人工配平
S 飞机系统
C 飞行控制
平衡装置 →(4)
Z 航空系统

飞机配平装置
Y 飞机配平系统

飞机偏航控制
aircraft yaw control
V249.1
S 飞行控制*

飞机飘摆
Y 飞机颠簸

飞机平台
aeroplane platform
V271
S 承载平台*
F 起飞平台
无人机平台

飞机平尾
Y 水平尾翼

飞机平尾偏角
Y 平尾偏角

飞机迫降
Y 迫降

飞机起动发电机
Y 航空起动发电机

飞机起飞
Y 起飞

飞机起飞滑道距离
Y 起飞滑跑距离

飞机起飞距离
Y 起飞距离

飞机起飞控制
Y 起飞控制

飞机起飞速度
Y 起飞速度

飞机起落
Y 起落

飞机起落架
aircraft landing gear
V226
S 起落架*

飞机起落架舱
Y 起落架舱

飞机气动构型
Y 飞机构型

飞机气动性能
Y 气动性能

飞机牵引车
aircraft towing vehicle
V244；V351.3
D 飞机牵引器
无拖把飞机牵引车
S 机场特种车辆
Z 车辆

飞机牵引器
Y 飞机牵引车

飞机强度
Y 飞机结构强度

飞机强度学
Y 航空器结构力学

飞机抢救
aircraft salvaging
V244.2
D 场内抢救
场外抢救
飞机救护
S 航空救生
C 海上救护机
Z 救生

飞机抢修
aircraft emergency repair
TH17；V267
D 飞机战伤抢修
S 飞机维修
Z 维修

飞机清洗车
Y 洗消车

飞机燃料
Y 航空燃料

飞机燃料系统
Y 飞机燃油系统

飞机燃油
Y 航空燃油

飞机燃油系统
aircraft fuel system
V245
D 低压燃油系统
飞机地面放油系统
飞机放油系统
飞机紧急放油系统
飞机燃料系统
飞机油箱通风增压系统
油泵供油式飞机燃油系统
油箱通风系统
油箱通风增压系统
重力供油式飞机燃油系统
S 飞机系统
燃油系统
C 油泵电机 →(5)
Z 航空系统
流体系统
燃料系统

飞机燃油系统增压泵
Y 飞机供油泵

飞机燃油箱
Y 飞机油箱

飞机日利用率
Y 飞机利用率

飞机软油箱
Y 软油箱

飞机刹车
aircraft brakes
V226
D 单点式刹车
单盘刹车
单盘式刹车
仃放刹车
多活塞式刹车
多盘式刹车
航空刹车
环状活塞刹车
牵引刹车
停放刹车
S 制动装置*
F 飞机防滑刹车
碳刹车
C 气动减速板
拖曳飞行
阻力伞

飞机刹车材料
Y 航空制动材料

飞机刹车副
aircraft brake pairs
V226
D 航空刹车副
刹车副
S 飞机刹车组件
Z 飞机结构件

飞机刹车盘
aeroplane brake discs
V245
D 飞机刹车片
S 飞机刹车组件
Z 飞机结构件

飞机刹车片
Y 飞机刹车盘

飞机刹车系统
aircraft braking system
V245
S 飞机系统
F 机轮刹车系统
无人机系统
Z 航空系统

飞机刹车装置
Y 机轮刹车系统

飞机刹车组件
aircraft brake assembly
V226
D 减压加速器
刹车动盘
刹车静盘
刹车联动装置
刹车扭力管
刹车弯块
刹车压紧盘
刹车主控制作动筒
S 起落架构件
F 飞机刹车副
飞机刹车盘
Z 飞机结构件

飞机上升
Y 爬升

飞机设备
Y 机载设备

飞机设计
aircraft design
V221
S 航空器设计
F 飞机顶层设计
飞机概念设计
飞机结构设计
飞机总体设计
机舱设计
机身设计
机翼设计
民机设计
起落架设计
战斗机设计
C 飞船设计
飞机重量
航空技术
气动弹性研究机翼
随控布局飞行器
Z 飞行器设计

飞机射击控制系统
Y 机载火控系统

飞机摄影机
Y 航空摄像机

飞机升降机
aircraft elevator
V24
D 飞机升降装置
舰载机升降机
舰载机升降装置
S 升降机械*
C 舰上起落
舰载飞机

飞机升降装置
Y 飞机升降机

飞机生产
Y 飞机制造

飞机生存力
aircraft survivability
V328.5
S 战术技术性能*
C 续航能力

飞机生存式飞行控制系统
Y 余度飞行控制系统

飞机失火
aircraft fire
V244
D 飞机防火灭火
飞机消防
S 飞机事故
C 消防系统 →(1)(5)(8)(11)(12)(13)
坠毁
Z 航空航天事故

飞机失事
Y 飞机事故

飞机失事概率
aircraft accident probability
V271
S 概率*

飞机失速
aircraft stall
V212
D 飞机失速特性
失速特性
S 失速*
C 气动失速

飞机失速特性
Y 飞机失速

飞机识别
aircraft recognition
V271
S 目标识别*
C 飞机标志

飞机识别标志
Y 飞机标志

飞机使用寿命
aircraft service life
V328.5
S 寿命*

飞机事故
aircraft accident
V328
D 飞机失事
S 航空事故
F 飞机失火
空中相撞
坠毁
Z 航空航天事故

飞机试飞
Y 飞行试验

飞机试验
aircraft testing
V216；V217
D 航空试验
空中试验
S 飞行器试验*
F 飞机地面试验
C 飞机

飞机试制
aircraft trial production
V262
S 飞机制造
Z 制造

飞机寿命
life of aircraft
V328.5
S 寿命*
F 飞机结构寿命

飞机输油系统
aircraft fuel transfer system
V245
S 飞机系统
流体系统*
Z 航空系统

飞机数据
Y 飞行数据

飞机数字式飞行控制系统
Y 数字式飞行控制系统

飞机水平尾翼
Y 水平尾翼

飞机随控布局技术
aircraft random control configured technology
TP2；V1；V249
D 主动控制技术
S 航空技术
Z 航空航天技术

飞机损伤
Y 飞机结构损伤

飞机探测
Y 航空探测

飞机特征控制技术
Y 飞机隐身技术

飞机天线
Y 机载天线

飞机通信系统
aircraft communication system
V243.1
S 飞机系统
航空通信系统
Z 航空系统
通信系统

飞机头部
Y 飞机机头

飞机突防
aircraft defense penetration
V271
S 突防
F 地形回避
C 突防概率
突防能力
突防诱饵
Z 防御

飞机推进
aircraft propulsion
V228
S 推进*

飞机推进系统
aircraft propulsive system
V228
S 飞机系统
航空推进系统
Z 动力系统
航空系统
推进系统

飞机推重比
Y 推重比

飞机拖靶
Y 航空拖靶

飞机外场降落
Y 起落

飞机外挂物
aircraft external stores
V245
D 机载外挂物
舷外挂机
S 外挂物*
C 外挂架
悬挂装置

飞机外形
Y 飞机构型

飞机完好率
rate of aircraft in good state
V271
D 飞机良好率
S 比率*

飞机维护
Y 飞机维修

飞机维修
aircraft maintenance
TH17；V267
D 飞机保养
飞机结构修理
飞机维护
飞机维修工程
飞机维修工作
飞机维修管理
飞机维修基地
飞机修理
S 航空维修
F 飞机抢修
民机维修
Z 维修

飞机维修工程
Y 飞机维修

飞机维修工作
Y 飞机维修

飞机维修管理
Y 飞机维修

飞机维修基地
Y 飞机维修

飞机维修训练模拟器
simulated aircraft maintenance trainer
V216
S 训练模拟器
Z 模拟器

飞机尾迹
aircraft trail
V211；V32
D 飞机拉烟
飞机云
拉烟
凝结尾迹
水汽尾迹
S 尾迹*

飞机尾流
aircraft wake
V211
S 尾流
Z 流体流

飞机尾翼

Y 尾翼

飞机稳定性
aircraft stability
V212
D 飞机安定性
S 飞机性能
飞行稳定性
C 气动导数
气动平衡
Z 机械性能
稳定性
物理性能
载运工具特性

飞机武备舱
Y 飞机机舱

飞机武器舱
Y 飞机机舱

飞机武器系统
aircraft weapon systems
V24
D 飞机瞄准控制系统
S 飞机系统
武器系统*
F 机载武器系统
Z 航空系统

飞机武器系统校靶
Y 飞机校靶

飞机洗消
Y 洗消

飞机系留
aircraft mooring
V226
S 系留*

飞机系统
aircraft systems
V245
D 除雨系统
风挡除雨系统
风挡刮水器
风挡雨刷装置
水上飞机水洗系统
S 航空系统*
F 飞机电气系统
飞机电源系统
飞机电子系统
飞机防滑系统
飞机供油系统
飞机管理系统
飞机控制系统
飞机配平系统
飞机燃油系统
飞机刹车系统
飞机输油系统
飞机通信系统
飞机推进系统
飞机武器系统
飞机液压系统
飞机运动系统
飞机制冷系统
飞机状态监控系统
飞行指引系统
高升力系统
襟翼系统
扑翼系统
人机闭环系统
C 操纵系统
飞机附件
机载系统

飞机下滑
Y 下滑

飞机下滑轨迹
Y 飞行轨迹

飞机下滑航迹控制系统
aircraft gliding path control system
V249.1
D 飞机下滑航迹着陆控制系统
下滑航迹控制系统
下滑航迹着陆控制系统
下滑航线控制系统
下滑着陆控制系统
S 飞机控制系统
Z 飞行系统
航空系统

飞机下滑航迹着陆控制系统
Y 飞机下滑航迹控制系统

飞机下滑控制
Y 下滑控制

飞机下降
Y 下降飞行

飞机显示设备
aircraft display devices
V243
D 航空显示设备
S 设备*
F 机载液晶显示器

飞机相撞
Y 空中相撞

飞机消毒
Y 洗消

飞机消防
Y 飞机失火

飞机消耗油箱
Y 主油箱

飞机校靶场
Y 靶场

飞机校验
aircraft calibration
V21
S 检验*
F 飞机称重
飞机校靶

飞机斜筋斗
aircraft oblique loop
V323
D 斜筋斗
S 飞机筋斗
Z 飞行

飞机型号
type of aircraft
V221
D 飞机类型
机种
S 型号*

飞机型号研制
Y 飞机研制

飞机性能
aircraft performance
V2
S 载运工具特性*
F 垂直起降性能
飞机可靠性
飞机稳定性
爬升性能
起飞性能
翼型性能

飞机修理
Y 飞机维修

飞机蓄电池
Y 航空蓄电池

飞机悬挂装置
Y 飞机挂架

飞机压力加油系统
Y 压力加油系统

飞机鸭式构型
Y 鸭式构型

飞机延寿
aircraft service life extension
V328.5
D 飞机服役寿命延长
S 寿命*
C 老龄飞机

飞机研制
aircraft development
V221
D 飞机型号研制
S 研制*
F 直升机研制

飞机叶片
Y 航空发动机叶片

飞机夜间降落
Y 仪表着陆

飞机夜间着陆
Y 仪表着陆

飞机液压系统
aircraft hydraulic system
V245
D 飞行操纵液压系统
公用液压系统
主液压系统
助力飞行操纵液压系统
助力液压系统
S 飞机系统
Z 航空系统

飞机仪表

Y 航空仪表

飞机仪表降落
Y 仪表着陆

飞机仪表着陆
Y 仪表着陆

飞机翼面
aircraft wing surface
V221
S 翼型*
F 活动翼面
C 改型设计 →(1)

飞机翼面结构布局
Y 飞翼构型

飞机引擎
Y 航空发动机

飞机隐身
Y 飞机隐身技术

飞机隐身技术
aircraft-stealth technique
TN97；V218
D 飞机低可探测技术
飞机特征控制技术
飞机隐身
飞机隐形技术
S 隐身技术*

飞机隐形技术
Y 飞机隐身技术

飞机应急电源
Y 飞机电源

飞机应急动力装置
Y 航空动力装置

飞机迎角指示器
Y 迎角指示器

飞机用油库
Y 机场油库

飞机油箱
aircraft fuel tank
V245
D 飞机燃油箱
辅助油箱
航空油箱
S 油箱*
F 保形油箱
机翼油箱
可投放油箱
软油箱
蓄压油箱
整体油箱
主油箱

飞机油箱通风增压系统
Y 飞机燃油系统

飞机余度飞行控制系统
Y 余度飞行控制系统

飞机跃升
Y 跃升

飞机跃升倒转
Y 特技飞行

飞机云
Y 飞机尾迹

飞机运动系统
flight kinematics system
V24
S 飞机系统
力学系统*
Z 航空系统

飞机载荷
Y 飞机荷载

飞机载荷测量
Y 飞行载荷测量

飞机噪声
aircraft noise
V21
D 飞机噪音
飞行噪声
航空噪声
航空噪音
适航噪声
直升机噪声
S 噪声*
C 操纵面嗡鸣
低噪声飞机
航空声学
座舱消音器

飞机噪音
Y 飞机噪声

飞机增稳
Y 增稳

飞机增压座舱
Y 增压舱

飞机炸弹舱
Y 弹药舱

飞机战斗转弯
Y 转弯飞行

飞机战伤抢修
Y 飞机抢修

飞机站
Y 机场

飞机照明
Y 航空照明

飞机侦察
Y 航空侦察

飞机振动
aircraft vibration
O3；V271
D 航空振动
S 振动*

飞机整体油箱
Y 整体油箱

飞机直流发电机
Y 航空发电机

飞机制导
Y 飞机导引

飞机制冷系统
aircraft refrigeration system
V245.3
S 飞机系统
C 冷却系统 →(1)
Z 航空系统

飞机制造
aircraft manufacture
V262
D 飞机生产
飞机制造技术
S 航空器制造
F 飞机钣金制造
飞机试制
C 关键特性 →(1)
Z 制造

飞机制造厂
aircraft plant
V268
D 飞机厂
S 工厂*

飞机制造工程
Y 航空技术

飞机制造工艺
Y 航空技术

飞机制造技术
Y 飞机制造

飞机制造业
Y 航空制造业

飞机重量
aircraft weight
V221
D 机重
S 重量*
C 飞机荷载
飞机设计

飞机重量控制
Y 飞机称重

飞机主操纵系统
aircraft main control system
TP2；V227
D 主操纵系统
主控制系统
S 操纵系统*
飞机控制系统
Z 飞行系统
航空系统

飞机主电源
Y 飞机电源

飞机主翼
Y 机翼

飞机主油箱
Y 主油箱

飞机助力操纵系统
Y 飞行操纵系统

飞机转场航程
Y 飞行距离

飞机装备
Y 机载设备

飞机装甲
aircraft armor
V222
D 寄生装甲
整体装甲
直升机装甲
S 装甲*
C 轻合金装甲

飞机装配
aircraft assembly
V262
S 装配*

飞机装配型架
aircraft assembly fixtures
TG9；V262
S 装配型架
Z 工具

飞机状态监控系统
aircraft condition monitoring system
V249
S 飞机系统
监控系统*
状态系统*
Z 航空系统

飞机撞鸟事故
Y 鸟撞

飞机坠毁
Y 坠毁

飞机准电传操纵系统
Y 电传飞行控制系统

飞机着陆
aircraft landing
V32
D 飞机降落
飞机着落
S 着陆
F 滑橇着陆
拉降
迫降
摔机着陆
无人机着陆
仪表着陆
自动着陆
自转着陆
C 滑行
起落架
硬着陆
着陆辅助设备
Z 操纵

飞机着陆灯
Y 着陆灯

飞机着陆调度
aircraft landing scheduling
V355
S 飞机调度
Z 调度

飞机着陆滑跑距离
Y 着陆滑跑距离

飞机着陆控制
Y 着陆控制

飞机着陆速度
Y 着陆速度

飞机着陆系统
Y 着陆导航系统

飞机着陆载荷测量
Y 着陆载荷测量

飞机着落
Y 飞机着陆

飞机姿态
aircraft attitude
V212
S 飞行器姿态
Z 姿态

飞机姿态安定性
Y 姿态稳定性

飞机姿态角
aircraft attitude angle
V212
S 姿态角
C 模型姿态角
欧拉姿态角
全姿态角
卫星姿态
Z 飞行参数

飞机姿态控制
Y 姿态控制

飞机姿态稳定性
Y 姿态稳定性

飞机自动驾驶仪
Y 自动驾驶仪

飞机自动降落
Y 自动着陆

飞机自动抗偏流系统
Y 飞行控制系统

飞机自动拉平控制系统
Y 自动拉平控制系统

飞机自动油门降落系统
Y 自动着陆系统

飞机自动油门控制系统
Y 飞行控制系统

飞机自动着陆
Y 自动着陆

飞机自动着陆系统
Y 自动着陆系统

飞机总体设计
aircraft general design
V221
S 飞机设计
总体设计*
F 飞机总体外形设计
Z 飞行器设计

飞机总体外形设计
aircraft overall configuration design
V221
S 飞机总体设计
总体外形设计
Z 飞行器设计
总体设计

飞机纵向控制
Y 纵向控制

飞机纵向控制系统
Y 纵向控制系统

飞机族
aircraft family
V271
S 飞机*

飞机阻力
aircraft resistance
V2
S 飞行阻力
Z 阻力

飞机最大航程
Y 飞行距离

飞机作动系统
Y 机载作动系统

飞机座舱
aircraft cockpit
V223
D 旅客机座舱
直升机座舱
S 座舱
F 敞开式座舱
弹射座舱
高过载座舱
C 飞机机舱
风挡
座舱微小气候
Z 舱

飞机座舱盖
Y 座舱盖

飞机座舱供气系统
Y 飞机环控系统

飞机座舱加热系统
Y 飞机环控系统

飞机座舱通风系统
Y 飞机环控系统

飞机座舱温度调节系统
Y 飞机环控系统

飞机座舱温度控制系统
Y 飞机环控系统

飞机座舱消音器
Y 座舱消音器

飞机座舱压力调节系统
Y 飞机环控系统

飞机座椅
aircraft seat
V223
D 航空座椅
直升机座椅
S 座椅*
F 飞行员座椅

飞控
Y 飞行控制

飞控舱
flight control cabins
V223
S 飞机机舱
Z 舱

飞控盒
flight control boxes
V247.5
C 飞行参数记录器

飞控计算机
Y 飞行控制计算机

飞控软件
Y 飞行控制软件

飞控试验
aeroplane control test
V217
S 飞行试验
Z 飞行器试验

飞控系统
Y 飞行控制系统

飞轮扫描地球敏感器
Y 地平仪

飞盘
Y 飞碟

飞片雷管
Y 冲击片雷管

飞片速度
flying plate velocity
TJ51
S 速度*
C 爆炸箔起爆器

飞散速度
fragment flying velocity
TJ41
S 速度*

飞艇
airship
V274
D 氦气飞船
可操纵气球
气船
气艇
S 轻于空气航空器
F 充氦飞艇
高空飞艇
军用飞艇
平流层飞艇
热气飞艇
软式飞艇
太阳能飞艇
无人驾驶飞艇
遥控飞艇
硬式飞艇
载人飞艇
自主飞艇
C 气球
Z 航空器

飞艇蒙皮
Y 飞机蒙皮

飞行*
flight
V32；V529
D 等高飞行
等速飞行
等速圆周飞行
平流层飞行
平流圈飞行
任务飞行
特种飞行
同温层飞行
中空飞行
F 航空飞行
航天飞行
机动飞行
C 飞行试验
起落
停飞

飞行/推进综合控制
Y 推进控制

飞行/推力综合控制
Y 推进控制

飞行安定性
Y 飞行稳定性

飞行安全
flight safety
V328
D 安全飞行
S 航空航天安全*
F 航空飞行安全
航天飞行安全
C 避碰
发射场安全
飞机可靠性
飞行安全区
飞行冲突
飞行错觉
航空安全
航空事故
航天安全
耐坠毁性
适航性

飞行安全保障
Y 飞行保障

飞行安全措施
Y 飞行保障

飞行安全区
flight safety region
V355
D 飞行危险区
空中危险区
S 空中管制区
区域*
C 飞行安全
飞行冲突
飞行试验

飞行安全性
Y 飞行器安全性

飞行安全装备
flight safety devices
V244；V528
D 个人飞行安全装备
个人飞行防护装备
S 安全设备*
C 航天手套 →(10)(13)
救生设备

飞行包线
flight envelope
V32
S 线*
C 飞行轨迹
涡扇发动机

飞行保障
flight support
V244
D 飞行安全保障
飞行安全措施
S 航空工程保障
F 地勤保障
飞行医务保障
C 飞机排故方法
Z 保障

飞行编队
Y 空中编队

飞行表演
Y 表演飞行

飞行参教记录器
Y 飞行参数

飞行参数*
flight parameter
V32
D 飞行参教记录器
F 飞行状态参数
尾迹弯曲参数
C 工程参数 →(1)

飞行参数记录器
flight parameter recorder
TH7；V248
D 飞参记录系统
飞参记录仪
飞参系统
飞行参数记录系统
飞行参数记录仪
S 飞行数据记录器
F 舱音记录器
航路记录仪
C 飞控盒
事故调查 →(13)
Z 航空仪表
记录仪

飞行参数记录系统
Y 飞行参数记录器

飞行参数记录仪
Y 飞行参数记录器

飞行舱
Y 航天器舱

飞行操纵
flight control
V32；V52
D 操纵(飞行)
飞机操纵
飞机操作
飞机驾驶
飞行操作
飞行驾驶
航向操纵
阶跃操纵
直升机操纵
S 操纵*
F 俯仰操纵
起落
着舰
着陆
C 飞机操纵性
飞行操纵系统
飞行错觉
飞行试验
尾桨
悬停

飞行操纵系统
flight control system
TP2；V227
D 备用应急飞行操纵系统
不可逆助力飞行操纵系统
电飞行操纵系统
飞机操纵机构
飞机操纵系统
飞机操作系统
飞机辅助操纵系统
飞机机翼折叠机构
飞机驾驶杆
飞机驾驶盘
飞机助力操纵系统
飞行操作系统
辅助飞行操纵系统
机械飞行操纵系统
机翼折叠机构
可逆式助力操纵系统
可逆助力飞行操纵系统
可逆助力机械操纵
人工飞行操纵系统
手动飞行操纵系统
应急飞行操纵系统
有回力助力操纵系统
直升机操纵机构
主飞行操纵系统
助力飞行操纵系统
S 操纵系统*
飞行系统*
直升机系统
C 飞机脚蹬
飞行操纵
扑翼机构
收放机构
Z 航空系统

飞行操纵液压系统
Y 飞机液压系统

飞行操纵作动器
Y 舵机

飞行操作
Y 飞行操纵

飞行操作系统
Y 飞行操纵系统

飞行测量
flight measurement
V21
D 飞行器飞行测量
飞行中测量
航迹测量
航行测量
S 航空测量*
F 飞行轨迹测量
飞行时间测量
飞行温度测量
飞行载荷测量
航向测量
C 飞行力学
飞行试验
飞行试验测量设备

飞行测量仪表
Y 飞行仪表

飞行测试
Y 飞行试验

飞行颤振
Y 颤振飞行试验

飞行颤振试验
Y 颤振飞行试验

飞行场地
flying field
V351.1
S 机坪
F 最小起降带
C 飞行区
Z 机场建筑

飞行成绩
Y 飞行品质

飞行程序
Y 飞行软件

飞行程序控制
Y 程序管制

飞行程序设计
flight programming
TP3；V247；V446
S 程序设计*

飞行程序校验
Y 校飞程序

飞行冲突
flight conflict
V244
S 冲突*
C 飞行安全
飞行安全区
飞行间隔
空中交通管制

飞行错觉*
flight illusion
R；V32
F 变叉耦合旋动错觉
科里奥利错觉
空间定位错觉
前庭-本体错觉
倾斜错觉
躯体旋动错觉
躯体重力错觉
视错觉
自动运动错觉
C 飞行安全
飞行操纵

飞行弹道
flight trajectory
TJ6；TJ760
D 空中弹道
S 弹道*
F 导引弹道
惯性弹道
滑翔弹道
下滑弹道
C 弹道测量
滑翔增程弹

飞行弹射试验
Y 弹射试验

飞行弹射座椅
flying ejection seats
V223；V244
D 帆翼式飞行座椅
旋翼式飞行座椅
翼伞式飞行弹射座椅
S 弹射座椅
C 火箭弹射座椅
Z 座椅

飞行导航
flight navigation
V249.3
S 航空导航
Z 导航

飞行导引
flight guidance
V249.3
S 导引*
F 偏航导引

飞行颠簸
Y 飞机颠簸

飞行调度
Y 飞机调度

飞行调配
Y 飞机调度

飞行调整
Y 飞机调度

飞行动力学
Y 飞行力学

飞行动力学模型
flight dynamics model
V212
S 力学模型*

飞行动态
flight dynamic
V32；V52
S 动态*

飞行方案
Y 飞行计划

飞行方位角
Y 飞行方向角

飞行方向
Y 航向

飞行方向角
flying direction angle
V32
D 飞行方位角
航迹方位角
S 飞行状态参数
Z 飞行参数

飞行防撞
flight anticollision
V249.1
D 低空防撞
防止空中航空器相撞
空中避碰
空中防相撞
空中防撞
直升机防撞
S 航行避碰
C 防撞雷达 →(7)(12)
Z 避碰

飞行仿真
flight simulation
V211.8
D 动态飞行仿真系统
仿真飞行
飞行仿真技术
飞行仿真系统
飞行模拟
飞行模拟技术
空中飞行模拟
空中模拟
模拟飞行
S 仿真*
F 实时飞行仿真
C 飞行模拟器
航天飞行

飞行仿真技术
Y 飞行仿真

飞行仿真器
Y 飞行模拟器

飞行仿真试验设备
Y 飞行模拟试验设备

飞行仿真台
Y 飞行模拟转台

飞行仿真系统
Y 飞行仿真

飞行仿真转台
Y 飞行模拟转台

飞行服*
flight clothing
V244
D 飞行服装
F 电热飞行服
航空服
加压服
抗荷服
C 头盔 →(10)(13)

飞行服务
flying service
V32；V52
S 服务*

飞行服装
Y 飞行服

飞行高
Y 飞行高度

飞行高度
flying height
V32
D 安全飞行高度
飞行高
飞行高度层
过渡高
过渡高度
过渡高度层
海拔飞行高度
航高
几何飞行高度
绝对飞行高度
相对飞行高度
真实飞行高度
S 飞行状态参数
高度*
F 安全高度
气压高度
升限
悬停高度
巡航高度
C 飞行控制
飞行时间
性能飞行试验
Z 飞行参数

飞行高度保持
Y 飞行控制

飞行高度层
Y 飞行高度

飞行高度控制
Y 飞行控制

飞行工况
Y 飞行条件

飞行攻角
Y 攻角

飞行故障
flight failure
V328
S 飞机故障
航天器故障
C 中断起飞
Z 故障

飞行管理
Y 空中交通管制

飞行管理计算机
Y 飞行控制计算机

飞行管理系统
flight management system
V249
D 飞行器管理系统
性能管理系统
S 飞行系统*
管理系统*
F 战术飞行管理系统
C 航空导航
机载计算机

飞行管制
Y 空中交通管制

飞行管制分区
Y 空中管制区

飞行管制规则
Y 空中交通管制

飞行管制区
Y 空中管制区

飞行管制设备
Y 空管设备

飞行管制系统
Y 空管系统

飞行管制员
Y 航空管制员

飞行管制中心
Y 空管中心

飞行管制自动化系统
Y 空管自动化系统

飞行规则
flight rule
V32
D 飞行基本规则
飞行员驾驶守则
外事飞行工作细则
S 规则*
F 目视飞行规则
仪表飞行规则
C 飞行计划
空中交通管制

飞行轨道*
flying orbit
V529
F 大偏心率轨道
航天器轨道
火星轨道
圆锥曲线轨道

飞行轨迹
flight paths
V32
D 飞机下滑轨迹
飞行航迹
飞行路径
飞行路线
航迹
航迹(飞行器)
航迹(宇航)
航迹线
航空器下滑轨迹
航行轨迹
S 轨迹*
F 最优爬升轨迹
C 飞行包线
飞行轨迹测量
航迹角
航迹控制
航空导航
航向
仪表飞行规则

飞行轨迹测量
flight path measurement
V21
S 测量*
飞行测量
C 飞行轨迹
路线测量 →(12)
Z 航空测量

飞行轨迹控制
Y 航迹控制

飞行过程
Y 飞行活动

飞行航迹
Y 飞行轨迹

飞行航线
airway
V355
D 航空航线
航空线
空中航线
S 航线*
F 固定航线
交叉航路
临时航线
起落航线
驼峰航线

飞行后操作
Y 航天后作业

飞行后作业
Y 航天后作业

飞行环境
flight environment
V32；V52；X2
S 航空航天环境*
F 航天飞行环境

飞行活动
flight activity
V32；V52
D 飞行过程
S 活动*
F 航空活动
航天活动

飞行-火力控制
Y 火力控制

飞行机器人
flying robot
TP2；V26
S 空间机器人
F 自由飞行空间机器人
Z 机器人

飞行机组
Y 空勤人员

飞行基本功能
Y 飞行能力

飞行基本规则
Y 飞行规则

飞行计划
flight plan
V2
D 飞行方案
S 航天计划*
F 计算机飞行计划
试飞计划
自由飞行计划
C 飞行规则
最佳飞行

飞行记录器
Y 飞行数据记录器

飞行记录系统
Y 飞行数据记录器

飞行记录仪
Y 飞行数据记录器

飞行技术
flying technique
V32；V52
D 飞行驾驶术
飞行术
S 航空技术
C 飞行控制
飞行训练
Z 航空航天技术

飞行加速度
flight acceleration
V32
S 飞行状态参数
Z 飞行参数

飞行家
Y 飞行员

飞行驾驶
Y 飞行操纵

飞行驾驶术
Y 飞行技术

飞行驾驶员
Y 飞行员

飞行间隔
flight spacing
V355
D 管制间隔
间距控制
控制空间
受控空间
S 飞行距离
C 飞行冲突
Z 航行诸元
距离

飞行监控
flight quality monitoring
V249.1
S 监控*

飞行检查
Y 校飞

飞行检验
Y 校飞

飞行教员
flight instructor
V32
S 空勤人员
Z 人员

飞行距离
flight distance
V32
D 飞机转场航程
飞机最大航程
飞行区域
航空器实用航程
实用航程
战术飞行航程
战术航程
转场航程
S 航行诸元*
距离*
F 飞行间隔
C 水路运输 →(12)
最佳飞行

飞行可靠度
Y 飞行可靠性

飞行可靠性
flight reliability
TJ760；V32；V529
D 飞行可靠度
S 飞行器可靠性
飞行性能
Z 可靠性
载运工具特性

飞行空难
Y 空难

飞行空速管
Y 飞行速度指示器

飞行空域
flight area
V32
S 空域*
C 空域特性 →(7)
空中禁区

飞行控制*
flight control
V249.1
D 编队飞行控制
飞机飞行控制
飞机进场间隔
飞控
飞行高度保持
飞行高度控制
飞行位置保持
飞行综合控制
非线性飞行控制
俯仰角控制
模拟式飞行控制
全权限飞行控制
随机飞行控制
总能量控制
F 变传动比飞行控制
变稳定性飞行控制
程序飞行控制
电传飞行控制
返回控制
防失速控制
飞机偏航控制
复飞控制
光传飞行控制
机动飞行控制
鲁棒飞行控制
配平控制
起飞控制
取样飞行控制
射流飞行控制
生存式飞行控制
失速飞行控制
数字式飞行控制
随控布局飞行控制
尾涡回避控制
液传飞行控制
再入控制
直接力飞行控制
着陆控制
姿态控制
自动飞行控制
纵向飞行控制
C 编队飞行
操纵控制 →(8)
飞机配平系统
飞行高度
飞行技术
飞行控制律
飞行器控制
航行控制 →(8)
机动
空中交通管制
雷达导航 →(7)
运动控制
增稳

飞行控制程序
Y 飞行控制软件

飞行控制计算机
flight control computer
TP3；V247；V446
D 飞控计算机
飞行管理计算机
控制飞行计算机
S 机载计算机
C 飞行控制软件
Z 计算机

飞行控制律
flight control laws
V249.1
C 飞行控制

飞行控制器
flight controllers
V249
S 控制器*

飞行控制软件
flight control software
TP3；V247；V446
D 飞控软件
飞行控制程序
飞行控制系统软件
S 作战飞行程序
C 飞行控制计算机
Z 计算机软件

飞行控制系统
flight control system
V249
D 编队飞行控制系统
飞机飞行控制系统
飞机飞行自动控制系统
飞机自动抗偏流系统
飞机自动油门控制系统
飞控系统
飞行位置保持系统
S 飞行系统*
F 导航飞控系统
地面控制进场系统
地形跟踪飞行控制系统
电传飞行控制系统
多模态飞行控制系统
防失速控制系统
防尾旋系统
飞机控制系统
飞行速度控制系统
光传飞行控制系统
航姿系统
可重构飞控系统
容错飞行控制系统
数字式飞行控制系统
余度飞行控制系统
阵风缓和系统
直升机飞行控制系统
自动飞行控制系统
C 编队飞行
参数空间法
复飞
控制系统
起飞控制
失速警告指示器

飞行控制系统模拟试验台
Y 飞行模拟试验设备

飞行控制系统软件
Y 飞行控制软件

飞行控制增稳
Y 自动增稳系统

飞行控制增益
Y 飞机控制增稳系统

飞行力学
flight dynamics
V212
D 大气层飞行动力学
大气层飞行力学
大气飞行力学
弹丸飞行力学
导弹飞行力学
飞机动力学
飞行动力学
航空动力学
S 航空力学
F 非线性飞行力学
航天器飞行力学
计算飞行力学
有控飞行力学
直升机飞行力学
C 弹道测量
弹道学
导弹飞行
飞行测量
航空动力系统
航空动力装置
Z 航空航天学

飞行历史
Y 飞行史

飞行练习器
Y 飞行模拟器

飞行路径
Y 飞行轨迹

飞行路线
Y 飞行轨迹

飞行模拟
Y 飞行仿真

飞行模拟机
Y 飞行模拟器

飞行模拟技术
Y 飞行仿真

飞行模拟平台
Y 飞行模拟转台

飞行模拟器
flight simulator
V216；V217
D 地面飞行模拟机
地面飞行模拟器
飞机模拟器
飞行仿真器
飞行练习器
飞行模拟机
飞行模拟设备
飞行模拟训练器
固定基座飞行模拟器
航空模拟器
活动基座飞行模拟器
全飞行模拟机
S 模拟器*
F 飞行训练模拟器
工程飞行模拟器

着陆模拟器
座舱模拟器
C 飞行仿真
飞行员训练
教练机

飞行模拟软件
flight simulation softwares
V247
S 飞行软件
Z 计算机软件

飞行模拟设备
Y 飞行模拟器

飞行模拟试验
flight simulation test
V216
D 模拟冰型试飞
模拟试飞
S 飞行试验
模拟试验*
C 飞行模拟转台
Z 飞行器试验

飞行模拟试验机
Y 飞行模拟试验设备

飞行模拟试验设备
flight simulation test facility
V216
D 飞行仿真试验设备
飞行控制系统模拟试验台
飞行模拟试验机
S 飞行试验设备
模拟试验设备
F 飞行模拟转台
Z 试验设备

飞行模拟训练
Y 模拟飞行训练

飞行模拟训练器
Y 飞行模拟器

飞行模拟转台
flight simulation bed
V216；V417
D 飞行仿真台
飞行仿真转台
飞行模拟平台
飞行转台
飞行转台系统
S 飞行模拟试验设备
转台
C 飞行模拟试验
Z 工作台
试验设备

飞行目标
flight targets
V32
S 目标*

飞行能力
flyability
V212
D 飞行基本功能
S 能力*
C 飞行品质
续航能力

飞行疲劳
flight fatigue
R；V32；V52
S 疲劳*

飞行品质
flight quality
V212
D 操纵品质
操纵品质规范
等效飞行品质
飞机飞行品质
飞机飞行性能
飞行成绩
飞行品质规范
飞行品质监控
飞行特点
俯仰轴飞行品质
横航向飞行品质
纵向飞行品质
S 质量*
F 操纵效能
C 颤振
大迎角
飞行能力
飞行性能

飞行品质规范
Y 飞行品质

飞行品质监控
Y 飞行品质

飞行平台
flight platforms
V271.3
S 研究机
C 喷气式垂直起落飞机
平台起落
Z 飞机

飞行剖面
flight profile
V32；V52
D 飞行剖面图
飞行任务剖面
S 截面*
C 航迹仿真 →(8)
航迹预测

飞行剖面图
Y 飞行剖面

飞行谱
Y 飞行载荷谱

飞行气象保障
Y 航空气象保障

飞行气象条件
flight meteorological condition
V32
D 航空气象条件
S 气象条件
C 飞行条件
座舱天气信息系统
Z 条件

飞行汽车
Y 空中客车飞机

飞行器*
flight vehicle
V27；V47
D 超轻型飞行器
仿生飞行器
可膨胀飞行器
轻型飞行器
太阳能飞行器
助推式滑翔飞行器
F 超音速飞行器
乘波飞行器
单人飞行器
弹道式飞行器
弹性飞行器
低可观测飞行器
低空飞行器
地效飞行器
碟形飞行器
飞行体
高动态飞行器
高速飞行器
机动飞行器
军用飞行器
可变弯尾飞行器
空间自由飞行器
临近空间飞行器
挠性飞行器
扑翼飞行器
升力体飞行器
试验飞行器
随控布局飞行器
逃逸飞行器
通用航空飞行器
微型飞行器
无动力飞行器
无人飞行器
小型飞行器
旋翼飞行器
旋转飞行器
巡航飞行器
隐形飞行器
有翼飞行器
再入飞行器
自主编队飞行器
C 导弹
飞行器试验
航空航天工业
航空器
航天器
火箭
近地空间
制导武器

飞行器安全性
flight vehicle safety
V32；V445
D 飞行安全性
S 安全性*

飞行器测控
flight vehicle measurement and control
TP2；V21
S 测控*

飞行器导航
flight vehicle navigation
V249.3
S 航空导航
Z 导航

飞行器低速安定性
Y 低速稳定性

飞行器低速稳定性
Y 低速稳定性

飞行器定位
flight vehicle positioning
V249.3
S 定位*
F 飞机定位

飞行器舵机
Y 舵机

飞行器发射*
flight vehicle launch
V55
D 发射飞行器
F 导弹发射
航天器发射
火箭发射

飞行器方案设计
flight vehicle schematic design
V423
S 飞行器设计*

飞行器仿真
flight vehicle simulation
V21
D 飞行器模拟
S 仿真*

飞行器飞行测量
Y 飞行测量

飞行器跟踪
flight vehicle tracking system
V249.3；V556
S 跟踪*
F 导弹跟踪
航天器跟踪

飞行器构架
Y 飞行器结构

飞行器构件*
flight vehicle constructional elements
V214；V42
F 航空结构件
航天器构件

飞行器管理系统
Y 飞行管理系统

飞行器轨道
Y 航天器轨道

飞行器海上迫降
Y 水上迫降

飞行器结构
flight vehicle structure
V214；V423
D 飞行器构架
S 航空航天结构
F 导弹结构
航空器结构
航天器结构
火箭结构
C 机身大梁
气动构型
Z 工程结构

飞行器结构材料
flight vehicle structure material
V25
S 航空航天材料
F 飞机结构材料
航天器结构材料
Z 材料

飞行器结构力学
flight vehicle structural mechanics
V214；V414
S 科学*

飞行器进场
Y 场内飞行

飞行器可靠性
flight vehicle reliability
V445
S 可靠性*
F 导弹可靠性
飞机可靠性
飞行可靠性
航天器可靠性

飞行器空气动力飞行试验
Y 气动力飞行试验

飞行器空气动力学
flight vehicle aerodynamics
V211.5
S 空气动力学
F 导弹空气动力学
飞机空气动力学
Z 动力学
科学

飞行器控制
flight vehicle control
V249.1
D 飞机控制
S 载运工具控制*
F 航天器控制
机翼变弯度控制
襟翼控制
起飞控制
直升机控制
座舱温度控制
C 操纵控制 →(8)
飞行控制
飞行仪表
随控布局飞行器

飞行器离地速度
Y 离地速度

飞行器模拟
Y 飞行器仿真

飞行器模型
flight vehicle model
V21
S 工程模型*
F 航空器模型
航天器模型

飞行器气动特性
Y 空气动力特性

飞行器燃料
Y 航空燃料

飞行器设计*
flight vehicle design
V423
F 飞行器方案设计
航空器设计
航天器设计

飞行器失速飞行试验
Y 失速飞行试验

飞行器试验*
flight vehicle test
V216；V217；V416；V417
F 导弹试验
飞机试验
飞行试验
航天器试验
C 飞行器
工程试验

飞行器试验技术
flight vehicle test technologies
V1；V21
S 试验技术*

飞行器天线
flight vehicle antenna
TN8；V443
S 天线*
F 弹载天线
航天器天线
机载天线

飞行器头部*
flight vehicle head
V275.1；V421；V423
D 鼻锥
火箭头
火箭头部
卫星头部
直升机头部
锥裙体
锥群体
F 导弹弹头
飞机机头
头锥
C 常规导弹
头部 →(3)

飞行器推进系统
Y 航空航天推进系统

飞行器阵风响应飞行试验
Y 阵风响应飞行试验

飞行器制导
flight vehicle guidance
TJ765；V448

S 制导*
F 导弹制导
航天器制导

飞行器制造
flight vehicle manufacturing
V262；V462
D 航空航天制造
S 制造*
F 导弹制造
航空器制造

飞行器轴承
Y 航空轴承

飞行器坠毁试验
Y 坠毁试验

飞行器姿态
attitude of flight vehicle
V212
S 飞行姿态
F 飞机姿态
卫星姿态
Z 姿态

飞行签派
Y 调机飞行

飞行前操作
Y 航天前作业

飞行前调配
Y 飞机调度

飞行前作业
Y 航天前作业

飞行强度
flight intensity
V32
S 强度*

飞行情报区
flight information region
V32
S 空域*
C 空中管制区

飞行区
flight area
V351；V351.1
S 机场区域
C 飞行场地
机场
Z 区域

飞行区域
Y 飞行距离

飞行人员
Y 空勤人员

飞行人员救生设备
Y 航空救生装备

飞行任务
flight mission
V32
D 飞行任务规划
S 任务*
F 绕越飞行任务
试飞任务
载人航天飞行任务

飞行任务规划
Y 飞行任务

飞行任务剖面
Y 飞行剖面

飞行软件
flight software
TP3；V247；V446
D 飞行程序
S 计算机软件*
F 飞行模拟软件
校飞程序
作战飞行程序

飞行时间
time of flight
V32
D 带飞时间
待航时间
全飞行时间
往返飞行时间
S 航行诸元*
F 充气飞行时间
飞行小时
射弹飞行时间
自由飞行时间
C 飞行高度

飞行时间测量
time of flight measurement
V21
S 测量*
飞行测量
Z 航空测量

飞行实时仿真
Y 实时飞行仿真

飞行实验
Y 飞行试验

飞行实验室
flight laboratory
V217；V417
S 实验室*

飞行史
flight history
V32
D 飞行历史
S 历史*

飞行事故
flight accident
V328；V35；V528
S 航空航天事故*

飞行事故记录器
Y 黑匣子

飞行事故记录仪
Y 黑匣子

飞行试验
flight test
V217
D 飞机飞行试验
飞机试飞
飞行测试
飞行实验
飞行验证
试飞
试飞技术
试飞验证
试验飞行
验收试飞
验证试飞
S 飞行器试验*
F 弹射试验
导弹飞行试验
定型飞行试验
飞控试验
飞行模拟试验
空间飞行试验
模型带飞试验
气动力飞行试验
强度飞行试验
全程飞行试验
失速飞行试验
失重飞行试验
试飞测试
特技飞行试验
投放试验
性能飞行试验
研究性飞行试验
直升机飞行试验
坠毁试验
着舰飞行试验
自航模试验
自由飞试验
C 飞行
飞行安全区
飞行操纵
飞行测量
飞行试验测量设备
飞行试验大纲
空中试车台

飞行试验测量设备
flight test measuring equipment
V217.2
D 飞行试验测试设备
飞行试验仪表
S 飞行试验设备
C 飞行测量
飞行试验
机载综合数据系统
Z 试验设备

飞行试验测试设备
Y 飞行试验测量设备

飞行试验程序
Y 飞行试验大纲

飞行试验大纲
flight test program
V217
D 飞行试验程序
飞行试验方法
试飞方法
S 技术方案*
C 飞行试验

飞行试验方法
Y 飞行试验大纲

飞行试验管理
flight test management
V217
D 试飞管理
S 试验管理
Z 管理

飞行试验计划
Y 试飞计划

飞行试验记录系统
Y 飞行数据记录器

飞行试验设备
flight test equipment
V217；V417
S 试验设备*
F 飞行模拟试验设备
飞行试验测量设备

飞行试验实时记录装置
Y 飞行数据记录器

飞行试验数据
Y 试飞数据

飞行试验数据处理系统
flighl test data processing system
V247
D 飞行试验数据实时处理系统
S 飞行系统*
试验系统*
数据系统*
信息处理系统*

飞行试验数据实时处理系统
Y 飞行试验数据处理系统

飞行试验台
Y 空中试车台

飞行试验仪表
Y 飞行试验测量设备

飞行寿命
flight life
V215.7
S 寿命*

飞行术
Y 飞行技术

飞行数据
air data
V247.5
D 飞机数据
航空数据
S 数据*

飞行数据辨识
Y 飞行数据处理

飞行数据采集系统
flight data acquisition system
V248
D 飞行数据收集系统
S 飞行系统*
数据系统*
信息采集系统*
C 机载综合数据系统

飞行数据处理
flight data processing
V247
D 飞行数据辨识
S 数据处理*

飞行数据记录器
flight data recorder
TH7；V248
D 飞行记录器
飞行记录系统
飞行记录仪
飞行试验记录系统
飞行试验实时记录装置
飞行数据记录仪
快速存储记录器
试飞记录系统
S 飞行仪表
记录仪*
F 飞行参数记录器
机载视频记录仪
C 新机试飞
Z 航空仪表

飞行数据记录仪
Y 飞行数据记录器

飞行数据收集系统
Y 飞行数据采集系统

飞行速度
flight speed
V32；V525
D 表速
返回速度
经济飞行速度
久航速度
仪表空速
真速
指示空速
最大允许飞行速度
最小机动飞行速度
S 飞行状态参数
航行诸元*
F 爬升速度
平飞速度
起飞速度
下滑速度
巡航速度
着舰速度
着陆速度
姿态角速度
最大后飞速度
C 飞行速度指示器
Z 飞行参数

飞行速度控制系统
aircraft flight speed control system
V249
D 飞机飞行速度控制系统
S 飞行控制系统
Z 飞行系统

飞行速度指示器
airspeed indicator
V241.4
D 垂直升降速度指示器
垂直速度表
飞行空速管
空速表
空速指示器
升降速度表
升降速度指示器
真空速表
指示空速表
组合式空速表
S 指示器*
F 地速指示器
爬升率指示器
失速警告指示器
旋翼转速表
C 飞行速度
风速仪 →(4)
机载综合数据系统

飞行特点
Y 飞行品质

飞行特性
Y 飞行性能

飞行体
flight body
V32
D 飞行物
飞行物体
S 飞行器*
F 飞碟

飞行天气预报
Y 航空天气预报

飞行条件
flight condition
V32
D 飞行工况
S 条件*
F 近失速工况
C 飞行气象条件

飞行头盔
flight helmet
TS94；V445
D 航空防护头盔
航天头盔
加压密闭头盔
加压头盔
密闭头盔
通风头盔
液冷头盔
S 安全防护用品*

飞行-推进控制
Y 推进控制

飞行推力
flight thrust
V231
S 推力*

飞行危险区
Y 飞行安全区

飞行位置保持
Y 飞行控制

飞行位置保持系统
Y 飞行控制系统

飞行温度测量
flight temperature measurement
O4；V249
S 飞行测量
温度测量*
C 温度测控系统 →(8)
Z 航空测量

飞行稳定性
flight stability
V212；V32
D 飞行安定性
稳定性(飞行力学)
S 飞行性能
运动稳定性
F 飞机稳定性
航天器稳定性
C 配重
Z 机械性能
稳定性
物理性能
载运工具特性

飞行稳定性试验
Y 稳定性飞行试验

飞行物
Y 飞行体

飞行物体
Y 飞行体

飞行系统*
flight system
V24
F 飞行操纵系统
飞行管理系统
飞行控制系统
飞行试验数据处理系统
飞行数据采集系统
空中导航系统
着陆导航系统
姿态系统
C 航空系统
航天系统

飞行小时
flight hour
V32
S 飞行时间
Z 航行诸元

飞行校验
Y 校飞

飞行性能
flight performance
V212
D 飞行特性
S 载运工具特性*
F 飞行可靠性
飞行稳定性
机动飞行性能
尾旋特性
着陆性能
C 飞行品质

飞行巡航高度
Y 巡航高度

飞行巡航速度
Y 巡航速度

飞行训练
flight training
V32
D 超低空飞行训练
超高空飞行训练
S 航空航天训练*
F 航天飞行训练
抗荷训练
模拟飞行训练
C 飞行技术
教练机
救生训练
气候试验
训练飞行

飞行训练模拟器
flight training simulators
V32
D 操作飞行训练器
S 飞行模拟器
训练模拟器
Z 模拟器

飞行验证
Y 飞行试验

飞行医务保障
flight medical support
R；V244
S 飞行保障
F 航空医务保障
Z 保障

飞行仪表
flight instrument
V241；V441
D 电子飞行仪表
电子飞行仪表系统
飞行测量仪表
飞行仪表系统
领航驾驶仪表
领航仪表
S 航空仪表*
F 侧滑仪
飞行数据记录器
飞行指引仪
高度表
机载定向仪
转弯倾斜仪
C 飞行器控制
位置指示器
仪表飞行
仪表飞行规则
座舱天气信息系统

飞行仪表系统
Y 飞行仪表

飞行应激
flight stress
R；V32；V52
S 应激*
F 航天飞行应激

飞行优化
Y 最佳飞行

飞行员
aviator
V32；V527
D 飞机驾驶员
飞行家
飞行驾驶员
S 空勤人员
F 空军飞行员
陆军航空兵
女飞行员
试飞员
特技飞行员
战斗机飞行员
Z 人员

飞行员保留标准
medical waiver standard for pilots
R；T-6；V527
S 飞行员选拔标准
C 飞行员医学选拔
特殊生理选拔
Z 标准

飞行员防毒面具
Y 防毒面具

飞行员驾驶守则
Y 飞行规则

飞行员模型
pilot model
V21
S 工程模型*

飞行员选拔标准
pilot selection standards
R；T-6；V527
S 航空航天标准
F 飞行员保留标准
航天员选拔标准
C 飞行员医学选拔
特殊生理选拔
Z 标准

飞行员训练
pilot training
V32
S 航空航天人员训练
C 飞行模拟器
训练模拟器
Z 航空航天训练

飞行员医学选拔
pilot medical selection
R；V2
D 空勤人员医学选拔
S 航空航天人员选拔
F 特殊生理选拔
C 飞行员保留标准
飞行员选拔标准
Z 选择

飞行员诱发振荡
Y 驾驶员诱发振荡

飞行员座舱
Y 驾驶舱

飞行员座椅
pilot seat
V223；V244
D 飞行座椅
驾驶员座椅
领航员座椅
射击员座椅
S 飞机座椅
F 高加速度座椅
C 卡头
Z 座椅

飞行运动
flight movement
V32；V52
S 运动*
C 特技飞行

飞行运输
Y 航空运输

飞行载荷
flight load
V215
D 机动载荷
S 动载荷
C 后掠效应
气动载荷
Z 载荷

飞行载荷测定
Y 飞行载荷测量

飞行载荷测量
flight load measurement
V21；V249
D 飞机载荷测量
飞行载荷测定
S 飞行测量
力学测量*
F 着陆载荷测量
着水载荷测量
C 载荷谱
Z 航空测量

飞行载荷谱
flight load spectrum
V215
D 发动机飞行载荷谱
飞行谱
航空发动机飞行载荷谱
S 载荷谱
Z 谱

飞行噪声
Y 飞机噪声

飞行指示仪
Y 飞行指引仪

飞行指引系统
flight director system
V249.3
S 飞机系统
Z 航空系统

飞行指引仪
flight directors
V241；V441
D 飞行指示仪
S 飞行仪表
Z 航空仪表

飞行中测量
Y 飞行测量

飞行转台
Y 飞行模拟转台

飞行转台系统
Y 飞行模拟转台

飞行状态
flight state
V32
S 状态*
F 飞机颠簸
停飞

飞行状态参数
flight status parameter
V32
S 飞行参数*
F 侧滑角
飞行方向角
飞行高度
飞行加速度
飞行速度
俯仰角
交会角
偏航角
姿态角

飞行姿态
flight attitude
V212
S 运动姿态
F 飞行器姿态
Z 姿态

飞行姿态调整
Y 姿态调整

飞行姿态控制
Y 姿态控制

飞行综合控制
Y 飞行控制

飞行综合数据系统
Y 机载综合数据系统

飞行阻力
flight resistance
V2
S 阻力*
F 飞机阻力

飞行最优化
Y 最佳飞行

飞行座椅
Y 飞行员座椅

飞续飞谱
Y 疲劳载荷谱

飞翼
flight wing
V224
S 机翼*
F 复合飞翼
小展弦比飞翼
斜置飞翼

飞翼布局
Y 飞翼构型

飞翼飞机
Y 无尾飞机

飞翼构型
flying wing configuration
V221
D 飞机翼面结构布局
飞翼布局
S 飞机构型
Z 构型

飞翼无人机
flight wing unmanned aerial vehicle
V279
S 无人机
Z 飞机

飞越任务
Y 绕越飞行任务

非标准气象条件
non standard weather condition
V321.2
D 标准气象条件
S 气象条件
Z 条件

非掺
Y 掺杂

非掺杂
Y 掺杂

非常规机动
Y 飞机机动飞行

非常空气动力学
Y 非定常流空气动力学

非持久性污染物
Y 污染物

非触发沉底雷
Y 沉底水雷

非触发地雷
influence land mine
TJ512
D 非触发雷
S 地雷*
F 定时地雷
防感应雷
遥感地雷
遥控地雷

非触发雷
Y 非触发地雷

非触发扫雷系统
non-contact mine-sweeping systems
TJ518
S 扫雷系统
Z 武器系统

非触发水雷

influence naval mine
TJ61
S 水雷*
F 定时水雷

非触发引信
Y 近炸引信

非磁性地雷
Y 非金属地雷

非等惯性漂移率
Y 漂移率

非电半秒延期雷管
Y 延期雷管

非电传爆系统
non-electrical booster systems
TJ456
S 传爆系列
Z 火工品

非电毫秒延期雷管
Y 延期雷管

非电秒延期雷管
Y 延期雷管

非电起爆系统
Y 非电起爆装置

非电起爆装置
non-electric initiator
TD2；TJ456；TJ5
D 非电起爆系统
S 起爆器材
Z 器材

非定常边界层
unsteady boundary layer
V211
S 边界层
Z 流体层

非定常分离流
unsteady separated flow
V211
S 非恒定流
分离流
Z 流体流

非定常风洞
Y 风洞

非定常风洞试验
unsteady wind tunnel test
V211.74
S 风洞试验
Z 气动力试验

非定常干扰
unsteady interferences
V211.46；ZT5
S 干扰*

非定常计算
time-dependent calculation
V211.3
S 计算*

非定常空气动力
Y 非定常气动力

非定常空气动力学
Y 非定常流空气动力学

非定常流
Y 非恒定流

非定常流动
unsteady flow
O3；V211
D 不稳定流动
非稳态流动
S 流体流*
F 非定常黏性流动

非定常流空气动力学
unsteady aerodynamics
V211
D 不稳定流动空气动力学
不稳定运动空气动力学
非常空气动力学
非定常空气动力学
S 空气动力学
Z 动力学
科学

非定常黏性流动
unsteady viscous flow
O3；TH4；V211
S 非定常流动
Z 流体流

非定常气动
unsteady aerodynamic
TH4；V211
S 气动
Z 驱动

非定常气动力
unsteady aerodynamics
TH4；V211
D 非定常空气动力
S 气动力
Z 动力

非定常气动系数
unsteady aerodynamic coefficient
V211
S 气动力系数
Z 系数

非定常设计
unsteady design
V221；V423
S 设计*

非定常数值模拟
unsteady numerical simulation
O1；V21
S 仿真*

非定常特性
Y 非定常性

非定常湍流
unstable turbulence
V211
S 非恒定流
湍流
F 三维非定常湍流
Z 流体流

非定常尾迹
unsteady wake
V211
S 尾迹*

非定常涡格法
unsteady vortex lattice method
V211
S 方法*

非定常相互作用
unsteady interaction
V211
S 相互作用*

非定常性
unsteadiness
V321.2
D 非定常特性
S 性能*
C 超空化

非定常运动
unsteady motion
V32
D 不稳运动
非恒定运动
S 运动*

非定常自由来流
Y 非定常自由流

非定常自由流
unsteady free stream
V211
D 非定常自由来流
S 非恒定流
流体流*

非独立悬挂
non-indepentant suspension
S；TJ810.3
S 悬挂*

非对称背涡
Y 非对称涡

非对称流
Y 非对称流动

非对称流动
dissymmetry flow
V211
D 非对称流
S 流体流*

非对称脱体涡
Y 脱体涡

非对称涡
asymmetric vortex
V211
D 不对称涡
非对称背涡
非对称涡流
非对称涡流动
S 涡流*
C 大迎角

细长旋成体
旋成体

非对称涡流
Y 非对称涡

非对称涡流动
Y 非对称涡

非对称循环载荷
asymmetrical cyclic loading
V215
S 载荷*

非对称翼剖面
Y 翼型

非对称翼型
asymmetric airfoil
V221
D 不对称翼型
翼型弯度
S 翼型*

非对称翼型翼
Y 弯扭机翼

非焚烧处理技术
Y 焚烧

非光滑叶片
non-smooth blades
TH13；V232.4
S 叶片*

非合作式目标识别
non-cooperative target recognition
TJ76；V249.3
S 目标识别*

非核反卫星导弹
non-nuclear antisatellite missile
TJ76；TJ86
S 反卫星导弹
C 截击航天器
Z 武器

非恒定流
unsteady flow
O3；V211
D 不恒定流
不稳定流
非定常流
S 恒定流
F 非定常分离流
非定常湍流
非定常自由流
三维非定常流
瞬变管流
C 井筒储集 →(2)
水力摩阻 →(4)(11)
斯特劳哈尔数
旋涡脱落频率 →(5)
Z 流体流

非恒定运动
Y 非定常运动

非后掠翼
Y 非掠翼

非化学火箭发动机
non-chemical rocket engines
V439
S 火箭发动机
F 电火箭发动机
光子火箭发动机
核火箭发动机
激光推进火箭发动机
太阳能火箭发动机
Z 发动机

非计划维修
Y 计划性维修

非加热
Y 加热

非接触检测系统
Y 检测系统

非接触扫雷
noncontact minesweeping
TJ61
S 扫雷*
F 磁性扫雷
遥控扫雷
C 非接触扫雷具

非接触扫雷具
non-contact minesweeping gear
TJ617
S 扫雷具
C 非接触扫雷
Z 军事装备
水中武器

非接触扫雷器
influence minesweeping gears
TJ617
S 地雷扫雷器
F 磁性扫雷器
嗅觉扫雷仪
Z 军事装备

非接触引信
Y 近炸引信

非结构动网格
dynamic unstructured grids
V247
D 非结构化动态网格
S 非结构网格
Z 网格

非结构化动态网格
Y 非结构动网格

非结构化网格
Y 非结构网格

非结构网格
unstructured grids
O3；V247
D 非结构化网格
无结构三角形网格
无结构网格
S 网格*
F 非结构动网格
C 动边界 →(1)
混合网格 →(8)
结构网格 →(8)
网格生成 →(8)

非金属地雷
non-metallic land mine
TJ512
D 非磁性地雷
非金属雷
S 地雷*
F 塑料地雷
C 非金属探雷器

非金属雷
Y 非金属地雷

非金属探雷器
non-metallic mine detectors
TJ517
S 地雷探测器
C 非金属地雷
Z 探雷器

非金属药筒
non-metallic cartridge cases
TJ412
S 药筒
F 可燃药筒
Z 弹药零部件

非静止轨道
non-stationary orbits
V529
S 卫星轨道
Z 飞行轨道

非均匀堆芯
heterogeneous reactor cores
TL31
S 堆芯
C 快堆
Z 反应堆部件

非均匀分布载荷
heterogeneous distributed load
V215
S 载荷*

非均匀辐照
non-uniform irradiation
TB9；TL7
S 辐照*
C 空间剂量分布

非均质推进剂
Y 异质推进剂

非快速停堆预期事故
Y 反应堆事故

非理想爆震
Y 爆震

非掠翼
unswept wing
V224
D 非后掠翼
平直机翼
无掠角翼
S 机翼*
F 环翼

矩形机翼

非密封放射源
unseaied radloactive source
R；TL7；TL92
D 非密封源
S 辐射源*
C 放射性
放射性同位素
辐射防护
辐照装置

非密封源
Y 非密封放射源

非模型控制
Y 模型控制

非能动
Y 被动安全系统

非能动安全
Y 被动安全系统

非能动安全系统
Y 被动安全系统

非能动安全性
Y 被动安全性

非能动部件
Y 被动安全系统

非能动系统
Y 被动安全系统

非能动余热排出
Y 非能动余热排出系统

非能动余热排出系统
passive residual heat removal system
TL3
D 残热排出
非能动余热排出
排出(余热)
事故后热量导出
衰变热排出
余热导出
余热排出
S 系统*
C 余热排出系统

非膨胀
Y 膨胀

非平衡流
non-equilibrium flow
V211
D 不平衡流
非平衡流动
S 流体流*

非平衡流动
Y 非平衡流

非平行性
non-parallelism
V21；ZT4
S 性能*

非破坏分析
Y 无损分析

非破坏试验
Y 无损测试

非破坏性测试
Y 无损测试

非破坏性分析
Y 无损分析

非气密供氧面罩
Y 敞开式供氧面罩

非杀伤武器
Y 非致命武器

非杀伤性武器
Y 非致命武器

非杀伤性信息武器
non-lethal information weapon
TJ99
D 非致死性信息武器
S 信息武器
Z 武器

非设计点
off-design point
V23
S 点*
C 设计点

非声探测
Y 声探测

非稳定
Y 稳定

非稳态计算
Y 稳态计算

非稳态流动
Y 非定常流动

非稳态气动力
unsteady aerodynamical force
TH4；V211
S 气动力
Z 动力

非线性颤振
nonlinear flutter
O3；V211.46
S 颤振
Z 振动

非线性传动机构
Y 传动装置

非线性动态逆控制
nonlinear dynamic inversion control
V249.1
S 计算机控制*
自动控制*

非线性舵机
Y 舵机

非线性飞行动力学
Y 非线性飞行力学

非线性飞行控制
Y 飞行控制

非线性飞行力学
nonlinear flight dynamics
V212
D 非线性飞行动力学
S 飞行力学
Z 航空航天学

非线性气动力
nonlinear aerodynamic forces
TH4；V211
S 气动力
Z 动力

非线性气动模型
nonlinear aerodynamic model
V221
S 气动模型
Z 力学模型

非线性气动特性
nonlinear aerodynamic characteristics
V211
S 空气动力特性
数学特征*
Z 流体力学性能

非相似余度
dissimilar redundancy
V249；ZT72
S 余度
C 冗余技术 →(8)
Z 程度

非循环
Y 循环

非压缩
Y 压缩

非壅塞固体火箭冲压发动机
Y 固体火箭冲压发动机

非预混火焰
Y 预混火焰

非增压座舱
Y 增压舱

非直瞄火炮
non-line-of-sight guns
TJ399
S 火炮
Z 武器

非制导火箭弹
non-guided rocket projectiles
TJ415
S 火箭弹
Z 武器

非致命弹药
non-lethal ammunition
TJ41
D 非致死性弹药
软杀伤弹药
失能弹药
S 特种弹药
F 反物质弹药
光学弹药
C 非致命武器

石墨炸弹
致盲弹
Z 弹药

非致命轻武器
non-lethal small arms
TJ99
D 软杀伤武器
S 非致命武器
控暴武器
Z 武器

非致命武器
non-lethal weapon
TJ99
D 非杀伤武器
非杀伤性武器
非致命性武器
非致死性武器
S 新概念武器
F 反固定目标非致命武器
反人员非致命武器
反装备非致命武器
非致命轻武器
声波武器
C 非致命弹药
Z 武器

非致命性
non-lethal
TJ9
S 性能*

非致命性武器
Y 非致命武器

非致死性弹药
Y 非致命弹药

非致死性武器
Y 非致命武器

非致死性信息武器
Y 非杀伤性信息武器

非周向对称布局
Y 气动构型

非洲出血热病毒
Y 病毒类生物战剂

非主干型腔
Y 型腔

非自燃推进剂
Y 双元推进剂

非自燃推进剂火箭发动机
Y 液体火箭发动机

肺刺激剂
Y 窒息性毒剂

肺刺激性毒剂
Y 窒息性毒剂

肺损伤剂
Y 窒息性毒剂

废放射源
spent radioactive sources
TL7；TL92
D 废辐射源
S 辐射源*
C 放射性同位素

废粉
Y 废渣

废辐射源
Y 废放射源

废件
Y 废弃物

废旧材料
Y 废料

废旧产品
Y 废弃物

废旧弹药
scrap ammunition
TJ41
S 弹药*
废弃物*
C 废旧炮弹

废旧料
Y 废料

废旧炮弹
discard projectiles
TJ412
S 废弃物*
炮弹*
C 报废弹药
废旧弹药

废料*
waste
X7
D 边角废料
长寿命废料
沉积废料
废旧材料
废旧料
废料最少
废弃散料
少废料
少无废料
无废料
F 放射性废料
C 废弃物
废物处理
废油 →(9)(13)

废料处理
Y 废物处理

废料处置
Y 废物处理

废料加工
Y 废物处理

废料控制
Y 废物处理

废料最少
Y 废料

废品
Y 废弃物

废品处理
Y 废物处理

废气*
exhaust
X7
D 废汽
废热蒸汽
废蒸汽
固定源废气
混合废气
气溶胶废物
气态废物
气体废物
气载废物
污染源废气
有害废气
有机物废气
F 放射性废气
C 废弃物
废物处理
排放污染物 →(13)
燃烧产物
污染度 →(13)
污染管理 →(13)
烟气 →(3)(5)(7)(9)(10)(13)
余热利用 →(5)(13)

废气透平
Y 废气涡轮

废气涡轮
exhaust gas turbine
V232.93
D 废气透平
回收透平
尾气透平
S 气体涡轮
Z 涡轮

废弃品
Y 废弃物

废弃散料
Y 废料

废弃污物
Y 废弃物

废弃物*
waste
X7
D 长寿命废物
次生废物
粗废物
大型废弃物
二次废物
废件
废旧产品
废品
废弃品
废弃污物
废弃物品
废物
废物堆
废物分类
废物老化

废物体
后处理废物
可回收废物
可再利用废物
零废品
绿色废物
去污废物
三废
特殊废物
外来废物
问题废物
误废
吸纳废物
一般废弃物
中级废物
F 伴生放射性废物
超铀废物
低放废物
废旧弹药
废旧炮弹
高放废物
固体放射性废物
核废物
可燃含铀废物
退役废物
中放废物
C 废料
废气
废弃物再生 →(13)
废物排放量 →(13)
废屑 →(2)(3)(4)(10)(13)
废液
工业废弃物
固体废物
化学废物 →(3)(9)(10)(13)
假废品 →(13)
排放污染物 →(13)
衍生燃料 →(13)

废弃物处理
Y 废物处理

废弃物处置
Y 废物处理

废弃物品
Y 废弃物

废弃物治理
Y 废物处理

废弃液
Y 废液

废汽
Y 废气

废热蒸汽
Y 废气

废溶液
Y 废液

废树脂
spent resin
TL94
S 树脂*

废水*
wastewater
X7
D 标准废水
废水分类
废水特点
废水特性
废水特征
环境废水
间接废水
实际废水
受污染水
污废水
污水特性
原废水
原生废水
F 放射性废水
核工业废水
C 废水回收 →(13)
废液
废液回收 →(13)
铬法 →(13)
化学需氧量 →(13)
生活污水 →(13)
生活用水 →(11)
水 →(1)(2)(3)(5)(9)(10)(11)(12)(13)
水环境影响 →(13)
水环境影响评价 →(13)
水污染分析 →(13)
水质影响 →(13)
污染物
污水 →(2)(11)(13)
污水排放量 →(11)(13)

废水分类
Y 废水

废水特点
Y 废水

废水特性
Y 废水

废水特征
Y 废水

废物
Y 废弃物

废物处理*
waste disposal
TH16；X7
D “三废”处理
“三废”治理
废料处理
废料处置
废料加工
废料控制
废品处理
废弃物处理
废弃物处置
废弃物治理
废物处理法
废物处理方法
废物处理方式
废物处理工艺
废物处理技术
废物处置
废物治理
三废处理
三废防治
三废治理
F 放射性废物处理
C 处理
废料
废气
废气处理 →(2)(8)(9)(11)(13)
废水处理 →(3)(9)(13)
废物处理工厂 →(13)
废物利用 →(13)
废液
风力选矿 →(2)
环境催化 →(9)
回收
可生化性 →(13)
垃圾处理 →(11)(13)
垃圾处理设施
脱除 →(1)(2)(3)(5)(7)(9)(10)(11)(13)
污染控制规划 →(13)

废物处理法
Y 废物处理

废物处理方法
Y 废物处理

废物处理方式
Y 废物处理

废物处理工艺
Y 废物处理

废物处理技术
Y 废物处理

废物处理设施
Y 垃圾处理设施

废物处置
Y 废物处理

废物处置体系
Y 垃圾处理设施

废物堆
Y 废弃物

废物分类
Y 废弃物

废物罐
waste container
TL94
S 罐*

废物货包
Y 废物库

废物集装箱
Y 废物库

废物库
radioactive waste repository
TL94；X7
D 放射性废物储存库
放射性废物库
放射性固体废物库
废物货包
废物集装箱
废物箱
工业废渣库

S 放射性废物设施
Z 垃圾处理设施

废物老化
Y 废弃物

废物体
Y 废弃物

废物箱
Y 废物库

废物治理
Y 废物处理

废液*
waste liquid
X7
D 残液
沉积物浸出液
低纯废液
废弃液
废溶液
废液种类变换
冷废液
流出液
排出液
热废液
脱壳废液
污水溶液
液体废料
液体废弃物
液体废物
液体流出物
液状废物
F 放射性废液
C 废弃物
废水
废物处理
污泥 →(2)(3)(10)(13)
液体 →(1)(2)(3)(4)(5)(9)(10)(13)
液体污染监测器 →(13)

废液种类变换
Y 废液

废渣*
waste residue
X7
D 二次废渣
废粉
废渣掺加量
废渣浆
固体废渣
污渣
F 放射性废渣
C 废渣处理 →(3)(13)
固体废物
炉渣 →(3)(5)(9)(11)(13)
冶金渣 →(2)(3)(9)(13)
渣 →(2)(3)(5)(9)(10)(11)(12)(13)

废渣掺加量
Y 废渣

废渣浆
Y 废渣

废蒸汽
Y 废气

废阻
Y 剩余阻力

废阻力
Y 剩余阻力

沸水堆
Y 沸水型堆

沸水堆核电厂
Y 压水堆核电站

沸水堆应急堆芯冷却系统
Y 堆芯应急冷却系统

沸水反应堆
Y 沸水型堆

沸水型堆
boiling water reactor
TL4
D 沸水堆
沸水反应堆
S 动力堆
浓缩铀堆
水冷堆
Z 反应堆

沸腾*
boiling
O4
D 高空组织气肿
间歇沸腾
局部沸腾
均相沸腾
拟沸腾
泡态沸腾
泡状沸腾
气泡生长
生长(气泡)
体液沸腾
F 过冷流动沸腾
钠沸腾
偏离泡核沸腾
C 传热 →(1)(2)(3)(5)(9)(10)(11)
沸点 →(1)(4)
沸腾炉 →(3)

沸腾重水冷却慢化堆
Y 沸腾重水型堆

沸腾重水型堆
BHWR type reactors
TL4
D BHWR 型堆
沸腾重水冷却慢化堆
S 重水冷却堆
重水慢化堆
C 动力堆
Z 反应堆

费托工艺
Y 工艺方法

分辨率*
resolving power
O4；TB8；TH7；TP3
D 解析度
F 辐射分辨率
能量分辨率
质量分辨率
C 清晰度 →(1)(4)(7)
套刻精度 →(7)
物理比率

分布*
distribution
ZT3
D 分布形式
散布
F 磁场分布
剂量分布
空间分布
流动分布
能量分布
温度分布
C 城镇 →(11)
分布荷载 →(11)
居民点规划 →(11)
梯度 →(1)(2)(3)(5)(7)(8)(11)

分布不均匀度
Y 均匀性

分布计算机系统
Y 分布式系统

分布均匀度
Y 均匀性

分布均匀性
Y 均匀性

分布器
Y 分配器

分布式构型
Y 分布式结构

分布式故障诊断系统
Y 故障诊断系统

分布式航天器
distributed spacecrafts
V47
S 航天器*
F 分布式卫星

分布式计算机信息系统
Y 分布式系统

分布式架构
Y 分布式结构

分布式检测系统
Y 分布式探测系统

分布式结构
distributed architecture
V221
D 分布式构型
分布式架构
分布式框架
分布式软件体系结构
分布式体系
分布式体系结构
分布式系统架构
集中式结构
S 结构*
C 分布式程序设计 →(8)
分布式系统

分布式中间件 →(8)

分布式捷联基准
Y 捷联基准

分布式捷联姿态基准
Y 捷联基准

分布式框架
Y 分布式结构

分布式人造卫星
Y 分布式卫星

分布式软件体系结构
Y 分布式结构

分布式探测系统
distributed sniffer system
V249.3
D 分布式检测系统
S 分布式系统*
探测系统*

分布式体系
Y 分布式结构

分布式体系结构
Y 分布式结构

分布式网络控制
distributed network control
TL5
S 控制*

分布式卫星
distributed satellites
V474
D 分布式人造卫星
S 分布式航天器
人造卫星
Z 航天器
卫星

分布式卫星系统
distributed satellite system
V474
S 卫星系统
Z 航天系统

分布式系统*
distributed system
TP1；TP2
D 分布计算机系统
分布式计算机信息系统
分布系统
F 分布式探测系统
C 分布式互斥 →(8)
分布式计算环境 →(8)
分布式结构
分布式人工智能 →(8)
工程系统
计算机系统
控制系统
任务粒度 →(1)
软件系统 →(7)(8)(10)
网络覆盖 →(7)

分布式系统架构
Y 分布式结构

分布式遥测系统
Y 遥测系统

分布式遥控系统
Y 遥控系统

分布系数(辐射剂量)
Y 空间剂量分布

分布系统
Y 分布式系统

分布形式
Y 分布

分布因子(辐射剂量)
Y 空间剂量分布

分步工艺
Y 工艺方法

分舱因数
Y 因子

分层成像
stratified imaging
TL8
S 成像*

分层防御
Y 多层防御

分层流
Y 层流

分层流动
stratified flow
O3；TL
D 层流流动
层状流动
S 流体流*

分层燃烧装置
stratification combustion appliance
V232
S 燃烧装置*
C 分层给煤装置 →(5)
分层燃烧 →(5)

分次辐照
dose fractionation
TL7
D 分次剂量
分次剂量辐照
分剂量照射
剂量分次给予
S 辐照*
C 辐射剂量
剂量-效应关系
瞬时剂量分布

分次剂量
Y 分次辐照

分次剂量辐照
Y 分次辐照

分导飞行器
Y 多弹头分导再入飞行器

分导式多弹头
independently-targeted multiple warheads
TJ76
S 多弹头
C 多弹头导弹
Z 飞行器头部
战斗部

分段燃烧
Y 分级燃烧

分级分离
Y 级间分离

分级燃烧
staged combustion
TK1；V231.1
D 多阶段燃烧
分段燃烧
分级燃烧技术
S 燃烧*
C 补燃发动机
补燃循环
分层燃烧系统 →(5)
分级燃烧室
空气分级燃烧 →(5)
燃尽风 →(5)

分级燃烧火箭发动机
Y 补燃发动机

分级燃烧技术
Y 分级燃烧

分级燃烧室
classification combustor
V232
S 燃烧室*
C 分级燃烧

分级燃烧循环
Y 补燃循环

分剂量照射
Y 分次辐照

分解*
decomposition
O6；TQ0
D 分解工序
分解工艺
分解过程
分解技术
分解作用
F 辐射分解
辐照分解
C 分解催化剂 →(9)
分解器 →(9)
隔离
化学分解 →(1)(3)(7)(8)(9)
冶金 →(3)

分解工序
Y 分解

分解工艺
Y 分解

分解过程
Y 分解

分解技术
Y 分解

分解作用
Y 分解

分界表面
Y 表面

分块网格
Y 多块网格

分离*
separation
ZT5
D 分离法
分离工艺
分离过程
分离技术
分离流程
分离效果
F 爆炸分离
边界层分离
多体分离
放化分离
激光分离
级间分离
离心分离
流动分离
气流分离
前缘分离
热分离
人椅分离
时标分离
同位素分离
头体分离
头罩分离
外挂物分离
星箭分离
助推器分离
子母弹分离
C 差转速 →(4)
沉淀剂 →(3)(9)(10)(11)(13)
电泳 →(4)(9)
分离设备
分离系数
过滤 →(2)(3)(5)(7)(8)(9)(10)(11)(13)
过滤器 →(9)
离子交换
清洗 →(1)(2)(3)(4)(5)(7)(8)(9)(10)(11)(12)(13)
提纯 →(2)(3)(7)(9)(10)
提取 →(2)(3)(8)(9)(10)(13)
物质分离
诱导合成 →(9)

分离点
point of separation
TE2；V474
S 点*
C 根轨迹 →(8)
星箭分离

分离法
Y 分离

分离工艺
Y 分离

分离过程
Y 分离

分离机
Y 分离设备

分离机器
Y 分离设备

分离机械
Y 分离设备

分离技术
Y 分离

分离接合
Y 连接

分离结构
separation structure
TJ7
D 分离式结构
S 结构*

分离结合
Y 连接

分离控制
separation control
V448
S 航天器控制
Z 载运工具控制

分离流
separated flow
O3；V211
D 分离流动
分相流动
S 流体流*
F 非定常分离流
C 大迎角
气流分离
扰流器
旋涡脱落频率 →(5)

分离流程
Y 分离

分离流动
Y 分离流

分离流动控制
Y 分离流控制

分离流控制
separate flow control
O3；V211
D 分离流动控制
S 流体控制*

分离螺母
separation nuts
TJ459
S 爆炸螺母
C 级间分离
Z 火工品

分离面
surface of separation
V221
C 级间分离
结合界面 →(3)
星箭分离

分离器
Y 分离设备

分离-嬗变
partitioning-transmutation
TL94；X7
D 分离-嬗变技术
S 核嬗变
Z 核反应

分离-嬗变技术
Y 分离-嬗变

分离设备*
separator
TQ0
D 波纹板分离器
多级旋风分离器
二次分离器
分离机
分离机器
分离机械
分离器
分离装置
糠秕分离器
木屑分离器
深冷分离装置
铁屑置换器
压缩空气分离器
真空分离器
F 扩散分离器
离心机
粒子分离器
脉冲萃取柱
同位素分离器
C 分离
分离性能 →(1)
深冷分离 →(9)

分离式火箭深水炸弹
Y 火箭深弹

分离式结构
Y 分离结构

分离式座舱
Y 弹射座舱

分离涡
separation vortex
V211
D 分离旋涡
S 涡流*
F 前缘分离涡

分离系数
separation factor
TF8；TL2；TQ0
D 分离因数
分离因子
分配系数比
S 系数*
C 分离
同位素效应

分离效果
Y 分离

分离旋涡
Y 分离涡

分离因数
Y 分离系数

分离因子
Y 分离系数

分离装置
Y 分离设备

分离姿态
separation attitude
V212
S 姿态*

分离座舱
Y 弹射座舱

分裂*
fission
Q1；ZT5
D 分裂形式
F 逆风通量分裂
矢通量分裂

分裂式襟翼
Y 开裂式襟翼

分裂形式
Y 分裂

分流叶片
splitter vane
TH13；V232.4
S 叶片*

分配*
distribution
ZT5
F 轨道分配
流量分配
目标分配
停机位分配
质量分配

分配器*
distributor
TN94；TP2
D 分布器
F 燃油分配器
C 分配系统 →(7)

分配系数比
Y 分离系数

分气机构
Y 配气机构

分区方法
Y 区域规划

分区界线
Y 边界

分区制
Y 区域规划

分散剂*
dispersant
TQ42；TS1
D 分散添加剂
分散性添加剂
分散助剂
辅助分散剂
扩散剂
新型分散剂
助分散剂
F 燃料分散剂
C 包覆剂 →(9)
表面活性剂 →(2)(9)(10)
分散机理 →(9)
分散稳定剂 →(9)
分散稳定性 →(1)
分散性 →(1)(2)(9)(11)
抗分散剂 →(9)(11)
稀释剂 →(3)

分散体
dispersions
TL22；TQ0
D 分散体系(化学)
C 分散 →(1)(8)(9)(10)(11)
分散条件 →(9)
分散系数 →(1)
胶体
颗粒
粒度 →(1)(2)(3)(5)(7)(8)(9)(10)
凝胶 →(1)(2)(9)(10)
气体
溶胶 →(9)

分散体系(化学)
Y 分散体

分散添加剂
Y 分散剂

分散稳定
Y 稳定

分散性添加剂
Y 分散剂

分散助剂
Y 分散剂

分寿命放射性同位素
minute life radioisotope
O6；TL92
S 放射性同位素
F 铯-138
C 半衰期
Z 同位素

分析*
analysis
O1；ZT0
D 分析方案
分析评价
分析原因
解析
剖析
浅析
F 多道分析
目标分析
作战效能分析
C 分析方法
分析系统 →(1)(4)(5)(8)
工程分析
化学分析 →(1)(2)(3)(10)
经济分析 →(1)(5)(11)
力学分析 →(1)(2)(3)(4)(8)(11)(12)
物理分析
物质分析 →(1)(2)(3)(4)(9)(10)(11)(13)
性能分析

分析(光子活化)
Y 光子活化分析

分析(核反应)
Y 核分析技术

分析(中子活化)
Y 中子活化分析

分析测试仪
Y 分析仪

分析方案
Y 分析

分析方法*
analytical techniques
ZT71
D 分析技术
实用分析方法
F 分子活化分析
光子活化分析
核分析技术
无损分析
质子激发 X 射线荧光分析
中子活化分析
C 方法
分析
谱分析

分析技术
Y 分析方法

分析评价
Y 分析

分析器
Y 分析仪

分析设备
Y 分析仪

分析仪*
analyzer
TH7
D 测量分析仪
分析测试仪
分析器
分析设备
分析仪表
分析仪器
分析装置
F 测氧仪
脉冲分析器
频谱分析仪
C 分析模式 →(8)
谱仪

分析仪表
Y 分析仪

分析仪器
Y 分析仪

分析原因
Y 分析

分析装置
Y 分析仪

分系统定型
Y 定型

分系统试验
Y 系统试验

分相流动
Y 分离流

分形布朗运动模型
fractal brownian motion model
TM93；V21
D FBM 模型
S 力学模型*

分压服
Y 部分加压服

分子活化分析
molecular activation analysis
TL99
S 分析方法*

分子束风洞
Y 低密度风洞

焚烧
incineration
TL941.3；X7
D 非焚烧处理技术
焚烧处理
焚烧处理工艺
焚烧处理技术
焚烧处理系统
焚烧法
焚烧方式
焚烧工艺
焚烧过程
焚烧机理
焚烧技术
焚烧特性
焚烧综合处理
可焚烧性能
S 燃烧*

焚烧处理
Y 焚烧

焚烧处理工艺
Y 焚烧

焚烧处理技术
Y 焚烧

焚烧处理系统
Y 焚烧

焚烧法
Y 焚烧

焚烧方式
Y 焚烧

焚烧工艺
Y 焚烧

焚烧过程
Y 焚烧

焚烧机理
Y 焚烧

焚烧技术
Y 焚烧

焚烧特性
Y 焚烧

焚烧综合处理
Y 焚烧

粉
Y 粉末

粉尘*
dust
X5
D 尘埃
尘土颗粒
尘云
尘渣
粉尘颗粒
粉尘粒子
粉尘微粒
粉尘云
灰尘颗粒
灰颗粒
沙尘颗粒
F 空间粉尘
C 标准密度 →(3)
粉尘管理 →(2)
粉尘污染 →(13)
颗粒
热环境效应 →(13)
收尘极板 →(13)
烟气 →(3)(5)(7)(9)(10)(13)
抑尘剂 →(2)(13)

粉尘颗粒
Y 粉尘

粉尘粒子
Y 粉尘

粉尘微粒
Y 粉尘

粉尘云
Y 粉尘

粉料
Y 粉末

粉末*
powder
TB4；TF1
D 粉
粉料
粉末颗粒
粉末粒子
粉末原料
粉体
粉体粒子
粉状颗粒
F UO_2粉末
C 堆积密度 →(3)
粉末成型 →(3)
粉末粒径 →(3)
粉末形貌 →(1)
粉体白度 →(1)
粉体材料 →(3)
粉体流动性 →(1)
改性胶粉 →(9)
均匀性
颗粒
颗粒尺寸 →(1)
粒度 →(1)(2)(3)(5)(7)(8)(9)(10)
有色金属 →(3)

粉末颗粒
Y 粉末

粉末粒子
Y 粉末

粉末燃料冲压发动机
Y 固体火箭冲压发动机

粉末燃料堆
Y 液态燃料堆

粉末钛合金
powder metallurgy titanium alloy
TG1；V25
D 粉末冶金钛合金
S 钛合金
Z 合金

粉末衍射照相机
Y 照相机

粉末药型罩
powder liners
TJ412
S 药型罩
Z 弹药零部件

粉末冶金钛合金
Y 粉末钛合金

粉末冶金涡轮盘
Y 燃气涡轮盘

粉末原料
Y 粉末

粉末照相机
Y 照相机

粉末状废物
Y 固体废物

粉碎
Y 破碎

粉碎法
Y 破碎

粉碎方法
Y 破碎

粉碎方式
Y 破碎

粉碎工艺
Y 破碎

粉碎过程
Y 破碎

粉碎技术
Y 破碎

粉碎加工
Y 破碎

粉体
Y 粉末

粉体粒子
Y 粉末

粉状颗粒
Y 粉末

丰度(同位素)
Y 同位素比

风标稳定性
Y 航向稳定性

风场电气设备
Y 电气设备

风场模拟
wind field simulation
V211.7
S 风模拟
Z 仿真

风车特性
windmill characteristics
V235
S 载运工具特性*

风挡
wind screen
U4；V223
S 防护装置*
C 飞机座舱

风挡除雨系统
Y 飞机系统

风挡刮水器
Y 飞机系统

风挡结构
windshield structures
V214
S 机身结构
Z 工程结构

风挡雨刷装置
Y 飞机系统

风电叶片
Y 风力机叶片

风峒
Y 风洞

风洞*
wind tunnel
V211.74
D 变风压风洞
变压力风洞
敞开式风洞
大气扩散风洞
低超声速风洞
低超音速风洞
非定常风洞
风峒
风硐
工业风洞
空气风洞
逆流靶风洞
热校测风洞
湿蒸气叶栅风洞
小型风洞
性能试验风洞
引导性风洞
引风道
蒸气风洞
自由飞风洞
F 边界层风洞
变密度风洞
颤振风洞
常规风洞
大气压力风洞
低速风洞
二维风洞
高焓风洞
高雷诺数风洞
高湿度风洞
高速风洞
航空风洞
回流式风洞
激光风洞
进气道风洞
静风洞
开缝壁风洞
螺旋浆风洞
脉冲风洞
模型风洞
喷气发动机驱动风洞
汽车风洞
燃气风洞
燃烧风洞
热风洞
柔壁风洞
三音速风洞
声学试验风洞
数值风洞
湍流风洞
下吹式风洞
先导性风洞
校准风洞
虚拟风洞
压力驱动风洞
亚跨音速风洞
翼型风洞
引射式风洞
暂冲式风洞
增压风洞
轴流压气机驱动风洞
自适应风洞
自由射流式风洞
C 风洞试验
气源设备
试验设施
引风机 →(4)

风洞背景噪声
Y 风洞噪声

风洞部件*
wind tunnel component
V211.74
D 风洞辅件
F 导流片
风洞地板
风洞气源
风洞天平
风洞尾撑
高压段
扩压段
冷却段
试验段
收缩段
稳定段
C 风洞喷管

风洞侧壁干扰
Y 洞壁干扰

风洞测量
Y 风洞测试

风洞测量方法
Y 风洞测试

风洞测量技术
Y 风洞试验

风洞测试
wind tunnel test
V211.7
D 风洞测量
风洞测量方法
风洞流场校测
S 测试*

风洞测试技术
Y 风洞试验

风洞地板
wind tunnel floor
V211.74
S 风洞部件*

风洞辅件
Y 风洞部件

风洞干扰
wind tunnel interference
V211.7
D 超声速风洞干扰
S 气动干扰*

风洞控制系统
wind tunnel control system
TP2；V211.74
S 专用系统*

风洞流场品质
Y 流场品质

风洞流场校测
Y 风洞测试

风洞模拟实验
Y 风洞模拟试验

风洞模拟试验
wind tunnel simulation testing
V211.74
D 风洞模拟实验
S 风洞试验
模拟试验*
Z 气动力试验

风洞模型

wind tunnel model
V211.7
D 标模
标准模型(风洞)
S 气动模型
F 半模型
风洞缩比模型
C 流场显示
Z 力学模型

风洞模型实验
Y 风洞试验

风洞模型试验
Y 风洞试验

风洞喷管
wind tunnel nozzles
V232.97
D 超声速风洞喷管
单支点半柔壁喷管
多支点半柔壁喷管
多支点全柔壁喷管
柔壁喷管
S 喷管*
C 风洞部件

风洞气源
wind tunnel air supply
V211.74
D 储气管
风洞气源系统
高压容器(风洞)
S 风洞部件*

风洞气源系统
Y 风洞气源

风洞设备
wind tunnel installation
O3；V211
S 设备*
F 气源设备

风洞设计
wind tunnel design
V211.7
S 试验设计*

风洞实验
Y 风洞试验

风洞实验技术
Y 风洞试验

风洞试验
wind tunnel test
V211.74
D 风洞测量技术
风洞测试技术
风洞模型实验
风洞模型试验
风洞实验
风洞实验技术
风洞试验技术
风洞试验结果
S 气动力试验*
F 测力试验
测压试验
大攻角试验
低速风洞试验
动力模拟试验
非定常风洞试验
风洞模拟试验
风洞自由飞试验
高速风洞试验
节段模型风洞试验
进气道试验
流场校测试验
模型风洞试验
喷流试验
热天线试验
投放风洞试验
尾旋风洞试验
翼型试验
再入风洞试验
C 风洞
空气动力特性
涡激共振 →(1)(12)

风洞试验技术
Y 风洞试验

风洞试验结果
Y 风洞试验

风洞试验数据
wind tunnel data
V211.74；V247.5
D 风洞试验数据库
S 试验数据
C 流场品质
Z 数据

风洞试验数据库
Y 风洞试验数据

风洞收缩段
Y 收缩段

风洞缩比模型
wind tunnel shrinkage ratio model
V211.7
S 风洞模型
Z 力学模型

风洞天平
wind tunnel balance
TH7；V211.74
D 超声速风洞天平
多分量天平
静态测力天平
空气动力天平
脉冲风洞天平
气动力天平
S 风洞部件*
衡器*
F 风洞应变天平

风洞投放试验
Y 投放风洞试验

风洞尾撑
wind tunnel tail boom
V211.74
S 风洞部件*

风洞校准
wind tunnel calibration
V211.7
D 流场校测
S 校准*
C 天平校准 →(4)

风洞应变天平
wind tunnel strain balance
TH7；V211.74
S 风洞天平
Z 风洞部件
衡器

风洞噪声
wind tunnel noise
V211.74
D 风洞背景噪声
风洞噪音
S 噪声*

风洞噪音
Y 风洞噪声

风洞自由飞
Y 风洞自由飞试验

风洞自由飞实验
Y 风洞自由飞试验

风洞自由飞试验
wind tunnel free flight test
V211.74
D 风洞自由飞
风洞自由飞实验
模拟自由飞试验
模型自由飞试验
S 风洞试验
Z 气动力试验

风硐
Y 风洞

风干扰
wind interference
V211.46
D 风致干扰
S 气动干扰*
F 阵风干扰

风荷载模拟
wind load simulation
V211.7
S 风模拟
Z 仿真

风机叶片
fan blade
TH13；V232.4
D 风扇叶片
S 叶片*
F 风力机叶片
宽弦风扇叶片
C 多翼离心风机 →(4)
风扇

风机转子
fan propeller
TH13；V232
D 风扇转子
S 转子*
C 风机 →(2)(3)(4)(5)(9)

风剪切
Y 风切变

风冷
Y 气体冷却

风冷发动机
air-cooled engine
TK0；V234
D 风冷式发动机
风冷式内燃机
气冷式发动机
气体冷却发动机
S 活塞式发动机
C 气冷涡轮
Z 发动机

风冷冷却
Y 气体冷却

风冷却
Y 气体冷却

风冷散热
Y 气体冷却

风冷式发动机
Y 风冷发动机

风冷式内燃机
Y 风冷发动机

风力发电机叶片
Y 风力机叶片

风力机叶片
wind turbine blade
TH13；V232.4
D 风电叶片
风力发电机叶片
S 风机叶片
Z 叶片

风力涡轮
wind turbine
V232.93
D 风力涡轮机
S 动力涡轮
C 风力发电 →(5)
风力发电机 →(5)
风力发电设备 →(5)
风力机 →(5)
风力机械 →(5)
Z 涡轮

风力涡轮机
Y 风力涡轮

风轮叶片
rotor blade
TH13；V232.4
S 叶轮叶片
Z 叶片

风面漂雷
Y 漂雷

风模拟
wind simulation
V211.7
S 仿真*
F 风场模拟
风荷载模拟
风速模拟

风切变
wind shear
O；P4；TK8；V211
D 风剪切
S 应变*
F 低空风切变
C 飞机颠簸
晴空湍流
压力流 →(11)

风切变探测
wind shear detections
V249.3
S 气象探测
Z 探测

风切变探测系统
wind shear detection system
V248
D 风切变系统
S 探测系统*

风切变系统
Y 风切变探测系统

风扇*
fan
TM92；V232.93
D 电扇
F 超音通流风扇
管道风扇
跨音速风扇
离心风扇
升力风扇
涡轮风扇
C 电风扇 →(5)
风机 →(2)(3)(4)(5)(9)
风机叶片
混流式风机 →(4)
桨扇发动机
螺旋桨效率
压气机转子 →(4)

风扇发动机
Y 涡扇发动机

风扇叶片
Y 风机叶片

风扇转子
Y 风机转子

风速传感器
Y 空速管

风速模拟
simulation of wind speed
V211.7
S 风模拟
F 风速时程模拟
Z 仿真

风速时程模拟
wind speed time-histories simulation
V211.7
S 风速模拟
Z 仿真

风筝气球
Y 系留气球

风致干扰
Y 风干扰

封闭式爆炸
Y 地下核爆炸

封闭式弹射
Y 弹射

封闭式地下核爆炸
Y 地下核爆炸

封闭式核爆炸
Y 地下核爆炸

封舱
Y 开舱

封存包装试验
Y 储存试验

封锁概率
blockade probability
E；TJ0
S 概率*
C 机场跑道
子母弹

封锁效率
blockade efficiency
E；TJ0
S 效率*

封锁效能
blockade efficiency
E；TJ0
S 效能*

峰*
peak
ZT5
F 逃逸峰
C 瞬时状态

峰效率
peak efficiency
TL8
S 效率*

峰值机翼
Y 尖峰翼

峰值翼型
Y 尖峰翼型

蜂窝板
cellular board
TU5；V25
D 蜂窝夹层
蜂窝夹层板
蜂窝铝板
铝蜂窝板
S 金属材料*
型材*

蜂窝夹层
Y 蜂窝板

蜂窝夹层板
Y 蜂窝板

蜂窝夹层复合材料
Y 蜂窝夹芯板

蜂窝夹层结构
honeycomb sandwich structure
V214
D 蜂窝夹心结构
蜂窝夹芯结构
S 夹层结构
Z 形貌结构

蜂窝夹心结构
Y 蜂窝夹层结构

蜂窝夹芯
Y 蜂窝夹芯板

蜂窝夹芯板
honeycomb sandwich panel
TB3；V25
D Nomex 蜂窝
蜂窝夹层复合材料
蜂窝夹芯
蜂窝结构板
蜂窝芯材
S 复合材料*
C 低速冲击 →(3)(4)
蜂窝材料 →(1)

蜂窝夹芯结构
Y 蜂窝夹层结构

蜂窝结构板
Y 蜂窝夹芯板

蜂窝铝板
Y 蜂窝板

蜂窝芯材
Y 蜂窝夹芯板

蜂腰式机身
wasp-waisted fuselage
V223
S 面积律机身
C 细长机身
Z 机身

缝槽气膜冷却
slot air film cooling
V231.1
S 气膜冷却
Z 冷却

缝隙效应
Y 气动效应

缝翼
Y 前缘缝翼

凤凰堆
phenix reactor
TL4
S 钚堆
动力堆
钠冷堆
浓缩铀堆
液态金属快增殖型堆
Z 反应堆

敷贴器(放射疗法)
Y 辐射源

弗劳德数
froude number
O3；V211
D Froude 数
弗鲁德数
S 无量纲数*

弗卢雷克斯过程
Y 核燃料后处理

弗鲁德数
Y 弗劳德数

弗鲁罗克斯法
Y 核燃料后处理

弗鲁罗克斯过程
Y 核燃料后处理

伏尔
Y 甚高频全向信标

拂晓飞行
Y 全天候飞行

服务*
service
F
D 服务类别
服务类型
F 发射服务
飞行服务
管制服务
航空气象服务
空中交通服务
在轨服务

服务舱
service modules
V423
S 航天器舱
C 对接舱
Z 舱
航天器部件

服务类别
Y 服务

服务类型
Y 服务

服役寿命
service life
TG1；TH12；V328.5
S 寿命*

服装*
clothing
TS94
D 纺织服装
纺织服装品
服装产品
服装形式
衣服
衣物
衣装
F 防寒服
防护服
C 编结 →(10)
刺绣 →(10)
缝制车间 →(10)
服饰 →(4)(9)(10)(13)
服饰研究 →(10)
服装标准 →(1)(10)
服装材质 →(10)
服装定制 →(10)
服装辅料 →(10)
服装建模 →(10)
服装配色 →(10)
服装评价 →(10)
服装热阻 →(10)
服装形态 →(10)
服装原型 →(10)
服装装饰 →(10)
隔热值 →(10)
纱线 →(10)
针织品 →(10)
针织物 →(10)
织物 →(10)
织物组织 →(10)

服装产品
Y 服装

服装形式
Y 服装

服装装具洗消
Y 洗消

氟-18
fluorine-18
O6；TL92
S 氟同位素
Z 同位素

氟化合物推进剂
Y 液体推进剂

氟化锂探测器
lithium fluoride detector
TH7；TL8
S 辐射探测器
Z 探测器

氟锂铍熔盐
flibe molten salt
TL
S 反应堆冷却剂
C 增殖区
Z 冷却介质

氟碳推进剂
Y 固体推进剂

氟同位素
fluorine isotopes
O6；TL92
S 同位素*
F 氟-18

俘获
Y 捕获

浮动机
Y 前冲机

浮动模芯
Y 芯模

浮动炮闩
floating breech blocks
TJ303
S 炮闩
Z 火炮构件

浮动式自动机
Y 火炮自动机

浮动翼尖
Y 翼尖

浮鼓
Y 浮筒

浮空器
aerostat
V27
S 轻于空气航空器
Z 航空器

浮球惯性平台
spherical floated inertial platforms
TN96；V448
S 惯导平台
Z 导航设备
平台

浮筒
float bowl
U6；V244
D 打捞浮筒
打捞钢缆
打捞器材
打捞千斤
打捞设备
打捞装备
打捞装具
浮鼓
锚泊浮筒
排泥浮筒
水鼓
系泊浮筒
系船浮筒
系船水鼓
系留浮筒
修船浮筒
S 船舶设备*
辅机*
交通运输系统*
C 沉船打捞 →(12)
浮标 →(12)

浮筒式起落架
float landing gears
V226
D 水上飞机浮筒
S 起落架*
C 水陆两用飞机
着水载荷测量

浮筒式水上飞机
Y 水上飞机

浮子陀螺仪
Y 液浮陀螺仪

幅度分辨率
Y 能量分辨率

幅度失真
amplitude distortion
V23
S 失真*
C 幅度补偿 →(7)
脉冲压缩 →(7)

幅射
Y 辐射

福勒襟翼
Y 富勒襟翼

辐出度
Y 辐射

辐射*
radiation
O4；TL7
D 幅射
辐出度
辐射出射度
辐射反问题
辐射照射
F X 辐射
β 辐射
γ 辐射
本底辐射
表面辐射
残余辐射
电离辐射
定向辐射
核辐射
黑体辐射
空间辐射
契伦科夫辐射
强辐射
天然辐射
同步辐射
微波辐射
杂质辐射
真空紫外辐照
中波辐射
中子辐射
总剂量辐射
C 氚
放射性
辐射电磁场 →(5)
辐射防护
辐射剂量
辐射热流 →(5)
辐射探测
辐照
剂量学
射线

辐射安全
radiation safety
TL7
S 安全*
C 辐射光源
辐射危害
辐射线路 →(5)

辐射保藏
Y 辐射贮藏

辐射报警装置
Y 报警装置

辐射波形
Y 波形

辐射材料
radiation materials
TB3；TL7
S 材料*

辐射测度计
Y 辐射计

辐射测量*
radiation measurement
TH7；TL8
D 放射测量法
放射性测量
放射性测量方法
放射性测试
辐射测量法
辐射测量分析
辐射测量术
辐射测试
辐射度测量
辐射度计量
辐射剂量测量
辐射监测技术
辐射特性测量
辐照度测量
辐照剂量测定法
F γ 辐射测量
辐射场测量
辐射发射测量
辐射功率测量
辐射量测量
光谱辐射亮度测量
核辐射监督测量
切伦科夫辐照测量
C 测量
放射性
辐射防护
辐射计
辐射监测 →(13)
辐射监测仪
辐射探测
剂量学

辐射测量法
Y 辐射测量

辐射测量分辨率
Y 辐射分辨率

辐射测量分析
Y 辐射测量

辐射测量术
Y 辐射测量

辐射测量仪
Y 辐射仪器

辐射测量仪表
Y 辐射仪器

辐射测量仪器
Y 辐射仪器

辐射测试
Y 辐射测量

辐射场测量
radiation field measurement
TL8
S 辐射测量*

辐射出射度
Y 辐射

辐射处理
Y 辐射防护

辐射带
radiation belts
V419
D 范艾伦辐射带
范爱伦辐射带
辐射带模式
S 环境*
F 地球辐射带
内辐射带
人造辐射带
C 空间辐射

辐射带模式
Y 辐射带

辐射电磁干扰
Y 电磁干扰

辐射度测量
Y 辐射测量

辐射度分辨率
Y 辐射分辨率

辐射度计量
Y 辐射测量

辐射发射测量
radiation emission measurement
TH7；TL8
S 辐射测量*

辐射反问题
Y 辐射

辐射防护
radiation protection
TJ91；TL7
D 防辐射
防护(辐射)
防有害放射线
辐射处理
辐射卫生防护
辐射卫生学
抗辐射
抗辐射性
耐辐射性
S 放射防护
F 电磁辐射防护
电离辐射防护
核潜艇辐射防护
激光辐射防护
C 安全壳
补救措施
反应堆材料
防辐射材料
防护服
放射事故
非密封放射源
辐射
辐射测量
辐射防护标准
辐射监测 →(13)
控制区 →(1)
喷淋强度
屏蔽
屏蔽材料
屏蔽层 →(5)
屏蔽厚度
热室
手套箱
危险品运输 →(12)
Z 防护

辐射防护标准
radiation protection standard
G；TL7
D 电磁辐射安全标准
辐射防护规定
辐射剂量标准
S 标准*
C 辐射防护
辐射损伤

辐射防护材料
Y 防辐射材料

辐射防护管理
radiation protection regulation
TL7
S 管理*

辐射防护规定
Y 辐射防护标准

辐射防护剂
radioprotectorant
TL7；TS1
D 抗辐射剂
S 防护剂*

辐射防护评价
radiation protection assessment
TL7；X5
D 放射防护评价
S 环境评价*
C 辐射环境监测 →(13)

辐射分辨率
radiometric resolution
TH7；TL81
D 辐射测量分辨率
辐射度分辨率
S 分辨率*

辐射分解
radiation decomposition
O6；TL99
S 分解*
C 放射化学

辐射改性
radiation modification
O6；TL99；TQ32
D 辐照改性
S 物理改性
C 辐射条件 →(9)
辐照
辐照时间
共混改性 →(9)
Z 改性

辐射干扰
Y 电磁干扰

辐射功率测量
radiant power measurement
TH7；TL8
S 辐射测量*

辐射功率密度
radiant-power density
TL6
S 功率密度
Z 密度

辐射光源
radiation light source
O4；TL5
S 辐射源*
光源*
F 同步辐射光源
C 辐射安全
辐射传热 →(5)
辐射能量 →(5)
辐射器

辐射光致发光剂量计
radiophotoluminescence dosimeter
TL81
D RPL 剂量计
玻璃剂量计
发光剂量计
S 剂量计
F 热释光剂量计
Z 仪器仪表

辐射化工
Y 放射化学

辐射化学
Y 放射化学

辐射环境影响
radiological environmental consequences
TL7
S 辐射影响
Z 环境影响

辐射级
Y 辐射水平

辐射级仪
Y 剂量计

辐射计
radiometer
TH7；TL81
D 放射计
辐射测度计
S 辐射仪器
F 毫米波辐射计
剂量测量仪
交流辐射计
C 辐射测量

辐射单元 →(7)
Z 仪器仪表

辐射计数管
Y 计数管

辐射计数器
radiation counter
TL81
D 辐射体计数器
S 辐射仪器
计数器*
Z 仪器仪表

辐射剂量
radiation dosage
R；TL7；TL84
D 放射剂量
辐射剂量单位
辐射剂量率
环境剂量率
剂量(辐射)
拉德
射线照射量(剂量)
照射剂量
照射量(辐射剂量)
S 剂量*
F X射线剂量
γ辐射剂量
待积有效剂量
积分剂量
累积剂量
内照射剂量
容许剂量
有效遗传剂量
阈剂量
C 补救措施
低剂量辐照
放射性源项
分次辐照
辐射
辐射剂量分布
辐射效应
剂量当量
剂量-效应关系
剂量学
慢性照射
亚致死性辐照
职业性照射
致死性辐照

辐射剂量标准
Y 辐射防护标准

辐射剂量测量
Y 辐射测量

辐射剂量单位
Y 辐射剂量

辐射剂量分布
radiation dose distribution
TL7
D 吸收剂量分布
S 剂量分布
F 空间剂量分布
瞬时剂量分布
C 辐射剂量
辐照

剂量-效应关系
Z 分布

辐射剂量计
Y 剂量计

辐射剂量率
Y 辐射剂量

辐射剂量仪
Y 剂量计

辐射加工
radiation processing
TL99；TS2
D 辐照工艺
S 加工*
C 辐射贮藏
辐照装置
外辐照

辐射加固
Y 抗辐射加固

辐射监测技术
Y 辐射测量

辐射监测器
Y 辐射监测仪

辐射监测系统
radiation monitoring system
TB4；TH7；TL81
D 辐射监测装置
S 监测系统*
F 核辐射监测系统

辐射监测仪
radiation monitor
TL81
D 放射性监测器
放射性监测仪
放射性监护器
辐射监测器
辐射监测仪表
辐射监测仪器
辐射指示仪
S 监测仪器*
F 核监测仪器
中子监测器
C 放射性
放射性废物 →(13)
放射性污染 →(13)
辐射测量
辐射环境监测 →(13)
核辐射

辐射监测仪表
Y 辐射监测仪

辐射监测仪器
Y 辐射监测仪

辐射监测装置
Y 辐射监测系统

辐射检测器
Y 辐射仪器

辐射近期效应
early radiation effect

TJ91；TL7
S 辐射效应*

辐射量测量
radiant quantity measurement
TH7；TL8
S 辐射测量*
F 辐射强度测量
辐射通量测量

辐射敏感
Y 辐射敏感性

辐射敏感效应
Y 辐射敏感性

辐射敏感性
radiosensitivity
O6；Q6；TL
D 辐射敏感
辐射敏感效应
S 敏感性*
物理性能*
C 防辐射材料
辐射效应
剂量-效应关系

辐射屏蔽
radiation shielding
TL7
D 核屏蔽
屏蔽(核)
S 屏蔽*
F 反应堆屏蔽
中子屏蔽
自屏蔽
C γ辐射
屏蔽厚度
屏蔽因子

辐射气候效应
radiation-climate effect
Q6；TJ91；TL7
S 辐射效应*

辐射器
radiator
TH7；TL81
D 初级辐射器
天线辐射器
主辐射器
S 辐射装置
F 空间辐射器
C 辐射光源
Z 装置

辐射强度测量
radiant intensity measurement
TH7；TL8
S 辐射量测量
Z 辐射测量

辐射去污
Y 洗消

辐射热波
radiative heat wave
TL6
S 波*

辐射热测定器
Y 辐射热计

辐射热测量计
Y 辐射热计

辐射热测量器
Y 辐射热计

辐射热测量仪
Y 辐射热计

辐射热计
bolometer
TL81
D 测辐射热计
测辐射热探测器
测辐射热仪
辐射热测定器
辐射热测量计
辐射热测量器
辐射热测量仪
辐射热流计
热辐射计
热辐射仪
S 辐射仪器
C 超导传热 →(5)
Z 仪器仪表

辐射热流计
Y 辐射热计

辐射骚扰
Y 电磁干扰

辐射烧伤
Y 辐射烧蚀

辐射烧蚀
radiation ablation
Q6；TL7
D 放射烧伤
辐射烧伤
S 辐射损伤
Z 损伤

辐射事故
Y 放射事故

辐射试验
Y 辐照试验

辐射输运
radiation transport
O4；TL
D 放射性输运
活度输运
输运(辐射)
S 输运*
C 放射性污染 →(13)
输运理论

辐射水平
radiation level
TL7
D 辐射级
核辐射水平
S 水平*
C 含密封源仪表 →(4)

辐射损伤
radiation injuries
TJ91；TL7
D 辐射损失
辐照损伤
S 损伤*
F 辐射烧蚀
C 辐射防护标准

辐射损失
Y 辐射损伤

辐射探测
radiation detection
TL81
D 放射性探测
辐射探测技术
核辐射探测
核探测
核探测技术
S 探测*
F X射线探测
γ射线探测
粒子探测
裂变碎片探测
脉冲辐射探测
闪烁探测
宇宙线探测
C 辐射
辐射测量
辐射性能 →(7)

辐射探测技术
Y 辐射探测

辐射探测器
radiation detectors
TJ91；TL81
D 超导胶体探测器
氚探测器
穿越辐射探测器
电离探测器
定向辐射探测器
方向辐射探测器
辐射探测器阵列
核辐射剂量探测器
核辐射剂量探测仪
核辐射损伤探测器
核辐射探测器
核辐射探测仪器
核探测器
核探测仪器
化学辐射探测器
化学辐射探测仪
浸入式探测器
康普顿二极管探测器
康普顿探测器
描迹仪
能谱测量探测器
气体电离探测器
契伦科夫探测器
切伦科夫探测器
射线探测器
斯坦福直线对撞机探测器
探测器(辐射)
探测器(辐照)
宇宙线装置
跃迁辐射探测器
S 探测器*
F X射线探测器
氡测量仪
氟化锂探测器
固体气泡损伤探测器
径迹探测器
离子探测器
粒子探测器
闪烁探测器
室温核辐射探测器
C 导通角
核辐射监测系统
核监测仪器
角响应
康普顿散射成像 →(1)(4)
裂变碎片探测
宇宙线探测

辐射探测器阵列
Y 辐射探测器

辐射特性测量
Y 辐射测量

辐射体
radiating body
O；TL1
D 辐射物体

辐射体计数器
Y 辐射计数器

辐射通量测量
radiant flux measurement
TH7；TL8
S 辐射量测量
F 辐射通量密度测量
辐射通量照度测量
Z 辐射测量

辐射通量密度测量
radiant flux density measurement
TH7；TL8
S 辐射通量测量
Z 辐射测量

辐射通量照度测量
radiant flux illuminance measurement
TH7；TL81
S 辐射通量测量
Z 辐射测量

辐射危害
radiation hazards
TL7；X5
D 放射性危害
辐射危险
煤矿放射性危害
S 危害*
C 辐射安全

辐射危险
Y 辐射危害

辐射卫生防护
Y 辐射防护

辐射卫生学
Y 辐射防护

辐射位移效应
radiation displacement effect
TJ91
S 辐射效应*

辐射武器
radiation weapon
TJ91
D 放射武器
放射性武器
S 武器*
F γ射线弹
感生辐射武器
核辐射武器

辐射物体
Y 辐射体

辐射线
Y 射线

辐射效率
radiation efficiency
V443
S 效率*

辐射效应*
radiation effects
Q6；TJ91；TL7
D 放射性辐射效应
辐照效应
F 二次辐射效应
辐射近期效应
辐射气候效应
辐射位移效应
辐照脆化
辐照生长
辐照肿胀
光辐射效应
核辐射效应
化学辐射效应
缓发辐射效应
局部辐射效应
瞬态辐射效应
微波辐射效应
物理辐射效应
仪表辐射效应
永久辐射效应
质子辐照效应
中子辐射效应
总剂量辐射效应
C 放射性沉降物 →(13)
放射性泄漏
辐射环境监测 →(13)
辐射剂量
辐射敏感性
剂量-效应关系
物理效应 →(1)(2)(3)(5)(7)(9)(11)
效应

辐射压力
radiation pressure
O4；TK5；TL
D 压力(辐射)
S 压力*

辐射仪
Y 辐射仪器

辐射仪器
radiation instrument
TH7；TL81
D 放射性仪表
辐射测量仪
辐射测量仪表
辐射测量仪器
辐射检测器
辐射仪
S 仪器仪表*
F 辐射计
辐射计数器
辐射热计
核辐射仪表
剂量计

辐射应用
application of radiation
Q6；Q95；TL
S 应用*

辐射影响
radiation impact
Q6；TJ91；TL7
S 环境影响*
F 辐射环境影响

辐射源*
radiation source
TL929
D 发射端
发射源
放射性敷贴器
放射源
敷贴器(放射疗法)
辐照源
射线源
自然辐射源
F 地面辐射源
点辐射源
非密封放射源
废放射源
辐射光源
密封放射源
医用辐射源
C 到位精度 →(3)
发射
发射波形 →(7)
发射功率 →(7)
发射机 →(7)
放射性
放射性物质
放射源管理
辐照
光源
黑体 →(1)
屏蔽材料

辐射源植入物
radiation source implants
TH7；TL92
D 植入源
S 医用辐射源
C 内辐照
Z 辐射源

辐射沾染
Y 放射性沾染

辐射照射
Y 辐射

辐射指示仪
Y 辐射监测仪

辐射贮藏
irradiation storage
TL99
D 辐射保藏
辐照贮藏
S 储藏*
C 辐射加工
食品辐照 →(10)

辐射装甲
Y 贫铀装甲

辐射装置
radiation appliance
TL7；TL81
S 装置*
F 辐射器
同步辐射装置

辐照*
irradiation
TL7
D 辐照法
辐照技术
F 低剂量辐照
非均匀辐照
分次辐照
急性辐照
静态辐照
局部辐照
脉冲辐照
慢性照射
内辐照
潜在照射
外辐照
亚致死性辐照
职业性照射
致死性辐照
自辐照
C 辐射
辐射改性
辐射剂量分布
辐射源
辐照装置

辐照脆变
Y 辐照脆化

辐照脆化
irradiation embrittlement
TL34；TL99
D 辐照脆变
S 辐射效应*

辐照电子直线加速器
irradiation linear accelerator
TL7
S 辐照加速器
直线加速器
Z 粒子加速器

辐照度测量
Y 辐射测量

辐照堆
irradiation reactors
TL4
D 辐照用堆
辐照用反应堆
S 反应堆*
F 材料试验堆
同位素生产堆

辐照法
Y 辐照

辐照防护
Y 射线防护

辐照分解
irradiation decomposition
TL2；TQ0
S 分解*

辐照改性
Y 辐射改性

辐照工艺
Y 辐射加工

辐照后检验
postirradiation examination
TL7
S 检验*
C 燃料元件

辐照技术
Y 辐照

辐照剂量测定法
Y 辐射测量

辐照加工装置
Y 辐照装置

辐照加固
Y 抗辐射加固

辐照加速器
irradiation accelerator
TL7
S 粒子加速器*
F 辐照电子直线加速器

辐照均匀性
irradiation uniformity
TL6
S 辐照特性
均匀性*
Z 物理性能

辐照考验
Y 辐照试验

辐照孔道
Y 实验孔道

辐照设施
irradiation facility
TL7
S 设施*
F 辐照室
辐照站
C 辐照装置

辐照生长
irradiation growth
TB3；TL99
S 辐射效应*

辐照时间
irradiation time
TL7
S 时间*
C 辐射改性
辐射条件 →(9)

辐照实验
Y 辐照试验

辐照试验
irradiation test
TL3；TL7
D 辐射试验
辐照考验
辐照实验
照射试验
S 试验*

辐照室
irradiation chamber
TL7
S 辐照设施
Z 设施

辐照损伤
Y 辐射损伤

辐照台架
Y 辐照装置

辐照特性
irradiation characteristics
O4；TL99
S 物理性能*
F 辐照均匀性
辐照稳定性

辐照稳定性
irradiation stability
TL2；TL94
S 辐照特性
稳定性*
Z 物理性能

辐照效应
Y 辐射效应

辐照用堆
Y 辐照堆

辐照用反应堆
Y 辐照堆

辐照元件
Y 乏燃料元件

辐照源
Y 辐射源

辐照站
irradiation station
TL7
S 辐照设施
Z 设施

辐照肿胀
irradiation swelling
TB3；TL99
S 辐射效应*

辐照贮藏
Y 辐射贮藏

辐照装置
irradiation unit
TL7；TL81
D γ辐照装置
辐照加工装置
辐照台架
S 装置*
C γ辐射
非密封放射源
辐射加工
辐照
辐照设施
医疗照射π介子发生器装置

俯冲
subduction
V323
D 飞机俯冲
S 机动飞行
Z 飞行

俯冲轰炸机
dive-bomber
V271.44
S 轰炸机
Z 飞机

俯冲特性
Y 空气动力特性

俯仰
pitching
V32
D 飞机俯仰
俯仰特性
俯仰运动
俯仰姿态
S 运动*
C 俯仰力矩 →(4)
尾旋 →(4)
纵向控制

俯仰安定性
Y 纵向稳定性

俯仰操纵
pitch steering
V249.1
S 飞行操纵
Z 操纵

俯仰操纵性
Y 操纵性

俯仰程序角
pitch program angle
V212
S 俯仰角
Z 飞行参数

俯仰舵
Y 升降舵

俯仰机构
Y 俯仰系统

俯仰角
pitch angle
V212
S 飞行状态参数
F 俯仰程序角
Z 飞行参数

俯仰角控制
Y 飞行控制

俯仰框架
Y 机身构件

俯仰力矩特性
pitching moment features
V212
S 力学性能*

俯仰特性
Y 俯仰

俯仰通道
Y 俯仰系统

俯仰稳定性
Y 纵向稳定性

俯仰系统
pitching systems
V227
D 俯仰机构
俯仰通道
俯仰装置
S 姿态系统
F 俯仰修正系统
Z 飞行系统

俯仰修正系统
pitdfing correction system
V249
D 飞机飞行位置保持系统
S 俯仰系统
系统*
Z 飞行系统

俯仰运动
Y 俯仰

俯仰振荡
pitching oscillation
V211.46
S 振荡*

俯仰轴飞行品质
Y 飞行品质

俯仰装置
Y 俯仰系统

俯仰姿态
Y 俯仰

俯仰姿态捕获
Y 姿态捕获

俯仰姿态控制
Y 纵向控制

俯仰阻尼导数
pitch-damping derivative
V211
S 阻尼导数
Z 气动导数

俯仰阻尼器
Y 阻尼器

辅机*
auxiliary
TM6
D 辅机具
辅助机械
副机
配机
配套辅机
F 浮筒

辅机具
Y 辅机

辅助测量仪器
Y 测量仪器

辅助车辆
Y 保障车辆

辅助磁场
auxiliary magnetic field
O4；TL5；TM1
S 磁场*

辅助弹
Y 辅助炮弹

辅助飞行操纵系统
Y 飞行操纵系统

辅助分散剂
Y 分散剂

辅助机械
Y 辅机

辅助炮弹
auxiliary projectile
TJ412
D 辅助弹
模型炮弹
S 炮弹*
F 检验弹
试验炮弹
C 教练弹药

辅助枪弹
auxiliary cartridge
TJ411
D 假弹
教练枪弹
空头弹
空头枪弹
空心弹
塑料枪弹
训练枪弹
S 枪弹*
C 教练弹药

辅助设备*
auxiliary equipment
TB4
D 辅助装置
辅助作业设备
附加装置
附属设备
附属装置
附着装置
主要辅助设备
F 地面辅助设备

辅助推进系统
auxiliary propulsion system
V43
S 推进系统*
C 推进系统构型

辅助系统
auxiliary system
TL6
S 系统*
F 反应堆辅助系统
C 支持系统 →(4)(7)(8)(11)

辅助油箱
Y 飞机油箱

辅助转向系统
supplementary steering system
TJ810.34；U2；U4
S 转向系统*

辅助装置
Y 辅助设备

辅助作业设备
Y 辅助设备

腐蚀*
corrosion
TB3；TE9；TG1；TQ0
D 腐蚀方式
腐蚀过程
腐蚀类型
腐蚀行为
F 疖状腐蚀
C 电蚀加工 →(3)
防腐 →(1)(2)(3)(10)(11)(12)
腐蚀性能 →(3)
缓蚀剂 →(2)(3)(5)(9)(13)
刻蚀 →(3)(7)
耐蚀性 →(3)
侵蚀 →(2)(3)(11)

腐蚀当量关系
corrosion equivalent relationships
V215
S 关系*

腐蚀方式
Y 腐蚀

腐蚀过程
Y 腐蚀

腐蚀环境谱
corrosion environmental spectrum
V214
S 环境谱
F 加速腐蚀环境谱
Z 谱

腐蚀类型

Y 腐蚀

腐蚀疲劳试验
corrosion fatigue tests
TG1；V216.3
S 疲劳试验
试验*
C 腐蚀疲劳 →(3)
Z 力学试验

腐蚀行为
Y 腐蚀

负β衰变放射性同位素
beta-minus decay radioisotope
O6；TL92
S β衰变放射性同位素
F 氚
氮-16
碘-129
氪-85
镧-142
氯-36
铯-138
锡-126
Z 同位素

负荷
Y 载荷

负荷(动态)
Y 动载荷

负荷方式
Y 载荷

负荷分类
Y 载荷

负荷估算
Y 负荷计算

负荷计算
load calculation
O3；TU3；V215
D 负荷估算
荷载计算
载荷计算
S 计算*
C 负荷检测 →(5)
荷载沉降 →(11)
需用系数 →(5)

负荷加载
Y 加载

负荷类型
Y 载荷

负荷模式
Y 载荷

负荷谱
Y 载荷谱

负温差试验
Y 热工试验

负压裤
Y 航天服

负压力指数推进剂
Y 平台推进剂

负压强指数推进剂
Y 平台推进剂

负氧富燃料推进剂
Y 富燃料推进剂

负载
Y 载荷

负载减轻状态稳定系统
Y 阵风缓和系统

附壁效应
Y 康达效应

附带损伤
collateral damage
TJ0
S 损伤*

附加装甲
applique armor
TJ811
D 可卸装甲
披挂装甲
S 装甲*

附加装置
Y 辅助设备

附件*
accessory
TH13
D 附件产品
F 航空附件
枪附件
C 电气部件 →(4)
汽车零部件 →(12)
推进剂加注

附件产品
Y 附件

附面层
Y 边界层

附面层抽吸
Y 边界层吸附

附面层分离
Y 边界层分离

附面层厚度
Y 边界层厚度

附面层控制
Y 边界层控制

附面层理论
Y 边界层理论

附面层气流
boundary layer flow
V211
S 气流
Z 流体流

附面层燃烧
boundary layer combustion
V231.1
D 边界层燃烧
S 燃烧*
C 对流传热 →(5)
扩散火焰 →(5)

附面层稳定性
Y 边界层稳定性

附面层吸除
boundary layer bleed
V211
S 边界层控制
Z 控制
流体控制

附面层转捩
Y 边界层转捩

附属设备
Y 辅助设备

附属装置
Y 辅助设备

附着涡
bound vortex
O3；V211
D 边界涡
边界涡量流
S 涡流*

附着装置
Y 辅助设备

复飞
go-around
V323
S 爬升
C 飞行控制系统
Z 飞行

复飞控制
go-around control
V249.1
S 飞行控制*

复合材
Y 复合材料

复合材料*
composites
TB3
D 层压材料
复合材
复合结构材料
F 蜂窝夹芯板
复合材料补片
复合材料层压板
轻质复合材料
双层复合材料
碳化硅陶瓷基复合材料
C 材料
短纤维 →(10)
复合材料制品 →(1)
复合钢板 →(3)
复合管 →(1)(2)(3)(7)(9)(11)(12)
复合效应 →(1)
高强玻璃纤维 →(9)(10)
基体树脂 →(9)
夹层结构
自由边效应 →(1)

复合材料补片
composite patch
V257
S 复合材料*

复合材料层压板
composite laminate
TB3；V257
S 复合材料*

复合材料机翼
Y 机翼

复合材料零件
Y 复合材料元件

复合材料身管
composite barrels
TJ303
D 复合身管
S 身管
Z 火炮构件

复合材料元件
composite components
TH13；V261.97
D 复合材料零件
S 元件*
C 复合材料制备 →(1)
吸能能力 →(3)

复合导航
Y 组合导航

复合导引头
composite seeker
TJ765
S 导引头
F 三模复合导引头
Z 制导设备

复合地雷引信
Y 地雷引信

复合动力
Y 组合动力

复合舵机
Y 舵机

复合发动机
Y 组合发动机

复合飞翼
composite fly wing
V224
S 飞翼
Z 机翼

复合改性双基推进剂
Y 改性双基推进剂

复合跟踪
Y 多模式跟踪

复合固体推进剂
Y 复合推进剂

复合光整加工
Y 精加工

复合护套
Y 护套

复合环境试验
compositeenvironment experiment
V216
S 环境试验*
试验*

复合结构材料
Y 复合材料

复合冷却
composite cooling
V233
S 冷却*

复合泡沫塑料
composite foam plastics
TQ32；V25
S 塑料*

复合柔性结构
composite flexible structures
U4；V214
S 柔性结构
Z 力学结构

复合身管
Y 复合材料身管

复合式发动机
Y 组合发动机

复合式悬挂系统
Y 悬挂装置

复合式直升机
compound helicopter
V275.1
D 组合式直升机
组合直升机
S 直升机
C 短翼
折叠式旋翼
Z 飞机

复合调制雷达引信
Y 雷达引信

复合推进剂
composite propellant
V51
D 复合固体推进剂
S 固体推进剂
F 丁羟固体推进剂
聚氨酯推进剂
聚丁二烯推进剂
聚醚推进剂
硝胺推进剂
C 推进剂添加剂
推进剂药浆
推进剂粘合剂
Z 推进剂

复合吸波剂
composite absorbing agent
V259
S 吸波剂
Z 吸收剂

复合旋翼航空器
composite rotor aircraft
V27
S 重于空气航空器
Z 航空器

复合压缩机
Y 压缩机

复合引信
composite fuze
TJ438
D 联合引信
S 引信*

复合隐身
composite stealth
TN97；V218
S 隐身技术*

复合应力
Y 复杂应力

复合增程弹
composite extended range projectiles
TJ412
S 增程弹
Z 炮弹

复合制导
composite guidance
TJ765；V448
D 混合式制导
混合制导
综合制导
组合式制导
组合制导
S 制导*
F MR/GPS 制导
多模复合制导
多模制导
双模复合制导
双模制导
指令-寻的制导
主被动复合制导
C 复合制导系统
制导精度

复合制导航弹
Y 复合制导炸弹

复合制导航空炸弹
Y 复合制导炸弹

复合制导系统
compositeguidance system
TJ765；V448
S 制导系统*
综合系统*
C 复合制导

复合制导炸弹
composite guided bombs
TJ414
D 复合制导航弹
复合制导航空炸弹
S 制导炸弹
F SINS/GPS 制导炸弹
Z 炸弹

复合装甲

composite armor
TJ811
D 多向结构装甲
夹层装甲
S 特种装甲
F 陶瓷复合装甲
Z 装甲

复合作用弹
Y 多用途炮弹

复合作用炮弹
Y 多用途炮弹

复核试验
Y 验收试验

复进簧
recoil spring
TJ2
S 枪械弹簧
Z 枪械构件

复进机
counter-recoil mechanism
TJ303
S 反后坐装置
Z 火炮构件

复示磁罗经
Y 磁罗经

复式泵
Y 泵

复式挂弹架
Y 武器挂架

复位*
restoration
TM5；TN8
D 不复位
回位
可复位
F 自动复位

复杂气候飞行
Y 复杂气象飞行

复杂气象飞行
overweather flight
V323
D 复杂气候飞行
S 气象飞行
F 全天候飞行
C 全天候飞机
Z 飞行

复杂武器系统
complex weapon systems
E；TJ0
S 武器系统*

复杂应力
complex stress
O3；V214
D 复合应力
复杂应力条件
复杂应力状态
S 应力*

复杂应力条件
Y 复杂应力

复杂应力状态
Y 复杂应力

复杂装备
Y 设备

副瓣消隐
Y 旁瓣消隐

副瓣消隐技术
Y 旁瓣消隐

副机
Y 辅机

副炮
secondary gun
TJ391
S 舰炮
Z 武器

副翼
aileron
V224；V225
D 飞机副翼
偏转副翼
S 后缘操纵面
主操纵面
F 襟副翼
开缝副翼
升降副翼
C 补偿片
横向稳定性
机翼
襟翼
Z 操纵面

副翼舵机
Y 舵机

副油箱
Y 可投放油箱

副作动器
Y 作动器

傅科周期振荡
Foucault rectilinear oscillations
V211.46
S 振荡*

傅里叶定律
fourier law
O3；V211
S 定律*

富集度
degree of enrichment
TL21；X8
S 程度*
C 同位素浓缩
铀浓缩

富勒襟翼
fowler flap
V224
D 福勒襟翼
后退开缝式襟翼
S 后缘襟翼
C 开裂式襟翼
Z 操纵面

富燃料
fuel-rich
V51
D 富油燃气
S 航天燃料
Z 燃料

富燃料固体推进剂
Y 富燃料推进剂

富燃料推进剂
fuel-rich propellant
V51
D 负氧富燃料推进剂
富燃料固体推进剂
富燃推进剂
富油推进剂
固体贫氧推进剂
铝镁贫氧推进剂
贫氧推进剂
S 推进剂*
F 膏体富燃料推进剂
含硼富燃料推进剂
镁铝富燃料推进剂
贫氧富燃料推进剂
C 富氧推进剂

富燃推进剂
Y 富燃料推进剂

富氧化剂推进剂
Y 富氧推进剂

富氧燃烧
oxygen-enriched combustion
TK1；V231.1
D O_2/CO_2燃烧技术
富氧燃烧技术
富氧助燃
富氧助燃技术
S 燃烧*
C 含氧燃料 →(5)
氢气燃烧

富氧燃烧技术
Y 富氧燃烧

富氧推进剂
oxidizer-rich propellant
V51
D 富氧化剂推进剂
S 推进剂*
C 富燃料推进剂

富氧助燃
Y 富氧燃烧

富氧助燃技术
Y 富氧燃烧

富油燃气
Y 富燃料

富油推进剂
Y 富燃料推进剂

腹部进气道

ventral inlet
V232.97
S 进气道*

腹鳍(飞机)
Y 机身构件

覆层材料
clad material
TB3；V25
D 包覆材料
S 功能材料*

覆盖布雷
Y 机械布雷

覆盖厚度
depth of cover
TL94
S 厚度*

伽马射线
Y γ射线

伽玛能谱仪
Y γ谱仪

伽玛特性
Y γ放射性

钆 153
gadolinium 153
O6；TL92
S 钆同位素
Z 同位素

改出螺旋降落伞
Y 反尾旋伞

改进型气冷堆
advanced gas-cooled reactor
TL4
D 改进型气冷石墨慢化堆
S 浓缩铀堆
C 动力堆
二氧化碳冷却堆
Z 反应堆

改进型气冷石墨慢化堆
Y 改进型气冷堆

改进型压水堆
improved pressure water reactors
TL4
S 压水型堆
Z 反应堆

改良环境
Y 环境管理

改型
retrofitting
TJ0；V2
S 改造*
F 导弹改型
飞机改型

改性*
modification
TQ31
D 改性处理
改性法
改性方法
改性工艺
改性过程
改性技术
化学改性法
化学改性技术
加工改性
C 变性
变性淀粉 →(10)
改性剂 →(2)(9)(10)(11)(12)
改性胶粉 →(9)
功能特性 →(1)
灌封材料 →(1)
加工稳定剂 →(9)
理化性质 →(1)(2)(3)(9)(10)(11)(13)
性能

改性处理
Y 改性

改性法
Y 改性

改性方法
Y 改性

改性工艺
Y 改性

改性过程
Y 改性

改性技术
Y 改性

改性双基推进剂
modified double base propellant
V51
D CMDB 推进剂
复合改性双基推进剂
S 双基推进剂
F 交联双基推进剂
无烟改性双基推进剂
硝胺改性双基推进剂
Z 推进剂

改造*
retrofit
ZT5
D 翻新
翻新工艺
翻新技术
改造项目
改造要点
F 改型
C 工程改造 →(2)(3)(4)(5)(11)(12)

改造项目
Y 改造

改造要点
Y 改造

改正
Y 修正

改正性维护
Y 修复

钙同位素
calcium isotopes
TL92
S 碱土金属同位素
C 亲骨同位素
Z 同位素

盖革-弥勒(GM)计数管
Y GM 计数管

盖革弥勒计数器
Y 计数器

盖格计数器
Y 计数器

盖格-弥勒计数器
Geiger-Muller counter
TH7；TL81
S 计数器*

盖烈特机翼
Y 机翼

盖氏计数器
Y 计数器

概率*
probability
O1
D 或然率
机会率
几率
F 保障概率
触雷概率
打击概率
飞机失事概率
封锁概率
故障概率
毁伤概率
拦截概率
落入概率
命中概率
目标截获概率
任务成功概率
突防概率
引信启动概率
致死概率
撞地概率
C 成功率 →(1)(7)

概率优化设计
Y 优化设计

干法贮存
dry storage
TL94；TS2
D 干燥贮存
S 存储*

干扰*
interference
O4；TN0；TN97
D 干扰类型
干扰现象
干扰样式
F 动静叶干扰
动态干扰
非定常干扰
流动干扰
烟雾干扰

C 电磁干扰
电气干扰 →(5)(7)(8)(12)
电气控制线路 →(5)
电子干扰 →(7)
干扰功率 →(5)
干扰脉冲 →(7)
干扰模拟器 →(7)
干扰识别 →(7)
过程通道 →(8)
气动干扰

干扰波形
Y 波形

干扰飞机
jamming aircraft
TN97；V271
S 军事装备*
F 反辐射无人机
通信干扰飞机

干扰火箭弹
interference rocket projectile
TJ415
S 特种火箭弹
C 电子对抗弹药
Z 武器

干扰类型
Y 干扰

干扰模式
interference pattern
V211.4
S 模式*

干扰炮弹
jamming projectile
TJ412
D 电子干扰弹
S 特种炮弹
F 红外诱饵弹
诱饵弹
C 电子对抗弹药
Z 炮弹

干扰升力
interference lift
O3；V211.4
S 升力
C 上洗流
Z 力

干扰系数
Y 干扰因子

干扰现象
Y 干扰

干扰寻的导弹
Y 反辐射导弹

干扰样式
Y 干扰

干扰因子
interference factor
V211.46
D 干扰系数
升力干扰因子
S 因子*

干涉测量仪
Y 干涉仪

干涉计
Y 干涉仪

干涉式光纤陀螺
Y 干涉型光纤陀螺仪

干涉式光纤陀螺仪
Y 干涉型光纤陀螺仪

干涉型光纤陀螺
Y 干涉型光纤陀螺仪

干涉型光纤陀螺仪
interferometric fiber optic gyroscope
V241.5；V441
D 干涉式光纤陀螺
干涉式光纤陀螺仪
干涉型光纤陀螺
干涉性光纤陀螺仪
S 光纤陀螺
Z 陀螺仪

干涉性光纤陀螺仪
Y 干涉型光纤陀螺仪

干涉仪*
interferometer
TH7
D 标准具
干涉测量仪
干涉计
F 短基线干涉仪
纹影干涉仪
C 干涉 →(1)(4)(7)
干涉测量 →(7)
光学仪器

干式陀螺
Y 挠性陀螺仪

干式陀螺仪
Y 挠性陀螺仪

干式压缩机
Y 压缩机

干预水平
action level
TL36
S 水平*
C 核事故

干燥贮存
Y 干法贮存

杆式穿甲弹
rod type armor-piercing projectile
TJ412
D 杆式弹
S 穿甲炮弹
C 杆式侵彻体
Z 炮弹

杆式弹
Y 杆式穿甲弹

杆式侵彻体
rod type penetration bodies
TJ412；TJ760.3
S 侵彻体*
C 杆式穿甲弹
杆式射流
杆式战斗部

杆式射流
rod jet flow
TJ412；TJ760
S 射流*
C 杆式侵彻体

杆式战斗部
rod warhead
TJ760.3
S 杀伤战斗部
F 离散杆战斗部
C 杆式侵彻体
Z 战斗部

感度*
sensitivity
TJ0；TJ41
F 发火感度
火工品感度
静电感度
起爆感度
射频感度
推进剂感度
撞击感度
C 感度试验
高聚物粘结炸药 →(9)

感度试验
sensory test
TJ01；TJ41
S 武器试验*
F 底火感度试验
C 感度

感生放射性
induced radioactivity
O6；TL7；X5
S 放射性
性能*
Z 物理性能

感生放射性弹
Y 感生辐射武器

感生放射性武器
Y 感生辐射武器

感生辐射弹
Y 感生辐射武器

感生辐射武器
induced radiation weapon
TJ91
D 感生放射性弹
感生放射性武器
感生辐射弹
S 辐射武器
Z 武器

感温探测
heat detection
V249.3
S 探测*

感应*
induction
O4；TM92
F 阴极感应

感应场引信
Y 近炸引信

感应加速
Y 感应加速器

感应加速器
induction accelerator
TL5
D 感应加速
S 粒子加速器*

感应加速腔
induction accelerating cavity
TL5
S 加速腔
Z 设备

感应引信
Y 近炸引信

感应直线加速器
induction linac
TL5
D 直线感应加速器
S 直线加速器
Z 粒子加速器

感应装定
induction setting
TJ43
S 装定*

感应装定器
Y 引信装定机构

感应阻力
Y 诱导阻力

感知系统*
perception system
TP2
F 人感系统
C 机器人系统 →(4)(8)(12)
人体系统 →(1)
生物系统 →(1)(13)
智能系统 →(1)(4)(5)(7)(8)(10)(11)(12)(13)

干线飞机
trunk-line aircraft
V271.3
D 干线机
S 商业飞机
Z 飞机

干线机
Y 干线飞机

干线客机
Y 旅客机

刚度可靠性
stiffness reliability
TB1；V215.7
S 可靠性*

刚架结构
Y 刚架式结构

刚架式结构
rigid-framed structure
TU3；V214
D 刚架结构
刚架体系
刚架系统
S 力学结构*
C 刚性结构 →(1)

刚架体系
Y 刚架式结构

刚架系统
Y 刚架式结构

刚接式旋翼
rigid rotor
V275.1
D 刚性旋翼
固接式旋翼
无铰链旋翼
无铰式旋翼
无铰旋翼
S 旋翼*
C 半刚接式旋翼
无轴承旋翼

刚接式旋翼直升机
Y 刚性旋翼直升机

刚体弹道模型
rigid body trajectory models
TJ01
S 弹道模型
Z 模型

刚体弹道学
rigid body ballistics
TJ01
D 摆动理论(外弹道学)
S 弹道学*
C 弹丸运动 →(4)

刚体航天器
rigid spacecraft
V47
D 磁性刚体航天器
刚性航天器
S 航天器*

刚性传动机构
Y 传动装置

刚性航天器
Y 刚体航天器

刚性航天器动力学
Y 航天器动力学

刚性机翼
Y 刚性翼

刚性接触悬挂
rigid conductor system
S；TJ810.3；U4
S 刚性悬挂
Z 悬挂

刚性悬挂
rigid suspension
S；TJ810.3；U4
S 悬挂*
F 刚性接触悬挂

刚性旋翼
Y 刚接式旋翼

刚性旋翼直升机
rigid rotor helicopter
V275.1
D 刚接式旋翼直升机
S 旋翼直升机
Z 飞机

刚性翼
rigid wings
V224
D 刚性机翼
S 机翼*
C 刚性结构 →(1)
挠性翼型

刚性自由体不平衡
Y 平衡

缸内压力
in-cylinder pressure
TK4；U4；V23
S 压力*

钢板弹簧悬架
steel leaf-spring suspension
TD5；TH13；V245
S 悬挂装置*

钢笔枪
Y 钢笔手枪

钢笔手枪
pen pistols
TJ21
D 笔式枪
钢笔枪
S 微型手枪
Z 枪械

钢弹壳
Y 钢质药筒

钢索操纵系统
Y 软式操纵系统

钢心弹
Y 钢芯枪弹

钢心枪弹
Y 钢芯枪弹

钢芯枪弹
steel core bullet
TJ411
D 钢心弹
钢心枪弹
S 枪弹*
F 平头钢弹

钢药筒
Y 钢质药筒

钢质药筒
steel cartridge case
TJ412
D 钢弹壳
钢药筒
S 金属药筒
F 焊接钢质药筒
Z 弹药零部件

钢珠弹
Y 子母弹

钢珠弹(航弹)
Y 子母弹

钢装甲
steel armor
TJ811
S 装甲*

杠杆式旋翼
Y 半刚接式旋翼

高G遥测系统
Y 遥测系统

高爆弹药
Y 杀伤弹药

高比冲推进剂
Y 高能推进剂

高层大气研究卫星
Y 地球环境卫星

高层定高气球
skyhook balloon
V273
D 高空定高气球
S 高空气球
C 气象探测气球
Z 航空器

高超声速
hypersonic speed
V21
D 高超声速技术
高超音速
S 速度*
C 超音速

高超声速边界层转捩
hypersonic boundary layer transition
O3；V211
S 边界层转捩
Z 转捩

高超声速冲压发动机
Y 高超音速冲压喷气发动机

高超声速导弹
Y 高超音速导弹

高超声速低温喷管
Y 高超音速低温喷管

高超声速发动机
Y 高超音速冲压喷气发动机

高超声速飞机
Y 高超音速飞机

高超声速飞行
Y 高超音速飞行

高超声速飞行器
Y 高超音速飞行器

高超声速风洞
Y 高超音速风洞

高超声速攻击导弹
Y 高超音速导弹

高超声速滑翔机
hypersonic gliders
V277
D 高超音速滑翔机
S 滑翔机
C 滑翔伞
Z 航空器

高超声速技术
Y 高超声速

高超声速进气道
Y 高超音速进气道

高超声速空气动力学
Y 高超音速空气动力学

高超声速流
hypersonic flow
V211
D 超声速流
超声速流动
超声速气流
超音速流
高超声速流动
高超音速流
高超音速流动
高超音速气流
特超声速流
S 高速气流
F 高超声速绕流
C 超音速风洞
超音速喷管
高超音速风洞
高超音速进气道
高超音速喷管
极限流线
压缩性效应
Z 流体流

高超声速流动
Y 高超声速流

高超声速脉冲风洞
hypersonic pulses wind tunnels
V211.74
S 高超音速风洞
脉冲风洞
Z 风洞

高超声速喷管
Y 高超音速喷管

高超声速绕流
hypersonic flow around
V211
S 高超声速流
绕流
Z 流体流

高超声速试验装置
Y 高超音速试验装置

高超声速特性
Y 高超音速气动特性

高超声速武器
hypersonic weapons
V24；V47
D 高超音速武器
S 航天武器*

高超声速吸气式发动机
hypersonic air-breathing engine
V235；V43
S 喷气发动机
Z 发动机

高超声速巡航导弹
hypersonic cruise missiles
TJ761.6
D 高超音速巡航导弹
S 巡航导弹
Z 武器

高超声速巡航飞行器
hypersonic cruise aircraft
V27
S 高超音速飞行器
Z 飞行器

高超声速再入
Y 高超音速再入

高超声速再入体
Y 高超音速飞行器

高超音速
Y 高超声速

高超音速冲压发动机
Y 高超音速冲压喷气发动机

高超音速冲压喷气发动机
hypersonic ramjet engine
V235.21
D 高超声速冲压发动机
高超声速发动机
高超音速冲压发动机
S 冲压发动机
C 高超音速飞行
Z 发动机

高超音速导弹
hypersonic missiles
TJ76
D 高超声速导弹
高超声速攻击导弹
S 高速导弹
Z 武器

高超音速低温喷管
hypersonic low temperature nozzle
V232.97
D 高超声速低温喷管
S 高超音速喷管
Z 喷管

高超音速飞机

hypersonic aircraft
V271
D 高超声速飞机
S 飞机*
C 高超音速飞行
高超音速飞行器

高超音速飞行
hypersonic flight
V323
D 高超声速飞行
S 高速飞行
C 超音速飞行
高超音速冲压喷气发动机
高超音速飞机
高超音速气动特性
热障
Z 飞行

高超音速飞行器
hypersonic vehicle
V27；V47
D 高超声速飞行器
高超声速再入体
S 超音速飞行器
F 高超声速巡航飞行器
吸气式高超声速飞行器
一体化高超声速飞行器
C 乘波构型
高超音速飞机
航天器
Z 飞行器

高超音速风洞
hypersonic wind tunnel
V211.74
D 超高速风洞
超高音速风洞
高超声速风洞
S 超音速风洞
F 等离子体风洞
低密度风洞
电弧加热风洞
高超声速脉冲风洞
激波风洞
炮风洞
热射风洞
叶栅风洞
C 高超声速流
高超音速试验装置
Z 风洞

高超音速轰炸机
Y 超音速轰炸机

高超音速滑翔机
Y 高超声速滑翔机

高超音速进气道
hypersonic inlet
V232.97
D 高超声速进气道
S 超音速进气道
C 侧压式进气道
超燃冲压发动机
高超声速流
Z 进气道

高超音速空气动力特性
Y 高超音速气动特性

高超音速空气动力学
hypersonic aerodynamics
V211
D 高超声速空气动力学
再入空气动力学
再入气体动力学
S 超音速空气动力学
Z 动力学
科学

高超音速空天轰炸机
hypersonic aerospace bombers
V271.44
S 超音速轰炸机
Z 飞机

高超音速流
Y 高超声速流

高超音速流动
Y 高超声速流

高超音速喷管
hypersonic nozzle
V232.97
D 高超声速喷管
S 超音速喷管
F 高超音速低温喷管
C 高超声速流
拉瓦尔喷管
Z 喷管

高超音速气动特性
hypersonic aerodynamic characteristic
V211；V211.4
D 高超声速特性
高超音速空气动力特性
高超音速特性
S 超音速特性
C 高超音速飞行
Z 流体力学性能
物理性能

高超音速气流
Y 高超声速流

高超音速燃烧
Y 超音速燃烧

高超音速试验装置
hypersonic test apparatus
V21
D 高超声速试验装置
S 模拟试验设备
C 高超音速风洞
Z 试验设备

高超音速特性
Y 高超音速气动特性

高超音速武器
Y 高超声速武器

高超音速巡航导弹
Y 高超声速巡航导弹

高超音速再入
hypersonic reentry
V525
D 高超声速再入
S 大气再入*

高冲量推进剂
Y 高能推进剂

高纯锗探测器
high-purity germanium detector
TL81
D HPGe 探测器
锗探测器(高纯)
S 锗半导体探测器
Z 探测器

高磁场
Y 强磁场

高低齿弧
Y 火炮构件

高低机
elevating mechanism
TJ303
D 高低机(火炮)
仰角指示器(迫击炮)
仰角指示器(追击炮)
S 火炮构件*

高低机(火炮)
Y 高低机

高低温度循环
Y 温度循环

高低修正量
Y 射击校正量

高动态飞行器
high dynamic aircraft
V27
S 飞行器*

高度*
height
ZT2
F 飞行高度
轨道高度
开伞高度
炸高
C 宽度 →(1)(2)(3)(4)(7)(8)(9)(10)(11)(12)
深度

高度保持
Y 高度稳定

高度表
altimeter
TH7；V241.42；V441
D 高度计
高度信号器
高度指示器
S 测绘仪*
飞行仪表
F 激光高度表
雷达高度表
气压高度表
扫平仪
数显测高仪
无线电高度表
星载高度计

C 测距精度 →(1)(7)
气象仪器 →(4)(13)
Z 航空仪表

高度表试验台
Y 试验台

高度计
Y 高度表

高度模拟
Y 高空模拟

高度剖面
altitude profile
V211
S 截面*

高度时间开伞器
Y 开伞装置

高度时间释放机构
Y 开伞装置

高度特性
altitude characteristic
V228；V43
S 空间性
数学特征*
F 拦截高度
作战高度
C 火箭发动机
Z 时空性能

高度稳定
highly stable
V249
D 高度保持
S 稳定*

高度信号器
Y 高度表

高度指示器
Y 高度表

高反应活性
Y 反应活性

高放废物
high-level radioactive waste
TL941；X5；X7
D 高放射性废物
高辐射性废物
高水平放射性废物
强放射性废物
S 废弃物*
C 低放废物
中放废物

高放废物处理
Y 高放废物处置

高放废物处置
high level radioactive waste disposal
TL942；X5；X7
D 高放废物处理
高放射性废物处置
S 放射性废物处理
F 高放废液处理
Z 废物处理

高放废物处置库
high-level radioactive waste repository
TL94
D 高放射性废物处置库
S 处置库
Z 设施

高放废物地质处置库
Y 地质处置库

高放废液
high level liquid waste
TL94；X5
D 高放射废液
高放射性废液
强放废液
S 放射性废液
Z 废液

高放废液处理
high level liquid waste processing
TL941.1；X5；X7
D 高放废液处置
S 放射性废液处理
高放废物处置
Z 废物处理

高放废液处置
Y 高放废液处理

高放泥浆
high level radioactive sludge
TL2；TL94；X5
S 浆液*

高放射废液
Y 高放废液

高放射性
high activity
TL7
S 放射性
Z 物理性能

高放射性废物
Y 高放废物

高放射性废物处置
Y 高放废物处置

高放射性废物处置库
Y 高放废物处置库

高放射性废液
Y 高放废液

高分子电池
Y 电池

高辐射性废物
Y 高放废物

高负荷涡轮
Y 高载荷涡轮

高功率负载
Y 功率载荷

高功率离子束
high power ion beams
TL32
D 高功率脉冲离子束
S 射束*

高功率脉冲离子束
Y 高功率离子束

高功率微波发射机
Y 大功率微波武器

高功率微波发射系统
Y 微波炮

高功率微波发射装置
Y 大功率微波武器

高功率微波武器
Y 微波武器

高轨道
high orbits
V529
S 卫星轨道
Z 飞行轨道

高轨道卫星
Y 人造卫星

高轨卫星
Y 人造卫星

高过载座舱
high-overloading cockpit
V223
D 高加速度座舱
S 飞机座舱
C 高加速度座椅
Z 舱

高过载座椅
Y 高加速度座椅

高涵道比涡轮风扇发动机
high bypass turbofan engines
V235.13
D 大涵道比发动机
大涵道比涡扇发动机
高涵道比涡扇发动机
S 涡扇发动机
Z 发动机

高涵道比涡扇发动机
Y 高涵道比涡轮风扇发动机

高焓风洞
high enthalpy wind tunnel
V211.74
S 风洞*
F 电磁加速风洞
电感应加热风洞
电弧加热风洞
激光加热风洞

高焓激波风洞
high-enthalpy shock tunnel
V211.74
S 激波风洞
Z 风洞

高红外加热
Y 加热

高活度
high activity

TL7
S 活度*

高机弹
Y 高射机枪弹

高机动性
high mobility
V212
S 机械性能*
物理性能*

高级光源
Y 高级光源储存环

高级光源储存环
ALS storage ring
TL594；TL92
D 高级光源
S 储存环*
C 加速器设备

高级滑翔伞
Y 滑翔伞

高级在轨系统
advanced orbiting systems
V526
S 航天系统*
C 测距精度 →(1)(7)

高技术武器装备
high-tech weapons and equipment
E；TJ0
S 特种武器
Z 武器

高加速度训练
high acceleration training
V32
S 航空医学训练
C 抗荷训练
Z 航空航天训练

高加速度座舱
Y 高过载座舱

高加速度座椅
high acceleration seat
V223
D 高过载座椅
S 飞行员座椅
C 高过载座舱
Z 座椅

高角修正量
Y 射击校正量

高阶谐波
higher order harmonic
TL3

高精度武器
high precision weapons
TJ01
D 高精武器
S 武器*
C 精确制导导弹
末制导炮弹

高精武器
Y 高精度武器

高井力机翼
Y 增升机翼

高均匀度
Y 均匀性

高均匀度磁场
Y 强磁场

高科技装备
Y 设备

高科技作战服
high-tech combat uniform
TJ9；TS94
S 军用防护服
Z 安全防护用品
服装

高空靶机
Y 靶机

高空爆炸
Y 空中爆炸

高空舱
Y 高空模拟试车台

高空长航时无人机
high altitude long endurance unmanned aerial vehicle
V279.31
D 长航时无人机
S 无人侦察机
Z 飞机

高空磁场
Y 强磁场

高空代偿服
Y 部分加压服

高空点火
Y 空中点火

高空定高气球
Y 高层定高气球

高空仿真试车台
Y 高空模拟试车台

高空飞机
high altitude aircraft
V271
S 飞机*
C 高空飞行

高空飞艇
high altitude airship
V274
S 飞艇
Z 航空器

高空飞行
high altitude flight
V323
S 航空飞行
C 高空飞机
高原飞行
Z 飞行

高空核爆
Y 高空核试验

高空核爆电磁脉冲
Y 核电磁脉冲

高空核爆炸
Y 核爆炸

高空核试验
high-altitude nuclear test
TL91
D 高空核爆
外层空间核爆炸
外层空间核试验
S 大气层核试验
Z 武器试验

高空环境
Y 航空环境

高空密闭服
Y 全压服

高空模拟
altitude simulation
V216
D 高度模拟
S 空间环境模拟
C 航空环境
Z 仿真

高空模拟试车台
altitude simulation test stands
V216
D 高空舱
高空仿真试车台
高空模拟试验舱
高空试车台
高空台
S 模拟试验设备
C 高空模拟试验
空中试车台
Z 试验设备

高空模拟试验
altitude simulation test
V216
S 高空试验
模拟试验*
C 高空模拟试车台
高空试验舱
Z 航天试验
环境试验

高空模拟试验舱
Y 高空模拟试车台

高空模拟试验台
high altitude simulation test bench
V216
S 高空试验台
Z 试验台

高空模拟室
Y 高空试验舱

高空平台
high-altitude platform
V21

D HAPS 系统
S 空中平台
Z 承载平台

高空气球
high-altitude balloon
V273
S 气球
F 超高压气球
高层定高气球
Z 航空器

高空生物学
Y 空间生物学

高空实验室
Y 高空试验舱

高空试车台
Y 高空模拟试车台

高空试验
high altitude test
V216
D 火箭发动机高空试验
火箭发动机模拟高空试验
S 空间环境试验
F 高空模拟试验
C 航空环境
试验飞行器
Z 航天试验
环境试验

高空试验舱
altitude test chamber
TJ01；V217
D 高空模拟室
高空实验室
高空试验室
S 试验舱
C 高空模拟试验
Z 舱

高空试验室
Y 高空试验舱

高空试验台
high-altitude test stand
V216
S 试验台*
F 高空模拟试验台

高空速
Y 空速

高空台
Y 高空模拟试车台

高空探测火箭
Y 探空火箭

高空逃逸发动机
Y 逃逸发动机

高空突防
high altitude penetration
E；TJ76
D 高空突防技术
S 突防
C 导弹防御
Z 防御

高空突防技术
Y 高空突防

高空无线电高度表
high altitude radio altimeters
TH7；V241.42；V441
S 无线电高度表
Z 测绘仪
航空仪表

高空压力服
Y 加压服

高空羽流
high altitude plume
V211
S 羽流
Z 流体流

高空侦察
high altitude surveillance
E；V32
S 侦察*

高空侦察飞机
Y 高空侦察机

高空侦察机
high altitude reconnaissance aircraft
V271.46
D 高空侦察飞机
S 侦察机
Z 飞机

高空振荡
high altitude oscillation
V211
S 振荡*

高空组织气肿
Y 沸腾

高雷诺数
high reynolds number
V211
S 雷诺数
Z 无量纲数

高雷诺数风洞
high reynolds number wind tunnel
V211.74
D 大雷诺数风洞
S 风洞*
F 低温风洞
高压风洞
管风洞

高马赫数
Y 马赫数

高密度喷气燃料
high density jet fuel
V51
S 喷气燃料
Z 燃料

高密度烃
high density hydrocarbon
V51
S 烃类燃料
C 密度分离 →(9)
Z 燃料

高密度推进剂
Y 固体推进剂

高庙子膨润土
gaomiaozi bentonite
P5；TL94
D 高压实膨润土
内蒙古高庙子
S 黏土*

高能 X 辐射
Y 高能 X 射线

高能 X 射线
high energy X-rays
O4；TL99
D 高能 X 辐射
S 射线*
C 物质识别 →(8)

高能 γ 射线
energetic gamma rays
O4；TL8
S γ 射线
Z 射线

高能泵
Y 泵

高能单元推进剂
high energy monopropellants
V51
S 单元推进剂
Z 推进剂

高能发射药
Y 高能推进剂

高能固体推进剂
high energy solid propellant
V51
S 高能推进剂
固体推进剂
Z 推进剂

高能激光武器
high energy laser weapon
TJ864
D 强光武器
强激光武器
S 激光武器
Z 武器

高能加速器
high-energy accelerator
TL5
D 质子－反质子对撞机
S 粒子加速器*

高能粒子探测器
high energy particles detector
TH7；V248
S 粒子探测器
Z 探测器

高能燃料
high-energy fuel
V31
D 高热值燃料

高热质燃料
S 燃料*
C 液氢 →(9)

高能同步加速器
Y 同步加速器

高能推进剂
high energy propellant
V51
D 多米诺推进剂
高比冲推进剂
高冲量推进剂
高能发射药
S 推进剂*
F 高能固体推进剂
C 储能材料 →(1)
固液混合推进剂

高能微波武器
Y 微波武器

高能氧化剂
high energy oxidizer
TQ0；V51
D 含能氧化剂
S 推进剂氧化剂
F 二硝酰胺铵
C 含能燃烧催化剂 →(9)
Z 化学剂

高能质子同步加速器
Y 同步加速器

高抛物线弹道
Y 外弹道

高炮
antiaircraft gun
TJ35
D 防空高炮
防空火炮
防空炮
高射炮
双 35 高炮
小高炮
S 火炮
F 牵引高炮
双管高射炮
小口径高炮
自行高炮
C 低空防空武器
防空弹药
高炮射击
Z 武器

高炮测试
anti-aircraft gun test
TJ3
S 武器测试
Z 测试

高炮火控系统
anti-aircraft gun fire control system
TJ35
S 炮控系统
Z 武器系统

高炮射击
antiaircraft gun firing
TJ35
S 火炮射击
F 集火射击
C 高炮
高炮射击指挥仪
高射穿甲弹
Z 射击

高炮射击指挥仪
antiaircraft gun fire director
TJ35
S 火炮射击指挥仪
C 高炮射击
Z 火控指挥仪

高炮武器系统
anti-aircraft gun weapon systems
E；TJ0；TJ35
S 武器系统*

高炮系统
Y 高射炮系统

高频不稳定燃烧
high frequency instable combustion
V231.1
D 高声频振荡燃烧
S 燃烧*

高频高压加速器
Y 倍压加速器

高频控制
high-frequency control
TL5
S 频率控制*

高频燃烧不稳定性
high-frequency combustion instability
V43
S 热学性能*
稳定性*
物理性能*

高频声学武器
Y 化学武器

高频系统
high frequency system
TL5
S 电子系统*

高燃速固体推进剂
Y 高燃速推进剂

高燃速推进剂
high burning rate propellant
V51
D 高燃速固体推进剂
速燃推进剂
S 固体推进剂
F 超高燃速推进剂
Z 推进剂

高热负荷
Y 高热负载

高热负载
high heat load
TL6
D 高热负荷
S 载荷*

高热剂
termite
TJ45
S 火工药剂*
C 弹药销毁

高热值燃料
Y 高能燃料

高热质燃料
Y 高能燃料

高射穿甲弹
antiaircraft armor-piercing shell
TJ412
S 穿甲炮弹
C 高炮射击
Z 炮弹

高射机关炮
antiaircraft automatic cannon
TJ35
S 自动炮
Z 武器

高射机枪
antiaircraft machine gun
TJ25
D 防空机枪
S 机枪
C 对空射击
Z 枪械

高射机枪弹
antiaircraft machine gun cartridge
TJ411
D 高机弹
S 机枪弹
C 防空弹药
Z 枪弹

高射榴弹
antiaircraft grenades
TJ412
S 榴弹*
C 防空弹药

高射炮
Y 高炮

高射炮弹
antiaircraft gun cartridge
TJ412
D 防空炮弹
S 炮弹*

高射炮弹引信
Y 炮弹引信

高射炮武器系统
Y 高射炮系统

高射炮系统
antiaircraft gun system
TJ35
D 高炮系统
高射炮武器系统
S 火炮系统
Z 武器系统

高射枪架
Y 枪架

高射速航炮
high speed aircraft guns
TJ392
S 航炮
Z 武器

高升飞机翼
Y 增升机翼

高升力
high lift
O3；V211
D 高升力机制
S 升力
Z 力

高升力机翼
Y 增升机翼

高升力机制
Y 高升力

高升力系统
high-lift system
V245
S 飞机系统
Z 航空系统

高生存力飞行控制系统
Y 余度飞行控制系统

高声频振荡燃烧
Y 高频不稳定燃烧

高湿度风洞
high-wet wind tunnel
V211.74
S 风洞*

高水平放射性废物
Y 高放废物

高速弹头气动特性
Y 空气动力特性

高速弹丸
high-velocity projectile
TJ412
S 弹丸
F 高速旋转弹丸
空心弹丸
Z 弹药零部件

高速导弹
high-speed missile
TJ76
S 导弹
F 超高速导弹
超高速动能导弹
超声速导弹
高超音速导弹
Z 武器

高速动能导弹
Y 动能武器

高速发电机
Y 发电机

高速发射装置
high velocity launchers
V55
S 发射装置*
F 超高速发射装置

高速反辐射导弹
high-speed anti-radiation missile
TJ761.9
S 反辐射导弹
Z 武器

高速飞机
Y 高速飞行器

高速飞行
high-speed flight
V323
S 航空飞行
F 超音速飞行
高超音速飞行
跨音速飞行
Z 飞行

高速飞行器
high speed aircraft
V27；V47
D 超高速飞行器
高速飞机
S 飞行器*

高速风洞
high-speed wind tunnel
V211.74
S 风洞*
F 超音速风洞
跨音速风洞
亚音速风洞

高速风洞试验
high-speed wind tunnel test
V211.74
S 风洞试验
Z 气动力试验

高速精加工
Y 精加工

高速精密加工
Y 精加工

高速空气动力学
high speed aerodynamics
V211
S 空气动力学
Z 动力学
科学

高速炮
Y 超速炮

高速碰撞侵彻
high velocity impact penetration
TJ0
S 侵彻
Z 弹药作用

高速气缸
high-speed pneumatic cylinder
TH13；V232
S 气缸
Z 发动机零部件

高速气流
high-speed air flow
V211
S 气流
F 高超声速流
跨音速流
亚音速流
Z 流体流

高速燃烧器
Y 燃烧器

高速摄像机
high speed video cameras
TB8；V447
D 补偿式高速摄影机
高速摄影机
高速相机
高速照相机
间歇式高速摄影机
快速电影摄影机
快速摄影机
慢速摄影机
S 摄像机*
C 高速电视 →(7)
高速数字信号处理 →(7)
高速数字信号处理器 →(8)

高速摄影机
Y 高速摄像机

高速数控
Y 数字控制

高速相机
Y 高速摄像机

高速旋转弹丸
high speed rotating bullets
TJ412
S 高速弹丸
旋转弹丸
Z 弹药零部件

高速压缩机
Y 压缩机

高速鱼雷
high speed torpedoes
TJ631
S 鱼雷*

高速照相机
Y 高速摄像机

高速直升机
Y 直升机

高速转台
Y 转台

高速撞击
Y 高速撞击模拟试验

高速撞击模拟试验
high speed impact simulation test
V216
D 高速撞击

S 动力试验
模拟试验*
C 碎片云
Z 力学试验

高膛压火炮
high barrel pressure gun
TJ399
D 高膛压炮
S 火炮
F 高膛压坦克炮
C 压火 →(5)
Z 武器

高膛压炮
Y 高膛压火炮

高膛压坦克炮
high barrel pressure tank guns
TJ38
S 高膛压火炮
坦克炮
Z 武器

高通量堆
high-flux reactor
TL4
D 高通量研究堆
S 反应堆*

高通量工程试验堆
high flux engineering test reactor
TL4
S 试验堆
Z 反应堆

高通量研究堆
Y 高通量堆

高推重比发动机
high thrust mass ratio engines
V23
S 航空发动机
Z 发动机

高温度风洞
Y 热风洞

高温堆
high-temperature reactor
TL4
S 反应堆*
F 高温气冷实验堆
C 供热堆

高温化学处理
Y 核燃料后处理

高温化学后处理
Y 核燃料后处理

高温记忆合金
Y 高温形状记忆合金

高温抗氧化涂层
high temperature oxidation resistant coating
TG1；TQ63；V259
D 难熔金属高温抗氧化涂层
S 涂层*

高温镍基合金
Y 镍基高温合金

高温气冷堆
Y 高温气冷型堆

高温气冷反应堆
Y 高温气冷型堆

高温气冷石墨慢化堆
Y 高温气冷型堆

高温气冷实验堆
high temperature gas-cooled test reactor
TL4
D 高温气冷试验堆
S 高温堆
高温气冷型堆
气冷实验堆
Z 反应堆

高温气冷试验堆
Y 高温气冷实验堆

高温气冷型堆
high temperature gas-cooled reactor
TL4
D 高温气冷堆
高温气冷反应堆
高温气冷石墨慢化堆
S 气冷堆
石墨慢化堆
F 10MW 高温气冷堆
高温气冷实验堆
模块式高温气冷堆
C 包覆燃料颗粒
动力堆
氦冷堆
氦循环风机 →(4)
燃料颗粒
Z 反应堆

高温燃烧弹
Y 燃烧炮弹

高温烧蚀材料
Y 烧蚀材料

高温钛合金
high temperature titanium alloy
TG1；V25
D 耐热钛合金
S 钛合金
特种合金
Z 合金

高温透波材料
high temperature wave transmitting materials
V25
S 航空材料
Z 材料

高温透平
Y 高温涡轮

高温涡轮
high temperature turbine
V232.93
D 高温透平
S 涡轮*

高温形状记忆合金
high temperature shape memory alloy
TG1；V25
D 高温记忆合金
S 特种合金
Z 合金

高效泵
Y 泵

高效冷却
Y 冷却

高效率磨粒加工
Y 磨料流加工

高效添加剂
Y 添加剂

高效压缩机
Y 压缩机

高新技术弹药
high and new technology ammunitions
TJ41
D 摧毁作战物资弹药
S 弹药*
F 灵巧弹药
修正弹药
制导弹药
智能弹药

高性能透波材料
Y 透波材料

高压倍加器
Y 倍压加速器

高压比离心压气机
Y 离心压气机

高压比叶型
Y 叶型

高压补燃发动机
Y 高压补燃火箭发动机

高压补燃火箭发动机
high pressure staged combusting rocket engine
V434
D 高压补燃发动机
高压加力燃烧发动机
S 补燃发动机
Z 发动机

高压舱
hyperbaric chambers
V423
D 加压舱
S 压力舱
Z 舱

高压打火
Y 火花点火

高压点火
Y 火花点火

高压段
high pressure section
TH13；V211.74
S 风洞部件*

高压风洞
high-pressure wind tunnel
V211.74
S 高雷诺数风洞
C 高压风机 →(4)
Z 风洞

高压缸
high-pressure cylinder
TH13；V232
D 高压气缸
高压汽缸
S 气缸
F 超高压缸
高压内缸
高压外缸
高中压缸
Z 发动机零部件

高压加力燃烧发动机
Y 高压补燃火箭发动机

高压加速器
high-voltage accelerators
TL5
S 粒子加速器*

高压空气压缩机
Y 高压空压机

高压空压机
high-pressure compressor
TH4；V232
D 高压空气压缩机
高压压气机
高压压缩机
S 压缩机*
C 高压风机 →(4)

高压冷却剂注入
Y 堆芯应急冷却系统

高压冷却剂注入系统
Y 堆芯应急冷却系统

高压密闭服
Y 全压服

高压内缸
high pressure inner cylinder
TH13；V232
S 高压缸
Z 发动机零部件

高压喷射式煤气烧嘴
Y 气体喷嘴

高压喷射式燃气烧嘴
Y 气体喷嘴

高压喷嘴
high pressure nozzle
TH13；TK2；V232
S 喷嘴*
F 内混式高压喷嘴
C 高压摆喷 →(11)
高压共轨喷射系统 →(5)
高压喷淋 →(3)
高压喷射注浆 →(11)
高压喷雾 →(2)
高压喷油泵 →(4)
高压喷油系统 →(5)

高压气缸
Y 高压缸

高压汽缸
Y 高压缸

高压容器(风洞)
Y 风洞气源

高压实膨润土
Y 高庙子膨润土

高压水流扫雷系统
high pressure water flow minesweeping systems
TJ617
S 扫雷系统
Z 武器系统

高压太阳电池阵
high-voltage solar array
TM91；V442
S 电池组*

高压跳火
Y 火花点火

高压透平
Y 高压涡轮

高压外缸
high pressure outer cylinder
TH13；V232
S 高压缸
Z 发动机零部件

高压涡轮
high-pressure turbine
V232.93
D 高压透平
S 涡轮*
C 高压泵 →(2)(4)
高压风机 →(4)
高压汽轮机 →(5)
高压设备 →(9)
高压涡轮叶片
高压叶片泵 →(4)

高压涡轮工作叶片
Y 高压涡轮叶片

高压涡轮叶片
high pressure turbine blade
TH13；V232.4
D 高压涡轮工作叶片
S 涡轮叶片
C 高压涡轮
Z 叶片

高压压气机
Y 高压空压机

高压压缩机
Y 高压空压机

高压云室
Y 云雾室

高亚声速运输机
high subsonic transport
V271.2
S 运输机
Z 飞机

高原电气设备
Y 电气设备

高原飞行
plateau flight
V323
D 高原进场飞行
S 航空飞行
C 高空飞行
海上飞行
Z 飞行

高原机场
high-altitude aerodrome
V35
S 机场
Z 场所

高原进场飞行
Y 高原飞行

高原试验
highland test
V216
S 环境试验*

高载荷透平
Y 高载荷涡轮

高载荷涡轮
high load turbines
V232.93
D 大载荷涡轮
高负荷涡轮
高载荷透平
S 涡轮*

高真空轨道模拟器
Y 空间环境模拟器

高质泵
Y 泵

高中压缸
high intermediate pressure cylinder
TH13；V232
S 高压缸
F 高中压外缸
Z 发动机零部件

高中压外缸
high-middle pressure cylinder
TH13；V232
S 高中压缸
Z 发动机零部件

高装填密度
high loading density
TJ412
S 密度*
C 发射药 →(9)
装药 →(2)(9)

膏体富燃料推进剂
pasty rich fuel propellants
V51

S 富燃料推进剂
膏体推进剂
Z 推进剂

膏体推进剂
pasty propellant
V51
D 膏状推进剂
S 固体推进剂
F 膏体富燃料推进剂
凝胶推进剂
C 火箭发动机
Z 推进剂

膏体推进剂火箭发动机
Y 固体火箭发动机

膏状推进剂
Y 膏体推进剂

告警
Y 报警

告警技术
Y 报警

告警系统
Y 报警系统

告警装置
Y 报警装置

锆管
zirconium pipe
TL3
S 金属管*

锆同位素
zirconium isotopes
O6；TL92
S 同位素*

锆铀合金
zirconium-uranium alloy
TL34
S 合金*

哥氏振动陀螺
Y 哥氏振动陀螺仪

哥氏振动陀螺仪
coriolis oscillation gyroscopes
V241.5；V441
D 哥氏振动陀螺
S 振动陀螺仪
Z 陀螺仪

格斗导弹
dogfight missile
TJ76
D 格斗空空导弹
S 空空导弹
F 近距格斗空对空导弹
Z 武器

格斗机
Y 空中优势战斗机

格斗空空导弹
Y 格斗导弹

格拉晓夫数
Grashof number
O4；V211
D 格拉肖夫数
S 无量纲数*
C 雷诺数
自然对流 →(5)

格拉肖夫数
Y 格拉晓夫数

格尼襟翼
gurney flap
V224
D Gurney 襟翼
S 襟翼
Z 操纵面

格栅装甲
grid armours
TJ811
S 装甲*

隔板点火具
Y 延期点火具

隔板起爆器
Y 起爆器

隔爆爆炸序列
Y 爆炸序列

隔绝式防毒服
Y 防毒服

隔绝式防毒面具
Y 防毒面具

隔绝式防毒衣
Y 防毒服

隔框
Y 机身隔框

隔离*
isolation
ZT5
F 电气隔离
注氧隔离
C 分解
隔离电源 →(7)
隔离开关 →(5)
绝缘 →(1)(5)(7)(12)

隔离服
isolation clothing
TL7；TS94；X9
S 防护服
Z 安全防护用品
服装

隔离机构
Y 保险机构

隔热保温材料
Y 保温隔热材料

隔热材料
Y 保温隔热材料

隔热构造
Y 防热结构

隔热屏
Y 热屏蔽

隔热屏蔽
Y 热屏蔽

隔热瓦
thermal insulation tile
TB3；V25
S 保温隔热材料*

隔热装置
Y 防热装置

镉 109
Y 镉-109

镉-109
cadmium 109
O6；TL92
D 镉 109
S 电子俘获放射性同位素
镉同位素
年寿命放射性同位素
Z 同位素

镉同位素
cadmium isotopes
O6；TL92
S 同位素*
F 镉-109

个人飞行安全装备
Y 飞行安全装备

个人飞行防护装备
Y 飞行安全装备

个人飞行器
Y 单人飞行器

个人剂量
Y 剂量学

个人剂量计
personal dosimeter
TL8
D 个人剂量仪
S 剂量计
Z 仪器仪表

个人剂量限值
Y 剂量学

个人剂量学
Y 剂量学

个人剂量仪
Y 个人剂量计

个人监测
Y 人员监测

个人胶片剂量学
Y 剂量学

个人救生设备
Y 个人救生装备

个人救生装备
individual survival equipment
V244.2
D 个人救生设备

个体防护救生装备
S 救生设备
F 救生包
救生衣
水上个体救生具
Z 救援设备

个人自卫武器
individual self-defense weapons
E；TJ0
S 单兵武器
Z 轻武器

个体防护
individual protection
TJ92；V244
D 乘员个体防护
行人防护
S 防护*
F 呼吸防护
头部防护
C 防护系数
个人防护用品 →(10)(13)

个体防护救生装备
Y 个人救生装备

铬钛合金
chromium titanium alloys
TG1；V25
S 合金*

铬同位素
chromium isotopes
O6；TL92
S 同位素*

给料系统
Y 燃料供给系统

根部半径
Y 半径

根轨迹设计
root locus design
V474
S 设计*

跟随控制
Y 跟踪控制

跟随控制系统
Y 测控系统

跟踪*
tracking
D；TN8；TN95；V556.8
D 跟踪技术
寻迹
寻线
追踪
F 程序跟踪
纯方位跟踪
纯角度跟踪
弹道跟踪
地形跟踪
电子角跟踪
飞行器跟踪
过顶跟踪
航迹跟踪
激光跟踪
视频跟踪
手动跟踪
同步跟踪
无线电跟踪
显模型跟踪
星体跟踪
自动跟踪
自适应跟踪
C 导航
定位
反跟踪 →(8)
轨迹跟踪控制 →(8)
轨迹规划 →(8)
连续轨迹控制 →(8)
探测
运动轨迹 →(4)
最优路径规划 →(8)

跟踪保性能控制
tracking guaranteed cost control
TJ7
S 跟踪控制*
鲁棒控制*
性能控制*

跟踪测控系统
Y 测控系统

跟踪分系统
Y 跟踪系统

跟踪和数据中继卫星
Y 跟踪与数据中继卫星

跟踪技术
Y 跟踪

跟踪架
Y 跟踪器

跟踪控制*
tracking control
TP1；TP2
D 跟随控制
F 地形跟踪飞行控制
跟踪保性能控制
显模型跟踪控制
姿态跟踪控制
C 控制
目标控制 →(11)
修正控制 →(8)
自适应神经网络 →(7)

跟踪控制系统
tracking and control system
TJ768.3；TP2
S 跟踪系统*
控制系统*

跟踪瞄准系统
Y 瞄准系统

跟踪器*
tracker
TH7；TN95
D 跟踪架
跟踪设备
跟踪装置
F 光电跟踪器
太阳跟踪器
C 跟踪模式 →(7)
跟踪天线 →(7)

跟踪设备
Y 跟踪器

跟踪伺服系统
tracking servo system
TJ765
S 跟踪系统*
伺服系统*
C 天顶盲区 →(7)

跟踪网
tracking networks
TJ768；V556
S 网络*
F 导弹跟踪网
全球跟踪网
深空网
卫星跟踪数据网
载人航天跟踪网
C 地面保障设备
航天器跟踪
深空测量站

跟踪误差
tracking error
TN8；V556.8
D 循迹误差
S 误差*
F 角跟踪误差
C 跟踪精度 →(7)

跟踪系统*
tracking system
TJ765；V556
D 跟踪分系统
追踪系统
F 导弹跟踪系统
地形跟踪系统
跟踪控制系统
跟踪伺服系统
光电跟踪系统
机载跟踪系统
目标跟踪系统
视频跟踪系统
图像跟踪系统
卫星跟踪系统
位置跟踪系统
无线电跟踪系统
遥测跟踪系统
自动跟踪系统
C 定位系统
摄像机

跟踪性能
tracking performance
TJ765；V556
S 测试性*

跟踪与数据中继卫星
tracking and data relay satellite
V474
D 跟踪和数据中继卫星
跟踪中继卫星
数据中继卫星
中继卫星

中继星
S 通信卫星
Z 航天器
卫星

跟踪与数据中继卫星系统
tracking and data relay satellite system
V243.1；V443
S 卫星跟踪系统
中继卫星系统
Z 跟踪系统
航天系统

跟踪中继卫星
Y 跟踪与数据中继卫星

跟踪装置
Y 跟踪器

跟踪自动化系统
Y 自动跟踪系统

工兵坦克
Y 装甲工程车

工厂*
manufacturer
TB4
D 产业工厂
生产厂
生产工厂
制造厂
F 飞机制造厂
航空发动机工厂
核燃料后处理厂
核燃料制造厂
核武器工厂
C 车间 →(1)(2)(3)(4)(8)(9)(10)(12)
工厂安全 →(13)
工厂环境 →(13)
工厂节能 →(5)
工厂设计 →(1)(2)(3)(4)(5)(9)(10)(11)
工厂噪声 →(1)
工厂自动化 →(8)
工业设备 →(1)

工厂(中间)
Y 中试厂

工厂垃圾
Y 工业废弃物

工程*
engineering
TB1
D 工程类型
工程领域
工程形式
合理化工程
F 弹药工程
导弹阵地工程
航空航天工程
核动力工程
核工程
可靠性系统工程
人机环境系统工程
太空移民
维修工程
武器系统工程
C 安全工程 →(2)(5)(8)(11)(12)(13)
电力工程 →(5)
防水工程 →(2)(12)
工程机械 →(1)(2)(3)(4)(10)(11)(12)
工程试验
环境工程
建筑工程 →(2)(11)
交通工程
矿业工程 →(2)
市政工程 →(11)(13)
水利水电工程 →(11)(12)
信息工程 →(1)(7)(8)
油气工程 →(2)

工程安全监理
Y 安全管理

工程保障车辆
engineering support vehicle
TJ811
S 保障车辆*
F 架桥车
两栖工程车
C 特种军用车辆

工程表面
Y 表面

工程材料*
engineering material
TB3
D 工业材料
F 工程屏障材料
C 材料

工程电雷管
Y 工业电雷管

工程定型
Y 定型

工程飞行模拟器
engineering flight simulator
V217
S 飞行模拟器
Z 模拟器

工程分析*
engineering analysis
TP3
F 武器系统分析
C 安全分析
材料分析 →(1)
测试分析 →(1)(2)(4)(8)(11)
电气分析 →(4)(5)(7)
分析
工程量 →(2)(11)(12)
网络分析 →(5)(7)(8)(11)

工程构造
Y 工程结构

工程构筑物
Y 构筑物

工程化设计
Y 工程设计

工程机械故障
Y 设备故障

工程监测
Y 工程检测

工程检测*
engineering detection
TB2
D 工程监测
工控机监测
F 滑油监测
C 检测

工程结构*
engineering structure
TU3
D 工程构造
工程体系
F 防热结构
防撞结构
航空航天结构
C 工程部位 →(11)
建筑结构
建筑物质量 →(11)

工程控制*
engineering control
TB1
F 爆高控制
爆燃控制
起爆控制
C 安全控制
播放控制 →(7)(8)
测量控制 →(1)(4)(5)(7)(8)(12)
电气控制
电子控制 →(5)(7)(8)(12)
动力控制
管理控制 →(1)(7)(8)(11)
环境控制
机械控制
计算机控制
交通控制
结构控制
控制
通信控制 →(4)(5)(7)(8)(12)
系统控制 →(3)(4)(5)(8)(11)(13)
信息控制 →(2)(5)(7)(8)(11)
载运工具控制
自动控制

工程类型
Y 工程

工程理论*
engineering theories
TB1
F 爆轰理论
大挠度理论
反应堆理论
中子慢化理论
C 理论

工程领域
Y 工程

工程模拟器
engineering simulator
V216
S 模拟器*

工程模型*

engineering model
TB2
F 导弹模型
飞行器模型
飞行员模型
起落架模型
气动力试验模型
坦克模型
武器系统效能评估 WSEIAC 模型
C 电气模型 →(5)(7)(8)(9)
核模型
环境模型 →(11)(13)
计算机模型 →(1)(5)(7)(8)(10)(11)
交通模型 →(3)(4)(8)(11)(12)
模型
通信模型 →(1)(7)(8)
网络模型 →(1)(2)(5)(7)(8)(12)
冶金模型 →(3)
有限厚度 →(1)

工程屏障
Y 工程屏障材料

工程屏障材料
engineering barrier materials
TL94
D 工程屏障
工程屏障体系
S 工程材料*
屏蔽材料
Z 功能材料

工程屏障体系
Y 工程屏障材料

工程设备监理
Y 设备管理

工程设计*
engineering design
TB2；TU2
D 工程化设计
工程设计阶段
工程设计学
工程项目设计
工况设计
F 反应堆设计
C 工程任务 →(1)
建筑工程设计 →(11)
设计
市政工程设计 →(1)(2)(5)(7)(11)(12)
示范工程 →(13)
水利工程设计 →(11)

工程设计阶段
Y 工程设计

工程设计学
Y 工程设计

工程试验*
engineering test
TB2
F 现场示踪试验
C 车辆试验
道路试验 →(1)(11)(12)
电气试验 →(1)(5)(7)(8)
发动机试验
飞行器试验
工程
工程测量 →(1)(2)(3)(11)(12)
工艺试验 →(1)(2)(3)(4)(9)(10)(13)
环境试验
机械试验 →(1)(4)(5)(11)(12)
结构试验
模拟试验
试验
水工试验

工程试验卫星
Y 技术试验卫星

工程试验装置托卡马克
Y 托卡马克

工程坦克
Y 装甲工程车

工程特点
Y 工程性能

工程特色
Y 工程性能

工程特性
Y 工程性能

工程体系
Y 工程结构

工程系统*
engineering systems
TB
D 表决工程系统
F 载人航天工程系统
C 电气系统
电子系统
动力系统
纺织机械 →(9)(10)
分布式系统
工程系统仿真 →(1)
管理系统
广播电视系统
锅炉系统 →(4)(5)(8)(11)(13)
航空系统
航天系统
化工系统
环境系统
机械系统 →(1)(2)(4)(5)(7)(8)(9)(11)
建筑系统 →(4)(7)(8)(10)(11)(13)
舰船系统
交通运输系统
矿山系统 →(2)(8)(9)(10)(11)
能源系统 →(2)(4)(5)(7)(9)(11)
热工系统 →(5)
生产系统 →(1)(2)(3)(4)(5)(8)(9)(10)(11)(13)
视频系统 →(1)(7)(8)
试验系统
输配系统
探测系统
通信系统
系统
音频系统 →(1)(7)(8)(12)
制冷系统
制造系统 →(1)(2)(3)(4)(5)(8)(9)(11)

工程项目设计
Y 工程设计

工程形式
Y 工程

工程性
Y 工程性能

工程性能*
engineering properties
TB1
D 工程特点
工程特色
工程特性
工程性
工程性质
F 发动机管路特性
C 安全性
材料性能
测试性
产品性能 →(1)(8)(10)
地质特性 →(1)(2)
电气性能 →(1)(4)(5)(7)(8)(10)(12)
电子性能 →(1)(7)(13)
动力装置性能
反应器性能 →(9)
纺织品性能 →(10)
工艺性能
环境性能
机械性能
计算机性能 →(1)(7)(8)
技术性能 →(1)(11)(13)
矿物特性
染色性能 →(9)(10)
软件性能 →(8)
设备性能
通信性能 →(1)(7)(8)(9)
网络性能
系统性能
信息特征 →(1)(2)(4)(5)(7)(8)(9)(10)(11)
性能
冶金性能 →(3)(9)(13)
运行特性
载运工具特性
战术技术性能

工程性质
Y 工程性能

工程油缸
Y 液压缸

工程侦察车
Y 侦察车

工具*
tool
TG7；TS91
D 加工工具
F 装配型架
C 打捞工具 →(2)
电力系统工具箱 →(3)(4)(5)
工具技术 →(3)
工具设计 →(1)(3)(4)(8)
机具 →(3)(4)(11)
机械加工 →(2)(3)(4)(7)(8)(9)(11)
模具 →(3)(4)(7)(9)(10)(11)(12)
手柄 →(4)(10)
网络工具 →(7)(8)

工控机监测

Y 工程检测

工况*
working condition
TH17；TK0；TU7
D 工作状况
作业工况
F 额定工况
发动机工况
核电厂运行工况
脉冲工况
事故工况
巡航工况
正常工况
C 工作点 →(1)
环境

工况设计
Y 工程设计

工频试验设备
Y 试验设备

工业*
industry
F
D 海上工业
生产工业
特种工业
物料搬运工业
烟火工业
一般工业
仪表工业
制冷工业
F 国防工业
核工业
C 工业电网 →(5)
工业节能 →(5)
工业照明 →(13)
航空航天工业
化学工业 →(2)(5)(9)(10)(11)
轻工业 →(1)(4)(9)(10)
行业 →(1)(11)

工业 CT
industrial CT
TG1；TL8；TP3
D 工业 X-CT
工业计算机断层扫描
S 成像*
C 工业 CT 图像 →(8)
工业计算机断层成像
射线显微摄影

工业 X-CT
Y 工业 CT

工业材料
Y 工程材料

工业电雷管
industrial electric detonator
TJ452
D 工程电雷管
S 电雷管
Z 火工品

工业电气设备
Y 电气设备

工业废弃物*
industrial waste
X7
D 产业废弃物
煅烧废物
工厂垃圾
工业废物
工业垃圾
工业三废
F 原子能工业废物
C 煅烧 →(1)(2)(3)(9)
废弃物
工业废气 →(13)
工业废液 →(13)
固体废物
排污权交易 →(13)

工业废物
Y 工业废弃物

工业废渣库
Y 废物库

工业风洞
Y 风洞

工业化设计
Y 产品设计

工业计算机层析成像
Y 工业计算机断层成像

工业计算机断层成像
industrial computed tomography
TL8；TP3
D 工业计算机层析成像
工业计算机断层扫描成像
S 成像*
C 工业 CT

工业计算机断层扫描
Y 工业 CT

工业计算机断层扫描成像
Y 工业计算机断层成像

工业金属
Y 金属材料

工业空气动力学
industrial aerodynamics
V211
D 边界层空气动力学
常用空气动力学
初级空气动力学
互作用空气动力学
稳定运动空气动力学
相互干扰空气动力学
相互作用空气动力学
应用空气动力学
S 空气动力学
Z 动力学
科学

工业垃圾
Y 工业废弃物

工业燃气涡轮
Y 燃气涡轮

工业燃气涡轮机
Y 燃气涡轮

工业软管
Y 软管

工业三废
Y 工业废弃物

工业设计
Y 产品设计

工业塔
Y 塔器

工业延期雷管
Y 延期雷管

工艺
Y 工艺方法

工艺补充
Y 工艺方法

工艺参数*
processing parameter
ZT3
D 加工参数
加工工艺参数
生产参数
制备工艺参数
F 点火参数
C 工程参数 →(1)
工艺成本 →(4)
加工原理 →(3)(4)
斜油孔 →(4)
织造工艺参数 →(10)

工艺操作过程
Y 工艺方法

工艺动作
Y 工艺方法

工艺动作过程
Y 工艺方法

工艺发展堆
process development pile
TL4
S 零功率堆
重水冷却堆
重水慢化堆
C 天然铀堆
Z 反应堆

工艺法
Y 工艺方法

工艺方法*
processing
ZT71
D 保护工艺
补贴工艺
材料工艺
调合工艺
返排工艺
费托工艺
分步工艺
工艺
工艺补充
工艺操作过程

工艺动作
工艺动作过程
工艺法
工艺方式
工艺过程
工艺基础
工艺技术
工艺技术要求
工艺类型
工艺学
工艺要点
工艺种类
工艺准备
混制工艺
技术工艺
刻度工艺
联作工艺
膨胀工艺
铺层工艺
气体工艺
汽化工艺
切分工艺
取套工艺
生产工艺过程
替代工艺
新工艺技术
修形工艺
一般工业过程
有效工艺
再流工艺
整修工艺
直结工艺
F 包封
反应堆工艺
航天工艺
三防工艺
装药工艺
C 材料技术 →(1)
船舶工艺 →(9)(12)
电子工艺 →(1)(7)
方法
纺织工艺 →(1)(10)
服装工艺 →(10)
工位 →(3)
工艺改进 →(1)
工艺管理 →(1)(4)(8)
工艺计算 →(1)
工艺卡片 →(4)
工艺缺陷 →(4)
工艺设计
工艺信息 →(4)
工艺性能
工艺原理 →(3)(4)
焊接工艺 →(3)
化工工艺 →(1)(2)(4)(7)(9)(10)(11)(13)
金属工艺学 →(3)
金属加工 →(3)(4)
流程 →(1)(2)(3)(4)(8)(9)(10)(11)
模锻 →(3)
酿酒工艺 →(10)
烹饪工艺 →(10)
色彩工艺 →(3)(4)(7)(8)(9)(10)
生产工艺 →(1)(2)(3)(4)(7)(9)(10)
选矿工艺 →(2)(3)(9)(13)
印刷工艺 →(10)
造纸工艺 →(10)
制造
制造工艺 →(3)(4)(5)(9)(10)(11)(12)
制造科学 →(4)

工艺方式
Y 工艺方法

工艺过程
Y 工艺方法

工艺过程设计
Y 工艺设计

工艺基础
Y 工艺方法

工艺技术
Y 工艺方法

工艺技术特点
Y 工艺性能

工艺技术要求
Y 工艺方法

工艺类型
Y 工艺方法

工艺灵活性
Y 工艺性能

工艺流程设计
Y 工艺设计

工艺喷嘴
process nozzles
TH13；TK2；V232
S 喷嘴*

工艺设计*
process design
TB2；TH12；TH16
D 工艺过程设计
工艺流程设计
工艺设计方法
工艺设计过程
工艺设计模式
F 打样设计
装药设计
C 产品设计
工程结构设计 →(1)(11)
工艺方法
工艺计算 →(1)
工艺图 →(1)
设计

工艺设计方法
Y 工艺设计

工艺设计过程
Y 工艺设计

工艺设计模式
Y 工艺设计

工艺塑性
Y 工艺性能

工艺特点
Y 工艺性能

工艺特性
Y 工艺性能

工艺特征
Y 工艺性能

工艺形式
Y 工艺性能

工艺性
Y 工艺性能

工艺性能*
manufacturability
TH16
D 工艺技术特点
工艺灵活性
工艺塑性
工艺特点
工艺特性
工艺特征
工艺形式
工艺性
工艺性质
工艺影响
抗挤性能
F 引信密封性
C 工程性能
工艺方法
工艺原理 →(3)(4)
激光焊接 →(3)
金属性能 →(1)(2)(3)(9)(12)
生产工艺 →(1)(2)(3)(4)(7)(9)(10)

工艺性质
Y 工艺性能

工艺学
Y 工艺方法

工艺要点
Y 工艺方法

工艺影响
Y 工艺性能

工艺种类
Y 工艺方法

工艺装备
Y 工装

工艺准备
Y 工艺方法

工质加注设备
Y 加注设备

工装*
production tools
TG7；TH16
D 工艺装备
F 飞机工装
C 装夹 →(3)(4)

工作表面
Y 表面

工作波形
Y 波形

工作参数控制
Y 参数控制

工作环境监测

Y 环境监测

工作环境条件
Y 环境条件

工作区*
work space
ZT74
D 工作区域
工作域
F 靶区
发射区
投放区
C 区域

工作区域
Y 工作区

工作台*
worktable
TG5；TG9
D 操作台
工作台面
F 转台
C 平台结构 →(4)
升降台 →(11)
试验台
台站

工作台面
Y 工作台

工作域
Y 工作区

工作站*
workstation clusters
TP3
D 工作站机群
工作站集群
工作站平台
工作站群
工作站群机
工作站群集
F 航天员工作站
C IPX 协议 →(7)
Novell 网络 →(8)
并行计算 →(8)
核外计算 →(8)
计算机
台站

工作站(航天员)
Y 航天员工作站

工作站机群
Y 工作站

工作站集群
Y 工作站

工作站平台
Y 工作站

工作站群
Y 工作站

工作站群机
Y 工作站

工作站群集
Y 工作站

工作装置
Y 装置

工作状况
Y 工况

弓弩
crossbow
TJ28
S 冷兵器*

公称压力
nominal pressure
TH13；V23
S 压力*

公共总线
Y 总线

公海飞行
Y 海上飞行

公路飞机跑道
aircraft highway runway
V351.1
D 公路跑道
S 机场跑道
F 应急公路飞机跑道
Z 道路

公路机动性
maneuverability on highways
TJ81
S 载运工具特性*
C 机动导弹
机动发射

公路跑道
Y 公路飞机跑道

公务飞机
official business aircraft
V271
D 公务机
S 专机
Z 飞机

公务机
Y 公务飞机

公用舱
common module
V423
S 航天器舱
Z 舱
航天器部件

公用平台
common platform
V47
S 平台*

公用液压系统
Y 飞机液压系统

公有自然资源
Y 自然资源

功角指示器
Y 迎角指示器

功率*
power
TB9；TK0
D 功率代价
功率回退
马力
F 额定功率
需用功率
C 功耗 →(1)(4)(5)(7)(8)
功率补偿 →(4)(5)
功率参数 →(5)
功率测量 →(1)(5)(11)
功率电路 →(7)
功率放大 →(7)
功率分析 →(5)
功率管理 →(1)
功率计 →(4)
功率特性 →(5)
物理比率

功率标定
Y 额定功率

功率代价
Y 功率

功率点
power points
TM6；TN8；V23
D 半功率点
低功率点
二倍最小功率点
S 点*

功率电传
power-by-wire
V242
S 传输*

功率调节器
power regulator
V23
S 调节器*
C 功率继电器 →(5)
功率开关 →(5)

功率调节系统
power regulating system
TL32
D 功率控制系统
S 调节系统*
动力系统*
C 功率调节电路 →(5)

功率额定值
Y 额定功率

功率故障
Y 电气故障

功率回退
Y 功率

功率激增
power excursions
TL32
D 失控功率激增
失控上升(堆事故)
S 反应堆事故
C 反应堆

Z 核事故

功率控制系统
Y 功率调节系统

功率-冷却失配事故
Y 瞬态超功率事故

功率密度
power density
O4；TL32
D 密度(功率)
S 密度*
F 辐射功率密度
C 堆芯
能谱

功率系数
power coefficient
TL46
S 系数*

功率预算
power budget
V51
S 预算*
C 功率增益 →(5)

功率源*
power source
TM91
F 微波功率源

功率载荷
power loading
V215
D 高功率负载
S 载荷*

功能*
function
ZT4
D 功能构成
F 防紫外线功能
目标功能
C 功能布局 →(1)
功能仿真 →(8)
功能开关 →(5)
功能设计 →(1)(4)(8)(11)(12)
软件功能 →(4)(7)(8)
通信功能 →(7)(8)

功能板
Y 板

功能比较
Y 性能分析

功能表图
function chart
V241
S 图*

功能材料*
functional materials
TB3
D 功能性材料
新型功能材料
F 覆层材料
屏蔽材料
烧蚀材料
透波材料
隐身材料
C 材料
磁性材料
功能性颗粒 →(1)
结构损耗因子 →(1)
无机纳米粒子 →(1)

功能测试
Y 性能测量

功能分析
Y 性能分析

功能分析法
Y 性能分析

功能构成
Y 功能

功能架构
Y 功能结构

功能结构*
functional architecture
ZT6
D 功能架构
核心功能结构
F 多层隔热结构
屏蔽结构
吸波结构
C 功能框架 →(8)

功能评价
Y 性能评价

功能特点
Y 性能

功能性材料
Y 功能材料

功能性测试
Y 性能测量

功能性评价
Y 性能评价

功能性试验
Y 性能试验

攻防信息注入装备
Y 计算机网络武器

攻击*
attack
E
F 多目标攻击
深弹攻击
鱼雷攻击
C 反攻击 →(8)

攻击测试
attack test
TJ0
S 测试*

攻击弹道
attack trajectory
TJ63
S 鱼雷弹道
Z 弹道

攻击机
Y 强击机

攻击角
Y 攻角

攻击能力
strike capability
E；TJ0
D 打击威力
攻击威力
S 作战能力
C 攻击武器
强击机
Z 使用性能
战术技术性能

攻击任务
strike mission
V2
S 任务*

攻击威力
Y 攻击能力

攻击无人机
Y 无人攻击机

攻击武器
offensive weapon
E；TJ0
D 近程杀伤武器
进攻性武器
S 武器*
F 反雷达武器
反直升机武器
防区外联合攻击武器
联合防区外武器
两栖作战武器
射击武器
天基对地攻击武器
远程攻击武器
C 攻击能力
攻击效能

攻击系统
attack system
V24
D 自动机动攻击系统
S 火控系统
F 导航攻击系统
Z 武器系统

攻击效能
attack effectiveness
TJ0；TJ6
S 武器效能
C 攻击武器
Z 效能

攻击型飞机
Y 强击机

攻击型无人机
Y 无人攻击机

攻击性
offensiveness

TJ0
S 战术技术性能*

攻击战斗机
strike fighters
V271.41
D 活塞式战斗机
S 歼击机
F 电子攻击飞机
对地攻击飞机
机载电子攻击飞机
联合攻击战斗机
Z 飞机

攻击直升机
Y 武装直升机

攻角
angle of attack
V211
D 表观迎角
冲角
飞行攻角
攻击角
来流攻角
名义攻角
配平角
入射角
迎角
S 角*
F 大迎角
等效攻角
临界迎角
零攻角
平衡迎角
失速迎角
有利迎角
C 边界层分离
气动失速
入射点 →(4)

攻角效应
Y 迎角效应

攻角指示器
Y 迎角指示器

攻势布雷
Y 进攻性布雷

供靶
Y 靶

供弹槽
Y 供弹机构

供弹机
Y 供弹机构

供弹机构
feed mechanism
TJ303
D 半自动装填机构
供弹槽
供弹机
供弹系统
供弹装置
火炮半自动机
进弹机
进弹机构
压弹机
装弹机
S 枪械构件*
F 弹仓
容弹具
双路供弹机构

供弹具
Y 容弹具

供弹系统
Y 供弹机构

供弹装置
Y 供弹机构

供风
Y 通风

供风方式
Y 通风

供配电车辆
power supply and distribution vehicle
V55
S 技术保障车辆
F 配电车
Z 保障车辆

供配气车辆
gas supply and distribution vehicle
V551
S 技术保障车辆
Z 保障车辆

供配气设备
Y 配气机构

供气设备
Y 供气装置

供气装置
air feeder
TU99；V55
D 地面供气设备
供气设备
S 设备*
C 供气站 →(11)

供热堆
heat reactor
TL4
D 供热反应堆
供热用堆
核供热堆
核供热反应堆
核供热试验堆
S 反应堆*
F 低温供热堆
C 动力堆
高温堆
供热站 →(11)

供热反应堆
Y 供热堆

供热用堆
Y 供热堆

供输弹装置
projectile feed and transfer mechanisms
TJ303
S 火炮构件*
F 输弹机
装填机
自动装弹机

供输油系统
Y 供油系统

供需*
demand and supply
F
F 燃料供给
战术需求

供氧面罩
Y 氧气面罩

供氧设备
oxygen breathing apparatus
V245.3；V444
D 供氧装置
S 设备*

供氧系统
oxygen supply systems
V245.3；V444
D 产氧系统
氧气系统
S 供应系统*
气体系统
C 呼吸器 →(2)(4)(10)
氧气面罩
应急生命维持系统
Z 流体系统

供氧装置
Y 供氧设备

供应系统*
supply system
TU99；TV6
F 供氧系统
供油系统
核蒸汽供应系统
交流供电系统
燃料供应系统
推进剂供应系统
C 供热系统 →(11)
供应站 →(11)

供油调节
Y 燃料控制

供油特性
fuel supply characteristics
TK1；V228
S 动力装置性能*

供油系
Y 发动机供给系统

供油系统
oil feeding system
TK1；TK4；V23
D 供输油系统
燃油供应系统
S 供应系统*
燃油系统
F 飞机供油系统

Z 流体系统
燃料系统

汞同位素
mercury isotopes
O6；TL92
S 同位素*

共固化
cocuring
V261
S 固化*

共架垂直发射
common-frame vertical launch
TJ76
S 垂直发射
Z 飞行器发射

共架发射
common-frame launch
TJ76；V525
S 导弹发射
Z 飞行器发射

共模故障
common-mode failure
V267
S 故障*

共生堆
Y 聚变裂变混合堆

共因失效
common cause failure
V328.5；V445
S 失效*
C 多状态系统 →(1)
系统可靠性 →(1)

共振*
resonance
O3；O4；TH11
F 空中共振

共振振动台
Y 振动台

共轴喷管
Y 喷管

共轴式无人驾驶直升机
Y 无人直升机

共轴式旋翼
coaxial rotors
V275.1
D 共轴旋翼
S 旋翼*
F 共轴双旋翼

共轴式直升机
coaxial helicopter
V275.1
D 共轴直升机
双旋翼共轴式直升机
S 直升机
C 双桨交叉直升机
纵列式直升机
Z 飞机

共轴双旋翼
coaxial twin rotor
V275.1
S 共轴式旋翼
双旋翼
Z 旋翼

共轴旋翼
Y 共轴式旋翼

共轴直升机
Y 共轴式直升机

构架设计
Y 结构设计

构架式机身
Y 桁梁式机身

构架式天线
truss antenna
V443
S 星载天线
Z 天线

构件*
structural element
TU3；TV3
D 结构部件
结构构件
结构件
F 飞机脚蹬
混合室
C 工件 →(3)(4)
拱 →(2)(11)(12)
构件管理 →(8)
机构
机件 →(4)
结构
结构骨架 →(4)
拉杆 →(4)(11)
肋 →(11)(12)
墙 →(2)(3)(7)(9)(11)(12)(13)
套件
转动机件 →(4)

构形控制
Y 构型控制

构型*
configuration
TH12
D 构型保持性
F 编队构形
轨道构型
空间构形
气动构型
燃烧室构型
C 结构
晶体结构 →(1)(3)(4)(7)(9)
模线
原型 →(1)(3)(4)(10)

构型保持性
Y 构型

构型管理
Y 构型控制

构型控制
configuration control
TL32；V221
D 构形控制
构型管理
构型项
S 控制*

构型项
Y 构型控制

构造
Y 结构

构造层
Y 结构层

构造规则
Y 规则

构造面
Y 结构面

构造设计
Y 结构

构造完整性
Y 结构完整性

构筑物*
structures
TU2；TU3
D 工程构筑物
建构筑物
F 海上发射平台
C 混凝土构造物 →(5)(11)
建筑 →(11)(12)
升船机附属物 →(12)

估计*
computation
O1
D 估计方法
F 航向估计
目标估计
目标状态估计
威胁估计
质量估计

估计方法
Y 估计

估算*
computation
F；O1
F 剂量估算
杀伤效应估算
C 计算
预估 →(1)(4)(11)

箍缩装置
pinch devices
TL63
S 热核装置*
F 环形箍缩装置
直线箍缩装置
C 箍 →(2)(4)
孔栏

钴 57
Y 钴-57

钴-57
cobalt 57
O6；TL92
D 钴 57
S 电子俘获放射性同位素
钴同位素
天寿命放射性同位素
Z 同位素

钴钛合金
cobalt-titanium alloy
TG1；V25
S 合金*

钴同位素
cobalt isotopes
O6；TL92
S 同位素*
F 钴-57

鼓风*
air blow
TF5
D 吹风
吹风气
吹气
鼓风技术
F 尾缘吹气
展向吹气
C 风机 →(2)(3)(4)(5)(9)
高炉 →(3)
炼铁 →(3)

鼓风技术
Y 鼓风

鼓形记录仪
Y 记录仪

固壁喷管
Y 喷管

固冲发动机
Y 固体火箭冲压发动机

固定床点火
Y 点火

固定导叶
Y 静叶片

固定发射
fixed launching
TJ76；V525
D 定点发射
S 导弹发射
F 场坪发射
Z 飞行器发射

固定飞行航线
Y 固定航线

固定航线
fixed shipping line
U6；V355
D 固定飞行航线
S 飞行航线
C 临时航线
Z 航线

固定基座飞行模拟器
Y 飞行模拟器

固定几何形状机翼
Y 固定翼

固定几何形状翼
Y 固定翼

固定轮毂
Y 起落架构件

固定式起落架
Y 起落架

固定式压缩机
Y 压缩机

固定尾迹
fixed wake
V211
S 尾迹*

固定尾翼
fixed empennage
TJ415；TJ76；V225
D 斜置尾翼
S 尾翼*
F 环形尾翼

固定洗消
Y 洗消

固定延期引信
Y 延期引信

固定叶片
Y 静叶片

固定翼
fixed wing
V224
D 固定几何形状机翼
固定几何形状翼
S 机翼*

固定翼飞机
fixed-wing aircraft
V271
D 超小型固定翼飞行器
定翼机
固定翼飞行器
S 飞机*

固定翼飞行器
Y 固定翼飞机

固定源废气
Y 废气

固废
Y 固体废物

固废物
Y 固体废物

固化*
curing
TQ32；TQ43
D 固化处理
固化处置
固化法
固化方法
固化工艺
固化过程
固化技术
固化体
固化行为
固化型
F 玻璃固化体
共固化
沥青固化
陶瓷固化
C TiO_2光催化剂 →(9)
表面处理 →(1)(3)(4)(7)(9)
催化加氢 →(9)
催化裂化 →(2)(9)
催化脱氢 →(9)
催化重整 →(2)
电器灌封胶 →(9)
分层燃烧 →(5)
固膜 →(9)
固体废物
固液分离 →(9)
光固化粉末涂料 →(9)

固化变形
curing deformation
TQ33；V512
S 变形*

固化处理
Y 固化

固化处置
Y 固化

固化促进剂
Y 固化剂

固化法
Y 固化

固化方法
Y 固化

固化工艺
Y 固化

固化过程
Y 固化

固化技术
Y 固化

固化剂*
curing agent
TE2；TQ0；TQ33
D 固化促进剂
固化物
固结剂
凝固剂
新型固化剂
F 推进剂固化剂
C 固化成型 →(9)
固化时间 →(9)
缓凝剂 →(2)(9)(11)
流平剂 →(9)

固化喷流试验
Y 喷流试验

固化体

Y 固化

固化推进剂
Y 固体推进剂

固化物
Y 固化剂

固化行为
Y 固化

固化型
Y 固化

固接式旋翼
Y 刚接式旋翼

固结剂
Y 固化剂

固频调谐
Y 调谐

固态废弃物
Y 固体废物

固态废物
Y 固体废物

固态核燃料
Y 核燃料

固态计数器
Y 计数器

固态金属材料
Y 金属材料

固态器件
Y 半导体器件

固态陀螺
solid state gyro
V241.5
S 陀螺仪*

固态卫星
Y 纳卫星

固态引信
solid fuze
TJ438
S 引信*

固体波动陀螺
solid fluctuation gyro
V241.5
S 波动陀螺
Z 陀螺仪

固体冲压发动机
solid fuel ramjet engine
V434
S 冲压发动机
Z 发动机

固体弹道导弹
solid ballistic missile
TJ761.3
S 弹道导弹
固体导弹
C 固体火箭发动机
Z 武器

固体导弹
solid propellant missile
TJ76
D 固体火箭发动机导弹
固体推进剂导弹
S 导弹
F 固体弹道导弹
固体战略导弹
Z 武器

固体导弹发动机
Y 固体火箭发动机

固体动能拦截器
solid propellant kinetic kill vehicle
TJ866；V47
S 动能拦截器
Z 航天武器

固体发动机
Y 固体火箭发动机

固体放射性废物
solid radioactive waste
TL94；X7
S 废弃物*
固体废物*
C 放射性固体废物

固体废弃物
Y 固体废物

固体废物*
solid waste
X7
D 粉末状废物
固废
固废物
固态废弃物
固态废物
固体废弃物
F 放射性固体废物
固体放射性废物
C 废弃物
废渣
工业废弃物
固化
固体采样 →(13)
固体废物管理 →(13)
固体废物污染 →(13)
减量化 →(13)
垃圾 →(12)(13)

固体废渣
Y 废渣

固体核径迹探测器
Y 固体径迹探测器

固体核燃料
Y 核燃料

固体火箭
solid rocket
V471
D 固体推进剂火箭
S 火箭*

固体火箭冲压发动机
solid propellant rocket ramjet engine
V435
D 非壅塞固体火箭冲压发动机
粉末燃料冲压发动机
固冲发动机
固体燃料冲压发动机
S 冲压火箭发动机
F 整体式固体火箭冲压发动机
Z 发动机

固体火箭发动机
solid rocket engine
V435
D 膏体推进剂火箭发动机
固体导弹发动机
固体发动机
固体推进剂发动机
固体推进剂火箭发动机
喉栓式推力可调固体火箭发动机
无喷管发动机
无喷管固体火箭发动机
S 化学火箭发动机
F 点火发动机
脉动式火箭发动机
双推力火箭发动机
旋转固体火箭发动机
C 固体弹道导弹
混合推进剂火箭发动机
尾部点火
Z 发动机

固体火箭发动机导弹
Y 固体导弹

固体火箭发动机壳体
solid rocket engine case
V431
S 火箭发动机壳体
Z 壳体

固体火箭发动机喷管
solid rocket engine nozzles
V431
S 火箭发动机喷管
Z 发动机零部件
喷管

固体火箭发动机试验
Y 火箭发动机试验

固体火箭发动机总体设计
solid rocket engine overall design
V423；V430
S 火箭发动机设计
Z 发动机设计

固体火箭技术
solid rocket technology
V471
S 火箭技术
Z 航空航天技术

固体火箭燃料
Y 固体火箭推进剂

固体火箭推进
solid rocket propulsion
V43
D 固体推进
S 火箭推进

Z 推进

固体火箭推进剂
solid rocket propellant
V51
D 固体火箭燃料
S 火箭推进剂
F 胶凝火箭推进剂
双基推进剂
C 固体燃料 →(9)
推进剂药柱
Z 推进剂

固体火箭推进剂粘合剂
Y 推进剂粘合剂

固体火箭推进剂粘接剂
Y 推进剂粘合剂

固体火箭粘合剂
Y 推进剂粘合剂

固体火箭粘接剂
Y 推进剂粘合剂

固体火箭助推器
Y 助推火箭发动机

固体计数器
Y 计数器

固体径迹探测器
solid-state track detector
TH7；TL8
D 固体核径迹探测器
S 径迹探测器
Z 探测器

固体均匀堆
solid homogeneous reactors
TL4
S 均匀堆
F 球床堆
Z 反应堆

固体慢化堆
Y 石墨慢化堆

固体贫氧推进剂
Y 富燃料推进剂

固体气泡损伤探测器
solid bubble-damage detectors
TH7；TL8
S 辐射探测器
Z 探测器

固体器件
Y 半导体器件

固体燃料冲压发动机
Y 固体火箭冲压发动机

固体燃气发生器
solid gas generator
V232
S 气体发生器
Z 发生器

固体闪烁探测器
solid scintillation detectors
TH7；TL8
S 闪烁探测器
F 碘化钠探测器
塑料闪烁探测器
C 玻璃闪烁体
Z 探测器

固体填料
Y 填料

固体推进
Y 固体火箭推进

固体推进剂
solid propellant
V51
D 低压力指数推进剂
低易损性推进剂
点火器推进剂
叠氮聚合物推进剂
氟碳推进剂
高密度推进剂
固化推进剂
洁净推进剂
壳体粘接推进剂
壳体粘结推进剂
热固性固体推进剂
热固性推进剂
塑料推进剂
塑性推进剂
橡胶基推进剂
硝铵推进剂
硝化纤维素基推进剂
硝化纤维素推进剂
中等燃速推进剂
S 推进剂*
F EMCDB 推进剂
GAP 推进剂
NEPE 推进剂
RDX-CMDB 推进剂
低燃速推进剂
复合推进剂
高能固体推进剂
高燃速推进剂
膏体推进剂
含金属推进剂
含硼推进剂
金属推进剂
均质推进剂
平台推进剂
燃气发生器推进剂
少烟推进剂
无烟推进剂
异质推进剂
C 金属燃料
推进剂包覆
推进剂药柱
药柱
药柱肉厚

固体推进剂导弹
Y 固体导弹

固体推进剂点火
Y 推进剂点火

固体推进剂发动机
Y 固体火箭发动机

固体推进剂火箭
Y 固体火箭

固体推进剂火箭发动机
Y 固体火箭发动机

固体推进剂金属添加剂
Y 推进剂添加剂

固体推进剂添加剂
Y 推进剂添加剂

固体推进剂吸气式涡轮火箭发动机
Y 空气涡轮火箭发动机

固体推进剂药柱
Y 推进剂药柱

固体推进剂粘结剂
Y 推进剂粘合剂

固体推进剂装药
Y 推进剂药柱

固体推进器
solid thrusters
V43
S 推进器*

固体微波功率源
Y 微波功率源

固体药柱
Y 推进剂药柱

固体运载火箭
solid launch vehicles
V475.1
S 运载火箭
Z 火箭

固体战略导弹
solid propellant srategic missiles
TJ76
S 固体导弹
Z 武器

固体战术激光武器
solid tactical laser weapons
TJ864
S 战术激光武器
Z 武器

固体助推器
Y 助推火箭发动机

固液混合发动机
Y 固液混合火箭发动机

固液混合火箭
hybrid rocket
V471
D 固液混合推进剂火箭
混合推进剂火箭
S 火箭*

固液混合火箭发动机
solid-liquid hybrid rocket motors
V436
D 固液混合发动机
固液混合喷气发动机
固液火箭发动机
液固混合火箭发动机

S 混合推进剂火箭发动机
F 水反应金属燃料发动机
Z 发动机

固液混合火箭推进剂
Y 固液混合推进剂

固液混合喷气发动机
Y 固液混合火箭发动机

固液混合推进
Y 混合推进

固液混合推进剂
solid-liquid hybrid propellant
V51
D 固液混合火箭推进剂
固液推进剂
混合推进剂
液固混合推进剂
S 推进剂*
C 高能推进剂

固液混合推进剂火箭
Y 固液混合火箭

固液火箭发动机
Y 固液混合火箭发动机

固液推进剂
Y 固液混合推进剂

固有安全性
inherent safety
TL4
S 安全性*
性能*

故障*
failure
TH17；ZT5
D 故障机理
故障类型
故障论断
故障特点
故障特性
故障特征
故障现象
故障形式
故障原因
F 弹药故障
发射失败
飞机故障
共模故障
航天器故障
间歇性故障
射击故障
C 波动 →(1)(3)(4)(5)(7)(8)(11)
电力系统振荡 →(5)
电气故障
发动机故障
故障部位 →(4)
故障管理 →(4)(13)
故障接线 →(5)
故障率 →(1)
故障模式 →(1)
故障树 →(1)(13)
故障预测
汽车故障 →(12)
热工故障
设备故障

故障安全设计
Y 安全设计

故障报警系统
fault alarm system
TP2；V244
S 安全系统*
报警系统*
控制系统*

故障测试设备
fault test equipment
TJ768；V55
D 故障检测设备
S 测试装置*

故障防范
Y 故障预测

故障概率
failure probability
V328.5
D 故障概率密度
S 概率*
C 故障诊断模型 →(8)

故障概率密度
Y 故障概率

故障机理
Y 故障

故障检测设备
Y 故障测试设备

故障类型
Y 故障

故障论断
Y 故障

故障特点
Y 故障

故障特性
Y 故障

故障特征
Y 故障

故障现象
Y 故障

故障形式
Y 故障

故障影响
failure effect
V267
S 影响*
C 故障模式 →(1)

故障预报
Y 故障预测

故障预测
failure prediction
TP2；V328.5
D 故障防范
故障预报
故障预防
失效预测
S 安全预测*
C 故障

故障预防
Y 故障预测

故障原因
Y 故障

故障再现
breakdown reappearance
V215.7
S 再现*

故障诊断系统
fault diagnostic system
TP2；TP3；V244
D 分布式故障诊断系统
S 诊断系统*

故障重构
fault reconstruction
TP2；V249
S 重构*

故障自动防护设计
Y 安全设计

故障自动检测
Y 故障自动诊断

故障自动诊断
automatic fault diagnosis
TH17；V328.5
D 故障自动检测
S 诊断*

挂弹架
Y 武器挂架

挂飞
Y 挂飞试验

挂飞试验
fuselage missile flight test
V217
D 挂飞
系留试验
直升机系留试验
S 气动力飞行试验
Z 飞行器试验

挂架*
hanging rack
V222
D 吊挂架
F 外挂架
C 悬挂装置

挂架运输车
Y 机场特种车辆

挂篮拼装
Y 装配

拐角导流片
Y 导流片

拐弯枪
corner turning rifles

TJ2
D 弯管枪
S 枪械*

关车
Y 发动机关机

关机点增压气体量
Y 增压气体量

关机压强
Y 压强

关键部位
Y 部位

关键参数
Y 参数

关键结构体
Y 结构体

关键性污染物
Y 污染物

关联电气设备
Y 电气设备

关系*
relation
C；O1
F 当量加速关系
定标关系
腐蚀当量关系
剂量-效应关系

观测*
observation
TU19
F 弹道观测
地基观测
航空气象观测
航天观测
矢量观测
C 观测周期 →(11)
检测
勘察 →(1)(2)(11)(12)

观测飞机
Y 侦察机

观测台
measuring platform
P4；V476
S 台站*
F 地球物理观测台
C 观测站

观测卫星
observation satellites
V474
S 应用卫星
F 地球环境卫星
地球资源观测卫星
对地观测卫星
海洋观测卫星
Z 航天器
卫星

观测系统
observation system
TB4；V556
S 监测系统*
F 对地观测系统

观测向量
Y 矢量观测

观测仪
Y 观测仪器

观测仪器*
observation instrument
TH7
D 观测仪
观测装置
观察器
观察仪
观察装置
F 瞄准仪器
C 光学仪器
探测器
显微镜 →(3)(4)(7)
仪器 →(4)

观测站*
observation post
TD1
F 太空观测站
C 观测台
台站

观测装置
Y 观测仪器

观察机
Y 侦察机

观察瞄准仪器
Y 瞄准仪器

观察器
Y 观测仪器

观察仪
Y 观测仪器

观察直升机
Y 侦察直升机

观察装置
Y 观测仪器

观瞄系统
observation-aiming system
E；TJ03
S 火控系统
Z 武器系统

观瞄仪器
Y 瞄准仪器

管*
tube
TH13；TQ0；TU8；U1
D 管类
管子
流管
F 包壳管
出口管
磁过滤弯管
回油管
膜管
引出管
C 壁厚 →(4)(5)
管材 →(3)(12)
管接头 →(4)(11)
管配件 →(4)(11)
管束
管线设计 →(12)
管直径 →(3)(12)
结垢堵塞 →(4)

管道*
pipeline
TE8；U1
D 管道组对
管路
管系
管线
F 冷却管道
排气管道
压力管道
主管道
C 管道工程 →(12)
管道基础 →(11)
管路特性 →(4)
环氧树脂涂层 →(3)(9)
进气道

管道发射
Y 武器发射

管道风扇
ducted fan
V232.93
D 函道风扇
涵道风扇
S 风扇*
C 导管螺旋桨 →(12)
管道风机 →(4)
环翼
升力风扇
涡轮风扇
旋转式压缩机 →(1)(4)

管道环缝
Y 环形窄缝通道

管道火箭发动机
Y 冲压火箭发动机

管道组对
Y 管道

管风洞
tube wind tunnels
V211.74
S 高雷诺数风洞
Z 风洞

管类
Y 管

管理*
management
C
D 综合管理
F 辐射防护管理
核材料管理
机务管理

空中交通流量管理
燃料管理
试验管理
余度管理
C 安全管理
产品管理 →(1)(5)(8)(10)(13)
城市管理 →(11)(13)
电力管理 →(5)(7)(8)(11)
防治 →(1)(2)(3)(4)(11)(12)(13)
工程管理 →(1)(8)(11)(12)(13)
工艺管理 →(1)(4)(8)
环境管理
计算机管理 →(7)(8)(11)(13)
监控
交通管理 →(12)(13)
控制
矿山管理 →(2)(13)
权力管理 →(1)(7)(8)
软件管理 →(8)
设备管理
生产管理 →(1)(13)
水管理 →(11)(12)(13)
水利管理 →(11)(12)
通信管理 →(5)(7)(8)(12)
网络管理 →(4)(7)(8)(12)
信息管理 →(1)(4)(7)(8)
运输管理
治理 →(1)(2)(11)(12)(13)
资源管理 →(1)(7)(8)(11)(13)
组织管理 →(1)(11)(12)

管理安全
Y 安全管理

管理控制区域
Y 管制区

管理系统*
management system
C
D 管理子系统
F 称重管理系统
飞机管理系统
飞行管理系统
维修管理系统
C 封闭系统 →(5)
工程系统
管理器 →(8)
管理网络 →(7)
管理系统模型 →(8)
管理系统软件 →(8)
管理信息系统 →(1)(8)(12)
环境管理体系 →(13)
交通管理系统 →(12)
决策系统 →(4)(8)(11)(13)
系统
信息管理系统 →(1)(8)(12)
运输管理系统 →(12)

管理子系统
Y 管理系统

管路
Y 管道

管模型
Y 相干管模型

管片拼装
Y 装配

管束*
tube bundle
TK1
D 束管
F 传热管束
C 传热管
动态特性 →(1)(8)
管
管道振动 →(2)
管束变形 →(2)
管束结垢 →(2)(3)(4)
管束泄漏 →(2)(4)
焊接 →(1)(3)(9)(11)(12)
空冷区 →(5)

管退式自动机
Y 火炮自动机

管系
Y 管道

管线
Y 管道

管制安全
Y 空管安全

管制地带
Y 管制区

管制地区
Y 管制区

管制地域
Y 管制区

管制服务
control service
V355.1
S 服务*

管制工作负荷
control workload
V355
S 载荷*

管制间隔
Y 飞行间隔

管制空域
controlled airspace
V355
S 空域*
C 覆盖性能 →(7)
空域特性 →(7)

管制区
control area
V355
D 管理控制区域
管制地带
管制地区
管制地域
管制区域
S 区域*
F 空中管制区

管制区域
Y 管制区

管制人员
Y 航空管制员

管制员
Y 航空管制员

管状扩散膜
Y 膜管

管子
Y 管

惯测组合
used to measure combination
V241
S 组合*

惯导
Y 惯性导航

惯导测试
inertial guidance test
V21
D 惯性导航测试
S 测试*

惯导测试设备
inertial navigation test device
TH；V24
D 惯性导航测试设备
S 测试装置*

惯导平台
inertial navigation platform
TN96；V448
D 惯性导航平台
S 稳定平台
F 浮球惯性平台
Z 导航设备
平台

惯导系统
Y 惯性导航系统

惯性/GPS组合导航系统
Y INS/GPS组合导航系统

惯性/卫星组合导航系统
Y INS/GPS组合导航系统

惯性半径
Y 半径

惯性保险机构
Y 保险机构

惯性补偿
inertia compensation
V21
S 补偿*

惯性参考球
inertial reference spheres
TJ765
D 惯性基准球
S 导弹惯性器件
Z 导弹部件

惯性参考系
Y 惯性基准系统

惯性参考系统

Y 惯性基准系统

惯性参考性
Y 惯性导航

惯性测量单元
Y 惯性测量装置

惯性测量系统
inertial measurement system
P2；V44
D 惯性器件
惯性装置
S 测量系统*
C 惯性测量 →(3)

惯性测量装置
inertial measurement unit
TH13；TP2；V556
D 惯性测量单元
惯性测量组合
惯性测量组件
S 测量装置*
力学测量仪器*
F 捷联惯性测量装置
无陀螺惯性测量组合
C 惯性测量 →(3)
惯性稳定平台

惯性测量组合
Y 惯性测量装置

惯性测量组件
Y 惯性测量装置

惯性超行程
Y 行程

惯性传感器
inertial sensor
TP2；V241
D 惯性敏感器
S 传感器*

惯性弹道
inertial trajectories
TJ760
S 飞行弹道
Z 弹道

惯性导航
inertial navigation
TN96；V249.3；V448
D 惯导
惯性参考性
惯性导航技术
惯性领航
S 自主导航
F 飞机惯性导航
捷联惯性导航
C 地面导航系统
惯性导航系统
惯性基准系统
惯性平台制导
空中导航系统
陀螺仪
星敏感器
Z 导航

惯性导航测试
Y 惯导测试

惯性导航测试设备
Y 惯导测试设备

惯性导航技术
Y 惯性导航

惯性导航平台
Y 惯导平台

惯性导航系统
inertial navigation system
TN96；V249.3；V448
D 惯导系统
惯性导航装置
S 导航系统*
F INS/GPS 组合导航系统
单极坐标惯性导航系统
捷联惯导系统
平台惯导系统
微型惯性导航系统
无陀螺惯性导航系统
C 粗对准
导航精度
动基座对准
惯性导航
陀螺仪

惯性导航系统/全球定位系统
Y INS/GPS 组合导航系统

惯性导航装置
Y 惯性导航系统

惯性飞行
Y 滑翔

惯性飞行段
Y 被动段

惯性负载
Y 惯性载荷

惯性航姿系统
Y 航姿系统

惯性基准球
Y 惯性参考球

惯性基准系统
inertial reference system
V249.31
D 惯性参考系
惯性参考系统
S 惯性系统
C 惯性导航
Z 力学系统

惯性交感
Y 惯性耦合

惯性聚变
Y 惯性约束聚变

惯性聚变能
inertial fusion energy
TK0；TL6
D 惯性聚变能源
S 能量*

惯性聚变能源
Y 惯性聚变能

惯性聚变驱动器
inertial fusion drivers
TL6
D 惯性约束聚变驱动器
S 驱动器*
C 激光聚变堆
离子束聚变堆

惯性控制
inertial control
O3；V212
S 性能控制*
C 惯性试验 →(12)

惯性灵敏度
Y 引信灵敏度

惯性领航
Y 惯性导航

惯性敏感器
Y 惯性传感器

惯性耦合
inertial coupling
V212
D 惯性交感
惯性耦联
滚转交感
滚转耦合
S 耦合*
C 横滚 →(4)

惯性耦联
Y 惯性耦合

惯性配重
Y 配重

惯性平台
Y 稳定平台

惯性平台导电系统
Y 惯性稳定平台

惯性平台系统
Y 惯性稳定平台

惯性平台制导
inertial platform guidance
TJ765；V448
D 平台式惯性制导
平台式惯性制导系统
S 惯性制导
C 惯性导航
Z 制导

惯性器件
Y 惯性测量系统

惯性热核聚变
Y 惯性约束聚变

惯性式机械振动台
Y 振动台

惯性陀螺
inertial gyro
V241.5
S 陀螺仪*

惯性稳定平台
inertially stabilized platform
TN96；V448
D 惯性平台导电系统
惯性平台系统
S 稳定平台
C 惯性测量装置
Z 导航设备
平台

惯性系统
inertial systems
V249.3；V448
S 力学系统*
F 惯性基准系统
C 稳定平台

惯性约束
inertial confinement
O4；TL61
S 约束*
F 激光惯性约束
C 电子束靶
惯性约束聚变装置
激光聚变堆
离子束靶

惯性约束核聚变
Y 惯性约束聚变

惯性约束聚变
inertial confinement fusion
TL6
D 惯性聚变
惯性热核聚变
惯性约束核聚变
惯性约束聚变技术
S 聚变反应
F 激光惯性约束聚变
间接驱动惯性约束聚变
直接驱动惯性约束聚变
C 快点火
热核堆
Z 核反应

惯性约束聚变靶
ICF targets
TL61
D ICF 靶
S 核聚变靶
Z 靶

惯性约束聚变技术
Y 惯性约束聚变

惯性约束聚变驱动器
Y 惯性聚变驱动器

惯性约束聚变实验
inertial confinement fusion
TL6
S 聚变实验
Z 实验

惯性约束聚变装置
inertially confinement fusion devices
TL63
D ICF 装置
电束聚变装置
惯性约束装置
S 热核装置*
F Ω装置
间接驱动惯性约束装置
C 电子束聚变堆
惯性约束
国家点火装置
激光聚变堆
离子束聚变堆

惯性约束装置
Y 惯性约束聚变装置

惯性载荷
inertial load
TH13；V215.1
D 惯性负载
S 载荷*

惯性制导
inertial guidance
TJ765；V448
D 全惯性制导
S 自主制导
F 闭路制导
惯性平台制导
摄动制导
C 惯性制导系统
Z 制导

惯性制导器件
inertial guidance devices
TJ765；V448.2
D 惯性制导装置
S 导弹惯性器件
Z 导弹部件

惯性制导系统
inertial guidance system
TJ765；V448
S 制导系统*
C 惯性制导

惯性制导装置
Y 惯性制导器件

惯性中制导
inertial mid-course guidance
TJ765；V448
S 中制导
Z 制导

惯性装置
Y 惯性测量系统

惯性组合
inertial integrated
TJ7
S 组合*

罐*
pot
TE9；TH4；TQ0
F 发烟罐
废物罐
C 储罐 →(1)(2)(4)(9)(11)(13)
罐结构 →(2)(3)(4)(9)
化工容器 →(1)

罐式燃烧室
can type combustor
V232
D 罐形燃烧室
S 燃烧室*

罐形燃烧室
Y 罐式燃烧室

光波测量技术
Y 光学测量

光波导陀螺
Y 光学陀螺仪

光测
Y 光学测量

光测弹道
Y 外弹道

光测量技术
Y 光学测量

光测量仪器
Y 光学仪器

光测设备
Y 光学仪器

光产额
light yield
O；TL8
S 产额*

光传操纵
Y 光传飞行控制

光传操纵系统
fly by light control system
TH13；TP2；V227
S 操纵系统*
光学系统*

光传飞行控制
fly by light control
V249.1
D 光传操纵
S 飞行控制*

光传飞行控制系统
fly-by-light flight control systems
V249
D 飞机光传飞行控制系统
S 飞行控制系统
光学系统*
Z 飞行系统

光弹
light bombs
TJ412
S 特种炮弹
C 光学弹药
光学武器
Z 炮弹

光弹物理模拟实验
Y 物理模拟试验

光导纤维
Y 光纤

光点记录

Y 记录仪

光点记录仪
Y 记录仪

光电导引头
photoelectric seeker
TJ765；V448
D 光电寻的装置
光电自动寻的头
S 被动导引头
F 电视导引头
红外导引头
激光导引头
Z 制导设备

光电吊舱
optoelectronic pod
V223
S 电子对抗吊舱
F 红外吊舱
Z 舱

光电干扰弹药
optoelectronic jamming ammunitions
TJ41
S 电子对抗弹药
Z 弹药

光电跟踪测量系统
photoelectric tracking measuring systems
TH7；V556
D 电视跟踪测量系统
S 光电跟踪系统
Z 跟踪系统
光电系统

光电跟踪器
photoelectric tracer
TH7；V249.3
D 光电跟踪设备
光电跟踪仪
光电跟踪装置
光电稳定跟踪装置
S 跟踪器*
C 光电告警 →(7)
光电跟踪 →(7)(8)
光电管 →(7)

光电跟踪设备
Y 光电跟踪器

光电跟踪系统
photoelectric tracking systems
TJ765；V556
S 跟踪系统*
光电系统*
F 电视跟踪系统
光电跟踪测量系统
红外跟踪系统
机载光电跟踪系统
激光跟踪系统
C 光电跟踪 →(7)(8)

光电跟踪仪
Y 光电跟踪器

光电跟踪装置
Y 光电跟踪器

光-电火控系统
light-electric fire control system
V24
S 光电系统*
火控系统
Z 武器系统

光电脉冲波形
Y 波形

光电瞄准具
photoelectric sighting device
TH7；TJ2；V248.6
S 瞄准具
Z 瞄准装置

光电瞄准系统
electro-optic aiming system
TJ3
S 光电系统*
瞄准系统
F 机载光电瞄准系统
Z 系统

光电平台
Y 光电稳定平台

光电起爆
Y 光电引爆

光电式自动记录仪
Y 记录仪

光电探测
photoelectric detection
TN2；V249.3
D 电光探测
光电探测技术
光敏探测
光敏探测技术
S 光学探测
C 光电探测器 →(7)
Z 探测

光电探测技术
Y 光电探测

光电稳定跟踪装置
Y 光电跟踪器

光电稳定平台
opto-electronic platform
TN96；V448
D 光电平台
S 稳定平台
F 机载光电稳定平台
Z 导航设备
平台

光电系统*
photoelectric system
TN2
F 光电跟踪系统
光-电火控系统
光电瞄准系统
机载光电系统
机载激光探雷系统
C 电子系统
光电设备 →(7)
光学系统

光电寻的装置
Y 光电导引头

光电引爆
photoelectric initiation
TJ51
D 光电起爆
S 起爆*
F 激光引爆

光电隐身
photoelectric stealth
TN97；V218
D 光电隐身技术
光电隐形
光电隐形技术
光学隐身
光学隐形
S 隐身技术*
F 可见光隐身技术

光电隐身技术
Y 光电隐身

光电隐形
Y 光电隐身

光电隐形技术
Y 光电隐身

光电制导
photoelectric guidance
TJ765；V448
S 光学制导
F 电视制导
红外制导
激光制导
Z 制导

光电子干扰武器
photoelectron jamming weapon
TJ99
S 软杀伤性信息武器
F 激光干扰武器
Z 武器

光电自动跟踪
photoelectric automatic track
TJ765
S 自动跟踪
Z 跟踪

光电自动寻的头
Y 光电导引头

光度量
Y 光学测量

光发电器
Y 发电机

光帆航天器
Y 太阳帆航天器

光辐射探测
Y 光学探测

光辐射效应
optical radiation effect
TL
S 辐射效应*

光效应*

光杆减震器
Y 减振器

光感引信
Y 光引信

光核反应
photonuclear reactions
O4；TL
D γ反应
光致分裂
S 核反应*

光环瞄准镜
Y 瞄准具

光机热分析
thermal-structural-optical analyses
V245.6
S 物理分析*

光技术
Y 光学技术

光敏近炸引信
Y 光引信

光敏探测
Y 光电探测

光敏探测技术
Y 光电探测

光敏引信
Y 光引信

光谱本底
Y 光声谱仪

光谱辐射亮度测量
spectral radiance measurement
TH7；TL8
S 辐射测量*

光气
phosgene
TJ92；TQ2
D 二氯化碳酰
二氯碳酰
氯甲酰氯
羰基二氯
碳酰二氯
碳酰氯
S 致死性毒剂
Z 毒剂

光声池
Y 光声谱仪

光声谱仪
photoacoustic spectrometers
O4；TL
D 光谱本底
光声池
S 谱仪*

光饰
Y 精加工

光饰工艺
Y 精加工

光饰清理
Y 精加工

光速武器
Y 光学武器

光探测
Y 光学探测

光陀螺
Y 光学陀螺仪

光污染防护
Y 污染防治

光纤*
optical fiber
TN8；TN92
D 导光纤维
光导纤维
光纤类型
光纤维
光纤余长
光学纤维
F 闪烁光纤
C 层绞式光缆 →(7)
差动 →(5)
非屏蔽双绞线 →(5)
光记录材料 →(8)(9)
光敏性 →(7)
光纤光源 →(7)
光纤开关 →(4)
光纤松套管 →(7)
色散位移光纤 →(7)
双绞线 →(5)
滞后角 →(5)

光纤导弹
Y 光纤制导导弹

光纤激光陀螺
Y 光纤陀螺

光纤类型
Y 光纤

光纤速率陀螺
fiber optic rate gyroscope
V241.5
S 速率陀螺仪
Z 陀螺仪

光纤陀螺
fiber optic gyroscope
V241.5
D 多模光纤陀螺
光纤激光陀螺
光纤陀螺技术
光纤陀螺仪
光学纤维陀螺
光学纤维陀螺仪
集成光纤陀螺
全光纤陀螺
纤维光学陀螺
纤维光学陀螺仪
纤维陀螺
S 光学陀螺仪
F 闭环光纤陀螺
布里渊光纤陀螺
干涉型光纤陀螺仪
开环光纤陀螺
去偏光纤陀螺
消偏光纤陀螺
谐振式光纤陀螺
再入式光纤陀螺
Z 陀螺仪

光纤陀螺技术
Y 光纤陀螺

光纤陀螺仪
Y 光纤陀螺

光纤维
Y 光纤

光纤余长
Y 光纤

光纤制导
optical fiber guidance
TJ765；V448
D 纤维光学制导
S 光学制导
Z 制导

光纤制导导弹
fiber optic guided missile
TJ76
D 光纤导弹
S 精确制导导弹
Z 武器

光效应*
optical effects
O4
D 光学效应
F 光辐射效应
萨格纳克效应
C 效应

光学测量*
optical measurement
TB9；TH7
D 光波测量技术
光测
光测量技术
光度量
光学测量法
光学测量方法
光学测量技术
光学测试
光学检测
光学检测技术
光学检验
光学量测量
光学特性测量
F 准直测量
C 标准光源 →(11)
测量
光学技术
显色指数 →(5)

光学测量法
Y 光学测量

光学测量方法
Y 光学测量

光学测量技术
Y 光学测量

光学测量设备
Y 光学仪器

光学测量仪
Y 光学仪器

光学测量仪表
Y 光学仪器

光学测量仪器
Y 光学仪器

光学测试
Y 光学测量

光学测试仪
Y 光学仪器

光学测试仪器
Y 光学仪器

光学成像卫星
optical imaging satellite
V474
S 成像卫星
Z 航天器
卫星

光学成像侦察卫星
optical imaging reconnaissance satellite
V474
S 成像侦察卫星
Z 航天器
卫星

光学传感系统
Y 光学系统

光学磁罗经
Y 磁罗经

光学弹药
optical ammunition
TJ41；TJ99
D 强光弹
强光辐射弹
强光辐射航弹
强光辐射炸弹
S 非致命弹药
C 光弹
Z 弹药

光学导引头
optical seeker
TJ765；V448
D 光学寻的装置
S 被动导引头
F 双色导引头
Z 制导设备

光学对准
optical registration
TJ765；V448
D 光学找正
S 对准*

光学回转工作台
Y 转台

光学计
Y 光学仪器

光学计量仪
Y 光学仪器

光学计量仪器
Y 光学仪器

光学记录系统
Y 光学系统

光学记录仪
Y 记录仪

光学技术*
optical technique
O4；TH7
D 光技术
F 激光准直
C 光学测量
声光技术 →(1)
双折射补偿 →(7)

光学检测
Y 光学测量

光学检测技术
Y 光学测量

光学检验
Y 光学测量

光学量测量
Y 光学测量

光学瞄准
optical sighting
TJ7；V24
S 瞄准*

光学瞄准镜
optical sighting telescope
TJ2；TJ3
S 瞄准具
F 白光瞄准镜
Z 瞄准装置

光学扫雷系统
optical mine-sweeping systems
TJ518
S 光学系统*
扫雷系统
Z 武器系统

光学探测
optical detection
V249.3
D 光辐射探测
光探测
S 探测*
F 多光谱探测
光电探测
红外探测
可见光探测
紫外探测
C 光学跟踪 →(7)

光学特性测量
Y 光学测量

光学陀螺
Y 光学陀螺仪

光学陀螺仪
optical gyroscope
V241.5；V441
D 光波导陀螺
光陀螺
光学陀螺
光学外差式陀螺仪
S 陀螺仪*
F 光纤陀螺
激光陀螺仪
集成光学陀螺
微光学陀螺

光学外差式陀螺仪
Y 光学陀螺仪

光学武器
optical weapon
TJ864
D 光速武器
S 特种武器
C 光弹
Z 武器

光学系统*
optical system
TB8；TH7；TN2
D 反射光学系统
光学传感系统
光学记录系统
直视光学系统
F 光传操纵系统
光传飞行控制系统
光学扫雷系统
空间光学系统
助航灯光系统
C 光电系统
光学器件 →(4)
光学设计 →(4)
光学仪器
红外系统
激光系统
视频系统 →(1)(7)(8)
物理系统 →(1)(5)(7)
消热差 →(4)
颜色系统 →(4)(8)(9)(10)(13)
仪器结构 →(4)

光学纤维
Y 光纤

光学纤维陀螺
Y 光纤陀螺

光学纤维陀螺仪
Y 光纤陀螺

光学小卫星
Y 小卫星

光学效应
Y 光效应

光学寻的
Y 光学制导

光学寻的装置

Y 光学导引头

光学遥测
optic telemetering
O4；TP8；V556
S 遥测*

光学遥感卫星
optic remote sensing satellite
V474
S 遥感卫星
Z 航天器
卫星

光学仪器*
optical instrument
TH7
D 光测量仪器
光测设备
光学测量设备
光学测量仪
光学测量仪表
光学测量仪器
光学测试仪
光学测试仪器
光学计
光学计量仪
光学计量仪器
F 电荷耦合器件成像仪
激光探测器
闪电成像仪
C 干涉仪
观测仪器
光学测量系统 →(4)
光学基准 →(1)
光学精密测量 →(1)(4)
光学器件 →(4)
光学系统
谱仪
仪器 →(4)

光学引信
Y 光引信

光学隐身
Y 光电隐身

光学隐形
Y 光电隐身

光学圆转台
Y 转台

光学找正
Y 光学对准

光学侦察卫星
optical reconnaissance satellite
V474
S 侦察卫星
Z 航天器
卫星

光学制导
optical guidance
TJ765；V448
D 光学寻的
光学自导
光寻的制导
S 制导*
F 光电制导
光纤制导

光学转台
Y 转台

光学姿态敏感器
Y 地平仪

光学自导
Y 光学制导

光学自主导航
Y 自主光学导航

光寻的制导
Y 光学制导

光阴极注入器
photo-cathode injector
TL5
S 注入器
Z 热核装置

光引信
optical fuze
TJ434
D 光感引信
光敏近炸引信
光敏引信
光学引信
可见光引信
双通道光学引信
S 近炸引信
Z 引信

光源*
light sources
O4
D 电光源
光源装置
F 辐射光源
C 辐射源
光源灯 →(5)(10)
绿色照明 →(5)
照明设备 →(5)(10)(11)

光源装置
Y 光源

光整
Y 精加工

光整技术
Y 精加工

光整加工
Y 精加工

光整加工技术
Y 精加工

光致分裂
Y 光核反应

光子发射扫描
photon emission scanning
TL
S 扫描*
C 计算机层析成像

光子轰击
photon bombardment
TG1；TL
S 轰击*

光子活化分析
photon activation analysis
O6；TL
D 分析(光子活化)
S 分析方法*

光子火箭
Y 光子火箭发动机

光子火箭发动机
photon rocket engine
V439
D 光子火箭
S 非化学火箭发动机
Z 发动机

光子计算机断层照相术
Y 计算机层析成像

光子输运
photon transport
O4；TL8
D 输运(光子)
S 粒子输运
Z 输运

光子束流
photon beam flow
TL5
S 束流*

光子透射扫描
Y γ透射扫描

胱胺
cystamine
Q5；TL
S 药剂*

广播电视卫星
Y 广播卫星

广播电视卫星地球站
broadcast TV satellite earth station
V551
S 地面站
Z 台站

广播电视系统*
broadcast television system
TN94
D 电视广播系统
广电系统
F 电视跟踪系统
C 工程系统
广播电视工程 →(7)
广播电视监测网 →(7)
视频系统 →(1)(7)(8)
音频系统 →(1)(7)(8)(12)

广播电视直播卫星
Y 电视直播卫星

广播通信卫星
Y 广播卫星

广播卫星

broadcasting satellite
V474
D 电视广播卫星
广播电视卫星
广播通信卫星
通信广播卫星
直播卫星
直播卫星系统
S 通信卫星
F 电视直播卫星
C 广播 →(7)(8)
Z 航天器
卫星

广布疲劳损伤
widespread fatigue damage
V215
S 损伤*

广电系统
Y 广播电视系统

广义 H2 控制
Y 鲁棒控制

广义动态尾迹
generalized dynamic wake
V211
S 尾迹*

广义工业设计
Y 产品设计

广义模糊可靠性
Y 模糊可靠性

广义稳定裕度
generalized stability margin
V221
S 稳定裕度
Z 裕度

归航台
Y 导航台站

规避卫星
Y 机动卫星

规程
Y 规范

规范*
specification
ZT82
D 标准化规范
规程
F 试验规程
C 标准
规范编制 →(1)(11)
准则

规划*
planning
F；ZT5
D 策划
反规划
规划方法
规划构思
规划构想
规划思路
规划思想
规划问题
F 对接轨迹规划
航迹规划
卫星任务规划
C 城市空间规划 →(11)
城乡规划 →(11)
规划编制 →(11)
规划建设 →(11)
环境规划 →(1)(11)(13)
基础设施规划 →(5)(7)(11)(12)
交通规划 →(12)
区域规划
水利规划 →(11)
总体规划 →(1)(11)

规划布局
Y 布置

规划布置
Y 布置

规划方法
Y 规划

规划构思
Y 规划

规划构想
Y 规划

规划思路
Y 规划

规划思想
Y 规划

规划问题
Y 规划

规律*
rule
ZT0
F 操纵律

规则*
regulation
ZT82
D 构造规则
监控规则
F 飞行规则
C 协议 →(5)(7)(8)
原则 →(1)(2)(3)(4)(5)(7)(8)(10)(11)(12)(13)
准则

规则填料
Y 填料

硅-32 衰变放射性同位素
silicon 32 decay radioisotopes
O6；TL92
S 重离子衰变放射性同位素
F 钚-238
Z 同位素

硅半导体探测器
silicon semiconductor detector
TH7；TL8
S 半导体探测器
F Si-PIN 探测器
硅探测器
硅微条探测器
Z 探测器

硅反射镜
Y 反射镜

硅探测器
silicon detectors
TH7；TL8
S 硅半导体探测器
Z 探测器

硅同位素
silicon isotopes
O6；TL92
S 同位素*

硅微机械陀螺
Y 硅微机械陀螺仪

硅微机械陀螺仪
silicon micro mechanical gyro
V241.5；V441
D 硅微机械陀螺
S 微机械陀螺仪
Z 陀螺仪

硅微条
Y 硅微条探测器

硅微条探测器
silicon microstrip detector
TH7；TL8
D 硅微条
S 硅半导体探测器
Z 探测器

硅微陀螺
Y 硅微陀螺仪

硅微陀螺仪
micromechanical silicon gyroscopes
V241.5；V441
D 硅微陀螺
硅微型陀螺仪
微硅陀螺
S 微陀螺仪
Z 陀螺仪

硅微型陀螺仪
Y 硅微陀螺仪

硅卫星
Y 纳卫星

轨道保持
orbit maintenance
V249；V526
D 轨道维持
S 轨道运行
C 轨道测量 →(1)
轨道寿命
Z 运行

轨道变更控制
Y 变轨控制

轨道变换
Y 变轨

轨道捕获

orbital acquisition
V526
D 轨道俘获
S 轨道运行
Z 运行

轨道布置
Y 轨道设计

轨道参数*
orbital elements
V526
D 轨道根数
轨道要素
F 半长轴
参照轨道根数
轨道倾角
轨道状态参数
平均轨道根数
升交点赤经
相对轨道根数
C 轨道刚度 →(12)
轨道确定

轨道舱
orbit module
V423
S 航天器舱
Z 舱
航天器部件

轨道弹射
Y 轨道发射

轨道地球物理观察站
Y 地球物理卫星

轨道调整
Y 轨道校正

轨道定位
orbit positioning
V448.231
S 定位*

轨道动力学
orbital dynamics
V212；V526
S 轨道力学
航天动力学
F 轨道交会动力学
C 空间碎片
Z 航空航天学
科学

轨道发射
orbital launching
V55
D 轨道弹射
航天器布放
S 航天器发射
C 航天运输
转移轨道
Z 飞行器发射

轨道方程
Y 轨道力学

轨道飞机
Y 轨道飞行器

轨道飞行
orbital flight
V529
D 在轨飞行
S 航天飞行
F 亚轨道飞行
C 轨道运行
入轨
Z 飞行

轨道飞行器
orbiting vehicle
V47
D 带翼轨道飞行器
轨道飞机
S 航天器*
F 亚轨道飞行器

轨道分配
orbit allocation
V445；V526
D 卫星轨道分配
S 分配*
C 卫星轨道

轨道分析
orbital analysis
V526
S 运动分析*

轨道分子屏
orbit molecular shield
V526
S 屏*
C 极高真空 →(1)

轨道俘获
Y 轨道捕获

轨道高度
orbit altitude
V526
D 卫星轨道高度
S 高度*

轨道根数
Y 轨道参数

轨道工厂
orbital workshops
V476
D 轨道工场
S 空间站
C 空间加工火箭
空间实验室
空间制造
Z 航天器

轨道工场
Y 轨道工厂

轨道构型
orbital configuration
V526
S 构型*
F 相对轨道构形

轨道航天飞机
Y 航天飞机轨道器

轨道航天站
Y 轨道空间站

轨道会合
Y 轨道交会

轨道机动
orbital maneuver
V526
S 轨道运行
C 侦察卫星
Z 运行

轨道机动发动机
orbit maneuvering engine
V439
D 轨道机动火箭发动机
轨控发动机
S 变轨发动机
Z 发动机

轨道机动飞行
orbital maneuvering
V529
S 航天器机动飞行
C 航天飞机
Z 飞行

轨道机动飞行器
Y 轨道机动航天器

轨道机动航天器
orbital maneuvering spacecraft
V47
D 轨道机动飞行器
S 机动航天器
C 空间拖船
Z 航天器

轨道机动火箭发动机
Y 轨道机动发动机

轨道计算
orbit calculation
U2；V526
S 计算*
F 初始轨道计算
轨道位置估算
C 轨道测量 →(1)

轨道间运输器
Y 空间拖船

轨道交会
orbital rendezvous
V526
D 轨道会合
S 航天交会
F 环地轨道交会
环月轨道交会
C 航天器对接
会合航天器
交会轨道
系留
Z 交会

轨道交会动力学
orbital rendezvous dynamics
V212；V526
S 轨道动力学

C 航天交会
Z 航空航天学
　科学

轨道空间飞机
Y 航天飞机轨道器

轨道空间站
orbiting space station
V476
D 轨道航天站
　轨道研究实验室
　载人轨道航天站
S 空间站
F 轨道太阳能电站
　轨道月球站
　自动化通用轨道站
Z 航天器

轨道空天飞机
Y 航天飞机轨道器

轨道控制
orbital control
V448；V526
D 定点保持
　轨道控制规律
　轨道控制量
　轨道控制速度增量
　航天器轨道控制
　近地点注入
　入轨控制
　卫星轨道控制
　位置保持
　远地点注入
S 轨迹控制*
F 变轨控制
　离轨控制
　入轨
　相对轨道控制
C 测控系统
　返回控制
　轨道测量 →(1)
　轨道控制系统
　轨道扰动
　轨道运行
　航天器控制
　侦察卫星

轨道控制分系统
Y 轨道控制系统

轨道控制规律
Y 轨道控制

轨道控制量
Y 轨道控制

轨道控制速度增量
Y 轨道控制

轨道控制系统
orbital control system
V448
D 轨道控制分系统
　轨控分系统
　轨控系统
S 专用系统*
C 轨道控制

轨道力学
orbital mechanics
TB1；V212；V526
D 轨道方程
S 航天力学
F 轨道动力学
C 地球-火星轨道
　地球-水星飞行轨道
　地球同步轨道
　交会轨道
　行星着陆
　圆轨道
Z 航空航天学
　科学

轨道联合体
Y 空间站

轨道临界速度
track critical velocity
V52
S 轨道速度
Z 速度

轨道面覆盖间隔时间
orbital plane covered time interval
V11
S 时间*

轨道模拟器
Y 空间环境模拟器

轨道模型
orbital model
V526
S 模型*

轨道炮
railgun
TJ399
D 导轨炮
　轨道式电磁炮
　滑轨炮
S 电磁炮
C 电磁轨道发射
Z 武器

轨道偏移
orbit displacement
V529
S 偏移*

轨道器
Y 空间拖船

轨道倾角
orbit inclination
V526
S 轨道参数*

轨道区域
Y 航天器轨道

轨道确定*
orbit determination
V526；V556
D 定轨
F 被动定轨
　测速定轨
　初轨确定
　动力学定轨
　实时定轨
　卫星测轨
　卫星轨道确定
　相对轨道确定
　自主定轨
　自主定姿定轨
C 定轨精度
　轨道参数
　轨道设计
　卫星跟踪

轨道扰动
orbit perturbation
V526
S 扰动*
C 轨道控制

轨道设计
orbit design
U2；V526
D 轨道布置
S 交通设计*
C 轨道确定

轨道式电磁炮
Y 轨道炮

轨道寿命
orbital lifetime
V445；V526
S 寿命*
C 轨道保持
　卫星寿命

轨道衰减
orbit decay
V212
S 衰减*
C 卫星寿命

轨道速度
orbital velocity
V52
D 航天器轨道速度
S 速度*
F 轨道临界速度
C 逃逸速度

轨道碎片
Y 空间碎片

轨道太阳能电厂
Y 轨道太阳能电站

轨道太阳能电站
orbital solar power plants
V476
D 轨道太阳能电厂
　卫星电力系统
S 电厂*
　轨道空间站
F 卫星太阳能电站
Z 航天器

轨道探测器
orbit detectors
V476
S 空间探测器
Z 航天器

轨道逃生装置
Y 逃生装置

轨道通信卫星
Y 通信卫星

轨道维持
Y 轨道保持

轨道维修
orbital maintenance
TH17；U2；V467
D 轨道维修(航天)
S 维修*
C 航空维修
空间平台

轨道维修(航天)
Y 轨道维修

轨道卫星
Y 卫星轨道

轨道位置
orbital position
V526
D 标称轨道位置
轨位
S 位置*
F 近地点
入轨点
C 轨道位置估算

轨道位置估算
orbital position estimation
V526
S 轨道计算
C 轨道位置
航天器轨道
Z 计算

轨道武器
orbital weapon
TJ86；V47
D 部分轨道武器
S 航天武器*
C 卫星式武器

轨道校正
orbit correction
V526
D 轨道调整
轨道修正
S 校正*

轨道修正
Y 轨道校正

轨道研究实验室
Y 轨道空间站

轨道要素
Y 轨道参数

轨道优化
Y 轨迹优化

轨道预报
orbit prediction
V526
D 轨道预测
S 预报*
C 动态预测 →(1)

轨道预测
Y 轨道预报

轨道约束
orbit constraints
V526
S 约束*

轨道月球站
orbital lunar station
V476
S 轨道空间站
C 月球航天器
Z 航天器

轨道运动
Y 航天器轨道

轨道运行
orbiting
V526
S 运行*
F 变轨
轨道保持
轨道捕获
轨道机动
轨道转移
C 轨道飞行
轨道控制

轨道站
Y 空间站

轨道转移
orbital transfer
V448；V526
S 轨道运行
F 自动轨道转移
C 转移轨道
Z 运行

轨道转移飞行器
orbital transfer vehicle
V47
D 轨道转移航天器
S 机动航天器
F 自动转移飞行器
C 空间拖船
Z 航天器

轨道转移航天器
Y 轨道转移飞行器

轨道转移火箭发动机
Y 变轨发动机

轨道转运
orbit transit
V526
S 航天运输
C 航天器转运
Z 运输

轨道状态参数
orbit state parameters
V526
D 轨道状态根数
S 轨道参数*

轨道状态根数
Y 轨道状态参数

轨道姿态
orbital attitude
V212
S 姿态*
F 离轨姿态

轨道最优化
Y 轨迹优化

轨迹*
trail
O1；O3
D 轨迹线
F 地面径迹
飞行轨迹
核径迹
最优轨迹
最优航迹

轨迹安全
trajectories safety
V445；V528
S 航天安全
Z 航空航天安全

轨迹控制*
path control
TP1
F 弹道控制
轨道控制
C 运动控制

轨迹控制系统
Y 弹道控制

轨迹速度精度
Y 精度

轨迹速度重复精度
Y 精度

轨迹线
Y 轨迹

轨迹修正
track correction
V212
S 修正*
F 实时轨迹修正

轨迹优化
path optimizing
TP1；V32；V526
D 轨道优化
轨道最优化
轨迹最优化
S 优化*
F 再入轨迹优化

轨迹最优化
Y 轨迹优化

轨控发动机
Y 轨道机动发动机

轨控分系统

Y 轨道控制系统

轨控系统
Y 轨道控制系统

轨位
Y 轨道位置

轨形枪加速器
railgun accelerators
TL5
S 粒子加速器*
C 碰撞聚变

诡计地雷
booby trapped land mine
TJ512
D 饵雷
饵雷(地雷)
诡雷
S 特种地雷
C 诡计机构
Z 地雷

诡计机构
boobytraps
TJ512
D 诡计装置
S 地雷部件
C 诡计地雷
Z 弹药零部件

诡计装置
Y 诡计机构

诡雷
Y 诡计地雷

跪式起落架
kneeling landing gears
V226
S 起落架*

滚动接触疲劳
rolling contact fatigue
V215
S 疲劳*

滚动控制
Y 横向控制

滚动姿态捕获
Y 姿态捕获

滚雷
rolling mine
TJ512
S 防步兵地雷
Z 地雷

滚珠轴承涡轮冷却器
Y 涡轮冷却器

滚转安定性
Y 横向稳定性

滚转弹
Y 自旋导弹

滚转导弹
Y 自旋导弹

滚转驾驶仪
roll autopilot
V241
S 驾驶仪*

滚转交感
Y 惯性耦合

滚转角
roll angle
U6；V32
D 侧滚角
横滚角
横倾角
横摇角
舰船倾斜角
舰艇倾斜角
S 角*

滚转控制
Y 横向控制

滚转控制特性
roll control features
V249.1
S 控制性能*

滚转耦合
Y 惯性耦合

滚转试验
Y 颠簸试验

滚转特性
rolling characteristics
V211
S 空气动力特性
C 火箭弹
Z 流体力学性能

滚转稳定性
Y 横向稳定性

国产手枪
pistol manufactured by home country
TJ21
S 手枪
Z 枪械

国产武器
Y 武器

国防工业
defense industry
E；TJ
S 工业*
F 武器工业
C 航空航天工业

国防通信卫星
defense communication satellite
V474
S 通信卫星
Z 航天器
卫星

国防装备
Y 军事装备

国际标准源
Y 标准源

国际单位制
Y 计量单位

国际海上搜寻救助
Y 海上搜救

国际海事卫星
international maritime satellite
V474
S 通信卫星
Z 航天器
卫星

国际航天合作
Y 空间合作

国际航天站
Y 国际空间站

国际机场
international airport
V351
D 国际民航机场
国际民用机场
S 民用机场
Z 场所

国际空间合作
Y 空间合作

国际空间站
international space station
V476
D 国际航天站
国际空间站轨道站
国际太空站
S 载人空间站
C 大型航天结构
航天飞机
Z 航天器

国际空间站轨道站
Y 国际空间站

国际民航机场
Y 国际机场

国际民航组织
international civil aviation organization
V352
D 国际民用航空组织
S 组织机构*

国际民用航空组织
Y 国际民航组织

国际民用机场
Y 国际机场

国际热核聚变堆
Y 国际热核聚变实验堆

国际热核聚变实验堆
international thermonuclear experimental reactor
TL64
D 国际热核聚变堆
国际热核实验堆
国际热核实验反应堆
国际热核试验堆
国际热核试验反应堆

S 热核实验反应堆
Z 反应堆

国际热核实验堆
Y 国际热核聚变实验堆

国际热核实验反应堆
Y 国际热核聚变实验堆

国际热核试验堆
Y 国际热核聚变实验堆

国际热核试验反应堆
Y 国际热核聚变实验堆

国际太空站
Y 国际空间站

国际通信卫星
international communication satellite
V474
S 通信卫星
Z 航天器
卫星

国际移动卫星
Y 移动通信卫星

国家导弹防御
national missile defence
E；TJ76
S 导弹防御
Z 防御

国家导弹防御系统
national missile defense system
E；TJ76
S 导弹防御系统
Z 导弹系统
防御系统

国家点火设施
Y 国家点火装置

国家点火装置
national ignition facility
TL63
D nif 装置
国家点火设施
美国国家点火装置
S 核聚变装置
C 惯性约束聚变装置
Z 热核装置

国家法定计量单位
Y 计量单位

国境外放射性污染
transfrontier radioactive contamination
TL
S 环境污染*
C 放射性核素迁移

国内通信卫星
Y 通信卫星

国土普查卫星
Y 对地观测卫星

国土资源卫星
Y 资源卫星

过程*
process
ZT5
D 全过程
F 挤进过程

过程动态模型
Y 动态模型

过程控制*
process control
TP1
D 同期控制
F 燃烧过程控制
C 过程性能指数 →(8)
控制

过电压保护系统
Y 保护系统

过顶跟踪
zenith tracking
TN8；V249.3
S 跟踪*

过渡半径
Y 半径

过渡表面
Y 表面

过渡飞行
transition flight
V323
S 航空飞行
C 过渡飞行试验
直升机
Z 飞行

过渡飞行试验
transition flight test
V217
D 过渡试飞
S 气动力飞行试验
C 过渡飞行
Z 飞行器试验

过渡高
Y 飞行高度

过渡高度
Y 飞行高度

过渡高度层
Y 飞行高度

过渡轨道
Y 转移轨道

过渡试飞
Y 过渡飞行试验

过渡状态
Y 瞬时状态

过冷沸腾起始点
subcooled boiling start
O4；TH7；TL3
S 转变温度*

过冷流动沸腾
subcooled flow boiling
TL4
S 沸腾*

过滤设备
Y 过滤装置

过滤式防毒服
Y 防毒服

过滤式防毒面具
Y 防毒面具

过滤装置*
filter plant
TQ0
D 过滤设备
F 粗滤器
电磁过滤器
离心过滤机
连续过滤机
筛网过滤器
C 过滤设施 →(9)(13)
过滤元件 →(1)(4)(5)(7)(9)
滤床 →(13)
装置

过桥传动机构
Y 传动装置

过热控制
overheat control
V249
S 物理控制*

过失速
post stall
V212
S 失速*

过失速机动
Y 过失速机动飞行

过失速机动飞行
post stall maneuver flight
V323
D 过失速机动
S 飞机机动飞行
Z 飞行

过失速机动控制
Y 失速飞行控制

过试验
Y 试验

过氧化氢动力装置
Y 动力装置

过载传感器
overload sensor
TP2；V241
S 传感器*

过载飞行
overload flight
V323
S 航空飞行
C 超载 →(4)(5)(13)
强度飞行试验
特技飞行
Z 飞行

过载飞行试验
Y 强度飞行试验

过载服(训练)
Y 抗荷服

过载延期引信
Y 延期引信

过载值开伞器
Y 开伞装置

过载自动驾驶仪
overload autopilots
TJ765
S 导弹自动驾驶仪
Z 驾驶仪

铪同位素
hafnium isotopes
O6；TL92
S 同位素*

哈莱克斯过程
Y 核燃料后处理

海岸炮
Y 岸炮

海拔飞行高度
Y 飞行高度

海对海导弹
Y 舰舰导弹

海对空导弹
Y 舰空导弹

海对空间导弹
Y 舰空导弹

海对水下导弹
Y 舰潜导弹

海防导弹
Y 岸防导弹

海防战术导弹
naval defense tactical missiles
TJ761.1
S 战术导弹
Z 武器

海基弹道导弹
fleet ballistic missile
TJ761.3；TJ762.3
D 舰队弹道导弹
S 弹道导弹
海基导弹
F 潜射弹道导弹
Z 武器

海基导弹
sea-based missiles
TJ76
S 导弹
F 海基弹道导弹
舰对岸导弹
舰载导弹
Z 武器

海基导弹防御
sea-based missile defence
E；TJ76
S 导弹防御
Z 防御

海基导弹防御系统
sea-based missile defense systems
E；TJ76
S 导弹防御系统
Z 导弹系统
防御系统

海基发射
Y 海上发射

海基巡航导弹
Y 海射巡航导弹

海军导弹
Y 舰载导弹

海军导弹防御系统
naval missile defense systems
E；TJ76
S 导弹防御系统
Z 导弹系统
防御系统

海军防毒面具
Y 防毒面具

海军飞机
naval aircraft
V271.4
D 海军水上飞机
S 军用飞机
F 舰载飞机
鱼雷机
Z 飞机

海军火炮
Y 舰炮

海军水上飞机
Y 海军飞机

海军武器系统
naval weapon system
E；TJ0
S 武器系统*
F 宙斯盾系统

海军武装侦察直升机
Y 武装侦察直升机

海军战术导弹
naval tactical missile
TJ761.1
S 战术导弹
Z 武器

海军直升机
Y 军用直升机

海空导弹
Y 舰空导弹

海空救生信标
Y 海空救援信标

海空救援信标
air sea rescue beacons
V244.2
D 海空救生信标
S 救生信标
C 救生电台 →(7)
Z 导航设备

海空搜索救援
Y 海上搜救

海陆综合飞行
sea and land combined flight
V323
S 航空飞行
C 海上飞行
Z 飞行

海平面飞行
Y 海上飞行

海上靶场
naval range
TJ01
S 靶场
F 布雷靶场
C 海上试验场
Z 试验设施

海上编队飞行
Y 海上飞行

海上布雷
maritime minelaying
TJ61
D 海上布设水雷
S 布雷（水雷）
C 水雷战
Z 布雷

海上布设水雷
Y 海上布雷

海上测控
maritime measurement and control
V556
S 测控*

海上发射
sea launching
TJ63；TJ76
D 海基发射
海上发射系统
海洋发射
水基发射
水面舰艇发射
S 发射*
F 舰艇发射
C 反舰导弹

海上发射场
sea launching sites
V55
S 发射场
Z 场所

海上发射平台
sea launch platforms
TJ768；V55
S 发射平台
构筑物*
Z 承载平台

海上发射系统
Y 海上发射

海上飞机
Y 水上飞机

海上飞行
oversea flight
V323
D 公海飞行
海平面飞行
海上编队飞行
海上轰炸飞行
海上起落航线飞行
海上特技飞行
海上拖曳飞行
领海飞行
远海飞行
越洋飞行
S 航空飞行
F 掠海飞行
C 高原飞行
海陆综合飞行
Z 飞行

海上分级救治
Y 海上搜救

海上工业
Y 工业

海上航空港
Y 水上机场

海上轰炸飞行
Y 海上飞行

海上滑行
Y 水面滑行

海上机场
Y 水上机场

海上集装箱
Y 航空集装箱

海上加油
Y 加油

海上救护
Y 海上搜救

海上救护飞机
Y 海上救护机

海上救护机
sea-going ambulance aircraft
V271.3
D 海上救护飞机
海上救援机
海上搜索救援飞机
S 救护飞机
C 飞机抢救
Z 飞机

海上救护直升机
Y 救援直升机

海上救生
marine life saving
V244.2
D 海上求生
S 救生*
C 水上飞机

海上救生包
Y 救生包

海上救生设备
sea rescue equipment
V244.2
D 海上救生装备
S 救生设备
Z 救援设备

海上救生装备
Y 海上救生设备

海上救援
Y 海上搜救

海上救援机
Y 海上救护机

海上救援直升机
Y 救援直升机

海上救助
Y 海上搜救

海上迫降
Y 水上迫降

海上起降
Y 水上起落

海上起落
Y 水上起落

海上起落航线飞行
Y 海上飞行

海上求生
Y 海上救生

海上扫雷
maritime minesweeping
TJ61
S 扫雷*

海上试验场
maritime test site
TJ01
S 试验场
C 海上靶场
Z 试验设施

海上搜救
marine search and rescue
V244.2
D 国际海上搜寻救助
海空搜索救援
海上分级救治
海上救护
海上救援
海上救助
海上搜索
海上营救
海上遇险救助
海洋救助
S 抢险救援*
C 船舶事故 →⑿⒀
海难应急操纵 →⑿
航空救生
救援系统
搜救设备
搜索区域 →(8)⑿

海上搜索
Y 海上搜救

海上搜索救援飞机
Y 海上救护机

海上搜索救援直升机
Y 救援直升机

海上特技飞行
Y 海上飞行

海上跳伞
Y 跳伞

海上拖曳飞行
Y 海上飞行

海上卫星发射
Y 卫星发射

海上巡逻机
maritime patrol aircraft
V271.4
S 巡逻机
Z 飞机

海上仪表飞行
Y 仪表飞行

海上营救
Y 海上搜救

海上预警直升机
Y 舰载预警直升机

海上遇险救助
Y 海上搜救

海射巡航导弹
sea launched cruise missile
TJ761.6；TJ762.3
D 海基巡航导弹
舰载巡航导弹
S 巡航导弹
F 潜射巡航导弹
Z 武器

海水淡化堆
desalination reactors
TL4
S 反应堆*
C 动力堆

海水腐蚀试验
Y 环境腐蚀试验

海王星大气
Y 行星大气

海伍德模型
Y 中子输运理论

海啸武器
tsunami weapons
TJ9
S 环境武器

Z 武器

海洋发射
Y 海上发射

海洋观测卫星
ocean observation satellite
V474
D 海洋观察卫星
S 观测卫星
Z 航天器
卫星

海洋观察卫星
Y 海洋观测卫星

海洋环境武器
sea environment weapons
TJ99
S 环境武器
Z 武器

海洋监视卫星
ocean surveillance satellite
V474
S 海洋卫星
侦察卫星
Z 航天器
卫星

海洋救助
Y 海上搜救

海洋卫星
ocean satellite
V474
S 通信卫星
F 海洋监视卫星
Z 航天器
卫星

海战武器
naval battle weapons
TJ6
S 武器*
F 反舰导弹
舰炮
舰载导弹

亥姆霍兹不稳定性
Helmholtz instability
O4；TL61
D Helmholtz 不稳定性
Kelvin-Helmholtz 不稳定性
开尔文-亥姆霍兹不稳定性
S 稳定性*
C 流体流

氦-3
helium-3
O6；TL92
D He-3
氦-3A1
S 氦同位素
Z 同位素

氦-3A1
Y 氦-3

氦检漏
helium leak testing
TL27
S 异常检测*

氦冷堆
helium-cooled reactor
TL4
S 气冷堆
F 气冷实验堆
C 高温气冷型堆
Z 反应堆

氦气飞船
Y 飞艇

氦气轮机
helium turbine
TK4；TL3；TL4
D 氦气透平
氦气透平循环
S 叶轮机械*

氦气球
helium balloon
V273
S 气球
Z 航空器

氦气射流法
Y 反应产物运输系统

氦气透平
Y 氦气轮机

氦气透平循环
Y 氦气轮机

氦同位素
helium isotopes
O6；TL92
S 同位素*
F 氦-3

含氚废水
tritiated waste water
TL94；X5；X7
S 放射性废水
Z 废水

含放射性废渣
Y 放射性废渣

含金属推进剂
metal-bearing propellants
V51
D 嵌金属丝推进剂
S 固体推进剂
F 含铝推进剂
C 金属推进剂
Z 推进剂

含磷毒剂
Y 神经性毒剂

含铝推进剂
aluminized propellant
V51
S 含金属推进剂
Z 推进剂

含能破片战斗部
energetic fragmentation warheads
TJ41；TJ76
S 杀伤战斗部
Z 战斗部

含能氧化剂
Y 高能氧化剂

含能粘合剂
energetic binder
TQ43；V25
D 含能粘结剂
S 胶粘剂*
C 储能材料 →(1)

含能粘结剂
Y 含能粘合剂

含硼富燃料固体推进剂
Y 含硼富燃料推进剂

含硼富燃料推进剂
boron based fuel rich solid propellant
V51
D 含硼富燃料固体推进剂
含硼富燃推进剂
S 富燃料推进剂
Z 推进剂

含硼富燃推进剂
Y 含硼富燃料推进剂

含硼固体推进剂
Y 含硼推进剂

含硼推进剂
boron-propellant
V51
D 含硼固体推进剂
硼化合物推进剂
硼化物推进剂
S 固体推进剂
Z 推进剂

含砷毒剂
Y 糜烂性毒剂

含炭透气防毒衣
Y 防毒服

函道比
Y 涵道比

函道风扇
Y 管道风扇

涵背回填
Y 回填

涵道比
bypass ratio
V23
D 大涵道比
函道比
S 比*
C 进气道
进气道-机身构型
排气混合器

涵道风扇
Y 管道风扇

涵道风扇式尾桨
Y 涵道尾桨

涵道风扇尾桨
Y 涵道尾桨

涵道进气道
Duct intake
V232.97
S 进气道*

涵道喷管
Y 引射喷管

涵道尾桨
ducted tail rotor
V275.1
D 涵道风扇式尾桨
涵道风扇尾桨
S 尾桨
Z 旋翼

寒带试验
Y 耐寒试验

寒冷地区试验
Y 耐寒试验

寒冷试验
Y 耐寒试验

寒区试验
Y 耐寒试验

汉堡同步加速器
Y 电子同步加速器

焊接钢质药筒
welded steel cartridge case
TJ412
S 钢质药筒
C 焊接药筒
Z 弹药零部件

焊接炮塔
Y 坦克炮塔

焊接药筒
welding cartridge cases
TJ412
S 金属药筒
C 焊接钢质药筒
Z 弹药零部件

航班安全
Y 航空安全

航班调度
flight scheduling
V352
S 调度*

航班飞行
Y 航线飞行

航班衔接
Y 航班运营管理

航班信息显示系统
flight information display system
V352
S 显示系统*
信息系统*

航班运行
airlines operation
V352；V353；V354
S 运行*

航班运营管理
flight number operational management
V352；V353
D 航班衔接
续程航班
S 运输管理*
C 航次计划 →(12)
网络流模型 →(12)

航标卫星
Y 导航卫星

航标遥测遥控系统
Y 遥控系统

航标站
Y 导航站

航材
Y 航空材料

航槽
Y 航道

航测
Y 航空摄影测量

航测飞机
air-mapping aeroplane
V271.3
D 航空摄影测量飞机
空中摄影测量飞机
S 通用飞机
C 航空测量
航空摄影 →(1)
Z 飞机

航测平台
aerial survey platform
V21
S 测试装置*

航测遥感
airborne survey and remote sensing
TP7；V243.1
S 航空遥感
Z 遥感

航程
distance run
U6；V32
D 航行里程
最大航程
S 距离*

航程因子
Y 燃料消耗率

航弹
Y 炸弹

航弹弹道
Y 炸弹弹道

航弹式水雷
Y 空投水雷

航弹引信
Y 炸弹引信

航道*
waterway
TV8；U6
D 安全航路
航槽
航路
水道
通航河道
通航水道
F 试验航路
C 驳船队 →(12)
防治 →(1)(2)(3)(4)(11)(12)(13)
航标 →(7)(12)
航道边坡 →(11)
航海 →(12)
航海图 →(12)
桥区 →(12)
疏浚 →(11)(12)
水路运输 →(12)
通航水域 →(12)
通航条件 →(12)
运河 →(12)

航道开发
Y 开发

航电设备
Y 机载电子设备

航电系统
Y 飞机电子系统

航电综合系统
Y 综合航电系统

航高
Y 飞行高度

航管
Y 空中交通管制

航管规则
Y 空中交通管制

航管雷达
Y 航空管制雷达

航管雷达模拟机
ATC radar simulator
V216
S 模拟器*

航管楼
air traffic control building
V35
D 机场飞行管制室
机场航行调度室
S 航站楼
Z 机场建筑

航管设备
Y 空管设备

航管室
Y 空管中心

航管系统
Y 空管系统

航管中心
Y 空管中心

航迹
Y 飞行轨迹

航迹(飞行器)
Y 飞行轨迹

航迹(宇航)
Y 飞行轨迹

航迹保持
Y 航迹控制

航迹测量
Y 飞行测量

航迹方位角
Y 飞行方向角

航迹跟踪
track tracking
V249.3
S 跟踪*

航迹规划
route planning
V32
D 航路规划
航线规划
S 规划*
F 多航迹规划
三维航迹规划
实时航迹规划
协同航迹规划
C 地形跟踪
快速扩展随机树 →(8)
最优航迹

航迹记录仪
Y 航路记录仪

航迹角
track angle
V32
D 航线角
S 角*
C 飞行轨迹

航迹控制
flight path control
TP1; V249.1
D 飞行轨迹控制
航迹保持
航迹控制系统
航线控制
S 载运工具控制*
C 飞行轨迹
航迹处理 →(7)
航路记录仪
直线航迹控制 →(8)

航迹控制系统
Y 航迹控制

航迹融合
track fusion
V249.122.3
S 信息处理*
C 航迹处理 →(7)
航迹仿真 →(8)

航迹融合算法
track fusion algorithm
V32
S 算法*

航迹线
Y 飞行轨迹

航迹优化
Y 最优航迹

航迹预测
aerial trajectory prediction
V32
S 预测*
C 飞行剖面

航空
aviation
V2
D 航空领域
航空事业
航空术语
航空知识
S 航空航天*
F 军用航空
民用航空
C 飞机
航天

航空安全
aviation safety
V328
D 飞机安全
航班安全
航空安全水平
航空安全系统
专机飞行安全
S 航空航天安全*
F 航空飞行安全
机场安全
空管安全
民航安全
人机安全
C 飞行安全
耐坠毁性
鸟撞
摔机着陆
着陆辅助设备

航空安全水平
Y 航空安全

航空安全系统
Y 航空安全

航空爆破炸弹
Y 爆破炸弹

航空标准
aeronautical standard
T-6; V21
D 航空工业标准
S 航空航天标准
F 航空天气标准
适航标准
Z 标准

航空表演
Y 表演飞行

航空兵器
Y 机载武器

航空病理学
aviation pathology
R; V21
D 航空事故病理学
S 航空航天病理学
航空医学
C 航空港医学
航天病理学
座舱卫生学
Z 航空航天学

航空补给燃料
Y 航空燃料

航空布雷
aerial minelaying
TJ512
D 飞机布雷
S 布雷(地雷)
C 可撒布地雷
Z 布雷

航空布洒器
Y 飞机布洒器

航空部件
Y 飞机部件

航空材料
aeronautical material
V25
D 飞机材料
航材
航空材料技术
航空非金属材料
航空金属材料
航空器材
航空用材料
民用航空材料
S 航空航天材料
F 高温透波材料
航空发动机材料
航空复合材料
航空结构材料
航空密封剂
航空涂层
航空橡胶
航空有机玻璃
航空制动材料
机身材料
C 航空技术
航空设备
Z 材料

航空材料技术
Y 航空材料

航空测绘
Y 航空摄影测量

航空测控

aeronautical measurement and control
TB2；V21
D 航空测控技术
S 测控*
C 空间遥测

航空测控技术
Y 航空测控

航空测量*
air survey
V21
D 飞机测试
航空测试
航空测试技术
航空勘测
机载测量
机载测试
空中测量
F 飞行测量
航空摄影测量
C 航测飞机
航空遥感

航空测试
Y 航空测量

航空测试技术
Y 航空测量

航空产品
aeronautical product
V23；V27
D 飞机产品
S 航空航天产品*
F 航空电子产品
机载产品
军用航空产品
民机产品

航空齿轮
aeronautical gears
TH13；V26
S 齿轮*
航空机械元件*

航空穿甲炸弹
Y 穿甲炸弹

航空传感器
Y 机载传感器

航空弹道试验靶场
aeroballistic shooting range
TJ01；V55
S 试验靶场
C 投放试验
Z 试验设施

航空弹道学
aeroballistics
TJ01
S 弹道学*
C 炸弹弹道

航空弹射座椅
aviation ejection seat
V223；V244
S 弹射座椅
Z 座椅

航空弹药
aircraft ammunition
TJ41
D 航空抛放弹
S 弹药*
F 空射弹药
C 航空火箭弹
航空炮弹

航空导航
air navigation
V249.3
D 飞机导航
航空领航
空中导航
空中领航
全天候空中导航
全天候空中领航
S 导航*
F 飞行导航
飞行器导航
区域导航
无人机导航
仪表导航
C 奥米加导航系统 →(7)(12)
飞行管理系统
飞行轨迹
机载防撞系统
空中领航学
罗兰导航 →(12)
罗兰导航系统 →(7)
全天候飞机
全天候飞行
仪表飞行规则

航空导航设备
Y 飞机导航设备

航空导航卫星
Y 导航卫星

航空导航系统
Y 空中导航系统

航空灯
aeronautical light
TM92；TS95；V242
D 航空灯标
S 航行灯
F 飞机航行灯
航空障碍灯
机场灯
Z 灯

航空灯标
Y 航空灯

航空地面设备
Y 航空地面装备

航空地面装备
aviation surface equipments
V24
D 航空地面设备
S 航空航天地面设备
F 机场设备
着陆辅助设备
Z 地面设备

航空地平仪试验台
Y 试验台

航空电气设备
Y 机载电子设备

航空电气系统
Y 飞机电气系统

航空电台
aviation radio station
TN92；V243.1
D 飞机电台
航空器电台
机上电台
机载电台
S 无线电台*
C 航空通信 →(7)
机载天线

航空电信网
aeronautical telecommunication network
V243
S 通信网*
C 航空通信 →(7)

航空电源
Y 飞机电源

航空电源车
aircraft power truck
V24
S 车辆*
技术保障车辆
通用特种车
Z 保障车辆
军用车辆

航空电源系统
Y 飞机电源系统

航空电子
Y 航空电子学

航空电子产品
aviation electronic products
V243
S 电子产品*
航空产品
Z 航空航天产品

航空电子火控系统
Y 机载火控系统

航空电子火力控制系统
Y 机载火控系统

航空电子技术
Y 航空电子学

航空电子结构
avionics architecture
V243
S 电子结构*
C 机载电子设备

航空电子设备
Y 机载电子设备

航空电子系统
Y 飞机电子系统

航空电子学
avionics
TN99；V243
D 航空电子
航空电子技术
综合模块化航空电子
S 航空航天电子学
C 飞机电子系统
航天电子学
机载定向仪
Z 电子学
航空航天学

航空电子装备
Y 机载电子设备

航空电子综合系统
Y 综合航电系统

航空吊舱
Y 吊舱

航空调度员
Y 航空管制员

航空定时炸弹
Y 定时炸弹

航空动力
aviation dynamic
V228
S 动力*
C 航空动力系统
航空动力装置

航空动力技术
Y 航空发动机技术

航空动力系统
aerodynamic systems
V228
S 动力系统*
航空系统*
F 航空推进系统
C 飞行力学
航空动力
航空动力装置
航空发动机技术

航空动力学
Y 飞行力学

航空动力装置
aircraft power plant
V228
D 垂直-短距起落动力装置
飞机动力装置
飞机辅助动力装置
飞机应急动力装置
航空器动力装置
直升机动力装置
S 动力装置*
C 飞行力学
辅助动力系统 →(5)
辅助动力装置 →(5)
航空动力
航空动力系统
航空发动机技术

航空锻件
aviation forgings
V229
S 锻件*

航空发电机
aerogenerator
TM3；V242
D 飞机发电机
飞机交流发电机
飞机直流发电机
S 发电机*
F 航空起动发电机
C 航空电机 →(5)
火箭发动机
交流发电机 →(5)
直流发电机 →(5)

航空发动机
aircraft engine
V23
D 标定推力发动机
柴油航空发动机
大推力发动机
飞机发动机
飞机引擎
航空汽油发动机
无人机发动机
S 发动机*
F 大型发动机
高推重比发动机
军用航空发动机
民用航空发动机
C 部件特性
航空发动机附件
航空发动机试验
空中起动
燃耗 →(5)(12)

航空发动机部件
aeroengine component
V232
S 发动机零部件*
F 航空发动机管路
航空发动机叶片
航空发动机转子

航空发动机材料
material for aeroengine
V25
S 航空材料
Z 材料

航空发动机厂
Y 航空发动机工厂

航空发动机飞行载荷谱
Y 飞行载荷谱

航空发动机附件
aircraft engine accessories
V233
D 发动机附件
S 航空附件
C 点火系统
发动机零部件
航空发动机
燃油系统
润滑系统
Z 附件

航空发动机工厂
aviation engine factory
V268
D 航空发动机厂
S 工厂*

航空发动机管路
aeroengine pipeline
TK0；V232
S 航空发动机部件
Z 发动机零部件

航空发动机技术
aviation engine technology
V23
D 航空动力技术
S 航空技术
C 航空动力系统
航空动力装置
Z 航空航天技术

航空发动机空气动力学
Y 发动机空气动力学

航空发动机控制
aero engine control
V233.7
S 发动机控制
Z 动力控制

航空发动机零件
aircraft engines parts
V229
S 航空零件
Z 航空航天零件

航空发动机燃料
Y 航空燃料

航空发动机燃烧
aeroengines combustors burning
V231.1
D 外涵燃烧
S 燃烧*
F 加力燃烧

航空发动机设计
aircraft engine design
V23
S 发动机设计*
C 设计点

航空发动机试车
Y 航空发动机试验

航空发动机试车台
aircraft engine test stand
V216
D 飞机发动机试车台
S 发动机试车台
Z 试验台

航空发动机试验
aeroengine testing
V216.2
D 航空发动机试车
S 发动机试验*
C 航空发动机

航空发动机叶片

aero engine blade
TH13；TK0；V232.4
D 飞机叶片
航空叶片
S 发动机叶片
航空发动机部件
航空机械元件*
C 跨音速叶栅
Z 发动机零部件
叶片

航空发动机整流罩
Y 发动机整流罩

航空发动机转子
aeroengine rotor
TK0；V232
S 发动机转子
航空发动机部件
航空机械元件*
Z 发动机零部件
转子

航空法
air law
D；V2
D 航运法规
S 法律法规*
F 适航条例
C 民用航空

航空反潜
air antisubmarine
E；V24
D 飞机反潜
C 反潜机

航空反潜艇鱼雷
Y 航空反潜鱼雷

航空反潜鱼雷
aerial anti-submarine torpedo
TJ631；TJ67
D 航空反潜艇鱼雷
机载反潜鱼雷
S 反潜鱼雷
机载武器
Z 武器
鱼雷

航空反水雷
aerial naval mine countermeasures
TJ61
S 反水雷*

航空反星导弹
Y 空间导弹

航空防护救生装备
Y 航空救生装备

航空防护头盔
Y 飞行头盔

航空飞行
air travel
V323
D 飞机飞行
航空飞行术
空中飞行
民航飞行
S 飞行*
F 伴随飞行
编队飞行
表演飞行
场内飞行
垂直飞行
大攻角飞行
单飞
导弹飞行
低空飞行
低速飞行
调机飞行
动态飞行
放飞
高空飞行
高速飞行
高原飞行
过渡飞行
过载飞行
海陆综合飞行
海上飞行
航线飞行
后飞
滑翔
极地飞行
节油飞行
借力飞行
军事飞行
昆虫飞行
拉平
爬升
拍动飞行
气球飞行
气象飞行
前飞
失重飞行
首飞
双发延程飞行
突防飞行
推力不对称飞行
拖曳飞行
下滑
下降飞行
校飞
悬停回转
巡航飞行
训练飞行
亚声速飞行
遥控飞行
仪表飞行
远程飞行
载人动力飞行
转场飞行
自由飞
自主飞行
组合飞行
最佳飞行
C 航天飞行

航空飞行安全
aviation flight safety
V328
D 飞机飞行安全
空中飞行安全
S 飞行安全
航空安全
F 试飞安全
着陆安全
Z 航空航天安全

航空飞行器
Y 航空器

航空飞行术
Y 航空飞行

航空非金属材料
Y 航空材料

航空风洞
aviation wind tunnels
V211.74
D 航空声学风洞
S 风洞*

航空服
aviation suit
V244
S 飞行服*

航空附件
aviation accessories
V245
D 航空器附件
S 附件*
F 飞机附件
航空发动机附件
降落伞附件

航空复合材料
aeronautical composite materials
V25
D 飞机复合材料
S 航空材料
Z 材料

航空港
Y 机场

航空港建筑
Y 机场建筑

航空港医学
airport medicine
R；V21
S 航空医学
C 航空病理学
Z 航空航天学

航空工程
aircraft engineering
V26
D 飞机工程
航空制造工程
S 航空航天工程
F 航空系统工程
型号工程
C 航空工业
航空器
航空学
航天工程
Z 工程

航空工程保障
aeronautical engineering support

V2
D 飞机工程保障
S 保障*
F 飞行保障
航空机务保障
航空气象保障
航空装备保障

航空工程机务
Y 航空机务

航空工效学
Y 航天工效学

航空工业
aircraft industry
V26
D 飞机工业
S 航空航天工业*
F 航空制造业
军事航空工业
世界航空工业
直升机工业
中国航空工业
C 航空工程

航空工业标准
Y 航空标准

航空工业史
Y 航空史

航空工艺
Y 航空技术

航空工艺学
Y 航空技术

航空构件
Y 航空结构件

航空挂架
Y 飞机挂架

航空管制
Y 空中交通管制

航空管制分区
Y 空中管制区

航空管制规则
Y 空中交通管制

航空管制雷达
air traffic control radar
TN95；V243.1
D 航管雷达
空管雷达
空中交通管制雷达
S 对空情报雷达
C 空中对准
Z 雷达

航空管制区
Y 空中管制区

航空管制设备
Y 空管设备

航空管制系统
Y 空管系统

航空管制员
air traffic controller
V355
D 对空控制员
飞行管制员
管制人员
管制员
航空调度员
航行调度员
空管员
空中交通管制员
民航管制员
S 空勤人员
Z 人员

航空管制中心
Y 空管中心

航空光学射击瞄准具
Y 航空瞄准具

航空航天*
aerospace
V2；V4
D 航空航天因素
航天航空
F 航空
航天
C 空天飞行器

航空航天安全*
aerospace safety
V244；V445
F 靶场安全
发射安全
发射场安全
飞行安全
航空安全
航天安全
C 安全
航空航天事故
交通安全 →(2)(5)(12)(13)

航空航天标准
aeronautical and astronautical standard
T-6；V21；V41
S 标准*
F 飞行员选拔标准
航空标准
航天标准

航空航天病理学
aerospace pathology
R；V21；V41
S 航空航天医学
F 航空病理学
航天病理学
Z 航空航天学

航空航天材料
aerospace material
V25
S 材料*
F 飞行器结构材料
航空材料
航天材料

航空航天产品*
aerospace products
V23；V27
F 航空产品
航天产品
C 产品 →(1)(2)(3)(4)(7)(8)(9)(10)(11)(13)

航空航天地面设备
aerospace ground equipment
TJ768；V216；V551
D 机动地面设备
S 地面设备*
F 导弹地面设备
地面保障设备
地面测试设备
地面发射设备
航空地面装备
航天地面设备
火箭地面设备
C 发射场

航空航天电子学
aerospace electronics
V21；V41
S 电子学*
航空航天学*
F 航空电子学
航天电子学

航空航天动力学
Y 航天动力学

航空航天飞机
Y 空天飞行器

航空航天飞行器
Y 空天飞行器

航空航天工程
aerospace engineering
V2；V4
S 工程*
F 航空工程
航空航天系统工程
航天工程

航空航天工业*
aerospace industry
V2；V4
D 航空航天制造业
航空太空工业
航太工业
航天航空工业
F 航空工业
航天工业
C 飞行器
工业
国防工业

航空航天环境*
aerospace environment
V2；V4
F 飞行环境
航空环境
航天环境
C 环境

航空航天技术*
aerospace technology
V1
D 航空航天科技

F 航空技术
航天技术
C 航空航天学
航空航天应用

航空航天结构
aerospace structures
V214；V423
S 工程结构*
F 飞行器结构
航天结构

航空航天救生
aerospace rescue
V244.2
S 救生*
F 弹射救生
航空救生
航天救生
C 航空航天事故

航空航天科技
Y 航空航天技术

航空航天科学
Y 航空航天学

航空航天零件*
aerospace parts
V229
F 航空零件
航天零件
蒙皮零件

航空航天器
Y 空天飞行器

航空航天燃料
aerospace fuels
V31；V51
S 燃料*
F 航空燃料
航天燃料
喷气燃料

航空航天人机工程学
Y 航天工效学

航空航天人员
aerospace personnel
V32；V527
S 人员*
F 航天员
空勤人员
C 航空航天人员训练

航空航天人员选拔
aerospace personnel selection
V2；V527
D 航天员选拔
S 选择*
F 飞行员医学选拔
C 航空航天人员训练
航天员

航空航天人员训练
aerospace personnel training
V32；V527
S 航空航天训练*
F 飞行员训练
航天员训练
C 航空航天人员
航空航天人员选拔

航空航天生保系统
aerospace life support system
V244；V444
D 航空航天生命保护系统
航空航天生命保障系统
S 生命保障系统*
F 航空生命保障系统
航天生命保障系统
座舱环境控制系统

航空航天生理学
aerospace physiology
R；V21；V41
S 航空航天医学
F 航空生理学
航天生理医学
C 航空航天心理学
Z 航空航天学

航空航天生命保护系统
Y 航空航天生保系统

航空航天生命保障系统
Y 航空航天生保系统

航空航天事故*
aerospace accidents
V328；V528
F 发射事故
飞行事故
航空事故
航天事故
空难
迫降
着陆事故
C 航空航天安全
航空航天救生
事故

航空航天逃逸系统
Y 逃逸系统

航空航天推进系统
aerospace propulsion system
V23；V43
D 飞行器推进系统
S 推进系统*
F 航空推进系统
航天推进系统

航空航天系统工程
aerospace system engineering
V37；V57
S 航空航天工程
F 航空系统工程
航天系统工程
Z 工程

航空航天相机
aerospace camera
TB8；V248；V447
S 照相机*
F 航空相机
航天相机

航空航天心理学
aerospace psychology
R；V41
S 航空航天医学
F 航天心理学
C 航空航天生理学
Z 航空航天学

航空航天学*
aerospace science
V21；V41
D 航空航天科学
F 航空航天电子学
航空航天医学
航空学
航天学
C 航空航天技术
航天工程
科学

航空航天训练*
aerospace training
V2；V4
F 飞行训练
航空航天人员训练
航空训练
失重训练

航空航天遥感
Y 航天遥感

航空航天医学
aerospace medicine
R；V21；V41
S 航空航天学*
F 航空航天病理学
航空航天生理学
航空航天心理学
航空医学
航天医学
C 航天器环境
太空医院

航空航天因素
Y 航空航天

航空航天应用*
aerospace applications
V19
F 航空应用
航天应用
C 航空航天技术
应用

航空航天制造
Y 飞行器制造

航空航天制造业
Y 航空航天工业

航空航线
Y 飞行航线

航空环境
aeronautical environment
V32；X2
D 高空环境
机载环境
S 航空航天环境*
C 低温环境 →(13)
低压 →(1)

高空模拟
高空试验

航空活动
aviation activities
V32
S 飞行活动
Z 活动

航空火箭弹
aircraft rocket projectile
TJ415
D 机载火箭弹
S 火箭弹
F 空地火箭弹
C 航空弹药
Z 武器

航空火箭挂架
Y 武器挂架

航空火控
Y 航空火力控制

航空火控系统
Y 机载火控系统

航空火力控制
aircraft fire control
V24
D 飞机火控
飞机火力控制
航空火控
S 火力控制
F 空对地火力控制
空对空火力控制
综合火力/飞行控制
Z 军备控制

航空火力控制雷达
Y 机载火控雷达

航空火力控制系统
Y 机载火控系统

航空货运
air freight transportation
V353
S 货物运输*

航空机
Y 航空器

航空机关炮
Y 航炮

航空机关炮弹
Y 航空炮弹

航空机关枪
Y 航空机枪

航空机轮
Y 飞机机轮

航空机炮
Y 航炮

航空机器人
Y 空间机器人

航空机枪
aircraft machine gun
TJ24
D 航空机关枪
航枪
S 机枪
机载武器
C 自动炮
Z 枪械
武器

航空机枪弹
Y 航空枪弹

航空机务
aircraft ground service
V35
D 飞机机务
航空工程机务
S 事务*

航空机务保障
aircraft maintenance support
V2
D 机务保障
机务保障工作
S 航空工程保障
C 机务管理
Z 保障

航空机务维修
Y 航空维修

航空机械元件*
aviation mechanical components
V229
F 航空齿轮
航空发动机叶片
航空发动机转子
航空轴承

航空机载设备
Y 机载设备

航空集束炸弹
Y 集束炸弹

航空集装箱
air container
U1；V353
D 飞机集装箱
海上集装箱
航运集装箱
S 集装箱*

航空计算机
Y 机载计算机

航空技术
aerotechnics
V1；V2
D 飞机技术
飞机制造工程
飞机制造工艺
航空工艺
航空工艺学
航空科技
航空科学技术
航空制造工艺
S 航空航天技术*
F 飞机随控布局技术
飞行技术
航空发动机技术
航空制造技术
军用航空技术
民用航空技术
无人机技术
旋翼技术
直升机技术
C 飞机设计
航空材料

航空技术装备
Y 航空设备

航空加油
Y 飞机加油

航空监测
aerial monitoring
TN97；V21
S 监测*
C 空间环境监测

航空检测设备
aviation checkout equipments
V24
S 检测设备*

航空检测仪器
aviation detector
V241
S 航空仪表*

航空交通管制
Y 空中交通管制

航空绞车
aviation winch
V24
D 航空绞盘
S 技术保障车辆
C 航空拖靶
Z 保障车辆

航空绞盘
Y 航空绞车

航空节油
Y 节油飞行

航空结冰
Y 飞机结冰

航空结构
Y 航空器结构

航空结构材料
aviation structure materials
V25
S 材料*
航空材料

航空结构件
aeronautical structural parts
V214
D 航空构件
S 飞行器构件*
F 直升机构件

航空金属材料
Y 航空材料

航空救护车
Y 机场特种车辆

航空救生
aviation life-saving
V244.2
D 航空救援
空中救护
空中救生
空中救援
空中营救
S 航空航天救生
F 飞机抢救
跳伞
应急逃生
C 海上搜救
航空医疗后送
Z 救生

航空救生技术
aviation lifesaving technology
V244.2
S 救生技术
Z 防救技术

航空救生设备
Y 航空救生装备

航空救生装备
aviation rescue equipment
V244.2
D 飞机救生设备
飞行人员救生设备
航空防护救生装备
航空救生设备
S 救生设备
F 弹射救生设备
Z 救援设备

航空救援
Y 航空救生

航空军事运输
Y 军事空运

航空军械
Y 机载武器

航空勘测
Y 航空测量

航空科技
Y 航空技术

航空科学
Y 航空学

航空科学技术
Y 航空技术

航空科研
aeronautical scientific research
V2
D 航空研究
航空预研
S 研究*
C 航空学

航空客运
aviation passenger transportation
V354
D 飞机旅客运输
S 运输*

航空空气动力学
Y 飞机空气动力学

航空雷达
Y 机载雷达

航空理论
Y 航空学

航空力学
aeromechanics
O3；V212
S 航空学
F 导弹动力学
飞行力学
航空器结构力学
姿态动力学
C 航天力学
Z 航空航天学

航空历史
Y 航空史

航空历效学
Y 航天工效学

航空零件
aeronautical parts
V229
S 航空航天零件*
F 飞机零件
航空发动机零件

航空领航
Y 航空导航

航空领航学
Y 空中领航学

航空领域
Y 航空

航空铝合金
aviation aluminum alloy
TG1；V25
S 合金*

航空罗盘试验台
Y 试验台

航空螺旋桨
aerial screw
V232
D 飞机螺旋桨
S 螺旋桨*

航空螺旋桨毂
Y 螺旋桨毂

航空螺旋桨结构
Y 螺旋桨

航空螺旋桨轴
Y 螺旋桨轴

航空煤油
aviation kerosene
TE6；V31
D 航天煤油
进口航空煤油
主油
S 航空燃油
Z 燃料
油品
专用油

航空密封剂
aeronautical sealants
V25
S 航空材料
Z 材料

航空瞄准具
bombing sight
V24
D 航空光学射击瞄准具
航空射击瞄准具
轰炸瞄准具
雷达轰炸瞄准具
射击轰炸瞄准具
投弹瞄准具
S 机载武器投放装置
瞄准具
C 轰炸瞄准
Z 发射装置
瞄准装置

航空瞄准具试验台
Y 试验台

航空模拟器
Y 飞行模拟器

航空模型
Y 飞机模型

航空模型飞机
Y 飞机模型

航空母舰着陆
Y 舰上起落

航空抛放弹
Y 航空弹药

航空炮
Y 航炮

航空炮弹
aerial gun cartridges
TJ412
D 航空机关炮弹
航炮炮弹
机关炮弹
S 炮弹*
C 航空弹药
航炮
空中发射

航空炮弹引信
Y 炮弹引信

航空喷气发动机
Y 喷气发动机

航空起动发电机
aircraft starter-generator
V242
D 飞机起动发电机
S 航空发电机

Z 发电机

航空气候学
aviation climatology
P4；V21
S 科学*
C 航空气象学

航空气球
Y 气球

航空气象保障
aviation meteorological support
V321.2
D 飞行气象保障
S 航空工程保障
Z 保障

航空气象服务
aviation meteorological service
V321.2
D 航空气象业务
S 服务*
F 远程气象服务
C 航空气象观测

航空气象观测
aviation meteorological observation
V321.2
D 航空气象观察探测
航空天气观测
S 观测*
F 航站气象观测
C 航空气象服务
航空天气预报

航空气象观察探测
Y 航空气象观测

航空气象条件
Y 飞行气象条件

航空气象学
aeronautical meteorology
V321.2
S 科学*
C 航空气候学

航空气象业务
Y 航空气象服务

航空气象预报
Y 航空天气预报

航空汽油
aviation gasoline
TE6；V31
D 纯航空汽油
S 航空燃油
C 飞机
Z 燃料
油品
专用油

航空汽油发动机
Y 航空发动机

航空器*
aircraft
V27
D 大气层飞行器
大气飞行器
航空飞行器
航空机
空中飞行器
F 轻于空气航空器
重于空气航空器
C 飞机
飞行器
航空工程
航空学
航天器

航空器壁板
aircraft panel
V25
S 饰面*
F 飞机壁板

航空器材
Y 航空材料

航空器电台
Y 航空电台

航空器动力装置
Y 航空动力装置

航空器附件
Y 航空附件

航空器滑行控制
Y 滑行控制

航空器结冰
aircraft icing
V244；V321.2
S 结冰*
F 飞机结冰

航空器结构
aircraft structures
V214
D 航空结构
S 飞行器结构
F 飞机结构
直升机结构
Z 工程结构

航空器结构力学
aircraft structural mechanics
V214
D 飞机结构力学
飞机强度学
S 航空力学
C 航天器结构力学
Z 航空航天学

航空器进场控制
Y 进场控制

航空器模型
aircraft model
V278
S 飞行器模型
F 飞机模型
模型滑翔机
模型旋翼机
模型直升机
扑翼模型
Z 工程模型

航空器设计
aircraft design
V221
S 飞行器设计*
F 飞机设计
直升机设计

航空器失重飞行试验
Y 失重飞行试验

航空器实用航程
Y 飞行距离

航空器下滑
Y 下滑

航空器下滑轨迹
Y 飞行轨迹

航空器下降
Y 下降飞行

航空器制造
aviation manufacturing
V26
D 航空制造
S 飞行器制造
F 飞机制造
Z 制造

航空器着陆动载
Y 着陆载荷

航空器着陆荷载
Y 着陆载荷

航空器姿态控制
flight vehicle attitude control
V249.122.2
S 姿态控制
Z 飞行控制

航空器自由飞行
Y 自由飞

航空枪弹
aerial cartridge
TJ411
D 航空机枪弹
S 机枪弹
C 空中发射
Z 枪弹

航空燃料
aviation fuel
V31
D 不爆震燃料
飞机燃料
飞行器燃料
航空补给燃料
航空发动机燃料
S 航空航天燃料
F 航空燃油
C 补给能力 →(12)
喷气燃料
氢燃料 →(2)(12)
Z 燃料

航空燃料油
Y 航空燃油

航空燃气轮机
aero-gas turbine
V232
D 航空燃气涡轮
航空涡轮
S 叶轮机械*

航空燃气涡轮
Y 航空燃气轮机

航空燃气涡轮发动机
Y 燃气涡轮发动机

航空燃油
aviation fuel oil
TE6；V31
D 飞机燃油
航空燃料油
S 航空燃料
燃料*
油品*
专用油*
F 航空煤油
航空汽油

航空燃油泵
Y 飞机供油泵

航空刹车
Y 飞机刹车

航空刹车材料
Y 航空制动材料

航空刹车副
Y 飞机刹车副

航空设备
aeronautical equipment
V24
D 航空技术装备
航空装备
S 设备*
F 可投弃设备
水上飞机水上设备
C 航空材料

航空射击兵器
Y 机载武器

航空射击瞄准具
Y 航空瞄准具

航空射击武器
Y 机载武器

航空摄像机
aerial video cameras
TB8；V447
D 飞机摄影机
航空摄影机
航空摄影仪
航天器摄影机
天体摄影机
天文摄影机
S 摄像机*
F 航空侦察摄影机

航空摄影测量
aerial photogrammetry
V21
D 航测
航空测绘
S 航空测量*

航空摄影测量飞机
Y 航测飞机

航空摄影机
Y 航空摄像机

航空摄影记录系统
Y 记录设备

航空摄影相机
Y 航空相机

航空摄影仪
Y 航空摄像机

航空生理学
aviation physiology
R；V21
S 航空航天生理学
航空学
Z 航空航天学

航空生命保障系统
air life support system
V244
D 空中生活保障系统
S 航空航天生保系统
航空系统*
F 航空生命救生系统
C 航空医学
Z 生命保障系统

航空生命救生系统
aviation life rescue system
V244.2
S 航空生命保障系统
Z 航空系统
生命保障系统

航空声呐
airborne sonar
V248.1
D 吊放声呐
吊放式声呐
机载声呐
空中声呐
S 声呐*
F 航空拖曳声呐
C 航空通信 →(7)
机载雷达
空中对准

航空声学
aeronautical acoustics
V21
S 航空学
F 气动声学
C 飞机噪声
Z 航空航天学

航空声学风洞
Y 航空风洞

航空史
aviation history
V2
D 航空工业史
航空历史
民航史
世界航空史
中国航空史
S 历史*

航空事故
aviation accident
V328；V35；V528
D 单发飞行事故
航空运输事故
民用航空事故
严重飞行事故频数
专业航空事故
S 航空航天事故*
F 飞机事故
迷航
C 残骸
飞行安全
黑匣子
空难
空中起动
事故分析 →(13)
摔机着陆
尾旋 →(4)
坠毁试验

航空事故病理学
Y 航空病理学

航空事业
Y 航空

航空视频记录系统
Y 记录设备

航空试验
Y 飞机试验

航空试验技术
aeronautic test technology
V1；V21
S 试验技术*

航空术语
Y 航空

航空数据
Y 飞行数据

航空数码相机
digital aerial camera
TB8；V248
S 航空相机
照相机*

航空水池
seaplane tanks
V211.7
S 试验设施*

航空太空工业
Y 航空航天工业

航空探测
aircraft detection
P5；V249.3
D 飞机探测
空中探测

S 探测*
F 低空探测
C 航空勘探 →(2)

航空天气标准
aviation weather standards
T-6；V21
S 航空标准
C 航空天气预报
Z 标准

航空天气观测
Y 航空气象观测

航空天气预报
aviation weather forecast
V321.2；V357
D 飞行天气预报
航空气象预报
S 预报*
C 航空气象观测
航空天气标准

航空天线
Y 机载天线

航空通信设备
aeronautical communications
V243.1
S 通信设备*

航空通信系统
aeronautical communication system
TN92；V243
S 航空系统*
通信系统*
F 飞机通信系统

航空透明件
aeronautical transparent element
V223
D 透明件(航空器)
座舱透明件
S 机身构件
Z 飞机结构件

航空涂层
aviation coating
V25
S 航空材料
Z 材料

航空推进系统
aerospace propulsion system
V23
S 航空动力系统
航空航天推进系统
F 飞机推进系统
Z 动力系统
航空系统
推进系统

航空拖靶
aviation tow target
V216
D 飞机拖靶
航模拖靶
S 拖靶
C 航空绞车
Z 靶

航空拖曳声呐
aerial towed sonar
V248.1
D 空中拖曳声呐
S 航空声呐
Z 声呐

航空维修
aircraft maintenance
TH17；TH7；V267
D 航空机务维修
航空维修差错
航空维修工程
航空维修管理
航空维修理论
航空维修信息
航空维修业
航空修理
航空装备维修
S 维修*
F 飞机维修
外场维修
C 飞船设计
轨道维修
航天前作业

航空维修差错
Y 航空维修

航空维修工程
Y 航空维修

航空维修管理
Y 航空维修

航空维修理论
Y 航空维修

航空维修企业
aviation repair enterprises
V267
D 航空修理企业

航空维修人员
Y 机务人员

航空维修信息
Y 航空维修

航空维修业
Y 航空维修

航空卫生保障
Y 航空医务保障

航空卫星
aeronautical satellite
V474
S 通信卫星
Z 航天器
卫星

航空卫星通信
aeronautical satellite communication
TN92；V443；V474
D 航空卫星移动通信
空中卫星通信
S 通信*

航空卫星移动通信
Y 航空卫星通信

航空涡轮
Y 航空燃气轮机

航空涡轮发动机
Y 燃气涡轮发动机

航空涡轮风扇发动机
Y 涡扇发动机

航空涡轮燃料
Y 喷气燃料

航空涡轮轴发动机
Y 涡轴发动机

航空涡扇发动机
Y 涡扇发动机

航空涡轴发动机
Y 涡轴发动机

航空武器
Y 机载武器

航空武器投放装置
Y 机载武器投放装置

航空武器系统
Y 机载武器系统

航空武器装备
Y 机载武器

航空系统*
air line
V24；V245
F 飞机系统
航空动力系统
航空生命保障系统
航空通信系统
空管系统
直升机系统
C 飞行系统
工程系统
驾驶系统
生命保障系统

航空系统工程
aviation systems engineering
V37
S 航空工程
航空航天系统工程
Z 工程

航空显示设备
Y 飞机显示设备

航空线
Y 飞行航线

航空相机
aerial camera
TB8；V248
D 航空摄影相机
航空照相机
航空照相枪
航摄相机
航摄仪
轰炸效果照相机
轰炸照相机
S 航空航天相机

F TDICCD 相机
多光谱相机
航空数码相机
Z 照相机

航空橡胶
aviation rubber
V25
S 航空材料
Z 材料

航空心理学
aviation psychology
V321.3
S 航空医学
C 航天心理学
Z 航空航天学

航空修理
Y 航空维修

航空修理企业
Y 航空维修企业

航空蓄电池
aircraft battery
TM91；V242
D 飞机蓄电池
航空用蓄电池
S 电池*

航空学
aeronautical science
V21
D 航空科学
航空理论
S 航空航天学*
F 飞机美学
航空力学
航空生理学
航空声学
空中领航学
C 航空工程
航空科研
航空器

航空训练
aviation training
V32
S 航空航天训练*
F 航空医学训练

航空压气机
aviation compressors
V232
S 压缩机*

航空研究
Y 航空科研

航空遥感
aerial remote sensing
TP7；V243.1
D 航空遥感技术
机载遥感
空中遥感
空中遥感技术
S 遥感*
F 航测遥感
无人机遥感
C 航空测量
航天遥感

航空遥感报警器
aerial remote sensing alerter
TP2；V241
S 报警装置*

航空遥感技术
Y 航空遥感

航空遥感器
aerial remote sensors
V243.6
S 遥感设备*
C 航空摄影 →(1)
航空图像 →(8)
航摄胶片 →(1)

航空叶片
Y 航空发动机叶片

航空液压液
Y 航空液压油

航空液压油
aviation hydraulic oil
TE6；TH13；V25
D 航空液压液
S 液压油*

航空医疗后送
aeromedical evacuation
R；V2
D 航运后送
空运后送
空中后送
S 航空医务保障
C 航空救生
救护飞机
医疗飞机
Z 保障

航空医务保障
aeromedical support
V244
D 航空卫生保障
S 飞行医务保障
F 航空医疗后送
Z 保障

航空医学
aerospace medicine
R；V2
S 航空航天医学
F 航空病理学
航空港医学
航空心理学
座舱卫生学
C 航空生命保障系统
Z 航空航天学

航空医学训练
aeromedical training
V2
S 航空训练
F 高加速度训练
空间定向训练
Z 航空航天训练

航空仪表*
aircraft instrument
V241
D 飞机仪表
航空仪器
直升机仪表
F 飞行仪表
航空检测仪器
座舱高度压差表
C 仪器仪表

航空仪器
Y 航空仪表

航空应用
aircraft application
V19
S 航空航天应用*

航空营救机
Y 救护飞机

航空用材料
Y 航空材料

航空用蓄电池
Y 航空蓄电池

航空油箱
Y 飞机油箱

航空有机玻璃
aviation organic glass
V25
S 航空材料
Z 材料

航空鱼雷挂架
Y 武器挂架

航空预警控制系统
Y 机载预警系统

航空预研
Y 航空科研

航空运输
air transportation
V354
D 飞行运输
航空运输管理
空运
空运作业
空中运输
S 运输*
F 包舱运输
包机运输
民航运输
C 机场

航空运输管理
Y 航空运输

航空运输事故
Y 航空事故

航空运营
aviation operations
V352
S 运营*

航空灾难
Y 空难

航空噪声
Y 飞机噪声

航空噪音
Y 飞机噪声

航空炸弹
Y 炸弹

航空炸弹电引信
Y 炸弹引信

航空炸弹引信
Y 炸弹引信

航空站
Y 机场

航空障碍标志灯
Y 航空障碍灯

航空障碍灯
aviation obstruction beacon
TM92；TS95；V242
D 航空障碍标志灯
S 灯*
航空灯

航空照明
aviation lighting
V242
D 飞机照明
机场照明
S 照明*

航空照相机
Y 航空相机

航空照相枪
Y 航空相机

航空侦察
aerial reconnaissance
V32
D 飞机侦察
航侦
空中侦察
S 侦察*
C 成像侦察机

航空侦察吊舱
Y 侦察吊舱

航空侦察摄影机
aerial reconnaissance camera
V248
D 航空侦察相机
S 航空摄像机
侦察摄影机
Z 摄像机

航空侦察系统
Y 机载侦察系统

航空侦察相机
Y 航空侦察摄影机

航空振动
Y 飞机振动

航空知识
Y 航空

航空制导炸弹
Y 制导炸弹

航空制动材料
aviation braking materials
V25
D 飞机刹车材料
航空刹车材料
S 航空材料
Z 材料

航空制造
Y 航空器制造

航空制造工程
Y 航空工程

航空制造工艺
Y 航空技术

航空制造技术
aeronautical manufacturing technology
V261
S 航空技术
F 速率偏频技术
Z 航空航天技术

航空制造业
aircraft manufacturing industry
V26
D 飞机制造业
S 航空工业
F 民用飞机制造业
Z 航空航天工业

航空轴承
aircraft bearings
TH13；V26
D 飞行器轴承
S 航空机械元件*
轴承*

航空装备
Y 航空设备

航空装备保障
aviation equipment support
V24
S 航空工程保障
装备保障
Z 保障

航空装备维修
Y 航空维修

航空子母弹
Y 子母弹

航空自动武器
aircraft automatic weapon
E；TJ0
S 机载武器
Z 武器

航空综合电子设备
Y 综合航电系统

航空综合电子系统
Y 综合航电系统

航空综合火控系统
Y 综合航电火控系统

航空总调度室
Y 空管中心

航空座椅
Y 飞机座椅

航练弹
Y 教练炸弹

航炼弹
Y 教练炸弹

航路
Y 航道

航路导航
air route navigation
V249.3；V448
D 航线导航
S 导航*

航路点
way point
V32
S 点*

航路飞行
Y 航线飞行

航路规划
Y 航迹规划

航路记录仪
flight path recorder
TH7；V248
D 航迹记录仪
S 飞行参数记录器
C 航迹控制
Z 航空仪表
记录仪

航路爬升
enroute climb
V323
S 爬升
Z 飞行

航路选择
Y 航线选择

航模
Y 飞机模型

航模靶
Y 靶机

航模靶机
Y 靶机

航模拖靶
Y 航空拖靶

航炮
aircraft gun
TJ392
D 航空机关炮
航空机炮
航空炮

机炮
机载航炮
S 火炮
机载武器
F 高射速航炮
C 飞机炮塔
航空炮弹
Z 武器

航炮炮弹
Y 航空炮弹

航器自由飞
Y 自由飞

航枪
Y 航空机枪

航区
navigation area
U6；V355
D 航行区域
S 空域*
F 无限航区
沿海航区

航摄相机
Y 航空相机

航摄仪
Y 航空相机

航时
Y 续航时间

航太工业
Y 航空航天工业

航天
space flight
V4
D 航天领域
宇航
S 航空航天*
F 军事航天
中国航天
C 航空
航天环境
火箭飞行
太阳帆

航天 GPS 接收机
satellite borne GPS receiver
V443
D 星载 GPS 接收机
S 接收设备*

航天安全
space security
V445；V528
D 航天安全设施
S 航空航天安全*
F 轨迹安全
航天飞行安全
航天员安全
C 飞行安全

航天安全设施
Y 航天安全

航天靶场
aerospace range
V51
S 靶场
F 航天试验靶场
Z 试验设施

航天靶场设施设备
Y 航天地面设备

航天编队飞行
Y 航天器编队飞行

航天标准
astronautics standard
T-6；V4
D 航天标准化
航天行业标准
宇航标准
S 航空航天标准
F 航天员选拔标准
Z 标准

航天标准化
Y 航天标准

航天病理学
space pathology
R；V21
S 航空航天病理学
航天医学
C 航空病理学
Z 航空航天学

航天材料
space material
V25
D 航天器材料
航天用材料
航宇材料
空间材料
宇航材料
S 航空航天材料
F 航天复合材料
航天器表面材料
航天器结构材料
航天透波材料
喉衬材料
卫星材料
C 航天工艺
Z 材料

航天舱
Y 航天器舱

航天操作
Y 航天员作业

航天测控
spaceflight test control
V556
D 航天器测控
S 测控*
F 扩频测控
深空测控
天基测控
统一测控
卫星测控
C 空间遥测

航天测控飞机
aerospace tracking controlling aircraft
V271
S 飞机*

航天测控技术
space telemetry and control technology
V448
S 航天技术
Z 航空航天技术

航天测控设备
space test control equipment
V448
S 测控设备
航天设备*

航天测控通信
aerospace tt&c communication
V448
S 测控通信
Z 通信

航天测控通信网
Y 航天测控网

航天测控通信系统
spaceflight test control and communication system
TN91；V556
S 测控通信系统
航天测控系统
空间系统*
Z 航天系统
通信系统

航天测控网
space instrumentation and command network
V556
D 航天测控通信网
S 测量控制网
F 天基测控网
卫星测控网
无线测控网
Z 网络

航天测控系统
space survey and command system
V556
D 航天器载测控分系统
箭载测控分系统
液氮加注测控系统
液氢加注测控系统
液氧加注测控系统
S 航天系统*
F 航天测控通信系统

航天测控站
space tracking telemetering and command station
V448
S 测控站
F 深空测量站
Z 台站

航天测控中心
space tracking telemetry and control center
V556
D 卫星测控中心
卫星控制中心

S 测控中心
C 发射指挥控制中心
Z 中心（机构）

航天测量*
astronautics measuring
V556
D 航天测试
F 空间状态测量
星间测量
再入测量
姿态测量
C 航天遥感

航天测试
Y 航天测量

航天产品
space products
V462
D 空间产品
S 航空航天产品*
F 航天电子产品
航天型号产品
卫星产品

航天产品设计
space product design
V423
S 航天器设计
Z 飞行器设计

航天乘员组
Y 航天员

航天传感器
Y 航天器传感器

航天地面设备
space ground equipment
V55
D 航天靶场设施设备
航天地面支持
S 航空航天地面设备
航天设备*
C 航天器发射场
Z 地面设备

航天地面支持
Y 航天地面设备

航天地外生命探索
Y 地外生命探索

航天电源堆
Y 空间动力堆

航天电子产品
space electronic products
V443
S 电子产品*
航天产品
Z 航空航天产品

航天电子设备
spaceflight electronic equipment
TN8；V443
D 航天器电子设备
S 电子设备*
航天设备*
C 航天计算机 →(8)
航天器电视 →(7)

航天电子学
space electronics
V41
D 空间电子学
宇航电子学
S 航空航天电子学
C 航空电子学
Z 电子学
航空航天学

航天动力堆
Y 空间动力堆

航天动力学
astrodynamics
V47
D 航空航天动力学
星际航行动力学
S 航天力学
F 轨道动力学
航天器动力学
空间对接动力学
C 轨道 →(4)(12)
航天动力装置
Z 航空航天学
科学

航天动力装置
space power unit
V43
S 动力装置*
C 航天动力学
空间动力堆

航天渡船
Y 机动航天器

航天发动机
space engines
V439
D 空间发动机
S 火箭发动机
C 航天器推进
Z 发动机

航天发射
Y 航天器发射

航天发射场
Y 航天器发射场

航天发射基地
Y 航天器发射场

航天发射技术
space launching technology
V55
S 航天技术
Z 航空航天技术

航天发射试验
aerospace launching test
V416
S 航天试验*

航天发射塔
Y 发射塔架

航天发射综合设施
Y 发射设施

航天返回技术
Y 航天器返回技术

航天飞船
Y 飞船

航天飞船座椅
Y 航天器座椅

航天飞机
space shuttle
V475.2
D 空间飞机
太空飞机
S 空天飞行器
F 航天飞机轨道器
军用航天飞机
C 轨道机动飞行
国际空间站
航天飞行
运载器
Z 航天器

航天飞机飞行
space shuttle mission
V529
S 载人航天飞行
Z 飞行

航天飞机工程模拟器
Y 空间环境模拟器

航天飞机轨道器
space shuttle orbiter
V475.2
D 轨道航天飞机
轨道空间飞机
轨道空天飞机
S 航天飞机
C 航天飞机有效载荷
可重复使用航天器
有效载荷
Z 航天器

航天飞机任务模拟器
Y 空间环境模拟器

航天飞机失事
Y 航天器事故

航天飞机事故
Y 航天器事故

航天飞机有效载荷
Space shuttle payload
V4；V475.2
S 有效载荷
C 舱外活动
航天飞机轨道器
Z 载荷

航天飞机有效载荷辅助舱
Y 有效载荷舱

航天飞行
space flight
V529
D 航天飞行原理

空间飞行
太空飞行
太空航行
宇宙飞行
宇宙航行
S 飞行*
F 单级入轨
轨道飞行
航天器飞行
航天运输系统飞行
火箭飞行
火星飞行
军用航天飞行
跨大气层飞行
民用航天飞行
逃逸飞行
星际飞行
月球飞行
载人航天飞行
再入飞行
重返地球航天飞行
C 飞行仿真
航空飞行
航天飞机
航天器推进
航天任务
金星探测器
空间辐射
失重

航天飞行安全
space flight safety
V445；V528
D 火箭飞行安全控制
S 飞行安全
航天安全
Z 航空航天安全

航天飞行环境
space flight environment
V52
D 空间飞行环境
空间运行环境
S 飞行环境
航天环境
C 航天器环境
Z 航空航天环境

航天飞行技能训练
Y 航天飞行训练

航天飞行器
Y 航天器

航天飞行器控制
Y 航天器控制

航天飞行器再入
Y 航天器再入

航天飞行器着陆系统
Y 航天器着陆系统

航天飞行任务
Y 航天任务

航天飞行训练
space flight training
V52
D 航天飞行技能训练
航天训练
航天员飞行训练
空间飞行训练
太空航行训练
宇航训练
宇航员飞行训练
宇宙飞行训练
S 飞行训练
C 航天器座舱模拟器
Z 航空航天训练

航天飞行应激
space flight stress
R；V52
D 航天应激
S 飞行应激
C 航天生命保障系统
离心应激
Z 应激

航天飞行员
Y 航天驾驶员

航天飞行员训练
Y 航天员训练

航天飞行原理
Y 航天飞行

航天服
space suit
V445
D 负压裤
火星服
太空服
太空衣
微流星防护服
硬式航天服
宇航服
宇宙飞行服
宇宙服
S 加压服
F 舱内航天服
舱外航天服
C 部分加压服
舱外活动
全压服
生命保障系统
载人航天飞行
Z 飞行服

航天复合材料
space composite materials
V25
S 航天材料
Z 材料

航天港
Y 空间站

航天跟踪
Y 航天器跟踪

航天工程
space engineering
V4
D 宇航工程
S 航空航天工程
F 发射场工程
航天器工程
航天系统工程
探测工程
卫星工程
载人航天工程
C 航空工程
航空航天学
航天事业
Z 工程

航天工效学
space ergonomics
V4
D 航空工效学
航空航天人机工程学
航空历效学
航天历效学
S 科学*

航天工业
space industry
V4
D 航天业
航宇工业
空间产业
太空产业
太空工业
太空行业
宇航工业
宇航业
S 航空航天工业*
F 航天制造业
C 空间利用
民用航天飞行
民用航天器
微重力应用

航天工艺
spacecraft manufacturing technology
V462
D 航天器制造工艺
航天制造工艺
S 工艺方法*
F 推进剂包覆
C 航天材料
航天器设计

航天工作
Y 航天员作业

航天观测
space observation
V419
D 太空观测
S 观测*
F 天基观测
卫星观测

航天惯性仪表
space inertial instruments
V441
S 航天仪表
Z 仪器仪表

航天光学遥感
space optical remote sensing
TP7；V443
S 航天遥感

Z 遥感

航天光学遥感器
Y 空间光学遥感器

航天轨道
Y 航天器轨道

航天航空
Y 航空航天

航天航空工业
Y 航空航天工业

航天合作
Y 空间合作

航天后试验
postflight tests
V416
S 航天试验*

航天后作业
postflight operations
V52
D 飞行后操作
飞行后作业
S 航天员作业
C 航天前作业
Z 作业

航天环境
space environment
V52；X2
D 空间环境
太空环境
宇宙环境
S 航空航天环境*
F 地外环境
航天飞行环境
航天器环境
空间辐照环境
空间碎片环境
日地空间环境
重力环境
C 大气
航天

航天环境仿真
Y 航天环境模拟

航天环境仿真器
Y 空间环境模拟器

航天环境模拟
space flight environment simulation
V524
D 航天环境仿真
S 空间环境模拟
Z 仿真

航天环境模拟器
Y 空间环境模拟器

航天回收
Y 航天器回收

航天回收系统
space recovery systems
V525
D 航天器回收系统
S 航天系统*
F 空中钩取系统
有效载荷展开回收系统

航天会合
Y 航天交会

航天活动
space activity
V52
D 空间活动
太空活动
太空漫步
S 飞行活动
F 舱内活动
舱外活动
出舱
登月活动
军事航天活动
开舱
太空探索活动
载人航天活动
Z 活动

航天机器人
Y 空间机器人

航天基地
Y 空间基地

航天计划*
space program
V11；V4
D 航天研究计划
航天运输计划
载人航天计划
F 飞行计划
军事航天计划
空间计划
美国航天计划
卫星计划
宇宙计划
C 航天政策
计划
空间合作

航天技术
space technology
V1；V4
D 航天科技
航天科学
航天科学技术
航天术
空间技术
空间科技
空间科学技术
太空技术
太空科技
宇航技术
S 航空航天技术*
F 导弹技术
航天测控技术
航天发射技术
航天器返回技术
航天遥感技术
航天运载技术
航天制造技术
火箭技术
军事航天技术
推进技术
推力矢量控制技术
卫星技术
载人航天技术
C 航天器导航
航天学
航天运输
太空

航天技术应用
space technology application
V19
D 空间技术应用
空间应用技术
S 航天应用
Z 航空航天应用

航天加工
Y 空间制造

航天驾驶员
pilot astronauts
V527
D 航天飞行员
S 航天员
Z 人员

航天监视
Y 空间监视

航天监视系统
Y 空间监视

航天检疫*
spaceflight quarantine
R；V4
F 行星检疫

航天交会
space rendezvous
V526
D 航天会合
航天器会合
航天器交会
空间会合
空间交会
S 交会*
F 轨道交会
卫星交会
C 轨道交会动力学
航天器机动飞行
交会模拟 →(1)

航天结构
space structure
V423
D 太空结构
宇航结构
S 航空航天结构
F 充气式航天结构
大型航天结构
对接结构
航天器结构
空间充气结构
空间可展结构
柔性空间结构
组装式航天结构
C 辐射传热 →(5)

Z 工程结构

航天结构材料
Y 航天器结构材料

航天结构件
Y 航天器构件

航天截击器
Y 截击航天器

航天救生
space rescue
V445
D 航天逃生
空间紧急救援
空间救援
S 航空航天救生
C 发射逃逸
应急救生系统
载人航天飞行
Z 救生

航天开发
space development
V11；V4
D 宇宙开发
S 开发*
F 空间资源开发
月球开发

航天科技
Y 航天技术

航天科技事业
Y 航天事业

航天科技政策
Y 航天政策

航天科学
Y 航天技术

航天科学技术
Y 航天技术

航天科学技术政策
Y 航天政策

航天控制
Y 航天器控制

航天拦截器
Y 截击航天器

航天雷达
spaceborne radar
TN95；V443
D 航天器雷达
交会雷达
空间航行雷达
太空雷达
星际雷达
S 雷达*
F 星载雷达

航天力学
space mechanics
O3；V412
D 空间力学
S 航天学
科学*
F 轨道力学
航天动力学
航天器飞行力学
航天器结构力学
晃动力学
C 航空力学
Z 航空航天学

航天历史
Y 航天史

航天历效学
Y 航天工效学

航天零件
space parts
V462
S 航空航天零件*

航天领域
Y 航天

航天煤油
Y 航空煤油

航天密封舱
Y 航天器舱

航天模拟器
space simulator
V417
D 空间模拟器
S 模拟器*
F 卫星模拟器
星模拟器

航天模型
Y 航天器模型

航天母舰
space carriers
V47
S 军用航天器
Z 航天器

航天平台
Y 空间平台

航天气象学
aerospace meteorology
P4；V419.4
S 科学*

航天器*
spacecraft
V47
D 大型航天器
航天飞行器
技术可行性航天器
空间飞行器
旅游航天器
欠激励航天器
人造航天器
软着陆飞行器
软着陆航天器
受控航天器
双自旋航天器
双自旋稳定航天器
私人航天器
太空飞行器
亚轨道航天器
宇航飞行器
宇宙飞行器
追踪航天器
F 充液航天器
低温航天器
多体航天器
飞船
分布式航天器
刚体航天器
轨道飞行器
机动航天器
军用航天器
可回收航天器
空间平台
空间拖船
空间站
民用航天器
目标航天器
挠性航天器
微型航天器
无人航天器
小型航天器
虚拟航天器
月球航天器
载人航天器
在轨航天器
C 大型航天结构
飞行器
高超音速飞行器
航空器
航天器试验
航天器着陆
航天学
航天员工作站
空间碎片
双自旋稳定
太空研究
月球探测器
组装式航天结构

航天器编队飞行
spacecraft formation flying
V529
D 航天编队飞行
S 航天器飞行
F 卫星编队飞行
Z 飞行

航天器表面材料
spacecraft surface materials
V25
S 航天材料
Z 材料

航天器表面带电
Y 航天器带电

航天器布放
Y 轨道发射

航天器部件*
spacecraft component
V423
D 航天器件
航天器结构部件
宇航元器件

F 舱段
承力筒
航天器舱
航天器入口
太阳屏
C 操作舱
支架 →(1)(2)(4)(5)(9)(11)(12)

航天器材料
Y 航天材料

航天器舱
spacecraft module
V423
D 飞船舱
飞行舱
航天舱
航天密封舱
航天器密封舱
后勤舱
节点舱
空间舱
空间飞行器舱
太空舱
再入舱
S 航天器部件*
密封舱
F 对接舱
返回舱
服务舱
公用舱
轨道舱
空间居住舱
气密过渡舱
逃生舱
推进舱
卫星舱
有效载荷舱
着陆器
C 舱
火箭舱
再入飞行器
Z 舱

航天器舱外活动
Y 舱外活动

航天器测控
Y 航天测控

航天器传感器
spacecraft sensor
TP2；V441
D 航天传感器
S 传感器*
F 航天器姿态敏感器
陆标敏感器

航天器搭载
spacecraft get-away special
V47
D 搭载有效载荷
S 有效载荷
Z 载荷

航天器大气再入
Y 航天器再入

航天器带电
spacecraft charging
V47
D 航天器表面带电
S 电气故障*

航天器导航
spacecraft navigation
V448
S 导航*
F 深空自主导航
C 航天技术

航天器地面系统
spacecraft ground systems
V551
S 地面系统*
航天器系统
Z 航天系统

航天器电源系统
spacecraft power system
TN8；V442
D 空间电源系统
S 电源系统*
航天器系统
专用系统*
C 空间电源 →(7)
Z 航天系统

航天器电子设备
Y 航天电子设备

航天器动力堆
Y 空间动力堆

航天器动力反应堆
Y 空间动力堆

航天器动力学
spacecraft dynamics
V212；V412
D 多刚体航天器动力学
刚性航天器动力学
挠性航天器动力学
S 航天动力学
F 航天器姿态动力学
卫星动力学
Z 航空航天学
科学

航天器对接
spacecraft docking
V526
D 单项联调
对接(航天)
对接过程
对接技术
对接联调
对接联合调试
对接系统
飞船对接
航天器对接段
航天器适配器
空间对接
空间对接技术
空间交会对接
空中对接
太空对接
S 连接*
F 交会对接
C 变轨控制
轨道交会
交会轨道
空间对接动力学
空间对接机构

航天器对接舱
Y 对接舱

航天器对接段
Y 航天器对接

航天器发射
spacecraft launching
V55
D 飞船发射
航天发射
空间飞行器发射
太空发射
S 飞行器发射*
F 搭载发射
轨道发射
卫星发射
助推发射
C 发射场
发射区
发射台对接
航天前作业
入轨精度

航天器发射场
spacecraft launching site
V55
D 航天发射场
航天发射基地
航天器发射基地
S 发射场
F 卫星发射场
载人航天发射场
C 航天地面设备
Z 场所

航天器发射基地
Y 航天器发射场

航天器发射试验基地
spacecraft launch test bases
V55
S 发射基地
Z 基地

航天器返回
spacecraft return
V525
D 强制返回
直接进入法返回
S 返回*

航天器返回技术
return technology
V525
D 安全返回技术
返回技术
航天返回技术
S 航天技术
C 航天器再入
Z 航空航天技术

航天器防御
spacecraft defense
TJ86
S 防御*
C 反卫星卫星
航天器生存力

航天器飞行
spacecraft flight
V529
S 航天飞行
F 航天器编队飞行
航天器机动飞行
C 搭载
Z 飞行

航天器飞行力学
spacecraft flight mechanics
V212
S 飞行力学
航天力学
Z 航空航天学
科学

航天器隔热屏蔽
spacecraft heat shields
V231.1；V525
D 再入大气层防护屏蔽
再入防热屏
再入屏蔽
重返大气层防护屏蔽
S 航天器屏蔽
热屏蔽
C 热防护 →(13)
Z 屏蔽

航天器跟踪
spacecraft tracking
TN95；TN97；V556
D 航天跟踪
载人航天跟踪
S 飞行器跟踪
F 深空跟踪
卫星跟踪
C 地对空监视
跟踪网
航天器电视 →(7)
深空测量站
Z 跟踪

航天器工程
spacecraft engineering
V4
S 航天工程
F 航天器环境工程
Z 工程

航天器构件
spacecraft structural members
V423
D 航天结构件
S 飞行器构件*
F 太阳帆板

航天器构型
spacecraft configuration
V423
D 航天器外形
S 气动构型
F 卫星构型
C 推进系统构型
Z 构型

航天器故障
spacecraft fault
V445
S 故障*
F 飞行故障
卫星故障

航天器轨道
spacecraft orbits
V529
D 飞行器轨道
轨道区域
轨道运动
航天轨道
航天器轨迹
空间轨道
太空轨道
行星探测器轨道
S 飞行轨道*
F 标称轨道
标准轨道
初始轨道
地球-火星轨道
地球-金星飞行轨道
地球-水星飞行轨道
调相轨道
返回轨道
环地轨道
环日轨道
环月轨道
机动轨道
交会轨道
拦截轨道
探月轨道
逃逸轨道
停泊轨道
椭圆轨道
卫星轨道
行星际轨道
预定轨道
圆轨道
晕轨道
转移轨道
最佳轨道
C 轨道测量 →(1)
轨道位置估算
环地轨道交会
入轨

航天器轨道控制
Y 轨道控制

航天器轨道速度
Y 轨道速度

航天器轨迹
Y 航天器轨道

航天器核动力推进
Y 航天器核推进

航天器核能推进
Y 航天器核推进

航天器核推进
spacecraft nuclear propulsion
V43
D 航天器核动力推进
航天器核能推进
S 航天器推进
核推进
Z 推进

航天器环境
spacecraft environment
V419；V421
D 弹载环境
飞船环境
S 航天环境
F 舱室环境
信号环境
C 航空航天医学
航天飞行环境
失重
自动化通用轨道站
Z 航空航天环境

航天器环境工程
spacecraft environment engineering
V4
S 航天器工程
Z 工程

航天器环境污染
spacecraft environment contaminant
V47；X7
S 环境污染*
F 飞船污染

航天器回收
spacecraft recovery
V525
D 飞船回收
航天回收
控空火箭回收
探空火箭回收
卫星回收
应急回收
有效载荷回收
载人航天器回收
助推器回收
S 回收*
F 空中回收
C 回收伞
可回收航天器
可回收运载火箭
可回收助推火箭发动机

航天器回收伞
Y 回收伞

航天器回收系统
Y 航天回收系统

航天器会合
Y 航天交会

航天器机动
Y 航天器机动飞行

航天器机动飞行
spacecraft maneuver
V529
D 飞船机动飞行

航天器机动
航天器运动
卫星机动飞行
S 航天器飞行
机动飞行
F 轨道机动飞行
C 飞机机动飞行
航天交会
机动航天器
Z 飞行

航天器机构*
space vehicle mechanisms
V423
F 级间分离机构
空间对接机构
卫星机构

航天器机器人
Y 空间机器人

航天器件
Y 航天器部件

航天器降落
Y 航天器着陆

航天器交会
Y 航天交会

航天器结构
spacecraft structure
V423
D 航天器结构系统
S 飞行器结构
航天结构
F 卫星结构
运载火箭结构
Z 工程结构

航天器结构部件
Y 航天器部件

航天器结构材料
spacecraft construction material
V25
D 航天结构材料
空间飞行器结构材料
S 飞行器结构材料
航天材料
F 卫星结构材料
Z 材料

航天器结构力学
spacecraft structural mechanics
V414
S 航天力学
C 航空器结构力学
Z 航空航天学
科学

航天器结构系统
Y 航天器结构

航天器进入技术
Y 航天器再入

航天器可靠度
Y 航天器可靠性

航天器可靠性
spacecraft reliability
V445
D 航天器可靠度
S 飞行器可靠性
航天器性能
Z 可靠性
载运工具特性

航天器控制
spacecraft control
V448
D 飞船控制
航天飞行器控制
航天控制
空间飞行器控制
S 飞行器控制
F 乘坐品质控制
分离控制
航天器热控制
航天器姿态控制
推力矢量控制
卫星遥控
有效载荷控制
主动章动控制
C 地面控制
轨道控制
Z 载运工具控制

航天器雷达
Y 航天雷达

航天器密封舱
Y 航天器舱

航天器模型
spacecraft model
V47
D 飞船模型
航天模型
S 飞行器模型
F 火箭模型
Z 工程模型

航天器屏蔽
spacecraft shielding
V423
D 飞船屏蔽
S 屏蔽*
F 航天器隔热屏蔽
C 航天器再入
微流星屏蔽

航天器破片
Y 空间碎片

航天器破碎
Y 空间碎片

航天器热控制
spacecraft thermal control
V448
S 航天器控制
物理控制*
Z 载运工具控制

航天器入口
spacecraft ingress
V423
S 航天器部件*
C 舱门

航天器设备
Y 航天设备

航天器设计
spacecraft design
V423
D 空间飞行器设计
S 飞行器设计*
F 返回轨道设计
飞船设计
航天产品设计
火箭设计
空间站设计
卫星设计
C 航天工艺

航天器摄影机
Y 航空摄像机

航天器生存力
spacecraft survivability
V423；V445
D 航天器生存能力
航天器易损性
S 战术技术性能*
C 航天器防御

航天器生存能力
Y 航天器生存力

航天器事故
spacecraft accident
V528
D 飞船事故
航天飞机失事
航天飞机事故
S 航天事故
Z 航空航天事故

航天器试验
spacecraft test
V416；V417
S 飞行器试验*
航天试验*
F 卫星试验
C 航天器

航天器试验场
spacecraft testing ground
V55
D 航天试验场
S 试验场
Z 试验设施

航天器适配器
Y 航天器对接

航天器碎片
Y 空间碎片

航天器探测
Y 卫星探测

航天器天线
spacecraft antenna
TN8；V443
D 航天天线
S 飞行器天线

F 卫星天线
星载天线
Z 天线

航天器推进
spacecraft propulsion
V43
D 航天器推进技术
航天推进
航天推进技术
空间推进
S 推进*
F 航天器核推进
C 航天发动机
航天飞行

航天器推进技术
Y 航天器推进

航天器推进系统
Y 航天推进系统

航天器外形
Y 航天器构型

航天器维护
Y 航天器维修

航天器维修
spacecraft maintenance
TH17；TH7；V467
D 航天器维护
S 航天维修
F 飞船维修
Z 维修

航天器稳定性
spacecraft stability
V212
S 飞行稳定性
C 反作用轮 →(4)
双自旋稳定
液体晃动
Z 机械性能
稳定性
物理性能
载运工具特性

航天器污染
Y 航天器沾染

航天器系统
spacecraft systems
V444
S 航天系统*
F 飞船系统
航天器地面系统
航天器电源系统
航天器着陆系统
火箭控制系统
推进剂利用系统
卫星系统

航天器系统工程
Y 航天系统工程

航天器性能
spacecraft performance
V423；V52
D 空间飞行器性能
S 载运工具特性*
F 发射安全性
航天器可靠性
在轨性能

航天器研制
spacecraft development
V423；V462
D 航天型号研制
S 研制*
F 飞船研制
卫星研制

航天器遥感
Y 航天遥感

航天器仪表
spacecraft instruments
V441
D 飞船仪表
载人航天器仪表
S 航天仪表
F 星载仪器
Z 仪器仪表

航天器易损性
Y 航天器生存力

航天器运动
Y 航天器机动飞行

航天器载测控分系统
Y 航天测控系统

航天器载实验
Y 空间试验

航天器载试验
Y 空间试验

航天器再入
spacecraft reentry
V525
D 航天飞行器再入
航天器大气再入
航天器进入技术
S 大气再入*
C 航天器返回技术
航天器屏蔽
重返地球航天飞行

航天器沾染
spacecraft contamination
V475；V475.1；X7
D 航天器污染
空间污染
空间沾染
太空污染
S 沾染
Z 污染

航天器制导
spacecraft guidance
V448
S 飞行器制导
F 交会制导
卫星制导
再入制导
C CCD星跟踪器
Z 制导

航天器制造工艺
Y 航天工艺

航天器转运
spacecraft transfer
V529
D 平台转运
S 航天运输
C 轨道转运
天地往返运输
卫星运输
Z 运输

航天器着陆
spacecraft landing
V525
D 飞船着陆
航天器降落
S 着陆
F 回收着陆
火星着陆
行星着陆
月球着陆
C 航天器
软着陆
硬着陆
着陆辅助设备
Z 操纵

航天器着陆系统
spacecraft landing system
V525
D 航天飞行器着陆系统
空间飞行器着陆系统
S 航天器系统
Z 航天系统

航天器姿态动力学
spacecraft attitude dynamics
V47
S 航天器动力学
Z 航空航天学
科学

航天器姿态控制
spacecraft attitude control
V249.122.2
D 姿态控制(飞船)
S 航天器控制
空间飞行器姿态控制
F 卫星姿态控制
Z 飞行控制
载运工具控制

航天器姿态敏感器
spacecraft attitude sensors
TP2；V441
S 航天器传感器
姿态传感器
F 卫星姿态敏感器
Z 传感器

航天器总装
spacecraft integration
V462
S 总装
F 卫星总装
Z 装配

航天器座舱
spacecraft cockpits
V423
D 飞船座舱
S 座舱
C 航天器座舱模拟器
航天器座椅
航天员工作站
Z 舱

航天器座舱仿真器
Y 航天器座舱模拟器

航天器座舱模拟器
spacecraft cabin simulator
V416
D 飞船座舱模拟器
航天器座舱仿真器
S 座舱模拟器
C 航天飞行训练
航天器座舱
载人航天器
Z 模拟器

航天器座椅
spacecraft seats
V423
D 飞船座椅
航天飞船座椅
S 座椅*
C 航天器座舱
卡头

航天前试验
preflight tests
V416
S 航天试验*

航天前作业
preflight operations
V52；V55
D 倒数计时
飞行前操作
飞行前作业
临射倒数时间计算
S 航天员作业
C 发射前试验
航空维修
航天后作业
航天器发射
Z 作业

航天燃料
spaceflight fuels
V51
S 航空航天燃料
F 富燃料
火箭燃料
Z 燃料

航天任务
space mission
V4
D 航天飞行任务
空间任务
太空任务
S 任务*
F 绕越飞行任务
卫星任务
载人航天飞行任务
C 航天飞行

航天软件
space software
V446
D 应急回收程序
正常回收程序
S 计算机软件*
F 卫星工具包
星务管理软件
星载系统软件

航天设备*
space equipment
V44
D 航天器设备
航天装备
航天装备体系
空间设备
F 航天测控设备
航天地面设备
航天电子设备
航天试验设备
军事航天装备
星载设备

航天生理医学
space physiology and medicine
R；V41
D 加速度生理学
重力生理学
S 航空航天生理学
航天医学
Z 航空航天学

航天生命保障系统
astronautic life supportive assembly
V444
D 空间生命保障系统
S 航空航天生保系统
航天系统*
C 航天飞行应激
Z 生命保障系统

航天生物实验
space biological experiment
V524
S 航天试验*

航天生物学
Y 空间生物学

航天失事
Y 航天事故

航天实验
Y 航天试验

航天实验室
Y 空间实验室

航天史
astronautical history
V4
D 航天历史
世界航天史
中国航天史
S 历史*
F 载人航天史

航天事故
space accident
V445
D 航天失事
S 航空航天事故*
F 航天器事故

航天事业
space cause
V4
D 航天科技事业
空间事业
载人航天事业
C 航天工程

航天试验*
spaceflight test
V416；V417；V524
D 航天实验
F 对接试验
反卫星试验
航天发射试验
航天后试验
航天器试验
航天前试验
航天生物实验
航天研究试验
火箭橇试验
空间试验

航天试验靶场
spaceflight test range
V41
S 航天靶场
Z 试验设施

航天试验场
Y 航天器试验场

航天试验设备
spaceflight test equipment
V41
D 航天试验装备
S 航天设备*
试验设备*
F 对接仿真试验台
火箭推力试验台

航天试验装备
Y 航天试验设备

航天术
Y 航天技术

航天探测
Y 空间探测

航天探测器
Y 空间探测器

航天探索
Y 空间探测

航天逃生
Y 航天救生

航天天线
Y 航天器天线

航天头盔
Y 飞行头盔

航天透波材料
space wave-transmitting materials
V25
S 航天材料
Z 材料

航天推进
Y 航天器推进

航天推进堆
space propulsion reactors
TL4
S 推进堆
C 氢冷堆
Z 反应堆

航天推进技术
Y 航天器推进

航天推进剂
Y 火箭推进剂

航天推进系统
space propulsion systems
V43
D 航天器推进系统
空间推进系统
S 航空航天推进系统
航天系统*
F 火箭推进系统
卫星推进系统
Z 推进系统

航天拖船
Y 空间拖船

航天维护
Y 航天维修

航天维修
space maintenance
TH17；TH7；V467
D 航天维护
航天维修工具
空间维修
S 维修*
F 航天器维修

航天维修工具
Y 航天维修

航天卫生学
space hygienics
R；V41
S 航天医学
F 座舱卫生学
Z 航空航天学

航天卫星
space satellite
V474
S 通信卫星
Z 航天器
卫星

航天武器*
space weapons
TJ86；V47
D 空间武器
F 反卫星武器
高超声速武器
轨道武器
拦截器
杀伤飞行器
太空轰炸机
太空激光武器
天基武器
卫星式武器
C 反卫星卫星
轰炸卫星
空间导弹
武器

航天系统*
space system
V44；V476
F 返回系统
高级在轨系统
航天测控系统
航天回收系统
航天器系统
航天生命保障系统
航天推进系统
航天员系统
航天运输系统
军事空间系统
空间光学系统
空间信息系统
载人航天系统
C 飞行系统
工程系统
驾驶系统
空间系统
生命保障系统

航天系统工程
space system engineering
V57
D 航天器系统工程
S 航空航天系统工程
航天工程
F 卫星系统工程
Z 工程

航天相机
space cameras
TB8；V447
D 空间相机
S 航空航天相机
F 弹道相机
航天侦察相机
空间遥感相机
三线阵相机
星载相机
Z 照相机

航天项目
space project
V4
D 航天型号项目
S 型号研制项目*

航天心理学
space psychology
R；V41
D 空间心理学
S 航空航天心理学
航天医学
C 航空心理学
Z 航空航天学

航天行星探测
Y 行星探索

航天行业标准
Y 航天标准

航天型号
Y 航天型号产品

航天型号产品
space model products
V462
D 航天型号
S 航天产品
型号产品*
Z 航空航天产品

航天型号项目
Y 航天项目

航天型号研制
Y 航天器研制

航天学
astronautics
V41
D 航宇科学
星际航行学
宇航科学
宇宙航行学
S 航空航天学*
F 航天力学
生物航天学
C 航天技术
航天器
空间科学
空间探测
生命保障系统

航天训练
Y 航天飞行训练

航天研究
Y 太空研究

航天研究计划
Y 航天计划

航天研究实验
Y 航天研究试验

航天研究试验
space research trials
V524
D 航天研究实验
S 航天试验*

航天遥测
Y 空间遥测

航天遥测系统
Y 遥测系统

航天遥感
space remote sensing
V443
D 航空航天遥感
航天器遥感

空间遥感
太空遥感
S 遥感*
F 航天光学遥感
卫星遥感
C 航空遥感
航天测量

航天遥感技术
space remote sensing technology
V556
S 航天技术
Z 航空航天技术

航天遥感器
space remote sensor
TP7；V443
S 遥感设备*
F 星载遥感器
C 航空摄影 →(1)
航天测量船 →(12)
空间遥测

航天遥感相机
Y 空间遥感相机

航天遥控系统
Y 遥控系统

航天业
Y 航天工业

航天医学
space medicine
R；V4
D 航天医学工程学
航宇医学
空间医学
S 航空航天医学
F 航天病理学
航天生理医学
航天卫生学
航天心理学
C 生物航天学
Z 航空航天学

航天医学工程学
Y 航天医学

航天仪表
space instrument
V441
D 航天仪器
S 仪器仪表*
F 航天惯性仪表
航天器仪表

航天仪器
Y 航天仪表

航天饮食保障
space flight feeding
V444
S 载人航天生命保障
C 航空食品 →(10)
Z 保障

航天应激
Y 航天飞行应激

航天应用
space application
V19
D 空间应用
宇航应用
S 航空航天应用*
F 航天技术应用
空间信息应用
微重力应用
卫星应用
C 空间制造

航天用材料
Y 航天材料

航天员
astronaut
V527
D 航天乘员组
太空人
星际航行员
宇航员
宇宙航行员
S 航空航天人员
F 航天驾驶员
C 航空航天人员选拔
航天员观察站
航天员实验站
航天员训练
Z 人员

航天员安全
astronaut safety
V445；V528
S 航天安全
Z 航空航天安全

航天员飞行训练
Y 航天飞行训练

航天员工作站
astronaut station
V476
D 工作站(航天员)
S 工作站*
F 航天员观察站
航天员实验站
C 航天器
航天器座舱

航天员观察站
astronauts observation post
V476
S 航天员工作站
C 航天员
Z 工作站

航天员机动飞行设备
Y 载人机动装置

航天员机动装置
Y 载人机动装置

航天员培训
Y 航天员训练

航天员实验站
astronauts experiment station
V476
S 航天员工作站
C 航天员
Z 工作站

航天员系统
astronaut system
V527
D 宇航员系统
S 航天系统*
F 人体热调节系统

航天员选拔
Y 航空航天人员选拔

航天员选拔标准
astronaut selection criteria
T-6；V527
S 飞行员选拔标准
航天标准
C 特殊生理选拔
Z 标准

航天员训练
astronaut training
V527
D 航天飞行员训练
航天员培训
航天员训练大纲
宇航员训练
S 航空航天人员训练
C 航天员
Z 航空航天训练

航天员训练大纲
Y 航天员训练

航天员作业
astronaut operation
V527
D 航天操作
航天工作
太空工作
太空作业
S 作业*
F 舱外作业
航天后作业
航天前作业

航天月球探测
Y 月球探测

航天运输
space transportation
V475
D 航天运输市场
空间运输
太空运输
S 运输*
F 轨道转运
航天器转运
天地往返运输
C 轨道发射
航天技术
空间拖船
有效载荷

航天运输计划
Y 航天计划

航天运输市场
Y 航天运输

航天运输体系
Y 航天运输系统

航天运输系统
space transportation system
V475.9
D 航天运输体系
航天运载工具
航天运载系统
空间运输系统
空间运载工具
太空运输工具
先进运载系统
运载系统
S 航天系统*
交通运输系统*
F 天地往返运输系统

航天运输系统飞行
space transportation system flights
V529
D 空间运输系统飞行
S 航天飞行
Z 飞行

航天运载工具
Y 航天运输系统

航天运载技术
space launch vehicle technology
V475.9
D 航天运载器技术
S 航天技术
Z 航空航天技术

航天运载器
space launch vehicle
V475.9
D 空间运载器
S 运载器*
F 单级入轨飞行器
可重复使用运载器
天地往返运载器
卫星运载器
一次性使用运载器
C 运载火箭

航天运载器技术
Y 航天运载技术

航天运载系统
Y 航天运输系统

航天战略
Y 航天政策

航天站
Y 空间站

航天站计划
Y 空间站计划

航天站有效载荷
Y 空间站有效载荷

航天侦察
space reconnaissance
V4
D 对空间侦察
空间侦察
太空侦察
外层空间侦察
外空侦察
S 侦察*
F 卫星侦察

航天侦察相机
aerospace reconnaissance cameras
TB8；V447
S 航天相机
Z 照相机

航天政策
space policy
V4
D 航天科技政策
航天科学技术政策
航天战略
军事航天政策
军用航天政策
军用空间政策
空间技术政策
空间政策
C 航天计划

航天制造
Y 空间制造

航天制造工艺
Y 航天工艺

航天制造技术
space manufacturing technologies
V462
S 航天技术
Z 航空航天技术

航天制造业
space manufacturing industry
V4
S 航天工业
Z 航空航天工业

航天装备
Y 航天设备

航天装备体系
Y 航天设备

航天着陆场
space landing site
V525；V55
D 空间停靠
S 着陆场
Z 场所

航图
Y 导航图

航线*
flight line
U6；V32
D 航行路线
F 定期航线
飞行航线
环球航线
太平洋航线
亚洲/美国航线
亚洲航线
亚洲-欧洲航线
中日航线
C 分道通航制 →(12)
航向误差 →(3)(4)
空中交通管制
线

航线导航
Y 航路导航

航线飞行
route flight
V323
D 班机飞行
班期飞行
定期航班飞行
航班飞行
航路飞行
线路飞行
S 航空飞行
C 巡航飞行
Z 飞行

航线规划
Y 航迹规划

航线角
Y 航迹角

航线控制
Y 航迹控制

航线维护
Y 外场维修

航线维修
Y 外场维修

航线选择
air line selection
U6；V32
D 航路选择
S 选择*

航线优化
air routes optimization
V32
S 优化*

航向
course
TB8；U6；V32
D 飞行方向
航向角
航向倾角
C 方向
飞行轨迹
航向误差 →(3)(4)

航向安定性
Y 航向稳定性

航向保持
Y 航向控制

航向操纵
Y 飞行操纵

航向操纵系统
Y 航向控制系统

航向测量

heading measurement
V21
S 飞行测量
Z 航空测量

航向舵
Y 方向舵

航向估计
course estimating method
TJ6
S 估计*

航向角
Y 航向

航向静稳定性
directional static stability
V212
S 航向稳定性
F 横航向静稳定性
Z 方向性
稳定性
载运工具特性

航向控制
course control
TP1；V249.1
D 航向保持
S 载运工具控制*
F 偏航控制
C 方向控制

航向控制系统
course control system
V249.122
D 航向操纵系统
S 操纵系统*

航向倾角
Y 航向

航向陀螺
Y 航向陀螺仪

航向陀螺仪
directional gyroscope
V241.5；V441
D 方位陀螺
方位陀螺仪
航向陀螺
S 二自由度陀螺仪
C 陀螺罗经 →(4)(7)(12)
Z 陀螺仪

航向稳定性
yaw stability
U6；V212.12
D 飞机方向安定性
飞机方向稳定性
飞机航向安定性
风标稳定性
航向安定性
航行稳定性
指向稳定性
S 方向性*
稳定性*
载运工具特性*
F 航向静稳定性
横向稳定性
纵向稳定性
C 飞机侧滑
航向误差 →(3)(4)
水面操纵 →(12)

航向系统
Y 综合罗盘

航向效应
heading-effect
V212
S 效应*

航向仪表
Y 航向指示器

航向指示器
course indicators
V241.4
D 方位指示器
方向指示器
航向仪表
转向指示器
S 指示器*
F 地理位置指示器
C 航向信标 →(7)
罗盘

航向姿态系统
Y 航姿系统

航向自动操舵仪
Y 自动驾驶仪

航行避碰
collision avoidance navigation handling
U6；V249
D 避碰操纵
避碰航行操纵
避让操纵
避让航行操纵
S 避碰*
F 飞行防撞

航行测量
Y 飞行测量

航行灯
navigation lamp
TM92；TS95；V242
D 导航标灯
导航灯
S 灯*
F 航空灯
助航灯

航行地图
Y 导航图

航行调度
Y 空中交通管制

航行调度员
Y 航空管制员

航行管制
Y 空中交通管制

航行轨迹
Y 飞行轨迹

航行里程
Y 航程

航行路线
Y 航线

航行区域
Y 航区

航行稳定性
Y 航向稳定性

航行系统
voyage systems
V32
S 交通运输系统*
F 空中航行系统
新航行系统
巡航系统

航行诸元*
navigation data
V32
F 地速
飞行距离
飞行时间
飞行速度
转弯半径
C 诸元

航行姿态系统
Y 航姿系统

航行总调度室
Y 空管中心

航宇
Y 星际飞行

航宇材料
Y 航天材料

航宇工业
Y 航天工业

航宇科学
Y 航天学

航宇医学
Y 航天医学

航运法规
Y 航空法

航运后送
Y 航空医疗后送

航运集装箱
Y 航空集装箱

航站楼
terminal building
V351.1
D 航站楼工程
机场航站楼
指廊型航站楼
S 机场建筑*
F 航管楼

航站楼工程
Y 航站楼

航站楼设计

terminal design
V35
S 场地设计*
交通设计*

航站气象观测
navigation station meteorological observations
V321.2
D 机场气象观测
S 航空气象观测
Z 观测

航站区
terminal area
V351
S 机场区域
F 机场终端区
陆侧
Z 区域

航侦
Y 航空侦察

航姿算法
navigation attitude algorithms
V212
S 姿态算法
Z 算法

航姿系统
attitude heading reference system
V249；V448
D 惯性航姿系统
航向姿态系统
航行姿态系统
姿态航向基准系统
S 飞行控制系统
F 捷联航姿系统
Z 飞行系统

航姿仪
Y 姿态指示器

毫地速
Y 地速

毫米波导引头
millimeter wave radar seeker
TJ765
S 雷达导引头
C 毫米波制导炮弹
微波制导
Z 制导设备

毫米波辐射计
millimeter wave radiometer
TL8
S 辐射计
Z 仪器仪表

毫米波探测
millimeter wave detection
V249.3
S 微波探测
Z 探测

毫米波无线电引信
Y 毫米波引信

毫米波引信
millimeter wave fuze
TJ434
D 毫米波无线电引信
S 无线电引信
Z 引信

毫米波制导
Y 微波制导

毫米波制导炮弹
millimeter wave guided projectile
TJ412
S 末制导炮弹
C 毫米波导引头
Z 炮弹

毫秒导爆管雷管
millisecond detonating tube detonators
TJ452
S 雷管
Z 火工品

毫秒寿命放射性同位素
millisec life radioisotopes
O6；TL92
S 放射性同位素
C 半衰期
Z 同位素

毫秒延期雷管
millisecond delay cap
TJ452
S 延期雷管
Z 火工品

毫微秒寿命放射性同位素
Y 纳秒寿命放射性同位素

耗尽关机
exhausted cutoff
[TJ763]；V43
D 耗尽停车
S 发动机关机*

耗尽停车
Y 耗尽关机

耗油率
Y 燃料消耗率

合成孔径雷达卫星
synthetic aperture radar satellite
V474
S 雷达卫星
Z 航天器
卫星

合成孔径雷达侦察卫星
Y 雷达成像卫星

合成燃料
synthetic fuels
TQ51；V31
D 人造燃料
S 燃料*
C 人造石油 →(2)

合成射流
synthetic jet
V211
S 射流*

合成摄影
Y 摄影

合成压缩机
Y 压缩机

合成液压液
Y 合成液压油

合成液压油
synthetic fluid
TE6；TH13；V51
D 合成液压液
S 液压油*

合肥电子储存环
hefei electronic storage ring
TL594
S 电子储存环
Z 储存环

合格鉴定试验
Y 验收试验

合格试验
Y 验收试验

合金*
alloys
TG1
F 低铬合金
钒钛合金
锆铀合金
铬钛合金
钴钛合金
航空铝合金
铝硅钛合金
镁钛合金
铍合金
钛合金
特种合金
铜钛合金
锌铜钛合金
铀钛合金
C 钢材 →(1)(2)(3)(4)(11)(12)
固溶体 →(3)
合金材料 →(3)
合金钢 →(3)
合金化 →(1)(3)
合金添加剂 →(3)
合金学 →(3)
耐熔锌腐蚀 →(3)
时效动力学 →(3)

合金核燃料
alloy nuclear fuels
TL2
S 核燃料
F 钍-铀燃料
铀氢锆
Z 燃料

合理参数
Y 参数

合理化工程
Y 工程

合理结构
Y 结构

合练弹头
Y 导弹弹头

合作*
cooperation
ZT71
F 空间合作

河流阻力
Y 流动阻力

核安全
nuclear security
TL3
S 安全*
F 反应堆安全
核电安全
C 核安全保障
核安全管理
核安全设备
核污染

核安全保障
nuclear safeguards
TL
D 核保障
S 保障*
C 核安全
核扩散

核安全法规
nuclear safety regulation
D；TL4
S 法律法规*

核安全分析
nuclear safety analysis
TL36
D 反应堆事故分析
S 安全分析*
C 反应堆事故

核安全管理
nuclear safety management
TL36
S 安全管理*
C 核安全

核安全设备
nuclear safety equipment
TL4
S 安全设备*
C 核安全

核靶
Y 靶

核保障
Y 核安全保障

核保障技术
nuclear safeguards technology
TL36
S 核技术
Z 技术

核爆
Y 核爆炸

核爆电磁脉冲
Y 核电磁脉冲

核爆炸
nuclear explosion
O3；TL91
D 超高空核爆炸
大气层核爆炸
高空核爆炸
核爆
空中核爆炸
模拟核爆炸
热核爆炸
试验(核爆炸)
水面核爆炸
水下核爆炸
原子爆炸
原子弹爆炸
S 爆炸*
F 低当量核爆炸
地下核爆炸
内爆
C 爆炸效应
成坑爆炸
电磁脉冲 →(7)
放射性沉降物 →(13)
核爆炸探测
核反应
核辐射
核试验
核武器
裂变产物
人造辐射带
炸高

核爆炸比高
Y 比例爆高

核爆炸冲击波探测
Y 核爆炸探测

核爆炸次声波探测
Y 核爆炸探测

核爆炸当量探测
Y 核爆炸探测

核爆炸地点探测
Y 核爆炸探测

核爆炸电磁脉冲
Y 核电磁脉冲

核爆炸电磁脉冲探测
Y 核爆炸探测

核爆炸方式测定
Y 核爆炸探测

核爆炸方式探测
Y 核爆炸探测

核爆炸方位探测
Y 核爆炸探测

核爆炸高度
Y 炸高

核爆炸观测
Y 核爆炸探测

核爆炸光信号探测
Y 核爆炸探测

核爆炸火球
Y 核火球

核爆炸破坏作用
nuclear explosion damage effects
TJ91
S 弹药作用*
F 中子破坏作用
C 核爆炸效应

核爆炸时间测定
Y 核爆炸探测

核爆炸时间探测
Y 核爆炸探测

核爆炸试验场
Y 核试验场

核爆炸探测
nuclear explosion detection
TL81
D 核爆炸冲击波探测
核爆炸次声波探测
核爆炸当量探测
核爆炸地点探测
核爆炸电磁脉冲探测
核爆炸方式测定
核爆炸方式探测
核爆炸方位探测
核爆炸观测
核爆炸光信号探测
核爆炸时间测定
核爆炸时间探测
核爆炸威力探测
核爆炸位置测定
核爆炸位置探测
核爆炸效果探测
S 探测*
C 核爆炸

核爆炸探测卫星
Y 军用卫星

核爆炸威力探测
Y 核爆炸探测

核爆炸位置测定
Y 核爆炸探测

核爆炸位置探测
Y 核爆炸探测

核爆炸效果探测
Y 核爆炸探测

核爆炸效应
nuclear explosion effect
TJ91；TL91
S 爆炸效应*
F 地下核爆炸效应
核火球
C 核爆炸破坏作用
核辐射
核监测仪器
核武器效应
人造辐射带

核材料*
nuclear matter
TL2；TL8
D 核原料
F 核电材料
聚变材料
军用核材料
裂变材料
同位素浓缩材料
增殖材料
C 材料

核材料管理
nuclear materials management
TL2；TL8
S 管理*
F 堆芯燃料管理
放射源管理
C 地质处置
放射性废物 →(13)
封隔 →(2)
核燃料循环
裂变材料

核材料衡算
nuclear material accountancy
TL3
S 平衡计算
Z 计算

核测量
nuclear measurement
TL81
S 测量*
F 氚测量
核谱测量

核场区
nuclear sites
TL94
S 物理区域*

核承压设备
nuclear pressure-containing equipment
TL35
S 核设备
Z 设备

核磁共振氢谱
Y 质子磁共振谱

核弹头
nuclear warhead
TJ91
D 核战斗部
裂变弹头
S 核武器
F 氢弹头
Z 武器

核弹头导弹
Y 核导弹

核弹药
nuclear ammunition
TJ91
S 特种弹药
C 核地雷
核炮弹
核水雷
Z 弹药

核导弹
nuclear missile
TJ76；TJ91
D 导弹核武器
核弹头导弹
核导弹武器系列
两弹结合
S 导弹
核武器
Z 武器

核导弹武器系列
Y 核导弹

核岛设备
nuclear island equipment
TL4
S 核电厂设备
Z 电厂设备

核地雷
nuclear land mine
TJ512；TJ91
D 原子地雷
S 特种地雷
C 核弹药
Z 地雷

核典型相关分析
kernel canonical correlation analysis
TL1
S 核分析技术
Z 分析方法

核电安全
nuclear power safety
TL4；TM6
S 电气安全*
核安全
F 核电站安全
Z 安全

核电材料
nuclear power materials
TL2；TL8
S 核材料*

核电产业
Y 核电工业

核电厂
Y 核电站

核电厂安全
Y 核电站安全

核电厂设备
nuclear power plant equipment
TL4；TM6
D 核电站设备
S 电厂设备*
F 核岛设备
C 核电站建设

核电厂设计
Y 核电站设计

核电厂事故
Y 核电站事故

核电厂选址
siting of nuclear power plant
TL3
D 核电站选址
S 选址*

核电厂运行工况
nuclear power plant operating condition
TL4
S 工况*
F 停堆工况

核电磁脉冲
nuclear electromagnetic pulse
TL81；TL91
D 高空核爆电磁脉冲
核爆电磁脉冲
核爆炸电磁脉冲
核脉冲
S 脉冲*
C 电磁脉冲弹
电磁脉冲武器
核辐射效应
战略电磁脉冲武器

核电磁脉冲弹
Y 战略电磁脉冲武器

核电锻件
nuclear forging
[TL48]；TG3
S 锻件*

核电反应堆
Y 反应堆

核电工程
nuclear power engineering
TL4
S 核工程
Z 工程

核电工业
nuclear power industry
TL4
D 核电产业
S 核工业
Z 工业

核电机组
nuclear power unit
TL4
S 发电机组*

核电建设
Y 核电站建设

核电设备
nuclear power equipments
TL35
S 核设备
Z 设备

核电推进
nuclear-electric propulsion
V43
S 电推进
C 电热火箭发动机

Z 推进

核电站
nuclear power plant
[TL48]
D 核电厂
核电站建筑
核动力站
核发电站
核能电厂
核能电站
核能发电厂
核能发电站
原子能电厂
原子能电站
原子能发电厂
原子能发电站
S 电厂*
F 压水堆核电站
重水堆核电站
C 电力系统
动力堆
核动力系统
核工程
核能 →(5)
核能发电 →(5)

核电站安全
nuclear power plant safety
TL4；TM6
D 核电厂安全
S 核电安全
Z 安全
电气安全

核电站建设
nuclear power station construction
TL4
D 核电建设
S 建设*
C 核电厂设备
核电站设计

核电站建筑
Y 核电站

核电站设备
Y 核电厂设备

核电站设计
nuclear power plant design
TL4
D 核电厂设计
S 场地设计*
C 核电站建设

核电站事故
nuclear power station accident
TL4
D 核电厂事故
S 核事故*

核电站选址
Y 核电厂选址

核动力
nuclear power
TL
D 原子动力
S 动力*
F 空间核动力
C 核能 →(5)

核动力冲压喷气发动机
Y 核火箭发动机

核动力堆
Y 反应堆

核动力反应堆
Y 反应堆

核动力飞机
nuclear aircraft
V272
D 核推进飞机
原子能飞机
S 飞机*
C 核推进

核动力工程
nuclear power engineering
TL
S 工程*

核动力设备
atomic power facilities
TL35
S 核设备
C 核动力系统
Z 设备

核动力示范堆
NPD reactor
TL3；TL4
D 加拿大核动力示范堆-2
S 加压重水堆
坎杜型堆
天然铀堆
Z 反应堆

核动力推进
Y 核推进

核动力卫星
Y 人造卫星

核动力系统
nuclear power system
TK0；TL99
S 动力系统*
C 反应堆
核电站
核动力厂 →(1)
核动力设备
核动力旋转机械 →(4)
核火箭发动机
核推进
核蒸汽发生器
空间核动力

核动力站
Y 核电站

核动力蒸汽发生器
Y 核蒸汽发生器

核动力装置
Y 反应堆

核毒物
nuclear poisons
TL2；TL3
D 毒物(反应堆)
毒物(核)
反应堆毒物
S 反应堆材料*
F 可燃毒物
可溶毒物
C 钐振荡
氙振荡

核独立成分分析
kernel independent component analysis
TL8
D 核独立分量分析
S 核分析技术
数据分析*
Z 分析方法

核独立分量分析
Y 核独立成分分析

核发电站
Y 核电站

核发动机
Y 核火箭发动机

核反应*
nuclear reactions
O4；TL3
D 核转变化学反应
原子转变
F 不完全熔合反应
带电粒子反应
氮-13 反应
二次反应
光核反应
核嬗变
聚变反应
硼-10 反应
热裂变
中子反应
C γ辐射
靶
捕获
反应 →(1)(2)(3)(9)
反应产物运输系统
放射化学
核爆炸
核反应产额
相干管模型

核反应产额
nuclear reaction yield
O4；O6；TL
D 产额(核反应)
S 产额*
F 聚变产额
中子产额
C 核反应

核反应堆
Y 反应堆

核反应堆安全
Y 反应堆安全

核反应堆安全壳
Y 安全壳

核反应堆材料
Y 反应堆材料

核反应堆事故
Y 反应堆事故

核反应堆芯压力容器
Y 反应堆压力容器

核反应分析
Y 核分析技术

核反应装置
Y 反应堆

核废料
Y 核废物

核废料储存
nuclear waste storage
TL94；X7
S 放射性废物储存
Z 存储

核废料处理
nuclear waste disposal
TL94；X7
D 核废料处置
核废物处理
核废物处置
S 放射性废物处理
F 核废物地质处置
Z 废物处理

核废料处置
Y 核废料处理

核废料处置概念库
Y 核废料贮存库

核废料污染
nuclear waste contamination
TL94；X7
S 核污染
Z 环境污染

核废料贮存库
nuclear waste repositories
TL94
D 核废料处置概念库
核废料贮库
S 处置库
Z 设施

核废料贮库
Y 核废料贮存库

核废物
nuclear waste
TL94；X7
D 放射性核废料
放射性核废物
核废料
S 废弃物*

核废物处理
Y 核废料处理

核废物处置
Y 核废料处理

核废物处置场
Y 处置场

核废物处置库
Y 处置场

核废物地质处置
geological disposal of nuclear waste
TL94；X7
S 地质处置
核废料处理
Z 废物处理

核废物管理
nuclear waste management
TL94
S 放射性废物管理
Z 环境管理

核废液
nuclear liquid wastes
TL94；X7
S 放射性废液
Z 废液

核分析
Y 核分析技术

核分析技术
nuclear analytical techniques
O6；TL99
D 分析(核反应)
核反应分析
核分析
质子诱发γ射线分析
S 分析方法*
F 核典型相关分析
核独立成分分析

核辐射
nuclear radiation
TJ91；TL7
D 放射性辐射
核辐射技术
S 辐射*
F 瞬发辐射
早期核辐射
C 辐射监测仪
核爆炸
核爆炸效应
核试验

核辐射技术
Y 核辐射

核辐射剂量探测器
Y 辐射探测器

核辐射剂量探测仪
Y 辐射探测器

核辐射监测系统
nuclear radiation monitoring system
TB4；TL81；TP2
S 辐射监测系统
C 辐射探测器
Z 监测系统

核辐射监督测量
nuclear radiological monitoring measurement
TH7；TL8
S 辐射测量*

核辐射料位计
Y 核料位计

核辐射事故
Y 放射事故

核辐射水平
Y 辐射水平

核辐射损伤探测器
Y 辐射探测器

核辐射探测
Y 辐射探测

核辐射探测器
Y 辐射探测器

核辐射探测仪器
Y 辐射探测器

核辐射武器
nuclear radiation weapons
TJ91
S 辐射武器
特殊性能核武器
Z 武器

核辐射效应
nuclear radiation effect
Q6；TJ91；TL7
S 辐射效应*
C 核电磁脉冲

核辐射仪表
nuclear radiation instruments
TH7；TL81
S 辐射仪器
Z 仪器仪表

核辐射应急
nuclear radiation emergency
R；TL7
S 核应急
Z 应急

核辐射沾染
Y 放射性沾染

核辅助能源卫星
Y 人造卫星

核工程
nuclear engineering
TL
D 核能工程
原子能工程
S 工程*
F 反应堆工程
核电工程
聚变工程
C 反应堆
反应堆工艺
核电站
核能 →(5)

核工业

nuclear industry
TL
D 原子能工业
S 工业*
F 核电工业
铀工业

核工业废水
nuclear industry wastewater
TL94；X7
S 废水*

核供料生产工厂
Y 核燃料制造厂

核供料生产中心
Y 核燃料制造厂

核供热堆
Y 供热堆

核供热反应堆
Y 供热堆

核供热试验堆
Y 供热堆

核光泡发动机
Y 核火箭发动机

核轰击
nuclear bombardment
TG1；TL
S 轰击*

核化生防护
NBC protection
TJ9
D 核生化防护
化生放防护
化学-生物-核防护
三防
S 武器防护
F 生物武器防护
Z 防护

核毁伤半径
Y 毁伤半径

核火箭发动机
nuclear rocket engine
V439
D 核动力冲压喷气发动机
核发动机
核光泡发动机
原子火箭发动机
原子能火箭发动机
S 非化学火箭发动机
C 超声速低空导弹
核动力系统
气体燃料堆
热离子堆
Z 发动机

核火球
nuclear fireball
TL91
D 爆炸火光
爆炸火球
核爆炸火球
火球
火球(核)
S 核爆炸效应
Z 爆炸效应

核技术
nuclear technique
TL
S 技术*
F 核保障技术

核技术应用
nuclear technology application
TL99
S 技术应用*

核加固
Y 抗辐射加固

核监测仪器
nuclear monitoring instruments
TL81
D 核监测装备
S 辐射监测仪
C 辐射探测器
核爆炸效应
核试验
Z 监测仪器

核监测装备
Y 核监测仪器

核径迹
nuclear tracks
O4；TL8
D 核径迹技术
核径迹探测
核径迹探测器
S 轨迹*

核径迹技术
Y 核径迹

核径迹乳胶
Y 核乳胶

核径迹探测
Y 核径迹

核径迹探测器
Y 核径迹

核聚变
Y 聚变反应

核聚变靶
fusion target
TL5
D 聚变靶
热核靶
S 靶*
F 惯性约束聚变靶
激光聚变靶

核聚变堆
Y 热核堆

核聚变反应堆
Y 热核堆

核聚变实验
fusion experiment
TL6
S 聚变实验
Z 实验

核聚变实验装置
Y 核聚变装置

核聚变装置
fusion devices
TL6
D 核聚变实验装置
聚变装置
S 热核装置*
F 国家点火装置

核壳结构
core-shell structure
TL3
D 仿贝壳结构
核-壳结构
壳核结构
S 结构*
C 中空聚合物微球 →(9)

核孔膜
nuclear track membrane
TL99
S 膜*

核扩散
nuclear proliferation
TL2
S 扩散*
C 核安全保障
核燃料循环

核料位计
nuclear level gauge
TH7；TL82
D 核辐射料位计
核子料位计
S 核仪器
Z 测量仪器

核裂变材料
Y 裂变材料

核裂变产物
Y 裂变产物

核裂变堆
Y 反应堆

核裂变反应堆
Y 反应堆

核临界
nuclear criticality
TL2
S 临界*

核临界事故
nuclear-critical accident
TL36；TL73；TL78
D 临界事故
S 核事故*

核脉冲
Y 核电磁脉冲

核模型*
nuclear models
O4；TL1
D 模型(核)
F 调节模型
粒子-核心耦合模型
弱耦合模型
推转模型
相干管模型
蒸发模型
准粒子-声子模型
C 工程模型

核能安全
nuclear energy safety
TL3
S 安全*

核能电厂
Y 核电站

核能电站
Y 核电站

核能发电厂
Y 核电站

核能发电站
Y 核电站

核能工程
Y 核工程

核能谱
nuclear spectrometry
TL8
S 能谱
Z 谱

核能谱测量
nuclear spectrum measurement
TL81
S 核谱测量
Z 测量

核能释放
nuclear energy release
TL6
S 释放*

核能推进
Y 核推进

核能系统
Y 反应堆

核炮
Y 原子炮

核炮弹
nuclear projectile
TJ412；TJ91
D 原子炮弹
S 炮弹*
F 中子炮弹
C 核弹药
原子炮

核屏蔽
Y 辐射屏蔽

核谱测量
nuclear spectrum measuring
TL8
D 中子剂量测量
中子能谱测量法
中子能谱测量学
S 核测量
F 核能谱测量
Z 测量

核潜艇辐射防护
nuclear powered submarine radiation protection
TL7
S 辐射防护
Z 防护

核燃料
nuclear fuel
TL2
D 反应堆燃料
反应堆燃料(裂变)
固态核燃料
固体核燃料
核子燃料
裂变反应堆燃料
燃料(核)
首次装载核燃料
S 燃料*
F 乏燃料
合金核燃料
金属核燃料
热核燃料
C 包壳管

核燃料棒
Y 燃料棒

核燃料处理
Y 核燃料生产

核燃料工厂
Y 核燃料制造厂

核燃料管理
nuclear fuel management
TL24
S 燃料管理
F 堆芯燃料管理
Z 管理

核燃料后处理
nuclear fuel reprocessing
TL24
D Eurex 法
Fluorox 法
Halex 法
Purex 法
Purex 过程
Purex 流程
Redox 法
Saltex 法
Thorex 法
反应堆燃料后处理
弗卢雷克斯过程
弗鲁罗克斯法
弗鲁罗克斯过程
高温化学处理
高温化学后处理
哈莱克斯过程
卡尔保克斯过程
拉海德过程
雷道克斯过程
镎普特克斯过程
镎谱特克斯法
普雷克斯过程
普雷克斯流程
熔融精炼过程
萨尔特克斯过程
钍雷克斯过程
锌蒸馏过程
盐转移过程
尤雷克斯过程
S 燃料后处理
F 乏燃料后处理
C 乏燃料
溶剂萃取
Z 处理

核燃料后处理厂
nuclear fuel reprocessing plants
TL24
D 后处理厂
S 工厂*
核设施
F 乏燃料后处理厂
中试厂
C 后处理 →(1)
裂变产物
燃料循环中心
Z 设施

核燃料生产
nuclear fuel producing
TH16；TL2
D 核燃料处理
S 燃料生产
F 乏燃料处理
Z 生产

核燃料生产厂
Y 核燃料制造厂

核燃料循环*
nuclear fuel cycle
TL2
D 再循环(核燃料)
F 钍循环
C 地质处置
核材料管理
核扩散
后处理 →(1)
贫化铀 →(3)
燃耗 →(5)(12)
燃料生产
燃料循环中心

核燃料元件
Y 燃料元件

核燃料增殖
Y 核燃料转换

核燃料制造厂
nuclear fuel fabrication plants
TL2
D 核供料生产工厂
核供料生产中心

核燃料工厂
核燃料生产厂
混合氧化物燃料厂
混合氧化物燃料制造厂
氧化铀燃料厂
铀工厂
铀水冶厂
原子能燃料制造厂
S 工厂*
核设施
C 燃料循环中心
燃料元件
铀 →(3)
Z 设施

核燃料中心
Y 燃料循环中心

核燃料转换
nuclear fuel conversion
TL2；TM6
D 核燃料增殖
S 燃料转换*
F 增殖
C 增殖材料

核燃料组件
Y 燃料元件

核乳胶
nuclear emulsion
O4；TL81
D 核径迹乳胶
核子乳剂
乳胶迭
S 胶乳*
C 剂量计
径迹探测器

核嬗变
nuclear transmutation
TL3；TL92
D 嬗变
原子嬗变
S 核反应*
F 分离-嬗变
加速器驱动嬗变

核设备
nuclear equipment
TL94
S 设备*
F 核承压设备
核电设备
核动力设备

核设施
nuclear facilities
TJ91；TL
D 厂址(核装置)
核设施场
核装置
设施(核)
S 设施*
F 处置设施
核燃料后处理厂
核燃料制造厂
核试验场
燃料循环中心
同位素分离工厂
C 控制区 →(1)
试验设施
贮存设施

核设施场
Y 核设施

核设施退役
nuclear installation decommissioning
TL24；TL4；TL94
D 退役安全
退役材料
退役处理
退役技术
退役设备
退役治理
S 退役*
F 反应堆退役
C 补救措施
试验设施

核生化防护
Y 核化生防护

核生化威胁
NBC threats
E；TJ9
S 威胁*

核生化洗消技术
Y 洗消

核生化侦察车
chemical reconnaissance vehicles
TJ812.8；TJ92
D 防化侦察车
化学侦察车
轻型防化侦察车
装甲防化侦察车
S 装甲侦察车
Z 保障车辆
军用车辆

核实验
Y 核试验

核事故*
nuclear accident
TL73
D 核事件
F 反应堆事故
放射事故
放射源丢失
核电站事故
核临界事故
核泄漏事故
C 干预水平
事故

核事故应急
Y 核应急

核事件
Y 核事故

核试验
nuclear test
TJ01；TL91
D 核实验
核试验技术
核武器试验
S 武器试验*
F 大气层核试验
地下核试验
氢弹试验
原子弹试验
C 核爆炸
核辐射
核监测仪器
核试验场

核试验安全
nuclear test safety
TJ01；TL91
S 安全*

核试验场
nuclear test site
TJ01；TJ91；TL91
D 地下核试验场
核爆炸试验场
S 核设施
试验场
C 核试验
Z 设施
试验设施

核试验基地
nuclear test base
TJ01；TL91
D 核武器试验基地
S 试验基地
Z 基地

核试验技术
Y 核试验

核数据
nuclear data
TL3
S 数据*

核水雷
nuclear naval mine
TJ61；TJ91
S 特种水雷
C 核弹药
Z 水雷

核素*
nuclide
O6；TL92
F α 核素
γ 核素
超铀核素
短寿命核素
裂片核素
人工放射性核素
C 同位素

核素比活度
nuclide specific activity
TL94
S 放射性活度
Z 活度

核素迁移
Y 放射性核素迁移

核素识别
nuclide identification
TL3；TL6
S 识别*

核探测
Y 辐射探测

核探测技术
Y 辐射探测

核探测器
Y 辐射探测器

核探测仪器
Y 辐射探测器

核推进
nuclear propulsion
TK0；V43
D 核动力推进
核能推进
化学核推进
热核推进
S 推进*
F 飞机核推进
航天器核推进
C 核动力飞机
核动力系统
空间核动力

核推进飞机
Y 核动力飞机

核污染
nuclear pollution
TL94；X7
S 环境污染*
F 核废料污染
C 核安全

核污染事故
Y 核泄漏事故

核武库
Y 核武器库

核武器
nuclear weapons
TJ91；TL91
D 热核武器
S 武器*
F 第四代核武器
核弹头
核导弹
氢弹
特殊性能核武器
微型核武器
小型核弹
原子弹
战略核武器
战术核武器
钻地核武器
C 放射性沉降物 →(13)
核爆炸

核武器安全
nuclear weapon safety
TJ91
S 安全*

核武器部件*
nuclear weapon component
TJ91
F 钚弹芯

核武器仓库
Y 核武器库

核武器储存
Y 核武器库存

核武器工厂
nuclear weapon factory
TJ91
S 工厂*
C 核武器生产

核武器核查
verification of nuclear weapon
TJ91
D 核武器检查
S 检查*

核武器毁伤效应
nuclear weapon damage effect
TJ91
D 核武器杀伤破坏效应
S 核武器效应
毁伤效应
F 热摧毁效应
自相摧毁效应
Z 武器效应

核武器计划
nuclear weapons programme
TJ91
S 武器计划
C 核武器可靠性
Z 计划

核武器检查
Y 核武器核查

核武器开发
Y 开发

核武器可靠性
nuclear weapon reliability
TJ91
S 可靠性*
武器性能
C 核武器计划
Z 性能

核武器库
nuclear weapon warehouse
TJ91
D 核武库
核武器仓库
S 库场*
C 核武器库存

核武器库存
nuclear weapon storage
TJ91
D 核武器储存
核武器贮存
S 武器储存
C 安全储存寿命
核武器库
Z 存储

核武器杀伤破坏效应
Y 核武器毁伤效应

核武器生产
nuclear weapon production
TH16；TJ91
S 武器装备生产
C 核武器工厂
Z 生产

核武器试验
Y 核试验

核武器试验基地
Y 核试验基地

核武器系统
nuclear weapons system
TJ91
S 武器系统*

核武器效应
nuclear weapon effect
TJ91
S 武器效应*
F 核武器毁伤效应
C 核爆炸效应

核武器贮存
Y 核武器库存

核泄漏
nuclear leaking
TL36；TL73
D 核泄露
S 放射性泄漏
F 中子泄漏
Z 泄漏

核泄漏事故
nuclear leaking accident
TL73；TL78
D 核污染事故
核泄露事故
S 核事故*
F 切尔诺贝利核事故
C 放射性物质监测 →(13)
泄漏

核泄露
Y 核泄漏

核泄露事故
Y 核泄漏事故

核心发动机
Y 气体发生器

核心功能结构
Y 功能结构

核心机
Y 燃气发生器

核压力容器
nuclear pressure vessel
TH4；TL35
S 容器*

核-壳结构

Y 核壳结构

核仪表
Y 核仪器

核仪器
nuclear instrument
TL82
D 核仪表
核仪器仪表
活度仪
气体放射性活度计
S 测量仪器*
F 核料位计
同位素仪表

核仪器仪表
Y 核仪器

核应急
nuclear emergency
TL7
D 核事故应急
S 应急*
F 场外应急
核辐射应急

核原料
Y 核材料

核战斗部
Y 核弹头

核蒸发
Y 蒸发模型

核蒸汽发生器
nuclear steam generator
TL352
D 核动力蒸汽发生器
S 蒸汽发生器
C 核动力系统
Z 发生器

核蒸汽供应系统
nuclear steam supply system
TL4
S 供应系统*
气体系统
Z 流体系统

核转变化学反应
Y 核反应

核装置
Y 核设施

核子料位计
Y 核料位计

核子燃料
Y 核燃料

核子乳剂
Y 核乳胶

核钻地弹
nuclear earth penetrating projectile
TJ91
S 钻地核武器
Z 武器

盒形机翼
box-spar wing
V224
D 单块式机翼
翼盒
S 机翼*

盒子炮
Y 手枪

荷载
Y 载荷

荷载计算
Y 负荷计算

荷载历史
Y 载荷

荷载模式
Y 载荷

荷载谱
Y 载荷谱

荷载形式
Y 载荷

荷载压力
Y 载荷

黑白元件
Y 催化元件

黑白照相机
Y 照相机

黑洞靶
Y 空腔靶

黑盒子
Y 黑匣子

黑腔靶
hohlraum targets
O4；TL5；TL6
S 腔靶
Z 靶

黑区
Y 黑障区

黑体辐射
blackbody radiation
V419
D 宇宙黑体辐射
S 辐射*
C 黑体炉 →(4)(5)

黑匣子
air accident recorder
TH7；V248
D 飞行事故记录器
飞行事故记录仪
黑盒子
黑匣子实验
坠毁记录器
S 事故记录仪
C 航空事故
信息存储 →(8)
Z 记录仪

黑匣子实验
Y 黑匣子

黑障区
blackout region
TN91；V525
D 黑区
再入黑障区
S 区域*

恒比定时
constant fraction timing
TL8
S 定时*

恒定非均匀流
steady non-uniform flow
O3；TV1；V211
S 流体流*

恒定流
steady flow
O3；TL
D 定常流
S 流体流*
F 非恒定流
准定常流

恒速传动装置
Y 传动装置

恒速驱动装置
Y 传动装置

恒向线
loxodrome
TN96；U6；V249
S 结构线*
C 大圆航线 →(12)

恒星际飞行
Y 星际飞行

恒星际航行
Y 星际飞行

恒星际宇宙飞行
Y 星际飞行

恒星敏感器
Y 星敏感器

恒星探测航天器
starprobe spacecraft
V47
S 空间探测器
F 太阳探测器
Z 航天器

桁架式机身
Y 桁梁式机身

桁梁式机身
longeron fuselage
V223
D 构架式机身
桁架式机身
架式机身
梁式机身
S 机身*
C 机身大梁

桁条
Y 机身构件

桁条式机身
stringered fuselage
V223
S 机身*
C 机身构件

横摆力矩控制
yaw moment control
V249.122.2
S 摆动控制
力学控制*
F 直接横摆力矩控制
C 主动前轮转向 →(4)(12)
Z 飞行控制

横侧安定性
Y 横向稳定性

横侧操纵性
Y 操纵性

横侧稳定性
Y 横向稳定性

横滚角
Y 滚转角

横滚控制
Y 横向控制

横滚框架
Y 机身构件

横滚拉制
Y 横向控制

横滚速率控制
Y 横向控制

横滚稳定性
roll stability
TJ760.1
S 运动稳定性
Z 机械性能
稳定性
物理性能

横航向飞行品质
Y 飞行品质

横航向静稳定性
lateral directional static stability
V212
S 航向静稳定性
横向稳定性
Z 方向性
稳定性
载运工具特性

横滑
Y 侧滑

横截计数器
Y 计数器

横列式双旋翼直升机
Y 横列式直升机

横列式直升机
side-by-side helicopter
V275.1
D 横列式双旋翼直升机
双旋翼横列式直升机
S 直升机
C 双桨交叉直升机
Z 飞机

横流不稳定性
cross-flow instability
V212
S 稳定性*

横倾角
Y 滚转角

横推器
Y 舵机

横稳性
Y 横向稳定性

横向安定性
Y 横向稳定性

横向操纵性
Y 操纵性

横向导引
lateral steering
TJ765；V249.3；V448
D 侧向制导
横向制导
S 导引*

横向舵机
Y 舵机

横向防撞
Y 避碰

横向过载
lateral overload
TB1；V215
S 载荷*

横向控制
lateral control
TP1；V249.1
D 飞机横滚控制
飞机横向控制
滚动控制
滚转控制
横滚控制
横滚拉制
横滚速率控制
S 方向控制*
C 横滚 →(4)
升降副翼
转弯飞行
姿态控制

横向稳定性
transverse stability
U6；V32
D 飞机横向安定性
飞机横向稳定性
滚转安定性
滚转稳定性
横侧安定性
横侧稳定性
横稳性
横向安定性
舰船横稳性
舰艇横稳性
上反角效应
S 航向稳定性
F 横航向静稳定性
C 副翼
转弯飞行
Z 方向性
稳定性
载运工具特性

横向引信
Y 炸弹引信

横向制导
Y 横向导引

横向阻尼器
Y 自动增稳系统

横摇角
Y 滚转角

衡量仪器
Y 衡器

衡器*
weighing instrument
TH7
D 称量车
称量器
称量设备
称量仪表
称量仪器
称量装置
称重计量设备
称重平台
称重器具
称重设备
称重仪
称重仪表
称重仪器
称重装置
承载器
秤重仪
衡量仪器
计量衡器
重量测量设备
重量计量仪
重量计量仪器
F 动态测力天平
风洞天平
C 称量机构 →(4)
称重系统 →(4)
质量计量仪器 →(2)(4)
重量

衡算
Y 平衡计算

轰击*
bombardment
O4；TL5
F 光子轰击
核轰击
氩离子轰击

质子轰击

轰击火箭弹
Y 空地火箭弹

轰声
Y 音爆

轰运飞机
boom transport aircraft
V271.44
S 轰炸机
Z 飞机

轰炸兵器
Y 机载武器

轰炸弹道
bombing trajectories
TJ414
S 炸弹弹道
Z 弹道

轰炸导航系统
bombing navigation system
V249.3
D 雷达轰炸系统
S 导航系统*
C 导航雷达 →(7)(12)

轰炸机
bomber aircraft
V271.44
S 军用飞机
F 超音速轰炸机
俯冲轰炸机
轰运飞机
歼击轰炸机
喷气式轰炸机
轻型轰炸机
隐形轰炸机
战略轰炸机
C 反潜机
飞机炮塔
轰炸设备
机载武器
Z 飞机

轰炸瞄准
bomb-aiming
V24
S 瞄准*
F 方位瞄准
C 航空瞄准具

轰炸瞄准具
Y 航空瞄准具

轰炸目标识别
Y 目标识别

轰炸设备
bombing equipment
V24
D 轰炸装置
S 机载武器投放装置
F 投弹器
武器挂架
C 轰炸机
轰炸系统
空投系统
Z 发射装置

轰炸卫星
bombardment satellite
V474
S 军用卫星
C 航天武器
Z 航天器
卫星

轰炸系统
bombing systems
V24
S 火控系统
C 轰炸设备
机载武器
Z 武器系统

轰炸效果照相机
Y 航空相机

轰炸照相机
Y 航空相机

轰炸装置
Y 轰炸设备

红色发烟弹
red smoke projectiles
TJ412
S 烟幕弹
Z 炮弹

红外半自动制导
infrared semi-automatic guidance
TJ765；V448
S 红外制导
Z 制导

红外测量吊舱
ir measuring pod
V223
S 吊舱
Z 舱

红外成像导引头
Y 热成像导引头

红外成像寻的制导
infrared imaged homing guidance
TJ765；V448
S 寻的制导
Z 制导

红外成像引信
infrared imaging fuze
TJ434
S 成像引信
红外引信
Z 引信

红外成像制导
infrared imaging guidance
TJ765；V448
D 红外成像制导技术
红外热成像制导
S 成像制导
Z 制导

红外成像制导技术
Y 红外成像制导

红外导弹
Y 红外制导导弹

红外导航系统
infrared navigation system
V249.3；V448
S 导航系统*
红外系统*

红外导引头
infrared seeker
TJ765；V448
D 半自动红外导引头
红外寻的头
红外寻的装置
红外引导头
热导引头
S 光电导引头
F 红外凝视成像导引头
热成像导引头
Z 制导设备

红外地平仪
infrared earth sensor
TP7；V241；V441
D 红外地球敏感器
圆锥扫描式红外地球敏感器
S 地平仪
F 静态红外地平仪
C 遥感传感器 →(8)
Z 指示器

红外地球敏感器
Y 红外地平仪

红外吊舱
infrared pod
V223
D 红外瞄准吊舱
红外增强吊舱
S 光电吊舱
F 前视红外吊舱
Z 舱

红外非成像制导
infrared non-imaging guidance
TJ765；V448
S 红外制导
Z 制导

红外复合隐身涂层
Y 红外隐身涂层

红外干扰弹
Y 红外诱饵弹

红外跟踪测量系统
infrared tracking measurement system
TH7；V556
S 红外跟踪系统
Z 跟踪系统
光电系统
红外系统

红外跟踪监视系统
Y 红外跟踪系统

红外跟踪系统

infra-red tracking system
TJ765；V556
D 红外跟踪监视系统
红外跟踪装置
S 光电跟踪系统
红外系统*
F 红外跟踪测量系统
红外搜索跟踪系统
C 红外跟踪 →(7)
红外雷达 →(7)
红外制导
Z 跟踪系统
光电系统

红外跟踪装置
Y 红外跟踪系统

红外光学系统
Y 红外系统

红外光学整流罩
Y 红外整流罩

红外光引信
Y 红外引信

红外近距格斗导弹
Y 近距格斗空对空导弹

红外空间观测站
Y 太空观测站

红外空空导弹
infrared air-to-air missile
TJ76
D 红外型空对空导弹
S 空空导弹
C 红外制导武器
Z 武器

红外瞄准吊舱
Y 红外吊舱

红外末制导
infrared terminal guidance
TJ765；V448
S 末制导
Z 制导

红外末制导炮弹
Y 红外制导炮弹

红外目标仿真器
Y 红外目标模拟器

红外目标模拟器
infrared target simulator
TN2；V216
D 红外目标仿真器
S 模拟器*
C 红外仿真 →(7)
红外目标跟踪 →(7)

红外目标探测
infrared object detection
TN2；V249.3
S 红外探测
Z 探测

红外凝视成像导引头
infrared staring imaging seekers
TJ765
S 红外导引头
Z 制导设备

红外热成像制导
Y 红外成像制导

红外搜索跟踪系统
infrared search-track system
TJ765；V556
S 红外跟踪系统
C 红外搜索跟踪 →(7)
搜索跟踪 →(7)
Z 跟踪系统
光电系统
红外系统

红外探测
infrared detection
TN2；V249.3
D 红外探测技术
红外线探测
S 光学探测
F 红外目标探测
室温红外探测
远红外探测
C 红外跟踪 →(7)
红外探测器 →(7)
红外探测系统 →(7)
红外探测仪 →(7)
红外遥控 →(8)
红外应用 →(7)
Z 探测

红外探测技术
Y 红外探测

红外探雷
infrared mine detection
TJ517
S 探雷*

红外天文卫星
infrared astronomical satellite
V474
S 天文卫星
Z 航天器
卫星

红外系统*
infrared system
TN2
D 红外光学系统
F 红外导航系统
红外跟踪系统
红外遥控系统
红外制导系统
天基红外系统
C 光学系统
红外器件 →(7)

红外线燃烧器
Y 燃烧器

红外线探测
Y 红外探测

红外线银幕合成摄影
Y 摄影

红外型空对空导弹
Y 红外空空导弹

红外寻的
Y 红外制导

红外寻的头
Y 红外导引头

红外寻的制导
Y 红外制导

红外寻的制导炮弹
Y 红外制导炮弹

红外寻的装置
Y 红外导引头

红外烟幕
infrared smoke screen
TJ536
S 烟幕*

红外遥控系统
infrared remote control system
TJ765；TP2
S 红外系统*
遥控系统
Z 控制系统
远程系统
专用系统

红外曳光弹
Y 红外诱饵弹

红外引导头
Y 红外导引头

红外引信
infrared fuze
TJ434
D 红外光引信
S 近炸引信
F 红外成像引信
Z 引信

红外隐身
infrared stealth
TN97；V218
D 红外隐身技术
S 对抗*
隐身技术*
C 辐射对比度 →(7)

红外隐身材料
infrared stealth materials
TB3；V25
S 隐身材料
Z 功能材料

红外隐身技术
Y 红外隐身

红外隐身涂层
infrared stealth coating
TJ0
D 红外复合隐身涂层
S 隐身涂层
Z 涂层

红外诱饵弹

infrared decoy
TJ412；TN97
D 红外干扰弹
红外曳光弹
S 干扰炮弹
军事装备*
C 红外干扰 →(7)
红外干扰机 →(7)
红外诱饵 →(7)
Z 炮弹

红外增强吊舱
Y 红外吊舱

红外照明剂
Y 照明剂

红外整流罩
infrared dome
TJ760.3；V222
D 红外光学整流罩
S 整流罩*
C 红外窗口 →(7)

红外制导
infrared guidance
TJ765；V448
D 红外寻的
红外寻的制导
红外制导技术
热寻的
热制导
S 光电制导
F 红外半自动制导
红外非成像制导
C 红外跟踪系统
红外制导系统
Z 制导

红外制导爆破炸弹
Y 红外制导炸弹

红外制导导弹
infrared guided missile
TJ76
D 红外导弹
S 精确制导导弹
C 红外制导武器
Z 武器

红外制导技术
Y 红外制导

红外制导炮弹
infrared termianl guided projectiles
TJ412
D 红外末制导炮弹
红外寻的制导炮弹
S 末制导炮弹
C 红外制导武器
Z 炮弹

红外制导武器
infrared guided weapons
E；TJ0
S 制导武器
C 红外空空导弹
红外制导导弹
红外制导炮弹
红外制导炸弹
Z 武器

红外制导系统
infrared guidance system
TJ765；V448
S 红外系统*
制导系统*
C 红外制导

红外制导炸弹
infrared-guided bomb
TJ414
D 红外制导爆破炸弹
S 制导炸弹
C 红外制导武器
Z 炸弹

喉衬
throat liner
V232.97；V431
S 火箭发动机部件
F 喷管喉部
喷管喉衬
Z 发动机零部件

喉衬材料
throat liner material
V25
S 航天材料
Z 材料

喉道
Y 喷管喉部

喉道类型
Y 喷管喉部

喉栓式推力可调固体火箭发动机
Y 固体火箭发动机

后保险杠护套
Y 护套

后备电池
Y 电池

后部加载叶型
rear load blade airfoils
V221
D 后加载叶型
S 叶型
C 后加载叶栅
Z 翼型

后处理厂
Y 核燃料后处理厂

后处理废物
Y 废弃物

后方维修
Y 三级维修

后飞
rearward flight
V323
D 后退飞行
S 航空飞行
C 前飞
Z 飞行

后机身
rear fuselages
V223
S 机身*
C 机身中段
前机身
着陆辅助设备

后加载叶型
Y 后部加载叶型

后加载叶栅
after loaded cascade
TH13；TK0；V232
S 叶栅*
C 后部加载叶型

后掠机翼
Y 后掠翼

后掠桨尖旋翼
Y 旋翼

后掠角
backswept
V211；V224
D 机翼后掠角
S 掠角
C 展弦比
Z 角

后掠尾翼
sweptback tail surfaces
V225
S 尾翼*
C 安定面

后掠效应
sweepback effect
V211
S 气动效应*
C 飞行载荷
气动载荷
翼载荷

后掠翼
back-swept wing
V224
D M形机翼
W形机翼
变几何机翼
变几何形状翼
后掠机翼
后掠翼型
S 掠翼
F 变后掠翼
箭形机翼
三角翼
梯形翼
C 边条翼
超音速翼型
矩形机翼
Z 机翼

后掠翼飞机
Y 变后掠翼飞机

后掠翼型
Y 后掠翼

后勤保障
logistics support
[TJ07]
S 保障*
F 维修保障

后勤舱
Y 航天器舱

后倾角
back rake
V226
S 角*

后体
afterbody
V221
D 钝尾体
收缩式后体
S 物体*
F 上翘后体
C 尾锥

后体喷管
nozzle afterbody
V232.97
S 喷管*

后体气动力
afterbody aerodynamical forces
V211
S 气动力
Z 动力

后退飞行
Y 后飞

后退开缝式襟翼
Y 富勒襟翼

后效冲量
delayed impulse
V430
D 推力后效冲量
S 冲量*

后缘
trailing edge
V224
D 超声速后缘
亚声速后缘
S 边缘*
C 机翼
前缘
涡襟翼

后缘操纵面
trailing edge control surfaces
V225
S 气动操纵面
F 补偿片
副翼
C 尾翼
Z 操纵面

后缘襟翼
trailing edge flaps
V224
S 襟翼
F 富勒襟翼
开缝襟翼
开裂式襟翼
Z 操纵面

后缘喷流
trailing edge jet
V211
S 射流*

后坐保险机构
setback arming device
TJ303
S 保险机构
Z 保险装置
引信部件

后坐力
recoil force
TJ2；TJ301
S 力*
C 火炮射击
枪械射击

厚靶
thick target
TL5
S 靶*

厚度*
thickness
ZT2
D 厚度变化
F 边界层厚度
覆盖厚度
屏蔽厚度
药柱肉厚
装甲厚度
C 深度
直径 →(1)(2)(3)(4)(5)(7)(9)(10)(11)(12)

厚度变化
Y 厚度

厚弦比
thinkness ratio
V211
S 比*

候机大厅
Y 候机厅

候机厅
departure hall
V351.1
D 候机大厅
机场候机楼
S 机场建筑*

呼救设备
Y 救生联络设备

呼吸防护
respiratory protection
TJ92；X9
S 个体防护
C 呼吸器 →(2)(4)(10)
Z 防护

呼吸防护用品
respiratory protection equipment
TD7；TJ92；X9
D 呼吸器官防护用品
S 安全防护用品*

呼吸器官防护用品
Y 呼吸防护用品

弧鞍填料
Y 填料

弧形机翼
Y 弯扭机翼

弧形翼
curved wing
V224
S 机翼*

互联总线
Y 总线

互作用空气动力学
Y 工业空气动力学

户外电气设备
Y 电气设备

护套*
sheath
TM2
D 插座护套
防护套
复合护套
后保险杠护套
前护套
F 炮管热护套
C 保护套管 →(2)(5)
护套电缆 →(5)
护套料 →(5)
聚氯乙烯绝缘尼龙护套电线 →(5)

划桨救生艇
Y 救生艇

划水板
Y 水橇

滑板泵
Y 泵

滑道设计
taxiway design
V351
S 机场设计
Z 交通设计

滑道试验
Y 火箭橇试验

滑动模态变结构控制
Y 滑模变结构控制

滑轨炮
Y 轨道炮

滑轨试验
Y 火箭橇试验

滑环伺服系统
slide ring servo system
TH11；V245
S 伺服系统*

滑流
slip flow
V211
S 流体流*
F 螺旋桨滑流

滑流干扰
slipstream interference
V211.46
S 气动干扰*
C 尾流干扰

滑模变结构控制
sliding mode variable structure control
V249.1
D 变结构滑模控制
滑动模态变结构控制
S 结构模态控制
自动控制*
F 离散滑模变结构控制
C 滑模变结构 →(5)
Z 飞行控制
结构控制
模态控制

滑跑
Y 滑行

滑跑距离
running distance
V32
S 距离*
F 起飞滑跑距离
着陆滑跑距离
C 起飞
着陆

滑跑起飞
Y 滑跃起飞

滑橇
sledge
V226
D 飞机滑橇
S 起落架构件
C 轻型飞机
Z 飞机结构件

滑橇落地
Y 滑橇着陆

滑橇式起落架
skid landing gear
V226
S 起落架*
C 冰上起落
滑橇着陆

滑橇试验
Y 火箭橇试验

滑橇着陆
skid landing
V32
D 滑橇落地
滑橇着落
滑撬降落
滑撬着陆
S 飞机着陆
C 滑橇式起落架
Z 操纵

滑橇着落
Y 滑橇着陆

滑撬降落
Y 滑橇着陆

滑撬试验
Y 火箭橇试验

滑撬着陆
Y 滑橇着陆

滑水
Y 水面滑行

滑水橇
Y 水橇

滑水撬
Y 水橇

滑膛炮
smooth-bore gun
TJ399
S 火炮
F 滑膛坦克炮
C 滑膛炮弹
Z 武器

滑膛炮弹
smoothbore cartridge
TJ412
S 炮弹*
C 滑膛炮

滑膛枪
smoothbore rifle
TJ2
S 枪械*
C 滑膛枪管

滑膛枪管
smoothbore barrel
TJ2
S 枪管
C 滑膛枪
Z 枪械构件

滑膛坦克炮
smooth-bore tank guns
TJ38
S 滑膛炮
坦克炮
Z 武器

滑翔
gliding
V323
D 惯性飞行
滑翔飞行
空滑
无动力推进飞行
S 航空飞行
C 滑翔机
下滑控制
自由飞
Z 飞行

滑翔弹道
glide trajectory
TJ01
S 飞行弹道
F 最优滑翔弹道
C 滑翔炸弹
Z 弹道

滑翔飞行
Y 滑翔

滑翔机
gliders
V277
D 动力滑翔机
悬挂滑翔机
运动滑翔机
载人滑翔机
S 重于空气航空器
F 动力悬挂滑翔机
高超声速滑翔机
火星滑翔机
C 滑翔
体育运动飞机
自由飞
Z 航空器

滑翔降落伞
Y 滑翔伞

滑翔伞
paraglider
V244.2
D 低级滑翔伞
高级滑翔伞
滑翔降落伞
中级滑翔伞
S 降落伞*
F 动力伞
C 高超声速滑翔机

滑翔再入飞行器
Y 升力式再入飞行器

滑翔增程
gliding flight extended range
TJ412
S 增程技术
Z 技术

滑翔增程弹
gliding extended range projectiles
TJ412
D 滑翔增程炮弹
S 增程弹
C 飞行弹道
Z 炮弹

滑翔增程炮弹
Y 滑翔增程弹

滑翔炸弹
glide bomb
TJ414
S 爆破燃烧炸弹
C 滑翔弹道
Z 炸弹

滑行
glide
U4；V32

D 飞机滑跑
滑跑
滑行法
滑行方法
滑行力
S 运动*
F 地面滑行
水面滑行
C 飞机着陆
航向误差 →(3)(4)
滑行距离 →(1)
滑行控制
滑行时间
滑行试验
起飞
起飞滑跑距离

滑行安定性
Y 滑行稳定性

滑行道
Y 机场跑道

滑行道边灯
Y 机场灯

滑行道灯
Y 机场灯

滑行灯
Y 机场灯

滑行段
Y 被动段

滑行法
Y 滑行

滑行方法
Y 滑行

滑行控制
taxiing control
V249.1
D 地面滑行控制
飞机滑行控制
飞机进场控制
航空器滑行控制
S 着陆控制
C 滑行
着陆
Z 飞行控制

滑行力
Y 滑行

滑行路线
Y 被动段

滑行时间
slipping time
V249
S 时间*
C 滑行

滑行试验
taxi test
V216
S 行驶试验
C 滑行
Z 试验

滑行稳定性
sliding stability
V212
D 滑行安定性
S 稳定性*

滑行行程
Y 被动段

滑行载荷
Y 地面载荷

滑油换热器
oil heat exchanger
V233
S 交换器*
C 二段油换热 →(9)

滑油监测
lubricating oil monitoring
TH17；V233
S 工程检测*

滑油压力
Y 机油压力

滑跃起飞
running take-off
V32
D 滑跑起飞
S 起飞
F 斜板滑跃起飞
Z 操纵

化工塔器
Y 塔器

化工系统*
chemical industry system
TQ0
D 化工系统工程
化学系统
F 空气净化系统
C 工程系统
化学体系 →(2)(3)(9)

化工系统工程
Y 化工系统

化工用槽*
chemical tank
TQ0
F 混合澄清槽
C 槽 →(1)(2)(3)(4)(5)(7)(9)(10)(11)(12)

化生放防护
Y 核化生防护

化生放洗消
Y 洗消

化生武器
Y 化学武器

化学保险机构
Y 保险机构

化学除垢
chemical decontamination
TH18；TL94；X5
D 电抛光去污
化学凝胶去污
化学去污
S 去污
Z 清除

化学刺激剂式手榴弹
Y 催泪手榴弹

化学刺激性武器
chemical irritating weapons
TJ92
S 新概念轻武器
C 刺激性榴弹
催泪弹
Z 轻武器
武器

化学弹
Y 化学炮弹

化学弹药
chemical ammunition
TJ41；TJ92
D 毒剂弹药
毒气弹药
S 特种弹药
F 二元化学弹药
烟幕弹药
C 刺激性榴弹
催泪弹
催泪手榴弹
毒烟弹
化学导弹
化学地雷
化学火箭弹
化学炮弹
Z 弹药

化学导弹
chemical missiles
TJ76；TJ92
S 导弹
C 爆炸分散型化学武器
发烟战斗部
化学弹药
燃烧战斗部
Z 武器

化学地雷
chemical land mine
TJ512；TJ92
D 毒剂地雷
S 特种地雷
C 化学弹药
Z 地雷

化学电池
Y 电池

化学毒剂
Y 毒剂

化学反应活性
Y 反应活性

化学防护
chemical defense
TJ92
S 防护*

化学辐射探测器
Y 辐射探测器

化学辐射探测仪
Y 辐射探测器

化学辐射效应
chemical radiation effects
TL
S 辐射效应*

化学改性法
Y 改性

化学改性技术
Y 改性

化学航空布洒器
Y 飞机布洒器

化学合成标记
Y 同位素标记

化学核推进
Y 核推进

化学火箭弹
chemical rocket projectile
TJ92
D 毒剂火箭弹
S 特种火箭弹
C 化学弹药
Z 武器

化学火箭发动机
chemical rocket engine
V434
D 化学燃料火箭发动机
胶体推进剂火箭发动机
S 火箭发动机
F 固体火箭发动机
混合推进剂火箭发动机
液体火箭发动机
Z 发动机

化学剂*
chemical agent
TQ42
F 推进剂氧化剂

化学剂量计
Y 化学剂量仪

化学剂量仪
chemical dosimeter
TJ92
D 化学剂量计
S 剂量测量仪
Z 仪器仪表

化学控制*
chemical control
TQ0
F 燃烧过程控制
C 控制

化学滤毒盒
Y 滤毒罐

化学凝胶去污
Y 化学除垢

化学炮弹
chemical projectile
TJ412
D 毒剂炮弹
毒气弹
化学弹
S 特种炮弹
F 催泪弹
毒烟弹
化学迫击炮弹
烟幕弹
C 爆炸分散型化学武器
化学弹药
Z 炮弹

化学平衡流
chemical equilibrium flow
V211
S 流体流*

化学迫击炮弹
chemical mortar shell
TJ412；TJ92
D 毒剂迫击炮弹
S 化学炮弹
迫击炮弹
Z 炮弹

化学起爆器
Y 起爆器

化学枪榴弹
chemical rifle grenade
TJ29；TJ92
D 毒剂枪榴弹
S 枪榴弹
C 爆炸分散型化学武器
Z 榴弹

化学去污
Y 化学除垢

化学去污(放射性)
Y 洗消

化学燃料火箭发动机
Y 化学火箭发动机

化学-生物-核防护
Y 核化生防护

化学-生物-核消毒
Y 洗消

化学失能剂
Y 失能性毒剂

化学手榴弹
chemical hand grenade
TJ511；TJ92
D 毒剂手榴弹
毒气手榴弹
S 特种手榴弹
C 爆炸分散型化学武器
Z 榴弹

化学探测器
chemical detector
TH7；TL8
S 探测器*

化学推进
chemical propulsion
V43
S 推进*
F 混合推进

化学推进剂
Y 推进剂

化学武器
chemical weapon
TJ92
D 毒剂武器
高频声学武器
化生武器
化学雨武器
S 生化武器
F 爆炸分散型化学武器
布洒分散型化学武器
二元化学武器
化学战剂
烟幕武器
遗弃化学武器
Z 武器

化学武器储存
chemical weapon storage
TJ92
S 武器储存
C 安全储存寿命
Z 存储

化学吸收型透气服
Y 防毒服

化学洗消法
Y 洗消

化学系统
Y 化工系统

化学性能
Y 化学性质

化学性质*
chemical properties
TQ0
D 化学性能
F 爆炸性能
传爆性能
反应性
离子不稳定性
C 毒性
分散性 →(1)(2)(9)(11)
化合度 →(1)(2)(9)(10)
化学改性 →(3)(9)
理化性质 →(1)(2)(3)(9)(10)(11)(13)
性能

化学雨武器
Y 化学武器

化学元素*
chemical elements
O6
F 锕系元素
超铀元素
C 微量元素 →(2)(3)(9)(10)(13)
元素 →(1)(3)(7)(8)(10)

化学增压系统
Y 增压系统

化学沾染物
Chemical contaminant
TJ92
S 沾染物*

化学战剂
chemical warfare agents
TJ92
D 军用毒剂
战剂
S 化学武器
F 二元化学战剂
Z 武器

化学侦察
chemical reconnaissance
TJ92
D 毒剂检定
毒剂侦查
毒剂侦察
毒剂侦检
侦毒
侦毒方法
侦检
S 侦察*

化学侦察车
Y 核生化侦察车

化学装置
Y 反应装置

环(储存)
Y 储存环

环保处理
Y 环境管理

环保工程
Y 环境工程

环保控制
Y 环境控制

环保评价
Y 环境评价

环保特性
Y 环境性能

环保型发动机
Y 发动机

环保性
Y 环境性能

环保性能
Y 环境性能

环保整治
Y 环境管理

环保治理
Y 环境管理

环地轨道
earth orbit
V529
D 地心轨道
S 航天器轨道
F 近地轨道
Z 飞行轨道

环地轨道会合
Y 环地轨道交会

环地轨道交会
earth orbital rendezvous
V526
D 环地轨道会合
S 轨道交会
C 航天器轨道
环月轨道交会
Z 交会

环缝降落伞
Y 盘缝带伞

环缝伞
Y 盘缝带伞

环管型燃烧室
Y 环形燃烧室

环加速器
Y 环形加速器

环径比
aspect ratio
TL63
D 纵横比
S 比*
C 闭合等离子体装置

环境*
environment
X
D 环境本质
环境单元
环境分类
环境复合体
环境概况
环境概貌
环境格局
环境构成
环境极限
环境结合
环境可能论
环境客观性
环境类别
环境类型
环境实体
环境综合体
综合环境原理
总环境
F 冲击环境
辐射带
C 工况
航空航天环境
环境仿真 →(8)
环境经济 →(13)
环境识别 →(8)
环境因素 →(13)
环境应力筛选 →(1)
计算机环境 →(7)(8)(10)
生态 →(1)(11)(13)
协同工作环境 →(4)(8)
虚拟环境 →(7)(8)

环境γ辐射
Y γ辐射

环境保护工程
Y 环境工程

环境本质
Y 环境

环境测量
Y 环境监测

环境测试
Y 环境监测

环境单元
Y 环境

环境仿真腐蚀试验
Y 环境腐蚀试验

环境仿真器
Y 环境模拟器

环境仿真试验
Y 环境模拟试验

环境废水
Y 废水

环境分类
Y 环境

环境分析质量控制
Y 环境控制

环境风洞
Y 气象风洞

环境腐蚀试验
environmental corrosion test
TG1；V216；X8
D 海水腐蚀试验
环境仿真腐蚀试验
环境模拟腐蚀试验
人工环境腐蚀试验
土壤腐蚀试验
S 环境试验*
试验*
F 大气腐蚀试验

环境复合体
Y 环境

环境改善
Y 环境管理

环境概况
Y 环境

环境概貌
Y 环境

环境格局
Y 环境

环境工程*
environmental engineering
X1；X5
D 环保工程
环境保护工程
环境工程工艺
环境工程技术

环境工程项目
F 人机环境系统工程
C 风景资源保护 →(11)
高斯模型 →(8)
工程
绿化 →(11)(12)(13)

环境工程工艺
Y 环境工程

环境工程技术
Y 环境工程

环境工程项目
Y 环境工程

环境公共治理
Y 环境管理

环境构成
Y 环境

环境观测
Y 环境监测

环境观测卫星
Y 对地观测卫星

环境管理*
environmental management
X3
D 改良环境
环保处理
环保整治
环保治理
环境改善
环境公共治理
环境管理方案
环境管理工具
环境管理工作
环境管理计划
环境管理能力
环境管理手段
环境善治
环境治理
环境治理范式
环境治理方案
环境治理工作
全面环境管理
自然环境管理
F 放射性废物管理
C 城市管理 →(11)(13)
管理
环境标准 →(13)
环境管理学 →(13)
环境绩效评估 →(13)
矿山管理 →(2)(13)
污染控制管理 →(13)
污染治理 →(13)
资源管理 →(1)(7)(8)(11)(13)
自愿协议 →(5)

环境管理方案
Y 环境管理

环境管理工具
Y 环境管理

环境管理工作
Y 环境管理

环境管理计划
Y 环境管理

环境管理能力
Y 环境管理

环境管理手段
Y 环境管理

环境极限
Y 环境

环境剂量率
Y 辐射剂量

环境监测*
environmental monitoring
X8
D 工作环境监测
环境测量
环境测试
环境观测
环境监测方法
环境监测分析
环境监测分析方法
环境监测工作
环境监测技术
环境监测能力
环境监测事业
环境监测体系
环境监督性监测
环境监视
环境检测
监测分析
监测分析方法
F 空间环境监测
空间天气监测
C 工业污染 →(13)
化学污染 →(13)
环境监测点 →(13)
环境监测实验室 →(13)
环境监理 →(13)
环境评价
环境破坏 →(13)
环境遥感 →(8)(13)
监测
污染分析 →(13)
污染指标 →(13)
优先污染物 →(13)

环境监测方法
Y 环境监测

环境监测分析
Y 环境监测

环境监测分析方法
Y 环境监测

环境监测工作
Y 环境监测

环境监测技术
Y 环境监测

环境监测能力
Y 环境监测

环境监测设备*
environmental monitoring equipments
X8
F 气泡探测器
C 环保设施 →(2)(3)(4)(5)(8)(11)(13)
监测车 →(12)(13)
监测仪器
设备

环境监测事业
Y 环境监测

环境监测体系
Y 环境监测

环境监测卫星
environmental monitoring satellite
V474
D 环境监视卫星
环境勘测卫星
S 环境研究卫星
Z 航天器
卫星

环境监督性监测
Y 环境监测

环境监控
Y 环境控制

环境监视
Y 环境监测

环境监视卫星
Y 环境监测卫星

环境检测
Y 环境监测

环境鉴定
Y 环境评价

环境结合
Y 环境

环境勘测卫星
Y 环境监测卫星

环境可能论
Y 环境

环境客观性
Y 环境

环境控制*
environmental control
X3
D 环保控制
环境分析质量控制
环境监控
环境质量变化
环境质量控制
生态环境质量动态变化
F 燃油蒸发控制
C 工程控制
环境材料学 →(1)
环境参数 →(13)
环境质量管理 →(13)

环境类别
Y 环境

环境类型
Y 环境

环境例行试验
environmental routine test
V216
S 环境试验*

环境描述
Y 环境评价

环境模拟腐蚀试验
Y 环境腐蚀试验

环境模拟器
environmental simulator
V216；V416
D 环境仿真器
环境模拟装置
S 模拟器*
F 空间环境模拟器
视景模拟器
太阳模拟器
C 环境仿真 →(8)

环境模拟试验
environmental simulation test
TJ01；V216；V416
D 环境仿真试验
模拟环境试验
S 环境试验*
模拟试验*

环境模拟装置
Y 环境模拟器

环境评估
Y 环境评价

环境评价*
environmental assessment
X8
D 初步环境评估
初始环境评审
环保评价
环境鉴定
环境描述
环境评估
环境评价程序
环境评价质量
环境评审
环境特征
环境特征分析
环评
环评有效性
F 辐射防护评价
C 高压架空输电线路 →(5)
环境标准 →(13)
环境监测
环境净化 →(13)
环境评价方法 →(13)
环境容量 →(11)(13)
环境信息 →(13)
环境综合指数 →(13)

环境评价程序
Y 环境评价

环境评价质量
Y 环境评价

环境评审
Y 环境评价

环境谱
environmental spectrum
V214；V414
S 谱*
F 当量环境谱
腐蚀环境谱
局部环境谱

环境善治
Y 环境管理

环境实体
Y 环境

环境实验
Y 环境试验

环境试验*
environmental test
P4；V216
D 环境实验
F 壁温试验
储存试验
低温试验
复合环境试验
高原试验
环境腐蚀试验
环境例行试验
环境模拟试验
结构热试验
空间环境试验
力学环境试验
气动热试验
热环境试验
砂尘试验
湿热试验
温度冲击试验
真空热试验
振动环境试验
自然环境试验
综合环境试验
C 工程试验
环境仿真 →(8)
环境试验设备 →(4)(13)
环境试验室 →(13)

环境适应能力
Y 环境适应性

环境适应性
environmental adaptability
TJ0
D 环境适应能力
S 适性*
C 枪械

环境首要污染物
Y 污染物

环境损伤
environmental damage
TB3；V214
S 损伤*

环境特点
Y 环境性能

环境特性
Y 环境性能

环境特征
Y 环境评价

环境特征分析
Y 环境评价

环境条件
environmental condition
TJ01
D 工作环境条件
试验环境条件
S 条件*

环境卫星
Y 环境研究卫星

环境污染*
environmental pollution
X5
D 环境污染结构
环境污染因素
污染标志
污染方式
污染过程
污染机率
污染结构
污染历时
污染全球化
污染受体
污染行为
污染形式
污染性状
总污染
F 放射性源项
国境外放射性污染
航天器环境污染
核污染
推进剂污染
C 背景值 →(13)
环境破坏 →(13)
环境危害 →(13)
环境污染评价 →(13)
环境移民 →(13)
肼类燃料
煤矿区 →(2)
污染
污染环境 →(13)
污染机理 →(13)
污染模型 →(1)(13)
污染生态监测 →(13)
污染事故 →(13)
污染治理 →(13)
行业污染 →(2)(5)(10)(13)

环境污染防治
Y 污染防治

环境污染结构
Y 环境污染

环境污染物质
Y 污染物

环境污染因素
Y 环境污染

环境武器
environmental weapon
TJ9

S 地球物理武器
F 地震环境武器
海啸武器
海洋环境武器
Z 武器

环境系统*
environmental system
X2
D 环境系统最优化
环境最优化
F 温控系统
座舱环境控制系统
C 废物处理系统 →(2)(5)(11)(13)
工程系统
环境影响经济评价 →(13)
环境政策 →(13)
生态系统 →(5)(11)(12)(13)

环境系统最优化
Y 环境系统

环境效应*
environmental effects
Q1；X8
F 发射环境效应
空间环境效应
C 地面沉降 →(11)
环境影响
环境影响评价 →(13)
酸雨 →(11)(13)
土壤盐碱化 →(13)
效应

环境性能*
environmental performance
X8
D 环保特性
环保性
环保性能
环境特点
环境特性
环境性质
耐环境性能
F 空间环境性能
C 安全性
工程性能
环保节能产品 →(13)
建筑结构
寿命周期评估 →(1)
污染特性 →(5)(9)(11)(13)
性能
灾害性 →(11)(13)

环境性质
Y 环境性能

环境研究卫星
environmental research satellite
V474
D 环境卫星
S 科学卫星
F 环境监测卫星
Z 航天器
卫星

环境影响*
environmental impact
X8
D 环境影响因素
环境质量影响
F 辐射影响
C 环境保护政策 →(13)
环境关系 →(13)
环境气候变化 →(13)
环境效应
环境影响评价 →(13)
环境影响因子 →(13)
影响

环境影响因素
Y 环境影响

环境优先污染物
Y 污染物

环境振动试验
Y 振动环境试验

环境治理
Y 环境管理

环境治理范式
Y 环境管理

环境治理方案
Y 环境管理

环境治理工作
Y 环境管理

环境质量变化
Y 环境控制

环境质量控制
Y 环境控制

环境质量影响
Y 环境影响

环境综合体
Y 环境

环境最优化
Y 环境系统

环空
Y 环形空间

环控生保系统
environmental control and life support system
V244；V444
S 生命保障系统*

环量控制旋翼
circulation control rotor
V275.1
S 旋翼*

环量控制翼型
circulation control airfoil
V221
S 翼型*
C 康达效应

环列喷管
Y 环形喷管

环流器
Y 托卡马克

环流器二号A装置
Y 托卡马克

环路
Y 回路

环路控制*
loop control
TN91；TP1
D 回路控制
F 离散滑模变结构控制
振动反馈控制
C 系统控制 →(3)(4)(5)(8)(11)(13)

环评
Y 环境评价

环评有效性
Y 环境评价

环球航线
world cruise
U6；V355
S 航线*

环日轨道
circum-solar orbit
V529
D 日心轨道
太阳同步极轨道
S 航天器轨道
F 太阳同步轨道
C 转移轨道
Z 飞行轨道

环式喷管
Y 环形喷管

环向场偏滤器
toroidal field divertors
TL
S 偏滤器*

环形磁约束
Y 环形约束

环形带箍缩装置
Y 环形箍缩装置

环形箍缩型堆
Y 环形箍缩装置

环形箍缩装置
toroidal pinch devices
O4；TL63
D 环形带箍缩装置
环形箍缩型堆
环型箍缩
S 闭合等离子体装置
箍缩装置
F 环形角向箍缩装置
Z 热核装置

环形桁架可展天线
astromesh deployable reflector
V443
S 可展桁架天线
Z 天线

环形机翼
Y 环翼

环形激光陀螺
ring laser gyro
V241.5
D 环形激光陀螺仪
S 激光陀螺仪
Z 陀螺仪

环形激光陀螺仪
Y 环形激光陀螺

环形加速器
cyclic accelerator
TL5
D 环加速器
利诺管
S 粒子加速器*
F 同步回旋加速器

环形角向箍缩装置
toroidal theta pinch devices
TL63
S 环形箍缩装置
C 角向箍缩参考堆
Z 热核装置

环形空间
annular space
TE2；TL6
D 环空
S 空间*
C 环空压耗 →(2)

环形扩压叶栅
Y 环型扩压叶栅

环形喷管
annular nozzle
V232.97
D 环列喷管
环式喷管
塞式喷管
柱塞喷管
S 喷管*
C 塞锥型面 →(3)(4)

环形燃烧室
annular combustor
TK4；V232；V43
D 环管型燃烧室
环型燃烧室
环状燃烧室
S 燃烧室*
F 短环形燃烧室

环形尾翼
ring form empennage
TJ760.3
S 固定尾翼
C 环形叶栅
Z 尾翼

环形狭缝
Y 环形窄缝通道

环形狭缝通道
Y 环形窄缝通道

环形叶栅
annular cascade
TH13；TK0；V232
S 叶栅*
F 环型扩压叶栅
C 环形翅片 →(1)
环形尾翼

环形翼型
Y 环翼

环形约束
toroidal confinement
O4；TL61
D 环形磁约束
环形约束(闭合)
S 磁约束
Z 约束

环形约束(闭合)
Y 环形约束

环形窄缝
Y 环形窄缝通道

环形窄缝通道
narrow annular channel
TK1；TL3
D 管道环缝
环形狭缝
环形狭缝通道
环形窄缝
S 通道*
C 干涸点 →(5)
换热效率 →(5)

环形质谱仪
circular mass spectrometer
TH7；TL8
D 邦纳球谱仪
S 谱仪*

环型箍缩
Y 环形箍缩装置

环型扩压叶栅
annular diffusion cascade
TH13；TK0；V232
D 环形扩压叶栅
S 环形叶栅
扩压叶栅
Z 叶栅

环型燃烧室
Y 环形燃烧室

环翼
ring wings
V224
D 环形机翼
环形翼型
S 非掠翼
C 导管螺旋桨 →(12)
管道风扇
环翼机
Z 机翼

环翼飞机
Y 环翼机

环翼机
coleopter
V271
D 环翼飞机
S 直升机
C 环翼
Z 飞机

环月飞行
Y 月球飞行

环月飞行器
Y 环月航天器

环月轨道
lunar orbit
V529
D 奔月轨道
登月轨道
绕月轨道
月球轨道
S 航天器轨道
F 地球月球飞行轨道
极月轨道
月球地球轨道
月球卫星轨道
C 极轨道
月球飞行
再入轨道
Z 飞行轨道

环月轨道会合
Y 环月轨道交会

环月轨道交会
lunar orbital rendezvous
V526
D 环月轨道会合
S 轨道交会
C 环地轨道交会
Z 交会

环月航天器
circumlunar spacecrafts
V47
D 环月飞行器
S 月球航天器
F 环月卫星
C 月球探测
Z 航天器

环月卫星
circumlunar satellite
V474
D 绕月探测卫星
绕月卫星
探月卫星
S 环月航天器
人造卫星
Z 航天器
卫星

环状活塞刹车
Y 飞机刹车

环状燃烧室
Y 环形燃烧室

缓冲层
buffer layer
TH11；TM2；V25
S 结构层*
C 抗疲劳剂 →(9)

沥青胶浆 →(11)(12)
轮胎结构 →(9)

缓冲机
Y 缓冲装置

缓冲件
Y 缓冲装置

缓冲片
Y 缓冲装置

缓冲器(火炮)
Y 反后坐装置

缓冲设施
Y 缓冲装置

缓冲系统
Y 缓冲装置

缓冲支柱
Y 起落架减摆器

缓冲装置*
buffer
TH13
D 电缆小车钢丝绳缓冲装置
缓冲机
缓冲件
缓冲片
缓冲设施
缓冲系统
抗扭缓冲装置
F 着陆缓冲装置
C 电枢冲片 →(5)
机械装置 →(2)(3)(4)(12)

缓冲阻尼器
Y 阻尼器

缓冲座椅
buffer-seat
V223
S 座椅*

缓发γ辐射
Y γ辐射

缓发超临界
delayed supercritical
TL32
S 缓发临界
Z 临界

缓发辐射效应
delayed radiation effect
O4；TL7
D 迟发辐射效应
慢性辐射效应
远期辐射效应
S 辐射效应*
C 时间相关性 →(7)

缓发临界
delayed critical
TL32
S 临界*
F 缓发超临界

缓和剂
Y 慢化剂

缓解措施
mitigation strategy
TL3
S 措施*

缓燃推进剂
Y 低燃速推进剂

换料
reloading
TL3
D 堆芯换料
换料方式

换料堆芯
reload core
TL3
S 堆芯
Z 反应堆部件

换料方案
refueling scheme
TL3
S 技术方案*

换料方式
Y 换料

换料设计
reload design
TL37
S 材料设计*

换料时间
refuelling time
TL3
S 时间*

换料周期
refueling period
TL3
S 周期*

换热管
Y 传热管

换热管束
Y 传热管

换热器管
Y 传热管

换热器管束
Y 传热管

黄昏飞行
Y 全天候飞行

晃动挡板
Y 防晃挡板

晃动力学
sloshing dynamics
V41；V51
S 航天力学
Z 航空航天学
科学

晃动载荷
Y 动载荷

晃动质量
slosh mass
V430
S 推进剂加注诸元*

晃动阻尼
slosh damping
TB1；V415
Y 粉尘

灰颗粒
Y 粉尘

恢复*
reversion
TG1
D 回复
F 总压恢复
C 恢复电路 →(7)

回摆照相机
Y 照相机

回避
Y 避让

回复
Y 恢复

回复因子
Y 因子

回归地球航天飞行
Y 重返地球航天飞行

回归轨道
recursive orbit
V529
S 卫星轨道
F 太阳同步回归轨道
Z 飞行轨道

回流喷管
Y 喷管

回流式风洞
return-flow wind tunnel
V211.74
D 闭式回流风洞
回路式风洞
S 风洞*
C 低速风洞
回流叶栅

回流叶栅
backflow cascade
TH13；TK0；V232
S 叶栅*
C 回流 →(1)(2)
回流比 →(9)
回流式风洞

回路*
loops
TM1；TN7
D 环路
新回路
F 导引回路
堆内回路
流体回路
平台伺服回路

稳定回路
再平衡回路
C 电路 →(4)(5)(7)(12)

回路管道
Y 回路系统

回路控制
Y 环路控制

回路式风洞
Y 回流式风洞

回路系统
loop system
TL3；TL4
D 回路管道
回路系统(反应堆)
S 反应堆部件*
F 二回路系统
一回路系统

回路系统(反应堆)
Y 回路系统

回收*
recovery
X7
D 处理回收
回收处理
回收处理技术
回收处置
回收措施
回收方案
回收方法
回收方式
回收工艺
回收过程
回收技术
回收加工
回收途径
综合回收技术
F 航天器回收
冷凝水回收
蒸馏回收
蒸汽回收
C 废物处理
回收机 →(9)
回收利用 →(13)
回收量 →(13)

回收舱
recovery capsule
V423
S 返回舱
Z 舱
航天器部件

回收处理
Y 回收

回收处理技术
Y 回收

回收处置
Y 回收

回收措施
Y 回收

回收方案
Y 回收

回收方法
Y 回收

回收方式
Y 回收

回收工艺
Y 回收

回收过程
Y 回收

回收技术
Y 回收

回收加工
Y 回收

回收降落伞
Y 回收伞

回收热屏蔽
reusable heat shielding
Q；R；TL7
D 生物屏蔽层
S 热屏蔽
Z 屏蔽

回收伞
recovery parachute
V244.2
D 航天器回收伞
回收降落伞
S 降落伞*
C 航天器回收
回收装置 →(2)(3)(4)(5)(9)(10)(11)(12)(13)
可回收运载火箭

回收透平
Y 废气涡轮

回收途径
Y 回收

回收卫星
Y 返回式卫星

回收压缩机
Y 压缩机

回收遥测系统
Y 遥测系统

回收着陆
recycling landing
V32
S 航天器着陆
Z 操纵

回收着陆分系统
Y 卫星分系统

回收着陆子系统
Y 卫星分系统

回填
refilling
TL94；TU7
D 涵背回填
回填技术
黏土回填
台背回填
套井回填
土方回填
S 充填*
C 回填材料 →(1)
基槽 →(1)

回填技术
Y 回填

回位
Y 复位

回旋回速器
Y 回旋加速器

回旋加速器
cyclotron
TL5
D 回旋回速器
循环加速器
S 同步回旋加速器
F 电子回旋加速器
紧凑型回旋加速器
离子回旋加速器
小型回旋加速器
医用回旋加速器
质子回旋加速器
C 加速腔
漂移管
Z 粒子加速器

回压阀
Y 背压阀

回油管
oil return pipe
TH13；V23
D 回油管路
S 管*
油管*

回油管路
Y 回油管

回转斗式过滤器
Y 离心过滤机

回转工作台
Y 转台

回转机构
turning gear
TJ303
D 方向机
S 火炮构件*
机械机构*
C 回转机械 →(4)
回转轴线 →(3)

回转平台
Y 转台

回转台
Y 转台

回转限制器
azimuth angle limiter
TJ303
D 方位角限制器

S 限制器*

回转仪
Y 陀螺仪

毁机安全性
Y 耐坠毁性

毁歼概率
Y 毁伤概率

毁歼公算
Y 命中概率

毁伤
damage
TJ0
D 毁伤方式
S 弹药破坏作用
F 低附带毁伤
飞机结构损伤
目标毁伤
热毁伤
有效毁伤
C 毁伤半径
Z 弹药作用

毁伤半径
damage radius
TJ0
D 半数弹着圆半径
半数命中半径
核毁伤半径
毁伤范围
杀伤半径
杀伤破坏半径
威力半径
S 破坏半径
C 毁伤
Z 半径

毁伤范围
Y 毁伤半径

毁伤方式
Y 毁伤

毁伤概率
damage probability
TJ0
D 毁歼概率
毁伤率
毁伤目标概率
目标摧毁概率
目标毁歼概率
目标毁伤概率
S 概率*
F 摧毁概率
杀伤概率

毁伤机理
kill mechanism
TJ01
D 杀伤机理
杀伤机制
S 机理*

毁伤率
Y 毁伤概率

毁伤面积
kill area
TJ0
S 摧毁能力
Z 战术技术性能

毁伤模型
kill model
TJ0
S 模型*

毁伤目标概率
Y 毁伤概率

毁伤能力
Y 毁伤效应

毁伤评估
damage assessment
TJ0
D 毁伤效果评估
S 战损评估
Z 评价

毁伤效果
Y 毁伤效应

毁伤效果评估
Y 毁伤评估

毁伤效果指标
damage effect index
TJ0
S 战术指标
C 目标功能
Z 指标

毁伤效率
Y 毁伤效应

毁伤效能
Y 毁伤效应

毁伤效应
damage effect
TJ0
D 毁伤能力
毁伤效果
毁伤效率
毁伤效能
S 武器效应*
F 核武器毁伤效应

毁伤准则
damage criteria
TJ0
S 准则*

汇流条
Y 总线

会合
Y 交会

会合(轨道)
Y 交会

会合轨道
Y 交会轨道

会合航天器
rendezvous spacecraft
V47
D 交会航天器
S 机动航天器
C 轨道交会
Z 航天器

会合制导
Y 交会制导

彗星探测
comet detections
V476
S 行星探索
Z 探测

彗星探测器
comet probe
V476
S 行星际探测器
Z 航天器

惠更斯探测器
Huygens detectors
V476
S 探测器*

混胺
Y 混胺燃料

混胺-02
Y 混胺燃料

混胺燃料
mixed amine fuel
V51
D 混胺
混胺-02
S 火箭燃料
Z 燃料

混合*
mixing
TQ0
D 混合过程
混合技术
完全混合
F 强化混合
C 共混 →(9)

混合长度流动理论
Y 混合长流动理论

混合长理论
Y 混合长流动理论

混合长流动理论
mixing length flow theory
V211
D 混合长度流动理论
混合长理论
S 流动理论
C 湍流边界层
Z 理论

混合澄清槽
mixer-settler
TL2
S 化工用槽*

混合导航
Y 组合导航

混合电发射器
Y 混合电炮

混合电炮
mixed electric guns
TJ399；TJ9
D 混合电发射器
S 电炮
C 电发射
Z 武器

混合堆
hybrid reactor
TL31；TL4
D 混合堆芯
混合反应堆
S 反应堆*
F 聚变裂变混合堆
C 热核堆

混合堆芯
Y 混合堆

混合发动机
Y 组合发动机

混合反应堆
Y 混合堆

混合废气
Y 废气

混合过程
Y 混合

混合火箭发动机
Y 混合推进剂火箭发动机

混合技术
Y 混合

混合流
mixed flow
O3；V211
D 混合流动
S 流体流*
F 喷射混合流

混合流动
Y 混合流

混合脉冲爆震发动机
hybrid pulse detonation engine
V235.22
D 混合式脉冲爆震发动机
S 脉冲爆震发动机
脉冲式喷气发动机
组合发动机
Z 发动机

混合燃料推进
Y 混合推进

混合式导航
Y 组合导航

混合式发动机
Y 组合发动机

混合式脉冲爆震发动机
Y 混合脉冲爆震发动机

混合式悬挂系统
Y 悬挂装置

混合式悬挂装置
Y 悬挂装置

混合式制导
Y 复合制导

混合室
mixing chamber
V232
S 构件*

混合损失
mixing loss
TL2
S 损失*

混合膛线
combined twist rifling
TJ30
S 膛线*

混合推进
hybrid propulsion
TK0；V43
D 固液混合推进
混合燃料推进
双模推进
S 化学推进
Z 推进

混合推进剂
Y 固液混合推进剂

混合推进剂发动机
Y 混合推进剂火箭发动机

混合推进剂火箭
Y 固液混合火箭

混合推进剂火箭发动机
hybrid propellant rocket engine
V436
D 混合火箭发动机
混合推进剂发动机
S 化学火箭发动机
F 固液混合火箭发动机
C 固体火箭发动机
主火箭发动机
助推火箭发动机
Z 发动机

混合卫星姿态控制系统
Y 卫星姿态控制系统

混合压缩进气道
Y 混合压缩式进气道

混合压缩式进气道
mixed compression inlet
V232.97
D 混合压缩进气道
混压式进气道
S 进气道*

混合氧化物核燃料
Y 混合氧化物燃料

混合氧化物燃料
mixed oxide fuel
TL2
D MOX 燃料
混合氧化物核燃料
S 燃料*

混合氧化物燃料厂
Y 核燃料制造厂

混合氧化物燃料制造厂
Y 核燃料制造厂

混合制导
Y 复合制导

混肼
Y 肼类燃料

混肼-50
Y 肼类燃料

混冷式压缩机
Y 压缩机

混流式压气机
Y 组合压气机

混流式压缩机
Y 压缩机

混凝土建筑结构
Y 建筑结构

混凝土破坏弹
Y 侵彻弹

混凝土振动台
Y 振动台

混压式进气道
Y 混合压缩式进气道

混制工艺
Y 工艺方法

活动*
movement
ZT5
F 飞行活动

活动靶
maneuvering target
TJ01
D 机动靶
S 射击靶
F 拖靶
Z 靶

活动靶标
Y 靶

活动导叶
Y 导向叶片

活动发射平台
mobile launch platform
V55
S 发射平台
Z 承载平台

活动发射台
Y 移动式平台

活动荷载
Y 动载荷

活动基座飞行模拟器
Y 飞行模拟器

活动喷管
Y 可动喷管

活动平台
Y 移动式平台

活动通信卫星
Y 移动通信卫星

活动翼面
movable wing surfaces
V221
S 飞机翼面
Z 翼型

活度*
degree of activity
O6
F 放射性活度
高活度
平衡活度
体积活度
C 程度

活度比
activity ratio
TL3
S 比*

活度测量
activity measurement
TL8
S 性能测量*
F 放射性活度测量

活度浓度
activity concentration
TL8
S 浓度*

活度输运
Y 辐射输运

活度仪
Y 核仪器

活荷载
Y 动载荷

活化反应率
Y 活化率

活化率
activating rate
TL8
D 活化反应率
S 比率*

活力
Y 活性

活门
Y 阀门

活塞发动机
Y 活塞式发动机

活塞螺旋桨式飞机
Y 螺旋桨飞机

活塞式发动机
piston engine
TK0；V234
D 差动活塞发动机
活塞发动机
往复活塞式发动机
往复式发动机
S 发动机*
F 二冲程发动机
风冷发动机
四冲程发动机
凸轮活塞发动机
自由活塞发动机
C 活塞 →(1)(2)(4)(5)

活塞式战斗机
Y 攻击战斗机

活塞式制冷装置
Y 冷却装置

活性*
activity
O6；Q5
D 活力
F 低活性
反应活性
最大容许活度
C 堆积密度 →(3)
理化性质 →(1)(2)(3)(9)(10)(11)(13)
性能

活性白土
atlapulgite
TJ92
D 白陶土
活性漂土
铝凡土滤质
S 特殊土*
C 膨胀土 →(9)(11)
脱色 →(10)(13)

活性漂土
Y 活性白土

活性污染物
Y 生物污染物

活载荷
Y 动载荷

火工机构
pyrotechnic mechanism
TJ45
S 动力源火工品
Z 火工品

火工品*
pyrotechnics
TJ45
D 火工装置
F 爆炸逻辑元件
爆炸延迟元件
点火火工品
电火工品
动力源火工品
延期火工品
引爆火工品
C 爆炸物品
火工药剂
灵敏度分布 →(8)(9)

火工品感度
pyrotechnics sensitivity
TJ45
S 感度*
F 雷管起爆感度
C 火工品试验
双边可靠性 →(8)

火工品零部件
pyrotechnics components
TJ45
S 零部件*
F 半导体桥火工品
爆炸箔
桥带
桥丝

火工品试验
pyrotechnics test
TJ45
S 武器试验*
F 锤击试验
C 火工品感度

火工品药剂
Y 火工药剂

火工药剂*
initiating explosive device agents
TJ45
D 火工品药剂
F 传爆药
高热剂
燃料空气炸药
云爆剂
C 火工品
装药 →(2)(9)

火工装置
Y 火工品

火花点火
spark ignition
TK1；TK4；TQ0；U4；V231.2
D 点火电火花
电火花点火
电火花强制点火
高压打火
高压点火
高压跳火
S 点火*
C 点火塞
高能点火 →(5)
高压旋喷 →(11)
火花点火式沼气发动机 →(12)
脉冲高压 →(5)
汽油发动机 →(5)
天然气发动机 →(5)
油泵 →(4)
直接喷射 →(5)

火花塞
Y 点火塞

火花式电雷管
Y 电雷管

火花室
spark chamber
O4；TH7；TL81
D 火花探测器
S 气体径迹探测器
Z 探测器

火花探测器
Y 火花室

火花隙雷管
Y 电雷管

火箭*
rocket
V471
D 阿特拉斯火箭
便携式火箭
火箭探空系统
火箭系统
F 单级火箭
多级火箭
二级火箭
固体火箭
固液混合火箭
救生火箭
空间加工火箭
气象火箭
试验火箭
探空火箭
微型火箭
液体推进剂火箭
引射火箭
运载火箭
战术火箭
助推火箭
C 飞行器
火箭技术
卫星推力器

火箭靶
Y 靶弹

火箭靶弹
Y 靶弹

火箭爆破器
rocket demolition device
TJ51
S 爆破器
Z 器材

火箭布雷
rocket minelaying
TJ512
S 布雷（地雷）
C 布雷火箭弹
火箭布雷车
火箭布雷系统
Z 布雷

火箭布雷车
rocket minelaying vehicle
TJ516
S 布雷车
C 火箭布雷
Z 军事装备
军用车辆

火箭布雷弹
Y 布雷火箭弹

火箭布雷系统
rocket minelaying system
TJ516
S 布雷系统
C 布雷火箭弹
火箭布雷
Z 武器系统

火箭部件*
rocket component
V421
F 火箭舱
火箭箭体
C 导弹部件

火箭舱
rocket bay
V421
D 火箭仪器舱
S 舱*
火箭部件*
C 航天器舱

火箭车
Y 火箭橇

火箭车试验
Y 火箭橇试验

火箭冲压发动机
Y 冲压火箭发动机

火箭冲压喷气发动机
Y 冲压火箭发动机

火箭弹
rocket shell
TJ415
S 火箭武器
F 爆破火箭弹
布雷火箭弹
超远程火箭弹
单兵火箭弹
地地火箭弹
反坦克火箭弹
反装甲车火箭弹
非制导火箭弹
航空火箭弹
舰载火箭弹
教练火箭弹
炮兵火箭弹
燃料空气火箭弹
扫雷火箭弹
试验火箭弹
特种火箭弹
旋转火箭弹
野战火箭弹
远程火箭弹
制导火箭弹
子母火箭弹
C 滚转特性
离轨
Z 武器

火箭弹部件
rocket projectile component
TJ415
D 火箭弹构件
S 弹药零部件*
F 火箭弹尾翼

火箭弹道
rocket trajectory
V421
S 弹道*

火箭弹构件
Y 火箭弹部件

火箭弹射
rocket ejection
V55
S 弹射*

火箭弹射座椅
rocket ejection seat
V421
D 火箭式弹射座椅
S 弹射座椅
C 飞行弹射座椅
Z 座椅

火箭弹尾翼
rocket projectile fin
TJ415
S 弹翼*
火箭弹部件
尾翼*
F 折叠尾翼
Z 弹药零部件

火箭弹引信
rocket projectile fuzes
TJ431
D 反坦克火箭弹引信
火箭引信
S 炮弹引信
Z 引信

火箭弹主动段
Y 助推段

火箭地面设备
rocket surface equipments
V55
S 航空航天地面设备
F 火箭发射台
Z 地面设备

火箭地面试车
Y 火箭发动机试验

火箭点火
rocket firing
TK1；V430；V432
D 火箭发动机点火
S 点火*
F 二级点火
推进剂点火
尾部点火
自动点火
C 火箭发动机燃烧室
火箭发射
火箭燃料

火箭点火器
　Y 火箭发动机点火器

火箭电源
rocket power
V442
　S 电源*

火箭动力
rocket-powered
V4
　S 动力*

火箭动力装置
　Y 火箭推进系统

火箭发动机
rocket engines
V439
　D 薄膜冷却火箭发动机
　　操纵发动机
　　操纵用火箭发动机
　　侧推火箭发动机
　　长燃时发动机
　　长燃时火箭发动机
　　弹用发动机
　　导弹发动机
　　多管火箭发动机
　　空间火箭发动机
　　球形发动机
　　热水火箭发动机
　　双模式火箭发动机
　　逃逸火箭发动机
　　无壳体火箭发动机
　　运载火箭发动机
　S 喷气发动机
　F 变轨发动机
　　变推力火箭发动机
　　并联火箭发动机
　　冲压火箭发动机
　　非化学火箭发动机
　　航天发动机
　　化学火箭发动机
　　可重复使用火箭发动机
　　末级火箭发动机
　　塞式喷管火箭发动机
　　逃逸发动机
　　微型火箭发动机
　　涡轮火箭发动机
　　无喷管火箭发动机
　　吸气式火箭发动机
　　主火箭发动机
　　助推火箭发动机
　C 导弹
　　导弹弹射装置
　　导弹发射装置
　　底部烧蚀
　　高度特性
　　膏体推进剂
　　航空发电机
　　火箭推力
　　火箭推力试验台
　　燃烧
　　推重比
　　羽焰温度 →(1)
　　组合发动机
　Z 发动机

火箭发动机包复层
　Y 火箭发动机绝热层

火箭发动机包覆层
　Y 火箭发动机绝热层

火箭发动机部件
rocket engine components
V431
　S 发动机零部件*
　F 喉衬
　　火箭发动机燃烧室

火箭发动机点火
　Y 火箭点火

火箭发动机点火器
rocket ignitor
[TJ763]；V232
　D 火箭点火器
　　火箭发动机点火装置
　S 点火器
　Z 燃烧装置

火箭发动机点火装置
　Y 火箭发动机点火器

火箭发动机调节
　Y 火箭发动机控制

火箭发动机高空试验
　Y 高空试验

火箭发动机关车
　Y 发动机关机

火箭发动机关机
　Y 发动机关机

火箭发动机绝热层
rocket engine adiabatic layers
V431
　D 火箭发动机包复层
　　火箭发动机包覆层
　S 结构层*

火箭发动机壳体
rocket engine case
V431
　S 发动机壳体
　　火箭壳体
　F 固体火箭发动机壳体
　Z 壳体

火箭发动机控制
rocket engine control
TP2；V43
　D 火箭发动机调节
　S 发动机控制
　F 液体火箭发动机控制
　Z 动力控制

火箭发动机模拟高空试验
　Y 高空试验

火箭发动机喷管
rocket engine nozzle
V431
　D 火箭喷管
　S 发动机喷管
　F 固体火箭发动机喷管
　　可动喷管
　　潜入式喷管
　C 喷管烧蚀
　Z 发动机零部件
　　喷管

火箭发动机燃料
　Y 火箭燃料

火箭发动机燃料系统
rocket engine fuel system
V434
　S 发动机燃料系统
　C 推重比
　Z 发动机系统
　　燃料系统

火箭发动机燃烧室
rocket chamber
V431
　D 火箭燃烧室
　S 发动机燃烧室
　　火箭发动机部件
　C 火箭点火
　Z 发动机零部件

火箭发动机设计
rocket engine design
V434
　S 发动机设计*
　F 固体火箭发动机总体设计

火箭发动机试车台
rocket engine test stand
V416
　D 火箭试车台
　S 发动机试车台
　Z 试验台

火箭发动机试验
rocket engine test
V433.9
　D 固体火箭发动机试验
　　火箭地面试车
　S 发动机试验*
　F 液体火箭发动机试验

火箭发动机停车
　Y 发动机关机

火箭发动机推进
　Y 火箭推进

火箭发动机鱼雷
　Y 火箭助飞鱼雷

火箭发动机羽流
　Y 火箭排气

火箭发动机组
　Y 并联火箭发动机

火箭发射
rocket launching
V55
　S 飞行器发射*
　C 火箭点火
　　运载火箭

火箭发射场
rocket launching site

V55
S 发射场
C 火箭发射台
Z 场所

火箭发射车
Y 自行火箭炮

火箭发射管
Y 火箭发射装置

火箭发射架
Y 火箭发射装置

火箭发射器
Y 火箭发射装置

火箭发射台
rocket launching platform
V55
S 发射台
火箭地面设备
C 火箭发射场
Z 地面设备

火箭发射系统
Y 火箭发射装置

火箭发射装置
rocket launcher
TJ71
D 便携式火箭发射装置
车载火箭发射装置
单兵火加发射装置
单兵火箭发射装置
火箭发射管
火箭发射架
火箭发射器
火箭发射系统
机载火箭发射装置
牵引式火箭发射架
牵引式火箭发射装置
自动式火箭发动装置
自动式火箭发射装置
S 发射装置*

火箭飞机
Y 喷气式飞机

火箭飞行
rocket flight
V529
S 航天飞行
C 航天
亚轨道飞行
Z 飞行

火箭飞行安全控制
Y 航天飞行安全

火箭滑车
Y 火箭橇

火箭滑车试验
Y 火箭橇试验

火箭滑橇
Y 火箭橇

火箭滑撬
Y 火箭橇

火箭基组合动力循环
Y 火箭基组合循环

火箭基组合循环
rocket based combined cycle
V430
D 火箭基组合动力循环
S 循环*

火箭基组合循环发动机
rocket based combined cycle engines
V434
S 组合喷气发动机
Z 发动机

火箭基组合循环推进系统
rocket based combined cycle propulsion systems
V43
S 火箭推进系统
综合系统*
Z 航天系统
推进系统

火箭技术
rocketry
V471
S 航天技术
F 固体火箭技术
运载火箭技术
C 火箭
Z 航空航天技术

火箭箭体
rocket airframe
V421
D 箭体
全尺寸箭体
S 火箭部件*
C 火箭结构

火箭结构
rocket structure
V421
S 飞行器结构
C 火箭箭体
Z 工程结构

火箭壳体
rocket case
V421
S 壳体*
F 火箭发动机壳体

火箭客机
Y 旅客机

火箭控制系统
rocket control system
V471
S 航天器系统
专用系统*
Z 航天系统

火箭模型
rocket models
V42
D 模型火箭
S 航天器模型
Z 工程模型

火箭排气
rocket exhaust
V430
D 火箭发动机羽流
火箭喷焰
火箭羽流
S 排气*
C 底部烧蚀
排气系统
尾焰 →(5)
羽焰

火箭炮
rocket gun
TJ393
S 火箭武器
火炮
F 多管火箭炮
舰载火箭炮
轮式火箭炮
箱式火箭炮
远程火箭炮
自行火箭炮
Z 武器

火箭炮系统
rocket gun system
TJ393
S 火炮系统
Z 武器系统

火箭喷管
Y 火箭发动机喷管

火箭喷气燃料
Y 火箭燃料

火箭喷焰
Y 火箭排气

火箭橇
rocket sled
TJ01；V55
D 单轨火箭滑车
火箭车
火箭滑车
火箭滑橇
火箭滑撬
火箭撬
S 试验设施*
C 火箭橇试验

火箭橇试验
rocket sled test
TJ01；V216；V41
D 滑道试验
滑轨试验
滑橇试验
滑撬试验
火箭车试验
火箭滑车试验
S 航天试验*
C 弹射试验
火箭橇

火箭撬
Y 火箭橇

火箭燃料

rocket fuel
V51
D 火箭发动机燃料
火箭喷气燃料
水反应燃料
推进剂燃料
自燃式火箭燃料
S 航天燃料
F 混胺燃料
肼类燃料
C 火箭点火
火箭推进剂
氢燃料 →(2)(12)
燃料浆
推进剂储存
推进剂氧化剂
Z 燃料

火箭燃料氧化剂
Y 推进剂氧化剂

火箭燃烧室
Y 火箭发动机燃烧室

火箭扫雷车
rocket mine clearance vehicles
TJ518
S 扫雷车
Z 军事装备
军用车辆

火箭扫雷弹
Y 扫雷火箭弹

火箭上浮水雷
rocket propelled rising mines
TJ61
S 上浮水雷
Z 水雷

火箭设计
rocket design
V421
S 航天器设计
Z 飞行器设计

火箭深弹
rocket depth charge
TJ65
D 分离式火箭深水炸弹
火箭深水炸弹
火箭式深弹
火箭式深水炸弹
S 深弹
Z 炸弹

火箭深水炸弹
Y 火箭深弹

火箭式弹射座椅
Y 火箭弹射座椅

火箭式深弹
Y 火箭深弹

火箭式深水炸弹
Y 火箭深弹

火箭试车台
Y 火箭发动机试车台

火箭探测
rocket sounding
V476
S 探测*
C 电离层探测
探空火箭

火箭探空系统
Y 火箭

火箭筒
bazooka
E；TJ0
S 单兵武器
F 单兵火箭筒
反坦克火箭筒
反直升机火箭筒
重型火箭筒
Z 轻武器

火箭头
Y 飞行器头部

火箭头部
Y 飞行器头部

火箭头锥
Y 头锥

火箭推进
rocket propulsion
V43
D 火箭发动机推进
S 推进*
F 固体火箭推进
液体火箭推进
C 动力装置

火箭推进飞机
Y 喷气式飞机

火箭推进剂
rocket propellant
V51
D 航天推进剂
气体火箭推进剂
升华火箭推进剂
S 推进剂*
F 固体火箭推进剂
液体火箭推进剂
C 火箭燃料
加注系统
推进剂储存
推进剂雾化
吸热燃料

火箭推进剂药柱
Y 推进剂药柱

火箭推进剂贮箱
Y 推进剂贮箱

火箭推进系统
rocket propulsion system
V43
D 火箭动力装置
S 航天推进系统
F 火箭基组合循环推进系统
液体火箭推进系统
Z 航天系统
推进系统

火箭推进鱼雷
Y 火箭助飞鱼雷

火箭推力
rocket thrust
V430
S 推力*
C 火箭发动机
推力载荷

火箭推力试验台
rocket thrust test bed
V433.9
S 航天试验设备
C 火箭发动机
Z 航天设备
试验设备

火箭拖曳试验
Y 拖曳试验

火箭尾翼
rocket tail
V421
D 火箭折叠尾翼
S 尾翼*
C 弹翼

火箭武器
rocket weapon
TJ0
S 武器*
F 火箭弹
火箭炮

火箭武器系统
rocket weapon systems
TJ0
S 武器系统*

火箭系统
Y 火箭

火箭氧化剂
Y 推进剂氧化剂

火箭药柱
Y 推进剂药柱

火箭仪器舱
Y 火箭舱

火箭引信
Y 火箭弹引信

火箭羽流
Y 火箭排气

火箭运载具
Y 运载火箭

火箭运载器
Y 运载火箭

火箭增程弹
rocket-assisted projectile
TJ412
D 火箭助飞炮弹
火箭助推炮弹
炮射火箭

S 增程弹
Z 炮弹

火箭折叠尾翼
Y 火箭尾翼

火箭质量
rocket mass
V421
S 质量*

火箭助飞炮弹
Y 火箭增程弹

火箭助飞鱼雷
rocket-assisted torpedo
TJ631
D 火箭发动机鱼雷
火箭推进鱼雷
火箭助推鱼雷
S 助飞鱼雷
Z 鱼雷

火箭助推
Y 助推火箭发动机

火箭助推榴弹
rocket-propelled grenades
TJ412
S 榴弹*

火箭助推炮弹
Y 火箭增程弹

火箭助推器
Y 助推火箭发动机

火箭助推鱼雷
Y 火箭助飞鱼雷

火箭贮箱
rocket tank
V421
S 贮箱*

火箭子母弹
rocket cargo projectile
TJ412
S 子母炮弹
Z 炮弹

火警探测
Y 火灾探测

火炬式点火器
torch igniter
TJ454；V232
S 点火器
Z 燃烧装置

火控
Y 火力控制

火控模拟器
fire control simulator
TB2；V24
D 火力控制模拟机
火力控制模拟器
S 模拟器*
C 火控系统

火控设备
Y 火控系统

火控系统
fire control system
TJ3；TJ811；V221
D 火控设备
火力控制系统
射击控制系统
射击指挥系统
武器火控系统
S 武器控制系统
F 闭环火控系统
防空火控系统
攻击系统
观瞄系统
光-电火控系统
轰炸系统
机载火控系统
平显火控系统
指挥仪式火力控制系统
装甲车辆火控系统
自动火控系统
综合火控系统
C 火控计算机 →(8)
火控模拟器
火控指挥仪
瞄准系统
Z 武器系统

火控原理
Y 火力控制

火控指挥仪*
fire control director
TJ3；V241
D 发射控制机
火力控制指挥仪
射击指挥仪
F 导弹指挥仪
火炮射击指挥仪
C 火控计算机 →(8)
火控系统

火力控制
fire control
V24
D 飞行-火力控制
火控
火控原理
S 军备控制*
F 电视火力控制
反潜火力控制
防空火力控制
航空火力控制
雷达火力控制
C 火控计算机 →(8)

火力控制模拟机
Y 火控模拟器

火力控制模拟器
Y 火控模拟器

火力控制系统
Y 火控系统

火力控制指挥仪
Y 火控指挥仪

火力系统
firepower system
TJ811
S 武器系统*

火力性能
fire power performance
TJ0；TJ811
S 战术技术性能*

火力支援车
fire support vehicle
TJ811
D 火力支援车辆
S 战车
F 导弹发射车
Z 军用车辆
武器

火力支援车辆
Y 火力支援车

火帽
percussion cap
TJ451
D 底火火帽
S 点火火工品
Z 火工品

火炮
guns
TJ3
D 半自动火炮
半自动炮
大炮
火炮零部件
间瞄火炮
开膛炮
炮
压制火炮
远程火炮
S 武器*
F 岸炮
超速炮
车载炮
次口径炮
大口径火炮
单管炮
多管炮
反坦克炮
非直瞄火炮
高炮
高膛压火炮
航炮
滑膛炮
火箭炮
加榴炮
加农炮
舰炮
礼炮
榴弹炮
平衡炮
迫击炮
迫榴炮
牵引火炮
轻型火炮
试验炮
双管炮

速射炮
坦克炮
突击炮
无坐力炮
现代火炮
线膛炮
小口径火炮
新概念火炮
野战炮
隐身火炮
原子炮
中口径火炮
转管炮
装甲火炮
锥膛炮
自动炮
自行火炮
C 口径
炮弹
身管武器
压制武器

火炮半自动机
Y 供弹机构

火炮布雷
artillery minelaying
TJ512
S 布雷（地雷）
C 布雷炮弹
布雷子母弹
Z 布雷

火炮材料
Y 武器材料

火炮动力学
Y 火炮发射动力学

火炮对空射击
Y 对空射击

火炮对目标射击
Y 火炮射击

火炮发射
Y 火炮射击

火炮发射动力学
artillery gun dynamics
TH11；TJ3
D 火炮动力学
S 发射动力学
Z 动力学

火炮反后坐装置
Y 反后坐装置

火炮构件*
gun components
TJ303
D 高低齿弧
火炮结构
F 反后坐装置
防盾
高低机
供输弹装置
回转机构
火炮运动体
火炮自动机
抛壳机构
炮架
炮闩
炮膛
炮尾
前冲机
身管
膛口装置
C 保险机构

火炮后坐
artillery recoil
TJ3
S 火炮性能
Z 战术技术性能

火炮缓冲器
Y 反后坐装置

火炮结构
Y 火炮构件

火炮控制
gun control
TJ3
S 军备控制*

火炮控制系统
Y 炮控系统

火炮零部件
Y 火炮

火炮瞄准镜
Y 瞄准具

火炮内弹道
internal trajectory of gun
TJ01；TJ3
S 内弹道
Z 弹道

火炮炮膛
Y 炮膛

火炮齐射击
Y 齐射

火炮全重
gun overall weight
TJ3
D 全炮重
S 火炮性能
C 火炮设计
Z 战术技术性能

火炮热护套
Y 炮管热护套

火炮设计
artillery design
TJ3
S 武器设计*
C 火炮全重
火炮寿命
火炮威力
火炮质量

火炮射击
artillery firing
TJ3
D 超越射击
等速射
短停射击
火炮对目标射击
火炮发射
炮兵射击
张力射
S 射击*
F 对空射击
高炮射击
空炸射击
拦阻射击
齐射
行进间射击
压制射击
直接瞄准射击
C 弹丸速度
发射方位角
后坐力
炮口初速
引信装定

火炮射击指挥仪
gun fire directors
TJ3
S 火控指挥仪*
F 高炮射击指挥仪
舰炮指挥仪

火炮身管
Y 身管

火炮试验
gun experiments
TJ01；TJ3
D 炮射试验
S 武器试验*
C 常规武器试验靶场
常规武器试验基地

火炮寿命
gun life
TJ31
D 炮管寿命
身管寿命
S 火炮性能
性能*
C 发射药 →(9)
火炮设计
枪管烧蚀
Z 战术技术性能

火炮输弹机
Y 输弹机

火炮伺服系统
gun servo system
TJ3
D 火炮随动系统
火炮随动装置
炮耳轴伺服系统
S 火炮系统
伺服系统*
Z 武器系统

火炮随动系统
Y 火炮伺服系统

火炮随动装置

Y 火炮伺服系统

火炮威力
artillery power
TJ0；TJ3
S 火炮性能
作战能力
C 火炮设计
Z 使用性能
战术技术性能

火炮维修
artillery maintenance
TJ3
S 军械维修
Z 维修

火炮武器系统
gun weapons system
E；TJ0；TJ3
S 武器系统*
F 火炮系统
舰炮武器系统

火炮系统
artillery system
TJ3
S 火炮武器系统
F 高射炮系统
火箭炮系统
火炮伺服系统
机动火炮系统
迫击炮系统
轻型火炮系统
野战火炮系统
Z 武器系统

火炮行进间射击
Y 行进间射击

火炮性能
gun performance
TJ0；TJ3
S 战术技术性能*
F 火炮后坐
火炮全重
火炮寿命
火炮威力
火炮质量
身管长度

火炮压制射击
Y 压制射击

火炮运动车
Y 火炮运动体

火炮运动体
gun bogie
TJ303
D 火炮运动车
炮车
S 火炮构件*

火炮直接瞄准射击
Y 直接瞄准射击

火炮质量
artillery mass
TJ3
D 火炮重量
S 火炮性能
C 火炮设计
Z 战术技术性能

火炮重量
Y 火炮质量

火炮自动机
gun automata
TJ303
D 导气式自动机
浮动式自动机
管退式自动机
链式自动机
炮身后坐式自动机
炮闩后坐式自动机
气推式自动机
前冲式自动机
转管式自动机
转膛式自动机
S 火炮构件*

火炮自动装弹机
Y 自动装填机构

火炮自动装填机
Y 自动装填机构

火球
Y 核火球

火球(核)
Y 核火球

火绳
Y 点火线

火室
Y 燃烧室

火筒
Y 火焰筒

火星表面车
Mars excursion vehicle
V476
D 火星车
S 行星表面车辆
Z 车辆

火星车
Y 火星表面车

火星尘埃
Mars dust
V419
S 空间粉尘
Z 粉尘

火星大气
Mars atmosphere
P4；V419
S 行星大气
Z 大气

火星登陆计划
Y 火星探测计划

火星登陆器
Y 火星探测器

火星地质
Y 空间地质学

火星飞船
Y 载人火星飞船

火星飞行
Mars flight
V529
S 航天飞行
C 火星轨道
火星着陆
Z 飞行

火星飞行计划
Y 火星探测计划

火星服
Y 航天服

火星轨道
Mars orbits
V526
S 飞行轨道*
C 火星飞行

火星航天探测器
Y 火星探测器

火星滑翔机
Mars gliders
V277
S 滑翔机
Z 航空器

火星环境
Mars environment
V419；X2
S 行星环境
Z 航空航天环境

火星计划
Y 火星探测计划

火星降落
Y 火星着陆

火星旅行舱
Mars excursion cabins
V423
D 火星着陆舱
火星着落舱
S 着陆器
C 载人火星飞船
Z 舱
航天器部件

火星漫游车
Mars rover
V476
S 行星表面车辆
Z 车辆

火星生命
Mars life
V444
S 地外生命*

火星探测
Mars exploration
V476

D 火星探索
S 行星探索
F 载人火星探测
C 空间侨居区
Z 探测

火星探测车
Mars exploration rover
V476
S 行星表面车辆
C 火星着陆
Z 车辆

火星探测计划
Mars programs
V11
D 火星登陆计划
火星飞行计划
火星计划
S 行星探测计划
Z 航天计划
探测计划

火星探测器
Mars probe
V476
D 火星登陆器
火星航天探测器
火星着陆器
S 行星探测器
Z 航天器

火星探索
Y 火星探测

火星着陆
Mars landing
V525
D 火星降落
火星着落
S 航天器着陆
C 火星飞行
火星探测车
Z 操纵

火星着陆舱
Y 火星旅行舱

火星着陆器
Y 火星探测器

火星着落
Y 火星着陆

火星着落舱
Y 火星旅行舱

火焰*
flame
O6；TK1
D 火焰结构
火焰图像
燃烧火焰
F 羽焰
预混火焰
C 点火
火焰换向 →(9)
火焰矫正法 →(5)
火焰温度测量 →(5)
马克斯坦长度 →(5)
燃烧
燃烧质量 →(5)
真温 →(1)

火焰传播
flame propagation
TQ0；TU99；V231.2
S 传播*

火焰地雷
Y 燃烧地雷

火焰感度
Y 推进剂火焰感度

火焰管
Y 火焰筒

火焰结构
Y 火焰

火焰雷管
flame detonator
TJ452
S 雷管
Z 火工品

火焰面模型
flame sheet model
V21
S 热模型*
F 层流火焰面模型

火焰喷射
Y 燃料喷射

火焰喷射器
flame thrower
TJ531；TJ92
S 喷火武器
Z 武器

火焰燃烧
Y 燃烧

火焰筒
flame tube
TK0；V232
D 火筒
火焰管
燃烧管
S 发动机零部件*
C 多斜孔 →(3)(4)
微油点火

火焰图像
Y 火焰

火焰稳定
Y 燃烧稳定性

火焰稳定度
Y 燃烧稳定性

火焰稳定器
flame holder
V232
S 燃烧装置*
F 凹槽火焰稳定器
射流火焰稳定器
尾缘吹气稳定器
蒸发式火焰稳定器

火焰稳定性
Y 燃烧稳定性

火药起动机
Y 爆炸起动器

火药起动器
Y 爆炸起动器

火药延期机构
Y 引信延期机构

火药柱
Y 药柱

火药自毁机构
Y 自毁装置

火灾探测
fire detection
TD7；TU8；V249.3
D 火警探测
视觉火灾探测
线型感烟火灾探测
消防检测
S 探测*

或然率
Y 概率

货柜
Y 集装箱

货机
Y 货运机

货流
Y 货物流量

货物流量
goods flow
U2；U4；V353
D 货流
流量(货物)
S 交通量*

货物运输*
freight transport
U2；U4；U6
D 贷物运输
货运
货运方式
F 弹药运输
航空货运
卫星运输
C 货物 →(12)
矿山运输 →(2)(12)
运输

货物作业
Y 货运作业

货运
Y 货物运输

货运方式
Y 货物运输

货运飞船
cargo spaceship

V475
D 货运航天飞船
货运航天器
运货飞船
S 无人飞船
Z 航天器

货运飞机
Y 运输机

货运航天飞船
Y 货运飞船

货运航天器
Y 货运飞船

货运机
airfreighter
V271.2
D 货机
S 运输机
C 货舱 →(12)
重型运输机
Z 飞机

货运能力
shipping capacity
U2；U4；U6；V352
S 能力*

货运直升机
Y 运输直升机

货运作业*
goods traffic operation
U2
D 货物作业
F 推进剂输送
C 作业

霍尔推进器
Hall thrusters
V434
D 霍尔推力器
霍耳效应推进器
S 推进器*

霍尔推力器
Y 霍尔推进器

霍耳效应推进器
Y 霍尔推进器

霍曼轨道
Y 转移轨道

霍曼转移轨道
Y 转移轨道

击顶弹道
attack-top trajectory
TJ765
S 导弹弹道
C 反坦克导弹
Z 弹道

击发机
Y 击发机构

击发机构
firing mechanism
TJ2
D 击发机
S 枪械构件*
F 机电击发机构
解除保险装置

击针
firing needle
TJ2
S 枪械构件*

机泵
Y 泵

机舱
Y 飞机机舱

机舱布置
Y 机舱设计

机舱监测
engine room monitoring
V21
S 飞机检测
Z 交通检测

机舱监测报警系统
engine room monitoring and alarming system
TP2；V243
S 报警系统*
监测系统*

机舱监控
cabin monitoring
V249.1
S 监控*

机舱设计
machinery room design
V221
D 机舱布置
S 飞机设计
F 座舱设计
Z 飞行器设计

机场
airport
V351
D 飞机场
飞机站
航空港
航空站
机场群
S 场所*
F 备降机场
高原机场
简易机场
军用机场
绿色机场
民用机场
山区机场
水上机场
直升飞机场
C 导航台站
飞机
飞行区
航空运输
候机楼 →(11)
机场跑道
机场设备
机库
塔台
停机坪

机场安全
airport safety
V328；V357
D 停机坪安全
S 航空安全
C 安检机 →(4)(12)
Z 航空航天安全

机场标志灯
Y 机场灯

机场场界灯
Y 机场灯

机场储油仓库
Y 机场油库

机场导航设备
airport navigation equipments
TN96；V241.6
S 机场设备
Z 地面设备

机场道面管理系统
airport pavement management system
V351.3
D 道面管理系统
S 交通运输系统*

机场灯
airfield lights
TM92；TS95；V242
D 导航地灯
飞机滑行灯
滑行道边灯
滑行道灯
滑行灯
机场标志灯
机场场界灯
机场跑道灯
进场灯
进场指示灯
停机坪灯
S 航空灯
F 机场助航灯
着陆灯
C 探照灯 →(5)(10)
Z 灯

机场灯标
Y 机场信标

机场调度雷达
Y 机场监视雷达

机场飞行管制室
Y 航管楼

机场工程
airport engineering
V35
S 交通工程*
C 跑道长度

机场管理电台

Y 塔台

机场管制
Y 进场控制

机场航行调度室
Y 航管楼

机场航站楼
Y 航站楼

机场候机楼
Y 候机厅

机场滑行道
Y 机场跑道

机场监视雷达
airport surveillance radar
TN95；V351.3
D 机场调度雷达
机场控制雷达
S 雷达*
C 机场设备
塔台

机场检测
airport detection
V35
S 交通检测*

机场建筑*
airport buildings
TU2；V351.1
D 航空港建筑
机场建筑物
F 导航台站
航站楼
候机厅
机场油库
机坪
塔台
C 机库

机场建筑物
Y 机场建筑

机场紧急救援梯车
Y 机场特种车辆

机场净空
airfield clearance
V35
D 端净空
S 空中交通管制
Z 交通控制

机场勘选
Y 机场选址

机场客梯车
Y 机场特种车辆

机场空域内飞行
Y 场内飞行

机场空域外飞行
Y 场内飞行

机场控制雷达
Y 机场监视雷达

机场拦阻设备
Y 拦阻装置

机场雷达系统
Y 指挥引导雷达

机场跑道
airport runway
V351
D 飞机场跑道
飞机滑行道
飞机跑道
滑行道
机场滑行道
联络滑行道
跑道
平行滑行道
主滑行道
S 道路*
F 公路飞机跑道
C 封锁概率
机场
基层厚度 →(12)
结构层厚度 →(11)(12)
跑道容量

机场跑道灯
Y 机场灯

机场起落航线
Y 起落航线

机场气象观测
Y 航站气象观测

机场勤务车辆
Y 机场特种车辆

机场区域
aerodrome area
V351
S 区域*
F 飞行区
航站区

机场群
Y 机场

机场容量
airfield capacity
V35
S 能力*

机场设备
airfield equipment
V351.3
D 场站设备
外场设备
S 航空地面装备
F 机场导航设备
旅客登机车
C 机场
机场监视雷达
加油装置 →(2)(12)
救援系统
行李处理系统
指挥引导雷达
Z 地面设备

机场设计
airfield design
V351
S 交通设计*
F 滑道设计

机场设施
airfield facility
V351.1
S 交通设施*
F 目视助航设施

机场塔台
Y 塔台

机场特种车辆
airport special vehicles
V351.3
D 弹射器拖车
地勤车辆
发动机运输车
挂架运输车
航空救护车
机场紧急救援梯车
机场客梯车
机场勤务车辆
勤务车辆
升降平台车
行李传送车
S 车辆*
F 摆渡车
充氧车
飞机加油车
飞机牵引车
救生绞车
旅客登机车

机场吞吐量
airfield handling capacity
V352
S 数量*

机场信标
aerodrome beacon
TN96；V351.3
D 机场灯标
着陆方向标
S 导航信标
F 下滑信标
C 塔台
Z 导航设备

机场选址
airfield site selection
V351
D 飞机场选址
机场勘选
S 选址*

机场油库
airport oil storage
V351.1
D 飞机用油库
机场储油仓库
S 机场建筑*

机场照明
Y 航空照明

机场指挥电台

Y 塔台

机场终端区
airport terminal area
V351.1
S 航站区
C 空中交通管制
Z 区域

机场助航灯
airdrome light beacon
TM92；TS95；V242
S 机场灯
助航灯
Z 灯

机车产品
Y 车辆

机窗
Y 机身构件

机床电气设备
Y 电气设备

机床行程
Y 行程

机电保险机构
Y 保险机构

机电动力系统
Y 动力系统

机电击发机构
electromechanical percussion mechanisms
TJ2
S 击发机构
Z 枪械构件

机电瞄准具
Y 瞄准具

机电设计
Y 机械设计

机电陀螺
electromechanical gyro
V241.5
S 陀螺仪*

机电引信
electromechanical fuze
TJ432
S 触发引信
Z 引信

机电作动器
electro-mechanical actuator
V245
S 作动器*
C 机电继电器 →(5)

机动*
manoeuvre
TJ765
F 大角度机动
末端机动
目标机动
卫星轨道机动
再入机动
姿态机动
C 飞行控制

机动靶
Y 活动靶

机动泵
Y 泵

机动变轨
orbital maneuvering transfer
V526
S 变轨
Z 运行

机动布雷
mobile minelaying
TJ512
D 快速机动布雷
远距离布雷
远距离布设地雷
S 布雷（地雷）
C 布雷车
Z 布雷

机动弹头
Y 导弹弹头

机动导弹
mobile missile
TJ76
D 机动发射导弹
S 导弹
F 车载导弹
机载导弹
C 公路机动性
瞄准点
Z 武器

机动导弹系统
mobile missile systems
TJ76
S 导弹系统*

机动地面设备
Y 航空航天地面设备

机动发射
mobile launching
TJ765
D 车载发射
机动发射技术
行进间发射
S 导弹发射
C 公路机动性
机动发射装置
Z 飞行器发射

机动发射车
Y 机动发射装置

机动发射导弹
Y 机动导弹

机动发射技术
Y 机动发射

机动发射装置
mobile launcher
TJ768
D 搬运式发射装置
车载发射装置
导弹机动发射装置
机动发射车
机动式发射架
移动式发射装置
S 导弹发射装置
C 机动发射
Z 发射装置

机动飞机
maneuverable aircraft
V271
S 飞机*

机动飞行
maneuvering flight
V323
S 飞行*
F 超机动飞行
飞机侧滑
飞机机动飞行
俯冲
航天器机动飞行
盘旋
特技飞行
悬停
跃升
C 机动飞行控制

机动飞行控制
maneuvering flight control
V249.1
S 飞行控制*
机动控制
F 机动载荷飞行控制
C 机动飞行
机动再入飞行器
Z 运动控制

机动飞行器
maneuvering aircraft
V27；V47
D 空间机动飞行器
S 飞行器*

机动飞行性能
maneuvering flight performance
V212
S 飞行性能
Z 载运工具特性

机动轨道
maneuverable orbits
V529
S 航天器轨道
Z 飞行轨道

机动过载控制
Y 机动载荷飞行控制

机动航天器
maneuverable spacecraft
V47
D 航天渡船
可机动航天器
随意轨道飞行器
随意轨道航天器
S 航天器*
F 轨道机动航天器

轨道转移飞行器
会合航天器
机动卫星
载人机动装置
C 航天器机动飞行
空间探测器

机动火炮系统
mobile artillery systems
TJ3
S 火炮系统
Z 武器系统

机动襟翼
maneuver flap
V224
S 襟翼
Z 操纵面

机动救生艇
Y 救生艇

机动决策
maneuver decision
TP1；V271.4
S 决策*

机动控制
maneuver control
V249.1；V448
D 大角度机动控制
S 运动控制*
F 机动飞行控制

机动目标检测
Y 动目标检测

机动桥
Y 架桥车

机动式多弹头
Y 多弹头

机动式发射架
Y 机动发射装置

机动通信卫星
Y 移动通信卫星

机动突防
mobile penetration
E；TJ76
S 导弹突防
Z 防御

机动卫星
maneuvering satellite
V474
D 规避卫星
S 机动航天器
人造卫星
C 军用卫星
Z 航天器
卫星

机动洗消
Y 洗消

机动橡皮舟
Y 救生艇

机动载荷
Y 飞行载荷

机动载荷飞行控制
maneuver load control
V249.1
D 机动过载控制
机动载荷控制
S 机动飞行控制
随控布局飞行控制
Z 飞行控制
运动控制

机动载荷飞行控制系统
Y 随控布局飞机控制系统

机动载荷控制
Y 机动载荷飞行控制

机动再入飞行器
maneuverable reentry vehicle
V47
D 再入机动飞行器
S 再入飞行器
C 机动飞行控制
Z 飞行器

机动再入体
Y 多弹头

机构*
mechanism
TH11
D Bennett 机构
RSSP 机构
Stephenson 机构
变载机构
机构(工程)
机构构型
机构结构
机构特性
F 操作机构
调平机构
连接机构
试验机构
周边式对接机构
C 构件
机构学 →(4)(8)
机械 →(1)(2)(3)(4)(5)(7)(8)(9)(10)(11)(12)
机械系统 →(1)(2)(4)(5)(7)(8)(9)(11)
装配结构 →(3)(4)

机构(工程)
Y 机构

机构(机械)
Y 机械机构

机构参数
Y 设备参数

机构构型
Y 机构

机构结构
Y 机构

机构精度
Y 精度

机构控制
Y 机械控制

机构特性
Y 机构

机构元件
Y 元件

机关炮
Y 自动炮

机关炮弹
Y 航空炮弹

机关枪
Y 机枪

机会率
Y 概率

机加工缺陷
Y 制造缺陷

机降
Y 下降飞行

机降行动
Y 下降飞行

机库
hangars
V351.1
D 飞机库
S 库场*
C 机场
机场建筑

机理*
mechanism
ZT0
F 毁伤机理
隐身机理
C 化学机理 →(1)(2)(3)(9)
理论
原理

机轮
Y 飞机机轮

机轮刹车系统
wheel brake system
V226
D 飞机机轮刹车系统
飞机机轮刹车装置
飞机刹车装置
机轮刹车装置
S 飞机刹车系统
Z 航空系统

机轮刹车装置
Y 机轮刹车系统

机敏性
nimbleness
V212；V32
S 机械性能*
物理性能*

机-鸟碰撞
Y 鸟撞

机炮

Y 航炮

机坪
apron
V351.1
D 场坪
S 机场建筑*
F 飞行场地
停机坪
C 场极板 →(7)

机器故障
Y 设备故障

机器控制
Y 机械控制

机器零部件
Y 零部件

机器人*
robot
TP2
D HP3 机器人
MOTOMAN 机器人
机器人化
机器人学
F 空间机器人
C RV 减速器 →(4)
关节式机械系统 →(8)
机器人避障 →(8)
机器人操作器 →(8)
机器人触觉 →(8)
机器人工业 →(8)
机器人工作空间 →(8)
机器人工作站 →(8)
机器人焊接 →(3)
机器人机构 →(8)
机器人模型 →(8)
机器人视觉系统 →(8)
机器人手 →(8)
机器人手指 →(8)
机器人语言 →(8)
机器人足球比赛 →(8)
机械臂 →(2)(8)
机械手 →(8)
机械手臂
平均系统 →(8)
人工鱼 →(8)
协调控制 →(8)
意图识别 →(8)
运动学逆解 →(8)

机器人导航
robot navigation
TN8；V249.3
D 移动机器人导航
S 导航*

机器人化
Y 机器人

机器人炮
Y 智能炮

机器人学
Y 机器人

机器设计
Y 机械设计

机器振动
Y 设备振动

机枪
machine gun
TJ24
D 机关枪
S 枪械*
F 班用机枪
车载机枪
大口径机枪
高射机枪
航空机枪
轻机枪
通用机枪
制式机枪
重机枪

机枪弹
machine gun cartridge
TJ411
D 机枪子弹
S 枪弹*
F 高射机枪弹
航空枪弹
重机枪弹

机枪子弹
Y 机枪弹

机上电台
Y 航空电台

机上天线
Y 机载天线

机身*
fuselage
V223
D 单壳机身
飞机机架
飞机机身
飞机机体
机体
F 桁梁式机身
桁条式机身
后机身
机身中段
宽机身
面积律机身
前机身
水上飞机船体
细长机身
旋翼机身
C 飞机机舱
飞机蒙皮
机翼-短舱构型
翼身组合体

机身材料
fuselage material
V25
D 机体材料
S 航空材料
F 舱内材料
座舱材料
Z 材料

机身大梁
fuselage longeron
V221
D 机身桁梁
龙骨梁
S 机身构件
C 飞行器结构
桁梁式机身
机身隔框
Z 飞机结构件

机身防抖
fuselage stabilization technology
V212
D 机身防抖技术
S 防护*

机身防抖技术
Y 机身防抖

机身隔框
fuselage bulkhead
V222；V223
D 飞机隔框
隔框
S 机身构件
C 飞机壁板
机身大梁
Z 飞机结构件

机身构件
fuselage structural member
V223
D 背鳍(飞机)
长桁
船身断阶
飞机背鳍
飞机舱盖
飞机腹鳍
飞机桁条
俯仰框架
腹鳍(飞机)
桁条
横滚框架
机窗
水上飞机船身断阶
舷窗
S 飞机结构件*
F 航空透明件
机身大梁
机身隔框
座舱盖
C 安定面
补偿片
桁条式机身
机身结构

机身构型
fuselage configuration
V221
S 飞机构型
Z 构型

机身桁梁
Y 机身大梁

机身-机翼-尾翼构型
body-wing-tail configuration
O3；V211；V221
D 机身-机翼-尾翼组合体

翼身尾组合体
S 飞机构型
C 飞机模型
Z 构型

机身-机翼-尾翼组合体
Y 机身-机翼-尾翼构型

机身结构
fuselage structure
V214；V223
D 飞机机身结构
S 飞机结构
F 风挡结构
水上飞机船体线型
C 机身构件
Z 工程结构

机身空气动力特性
Y 空气动力特性

机身蒙皮
Y 飞机蒙皮

机身起落架
fuselage mounted landing gears
V226
S 起落架*
C 前三点式起落架

机身设计
aircraft body design
V221
D 机体设计
S 飞机设计
Z 飞行器设计

机身-尾翼组合体
Y 翼身组合体

机身中段
middle fuselages
V223
S 机身*
C 后机身
前机身

机体
Y 机身

机体/推进系统一体化
Y 机体/推进一体化

机体/推进一体化
body/propulsion integration
V23；V43
D 机体/推进系统一体化
S 一体化*

机体材料
Y 机身材料

机体-发动机匹配
Y 飞机-发动机匹配

机体结构
airframe structure
V214
S 飞机结构
Z 工程结构

机体结构设计
airframe structure design
V221
S 飞机结构设计
Z 飞行器设计
结构设计

机体设计
Y 机身设计

机头罩
nose fairing
V222
D 机头整流罩
S 整流罩*

机头整流罩
Y 机头罩

机尾
aircraft tail
V222
D 机尾部
S 飞机零部件*
F 伸缩机尾
自移机尾

机尾部
Y 机尾

机尾罩
Tail fairing
V222
D 机尾整流罩
S 整流罩*

机尾整流罩
Y 机尾罩

机务保障
Y 航空机务保障

机务保障工作
Y 航空机务保障

机务段管理
Y 机务管理

机务管理
machinery management
U2；V352
D 机务段管理
S 管理*
C 航空机务保障
机务维修

机务检修
Y 机务维修

机务人员
aircrews
V32
D 航空维修人员
S 空勤人员
Z 人员

机务维护
Y 机务维修

机务维修
engineering maintenance
TH17；U2；V267
D 机务检修
机务维护
S 维修*
C 机务管理

机匣
cartridge receiver
TJ2
S 枪械构件*

机匣处理
casing treatment
TH4；V263
S 处理*
C 气动稳定性
轴流压气机

机械安全防护装置
Y 安全装置

机械保险机构
Y 保险机构

机械布雷
mechanical minelaying
TJ512
D 覆盖布雷
拦阻布雷
S 布雷（地雷）
C 机械布雷车
Z 布雷

机械布雷车
mechanical minelaying vehicle
TJ516
S 布雷车
C 机械布雷
Z 军事装备
军用车辆

机械参量
Y 设备参数

机械参数
Y 设备参数

机械测量*
mechanical measurement
TH11
D 机械测试
机械特性测试
机械性能测试
机械性能分析
F 叶片测量
C 测量

机械测试
Y 机械测量

机械成型*
mechanical moulding
TG3；TS6
D 零件成形
F 蒙皮拉形
C 成型 →(1)(3)(4)(7)(9)(10)(11)(12)

机械触发引信
Y 机械引信

机械传动结构

Y 传动装置

机械法(洗消)
Y 洗消

机械飞行操纵系统
Y 飞行操纵系统

机械故障
Y 设备故障

机械化步兵战车
Y 步兵战车

机械机构*
mechanism
TH11；TH13
D 机构(机械)
F 变距机构
回转机构
减载缓释机构
起竖机构
液压助力器
装填机构
C 机械结构 →(2)(3)(4)(5)(8)(10)(11)

机械控制*
machine control
TH13
D 机构控制
机器控制
机械控制式
F 变传动比飞行控制
防摆控制
防喘控制
C 工程控制

机械控制泵
Y 控制泵

机械控制式
Y 机械控制

机械量测量仪器
Y 测量仪器

机械零部件
Y 零部件

机械瞄准具
iron sight
TH7；TJ2；TJ3
D 金属瞄准具
S 瞄准具
Z 瞄准装置

机械能起爆
Y 机械引爆

机械设计*
machine design
TH12
D 机电设计
机器设计
机械设计方法
机械设计基础
F 涡轮设计
样机设计
预扭设计
C 产品设计
机电性能 →(7)
机械设计软件 →(8)
机械学 →(4)(7)(8)
机械制图 →(1)(4)
设计

机械设计方法
Y 机械设计

机械设计基础
Y 机械设计

机械手臂*
mechanical arm
TP2
F 空间机械臂
C 操作器 →(4)(8)
机器人

机械特性
Y 机械性能

机械特性参数
Y 设备参数

机械特性测试
Y 机械测量

机械陀螺
Y 机械陀螺仪

机械陀螺仪
mechanical gyro
V241.5；V441
D 机械陀螺
S 陀螺仪*

机械洗消法
Y 洗消

机械性能*
mechanical properties
TH11
D 材料机械性能
机械特性
机械性质
F 超机动性
高机动性
机敏性
稳态转向特性
压气机特性
压气机性能
叶栅性能
运动稳定性
C 工程性能
互换性 →(3)(7)(8)
机械加工性能 →(4)
力学性能
性能

机械性能测试
Y 机械测量

机械性能分析
Y 机械测量

机械性质
Y 机械性能

机械液压差动式恒速传动装置
Y 传动装置

机械引爆
mechanical stimulus initiation
TJ51
D 机械能起爆
S 起爆*

机械引信
mechanical fuze
TJ432
D 机械触发引信
摩擦引信
S 触发引信
Z 引信

机械振动
Y 设备振动

机械震动
Y 设备振动

机心头
Y 炮闩

机芯结构
Y 壳-芯结构

机翼*
airfoil
V224
D 层流弹翼
层流机翼
层流翼
等斜倾线机翼
飞机机翼
飞机主翼
复合材料机翼
盖烈特机翼
上单翼
下单翼
有限翼展机翼
中单翼
F 边条翼
变形机翼
薄翼
超临界机翼
大展弦比模型机翼
地效翼
短翼
二元机翼
反对称机翼
飞翼
非掠翼
刚性翼
固定翼
盒形机翼
弧形翼
尖峰翼
跨声速机翼
联接翼
菱形机翼
掠翼
挠性翼型
扑翼
气动弹性研究机翼
倾转机翼
三维机翼
弯扭机翼
无弯度机翼

细长翼
小翼
小展弦比机翼
楔形翼
旋转机翼
增升机翼
折叠翼
振动机翼
直机翼
自适应机翼
自由翼
C 弹翼
副翼
后缘
前缘
升力
升力面
水翼
尾翼
旋翼
翼段
翼根
翼梁
翼型
翼展

机翼壁板
wing panels
V222
D 机翼整体壁板
S 飞机壁板
Z 饰面

机翼边条
wing strake
V224
S 机翼构件
C 边条翼
Z 飞机结构件

机翼变弯度控制
variable wing camber control
V249
S 飞行器控制
Z 载运工具控制

机翼变形
Y 变形机翼

机翼颤振
wing flutter
O3；V211.4
S 颤振
Z 振动

机翼-短舱构型
wing nacelle configuration
V211；V221
D 机翼-短舱组合体
S 飞机构型
C 机身
Z 构型

机翼-短舱组合体
Y 机翼-短舱构型

机翼负载
Y 翼载荷

机翼构件
wing construction members
V224
S 飞机结构件*
F 机翼边条
机翼盒段
机翼接头
翼刀
翼段
翼根
翼尖
翼肋
翼梁

机翼滚摆
Y 机翼振荡

机翼盒段
wing box section
V222
S 机翼构件
Z 飞机结构件

机翼盒段结构
wing box section structures
V214
S 机翼结构
Z 工程结构

机翼后掠角
Y 后掠角

机翼机身干扰
Y 翼身干扰

机翼-机身融合体
Y 翼身组合体

机翼-机身组合体
Y 翼身组合体

机翼接头
wing joints
V229
S 机翼构件
Z 飞机结构件

机翼结冰
wings icing
V244；V321.2
S 飞机结冰
Z 结冰

机翼结构
wing structure
V214
D 翼面结构
S 飞机结构
F 机翼盒段结构
尾翼结构
Z 工程结构

机翼结构设计
wing structures design
V221
S 飞机结构设计
Z 飞行器设计
结构设计

机翼空气动力特性
Y 空气动力特性

机翼空气动力学
aerodynamics of wing
V211.41
S 空气动力学
Z 动力学
科学

机翼理论
wing theory
V211
S 流动理论
Z 理论

机翼蒙皮
Y 飞机蒙皮

机翼模型
wing model
V221
S 气动模型
Z 力学模型

机翼平面形状
Y 翼型

机翼剖面
Y 翼型

机翼前梁
Y 翼梁

机翼绕流
Y 翼型绕流

机翼容箱
Y 机翼油箱

机翼设计
wing design
V221
S 飞机设计
F 翼型设计
Z 飞行器设计

机翼尾翼干扰
Y 翼身干扰

机翼型叶片
airfoil blade
TH13；V232.4
S 叶片*

机翼摇摆
Y 机翼振荡

机翼摇滚
Y 机翼振荡

机翼翼型
Y 翼型

机翼油箱
wing tanks
V222
D 机翼容箱
S 飞机油箱
F 机翼整体油箱
C 悬挂装置
Z 油箱

机翼展弦比
Y 展弦比

机翼折叠机构
Y 飞行操纵系统

机翼振荡
wing oscillation
V211.46
D 机翼滚摆
机翼摇摆
机翼摇滚
S 翼型振荡
Z 振荡

机翼振动
wing vibration
V224
S 设备振动*

机翼整体壁板
Y 机翼壁板

机翼整体油箱
aerofoil integral fuel tank
V24
S 机翼油箱
整体油箱
Z 油箱

机翼主梁
wing main beam
V224
S 翼梁
Z 飞机结构件

机油系统
Y 润滑系统

机油压力
oil pressure
V233
D 滑油压力
润滑油压
润滑油压力
S 流体压力*

机载
airborne
V2；V35
S 运载*
C 机载激光器 →(7)
星载

机载 ATE
Y 机载自动化测试设备

机载布撒器
Y 飞机布洒器

机载测量
Y 航空测量

机载测量系统
airborne measuring system
V24
S 机载系统*

机载测试
Y 航空测量

机载测试设备
airborne test equipment
V24
D 机载测试系统
S 测试装置*
F 机载光测设备
机载自动化测试设备

机载测试系统
Y 机载测试设备

机载产品
airborne products
V23；V27
S 航空产品
Z 航空航天产品

机载成像系统
airborne imaging system
V248
S 机载系统*
图像系统*

机载传感器
airborne sensor
TP2；V241
D 航空传感器
S 传感器*

机载弹射救生装置
Y 弹射救生设备

机载导弹
airborne missile
TJ76
D 空射导弹
S 机动导弹
C 软发射
Z 武器

机载导弹武器系统
airborne missile weapon system
TJ0；TJ76
S 导弹武器系统
机载武器系统
F 空空导弹武器系统
Z 航空系统
机载系统
武器系统

机载导航设备
Y 飞机导航设备

机载导航系统
Y 空中导航系统

机载电台
Y 航空电台

机载电源
Y 飞机电源

机载电子产品
Y 机载电子设备

机载电子干扰吊舱
airborne electronic interference pods
V243
S 军事装备*

机载电子攻击飞机
airborne electronic attack aircraft
V271.41
S 攻击战斗机
Z 飞机

机载电子设备
airborne electronic equipment
V243；V243.1
D 飞机电气设备
飞机电子设备
航电设备
航空电气设备
航空电子设备
航空电子装备
机载电子产品
机载无线电设备
S 电子设备*
C 航空电机 →(5)
航空电子结构

机载电子系统
Y 飞机电子系统

机载吊舱
airborne pods
V223
S 吊舱
F 机载瞄准吊舱
Z 舱

机载定向机
Y 机载定向仪

机载定向仪
onboard azimuth finders
V241
D 机载定向机
S 飞行仪表
C 航空电子学
Z 航空仪表

机载动目标检测
airborne moving target detection
V243
S 动目标检测
Z 检测

机载多传感器
airborne multi-sensor
TP2；V241
S 传感器*

机载多目标攻击武器系统
Y 机载武器系统

机载发射
aircraft launching
TJ765
D 飞机发射
S 发射*

机载发射装置
Y 机载武器投放装置

机载反潜武器系统
Y 机载武器系统

机载反潜鱼雷
Y 航空反潜鱼雷

机载反星导弹

Y 空间导弹

机载防撞系统
airborne anti-collision system
V244；V249
D 空中防撞系统
碰撞警告设备
S 机载系统*
空中交通系统
C 航空导航
空中相撞
Z 交通运输系统

机载告警控制系统
Y 机载告警系统

机载告警系统
airborne warning system
TP2；V244
D 机载告警控制系统
机载警戒控制系统
S 机载系统*

机载跟踪系统
airborne tracking system
V249.3
S 跟踪系统*
机载系统*
F 机载光电跟踪系统

机载公共设备系统
airborne utility system
V24
S 机载系统*

机载光测设备
airborne optical measurement equipment
V24
D 机载激光测距机
机载激光测远机
机载脉冲光测深仪
S 机载测试设备
Z 测试装置

机载光电跟瞄平台
Y 机载光电稳定平台

机载光电跟踪系统
airborne optical-electronic tracking system
V249.3
S 光电跟踪系统
机载跟踪系统
机载光电系统
Z 跟踪系统
光电系统
机载系统

机载光电瞄准系统
airborne electro-optics sighting system
V243
S 光电瞄准系统
机载光电系统
机载瞄准系统
Z 光电系统
机载系统
系统

机载光电平台
Y 机载光电稳定平台

机载光电设备
Y 机载光电系统

机载光电稳定平台
airborne photoelectric platform
TN96；V448
D 机载光电跟瞄平台
机载光电平台
S 光电稳定平台
Z 导航设备
平台

机载光电系统
airborne photoelectronic system
V243
D 机载光电设备
S 光电系统*
机载系统*
F 机载光电跟踪系统
机载光电瞄准系统
机载激光系统

机载航空电子系统
Y 飞机电子系统

机载航炮
Y 航炮

机载环境
Y 航空环境

机载环境控制系统
Y 飞机环控系统

机载火箭弹
Y 航空火箭弹

机载火箭发射装置
Y 火箭发射装置

机载火箭挂架
Y 武器挂架

机载火控雷达
airborne fire control radar
TN95；V243.1
D 航空火力控制雷达
机载火力控制雷达
S 机载雷达
Z 雷达

机载火控设备
Y 机载火控系统

机载火控系统
airborne fire control system
V24
D 飞机火控系统
飞机火力控制系统
飞机射击控制系统
航空电子火控系统
航空电子火力控制系统
航空火控系统
航空火力控制系统
机载火控设备
机载火力控制系统
机载射击控制系统
S 火控系统
机载武器控制系统
Z 航空系统
机载系统
武器系统

机载火力控制雷达
Y 机载火控雷达

机载火力控制系统
Y 机载火控系统

机载机电系统
airborne electromechanical systems
V243
S 机载系统*
F 机载作动系统

机载激光测距机
Y 机载光测设备

机载激光测远机
Y 机载光测设备

机载激光雷达系统
airborne lidar systems
V243.1
S 机载激光系统
Z 光电系统
机载系统
激光系统

机载激光探雷系统
airborne laser mine detection systems
V243.1
S 光电系统*
机载激光系统
机载探测系统
Z 机载系统
激光系统
探测系统

机载激光武器
airborne laser weapons
TJ864
S 机载武器
激光武器
Z 武器

机载激光系统
airborne laser system
V243
S 机载光电系统
激光系统*
F 机载激光雷达系统
机载激光探雷系统
机载三维激光扫描系统
Z 光电系统
机载系统

机载计算机
on-board computer
V247
D 航空计算机
机载数字计算机
S 计算机*
F 飞行控制计算机
任务计算机
C 飞行管理系统
机载软件

机载计算机系统
airborne computer systems

V247
S 机载系统*
计算机系统*

机载监视雷达
airborne surveillance radar
V243.1
S 机载雷达
Z 雷达

机载截击雷达
Y 截击雷达

机载警报系统
Y 机载预警系统

机载警戒控制系统
Y 机载告警系统

机载雷达
airborne radar
TN95；V243.1
D 航空雷达
空用雷达
空载雷达
S 雷达*
F 机载火控雷达
机载监视雷达
机载前向阵雷达
机载有源相控阵雷达
截击雷达
C 多目标跟踪 →(7)
航空声呐
机载天线

机载领航设备
Y 飞机导航设备

机载脉冲光测深仪
Y 机载光测设备

机载瞄准吊舱
airborne collimation pods
V223
S 机载吊舱
Z 舱

机载瞄准系统
airborne sighting system
V24
S 机载系统*
瞄准系统
F 机载光电瞄准系统
Z 系统

机载炮塔
Y 飞机炮塔

机载前向阵雷达
forwarding looking airborne radar
V243.1
S 机载雷达
Z 雷达

机载软件
airborne software
TP3；V247
S 计算机软件*
C 机载计算机

机载三维激光扫描系统
airborne 3D laser scanning systems
V243
S 机载激光系统
Z 光电系统
机载系统
激光系统

机载扫雷系统
airborne minesweeping systems
TJ518
S 机载系统*
扫雷系统
Z 武器系统

机载设备
airborne equipment
V24
D 飞机设备
飞机装备
航空机载设备
机载装备
机载装置
S 设备*
F 直升机装备
C 飞机
座舱天气信息系统

机载射击控制系统
Y 机载火控系统

机载射击武器
Y 机载武器

机载摄影记录系统
Y 记录设备

机载声呐
Y 航空声呐

机载视频记录系统
Y 记录设备

机载视频记录仪
airborne video recorder
TH7；V248
S 飞行数据记录器
F 机载数字视频记录仪
Z 航空仪表
记录仪

机载试验
airborne experiment
V216
S 力学试验*

机载数据系统
airborne data system
V248
S 机载系统*
数据系统*
F 机载综合数据系统

机载数字计算机
Y 机载计算机

机载数字视频记录仪
airborne digital video recorder
TH7；V248
S 机载视频记录仪
Z 航空仪表
记录仪

机载水雷
Y 空投水雷

机载探测系统
airborne detection systems
V248
S 机载系统*
探测系统*
F 机载激光探雷系统

机载天线
airborne antenna
TN8；V243.1
D 飞机天线
航空天线
机上天线
S 飞行器天线
C 航空电台
机载雷达
Z 天线

机载外挂武器
Y 空地武器

机载外挂物
Y 飞机外挂物

机载无线电设备
Y 机载电子设备

机载武器
airborne weapon
E；TJ0
D 飞机军械
航空兵器
航空军械
航空射击兵器
航空射击武器
航空武器
航空武器装备
轰炸兵器
机载射击武器
机载武器装备
空对空武器
空袭兵器
空袭武器
空战武器
S 武器*
F 航空反潜鱼雷
航空机枪
航空自动武器
航炮
机载激光武器
空地导弹
空地武器
空射弹道导弹
空射巡航导弹
C 轰炸机
轰炸系统

机载武器控制系统
aircraft weapon control system
V24
S 机载武器系统
F 机载火控系统
Z 航空系统
机载系统

武器系统

机载武器投放装置
airborne launcher
TJ765
D 航空武器投放装置
机载发射装置
空中发射设备
空中发射装置
S 发射装置*
F 航空瞄准具
轰炸设备
撒布器
鱼雷投射装置

机载武器系统
airborne weapon system
V24
D 航空武器系统
机载多目标攻击武器系统
机载反潜武器系统
S 飞机武器系统
机载系统*
F 机载导弹武器系统
机载武器控制系统
Z 航空系统
武器系统

机载武器装备
Y 机载武器

机载系统*
airborne system
V24
F 飞机电子系统
飞机环控系统
机载测量系统
机载成像系统
机载防撞系统
机载告警系统
机载跟踪系统
机载公共设备系统
机载光电系统
机载机电系统
机载计算机系统
机载瞄准系统
机载扫雷系统
机载数据系统
机载探测系统
机载武器系统
机载信息系统
机载液压系统
机载预警系统
机载侦察系统
机载制氧系统
机载综合显示系统
空投系统
空中导航系统
外挂物管理系统
C 飞机系统

机载显示器
airborne display
V243.1
S 显示器*
F 机载液晶显示器
主飞行显示器

机载信息系统
airborne information systems
V24
S 机载系统*
信息系统*
F 座舱天气信息系统

机载悬挂装置
airborne suspension equipment
TH13；V245
S 悬挂装置*
C 吊挂系统 →(4)

机载巡航导弹
Y 空射巡航导弹

机载遥感
Y 航空遥感

机载液晶显示器
airborne LCD display
V243；V248
S 飞机显示设备
机载显示器
Z 显示器

机载液压系统
airborne hydraulic systems
V245.3
S 机载系统*

机载仪器
airborne instrument
TH7；V241
S 仪器仪表*

机载有源相控阵雷达
airborne active phased array radar
V243.1
S 机载雷达
Z 雷达

机载鱼雷
Y 空投鱼雷

机载预警
Y 机载预警系统

机载预警机
Y 空中预警机

机载预警系统
airborne early warning system
V243
D 航空预警控制系统
机载警报系统
机载预警
机载预警指挥系统
空中待战
空中警戒
空中预警
空中预警系统
空中值班
S 机载系统*
预警系统*
C 碰撞预警

机载预警指挥系统
Y 机载预警系统

机载炸弹
Y 炸弹

机载侦察系统
airborne reconnaissance systems
V24；V32
D 航空侦察系统
S 机载系统*
军事系统*

机载制导武器
airborne guided weapons
E；TJ0
S 制导武器
C 防区外发射
Z 武器

机载制氧系统
airborne oxygen generation system
V245.3
S 机载系统*

机载装备
Y 机载设备

机载装置
Y 机载设备

机载自动化测试设备
airborne automatic test equipment
V24
D 机载 ATE
S 机载测试设备
Z 测试装置

机载综合数据系统
airborne integrated data system
V247
D 飞行综合数据系统
S 机载数据系统
综合航电系统
C 飞行试验测量设备
飞行数据采集系统
飞行速度指示器
Z 电子系统
机载系统
数据系统
综合系统

机载综合显示系统
airborne integrated display system
V243
D 电子综合显示系统
电子综合显示仪
综合电子显示系统
S 机载系统*
综合航电系统
综合显示系统
Z 电子系统
显示系统
综合系统

机载作动系统
airborne actuation system
V24
D 飞机作动系统
S 机载机电系统
Z 机载系统

机种
Y 飞机型号

机重
Y 飞机重量

机组(航空)
Y 空勤人员

机组舱
flight compartment
V223
S 舱*

机组成员
Y 空勤人员

机组人员
Y 空勤人员

积冰
Y 结冰

积分比例导引
integral propotional guidance
TJ765；V249.3；V448
S 比例导引
Z 导引

积分剂量
integral dose
TL7
S 辐射剂量
C 空间剂量分布
容许剂量
瞬时剂量分布
Z 剂量

积分式测量仪器
Y 测量仪器

积分式记录仪
Y 记录仪

积分陀螺
Y 积分陀螺仪

积分陀螺仪
integrating gyroscope
V241.5；V441
D 积分陀螺
速度积分陀螺仪
速率积分陀螺仪
S 单自由度陀螺仪
Z 陀螺仪

积分网格
Y 网格

积分衍射效率
integral diffraction efficiency
TL8
S 效率*

积炭
carbon deposit
TE6；TK1；TK4；V23
D 结炭
燃烧沉积物
S 燃烧产物*
C 残炭 →(2)
焚烧灰 →(13)
焚烧炉渣 →(13)
焦化 →(2)(9)
沥青质 →(2)
清净分散剂 →(2)(9)
燃料燃烧 →(5)
脱碳 →(3)

基本部位
Y 部位

基本单位
Y 计量单位

基本方法
Y 方法

基本结构
Y 结构

基本性能
Y 性能

基础性评价
Y 评价

基地*
base station
E
F 导弹基地
发射基地
空间基地
试验基地

基地内飞行
Y 场内飞行

基线*
baseline
P2
D 标准线
基准线
F 空间基线
星间基线
C 线

基因杀人虫
Y 基因武器

基因武器
gene weapon
TJ99
D 基因杀人虫
染色体武器
遗传工程武器
遗传武器
S 特种武器
F 种族基因武器
Z 武器

基准*
benchmark
TB9
D 原器
F 捷联基准

基准标定设备
Y 瞄准装置

基准弹道
reference trajectory
TJ01
S 弹道*

基准航空器
Y 重于空气航空器

基准线
Y 基线

畸变试验
distortion test
V216
S 试验*

畸变指数
distortion index
V231
S 指数*
C 总压恢复系数

激波
shock waves
V211
S 波*
F 弹丸激波
激波串
C 激波诱导

激波/边界层相互作用
Y 激波边界层干扰

激波/湍流边界层干扰
Y 激波边界层干扰

激波边界层干扰
shock wave-boundary layer interference
V211.46
D 冲波边界层干扰
激波/边界层相互作用
激波/湍流边界层干扰
激波-边界层干扰
激波附面层干扰
S 激波干扰
C 跨音速流
雷诺数效应
Z 气动干扰

激波-边界层干扰
Y 激波边界层干扰

激波捕获
shock capture
V211
S 捕获*

激波测量仪器
Y 测量仪器

激波层
shock layer
V211
S 流体层*
C 转捩层

激波传质
mass transfer by shock wave
O4；V211
S 传质*

激波串
shock train
V211
S 激波
C 超燃冲压发动机

超音速燃烧室
Z 波

激波发生器
shock wave generator
V211
S 发生器*

激波反射
Shock wave reflection
V211

激波风洞
shock tunnel
V211.74
D 激波管风洞
S 高超音速风洞
脉冲风洞
F 高焓激波风洞
氢氧爆轰驱动激波风洞
C 激波管
Z 风洞

激波附面层干扰
Y 激波边界层干扰

激波干扰
shock wave interference
V211.46
D 冲波干扰
激波相互作用
S 气动干扰*
F 激波边界层干扰
激波-激波干扰
C 激波修正

激波管
shock tube
V211.7
D 电磁激波管
扩张激波管
收缩激波管
S 发生器*
F 无膜激波管
C 激波风洞

激波管风洞
Y 激波风洞

激波-激波干扰
shockwave-shockwave interferences
V211.46
S 激波干扰
Z 气动干扰

激波计算
shock wave calculation
V211；V247
S 计算*

激波控制
Shock wave control
V211
S 控制*
C 激波衰减

激波衰减
Shock wave decay
V211
D 冲波衰减
S 衰减*
C 激波控制
激波效应

激波损失
shock loss
V211
D 冲波损失
S 能量损失*

激波涡干扰
shock wave vortex interferences
V211.46
S 涡干扰
Z 气动干扰

激波相互作用
Y 激波干扰

激波效应
shock wave effects
V211
D 冲波效应
S 气动效应*
C 激波衰减
激波修正

激波修正
shock wave correction
V211
S 修正*
C 激波干扰
激波效应

激波压缩
shock wave compression
V211
S 压缩*

激波演变
Shock wave evolution
O3；V211
D 冲击波演变
C 冲击波动力学

激波诱导
shock-induced
V211
S 引导*
C 激波
气动矢量喷管

激波诱导燃烧
shock induced combustion
V231.1
S 燃烧*

激波阵面
Y 冲击波阵面

激波阻力
shock wave drag
O3；V211.46
S 气动阻力
C 面积律
Z 阻力

激光靶
laser target
TL6
S 靶*
F 激光聚变靶
C 电子束靶
离子束靶

激光半主动制导
laser semi-active guidance
TJ765；V448
D 半主动激光制导
S 激光制导
C 激光棒 →(7)
Z 制导

激光包覆
Y 包覆

激光波束制导
Y 激光驾束制导

激光测地卫星
Y 测地卫星

激光测高计
Y 激光高度表

激光测高仪
Y 激光高度表

激光导引
Y 激光制导

激光导引头
laser seeker
TJ765；V448
D 激光寻的导引头
激光寻的器
激光寻的制导头
激光自动导引头
象限探测导引头
虚拟导引头
寻的导引头
S 光电导引头
Z 制导设备

激光地形测绘仪
Y 测绘仪

激光点火
laser ignition
TK1；V233
D 激光点火技术
激光引燃
S 点火*
C 点火延迟时间
激光触发 →(7)
激光点火系统
激光推进火箭发动机
烧蚀

激光点火技术
Y 激光点火

激光点火系统
laser ignition system
TK0；V233.3
S 点火系统*
激光系统*
C 激光点火

激光发爆管
Y 激光雷管

激光发动机
Y 激光推进火箭发动机

激光反传感器武器
Y 激光致盲武器

激光反导
laser anti-missile
TJ76
S 反导弹防御
Z 防御

激光反导武器
Y 反导激光武器

激光反卫星
laser anti-satellite
V474
S 反卫星技术
Z 航空航天技术

激光反卫星武器
laser anti-satellite weapon
TJ86；TJ864；V47
D 反卫激光武器
反卫星激光武器
S 反卫星武器
激光武器
Z 航天武器
武器

激光防护
laser protection
R；TJ9
S 射线防护
F 激光辐射防护
Z 防护

激光防空武器
Y 防空激光武器

激光飞机
laser aircraft
V271
S 飞机*

激光分离
laser separation
TL92
S 分离*

激光风洞
laser wind tunnels
V211.74
S 风洞*

激光辐射防护
laser radiation protection
TJ9；TL7
S 辐射防护
激光防护
Z 防护

激光干扰武器
laser jamming weapon
TJ99
S 光电子干扰武器
Z 武器

激光高度表
laser altimeter
TH7；V241.42；V441
D 激光测高计
激光测高仪
激光高度计
莱塞高度表
雷射高度表
S 高度表
C 光雷达 →(7)
Z 测绘仪
航空仪表

激光高度计
Y 激光高度表

激光跟踪
laser tracking
TN8；TP7；V556.7
S 跟踪*
C 激光跟踪系统

激光跟踪测距
laser tracking distance measurement
P2；TN2；V556.7
S 测距*

激光跟踪测量系统
laser tracking measurement system
TH7；V55
S 激光跟踪系统
Z 跟踪系统
光电系统
激光系统

激光跟踪系统
laser tracking system
TJ768；V556
D 激射光跟踪系统
S 光电跟踪系统
激光系统*
F 激光跟踪测量系统
C 激光跟踪
Z 跟踪系统
光电系统

激光惯性约束
laser inertial confinement
O4；TL61
S 惯性约束
Z 约束

激光惯性约束聚变
laser inertial confinement fusion
TL6；TN2
D 激光核聚变
激光聚变
激光热核聚变
激光约束聚变
S 惯性约束聚变
Z 核反应

激光光网探测器
Y 激光探测器

激光核聚变
Y 激光惯性约束聚变

激光核聚变堆
Y 激光聚变堆

激光核聚变装置
Y 激光聚变堆

激光记录器
Y 记录仪

激光记录仪
Y 记录仪

激光加热风洞
laser heated wind tunnel
V211.74
S 高焓风洞
Z 风洞

激光驾束制导
laser beam rider guidance
TJ765；V448
D 激光波束制导
S 激光制导
Z 制导

激光检测仪
Y 激光探测器

激光接收器
Y 激光探测器

激光捷联惯导
laser strapdown inertial navigation
V249.3；V448
S 捷联惯性导航
Z 导航

激光近炸引信
Y 激光引信

激光精确制导武器
Y 激光制导武器

激光聚变
Y 激光惯性约束聚变

激光聚变靶
laser fusion target
TL5；TL6
D 激光聚变靶丸
S 核聚变靶
激光靶
F 爆推靶
Z 靶

激光聚变靶丸
Y 激光聚变靶

激光聚变堆
laser-fusion reactor
TL64
D 激光核聚变堆
激光核聚变装置
激光聚变腔
激光聚变装置
S 脉冲聚变堆
F 级联堆
C 惯性聚变驱动器
惯性约束
惯性约束聚变装置
Z 反应堆

激光聚变腔
Y 激光聚变堆

激光聚变装置
Y 激光聚变堆

激光军械
Y 激光武器

激光雷管
laser detonator
TJ452
D 激光发爆管
激光起爆管
S 雷管
Z 火工品

激光脉冲波形
Y 波形

激光瞄准具
laser sights
TH7；TJ2
D 激射光瞄准具
S 瞄准具
C 瞄准
Z 瞄准装置

激光末制导
laser terminal guidance
TJ765；V448
S 末制导
Z 制导

激光末制导炮弹
Y 激光制导炮弹

激光目标指示器
laser target indicator
TJ76；TN95
S 激光指示器
C 激光目标模拟器 →(8)
Z 指示器

激光炮
laser gun
TJ399；TJ864
S 激光武器
新概念火炮
Z 武器

激光炮弹
Y 激光制导炮弹

激光起爆
Y 激光引爆

激光起爆管
Y 激光雷管

激光器系统
Y 激光系统

激光枪
laser rifle
TJ27；TJ864
S 激光武器
特种枪
Z 枪械
武器

激光热核聚变
Y 激光惯性约束聚变

激光扫雷系统
laser mine-sweeping systems
TJ518
S 激光系统*
扫雷系统
Z 武器系统

激光水推进
laser water propulsion
V43
S 推进*

激光探测器
laser detectors
TH7；TN2；TP2；V248
D 激光光网探测器
激光检测仪
激光接收器
激光探测仪
扫描激光距离探测器
S 光学仪器*
探测器*
F 微型扫描激光距离探测器
C 激光探测 →(7)
激光探测系统 →(7)(8)

激光探测仪
Y 激光探测器

激光探雷
laser mine detection
TJ512
S 探雷*

激光同位素分离
laser isotope separation
TL92
D 激光同位素分离法
S 同位素分离
F 原子法激光同位素分离
Z 分离

激光同位素分离法
Y 激光同位素分离

激光推进火箭发动机
laser propulsion rocket engines
V439
D 激光发动机
S 非化学火箭发动机
C 激光点火
Z 发动机

激光推进技术
laser propulsion technology
V43
S 推进技术
Z 航空航天技术

激光推进器
laser thruster
V43
S 推进器*
F 激光微推力器

激光陀螺
Y 激光陀螺仪

激光陀螺仪
laser gyroscope
V241.5；V441
D 激光陀螺
莱塞陀螺仪
雷射陀螺仪
三轴激光陀螺
S 光学陀螺仪
F 抖动偏频激光陀螺
环形激光陀螺
四频激光陀螺
C 速率偏频技术
转位控制
Z 陀螺仪

激光陀螺指北仪
north-finder based on laser gyro
V241.6；V441
S 陀螺仪*

激光威胁
laser threats
TJ864；TN2
S 威胁*

激光微推力器
laser micro-thruster
V434
S 激光推进器
微推进器
Z 推进器

激光武器
laser weapons
TJ864
D 激光军械
S 定向能武器
F 超导激光武器
车载激光武器
低能激光武器
地基激光武器
反导激光武器
防空激光武器
高能激光武器
机载激光武器
激光反卫星武器
激光炮
激光枪
舰载激光武器
天基激光武器
战略激光武器
战术激光武器
C 跟踪精度 →(7)
Z 武器

激光武器系统
laser weapon system
TJ864
S 激光系统*
武器系统*
F 天基激光武器系统

激光系统*
laser system
TN2
D 激光器系统
F 机载激光系统
激光点火系统
激光跟踪系统
激光扫雷系统

激光武器系统
激光制导系统
C 光学系统

激光信标
laser beacon
V249.3
D 激光信号标志
S 导航设备*

激光信号标志
Y 激光信标

激光修饰
Y 精加工

激光寻的导引头
Y 激光导引头

激光寻的器
Y 激光导引头

激光寻的制导头
Y 激光导引头

激光引爆
laser initiation
TB4；TJ51
D 激光起爆
S 光电引爆
Z 起爆

激光引导
Y 激光制导

激光引燃
Y 激光点火

激光引信
laser fuze
TJ434
D 激光近炸引信
连续波激光引信
脉冲激光引信
扫描式激光引信
S 近炸引信
Z 引信

激光隐身
laser stealth
TN97；V218
D 激光隐身技术
激光隐形技术
S 隐身技术*

激光隐身技术
Y 激光隐身

激光隐形技术
Y 激光隐身

激光原子法
laser atom method
TL2
S 同位素分离
Z 分离

激光约束聚变
Y 激光惯性约束聚变

激光照射器
Y 激光指示器

激光整平
Y 精加工

激光直接驱动
laser direct drive
TL6
S 驱动*

激光指示器
laser designator
V241.4
D 激光照射器
S 指示器*
F 激光目标指示器
C 激光辐射 →(7)
激光应用 →(7)

激光制导
laser guidance
TJ765；V448.23
D 激光导引
激光引导
S 光电制导
F 激光半主动制导
激光驾束制导
Z 制导

激光制导导弹
laser guidance missile
TJ76
S 精确制导导弹
C 激光制导武器
Z 武器

激光制导航弹
Y 激光制导炸弹

激光制导航空炸弹
Y 激光制导炸弹

激光制导炮弹
laser guided cartridge
TJ412
D 激光末制导炮弹
激光炮弹
S 末制导炮弹
C 激光制导武器
Z 炮弹

激光制导武器
laser-guided weapon
TJ0；TJ86
D 激光精确制导武器
S 制导武器
C 激光制导导弹
激光制导炮弹
激光制导炸弹
Z 武器

激光制导系统
laser guidance system
TJ765；V448
S 激光系统*
制导系统*

激光制导炸弹
laser-guided bomb
TJ414
D 激光制导航弹
激光制导航空炸弹
S 制导炸弹
C 激光制导武器
投放区
Z 炸弹

激光致僵武器
laser stiffed weapons
TJ864
S 低能激光武器
Z 武器

激光致盲武器
laser blinding weapon
TJ864
D 低能激光致盲干扰武器
激光反传感器武器
软杀伤激光武器
致盲激光武器
S 低能激光武器
Z 武器

激光准直
laser alignment
TH7；V46
S 光学技术*

激光自动导引头
Y 激光导引头

激励*
excitation
O4；ZT5
F 等离子体激励
气动激励
噪声激励
C 激励频率 →(5)

激励元件
Y 元件

激射光跟踪系统
Y 激光跟踪系统

激射光瞄准具
Y 激光瞄准具

激振器
Y 作动器

级别
Y 等级

级差式压缩机
Y 压缩机

级间分离
stage separation
TJ765；V529
D 分级分离
级间分离技术
两级分离
S 分离*
F 舱段分离
C 导弹发射
导弹分离系统
多级导弹
多级运载火箭
发动机熄火
分离螺母
分离面

级间分离连接装置
停车 →(11)(12)(13)
停机 →(1)(5)(7)(8)(10)

级间分离机构
stage separation mechanism
V423
D 解锁机构
连接分离机构
S 航天器机构*
F 级间分离连接装置

级间分离技术
Y 级间分离

级间分离连接装置
stage separation-connection device
TJ765；V529
D 级间分离装置
S 级间分离机构
C 级间分离
Z 航天器机构

级间分离装置
Y 级间分离连接装置

级联
cascade connection
TL2；TN7；TP3
D 级联法
级联技术
S 连接*
F 离心级联

级联堆
cascade reactors
TL64
S 激光聚变堆
Z 反应堆

级联法
Y 级联

级联技术
Y 级联

即发电雷管
Y 瞬发电雷管

极大似然准则
maximum likelihood criterion
O1；V4
S 准则*

极低放废物
Y 低放废物

极地飞行
polar flight
V323
S 航空飞行
Z 飞行

极地轨道
Y 极轨道

极地轨道气象卫星
Y 极轨气象卫星

极地轨道卫星
Y 极轨卫星

极高频辐射
Y 微波辐射

极轨道
polar orbit
V529
D 极地轨道
S 卫星轨道
C 环月轨道
近地轨道
Z 飞行轨道

极轨道地球物理观察站
Y 地球物理卫星

极轨道气象卫星
Y 极轨气象卫星

极轨道卫星
Y 极轨卫星

极轨气象卫星
polar-orbiting meteorological satellite
V474
D 极地轨道气象卫星
极轨道气象卫星
S 气象卫星
Z 航天器
卫星

极轨卫星
polar orbiting satellite
V474
D 极地轨道卫星
极轨道卫星
S 人造卫星
Z 航天器
卫星

极轨卫星运载火箭
polar satellite launch vehicle
V475.1
S 卫星运载火箭
Z 火箭

极化靶
Y 氘靶

极化状态
polarized state
V443
S 状态*

极区试验
Y 耐寒试验

极限高度
Y 最小安全高度

极限荷载
limit load
O3；TU3；V215
D 保证负荷
极限载荷
容许荷载
使用荷载
允许负荷量
S 载荷*
C 极限承载力标准值 →(11)

极限环振荡
limit cycle oscillation
V211.47
S 振荡*

极限剂量
Y 剂量限值

极限流线
limiting stream line
V211
S 流线*
C 高超声速流

极限压强
ultimate pressure intensity
O4；V228；V43
S 压强*

极限载荷
Y 极限荷载

极限状态限制器
Y 限制器

极向偏滤器设备
PDX devices
TL63
D 极向偏滤器实验
S 托卡马克
C 角向场偏滤器
Z 热核装置

极向偏滤器实验
Y 极向偏滤器设备

极月轨道
polar lunar orbits
V529
S 环月轨道
Z 飞行轨道

急盘旋下降
Y 下降飞行

急上升转弯
Y 转弯飞行

急性辐照
acute irradiation
TL7
D 短期辐照
急性照射
S 辐照*

急性照射
Y 急性辐照

急跃升
Y 跃升

集成光纤陀螺
Y 光纤陀螺

集成光学陀螺
integrated optical gyro
V241.5
S 光学陀螺仪
Z 陀螺仪

集成装甲
integrated armors
TJ811

S 装甲*

集火射击
point fire
TJ3
S 高炮射击
Z 射击

集束航弹
Y 集束炸弹

集束式多弹头
Y 多弹头

集束式火箭发动机
Y 并联火箭发动机

集束炸弹
cluster bomb
TJ414
D 航空集束炸弹
集束航弹
S 炸弹*

集束战斗部
Y 子母战斗部

集体防护
collective protection
TJ92
D 乘员集体防护
S 防护*
C 防护系数

集体管模型
Y 相干管模型

集体剂量
collective dose
TL7
D 集体剂量当量
集体有效剂量
集体有效剂量负担
S 剂量*

集体剂量当量
Y 集体剂量

集体有效剂量
Y 集体剂量

集体有效剂量负担
Y 集体剂量

集团加速器
collective accelerators
TL5；TL63
D 等离子体加速器
自动共振加速器
S 粒子加速器*
C 相干加速器

集油箱
Y 油箱

集中控制室
Y 中央控制室

集中式结构
Y 分布式结构

集中式系统*
central system
TP1
D 集中系统
F 发动机集中控制系统
C 控制系统
系统
综合系统

集中系统
Y 集中式系统

集装箱*
containers
U1
D 货柜
F 航空集装箱
C 集装箱船 →(12)
集装箱码头 →(12)
集装箱设计 →(12)
集装箱运输 →(12)
箱

几何测地卫星
Y 测地卫星

几何飞行高度
Y 飞行高度

几何量测量仪器*
measuring instrument for geometrical quantity
TH7
F 电磁计程仪
断面仪
多普勒计程仪
C 测量仪器
仪器 →(4)

几何扭转翼
Y 变形机翼

几何曲率
geometric curvature
O1；TL32
S 曲率
C 临界
Z 比率

几何外形设计
geometric shape design
V221
S 设计*

几何形体*
geometric figure
O1
F 对称体
钝锥
尖锥
棱柱体
六面体
圆锥

几率
Y 概率

挤进过程
engraving process
TJ01
S 过程*

挤进压力
engraving pressure
TJ01
S 压力*

挤压式火箭发动机
pressure-feed liquid rocket engine
V434
D 储箱气垫火箭发动机
挤压式液体火箭发动机
贮箱气垫增压火箭发动机
S 液体火箭发动机
C 压火 →(5)
Z 发动机

挤压式液体火箭发动机
Y 挤压式火箭发动机

挤压液膜阻尼器
Y 挤压油膜阻尼器

挤压油膜阻尼器
squeeze film damper
TH13；V229
D 挤压液膜阻尼器
S 阻尼器*

计划*
plan
C
D 系统计划
F 备件计划
试验计划
武器计划
C 航天计划
指标

计划维修
Y 计划性维修

计划性检修
Y 计划性维修

计划性维修
planned maintenance
TH17；TN0；V267
D 非计划维修
计划维修
计划性检修
计划修理
S 维修*
F 定期检修
预防性维修

计划修理
Y 计划性维修

计量*
metering
TB9
D 计量方式
计量工作
计量技术
计量形式
F 燃料计量
C 计量机构 →(1)

计量单位*
unit of measurement
TB9

D SI 制
S1 制
测量单位
度量单位
度量衡
法定单位
法定计量单位
法制计量单位
国际单位制
国家法定计量单位
基本单位
计量单位制
一贯计量单位制
F 微秒

计量单位制
Y 计量单位

计量方式
Y 计量

计量工作
Y 计量

计量衡器
Y 衡器

计量技术
Y 计量

计量形式
Y 计量

计量仪表
Y 测量仪器

计量仪器
Y 测量仪器

计时/计数器
Y 计数器

计数电路
Y 计数器

计数管
counter tube
TB9；TL81；TN1
D 电子计数管
辐射计数管
十进计数管
余摆管
S 电真空器件*
F GM 计数管
C T 触发器 →(7)

计数率
counting rate
TL8
D 计数损失
计数效率
S 比率*
C 剂量计

计数率计
Y 剂量计

计数率计(计数)
Y 剂量计

计数率计(剂量)
Y 剂量计

计数率计(照射)
Y 剂量计

计数器*
counters
TH7
D 8253 计数器
8254 计数器
G-M 计数器
He3 正比计数器
β 闪烁计数器
报纸计数器
贝塔射线计数器
泵冲数计数器
比例计数器
波动计数器
尺码计数器
弹药计数器
低水平计数器
斗式计数器
读写计数器
二进制计数器
盖革弥勒计数器
盖格计数器
盖氏计数器
固态计数器
固体计数器
横截计数器
计时/计数器
计数电路
计数系统
计数装置
加减法计数器
晶体计数器
局地闪电计数器
距离计数器
里程计数器
里程记数器
流气式计数管
流气式计数器
匹数计数器
普通计数器
曝光计数器
润滑脉冲计数器
闪电计数器
双向计数器
顺序计数器
望远镜计数器
延迟计数器
运行次数计数器
正反向计数器
自猝灭计数器
纵剖计数器
F 辐射计数器
盖格-弥勒计数器
主漂移室

计数损失
Y 计数率

计数系统
Y 计数器

计数效率
Y 计数率

计数装置
Y 计数器

计算*
calculation
TP3
D 常规计算
计算方式
计算技术
计算特点
F 边界层计算
颤振计算
弹道计算
导航计算
发动机热力计算
非定常计算
负荷计算
轨道计算
激波计算
流场计算
平衡计算
气动力计算
寿命计算
威力计算
稳态计算
姿态计算
C 电力系统计算 →(5)(8)
估算
计算机计算
流量计算
性能计算
预算
运算 →(1)(8)

计算方式
Y 计算

计算飞行力学
computational flight mechanics
V212
S 飞行力学
Z 航空航天学

计算机*
computer
TP3
D 电脑
电脑产品
电子计算机
计算机产品
计算机平台
计算设备
F 测控计算机
机载计算机
箭载计算机
星载计算机
C 服务器 →(8)
工作站
计算机工程 →(8)
计算机管理 →(7)(8)(11)(13)
计算机模型 →(1)(5)(7)(8)(10)(11)
计算机内存 →(8)
计算机主机 →(8)
键盘 →(8)

计算机 X 射线断层摄影
Y 计算机层析成像

计算机病毒武器
computer virus weapon
TJ99
D 电子病毒武器
软件武器
S 计算机网络攻击武器
Z 武器

计算机测试*
computer test
TP3
D 计算机测试技术
上机测试
F 存储测试
C 测试
计算机风险 →(7)(8)
计算机故障 →(8)
计算机设计
计算机性能 →(1)(7)(8)

计算机测试技术
Y 计算机测试

计算机层析成像
computed tomography
R；TL99
D 单光子发射计算机断层照相术
发射型计算机断层照相术
光子计算机断层照相术
计算机 X 射线断层摄影
计算机层析技术
计算机层析检查
计算机层析摄影
计算机断层成象
计算机断层检查
计算机断层摄影术
计算机断层照相术
计算机断面成像
计算机辅助横断成像
质子扫描器(断层照相术)
质子型计算机断层照相术
S 成像*
C γ透射扫描
放射性同位素扫描
光子发射扫描

计算机层析技术
Y 计算机层析成像

计算机层析检查
Y 计算机层析成像

计算机层析摄影
Y 计算机层析成像

计算机产品
Y 计算机

计算机程序
Y 计算机软件

计算机程序设计
Y 程序设计

计算机电路
Y 计算机电路部件

计算机电路部件*
computer circuit
TP3
D 计算机电路
F 状态选择器

计算机断层成象
Y 计算机层析成像

计算机断层检查
Y 计算机层析成像

计算机断层摄影术
Y 计算机层析成像

计算机断层照相术
Y 计算机层析成像

计算机断面成像
Y 计算机层析成像

计算机飞行计划
computer flight plan
V32
S 飞行计划
Z 航天计划

计算机辅助横断成像
Y 计算机层析成像

计算机化数据库
Y 数据库

计算机计算*
computer calculations
TP3
D 计算机运算
F 诸元计算
C 计算
计算机操作 →(1)(4)(7)(8)
计算机处理 →(1)(8)
计算机辅助技术 →(1)(3)(7)(8)(10)(12)

计算机控制*
computer control
TP1；TP3
D PC 机控制
PC 控制
电脑控制
电子计算机控制
计算机控制技术
F 非线性动态逆控制
完整性控制
C 工程控制
计算机化控制系统 →(8)
监控
数据控制 →(7)(8)
数字控制
通信控制 →(4)(5)(7)(8)(12)
信息控制 →(2)(5)(7)(8)(11)
运算控制 →(8)
智能控制
综合控制
最优控制 →(4)(5)(8)(11)

计算机控制技术
Y 计算机控制

计算机模拟试验
Y 数字模拟试验

计算机平台
Y 计算机

计算机软件*
software
TP3
D 程序组
电脑程序
电脑软件
计算机程序
软件
软件产品
软件程序
软件注册
软件资产
F 飞行软件
航天软件
机载软件
C 程序 →(1)(8)
软硬件 →(8)

计算机设计*
computer design
TP3
D 电脑设计
F 人机设计
C 计算机测试
计算机可靠性 →(8)
设计

计算机数据库
Y 数据库

计算机网络防卫武器
Y 计算机网络防御武器

计算机网络防御武器
computer network defense weapons
TJ99
D 计算机网络防卫武器
网络防御武器
S 计算机网络武器
F 计算机网络嗅探武器
Z 武器

计算机网络攻防武器
Y 计算机网络武器

计算机网络攻击武器
computer network attack weapons
TJ99
S 计算机网络武器
F 计算机病毒武器
Z 武器

计算机网络武器
computer network weapons
TJ99
D 攻防信息注入装备
计算机网络攻防武器
计算机网络战武器装备
S 软杀伤性信息武器
网络战武器
F 计算机网络防御武器
计算机网络攻击武器
芯片武器
Z 武器

计算机网络嗅探武器
computer network sniffing weapons
TJ99
D 网络监听器

网络嗅探武器
S 计算机网络防御武器
Z 武器

计算机网络战武器装备
Y 计算机网络武器

计算机系统*
computer systems
TP3
D 电脑系统
F 机载计算机系统
C 分布式系统
集成系统 →(1)(4)(8)
计算机应用系统
计算系统 →(1)(8)
软件系统 →(7)(8)(10)
网络系统 →(1)(4)(7)(8)(11)

计算机应用系统*
computer utility
TP3
D 应用系统
F 计算机自动测控系统
C 计算机系统
智能系统 →(1)(4)(5)(7)(8)(10)(11)(12)(13)
专家系统 →(4)(8)(13)
专用系统

计算机运算
Y 计算机计算

计算机自动测控系统
computer automatic measurement and control system
TJ768；V556
D CAMAC 系统
卡马克系统
S 测控系统*
计算机应用系统*

计算技术
Y 计算

计算结构动力学
computational dynamics of structures
V214；V414
S 动力学*

计算空气动力学
computational aerodynamics
V211.3
S 空气动力学
Z 动力学
科学

计算瞄准具
Y 瞄准具

计算气动声学
computational aero-acoustics
V21
S 气动声学
Z 航空航天学

计算设备
Y 计算机

计算特点
Y 计算

计算陀螺
Y 速率陀螺仪

计算陀螺仪
Y 速率陀螺仪

计行程
Y 行程

记录器
Y 记录仪

记录设备
registering apparatus
TH7；V248
D 航空摄影记录系统
航空视频记录系统
机载摄影记录系统
机载视频记录系统
记录系统
记录装置
空中摄影记录系统
模拟记录系统
实况记录系统
数字记录器
数字记录系统
数字式记录系统
同步记录系统
S 设备*
C 读出系统 →(8)

记录系统
Y 记录设备

记录仪*
recorder
TH7
D X-t 记录仪
笔试记录仪
打印式记录仪
代码记录器
带形图纸记录仪
带形纸记录仪
单通道记录仪
电磁式自动记录仪
电位计式自动记录仪
动作记录器
断续线记录仪
鼓形记录仪
光点记录
光点记录仪
光电式自动记录仪
光学记录仪
积分式记录仪
激光记录器
激光记录仪
记录器
记录仪表
记录仪器
记录仪器仪表
记录元件
静电式记录仪
静电显影记录仪
连续线记录仪
模拟记录仪
扭矩记录仪
喷墨记录仪
曲线坐标记录仪
扫描平衡记录仪
声级记录计
声级记录仪
示波记录仪
视频记录器
输入记录器
数据测量记录仪
数字记录仪表
图表记录仪
线性记录仪
线性相位记录仪
相位记录仪
巡检记录仪
圆盘形记录仪
圆图记录仪
针式记录仪
直接动作记录仪
直接驱动式记录仪
直线坐标记录仪
紫外线记录仪
自动平衡记录仪
自动平衡式记录仪
F 飞行数据记录器
事故记录仪
C 避雷器 →(5)
机车质量 →(12)
激光应用 →(7)
显示仪表 →(4)

记录仪表
Y 记录仪

记录仪器
Y 记录仪

记录仪器仪表
Y 记录仪

记录元件
Y 记录仪

记录装置
Y 记录设备

记忆元件
Y 元件

技术*
technology
TB2
F 核技术
热管理技术
示踪技术
烟火技术
增程技术
自导技术
C 能源技术 →(5)
配套 →(1)(4)(10)
微生物技术 →(13)
印制技术 →(10)

技术保障
technical support
[TJ07]
D 技术保障方法
技术保障方式
S 保障*

技术保障车辆

technical support vehicle
TJ812
S 保障车辆*
F 发射控制车
飞机除冰车
飞机空调车
供配电车辆
供配气车辆
航空电源车
航空绞车
探测车
通信电源车
推进剂运输车
推进剂转注泵车
卫星运输车
装填车
C 特种军用车辆

技术保障方法
Y 技术保障

技术保障方式
Y 技术保障

技术方案*
technical proposal
ZT0
F 定型试验大纲
飞行试验大纲
换料方案
时统通信方案
试验实施方案
武器运用方案
C 方案 →(1)(2)(7)(8)(10)(11)(12)(13)

技术工艺
Y 工艺方法

技术可行性航天器
Y 航天器

技术实验卫星
Y 技术试验卫星

技术试验卫星
engineering test satellite
V474
D 工程试验卫星
技术实验卫星
技术卫星
S 科学试验卫星
Z 航天器
卫星

技术寿命
technical life
TH12；V328.5
D 技术淘汰寿命
S 寿命*

技术淘汰寿命
Y 技术寿命

技术卫星
Y 技术试验卫星

技术验证机
Y 验证机

技术应用*
technical application
TB1
F 核技术应用
C 电子技术应用 →(4)(7)(8)(10)(12)
应用

技术诊断
Y 诊断

技术装备
Y 设备

剂孔贡雅病毒
Y 病毒类生物战剂

剂量*
dosage
R；TL7
F 毒害剂量
辐射剂量
集体剂量
吸收剂量
C 放射性
剂量估算
水处理剂 →(9)(11)(13)

剂量(辐射)
Y 辐射剂量

剂量(致死)
Y 致死剂量

剂量笔
Y 剂量计

剂量标定
Y 剂量测量

剂量测量
dose measurement
TL7；TL81
D 剂量标定
S 测量*

剂量测量仪
dose measure apparatus
TJ9
D 剂量器
S 辐射计
F 化学剂量仪
C 剂量监测
Z 仪器仪表

剂量场
dose field
TL7
S 场*

剂量场分布
Y 剂量分布

剂量当量
dose equivalent
TL7
S 当量*
F 年有效剂量当量
周围剂量当量
C 辐射剂量
剂量估算
剂量限值
剂量响应

剂量当量率
dose equivalent rate
TL32
S 比率*

剂量分布
dose distribution
TL7
D 剂量场分布
S 分布*
F 辐射剂量分布

剂量分次给予
Y 分次辐照

剂量估算
dose estimation
TL7
D 剂量预估
S 估算*
C 剂量
剂量当量

剂量计
dosimeter
TH7；TL81；TL82
D α剂量计
β剂量计
电容式剂量计
对数率表
辐射级仪
辐射剂量计
辐射剂量仪
计数率计
计数率计(计数)
计数率计(剂量)
计数率计(照射)
剂量笔
剂量率计
剂量率仪
剂量仪
剂量仪表
胶片剂量计
胶片佩章剂量计
气泡剂量计
热释电流固体剂量计
热释电热固体剂量计
热释电子累积剂量计
热释电子累计剂量计
数字率表
外逸电子剂量计
线性计数率计
线性率表
巡测仪(放射性)
照射量计
照相胶片剂量计
S 辐射仪器
F γ剂量计
γ剂量仪
辐射光致发光剂量计
个人剂量计
中子剂量计
C 核乳胶
计数率
剂量学
Z 仪器仪表

剂量监测

dose monitoring
R；TJ91
D 剂量监督
S 监测*
C 剂量测量仪
容许剂量

剂量监督
Y 剂量监测

剂量控制
Y 剂量限值

剂量率计
Y 剂量计

剂量率仪
Y 剂量计

剂量器
Y 剂量测量仪

剂量限值
dose limit
R；TL7
D 极限剂量
剂量控制
剂量约束
临界剂量
S 数值*
C 剂量当量
容许剂量

剂量响应
dose response
TL7
S 响应*
C 剂量当量
剂量-效应关系

剂量-效应关系
dose-response relationship
TL7
S 关系*
C 分次辐照
辐射剂量
辐射剂量分布
辐射敏感性
辐射效应
剂量响应
亚致死性辐照
致死性辐照

剂量学*
dosimetry
TL7；TL8
D 个人剂量
个人剂量限值
个人剂量学
个人胶片剂量学
剂量学特性
剂量学性能
F α 剂量学
β 剂量学
γ 剂量学
π 介子剂量学
离子剂量学
热释光剂量学
质子剂量学
中子剂量学
C 辐射
辐射测量
辐射剂量
剂量计

剂量学特性
Y 剂量学

剂量学性能
Y 剂量学

剂量仪
Y 剂量计

剂量仪表
Y 剂量计

剂量预估
Y 剂量估算

剂量约束
Y 剂量限值

继爆管
Y 传爆管

继电器式伺服机构
Y 电动伺服机构

继电式舵机
Y 舵机

继电伺服机构
Y 电动伺服机构

寄生装甲
Y 飞机装甲

寄生阻力
Y 剩余阻力

加负荷
Y 加载

加工*
processing
TG3；TG5；TH16
D 加工策略
加工对象
加工方法
加工方式
加工方向
加工工艺
加工工艺技术
加工工艺流程
加工环节
加工技术
加工季节
加工间隔
加工阶段
加工损失
加工效果
加工效率
加工新技术
加工研究
加工要领
加工要求
加工制度
F 电子束加工
辐射加工
磨料流加工
C 材料加工 →(1)(3)(4)(10)(11)
操作
电加工 →(3)(4)(7)(9)
工业生产 →(4)
工艺原理 →(3)(4)
工艺质量 →(1)(2)(3)(4)(7)(8)(9)(10)(11)
工作平面 →(3)
化学加工 →(1)(3)(4)(7)(9)(10)(11)
机械加工 →(2)(3)(4)(7)(8)(9)(11)
激光加工 →(3)(4)(7)
加工变形 →(1)(3)(4)(9)(11)
加工尺寸 →(1)(4)
加工精度 →(4)
加工温度 →(1)
加工性能 →(3)(4)
加工原理 →(3)(4)
金属加工 →(3)(4)
零件加工 →(3)(4)(5)(9)
农产品加工 →(10)
燃料生产
食品加工 →(10)
压力加工 →(1)(3)(4)(9)(10)(12)
制造
制作 →(1)(3)(4)(7)(8)(10)(11)(12)

加工参数
Y 工艺参数

加工策略
Y 加工

加工对象
Y 加工

加工方法
Y 加工

加工方式
Y 加工

加工方向
Y 加工

加工改性
Y 改性

加工工具
Y 工具

加工工艺
Y 加工

加工工艺参数
Y 工艺参数

加工工艺技术
Y 加工

加工工艺流程
Y 加工

加工环节
Y 加工

加工技术
Y 加工

加工剂
Y 制剂

加工季节

Y 加工

加工间隔
Y 加工

加工阶段
Y 加工

加工缺陷
Y 制造缺陷

加工损失
Y 加工

加工效果
Y 加工

加工效率
Y 加工

加工新技术
Y 加工

加工研究
Y 加工

加工要领
Y 加工

加工要求
Y 加工

加工制度
Y 加工

加工制造技术
Y 制造

加固*
reinforcement
TU7
D 补强加固工程
补强施工
处理加固
加固处理
加固处理方法
加固法
加固方法
加固方式
加固工艺
加固技术
加固施工
加固效果
加固效应
加固形式
加固修补
加固应用
加固整治
加固作用
加强措施
修缮加固
F 抗辐射加固
C 叠合层 →(11)
复合砂浆钢筋网 →(11)
工程加固 →(2)(11)(12)
既有钢筋混凝土桥梁 →(12)
加层 →(11)
结构安全 →(11)
矿井加固 →(2)(11)
梁板柱节点 →(11)
有效加固深度 →(11)
振动压实 →(11)
植筋 →(11)

加固处理
Y 加固

加固处理方法
Y 加固

加固法
Y 加固

加固方法
Y 加固

加固方式
Y 加固

加固工艺
Y 加固

加固技术
Y 加固

加固施工
Y 加固

加固效果
Y 加固

加固效应
Y 加固

加固形式
Y 加固

加固修补
Y 加固

加固应用
Y 加固

加固整治
Y 加固

加固作用
Y 加固

加荷
Y 加载

加荷系统
Y 加载系统

加剂
Y 添加剂

加减法计数器
Y 计数器

加筋壁板
reinforced wall plate
TB3；V25
S 饰面*

加筋层合圆柱壳
Y 加筋壳

加筋壳
stiffened shells
V214
D 加筋层合圆柱壳
S 壳体*

加力燃烧
afterburning
V231.1
S 航空发动机燃烧
C 加力试验
Z 燃烧

加力燃烧室
afterburner
V232
D 补燃室
不可调加力燃烧室
引射掺混补燃室
S 燃烧室*

加力试验
afterburning test
V216
D 加力性能试验
S 力学试验*
C 加力燃烧

加力性能试验
Y 加力试验

加榴炮
gun-howitzer
TJ399
D 加农榴弹炮
榴弹加农炮
S 火炮
F 牵引加榴炮
自行加榴炮
C 加榴炮弹
Z 武器

加榴炮弹
gun-howitzer shell
TJ412
S 主用炮弹
C 加榴炮
Z 炮弹

加拿大核动力示范堆-2
Y 核动力示范堆

加农榴弹炮
Y 加榴炮

加农炮
cannon
TJ34
S 火炮
F 自行加农炮
C 加农炮弹
Z 武器

加农炮弹
cannon shell
TJ412
S 主用炮弹
C 加农炮
Z 炮弹

加农炮弹引信
Y 炮弹引信

加强措施
Y 加固

加热*
heating
TF0；TG3；TK1；TU8
D 不加热
导电加热
电辅助加热
调功加热
非加热
高红外加热
加热处理
加热法
加热方案
加热方法
加热方式
加热分析
加热工艺
加热规范
加热技术
加热实验
加热制度
加热质量
F ICRF 加热
气动加热
C 采暖供热 →(5)(11)
传导传热 →(5)
电加工 →(3)(4)(7)(9)
复合传热 →(5)
加热温度 →(1)
热处理 →(1)(3)(4)(5)(7)(8)(9)(10)(13)
热力工程 →(5)
预紧 →(3)(4)

加热处理
Y 加热

加热法
Y 加热

加热方案
Y 加热

加热方法
Y 加热

加热方式
Y 加热

加热分析
Y 加热

加热工艺
Y 加热

加热规范
Y 加热

加热技术
Y 加热

加热平台
Y 加热设备

加热设备*
heating equipment
TK1
D 发热器
加热平台
加热台
加热装置
加温设备
F 电阻加热器
C 加热炉 →(2)(3)(5)(7)(9)(11)
加热线圈 →(5)
热安全 →(13)

加热实验
Y 加热

加热台
Y 加热设备

加热制度
Y 加热

加热质量
Y 加热

加热装置
Y 加热设备

加速度防护
acceleration protection
R；V244
S 防护*
C 抗荷服

加速度仿真
acceleration simulation
TP3；V216
D 加速度模拟
S 仿真*
C 加速度反馈 →(8)
运动模拟器

加速度模拟
Y 加速度仿真

加速度模拟器
Y 运动模拟器

加速度生理学
Y 航天生理医学

加速度试验台
Y 试验台

加速度寿命试验
Y 加速寿命试验

加速度系数
acceleration factor
TB9；U4；V216.5
S 系数*

加速度应激
acceleration stress(physiology)
R；V32；V52
D G负荷
S 应激*
F 离心应激

加速段
Y 助推段

加速腐蚀环境谱
accelerated corrosion environmental spectrum
V214
S 腐蚀环境谱
Z 谱

加速管
accelerating tube
TL5；TN4
S 加速器设备
Z 设备

加速结构
accelerating structure
TL5
S 结构*

加速疲劳试验
accelerated fatigue test
TH7；V216.3
S 疲劳试验
性能试验*
Z 力学试验

加速器
Y 粒子加速器

加速器(粒子)
Y 粒子加速器

加速器靶
accelerator target
TL5
S 靶*
F 氚钛靶
空腔靶

加速器结构
accelerator structure
TL5
S 装置结构*
C 粒子加速器

加速器控制
accelerator control
TL5
D 加速器控制系统
S 控制*

加速器控制系统
Y 加速器控制

加速器驱动
accelerator-driven
TL5
S 驱动*
C 加速器设备

加速器驱动次临界系统
accelerator-driven sub-critical system
TL5
S 加速器驱动系统
Z 驱动系统

加速器驱动核能系统
Y 加速器驱动洁净核能系统

加速器驱动洁净核能系统
accelerator driven clean nuclear power system
TL5
D 加速器驱动核能系统
加速器驱动洁净能源
加速器驱动洁净能源系统
洁净核能系统
S 第四代反应堆
Z 反应堆

加速器驱动洁净能源
Y 加速器驱动洁净核能系统

加速器驱动洁净能源系统
Y 加速器驱动洁净核能系统

加速器驱动嬗变
accelerator driven transmutation
TL5
D 加速器驱动嬗变技术
S 核嬗变
C 加速器增殖堆
粒子加速器
Z 核反应

加速器驱动嬗变技术
Y 加速器驱动嬗变

加速器驱动系统
accelerator-driven system
TL5
S 驱动系统*
F 加速器驱动次临界系统

加速器设备
accelerator facilities
TL5
D 设备(加速器)
S 设备*
F 靶室
加速管
加速腔
聚束器
C 反应产物运输系统
高级光源储存环
加速器驱动
粒子加速器

加速器维修
accelerator maintenance
TL507
S 维修*

加速器增殖堆
accelerator breeders
TL4
S 增殖堆
C 加速器驱动嬗变
裂变材料
Z 反应堆

加速器质谱测量
Y 加速器质谱仪

加速器质谱计
Y 加速器质谱仪

加速器质谱仪
accelerator mass spectrometer
TH7；TL82
D 加速器质谱测量
加速器质谱计
S 谱仪*

加速腔
accelerating cavities
O4；TL5
D 加速室
S 加速器设备
F 感应加速腔
强流加速腔
C 回旋加速器
Z 设备

加速射
Y 速射

加速室
Y 加速腔

加速寿命
accelerated life
TJ45；TK0
S 寿命*

加速寿命试验
accelerated life test
TB3；TJ01；V216
D 加速度寿命试验
S 性能试验*
C 疲劳寿命 →(3)(4)

加速贮存试验
accelerated storage test
TB3；TJ01；V216
S 储存试验
性能试验*
Z 环境试验

加速装置
Y 粒子加速器

加温设备
Y 加热设备

加压舱
Y 高压舱

加压飞行服
Y 加压服

加压服
pressurized suit
V244；V445
D 高空压力服
加压飞行服
S 飞行服*
F 部分加压服
航天服
全压服
C 服装压力 →(10)
液冷服 →(10)(13)

加压供氧面罩
pressure oxygen mask
R；TS94；V244
S 氧气面罩
Z 安全防护用品

加压机构
Y 增压装置

加压密闭头盔
Y 飞行头盔

加压设备
Y 增压装置

加压提升设备
Y 增压装置

加压头盔
Y 飞行头盔

加压系统
Y 增压系统

加压重水堆
pressurized heavy water reactor
TL3；TL4
D 加压重水反应堆
加压重水冷却/慢化堆
加压重水型堆
压力重水冷却慢化堆
压力重水型堆
S 重水冷却堆
重水慢化堆
F 核动力示范堆
C 动力堆
Z 反应堆

加压重水反应堆
Y 加压重水堆

加压重水冷却/慢化堆
Y 加压重水堆

加压重水型堆
Y 加压重水堆

加压装置
Y 增压装置

加油*
refueling
U4
D 闭路加油
补充加油
单口加油
海上加油
加油操作
加油法
加油方法
加油方式
加油服务
加油工艺
加油过程
加油技巧
加油技术
加油能力
重新加油
F 飞机加油
压力加油
C 加油时间
加油装置 →(2)(12)
汽车 →(4)(12)(13)

加油操作
Y 加油

加油吊舱
refueling pod
V223
D 空中加油吊舱
S 吊舱
Z 舱

加油法
Y 加油

加油方法
Y 加油

加油方式
Y 加油

加油飞机
Y 空中加油机

加油服务
Y 加油

加油工艺
Y 加油

加油过程
Y 加油

加油机
fueling machine
U4；V351.3
S 油装置*
F 燃油加油机

加油技巧
Y 加油

加油技术
Y 加油

加油量
fuel charge
U4；V31
S 油量*

加油能力
Y 加油

加油排放物
Y 排放物

加油时间
refueling time
U4；V31
S 时间*
C 加油
加油系统
加油站 →(2)(12)

加油系统
fueling system
TE9；TK0；V233
S 流体系统*
F 空中加油系统
压力加油系统
C 加油时间
加油装置 →(2)(12)

加油运输机
Y 空中加油机

加载*
loading
O3；TH11
D 负荷加载
加负荷
加荷
加载法
加载方案
加载方法
加载方式
加载技术
加载模式
加载形式
载荷加载
载荷施加
F 协调加载
液压伺服加载
C 加载速度 →(3)(8)
加载算法 →(7)
加载天线 →(7)
数据加载 →(8)

加载法
Y 加载

加载方案
Y 加载

加载方法
Y 加载

加载方式
Y 加载

加载机构
Y 加载系统

加载技术
Y 加载

加载模式
Y 加载

加载系统
loading system
TH13；V245
D 加荷系统
加载机构
加载系统(驾驶杆)
驾驶杆加载系统
S 系统*

加载系统(驾驶杆)
Y 加载系统

加载形式
Y 加载

加注*
fill
V526；V55
D 大流量加注
加注方案
加注方式
加注观察窗
开式加注
快速加注
连续加注
小流量加注
F 补充加注
低温加注
推进剂加注
液氧加注
C 浇注

加注方案
Y 加注

加注方式
Y 加注

加注观察窗
Y 加注

加注设备
filling equipment
TJ768；V55
D 工质加注设备
S 地面保障设备
F 推进剂加注设备
C 导弹发射准备
加注系统
Z 地面设备
设备

加注系统
loading system
V55
D 低温加注系统
液氮加注系统
液氮加注液路系统
液氢加注监测系统
液氢加注系统
液氢加注液路系统
液氧加注系统
液氧加注液路系统
S 系统*
C 火箭推进剂
加注设备
液体推进剂

夹层反应装甲
sandwich reactive armors
TJ811
S 反应装甲
Z 装甲

夹层结构
sandwich structure
TH13；V214
D 夹心结构
夹芯结构
S 形貌结构*
F 蜂窝夹层结构
C 复合材料

夹层装甲
Y 复合装甲

夹心结构
Y 夹层结构

夹芯结构
Y 夹层结构

家用安全装置
Y 安全装置

镓 68
Y 镓-68

镓-68
gallium 68
O6；TL92
D 镓 68
S 镓同位素
小时寿命放射性同位素
正 β 衰变放射性同位素
Z 同位素

镓同位素
gallium isotopes
O6；TL92
S 同位素*

F 镓-68

甲板起落
Y 舰上起落

甲氟膦酸异丙酯
Y 沙林

甲氟膦酸异己酯
Y 梭曼

钾同位素
potassium isotopes
O6；TL92
S 碱土金属同位素
Z 同位素

假弹
Y 辅助枪弹

假人*
manikin
TS94；V21
D 模拟人
人体模拟装置
人体模型
F 出汗假人
弹射假人
暖体假人
C 假人试验
头廓包络线 →(4)

假人弹射
Y 弹射假人

假人试验
cadaver test
V216
S 模拟试验*
C 假人

假想堆芯破裂事故
Y 堆芯破裂

驾乘舒适性
Y 行车舒适性

驾驶舱
flight deck
V223
D 操纵机构舱
动力装置舱
舵机舱
舵机装置舱
飞机驾驶舱
飞行员座舱
领航舱
末速修正舱
S 舱*
C 舱壁 →(12)

驾驶舱仿真器
Y 座舱模拟器

驾驶杆加载系统
Y 加载系统

驾驶适性
Y 行车舒适性

驾驶适宜性
Y 行车舒适性

驾驶舒适度
Y 行车舒适性

驾驶舒适性
Y 行车舒适性

驾驶台遥控系统
Y 遥控系统

驾驶系统*
control loop
U4；V32
F 无人驾驶系统
自动驾驶系统
C 车辆系统
航空系统
航天系统

驾驶训练模拟器
driving training simulator
V216
S 训练模拟器
Z 模拟器

驾驶仪*
driverscope
U6；V241.4
D 操舵仪
夜间驾驶仪
F 导弹自动驾驶仪
滚转驾驶仪
自动驾驶仪

驾驶员诱发振荡
pilot induced oscillation
V212
D 飞行员诱发振荡
人机振荡
人机组合
S 振荡*

驾驶员座椅
Y 飞行员座椅

驾束弹道
Y 导引弹道

驾束制导
beam rider guidance
TJ765
D 波束式制导
波束制导
S 制导*

驾束制导弹道
Y 导引弹道

架构设计
Y 结构设计

架桥车
bridge layers
TJ812.2；U4
D 机动桥
重型支援桥
S 工程保障车辆
Z 保障车辆

架桥坦克
Y 装甲架桥车

架式机身
Y 桁梁式机身

尖顶襟翼
apex-flap
V224
S 襟翼
Z 操纵面

尖端武器
Y 武器

尖峰机翼
Y 尖峰翼

尖峰翼
peak wing
V224
D 峰值机翼
尖峰机翼
S 机翼*
C 尖峰翼型

尖峰翼剖面
Y 翼型

尖峰翼型
peaky aerofoil profile
V221
D 峰值翼型
S 跨音速翼型
C 尖峰翼
Z 翼型

尖锥
sharp cone
V221
S 几何形体*

歼轰机
Y 歼击轰炸机

歼击车
Y 坦克歼击车

歼击轰炸机
fighter bomber
V271.44
D 歼轰机
强击轰炸机
战斗轰炸机
S 轰炸机
Z 飞机

歼击机
fighter aircraft
V271.41
D 空中格斗机
空中战斗机
驱逐机
先进战斗机
先进战术战斗机
现代战斗机
战斗飞机
战斗机
S 军用飞机
F 超音速歼击机
单翼战斗机

单座战斗机
多用途歼击机
攻击战斗机
舰载歼击机
截击机
喷气式歼击机
前掠翼战斗机
轻型战斗机
双座战斗机
无尾战斗机
鸥式飞机
战术歼击机
重型战斗机
作战飞机
C 飞机机动飞行
战斗飞行
作战能力
Z 飞机

歼击教练机
fighter trainers
V271.4；V271.6
S 军用教练机
Z 飞机

歼击坦克
Y 坦克歼击车

间谍卫星
Y 侦察卫星

间谍卫星计划
spy satellites programs
V474
S 卫星计划
Z 航天计划

间谍用枪
spy used rifle
TJ2
D 手套枪
手杖枪
钥匙手枪
S 枪械*
F 头盔枪

间接废水
Y 废水

间接驱动
indirectly driven
TL6
S 驱动*

间接驱动惯性约束聚变
indirect driven inertial confinement fusion
TL6
D 间接驱动聚变
S 惯性约束聚变
Z 核反应

间接驱动惯性约束装置
indirect driven inertial confinement device
TL6
S 惯性约束聚变装置
Z 热核装置

间接驱动聚变
Y 间接驱动惯性约束聚变

间距控制
Y 飞行间隔

间瞄火炮
Y 火炮

间隙*
gap
TH11；TM8
D 无间隙
F 磁极间隙
弹底间隙
弹管间隙
叶顶间隙
C 间隙尺寸 →(5)
间隙调整 →(3)(4)

间隙流
Y 间隙流动

间隙流动
clearance flow
V211
D 间隙流
S 流体流*
F 间隙泄漏流
叶尖间隙流

间隙泄漏流
tip leakage flow
V211
S 间隙流动
F 顶部间隙泄漏流
Z 流体流

间隙泄漏涡
Y 泄漏涡

间歇传动机构
Y 传动装置

间歇沸腾
Y 沸腾

间歇式风洞
Y 暂冲式风洞

间歇式高速摄影机
Y 高速摄像机

间歇性故障
intermittent failure
V267
S 故障*

肩射导弹
Y 单兵导弹

肩射防空导弹
Y 单兵导弹

肩枢式弹射座椅
Y 弹射座椅

监测*
monitoring
TB4
D 监测标准方法
监测法
监测方法
监测工作
监测技术
监测手段
F 地面监测
航空监测
剂量监测
姿态检测
C 测定 →(1)(2)(3)(4)(5)(7)(8)(9)(10)(11)(12)(13)
环境监测
监测方法研究 →(13)

监测标准方法
Y 监测

监测法
Y 监测

监测方法
Y 监测

监测分析
Y 环境监测

监测分析方法
Y 环境监测

监测分析仪器
Y 监测仪器

监测工作
Y 监测

监测技术
Y 监测

监测监控
Y 监控

监测控制系统
Y 监控系统

监测器
Y 监测仪器

监测手段
Y 监测

监测系统*
monitoring system
TP2
F 反应堆监测系统
辐射监测系统
观测系统
机舱监测报警系统
生理监测系统
C 测量系统
给水流量 →(11)
监测数据库 →(8)
监控系统
监视系统
预警系统
诊断系统

监测仪
Y 监测仪器

监测仪表
Y 监测仪器

监测仪器*
monitoring instrument
TB4；TP2
D 监测分析仪器

监测器
监测仪
监测仪表
F 辐射监测仪
连续监测仪
气泡探测器
束流位置监测器
C 报警装置
环境监测设备
监测站 →(8)
监视定时器 →(4)
检测仪器 →(1)(3)(4)(5)(7)(8)(10)(12)(13)
仪器 →(4)

监督
Y 监控

监督控制
Y 监控

监督控制系统
Y 监控系统

监控*
monitoring
TB2；TP1；TP2
D 监测监控
监督
监督控制
监控 AGC
监控操作
监控技术
监控监测
监视控制
检测监控
适时监控
F 飞行监控
机舱监控
C 管理
计算机控制
监控服务器 →(8)
监控平台 →(13)
监控主机 →(8)(13)
检测
控制
遥测系统

监控 AGC
Y 监控

监控操作
Y 监控

监控分系统
Y 监控系统

监控规则
Y 规则

监控技术
Y 监控

监控监测
Y 监控

监控系统*
monitoring system
TP2
D 监测控制系统
监督控制系统
监控分系统
监控子系统
F 飞机状态监控系统
C 监测系统
监控装置 →(8)
监视系统
检测
控制系统

监控子系统
Y 监控系统

监视*
monitoring
TP2
D 监视方法
监视技术
F 地面监视
空间监视
雷达监视
目标监视
通信导航监视
预警监视
C 扫描

监视方法
Y 监视

监视技术
Y 监视

监视控制
Y 监控

监视卫星
Y 侦察卫星

监视系统*
surveillance systems
TP2
F 空间目标监视系统
C 安全系统
监测系统
监控系统

兼容性设计
Y 相容性设计

检测*
detection
TB4
D 检测办法
检测法
检测方式
检测工艺
检测工作
检测实验
检测手段
检定
检定步骤
检定程序
检定法
检定方法
检定工作
检定技术
检定项目
F 靶场监测
爆炸物检测
不解体检测
地面检测
动目标检测
人员监测
实时故障检测
束流监测
外场检测
在轨检测
在线故障检测
粘接检测
C 电气检测 →(1)(3)(4)(5)(7)(8)(11)
工程检测
观测
计算机检测 →(1)(7)(8)
监控
监控系统
检测开关 →(5)
检测试验 →(1)
交通检测
理化检测
力学检测 →(1)(2)(3)(4)(7)(8)(11)
设备检测 →(1)(3)(4)(5)(7)(8)(12)
校准
信号检测 →(1)(7)(8)(11)
性能检测 →(1)(2)(3)(4)(7)(8)(9)(10)(11)(12)(13)
验收

检测办法
Y 检测

检测法
Y 检测

检测方式
Y 检测

检测工艺
Y 检测

检测工作
Y 检测

检测机具
Y 检测设备

检测监控
Y 监控

检测设备*
checkout equipment
TB4
D 检测机具
检测装备
检验工具
检验器具
F 地面检测设备
航空检测设备
智能检测设备
C 检测系统
设备

检测实验
Y 检测

检测手段
Y 检测

检测系统*
detection system
TH7

D 定量检测系统
非接触检测系统
平衡检测系统
F 大型集装箱检测系统
C 测量系统
测试系统 →(4)(8)
检测设备
检查系统 →(8)
诊断系统

检测装备
Y 检测设备

检查*
review
ZT5
F 核武器核查
禁核试核查
C 检验

检定
Y 检测

检定步骤
Y 检测

检定程序
Y 检测

检定法
Y 检测

检定方法
Y 检测

检定工作
Y 检测

检定技术
Y 检测

检定间隔期
Y 检定周期

检定项目
Y 检测

检定有效期
Y 检定周期

检定周期
calibration interval
TH7；TJ0
D 定检周期
检定间隔期
检定有效期
S 周期*
C 计量管理 →(1)

检修设备
Y 维修设备

检修系统
Y 维修设备

检修装置
Y 维修设备

检验*
inspection
TB4
D 检验法
检验工艺
检验技术
F 飞机校验
辐照后检验
C 测定 →(1)(2)(3)(4)(5)(7)(8)(9)(10)(11)(12)(13)
检查

检验弹
qualified model projectiles
TJ412
D 检验炮弹
S 辅助炮弹
Z 炮弹

检验法
Y 检验

检验飞行
Y 校飞

检验工具
Y 检测设备

检验工艺
Y 检验

检验技术
Y 检验

检验炮弹
Y 检验弹

检验器具
Y 检测设备

检验试车
Y 发动机试验

减摆器
Y 减摆阻尼器

减摆阻尼器
shimmy damper
V226；V229
D 摆式阻尼器
摆振阻尼器
减摆器
S 阻尼器*

减容
Y 减容处理

减容处理
volume reduction
TL941；X7
D 减容
减容化
减容技术
减容因子
S 处理*
C 垃圾减量化 →(13)
污泥减容 →(13)

减容化
Y 减容处理

减容技术
Y 减容处理

减容因子
Y 减容处理

减少剩余放射性弹
reduced residual radioactive bombs
TJ91
D 冲击波弹
减少剩余放射性武器
减少剩余辐射弹
弱剩余辐射弹
S 特殊性能核武器
Z 武器

减少剩余放射性武器
Y 减少剩余放射性弹

减少剩余辐射弹
Y 减少剩余放射性弹

减速板
speed brake
V225
D 飞机减速板
阻力板
S 气动操纵面
F 气动减速板
C 直升机减速器
Z 操纵面

减速剂
Y 慢化剂

减速降落伞
Y 阻力伞

减速轮系旋翼机构
Y 旋翼机构

减速伞
Y 阻力伞

减速伞(着陆)
Y 阻力伞

减速伞舱
Y 飞机机舱

减推力起飞
reduced thrust takeoff
V32
D 灵活推力起飞
S 起飞
Z 操纵

减压加速器
Y 飞机刹车组件

减载缓释机构
lightening slow-release mechanism
V475.1
S 机械机构*
C 牵制释放

减振机构
Y 减振器

减振器*
shock absorber
TH13
D 弹性隔振器
动力消振器
光杆减震器
减振机构
减振装置

减震器
减震装置
消振装置
F 动力吸振器
C 发动机零部件
阀系参数 →(4)
缓冲 →(4)(7)(8)
减振 →(1)(4)
减振弹簧 →(4)
减振平台 →(4)
减振系数 →(12)
起落架
振动衰减 →(11)
转速 →(4)

减振试验
Y 振动试验

减振装置
Y 减振器

减震器
Y 减振器

减震支柱
Y 起落架减摆器

减震装置
Y 减振器

减阻*
drag reduction
O3；V211
D 减阻技术
降阻
降阻方法
F 气幕减阻
微气泡减阻
振动减阻
C 减阻节能 →(9)
气动阻力
小翼
阻力

减阻技术
Y 减阻

减阻装置
Y 增阻装置

剪刀式尾桨
scissors tail rotor
V275.1
S 尾桨
Z 旋翼

剪刀翼
Y 反对称机翼

剪流
shearing flow
V211
D 剪切流
S 流体流*

剪切流
Y 剪流

简单气象飞行
visual flight
V323
D 目视飞行
能见飞行
视觉飞行
S 气象飞行
C 避碰
编队飞行
目视飞行规则
能见度
全天候飞行
Z 飞行

简单气象飞行规则
Y 目视飞行规则

简化飞机模型
Y 飞机模型

简易机场
unimproved airfield
V351
S 机场
Z 场所

简易设计法
Y 设计

简易制导航弹
Y 简易制导炸弹

简易制导炸弹
simple guided bomb
TJ414
D 简易制导航弹
S 制导炸弹
Z 炸弹

碱法地浸
alkaline in-situ leaching
TL2
S 地浸
Z 采矿

碱法堆浸
alkaline heap leaching
TL2
S 浸出*

碱金属同位素
Y 同位素

碱土金属同位素
alkaline earth isotopes
O6；TL92
S 同位素*
F 钡同位素
钙同位素
钾同位素
镭同位素
镁同位素
铍同位素
锶-85

建构筑物
Y 构筑物

建模*
modeling
TB1
D 建模法
建模方法
建模方式
建模技巧
建模技术
建模体系
建模系统
模化
模式构造
模型构建
模型化
模型化处理
模型建立
F 直升机建模
C 辨识模型 →(8)
建模策略 →(8)
建模仿真 →(8)
建模工具 →(8)
建模环境 →(8)
建模机制 →(8)
建模语言 →(8)
模型框架 →(8)
统一建模语言 →(8)

建模法
Y 建模

建模方法
Y 建模

建模方式
Y 建模

建模技巧
Y 建模

建模技术
Y 建模

建模算法
Y 算法

建模体系
Y 建模

建模系统
Y 建模

建设*
reconstruction
ZT
D 建设方式
建设理念
建设情况
建设实施
建设特点
建设效果
迁建
F 核电站建设
C 项目 →(1)(11)(12)
信息化建设 →(1)(7)(8)

建设方式
Y 建设

建设理念
Y 建设

建设情况
Y 建设

建设实施
Y 建设

建设特点
Y 建设

建设效果
Y 建设

建筑工程结构
Y 建筑结构

建筑构造
Y 建筑结构

建筑结构*
architectural structure
TU3
D 房屋构造
混凝土建筑结构
建筑工程结构
建筑构造
建筑结构体系
建筑结构形式
建筑物结构
F 发射塔架
C 工程结构
环境性能
结构安全 →(11)
结构变形 →(1)
结构节点 →(2)(4)(11)(12)

建筑结构体系
Y 建筑结构

建筑结构形式
Y 建筑结构

建筑物电气装置
Y 电气设备

建筑物结构
Y 建筑结构

剑桥电子加速器
Y 电子同步加速器

健壮控制
Y 鲁棒控制

健壮设计
Y 稳健设计

健壮性设计
Y 稳健设计

舰岸导弹
Y 舰对岸导弹

舰船导航
Y 船舶导航

舰船发射
Y 舰艇发射

舰船发射设备
Y 舰上发射装置

舰船防火防爆
Y 舰艇防火防爆

舰船横稳性
Y 横向稳定性

舰船倾斜角
Y 滚转角

舰船设备
Y 船舶设备

舰船洗消
Y 洗消

舰船系统*
ship system
U6
F 舰炮系统
舰载导弹系统
C 工程系统

舰船装备
Y 船舶设备

舰船装置
Y 船舶设备

舰地导弹
Y 舰对岸导弹

舰队弹道导弹
Y 海基弹道导弹

舰队通信卫星
Y 军事通信卫星

舰对岸导弹
ship-to-ground missiles
TJ76
D 舰岸导弹
舰地导弹
舰对地导弹
S 海基导弹
Z 武器

舰对地导弹
Y 舰对岸导弹

舰对舰导弹
Y 舰舰导弹

舰对空导弹
Y 舰空导弹

舰对空导弹武器系统
Y 舰空导弹武器系统

舰对空导弹系统
Y 舰载防空导弹系统

舰对空武器
Y 舰空武器

舰对潜导弹
Y 舰潜导弹

舰对水下导弹
Y 反潜导弹

舰舰导弹
ship-to-ship missile
TJ762.3
D 海对海导弹
舰对舰导弹
舰-舰导弹
舰载反舰导弹
S 反舰导弹
Z 武器

舰-舰导弹
Y 舰舰导弹

舰空导弹
ship-to-air missile
TJ76
D 海对空导弹
海对空间导弹
海空导弹
舰对空导弹
舰空导弹武器
舰载防空导弹
S 防空导弹
F 潜射防空导弹
中远程舰空导弹
C 舰空武器
杀伤区
Z 武器

舰空导弹武器
Y 舰空导弹

舰空导弹武器系统
ship to air missile weapon system
TJ0；TJ76
D 舰对空导弹武器系统
S 舰载导弹系统
Z 舰船系统
武器系统

舰空导弹系统
Y 舰载防空导弹系统

舰空武器
ship-to-air weapons
E；TJ0
D 舰对空武器
S 武器*
C 舰空导弹

舰炮
naval gun
TJ391
D 船载炮
海军火炮
舰用火炮
舰载火炮
舰载炮
S 海战武器
火炮
F 大口径舰炮
反导舰炮
副炮
小口径舰炮
隐身舰炮
中口径舰炮
主炮
Z 武器

舰炮火控系统
naval gun fire control system
TJ391
D 舰炮火力控制系统
S 舰炮系统
炮控系统
Z 舰船系统
武器系统

舰炮火力控制系统
Y 舰炮火控系统

舰炮火力系统

Y 舰炮武器系统

舰炮武器
naval gun weapon
E；TJ0；TJ391
S 舰载武器
Z 武器

舰炮武器系统
naval gun weapon system
E；TJ0；TJ391
D 舰炮火力系统
S 火炮武器系统
F 舰炮系统
Z 武器系统

舰炮系统
naval gun system
TJ391
S 舰船系统*
舰炮武器系统
F 舰炮火控系统
Z 武器系统

舰炮校射
naval gun corrected firing
TJ391
S 校射*

舰炮指挥仪
naval gun director
TJ391
D 舰载指挥仪
S 火炮射击指挥仪
Z 火控指挥仪

舰潜导弹
ship to submarine missiles
TJ761.9；TJ762.3
D 海对水下导弹
舰对潜导弹
舰载反潜导弹
舰载火箭助飞反潜鱼雷
S 反潜导弹
舰载武器
Z 武器

舰上发射装置
sea-going launcher
V55
D 舰船发射设备
S 发射装置*
F 潜射装置
C 舰艇发射

舰上降落
Y 舰上起落

舰上起降
Y 舰上起落

舰上起落
shipboard takeoff and landing
V32
D 航空母舰着陆
甲板起落
舰上降落
舰上起降
舰上着陆
舰载机舰上起降
舰载机起降
舰载机起落
S 起落
C 飞机升降机
舰载飞机
拉降装置
直升机吊挂系统
自动着陆控制
Z 操纵

舰上着陆
Y 舰上起落

舰艇动力传动装置
Y 传动装置

舰艇发射
naval vessels launching
TJ765
D 舰船发射
S 海上发射
C 舰上发射装置
Z 发射

舰艇防火防爆
naval ship fire and explosion precaution
E；V528；X9
D 舰船防火防爆
S 防护*

舰艇横稳性
Y 横向稳定性

舰艇倾斜角
Y 滚转角

舰艇深水炸弹发射装置
Y 深弹发射装置

舰艇洗消
Y 洗消

舰艇纵稳性
Y 纵向稳定性

舰用火炮
Y 舰炮

舰用鱼雷
Y 舰载鱼雷

舰载兵器
Y 舰载武器

舰载垂直发射装置
shipboard vertical launcher
TJ768
S 垂直发射装置
Z 发射装置

舰载导弹
ship-based missile
TJ76
D 海军导弹
S 海基导弹
海战武器
舰载武器
Z 武器

舰载导弹系统
shipborne missile systems
TJ76
S 导弹武器系统
舰船系统*
F 舰空导弹武器系统
Z 武器系统

舰载电子战直升机
carrier electronic warfare helicopter
V275.13
S 电子战直升机
舰载直升机
Z 飞机

舰载多功能火箭炮
Y 舰载火箭炮

舰载反舰导弹
Y 舰舰导弹

舰载反潜导弹
Y 舰潜导弹

舰载反潜直升机
shipboard antisubmarine helicopter
V275；V275.1
S 反潜直升机
Z 飞机

舰载防空导弹
Y 舰空导弹

舰载防空导弹系统
shipborne anti-aircraft missile systems
TJ76
D 舰对空导弹系统
舰空导弹系统
S 防空导弹系统
Z 导弹系统
防御系统

舰载飞机
ship-based aircraft
V271.492
D 舰载机
S 海军飞机
F 可折叠机翼飞机
C 飞机升降机
航空母舰 →(12)
舰上起落
舰载强击机
折叠翼
着舰
Z 飞机

舰载攻击机
Y 舰载强击机

舰载火箭弹
shipborne rocket projectile
TJ415
S 火箭弹
舰载武器
Z 武器

舰载火箭炮
shipborne rocket guns
TJ393
D 舰载多功能火箭炮
S 火箭炮
舰载武器

Z 武器

舰载火箭助飞反潜鱼雷
Y 舰潜导弹

舰载火炮
Y 舰炮

舰载机
Y 舰载飞机

舰载机弹射起飞
Y 弹射起飞

舰载机舰上起降
Y 舰上起落

舰载机拦阻着舰
Y 着舰

舰载机起飞
Y 起飞

舰载机起降
Y 舰上起落

舰载机起落
Y 舰上起落

舰载机升降机
Y 飞机升降机

舰载机升降装置
Y 飞机升降机

舰载机仪表着舰
Y 仪表着陆

舰载机着舰
carrier landing
U6；V32
S 着舰
Z 操纵

舰载激光武器
shipborne laser weapons
TJ864
S 激光武器
舰载武器
Z 武器

舰载歼击机
carrier-based fighter
V271.41
D 舰载战斗机
S 歼击机
C 舰载直升机
Z 飞机

舰载炮
Y 舰炮

舰载强击机
shipborne attack aircraft
V271.43
D 舰载攻击机
S 强击机
C 舰载飞机
Z 飞机
武器

舰载设备
Y 船舶设备

舰载无人机
carrier-based unmanned aerial vehicles
V271.4；V279
D 舰载无人驾驶飞机
S 军用无人机
F 潜射无人机
Z 飞机

舰载无人驾驶飞机
Y 舰载无人机

舰载武器
shipborne weapon
E；TJ0
D 舰载兵器
舰载武器装备
S 武器*
F 舰炮武器
舰潜导弹
舰载导弹
舰载火箭弹
舰载火箭炮
舰载激光武器
舰载鱼雷

舰载武器装备
Y 舰载武器

舰载巡航导弹
Y 海射巡航导弹

舰载鱼雷
shipborne torpedo
TJ631
D 舰用鱼雷
气动鱼雷
S 舰载武器
鱼雷*
F 潜射鱼雷
Z 武器

舰载预警机
shipborne early warning aircraft
V271.47
D 舰载预警指挥机
S 预警机
Z 飞机

舰载预警直升机
shipborne early warning helicopter
V275.13
D 海上预警直升机
舰载预警指挥直升
S 舰载直升机
预警直升机
Z 飞机

舰载预警指挥机
Y 舰载预警机

舰载预警指挥直升
Y 舰载预警直升机

舰载战斗机
Y 舰载歼击机

舰载直升机
shipborne helicopter
V275.13
S 军用直升机
F 舰载电子战直升机
舰载预警直升机
C 舰载歼击机
折叠式旋翼
Z 飞机

舰载直升机着舰装置
Y 直升机着舰装置

舰载指挥仪
Y 舰炮指挥仪

渐近一次性运载器
Y 一次性使用运载器

渐速膛线
Y 膛线

渐增性燃烧
Y 增面燃烧

溅落
Y 水上起落

溅射测量仪
Y 测量仪器

溅射测量仪器
Y 测量仪器

溅射产额
sputtering yield
O6；TL6
S 产额*

溅射计
Y 测量仪器

鉴定
Y 评定

鉴定试飞
Y 定型飞行试验

鉴定性飞行试验
Y 定型飞行试验

箭上遥测系统
Y 遥测系统

箭体
Y 火箭箭体

箭体构型
Y 运载火箭构型

箭体结构
rocket body structure
V42
S 运载火箭结构
Z 工程结构

箭形机翼
arrow wing
V224
D 箭形翼
S 后掠翼
C 变后掠翼
三角翼
Z 机翼

箭形翼
Y 箭形机翼

箭载测控分系统
Y 航天测控系统

箭载计算机
rocket-borne computer
V446
S 计算机*

桨
Y 浆液

桨体
Y 浆液

桨叶
Y 叶片

浆液*
serum
O3；ZT81
D 浆
浆体
F 高放泥浆
药浆
C 调浆 →(10)
浆料 →(2)(3)(5)(7)(9)(10)(13)
浆粕 →(9)(10)
乳化塔 →(9)
乳化装置 →(9)
糖浆 →(10)
液体 →(1)(2)(3)(4)(5)(9)(10)(13)
纸浆 →(10)

浆液(燃料)
Y 燃料浆

桨毂
Y 螺旋桨毂

桨尖喷气旋翼
tip jet driven rotors
V275.1
D 桨尖驱动旋翼
S 旋翼*
C 喷气直升机

桨尖喷气直升机
Y 喷气直升机

桨尖驱动旋翼
Y 桨尖喷气旋翼

桨尖涡
blade tip vortex
V211
S 涡流*

桨扇发动机
propeller fan engines
V235.13
D 螺桨风扇发动机
螺旋浆风扇发动机
螺旋桨风扇发动机
S 涡轮喷气发动机
C 风扇
Z 发动机

桨涡干扰
blade vortex interferences
V211.46
D 桨-涡干扰
S 涡干扰
Z 气动干扰

桨-涡干扰
Y 桨涡干扰

桨叶
Y 螺旋桨桨叶

桨叶摆振铰阻尼器
Y 桨叶减摆器

桨叶大梁
Y 旋翼部件

桨叶减摆器
blade damper
TH13；V232；V275.1
D 桨叶摆振铰阻尼器
桨叶减振铰阻尼器
叶片式减振器
直升机桨叶减摆器
S 旋翼部件
Z 直升机部件

桨叶减振铰阻尼器
Y 桨叶减摆器

桨叶叶型
propeller blade profile
V221
S 叶型
C 螺旋桨桨叶
Z 翼型

降落
Y 着陆

降落舱
Y 着陆器

降落场
Y 着陆场

降落导向灯
Y 着陆灯

降落点
Y 着陆场

降落控制
Y 着陆控制

降落模拟机
Y 着陆模拟器

降落模拟器
Y 着陆模拟器

降落区
Y 着陆场

降落伞*
parachute
V244.2
D 多级伞系统
降落伞回收系统
降落伞系统
牵引升空伞
伞系
升力伞
物伞系统
F 反尾旋伞
滑翔伞
回收伞
开缝伞
人用伞
投物伞
稳定伞
翼伞
引导伞
阻力伞
C 背带 →(10)
降落伞部件
降落伞附件
空投
雀降
跳伞

降落伞包
parachute bag
V244.2
D 救生伞伞箱
伞包
伞箱
头靠伞箱
S 降落伞部件
C 开伞装置
伞衣
Z 零部件

降落伞部件
parachute component
V244.2
S 零部件*
F 降落伞包
伞绳
伞衣
C 降落伞

降落伞附件
parachute accessory
V244.2
S 航空附件
F 定时机构(降落伞)
开伞装置
脱伞器
C 降落伞
Z 附件

降落伞回收系统
Y 降落伞

降落伞-炮弹系统
Y 伞弹系统

降落伞脱离锁
Y 脱伞器

降落伞系统
Y 降落伞

降落设备
Y 降落装置

降落速度
subsiding velocity
V2
S 速度*

降落装置
launching appliance

U6；V226
D 登陆设备
登陆装置
降落设备
着陆设备
着陆装置
S 起落架*
F 仪表着陆设备

降落锥弹射座椅
Y 弹射座椅

降速剂
moderating material
V51
S 制剂*

降条件发射
Y 武器发射

降雨观测卫星
Y 对地观测卫星

降阻
Y 减阻

降阻方法
Y 减阻

交叉航路
cross traffic
V355
S 飞行航线
Z 航线

交叉路口防撞
Y 避碰

交叉耦合漂移率
Y 漂移率

交叉束
Y 对撞束

交点周期
nodal period
V526
S 周期*

交换
Y 交换技术

交换(同位素)
Y 同位素交换

交换机*
exchanger
TN91
F 星载交换机
C 交换设备 →(7)
通信设备

交换技术*
switching technique
TP3
D 调换
掉换
交换
接续
F 同位素交换
C 交换机制 →(8)
交换节点 →(7)
交换连接 →(7)
交换平台 →(8)
交换设备 →(7)
交换引擎 →(7)

交换器*
interchanger
TU8
F 滑油换热器

交会*
rendezvous
V526
D 会合
会合(轨道)
F 弹目交会
多天体交会
航天交会
小行星交会
自主交会
最优交会
C 载人航天飞行

交会对接
rendezvous and docking
V526
D 交会对接系统
S 航天器对接
F 自主交会对接
C 交会模拟 →(1)
Z 连接

交会对接仿真系统
rendezvous and docking simulation system
V448
S 仿真系统*
C 交会模拟 →(1)

交会对接系统
Y 交会对接

交会轨道
rendezvous orbit
V526
D 对接轨道
会合轨道
S 航天器轨道
C 地球月球飞行轨道
轨道交会
轨道力学
航天器对接
交会模拟 →(1)
上升弹道
Z 飞行轨道

交会航天器
Y 会合航天器

交会角
rendezvous angle
V412
S 飞行状态参数
C 交会模拟 →(1)
Z 飞行参数

交会雷达
Y 航天雷达

交会制导
rendezvous guidance
V448
D 会合制导
S 航天器制导
Z 制导

交几何形状喷气发动机
Y 变循环喷气发动机

交联双基推进剂
crosslinking double base propellant
V51
S 改性双基推进剂
Z 推进剂

交联型粘合剂
Y 胶粘剂

交流操作
Y 交流运行

交流电源系统
Y 交流供电系统

交流辐射计
alternating current radiometer
TH7；TK0；TL65
S 辐射计
Z 仪器仪表

交流供电系统
AC power supply system
TN8；V242
D 变频交流电源系统
变压变频交流电源系统
交流电源系统
S 电力系统*
供应系统*
C 交流稳压电源 →(7)

交流运行
alternating current operation
TL6；TM6
D 交流操作
S 电气运行*

交通安全事故
Y 交通运输事故

交通参数*
traffic parameter
U4
F 飞机利用率
C 工程参数 →(1)

交通导航
traffic navigation
TN8；V249.3
S 导航*
C 车辆导航系统 →(7)(12)

交通道路
Y 道路

交通负荷
Y 交通量

交通工程*
traffic engineering
U
D 交通工程学

交通领域
交通运输系统工程
F 机场工程
C 工程
公路枢纽 →⑿

交通工程设计
Y 交通设计

交通工程设施
Y 交通设施

交通工程学
Y 交通工程

交通监测
Y 交通检测

交通检测*
traffic detection
U4
D 交通监测
F 飞机检测
机场检测
C 检测
交通检测点 →⑿

交通控制*
traffic control
U4
D 交通控制策略
交通控制方案
交通控制方法
交通控制技术
交通流控制
F 空中交通管制
C 车辆
车流组织 →⑿
工程控制
交通 →⑾⑿

交通控制策略
Y 交通控制

交通控制方案
Y 交通控制

交通控制方法
Y 交通控制

交通控制技术
Y 交通控制

交通量*
traffic volume
U4
D 交通负荷
交通流动量
交通流量
交通压力
F 货物流量
空中交通流量
C 交通分析 →⑿
交通流 →⑿
交通流参数 →⑿
交通密度 →⑿
流量 →(1)(2)(3)(4)(5)(7)(8)(9)⑾⑿⒀
运输能力 →⑿

交通领域
Y 交通工程

交通流动量
Y 交通量

交通流控制
Y 交通控制

交通流量
Y 交通量

交通设计*
traffic design
U4
D 交通工程设计
F 轨道设计
航站楼设计
机场设计
C 设计

交通设施*
traffic facilities
U
D 交通工程设施
交通装备
F 机场设施

交通事故
Y 交通运输事故

交通事件
Y 交通运输事故

交通压力
Y 交通量

交通意外事件
Y 交通运输事故

交通运输
Y 运输

交通运输事故*
traffic accidents
U2；U4；X9
D 交通安全事故
交通事故
交通事件
交通意外事件
运输事故
F 空中交通事故
C 车辆事故 →(2)⑿⒀
交通安全 →(2)(5)⑿⒀
交通安全管理 →⑿⒀
交通波 →⑿
交通违章 →⑿⒀
事故
事故多发路段 →⑿⒀

交通运输系统*
traffic transportation system
U4
F 浮筒
航天运输系统
航行系统
机场道面管理系统
空中交通系统
行李系统
巡航控制系统
助航灯光系统
C 工程系统
铁路系统 →(2)(7)(8)⑿

交通运输系统工程
Y 交通工程

交通装备
Y 交通设施

交验试验
Y 验收试验

浇注*
casting
TU7
D 浇注成型
浇注法
浇注方法
浇注工艺
浇注过程
浇铸
浇铸成型
浇铸法
浇铸工艺
浇铸技术
金属浇铸
F 推进剂浇注
C 钢包浇注料 →(9)
加注
浇口位置 →(3)(9)
铸模 →(3)(9)

浇注成型
Y 浇注

浇注法
Y 浇注

浇注方法
Y 浇注

浇注工艺
Y 浇注

浇注过程
Y 浇注

浇铸
Y 浇注

浇铸成型
Y 浇注

浇铸法
Y 浇注

浇铸工艺
Y 浇注

浇铸技术
Y 浇注

胶合剂
Y 胶粘剂

胶合结构
Y 胶接结构

胶接结构
bonded structure
TG4；V214
D 胶合结构

胶结结构
粘接结构
粘结结构
S 结构*

胶结剂
Y 胶粘剂

胶结结构
Y 胶接结构

胶结体
Y 胶体

胶联剂
Y 胶粘剂

胶凝火箭推进剂
gelled rocket propellant
V51
D 触变火箭推进剂
触变喷气燃料
S 固体火箭推进剂
凝胶推进剂
Z 推进剂

胶凝推进剂
Y 凝胶推进剂

胶片剂量计
Y 剂量计

胶片佩章剂量计
Y 剂量计

胶乳*
rubber latex
TQ33；TQ43
D 乳胶
橡胶胶乳
F 核乳胶
C 保护涂层 →(1)(3)
分散系数 →(1)
胶乳粘合剂 →(9)
沥青 →(2)(11)(12)
乳化剂 →(9)(10)
乳胶改性剂 →(9)
乳胶手套 →(10)
乳胶制品 →(9)
涂层

胶态分散体
Y 胶体

胶体*
colloids
TQ42
D 胶结体
胶态分散体
胶质体
F 放射性胶体
放射性气溶胶
C 分散体
分散系数 →(1)
胶体不稳定指数 →(9)
凝胶相 →(3)(9)
乳液 →(1)(2)(3)(9)(10)(11)(13)

胶体安定性
Y 稳定性

胶体推进剂
Y 凝胶推进剂

胶体推进剂火箭发动机
Y 化学火箭发动机

胶体推力器
Y 推进器

胶粘剂*
adhesive
TQ43
D 防水胶粘剂
防水粘合剂
交联型粘合剂
胶合剂
胶结剂
胶联剂
结合剂
耐水胶粘剂
耐水粘合剂
特种粘合剂
新型胶粘剂
新型粘合剂
新型粘结剂
粘合剂
粘合胶
粘剂
粘胶剂
粘接剂
粘接胶
粘结剂
自交联型粘合剂
F 含能粘合剂
推进剂粘合剂
C 改性环氧树脂 →(9)
胶拼机 →(10)
树脂
增黏树脂 →(9)
粘接 →(3)(4)(7)(9)(10)(11)
粘接材料 →(2)(7)(9)(10)(11)(12)
粘接条件 →(9)
粘结强度 →(3)(11)

胶质体
Y 胶体

胶质推进剂
Y 凝胶推进剂

角*
angle
O1
D 侧洗角
F 弹道倾角
导通角
舵偏角
方位角
攻角
滚转角
航迹角
后倾角
临界倾角
掠角
落角
瞄准角
偏流角
平尾偏角
气动矢量角
上反角
失准角
头部偏角
突扩角
推力偏心角
卫星仰角
稳定角
下洗角
星光仰角
叶片角
预置射角
章动角
C 角度 →(1)(3)(4)(7)(8)(9)

角度反馈
angle-feedback
V249.1
S 反馈*

角度式压缩机
Y 压缩机

角度响应
Y 角响应

角跟踪误差
angle tracking error
O1；TJ768.3；V556.8
S 跟踪误差
Z 误差

角加速度陀螺
Y 速率陀螺仪

角区旋涡
corner vortex
V211
S 涡流*

角式压缩机
Y 压缩机

角速度陀螺
Y 速率陀螺仪

角速度陀螺仪
Y 速率陀螺仪

角速率陀螺
Y 速率陀螺仪

角响应
angle response
TB9；TL7；TL8
D 角度响应
S 响应*
C 辐射探测器

角向场偏滤器
poloidal field divertors
TL6
D 角向偏滤器
S 偏滤器*
C 极向偏滤器设备
普林斯顿β实验装置

角向箍缩参考堆
reference theta pinch reactor
TL4
S 脉冲氘氚堆

C 环形角向箍缩装置
Z 反应堆

角向偏滤器
Y 角向场偏滤器

角振动台
angle-vibration tables
TH7；V216
S 振动台
Z 试验设备
试验台

绞接式旋翼
Y 铰接式旋翼

绞链式旋翼
Y 铰接式旋翼

铰接式尾桨
Y 尾桨

铰接式旋翼
articulated rotor
V275.1
D 绞接式旋翼
绞链式旋翼
铰链式旋翼
全铰接式旋翼
柔性旋翼
S 旋翼*
C 半刚接式旋翼
铰链力矩 →(4)

铰接转向
Y 转向

铰链式旋翼
Y 铰接式旋翼

校靶炮弹
Y 特种炮弹

校飞
calibration flight
V323
D 飞行检查
飞行检验
飞行校验
检验飞行
性能校飞
验证飞行
综合校飞
S 航空飞行
F 精度校飞
Z 飞行

校飞程序
calibration flight program
TP3；V247
D 飞行程序校验
S 飞行软件
Z 计算机软件

校射*
corrected firing
TJ306
F 闭环校射
舰炮校射
虚拟校射

校射直升机
Y 军用直升机

校时
Y 时间校准

校正*
correction
TG8；TH17；TH7
D 校正方法
校正工艺
F 闭轨校正
轨道校正
射击校正
时钟校正
位置校正
硬化校正
C 校准
修正

校正方法
Y 校正

校正工艺
Y 校正

校正时间
Y 时间修正

校正元件
Y 元件

校准*
calibration
TH7；TU3
D 校准法
校准方法
校准方式
校准技术
校准结果
F 电子校准
风洞校准
时间校准
时空校准
自校准
C 检测
精度
伺服补偿 →(8)
校正
校准系统 →(1)(8)
仪器 →(4)

校准法
Y 校准

校准方法
Y 校准

校准方式
Y 校准

校准风洞
calibration wind tunnel
V211.74
S 风洞*

校准技术
Y 校准

校准结果
Y 校准

校准设备
correcting device
V24
D 调准设备
S 维修设备
Z 设备

教练弹头
Y 导弹弹头

教练弹药
training ammunition
TJ41
D 空包弹药
训练弹药
S 弹药*
C 辅助炮弹
辅助枪弹
教练地雷
教练火箭弹
教练枪榴弹
教练水雷
教练炸弹
教学弹

教练导弹
Y 训练弹

教练导弹弹头
Y 导弹弹头

教练地雷
drill land mine
TJ512
D 教练雷
S 地雷*
C 教练弹药

教练飞机
Y 教练机

教练火箭弹
training rocket projectiles
TJ415
D 惰性火箭弹
S 火箭弹
C 教练弹药
Z 武器

教练机
training aircraft
V271.6
D 教练飞机
S 飞机*
F 军用教练机
喷气教练机
C 飞行模拟器
飞行训练

教练雷
Y 教练地雷

教练枪弹
Y 辅助枪弹

教练枪榴弹
drill rifle grenade
TJ411
D 空包弹(枪榴弹)
S 枪榴弹

C 教练弹药
Z 榴弹

教练水雷
training naval mine
TJ61
D 训练水雷
S 水雷*
C 教练弹药

教练炸弹
drill bomb
TJ414
D 航练弹
航炼弹
练习炸弹
训练炸弹
S 炸弹*
C 教练弹药

教学弹
instructional missiles
TJ76
S 导弹
C 教练弹药
Z 武器

阶跃操纵
Y 飞行操纵

疖状腐蚀
nodular corrosion
TG1；TL3
D 结节状腐蚀
S 腐蚀*

接触疲劳试验
contact fatigue tests
TB2；V216.3
S 疲劳试验
Z 力学试验

接触扫雷
contact minesweeping
TJ61
S 扫雷*
C 扫雷火箭弹

接触扫雷具
contact minesweeping gear
TJ617
D 接触式扫雷具
接触型扫雷具
S 扫雷具
Z 军事装备
水中武器

接触式扫雷具
Y 接触扫雷具

接触型扫雷具
Y 接触扫雷具

接地速度
Y 着陆速度

接合
Y 连接

接合方法
Y 连接

接合方式
Y 连接

接近指示器
approach indicator
V241.4
S 指示器*
C 测距系统

接力管
Y 接力元件

接力元件
relay elements
TJ456
D 接力管
接力元件(火工品)
S 引爆火工品
F 传爆管
传爆序列
传爆药柱
传火元件
导爆管
Z 火工品

接力元件(火工品)
Y 接力元件

接收设备*
receiving apparatus
TN8
D 接收装置
F 航天 GPS 接收机

接收装置
Y 接收设备

接续
Y 交换技术

节点舱
Y 航天器舱

节段模型风洞试验
wind-tunnel test of sectional model
V211.74
D 桥梁模型风洞试验
S 风洞试验
Z 气动力试验

节距精度
Y 精度

节流特性
Y 发动机节流特性

节省参数模型
economical parameter model
TJ0
S 模型*

节油飞行
fuel-efficient flight
V323
D 航空节油
S 航空飞行
C 节油产品 →(5)
Z 飞行

洁净核能系统
Y 加速器驱动洁净核能系统

洁净加工
Y 精加工

洁净推进剂
Y 固体推进剂

结冰*
icing
P4；V244
D 冰冻
冰形
积冰
F 航空器结冰
自然结冰
C 除冰 →(12)
结冰期 →(11)
冷却
凝聚 →(1)(9)(13)

结冰风洞
Y 冰风洞

结冰模拟
icing simulation
V244
S 仿真*

结冰试验
icing test
V524
D 冰冻试验
防冰试验
结霜试验
S 试验*

结构*
structure
TB4
D 典型结构
构造
构造设计
合理结构
基本结构
结构构成
结构构造
结构进化
结构空间
结构类型
特殊结构
特征构造
特征结构
特种结构
现代结构
新结构
新型结构
新型结构体系
总体结构
F 多裂纹结构
分布式结构
分离结构
核壳结构
加速结构
胶接结构
壳-芯结构
铆接结构
迷宫复合冷却结构
气密结构
C 材料

工程结构设计 →(1)(11)
构件
构建 →(7)(8)(11)
构型
构造柱 →(11)
接口规格 →(8)
结构变形 →(1)
结构层
结构沉降 →(11)
结构工艺 →(4)
结构节点 →(2)(4)(11)(12)
结构研究 →(1)
矿石结构 →(2)
框架 →(1)(4)(7)(8)(11)
特征结构配置 →(8)
原型 →(1)(3)(4)(10)
注册结构工程师 →(11)

结构部件
Y 构件

结构层*
structural layer
TU97；U4
D 层
层式结构
构造层
F 缓冲层
火箭发动机绝热层
内绝热层
C 表层
结构
配筋 →(11)

结构构成
Y 结构

结构构件
Y 构件

结构构造
Y 结构

结构件
Y 构件

结构进化
Y 结构

结构精度
Y 精度

结构空间
Y 结构

结构控制*
structural control
TU3
D 结构控制技术
受控结构
F 结构模态控制
自适应变结构控制
C 工程控制
模态控制

结构控制技术
Y 结构控制

结构类型
Y 结构

结构面*
structural plane
P5
D 构造面
结构面组合
F 升力面
迎风面
C 糙率系数 →(11)
结构体
面 →(1)(3)(4)(11)

结构面组合
Y 结构面

结构模态控制
structural mode con trol
V249.1
S 结构控制*
模态控制*
随控布局飞行控制
F 多模态变结构控制
滑模变结构控制
Z 飞行控制

结构强度设计
structural strength design
V215
S 结构设计*
强度设计
Z 性能设计

结构热试验
thermo-structure experiment
V216；V416
D 热结构试验
S 环境试验*
结构试验*

结构热稳定性试验
Y 结构稳定性试验

结构设备
Y 设备

结构设计*
structural design
TB2
D 壁厚设计
构架设计
架构设计
结构设计方法
结构设计技术
结构设计特点
F 飞机结构设计
结构强度设计
型面设计
最佳结构设计
C 分项系数 →(11)
间隔宽度 →(1)
截面宽度 →(11)
载荷

结构设计方法
Y 结构设计

结构设计技术
Y 结构设计

结构设计特点
Y 结构设计

结构设计优化
structural design optimization
V221
S 优化*

结构识别
Y 识别

结构实体
Y 结构体

结构实验
Y 结构试验

结构试验*
structural test
TB4；V216；V416
D 结构实验
F 结构热试验
结构性能试验
台架试验
C 工程试验

结构特性
Y 结构性能

结构体*
syntagma
TU3
D 关键结构体
结构实体
结构物
结构总体
F 组合体
C 承载力 →(11)
结构面
壳体
墙体 →(11)
物体

结构完整性
structural integrity
O3；V214
D 构造完整性
结构整体性
S 结构性能*
C 结构稳定性 →(4)

结构稳定性试验
structural stability test
V216；V416
D 结构热稳定性试验
S 结构性能试验
F 屈曲试验
Z 结构试验
性能试验

结构物
Y 结构体

结构线*
construction line
TS94
F 恒向线
C 服装造型 →(10)
线

结构性能*
structural properties
TH11；TU3

D 结构特性
F 结构完整性
C 抗震性能 →(12)

结构性能试验
test on structural property
TB4；V216；V416
S 结构试验*
性能试验*
F 结构稳定性试验

结构整体性
Y 结构完整性

结构总体
Y 结构体

结构最优化设计
Y 最佳结构设计

结合剂
Y 胶粘剂

结合性
connectivity
V245；ZT4
S 数学特征*

结节状腐蚀
Y 疖状腐蚀

结霜试验
Y 结冰试验

结炭
Y 积炭

结型探测器
Y 半导体探测器

捷联导航
Y 捷联惯性导航

捷联导航系统
Y 捷联惯导系统

捷联导引头
strapdown seeker
TJ765
D 捷联式导引头
捷联式寻的装置
S 导引头
Z 制导设备

捷联惯测装置
Y 捷联惯性测量装置

捷联惯测组合
Y 捷联惯性测量单元

捷联惯导
Y 捷联惯导系统

捷联惯导系统
stradown inertial navigation system
TN96；V249.3；V448
D 捷联导航系统
捷联惯导
捷联惯性导航系统
捷联惯性系统
捷联惯性制导
捷联惯性制导系统
捷联式惯导
捷联式惯导系统
捷联式惯性导航系统
捷联式惯性系统
捷联式惯性制导
捷联式惯性制导系统
速率捷联式惯性制导系统
位置捷联式惯性制导系统
无框架惯性制导
S 惯性导航系统
F 无陀螺捷联惯导系统
C 二位置对准
方位对准
捷联惯性导航
失准角
Z 导航系统

捷联惯性测量
Y 捷联惯组

捷联惯性测量单元
strapdown inertial measurement unit
V249.31
D 捷联惯测组合
S 设备*

捷联惯性测量装置
strapdown inertial measurement devices
TJ765；V448
D 捷联惯测装置
捷联式惯性测量装置
S 惯性测量装置
Z 测量装置
力学测量仪器

捷联惯性测量组合
Y 捷联惯组

捷联惯性导航
strapdown inertial navigation
TN96；V249.3；V448
D 捷联导航
捷联式惯性导航
无框架惯性导航
S 惯性导航
F 激光捷联惯导
无陀螺捷联惯导
C 捷联惯导系统
Z 导航

捷联惯性导航系统
Y 捷联惯导系统

捷联惯性航姿系统
Y 捷联航姿系统

捷联惯性系统
Y 捷联惯导系统

捷联惯性制导
Y 捷联惯导系统

捷联惯性制导系统
Y 捷联惯导系统

捷联惯性组合
Y 捷联惯组

捷联惯组
strapdown inertial assemblies
TJ765；V448
D 捷联惯性测量
捷联惯性测量组合
捷联惯性组合
S 导弹惯性器件
Z 导弹部件

捷联航姿系统
strapdown attitude heading reference system
V249.1；V448
D 捷联惯性航姿系统
捷联式航姿系统
S 航姿系统
Z 飞行系统

捷联基准
strapdown reference
TH7；V249.31；V448.23
D 分布式捷联基准
分布式捷联姿态基准
捷联式航姿基准
S 基准*

捷联式导引头
Y 捷联导引头

捷联式惯导
Y 捷联惯导系统

捷联式惯导系统
Y 捷联惯导系统

捷联式惯性测量装置
Y 捷联惯性测量装置

捷联式惯性导航
Y 捷联惯性导航

捷联式惯性导航系统
Y 捷联惯导系统

捷联式惯性系统
Y 捷联惯导系统

捷联式惯性制导
Y 捷联惯导系统

捷联式惯性制导系统
Y 捷联惯导系统

捷联式航姿基准
Y 捷联基准

捷联式航姿系统
Y 捷联航姿系统

捷联式陀螺
Y 捷联式陀螺仪

捷联式陀螺仪
strapdown gyroscope
V241.5；V441
D 捷联式陀螺
捷联陀螺
S 陀螺仪*

捷联式系统
Y 捷联制导系统

捷联式寻的装置
Y 捷联导引头

捷联陀螺

Y 捷联式陀螺仪

捷联系统
Y 捷联制导系统

捷联寻的制导
strapdown homing guidance
TJ765；V448
S 寻的制导
Z 制导

捷联制导
Y 捷联制导系统

捷联制导系统
strapdown guidance systems
TJ765；V448
D 捷联式系统
捷联系统
捷联制导
S 制导系统*

捷联中制导
Y 中制导

捷联姿态算法
strapdown attitude algorithms
V212
S 姿态算法
Z 算法

捷联姿态系统
strapdown attitude systems
V249；V448
S 姿态系统
Z 飞行系统

截击
Y 拦截

截击弹道
Y 拦截弹道

截击航天器
interceptor spacecraft
TJ86
D 航天截击器
航天拦截器
S 军用航天器
C 非核反卫星导弹
Z 航天器

截击机
intercepters
V271.41
D 截击器
拦击机
拦截机
S 歼击机
F 空中优势战斗机
C 拦截空域
Z 飞机

截击雷达
interception radar
TN95；V243.1
D 机载截击雷达
S 机载雷达
Z 雷达

截击器
Y 截击机

截击式卫星
Y 反卫星卫星

截击卫星
Y 反卫星卫星

截门
Y 阀门

截面*
profile
O1；P5
D 断面
断面特征
截面特性
剖面
剖面区域
切断面
切割面
切剖面
F 飞行剖面
高度剖面
散射裂变截面
束剖面
运行剖面
C 断面形状 →(1)
工作面 →(2)
面 →(1)(3)(4)(11)

截面含气率
Y 空泡率

截面孔隙率
Y 空泡率

截面特性
Y 截面

截头锥
Y 头锥

解除保险机构
Y 保险机构

解除保险可靠性
Y 引信可靠性

解除保险时间
arming time
TJ43
D 延期解除保险时间
S 引信性能
Z 战术技术性能

解除保险装置
arming mechanism
TJ2
D 解脱保险装置
解脱机构
S 击发机构
Z 枪械构件

解调电路
Y 解调器

解调器*
demodulator
TN7
D 解调电路
解调系统
去调制器
F 晶体检波器
C 调制器 →(7)
解调 →(7)

解调系统
Y 解调器

解命中问题
Y 命中

解谱
spectrum unscrambling
TL8
S 谱*

解锁机构
Y 级间分离机构

解锁器
Y 动力源火工品

解脱保险装置
Y 解除保险装置

解脱机构
Y 解除保险装置

解脱器
Y 动力源火工品

解析
Y 分析

解析度
Y 分辨率

解析设计法
Y 设计

解析余度
analytical redundancy
V212；V328.5
S 余度
Z 程度

解相遇问题
Y 命中

介子工厂
meson factories
TL57
S 粒子工厂
F 医疗照射 π 介子发生器装置
Z 粒子加速器

界面半径
Y 半径

界面层
Y 表层

界面粘附
Y 边界层吸附

界线
Y 边界

界限*
limit
ZT72
F 弹道极限

界限状态
Y 临界状态

借力飞行
swing-by flight
V323
S 航空飞行
Z 飞行

金-硅面垒
Y 金硅面垒探测器

金硅面垒探测器
gold-silicon surface-barrier detector
TH7；TL8
D 金-硅面垒
S 面垒探测器
Z 探测器

金盘靶
Y 金平面靶

金平面靶
gold planar target
TL5
D 金盘靶
S 靶*

金星大气
Y 行星大气

金星地质
Y 空间地质学

金星航天探测器
Y 金星探测器

金星探测
venus explorations
V476
S 行星探索
Z 探测

金星探测器
Venus probe
V476
D 金星航天探测器
S 行星探测器
C 航天飞行
Z 航天器

金属-半导体-金属光电探测器
metal-semiconductor-metal photodetector
TL8；TN2；TN3
S 半导体光电探测器
Z 电子设备
探测器

金属材料*
metal materials
TG1
D 工业金属
固态金属材料
金属料
涂装金属
F 蜂窝板
C 材料
超导材料 →(1)(3)(5)(9)
刀具材料 →(3)
钢铁 →(3)
钢铁料 →(3)
金属 →(1)(3)(5)(9)(10)(13)
金属材料学 →(3)
金属粉末 →(3)
金属管
金属建筑材料 →(11)
金属零件 →(3)(4)
金属纤维 →(9)
金属性能 →(1)(2)(3)(9)(12)
原料 →(1)(2)(5)(9)(10)(11)

金属脆化武器
metal embrittlement weapons
TJ99
D 材料脆化武器
S 反固定目标非致命武器
Z 武器

金属地雷
metallic mine
TJ512
D 金属雷
S 地雷*

金属管*
metal pipe
TG1；TG3
D 金属管材
金属管道
金属管路
金属管线
F 锆管
C 金属材料
膨胀角 →(11)
塑料管材 →(9)(11)
轧管 →(3)

金属管材
Y 金属管

金属管道
Y 金属管

金属管路
Y 金属管

金属管线
Y 金属管

金属核燃料
metallic nuclear fuel
TL2
S 核燃料
F 钍燃料
铀燃料
Z 燃料

金属加工缺陷
Y 制造缺陷

金属浇铸
Y 浇注

金属精加工
Y 精加工

金属雷
Y 金属地雷

金属料
Y 金属材料

金属履带
metal track
TJ811
S 装置*
F 金属橡胶履带

金属慢化堆
metal moderated reactor
TL4
S 反应堆*

金属瞄准具
Y 机械瞄准具

金属膜片贮箱
metal diaphragm tanks
V432；V51
S 贮箱*
C 推进剂贮箱

金属疲劳试验
Y 疲劳试验

金属氢武器
metallic hydrogen weapons
TJ99
S 反装备非致命武器
Z 武器

金属燃料
metallic fuel
TL27；V51
S 燃料*
F 水反应金属燃料
C 固体推进剂

金属燃烧
metal combustion
TK1；V231.1
S 燃烧*
F 钛燃烧

金属热防护系统
metallic thermal protection system
V228；V430
S 保护系统*
防护系统*
C 稳态传热 →(5)

金属射流
metal jet
TJ41
S 聚能射流
Z 射流

金属探测器
metal locator
TH7；TL81
D 金属探测仪
S 探测器*
C 金属探测门 →(11)

金属探测仪
Y 金属探测器

金属提取*
metal extraction
TF1；TG1
D 同步提取金属
F 提铀

金属推进剂
metal propellant
V51
S 固体推进剂
C 含金属推进剂
Z 推进剂

金属橡胶履带
metal-rubber track
TJ811
S 金属履带
Z 装置

金属药筒
metallic cartridge cases
TJ412
S 药筒
F 钢质药筒
焊接药筒
Z 弹药零部件

襟副翼
flaperon
V224；V225
D 下垂副翼
S 副翼
C 气动减速板
扰流器
Z 操纵面

襟翼
flap
V224
D 飞机襟翼
S 气动操纵面
F 吹气襟翼
格尼襟翼
后缘襟翼
机动襟翼
尖顶襟翼
喷气襟翼
前缘缝翼
前缘襟翼
吸气襟翼
C 补偿片
副翼
襟翼导轨 →(4)
气动减速板
扰流器
Z 操纵面

襟翼控制
flap control
V224
S 飞行器控制
Z 载运工具控制

襟翼系统
flap system
V224
S 飞机系统
Z 航空系统

仅方位跟踪
Y 纯方位跟踪

紧凑环
compact torus
TL6
S 闭合等离子体装置
C 点火球形环
Z 热核装置

紧凑型回旋加速器
compact cyclotron
TL5
S 回旋加速器
Z 粒子加速器

紧急关机
emergency shutdown
[TJ763]；V43
D 应急关机
S 发动机关机*

紧急离机
Y 应急逃生

紧急迫降
Y 摔机着陆

紧急起飞
Y 起飞

紧急停堆
emergency shut-down
TL36；TL38
D 快速停堆
事故停堆
S 停堆
C 反应堆安全保险装置
反应堆保护系统
紧急停堆棒
可溶毒物
未能紧急停堆的预计瞬变
Z 运行

紧急停堆棒
scram rod
TL35
D 安全棒
事故棒
S 控制棒
C 紧急停堆
Z 反应堆部件

紧急洗消
Y 洗消

紧耦合喷嘴
tightly-coupled nozzle
TH13；TK2；V232
S 喷嘴*

进场灯
Y 机场灯

进场管制
Y 进场控制

进场控制
approach control
V249.1
D 飞机进场管制
航空器进场控制
机场管制
进场管制
进近管制
进近管制服务
S 着陆控制
F 雷达进场控制
C 雷达着陆控制
微波着陆系统
仪表飞行
仪表飞行规则
着陆辅助设备
Z 飞行控制

进场耦合器
Y 下滑控制

进场指示灯
Y 机场灯

进场着陆
Y 着陆导航系统

进场着陆系统
Y 地面控制进场系统

进弹机
Y 供弹机构

进弹机构
Y 供弹机构

进给传动机构
Y 传动装置

进攻性布雷
offensive mining
TJ61
D 攻势布雷
S 布雷（水雷）
Z 布雷

进攻性武器
Y 攻击武器

进化稳定
Y 稳定

进近管制
Y 进场控制

进近管制服务
Y 进场控制

进近着陆
Y 地面控制进场系统

进近着陆系统
Y 地面控制进场系统

进口航空煤油
Y 航空煤油

进口压力
Y 进气压力

进口压力损失系数
Y 损失系数

进排气机构
Y 配气机构

进气道*
inlet
V232.97
D 发动机进气道
发动机进气管
发动机气道

飞机进气道
进气道出口
进气管道
进气管路
进气通道
可变形状进气道
可调进气道
F Bump 进气道
Busemann 进气道
S 形进气道
背负式进气道
侧压式进气道
超音速进气道
磁控进气道
二元进气道
腹部进气道
涵道进气道
混合压缩式进气道
跨音速进气道
螺旋进气道
埋入式进气道
切向进气道
双进气道
无隔道进气道
亚音速进气道
轴对称进气道
C 发动机
发动机气门 →(4)(5)
发动机整流罩
管道
涵道比
进气管 →(4)(5)
进气歧管 →(5)
进气噪声 →(5)
进气装置 →(12)

进气道舱
Y 飞机机舱

进气道出口
Y 进气道

进气道发动机匹配
Y 进气道-发动机匹配

进气道-发动机匹配
inlet-engine matching
V228；V232.97
D 进气道发动机匹配
进气道-发动机相容
进气道-发动机相容性
S 匹配*

进气道-发动机相容
Y 进气道-发动机匹配

进气道-发动机相容性
Y 进气道-发动机匹配

进气道风洞
inlet wind tunnel
V211.74
S 风洞*

进气道-机身构型
inlet airframe configuration
V221
S 飞机构型
C 涵道比
Z 构型

进气道空气动力学
Y 发动机空气动力学

进气道临界总压恢复系数
Y 进气道总压恢复系数

进气道流量系数
flow coefficient of inlet
V228.7
S 系数*

进气道气流
air inlet flow
V211
D 进气口气流
S 气流
C 进气压力
Z 流体流

进气道设计
inlet design
V232.97
S 发动机设计*

进气道试验
air intake test
V211.74
S 风洞试验
Z 气动力试验

进气道旋流
Y 进气涡流

进气道压力
Y 进气压力

进气道总压恢复
Y 进气道总压恢复系数

进气道总压恢复系数
total pressure recovery coefficient of inlet
V228.7
D 进气道临界总压恢复系数
进气道总压恢复
S 总压恢复系数
Z 系数

进气调节锥
Y 进气锥

进气管道
Y 进气道

进气管路
Y 进气道

进气控制
air inlet control
V233.7
S 发动机控制
Z 动力控制

进气口
air intake opening
TK0；TK4；V232.97
S 部位*
C 进气孔 →(4)

进气口气流
Y 进气道气流

进气口压力
Y 进气压力

进气通道
Y 进气道

进气涡流
intake swirl
V211
D 进气道旋流
S 涡流*

进气系统
inlet system
V228.7
S 发动机系统*
F 可变进气系统

进气压力
intake pressure
V228.7
D 进口压力
进气道压力
进气口压力
喷管进口总压
吸入压力
S 流体压力*
C 进气道气流

进气锥
Inlet cone
V232.97
D 进气调节锥
S 发动机零部件*

进入大气层模拟
Y 再入模拟

进入轨道
Y 入轨

进入制导
Y 再入制导

进入走廊
Y 入轨

近场尾流
near field wake flow
V211
S 尾流
Z 流体流

近程弹道导弹
short-range ballistic missile
TJ761.3
S 弹道导弹
近程导弹
Z 武器

近程导弹
short range missile
TJ76
D 短程导弹
S 导弹
F 近程弹道导弹
C 近程武器
Z 武器

近程导引
short range guidance

TJ765；V249.3；V448
S 导引*

近程反导弹舰用火炮武器系统
Y 近程反导舰炮武器系统

近程反导舰炮武器系统
close-in anti-missile shipborne gun weapon system
TJ0；TJ391
D 近程反导弹舰用火炮武器系统
密集阵舰炮武器系统
S 近程反导武器系统
Z 武器系统

近程反导武器
short range anti-missile weapons
E；TJ0
S 反导武器
C 近程武器
Z 武器

近程反导武器系统
closed-in anti-missile weapon systems
E；TJ0
S 武器系统*
F 近程反导舰炮武器系统

近程防空导弹
short range antiaircraft missiles
TJ76
S 防空导弹
C 近程武器
轻型防空武器
Z 武器

近程防空武器系统
short range anti-aircraft weapon systems
E；TJ0
S 武器系统*
C 近程武器

近程防御系统
short-range defense system
E；TJ0
S 防御系统*
C 近程武器

近程空空导弹
short range air-to-air missile
TJ76
D 短程空空导弹
近距空对空导弹
近距空空导弹
S 空空导弹
C 近程武器
Z 武器

近程杀伤武器
Y 攻击武器

近程无线电导航设备
short-range radio navigation equipments
TN96；V241.6；V441
S 无线电导航设备
Z 导航设备

近程武器
short range weapon
E；TJ0
D 近距离武器
S 轻武器*
C 近程导弹
近程反导武器
近程防空导弹
近程防空武器系统
近程防御系统
近程空空导弹

近地表处置
Y 浅地层处置

近地点
perigee
V419
S 轨道位置
Z 位置

近地点发动机
perigee engines
V439
S 变轨发动机
Z 发动机

近地点注入
Y 轨道控制

近地飞行
Y 超低空飞行

近地告警
Y 近地告警系统

近地告警系统
ground proximity warning system
V243；V244
D 近地告警
近地警告系统
增强型近地警告系统
S 报警系统*

近地轨道
low earth orbit
V529
D 低地轨道
低地球轨道
低轨
低轨道
S 环地轨道
C 地球轨道环境
极轨道
Z 飞行轨道

近地轨道卫星
Y 近地卫星

近地环境
Y 地外环境

近地警告系统
Y 近地告警系统

近地空间
near-earth space
V419
S 地球空间
C 飞行器
Z 空间

近地卫星
close earth satellite
V474
D 近地轨道卫星
中低轨道卫星
S 人造卫星
F 低轨道卫星
中轨道卫星
Z 航天器
卫星

近感引信
Y 近炸引信

近距格斗导弹
Y 近距格斗空对空导弹

近距格斗空对空导弹
short-range dogfight air to air missiles
TJ76
D 红外近距格斗导弹
近距格斗导弹
S 格斗导弹
Z 武器

近距空对空导弹
Y 近程空空导弹

近距空空导弹
Y 近程空空导弹

近距空中支援飞机
Y 强击机

近距离编队飞行
close formation flight
V323
S 编队飞行
Z 飞行

近距离武器
Y 近程武器

近距引信
Y 近炸引信

近空间
Y 临近空间

近空间飞行器
Y 临近空间飞行器

近失速工况
near stall conditions
V23
S 飞行条件
Z 条件

近太空
near space
V419
S 太空
Z 空间

近尾迹
near wake
V211
S 尾迹*

近尾迹流动
Y 尾流

近圆轨道
nearly circular orbit

V529
D 邻近近圆轨道
S 卫星轨道
Z 飞行轨道

近炸引信
proximity fuze
TJ434
D 冲击波引信
冲激引信
非触发引信
非接触引信
感应场引信
感应引信
近感引信
近距引信
S 引信*
F 成像引信
磁引信
电磁引信
电容近炸引信
电引信
光引信
红外引信
激光引信
声引信
无线电引信
压力引信

近战武器
Y 轻武器

近战武器引信
Y 武器引信

浸彻试验
Y 侵彻实验

浸出*
leaching
TF1
D 浸出法
浸出反应
浸出方法
浸出工艺
浸出过程
浸出技术
浸出特性
浸出行为
浸取
浸取工艺
浸取过程
浸溶
浸提
浸提法
浸提方法
浸提工艺
浸渍过程
溶出
溶出工艺
F 采场浸出
碱法堆浸
细菌浸铀
C 焙烧 →(3)(9)
赤泥 →(3)
调配 →(1)(2)(5)(11)(12)
钴 →(3)
浸出剂 →(3)(9)
浸渍 →(1)(3)(4)(9)(10)(11)(12)
硫化锌精矿 →(3)
镍钼矿 →(3)
浓酸熟化 →(3)
湿法炼锌 →(3)
水浸出物 →(10)
提钒 →(3)
现场加工 →(4)
锌精矿 →(3)
氧化焙烧 →(3)
铟 →(3)
银 →(3)

浸出采矿
Y 溶浸

浸出采铀
Y 原地浸出采铀

浸出法
Y 浸出

浸出反应
Y 浸出

浸出方法
Y 浸出

浸出工艺
Y 浸出

浸出过程
Y 浸出

浸出技术
Y 浸出

浸出实验
leaching experiment
TL21
S 实验*

浸出特性
Y 浸出

浸出行为
Y 浸出

浸出性能
leaching behaviour
TL21
S 物理性能*

浸没式反应堆
immersion type reactor
TL3
S 反应堆*
C SPR 传感器 →(8)

浸没式燃烧器
Y 燃烧器

浸取
Y 浸出

浸取工艺
Y 浸出

浸取过程
Y 浸出

浸溶
Y 浸出

浸入式探测器
Y 辐射探测器

浸提
Y 浸出

浸提法
Y 浸出

浸提方法
Y 浸出

浸提工艺
Y 浸出

浸铀
Y 原地浸出采铀

浸铀试验
Y 原地浸出采铀

浸渍服
Y 防毒服

浸渍服装
Y 防毒服

浸渍过程
Y 浸出

禁核试核查
CTBT verificatio
TL8
S 检查*

经济飞行速度
Y 飞行速度

经济速度
Y 巡航速度

晶体管探测器
Y 半导体探测器

晶体计数器
Y 计数器

晶体检波器
crystal detector
TH7；TL81；TN7
D 晶体探测器
S 解调器*

晶体谱仪
crystal spectrometer
TL81
S 谱仪*

晶体探测器
Y 晶体检波器

精导武器
Y 精确制导武器

精度*
precision
ZT72
D 打包精度
动力精度
轨迹速度精度
轨迹速度重复精度
机构精度
节距精度

结构精度
精度特性
精密
精密度
刻划精度
链长精度
路径速度波动量
路径速度精度
路径速度重复精度
路径重复精度
批内精密度
三维高精度
停留精度
转角精度
着陆点精度
着陆精度
综合精度
F 打击精度
弹道精度
导弹精度
导航精度
定轨精度
定时精度
立靶精度
落点精度
瞄准精度
入轨精度
射击精度
相位精度
延时精度
指向精度
制导精度
诸元精度
C 精度等级 →(1)
精度控制 →(8)
精度试验
误差
校准

精度测试
Y 精度试验

精度加工
Y 精加工

精度枪
Y 试验枪

精度试验
accuracy experiment
TJ01
D 精度测试
S 性能试验*
C 精度

精度特性
Y 精度

精度校飞
accuracy calibration flight
V323
S 校飞
Z 飞行

精加工*
precision machining
TG1；TH16
D 超越性加工
磁粒光整加工
磁流变光整加工
复合光整加工
高速精加工
高速精密加工
光饰
光饰工艺
光饰清理
光整
光整技术
光整加工
光整加工技术
激光修饰
激光整平
洁净加工
金属精加工
精度加工
精加工方法
精加工工艺
精加工过程
精加工技术
精密点检
精密工程
精密化
精密机械技术
精密机械加工
精密技术
精密加工
精密加工技术
精确加工
精微加工
精细化处理
精细化加工
旋涡气流光整加工
F 微细加工
C 表面质量 →(3)
光整机 →(3)
金属加工 →(3)(4)
精密机床 →(3)
精制 →(2)(9)(10)
形状精度 →(3)(4)

精加工方法
Y 精加工

精加工工艺
Y 精加工

精加工过程
Y 精加工

精加工技术
Y 精加工

精料
product
S；TF0；TL2
S 物料*
C 球团矿 →(3)
烧结矿 →(3)

精密
Y 精度

精密测量系统
Y 测量系统

精密点检
Y 精加工

精密电子设备
sophisticated electronics
TN8；V243；V443
S 电子设备*
C 精密电压源 →(7)

精密度
Y 精度

精密伏尔
Y 甚高频全向信标

精密工程
Y 精加工

精密合金
precious alloy
TG1；V25
S 特种合金
C 双金属 →(3)
Z 合金

精密化
Y 精加工

精密机械技术
Y 精加工

精密机械加工
Y 精加工

精密技术
Y 精加工

精密加工
Y 精加工

精密加工技术
Y 精加工

精密甚高频全向信标
Y 甚高频全向信标

精密制导
Y 精确制导

精密制导炮弹
Y 末制导炮弹

精确打击导弹
Y 精确制导导弹

精确打击武器
Y 精确制导武器

精确攻击导弹
Y 精确制导导弹

精确加工
Y 精加工

精确杀伤武器系统
precision lethal weapon systems
TJ0
S 武器系统*

精确武器
Y 精确制导武器

精确制导
precision guidance
TJ765；V448
D 精密制导

精确制导技术
S 制导*

精确制导弹道导弹
accurately guided ballistic missile
TJ761.3
S 弹道导弹
精确制导导弹
Z 武器

精确制导弹药
precision guided ammunition
TJ41
S 制导弹药
C 精确制导导弹
精确制导武器
精确制导炸弹
Z 弹药
武器

精确制导导弹
accurate guidance missile
TJ76
D 精确打击导弹
精确攻击导弹
S 导弹
F 电视制导导弹
光纤制导导弹
红外制导导弹
激光制导导弹
精确制导弹道导弹
图像制导导弹
寻的制导导弹
有线制导导弹
C 高精度武器
精确制导弹药
Z 武器

精确制导航弹
Y 精确制导炸弹

精确制导航空炸弹
Y 精确制导炸弹

精确制导技术
Y 精确制导

精确制导炮弹
Y 末制导炮弹

精确制导武器
precision guided weapon
E；TJ0
D 精导武器
精确打击武器
精确武器
S 制导武器
C 精确制导弹药
Z 武器

精确制导武器系统
precision guidance weapon systems
E；TJ0
S 精确制导系统
制导武器系统
Z 武器系统
制导系统

精确制导系统
precision guidance systems
TJ765；V448
S 制导系统*
F 精确制导武器系统

精确制导炸弹
precision guided bombs
TJ414
D 精确制导航弹
精确制导航空炸弹
灵巧炸弹
小型灵巧炸弹
S 制导炸弹
C 精确制导弹药
Z 炸弹

精确着陆
accuracy landing
V32
D 定点着陆
S 着陆
Z 操纵

精神失能剂
Y 失能性毒剂

精神性毒剂
Y 神经性毒剂

精微加工
Y 精加工

精细化处理
Y 精加工

精细化加工
Y 精加工

井口发射
Y 地下井发射

井内发射
Y 地下井发射

肼-70
Y 肼类燃料

肼发动机
hydrazine engine
V434
D 联氨发动机
S 单组元推进剂火箭发动机
Z 发动机

肼类燃料
hydrazine fuel
TQ51；V51
D 阿罗肼
混肼
混肼-50
肼-70
S 火箭燃料
C 环境污染
Z 燃料

肼类推进剂
hydrazines propellant
V51
S 液体火箭推进剂
Z 推进剂

景象匹配系统
scene matching systems
TJ765
S 相关制导系统
Z 制导系统

景象匹配制导
Y 景像匹配制导

景像匹配制导
scene matching guidance
TJ765；V448
D 景象匹配制导
数字式景像匹配区域相关制导
S 地形跟踪制导
相关制导
Z 制导

警报
Y 报警

警报系统
Y 报警系统

警报系统装置
Y 报警装置

警报装置
Y 报警装置

警告系统
Y 报警系统

警告装置
Y 报警装置

警戒系统
Y 报警系统

警用弹药
Y 防暴弹

警用榴弹发射器
police grenade launcher
TJ29
S 榴弹发射器
C 警用武器
Z 轻武器

警用枪
Y 警用枪械

警用枪械
police firearms
TJ279
D 警用枪
S 枪械*

警用手枪
police pistol
TJ21
S 手枪
C 警用武器
Z 枪械

警用武器
police weapon
TJ9
D 司法武器
治安武器
S 控暴武器
C 警用榴弹发射器

警用手枪
警用霰弹枪
Z 武器

警用霰弹枪
police shot guns
TJ2
S 霰弹枪
C 警用武器
Z 枪械

警用直升机
police helicopters
V275.13
S 军用直升机
Z 飞机

警用装备
Y 武警装备

径迹密度
track density
TL8
S 密度*

径迹室
Y 径迹探测器

径迹探测器
track detector
TH7；TL8
D 径迹室
径迹探测器(照相)
照相胶片探测器
S 辐射探测器
F 电介质径迹探测器
固体径迹探测器
气体径迹探测器
C 核乳胶
Z 探测器

径迹探测器(电介质)
Y 电介质径迹探测器

径迹探测器(气体)
Y 气体径迹探测器

径迹探测器(照相)
Y 径迹探测器

径流式透平
Y 径流式涡轮

径流式涡轮
radial turbine
V232.93
D 径流式透平
径向透平
径向涡轮
S 涡轮*
F 向心式涡轮
C 径流式水轮机 →(5)

径流式涡轮冷却器
Y 涡轮冷却器

径流式压缩机
Y 压缩机

径向分布
Y 空间分布

径向透平
Y 径流式涡轮

径向涡轮
Y 径流式涡轮

净化系数
Y 去污因子

净化指数
Y 去污因子

净空尺度
clearance dimension
V355
S 尺度*

净空区
clearance zone
V355
S 空中管制区
Z 区域

净蒸汽产生点
point of net vapor generation
O4；TH7；TL3
S 转变温度*
C 过冷沸腾 →(5)

竞赛弹
Y 比赛枪弹

静安定性
Y 静态稳定性

静爆试验
static explosion test
TJ01
D 静态威力试验
静止威力试验
S 威力试验
Z 武器试验

静操纵性
Y 操纵性

静磁引信
Y 磁引信

静导数
static derivative
V211
S 气动导数*

静电发动机
Y 离子发动机

静电感度
electrostatic sensitivity
TJ41；TJ45
S 感度*

静电火箭发动机
Y 离子发动机

静电加速器
electrostatic accelerator
TL5
D 串列式静电加速器
范德格喇夫加速器
S 粒子加速器*
F 倍压加速器

静电式记录仪
Y 记录仪

静电推进
electrostatic propulsion
V43
S 电推进
Z 推进

静电陀螺
Y 静电陀螺仪

静电陀螺仪
electrostatic gyro
V241.5；V441
D 电浮陀螺
电浮陀螺仪
电悬浮陀螺
电悬浮陀螺仪
电真空陀螺
电真空陀螺仪
静电陀螺
静电悬浮陀螺
静电悬浮陀螺仪
静电悬浮自由转子陀螺仪
静悬电浮陀螺仪
S 悬浮陀螺仪
C 静电悬浮 →(1)
Z 陀螺仪

静电位测量系统
Y 测量系统

静电显影记录仪
Y 记录仪

静电悬浮陀螺
Y 静电陀螺仪

静电悬浮陀螺仪
Y 静电陀螺仪

静电悬浮自由转子陀螺仪
Y 静电陀螺仪

静电引信
electrostatic fuze
TJ434
S 电引信
Z 引信

静动力试验
static and dynamic test
TB4；V216.2
S 力学试验*
F 动力试验

静动力性能
Y 力学性能

静风洞
quiet wind tunnel
V211.74
S 风洞*

静片
Y 静叶片

静强度试验
static strength test
TB4；V216

S 强度试验
Z 力学试验

静强度试验台
Y 试验台

静升限
static ceiling
V32
D 理论升限
无地效静升限
无地效悬停升限
悬停升限
有地效静升限
有地效悬停升限
直升机静升限
S 升限
C 爬升
Z 飞行参数
高度

静声引信
Y 声引信

静态测力天平
Y 风洞天平

静态地面试验
Y 地面试验

静态地球敏感器
Y 地平仪

静态点火试验
static firing test
V216.2
D 试车台点火试验
系留点火试验
S 点火试验
Z 发动机试验

静态辐照
stationary irradiation
TL7
S 辐照*

静态红外地平仪
infrared static earth sensor
V241；V441
S 红外地平仪
Z 指示器

静态气动特性
static aerodynamic characteristic
V211
S 空气动力特性
C 气动稳定性
Z 流体力学性能

静态失速
static stall
V212
S 失速*

静态威力试验
Y 静爆试验

静态稳定
Y 静态稳定性

静态稳定性
static stability
TP2；U6；V212
D 静安定性
静态稳定
静稳定
静稳定性
静稳性
S 稳定性*
物理性能*
C 动力稳定性
配重

静态误差模型
static error models
V21
S 模型*

静推力
static thrust
V43
S 推力*

静稳补偿飞行控制
static stabilization compensating flight control
V249.1
S 控制*
随控布局飞行控制
Z 飞行控制

静稳定
Y 静态稳定性

静稳定性
Y 静态稳定性

静稳定裕度
static margin
V212
S 稳定裕度
Z 裕度

静稳性
Y 静态稳定性

静悬电浮陀螺仪
Y 静电陀螺仪

静叶
Y 静叶片

静叶片
stationary vane
TH13；V232.4
D 定叶片
定子叶片
固定导叶
固定叶片
静片
静叶
静子叶片
喷嘴叶片
S 叶片*
F 可调静叶片
空心静叶
弯曲静叶
涡轮静叶
C 导流片
动叶栅
静叶栅

静叶栅
static cascade
TH13；TK0；V232
S 叶栅*
F 空心静叶栅
涡轮静叶栅
C 静叶角度 →(4)
静叶片

静止轨道
stationary orbit
V529
D 同步轨道
S 卫星轨道
C 地球同步轨道
同步卫星
Z 飞行轨道

静止轨道气象卫星
stationary meteorological satellite
V474
D 地球静止轨道气象卫星
地球静止气象卫星
地球同步轨道气象卫星
地球同步气象卫星
静止气象卫星
同步气象卫星
S 气象卫星
Z 航天器
卫星

静止轨道卫星
Y 同步卫星

静止气象卫星
Y 静止轨道气象卫星

静止通信卫星
Y 同步通信卫星

静止威力试验
Y 静爆试验

静止卫星
Y 同步卫星

静子叶片
Y 静叶片

境界线
Y 边界

镜面蒙皮
Y 飞机蒙皮

镜头探测
shot detection
TN97；V249.3
S 探测*

镜子(磁)
Y 磁镜

纠正性维护
Y 修复

久航速度
Y 飞行速度

旧弹壳
Y 枪弹弹壳

救护飞机
ambulance aircraft
V271.3
D 航空营救机
救护机
救援飞机
搜索救援飞机
S 通用飞机
F 海上救护机
C 航空医疗后送
Z 飞机

救护机
Y 救护飞机

救护器材
Y 救生设备

救护用具
Y 救生设备

救护装置
Y 救生设备

救生*
life saving
V244.2
D 救生能力
救生作业
捞救
人命救助
营救
援助救生
转让营救
F 防险救生
海上救生
航空航天救生
应急救生
自救
C 救生设备

救生包
survival kit
V244.2
D 海上救生包
热带救生包
软式救生包
沙漠救生包
硬式救生包
座式救生包
S 个人救生装备
C 救生联络设备
救生伞
救生艇
Z 救援设备

救生背心
Y 救生衣

救生舱
Y 逃生舱

救生船
Y 救生艇

救生磁罗经
Y 磁罗经

救生短上衣
Y 救生衣

救生飞船
Y 飞船

救生服
Y 救生衣

救生火箭
life-saving rocket
V471
S 火箭*
F 逃逸火箭

救生技术
lifesaving technologies
V244.2
S 防救技术*
F 乘员救生技术
弹射救生技术
航空救生技术

救生降落伞
Y 救生伞

救生绞车
life winch
V351.3
S 机场特种车辆
Z 车辆

救生联络设备
rescue liaison equipment
V244.2
D 呼救设备
数字选择呼叫设备
数字选择呼叫系统
搜索营救电子设备
S 救生设备
C 救生包
Z 救援设备

救生能力
Y 救生

救生气垫
lifesaving air cushion
V244.2
S 救生设备
Z 救援设备

救生伞
escape parachutes
V244.2
D 保险伞
救生降落伞
应急降落伞
应急伞
S 人用伞
C 救生包
Z 降落伞

救生伞伞箱
Y 降落伞包

救生设备
survival equipment
V244.2
D 防护救生装备
防救器材
防险救生器材
防险救生设备
救护器材
救护用具
救护装置
救生设施
救生物品
救生装备
救生装置
牵引救生装置
营救设备
S 救援设备*
F 个人救生装备
海上救生设备
航空救生装备
救生联络设备
救生气垫
救生艇
搜救设备
自救设备
C 飞行安全装备
救生
应急生命维持系统

救生设施
Y 救生设备

救生塔
Y 逃生塔

救生艇
lifeboat
V244.2
D 部分封闭救生艇
划桨救生艇
机动救生艇
机动橡皮舟
救生船
开敞式救生艇
快速救生船
快速救生艇
耐火救生艇
抛落式救生艇
全封闭救生艇
橡皮救生艇
自供空气救生艇
S 船舶设备*
救生设备
C 铂电极 →(9)
海上安全 →(12)
救生包
救生衣
Z 救援设备

救生艇罗经
Y 磁罗经

救生物品
Y 救生设备

救生系统
life-saving system
U6；V244.2
S 救援系统
F 防护救生系统
逃逸系统
应急救生系统
Z 生命保障系统

救生信标
rescue beacon

V244.2
D 救援信标
逃生信标
S 导航设备*
F 海空救援信标

救生训练
life saving training
V244.2
S 防救训练
C 飞行训练
Z 训练

救生衣
life jacket
TS94；V244.2；X9
D 救生背心
救生短上衣
救生服
S 防护服
个人救生装备
C 海上安全 →(12)
救生艇
Z 安全防护用品
服装
救援设备

救生装备
Y 救生设备

救生装置
Y 救生设备

救生作业
Y 救生

救援飞机
Y 救护飞机

救援设备*
rescue equipments
TU99
D 救援装置
F 救生设备

救援系统
rescuing system
U6；V351.3
D 救助系统
S 生命保障系统*
F 救生系统
搜救系统
C 打捞救生船 →(12)
海上安全 →(12)
海上搜救
机场设备
预警救援机制 →(13)

救援信标
Y 救生信标

救援直升机
rescue helicopter
V275.1
D 海上救护直升机
海上救援直升机
海上搜索救援直升机
搜索救援直升机
搜索直升机
支援直升机
S 直升机
Z 飞机

救援装置
Y 救援设备

救助系统
Y 救援系统

就地浸出
Y 地浸

狙击步枪
sniping rifle
TJ22
D 大口径狙击步枪
狙击枪
S 步枪
Z 枪械

狙击枪
Y 狙击步枪

居住舱
Y 客舱

局部沸腾
Y 沸腾

局部辐射效应
local radiation effects
Q6；TL7
S 辐射效应*

局部辐照
local irradiation
TB9；TL7
S 辐照*
F 身体局部辐照
C 空间剂量分布
外辐照

局部管理式表面张力贮箱
Y 表面张力贮箱

局部环境谱
local environmental spectrum
V214
S 环境谱
Z 谱

局部模式
local mode
TP3；V421
D 局部模态
S 模式*

局部模态
Y 局部模式

局部损失系数
local loss coefficient
V2
S 损失系数
Z 系数

局部洗消
Y 洗消

局地闪电计数器
Y 计数器

矩形机翼
rectangular wing
V224
D 矩形翼
S 非掠翼
C 后掠翼
Z 机翼

矩形截面风洞
Y 低速风洞

矩形喷管
rectangular nozzles
V232.97
S 喷管*

矩形通道
rectangular duct
TL3
S 通道*
F 矩形微通道
矩形窄缝通道

矩形微通道
rectangular microchannel
TL35
S 矩形通道
微通道
Z 通道

矩形型腔
Y 型腔

矩形叶栅
rectangular cascades
TH13；TK0；V232
S 叶栅*
C 矩形翅片 →(5)

矩形翼
Y 矩形机翼

矩形窄缝
Y 矩形窄缝通道

矩形窄缝通道
rectangular narrow channels
TL3
D 矩形窄缝
矩形窄通道
S 矩形通道
C 强化传热 →(5)
纵向涡发生器 →(5)
Z 通道

矩形窄通道
Y 矩形窄缝通道

举力
Y 升力

举力面
Y 升力面

举力面理论
Y 升力面理论

举力线理论
Y 升力面理论

举致阻力

Y 诱导阻力

举阻比
Y 升阻比

巨手现象
giant hand phenomenon
R；V32
S 现象*
C 倾斜错觉

巨型风洞
Y 全尺寸风洞

巨型客机
Y 旅客机

巨型运输机
Y 运输机

巨型炸弹
blockbuster
TJ414
S 炸弹*

具体应用
Y 应用

距离*
distance
ZT2
F 标距
发现距离
飞行距离
航程
滑跑距离
起飞距离
脱靶距离
翼展
C 尺寸
射程

距离测度
Y 测距

距离测量
Y 测距

距离测试
Y 测距

距离度量
Y 测距

距离对准
range alignment
TN95；V249.3
S 对准*
C 测距定位 →(7)
距离变换 →(8)
距离单元 →(7)
距离跟踪 →(8)

距离跟踪系统
range tracking system
TN95；V556
S 无线电跟踪系统
Z 跟踪系统
无线电系统

距离计数器
Y 计数器

锯齿活性
Y 锯齿振荡

锯齿稳定性
Y 锯齿振荡

锯齿效应
Y 锯齿振荡

锯齿振荡
sawtooth oscillations
TL6；TS8
D 锯齿活性
锯齿稳定性
锯齿效应
S 振荡*
C 仿星器
锯齿翅片 →(1)
托卡马克

聚氨酯推进剂
polyurethane propellant
V51
D PU 推进剂
S 复合推进剂
Z 推进剂

聚爆
Y 内爆

聚变
Y 聚变反应

聚变(核)
Y 聚变反应

聚变靶
Y 核聚变靶

聚变材料
fusion materials
TL2
S 核材料*

聚变产额
fusion yield
O4；TL6
D 产额(聚变)
聚变份额
S 核反应产额
C 聚变反应
热核堆
Z 产额

聚变弹
Y 氢弹

聚变弹头
Y 氢弹头

聚变点火
Y 点火

聚变堆
Y 热核堆

聚变堆材料
fusion reactor materials
TL34；TL64
D 反应堆材料(聚变堆)
聚变反应堆材料
热核堆材料
S 反应堆材料*
C 热核堆

聚变发电反应堆
Y 热核堆

聚变反应
fusion reactions
O4；TL6
D 核聚变
聚变
聚变(核)
聚变反应(放能)
聚变反应(热核)
热核反应
热核聚变
S 核反应*
F μ子-催化聚变
磁约束聚变
氘氚聚变
惯性约束聚变
碰撞聚变
气泡核聚变
受控热核反应
重离子聚变
C 磁镜
核能 →(5)
聚变产额
双峰结构 →(7)

聚变反应(放能)
Y 聚变反应

聚变反应(热核)
Y 聚变反应

聚变反应堆
Y 热核堆

聚变反应堆材料
Y 聚变堆材料

聚变份额
Y 聚变产额

聚变工程
fusion engineering
TL6
D 聚变工程技术
聚变工艺
S 核工程
Z 工程

聚变工程技术
Y 聚变工程

聚变工艺
Y 聚变工程

聚变核能
Y 热核堆

聚变-裂变堆
Y 聚变裂变混合堆

聚变-裂变反应堆
Y 聚变裂变混合堆

聚变裂变混合堆

fusion-fission hybrid reactor
TL46
D 共生堆
聚变-裂变堆
聚变-裂变反应堆
聚变-裂变混合堆
S 混合堆
Z 反应堆

聚变-裂变混合堆
Y 聚变裂变混合堆

聚变能
Y 热核堆

聚变燃料
Y 热核燃料

聚变实验
fusion experiment
TL6
S 实验*
F 惯性约束聚变实验
核聚变实验

聚变实验堆
Y 聚变试验堆

聚变实验增殖堆
fusion experimental breeder
TL64
S 聚变增殖堆
Z 反应堆

聚变试验堆
fusion test reactor
TL64
D 聚变实验堆
S 试验堆
Z 反应堆

聚变武器
Y 氢弹

聚变增殖堆
fusion breeder
TL4
S 热核堆
F 聚变实验增殖堆
Z 反应堆

聚变装置
Y 核聚变装置

聚波雷管
Y 电雷管

聚丁二烯复合推进剂
Y 聚丁二烯推进剂

聚丁二烯推进剂
polybutadiene propellant
V51
D 聚丁二烯复合推进剂
S 复合推进剂
F 端羟基聚丁二烯推进剂
Z 推进剂

聚焦反应战斗部
Y 聚焦战斗部

聚焦型战斗部
Y 聚焦战斗部

聚焦战斗部
focus warhead
TJ76
D 聚焦反应战斗部
聚焦型战斗部
S 常规战斗部
F 破片聚焦战斗部
Z 战斗部

聚醚推进剂
polyether propellant
V51
S 复合推进剂
C 含能增塑剂 →(9)
推进剂粘合剂
Z 推进剂

聚能杆式弹丸
rod type shaped-charge projectile
TJ412
S 弹丸
Z 弹药零部件

聚能破甲效应
shaped-charge armor-breaking effects
TJ41
S 弹药作用*
C 聚能战斗部
药型罩

聚能破甲战斗部
Y 聚能战斗部

聚能切割器
jet cutter
TJ45
S 动力源火工品
Z 火工品

聚能侵彻体
shaped charge penetration bodies
TJ41
S 侵彻体*
C 聚能效应
聚能战斗部

聚能射流
shaped charge jet
TJ41
S 射流*
F 金属射流
C 聚能战斗部
聚能装药 →(9)

聚能武器
Y 定向能武器

聚能效应
mohaupt effect
TJ0
D 门罗效应
S 战斗部效应
C 聚能侵彻体
聚能战斗部
Z 武器效应

聚能战斗部
shaped-charge warhead
TJ41；TJ76
D 聚能破甲战斗部
聚能装药战斗部
空心装药战斗部
破甲战斗部
斜聚能战斗部
锥形战斗部
S 常规战斗部
F 串联聚能战斗部
破片聚能战斗部
C 聚能破甲效应
聚能侵彻体
聚能射流
聚能效应
Z 战斗部

聚能装药战斗部
Y 聚能战斗部

聚束器
beam buncher
TL5
D 聚束系统
S 加速器设备
F 次谐波聚束器
C 聚焦系统 →(1)(4)(7)
Z 设备

聚束系统
Y 聚束器

决策*
decision making
C
D 对策选择
决策过程
F 发射决策
机动决策

决策过程
Y 决策

绝对飞行高度
Y 飞行高度

绝对灵敏度
Y 引信灵敏度

绝对压力
absolute pressure
TH4；U4；V23
S 压力*

绝热材料
Y 保温隔热材料

绝热发动机
Y 发动机

绝热流
adiabatic flow
O3；V211
S 流体流*

绝热流动
adiabatic flow
O3；V211
S 流体流*
C 绝热反应器 →(9)

绝热分解 →(9)

绝热烧蚀材料
Y 烧蚀材料

绝热试验
thermal insulation test
V216
S 热工试验*

绝热温比
adiabatic wall film cooling effectiveness
TH7；TK1；V231.1
D 压缩逆温
S 参数*
C 冷却效率 →(1)
气膜冷却

绝缘孔栏
Y 孔栏

绝缘门极晶体管
Y 绝缘栅极晶体管

绝缘栅极晶体管
insulated gate bipolar transistors
TL5；TN3
D 绝缘门极晶体管
绝缘栅晶体管
S 半导体器件*
C 栅绝缘层 →(7)

绝缘栅晶体管
Y 绝缘栅极晶体管

军备控制*
arms control
E
F 爆炸控制
导弹控制
发射控制
反潜控制
火力控制
火炮控制
C 控制

军车
Y 军用车辆

军刀
sabre
TJ28
D 军用刀具
S 冷兵器*
F 伞刀
战刀

军队装备
Y 军事装备

军航
Y 军用航空

军航空管系统
Y 空管系统

军机
Y 军用飞机

军事仿真*
military simulation
TP3
F 弹道仿真
导弹仿真
空战仿真
C 仿真
军用软件 →(8)

军事飞行
military flight
V323
S 航空飞行
F 战斗飞行
战术飞行
Z 飞行

军事工程保障车辆
Y 装甲工程保障车辆

军事航空
Y 军用航空

军事航空工业
military aviation industry
V19
S 航空工业
Z 航空航天工业

军事航空器
Y 军用航空器

军事航空运输
Y 军事空运

军事航天
military astronautics
V4
S 航天
Z 航空航天

军事航天飞行
Y 军用航天飞行

军事航天活动
military space activities
V52
D 太空军事
太空军事活动
太空军事能力
S 航天活动
Z 活动

军事航天计划
military space program
V11；V4
D 军事空间计划
军用航飞天计划
军用航天研究计划
军用空间计划
军用空间研究计划
S 航天计划*

军事航天技术
military space technology
V1；V4
D 军用航天技术
S 航天技术
F 反卫星技术
Z 航空航天技术

军事航天器
Y 军用航天器

军事航天系统
Y 军事空间系统

军事航天政策
Y 航天政策

军事航天装备
military spaceflight equipment
V444
S 航天设备*
军事装备*

军事空间计划
Y 军事航天计划

军事空间系统
military space system
V4
D 军事航天系统
军用航天工程系统
军用航天系统
S 航天系统*
军事系统*
空间系统*

军事空运
military air transportation
V35
D 航空军事运输
军事航空运输
S 运输*

军事设施洗消
Y 洗消

军事通信卫星
military communication satellite
V474
D 舰队通信卫星
军用通信卫星
战略通信卫星
战术通信卫星
S 军用卫星
通信卫星
Z 航天器
卫星

军事卫星
Y 军用卫星

军事系统*
military systems
E
F 机载侦察系统
军事空间系统
水雷对抗系统
侦察卫星系统
C 武器系统
系统
指挥系统 →(1)(8)(11)(12)

军事侦察卫星
Y 侦察卫星

军事装备*
military equipment
E
D 国防装备

军队装备
F 箔条弹
布雷装备
防化装备
防空装备
干扰飞机
红外诱饵弹
机载电子干扰吊舱
军事航天装备
扫雷具
扫雷装备
无人装备
武警装备
C 军用车辆

军事装备保障
Y 装备保障

军事装备计划
Y 武器计划

军事装备试验
Y 装备试验

军械舱
ordnance compartment
V223
D 飞机军械舱
武器舱
S 设备舱
Z 舱

军械测试
ordnance test
TJ06
S 武器测试
Z 测试

军械维修
ordnance maintenance
[TJ07]
S 维修*
F 火炮维修

军用匕首
military daggers
TJ28
S 匕首
Z 冷兵器

军用标准
military standard
E；G；TJ0
D 军用标准化
S 标准*

军用标准化
Y 军用标准

军用步枪
military rifle
TJ22
S 步枪
C 军用制式轻武器
Z 枪械

军用车辆*
military vehicle
U2；U4
D 军车
军用汽车
F 特种军用车辆
突击车
战车
侦察车
指挥车
装甲车辆
C 军事装备

军用车辆试验场
Y 试验场

军用刺刀
Y 刺刀

军用弹药
military ammunition
TJ41
S 弹药*
C 军用枪弹

军用刀具
Y 军刀

军用电子设备
military electronic equipment
TH；V243
S 电子设备*

军用毒剂
Y 化学战剂

军用发动机
military engine
TK0；V23
S 发动机*
F 军用航空发动机
装甲车辆发动机
自行火炮发动机

军用防弹服
Y 防弹衣

军用防护服
military protective clothing
TJ9；TS94
S 防护服
F 防弹衣
高科技作战服
Z 安全防护用品
服装

军用飞机
military aircraft
V271.4
D 军机
喷气式军用飞机
S 飞机*
F 地形跟踪飞机
电子对抗飞机
反潜机
海军飞机
轰炸机
歼击机
军用教练机
军用运输机
空中加油机
空中指挥机
联络机
母机
潜水飞机
巡逻机
隐身飞机
预警机
战术飞机
侦察机
C 军用航空

军用飞艇
military airships
V274
D 电子侦察飞艇
预警飞艇
S 飞艇
Z 航空器

军用飞行器
military aircraft
V27；V47
S 飞行器*

军用航飞天计划
Y 军事航天计划

军用航空
military aviation
E；V2
D 军航
军事航空
S 航空
C 军用飞机
Z 航空航天

军用航空产品
military aviation products
V23；V27
S 航空产品
Z 航空航天产品

军用航空发动机
military aerial engine
TK0；V23
D 战斗机发动机
战机发动机
S 航空发动机
军用发动机
Z 发动机

军用航空技术
military aeronautic technology
V1
S 航空技术
Z 航空航天技术

军用航空器
military aircraft
V27
D 军事航空器
S 重于空气航空器
Z 航空器

军用航天飞机
military space shuttles
V475.2
S 航天飞机
军用航天器
Z 航天器

军用航天飞行
military space flight

V529
D 军事航天飞行
S 航天飞行
C 可回收航天器
Z 飞行

军用航天工程系统
Y 军事空间系统

军用航天技术
Y 军事航天技术

军用航天器
military spacecraft
V47
D 军事航天器
军用空间飞行器
S 航天器*
F 航天母舰
截击航天器
军用航天飞机
军用卫星
侦察航天器

军用航天系统
Y 军事空间系统

军用航天研究计划
Y 军事航天计划

军用航天政策
Y 航天政策

军用核材料
military nuclear materials
TL2
S 核材料*

军用机场
military airfield
V351
S 机场
F 空军机场
野战机场
Z 场所

军用教练机
military training aircraft
V271.4；V271.6
S 教练机
军用飞机
F 歼击教练机
Z 飞机

军用空间飞行器
Y 军用航天器

军用空间计划
Y 军事航天计划

军用空间研究计划
Y 军事航天计划

军用空间政策
Y 航天政策

军用履带车辆
Y 履带车辆

军用汽车
Y 军用车辆

军用枪弹
military bullets
TJ411
S 枪弹*
C 军用弹药

军用枪械
military firearms
TJ2
S 枪械*

军用手枪
military pistols
TJ21
S 手枪
C 军用制式轻武器
Z 枪械

军用通信卫星
Y 军事通信卫星

军用卫星
military satellite
V474
D 成象间谍卫星
核爆炸探测卫星
军事卫星
军用卫星系统
S 军用航天器
人造卫星
F 反卫星卫星
轰炸卫星
军事通信卫星
军用小卫星
战术卫星
侦察卫星
C 返回式卫星
机动卫星
Z 航天器
卫星

军用卫星系统
Y 军用卫星

军用涡扇发动机
military turbofan engine
V235.13
S 涡扇发动机
F 弹用涡扇发动机
Z 发动机

军用无人机
military unmanned aerial vehicles
V271.4；V279
D 军用无人驾驶飞机
无人轰炸机
武装无人机
S 无人机
F 电子对抗无人机
舰载无人机
炮射无人机
无人侦察机
无人作战飞机
隐身无人机
战术无人机
Z 飞机

军用无人驾驶飞机
Y 军用无人机

军用无人驾驶直升机
military unmanned helicopters
V275.13
S 无人直升机
Z 飞机

军用霰弹枪
military shot guns
TJ279
D 战斗霰弹枪
S 霰弹枪
Z 枪械

军用小卫星
military small satellite
V474
S 军用卫星
小卫星
Z 航天器
卫星

军用运输机
military transport aircraft
V271.493
D 大型军用运输机
战略运输机
战术运输机
S 军用飞机
运输机
F 隐身运输机
Z 飞机

军用侦察卫星
Y 侦察卫星

军用直升飞机
Y 军用直升机

军用直升机
military helicopter
V275.13
D 海军直升机
军用直升飞机
陆军直升机
炮兵校射直升机
炮兵校正直升机
炮校直升机
全天候直升机
校射直升机
侦察校射直升机
S 直升机
F 电子战直升机
舰载直升机
警用直升机
无人直升机
武装直升机
隐身直升机
预警直升机
侦察直升机
指挥直升机
Z 飞机

军用制式轻武器
military service small weapons
E；TJ2
S 轻武器*
制式武器
C 军用步枪
军用手枪

Z 武器

均熵流
homoentropic flow
O3；V211
D 匀熵流
S 流体流*

均相沸腾
Y 沸腾

均匀表面
Y 表面

均匀程度
Y 均匀性

均匀度
Y 均匀性

均匀堆
homogeneous reactors
TL4
S 反应堆*
F 固体均匀堆
弥散燃料堆
气体燃料堆
液态均匀堆

均匀化方法
homogenization method
TL
S 方法*
C 等效弹性系数 →(1)
密度均匀性 →(1)

均匀性*
homogenization
ZT4
D 分布不均匀度
分布均匀度
分布均匀性
高均匀度
均匀程度
均匀度
均质性
匀度
匀质性
F 辐照均匀性
C 不均匀沉降 →(11)
不均匀电场 →(5)
粉末
性能

均质发射药
Y 均质推进剂

均质推进剂
homogeneous propellant
V51
D 单基推进剂
均质发射药
S 固体推进剂
Z 推进剂

均质性
Y 均匀性

均质装甲
homogeneous armor
TJ811
D 同质装甲
S 装甲*

卡宾枪
carbine
TJ22
D 步骑枪
马枪
骑枪
S 步枪
Z 枪械

卡尔保克斯过程
Y 核燃料后处理

卡马克系统
Y 计算机自动测控系统

卡头
chuck
TH6；TS94；V244
S 安全防护用品*
安全装置*
C 飞行员座椅
航天器座椅

开闭环控制*
open-plus-closed-loop control
TP1
F 离散滑模变结构控制
振动反馈控制
C 系统控制 →(3)(4)(5)(8)(11)(13)

开舱
opening modules
V52
D 封舱
S 航天活动
C 舱门
Z 活动

开槽壁
Y 开缝壁

开槽壁风洞
Y 开缝壁风洞

开敞式救生艇
Y 救生艇

开端等离子体装置
Y 开式等离子体装置

开堆
Y 反应堆启动

开尔文-亥姆霍兹不稳定性
Y 亥姆霍兹不稳定性

开发*
development
ZT
D 成功开发
待开发
弹性开发
航道开发
核武器开发
开发程度
开发方法
开发方式
开发过程
燃料开发
衰竭式开发
武器开发
系列化开发
F 航天开发
C 航道管理 →(12)
河道整治 →(11)(12)(13)

开发程度
Y 开发

开发方法
Y 开发

开发方式
Y 开发

开发过程
Y 开发

开缝壁
slotted wall
V211.7
D 开槽壁
S 壁*

开缝壁风洞
slotted wall wind tunnels
V211.74
D 开槽壁风洞
开口壁风洞
S 风洞*
C 三音速风洞

开缝副翼
slotted ailerons
V224；V225
S 副翼
F 开缝阻流片副翼
涡襟翼
C 开缝翅片 →(1)
开缝襟翼
Z 操纵面

开缝降落伞
Y 开缝伞

开缝襟翼
slotted flap
V224
D 单缝襟翼
S 后缘襟翼
C 开缝翅片 →(1)
开缝副翼
开裂式襟翼
前缘襟翼
Z 操纵面

开缝扰流片副翼
Y 开缝阻流片副翼

开缝伞
slotted parachute
V244.2
D 开缝降落伞
S 降落伞*
F 盘缝带伞
C 缝隙 →(1)(2)(3)(4)(10)(11)(12)

开缝阻流片副翼
spoiler slot aileron
V224；V225
D 开缝扰流片副翼
S 开缝副翼
Z 操纵面

开环光纤陀螺
open loop fiber optic gyroscopes
V241.5
S 光纤陀螺
Z 陀螺仪

开环遥测系统
Y 遥测系统

开环遥控系统
Y 遥控系统

开孔壁风洞
Y 跨音速风洞

开口壁风洞
Y 开缝壁风洞

开口式风洞
Y 低速风洞

开矿
Y 采矿

开裂襟翼
Y 开裂式襟翼

开裂式襟翼
split flap
V224
D 分裂式襟翼
开裂襟翼
S 后缘襟翼
C 富勒襟翼
开缝襟翼
Z 操纵面

开启循环
Y 开式循环

开伞
Y 开伞装置

开伞动载
opening shock
V215
D 开伞力
S 气动载荷
Z 载荷

开伞高度
parachute deployment height
V244.2
D 开伞损失高度
临界开伞高度
S 高度*

开伞过程
Y 开伞装置

开伞力
Y 开伞动载

开伞器
Y 开伞装置

开伞损失高度
Y 开伞高度

开伞装置
parachute opening
V244.2
D 多级开伞
高度时间开伞器
高度时间释放机构
过载值开伞器
开伞
开伞过程
开伞器
立即开伞
零秒挂钩
零秒开伞器
射伞
绳拉开伞
手拉开伞
双保险开伞器
速度开伞器
延迟开伞
自动开伞
自动开伞器
S 降落伞附件
C 定时机构(降落伞)
降落伞包
脱伞器
Z 附件

开式等离子体装置
open plasma devices
TL6
D 开端等离子体装置
S 热核装置*
F 磁镜
等离子体装置
直线箍缩装置

开式加注
Y 加注

开式循环
open circulation
TB6；TK5；V231
D 开启循环
开循环
冷却剂分流循环
S 循环*
F 燃气发生器循环

开式循环冷却系统
open circulation cooling system
TL3
S 循环系统*
制冷系统*
C 反应堆冷却剂系统

开式整体叶盘
open blisk
V232
S 整体叶盘
Z 盘

开闩机构
Y 闭锁装置

开双伞跳伞
Y 跳伞

开锁机构
Y 闭锁装置

开膛炮
Y 火炮

开循环
Y 开式循环

锎-252
californium-252
O6；TL92
S α 衰变放射性同位素
锎同位素
Z 同位素

锎同位素
californium isotopes
O6；TL92
S 同位素*
F 锎-252

锎源
californium source
TL1
S 自然资源*

铠装式柔爆索
Y 导爆索

坎杜堆
Y 坎杜型堆

坎杜型堆
candu type reactors
TL4
D CANDU 堆
CANDU 反应堆
CANDU 型堆
坎杜堆
S 压力管式堆
重水慢化堆
F 核动力示范堆
钍基先进重水堆
Z 反应堆

看谱仪
Y 谱仪

康达效应
coanda effect
V211
D 附壁效应
柯安达效应
S 气动效应*
C 环量控制翼型

康普顿二极管探测器
Y 辐射探测器

康普顿探测器
Y 辐射探测器

糠粞分离器
Y 分离设备

抗摆控制
anti-swing control
V249.122.2
S 摆动控制
Z 飞行控制

抗冰冻设计
Y 抗冰设计

抗冰设计
deicing design
TU7；V221
D 防冰设计
防冻害设计
防冻设计
抗冰冻设计
抗冻设计
S 性能设计*
C 水利工程设计 →(11)

抗侧风控制
Y 抗偏流控制

抗弹能力
Y 防弹性能

抗弹性能
Y 防弹性能

抗登陆地雷
antilanding land mine
TJ512
S 地雷*

抗电磁干扰
Y 电磁干扰

抗电性能
Y 电性能

抗冻设计
Y 抗冰设计

抗辐射
Y 辐射防护

抗辐射材料
Y 防辐射材料

抗辐射剂
Y 辐射防护剂

抗辐射加固
radiation hardening
TJ91
D 辐射加固
辐照加固
核加固
抗核加固
S 加固*

抗辐射性
Y 辐射防护

抗辐射性能
Y 防辐射性

抗寒服
Y 防寒服

抗寒试验
Y 低温试验

抗核加固
Y 抗辐射加固

抗荷服
anti-G-suit
V244；V445
D 侧管式抗荷服
充液式抗荷服
过载服(训练)
S 飞行服*
F 囊式抗荷服
C 加速度防护
抗荷训练

抗荷训练
anti-G training
V32
S 飞行训练
F 离心机训练
C 高加速度训练
抗荷服
Z 航空航天训练

抗毁性能
Y 摧毁能力

抗挤性能
Y 工艺性能

抗螺旋伞
Y 反尾旋伞

抗扭缓冲装置
Y 缓冲装置

抗疲劳
Y 疲劳

抗偏流控制
decrab control
V249
D 抗侧风控制
S 偏航控制
C 自动飞行控制系统
Z 载运工具控制

抗侵彻能力
Y 防弹性能

抗扰动
Y 扰动

抗摔性
Y 耐坠毁性

抗振动
Y 振动

抗坠毁
Y 耐坠毁性

抗坠毁能力
Y 耐坠毁性

抗坠毁设计
crashworthiness design
V221；V423
S 性能设计*

抗坠毁座椅
Y 耐坠毁座椅

考克饶夫-瓦尔顿加速器
Y 倍压加速器

考验回路
Y 堆内回路

柯安达效应
Y 康达效应

科里奥利错觉
Coriolis illusion
R；V32
S 飞行错觉*
C 躯体旋动错觉

科学*
science
G
F 放射化学
飞行器结构力学
航空气候学
航空气象学
航天工效学
航天力学
航天气象学
空间科学
气体动力学
C 地质 →(1)(2)(11)
航空航天学

科学实验卫星
Y 科学试验卫星

科学实验小卫星
scientific experiments small satellite
V474
S 科学试验卫星
小卫星
Z 航天器
卫星

科学试验卫星
scientific experiment satellite
V474
D 科学实验卫星
S 试验卫星
F 技术试验卫星
科学实验小卫星
Z 航天器
卫星

科学探测
scientific exploration
V476
S 探测*

科学探测卫星
Y 科学卫星

科学卫星
scientific satellite
V474
D 科学探测卫星
科研卫星
生命科学卫星
小科学卫星
S 人造卫星
F 地球物理卫星
环境研究卫星
空间探测卫星
生物卫星
天文卫星
Z 航天器
卫星

科研试飞

Y 研究性飞行试验

科研卫星
Y 科学卫星

颗粒*
grain
ZT2
D 颗粒态
颗粒团
颗粒物
小颗粒
F 包覆颗粒
燃料颗粒
塑料微球
C 沉降 →(2)(3)(4)(9)(11)(12)(13)
分散 →(1)(8)(9)(10)(11)
分散体
粉尘
粉末
颗粒特性 →(1)(9)
颗粒形貌 →(1)
矿粒 →(2)
粒度 →(1)(2)(3)(5)(7)(8)(9)(10)
粒度分布 →(1)
气溶胶 →(9)(13)
筛 →(2)(3)(9)(10)(13)
陶粒 →(4)(9)(11)
微粒运移 →(2)
吸附
旋流场 →(9)

颗粒态
Y 颗粒

颗粒团
Y 颗粒

颗粒物
Y 颗粒

壳
Y 壳体

壳程结构
Y 壳体

壳核结构
Y 核壳结构

壳体*
enclosure
TH13
D 包套
壳
壳程结构
外壳
外壳体
F 发动机壳体
火箭壳体
加筋壳
球形壳体
下壳体
纤维缠绕壳体
C 高效换热器 →(5)(9)
结构体
壳程强化传热 →(5)
壳程清洗 →(9)
纵流壳程换热器 →(5)

壳体粘接推进剂
Y 固体推进剂

壳体粘接药柱
case bonded propellant grain
V51
D 壳体粘接装药
壳体粘结式药柱
壳体粘结药柱
贴壁浇铸药柱
S 推进剂药柱
Z 药柱

壳体粘接装药
Y 壳体粘接药柱

壳体粘结式药柱
Y 壳体粘接药柱

壳体粘结推进剂
Y 固体推进剂

壳体粘结药柱
Y 壳体粘接药柱

壳-芯结构
shell-core structure
TG1；TL3；TQ58
D 堆芯结构
机芯结构
芯-壳结构
S 结构*

可摆动喷管
Y 可动喷管

可搬运式地面站
Y 移动式卫星地面站

可搬运式地球站
Y 移动式卫星地面站

可搬运式卫星通信地面站
Y 移动式卫星地面站

可搬运式卫星通信地球站
Y 移动式卫星地面站

可编程序遥测系统
Y 遥测系统

可编程遥测系统
Y 遥测系统

可变波束引信天线
Y 引信天线

可变荷载
Y 动载荷

可变荷载(活荷载)
Y 动载荷

可变几何发动机
Y 变循环喷气发动机

可变截面喷管
Y 可调截面喷管

可变进气系统
variable inlet system
TK4；V228.7
S 进气系统

Z 发动机系统

可变螺距螺旋桨
Y 可调螺距螺旋桨

可变螺距螺旋浆
Y 可调螺距螺旋桨

可变时延
variable time delay
TJ43；TP1
D 可调延时
S 时滞*

可变弯尾飞行器
variable-bend-tail vehicle
V27
S 飞行器*

可变稳定性飞行控制
Y 变稳定性飞行控制

可变形战斗部
shape-variable warheads
TJ41
S 常规战斗部
Z 战斗部

可变形状进气道
Y 进气道

可变循环发动机
Y 变循环喷气发动机

可变翼飞机
Y 变后掠翼飞机

可操纵气球
Y 飞艇

可操纵性
controllability
V212
S 操纵性*

可测试性设计
Y 可测性设计

可测性设计
design for testability
V221
D 测试性设计
可测试性设计
S 性能设计*

可程控测量仪器
Y 测量仪器

可储存火箭推进剂
storable rocket propellant
V51
D 地面可储存推进剂
可储存推进剂
可储推进剂
可贮存推进剂
S 液体火箭推进剂
C 推进剂储存
推进剂可储存性
Z 推进剂

可储存推进剂
Y 可储存火箭推进剂

可储推进剂
Y 可储存火箭推进剂

可穿透性
Y 易损性

可调安定面
Y 水平安定面

可调浆推进
Y 可调螺距螺旋桨

可调桨
Y 可调螺距螺旋桨

可调节叶片
adjustable blade
TH13；V232.4
D 可调叶片
S 叶片*
F 调节级叶片
可调静叶片

可调截面喷管
variable-area nozzle
V431
D 可变截面喷管
S 可调喷管
C 加速性能 →(12)
Z 喷管

可调进气道
Y 进气道

可调静叶
Y 可调静叶片

可调静叶片
variable stator blade
TH13；V232.4
D 可调静叶
可转静叶
S 静叶片
可调节叶片
Z 叶片

可调距螺旋桨
Y 可调螺距螺旋桨

可调螺距桨
Y 可调螺距螺旋桨

可调螺距螺桨
Y 可调螺距螺旋桨

可调螺距螺旋浆
Y 可调螺距螺旋桨

可调螺距螺旋桨
controllable pitch propeller
V232
D 变矩螺旋桨
变距桨
变距螺桨
变距螺旋桨
变螺距螺旋桨
调距桨
调距螺旋桨
定距螺桨
可变螺距螺旋浆
可变螺距螺旋桨
可调桨推进
可调桨
可调距螺旋桨
可调螺距桨
可调螺距螺桨
可调螺距螺旋浆
可控螺距螺旋桨
S 螺旋桨*
C 涡轮风扇

可调喷管
adjustable nozzle
V232.97
D 可调尾喷管
可调尾喷口
S 排气喷管
F 可调截面喷管
C 变循环喷气发动机
Z 喷管

可调喷咀涡轮冷却器
Y 涡轮冷却器

可调式悬挂系统
Y 悬挂装置

可调试
Y 调试

可调推力发动机
Y 变推力火箭发动机

可调推力火箭发动机
Y 变推力火箭发动机

可调尾喷管
Y 可调喷管

可调尾喷口
Y 可调喷管

可调延期机构
Y 引信延期机构

可调延期引信
Y 延期引信

可调延时
Y 可变时延

可调叶片
Y 可调节叶片

可动喷管
movable nozzle
V431
D 摆动喷管
活动喷管
可摆动喷管
可活动喷管
S 火箭发动机喷管
F 柔性喷管
延伸喷管
Z 发动机零部件
喷管

可锻性试验
Y 锤击试验

可多次使用防热层
Y 热屏蔽

可多次使用航天器
Y 可重复使用航天器

可多次使用运载火箭
Y 重复使用运载火箭

可多次使用载人航天器
Y 可重复使用航天器

可焚烧性能
Y 焚烧

可复位
Y 复位

可复用运载器
Y 可重复使用运载器

可回收飞船
Y 可回收航天器

可回收飞行器
Y 可回收航天器

可回收废物
Y 废弃物

可回收航天器
recoverable spacecraft
V47
D 乘员返回飞行器
多次使用航天器
返回式航天器
可回收飞船
可回收飞行器
S 航天器*
F 返回器
返回式卫星
可重复使用航天器
C 航天器回收
军用航天飞行
再入飞行器

可回收卫星
Y 返回式卫星

可回收运载火箭
recoverable launch vehicle
V475.1
S 运载火箭
C 航天器回收
回收伞
重复使用运载火箭
Z 火箭

可回收助推火箭发动机
recoverable booster engines
V439
S 助推火箭发动机
C 航天器回收
Z 发动机

可活动喷管
Y 可动喷管

可机动航天器
Y 机动航天器

可见光探测
visible-light detection
V249.3

S 光学探测
Z 探测

可见光特征控制技术
Y 可见光隐身技术

可见光引信
Y 光引信

可见光隐身
Y 可见光隐身技术

可见光隐身技术
visual stealth technology
V218
D 可见光特征控制技术
可见光隐身
可见光隐形技术
S 光电隐身
Z 隐身技术

可见光隐形技术
Y 可见光隐身技术

可见性
Y 能见度

可靠度
Y 可靠性

可靠稳定性
Y 稳定性

可靠性*
reliability
TH7；TP3；TU3；TV3；V23
D 并联可靠性
可靠度
F 操作可靠性
储存可靠性
发动机可靠性
反应堆可靠性
飞行器可靠性
刚度可靠性
核武器可靠性
可信赖性
模糊可靠性
目标可靠度
枪械可靠性
强度可靠性
使用可靠性
寿命可靠性
水雷可靠性
外场可靠性
引信可靠性
鱼雷工作可靠度
振动可靠性
C 安全性
安全裕度 →(13)
可靠性安全系数 →(13)
冗余性 →(1)(8)
维修

可靠性参数
reliability parameter
V328.5；V445
S 参数*

可靠性测定试验
Y 可靠性试验

可靠性测试
Y 可靠性试验

可靠性鉴定试验
reliability qualification test
V216；V328.5
S 可靠性试验
试验*
Z 性能试验

可靠性实验
Y 可靠性试验

可靠性试验
reliability test
V21
D 可靠性测定试验
可靠性测试
可靠性实验
可靠性验收
可靠性验证
可靠性增长测试
S 性能试验*
F 发动机可靠性试验
可靠性鉴定试验
可靠性验收试验
可靠性增长试验
C 可靠性数据 →(8)

可靠性系统工程
reliability system engineering
V328.5；V445
S 工程*

可靠性验收
Y 可靠性试验

可靠性验收试验
reliability acceptance test
TB4；TJ01
S 可靠性试验
验收试验
Z 性能试验

可靠性验证
Y 可靠性试验

可靠性预测
reliability forecast
V37
S 预测*
C 可靠性设计 →(1)

可靠性增长测试
Y 可靠性试验

可靠性增长分析
reliability growth analysis
V328.5；V445
S 安全分析*

可靠性增长试验
reliability growth test
V216
S 可靠性试验
C AMSAA 模型 →(1)
Z 性能试验

可控飞行
Y 遥控飞行

可控飞行撞地事故
Y 着陆事故

可控核聚变
Y 受控热核反应

可控机构
Y 控制机构

可控扩散叶型
controlled diffusion airfoil
V221
S 叶型
Z 翼型

可控螺距螺旋桨
Y 可调螺距螺旋桨

可控品态飞机
Y 随控布局飞机

可控热核聚变
Y 受控热核反应

可控水雷
Y 控发水雷

可控水雷引信
Y 水雷引信

可控推力火箭发动机
Y 变推力火箭发动机

可裂变材料
Y 裂变材料

可裂变核素
Y 裂片核素

可能域
optical domain
TJ4
Y 飞行操纵系统

可逆助力飞行操纵系统
Y 飞行操纵系统

可逆助力机械操纵
Y 飞行操纵系统

可努森数
Y 克努森数

可抛弃机轮
Y 飞机机轮

可膨胀
Y 膨胀

可膨胀飞行器
Y 飞行器

可燃弹壳弹药
Y 无壳弹药

可燃弹壳枪弹
Y 无壳弹药

可燃毒物
burnable poison
R；TL2；X3
D 可燃毒物棒
可燃毒物组件
可燃性毒物

S 核毒物
危险物质*
物质*
Z 反应堆材料

可燃毒物棒
Y 可燃毒物

可燃毒物组件
Y 可燃毒物

可燃含铀废物
combustible uranium waste
TL94；X7
S 废弃物*

可燃剂
combustible agent
TJ45；TQ56
S 烟火剂*

可燃性毒物
Y 可燃毒物

可燃药筒
combustible cartridge cases
TJ412
S 非金属药筒
F 半可燃药筒
Z 弹药零部件

可溶毒物
soluble poison
Q；TL4
S 核毒物
C 紧急停堆
Z 反应堆材料

可撒布地雷
scatterable mine
TJ512
D 撒布地雷
S 地雷*
F 空投地雷
C 航空布雷
抛撒半径
抛撒布雷
抛撒布雷车

可撒布水雷
Y 空投水雷

可生产性
producibility
TJ4；TP

可视化*
visualization
TP3
D 可视化方法
可视化技术
F 流场可视化
C 分层显示 →(7)
计算机图形学 →(8)
可视化建模 →(8)
可视化界面 →(8)
可视化组件 →(8)
面绘制 →(8)
体绘制 →(8)
图形操作 →(7)

可视化方法
Y 可视化

可视化仿真
visual simulation
TP3；V216
D 仿真可视化
S 仿真*

可视化技术
Y 可视化

可视控制
Y 视觉控制

可探测性
detectability
TB4；V249
D 探测能力
S 测试性*

可投放油箱
jettisonable fuel tank
V233
D 飞机副油箱
飞机可投放油箱
副油箱
可投油箱
S 飞机油箱
C 飞机挂架
可投弃设备
悬挂装置
Z 油箱

可投弃设备
jettisonable equipment
V245
S 航空设备
C 可投放油箱
Z 设备

可投弃座舱
jettisonable cockpit
V223
S 座舱
C 弹射座椅
Z 舱

可投油箱
Y 可投放油箱

可吸附
Y 吸附

可卸装甲
Y 附加装甲

可信赖性
dependability
TJ0
D 可信性
S 可靠性*
网络性能*
战术技术性能*

可信性
Y 可信赖性

可修工程系统
Y 维修工程

可压流边界层
Y 可压缩边界层

可压流附面层
Y 可压缩边界层

可压缩边界层
compressible boundary layer
V211
D 可压流边界层
可压流附面层
可压缩附面层
可压缩流体边界层
可压缩流体附面层
S 边界层
Z 流体层

可压缩附面层
Y 可压缩边界层

可压缩空气动力学
Compressible aerodynamics
V211
D 可压缩流体空气动力学
S 空气动力学
Z 动力学
科学

可压缩流体边界层
Y 可压缩边界层

可压缩流体附面层
Y 可压缩边界层

可压缩流体空气动力学
Y 可压缩空气动力学

可延伸出口锥喷管
Y 延伸喷管

可延伸喷管
Y 延伸喷管

可移动堆
mobile reactor
TL4
D 可移动反应堆
S 反应堆*
F 空间动力堆
C 热离子堆

可移动反应堆
Y 可移动堆

可运营
Y 运营

可再利用废物
Y 废弃物

可展桁架天线
deployable truss antenna
V443
S 星载天线
F 环形桁架可展天线
周边式桁架可展开天线
Z 天线

可折叠机翼
Y 折叠翼

可折叠机翼飞机

folding wing aircraft
V271.492
S 舰载飞机
Z 飞机

可折叠翼
Y 折叠翼

可重复使用防热层
Y 热屏蔽

可重复使用飞行器
Y 可重复使用航天器

可重复使用航天器
reusable spacecraft
V47
D 多次用飞船
多次用航天器
可多次使用航天器
可多次使用载人航天器
可重复使用飞行器
可重复使用载人航天器
重复使用飞行器
重复使用航天器
重复使用载人航天器
S 可回收航天器
C 航天飞机轨道器
Z 航天器

可重复使用火箭发动机
reusable rocket engine
V439
D 多次使用火箭发动机
重复使用火箭发动机
S 火箭发动机
C 多次点火
Z 发动机

可重复使用运载火箭
Y 重复使用运载火箭

可重复使用运载器
reusable vehicles
V475.9
D 部分重复使用运载器
可复用运载器
S 航天运载器
Z 运载器

可重复使用载人航天器
Y 可重复使用航天器

可重复使用助推器
Y 助推火箭发动机

可重构飞控系统
reconfigurable flight control system
V249
D 可重构飞行控制系统
S 飞行控制系统
Z 飞行系统

可重构飞行控制系统
Y 可重构飞控系统

可贮存推进剂
Y 可储存火箭推进剂

可贮存推进剂火箭发动机
Y 液体火箭发动机

可转动叶
Y 转轮叶片

可转挂架
Y 飞机挂架

可转换材料
Y 增殖材料

可转换核素
Y 裂片核素

可转静叶
Y 可调静叶片

克鲁格襟翼
Y 前缘襟翼

克吕格尔襟翼
Y 前缘襟翼

克努森流
Y 自由分子流

克努森数
Knudsen number
O3；V211
D 可努森数
努森数
S 无量纲数*

刻度工艺
Y 工艺方法

刻度因数
Y 标度因数

刻划精度
Y 精度

客舱
passenger cabin
U6；V223
D 飞机客舱
居住舱
生活舱
生活舱室
生活用舱
增压客舱
S 舱*

客车产品
Y 车辆

客机
Y 旅客机

客机设计
passenger plane design
V221
S 民机设计
Z 飞行器设计

客票营销
Y 客运营销

客梯车
Y 旅客登机车

客运飞机
Y 旅客机

客运市场营销
Y 客运营销

客运营销
passenger transportation marketing
[V2-9]；U2；U4
D 客票营销
客运市场营销
C 旅客运输 →(12)

氪85
Y 氪-85

氪-85
krypton 85
O6；TL92
D 氪85
S 负β衰变放射性同位素
氪同位素
年寿命放射性同位素
同质异能跃迁同位素
Z 同位素

氪同位素
krypton isotopes
O6；TL92
S 同位素*
F 氪-85

坑*
pits
TU4；TU7
F 弹坑
C 开挖深度 →(11)

空靶
Y 靶机

空包弹(枪榴弹)
Y 教练枪榴弹

空包弹药
Y 教练弹药

空爆引信
Y 空炸引信

空地导弹
air-to-surface missile
TJ76；V27
D 对地攻击导弹
对陆攻击导弹
空对岸导弹
空对地导弹
空对面导弹
空面导弹
S 导弹
机载武器
F 防区外导弹
空地战术导弹
联合防区外空对地导弹
远程空地导弹
中程空对地导弹
C 空地武器
空中发射
Z 武器

空地导弹引信
Y 导弹引信

空地火箭

Y 空空导弹

空地火箭弹
air to ground rocket projectile
TJ415
D 轰击火箭弹
S 航空火箭弹
C 空地武器
Z 武器

空地武器
air-to-surface weapon
E；TJ0；V27
D 对地攻击武器
机载外挂武器
空-地武器
空对地武器
S 机载武器
C 空地导弹
空地火箭弹
Z 武器

空-地武器
Y 空地武器

空地巡航导弹
Y 空射巡航导弹

空地战术导弹
air-to-surface tactical missiles
TJ76；V27
D 空对地战术导弹
S 空地导弹
Z 武器

空调车
air-conditioned vehicle
U4；V351.3
D 地面空调车(机场)
S 车辆*

空调系统*
air-conditioning system
TU8
D 空调系统形式
空气调节系统
气调系统
F 空气循环制冷系统
C 采暖系统 →(11)
调节系统
空调 →(1)(2)(5)(8)(10)(11)(12)
空调风机 →(4)
空调设备 →(4)(11)
空气系统 →(2)(11)
排烟系统 →(11)(13)
温度调节系统 →(8)
温湿度控制系统 →(8)

空调系统形式
Y 空调系统

空对岸导弹
Y 空地导弹

空对地导弹
Y 空地导弹

空对地导弹引信
Y 导弹引信

空对地火力控制
air-to-ground fire control
V24
S 航空火力控制
Z 军备控制

空对地武器
Y 空地武器

空对地战术导弹
Y 空地战术导弹

空对舰导弹
Y 空舰导弹

空对空导弹
Y 空空导弹

空对空导弹发射
Y 空空导弹发射

空对空导弹武器系统
Y 空空导弹武器系统

空对空导弹引信
Y 导弹引信

空对空火力控制
air-to-air fire control
E；V24
S 航空火力控制
Z 军备控制

空对空间导弹
Y 空间导弹

空对空武器
Y 机载武器

空对面导弹
Y 空地导弹

空对潜导弹
Y 空潜导弹

空对水下导弹
Y 空潜导弹

空管
Y 空中交通管制

空管安全
air control safety
V328；V357
D 管制安全
空中交通安全
S 航空安全
Z 航空航天安全

空管工作
Y 空中交通管制

空管雷达
Y 航空管制雷达

空管设备
air control equipment
V355
D 飞行管制设备
航管设备
航空管制设备
空中交通管制设备
S 设备*

空管系统
air traffic control system
V355
D 飞行管制系统
航管系统
航空管制系统
军航空管系统
空中飞行管理系统
空中飞行控制系统
S 航空系统*
空中交通系统
F 空管自动化系统
空中交通管制系统
C 空管中心
空中交通流量管理
着陆控制
Z 交通运输系统

空管员
Y 航空管制员

空管中心
air control center
V352；V355
D 飞行管制中心
航管室
航管中心
航空管制中心
航空总调度室
航行总调度室
空中管制中心
空中交通管制中心
S 中心（机构）*
F 区域管制中心
C 空管系统

空管自动化系统
air control automation system
V355
D 飞行管制自动化系统
自动化飞行管制系统
S 空管系统
自动化系统*
自动控制系统*
Z 航空系统
交通运输系统

空滑
Y 滑翔

空化*
cavitation
O3；TH13；TV1
D 空化机理
空化技术
空化特性
气穴
气穴现象
F 超空化
C 掺气 →(11)
空化系数 →(5)(12)
气蚀 →(3)

空化机理
Y 空化

空化技术
Y 空化

空化螺旋桨
Y 空泡螺旋桨

空化试验
cavitation test
V211.7
D 汽蚀试验
S 试验*

空化数
cavitation number
TK7；U6；V211
D 空泡数
C 空化系数 →(5)(12)

空化特性
Y 空化

空基发射
Y 空中发射

空间*
space
O1；O4；TU2
D 存在空间
空间类型
F 环形空间
临近空间
太空
C 地外环境
建筑空间 →(11)
空间尺度 →(11)

空间材料
Y 航天材料

空间材料科学
space materials science
V419
S 空间科学
C 材料科学 →(1)(3)(10)
Z 科学

空间残骸
debris
V244；V445
S 残骸*

空间舱
Y 航天器舱

空间操作
spatial operators
V4
S 操作*

空间策略
Y 空域规划

空间产品
Y 航天产品

空间产业
Y 航天工业

空间充气结构
space inflatable structures
O3；V214
S 航天结构
F 空间充气展开结构
Z 工程结构

空间充气展开结构
space inflatable deployable structures
O3；V214
S 空间充气结构
空间可展结构
Z 工程结构

空间导弹
space missile
TJ76
D 航空反星导弹
机载反星导弹
空对空间导弹
空间对空导弹
空间对空间导弹
空天导弹
S 反卫星导弹
C 航天武器
Z 武器

空间地质学
space geology
V419
D 火星地质
金星地质
水星地质
卫星地质
S 空间科学
Z 科学

空间点火试验
Y 空中点火试验

空间电源堆
Y 空间动力堆

空间电源系统
Y 航天器电源系统

空间电子学
Y 航天电子学

空间定位错觉
space orientational illusion
R；V32
S 飞行错觉*

空间定向
Y 姿态

空间定向训练
spatial disorientation preventing training
V32
D 空间定向障碍预防训练
S 航空医学训练
C 姿态
Z 航空航天训练

空间定向障碍预防训练
Y 空间定向训练

空间动力堆
space power reactor
TL4
D 航天电源堆
航天动力堆
航天器动力堆
航天器动力反应堆
空间电源堆
空间反应堆
空间核反应堆
S 动力堆
可移动堆
C 航天动力装置
Z 反应堆

空间动力特性
spacial dynamic characteristic
V211
S 空间性
力学性能*
Z 时空性能

空间对地观测
Y 对地观测

空间对地观测系统
Y 对地观测系统

空间对接
Y 航天器对接

空间对接动力学
space docking dynamics
V212；V526
D 对接动力学
S 航天动力学
C 航天器对接
Z 航空航天学
科学

空间对接机构
spatial docking mechanism
V526
D 对接机构
S 航天器机构*
C 航天器对接

空间对接技术
Y 航天器对接

空间对抗
space countermeasure
TJ
S 对抗*

空间对空导弹
Y 空间导弹

空间对空间导弹
Y 空间导弹

空间对象
Y 空间目标

空间发动机
Y 航天发动机

空间发射
Y 空中发射

空间发射计划
space launch plans
V55
D 发射计划
S 空间计划
Z 航天计划

空间发展策略
Y 空域规划

空间发展战略

Y 空域规划

空间反射镜
spacial reflector
TH7；V444
S 反射镜*

空间反隐身
space anti-stealth
V218
S 反隐身
Z 隐身技术

空间反应堆
Y 空间动力堆

空间防护
space protection
V445
S 防护*
F 空间碎片防护

空间飞船
Y 飞船

空间飞机
Y 航天飞机

空间飞行
Y 航天飞行

空间飞行环境
Y 航天飞行环境

空间飞行器
Y 航天器

空间飞行器舱
Y 航天器舱

空间飞行器发射
Y 航天器发射

空间飞行器结构材料
Y 航天器结构材料

空间飞行器控制
Y 航天器控制

空间飞行器设计
Y 航天器设计

空间飞行器性能
Y 航天器性能

空间飞行器着陆系统
Y 航天器着陆系统

空间飞行器姿态控制
space vehicle attitude control
V249.122.2
S 姿态控制
F 航天器姿态控制
Z 飞行控制

空间飞行试验
space flight experiment
V417
S 飞行试验
Z 飞行器试验

空间飞行训练
Y 航天飞行训练

空间分布
spatial distribution
O4；TL6
D 径向分布
S 分布*
C 转移指数 →(10)

空间粉尘
space dust
V419
S 粉尘*
F 火星尘埃
月球尘埃

空间辐射
space radiation
TL7；V419
D 地外辐射
空间辐射效应
太空辐射
银河系辐射
宇宙辐射
S 辐射*
C 残余辐射
地球轨道环境
辐射带
航天飞行
星际空间
宇宙射线
宇宙线探测

空间辐射器
space radiators
V443
S 辐射器
Z 装置

空间辐射效应
Y 空间辐射

空间辐照环境
space irradiation environment
V419
S 航天环境
Z 航空航天环境

空间构形
space configuration
O1；V4
S 构型*

空间关节
Y 空间机械臂

空间光学系统
space optical systems
V444
S 光学系统*
航天系统*
空间系统*
F 天基红外系统

空间光学遥感器
space optical remote sensors
TP7；V443
D 航天光学遥感器
S 空间遥感器
C 光学遥感 →(8)
Z 遥感设备

空间轨道
Y 航天器轨道

空间航行雷达
Y 航天雷达

空间合作
space cooperation
V4
D 国际航天合作
国际空间合作
航天合作
空间协同
S 合作*
C 航天计划

空间合作计划
space cooperation plans
V11；V4
S 空间计划
Z 航天计划

空间核动力
space nuclear power
TK0；V43
D 太空核动力
S 核动力
C 核动力系统
核推进
Z 动力

空间核反应堆
Y 空间动力堆

空间化学
Y 宇宙化学

空间环境
Y 航天环境

空间环境仿真
Y 空间环境模拟

空间环境仿真器
Y 空间环境模拟器

空间环境监测
space environment monitoring
V419；X8
S 环境监测*
C 航空监测

空间环境模拟
space environment simulation
V524
D 空间环境仿真
空间环境模拟技术
空间环模
模拟空间环境
行星际空间模拟
行星空间环境模拟
S 仿真*
F 高空模拟
航天环境模拟
C 空间环境模拟器

空间环境模拟技术
Y 空间环境模拟

空间环境模拟器
space environment simulator

V416；V417
D 高真空轨道模拟器
轨道模拟器
航天飞机工程模拟器
航天飞机任务模拟器
航天环境仿真器
航天环境模拟器
空间环境仿真器
载人航天环境模拟器
S 环境模拟器
C 空间环境模拟
太阳模拟器
Z 模拟器

空间环境试验
space environment test
V416
D 太空科学试验
太空试验
S 环境试验*
空间试验
F 高空试验
微重力试验
C 空间平台
空间实验室
失重
Z 航天试验

空间环境探测
space environment detection
V476
S 空间探测
Z 探测

空间环境效应
space environment effects
V419；X8
S 环境效应*

空间环境性能
space environmental property
V419
S 环境性能*
空间性
Z 时空性能

空间环境预报
space environment forecast
V419；X8
S 预报*

空间环境资源
Y 太空资源

空间环模
Y 空间环境模拟

空间会合
Y 航天交会

空间活动
Y 航天活动

空间火箭发动机
Y 火箭发动机

空间机动飞行器
Y 机动飞行器

空间机动平台
space maneuvering platform
TP1；V419
S 平台*

空间机器人
space robot
TP2；V462
D 带滑移铰空间机器人
航空机器人
航天机器人
航天器机器人
空间机器人技术
太空机器人
自由飞行机器人
自由漂浮空间机器人
自由飘浮空间机器人
S 机器人*
F 飞行机器人
漂浮基双臂空间机器人
月球机器人
C 空间机械臂

空间机器人技术
Y 空间机器人

空间机械臂
space manipulator
TP2；V46
D 空间关节
S 机械手臂*
C 空间机器人

空间基地
space base
V4
D 航天基地
太空基地
天基
宇航基地
S 基地*
F 空间侨居区
太空城
太空发电站
太空工厂
太空旅馆
太空医院
月球基地
C 空间站

空间基线
spatial baseline
V2
S 基线*

空间计划
space programs
V11；V4
D 空间研究计划
S 航天计划*
F 空间发射计划
空间合作计划
空间科学计划
空间探测计划
空间站计划

空间技术
Y 航天技术

空间技术研究
Y 太空研究

空间技术应用
Y 航天技术应用

空间技术政策
Y 航天政策

空间剂量分布
spatial dose distribution
R；TJ91
D 分布系数(辐射剂量)
分布因子(辐射剂量)
吸内份额
吸收份额
有效能量(内辐照)
S 辐射剂量分布
C 非均匀辐照
积分剂量
局部辐照
Z 分布

空间加工
Y 空间制造

空间加工火箭
space processing applications rockets
V471
D 空间加工应用火箭
S 火箭*
C 轨道工厂
空间制造

空间加工应用火箭
Y 空间加工火箭

空间监视
space surveillance
V556
D 对空监视
航天监视
航天监视系统
空间监视网
空中监视
S 监视*
F 地对空监视
空间目标监视
空中跟踪监视
天基监视
自动相关监视

空间监视跟踪系统
Y 空间目标监视系统

空间监视网
Y 空间监视

空间监视系统
Y 空间目标监视系统

空间建造
Y 空间制造

空间交会
Y 航天交会

空间交会对接
Y 航天器对接

空间紧急救援
Y 航天救生

空间静电放电
space electrostatic discharge
V419
S 充放电*

空间救援
Y 航天救生

空间居民点
Y 空间侨居区

空间居住舱
space habitat
V423
D 空间居住区
空间栖息地
S 航天器舱
C 空间侨居区
空间站
生命保障系统
Z 舱
航天器部件

空间居住区
Y 空间居住舱

空间开发利用
Y 空间利用

空间科技
Y 航天技术

空间科学
space science
V419
D 太空科学
宇宙科学
S 科学*
F 飞碟学
空间材料科学
空间地质学
空间摩擦学
空间生物学
微重力科学
行星学
宇宙化学
月球学
C 航天学

空间科学计划
space science programs
V11；V4
S 空间计划
Z 航天计划

空间科学技术
Y 航天技术

空间科学实验
Y 空间科学试验

空间科学试验
space scientific experiments
V416；V524
D 空间科学实验
太空科学实验
S 空间试验
Z 航天试验

空间科学探测
Y 空间探测

空间科学研究
Y 太空研究

空间可展结构
space deployable structures
O3；V214
S 航天结构
F 空间充气展开结构
Z 工程结构

空间垃圾
Y 空间碎片

空间拦截器
space interceptor
TJ7；V47
S 拦截器
Z 航天武器

空间类型
Y 空间

空间理论
spatial theory
O1；V4
S 理论*

空间力学
Y 航天力学

空间利用
space utilization
TU2；V4
D 空间开发利用
宇宙空间开发
S 资源利用*
F 空间商业化
C 航天工业

空间粒子
Y 宇宙射线

空间领域
Y 空域

空间模拟器
Y 航天模拟器

空间摩擦学
space tribology
V419
S 空间科学
Z 科学

空间目标
space object
V249.3
D 空间对象
空间物体
S 目标*
C 空间碎片

空间目标监视
space target surveillance
V249.3
S 空间监视
目标监视
Z 监视

空间目标监视系统
space target surveillance systems
TJ7；TP2
D 空间监视跟踪系统
空间监视系统
S 监视系统*
空间系统*

空间平台
space platform
V476
D 航天平台
太空平台
S 航天器*
F 系留平台
C 轨道维修
空间环境试验
空间试验
自动化通用轨道站

空间栖息地
Y 空间居住舱

空间侨居区
space colonies
V476
D 空间居民点
空间殖民地
S 空间基地
C 火星探测
空间居住舱
空间制造
Z 基地

空间区划
Y 空域规划

空间任务
Y 航天任务

空间柔性结构
Y 柔性空间结构

空间商业化
space commercialization
V19
S 空间利用
Z 资源利用

空间设备
Y 航天设备

空间生产
Y 空间制造

空间生命保障系统
Y 航天生命保障系统

空间生命科学
space life science
V419.6
S 空间生物学
C 空间重力生物学
Z 科学

空间生物学
space biology
Q；V419
D 地外生物学
高空生物学

航天生物学
宇宙生物学
S 空间科学
F 空间生命科学
空间重力生物学
C 地外生命
生物航天学
月球环境
Z 科学

空间实验
Y 空间试验

空间实验室
skylab
V524
D 航天实验室
天空实验室
月球机动实验室
月球收集实验室
S 空间站
实验室*
F 载人轨道实验室
载人太空实验室
C 轨道工厂
空间环境试验
空间试验
有效载荷
月球车
Z 航天器

空间实验室有效载荷
spacelab payload
V476.1
S 有效载荷
C 空间试验
Z 载荷

空间事业
Y 航天事业

空间试验
space experiment
V416；V524
D 航天器载实验
航天器载试验
空间实验
空间正弦试验
太空实验
卫星载试验
S 航天试验*
F 搭载实验
空间环境试验
空间科学试验
C 空间平台
空间实验室
空间实验室有效载荷
失重
有效载荷

空间数据系统
space data systems
V247；V419
S 空间系统*
数据系统*

空间碎片*
space debris
V4
D 轨道碎片
航天器破片
航天器破碎
航天器碎片
空间垃圾
空间微小碎片
碎片撞击
太空碎片
微米级空间碎片
微小碎片
F 卫星碎片
C 超高速碰撞
轨道动力学
航天器
空间目标
空间碎片环境
离轨

空间碎片防护
protection of space debris
V244；V419
D 空间碎片减缓
流星防护
流星体防护
太空碎片防护
S 空间防护
C 微流星屏蔽
Z 防护

空间碎片环境
space debris environment
V419
D 太空碎片环境
S 航天环境
C 空间碎片
Z 航空航天环境

空间碎片减缓
Y 空间碎片防护

空间太阳电站
Y 卫星太阳能电站

空间太阳能电站
Y 卫星太阳能电站

空间探测
space exploration
V11；V4
D 航天探测
航天探索
空间科学探测
空间探索
太空探索
宇宙空间探索
宇宙探索
S 探测*
F 地外生命探索
飞碟探索
空间环境探测
空间物理探测
深空探测
卫星探测
星球探测
C 地外环境
航天学
空间探测器
空间通信 →(7)
气象飞行
太空资源

空间探测计划
space exploration programs
V11；V4
D 空间探索计划
S 空间计划
探测计划*
F 双星计划
行星探测计划
Z 航天计划

空间探测器
space probe
V476
D 航天探测器
太空探测器
先驱者空间探测器
星际空间探测器
宇宙探测器
远天探测器
月球航天探测器
织女航天探测器
S 无人航天器
F 轨道探测器
恒星探测航天器
绕地探测器
深空探测器
生命探测器
太阳帆
无人探测器
星际探测器
行星际探测器
行星探测器
行星卫星探测器
C 机动航天器
空间探测
行星际航天器
Z 航天器

空间探测卫星
space exploration satellite
V474
D 空间物理探测卫星
S 科学卫星
F 月球探测卫星
Z 航天器
卫星

空间探索
Y 空间探测

空间探索计划
Y 空间探测计划

空间特性
Y 空间性

空间天气监测
space weather monitoring
V321.2；X8
S 环境监测*

空间停靠
Y 航天着陆场

空间推进
Y 航天器推进

空间推进法
Y 空间推进算法

空间推进器
space thrusters
V43
S 推进器*

空间推进算法
space marching method
V211
D 空间推进法
S 算法*

空间推进系统
Y 航天推进系统

空间拖船
space tug
V475
D 轨道间运输器
轨道器
航天拖船
太空拖船
S 航天器*
C 轨道机动航天器
轨道转移飞行器
航天运输

空间微小碎片
Y 空间碎片

空间维修
Y 航天维修

空间卫星
satellite
V474
S 人造卫星
Z 航天器
卫星

空间污染
Y 航天器沾染

空间武器
Y 航天武器

空间武器平台
space weapon platforms
TJ86
S 武器平台
Z 承载平台

空间物理探测
space physics exploration
V476
S 空间探测
Z 探测

空间物理探测卫星
Y 空间探测卫星

空间物体
Y 空间目标

空间系绳
Y 太空系留

空间系统*
space system
V44；V476
F 航天测控通信系统
军事空间系统
空间光学系统
空间目标监视系统
空间数据系统
空间信息系统
C 航天系统

空间相机
Y 航天相机

空间协同
Y 空间合作

空间心理学
Y 航天心理学

空间信息系统
spatial information system
V247；V419
D 空天信息系统
S 航天系统*
空间系统*
信息系统*
F 天基信息系统

空间信息应用
spatial information applications
V4
S 航天应用
Z 航空航天应用

空间性
spatiality
V419
D 空间特性
S 时空性能*
F 高度特性
空间动力特性
空间环境性能
射程
鱼雷航程
自导作用距离
作战距离

空间研究
Y 太空研究

空间研究计划
Y 空间计划

空间研究组织
space research organization
V4

空间遥测
space telemetry
TP8；V556
D 航天遥测
S 遥测*
F 卫星遥测
C 航空测控
航天测控
航天遥感器

空间遥感
Y 航天遥感

空间遥感器
space remote sensor
TP7；V443
S 遥感设备*
F 空间光学遥感器

空间遥感相机
space remote sensing camera
TB8；V447
D 航天遥感相机
S 航天相机
Z 照相机

空间叶片
space blade
TH13；V232.4
S 叶片*

空间医学
Y 航天医学

空间移民
Y 太空移民

空间应用
Y 航天应用

空间应用技术
Y 航天技术应用

空间有效载荷
Y 空间站有效载荷

空间预警系统
space early warning system
V243
S 预警系统*
F 天基预警系统

空间预算
space budgets
V11；V4
S 预算*

空间运输
Y 航天运输

空间运输系统
Y 航天运输系统

空间运输系统飞行
Y 航天运输系统飞行

空间运行环境
Y 航天飞行环境

空间运载工具
Y 航天运输系统

空间运载器
Y 航天运载器

空间沾染
Y 航天器沾染

空间站
space station
V476
D 轨道联合体
轨道站
航天港
航天站
太空站

星际站
宇航站
宇宙航行站
宇宙空间站
宇宙站
S 航天器*
F 轨道工厂
轨道空间站
空间实验室
载人空间站
C 反航天器防御
空间基地
空间居住舱

空间站舱门
space station hatch door
V476
S 舱门
Z 门窗

空间站计划
space station programs
V11；V4
D 航天站计划
S 空间计划
Z 航天计划

空间站设计
space station design
V423；V476
S 航天器设计
Z 飞行器设计

空间站有效载荷
space station payload
V476.1
D 航天站有效载荷
空间有效载荷
S 有效载荷
Z 载荷

空间侦察
Y 航天侦察

空间正弦试验
Y 空间试验

空间政策
Y 航天政策

空间殖民地
Y 空间侨居区

空间制造
space manufacturing
TH16；V462
D 低重力环境下制造
低重力生产
航天加工
航天制造
空间加工
空间建造
空间生产
S 制造*
C 轨道工厂
航天应用
空间加工火箭
空间侨居区

空间重力生物学
space gravitational biology
V419
S 空间生物学
C 空间生命科学
Z 科学

空间状态测量
space state measurement
V556
S 航天测量*

空间姿态
spatial attitude
V212
S 姿态*

空间资源开发
space resources development
V419
D 太空开发
太空资源开发
S 航天开发
F 月球资源开发
Z 开发

空间自由飞行器
free space aircraft
V27
S 飞行器*

空舰导弹
air to ship missile
TJ76
D 空对舰导弹
空射反舰导弹
S 反舰导弹
Z 武器

空降场
Y 着陆场

空降伞
Y 人用伞

空降坦克
airborne tank
TJ811.8
S 特种坦克
Z 军用车辆
武器

空降战车
airborne assault vehicles
TJ811
S 战车
Z 军用车辆
武器

空军飞行员
air force pilot
V32
S 飞行员
Z 人员

空军机场
air force airports
V351
S 军用机场
Z 场所

空军直升机
Y 武装直升机

空空导弹
air-to-air missile
TJ76；V421
D 空地火箭
空对空导弹
空-空导弹
S 导弹
F 超视距空空导弹
格斗导弹
红外空空导弹
近程空空导弹
双射程空空导弹
远程空空导弹
中程空空导弹
中远程空空导弹
主动雷达型空空导弹
C 空中发射
Z 武器

空-空导弹
Y 空空导弹

空空导弹发射
air-to-air missile launching
TJ765；V24；V55
D 空对空导弹发射
S 导弹发射
F 发射后不管
离轴发射
Z 飞行器发射

空空导弹武器系统
air-to-air missile weapon systems
TJ76
D 空对空导弹武器系统
S 机载导弹武器系统
Z 航空系统
机载系统
武器系统

空空导弹引信
Y 导弹引信

空空进行发射
Y 空中发射

空冷
Y 气体冷却

空冷技术
Y 气体冷却

空冷叶片
air-cooled blades
TH13；V232.4
S 冷却叶片
Z 叶片

空面导弹
Y 空地导弹

空难
air disaster
V328；V35；V528
D 飞行空难
航空灾难
空难事故

空中解体事故
空中遇难
S 航空航天事故*
C 航空事故

空难事故
Y 空难

空泡*
vacuole
O3；TN3
F 螺旋桨空泡

空泡份额
Y 空泡率

空泡率
void fraction
O4；TL3
D 截面含气率
截面孔隙率
空泡份额
空泡系数
S 物理比率*

空泡螺旋桨
cavitating propeller
V232
D 超空泡螺旋桨
空化螺旋桨
全空泡螺旋桨
S 螺旋桨*
C 螺旋桨空泡

空泡数
Y 空化数

空泡水翼
Y 超空化水翼

空泡系数
Y 空泡率

空飘气球
Y 气球

空气
Y 气体

空气弹性动力学
Y 气动弹性动力学

空气调节系统
Y 空调系统

空气动力
Y 气动力

空气动力场试验
aerodynamic field test
V216
S 动力学环境试验
Z 环境试验
力学试验

空气动力导数
Y 气动导数

空气动力干扰
Y 气动干扰

空气动力计算
Y 气动力计算

空气动力加热
Y 气动加热

空气动力理论
Y 气动理论

空气动力平衡
Y 气动平衡

空气动力设计
Y 气动设计

空气动力实验
Y 气动力试验

空气动力试验
Y 气动力试验

空气动力数据
Y 气动数据

空气动力特性
aerodynamic characteristics
O3；V211
D 弹头气动特性
飞行器气动特性
俯冲特性
高速弹头气动特性
机身空气动力特性
机翼空气动力特性
空气动力性
空气动力性能
空气动力学特性
空气动力学性能
配平气动特性
偏航特性
气动力特性
气动特性
气动特征
巡航特性
运载火箭空气动力特性
运载火箭气动特性
S 气体动力特性
F 超音速特性
弹丸气动特性
低速气动特性
动态气动特性
非线性气动特性
滚转特性
静态气动特性
跨音速特性
气动弹性
气动平衡
亚音速特性
C 动力学性能 →(12)
风洞试验
气动构型
气动噪声
Z 流体力学性能

空气动力天平
Y 风洞天平

空气动力外形
Y 气动构型

空气动力稳定性
Y 气动稳定性

空气动力系数
Y 气动力系数

空气动力效率
Y 升阻比

空气动力效应
Y 气动效应

空气动力性
Y 空气动力特性

空气动力性能
Y 空气动力特性

空气动力学
air dynamics
V211
D 部件空气动力学
S 气体动力学
F 超音速空气动力学
大迎角空气动力学
弹丸空气动力学
弹翼空气动力学
低速空气动力学
电空气动力学
定常空气动力学
动态空气动力学
飞行器空气动力学
非定常流空气动力学
高速空气动力学
工业空气动力学
机翼空气动力学
计算空气动力学
可压缩空气动力学
跨音速空气动力学
理论空气动力学
内部空气动力学
黏性空气动力学
实验空气动力学
旋翼空气动力学
亚音速空气动力学
Z 动力学
科学

空气动力学计算
Y 气动力计算

空气动力学设计
Y 气动设计

空气动力学实验
Y 气动力试验

空气动力学试验
Y 气动力试验

空气动力学特性
Y 空气动力特性

空气动力学性能
Y 空气动力特性

空气动力载荷
Y 气动载荷

空气动力噪声
Y 气动噪声

空气动力中心
Y 气动平衡

空气动力阻力
Y 气动阻力

空气舵
Y 气动操纵面

空气发射
Y 冷发射

空气风洞
Y 风洞

空气净化系统
air-purification system
TL36；TQ46；TU8
S 化工系统*
气体系统
C 净化催化剂 →(9)
Z 流体系统

空气静力稳定性
aerostatic stability
V21
S 力学性能*
流动稳定性
气体性质
Z 流体力学性能
稳定性

空气冷却
Y 气体冷却

空气喷气发动机
aerojet engine
V235
D 吸空气发动机
吸气发动机
吸气式发动机
S 喷气发动机
Z 发动机

空气喷射
Y 喷气

空气驱动
Y 气动

空气燃料爆破航弹
Y 燃料空气炸弹

空气燃烧爆破炸弹
Y 燃料空气炸弹

空气透平
Y 空气涡轮

空气涡轮
air turbines
V232.93
D 空气透平
空气涡轮机
S 气体涡轮
Z 涡轮

空气涡轮火箭发动机
air turbine rocket engines
V439
D 固体推进剂吸气式涡轮火箭发动机
S 涡轮火箭发动机
Z 发动机

空气涡轮机
Y 空气涡轮

空气雾化喷油嘴
Y 雾化喷嘴

空气雾化喷嘴
Y 雾化喷嘴

空气吸收剂量率
Y 吸收剂量

空气循环机
Y 涡轮冷却器

空气循环冷却系统
Y 空气循环制冷系统

空气循环制冷设备
Y 空气循环制冷系统

空气循环制冷系统
air cycle refrigeration system
TB6；V245.3
D 空气循环冷却系统
空气循环制冷设备
S 空调系统*
气体系统
循环系统*
制冷系统*
Z 流体系统

空气状态
Y 大气条件

空气自冷
Y 气体冷却

空气阻尼器
Y 阻尼器

空潜导弹
air to submarine missile
TJ761.9；TJ762.2
D 空对潜导弹
空对水下导弹
S 反潜导弹
C 空射弹药
Z 武器

空腔靶
hohlraum target
TL5
D 黑洞靶
炮球靶
S 加速器靶
Z 靶

空腔流
cavity flow
V211
D 空腔流动
S 湍流
Z 流体流

空腔流动
Y 空腔流

空腔膨胀
cavity expansion
O4；TJ0
S 膨胀*
C 有限厚度 →(1)

空腔谐振探测器
Y 中子探测器

空勤人员
flight crew
V32；V352
D 飞行机组
飞行人员
机组(航空)
机组成员
机组人员
民航机组
S 航空航天人员
F 飞行教员
飞行员
航空管制员
机务人员
Z 人员

空勤人员防毒面具
Y 防毒面具

空勤人员医学选拔
Y 飞行员医学选拔

空情仿真
Y 空战仿真

空燃比控制
air-fuel ratio control
V433
D 油气比调节
S 参数控制*
燃料控制
Z 动力控制

空射弹道导弹
airlaunched ballistic missile
TJ761.3；TJ762.2；V27
S 弹道导弹
机载武器
C 空射弹药
Z 武器

空射弹药
air-launching ammunitions
TJ41
S 航空弹药
F 空袭弹药
直接攻击弹药
C 空潜导弹
空射弹道导弹
空射反辐射导弹
空射巡航导弹
空投水雷
空投鱼雷
Z 弹药

空射导弹
Y 机载导弹

空射反辐射导弹
air-launched anti-radiation missile
TJ761.9
S 反辐射导弹
C 反辐射攻击武器 →(7)
空射弹药

Z 武器

空射反舰导弹
Y 空舰导弹

空射火箭
Y 空射运载火箭

空射试验
Y 空中发射试验

空射巡航导弹
air launched cruise missile
TJ761.6；TJ762.2；V27
D 机载巡航导弹
空地巡航导弹
空中发射巡航导弹
S 机载武器
巡航导弹
C 空射弹药
Z 武器

空射运载火箭
air-launched launch vehicles
V475.1
D 空射火箭
S 运载火箭
Z 火箭

空速
space velocity
V32
D 高空速
S 速度*
C 地速

空速表
Y 飞行速度指示器

空速表试验台
Y 试验台

空速测量传感器
Y 空速管

空速传感器
Y 空速管

空速管
pitot tube
V241
D 毕托管
冲击管
风速传感器
空速测量传感器
空速传感器
皮托管
全静压管
S 传感器*
C 风速 →(2)(5)

空速系统位置误差飞行试验
Y 气动激波修正量飞行试验

空速系统位置误差试飞
Y 气动激波修正量飞行试验

空速指示器
Y 飞行速度指示器

空天导弹
Y 空间导弹

空天飞机
Y 空天飞行器

空天飞行器
aerospace plane
V27；V47
D 航空航天飞机
航空航天飞行器
航空航天器
空天飞机
跨大气层飞行器
S 载人航天器
F 航天飞机
C 航空航天
Z 航天器

空天信息系统
Y 空间信息系统

空头弹
Y 辅助枪弹

空头枪弹
Y 辅助枪弹

空投
aerial delivery
V24
D 传送空投
牵引空投
人力空投
随队空投
重力空投
S 投放*
C 降落伞
空中钩取系统

空投地雷
aerial delivered land mine
TJ512
S 可撒布地雷
Z 地雷

空投任务
paradrop mission
V2
S 任务*

空投试验
Y 投放试验

空投水雷
aerial delivered naval mine
TJ61
D 航弹式水雷
机载水雷
可撒布水雷
S 水雷*
C 空射弹药

空投投放系统
Y 空投系统

空投系统
aerial delivery system
V24
D 发射释放机构
空投投放系统
释放机构
释放装置
投放系统
S 机载系统*
C 轰炸设备
投放试验

空投鱼雷
airborne torpedo
TJ631
D 机载鱼雷
S 鱼雷*
C 空射弹药

空袭兵器
Y 机载武器

空袭弹药
air attack ammunition
TJ41
S 空射弹药
Z 弹药

空袭武器
Y 机载武器

空心弹
Y 辅助枪弹

空心弹丸
hollow ball projectiles
TJ412
S 高速弹丸
Z 弹药零部件

空心静叶
hollow stationary blades
TH13；V232.4
S 静叶片
Z 叶片

空心静叶栅
hollow cascade
TH13；TK0；V232
S 静叶栅
Z 叶栅

空心涡轮叶片
Y 空心叶片

空心叶片
hollow blade
TH13；V232.4
D 空心涡轮叶片
S 叶片*

空心装药破甲炮弹
Y 破甲弹

空心装药战斗部
Y 聚能战斗部

空用雷达
Y 机载雷达

空域*
aerial region
V355
D 空间领域
空中区域
实验空域

咨询空域
F 低空空域
飞行空域
飞行情报区
管制空域
航区
空中禁区
拦截空域
C 空中交通管制
区域

空域管理
airspace management
V355
S 空中交通管制
Z 交通控制

空域规划
airspace planning
K；TU98；V2
D 空间策略
空间发展策略
空间发展战略
空间区划
空域规则
S 区域规划*

空域规则
Y 空域规划

空域结构
airspace structure
V214
S 逻辑结构*
F 空域拓扑结构

空域容量
airspace capacity
V2
S 容量*

空域拓扑结构
airspace topological structures
V214
S 空域结构
拓扑结构*
Z 逻辑结构

空域资源
Y 太空资源

空运
Y 航空运输

空运后送
Y 航空医疗后送

空运作业
Y 航空运输

空载雷达
Y 机载雷达

空炸射击
airburst firing
TJ3
S 火炮射击
Z 射击

空炸引信
air burst fuse
TJ434
D 电子空炸引信
空爆引信
S 炸弹引信
Z 引信

空战仿真
air combat simulation
E；V21
D 空情仿真
空战模拟
S 军事仿真*

空战机动
Y 飞机机动飞行

空战模拟
Y 空战仿真

空战武器
Y 机载武器

空战效能
Y 作战能力

空中爆炸
aerial explosion
O3；TL91
D 大气层爆炸
大气层试验
高空爆炸
S 爆炸*

空中避碰
Y 飞行防撞

空中编队*
air formation
V32
D 飞行编队
F 飞机编队
小卫星编队
战斗编队

空中变通管制规划
Y 空中交通管制

空中测量
Y 航空测量

空中待战
Y 机载预警系统

空中弹道
Y 飞行弹道

空中弹射试验
Y 弹射试验

空中导航
Y 航空导航

空中导航系统
air navigation system
V249.3
D 飞机导航系统
航空导航系统
机载导航系统
S 导航系统*
飞行系统*
机载系统*
空中交通系统
C 惯性导航
Z 交通运输系统

空中点火
air ignition
TK1；V233
D 高空点火
S 点火*
C 空中点火试验
空中发射
空中起动
空中停车

空中点火试验
in-flight ignition tests
V216.2
D 空间点火试验
空中起动试验
空中再次起动试验
空中再起动试验
起动点火试验
S 点火试验
C 空中点火
Z 发动机试验

空中对接
Y 航天器对接

空中对准
in-fly alignment
TJ765；V448
S 对准*
C 航空管制雷达
航空声呐

空中发射
air launching
TJ765；V24；V55
D 空基发射
空间发射
空空进行发射
空中发射系统
空中射击
拖曳式空中发射系统
S 发射*
C 多级运载火箭
航空炮弹
航空枪弹
空地导弹
空空导弹
空中点火

空中发射设备
Y 机载武器投放装置

空中发射试验
air launching test
TJ01；V217
D 空射试验
S 发射试验
Z 武器试验

空中发射系统
Y 空中发射

空中发射巡航导弹
Y 空射巡航导弹

空中发射装置

Y 机载武器投放装置

空中防相撞
Y 飞行防撞

空中防撞
Y 飞行防撞

空中防撞系统
Y 机载防撞系统

空中飞行
Y 航空飞行

空中飞行安全
Y 航空飞行安全

空中飞行管理系统
Y 空管系统

空中飞行控制系统
Y 空管系统

空中飞行模拟
Y 飞行仿真

空中飞行模拟机
Y 变稳定性飞机

空中飞行模拟器
Y 变稳定性飞机

空中飞行起动
Y 空中起动

空中飞行器
Y 航空器

空中分离
Y 气流分离

空中格斗机
Y 歼击机

空中格斗战斗机
Y 空中优势战斗机

空中跟踪监视
air follow-up surveillance
V556
S 空间监视
Z 监视

空中共振
air resonance
V211
S 共振*
C 直升机飞行力学

空中钩取
Y 空中钩取系统

空中钩取系统
aerial pickup system
V245
D 空中钩取
空中钩取装置
S 航天回收系统
C 空投
Z 航天系统

空中钩取装置
Y 空中钩取系统

空中管制
Y 空中交通管制

空中管制区
air control area
V355
D 飞行管制分区
飞行管制区
航空管制分区
航空管制区
S 管制区
F 飞行安全区
净空区
C 飞行情报区
Z 区域

空中管制中心
Y 空管中心

空中航线
Y 飞行航线

空中航行系统
air navigation system
V32
S 航行系统
Z 交通运输系统

空中核爆炸
Y 核爆炸

空中核试验
Y 大气层核试验

空中后送
Y 航空医疗后送

空中回收
air recovery
V525
S 航天器回收
Z 回收

空中加油
in-flight refueling
V271
D 插头锥管式空中加油
插头锥套式空中加油
倒飞供油
飞机空中加油
空中加油方式
空中加油技术
空中加油能力
S 飞机加油
F 硬式加油
C 空中加油机
Z 加油

空中加油吊舱
Y 加油吊舱

空中加油方式
Y 空中加油

空中加油飞机
Y 空中加油机

空中加油机
tanker aircraft
V271.494
D 加油飞机
加油运输机
空中加油飞机
S 军用飞机
F 战略加油机
C 空中加油
空中加油系统
Z 飞机

空中加油技术
Y 空中加油

空中加油能力
Y 空中加油

空中加油设备
Y 空中加油系统

空中加油系统
inflight refueling system
V245
D 空中加油设备
空中加油装置
空中受油系统
S 加油系统
C 飞机加油
空中加油机
Z 流体系统

空中加油装置
Y 空中加油系统

空中监视
Y 空间监视

空中交通
Y 空中交通管制

空中交通安全
Y 空管安全

空中交通服务
air traffic service
V355
S 服务*

空中交通管理
Y 空中交通管制

空中交通管理规则
Y 空中交通管制

空中交通管理系统
Y 空中交通管制系统

空中交通管制
air traffic control
V355；V357
D 飞行管理
飞行管制
飞行管制规则
航管
航管规则
航空管制
航空管制规则
航空交通管制
航行调度
航行管制
空管
空管工作
空中变通管制规划
空中管制

空中交通
空中交通管理
空中交通管理规则
空中交通管制工作
空中交通管制规则
空中交通规则
空中交通控制
空中交通指挥
自动途中空中交通管制
S 交通控制*
F 程序管制
机场净空
空域管理
空中交通流量管理
雷达管制
区域管制
C 导航信标
地面保障设备
防撞系统 →(4)
飞机导引
飞机调度
飞行冲突
飞行规则
飞行控制
航线
机场终端区
空域
雷达控制
终端区
着陆

空中交通管制工作
Y 空中交通管制

空中交通管制规则
Y 空中交通管制

空中交通管制雷达
Y 航空管制雷达

空中交通管制设备
Y 空管设备

空中交通管制系统
air traffic control system
V355
D 空中交通管理系统
S 空管系统
Z 航空系统
交通运输系统

空中交通管制员
Y 航空管制员

空中交通管制中心
Y 空管中心

空中交通规则
Y 空中交通管制

空中交通控制
Y 空中交通管制

空中交通流量
air traffic flow
V355
S 交通量*
C 空中交通流量管理

空中交通流量管理
air traffic management
V355
S 管理*
空中交通管制
C 空管系统
空中交通流量
Z 交通控制

空中交通事故
air traffic accidents
V328；V35；V528
S 交通运输事故*

空中交通系统
air traffic system
V355
S 交通运输系统*
F 机载防撞系统
空管系统
空中导航系统
雷达信标系统
信标防撞系统

空中交通指挥
Y 空中交通管制

空中轿车
Y 空中客车飞机

空中解体事故
Y 空难

空中近距支援飞机
Y 强击机

空中禁飞区
Y 空中禁区

空中禁区
restricted airspace
V355
D 空中禁飞区
S 空域*
C 飞行空域

空中警戒
Y 机载预警系统

空中警戒指挥系统
Y 预警机

空中救护
Y 航空救生

空中救生
Y 航空救生

空中救援
Y 航空救生

空中开车
Y 空中起动

空中客车
Y 空中客车飞机

空中客车飞机
airbus
V271.3
D 飞行汽车
空中轿车
空中客车
空中汽车
S 旅客机
Z 飞机

空中领航
Y 航空导航

空中领航学
aerial navigation science
V21
D 航空领航学
S 航空学
C 航空导航
Z 航空航天学

空中模拟
Y 飞行仿真

空中碰撞
Y 空中相撞

空中平台
aerial platform
V21
S 承载平台*
F 高空平台

空中起动
air starting
V32
D 空中飞行起动
空中开车
S 启动*
C 航空发动机
航空事故
空中点火
空中停车

空中起动试验
Y 空中点火试验

空中汽车
Y 空中客车飞机

空中区域
Y 空域

空中射击
Y 空中发射

空中摄影测量飞机
Y 航测飞机

空中摄影记录系统
Y 记录设备

空中生活保障系统
Y 航空生命保障系统

空中声呐
Y 航空声呐

空中试车台
flight test bed
V216
D 发动机飞行试验
发动机飞行试验台
发动机试验台架
飞行试验台
S 发动机试车台
C 地面试车台

飞行试验
高空模拟试车台
Z 试验台

空中试验
Y 飞机试验

空中受油系统
Y 空中加油系统

空中探测
Y 航空探测

空中停车
in-flight shutdown
TK0；V23
D 发动机空中停车
空中停车率
空中熄火
S 发动机熄火
C 空中点火
空中起动
Z 发动机故障

空中停车率
Y 空中停车

空中投放试验
Y 投放试验

空中拖曳声呐
Y 航空拖曳声呐

空中危险区
Y 飞行安全区

空中卫星通信
Y 航空卫星通信

空中熄火
Y 空中停车

空中相撞
aerial collision
V328
D 飞机相撞
空中碰撞
撞机
S 飞机事故
F 鸟撞
C 避碰
防碰装置 →(4)(12)
机载防撞系统
Z 航空航天事故

空中遥感
Y 航空遥感

空中遥感技术
Y 航空遥感

空中营救
Y 航空救生

空中优势截击机
Y 空中优势战斗机

空中优势战斗机
air superiority fighter
V271.41
D 格斗机
空中格斗战斗机
空中优势截击机
制空战斗机
S 截击机
Z 飞机

空中预警
Y 机载预警系统

空中预警机
airborne early warning aircraft
V271.47
D 机载预警机
S 预警机
Z 飞机

空中预警系统
Y 机载预警系统

空中预警指挥飞机
Y 预警机

空中预警指挥机
Y 预警机

空中遇难
Y 空难

空中运输
Y 航空运输

空中再次起动试验
Y 空中点火试验

空中再起动试验
Y 空中点火试验

空中战斗机
Y 歼击机

空中侦察
Y 航空侦察

空中侦察吊舱
Y 侦察吊舱

空中值班
Y 机载预警系统

空中指挥机
command aircraft
V271.4
D 指挥机
指挥控制飞机
S 军用飞机
C 联络机
预警机
指挥直升机
Z 飞机

空中指挥直升机
Y 指挥直升机

孔板式喷油嘴
Y 孔式喷油嘴

孔洞*
pore space
U4
F 长孔
气膜孔
C 缝隙 →(1)(2)(3)(4)(10)(11)(12)
孔隙 →(2)

孔栏
hole column
TL63
D 绝缘孔栏
孔栏(热核装置)
孔栏(受控聚变装置)
S 热核装置*
F 抽运孔栏
C 等离子体诊断 →(4)
箍缩装置

孔栏(热核装置)
Y 孔栏

孔栏(受控聚变装置)
Y 孔栏

孔式喷油嘴
hole type nozzle
TK0；U4；V232
D 孔板式喷油嘴
S 发动机零部件*

孔隙射流
pore fluid
V211
S 射流*

控暴弹
Y 催泪弹

控暴武器
riot control weapons
E；TJ9
S 武器*
F 催泪手榴弹
反恐武器
防暴枪
非致命轻武器
警用武器
橡皮弹

控发水雷
controlled naval mines
TJ61
D 可控水雷
控制水雷
S 水雷*
F 遥感水雷
遥控水雷

控空火箭
Y 探空火箭

控空火箭回收
Y 航天器回收

控温系统
Y 温控系统

控向
Y 方向控制

控制*
control
TP1
D 操控方法
操控方式
操控技术
控制办法

控制程度
控制过程
控制技术
控制领域
现代控制技术
F 边界层控制
地面控制
分布式网络控制
构型控制
激波控制
加速器控制
静稳补偿飞行控制
老化控制
雷达控制
偏置动量控制
平衡姿态控制
视觉控制
制导控制
C 跟踪控制
工程控制
工业控制 →(1)(2)(3)(4)(5)(8)(10)(11)(13)
管理
过程控制
化学控制
监控
晶体控制 →(3)(8)(9)
军备控制
控制测量 →(1)
力学控制
生物控制 →(5)(8)(9)(10)(13)
数学控制
位置控制
物理控制
性能控制
抑制
直接控制
主被动控制

控制安定性
Y 控制稳定性

控制办法
Y 控制

控制棒
control rod
TL35
D 棒(控制)
棒束控制组件
反应堆控制棒
反应堆控制元件
控制棒组件
S 反应堆部件*
F 紧急停堆棒
C 不连续因子
操纵件 →(4)(8)
弹棒事故
堆芯
控制棒效率
落棒事故

控制棒当量
Y 控制棒效率

控制棒价值
Y 控制棒效率

控制棒驱动机构
control rod drive mechanism
TL36
D 控制棒驱动设备
控制棒驱动线
控制棒驱动装置
S 反应堆部件*
F 控制棒水力驱动系统

控制棒驱动设备
Y 控制棒驱动机构

控制棒驱动线
Y 控制棒驱动机构

控制棒驱动装置
Y 控制棒驱动机构

控制棒水力驱动系统
control rod drive hydraulic system
TL3
D 控制棒水压驱动机构
控制棒水压驱动系统
S 控制棒驱动机构
Z 反应堆部件

控制棒水压驱动机构
Y 控制棒水力驱动系统

控制棒水压驱动系统
Y 控制棒水力驱动系统

控制棒效率
control rod effectiveness
TL3
D 控制棒当量
控制棒价值
S 效率*
C 操纵件 →(4)(8)
控制棒

控制棒组件
Y 控制棒

控制泵
control pump
TH3；V229
D 导阀控制泵
机械控制泵
压力控制泵
S 泵*

控制表面
Y 表面

控制舱
control cabin
V223
S 舱*
F 操作舱
雷达舱

控制车
Y 发射控制车

控制程度
Y 控制

控制电路*
control circuit
TM5；TN7
D 控制线路
F 平台伺服回路
C 电路 →(4)(5)(7)(12)
电子电路 →(5)(7)(8)
控制电路设计 →(7)
控制器
信号电路 →(7)

控制飞行计算机
Y 飞行控制计算机

控制分系统
Y 控制系统

控制功能
Y 控制性能

控制过程
Y 控制

控制机
Y 控制器

控制机构*
control mechanism
TH11；TH13
D 可控机构
受控机构
F 控制室
C 操纵件 →(4)(8)
控制机件 →(4)
控制组件 →(4)(8)

控制技术
Y 控制

控制角
Y 舵偏角

控制空间
Y 飞行间隔

控制力矩陀螺
control moment gyro
V241.5
D 控制力矩陀螺仪
力矩控制陀螺
S 力矩陀螺仪
F 变速控制力矩陀螺
单框架控制力矩陀螺
双框架控制力矩陀螺
C 操纵律
Z 陀螺仪

控制力矩陀螺仪
Y 控制力矩陀螺

控制领域
Y 控制

控制律设计
control law design
V221；V423
S 设计*

控制论系统
Y 控制系统

控制面
Y 操纵面

控制器*
controller

TM5
D 控制机
控制器系统
施控系统
F 飞行控制器
状态选择器
姿态控制器
C 计算机控制器 →(4)(5)(7)(8)
开关 →(4)(5)(7)(8)
控制电机 →(5)
控制电路
控制电器 →(5)
控制设备 →(8)

控制器系统
Y 控制器

控制射流
control jet
V228
S 射流*

控制试验飞行器
Y 试验飞行器

控制室
pulpit
TP2；U2；V211.7
D 操纵室
控制台室
S 控制机构*
F 中央控制室
C 控制台 →(8)

控制水雷
Y 控发水雷

控制塔
Y 塔台管制

控制台室
Y 控制室

控制特点
Y 控制性能

控制特性
Y 控制性能

控制稳定性
control stability
TP2；V249；V448.21
D 控制安定性
控制系统稳定性
S 控制性能*
稳定性*
系统性能*

控制系统*
control system
N96；TH13；TP2
D 操控系统
控制分系统
控制论系统
控制子系统
F 地面控制系统
电传飞行控制系统
舵系统
发动机控制系统
跟踪控制系统
故障报警系统
数字式飞行控制系统
推力向量控制系统
遥控系统
增稳系统
姿态控制系统
C 测控系统
电气控制系统 →(5)(8)
调节系统
多路系统 →(8)
飞行控制系统
分布式系统
分散系统 →(8)
关联系统 →(5)
环境控制系统 →(8)
集中式系统
监控系统
力控制系统
模糊系统 →(4)(8)
热控系统 →(8)
实时系统
适应性系统 →(7)(8)
无源性 →(8)
武器控制系统
远程系统
专用控制系统 →(8)
自动控制系统

控制系统稳定性
Y 控制稳定性

控制线路
Y 控制电路

控制性能*
controllability
TP1；TP2
D 控制功能
控制特点
控制特性
控制要求
控制约束
F 滚转控制特性
控制稳定性
C 操纵性
操作性能
动态控制 →(8)
高温超导磁体 →(5)
可控电抗器 →(5)
控制水平 →(8)
系统性能
先进控制算法 →(8)
性能
自适应控制算法 →(8)

控制压力
control pressure
O3；TG3；V23
S 压力*

控制要求
Y 控制性能

控制约束
Y 控制性能

控制增稳
Y 飞机控制增稳系统

控制增稳系统
Y 自动增稳系统

控制增益系统
Y 飞机控制增稳系统

控制子系统
Y 控制系统

口径
calibre
TJ2；TJ3
C 火炮
炮兵武器
枪械

口令
Y 指令

库场*
warehouses and freight yards
U2；U6
D 储库
F 导弹仓库
核武器库
机库

库存弹药
stock ammunition
TJ41
S 弹药*
C 库存炮弹

库存炮弹
storaged shells
TJ412
S 炮弹*
C 库存弹药

跨超声速风洞
Y 跨超音速风洞

跨超音速风洞
transonic and supersonic wind tunnel
V211.74
D 跨超声速风洞
S 超音速风洞
Z 风洞

跨大气层飞行
trans-atmospheric flight
V529
S 航天飞行
Z 飞行

跨大气层飞行器
Y 空天飞行器

跨接
crossover
V243
S 连接*

跨声速
Y 跨音速

跨声速颤振
Y 跨音速颤振

跨声速飞机
Y 跨音速飞机

跨声速飞行
Y 跨音速飞行

跨声速风洞
Y 跨音速风洞

跨声速风扇
Y 跨音速风扇

跨声速机翼
transonic wing
V224
S 机翼*

跨声速进气道
Y 跨音速进气道

跨声速空气动力特性
Y 跨音速特性

跨声速流
Y 跨音速流

跨声速流动
Y 跨音速流

跨声速面积律
Y 面积律

跨声速喷管
Y 超音速喷管

跨声速气动特性
Y 跨音速特性

跨声速特性
Y 跨音速特性

跨声速涡轮
transonic turbine
V232.93
D 跨音速透平
跨音速涡轮
S 涡轮*
C 跨音速
跨音速压气机
跨音速叶栅

跨声速压气机
Y 跨音速压气机

跨声速叶栅
Y 跨音速叶栅

跨声速翼型
Y 跨音速翼型

跨声速运输机
Y 跨音速运输机

跨声压气机
Y 跨音速压气机

跨音速
transonic speed
O3；V21
D 跨声速
S 速度*
C 跨声速涡轮

跨音速颤动
Y 跨音速颤振

跨音速颤振
transonic flutter
O3；V211
D 飞机跨音速颤振
跨声速颤振
跨音速颤动
S 颤振
Z 振动

跨音速飞机
transonic aircraft
V271
D 跨声速飞机
S 飞机*
C 超音速飞机
亚音速飞机

跨音速飞行
transonic flight
V323
D 跨声速飞行
S 高速飞行
C 超音速飞行
跨音速特性
亚声速飞行
Z 飞行

跨音速风洞
transonic wind tunnel
V211.74
D 开孔壁风洞
跨声速风洞
增压连续式跨声速风洞
S 高速风洞
C 跨音速流
跨音速特性
三音速风洞
亚音速风洞
Z 风洞

跨音速风扇
transonic fan stage
V232.93
D 跨声速风扇
S 风扇*
C 跨音速叶栅

跨音速进气道
transonic inlet
V232.97
D 跨声速进气道
S 进气道*

跨音速空气动力特性
Y 跨音速特性

跨音速空气动力学
Transonic aerodynamics
V211
S 空气动力学
Z 动力学
科学

跨音速流
transonic flow
V211
D 跨声速流
跨声速流动
跨音速流动
跨音速气流
音速流
S 高速气流
C 超音速喷管
激波边界层干扰
跨音速风洞
跨音速特性
音速喷嘴
Z 流体流

跨音速流动
Y 跨音速流

跨音速面积律
Y 面积律

跨音速喷管
Y 超音速喷管

跨音速喷管(风洞)
Y 超音速喷管

跨音速气动特性
Y 跨音速特性

跨音速气流
Y 跨音速流

跨音速特性
transonic characteristics
V211
D 跨声速空气动力特性
跨声速气动特性
跨声速特性
跨音速空气动力特性
跨音速气动特性
S 空气动力特性
物理性能*
C 跨音速飞行
跨音速风洞
跨音速流
Z 流体力学性能

跨音速透平
Y 跨声速涡轮

跨音速涡轮
Y 跨声速涡轮

跨音速压气机
transonic compressor
V232
D 跨声速压气机
跨声压气机
跨音压气机
S 压缩机*
C 跨声速涡轮

跨音速叶型
Y 叶型

跨音速叶栅
transonic cascades
TH13；TK0；V232
D 跨声速叶栅
S 叶栅*
C 航空发动机叶片
跨声速涡轮
跨音速风扇
跨音速翼型

跨音速翼剖面
Y 翼型

跨音速翼型
transonic airfoil
V221
D 跨声速翼型
S 翼型*
F 超临界翼型
尖峰翼型
C 跨音速叶栅

跨音速运输机
transonic transport
V271.2
D 跨声速运输机
S 运输机
Z 飞机

跨音压气机
Y 跨音速压气机

跨昼夜飞行
Y 全天候飞行

块(燃料)
Y 燃料棒

快波
fast wave
TL6
S 波*

快点火
fast ignition
TL6
D 快速点火
S 点火*
C 惯性约束聚变

快动作摄影
Y 摄影

快堆
fast reactor
TL4
D FBR 型堆
GCFR 型堆
快速中子堆
快速中子反应堆
快增殖堆
快增殖反应堆
快中子堆
快中子反应堆
快中子增殖堆
快中子增殖堆(快堆)
快中子增殖反应堆
快中子增殖型堆
S 超热中子堆
增殖堆
F 点堆
钠冷快堆
实验快堆
液态金属快增殖型堆
C 动力堆
非均匀堆芯
快中子裂变因子
中子反应
Z 反应堆

快裂变因子
Y 快中子裂变因子

快慢机
change lever(ordnance)
TJ2
D 变换杆
发射转换器
S 发射机构
Z 枪械构件

快升速度
Y 爬升速度

快速传递对准
rapid transfer alignment
E；TJ765
S 传递对准
Z 对准

快速存储记录器
Y 飞行数据记录器

快速弹道识别
quick trajectory recognition
TJ86
D 弹道快速识别
S 弹道辨识
C 低空反导
Z 目标识别

快速点火
Y 快点火

快速电影摄影机
Y 高速摄像机

快速发射导弹
Y 反坦克导弹

快速机动布雷
Y 机动布雷

快速加注
Y 加注

快速救生船
Y 救生艇

快速救生艇
Y 救生艇

快速落棒
Y 落棒法

快速落捧时间
Y 落棒法

快速起竖
quickly erecting
TJ76
S 导弹起竖
Z 操作

快速燃烧
fast burning
TK1；TU99；V231.1
D 快速燃烧技术
闪燃
闪速燃烧
瞬变燃烧
瞬态燃烧
S 燃烧*

快速燃烧技术
Y 快速燃烧

快速扫雷系统
quick minesweeping systems
TJ518
S 扫雷系统
Z 武器系统

快速摄影
Y 摄影

快速摄影机
Y 高速摄像机

快速停堆
Y 紧急停堆

快速突击车
quick assault vehicle
TJ811
S 突击车
Z 军用车辆

快速中子堆
Y 快堆

快速中子反应堆
Y 快堆

快增殖堆
Y 快堆

快增殖反应堆
Y 快堆

快中子堆
Y 快堆

快中子反应堆
Y 快堆

快中子裂变因子
fast fission factor
TL32
D 快裂变因子
S 因子*
C 快堆
增殖系数

快中子临界装置
fast critical assembly
TL4
S 实验堆
Z 反应堆

快中子脉冲堆
fast neutron pulsed reactor
TL4
D FBRF 堆
快中子脉冲堆装置
快中子脉冲反应堆
脉冲中子堆
S 脉冲堆
Z 反应堆

快中子脉冲堆装置
Y 快中子脉冲堆

快中子脉冲反应堆

Y 快中子脉冲堆

快中子谱仪
Y 中子谱仪

快中子探测
fast neutron detection
TL8
S 中子探测
Z 探测

快中子探测器
Y 中子探测器

快中子增殖堆
Y 快堆

快中子增殖堆(快堆)
Y 快堆

快中子增殖反应堆
Y 快堆

快中子增殖型堆
Y 快堆

快中子照相
fast neutron radiography
TL99
S 拍摄技术*

宽带条伞
Y 盘缝带伞

宽带通信卫星
Y 通信卫星

宽度自动控制
Y 自动控制

宽机身
wide fuselages
V223
S 机身*
C 宽体飞机
运输机

宽机身飞机
Y 宽体飞机

宽体飞机
wide-bodied aircraft
V271
D 宽机身飞机
宽体机
宽体客机
S 飞机*
C 宽机身
旅客机
运输机

宽体机
Y 宽体飞机

宽体客机
Y 宽体飞机

宽弦风扇叶片
wide-chord fan blades
TH13；V232.4
S 风机叶片
Z 叶片

矿藏开采
Y 采矿

矿层开采
Y 采矿

矿产开采
Y 采矿

矿床开采
Y 采矿

矿床开采技术
Y 采矿

矿床开发
Y 采矿

矿区开采
Y 采矿

矿区开发
Y 采矿

矿山采矿
Y 采矿

矿山开采
Y 采矿

矿山开发
Y 采矿

矿物开采
Y 采矿

矿物特性*
Mineral properties
TE1
F 燃油热稳定性
C 工程性能

矿业开采
Y 采矿

昆虫飞行
insect flight
V323
S 航空飞行
Z 飞行

捆绑火箭
strap-on rocket
V475.1
D 捆绑式火箭
S 捆绑式运载火箭
Z 火箭

捆绑式火箭
Y 捆绑火箭

捆绑式运载火箭
strap-on launch vehicle
V475.1
D 并联式运载火箭
S 多级运载火箭
F 捆绑火箭
Z 火箭

扩爆管
Y 传爆管

扩频测控
spread spectrum measurement and control
V556
S 航天测控
Z 测控

扩散*
diffusion
ZT5
D 扩散处理
扩散现象
扩散行为
伪扩散
F 核扩散
C 扩散层 →(3)
扩散炉 →(5)
渗透 →(1)(2)(3)(9)(10)(11)
四角切圆锅炉 →(5)

扩散长度
diffusion length
TL3
S 长度*

扩散常数
Y 扩散系数

扩散处理
Y 扩散

扩散段
Y 扩压段

扩散分离器
diffusion separators
TL35
D 扩散机
S 分离设备*
C 扩散膜

扩散机
Y 扩散分离器

扩散剂
Y 分散剂

扩散膜
diffusion barriers
TL
S 膜*
C 扩散分离器
气相扩散 →(3)(9)

扩散喷管
effuser
V232.97
D 发散喷管
扩张型喷管
S 喷管*
C 扩压段

扩散式燃烧器
Y 燃烧器

扩散系数*
diffusion coefficients
O4；TQ0
D 扩散常数
F 紊流扩散系数
涡流扩散系数
C 系数

扩散现象
Y 扩散

扩散行为
Y 扩散

扩散源
diffuse source
TJ0；TN3
S 污染源*

扩压段
expansion section
TH13；V211.74
D 扩散段
S 风洞部件*
C 扩散喷管
扩压器

扩压器
diffuser
TH13；TH4；TK0；V232
S 发动机零部件*
F 超声速扩压器
排气扩压器
突扩扩压器
无叶扩压器
C 扩压段
预旋角度 →(4)

扩压叶栅
diffuser grid
TH13；TK0；V232
S 叶栅*
F 环型扩压叶栅
C 弯掠叶片
叶片扩压器 →(4)

扩展比例导引
expanded proportion guidance
TJ765；V249.3；V448
D 扩展比例导引律
S 比例导引
Z 导引

扩展比例导引律
Y 扩展比例导引

扩张激波管
Y 激波管

扩张型喷管
Y 扩散喷管

垃圾处理设施*
waste treatment facility
TU99；X7
D 废物处理设施
废物处置体系
F 放射性废物设施
C 废物处理
废物处理工厂 →(13)
环保设施 →(2)(3)(4)(5)(8)(11)(13)
回收装置 →(2)(3)(4)(5)(9)(10)(11)(12)(13)

拉德
Y 辐射剂量

拉发火手榴弹
activating firing hand grenade
TJ511
D 摩擦发火手榴弹
S 手榴弹
C 拉发引信
Z 榴弹

拉发延期雷管
Y 延期雷管

拉发引信
pull-friction fuze
TJ432
S 触发引信
C 拉发火手榴弹
Z 引信

拉伐尔喷管
Y 拉瓦尔喷管

拉伐尔喷嘴
Y 拉瓦尔喷嘴

拉杆机构
Y 闭锁装置

拉缸
scuffing of cylinder bore
V23
D 拉缸(汽车)
拉缸现象
S 发动机故障*

拉缸(汽车)
Y 拉缸

拉缸现象
Y 拉缸

拉海德过程
Y 核燃料后处理

拉降
haul-down
V32
S 飞机着陆
C 直升机
Z 操纵

拉降牵引系统
Y 拉降装置

拉降装置
haul-down systems
V226
D 拉降牵引系统
S 起落架*
C 舰上起落
直升机

拉降装置(直升机)
Y 直升机吊挂系统

拉平
flare out
V323
D 飞机拉平
着陆拉平
S 航空飞行
C 拉平控制
着陆
Z 飞行

拉平操纵
Y 拉平控制

拉平控制
flare control
V249.1
D 飞机拉平控制
拉平操纵
着陆拉平控制
S 着陆控制
C 拉平
自动拉平控制系统
Z 飞行控制

拉瓦尔喷管
Laval nozzle
V431
D Laval 喷管
拉伐尔喷管
收扩喷管
收敛-扩散喷管
收敛-扩张喷管
拫瓦尔喷管
S 超音速喷管
C 高超音速喷管
拉瓦尔喷嘴
Z 喷管

拉瓦尔喷头
Y 拉瓦尔喷嘴

拉瓦尔喷嘴
Laval spray nozzle
TH13；TK2；V232
D Laval 喷嘴
拉伐尔喷嘴
拉瓦尔喷头
拉乌尔喷头
S 喷嘴*
C 拉瓦尔喷管

拉乌尔喷头
Y 拉瓦尔喷嘴

拉烟
Y 飞机尾迹

来福线
Y 膛线

来复枪
Y 步枪

来复线
Y 膛线

来流
incoming flow
O3；V211
D 入流
S 流体流*
F 动力入流
动态入流

来流攻角
Y 攻角

莱塞高度表
Y 激光高度表

莱塞陀螺仪

Y 激光陀螺仪

铼同位素
rhenium isotopes
O6；TL92
S 同位素*

兰州重离子加速器
Lanzhou heavy ion accelerator
TL5
S 重离子加速器
Z 粒子加速器

拦击
Y 拦截

拦击机
Y 截击机

拦截*
interception
E；TJ76；TJ86
D 截击
拦击
拦截方法
拦截方式
F 导弹拦截
拦污
C 突防

拦截成功率
interception successful rate
TJ76；TJ86
S 拦截能力
C 拦截概率
Z 战术技术性能

拦截弹
Y 反导弹导弹

拦截弹道
intercept trajectory
TJ76；TJ86
D 截击弹道
S 导弹弹道
C 反导弹导弹
拦截模型
Z 弹道

拦截导弹
Y 反导弹导弹

拦截方法
Y 拦截

拦截方式
Y 拦截

拦截概率
interception probability
TJ76；TJ86
D 拦截几率
S 概率*
C 导弹拦截
拦截成功率
目标拦截 →(7)

拦截高度
interception altitude
TJ76；TJ86
S 高度特性
拦截能力
Z 时空性能
数学特征
战术技术性能

拦截轨道
interception orbits
V529
S 航天器轨道
Z 飞行轨道

拦截机
Y 截击机

拦截几率
Y 拦截概率

拦截精度
interception accuracy
TJ76；TJ86
S 拦截能力
Z 战术技术性能

拦截距离
intercept range
TJ76；TJ86
S 拦截能力
Z 战术技术性能

拦截空域
interception airspace
V355
D 杀伤空域
S 空域*
C 防空导弹
截击机

拦截模型
interception model
TJ76；TJ86
S 模型*
C 拦截弹道

拦截能力
intercepting capability
TJ76；TJ86
S 战术技术性能*
F 拦截成功率
拦截高度
拦截精度
拦截距离
拦截适宜性
C 导弹拦截

拦截器
interception vehicles
TJ86；V47
D 拦截武器
S 航天武器*
F 动能拦截器
空间拦截器

拦截试验
interception test
TJ01；TJ86
S 武器试验*
F 导弹拦截试验

拦截适宜性
interception suitability
TJ76；TJ86
S 拦截能力
适性*
Z 战术技术性能

拦截卫星
Y 反卫星卫星

拦截武器
Y 拦截器

拦截系统
barrier system
E；V44
S 防御系统*
F 导弹拦截系统

拦截效能
intercepting effectiveness
TJ76；TJ86
S 效能*

拦污
drain grating
TL94；TS97；TV6
S 拦截*
C 去污
水电站 →(11)

拦阻
Y 拦阻装置

拦阻布雷
Y 机械布雷

拦阻钩
Y 拦阻装置

拦阻射击
barrage fire
TJ3
D 弹幕射击
S 火炮射击
Z 射击

拦阻网
Y 拦阻装置

拦阻系统
Y 拦阻装置

拦阻装置
arrester
V226
D 飞机拦阻
飞机拦阻设备
飞机拦阻系统
机场拦阻设备
拦阻
拦阻钩
拦阻网
拦阻系统
拦阻装置系统
着陆钩
阻挡装置
阻拦网
阻拦装置
S 设备*
C 阻力伞

拦阻装置系统

Y 拦阻装置

拦阻着舰
Y 着舰

蓝银幕合成摄影
Y 摄影

镧 142
Y 镧-142

镧-142
lanthanum 142
O6；TL92
D 镧 142
S 负β衰变放射性同位素
镧同位素
小时寿命放射性同位素
Z 同位素

镧同位素
lanthanum isotopes
O6；TL92
S 同位素*
F 镧-142

捞救
Y 救生

老化管理
Y 老化控制

老化控制
aging control
TL3
D 老化管理
S 控制*
C 设备控制 →(4)(8)

老化台
Y 寿命试验台

老龄飞机
aging aircraft
V271
D 老龄化飞机
S 飞机*
C 飞机延寿

老龄化飞机
Y 老龄飞机

雷测弹道
Y 外弹道

雷测系统
Y 雷达测量系统

雷场
Y 地雷场

雷达*
radar
TN95
D 雷达设备
雷达系统
雷达侦察系统
雷达装备
F 测云雷达
地形回避跟踪雷达
对空情报雷达
二次监视雷达
航天雷达
机场监视雷达
机载雷达
星载 ScanSAR
星载成像雷达
星载干涉 SAR
星载激光雷达
星载寄生式 SAR
星载双基地雷达
星载双站合成孔径雷达
星载相控阵雷达
指挥引导雷达
C 雷达结构 →(7)
雷达控制
雷达盲区 →(7)
相参性 →(7)

雷达波隐身
Y 雷达隐身技术

雷达波智能隐身
radar wave intelligent stealth
V218
S 雷达隐身技术
Z 隐身技术

雷达舱
radar module
V223
D 末制导雷达舱
S 控制舱
Z 舱

雷达操纵
Y 雷达控制

雷达测高计
Y 雷达高度表

雷达测高仪
Y 雷达高度表

雷达测距
radar ranging
P2；V243
D 无线电测距
S 测距*
C 雷达高度表

雷达测量系统
radar measurement system
V243.2
D 雷测系统
S 测量系统*

雷达成像卫星
radar imaging satellite
V474
D 合成孔径雷达侦察卫星
S 电子侦察卫星
Z 航天器
卫星

雷达成像侦察卫星
radar imaging reconnaissance satellite
V474
S 成像侦察卫星
Z 航天器
卫星

雷达导引头
radar seeker
TJ765；V448
D 雷达寻的装置
雷达引导头
相控阵雷达导引头
S 导引头
F 被动单脉冲导引头
被动雷达导引头
毫米波导引头
主动雷达导引头
Z 制导设备

雷达反射器
radar reflector
TN95；U6；V243
S 反射器*

雷达反隐身
radar anti-stealth
TN97；V218
D 反雷达隐身
S 反隐身
C 隐身雷达 →(7)
Z 隐身技术

雷达高度表
radar altimeter
TH7；V241.42；V441
D 雷达测高计
雷达测高仪
雷达高度计
无线电测高计
无线电测高仪
S 高度表
F 脉冲雷达高度表
C 雷达测距
雷达测量 →(7)
Z 测绘仪
航空仪表

雷达高度计
Y 雷达高度表

雷达管制
radar control
V355
S 空中交通管制
C 程序管制
Z 交通控制

雷达轰炸瞄准具
Y 航空瞄准具

雷达轰炸系统
Y 轰炸导航系统

雷达回波模拟器
Y 雷达目标模拟器

雷达火力控制
radar fire control
V24
S 火力控制
雷达控制
Z 军备控制

雷达监视
radar surveillance
TN95；V249.3

S 监视*

雷达进场管制
Y 雷达进场控制

雷达进场控制
radar approach control
V249.1
D 雷达进场管制
雷达进场指挥
S 进场控制
雷达控制
Z 飞行控制
控制

雷达进场指挥
Y 雷达进场控制

雷达控制
radar control
TP1；V355
D 雷达操纵
S 控制*
F 雷达火力控制
雷达进场控制
雷达着陆控制
C 空中交通管制
雷达
雷达遥感 →(8)

雷达模拟训练
radar simulation training
V32
S 训练*

雷达目标仿真器材
Y 雷达目标模拟器

雷达目标模拟器
radar target simulator
TN95；V216
D 雷达回波模拟器
雷达目标仿真器材
雷达目标位置模拟器
S 模拟器*
C 雷达目标模拟 →(1)

雷达目标探测
Y 雷达探测

雷达目标位置模拟器
Y 雷达目标模拟器

雷达散射特性
radar scattering characteristics
TN95；V243.2
S 物理性能*

雷达设备
Y 雷达

雷达探测
radar sounding
TN95；V249.3
D 雷达目标探测
雷达探测技术
S 无线电探测
C 雷达扫描 →(7)
雷达探测距离 →(7)
Z 探测

雷达探测技术
Y 雷达探测

雷达探雷
radar detection
TJ517
S 探雷*

雷达卫星
radar satellite
V474
D 雷达遥感卫星
S 遥感卫星
F 合成孔径雷达卫星
Z 航天器
卫星

雷达系统
Y 雷达

雷达信标
Y 雷达应答信标

雷达信标系统
radar beacon system
V355
S 空中交通系统
C 雷达应答信标
信标防撞系统
Z 交通运输系统

雷达寻的装置
Y 雷达导引头

雷达遥感卫星
Y 雷达卫星

雷达引导头
Y 雷达导引头

雷达引信
radar fuze
TJ434
D 比相雷达引信
复合调制雷达引信
脉冲雷达引信
噪声雷达引信
S 无线电引信
F 伪码引信
Z 引信

雷达隐身
Y 雷达隐身技术

雷达隐身技术
radar stealth technology
TN97；V218
D 雷达波隐身
雷达隐身
S 隐身技术*
F 雷达波智能隐身
C 雷达对抗 →(7)
隐身雷达 →(7)

雷达应答标
Y 雷达应答信标

雷达应答器信标
Y 雷达应答信标

雷达应答信标
radar responder beacon
TN95；U6；V249.3
D 雷达信标
雷达应答标
雷达应答器信标
雷达指向标
应答器信标
S 导航设备*
C 雷达信标系统
应答信号 →(7)

雷达侦察机
radar reconnaissance receiver
V271.46
D 雷达侦察接收机
雷达侦察仪
S 侦察机
C 雷达侦察 →(7)
Z 飞机

雷达侦察接收机
Y 雷达侦察机

雷达侦察卫星
radar reconnaissance satellite
V474
S 侦察卫星
Z 航天器
卫星

雷达侦察系统
Y 雷达

雷达侦察仪
Y 雷达侦察机

雷达指向标
Y 雷达应答信标

雷达制导
radar guidance
TJ765；V448
D 雷达自动寻的
S 无线电制导
C 雷达导航 →(7)
Z 制导

雷达装备
Y 雷达

雷达着陆控制
radar landing control
V249.1
S 雷达控制
着陆控制
C 进场控制
Z 飞行控制
控制

雷达自动寻的
Y 雷达制导

雷道克斯过程
Y 核燃料后处理

雷电电磁脉冲
lightning electromagnetic pulse
TL91
D 防雷击电磁脉冲
S 脉冲*

C 雷电电磁场 →(5)

雷管
detonator
TJ452
D 凹底雷管
爆破雷管
S 引爆火工品
F 半导体桥雷管
冲击片雷管
电雷管
毫秒导爆管雷管
火焰雷管
激光雷管
小型雷管
延期雷管
引信雷管
针刺雷管
C 导爆索
起爆药 →(9)
Z 火工品

雷管电性能
Y 电性能

雷管起爆感度
detonator initiation sensitivity
TJ452
S 火工品感度
起爆感度
Z 感度

雷击试验
Y 避雷试验

雷诺数
Reynolds number
V211
D 雷诺数修正
S 无量纲数*
F 低雷诺数
高雷诺数
临界雷诺数
C 边界层流
边界层转捩
格拉晓夫数

雷诺数效应
Reynolds number effect
V211
D 气动比例效应
气动力比例效应
S 气动效应*
C 激波边界层干扰

雷诺数修正
Y 雷诺数

雷诺应力
Reynolds stress
O3；V211
D 湍流黏性应力
湍流应力
紊动应力
涡动切应力
S 应力*

雷群
Y 地雷群

雷射高度表
Y 激光高度表

雷射陀螺仪
Y 激光陀螺仪

雷体
naval mine body
TJ61
D 水雷壳体
水雷雷体
S 水雷部件*

雷头
torpedo head
TJ63
D 鱼雷前段
S 鱼雷部件*

雷引信
Y 地雷引信

镭-226
radium-226
O6；TL92
S 碳-14 衰变放射性同位素
Z 同位素

镭同位素
radium isotopes
TL92
S 碱土金属同位素
C 亲骨同位素
Z 同位素

累积剂量
cumulative dose
TL7
S 辐射剂量
Z 剂量

累计式测量仪器
Y 测量仪器

肋板绕流
rib plate flow around
V211
S 绕流
Z 流体流

类乘波飞行器
kind of waverider aircraft
V27
D 类乘波体飞行器
S 乘波飞行器
Z 飞行器

类乘波体飞行器
Y 类乘波飞行器

棱柱体
prismoid
V221
S 几何形体*

冷兵器*
cold weapon
TJ28
F 匕首
刺刀
弓弩
军刀
C 武器

冷藏舱
refrigerated compartment
V223
D 冷藏货舱
S 舱*

冷藏电器
Y 冷却装置

冷藏货舱
Y 冷藏舱

冷藏用电器
Y 冷却装置

冷冻电器
Y 冷却装置

冷冻风洞
Y 低温风洞

冷冻器具
Y 冷却装置

冷冻设备
Y 冷却装置

冷冻推进剂
Y 低温推进剂

冷发射
cold launching
TJ76；V55
D 空气发射
外力发射
S 导弹发射
Z 飞行器发射

冷反光镜
Y 反射镜

冷反射镜
Y 反射镜

冷废液
Y 废液

冷风洞
Y 低温风洞

冷风冷却
Y 气体冷却

冷氦增压
cold helium pressurization
V430
S 增压*

冷剂
Y 冷却介质

冷空气冷却
Y 气体冷却

冷流实验
Y 冷流试验

冷流试验
cold-flow test
V211.7

D 冷流实验
S 气动力试验*
C 冷流道 →(3)(9)

冷凝器（用冰）
Y 冰凝汽器

冷凝水回收
condensation water recovery
TL33
D 凝结水回收
S 回收*

冷喷流试验
Y 喷流试验

冷屏
cold shield
TP7；V447.1
S 显示屏*

冷起动能力试验
Y 起动试验

冷起动试验
Y 起动试验

冷气掺混
cooling air mixing
V23
S 气体*

冷气冷却
Y 气体冷却

冷气喷射
cold gas injection
V231
S 喷气
Z 喷射

冷气射流
cool air jet
V211
S 射流*

冷气推进系统
cold gas propulsion system
V43
S 推进系统*

冷气系统
Y 气动系统

冷气作动筒
Y 气动舵机

冷却*
cooling
TB6
D 高效冷却
冷却处理
冷却法
冷却方法
冷却方式
冷却工艺
冷却过程
冷却技术
冷却降温
冷却形式
F 薄膜冷却
电子冷却
发汗冷却
复合冷却
气膜冷却
气体冷却
热管冷却
随机冷却
外冷却
液膜冷却
液体冷却
再生冷却
致密多孔壁冷却
致密微孔壁冷却
C 珩磨油 →(2)(4)
结冰
冷凝 →(1)(3)(9)(11)
冷却喷嘴
冷却时间 →(1)
冶金冷却 →(3)
制冷 →(1)(4)(5)(10)(11)

冷却储存环
cooling storage ring
TL594
D 冷却存储环
冷却贮能环
S 储存环*

冷却处理
Y 冷却

冷却存储环
Y 冷却储存环

冷却段
cooling section
TH13；V211.74
S 风洞部件*

冷却法
Y 冷却

冷却方法
Y 冷却

冷却方式
Y 冷却

冷却工艺
Y 冷却

冷却管道
cooling pipe
TL3
S 管道*

冷却过程
Y 冷却

冷却技术
Y 冷却

冷却剂
Y 冷却介质

冷却剂分流循环
Y 开式循环

冷却剂净化系统
coolant-purification system
TL35
S 一回路系统
C 离心萃取器 →(9)
去污
提纯 →(2)(3)(7)(9)(10)
Z 反应堆部件

冷却夹套
Y 冷却装置

冷却降温
Y 冷却

冷却介质*
cooling medium
TB6
D 冷剂
冷却剂
冷却液
冷却油
载冷剂
致冷剂
F 反应堆冷却剂
C 反应堆材料
反应堆冷却剂系统
介质 →(1)(2)(3)(4)(5)(7)(9)(11)
矿物油 →(2)
冷却水槽 →(11)
失水事故
制冷剂 →(1)

冷却净化器
Y 冷却装置

冷却喷嘴
cooling jet
TH13；TK2；V232
S 喷嘴*
C 冷凝装置 →(9)
冷却

冷却片
Y 冷却叶片

冷却设备
Y 冷却装置

冷却系统（裂变堆）
Y 反应堆冷却剂系统

冷却形式
Y 冷却

冷却叶片
cooling fin
TH13；V232.4
D 层板冷却叶片
冷却片
散热肋
散热片
S 叶片*
F 空冷叶片
气膜冷却叶片
C 冷风机 →(4)

冷却液
Y 冷却介质

冷却油
Y 冷却介质

冷却贮能环

Y 冷却储存环

冷却装置*
chiller
TB6；TG2
D 活塞式制冷装置
冷藏电器
冷藏用电器
冷冻电器
冷冻器具
冷冻设备
冷却夹套
冷却净化器
冷却设备
冷源设备
螺杆式制冷装置
强制冷却装置
竖式冷却器
双盘冷却机
推动算式冷却机
畜冰设备
循环水冷却装置
圆盘冷却机
制冰设备
制冷机械
制冷器具
制冷设备
制冷装置
致冷设备
致冷系统
F 冰凝汽器
涡轮冷却器
C 冰箱 →(1)(5)(10)
除霜控制 →(8)
冷风机 →(4)
冷凝液 →(9)
冷却系统 →(1)
冷却元件 →(1)
冷热水机组 →(1)(4)(11)
温控装置 →(1)(4)(5)(8)
循环液 →(9)
制冷 →(1)(4)(5)(10)(11)
制冷剂 →(1)

冷试验
Y 冷态试验

冷态实验
Y 冷态试验

冷态试验
cold test
TL27
D 冷试验
冷态实验
S 试验*

冷停堆
cold shutdown
TL4
S 停堆
Z 运行

冷源设备
Y 冷却装置

离地速度
unstick speed
V32
D 飞行器离地速度
离陆速度
起飞离地速度
S 起飞速度
C 起落
Z 飞行参数
航行诸元

离轨
deorbit
V52
D 离轨参数
C 火箭弹
空间碎片
脱轨 →(2)(12)

离轨参数
Y 离轨

离轨控制
from orbit control
V448.22
S 轨道控制
Z 轨迹控制

离轨姿态
deorbit attitude
V212
S 轨道姿态
卫星姿态
Z 姿态

离陆速度
Y 离地速度

离散杆战斗部
discontinuous rod warhead
TJ41；TJ76
S 杆式战斗部
Z 战斗部

离散滑模变结构控制
discrete sliding mode variable structure control
V249.1
S 滑模变结构控制
环路控制*
开闭环控制*
鲁棒控制*
数学控制*
Z 飞行控制
结构控制
模态控制
自动控制

离体辐照
Y 体外辐照

离线测试
off-line test
TB4；V21
S 测试*

离心泵叶片
blade of centrifugal pump
TH13；V232.4
S 叶片*
C 离心风机 →(4)

离心法
Y 离心分离

离心分离
centrifugal separation
TL2；TQ0
D 离心法
离心分离法
S 分离*
F 超离心法
气体离心法
C 化学纤维器材 →(9)
离心萃取 →(9)
离心机
离心流化床 →(9)
同位素分离

离心分离法
Y 离心分离

离心分离机
Y 离心机

离心分离器
Y 离心机

离心分离设备
Y 离心机

离心分选器
Y 离心机

离心风扇
centrifugal fan
V232.93
D 离心扇
离心式风扇
S 风扇*
C 高速电机 →(5)
离心风机 →(4)

离心工厂
Y 离心浓缩厂

离心过滤机
centrifugal filters
TD4；TL3
D 回转斗式过滤器
离心过滤器
螺旋离心过滤机
S 过滤装置*

离心过滤器
Y 离心过滤机

离心机
centrifugal machine
TL2；TQ0
D 离心分离机
离心分离器
离心分离设备
离心分选器
离心机技术
离心机械
离心设备
离心式分离器
离心式选粉机
螺旋分离器
螺旋分选器
螺旋离心机
螺旋式离心机

密闭离心机
旋转式分离器
载人离心机
S 分离设备*
F 超级离心机
等离子体离心机
气体离心机
C 分级机 →(2)(9)
过滤器 →(9)
离心萃取 →(9)
离心萃取器 →(9)
离心分离
离心过滤 →(9)
离心式压缩机 →(4)
旋流分离 →(9)
重力分离 →(9)
转鼓 →(2)(4)(10)
转鼓壁厚 →(4)

离心机技术
Y 离心机

离心机械
Y 离心机

离心机训练
centrifuge training
V32
S 抗荷训练
C 离心应激
Z 航空航天训练

离心级联
centrifuge cascade
TL2
S 级联
Z 连接

离心空压机
Y 离心压气机

离心模拟试验
centrifugal simulation experiment
V216
S 力学试验*
模拟试验*
C 离心模拟 →(1)

离心浓缩厂
centrifuge enrichment plant
TL2
D 超离心加浓厂
离心工厂
离心浓缩工厂
浓缩厂(超离心)
浓缩厂(离心)
浓缩厂(气体扩散)
S 同位素分离工厂
C 超离心法
气体离心法
气相扩散 →(3)(9)
Z 设施

离心浓缩工厂
Y 离心浓缩厂

离心喷咀
Y 离心喷嘴

离心喷嘴
centrifugal nozzle
TH13；TK2；V232
D 单路离心喷嘴
离心喷咀
离心式喷嘴
双路离心喷嘴
S 喷嘴*
C 离心泵 →(4)
离心喷射沉积 →(3)
离心喷雾干燥 →(9)
离心式喷注器
离心涂装 →(9)

离心扇
Y 离心风扇

离心设备
Y 离心机

离心式分离器
Y 离心机

离心式风扇
Y 离心风扇

离心式空压机
Y 离心压气机

离心式喷注器
centrifugal injector
V431
S 喷注器*
C 离心喷嘴

离心式喷嘴
Y 离心喷嘴

离心式选粉机
Y 离心机

离心式压气机
Y 离心压气机

离心压气机
centrifugal-flow compressor
TH4；V232
D 超声速压气机
超音速压气机
单侧离心压气机
高压比离心压气机
离心空压机
离心式空压机
离心式压气机
S 压缩机*
C 高压风机 →(4)
离心风机 →(4)

离心应激
centrifuging stress
R；V32；V52
S 加速度应激
C 航天飞行应激
离心机训练
Z 应激

离心自毁
centrifugal self destroying
TJ76；V55
S 导弹自毁
C 时间精度 →(1)
Z 自毁

离轴发射
off-boresight launching
TJ76；V55
D 前置点发射
前置发射
提前发射
S 空空导弹发射
Z 飞行器发射

离子波不稳定性
Y 离子不稳定性

离子不稳定性
ionic unstability
O4；TL61
D 离子波不稳定性
S 化学性质*
稳定性*
F 离子俘获不稳定性
耦合束团不稳定性
束流崩溃不稳定性

离子发动机
ion engine
V439
D 静电发动机
静电火箭发动机
离子火箭
离子火箭发动机
S 电火箭发动机
F 射频离子发动机
氙离子火箭发动机
C 电热火箭发动机
Z 发动机

离子俘获不稳定性
ion-trapping instability
TL5
S 离子不稳定性
Z 化学性质
稳定性

离子回旋加热
Y ICRF 加热

离子回旋加速器
ion cyclotron
TL5
S 回旋加速器
离子加速器
Z 粒子加速器

离子火箭
Y 离子发动机

离子火箭发动机
Y 离子发动机

离子剂量学
ion dosimetry
TL7
S 剂量学*
C 离子探测

离子加速器
ion accelerators
TL5
S 粒子加速器*

F 离子回旋加速器
强流离子加速器
重离子加速器

离子交换*
ion exchange
TQ42
D 离子交换处理
离子交换法
离子交换法处理
离子交换工艺
离子交换技术
离子置换
F 无机离子交换
阴离子交换
C 电解质 →(1)(3)(5)(9)
分离
高能离子法 →(11)
离子传递 →(9)
离子交换容量 →(9)
离子交换设备 →(9)
离子交换纤维 →(9)(10)
离子膜 →(1)
脱盐 →(3)(10)
预洗 →(3)(10)

离子交换处理
Y 离子交换

离子交换法
Y 离子交换

离子交换法处理
Y 离子交换

离子交换工艺
Y 离子交换

离子交换技术
Y 离子交换

离子能谱
ion energy spectrum
O4；TH7；TL81
S 能谱
Z 谱

离子束靶
ion beam targets
TL5
S 靶*
C 惯性约束
激光靶

离子束分析
ion beam analysis
O4；O6；TL8
S 物理分析*

离子束风洞
Y 低密度风洞

离子束聚变堆
ion beam fusion reactors
TL63；TL64
D 离子束聚变装置
离子束型堆
S 热核堆
C 惯性聚变驱动器
惯性约束聚变装置
粒子束聚变加速器
Z 反应堆

离子束聚变装置
Y 离子束聚变堆

离子束型堆
Y 离子束聚变堆

离子束注入
ion beam implantation
TL5
S 束注入
C 半导体工艺
Z 注入

离子探测
ion detection
TL8
S 带电粒子探测
C 离子剂量学
Z 探测

离子探测器
ion detector
TH7；TL8
D 离子注入探测器
S 辐射探测器
F 重离子探测器
Z 探测器

离子推进
ion propulsion
V43
S 推进*
C 等离子体推进
离子推力器

离子推进技术
ion propulsion technology
V43
S 推进技术
Z 航空航天技术

离子推进器
Y 离子推力器

离子推进系统
ion propulsion systems
V43
S 推进系统*

离子推力器
ion thruster
V434
D 离子推进器
S 推进器*
F 脉冲等离子体推力器
微波等离子推力器
C 离子推进

离子微孔膜
ion microporous membrane
TL5；TL99
S 膜*
微孔材料*

离子置换
Y 离子交换

离子注入探测器
Y 离子探测器

礼花
Y 礼花弹

礼花弹
display shell
TJ412
D 礼花
礼花弹壳
礼炮弹
S 特种炮弹
C 礼炮
Z 炮弹

礼花弹壳
Y 礼花弹

礼炮
gun salute
TJ399
S 火炮
C 礼花弹
Z 武器

礼炮弹
Y 礼花弹

里程计数器
Y 计数器

里程记数器
Y 计数器

理化检测*
physical and chemical detection
TS2
D 理化检验
理化性能检验
F 射线检测
C 检测

理化检验
Y 理化检测

理化试验设备
Y 试验设备

理化性能检验
Y 理化检测

理论*
theory
ZT0
F 空间理论
流动理论
气动理论
燃烧理论
输运理论
维修理论
细长体理论
小扰动理论
C 工程理论
机理
建筑理论 →(11)
原理

理论空气
Y 理论空气量

理论空气动力学

theoretical aerodynamics
V211
S 空气动力学
Z 动力学
科学

理论空气量
theoretical air
V430
D 理论空气
S 数量*
C 燃烧

理论升限
Y 静升限

理论推力系数
Y 推力系数

理论脱靶量
Y 脱靶量

理想爆震
Y 爆震

理想单兵战斗武器
ideal individual combat weapons
E；TJ0
D 理想单兵作战武器
S 单兵武器
Z 轻武器

理想单兵作战武器
Y 理想单兵战斗武器

理想弹道
ideal trajectory
TJ0；TJ760.1
S 外弹道
Z 弹道

理想压缩机
Y 压缩机

理学性能
Y 力学性能

锂冷堆
lithium cooled reactors
TL4
D 锂冷却堆
S 液态金属冷却堆
F 锂冷却快堆
Z 反应堆

锂冷却堆
Y 锂冷堆

锂冷却快堆
lithium cooled fast reactor
TL4
S 锂冷堆
Z 反应堆

锂铅包层
lithium lead cladding
TL6
S 表层*

锂同位素
lithium isotopes
O6；TL92
S 同位素*

力*
force
O3
F 爆炸力
电弧推力
后坐力
升力
微重力
月球引力
C 紧固力 →(1)(2)(3)(4)
抗力 →(1)(2)(3)(4)(11)
拉力 →(1)(2)(3)(4)(5)(7)(11)
内力
强力 →(10)
切削力 →(3)(4)
推力
压力
应力
预应力 →(1)(2)(11)(12)
张力 →(1)(2)(3)(4)(5)(10)(11)(12)
阻力

力测量
Y 力学测量

力测量仪表
Y 力学测量仪器

力测量装置
Y 力学测量仪器

力测试
Y 力学测量

力矩控制陀螺
Y 控制力矩陀螺

力矩平衡姿态
torque equilibrium attitude
V212
S 姿态*

力矩陀螺
Y 力矩陀螺仪

力矩陀螺仪
moment gyros
V241.5；V441
D 力矩陀螺
S 陀螺仪*
F 控制力矩陀螺

力控制系统*
force control system
TH13；TP2
F 气动控制系统
压力控制系统
C 控制系统

力特性
Y 力学性能

力学测量*
mechanical measurement
TB1；TB9；TH11
D 测力
力测量
力测试
力学测试
力学量测量
力值测量
F 动力测试
飞行载荷测量
微推力测量
C 测量
力学测量仪器
力学试验

力学测量仪表
Y 力学测量仪器

力学测量仪器*
mechanical measuring instrument
TB9；TH7
D 力测量仪表
力测量装置
力学测量仪表
力学测试仪器
力学计量仪器
力学仪器
F 惯性测量装置
C 测量仪器
力学测量
仪器 →(4)
作动器

力学测试
Y 力学测量

力学测试仪器
Y 力学测量仪器

力学环境试验
dynamic environment testing
V216
S 环境试验*
力学试验*
F 动力学环境试验

力学计量仪器
Y 力学测量仪器

力学结构*
mechanics structure
TU3
F 刚架式结构
柔性结构
套筒式结构
阻尼结构

力学控制*
mechanical control
TB1
F 侧力板控制
横摆力矩控制
升力控制
直接力/气动力复合控制
直接力飞行控制
直接推力控制
C 动力控制
控制
流体控制
矢量控制
速度控制
运动控制
重量控制 →(8)

力学量测量
Y 力学测量

力学模型*
mechanical model
O3
F 等效力学模型
动力分析模型
动力计算模型
飞行动力学模型
分形布朗运动模型
气动模型
扰动模型
推力模型
尾流模型
亚网格 EBU 燃烧模型
转捩模型
C 模型
水文水力学模型 →(5)(7)(8)(11)

力学试验*
mechanical testing
O3
D 力学性能实验
力学性能试验
力学性试验
F 机载试验
加力试验
静动力试验
离心模拟试验
力学环境试验
疲劳试验
强度试验
拖曳试验
振动试验
C 加载性能 →(1)
力学测量
摩擦试验 →(1)(3)(4)
试验

力学特性
Y 力学性能

力学特征
Y 力学性能

力学系统*
mechanical system
O3
F 飞机运动系统
惯性系统
气动弹性系统
气动压力伺服系统
有效载荷系统
载荷稳定系统
增压系统
C 动力系统
气体系统
系统

力学性
Y 力学性能

力学性能*
mechanical properties
O3
D 静动力性能
理学性能
力特性
力学特性
力学特征
力学性
力学性态
力学性质
力学性状
力学作用
性能(力学)
F 颤振性能
动力稳定性
放宽静稳定性
俯仰力矩特性
空间动力特性
空气静力稳定性
耐坠毁性
气动弹性
升阻特性
水滴撞击特性
振动可靠性
C 变形
材料科学 →(1)(3)(10)
刚度 →(1)(2)(3)(4)(9)(10)(11)(12)
机械性能
机械学 →(4)(7)(8)
块体材料 →(1)
流体力学性能
纳米压痕 →(1)
破裂机理 →(4)
强度
热变形处理 →(3)(4)
性能
应变
硬度 →(1)(2)(3)(4)(9)(10)(13)

力学性能实验
Y 力学试验

力学性能试验
Y 力学试验

力学性试验
Y 力学试验

力学性态
Y 力学性能

力学性质
Y 力学性能

力学性状
Y 力学性能

力学仪器
Y 力学测量仪器

力学作用
Y 力学性能

力值测量
Y 力学测量

历史*
history
K；ZT5
F 飞行史
航空史
航天史
武器装备发展史

立靶
vertical target
TJ01
D 垂直靶
S 射击靶
Z 靶

立靶精度
vertical target accuracy
TJ01
S 精度*
C 弹道
射击精度

立靶密集度
Y 射击密集度

立靶密集度试验
Y 密集度试验

立靶散布
Y 射击密集度

立夫特山谷热病毒
Y 病毒类生物战剂

立即开伞
Y 开伞装置

立克次体
Y 立克次体类生物战剂

立克次体类生物战剂
rickettsia type biological agent
TJ93
D 立克次体
S 生物战剂
Z 武器

立式风洞
vertical wind tunnel
V211.74
D 垂直风洞
螺旋风洞
尾旋风洞
尾旋试验风洞
S 低速风洞
C 阵风风洞
Z 风洞

立式压缩机
Y 压缩机

立体瞄准具
Y 瞄准具

立体填料
Y 填料

立尾
Y 垂直尾翼

立卧转台
Y 转台

立姿自导弹射座椅
Y 弹射座椅

立姿自导式弹射座椅
Y 弹射座椅

利诺管
Y 环形加速器

沥青固化
bitumen solidification
TL941；X7
S 固化*

粒状填料
Y 填料

粒子动力学
Y 束流动力学

粒子分离器
particle separators
V232
D 速度分析器
S 分离设备*

粒子工厂
particles factories
TL57
S 粒子加速器*
F 介子工厂

粒子-核心模型
Y 粒子-核心耦合模型

粒子-核心耦合模型
particle-core coupling model
TL3
D 粒子-核心模型
粒子-转子模型
S 核模型*

粒子加速器*
accelerator
TL5
D 加速器
加速器(粒子)
加速装置
粒子加速器技术
微波加速器
粘着重量增加器
助力器
助推器
F 超导加速器
串列加速器
磁梯度加速器
低能加速器
电子加速器
电子束加速器
辐照加速器
感应加速器
高能加速器
高压加速器
轨形枪加速器
环形加速器
集团加速器
静电加速器
离子加速器
粒子工厂
粒子束聚变加速器
脉冲加速器
强流加速器
相干加速器
行波加速器
医用加速器
直线加速器
质子加速器
驻波加速器
C 摆动磁铁
储存环
电子束 →(7)
加速器结构
加速器驱动嬗变
加速器设备
脉冲功率源 →(5)
束团长度
束注入

粒子加速器技术
Y 粒子加速器

粒子径迹显象
Y 粒子探测器

粒子输运
particle transport
TL6
S 输运*
F 带电粒子输运
光子输运
中子输运

粒子束聚变加速器
particle beam fusion accelerator
TL5
S 粒子加速器*
F 电子束聚变加速器
C 离子束聚变堆

粒子束杀伤
particle beam lethality
TJ864
S 杀伤
C 粒子束武器
Z 弹药作用

粒子束武器
particle beam weapon
TJ864
D 射束武器
束能武器
S 定向能武器
C 粒子束杀伤
Z 武器

粒子探测
particle detection
TL8
D 粒子探测技术
S 辐射探测
F α 探测
β 探测
μ 介子探测
π 介子探测
带电粒子探测
中子探测
C 质子剂量学
Z 探测

粒子探测技术
Y 粒子探测

粒子探测器
particle detectors
TH7；TL8
D 粒子径迹显象
S 辐射探测器
F α 探测器
γ 探测器
高能粒子探测器
云雾室
中子探测器
Z 探测器

粒子通量密度
particle flux density
O4；TL7
S 密度*

粒子限制
Y 粒子约束

粒子约束
particle confinement
TL5；TL6
D 粒子限制
S 约束*

粒子运动
particle motion
O4；TL5
S 运动*

粒子-转子模型
Y 粒子-核心耦合模型

连发榴弹发射器
Y 自动榴弹发射器

连发射击
Y 连续射击

连环雷
concatenated mine
TJ512
S 防步兵地雷
Z 地雷

连接*
connection
TH13；TU7
D 半联接
分离接合
分离结合
接合
接合方法
接合方式
连接方式
连接工程
连接工艺
连接技术
连接体系
连接形式
连结方式
联接
联接方法
联接方式
联接技术
联接形式
联结
联结形式
绕接
衔接方式
F 航天器对接
级联
跨接

液相渗透连接
C 板式家具 →(10)
接头 →(2)(3)(4)(5)(7)(10)(11)(12)
精梳 →(10)
连接件 →(1)(3)(4)(11)(12)
连接强度 →(4)

连接半径
Y 半径

连接方式
Y 连接

连接分离机构
Y 级间分离机构

连接工程
Y 连接

连接工艺
Y 连接

连接机构
linkage gear
V526
S 机构*

连接技术
Y 连接

连接体系
Y 连接

连接形式
Y 连接

连接翼
Y 联接翼

连结方式
Y 连接

连射
Y 导弹连续发射

连身式防毒衣
Y 防毒服

连续波多普勒引信
continuous wave doppler fuze
TJ434
S 多普勒引信
Z 引信

连续波激光引信
Y 激光引信

连续发射
Y 导弹连续发射

连续辐照
Y 慢性照射

连续过滤机
continuous filter
TL3
S 过滤装置*

连续加注
Y 加注

连续监测仪
continuous monitor
TB4；TL7
S 监测仪器*

连续能谱
continuous energy spectrum
O4；TH7；TL81
S 能谱
Z 谱

连续射击
continuous firing
TJ2；TJ3
D 连发射击
S 枪械射击
Z 射击

连续线记录仪
Y 记录仪

连续行程
Y 行程

联氨发动机
Y 肼发动机

联合打击战斗机
Y 联合攻击战斗机

联合防区外发射武器
Y 联合防区外武器

联合防区外空对地导弹
out of joint sector air-to-surface missiles
TJ76；V27
D 联合空对地防区外导弹
联合空对面防区外导弹
联合空面防区外导弹
联合空面防区外发射导弹
S 空地导弹
Z 武器

联合防区外武器
joint stand-off weapon
E；TJ0
D 联合防区外发射武器
S 攻击武器
Z 武器

联合攻击战斗机
joint strike fighter
V271.41
D 联合打击战斗机
S 攻击战斗机
Z 飞机

联合空对地防区外导弹
Y 联合防区外空对地导弹

联合空对面防区外导弹
Y 联合防区外空对地导弹

联合空面防区外导弹
Y 联合防区外空对地导弹

联合空面防区外发射导弹
Y 联合防区外空对地导弹

联合实验
Y 联合试验

联合试验
combined test
TL6
D 联合实验
联试
联锁试验
S 试验*

联合通用导弹
combined general purpose missiles
TJ76
S 通用导弹
Z 武器

联合无人空战系统
Y 无人机系统

联合压缩机
Y 压缩机

联合引信
Y 复合引信

联合直接攻击弹药
joint direct attack ammunitions
TJ41
S 直接攻击弹药
Z 弹药

联接
Y 连接

联接方法
Y 连接

联接方式
Y 连接

联接技术
Y 连接

联接形式
Y 连接

联接翼
joined wings
V224
D 连接翼
S 机翼*

联接翼飞机
joined wings aircraft
V271
S 飞机*

联结
Y 连接

联结形式
Y 连接

联结翼布局
coupling wing layout
V221
S 飞机构型
Z 构型

联络滑行道
Y 机场跑道

联络机
liaison aircraft
V271.4
S 军用飞机

C 空中指挥机
通信飞机
巡逻机
预警机
Z 飞机

联燃管
Y 联焰管

联试
Y 联合试验

联锁(保安措施)
Y 保险装置

联锁试验
Y 联合试验

联网水雷
interconnected naval mines
TJ61
S 水雷*

联焰管
interconnector
V232
D 传焰管
联燃管
S 装置结构*

联运方式
Y 运输

联作工艺
Y 工艺方法

练习器
Y 训练模拟器

练习炸弹
Y 教练炸弹

炼铀
uranium mining and metallurgy
TL2
D 铀矿冶
S 有色金属冶炼*

链长精度
Y 精度

链传动机构
Y 传动装置

链路*
links
TN91
F 甚高频数据链
C 链路共享 →(7)(8)
链路聚合 →(8)
链路口 →(8)
链路利用率 →(7)
链路平衡 →(7)
链路协议 →(7)
链路状态 →(8)

链式炮
Y 自动炮

链式悬吊
Y 悬挂

链式自动机
Y 火炮自动机

良性循环处理
Y 循环

梁*
beam
TU3
D 梁单元
梁元
梁柱
F 尾梁
C 大跨度楼板 →(11)
吊车梁 →(11)
顶梁 →(11)
钢梁 →(3)(11)(12)
混凝土构造物 →(5)(11)
混凝土梁 →(11)
建筑构件 →(1)(4)(11)
框架梁 →(11)(12)
梁板柱结构 →(11)
受弯 →(11)
异形梁 →(11)(12)

梁单元
Y 梁

梁脚板
Y 板

梁式机身
Y 桁梁式机身

梁元
Y 梁

梁肘板
Y 板

梁柱
Y 梁

量测
Y 测量

量测方法
Y 测量

量测系统
Y 测量系统

量度
Y 测量

量能器
Y 能量计

量油系统
oil measuring system
V233
D 油量测量系统
S 流体系统*
C 喷油泵试验台 →(5)
油耗仪 →(4)

粮秣饮水洗消
Y 洗消

两冲程发动机
Y 二冲程发动机

两弹结合
Y 核导弹

两级分离
Y 级间分离

两级入轨
Y 入轨

两级透平
Y 二级涡轮

两级维修
Y 野战维修

两级涡轮
Y 二级涡轮

两级压缩机
Y 压缩机

两截式防毒衣
Y 防毒服

两列压缩机
Y 压缩机

两栖登陆车
amphibious vehicle
TJ811
D 履带登陆车辆
水陆空三栖汽车
水陆两栖车
水陆两栖汽车
水陆两用车
水陆两用车辆
S 突击车
Z 军用车辆

两栖飞机
Y 水陆两用飞机

两栖工程车
amphibious engineering vehicles
TJ812.2
S 工程保障车辆
Z 保障车辆

两栖攻击车
Y 两栖突击车

两栖坦克
Y 水陆坦克

两栖突击车
amphibious assault vehicles
TJ811
D 两栖攻击车
两栖装甲突击车
S 突击车
Z 军用车辆

两栖突击坦克
Y 水陆坦克

两栖战车
amphibious combat vehicle
TJ811
S 战车
Z 军用车辆
武器

两栖装甲车
amphibious armored vehicles
TJ811
D 两栖装甲装备
S 装甲车辆
Z 军用车辆

两栖装甲突击车
Y 两栖突击车

两栖装甲侦察车
amphibious armored reconnaissance vehicles
TJ81
S 装甲侦察车
Z 保障车辆
军用车辆

两栖装甲装备
Y 两栖装甲车

两栖作战武器
amphibious combat weapons
E；TJ0
S 攻击武器
Z 武器

两相爆轰
two phase detonation
O3；TQ56；V23
S 爆轰*

两相反应流
two-phase reacting flow
V211
S 流体流*

两相脉冲爆震发动机
two phase pulse detonation engine
TK0；V23
S 脉冲爆震发动机
Z 发动机

两相燃烧
two phase combustion
V231.1
S 燃烧*

两相钛合金
Y 双相钛合金

两相自然循环
two phase natural circulation
TL3
S 循环*

两用机枪
Y 通用机枪

两自由度陀螺仪
Y 二自由度陀螺仪

亮点模型
light spot model
TJ6
S 模型*

量值
Y 数值

料理
Y 处理

料位测量系统
Y 测量系统

料性
Y 材料性能

列阵
Y 阵列

列阵探测器
Y 阵列探测器

猎雷
minehunting
TJ61
S 反水雷*
扫雷*

猎雷兵器
Y 猎雷武器

猎雷具
minehunting gears
TJ61
S 猎雷武器
Z 水中武器

猎雷武器
minehunting weapon
TJ61
D 猎雷兵器
S 反水雷武器
F 猎雷具
Z 水中武器

猎雷系统
minehunting system
TJ61
S 扫雷系统
F 遥控猎雷系统
远程猎雷系统
Z 武器系统

猎枪
fowling piece
TJ279
D 麻醉枪
S 民用枪械
Z 枪械

猎枪弹
shotgun cartridge
TJ411
D 猎枪子弹
S 民用枪弹
F 霰弹
Z 枪弹

猎枪子弹
Y 猎枪弹

裂变箔探测器
Y 中子探测器

裂变材料
fissile material
TL2；TL8
D 核裂变材料
可裂变材料
裂变物质
S 核材料*
C 核材料管理
加速器增殖堆

裂变产物
fission products
O4；O6；TL32
D 残骸(核)
核裂变产物
裂片(核)
S 放射性物质*
C 安全壳
反应堆
放射性沉降物 →(13)
放射性源项
核爆炸
核燃料后处理厂

裂变产物污染物
Y 放射性沾染物

裂变弹
Y 原子弹

裂变弹头
Y 核弹头

裂变堆
Y 反应堆

裂变反应堆
Y 反应堆

裂变反应堆材料
Y 反应堆材料

裂变反应堆燃料
Y 核燃料

裂变反应堆运行
Y 反应堆运行

裂变气体
fission gas
TL3
S 气体*

裂变热电偶探测器
Y 中子探测器

裂变碎片探测
fission fragment detection
TL8
S 辐射探测
C 辐射探测器
Z 探测

裂变同位素
Y 裂片核素

裂变武器
Y 原子弹

裂变物质
Y 裂变材料

裂断
Y 断裂

裂谷热病毒
Y 病毒类生物战剂

裂片(核)
Y 裂变产物

裂片核素
fissile nuclide
O6；TL92
D 可裂变核素
可转换核素
裂变同位素
易裂变核素
S 核素*

裂纹
crack
O3；TB3；TG1；V214
D 发裂
发纹
裂纹闭合
裂纹成因
裂纹萌生
裂纹萌生寿命
裂纹起始寿命
裂纹形成
裂纹形成机理
裂纹形成寿命
裂纹愈合
裂纹原因
C 低倍缺陷 →(4)
裂缝 →(1)(2)(3)(11)(12)
裂缝参数 →(3)(11)
裂纹闭合效应 →(1)(3)
裂纹控制 →(2)(3)
裂纹扩展量 →(3)
裂纹修复 →(4)(7)
破裂机理 →(4)
随机谱

裂纹闭合
Y 裂纹

裂纹成因
Y 裂纹

裂纹扩展寿命
crack propagation life
V215
S 寿命*

裂纹萌生
Y 裂纹

裂纹萌生寿命
Y 裂纹

裂纹起始寿命
Y 裂纹

裂纹形成
Y 裂纹

裂纹形成机理
Y 裂纹

裂纹形成寿命
Y 裂纹

裂纹愈合
Y 裂纹

裂纹原因
Y 裂纹

邻近近圆轨道
Y 近圆轨道

林业飞机
forest aircraft
V271.3
D 林业用飞机
S 农林飞机
C 林业航空
Z 飞机

林业飞行
Y 林业航空

林业航空
forestry aviation
V2
D 林业飞行
S 通用航空
C 林业飞机
Z 航空航天

林业用飞机
Y 林业飞机

临界*
criticality
TL32
F 超瞬发临界
初始临界
次临界
核临界
缓发临界
外推临界
C 反应堆
几何曲率
临界质量
增殖系数

临界安全分析
analyses of criticality safety
O1；TL3
D 临界分析
S 安全分析*

临界尺寸
critical size
TL32；ZT2
D 临界大小
S 尺寸*
C 临界体积

临界大小
Y 临界尺寸

临界分析
Y 临界安全分析

临界攻角
Y 失速迎角

临界剂量
Y 剂量限值

临界开伞高度
Y 开伞高度

临界雷诺数
critical Reynolds number
V211
S 雷诺数
Z 无量纲数

临界流喷嘴
critical flow nozzle
TH13；TK2；V232
S 喷嘴*
F 临界流文丘利喷嘴
C 临界流量 →(2)
临界流流量计 →(4)
临界流速 →(11)

临界流文丘利喷嘴
critical flow venturi nozzles
TH13；TK2；V232
S 临界流喷嘴
文丘利喷嘴
Z 喷嘴

临界马赫数
critical Mach number
V211
S 马赫数
Z 无量纲数

临界倾角
critical inclination
V211
S 角*

临界实验
Y 临界试验

临界事故
Y 核临界事故

临界试验
critical experiment
TL3
D 次临界实验
临界实验
S 试验*

临界速度
critical velocity
V211
S 速度*

临界态
Y 临界状态

临界体积
critical volume
TL32
C 临界尺寸

临界系统
critical system
TL3

临界压力比
critical pressure ratio
V231
S 比*

临界迎角
critical angle of attack
V211
S 攻角
C 失速
Z 角

临界质量
critical mass
TL3

S 质量*
C 临界

临界装置
Y 零功率堆

临界状态
critical state
TL32
D 界限状态
临界态
临界状态土力学
临界状态线
S 状态*

临界状态土力学
Y 临界状态

临界状态线
Y 临界状态

临近空间
near space
V32
D 近空间
S 空间*
C 临近空间飞行器

临近空间飞行器
near space aerocrafts
V47
D 近空间飞行器
S 飞行器*
C 临近空间

临射倒数时间计算
Y 航天前作业

临时航线
temporary shipping line
U6；V355
S 飞行航线
C 固定航线
Z 航线

淋浴车
shower vehicle
TJ91；TJ92
S 人员全面洗消装备
Z 军事装备

磷光体
Y 闪烁体

磷同位素
phosphorus isotopes
O6；TL92
S 同位素*

灵活推力起飞
Y 减推力起飞

灵敏度*
sensitivity
TH7；TP1
D 灵敏性
F Y 灵敏度
触发灵敏度
引信灵敏度
中子灵敏度
C 测试性
空闲时间 →(1)
敏感性
死时间

灵敏性
Y 灵敏度

灵敏引信
Y 灵巧引信

灵巧弹
Y 制导炮弹

灵巧弹药
smart munition
TJ41
S 高新技术弹药
C 灵巧炮弹
智能地雷
Z 弹药

灵巧导弹
Y 敏捷导弹

灵巧地雷
Y 智能地雷

灵巧炮弹
smart projectile
TJ412
S 智能炮弹
C 灵巧弹药
Z 炮弹

灵巧武器
smart weapon
E；TJ0；TJ99
D 聪明武器
S 武器*

灵巧引信
smart fuze
TJ43
D 灵敏引信
S 引信*

灵巧炸弹
Y 精确制导炸弹

灵巧子弹
dexterous bullets
TJ411
S 枪弹*
F 末敏子弹
末修子弹
智能子弹

菱形机翼
diamond wings
V224
D 双棱形机翼
双楔形机翼
S 机翼*
C 薄翼
小展弦比机翼
楔形翼

菱形翼剖面
Y 翼型

菱形翼型
Y 超音速翼型

零部件*
parts and components
TH13
D 产品零部件
机器零部件
机械零部件
元部件
F 火工品零部件
降落伞部件
喷嘴环
偏转板
C 车辆零部件
电池部件 →(5)(7)
发动机零部件
接插件 →(4)(5)(12)
连接件 →(1)(3)(4)(11)(12)
零部件安装 →(4)(11)
零部件参数 →(4)(7)
零部件厂 →(4)
零部件管理 →(4)
零件加工 →(3)(4)(5)(9)
零件缺陷 →(4)
零件设计 →(4)
零件质量 →(4)
套件
造纸设备部件 →(10)
钟表零部件 →(4)

零次近似模型
zero-order approximation model
V21
S 数学模型*

零废品
Y 废弃物

零功率氮加热热堆
Y 零功率堆

零功率堆
zero power reactor
TL4
D cepfr-1 堆
sr-0f 堆
ZEBRA 堆
ZEEP 堆
ZENITH 堆
临界装置
零功率氮加热热堆
零功率热实验堆
零功率实验装置
零功率试验堆
零功率增殖堆装置
零功率重水堆
零功率装置
S 实验堆
F 工艺发展堆
重水零功率堆
C 钚堆
钍堆
Z 反应堆

零功率平衡
Y 得失相当

零功率热实验堆
Y 零功率堆

零功率实验装置
Y 零功率堆

零功率试验堆
Y 零功率堆

零功率增殖堆装置
Y 零功率堆

零功率重水堆
Y 零功率堆

零功率装置
Y 零功率堆

零攻角
zero-incidence
V211
D 零升力角
零升迎角
零迎角
S 攻角
Z 角

零过载飞行
Y 失重飞行

零件成形
Y 机械成型

零控脱靶量
zero effect miss distance
TJ01；TJ765
D 零能脱靶量
零效脱靶距离
零效脱靶量
S 脱靶量*

零秒挂钩
Y 开伞装置

零秒开伞器
Y 开伞装置

零能脱靶量
Y 零控脱靶量

零偏稳定性
bias stability
V212
S 稳定性*

零升力
zero lift
O3；V212
S 升力
C 边界层分离
气动失速
Z 力

零升力角
Y 零攻角

零升迎角
Y 零攻角

零升阻力
Y 剩余阻力

零污染
Y 污染

零效脱靶距离
Y 零控脱靶量

零效脱靶量
Y 零控脱靶量

零迎角
Y 零攻角

零质量射流
zero mass jet flow
V211
S 射流*

零重力
Y 失重

零姿态
Y 姿态

领海飞行
Y 海上飞行

领航
Y 导航

领航(电子)
Y 导航

领航(航空)
Y 导航

领航舱
Y 驾驶舱

领航驾驶仪表
Y 飞行仪表

领航图
Y 导航图

领航仪表
Y 飞行仪表

领航员
Y 引航员

领航员座椅
Y 飞行员座椅

留空时间
airborne period
V2
S 时间*

流
Y 流体流

流变实验
Y 流变试验

流变试验
rheological tests
O3；V211.7
D 流变实验
S 气动力试验*
F 动态剪切流变试验
三轴流变试验
C 流变仪 →(4)

流场
flow field
O3；V211
S 场*
C 流场测试 →(4)
流场模拟
流速分布 →(4)(11)

流场测量
flow field measurement
V21
S 流体测量*

流场仿真
Y 流场模拟

流场干扰
Y 流动干扰

流场观测试验
Y 流场校测试验

流场计算
flow field calculation
V211
S 计算*
F 黏性流场计算
C 贯流风机 →(4)

流场结构
flow field structure
O3；V211
D 流动结构
流结构
S 物理化学结构*
F 大迎角绕流结构
流场时空结构
尾流结构
紊流结构
涡系结构
旋流结构

流场可视化
flow visualization
O3；V211
D 流可视化
S 可视化*

流场控制
flow field control
V211
S 流体控制*
F 主动热控
主动章动控制
主动姿态控制

流场模拟
flow field simulation
V216
D 流场仿真
S 仿真*
F 排气流模拟
C 流场

流场品质
flow field quality
V211
D 风洞流场品质
S 质量*
C 风洞试验数据
湍流度

流场时空结构
flow field time space structures

V211
S 流场结构
Z 物理化学结构

流场显示
flow field visualisation
V211
D 流场显示技术
流场显影
流动显示
流动显示技术
流动显现
流动显影
流态显示
水流显形技术
S 显示*
F 数值流场显示
C 风洞模型
流体流
涡干扰

流场显示技术
Y 流场显示

流场显影
Y 流场显示

流场校测
Y 风洞校准

流场校测试验
flow field calibration tests
V211.74
D 流场观测试验
S 风洞试验
Z 气动力试验

流出物
Y 放射性排放物

流出液
Y 废液

流道*
flow passage
S；TV6
D 流体通道
渠槽
水流通道
F 内流道
排气通道
子午流道
C 浇口 →(3)(9)
冒口 →(3)
歧管 →(5)
渠道 →(11)
通道
旋转滤网 →(5)
铸模 →(3)(9)

流动
Y 流体流

流动场
Y 流动分布

流动分布
flow distribution
O3；V211
D 流动场
S 分布*
F 水分布
C 排气流模拟
喷管气流
气体发生器

流动分离
flow separation
O3；V211
S 分离*

流动干扰
flow interference
V211.46
D 流场干扰
S 干扰*

流动过程
Y 流体流

流动混合
Y 流体混合

流动机理
Y 流动理论

流动结构
Y 流场结构

流动理论
flow theory
O3；V211
D 薄激波层理论
薄翼理论
流动机理
流体运动理论
S 理论*
F 边界层理论
混合长流动理论
机翼理论
螺旋桨理论
涡流理论
C 流量均衡 →(7)

流动稳定性
flow stability
O3；V211
S 流体力学性能*
稳定性*
F 空气静力稳定性
束流崩溃不稳定性
涡稳定性

流动显示
Y 流场显示

流动显示技术
Y 流场显示

流动显现
Y 流场显示

流动显影
Y 流场显示

流动形式
Y 流体流

流动振荡
flow oscillation
V211
S 振荡*

流动转捩
flow transition
V211
S 转捩*

流动阻力
hydraulic resistance
O3；V211
D 河流阻力
输水阻力
水流阻力
水阻力
S 阻力*
F 流体阻力
C 微细圆管 →(5)

流动阻力特性
Y 流阻特性

流管
Y 管

流滑
Y 流体流

流激振荡
Y 振荡

流计算
Y 流量计算

流结构
Y 流场结构

流可视化
Y 流场可视化

流控技术
Y 射流

流量(货物)
Y 货物流量

流量范围
Y 流量计算

流量方程
Y 流量计算

流量分配
flow distribution
TB9；TL3
S 分配*
C 分配性能 →(5)(11)
静压分布 →(5)
流量管理 →(7)

流量计算*
flux calculation
O1；O3；TV21
D 流计算
流量范围
流量方程
流量演算
流水式计算
流体计算
F 热流计算
C 计算
流量 →(1)(2)(3)(4)(5)(7)(8)(9)(11)(12)(13)

流量系数 →(1)(9)

流量喷嘴
flow nozzle
V232
D 低流量喷嘴
S 喷嘴*
C 流量分析 →(4)
流量计 →(4)
流量限制器 →(4)
流量遥测 →(11)

流量丧失事故
Y 失流事故

流量试验
flow capacity tests
V216
S 试验*

流量演算
Y 流量计算

流锚
Y 阻力伞

流气式计数管
Y 计数器

流气式计数器
Y 计数器

流水式计算
Y 流量计算

流态显示
Y 流场显示

流体测量*
fluid measurement
TH7
D 液体测量
F 流场测量
涡流测量
C 三维特性 →(1)

流体层*
fluid layer
O3；V211
D 黏性层
F 边界层
激波层
转捩层

流体弹道学
hydroballistics
TJ01
S 弹道学*
F 水下弹道学
C 潜射导弹

流体动力学特性
Y 流体力学性能

流体核试验
Y 地下核试验

流体晃动
Y 液体晃动

流体回路
fluid loop
V444
S 回路*
F 单相流体回路
C 热控制 →(8)(11)

流体混合
flow mixing
TQ0；V211
D 掺混流
流动混合
S 物质混合*
F 湍流混合

流体计算
Y 流量计算

流体控制*
fluid control
O3
F 边界层控制
等离子体控制
氢控制
分离流控制
流场控制
喷气控制
气动控制
涡控制
C 控制阀 →(4)
力学控制
流量控制 →(1)(2)(3)(4)(5)(7)(8)(11)
水控制 →(2)(5)(8)(10)(11)(13)

流体力学特性
Y 流体力学性能

流体力学性能*
hydrodynamics performance
O3
D 流体动力学特性
流体力学特性
流体力学性质
F 流动稳定性
流阻特性
内流特性
喷射性能
气体动力特性
气体性质
绕流特性
推进剂流变性
推进剂流动性
C 动力学性能 →(12)
力学性能
性能

流体力学性质
Y 流体力学性能

流体流*
flow
O3
D 流
流动
流动过程
流动形式
流滑
流体流动
流体运动
整体流动
F 表面热流
槽道流
层流
底流
毒云
二次流
二维流
非定常流动
非定常自由流
非对称流动
非平衡流
分层流动
分离流
恒定非均匀流
恒定流
滑流
化学平衡流
混合流
间隙流动
剪流
绝热流
绝热流动
均熵流
来流
两相反应流
喷管流
气流
绕流
三维流
瞬变管流
湍流
湍流反应流
尾流
无黏流
洗流
泄漏流
叶栅流
液流
一维流
羽流
轴对称流动
自由分子流
C 边界层
表观黏度 →(2)
反应堆冷却剂系统
分配性能 →(5)(11)
亥姆霍兹不稳定性
径流 →(11)
流场显示
流化床 →(2)(5)(9)(11)(13)
流量 →(1)(2)(3)(4)(5)(7)(8)(9)(11)(12)(13)
流量测量 →(1)(4)
流线
流延 →(7)(9)
人工转捩
涡流
异常特性 →(1)(7)

流体流动
Y 流体流

流体通道
Y 流道

流体推进剂
Y 液体推进剂

流体系统*

fluid systems
TH13
F 发动机滑油系统
飞机输油系统
加油系统
量油系统
气体系统
燃油系统
C 风系统 →(1)(2)(3)(4)(5)(8)(11)(12)(13)
流体动力系统 →(5)
渗透系统 →(9)(11)(13)
循环系统
油气系统 →(2)(4)

流体压力*
fluid pressure
O3；TE3；V211
F 机油压力
进气压力
脉动压力
C 多油层 →(2)
压力

流体翼型
Y 翼型

流体运动
Y 流体流

流体运动理论
Y 流动理论

流体阻力
flow resistance
O3；V211
D 流阻
稳态流阻
S 流动阻力
Z 阻力

流线*
streamline
O3；V211
F 极限流线
C 流体流
渗流域 →(2)
线

流线形整流罩
Y 整流罩

流线型叶片
streamline vane
TH13；V232.4
S 叶片*

流星防护
Y 空间碎片防护

流星体防护
Y 空间碎片防护

流阻
Y 流体阻力

流阻特性
flow resistance characteristics
V211
D 流动阻力特性
S 流体力学性能*

硫同位素
sulfur isotopes
O6；TL92
S 同位素*

榴弹*
grenade
TJ412
D 爆破榴弹
薄壁榴弹
特种榴弹
F 刺激性榴弹
大口径榴弹
高射榴弹
火箭助推榴弹
迫榴弹
枪榴弹
杀伤榴弹
手榴弹
小口径榴弹
C 弹药

榴弹弹射器
jet-shot grenade launcher
TJ29
D 弹射榴弹发射器
S 榴弹发射器
Z 轻武器

榴弹发射器
grenade launcher
TJ29
D 发射枪榴弹步枪
榴弹枪
掷弹筒
S 榴弹武器
F 半自动榴弹发射器
警用榴弹发射器
榴弹弹射器
枪挂式榴弹发射器
自动榴弹发射器
Z 轻武器

榴弹机枪
Y 自动榴弹发射器

榴弹加农炮
Y 加榴炮

榴弹炮
howitzer
TJ33
S 火炮
F 车载榴弹炮
轻型榴弹炮
中型榴弹炮
自行榴弹炮
C 榴弹炮弹
榴弹武器
Z 武器

榴弹炮弹
howitzer shell
TJ412
S 主用炮弹
C 榴弹炮
Z 炮弹

榴弹枪
Y 榴弹发射器

榴弹武器
grenade weapons
E；TJ29
S 轻武器*
F 榴弹发射器
C 榴弹炮
枪榴弹
手榴弹

榴霰弹
shrapnel shell
TJ412
S 主用炮弹
F 杀伤榴霰弹
Z 炮弹

六极磁铁
sextupole magnet
TL5
S 磁性材料*

六角形轻水堆
hexagonal light water reactor
TL4
S 水冷堆
Z 反应堆

六角形燃料组件
hexagonal fuel assembly
TL35
D 六角形组件
S 燃料元件
Z 反应堆部件

六角形组件
Y 六角形燃料组件

六面体
hexahedron
V221
S 几何形体*

六自由度弹道
six degrees of freedom trajectory
TJ01
S 弹道*

六自由度运动仿真器
Y 六自由度运动模拟器

六自由度运动模拟器
six DOF motion simulator
V216
D 6 自由度运动模拟器
六自由度运动仿真器
S 运动模拟器
Z 模拟器

龙骨梁
Y 机身大梁

龙骨式翼伞
Y 翼伞

漏电保护系统
Y 保护系统

漏失
Y 泄漏

漏失量
Y 泄漏

漏泄
Y 泄漏

鲁棒飞行控制
robust flight control system
V249.1
S 飞行控制*
鲁棒控制*

鲁棒控制*
robust control
TP1
D μ综合控制
广义H2控制
健壮控制
鲁棒控制技术
鲁棒性控制
鲁捧控制
F 跟踪保性能控制
离散滑模变结构控制
鲁棒飞行控制
振动反馈控制
C 保性能 →(8)
鲁棒控制策略 →(8)
系统控制 →(3)(4)(5)(8)(11)(13)
线性离散系统 →(8)

鲁棒控制技术
Y 鲁棒控制

鲁棒模型
Y 稳健设计

鲁棒设计
Y 稳健设计

鲁棒性控制
Y 鲁棒控制

鲁捧控制
Y 鲁棒控制

镥同位素
lutetium isotopes
O6；TL92
S 同位素*

陆标导航
Y 地标导航

陆标敏感器
landmark sensors
TP2；V441
S 航天器传感器
Z 传感器

陆侧
landside
V35
S 航站区
Z 区域

陆地处置
land disposal
TL942；X7
S 地质处置
F 浅地层处置
深地质处置
Z 废物处理

陆地导航
land navigation
TN8；V249.3
D 地面导航
S 导航*
C 陆地电台 →(7)

陆地导航系统
Y 地面导航系统

陆地地球站
Y 地面站

陆地观测技术卫星
Y 对地观测卫星

陆地观测卫星
Y 对地观测卫星

陆地卫星
Y 资源卫星

陆地站
Y 地面站

陆地资源卫星
Y 资源卫星

陆基弹道导弹
land-based ballistic missiles
TJ761.3
S 弹道导弹
F 地地弹道导弹
Z 武器

陆基导弹
land-based missile
TJ76
S 导弹
F 陆基战略导弹
Z 武器

陆基发射
Y 面发射

陆基防空导弹系统
land-based anti-aircraft missile systems
TJ76
S 防空导弹系统
Z 导弹系统
防御系统

陆基战略导弹
land-based strategic missiles
TJ76
S 陆基导弹
F 陆基洲际弹道导弹
Z 武器

陆基洲际弹道导弹
land-based intercontinental ballistic missiles
TJ76
S 陆基战略导弹
Z 武器

陆军航空兵
army air force
E；V32
S 飞行员
Z 人员

陆军武器
army weapon
E；TJ0
S 武器*
F 陆军战术导弹
炮兵武器
战车

陆军战术导弹
army tactiacl missile
TJ761.1
S 陆军武器
战术导弹
Z 武器

陆军战术导弹系统
army tactical missile system
TJ76
S 战术导弹系统
Z 导弹系统

陆军战术无人机
Y 战术无人机

陆军直升机
Y 军用直升机

陆上终端
Y 地面终端站

路
Y 道路

路径速度波动量
Y 精度

路径速度精度
Y 精度

路径速度重复精度
Y 精度

路径重复精度
Y 精度

路旁地雷
Y 炸侧甲地雷

路旁雷
Y 炸侧甲地雷

路易士气
Y 路易氏气

路易氏剂
Y 路易氏气

路易氏气
lewisite
TJ92
D 路易士气
路易氏剂
氯乙烯基二氯胂
S 糜烂性毒剂
Z 毒剂

露天试车台
open-air test beds
V216
S 试车台

Z 试验台

旅客登机车
entrance ladder
TH13；V351.3
D 登机桥
登机梯
客梯车
S 机场设备
机场特种车辆
Z 车辆
地面设备

旅客机
passenger aircraft
V271.3
D 班机
超大型客机
大型客机
干线客机
火箭客机
巨型客机
客机
客运飞机
民用客机
远程客机
S 商业飞机
F 超音速旅客机
空中客车飞机
C 宽体飞机
Z 飞机

旅客机座舱
Y 飞机座舱

旅游航天器
Y 航天器

铝凡土滤质
Y 活性白土

铝蜂窝板
Y 蜂窝板

铝硅钛合金
aluminum-silicon-titanium alloy
TG1；V25
S 合金*

铝镁贫氧推进剂
Y 富燃料推进剂

铝同位素
aluminium isotopes
O6；TL92
S 同位素*

履带步战车
Y 履带式步兵战车

履带车
Y 履带车辆

履带车辆
tracked vehicle
TJ811；U4
D 军用履带车辆
履带车
履带式车辆
S 车辆*
F 半履带式车辆
电传动履带车辆
C 履带 →(4)
液压转向
硬化地面 →(11)
装甲车辆

履带传动
Y 履带驱动

履带登陆车辆
Y 两栖登陆车

履带驱动
caterpillar drive
TJ810.1；U4
D 履带传动
皮带驱动
S 驱动*

履带式步兵战车
tracked infantry fighting vehicles
TJ811.91
D 履带步战车
S 步兵战车
Z 军用车辆
武器

履带式车辆
Y 履带车辆

履带式起落架
Y 起落架

履带式装甲车
Y 履带式装甲车辆

履带式装甲车辆
tracked armored vehicle
TJ811
D 履带式装甲车
履带装甲车
履带装甲车辆
装甲履带车辆
S 装甲车辆
Z 军用车辆

履带式自行反坦克炮
crawler type self-propelled antitank guns
TJ37
S 反坦克炮
自行反坦克炮
Z 武器

履带张紧装置
track-tension device
TJ811；U4
S 坦克行动装置
Z 装置

履带装甲车
Y 履带式装甲车辆

履带装甲车辆
Y 履带式装甲车辆

率值
Y 比率

绿色废物
Y 废弃物

绿色机场
environmental airports
V351
S 机场
Z 场所

绿洲稳定性
Y 稳定性

氯 36
Y 氯-36

氯-36
chlorine 36
O6；TL92
D 氯 36
S 电子俘获放射性同位素
负 β 衰变放射性同位素
氯同位素
Z 同位素

氯甲酰氯
Y 光气

氯同位素
chlorine isotopes
O6；TL92
S 同位素*
F 氯-36

氯乙烯基二氯胂
Y 路易氏气

滤波
Y 滤波技术

滤波技术*
filter technique
TN7
D 滤波
F 模型预测滤波
容错滤波
最大中值滤波
C 滤波窗口 →(7)
滤波器 →(4)(5)(7)

滤毒罐
filter canister
TJ92；X9
D 防毒罐
化学滤毒盒
S 防护装置*
C 渗透系数 →(11)

卵石床堆
Y 球床堆

乱流
Y 湍流

掠地飞行
Y 超低空飞行

掠海导弹
Y 反舰导弹

掠海飞行
sea-skimming flight
V323
S 海上飞行
Z 飞行

掠角
grazing angle
V211；V224
S 角*
F 后掠角

掠角翼
Y 掠翼

掠形叶片
Y 掠叶片

掠叶片
swept blade
TH13；V232.4
D 掠形叶片
S 叶片*
F 前掠叶片
弯掠叶片

掠翼
swept wing
V224
D 掠角翼
S 机翼*
F 后掠翼
前掠翼

轮泵
Y 泵

轮机
Y 叶轮机械

轮盘摩擦能量损失系数
Y 损失系数

轮式步兵战车
wheeled infantry fighting vehicles
TJ811.91
D 轮式步战车
S 步兵战车
Z 军用车辆
武器

轮式步战车
Y 轮式步兵战车

轮式火箭炮
wheeled rocket guns
TJ393
D 轮式火箭炮系统
S 火箭炮
Z 武器

轮式火箭炮系统
Y 轮式火箭炮

轮式坦克
Y 轮式战车

轮式突击车
Y 轮式战车

轮式突击炮
Y 轮式战车

轮式战车
wheeled assault vehicle
TJ811
D 轮式坦克
轮式突击车
轮式突击炮
轮式自行突击炮
S 战车
Z 军用车辆
武器

轮式侦察车
wheeled reconnaissance vehicles
TJ812.8
S 侦察车
Z 军用车辆

轮式装甲车
wheeled armored vehicle
TJ811
D 轮式装甲车辆
轮式装甲汽车
轮式装甲战车
S 装甲车辆
Z 军用车辆

轮式装甲车辆
Y 轮式装甲车

轮式装甲汽车
Y 轮式装甲车

轮式装甲人员输送车
wheeled armored personnal carriers
TJ811
S 装甲人员输送车
Z 军用车辆
武器

轮式装甲输送车
wheeled armored carrier vehicles
TJ811
S 装甲输送车
Z 军用车辆
武器

轮式装甲战车
Y 轮式装甲车

轮式装甲侦察车
wheeled armored reconnaissance vehicles
TJ812
S 装甲侦察车
Z 保障车辆
军用车辆

轮式自行火炮
wheeled self-propelled gun
TJ818
D 轮式自行炮
S 自行火炮
Z 武器

轮式自行炮
Y 轮式自行火炮

轮式自行突击炮
Y 轮式战车

论证*
reasoning
TB4
F 指标论证
C 评价

罗差补偿
compass compensation
V241
S 补偿*
C 磁罗经

罗经
Y 罗盘

罗经盘
Y 罗盘

罗经盆
Y 罗盘

罗盘
box and needle
U6；V241.6
D 罗经
罗经盘
罗经盆
S 导航设备*
F 磁罗经
数字罗盘
天文罗盘
无线电罗盘
综合罗盘
C 航向指示器

罗盘试验台
Y 试验台

逻辑架构
Y 逻辑结构

逻辑结构*
logical construction
TP3
D 逻辑架构
F 空域结构
C 逻辑框架 →(8)

螺杆式制冷装置
Y 冷却装置

螺杆旋翼机构
Y 旋翼机构

螺桨
Y 螺旋桨

螺桨泵
Y 泵

螺桨部件
Y 螺旋桨部件

螺桨飞机
Y 螺旋桨飞机

螺桨风扇发动机
Y 桨扇发动机

螺桨鸣音
Y 螺旋桨鸣音

螺桨叶
Y 螺旋桨桨叶

螺式炮闩
Y 炮闩

螺纹测量仪

Y 测量仪器

螺旋传动机构
Y 传动装置

螺旋弹道
spiral trajectory
TJ01
S 水下弹道
Z 弹道

螺旋分离器
Y 离心机

螺旋分选器
Y 离心机

螺旋风洞
Y 立式风洞

螺旋风管
Y 旋风管

螺旋管式直流蒸汽发生器
Y 螺旋管蒸汽发生器

螺旋管蒸汽发生器
helical tube steam generator
TL352
D 螺旋管式直流蒸汽发生器
S 蒸汽发生器
Z 发生器

螺旋浆飞机
Y 螺旋桨飞机

螺旋桨风洞
propeller wind tunnel
V211.74
S 风洞*

螺旋桨风扇发动机
Y 桨扇发动机

螺旋桨*
propeller
U6；V232
D 航空螺旋桨结构
螺桨
螺旋桨结构
F 对转螺旋桨
航空螺旋桨
可调螺距螺旋桨
空泡螺旋桨
C 敞水性能 →(12)
桨距控制 →(8)
螺旋桨效率
排水量 →(12)
入水深度 →(5)
最佳直径 →(1)

螺旋桨部件*
propeller component
V232
D 螺桨部件
F 螺旋桨毂
螺旋桨桨叶
螺旋桨轴
顺桨机构

螺旋桨飞机
propeller aircraft
V271
D 活塞螺旋桨式飞机
螺桨飞机
螺旋浆飞机
螺旋桨式飞机
S 飞机*
F 人力飞机
太阳能飞机
涡轮螺旋桨飞机
C 轻型飞机

螺旋桨风扇发动机
Y 桨扇发动机

螺旋桨毂
propeller hub
U6；V232
D 半刚性桨毂
航空螺旋桨毂
桨毂
跷板式桨毂
球形柔性桨毂
万向接头式桨毂
星形柔性桨毂
S 螺旋桨部件*
F 尾桨毂
C 螺旋桨轴
艉轴 →(12)

螺旋桨滑流
propeller slipstream
V211
S 滑流
Z 流体流

螺旋桨环流理论
propeller circulation theories
V211
S 螺旋桨理论
F 升力面理论
Z 理论

螺旋桨桨叶
propeller blade
TH13；V232.4
D 桨叶
螺桨叶
螺旋桨叶
螺旋桨叶片
螺旋叶片
S 螺旋桨部件*
叶片*
F 尾桨叶
旋翼桨叶
C 桨叶叶型

螺旋桨结构
Y 螺旋桨

螺旋桨空泡
propeller cavitation
O3；U6；V211
S 空泡*
C 空泡螺旋桨

螺旋桨理论
propeller theory
V211
S 流动理论
F 螺旋桨环流理论
Z 理论

螺旋桨鸣音
propeller singing
V211.47
D 螺桨鸣音
螺旋桨谐鸣
S 鸣音*
C 螺旋桨噪声

螺旋桨式短距起落飞机
Y 倾转翼飞机

螺旋桨式飞机
Y 螺旋桨飞机

螺旋桨式水上飞机
Y 水上飞机

螺旋桨推力
propeller thrust
U6；V23
S 推力*

螺旋桨效率
propeller efficiency
V231；V232
S 效率*
C 风扇
螺旋桨
推进效率

螺旋桨谐鸣
Y 螺旋桨鸣音

螺旋桨叶
Y 螺旋桨桨叶

螺旋桨叶片
Y 螺旋桨桨叶

螺旋桨噪声
propeller noise
V232
D 螺旋桨噪音
S 噪声*
C 螺旋桨鸣音

螺旋桨噪音
Y 螺旋桨噪声

螺旋桨轴
propeller shaft
TH13；U6；V232
D 闭式螺旋桨轴
航空螺旋桨轴
S 传动装置*
螺旋桨部件*
轴*
C 螺旋桨毂

螺旋进气道
spiral inlet duct
TK4；V232.97
S 进气道*
C 柴油机
喷油嘴
涡流比 →(5)

螺旋离心过滤机
Y 离心过滤机

螺旋离心机
Y 离心机

螺旋流
Y 涡流

螺旋喷嘴
Y 螺旋型喷嘴

螺旋器
organ of Corti
TL63
D 螺旋系统
S 闭合等离子体装置
C 大型螺旋装置
扭曲仿星器
Z 热核装置

螺旋式离心机
Y 离心机

螺旋试验
Y 尾旋试验

螺旋系统
Y 螺旋器

螺旋型喷嘴
spiral nozzle
V430
D 螺旋喷嘴
S 喷嘴*
C 螺旋泵 →(4)

螺旋叶片
Y 螺旋桨桨叶

落棒
Y 落棒法

落棒法
rod drop method
TL3；TL4
D 快速落棒
快速落捧时间
落棒
S 方法*
C 反应性

落棒时间
rod drop time
TL3
S 时间*

落棒事故
rod drop accident
TL36
S 反应性引入事故
C 控制棒
Z 核事故

落锤冲击试验设备
Y 试验设备

落地冲击
Y 着陆冲击

落地试验台
Y 落震试验台

落点
point of fall
TJ765；V525
S 点*
F 弹落点
C 料流轨迹 →(3)
落点预报

落点标准偏差
Y 落点偏差

落点定位
impact point positioning
TJ765；V525
S 定位*

落点分布
impact point distribution
TJ0
D 弹着点密集度
落点密集度
S 战术技术性能*
C 落点精度
落点散布

落点横向偏差
Y 落点偏差

落点精度
impact point accuracy
TJ765
S 精度*
C 落点分布
落点偏差

落点密集度
Y 落点分布

落点偏差
impact point error
TJ76；V525
D 弹着点偏差
落点标准偏差
落点横向偏差
落点纵向偏差
命中偏差
S 误差*
C 落点精度
落点散布
脱靶距离

落点散布
dispersion of dropped point
TJ0
S 战术技术性能*
F 射弹散布
C 落点分布
落点偏差

落点预报
impact point prediction
TJ765；V525
D 落点预示
S 预报*
C 落点

落点预示
Y 落点预报

落点纵向偏差
Y 落点偏差

落高试验
Y 落震试验

落角
angle of arrival
TJ01
S 角*
C 炸高

落陆速度
Y 着陆速度

落膜冷却
Y 薄膜冷却

落入概率
fall into probability
TJ765；V525
S 概率*

落塔
drop tower
V216；V416
D 冲击塔
垂直减速器
S 塔*

落塔试验
Y 落震试验

落压比
pressure drop ratio
V231
S 比*

落震试验
drop test
V216；V416
D 跌落试验
落高试验
落塔试验
S 动力试验
Z 力学试验

落震试验台
drop test facility
V215
D 跌落试验台
落地试验台
S 起落架试验设备
Z 试验设备

麻醉枪
Y 猎枪

马鼻疽杆菌
Y 细菌类生物战剂

马鼻疽假单胞菌
Y 细菌类生物战剂

马尔堡病毒
Y 病毒类生物战剂

马尔他热病原体
Y 细菌类生物战剂

马格纳斯效应
Y 马格努斯效应

马格努斯效应
Magnus effect
V211
D 马格纳斯效应
S 气动效应*
C 边界层流

马赫数
Mach number
V211
D Ma 数
M 数
表观马赫数
高马赫数
喷管名义马赫数
S 无量纲数*
F 对流马赫数
临界马赫数

马赫数配平
Y 飞机配平系统

马赫数效应
Y 压缩性效应

马力
Y 功率

马路
Y 道路

马枪
Y 卡宾枪

马用防毒面具
Y 防毒面具

埋入式进气道
submerged inlet
V232.97
S 进气道*
F 平面埋入式进气道

埋头弹
countersunk bullets
TJ411
D 埋头无壳弹
S 枪弹*

埋头无壳弹
Y 埋头弹

麦撒推进剂
Y 平台推进剂

麦沙推进剂
Y 平台推进剂

脉冲*
pulse
TN7
D 脉冲方式
F 核电磁脉冲
雷电电磁脉冲
强流脉冲
C 脉冲磁场 →(5)
脉冲磁体 →(5)
脉冲电场 →(5)
脉冲发动机
脉冲光源 →(7)
脉冲宽度 →(7)
脉冲密度 →(7)

脉冲爆轰发动机
Y 脉冲爆震发动机

脉冲爆震发动机
pulse detonation engine
TK0；V23
D 脉冲爆轰发动机
S 脉冲发动机
F 混合脉冲爆震发动机
两相脉冲爆震发动机
C 爆震频率 →(5)
Z 发动机

脉冲爆震火箭发动机
pulse detonation rocket engine
V435
D 爆燃式发动机
S 脉动式火箭发动机
C 脉冲发动机
Z 发动机

脉冲比例导引
pulse proportional guidance
TJ765；V249.3；V448
S 比例导引
Z 导引

脉冲变轨
impulse orbit transfer
V526
S 变轨
Z 运行

脉冲萃取柱
pulsed extraction column
O6；TL2
D 脉冲柱
S 分离设备*
塔器*
C 波式精馏柱 →(9)
离子交换柱 →(9)
脉冲电沉积 →(3)(9)
色谱仪 →(4)
树脂柱 →(9)
斜导柱 →(9)

脉冲氘氚堆
pulsed D-T reactors
TL64
S 氘氚堆
脉冲聚变堆
F 角向箍缩参考堆
Z 反应堆

脉冲等离子体推力器
pulsed plasma thruster
V434
D 脉动式等离子体推力器
S 离子推力器
Z 推进器

脉冲点火
pulse firing
TK1；V430；V432
S 点火*
C 脉冲燃烧控制 →(8)
脉冲燃油喷射 →(5)
脉冲延时 →(7)

脉冲电子束
pulsed electron beam
TL5
S 射束*
F 强流脉冲电子束

脉冲堆
pulsed reactor
TL4
D 猝发堆
脉冲反应堆
S 反应堆*
F 快中子脉冲堆

脉冲多普勒引信
pulsed doppler fuze
TJ434
S 无线电引信
Z 引信

脉冲发动机
pulse motor
TK0；V23
S 发动机*
F 脉冲爆震发动机
C 脉冲
脉冲爆震火箭发动机
脉冲发生器 →(4)(7)
脉冲推力器

脉冲反应堆
Y 脉冲堆

脉冲方式
Y 脉冲

脉冲放电风洞
Y 热射风洞

脉冲分析器
pulse analyser
TH7；TL82；TM93
S 分析仪*

脉冲风洞
impulse wind tunnel
V211.74
D 脉冲式风洞
S 风洞*
F 高超声速脉冲风洞
激波风洞

脉冲风洞天平
Y 风洞天平

脉冲幅度分析
kicksort
TL8
S 物理分析*
F 多道脉冲幅度分析

脉冲辐射
Y 脉冲辐照

脉冲辐射探测
pulsed radiation detection
TL8
S 辐射探测
Z 探测

脉冲辐照
pulsed irradiation
TL8；TL99；TN7
D 脉冲辐射
S 辐照*
C 束流脉冲发生器
瞬时剂量分布

脉冲工况
pulse operating mode
TK0；V231
S 工况*

脉冲功率加速器
Y 脉冲加速器

脉冲固体火箭发动机
Y 脉动式火箭发动机

脉冲激光引信
Y 激光引信

脉冲技术*
pulse techniques
TN7
F 脉冲形成线
脉冲形状甄别

脉冲加速器
pulsed accelerator
TL5
D 脉冲功率加速器
脉冲线加速器
S 粒子加速器*
F 强流脉冲加速器

脉冲聚变堆
pulsed fusion reactors
TL4
S 热核堆
F 激光聚变堆
脉冲氘氚堆
Z 反应堆

脉冲快热中子分析
pulse fast-thermal neutron analysis
O；TL8
D 脉冲快热中子活化分析
S 中子活化分析
Z 分析方法

脉冲快热中子活化分析
Y 脉冲快热中子分析

脉冲雷达高度表
pulse radar altimeter
TH7；V241.42；V441
S 雷达高度表
Z 测绘仪
航空仪表

脉冲雷达引信
Y 雷达引信

脉冲离子束
pulsed ionizing beam
TL5
S 射束*

脉冲喷气发动机
Y 脉冲式喷气发动机

脉冲喷嘴
pulsed nozzle
TH13；TK2；V232
S 喷嘴*

脉冲燃烧器
Y 燃烧器

脉冲射流喷嘴
pulsation-jet nozzle
TH13；TK2；V232
S 射流喷嘴
F 自激脉冲射流喷嘴
C 低压大流量 →(4)
Z 喷嘴

脉冲式风洞
Y 脉冲风洞

脉冲式火箭发动机
Y 脉动式火箭发动机

脉冲式空气喷气发动机
Y 脉冲式喷气发动机

脉冲式喷气发动机
pulse jet engine
V235；V434
D 脉冲喷气发动机
脉冲式空气喷气发动机
脉动发动机
脉动喷气发动机
脉动式空气喷气发动机
脉动式喷气发动机
S 喷气发动机
F 混合脉冲爆震发动机
C 脉动燃烧 →(5)(9)
Z 发动机

脉冲束流
pulsed beam current
TL5
S 束流*

脉冲探测器
pulse detectors
TH7；TL8
S 探测器*

脉冲推力器
pulsed thrusters
V434
D 脉动式推力器
S 推进器*
F 微型脉冲推力器
C 脉冲发动机

脉冲线加速器
Y 脉冲加速器

脉冲形成线
pulse-forming line
TL5
S 脉冲技术*

脉冲形状甄别
pulse-shape discrimination
TL8
S 脉冲技术*

脉冲运行
pulsed operation
TL4
S 电气运行*

脉冲中子堆
Y 快中子脉冲堆

脉冲中子能谱仪
pulse neutron energy disperse spectroscopy
TH7；TL817.3
S 中子谱仪
Z 谱仪

脉冲柱
Y 脉冲萃取柱

脉冲姿控发动机
impulse attitude control motor
V439
S 姿控火箭发动机
Z 发动机

脉动发动机
Y 脉冲式喷气发动机

脉动喷气发动机
Y 脉冲式喷气发动机

脉动器仿星器
Y 仿星器

脉动式等离子体推力器
Y 脉冲等离子体推力器

脉动式火箭发动机
impulse rocket engine
V435
D 脉冲固体火箭发动机
脉冲式火箭发动机
S 固体火箭发动机
F 脉冲爆震火箭发动机
双脉冲固体火箭发动机
Z 发动机

脉动式空气喷气发动机
Y 脉冲式喷气发动机

脉动式喷气发动机
Y 脉冲式喷气发动机

脉动式推力器
Y 脉冲推力器

脉动水压力
Y 脉动压力

脉动压力
fluctuating pressure
O4；TV1；V211
D 点脉动压力
脉动水压力
脉动压强
S 流体压力*
压力*

脉动压强
Y 脉动压力

脉码调制遥测系统
Y 遥测系统

脉位键控遥测系统

Y 遥测系统

慢爆聚衬筒堆
linus reactors
TL4
S 热核堆
C 内爆
Z 反应堆

慢动作摄影
Y 摄影

慢化材料
Y 慢化剂

慢化剂*
moderator
TL32；TL34
D 反应堆减速剂
反应堆慢化剂
缓和剂
减速剂
慢化材料
慢化体
中子慢化剂
F 氢化物慢化剂
轻水慢化剂
有机慢化剂
重水慢化剂
C 堆芯
反应堆材料
慢化剂芯块
铍 →(3)
铍合金
热柱
石墨材料 →(5)(9)
水 →(1)(2)(3)(5)(9)(10)(11)(12)(13)
中子慢化理论

慢化剂芯块
moderator pellets
TL
S 靶丸*
C 慢化剂

慢化探测器
Y 中子探测器

慢化体
Y 慢化剂

慢衰减特性
slow attenuation characteristics
TL1
S 物理性能*
C 电波传播特性 →(7)
脉冲性能 →(7)
天线性能 →(7)

慢速摄影
Y 摄影

慢速摄影机
Y 高速摄像机

慢行程
Y 行程

慢性辐射效应
Y 缓发辐射效应

慢性辐照
Y 慢性照射

慢性照射
chronic exposure
Q6；TL7
D 长期辐照
持续照射
连续辐照
慢性辐照
迁延性辐照
S 辐照*
C 低剂量辐照
辐射剂量
瞬时剂量分布

慢旋再入体
Y 再入飞行器

盲降
Y 仪表着陆

盲降设备
Y 仪表着陆设备

盲降系统
Y 仪表着陆系统

盲目飞行
Y 仪表飞行

盲目着舰
Y 仪表着陆

盲目着陆
Y 仪表着陆

盲目着陆设备
Y 仪表着陆设备

盲目着陆系统
Y 仪表着陆系统

毛瑟手枪
Y 手枪

锚泊浮筒
Y 浮筒

锚定水雷
Y 锚雷

锚定水重
Y 锚雷

锚雷
anchored mine
TJ61
D 触发锚雷
锚定水雷
锚定水重
系留水雷
撞发锚雷
S 水雷*

铆接结构
riveted construction
V214
D 铆结构
S 结构*

铆结构
Y 铆接结构

煤矿放射性危害
Y 辐射危害

煤气喷嘴
Y 气体喷嘴

煤气透平
Y 燃气涡轮

镅 241
americium 241
O6；TL92
S α 衰变放射性同位素
镅同位素
Z 同位素

镅同位素
americium isotopes
O6；TL92
S 同位素*
F 镅 241

霉菌试验
fungus test
V216
D 防霉试验
S 自然环境试验
Z 环境试验

美国国家点火装置
Y 国家点火装置

美国航天计划
U.S.A. space programs
V11；V4
D NASA 航天计划
S 航天计划*
F 双子座计划

镁铝富燃料推进剂
magnalium fuel rich propellants
V51
S 富燃料推进剂
Z 推进剂

镁诺克斯型堆
magnox type reactors
TL4
S 动力堆
气冷堆
天然铀堆
C 二氧化碳冷却堆
Z 反应堆

镁钛合金
magnesium titanium alloy
TG1；V25
S 合金*

镁同位素
magnesium isotopes
TL92
S 碱土金属同位素
Z 同位素

门泵
Y 泵

门窗*

doors and windows
TU2
D 边框
窗框
底框
门窗产品
门窗框
门体
F 舱门
登机门
C 玻璃钢板 →(1)(11)
底部框架结构 →(11)
门窗保温 →(11)
门窗材料 →(11)

门窗产品
Y 门窗

门窗框
Y 门窗

门罗效应
Y 聚能效应

门体
Y 门窗

蒙皮
skin
V222
D 波纹状蒙皮
薄蒙皮
炸药蒙皮
S 板件*
F 飞机蒙皮

蒙皮拉伸
Y 蒙皮拉形

蒙皮拉伸成形
Y 蒙皮拉形

蒙皮拉形
skin stretch forming
V261
D 蒙皮拉伸
蒙皮拉伸成形
S 机械成型*

蒙皮零件
skin parts
V229
S 航空航天零件*

猛度
brisance
TJ510.1；TQ56
S 程度*

弥散燃料
Y 弥散型燃料

弥散燃料堆
fuel dispersion reactor
TL4
S 均匀堆
Z 反应堆

弥散型燃料
dispersion fuel
TL2
D 弥散燃料
S 燃料*

迷宫复合冷却结构
maze composite cooling structure
V232.95
S 结构*

迷航
disorientation in flight
U6；V32
D 迷失航向
S 航空事故
C 导航
Z 航空航天事故

迷失航向
Y 迷航

糜烂性毒剂
vesicant agent
TJ92
D 含砷毒剂
S 毒剂*
F 路易氏气

米波引信
Y 无线电引信

密闭爆发器
closed bomb vessels
TJ45
S 爆发器
Z 火工品

密闭飞行服
Y 全压服

密闭服
Y 全压服

密闭离心机
Y 离心机

密闭头盔
Y 飞行头盔

密闭座舱
closed cockpits
V223
D 闭式座舱
气密座舱
S 座舱
C 敞开式座舱
弹射座舱
增压舱
Z 舱

密度*
density
O4
F 电流密度
高装填密度
功率密度
径迹密度
粒子通量密度
燃料面密度
燃油密度
芯块密度
振实密度
C 密度测量 →(3)
密度等级 →(11)
密度法 →(3)
密度计 →(4)(10)(12)
密度计量 →(1)
增重剂 →(10)

密度(电流)
Y 电流密度

密度(功率)
Y 功率密度

密度波不稳定性
density wave instability
TL4
S 稳定性*
物理性能*

密封爆炸
Y 地下核爆炸

密封舱
sealed cabin
V423
D 密封舱室
S 舱*
F 航天器舱

密封舱室
Y 密封舱

密封放射源
sealed radioactive source
TL7；TL92
D 密封源
S 辐射源*
C 放射性同位素

密封模糊可靠度
seal fuzzy reliability
V445
S 模糊可靠性
C 垫片 →(1)(3)(4)(9)(11)
Z 可靠性
性能

密封源
Y 密封放射源

密封座舱
Y 增压舱

密集度参照弹
Y 试验枪弹

密集度试验
concentrated level test
TJ01
D 立靶密集度试验
S 性能试验*

密集阵舰炮武器系统
Y 近程反导舰炮武器系统

面层
Y 表层

面层结构
Y 表层

面对空导弹

Y 防空导弹

面对面导弹
Y 地地导弹

面对面火箭
Y 地地火箭弹

面发射
surface launching
TJ76；V55
D 地面发射
陆基发射
水面发射
S 导弹发射
C 航海导航 →(7)(12)
Z 飞行器发射

面积律
area rule
V211
D 超声速面积律
超音速面积律
跨声速面积律
跨音速面积律
S 定律*
C 飞机构型
激波阻力
面积律构型

面积律构型
area ruled configurations
V221
S 气动构型
C 面积律
Z 构型

面积律机身
area ruled fuselage
V223
S 机身*
F 蜂腰式机身

面空导弹
Y 防空导弹

面空导弹系统
Y 防空导弹系统

面垒探测器
surface barrier detector
TH7；TL8
D 表面势垒探测器
面垒型半导体探测器
面垒型探测器
S 半导体探测器
F 金硅面垒探测器
Z 探测器

面垒型半导体探测器
Y 面垒探测器

面垒型探测器
Y 面垒探测器

描迹仪
Y 辐射探测器

瞄准*
aiming
TJ3；TJ76
D 半自动瞄准
F 靶瞄准
初始瞄准
导弹瞄准
光学瞄准
轰炸瞄准
目标瞄准
C 跟踪精度 →(7)
光学跟踪 →(7)
激光瞄准具
射击

瞄准点
aiming point
TJ76
S 目标*
C 机动导弹

瞄准吊舱
Y 吊舱

瞄准方位角
aiming azimuth
TJ3；TJ765
S 方位角
Z 角

瞄准机
Y 瞄准装置

瞄准机构
sight mechanism
TJ2
S 枪械构件*
F 表尺
准星

瞄准角
aiming angle
TJ01
S 角*

瞄准精度
aiming accuracy
E；TJ01
S 精度*
C 瞄准误差 →(3)(4)

瞄准镜
Y 瞄准具

瞄准具
gunsight
TH7；TJ2；TJ3
D 测速瞄准具
电子瞄准具
反射瞄准具
光环瞄准镜
火炮瞄准镜
机电瞄准具
计算瞄准具
立体瞄准具
瞄准镜
速射瞄准具
通用瞄准具
直视瞄准具
主动红外瞄准镜
S 瞄准装置*
F 光电瞄准具
光学瞄准镜
航空瞄准具
机械瞄准具
激光瞄准具
轻武器瞄准具
头盔瞄准具
微光瞄准镜
C 瞄准系统
炸弹落下时间

瞄准具试验台
Y 试验台

瞄准器材
Y 瞄准装置

瞄准设备
Y 导弹瞄准设备

瞄准系统
sighting system
TJ2；TJ76；V24
D 跟踪瞄准系统
S 系统*
F 操瞄系统
光电瞄准系统
机载瞄准系统
自动瞄准系统
C 导弹瞄准
火控系统
瞄准具

瞄准线
boresight
TJ3
S 视线*
C 陀螺稳定性

瞄准仪
Y 瞄准仪器

瞄准仪器
sighting instrument
TH7；TJ03；TN1
D 观察瞄准仪器
观瞄仪器
瞄准仪
S 观测仪器*

瞄准装置*
aiming device
TJ2；TJ3；TJ768
D 变向设备
定向设备
基准标定设备
瞄准机
瞄准器材
F 瞄准具
C 导弹瞄准
装置

秒寿命放射性同位素
seconds life radioisotopes
O6；TL92
S 放射性同位素
F 氮-16
氡-220
C 半衰期
Z 同位素

秒延期雷管
Y 延期雷管

灭火飞机
Y 消防飞机

灭火炸弹
outfire bombs
TJ414
S 特种炸弹
Z 炸弹

灭雷
mine neutralization
TJ61
D 消灭水雷
S 扫雷*
C 反水雷

灭雷具
mine neutralization vehicle
TJ518；TJ61
S 灭雷武器
F 遥控灭雷具
一次性灭雷具
C 反水雷
Z 水中武器

灭雷武器
mine neutralization weapons
TJ61
S 反水雷武器
F 灭雷具
Z 水中武器

灭雷系统
mine neutralization systems
TJ61
S 扫雷系统
Z 武器系统

民航
Y 民用航空

民航安全
civil aviation safety
V328；V357
D 民用航空安全
S 航空安全
Z 航空航天安全

民航发动机
Y 民用航空发动机

民航飞机
Y 民用飞机

民航飞行
Y 航空飞行

民航管制员
Y 航空管制员

民航机场
Y 民用机场

民航机组
Y 空勤人员

民航史
Y 航空史

民航运输
civil air transport
V352
D 民用航空运输
S 航空运输
C 民用航空
民用机场
Z 运输

民机
Y 民用飞机

民机产品
civil aircraft products
V27
S 航空产品
Z 航空航天产品

民机设计
civil aircraft design
V221
D 民用飞机设计
S 飞机设计
F 客机设计
C 民用发动机 →(5)
Z 飞行器设计

民机维修
civil aircraft maintenance
TH17；TN0；V267
S 飞机维修
Z 维修

民机研制
civil aircraft development
V2
S 研制*

民用大飞机
Y 大飞机

民用弹药
civil ammunition
TJ41
S 弹药*
C 民用枪弹

民用飞机
civil aircraft
V271.3
D 民航飞机
民机
民用航空飞机
S 飞机*
F 民用运输机
商业飞机
通用飞机
C 民用航空

民用飞机设计
Y 民机设计

民用飞机制造业
civil aircraft manufacturing industry
V26
S 航空制造业
Z 航空航天工业

民用航空
civil aviation
V2
D 民航
S 航空
F 通用航空
C 航空法
民航运输
民用飞机
民用机场
Z 航空航天

民用航空安全
Y 民航安全

民用航空材料
Y 航空材料

民用航空发动机
civil aero-engine
V23
D 民航发动机
S 航空发动机
C 民用发动机 →(5)
Z 发动机

民用航空飞机
Y 民用飞机

民用航空机场
Y 民用机场

民用航空技术
civil aviation technical
V1
S 航空技术
Z 航空航天技术

民用航空事故
Y 航空事故

民用航空运输
Y 民航运输

民用航空运输机场
Y 民用机场

民用航天飞行
commercial space flight
V529
S 航天飞行
C 航天工业
Z 飞行

民用航天器
civil spacecraft
V47
D 商业航天器
S 航天器*
C 航天工业

民用机场
civil airport
V351
D 民航机场
民用航空机场
民用航空运输机场
民用支线机场
S 机场
F 国际机场
首都机场
C 民航运输

民用航空
Z 场所

民用客机
Y 旅客机

民用枪弹
civil cartridge
TJ411
S 枪弹*
F 比赛枪弹
猎枪弹
气枪弹
射钉弹
C 民用弹药

民用枪械
civil firearm
TJ279
D 民用枪支
S 枪械*
F 比赛用枪
猎枪

民用枪支
Y 民用枪械

民用通信卫星
Y 商业通信卫星

民用卫星
Y 商业卫星

民用无人驾驶飞机
civil pilotless aircraft
V279
D 气象侦察无人机
S 无人机
Z 飞机

民用运输机
civil transport aircraft
V271.2
S 民用飞机
运输机
F 支线运输机
Z 飞机

民用支线机场
Y 民用机场

民用直升机
civil helicopter
V275.11
D 商用直升机
S 直升机
F 游览直升机
Z 飞机

敏感
Y 敏感性

敏感度
Y 敏感性

敏感器
Y 传感器

敏感器引爆弹药
Y 末敏弹

敏感特性
Y 敏感性

敏感性*
sensitivity
B；Q94；Q95；Q96；X8
D 敏感
敏感度
敏感特性
F 辐射敏感性
C 测试性
灵敏度
灵敏度法 →(8)
性能

敏感性导数
sensitivity derivative
V211
S 气动导数*

敏捷导弹
agile missile
TJ76
D 灵巧导弹
敏捷性导弹
S 导弹
Z 武器

敏捷性导弹
Y 敏捷导弹

名义攻角
Y 攻角

鸣音*
singing
V211.47
D 振鸣
F 操纵面嗡鸣
螺旋桨鸣音
C 噪声

冥王星探测器
Pluto detector
V476
S 行星探测器
Z 航天器

铭牌功率
Y 额定功率

命令
Y 指令

命令行
Y 指令

命中*
hit
TJ01
D 弹着点
解命中问题
解相遇问题
命中点
命中问题
命中问题求解
目标命中
预测命中点
运动参数平滑
F 垂直命中
首发命中
武器命中
直接命中
C 目标参数装定
射击提前量

命中点
Y 命中

命中概率
hit probability
TJ0；TJ01
D 毁歼公算
命中公算
命中率
射击概率
射击公算
脱靶
未命中靶
S 概率*
F 单发命中概率
首发命中概率

命中公算
Y 命中概率

命中精度
hit precision
TJ0
D 命中误差
S 战术技术性能*

命中率
Y 命中概率

命中偏差
Y 落点偏差

命中问题
Y 命中

命中问题求解
Y 命中

命中误差
Y 命中精度

模仿剂
Y 烟火装置

模糊边界层理论
Y 边界层理论

模糊可靠度
Y 模糊可靠性

模糊可靠性
fuzzy reliability
TH11；TH13；V328.5
D 广义模糊可靠性
模糊可靠度
S 可靠性*
性能*
F 密封模糊可靠度
普通模糊可靠性
C 螺栓联接 →(4)
模糊安全事件 →(4)
模糊可靠性理论 →(4)
疲劳强度 →(1)

模拟

Y 仿真

模拟靶机
Y 靶机

模拟冰型试飞
Y 飞行模拟试验

模拟波形
Y 波形

模拟舱
simulated module
V223
S 试验舱
Z 舱

模拟操作
simulated operation
E；TJ768
S 操作*

模拟弹
simulated missile
TJ76
S 训练弹
Z 武器

模拟发射装置
simulated firing device
TJ3；TJ768
S 发射装置*

模拟方式
Y 仿真

模拟仿真
Y 仿真

模拟飞行
Y 飞行仿真

模拟飞行训练
flight simulation training
V32
D 飞行模拟训练
S 飞行训练
Z 航空航天训练

模拟过程
Y 仿真

模拟核爆炸
Y 核爆炸

模拟环境试验
Y 环境模拟试验

模拟机
Y 模拟器

模拟机(反应堆)
Y 反应堆模拟器

模拟记录系统
Y 记录设备

模拟记录仪
Y 记录仪

模拟空间环境
Y 空间环境模拟

模拟器*
simulator
TP3
D 仿真机
仿真模拟器
仿真器
仿真设备
仿真仪
模拟机
模拟设备
模拟装置
F 导弹模拟器
地面模拟设备
反应堆模拟器
飞行模拟器
工程模拟器
航管雷达模拟机
航天模拟器
红外目标模拟器
环境模拟器
火控模拟器
雷达目标模拟器
平台模拟器
数值模拟器
涡轮动力模拟器
训练模拟器
液压负载模拟器
引信模拟器
运动模拟器
振动模拟器
C 仿真
仿真策略 →(8)
仿真分析 →(8)
仿真工程 →(8)
仿真环境 →(1)
仿真技术 →(8)
仿真开发 →(8)
仿真理论 →(8)
仿真模型 →(8)
仿真平台 →(8)
仿真软件 →(8)
仿真设计 →(1)
仿真实验室 →(8)
仿真数据 →(8)
仿真系统
仿真终端 →(7)
仿真装置 →(5)
模拟试验

模拟人
Y 假人

模拟设备
Y 模拟器

模拟实验
Y 模拟试验

模拟式飞行控制
Y 飞行控制

模拟试车台
simulation test bay
V216
S 试车台
Z 试验台

模拟试飞
Y 飞行模拟试验

模拟试验*
simulation test
V216
D 仿真试验
模拟实验
模拟试验方法
F 地面模拟试验
仿真模型试验
飞行模拟试验
风洞模拟试验
高空模拟试验
高速撞击模拟试验
环境模拟试验
假人试验
离心模拟试验
全模拟试验
热模拟试验
数值仿真试验
数字模拟试验
物理模拟试验
有限元仿真模拟试验
振动模拟试验
C 工程试验
模拟器

模拟试验方法
Y 模拟试验

模拟试验技术
simulated testing technique
V216
D 仿真试验技术
S 试验技术*

模拟试验设备
simulated test facility
V21；V416
D 仿真试验设备
S 试验设备*
F 飞行模拟试验设备
高超音速试验装置
高空模拟试车台
气浮台

模拟物
phantom
TJ0
C 物体

模拟系统
Y 仿真系统

模拟训练器
Y 训练模拟器

模拟装置
Y 模拟器

模拟自由飞试验
Y 风洞自由飞试验

模拟座舱
Y 座舱模拟器

模仁
Y 芯模

模式*

mode
ZT71
D 模态
F 干扰模式
局部模式
损伤模式
引射模态
应急模式
C 模式聚类 →(8)
模式识别 →(8)
模式挖掘 →(8)
模态频率 →(5)

模式构造
Y 建模

模式控制
Y 模态控制

模式水雷
Y 组合水雷

模式选择器
Y 状态选择器

模态
Y 模式

模态控制*
mode control
TP1
D 模式控制
F 结构模态控制
C 结构控制
物理控制
自动控制

模态振动试验
modal vibration test
V216
S 振动试验
Z 力学试验

模态转换
mode conversion
V231
S 转换*

模线
lofting
V26
S 图*
C 构型
型线 →(12)

模芯
Y 芯模

模型*
model
O1
D 模型系统
F 弹道模型
等效电学模型
等效介质模型
等效力学模型
动态模型
多态模型
轨道模型
毁伤模型
节省参数模型
静态误差模型
拦截模型
亮点模型
漂移模型
热-液-力耦合模型
失效物理模型
损失落后角模型
突防模型
稳定性模型
效能模型
样条模型
状态变量模型
C 安全模型 →(1)(8)(12)(13)
产品模型 →(1)(4)
地质模型 →(1)(11)
工程模型
管理模型 →(1)(2)(5)(8)(11)
化学模型 →(1)(9)(13)
力学模型
模型辨识 →(8)
模型管理 →(8)
模型试验
生物模型 →(1)(7)(8)(13)
数学模型
物理模型
信息模型 →(1)(4)(5)(7)(8)(11)
原型 →(1)(3)(4)(10)

模型(比例)
Y 缩尺模型

模型(核)
Y 核模型

模型操纵
model manipulation
V278.1
S 操纵*

模型带飞试验
model flight tests
V217
D 带飞试验
模型飞行试验
S 飞行试验
Z 飞行器试验

模型飞机
Y 飞机模型

模型飞行试验
Y 模型带飞试验

模型风洞
model wind tunnel
V211.74
S 风洞*
C 先导性风洞

模型风洞试验
model wind tunnel experiment
V211.74
S 风洞试验
Z 气动力试验

模型构建
Y 建模

模型滑翔机
model glider
V277
D 手掷模型滑翔机
S 航空器模型
Z 工程模型

模型化
Y 建模

模型化处理
Y 建模

模型火箭
Y 火箭模型

模型建立
Y 建模

模型控制*
model control
TP2
D 非模型控制
通用模型控制
F 显模型跟踪控制
C 数学控制

模型炮弹
Y 辅助炮弹

模型腔
Y 型腔

模型实验
Y 模型试验

模型式直升机
Y 模型直升机

模型试验*
model test
TB4
D 模型实验
模型试验法
模型验收试验
F 半模型试验
仿真模型试验
缩比模型试验
C 航电枢纽 →(11)
模型
试验

模型试验法
Y 模型试验

模型系统
Y 模型

模型旋翼机
model rotorcrafts
V275.1；V278
S 航空器模型
F 旋翼模型
Z 工程模型

模型验收试验
Y 模型试验

模型预测滤波
model predictive filtering
TN7；V243
S 滤波技术*

模型直升机
model helicopter
V275.1；V278
D 模型式直升机
S 航空器模型
F 遥控模型直升机
Z 工程模型

模型姿态角
model attitude angle
V212
S 姿态角
C 飞机姿态角
Z 飞行参数

模型自由飞
Y 自由飞试验

模型自由飞试验
Y 风洞自由飞试验

膜*
films
TB4
D 表面膜
层膜
膜层
膜层质量
膜产品
F 核孔膜
扩散膜
离子微孔膜
钛膜
微滤分离膜
C 包膜 →(1)(3)(4)(9)
表层
吹塑 →(9)
镀膜 →(3)
高分子材料 →(1)(4)(5)(9)(11)
膜材料 →(1)
涂膜 →(3)

膜层
Y 膜

膜层质量
Y 膜

膜产品
Y 膜

膜管
barrier tube
TE9；TL27
D 管状扩散膜
S 管*

膜盒高度表
Y 气压高度表

膜冷却
Y 薄膜冷却

膜片泵
Y 泵

膜片式压缩机
Y 压缩机

膜片压缩机
Y 压缩机

摩擦发火手榴弹
Y 拉发火手榴弹

摩擦引信
Y 机械引信

摩托压缩机
Y 压缩机

磨合表面
Y 表面

磨粒流加工
Y 磨料流加工

磨料流
Y 磨料流加工

磨料流加工
abrasive flow processing
TG5；V261
D 磁粒加工
高效率磨粒加工
磨粒流加工
磨料流
S 加工*
C 磨料 →(3)(9)

末端防御武器
terminal defense weapons
E；TJ0
D 末段防御武器
S 防御武器
Z 武器

末端机动
terminal maneuvering
TJ765
S 机动*
C 大气再入

末端敏感弹
Y 末敏弹

末端敏感弹药
Y 末敏弹

末端能量管理
terminal area energy management
V412.4；V448.2
Y 末段弹道修正

末端制导
Y 末制导

末段弹道
Y 终点弹道

末段弹道修正
terminal trajectory correction
TJ414；TJ76
D 末端修正
末段修正
S 弹道修正
Z 修正

末段弹道学
Y 终点弹道学

末段防御
Y 导弹防御

末段防御武器
Y 末端防御武器

末段修正
Y 末段弹道修正

末段修正炮弹
Y 末修弹

末段修正迫弹
Y 末段修正迫击炮弹

末段修正迫击炮弹
terminal corrected mortar shells
TJ412
D 末段修正迫弹
S 迫击炮弹
C 末修弹
Z 炮弹

末段修正子母弹
Y 末修子母弹

末段制导
Y 末制导

末段制导炮弹
Y 末制导炮弹

末级长叶片
last stage long blade
TH13；V232.4
S 长短叶片
末级叶片
Z 叶片

末级火箭发动机
final-stage rocket engines
V439
D 顶级火箭发动机
上面级发动机
上面级火箭发动机
S 火箭发动机
Z 发动机

末级叶片
exhaust stage blade
TH13；V232.4
D 末叶片
锁口叶片
S 叶片*
F 末级长叶片

末敏弹
terminally sensitive projectile
TJ412
D 敏感器引爆弹药
末端敏感弹
末端敏感弹药
末敏弹药
S 炮弹*
F 末修弹

末敏弹药
Y 末敏弹

末敏弹引信
Y 炮弹引信

末敏子弹
terminal-sensitive bullets

TJ411
S 灵巧子弹
Z 枪弹

末敏子母弹
terminal sensitive dispenser bombs
TJ414
S 子母弹
Z 炸弹

末速修正舱
Y 驾驶舱

末尾关节
Y 直升机构件

末修弹
terminal-correction projectiles
TJ412
D 末段修正炮弹
S 末敏弹
C 末段修正迫击炮弹
末修子母弹
Z 炮弹

末修正弹药
Y 修正弹药

末修子弹
terminal-corrected bullets
TJ411
S 灵巧子弹
Z 枪弹

末修子母弹
terminal-corrected dipenser bombs
TJ414
D 末段修正子母弹
S 子母弹
C 末修弹
Z 炸弹

末叶片
Y 末级叶片

末制导
terminal guidance
TJ765；V448
D 末端制导
末段制导
末制导技术
S 制导*
F 导弹末制导
电视末制导
红外末制导
激光末制导
寻的制导
C 末制导系统

末制导弹药
terminal guidance ammunitions
TJ41
S 制导弹药
C 末制导炮弹
Z 弹药
武器

末制导技术
Y 末制导

末制导雷达舱
Y 雷达舱

末制导炮弹
terminal guided shell
TJ412
D 精密制导炮弹
精确制导炮弹
末段制导炮弹
S 制导炮弹
F 毫米波制导炮弹
红外制导炮弹
激光制导炮弹
增程制导炮弹
C 高精度武器
末制导弹药
Z 炮弹

末制导系统
terminal guidance systems
TJ76；V448
S 制导系统*
F 寻的制导系统
C 末制导

模化
Y 建模

模结构
Y 模具结构

模具结构*
mould construction
TG7
D 模结构
模具结构分析
模具总体结构
F 芯模
C 模具 →(3)(4)(7)(9)(10)(11)(12)

模具结构分析
Y 模具结构

模具总体结构
Y 模具结构

模块*
module
TB4
D 步进模块
导航模块
模块方式
模块系统
F 实验包层模块
C 块特性 →(8)
模块电源 →(7)

模块方式
Y 模块

模块化装甲
modular armors
TJ81
D 模块装甲
S 装甲*

模块化装甲车
modular armored vehicles
TJ811
S 装甲车辆
Z 军用车辆

模块化组装
Y 装配

模块式高温气冷堆
modular high temperature gas cooled reactor
TL4
S 高温气冷型堆
F 球床模块堆
Z 反应堆

模块式水雷
Y 组合水雷

模块系统
Y 模块

模块装甲
Y 模块化装甲

模样变形
Y 变形

母弹引信
dispenser fuze
TJ431
S 子母弹引信
Z 引信

母机
mother aircraft
V271.4
D 子机
S 军用飞机
C 战略轰炸机
重型运输机
Z 飞机

木垛火
Y 点火

木卫二探测器
Y 行星卫星探测器

木卫一探测器
Y 行星卫星探测器

木屑分离器
Y 分离设备

木星大气
Y 行星大气

木星探测
Jupiter's exploration
V476
S 行星探索
Z 探测

木星探测器
Jupiter probe
V476
S 行星探测器
Z 航天器

目标*
targets
O1；ZT99
D 目标点
F 飞行目标
空间目标

瞄准点
虚拟目标
再入目标

目标辨别
Y 目标识别

目标辨认
Y 目标识别

目标辨识
Y 目标识别

目标捕获
target acquisition
TN95；V249.3；V448
D 目标捕捉
目标获取
目标截获
S 捕获*
C 目标定位 →(7)
目标跟踪 →(7)
目标探测
目标提取 →(8)

目标捕获概率
Y 目标截获概率

目标捕捉
Y 目标捕获

目标捕捉概率
Y 目标截获概率

目标参数装定
target parameter setting
TJ765
S 诸元装定
C 命中
Z 装定

目标摧毁概率
Y 毁伤概率

目标点
Y 目标

目标定方位识别
Y 目标方位识别

目标方位识别
identifying of target bearing
TJ7
D 目标定方位识别
S 目标识别*

目标飞机
Y 靶机

目标分配
targeting
V24
S 分配*
F 多目标分配
武器-目标分配

目标分析
target analysis
E；TJ01；TN95
S 分析*

目标跟踪器
Y 导引头

目标跟踪系统
target tracking systems
TJ765；V556
S 跟踪系统*
F 目标搜索跟踪系统
C 目标跟踪 →(7)

目标功能
objective function
TJ0
S 功能*
C 毁伤效果指标

目标估计
target estimate
TJ0
S 估计*

目标航天器
target spacecraft
V47
S 航天器*

目标毁歼概率
Y 毁伤概率

目标毁伤
target destruction
TJ0
S 毁伤
Z 弹药作用

目标毁伤概率
Y 毁伤概率

目标获取
Y 目标捕获

目标机动
target maneuver
TJ0
S 机动*
C 目标截获概率
目标识别

目标监视
target surveillance
V248
S 监视*
F 空间目标监视

目标鉴别
Y 目标识别

目标角速度
target angular velocity
TJ0
D 目标绝对角速度
S 速度*

目标截获
Y 目标捕获

目标截获概率
probability of target acquisition
TJ0
D 目标捕获概率
目标捕捉概率
S 概率*
C 目标机动
目标自动跟踪

目标绝对角速度
Y 目标角速度

目标可靠度
target reliability
TJ0；TJ76
S 可靠性*
目标特性
Z 性能

目标瞄准
aim target
V24
S 瞄准*

目标命中
Y 命中

目标判定
Y 目标识别

目标散布
target dispersion
TJ0
S 布置*
C 目标姿态

目标散射特性
target scattering characteristics
TJ0；TN95
S 物理性能*

目标杀伤概率
Y 杀伤概率

目标识别*
object recognition
TP3；V249.3
D 轰炸目标识别
目标辨别
目标辨认
目标辨识
目标鉴别
目标判定
目标识别方法
目标识别技术
F 导弹识别
飞机识别
非合作式目标识别
目标方位识别
自动目标识别
C 分裂波束 →(7)
辐射对比度 →(7)
基本概率赋值 →(8)
目标参数 →(7)
目标机动
目标信号 →(7)
散射中心 →(7)
识别
探测
图像跟踪 →(7)
属性融合 →(8)

目标识别方法
Y 目标识别

目标识别技术

Y 目标识别

目标视线角速度
Y 视线角速度

目标搜索
Y 目标探测

目标搜索跟踪系统
target acquisition and tracking system
TJ768
S 目标跟踪系统
C 截获概率 →(7)
Z 跟踪系统

目标速度
target velocity
TJ0
S 速度*

目标探测
target acquisition
E；P2；TN95；V556
D 目标搜索
S 探测*
F 多目标探测
C 目标捕获
目标信号 →(7)

目标探测系统
target detecting system
V248
S 探测系统*

目标特性
target characteristics
TJ0；TJ76
S 性能*
F 目标可靠度
目标易损性

目标易毁性
Y 目标易损性

目标易损特性
Y 目标易损性

目标易损性
target vulnerability
E；TJ7
D 目标易毁性
目标易损特性
S 目标特性
战术技术性能*

目标指示弹
target indication projectiles
TJ412
S 特种炮弹
C 目标指示弹药
Z 炮弹

目标指示弹药
target-designation ammunition
TJ41
S 特种弹药
C 目标指示弹
目标指示炸弹
Z 弹药

目标指示炸弹
target-marking bomb
TJ414
S 特种炸弹
C 目标指示弹药
Z 炸弹

目标状态估计
estimate of target state
TJ01
S 估计*

目标姿态
target attitude
TJ0；TJ76
S 姿态*
C 目标散布
视线角速度

目标自动跟踪
target automatic tracking
TJ765
S 自动跟踪
C 导弹跟踪网
目标截获概率
Z 跟踪

目视导航
Y 视觉导航

目视导航辅助设施
Y 目视助航设施

目视飞行
Y 简单气象飞行

目视飞行规则
visual flight rules
V32
D 简单气象飞行规则
能见飞行规则
S 飞行规则
C 简单气象飞行
仪表飞行规则
Z 规则

目视控制
Y 视觉控制

目视领航
Y 视觉导航

目视助航设施
navigational visual aid
V351.3
D 目视导航辅助设施
S 机场设施
Z 交通设施

目视着陆斜度指示灯
Y 着陆灯

镎普特克斯过程
Y 核燃料后处理

镎谱特克斯法
Y 核燃料后处理

纳米飞行器
nanometer aircraft
V27
S 微型飞行器
Z 飞行器

纳米级设计
Y 设计

纳米晶磁环
nanocrystalline magnetic ring
TL5
S 磁环*

纳米卫星
Y 纳卫星

纳米武器
nano weapons
TJ9
S 新概念武器
Z 武器

纳秒寿命放射性同位素
nanoseconds living radioisotopes
O6；TL92
D 毫微秒寿命放射性同位素
S 放射性同位素
C 半衰期
Z 同位素

纳卫星
nanosatellites
V474
D 固态卫星
硅卫星
纳米卫星
纳型卫星
S 微小卫星
F 微纳卫星
Z 航天器
卫星

纳型卫星
Y 纳卫星

钠沸腾
sodium boiling
TL4
S 沸腾*

钠回路
sodium loops
TL3
S 一回路系统
C 反应堆冷却剂系统
Z 反应堆部件

钠冷堆
sodium-cooled reactor
TL4
S 液态金属冷却堆
F 凤凰堆
钠冷快增殖堆
钠冷氢化锆慢化型堆
钠冷石墨型堆
原型快堆
Z 反应堆

钠冷快堆
sodium cooled fast reactor
TL4
S 快堆
Z 反应堆

钠冷快增殖堆
sodium cooled fast breeder reactor
TL4
D 钠冷快中子增殖堆
S 钠冷堆
Z 反应堆

钠冷快中子增殖堆
Y 钠冷快增殖堆

钠冷氢化锆慢化堆
Y 钠冷氢化锆慢化型堆

钠冷氢化锆慢化型堆
sodium cooled zirconium hydride moderated reactors
TL46
D SZR 型堆
钠冷氢化锆慢化堆
S 钠冷堆
氢化物慢化堆
C 动力堆
Z 反应堆

钠冷石墨慢化堆
Y 钠冷石墨型堆

钠冷石墨型堆
SGR type reactors
TL4
D SGR 型堆
钠冷石墨慢化堆
S 钠冷堆
石墨慢化堆
C 动力堆
Z 反应堆

氖同位素
neon isotopes
O6；TL92
S 同位素*

耐爆地雷引信
Y 地雷引信

耐波性
seakeeping
U6；V271
S 物理性能*

耐潮湿试验
Y 潮湿试验

耐潮试验
Y 潮湿试验

耐低温试验
Y 低温试验

耐辐射性
Y 辐射防护

耐寒试验
cold region test
V216
D 寒带试验
寒冷地区试验
寒冷试验
寒区试验
极区试验
深冷试验
S 自然环境试验
C 低温试验
Z 环境试验

耐候性试验
Y 气候试验

耐环境性能
Y 环境性能

耐火救生艇
Y 救生艇

耐火稳定性
Y 燃烧稳定性

耐久试验
Y 耐久性试验

耐久性测试
Y 耐久性试验

耐久性试验
durability test
V216
D 持久试验
耐久试验
耐久性测试
S 性能试验*

耐磨损钛合金
wear-resistant titanium alloy
TG1；V25
S 钛合金
Z 合金

耐热钛合金
Y 高温钛合金

耐烧蚀包覆
Y 推进剂包覆

耐湿试验
Y 潮湿试验

耐湿性试验
Y 潮湿试验

耐蚀钛合金
corrosion resistant titanium alloy
TG1；V25
S 钛合金
特种合金
Z 合金

耐水胶粘剂
Y 胶粘剂

耐水粘合剂
Y 胶粘剂

耐性*
resistance
ZT4
F 耐坠毁性
C 性能

耐压球壳
pressurized spherical shell
V214.3
S 球形壳体
Z 壳体

耐震性试验
Y 振动试验

耐坠毁性
crashworthiness
V328
D 毁机安全性
抗摔性
抗坠毁
抗坠毁能力
适毁性
适坠性
S 力学性能*
耐性*
C 飞行安全
航空安全
迫降
坠毁

耐坠毁座椅
crashworthy seat
V223
D 抗坠毁座椅
S 座椅*

难熔金属高温抗氧化涂层
Y 高温抗氧化涂层

囊式抗荷服
bladder anti-G suits
V445
S 抗荷服
Z 飞行服

挠曲机翼
Y 弯扭机翼

挠性飞行器
flexible aircraft
V47
S 飞行器*

挠性航天器
flexible spacecraft
V47
D 柔性航天器
S 航天器*

挠性航天器动力学
Y 航天器动力学

挠性机翼
Y 挠性翼型

挠性结构
Y 柔性结构

挠性空间结构
Y 柔性空间结构

挠性喷管
Y 柔性喷管

挠性陀螺
Y 挠性陀螺仪

挠性陀螺仪
flexure gyro
V241.5；V441
D 干式陀螺
干式陀螺仪

挠性陀螺
S 陀螺仪*

挠性卫星
flexible satellite
V474
S 人造卫星
Z 航天器
卫星

挠性悬臂板
flexible cantilever plates
V25
S 板*

挠性翼
Y 挠性翼型

挠性翼型
flexible wing
V224
D 弹性机翼
挠性机翼
挠性翼
柔性机翼
柔性翼
柔性翼型
S 机翼*
C 薄翼
刚性翼

内爆
implosion
O3；TJ91；TL6
D 半球聚爆
爆聚
得失相当聚爆
聚爆
热核聚爆
收缩爆炸
S 核爆炸
F 电磁内爆
C 爆轰
慢爆聚衬筒堆
Z 爆炸

内爆实验
implosion experiments
TL6
S 试验*

内爆式爆破杀伤战斗部
Y 半穿甲战斗部

内爆压缩
implosion compression
TL6
S 压缩*

内部空气动力学
internal aerodynamics
O3；V211
D 内流空气动力学
S 空气动力学
Z 动力学
科学

内弹道
internal trajectory
TJ01
D 遥测弹道
S 射弹弹道
F 火炮内弹道
枪内弹道
C 射击频率 →(5)
Z 弹道

内弹道参数
interior ballistic parameter
TJ01
S 弹道参数
C 内弹道设计
内弹道学
Z 参数

内弹道参数测试
Y 内弹道测试

内弹道测试
interior trajectory tests
[TJ07]；TJ01
D 内弹道参数测试
S 弹道测量
Z 测量

内弹道计算
interior ballistic calculation
TJ01
D 内弹道解法
内弹道数值解法
内弹道图解法
S 弹道计算
Z 计算

内弹道解法
Y 内弹道计算

内弹道模型
interior ballistics model
TJ01
S 弹道模型
Z 模型

内弹道设计
internal ballistic design
TJ01
S 弹道设计
C 内弹道参数
内弹道性能
内弹道学
Z 设计

内弹道试验
interior ballistic test
TJ0
D 内弹道性能试验
膛内参数测试
中间弹道试验
S 弹道试验
C 实验弹道学
中间弹道学
Z 武器试验

内弹道数值解法
Y 内弹道计算

内弹道图解法
Y 内弹道计算

内弹道性能
interior ballistic performance
TJ01
S 弹道性能
C 内弹道设计
膛压
Z 战术技术性能

内弹道性能试验
Y 内弹道试验

内弹道学
interior ballistics
TJ01
S 弹道学*
F 枪炮内弹道学
C 内弹道参数
内弹道设计

内辐射带
inner radiation belt
P3；P4；V419
S 辐射带
Z 环境

内辐照
internal irradiation
R；TL7
D 内照射
S 辐照*
C 辐射源植入物

内环装置
internal ring devices
TL63
S 闭合等离子体装置
F 漂浮装置
球形器
Z 热核装置

内混式高压喷嘴
intermal-mixing atomizer
TH13；TK2；V232
S 高压喷嘴
内混式喷嘴
Z 喷嘴

内混式喷嘴
internal-mixing-oil-nozzle
TH13；TK2；V232
S 喷嘴*
F 内混式高压喷嘴
C 水流特性 →(1)(11)
雾化

内绝热层
internal insulation layer
TK1；V435
S 结构层*

内孔表面
Y 表面

内孔燃烧
Y 推进剂燃烧

内孔燃烧药柱
internal burning grain
V51
D 星孔药柱
星孔装药

星形药柱
星形装药
S 推进剂药柱
Z 药柱

内力*
internal force
TU3
F 往复惯性力
C 断面设计 →(12)
力
内力计算 →(11)

内流道
internal flowpath
V23
D 内流通道
S 流道*

内流空气动力学
Y 内部空气动力学

内流试验
internal flow tests
V211.7
S 气动力试验*

内流特性
internal-flow characteristics
V211
S 流体力学性能*

内流通道
Y 内流道

内蒙古高庙子
Y 高庙子膨润土

内斯特堆
Y 中子源热堆

内外函喷气发动机
Y 涡扇发动机

内外函气流混合器
Y 排气混合器

内外涵发动机
Y 涡扇发动机

内外涵喷气发动机
Y 涡扇发动机

内外涵气流混合器
Y 排气混合器

内循环通风防毒衣
Y 防毒服

内翼
Y 翼段

内照射
Y 内辐照

内照射个人监测
internal radiation individual monitoring
TL7
S 人员监测
Z 检测

内照射剂量
internal dose
TL7
D 内照射剂量学
S 辐射剂量
Z 剂量

内照射剂量学
Y 内照射剂量

内置助推器
Y 助推火箭发动机

内转换放射性同位素
internal conversion radioisotopes
O6；TL92
S 放射性同位素
F 碘-129
铯-138
Z 同位素

能
Y 能量

能耗损失
Y 能量损失

能见度
visibility
P4；V321.2
D 可见性
跑道视程
S 程度*
F 不可见性
大气能见度
斜程能见度
C 灰霾 →(13)
简单气象飞行

能见飞行
Y 简单气象飞行

能见飞行规则
Y 目视飞行规则

能力*
ability
G；TP1
D 潜力
F 反水雷能力
飞行能力
货运能力
机场容量
杀伤力
射击能力
续航能力

能量*
energy
O4；TK0
D 能
全能量
F 发火能量
惯性聚变能
C 磁场
动力
回波损耗 →(7)
能源
温度 →(1)(2)(3)(4)(7)(9)(11)(12)

能量表
Y 能量计

能量反应
Y 能量响应

能量分辨率
energy resolution
TH7；TL8
D 幅度分辨率
S 分辨率*

能量分布
energy distribution
TH7；TL81
S 分布*
C 能谱

能量计
energy meter
TH7；TL8
D 量能器
能量表
S 测量仪器*

能量均衡
Y 能量平衡

能量平衡
energy balance
TK1；TL62
D 能量均衡
能源平衡
平衡(能量)
S 平衡*
F 得失相当
C 电能平衡 →(5)
均衡路由 →(8)
能量转换 →(2)(5)
能源平衡表 →(5)

能量谱
Y 能谱

能量损失*
energy loss
TK0
D 能耗损失
F 激波损失
总压损失

能量特性
energy characteristics
TQ56；V51
D 能量性能
S 物理性能*
C 比推力
发射药 →(9)

能量稳定
Y 稳定

能量武器
Y 动能武器

能量响应
energy response
TB9；TL8
D 能量反应
S 响应*

能量性能
Y 能量特性

能量源
Y 能源

能量资源
Y 能源

能谱
energy spectrum
O4；TH7；TL81
D 能量谱
S 谱*
F X 光能谱
α 能谱
γ 能谱
核能谱
离子能谱
连续能谱
韧致辐射谱
软 X 射线能谱
束流能谱
中子能谱
C 功率密度
能量分布

能谱测量探测器
Y 辐射探测器

能谱分析
energy spectrum analysis
O4；O6；TL817
S 谱分析*
F XPS 分析
γ 能谱分析
电子能谱分析
C 带电清洗 →(5)(7)

能束武器
Y 定向能武器

能源*
energy sources
TK0
D 能量源
能量资源
能源方式
F 氢能
C 工厂节能 →(5)
节能 →(1)(2)(3)(4)(5)(9)(11)(12)
煤耗率 →(9)
能耗 →(5)
能量
能源动力 →(5)
热量 →(1)(3)(4)(5)(9)(11)
资源量 →(1)(2)(5)(11)

能源方式
Y 能源

能源平衡
Y 能量平衡

铌同位素
niobium isotopes
O6；TL92
S 同位素*

拟沸腾
Y 沸腾

逆风
Y 迎风

逆风通量分裂
upwind flux splitting
V211
S 分裂*

逆流靶风洞
Y 风洞

逆喷管
reversal nozzle
V232.97
D 反推喷管
反向喷管
S 喷管*

逆向反射镜
Y 反射镜

逆行轨道
retrograde orbit
V529
S 卫星轨道
Z 飞行轨道

年寿命放射性同位素
year life radioisotopes
O6；TL92
S 放射性同位素
F 钚-238
钚-239
钚-240
碘-129
镉-109
氪-85
钍-232
锡-126
铀-238
C 半衰期
Z 同位素

年有效剂量
annual effective dose
TL7；X8
S 有效剂量
Z 剂量

年有效剂量当量
annual effective dose equivalent
TL7；X7
S 剂量当量
Z 当量

粘合剂
Y 胶粘剂

粘合胶
Y 胶粘剂

粘剂
Y 胶粘剂

粘胶剂
Y 胶粘剂

粘接剂
Y 胶粘剂

粘接检测
bonding detection
V21
S 检测*

粘接胶
Y 胶粘剂

粘接结构
Y 胶接结构

粘接缺陷
bonding defect
V261
S 制造缺陷*

粘结剂
Y 胶粘剂

粘结结构
Y 胶接结构

粘滞度
Y 黏度

粘滞系数
Y 黏度

粘着重量增加器
Y 粒子加速器

黏稠度
Y 黏度

黏度*
viscosity
O3；TQ0
D 黏稠度
黏度指数
黏性系数
粘滞度
粘滞系数
F 涡黏度
C 表面接触角 →(3)
毛细效应 →(11)
黏度测量 →(1)(3)
黏温性能 →(2)
润滑油 →(2)(4)
淤浆法 →(9)
增稠剂 →(9)

黏度指数
Y 黏度

黏土*
clay
S；TQ17；TU4
D 黏性土
黏质土
F 高庙子膨润土
C 干密度 →(1)(11)
加载速率效应 →(11)
黏土层 →(2)
黏土掺量 →(11)
膨胀指数 →(11)
液性指数 →(11)

黏土回填
Y 回填

黏性层
Y 流体层

黏性空气动力学
viscous flow aerodynamics
V211
S 空气动力学
Z 动力学
科学

黏性流场计算
calculation of viscous flow field
V211
S 流场计算
Z 计算

黏性绕流
viscous flow around
V211
S 绕流
Z 流体流

黏性土
Y 黏土

黏性系数
Y 黏度

黏质土
Y 黏土

鸟-飞机碰撞
Y 鸟撞

鸟击
Y 鸟撞

鸟机相撞
Y 鸟撞

鸟吸入
Y 鸟撞

鸟疫衣原体
Y 衣原体类生物战剂

鸟撞
bird strike
V328；V528
D 飞机撞鸟事故
机-鸟碰撞
鸟-飞机碰撞
鸟击
鸟机相撞
鸟吸入
鸟撞飞机
鸟撞飞机事故
鸟撞击
鸟撞事故
S 空中相撞
C 航空安全
Z 航空航天事故

鸟撞飞机
Y 鸟撞

鸟撞飞机事故
Y 鸟撞

鸟撞击
Y 鸟撞

鸟撞实验
Y 鸟撞试验

鸟撞事故
Y 鸟撞

鸟撞试验
bird impact tests
V216
D 超高速撞击试验
鸟撞实验
S 动力试验
Z 力学试验

鸟撞损伤
bird strike damage
V328
S 损伤*

镍 63
Y 镍-63

镍-63
nickel 63
O6；TL92
D 镍 63
S 镍同位素
Z 同位素

镍基变形高温合金
nickel-base wrought superalloy
TG1；V25
S 镍基高温合金
Z 合金

镍基超合金
Y 镍基高温合金

镍基超耐热合金
nickle-base heat resisting superalloy
TG1；V25
S 镍基高温合金
Z 合金

镍基高温合金
Ni-base superalloy
TG1；V25
D Ni 基高温合金
高温镍基合金
镍基超合金
镍基耐热合金
S 特种合金
F 镍基变形高温合金
镍基超耐热合金
C 铸造高温合金 →(3)
Z 合金

镍基耐热合金
Y 镍基高温合金

镍同位素
nickel isotopes
O6；TL92
S 同位素*
F 镍-63

凝固剂
Y 固化剂

凝固汽油弹
Y 燃烧炸弹

凝固汽油炸弹
Y 燃烧炸弹

凝胶推进剂
gelled propellant
V51
D 胶凝推进剂
胶体推进剂
胶质推进剂
S 膏体推进剂
F 胶凝火箭推进剂
C 触变推进剂火箭发动机
再点火
Z 推进剂

凝结水回收
Y 冷凝水回收

凝结尾迹
Y 飞机尾迹

扭摆磁铁
wiggler
TL5
S 磁性材料*

扭杆式速率陀螺仪
Y 速率陀螺仪

扭矩测量仪
Y 测量仪器

扭矩记录仪
Y 记录仪

扭力臂
Y 起落架构件

扭曲仿星器
torsatron stellarators
TL63
S 仿星器
C 大型螺旋装置
螺旋器
Z 热核装置

扭曲叶片
twisted blade
TH13；V232.4
D 变截面叶片
扭叶片
扭转叶片
S 叶片*

扭叶片
Y 扭曲叶片

扭转机翼
Y 弯扭机翼

扭转疲劳试验
endurance torsion test
TB4；V216.3
S 疲劳试验
Z 力学试验

扭转叶片
Y 扭曲叶片

扭转翼
Y 弯扭机翼

农林飞机
agriculture and forestry planes

V271.3
S 通用飞机
F 林业飞机
农用飞机
Z 飞机

农业飞机
Y 农用飞机

农业飞行
Y 农业航空

农业航空
agricultural aviation
V2
D 农业飞行
S 通用航空
C 农用飞机
Z 航空航天

农业机
Y 农用飞机

农业用飞机
Y 农用飞机

农用飞机
agricultural aircraft
V271.3
D 农业飞机
农业机
农业用飞机
S 农林飞机
C 农业航空
Z 飞机

浓度*
concentration(composition)
O6
F 氡浓度
活度浓度
铀浓度
致死浓度
C 溶解 →(1)(3)(9)(10)

浓度(放射性核素)
Y 放射性

浓缩*
concentration
O6；TQ0；TS2
D 浓缩处理
浓缩法
浓缩工艺
浓缩过程
浓缩化
浓缩技术
提浓
F 同位素浓缩
铀浓缩
C 固液分离 →(9)
浓缩釜 →(9)
浓缩设备 →(2)(3)(5)(9)(10)
浓缩效率 →(9)

浓缩材料(同位素)
Y 同位素浓缩材料

浓缩厂(超离心)
Y 离心浓缩厂

浓缩厂(离心)
Y 离心浓缩厂

浓缩厂(气体扩散)
Y 离心浓缩厂

浓缩处理
Y 浓缩

浓缩法
Y 浓缩

浓缩工艺
Y 浓缩

浓缩过程
Y 浓缩

浓缩化
Y 浓缩

浓缩技术
Y 浓缩

浓缩铀堆
enriched uranium reactors
TL4
S 反应堆*
F 沸水型堆
凤凰堆
改进型气冷堆
微型中子源反应堆
压水型堆
C 浓缩铀 →(3)

努塞尔数
Nusselt number
V211
S 无量纲数*

努森数
Y 克努森数

女飞行员
woman flier
V32；V527
S 飞行员
Z 人员

钕同位素
neodymium isotopes
O6；TL92
S 同位素*

暖体出汗假人
thermal sweating manikins
V21
S 出汗假人
暖体假人
Z 假人

暖体假人
thermal manikin
TS94；V21
S 假人*
F 暖体出汗假人
C 隔热值 →(10)

欧拉姿态角
Euler attitude angles
V212
S 姿态角
C 飞机姿态角
Z 飞行参数

欧洲压水堆
european pressurized water reactor
TL4
S 压水型堆
Z 反应堆

偶极天线
Y 偶极子天线

偶极子天线
dipole antenna
TN8；V443
D 对称振子天线
偶极天线
双极天线
振子天线
S 天线*
C 双极性 →(7)

偶然荷载
Y 动载荷

耦合*
coupling
O4；TN7
D 耦合过程
耦合技术
耦联
F 惯性耦合
气热耦合
C 耦合变压器 →(5)
耦合传热 →(5)
耦合结构 →(11)
耦合器 →(1)(4)(5)(7)

耦合过程
Y 耦合

耦合技术
Y 耦合

耦合束不稳定性
Y 耦合束团不稳定性

耦合束团不稳定性
coupled bunch instabilities
TL5
D 耦合束不稳定性
S 离子不稳定性
物理性能*
Z 化学性质
稳定性

耦联
Y 耦合

爬高飞行
Y 爬升

爬升
climbing
V323
D 飞机爬升
飞机上升
爬高飞行
爬升梯度

上升
S 航空飞行
F 复飞
航路爬升
C 垂直飞行
静升限
爬升率指示器
升限
Z 飞行

爬升段
Y 上升段

爬升率
climbing rate
V32
D 上升率
S 比率*
F 最大垂直爬升率
C 爬升速度

爬升率指示器
rate of climb indicator
V241.4
S 飞行速度指示器
C 爬升
爬升速度
Z 指示器

爬升速度
climbing speed
V32
D 陡升速度
快升速度
S 飞行速度
C 爬升率
爬升率指示器
Z 飞行参数
航行诸元

爬升梯度
Y 爬升

爬升性能
climb performance
V32
S 飞机性能
Z 载运工具特性

拍波加速器
beat wave accelerators
TL5
S 直线加速器
C 激光辐射 →(7)
Z 粒子加速器

拍动飞行
flapping flight
V323
S 航空飞行
Z 飞行

拍动翼
Y 扑翼

拍击雷管
Y 冲击片雷管

拍摄
Y 拍摄技术

拍摄法
Y 拍摄技术

拍摄方法
Y 拍摄技术

拍摄方式
Y 拍摄技术

拍摄机
Y 摄像机

拍摄技法
Y 拍摄技术

拍摄技术*
photographic technique
TB8
D 拍摄
拍摄法
拍摄方法
拍摄方式
拍摄技法
摄影技法
摄影技术
摄影术
F 断层摄影术
放射照相
快中子照相
C 场曲 →(1)(4)
构图元素 →(1)
弥散圆 →(1)
全息术 →(1)
摄影设备 →(1)
图像模糊 →(1)(7)
芯片级封装 →(1)(7)
照片
照相功能 →(1)

排出(余热)
Y 非能动余热排出系统

排出物
Y 排放物

排出液
Y 废液

排放物*
emission
X7
D 加油排放物
排出物
蒸发排放物
F 毒云
放射性排放物
C 排放 →(2)(3)(5)(9)(10)(11)(12)(13)

排放系统*
draindown system
X7
F 排气系统
C 发动机系统
废物处理系统 →(2)(5)(11)(13)
锅炉系统 →(4)(5)(8)(11)(13)
环境控制系统 →(8)
排水系统 →(11)

排风道
Y 排气管道

排风管道
Y 排气管道

排风设备
Y 排气系统

排风装置
Y 排气系统

排雷
Y 扫雷

排雷方法
Y 扫雷

排雷技术
Y 扫雷

排雷器
Y 扫雷具

排泥浮筒
Y 浮筒

排气*
deflation
X7
D 放气
排气工艺
排气排放
气体排放
释放气体
F 底部排气
发动机排气
火箭排气
C 排气管道
排气喷管
排烟系统 →(11)(13)
喷气

排气背压
Y 气动阻力

排气波纹管
corrugated exhaust pipes
V232.97
S 通气管*

排气工艺
Y 排气

排气管道
exhaust duct
TH13；TK4；V228.7
D 排风道
排风管道
排气管路
排汽管道
S 管道*
C 排放阀 →(4)
排气
排气通道

排气管路
Y 排气管道

排气混合器
exhaust mixer
TK0；V232
D 内外函气流混合器
内外涵气流混合器

S 发动机零部件*
C 涵道比
排气喷管
排气系统

排气机
Y 排气系统

排气扩压器
exhaust diffuser
TK0；V232；V431
S 扩压器
C 喷管
Z 发动机零部件

排气流仿真
Y 排气流模拟

排气流模拟
exhaust flow simulation
V211.7；V433.9
D 排气流仿真
燃气流仿真
燃气流模拟
S 流场模拟
F 再入模拟
C 流动分布
Z 仿真

排气炉
Y 排气系统

排气排放
Y 排气

排气喷管
exhaust nozzle
V232.97
D 波纹状喷管
波状喷管
出气尾管
推进喷管
推力喷管
尾喷管
尾喷口
尾锥喷管
消声喷管
消音喷管
整流锥喷管
S 喷管*
F 长尾喷管
发动机喷管
可调喷管
推力转向喷管
C 排气
排气混合器

排气设备
Y 排气系统

排气台
Y 排气系统

排气通道
exhaust duct
TK0；V23
D 排汽通道
S 流道*
C 排气管道

排气尾流
exhaust wakes
V211
D 排气物尾流
S 尾流
Z 流体流

排气物尾流
Y 排气尾流

排气系统
exhaust system
TK0；TN1；V228.7
D 抽风系统
发动机排气系统
排风设备
排风装置
排气机
排气炉
排气设备
排气台
排汽系统
真空排气机
自动排气机
S 发动机系统*
排放系统*
F 直升机排气系统
C 发动机配气机构 →(12)
火箭排气
排气管 →(5)
排气混合器
排气歧管 →(5)

排气引射器
exhaust injectors
TK0；V232
D 排气引射系统
S 喷射器*

排气引射系统
Y 排气引射器

排气羽流
Y 羽焰

排气装置
air relief installation
TK4；U4；V228.7
D 排汽装置
S 装置*
C 进排气系统 →(12)

排汽管道
Y 排气管道

排汽通道
Y 排气通道

排汽系统
Y 排气系统

排汽装置
Y 排气装置

迫弹
Y 迫击炮弹

迫弹引信
Y 炮弹引信

迫击榴弹炮
Y 迫榴炮

迫击炮
mortar
TJ31
D 车载迫击炮
车载式迫击炮
堑壕炮
S 火炮
C 迫击炮弹
Z 武器

迫击炮弹
mortar shell
TJ412
D 迫弹
S 主用炮弹
F 化学迫击炮弹
末段修正迫击炮弹
C 迫击炮
Z 炮弹

迫击炮弹引信
Y 炮弹引信

迫击炮榴弹
Y 迫榴弹

迫击炮系统
mortar system
TJ31
S 火炮系统
Z 武器系统

迫榴弹
howitzer mortar projectile
TJ412
D 迫击炮榴弹
S 榴弹*
C 迫榴炮

迫榴炮
mortar-howitzer
TJ399
D 迫击榴弹炮
S 火炮
C 迫榴弹
Z 武器

盘*
tray
TH13
D 盘件
盘类工件
盘形件
F 燃气涡轮盘
叶盘
C 盘子 →(10)
配油盘 →(4)
填料盘 →(4)

盘缝带伞
disk-gap-band parachute
V244.2
D 环缝降落伞
环缝伞
宽带条伞
S 开缝伞
C 人用伞

Z 降落伞

盘件
Y 盘

盘类工件
Y 盘

盘式传动机构
Y 传动装置

盘式发电器
Y 发电机

盘形件
Y 盘

盘旋
holding flight
V323
D 飞机盘旋
S 机动飞行
C 场内飞行
转弯飞行
Z 飞行

旁瓣匿影
Y 旁瓣消隐

旁瓣消隐
sidelobe blanking
TN97；V218
D 副瓣消隐
副瓣消隐技术
旁瓣匿影
旁瓣消隐技术
S 反隐身
C 旁瓣对消 →(7)
旁瓣抑制 →(7)
Z 隐身技术

旁瓣消隐技术
Y 旁瓣消隐

抛放弹
Y 弹射弹

抛光表面
Y 表面

抛壳机
Y 抛壳机构

抛壳机构
case-ejecting device
TJ303
D 抽壳机构
抽筒机构
抽筒装置
抽筒子
抛壳机
抛壳筒
抛壳装置
S 火炮构件*

抛壳筒
Y 抛壳机构

抛壳装置
Y 抛壳机构

抛落式救生艇
Y 救生艇

抛锚漂浮设备
Y 水上飞机水上设备

抛撒半径
scatter radius
TJ516
S 半径*
C 可撒布地雷

抛撒布雷
dispensing minelaying
TJ512
D 撒布布雷
S 布雷（地雷）
F 定向抛撒
C 可撒布地雷
抛撒布雷系统
Z 布雷

抛撒布雷车
mine dispensing vehicle
TJ516
S 布雷车
C 定向抛撒
可撒布地雷
Z 军事装备
军用车辆

抛撒布雷系统
dispensing minelaying systems
TJ516
S 布雷系统
C 抛撒布雷
Z 武器系统

抛射
Y 弹射

抛丸成形
Y 喷丸成形

抛物线速度
Y 逃逸速度

抛物线叶型
Y 叶型

跑道
Y 机场跑道

跑道长度
runway length
V351.3
S 长度*
C 机场道面 →(12)
机场工程

跑道清扫车
Y 洗消车

跑道容量
runway capacity
V35
S 容量*
C 机场跑道

跑道失效率
runway failure rate
V351
S 比率*

跑道识别
runway recognition
V35
S 识别*

跑道视程
Y 能见度

跑兔
Y 跑兔管

跑兔辐照系统
Y 跑兔管

跑兔管
rabbit tube
O4；TL7；TL8
D 跑兔
跑兔辐照系统
跑兔系统
气动速送器
S 反应产物运输系统
Z 反应堆部件

跑兔系统
Y 跑兔管

泡沫去污
Y 去污

泡态沸腾
Y 沸腾

泡状沸腾
Y 沸腾

炮
Y 火炮

炮兵弹药
artillery ammunition
TJ41
S 弹药*
C 炮兵火箭弹
炮兵武器

炮兵火箭弹
artillery rocket projectiles
TJ415
D 地面炮兵火箭弹
S 火箭弹
C 炮兵弹药
炮兵武器
Z 武器

炮兵射击
Y 火炮射击

炮兵武器
artillery weapon
E；TJ3
S 陆军武器
C 口径
炮兵弹药
炮兵火箭弹
Z 武器

炮兵系统
Y 炮控系统

炮兵校射直升机
Y 军用直升机

炮兵校正直升机
Y 军用直升机

炮兵指挥系统
Y 炮控系统

炮车
Y 火炮运动体

炮弹*
projectile
TJ412
D 射弹
F 常规炮弹
超口径炮弹
超速炮弹
次口径炮弹
弹道修正弹
底部排气弹
定装式炮弹
多用途炮弹
反坦克炮弹
废旧炮弹
辅助炮弹
高射炮弹
航空炮弹
核炮弹
滑膛炮弹
库存炮弹
末敏弹
贫铀弹
全备弹
特种炮弹
脱靶弹
尾翼稳定炮弹
未爆弹
无坐力炮弹
小口径炮弹
旋转稳定炮弹
增程弹
制导炮弹
智能炮弹
主用炮弹
锥膛弹
C 弹药
火炮

炮弹部件
ammunition round component
TJ412
D 炮弹构件
S 弹药零部件*
F 弹带
弹托
弹尾
底部排气装置
药室
药筒
照明炬

炮弹舱
Y 弹药舱

炮弹储存舱
Y 弹药舱

炮弹弹托
Y 弹托

炮弹底火
cannon primer
TJ412；TJ451
S 底火
Z 火工品

炮弹发射
Y 导弹发射

炮弹构件
Y 炮弹部件

炮弹壳
Y 药筒

炮弹壳体
Y 药筒

炮弹引信
projectile fuze
TJ431
D 爆破弹药引信
爆破弹引信
高射炮弹引信
航空炮弹引信
加农炮弹引信
末敏弹引信
迫弹引信
迫击炮弹引信
破甲弹引信
破甲炮弹引信
杀伤爆破弹引信
杀伤爆破炮弹引信
S 武器引信
F 火箭弹引信
枪榴弹引信
Z 引信

炮弹-引信系统
Y 弹引系统

炮耳轴伺服系统
Y 火炮伺服系统

炮风洞
gun tunnel
V211.74
S 高超音速风洞
Z 风洞

炮管
Y 身管

炮管长
Y 身管长度

炮管热护套
barrel thermal jacket
TJ3
D 火炮热护套
S 护套*

炮管烧蚀
Y 身管烧蚀

炮管寿命
Y 火炮寿命

炮架
gun mount
TJ303
S 火炮构件*

炮控系统
gun control system
TJ3；TJ811
D 火炮控制系统
炮兵系统
炮兵指挥系统
S 武器控制系统
F 高炮火控系统
舰炮火控系统
坦克炮控系统
C 炮兵雷达 →(7)
Z 武器系统

炮口冲击波
muzzle shock wave
TJ301
S 波*
C 喷口焰 →(5)

炮口抽气装置
Y 膛口装置

炮口初速
muzzle velocity
TJ301
S 速度*
C 初速预测
火炮射击

炮口防尘帽
Y 膛口装置

炮口帽
Y 膛口装置

炮口灭火罩
Y 膛口装置

炮口速度
muzzle speed
TJ301
S 速度*
C 初速预测

炮口消焰器
muzzle flash suppressor
TJ303
D 消焰帽
消焰器
S 膛口装置
C 喷口焰 →(5)
Z 火炮构件

炮口制退器
muzzle brake
TJ303
D 膛口制退器
S 膛口装置
Z 火炮构件

炮口装置
Y 膛口装置

炮球靶
Y 空腔靶

炮射导弹
gun launched missile
TJ762.1
S 导弹
F 炮射巡飞弹
C 反导弹导弹
Z 武器

炮射火箭
Y 火箭增程弹

炮射试验
Y 火炮试验

炮射无人飞行器
Y 炮射无人机

炮射无人机
gun-launched UAV
V271.4；V279
D 炮射无人飞行器
炮射无人驾驶飞行器
S 军用无人机
Z 飞机

炮射无人驾驶飞行器
Y 炮射无人机

炮射巡飞弹
cannon-shot scout missiles
TJ761.6
D 巡飞弹
S 炮射导弹
Z 武器

炮射侦察弹
Y 侦察炮弹

炮身
Y 身管

炮身后坐式自动机
Y 火炮自动机

炮式发射
gun launching
TJ765；V55
S 导弹发射
C 反导弹导弹
Z 飞行器发射

炮室
Y 炮塔

炮闩
breechblock
TJ303
D 闭气炮闩
机心头
螺式炮闩
S 火炮构件*
F 浮动炮闩
炮闩系统
楔式炮闩

炮闩摆动式闭锁机
Y 闭锁装置

炮闩后坐式自动机
Y 火炮自动机

炮闩起落式闭锁机
Y 闭锁装置

炮闩系统
breechblock systems
TJ303
S 炮闩
Z 火炮构件

炮塔
turret
TJ303
D 炮室
指挥塔
转塔
S 塔*
F 飞机炮塔
坦克炮塔

炮塔(机载)
Y 飞机炮塔

炮塔方向机
Y 炮塔系统

炮塔固定器
Y 炮塔系统

炮塔裙板
Y 炮塔系统

炮塔系统
turret systems
TJ303
D 炮塔方向机
炮塔固定器
炮塔裙板
炮塔旋转底板
S 车辆系统*
C 电传动装置 →(4)
坦克

炮塔旋转底板
Y 炮塔系统

炮膛
gun bore
TJ303
D 火炮炮膛
S 火炮构件*

炮膛闭锁机构
Y 闭锁装置

炮膛闭锁装置
Y 闭锁装置

炮尾
breech mechanism
TJ303
D 楔式炮尾
S 火炮构件*

炮位
emplacement
TJ3
S 位置*

炮校直升机
Y 军用直升机

培训仿真机
Y 训练模拟器

培训仿真器
Y 训练模拟器

培训模拟机
Y 训练模拟器

配备
Y 配置

配电车
power distribution vehicles
V55
S 供配电车辆
C 配电设备 →(5)
Z 保障车辆

配方*
formula
TU5；TU7
D 成分配方
配方体系
组成配方
F 推进剂配方
C 蛋黄酱 →(10)
釉面质量 →(9)

配方体系
Y 配方

配合*
complexation
ZT5
F 引战配合

配合效率
TJ43
D 引战配合效率
S 效率*

配机
Y 辅机

配平舵机
Y 舵机

配平机构
Y 飞机配平系统

配平角
Y 攻角

配平控制
triming control
V249.1
S 飞行控制*
C 自动配平系统

配平片
trimmer
V222
S 调整片
Z 操纵面

配平气动特性
Y 空气动力特性

配平升力系数
Y 升力系数

配平系统
Y 飞机配平系统

配平装置
Y 飞机配平系统

配气机构
valve actuating mechanism
V228.7
D 分气机构
供配气设备
进排气机构
配气设备
配气系统
配气装置
配汽机构
气体配气设备
C 配气阀 →(4)
配气管网 →(11)
气门正时 →(5)

配气设备
Y 配气机构

配气系统
Y 配气机构

配气装置
Y 配气机构

配汽机构
Y 配气机构

配套辅机
Y 辅机

配套组合
Y 组合

配置*
configuration
ZT5
D 配备
配置方法
配置特点
配置原理
F 推力器配置
余度配置
装备配置
C 网络配置 →(7)(8)

配置方法
Y 配置

配置特点
Y 配置

配置原理
Y 配置

配重*
balance weight
TH11；TH2
D 安全阀配重
补偿配重
操纵系统反配重
车轮平衡配重
成组配重
充砂配重
对重
反配重
防颤振配重
惯性配重
配重不足
配重层
配重法
配重量
配重式
配重位
卫星配重
系泊配重
F 舵面配重
C 动力稳定性
飞行稳定性
结构稳定性 →(4)
静态稳定性

配重不足
Y 配重

配重层
Y 配重

配重法
Y 配重

配重量
Y 配重

配重式
Y 配重

配重位
Y 配重

配重箱
Y 舵面配重

配重装置
Y 舵面配重

配装质量
Y 装配

配准*
registration
ZT5
D 配准方法
F 时空配准
C 残余点 →(7)
坐标定位 →(12)

配准方法
Y 配准

喷吹燃料
Y 燃料喷射

喷风冷却
Y 气体冷却

喷管*
nozzle
V232.97
D 共轴喷管
固壁喷管
回流喷管
楔形喷管
液浮喷管
钟形喷管
姿态补偿喷管
F 波瓣喷管
超音速喷管
短化喷管
多喷管
二元喷管
风洞喷管
后体喷管
环形喷管
矩形喷管
扩散喷管
逆喷管
排气喷管
射流喷管
矢量喷管
收敛喷管
缩放喷管
特型喷管
微喷管
斜切喷管
引射喷管
轴对称喷管
主喷管
C 排气扩压器
喷管喉部
喷管喉衬
喷管型面
氧碘化学激光 →(7)

喷管壁
nozzle wall
V23
S 壁*

喷管喉部
nozzle throat
V232.97；V431
D 喉道
喉道类型
S 喉衬
C 喷管
喷管型面
小孔堵塞 →(1)
Z 发动机零部件

喷管喉衬
nozzle throat liner
V232.97；V431
S 喉衬
C 喷管
Z 发动机零部件

喷管进口总压
Y 进气压力

喷管流
nozzle flow
V211
D 喷管流动
S 流体流*
F 喷管气流
C 喷射器

喷管流动
Y 喷管流

喷管面积比
Nozzle area ratio
V430
S 比*

喷管名义马赫数
Y 马赫数

喷管气流
nozzle gas flow
V211；V231
S 喷管流
C 超音速射流
发动机喷管
流动分布
Z 流体流

喷管烧蚀
nozzle ablation
V231；V430
S 烧蚀*
C 火箭发动机喷管

喷管推力系数
nozzle thrust coefficient
V23
S 推力系数
C 流量系数 →(1)(9)
推力矢量控制
Z 系数

喷管外形
Y 喷管型面

喷管效率
nozzle efficiency
V231；V232
D 等熵喷管效率
S 效率*
C 推进效率

喷管型面
nozzle contour
V23
D 喷管外形
S 型面*
C 喷管
喷管喉部

喷管性能
nozzles performance
V23
S 动力装置性能*

喷管延伸段
Y 延伸喷管

喷火车
Y 喷火坦克

喷火坦克
flame-throwing tanks
TJ811.8
D 喷火车
喷火战车
S 特种坦克
Z 军用车辆
武器

喷火武器
flame weapon
TJ92
S 燃烧武器
F 火焰喷射器
Z 武器

喷火战车
Y 喷火坦克

喷咀
Y 喷嘴

喷咀环
Y 喷嘴环

喷咀环能量损失系数
Y 损失系数

喷口转向喷气发动机
Y 推力换向喷气发动机

喷口转向式垂直起落飞机
Y 喷气式垂直起落飞机

喷淋(安全)
Y 喷淋强度

喷淋模式
Y 喷淋强度

喷淋强度
spraying intensity
TL36；TL78
D 安全喷淋
喷淋(安全)
喷淋模式
事故淋洗器
S 强度*
C 辐射防护
去污

喷淋系统(安全壳)
Y 安全壳喷淋系统

喷流/主流相互作用
jet/mainstream interaction
V211
S 相互作用*

喷流干扰
jet interference
V211.46
S 气动干扰*
C 垂直短距起落风洞
地面效应

喷流控制
Y 喷气控制

喷流偏转舵
Y 燃气舵

喷流偏转舵机
Y 燃气舵

喷流试验
jet tests
V211.74
D 固化喷流试验
冷喷流试验
热喷流试验
S 风洞试验
F 燃气喷流试验
Z 气动力试验

喷墨记录仪
Y 记录仪

喷气
aerojet
O4；V231
D 空气喷射
喷气技术
气体喷射
气体喷注
S 喷射*
F 冷气喷射
气体二次喷射
C 排气
喷射发动机
气体喷嘴
射流

喷气发动机
jet engines
V235
D 航空喷气发动机
喷气式发动机
喷气式航空发动机
S 发动机*
F 冲压发动机
高超声速吸气式发动机
火箭发动机
空气喷气发动机
脉冲式喷气发动机
涡轮喷气发动机
姿控火箭发动机
组合喷气发动机
C 排气温度 →(1)
喷气发动机推力
喷气燃料
喷气式飞机
喷射发动机
羽流

喷气发动机调节
Y 喷气发动机控制

喷气发动机空气调节
Y 喷气发动机控制

喷气发动机控制
jet engine control
V433
D 喷气发动机调节
喷气发动机空气调节
S 发动机控制
F 涡轮喷气发动机控制
Z 动力控制

喷气发动机驱动风洞
jet-driven wind tunnel
V211.74
S 风洞*

喷气发动机燃料
Y 喷气燃料

喷气发动机推力
jet engine thrust
V231
S 发动机推力
C 喷气发动机
喷射发动机
Z 推力

喷气飞机

Y 喷气式飞机

喷气负载
gas puff load
TL99
S 气动载荷
Z 载荷

喷气公务机
Y 喷气式飞机

喷气火舌
Y 发动机排气

喷气机
Y 喷气式飞机

喷气技术
Y 喷气

喷气教练机
jet trainer
V271.6
D 喷气式教练机
S 教练机
Z 飞机

喷气襟翼
jet flap
V224
S 襟翼
C 吹气襟翼
增升机翼
直升机
Z 操纵面

喷气客机
Y 喷气式飞机

喷气控制
jets control
V228
D 喷流控制
S 流体控制*
F 反作用喷气控制

喷气流
Y 发动机排气

喷气燃料
jet fuel
V51
D 1 号喷气燃料
2 号喷气燃料
3 号喷气燃料
4 号喷气燃料
航空涡轮燃料
喷气发动机燃料
S 航空航天燃料
F 高密度喷气燃料
C 航空燃料
喷气发动机
水分离指数 →(5)
Z 燃料

喷气式垂直起落飞机
jet VTOL aircraft
V275
D 喷口转向式垂直起落飞机
喷气转向式垂直起落飞机
升力发动机垂直起落飞机
升力风扇垂直起落飞机
推力换向飞机
推力转向飞机
S 直升机
C 飞行平台
升力喷气发动机
推力换向喷气发动机
Z 飞机

喷气式发动机
Y 喷气发动机

喷气式飞机
jet aircraft
V271
D 超大型喷气式客机
大型喷气式客机
火箭飞机
火箭推进飞机
喷气飞机
喷气公务机
喷气机
喷气客机
喷气式客机
喷气式旅客机
商务喷气飞机
S 飞机*
C 超音速飞机
喷气发动机
喷气推进
燃气涡轮发动机

喷气式航空发动机
Y 喷气发动机

喷气式轰炸机
jet bombers
V271.44
S 轰炸机
Z 飞机

喷气式歼击机
jet fighter
V271.41
D 喷气式战斗机
喷气战斗机
S 歼击机
Z 飞机

喷气式教练机
Y 喷气教练机

喷气式军用飞机
Y 军用飞机

喷气式客机
Y 喷气式飞机

喷气式旅客机
Y 喷气式飞机

喷气式水上飞机
Y 水上飞机

喷气式战斗机
Y 喷气式歼击机

喷气式直升机
Y 喷气直升机

喷气推进
jet propulsion
V43
D 冲压式喷气推进
冲压推进
S 推进*
C 喷气式飞机
喷射发动机

喷气推进系统
jet propulsion systems
V23
D 吸气式推进系统
S 推进系统*
C 喷射发动机

喷气推力
Jet thrust
V231
S 推力*

喷气旋翼直升机
Y 喷气直升机

喷气战斗机
Y 喷气式歼击机

喷气支线飞机
Y 支线飞机

喷气直升机
jet helicopter
V275.1
D 冲压喷气式直升飞机
桨尖喷气直升机
喷气式直升机
喷气旋翼直升机
S 直升机
C 桨尖喷气旋翼
Z 飞机

喷气直升机旋翼
Y 旋翼

喷气转向式垂直起落飞机
Y 喷气式垂直起落飞机

喷射*
spraying
TK4
D 喷射法
喷射方式
喷射工艺
喷射过程
喷射技术
F 多次喷射
多点喷射
喷气
燃料喷射
C 节流装置 →(4)
射流
无机纤维 →(9)
制冷 →(1)(4)(5)(10)(11)

喷射发动机
injection engine
V43
S 发动机*
C 喷气
喷气发动机

喷气发动机推力
喷气推进
喷气推进系统

喷射法
Y 喷射

喷射方式
Y 喷射

喷射工艺
Y 喷射

喷射过程
Y 喷射

喷射混合流
jet mixing flow
V211
S 混合流
C 燃料喷射
射流喷管
Z 流体流

喷射机
Y 喷射器

喷射技术
Y 喷射

喷射器*
ejector
TB6；TK0
D 喷射机
喷射设备
引射器
F 超音速火焰喷枪
超音速引射器
排气引射器
C 变工况性能 →(5)
节流装置 →(4)
喷管流
喷射系数 →(4)
喷射制冷 →(1)
射流泵 →(4)
天线波束 →(7)
引射 →(1)

喷射设备
Y 喷射器

喷射特性
Y 喷射性能

喷射头
Y 喷嘴

喷射系统*
spray system
TK4
F 安全壳喷淋系统
C 发动机系统
锅炉系统 →(4)(5)(8)(11)(13)
系统
直接喷射 →(5)

喷射性能
injection performance
V430
D 喷射特性
S 流体力学性能*

C 喷流 →(8)

喷射装置*
injection gear
TK4
F 布撒器
C 装置

喷头
Y 喷嘴

喷头类型
Y 喷嘴

喷头体
Y 喷嘴

喷头形式
Y 喷嘴

喷头智能控制
Y 智能控制

喷头组合型式
Y 喷嘴

喷丸成形
shot peen forming
TG3；TH16；V261
D 抛丸成形
S 成形*
C 钣金成形 →(3)
冷处理 →(3)

喷油杆
fuel injector bar
V43
S 发动机零部件*

喷油嘴
fuel nozzle
TE9；TK4；V232
D 燃料喷嘴
燃油喷咀
燃油喷嘴
燃油烧嘴
燃油雾化喷嘴
油燃烧嘴
油嘴
S 喷嘴*
F 油泵油嘴
C 流量系数 →(1)(9)
螺旋进气道
喷油雾化 →(5)
喷油系统 →(5)
喷油嘴偶件 →(5)
喷油嘴针阀 →(4)
燃烧
射孔 →(2)(3)(4)(5)
涡流比 →(5)
油枪 →(2)

喷注器*
inspirator
V431
D 推力室头部
F 层板喷注器
离心式喷注器
气-气喷注器
同轴式喷注器

针拴式喷注器

喷嘴*
nozzle
TH13；TK2；V232
D 喷咀
喷射头
喷头
喷头类型
喷头体
喷头形式
喷头组合型式
喷嘴组
喷嘴组合
F 扁平扇形喷嘴
长颈喷嘴
单喷嘴
弹簧喷嘴
调节级喷嘴
多喷嘴
高压喷嘴
工艺喷嘴
紧耦合喷嘴
拉瓦尔喷嘴
冷却喷嘴
离心喷嘴
临界流喷嘴
流量喷嘴
螺旋型喷嘴
脉冲喷嘴
内混式喷嘴
喷油嘴
气体喷嘴
射流喷嘴
双喷嘴
陶瓷喷嘴
同轴喷嘴
外混式喷嘴
文丘利喷嘴
无叶喷嘴
星形喷嘴
旋流喷嘴
压力喷嘴
一体化喷嘴
异型喷嘴
音速喷嘴
针型喷嘴
直流喷嘴
主喷嘴
撞击式喷嘴
C 泵零件 →(4)
点火器
高压水射流 →(8)
焊枪 →(3)
进气角度 →(5)
喷灌机 →(11)
喷枪 →(3)
喷水强度 →(11)
喷头设计 →(1)(4)
喷嘴挡板阀 →(4)
喷嘴堵塞 →(2)
喷嘴宽度 →(8)
物料泄漏 →(1)
消防 →(11)(12)
浴室设备 →(11)
增压设施 →(11)

转炉 →(3)

喷嘴环
nozzle ring
V232
D 喷咀环
S 零部件*

喷嘴叶片
Y 静叶片

喷嘴组
Y 喷嘴

喷嘴组合
Y 喷嘴

硼-10
boron-10
O6；TL92
S 同位素*
C 硼-10 反应
硼-10 束

硼-10 反应
boron 10 reactions
TL4
D 硼-11 反应
硼-8 反应
S 核反应*
C 硼-10

硼 10 束
Y 硼-10 束

硼-10 束
boron 10 beams
TL4
D 硼 10 束
硼-11 束
S 射束*
C 硼-10

硼-11 反应
Y 硼-10 反应

硼-11 束
Y 硼-10 束

硼-8 反应
Y 硼-10 反应

硼化合物推进剂
Y 含硼推进剂

硼化物推进剂
Y 含硼推进剂

膨胀*
expansion
O4
D 非膨胀
可膨胀
膨胀法
膨胀方法
膨胀过程
膨胀式
F 空腔膨胀
C 膨胀涡轮
膨胀仪 →(4)

膨胀波
expansion wave
V211
S 波*

膨胀波火炮
expansion wave guns
TJ399
S 新概念火炮
Z 武器

膨胀法
Y 膨胀

膨胀方法
Y 膨胀

膨胀工艺
Y 工艺方法

膨胀过程
Y 膨胀

膨胀式
Y 膨胀

膨胀透平
Y 膨胀涡轮

膨胀涡轮
expansion turbine
V232.93
D 膨胀透平
气体膨胀透平
S 涡轮*
C 膨胀
膨胀泵 →(4)
透平膨胀机 →(1)

膨胀循环
expander cycle
V430
S 循环*

碰击发火机构
Y 引信发火机构

碰击灵敏度
Y 引信灵敏度

碰击式发火机构
Y 引信发火机构

碰炸引信
Y 触发引信

碰撞防护
Y 避碰

碰撞回避
Y 避碰

碰撞警报
Y 碰撞预警

碰撞警告设备
Y 机载防撞系统

碰撞聚变
impact fusion
TL6
S 聚变反应
C 磁梯度加速器
轨形枪加速器
Z 核反应

碰撞束
Y 对撞束

碰撞预警
collision warning
V249
D 碰撞警报
S 报警*
C 防撞系统 →(4)
机载预警系统

批检试验
lot inspection test
TJ01
D 抽检试验
批生产检验试验
S 试验*

批量测试
batch testing
TB4；TJ01；TJ760.6
S 测试*

批内精密度
Y 精度

批生产检验试验
Y 批检试验

披挂装甲
Y 附加装甲

铍合金
beryllium alloy
TL34
S 合金*
C 慢化剂
铍材 →(3)

铍同位素
beryllium isotopes
TL92
S 碱土金属同位素
Z 同位素

皮带驱动
Y 履带驱动

皮米卫星
Y 皮卫星

皮托管
Y 空速管

皮卫星
pico satellite
V474
D 皮米卫星
皮型卫星
S 微小卫星
Z 航天器
卫星

皮型卫星
Y 皮卫星

疲劳*
fatigue

O3；TG1
D 抗疲劳
疲劳(力学)
疲劳行为
F 低周疲劳
飞行疲劳
滚动接触疲劳
C 疲劳强度 →(1)

疲劳(力学)
Y 疲劳

疲劳测试
Y 疲劳试验

疲劳模拟试验
Y 疲劳试验

疲劳强度试验
endurance test
TH13；V216.3
S 疲劳试验
强度试验
Z 力学试验

疲劳试验
fatigue test
TB3；V216.3；V416.3
D 金属疲劳试验
疲劳测试
疲劳模拟试验
疲劳性能试验
S 力学试验*
F 超声疲劳试验
多轴疲劳试验
腐蚀疲劳试验
加速疲劳试验
接触疲劳试验
扭转疲劳试验
疲劳强度试验
疲劳寿命试验
热疲劳试验
台架疲劳试验
C 材料性能

疲劳寿命试验
fatigue life testing
V216.3
S 疲劳试验
性能试验*
Z 力学试验

疲劳行为
Y 疲劳

疲劳性能试验
Y 疲劳试验

疲劳载荷谱
fatigue load spectrum
V215
D 程序块谱
等幅谱
飞续飞谱
S 载荷谱
F 随机谱
Z 谱

匹配*
matching
O1；TP3
D 匹配方法
匹配方式
F 部件匹配
地形匹配
飞机-发动机匹配
进气道-发动机匹配
尾喷管-飞机匹配
星图匹配
姿态匹配
C 失配 →(1)(7)(8)

匹配方法
Y 匹配

匹配方式
Y 匹配

匹数计数器
Y 计数器

偏摆测量仪
Y 测量仪器

偏差
Y 误差

偏差处理
Y 误差处理

偏差值
Y 误差

偏航表
drift meter
V241
D 偏航计
偏流指示器
S 姿态指示器
C 地速指示器
偏航控制
Z 指示器

偏航导引
yaw steering
TJ765；V249.3
S 飞行导引
Z 导引

偏航计
Y 偏航表

偏航角
yaw angle
V32
S 飞行状态参数
Z 飞行参数

偏航角速度
rate of yaw
V212
D 方向角速度
偏航角速率
S 速度*

偏航角速率
Y 偏航角速度

偏航控制
yaw control
V249.1
S 航向控制
F 抗偏流控制
C 偏航表
偏航力矩 →(4)
Z 载运工具控制

偏航特性
Y 空气动力特性

偏航姿态捕获
Y 姿态捕获

偏航阻尼器
Y 自动增稳系统

偏离泡核沸腾
departure nucleate boiling
TL33
S 沸腾*

偏流角
drift angle
V212
S 角*
C 图像质量 →(1)(7)(8)
像移

偏流指示器
Y 偏航表

偏滤器*
divertor
O4；TL6
F 环向场偏滤器
角向场偏滤器
束偏滤器
C 仿星器
托卡马克

偏心起爆
Y 偏心引爆

偏心引爆
eccentric initiation
TJ51
D 偏心起爆
S 起爆*

偏移*
skewing
ZT5
D 偏移现象
F 轨道偏移
C 偏移地址 →(7)(8)
偏移量 →(3)
移动

偏移现象
Y 偏移

偏振光干涉仪
Y 纹影干涉仪

偏置比例导引
biased proportional navigation
TJ765；V249.3；V448
S 比例导引
Z 导引

偏置表面
Y 表面

偏置动量
Y 偏置动量控制

偏置动量控制
momentum bias control
V448
D 偏置动量
S 控制*

偏置动量卫星
biased momentum satellite
V474
S 人造卫星
Z 航天器
卫星

偏置动量姿态控制系统
Y 姿态控制系统

偏转板
deflecting plate
TL5；TN1
S 零部件*
C 偏转 →(7)(8)

偏转副翼
Y 副翼

偏转旋翼飞机
Y 倾转旋翼机

偏转翼飞机
Y 倾转翼飞机

漂浮基空间机器人
floating based space robots
TP2；V462
S 漂浮基双臂空间机器人
Z 机器人

漂浮基双臂空间机器人
floating based dual-arm space robot
TP2；V462
S 空间机器人
F 漂浮基空间机器人
双臂空间机器人
Z 机器人

漂浮装置
flotation device
V525
S 内环装置
Z 热核装置

漂雷
drifting mine
TJ61
D 风面漂雷
水中漂雷
S 水雷*

漂移测试
Y 漂移量测量

漂移管
drift tube
TL5
S 电真空器件*
C 回旋加速器
直线加速器

漂移量测量
measurement of drift distance
V21
D 漂移测试
S 测量*

漂移流模型
drift flux model
TL3
S 漂移模型
Z 模型

漂移率
drift rate
V241.5
D 弹性约束漂移率
非等惯性漂移率
交叉耦合漂移率
平均漂移率
输出轴角加速度漂移率
随机漂移率
系统性漂移率
正交加速度漂移率
S 物理比率*
C 陀螺仪

漂移模型
drift model
TL4
S 模型*
F 漂移流模型

漂移预测
drift forecasting
V241；V441
D 陀螺仪漂移预测
S 预测*

飘摆试验
Y 稳定性飞行试验

氕
Y 氢-1

拼装
Y 装配

拼装焊接
Y 装配

贫氧富燃料推进剂
oxygen-poor fuel-rich propellant
V51
S 富燃料推进剂
Z 推进剂

贫氧推进剂
Y 富燃料推进剂

贫油点火
Y 微油点火

贫油熄火
Y 微油点火

贫铀穿甲弹
Y 铀合金穿甲炮弹

贫铀弹
depleted uranium bomb
TJ412
S 炮弹*
C 贫铀武器

贫铀武器
depleted uranium weapons
TJ91
S 特殊性能核武器
C 贫铀弹
Z 武器

贫铀装甲
depleted uranium armor
TJ811
D 辐射装甲
S 特种装甲
Z 装甲

频分制遥测系统
Y 遥测系统

频率技术*
frequency inverter
TN7
F 选频
C 变频冰箱 →(1)(5)
变频电动机 →(5)
变频电机 →(5)
变频风机 →(4)
变频器 →(5)(7)
变频驱动 →(5)
频率扫描 →(7)
频率识别 →(8)
频率同步 →(7)

频率控制*
frequency control
TN7
F 高频控制
C 过零控制 →(5)
视频控制 →(7)(8)
物理控制
信号稳定 →(7)

频率选取
Y 选频

频率选择
Y 选频

频谱分析器
Y 频谱分析仪

频谱分析仪
spectrum analyzer
TL8；TM93
D 频谱分析器
S 分析仪*

频域反隐身
frequency domain anti-stealth
V218
S 反隐身
Z 隐身技术

频域整形
frequency shaping
TB5；TJ7
S 整形*

品质

Y 质量

平板边界层转捩
flat plate boundary layer transition
V211
S 边界层转捩
Z 转捩

平板三角翼
Y 三角翼

平洞核试验
Y 地下核试验

平飞
Y 巡航飞行

平飞速度
level-flight speed
V32
D 最大平飞速度
最小平飞速度
S 飞行速度
C 巡航飞行
Z 飞行参数
航行诸元

平衡*
equilibrium
O3；ZT5
D 比不平衡
不平衡
残留不平衡
差分不平衡
初始不平衡
低速平衡
刚性自由体不平衡
平衡段
平衡方法
平衡方式
平衡率
平衡态
平衡图
平衡状态
热致不平衡
生产流程平衡
剩余不平衡
允许残留不平衡
转位不平衡
准静不平衡
F 能量平衡
质量平衡
转子平衡
C 不平衡补偿 →(5)
平衡传输 →(7)
稳定性
振动
转子不平衡 →(4)

平衡(能量)
Y 能量平衡

平衡段
Y 平衡

平衡方法
Y 平衡

平衡方式
Y 平衡

平衡活度
equilibrium activity
TL8
S 活度*

平衡计算
equilibrium calculations
TB9；TL
D 衡算
S 计算*
F 核材料衡算

平衡检测系统
Y 检测系统

平衡率
Y 平衡

平衡炮
equalized guns
TJ399
S 火炮
Z 武器

平衡配重
Y 舵面配重

平衡态
Y 平衡

平衡图
Y 平衡

平衡悬挂装置
balance hanging device
TD5；TH13；V245
S 悬挂装置*

平衡迎角
balanced incidence
V211
S 攻角
Z 角

平衡重
Y 舵面配重

平衡状态
Y 平衡

平衡姿态控制
balancing control
V249.122.2
S 控制*
姿态控制
Z 飞行控制

平均轨道根数
mean orbital elements
V526
D 平均轨道要素
S 轨道参数*

平均轨道要素
Y 平均轨道根数

平均漂移率
Y 漂移率

平均推力
average thrust
V43
S 推力*

平均效率
Y 效率

平均有效度
Y 效率

平均自由行程
Y 行程

平流层飞艇
stratospheric airship
V274
S 飞艇
Z 航空器

平流层飞行
Y 飞行

平流圈飞行
Y 飞行

平面靶
Y 靶板

平面测量仪
Y 测量仪器

平面度测量系统
Y 测量系统

平面埋入式进气道
plane submerged inlets
V232.97
S 埋入式进气道
Z 进气道

平面调制靶
Y 靶板

平面型腔
Y 型腔

平面叶栅
plane cascade
TH13；TK0；V232
D 二维叶栅
二元叶栅
S 叶栅*
C 平面叶栅风洞

平面叶栅风洞
plane cascade wind tunnel
V211.74
S 叶栅风洞
C 平面叶栅
Z 风洞

平视器
Y 平视显示

平视显示
head-up display
TN2；V243.6
D 平视器
平视显示器
平视仪
平显
平显系统
S 显示*
C 位置指示器

平视显示航空火控系统
Y 平显火控系统

平视显示器
Y 平视显示

平视仪
Y 平视显示

平顺性
ride comfort
TJ81；ZT4
D 不平顺性
S 性能*

平台*
platform
TB4
F 导航平台
多运动平台
公用平台
空间机动平台
随动平台
卫星平台
移动式平台
C 平台宽度 →(11)
软件平台
通信平台 →(7)(8)
信息平台 →(4)(7)(8)
支架 →(1)(2)(4)(5)(9)(11)(12)

平台惯导系统
platform INS
U6；V448
D 平台式惯导系统
平台式惯性导航系统
自动导航装置
S 惯性导航系统
C 自动驾驶仪
Z 导航系统

平台模拟器
tower simulator
V216
D 塔台模拟机
S 模拟器*
C 塔台

平台起降
Y 平台起落

平台起落
platform takeoff and landing
V32
D 平台起降
S 起落
C 飞行平台
直升机
Z 操纵

平台燃烧
plateau combustion
V231.1
S 推进剂燃烧
Z 燃烧

平台式惯导系统
Y 平台惯导系统

平台式惯性导航系统
Y 平台惯导系统

平台式惯性制导
Y 惯性平台制导

平台式惯性制导系统
Y 惯性平台制导

平台伺服回路
platform servo loop
V245
D 平台稳定回路
S 回路*
控制电路*

平台推进剂
plateau propellants
V51
D 负压力指数推进剂
负压强指数推进剂
麦撒推进剂
麦沙推进剂
S 固体推进剂
Z 推进剂

平台稳定回路
Y 平台伺服回路

平台转运
Y 航天器转运

平台姿态
platform attitude
V212
S 姿态*

平头钢弹
flat head steel bullets
TJ411
S 钢芯枪弹
Z 枪弹

平尾
Y 水平尾翼

平尾布局
Y 气动构型

平尾大轴
horizontal stabilizer shaft
TH13；V225
S 轴*

平尾舵机
Y 舵机

平尾偏角
deflected angle of horizontal tail
V225
D 飞机平尾偏角
S 角*

平尾失速
horizontal tail stall
V212
S 失速*
C 深失速

平稳操纵
smooth manipulation
U2；U6；V323.1
S 操纵*

平显
Y 平视显示

平显火控系统
head-up display fire control system
V24
D 平视显示航空火控系统
S 火控系统
Z 武器系统

平显系统
Y 平视显示

平响应
flat response
TL8
S 响应*

平行滑行道
Y 机场跑道

平行通道
parallel channels
TL35
S 通道*

平翼
Y 无弯度机翼

平直弹道
flat trajectory
TJ0；TJ760；V212
D 低伸弹道
S 弹道*

平直机翼
Y 非掠翼

平直翼
Y 直机翼

评定*
evaluation
TB4；TU7
D 鉴定
评定办法
评定法
评估鉴定
评选办法
F 射击效率评定
型号合格审定
C 评测 →(1)(7)(8)

评定办法
Y 评定

评定法
Y 评定

评估
Y 评价

评估鉴定
Y 评定

评价*
evaluation
ZT0
D 基础性评价
评估

评判方法
评议估计
F 方案评估
损伤评估
效能评估
战损评估
C 论证
评测 →(1)(7)(8)

评判方法
Y 评价

评选办法
Y 评定

评议估计
Y 评价

屏*
screen
TN0
F 轨道分子屏
太阳屏
转换屏
C 显示屏

屏蔽*
shielding
X9
D 屏蔽技术
F 辐射屏蔽
航天器屏蔽
热屏蔽
微流星屏蔽
C 放射性
辐射防护
六类双绞线 →(5)
屏蔽材料
屏蔽电机 →(5)
屏蔽盒 →(7)
屏蔽接地 →(5)
热室
手套箱
天线罩 →(7)

屏蔽(核)
Y 辐射屏蔽

屏蔽材料
shielding materials
TL7
S 功能材料*
F 工程屏障材料
C 安全壳
导体 →(1)(5)(7)
反应堆材料
辐射防护
辐射源
屏蔽
屏蔽层 →(5)
屏蔽结构
屏蔽效能 →(5)

屏蔽法
screening method
TL8
S 方法*

屏蔽厚度
shielding thickness
TL7
S 厚度*
C 辐射防护
辐射屏蔽

屏蔽技术
Y 屏蔽

屏蔽结构
shielding structure
V214
S 功能结构*
C 屏蔽材料

屏蔽器官
Y 身体局部辐照

屏蔽容器
cask
TL941；X7
S 容器*
F 乏燃料容器

屏蔽因子
shielding factor
TL7
S 因子*
C 辐射屏蔽

屏幕
Y 显示屏

屏幕显示器
Y 显示器

屏显
Y 显示器

钋同位素
polonium isotopes
O6；TL92
S 同位素*

迫降
forced landing
V32
D 安全着陆
带故障着陆
飞机空中紧急迫降
飞机迫降
应急着陆
直升机迫降
S 飞机着陆
航空航天事故*
F 水上迫降
C 耐坠毁性
Z 操纵

破断
Y 断裂

破坏半径
damage radius
TJ0
D 伤害半径
S 半径*
F 毁伤半径
C 弹药破坏作用

破坏容限
Y 损伤容限设计

破甲
armor penetration
TJ01；TJ41
D 破甲效应
破甲作用
S 弹药破坏作用
C 破甲弹
Z 弹药作用

破甲弹
hollow-charge projectile
TJ412
D 空心装药破甲炮弹
破甲炮弹
锥孔装药破甲炮弹
S 主用炮弹
C 破甲
破甲深度
坦克弹药
Z 炮弹

破甲弹引信
Y 炮弹引信

破甲火箭弹
shaped charge rocket projectile
TJ415
S 反坦克火箭弹
C 坦克弹药
Z 武器

破甲能力
Y 破甲威力

破甲炮弹
Y 破甲弹

破甲炮弹引信
Y 炮弹引信

破甲杀伤两用枪榴弹
Y 杀伤破甲枪榴弹

破甲杀伤枪榴弹
Y 杀伤破甲枪榴弹

破甲深度
armor-penetration depth
TJ0
D 穿透深度
S 破甲性能
C 破甲弹
Z 使用性能
战术技术性能

破甲试验
armor-penetrating test
TJ01
S 武器试验*
C 反装甲能力
破甲威力

破甲威力
armor-penetrating capability
TJ0
D 破甲能力
破甲效能
S 破甲性能

C 破甲试验
Z 使用性能
战术技术性能

破甲效能
Y 破甲威力

破甲效应
Y 破甲

破甲性能
armour-penetration performance
TJ0
S 作战能力
F 破甲深度
破甲威力
C 战斗部威力
Z 使用性能
战术技术性能

破甲引爆
armor-penetrating initiation
TJ51
S 起爆*

破甲战斗部
Y 聚能战斗部

破甲作用
Y 破甲

破口失水事故
break loss of coolant accident
TL36；TL78
D 破口事故
S 失水事故
F 大破口失水事故
小破口失水事故
Z 核事故

破口事故
Y 破口失水事故

破裂
Y 断裂

破裂极限
Y 断裂

破裂事故
burst accident
TL36；TL78
S 反应堆事故
Z 核事故

破裂现象
Y 断裂

破裂形态
Y 断裂

破片*
fragment
TJ41
D 弹片
F 爆炸破片
球形破片
钨合金破片
预制破片
自锻破片
C 破片聚焦战斗部

破片场
Y 破片率

破片初速
initial fragment velocity
TJ41
D 破片初速度
S 速度*
C 爆破战斗部
破片战斗部

破片初速度
Y 破片初速

破片飞散速度
Y 破片速度

破片聚焦战斗部
fragment focusing warhead
TJ412；TJ415；TJ76
S 聚焦战斗部
C 破片
破片战斗部
Z 战斗部

破片聚能战斗部
fragment shaped warheads
TJ412；TJ415；TJ76
S 聚能战斗部
C 破片率
破片战斗部
Z 战斗部

破片率
fragment rate
TJ0
D 破片场
破片密度
破片群
S 摧毁能力
C 破片聚能战斗部
Z 战术技术性能

破片密度
Y 破片率

破片群
Y 破片率

破片杀伤
fragmentation damage
TJ41
S 硬杀伤
C 破片战斗部
Z 弹药作用

破片杀伤拦截弹
fragment antipersonnel intercept missile
TJ86
S 导弹拦截器
Z 武器

破片杀伤战斗部
Y 破片战斗部

破片式战斗部
Y 破片战斗部

破片速度
fragment velocity
TJ41
D 破片飞散速度
S 速度*
C 爆破弹
爆破炸弹
爆破战斗部
防步兵地雷

破片效应
Y 破片作用

破片型地雷
fragmentation mine
TJ512
D 爆炸杀伤地雷
S 防步兵地雷
Z 地雷

破片战斗部
fragmentation warhead
TJ76
D 破片杀伤战斗部
破片式战斗部
S 杀伤战斗部
C 破片初速
破片聚焦战斗部
破片聚能战斗部
破片杀伤
破片作用
Z 战斗部

破片作用
fragments effects
TJ41
D 破片效应
S 弹药作用*
C 破片战斗部
预制破片炮弹

破碎*
fragmentation
TD9
D 粉碎
粉碎法
粉碎方法
粉碎方式
粉碎工艺
粉碎过程
粉碎技术
粉碎加工
破碎法
破碎方法
破碎方式
破碎工艺
破碎过程
破碎作业
F 射流破碎
涡破碎
C 抗粉碎硬度指数 →(10)
块煤 →(2)(9)
破碎机 →(2)(3)(4)(9)(11)(12)
破碎站 →(2)
细碎 →(2)

破碎法
Y 破碎

破碎方法
Y 破碎

破碎方式
Y 破碎

破碎工艺
Y 破碎

破碎过程
Y 破碎

破碎作业
Y 破碎

破损
Y 损坏

破损安全设计
Y 安全设计

破损安全寿命
Y 安全寿命

破损过程
Y 损坏

破损评估
Y 损伤评估

破损形式
Y 损坏

破损元件探测
failed element detection
TL36；TL8
D 元件破损探测
S 探测*

破障弹
break-obstacle projectiles
TJ412
S 特种炮弹
Z 炮弹

剖面
Y 截面

剖面控制
profile control
TL6
S 数学控制*

剖面区域
Y 截面

剖析
Y 分析

扑动翼
Y 扑翼

扑翼
beating wing
V224；V276
D 拍动翼
扑动翼
S 机翼*
F 柔性扑翼
微型扑翼

扑翼飞机
Y 扑翼机

扑翼飞行器
flapping-wing air vehicles
V27
S 飞行器*
F 仿昆扑翼飞行器
仿生扑翼飞行器
微扑翼飞行器

扑翼机
ornithopter
V276
D 扑翼飞机
微型扑翼机
振翼机
S 重于空气航空器
C 人力飞机
微型飞行器
Z 航空器

扑翼机构
flapping wing mechanisms
V276
S 操作机构
C 飞行操纵系统
Z 机构

扑翼模型
flapping-wing modal
V278
S 航空器模型
Z 工程模型

扑翼微型飞行器
Y 微扑翼飞行器

扑翼系统
flapping wing systems
V224
S 飞机系统
Z 航空系统

铺层工艺
Y 工艺方法

普朗特数
Prandtl number
V211
S 无量纲数*

普雷克斯过程
Y 核燃料后处理

普雷克斯流程
Y 核燃料后处理

普林斯顿β实验
Y 普林斯顿β实验装置

普林斯顿β实验装置
Princeton beta experiment
TL6
D 普林斯顿β实验
S 托卡马克
C 角向场偏滤器
Z 热核装置

普通计数器
Y 计数器

普通军用防毒面具
Y 防毒面具

普通模糊可靠性
ordinary fuzzy reliability
V328.5
S 模糊可靠性
C 模糊可靠性理论 →(4)
Z 可靠性
性能

普通照明灯泡
Y 灯

谱*
spectra
O4
F β谱
γ谱
环境谱
解谱
能谱
时间谱
图像功率谱
稳谱
序列谱
载荷谱
质子磁共振谱
中子谱
C 频谱 →(1)(4)(5)(7)(8)
食谱 →(10)
图谱

谱(中子)
Y 中子谱

谱分析*
spectral analysis
O4；TN91
F γ谱分析
能谱分析
C 分析方法
切片 →(3)(7)(8)(9)
物理分析

谱仪*
spectrometer
TH7；TL8
D 看谱仪
F α谱仪
γ谱仪
便携式谱仪
磁谱仪
电感耦合等离子发射光谱仪
二次离子质谱仪
光声谱仪
环形质谱仪
加速器质谱仪
晶体谱仪
星载遥感光谱仪
中子谱仪
C 分析仪
光学仪器

谱载
Y 载荷谱

谱载荷
Y 载荷谱

曝光计数器
Y 计数器

齐射
salvo fire
TJ3
D 火炮齐射击
S 火炮射击
Z 射击

齐射(导弹)
Y 导弹齐射

骑兵坦克
Y 巡洋坦克

骑兵战车
cavalry fighting vehicle
TJ811
S 战车
Z 军用车辆
武器

骑枪
Y 卡宾枪

启动*
start-up
ZT5
D 启动方案
启动方法
启动方式
启动过程
起动
起动方法
起动方式
起动过程
起动技术
F 反应堆启动
空中起动
温启动
物理启动
C 开关变压器 →(5)
启动程序 →(8)
启动控制器 →(5)
启动系数 →(5)
起动试验
延时继电器 →(5)

启动(反应堆)
Y 反应堆启动

启动(裂变堆)
Y 反应堆启动

启动方案
Y 启动

启动方法
Y 启动

启动方式
Y 启动

启动过程
Y 启动

启动灵敏度
Y 引信灵敏度

启动器
Y 起动器

启动设备
Y 起动器

启动载荷
Y 起动载荷

起爆*
initiation
TD2
D 定高引爆
定角引爆
定距起爆
定距引爆
起爆法
起爆方法
起爆方式
起爆机理
起爆技术
引爆
自爆机理
F 安全引爆
多点起爆
二次引爆
光电引爆
机械引爆
偏心引爆
破甲引爆
三点引爆
随机引爆
同步引爆
C 爆炸
火炸药 →(9)

起爆法
Y 起爆

起爆方法
Y 起爆

起爆方式
Y 起爆

起爆感度
initiation sensitivity
TJ45
S 感度*
F 雷管起爆感度
C 起爆药 →(9)

起爆火工品
Y 引爆火工品

起爆机理
Y 起爆

起爆技术
Y 起爆

起爆控制
initiating control
TJ51
D 引爆控制
S 工程控制*

起爆能力
initiating capacity
TJ51；TQ56
D 起爆能量
S 爆炸性能
战术技术性能*
C 起爆器
Z 化学性质

起爆能量
Y 起爆能力

起爆器
exploder
TD2；TJ45；TJ51
D 保险起爆器
保险引爆器
发爆器
放炮器
隔板起爆器
化学起爆器
引爆器
S 起爆器材
F 爆炸箔起爆器
电起爆器
C 起爆能力
起爆药 →(9)
Z 器材

起爆器材
initiation equipment
TJ51
D 并串联起爆系统
电爆炸箔起爆系统
起爆系统
起爆装置
气相起爆系统
S 爆破器材
F 安全引爆装置
非电起爆装置
起爆器
同步起爆网络
引爆装置
C 起爆网络 →(2)
延时精度
Z 器材

起爆顺序
Y 点火次序

起爆系统
Y 起爆器材

起爆延时
initiation delay
TJ51
S 时滞*

起爆引信
Y 导爆索

起爆装置
Y 起爆器材

起动
Y 启动

起动点火试验
Y 空中点火试验

起动方法
Y 启动

起动方式
Y 启动

起动过程
Y 启动

起动机
Y 起动器

起动机检查
Y 发动机故障诊断

起动技术
Y 启动

起动模型
starting model
V21
S 物理模型*

起动器*
starting apparatus
TM5
D 启动器
启动设备
起动机
起动设备
F 爆炸起动器
涡轮起动机
C 动力装置
起动试验

起动设备
Y 起动器

起动试验
starting test
V216.2
D 冷起动能力试验
冷起动试验
S 发动机试验*
C 启动
起动器

起动载荷
starting load
V215
D 启动载荷
S 动载荷
Z 载荷

起飞
takeoff
V32
D 超载起飞
单发起飞
飞机紧急起飞
飞机起飞
舰载机起飞
紧急起飞
起飞方式
强行起飞
水平起飞
跳飞
战斗起飞
直升机起飞
S 起落
F 侧风起飞
垂直起飞
弹射起飞
滑跃起飞
减推力起飞
中断起飞
C 滑跑距离
滑行
起飞重量
停飞
Z 操纵

起飞方式
Y 起飞

起飞滑跑距离
distance of takeoff run
V32
D 飞机起飞滑道距离
S 滑跑距离
C 滑行
Z 距离

起飞火箭助推器
Y 助推火箭发动机

起飞距离
takeoff distance
V32
D 飞机起飞距离
S 距离*

起飞决断速度
Y 起飞速度

起飞控制
takeoff control
V249.1
D 飞机起飞控制
自动起飞控制
S 飞行控制*
飞行器控制
C 飞行控制系统
起飞重量
起落
Z 载运工具控制

起飞离地速度
Y 离地速度

起飞平台
takeoff platform
V351
S 飞机平台
Z 承载平台

起飞全重
Y 起飞重量

起飞速度
takeoff speed
V32
D 安全起飞速度
飞机起飞速度
起飞决断速度
中断起飞极限速度
S 飞行速度
F 离地速度
C 起飞重量
Z 飞行参数
航行诸元

起飞线指挥电台
Y 塔台

起飞性能
takeoff performance
V32
S 飞机性能
Z 载运工具特性

起飞质量
takeoff mass
V221；V423；V55
D 发射质量
S 推进剂加注诸元*

起飞重量
takeoff weight
V221
D 起飞全重
起飞总重
最大起飞重量
S 重量*
C 起飞
起飞控制
起飞速度

起飞着陆
Y 起落

起飞着陆试飞
Y 性能飞行试验

起飞着陆试验
Y 性能飞行试验

起飞总重
Y 起飞重量

起火部位
fire position
TJ5；TU99
S 部位*
C 燃点

起火点
Y 燃点

起降
Y 起落

起降方式
Y 起落

起落
takeoff and landing
V32
D 飞机起落
飞机外场降落
起飞着陆
起降
起降方式
起落(航天)
升降(航天)
外场降落
直升机起降
直升机起落
S 飞行操纵
F 冰上起落
垂直起落
短距起落
舰上起落
平台起落
起飞
水上起落
C 飞行
离地速度

起飞控制
Z 操纵

起落(航天)
Y 起落

起落航线
aerodrome traffic pattern
V355
D 机场起落航线
S 飞行航线
Z 航线

起落架*
landing gear
V226
D 侧风定向起落架
车架式起落架
定向机轮式起落架
固定式起落架
履带式起落架
起落架警告装置
起落架系统
起落架装置
起落装置
气垫式起落架
双腔起落架
外支撑起落架
尾起落架
下蹲式起落架
摇动梁架式起落架
予收缩起落架
直升机起落装置
左右互换起落架
F 半主动控制起落架
多支柱起落架
飞机起落架
浮筒式起落架
跪式起落架
滑橇式起落架
机身起落架
降落装置
拉降装置
气垫式起落装置
前起落架
前三点式起落架
主起落架
C 飞机机轮
飞机轮胎 →(9)
飞机着陆
减振器
气垫船 →(12)
水翼
增阻装置

起落架舱
landing gear bay
V223
D 飞机起落架舱
起落架短舱
S 飞机机舱
C 收放机构
Z 舱

起落架短舱
Y 起落架舱

起落架隔振器
Y 起落架减摆器

起落架构件
landing gear constructional elements
V226
D 备用撑杆
飞机轮毂
固定轮毂
扭力臂
起落架外筒
刹车钢圈
尾钩
自折撑杆
阻力撑杆
S 飞机结构件*
F 飞机机轮
飞机刹车组件
滑橇
起落架减摆器
起落架支柱
水橇
尾橇

起落架故障
landing gear failures
V328.5
S 飞机故障
Z 故障

起落架减摆器
landing gear shimmy damper
V226
D 缓冲支柱
减震支柱
起落架隔振器
起落架减振器
起落架减振支柱
起落架阻振器
S 起落架构件
C 起落架支柱
Z 飞机结构件

起落架减振器
Y 起落架减摆器

起落架减振支柱
Y 起落架减摆器

起落架警告装置
Y 起落架

起落架模型
landing gear model
V278
S 工程模型*

起落架设计
landing-gear design
V221
S 飞机设计
Z 飞行器设计

起落架试验设备
landing gear test equipment
V215
S 强度试验装置
F 落震试验台
Z 试验设备

起落架收放机构
Y 收放机构

起落架外筒
Y 起落架构件

起落架系统
Y 起落架

起落架支柱
landing gear leg
V226
S 起落架构件
C 起落架减摆器
Z 飞机结构件

起落架装置
Y 起落架

起落架阻振器
Y 起落架减摆器

起落装置
Y 起落架

起燃
Y 燃烧

起始扰动
initial disturbance
V212
S 扰动*

起竖
erection
TJ765；V55
S 武器操作
F 导弹起竖
Z 操作

起竖车
erection vehicle
V55
S 特种军用车辆
F 导弹起竖车
Z 军用车辆

起竖机构
erection mechanism
V554
S 机械机构*

起竖设备
missile erecting equipment
TJ768；V55
S 起重设备*
C 导弹起竖

起重工具
Y 起重设备

起重机设备
Y 起重设备

起重器
Y 起重设备

起重设备*
lifting equipment
TH2
D 起重工具
起重机设备
起重器

起重系统
起重装置
轻小起重设备
轻小型起重设备
手动起重机
F 起竖设备
C 手动葫芦 →(4)

起重系统
Y 起重设备

起重装置
Y 起重设备

气靶
gas targe
TL5
S 靶*

气步枪
air rifle
TJ22
D 气枪
S 步枪
Z 枪械

气测
Y 气动测量

气船
Y 飞艇

气吹冷却
Y 气体冷却

气弹稳定性
aeroelastic stability
V212
D 气动弹性稳定性
S 气动弹性
气动稳定性
Z 力学性能
流体力学性能
稳定性

气弹响应
aero-elastic response
V2
S 响应*

气垫层
air cushion
V214.9
S 垫层*
C 地效飞行器
气垫船 →(12)

气垫车
Y 地效飞行器

气垫飞机
Y 地效飞行器

气垫飞行器
Y 地效飞行器

气垫交通器
Y 地效飞行器

气垫式飞机
Y 地效飞行器

气垫式起落架
Y 起落架

气垫式起落装置
air cushion take-off and landing gears
V226
D 软式起落装置
S 起落架*
C 气垫船 →(12)
水上飞机

气垫式水上飞机
Y 水上飞机

气调系统
Y 空调系统

气动
pneumatics
TH13；V211
D 空气驱动
气动技术
气动力技术
三维气动技术
S 驱动*
F 非定常气动
C 气动开关 →(5)

气动安定性
Y 气动稳定性

气动比例控制
pneumatic proportional control
TH4；V233.7
S 比例控制*
气动控制
Z 动力控制
流体控制

气动比例系统
pneumatic proportional system
TP2；V245
S 气动系统*

气动比例效应
Y 雷诺数效应

气动变速控制
Y 气动控制

气动补偿
aerodynamic balance
V211
S 补偿*

气动不稳定
Y 气动稳定

气动布局
Y 气动构型

气动布局设计
aerodynamic configuration design
V221.3
S 气动设计
Z 设计

气动参数
Y 气动力参数

气动参数辨识
Y 气动力参数辨识

气动操动机构
Y 气动操作系统

气动操纵面
aerodynamic control surface
V225
D 空气舵
翼梢控制面
S 操纵面*
F 安定面
边条
导弹稳定裙
调整片
后缘操纵面
减速板
襟翼
燃气舵
扰流器
主操纵面

气动操作机构
Y 气动操作系统

气动操作系统
pneumatic operating system
TH11；V227
D 气动操动机构
气动操作机构
S 气动系统*

气动测量
pneumatic gauging
TG8；TH4；V21
D 气测
气动力测量
S 气体测量*

气动测量技术
Y 气动控制

气动充放气系统
Y 气动系统

气动弹性
aeroelasticity
V211.46
S 空气动力特性
力学性能*
F 气弹稳定性
气动热弹性
气动伺服弹性
C 壁板颤振 →(4)
操纵面发散
操纵面反效
气动稳定性
气动载荷
Z 流体力学性能

气动弹性动力学
aeroelastic dynamics
O3；V211.4
D 空气弹性动力学
S 气体动力学
Z 动力学
科学

气动弹性飞行试验
aeroelastic flight test

V217
D 气动弹性试飞
S 气动力飞行试验
Z 飞行器试验

气动弹性剪裁翼
Y 气动弹性研究机翼

气动弹性试飞
Y 气动弹性飞行试验

气动弹性稳定性
Y 气弹稳定性

气动弹性系统
aeroelastic system
V211.47
S 力学系统*
气动系统*

气动弹性效应
Y 气动效应

气动弹性研究机翼
aeroelastic research wing
V224
D 气动弹性剪裁翼
气动弹性研究翼
S 机翼*
C 飞机设计

气动弹性研究翼
Y 气动弹性研究机翼

气动导数*
aerodynamic derivative
V211
D 侧洗角导数
空气动力导数
F 操纵导数
颤振导数
动导数
静导数
敏感性导数
稳定性导数
阻尼导数
C 导弹稳定性
飞机稳定性

气动舵机
pneumatic control actuator
TH13；V227
D 冷气作动筒
气动缸
S 舵机*

气动分析
Y 气动力分析

气动蜂音
Y 气动噪声

气动辅助变轨
Y 气动力辅助变轨

气动负荷
Y 气动载荷

气动负载
Y 气动载荷

气动干扰*
aerodynamic interference
V211.46
D 空气动力干扰
气动力干扰
F 边界层干扰
洞壁干扰
风洞干扰
风干扰
滑流干扰
激波干扰
喷流干扰
外挂干扰
外流干扰
尾流干扰
涡干扰
涡翼干扰
翼身干扰
支架干扰
C 干扰
气动构型
湍流
翼型

气动缸
Y 气动舵机

气动构形
Y 气动构型

气动构型
aerodynamic configuration
V211；V221
D 变后掠翼布局
单旋翼布局
非周向对称布局
空气动力外形
平尾布局
气动布局
气动构形
气动力布局
气动力外形
气动外形
气动外形布局
融合体布局
正常式布局
S 构型*
F 乘波构型
导弹构型
飞机构型
航天器构型
面积律构型
随控布局
推进系统构型
无尾翼构型
鸭式构型
运载火箭构型
总体构型
C 飞行器结构
空气动力特性
气动干扰
升力体飞行器
细长体
翼型
有翼体
组合体

气动估算
Y 气动力计算

气动荷载
Y 气动载荷

气动激波修正量飞行试验
aerodynamic shock wave correction flight test
V217
D 空速系统位置误差飞行试验
空速系统位置误差试飞
S 气动力飞行试验
Z 飞行器试验

气动激励
aerodynamic excitation
V211
S 激励*
F 等离子体气动激励

气动计算
Y 气动力计算

气动计算模型
pneumatic calculation model
V211
S 气动模型
Z 力学模型

气动技术
Y 气动

气动加热
aerodynamic heating
TK1；V211；V231.1
D 长时间气动加热
弹头气动加热
空气动力加热
气动加温
气动热
气动增温
再入加热
S 加热*
C 气动传热 →(5)
热障
再入效应

气动加温
Y 气动加热

气动加压装置
Y 增压装置

气动加载
Y 气动载荷

气动减速板
aerodynamic brake
V225；V245.3
D 气动减速装置
气动力减速器
S 减速板
C 飞机刹车
襟副翼
襟翼
扰流器
Z 操纵面

气动减速装置

Y 气动减速板

气动检测技术
Y 气动控制

气动静稳定性
Y 气动稳定性

气动控制
pneumatic control
TH4；V233.7
D 气动变速控制
气动测量技术
气动检测技术
S 动力控制*
流体控制*
F 气动比例控制
气动力/推力矢量控制
气动逻辑控制
气动伺服控制
气动位置控制
气动自动控制
直接力/气动力复合控制
C 气动系统
气动效应

气动控制系统
air-actuated control system
TH4；V245
S 力控制系统*
气动系统*
F 气动伺服系统

气动理论
aerodynamic theory
V211
D 空气动力理论
S 理论*
F 旋翼气动理论

气动力
aerodynamic force
TH4；V211
D 空气动力
S 动力*
F 动态气动力
非定常气动力
非稳态气动力
非线性气动力
后体气动力
试验气动力
C 气动设计

气动力/推力矢量控制
aerodynamic force/thrust vector control
V233.7；V433
S 气动控制
推力矢量控制
Z 动力控制
流体控制
矢量控制
载运工具控制

气动力比例效应
Y 雷诺数效应

气动力布局
Y 气动构型

气动力参数
aerodynamic parameter
V211
D 气动参数
C 气动数据

气动力参数辨识
aerodynamic parameter identification
V211
D 气动参数辨识
S 识别*

气动力测量
Y 气动测量

气动力飞行试验
aerodynamic flight test
V211.7；V217
D 飞行器空气动力飞行试验
气动力试飞
S 飞行试验
F 地面效应飞行试验
挂飞试验
过渡飞行试验
气动弹性飞行试验
气动激波修正量飞行试验
尾旋试验
Z 飞行器试验

气动力分析
aerodynamic analysis
V211
D 气动分析

气动力辅助变轨
aerodynamic force assisted orbital transfer
V526
D 大气助推变轨
气动辅助变轨
S 变轨
C 大气再入
行星际转移轨道
Z 运行

气动力干扰
Y 气动干扰

气动力估算
Y 气动力计算

气动力计算
aerodynamic computation
V211
D 空气动力计算
空气动力学计算
气动估算
气动计算
气动力估算
S 计算*
C 气动设计

气动力技术
Y 气动

气动力减速器
Y 气动减速板

气动力焦点
Y 气动平衡

气动力面振荡
Y 翼型振荡

气动力模型
Y 气动模型

气动力设计
Y 气动设计

气动力试飞
Y 气动力飞行试验

气动力试验*
aerodynamic test
V211.7
D 空气动力实验
空气动力试验
空气动力学实验
空气动力学试验
气动实验
气动试验
F 风洞试验
冷流试验
流变试验
内流试验
气动热试验
C 动力试验

气动力试验模型
Aerodynamic test models
V221
S 工程模型*

气动力特性
Y 空气动力特性

气动力天平
Y 风洞天平

气动力外形
Y 气动构型

气动力系数
aerodynamic coefficient
V211
D 侧向空气动力系数
侧向气动力系数
空气动力系数
气动系数
S 动力系数
F 非定常气动系数
C 气动阻力
升阻比
Z 系数

气动力效应
Y 气动效应

气动力性能
Y 气动性能

气动力载荷
Y 气动载荷

气动力中心
Y 气动平衡

气动逻辑控制
pneumatic logic control
TH4；V233.7
S 气动控制
自动控制*

Z 动力控制
流体控制

气动模型
aerodynamic model
V221
D 气动力模型
S 力学模型*
F 颤振模型
非线性气动模型
风洞模型
机翼模型
气动计算模型
气动稳定性模型
自由飞模型

气动喷嘴
Y 雾化喷嘴

气动平衡
aerodynamic balance
TH4；V211
D 空气动力平衡
空气动力中心
气动力焦点
气动力中心
气动中心
S 空气动力特性
C 飞机稳定性
升阻比
转弯飞行
Z 流体力学性能

气动驱动
air-operated drive
V211
S 驱动*

气动热
Y 气动加热

气动热弹性
aerothermoelasticity
V211.46
S 气动弹性
Z 力学性能
流体力学性能

气动热试验
pneumatic hot test
V211.7
S 环境试验*
气动力试验*
C 气动传热 →(5)

气动塞式喷管
pneumatic plug nozzle
V232.97
S 发动机喷管
Z 发动机零部件
喷管

气动设计
aerodynamic design
V221；V423
D 空气动力设计
空气动力学设计
气动力设计
S 设计*
F 气动布局设计
气动外形设计
气动隐身一体化设计
气动优化设计
C 气动力
气动力计算

气动升力
aerodynamic lift
O3；V211
S 升力
Z 力

气动声学
aeroacoustics
V21
S 航空声学
F 计算气动声学
Z 航空航天学

气动失速
aerodynamic stalling
V211
S 失速*
F 深失速
旋翼失速
翼型失速
C 边界层分离
飞机失速
攻角
零升力

气动失稳
pneumatic stability fault
V211
S 失稳*

气动实验
Y 气动力试验

气动矢量角
aerodynamical vector angles
V211
S 角*
C 矢量喷管

气动矢量喷管
pnuematic vectoring nozzles
V232.97
S 矢量喷管
C 激波诱导
Z 喷管

气动试验
Y 气动力试验

气动数据
aerodynamic data
O3；V211
D 空气动力数据
气动数据库
S 数据*
C 气动力参数

气动数据库
Y 气动数据

气动数字伺服
Y 气动数字伺服控制

气动数字伺服控制
pneumatic digital servo control
TH4；V233.7
D 气动数字伺服
S 气动伺服控制
数字控制*
Z 比例控制
动力控制
流体控制
运动控制
自动控制

气动伺服弹性
pneumatic servo elastic
V211.46
S 气动弹性
Z 力学性能
流体力学性能

气动伺服机构
Y 气动伺服系统

气动伺服控制
pneumatic servo control
TH4；V233.7
S 比例控制*
气动控制
运动控制*
自动控制*
F 气动数字伺服控制
气动位置伺服控制
Z 动力控制
流体控制

气动伺服系统
pneumatic servo system
TP2；V245
D 气动伺服机构
气动随动系统
气力伺服机构
气压伺服系统
S 气动控制系统
伺服系统*
F 气动位置伺服系统
气动压力伺服系统
Z 力控制系统
气动系统

气动速送器
Y 跑兔管

气动随动系统
Y 气动伺服系统

气动特性
Y 空气动力特性

气动特征
Y 空气动力特性

气动-推进性能
pneumatic-propelling performance
V23；V43
S 气动性能
C 推进技术
Z 力学性能
流体力学性能

气动外形
Y 气动构型

气动外形布局
Y 气动构型

气动外形设计
aerodynamic shape design
V211
S 气动设计
Z 设计

气动外形优化
Y 气动优化设计

气动位置控制
pneumatic position control
TH4；V233.7
S 气动控制
位置控制*
F 气动位置伺服控制
Z 动力控制
流体控制

气动位置伺服控制
pneumatic position servo control
TH4；V233.7
D 气压伺服控制
S 气动伺服控制
气动位置控制
Z 比例控制
动力控制
流体控制
位置控制
运动控制
自动控制

气动位置伺服系统
pneumatic position servo system
TH11；TP1；V245
S 定位系统*
气动伺服系统
Z 力控制系统
气动系统
伺服系统

气动稳定
aerodynamic stabilization
O3；V211
D 气动不稳定
S 稳定*

气动稳定性
aerodynamic stability
V211
D 空气动力稳定性
气动安定性
气动静稳定性
S 气动性能
稳定性*
F 气弹稳定性
C 边界层稳定性
颤振
机匣处理
静态气动特性
气动弹性
稳定性导数
Z 力学性能
流体力学性能

气动稳定性模型
aerodynamic stability model
V221
S 气动模型
Z 力学模型

气动雾化喷嘴
Y 雾化喷嘴

气动系数
Y 气动力系数

气动系统*
pneumatic system
TH4；V245
D 冷气系统
气动充放气系统
气压系统(机械)
F 气动比例系统
气动操作系统
气动弹性系统
气动控制系统
液压气动系统
C 动力系统
流体动力系统 →(5)
气动冲击器 →(2)(4)
气动控制
气力输送机 →(4)
气体系统
气制动器 →(4)(12)

气动响应
aerodynamic response
V211
S 响应*
C 气动效应

气动效率
Y 升阻比

气动效应*
aerodynamic effect
V211
D 缝隙效应
空气动力效应
气动弹性效应
气动力效应
气动原理
前缘效应
尾迹效应
尾流撞击效应
尾流阻塞效应
F 颤动效应
尺度效应
地面效应
动力干扰效应
钝度效应
后掠效应
激波效应
康达效应
雷诺数效应
马格努斯效应
压缩性效应
迎角效应
再入效应
真实气体效应
C 操纵面嗡鸣
工作气量 →(4)
气动控制
气动响应
气量控制 →(4)
效应

气动行程
Y 行程

气动性能
aerodynamic performance
TK8；V211
D 飞机气动性能
气动力性能
S 气体性质
F 气动-推进性能
气动稳定性
C 侧滚力矩 →(4)
Z 流体力学性能

气动旋流喷嘴
pneumatic swirl nozzle
TH13；TK2；V232
S 雾化喷嘴
旋流喷嘴
Z 喷嘴

气动压力
pneumatic pressure
V211
S 压力*

气动压力伺服系统
pneumatic pressure servo systems
V245
S 力学系统*
气动伺服系统
气体系统
压力控制系统
C 气压伺服 →(4)(8)
Z 力控制系统
流体系统
气动系统
伺服系统

气动隐身一体化设计
pneumatic stealth integration design
V221
S 气动设计
Z 设计

气动优化
Y 气动优化设计

气动优化设计
aerodynamic optimization design
V211
D 气动外形优化
气动优化
S 气动设计
优化设计*
Z 设计

气动鱼雷
Y 舰载鱼雷

气动鱼雷发射装置
torpedo pneumatic launching devices
TJ635
S 鱼雷发射装置
Z 发射装置

气动原理

Y 气动效应

气动载荷
aerodynamic loads
V211
D 空气动力载荷
气动负荷
气动负载
气动荷载
气动加载
气动力载荷
S 动载荷
F 动态气动载荷
开伞动载
喷气负载
气密载荷
翼载荷
C 飞行载荷
后掠效应
气动弹性
Z 载荷

气动噪声
aerodynamic noise
V211
D 空气动力噪声
气动蜂音
气动噪音
气流噪声
S 噪声*
C 喘振 →(4)
贯流风机 →(4)
空气动力特性
离心风机 →(4)
气流噪声源 →(1)
轴流风机 →(4)

气动噪音
Y 气动噪声

气动增温
Y 气动加热

气动振动台
Y 振动台

气动中心
Y 气动平衡

气动自动控制
air operated automatic control
TH4；V233.7
S 气动控制
Z 动力控制
流体控制

气动阻力
aerodynamic drag
V211
D 空气动力阻力
排气背压
阻力(空气动力学)
S 阻力*
F 超音速阻力
底部阻力
激波阻力
卫星阻力
翼型阻力
诱导阻力
C 减阻
气动力系数

气动阻力系数
aerodynamic drag coefficients
V211
Y 阻尼器

气浮台
air bearing table
V416.8
S 模拟试验设备
F 单轴气浮台
C 全物理仿真 →(8)
Z 试验设备

气浮陀螺
Y 气浮陀螺仪

气浮陀螺仪
air suspension gyroscope
V241.5；V441
D 动压气浮陀螺仪
气浮陀螺
气体悬浮陀螺
气体悬浮陀螺仪
S 悬浮陀螺仪
Z 陀螺仪

气缸
cylinder
TH13；V232
D 发动机气缸
发动机汽缸
汽缸
S 发动机零部件*
F 摆动气缸
冲击气缸
串联气缸
多位气缸
高速气缸
高压缸
伸缩气缸
数字气缸
双作用气缸
无杆气缸
旋转气缸
压气缸
C 发动机动力性能
缸 →(2)(4)(5)(10)(12)
气缸排量 →(12)
汽缸结构 →(5)
燃烧室

气候试验
climatic test
V216；V416
D 耐候性试验
气候条件试验
气象试验
人工耐候性试验
S 自然环境试验
C 飞行训练
Z 环境试验

气候条件试验
Y 气候试验

气浪弹
Y 燃料空气炸弹

气冷
Y 气体冷却

气冷堆
gas-cooled reactor
TL4
D 气冷反应堆
气冷石墨慢化堆
气冷型堆
S 反应堆*
F 二氧化碳冷却堆
高温气冷型堆
氦冷堆
镁诺克斯型堆
氢冷堆
球床堆
重水慢化气冷型堆
C 不连续因子
蒸汽冷却堆

气冷反应堆
Y 气冷堆

气冷石墨慢化堆
Y 气冷堆

气冷实验堆
gas cooled reactor experiment
TL4
D 实验气冷堆
S 动力堆
氦冷堆
实验堆
F 高温气冷实验堆
Z 反应堆

气冷式发动机
Y 风冷发动机

气冷涡轮
air-cooled turbine
V232.93
S 涡轮*
C 风冷发动机
空冷器 →(1)(9)(11)
空冷系统 →(5)
气体冷却
气体冷却器 →(1)(9)

气冷型堆
Y 气冷堆

气力伺服机构
Y 气动伺服系统

气流
draft
O3；V211
D 气流流动
气体流动
气相流动
汽液两相流动
S 流体流*
F 附面层气流
高速气流
进气道气流
燃气流
稀薄气流

C 压降特性 →(9)

气流动力学
Y 气体动力学

气流分离
burbling
V211
D 空中分离
S 分离*
C 分离流

气流流动
Y 气流

气流流速
Y 气体流速

气流扰动
airflow disturbance
V211.46
S 扰动*
F 阵风扰动

气流式喷嘴
air current nozzle
TH13；TK2；V232
S 气体喷嘴
F 雾化喷嘴
Z 喷嘴

气流特性
flow characteristic
V211
S 气体性质
Z 流体力学性能

气流雾化喷嘴
Y 雾化喷嘴

气流噪声
Y 气动噪声

气路故障
gas-path fault
TK0；V23
S 发动机故障*

气门传动机构
Y 传动装置

气密供氧面罩
Y 氧气面罩

气密过渡舱
airtight adapter modules
V423
D 气闸
气闸舱
气闸室
S 航天器舱
Z 舱
航天器部件

气密结构
air tight construction
V214
S 结构*
C 气密试验 →(1)(3)(4)

气密载荷
airtight loading
V215
S 气动载荷
Z 载荷

气密座舱
Y 密闭座舱

气膜孔
film holes
V263
S 孔洞*

气膜冷却
gaseous film cooling
V231.1
S 冷却*
F 多斜孔气膜冷却
缝槽气膜冷却
前缘气膜冷却
全气膜冷却
C 簸箕形孔 →(3)(4)
局部换热特性 →(5)
绝热温比
喷射角 →(4)

气膜冷却效率
film cooling effectiveness
V231
S 效率*

气膜冷却叶片
airfilm cooling blade
TH13；V232.4
S 冷却叶片
Z 叶片

气幕减阻
air curtain resistance reduction
V211
S 减阻*

气炮
gas gun
[TJ07]
D 氢气炮
S 试验设施*

气泡核聚变
bubble fusion
TL6；TL91
D 气泡聚变
S 聚变反应
Z 核反应

气泡剂量计
Y 剂量计

气泡聚变
Y 气泡核聚变

气泡生长
Y 沸腾

气泡探测器
gas bubble detection
TH7；TL8
S 环境监测设备*
监测仪器*
仪器仪表*

气泡雾化喷嘴
effervescent atomizer
TH13；TK2；V232
S 雾化喷嘴
Z 喷嘴

气瓶
air bottle
TH4；TL35；TQ0
D 储气瓶
S 容器*
C 储存装置 →(1)

气瓶运输车
Y 充氧车

气-气喷注器
gas-gas inspirator
V431
S 喷注器*

气枪
Y 气步枪

气枪弹
air gun bullets
TJ411
S 民用枪弹
Z 枪弹

气球
balloon
V273
D 航空气球
空飘气球
气球设备
自由气球
S 轻于空气航空器
F 高空气球
氦气球
热气球
探测气球
系留气球
C 飞艇
Z 航空器

气球测地卫星
Y 测地卫星

气球飞行
balloon flight
V323
S 航空飞行
C 垂直飞行
Z 飞行

气球设备
Y 气球

气球探测
balloon sounding
V321.2
S 气象探测
Z 探测

气球悬浮
balloon suspension
TJ410.1
S 悬浮*

气球炸弹
balloon bombs
TJ414
S 炸弹*

气热耦合
aero-thermal conjugating
V231
S 耦合*

气溶胶废物
Y 废气

气蚀余量
Y 汽蚀余量

气碎喷油咀
Y 雾化喷嘴

气碎喷油嘴
Y 雾化喷嘴

气态废物
Y 废气

气态燃料堆
Y 气体燃料堆

气体*
gas
O3；TQ11
D 空气
F 放射性气体
冷气掺混
裂变气体
稀薄气体
C 分散体
气体过滤 →(9)
气体开关 →(5)
燃气 →(1)(2)(3)(5)(9)(11)
危险气体 →(9)(13)

气体保险机构
Y 保险机构

气体测量*
gas measurement
P2；TB2
F 气动测量

气体电离探测器
Y 辐射探测器

气体动力特性
gas dynamic characteristic
O3；V211
S 流体力学性能*
F 空气动力特性
C 动力学性能 →(12)

气体动力学
gas dynamics
O3；V211
D 爆炸气体动力学
薄物体气体动力学
磁空气动力学
磁气体动力学
磁性气体动力学
气流动力学
气体力学
宇宙气体动力学
S 动力学*
科学*
F 超高速气体动力学
发动机空气动力学
空气动力学
气动弹性动力学
膛内气体动力学
稀薄气体动力学

气体动力延期机构
Y 引信延期机构

气体二次喷射
secondary gas injection
V434
D 二次空气喷射
S 二次喷射
喷气
F 燃气二次喷射
Z 喷射

气体发生器
gasifier
TK4；TQ0；V232
D 惰性气体发生器
核心发动机
气雾发生器
S 发生器*
F 固体燃气发生器
燃气发生器
蒸汽发生器
C 流动分布
气体过滤 →(9)

气体发生器推进剂
Y 燃气发生器推进剂

气体放射性活度计
Y 核仪器

气体废物
Y 废气

气体工艺
Y 工艺方法

气体火箭推进剂
Y 火箭推进剂

气体径迹探测器
gas track detector
TH7；TL8
D 径迹探测器(气体)
S 径迹探测器
F 火花室
云雾室
Z 探测器

气体冷却
air cooling
TB6；V231.1
D 吹风冷却
风冷
风冷冷却
风冷却
风冷散热
空冷
空冷技术
空气冷却
空气自冷
冷风冷却
冷空气冷却
冷气冷却
喷风冷却
气吹冷却
气冷
强迫风冷
强迫空气冷却
强制风冷
强制空气冷却
通风冷却
S 冷却*
C 风冷变压器 →(5)
风冷冰箱 →(1)(5)
风冷冷凝器 →(1)
风冷冷热水机组 →(1)(4)(11)
风冷热泵冷热水机组 →(1)(4)
空冷机组 →(5)
空冷塔 →(1)
冷风机 →(4)
气冷涡轮
吸收器 →(1)(9)

气体冷却发动机
Y 风冷发动机

气体离心法
gas centrifugation method
TL2
S 离心分离
C 超离心法
离心浓缩厂
气体离心机
同位素
同位素浓缩材料
Z 分离

气体离心机
gas centrifuge
TH4；TL2；TQ0
S 离心机
C 超级离心机
气辅成型 →(9)
气体离心法
同位素分离
Z 分离设备

气体力学
Y 气体动力学

气体裂变堆
Y 气体燃料堆

气体流动
Y 气流

气体流速
gas flow rate
O3；V211
D 气流流速
C 液位高度 →(2)(4)
自激式除尘器 →(13)

气体排放
Y 排气

气体配气设备
Y 配气机构

气体喷射

Y 喷气

气体喷注
Y 喷气

气体喷嘴
gas jet
TH13；TK2；V232
D 长焰烧嘴
低压煤气烧嘴
低压燃气烧嘴
高压喷射式煤气烧嘴
高压喷射式燃气烧嘴
煤气喷嘴
气体燃料喷嘴
气嘴
燃气喷嘴
燃气平焰烧嘴
双燃料烧嘴
天然气烧嘴
无焰烧嘴
直焰烧嘴
S 喷嘴*
F 气流式喷嘴
C 喷气
喷射真空泵 →(1)(4)
气固喷射器 →(5)
气体喷吹 →(3)
气体喷射器 →(4)(5)
输送特性 →(5)(11)

气体膨胀透平
Y 膨胀涡轮

气体燃料堆
gas fueled reactors
TL4
D 气态燃料堆
气体裂变堆
S 均匀堆
液态燃料堆
C 核火箭发动机
Z 反应堆

气体燃料喷嘴
Y 气体喷嘴

气体透平
Y 气体涡轮

气体透平循环
Y 气体涡轮

气体吞咽
Y 燃气回吞

气体涡轮
gas turbine
V232.93
D 气体透平
气体透平循环
S 涡轮*
F 废气涡轮
空气涡轮
燃气涡轮
压气涡轮
烟气涡轮
C 气体涡轮流量计 →(4)

气体系统
gas system
TL8
S 流体系统*
F 供氧系统
核蒸汽供应系统
空气净化系统
空气循环制冷系统
气动压力伺服系统
C 力学系统
气动系统

气体性质
gas properties
O3；V211
S 流体力学性能*
F 充气性能
发烟性能
空气静力稳定性
气动性能
气流特性
气载放射性

气体悬浮陀螺
Y 气浮陀螺仪

气体悬浮陀螺仪
Y 气浮陀螺仪

气体轴承涡轮冷却器
Y 涡轮冷却器

气艇
Y 飞艇

气推式自动机
Y 火炮自动机

气吞
Y 燃气回吞

气雾发生器
Y 气体发生器

气雾喷嘴
Y 雾化喷嘴

气洗车
Y 洗消车

气隙磁链定向控制
air gap flux-oriented control
V249.122.2
S 磁场定向控制
Z 方向控制
飞行控制
物理控制

气相空间
vapor space
TL31
C 尿素合成塔 →(9)

气相流动
Y 气流

气相起爆系统
Y 起爆器材

气相湍流
gas turbulence flow
V211
S 湍流
F 大气湍流
Z 流体流

气象飞机
meteorological aircraft
V271.3
D 气象探测飞机
气象研究飞机
气象侦察飞机
气象侦察机
S 通用飞机
C 气象仪器 →(4)(13)
研究机
Z 飞机

气象飞行
meteorological flight
V323
S 航空飞行
F 复杂气象飞行
简单气象飞行
C 空间探测
Z 飞行

气象风洞
meteorological wind tunnel
V211.74
D 环境风洞
S 低速风洞
Z 风洞

气象火箭
meteorological rocket
V471
D 气象探测火箭
S 火箭*
F 防雹火箭

气象试验
Y 气候试验

气象探测
synoptic meteorological sounding
V321.2；V419
D 大气探测
大气遥感探测
天气探测
S 探测*
F 电离层探测
风切变探测
气球探测
C 气象仪器 →(4)(13)

气象探测飞机
Y 气象飞机

气象探测火箭
Y 气象火箭

气象探测气球
meteorological balloon
V273
D 气象探空气球
S 探测气球
C 超高压气球
高层定高气球
系留气球
Z 航空器

气象探空气球
Y 气象探测气球

气象条件
meteorological condition
V321.2
S 条件*
F 大气条件
恶劣气象条件
飞行气象条件
非标准气象条件

气象卫星
meteorological satellite
V474
D 气象卫星系统
S 应用卫星
F 极轨气象卫星
静止轨道气象卫星
Z 航天器
卫星

气象卫星地面系统
Y 卫星地面系统

气象卫星系统
Y 气象卫星

气象武器
meteorological weapon
TJ9
D 气象型环境武器
S 地球物理武器
F 人工引导台风
人造臭氧空洞
人造洪水
人造雾
Z 武器

气象型环境武器
Y 气象武器

气象研究飞机
Y 气象飞机

气象侦察飞机
Y 气象飞机

气象侦察机
Y 气象飞机

气象侦察无人机
Y 民用无人驾驶飞机

气穴
Y 空化

气穴现象
Y 空化

气压舱
Y 压力舱

气压测高表
Y 气压高度表

气压测高计
Y 气压高度表

气压高度
barometric height
V32；V321.2
D 标准气压高度
S 飞行高度
Z 飞行参数
高度

气压高度表
barometric altimeter
TH7；V241.42；V441
D 膜盒高度表
气压测高表
气压测高计
气压高度计
气压式高度表
S 高度表
C 气压表 →(1)(4)
压力测量 →(1)(4)(5)
Z 测绘仪
航空仪表

气压高度计
Y 气压高度表

气压式高度表
Y 气压高度表

气压伺服控制
Y 气动位置伺服控制

气压伺服系统
Y 气动伺服系统

气压系统(机械)
Y 气动系统

气压引信
Y 压力引信

气液相互作用
gas-liquid interaction
V211
S 相互作用*

气源设备
gas source equipment
V211.7
D 气源系统
S 风洞设备
C 风洞
Z 设备

气源系统
Y 气源设备

气载放射性
airborne radioactivity
TL7
S 放射性
气体性质
Z 流体力学性能
物理性能

气载废物
Y 废气

气闸
Y 气密过渡舱

气闸舱
Y 气密过渡舱

气闸室
Y 气密过渡舱

气嘴
Y 气体喷嘴

汽车报警装置
Y 报警装置

汽车乘坐舒适性
Y 行车舒适性

汽车风洞
automobile wind tunnel
V211.74
S 风洞*

汽车警报器
Y 报警装置

汽车舒适性
Y 行车舒适性

汽车悬挂系统
Y 悬挂装置

汽车转向系统
Y 转向系统

汽缸
Y 气缸

汽化工艺
Y 工艺方法

汽轮机发电机
Y 发电机

汽轮机叶片
steam turbine blade
TH13；V232.4
D 汽轮机叶片积盐
S 叶片*
C 汽轮机 →(5)

汽轮机叶片积盐
Y 汽轮机叶片

汽蚀试验
Y 空化试验

汽蚀余量
net positive suction head
V430
D 气蚀余量
S 数量*
C 临界汽蚀点 →(4)(11)

汽液两相流动
Y 气流

契伦科夫辐射
Cherenkov radiation
O4；TL5；TL7
D 切伦科夫辐射
瓦维洛夫-契伦科夫辐射
S 辐射*

契伦科夫探测器
Y 辐射探测器

砌壁
Y 壁

器材*
equipment
TH7
F 爆破器材
伪装器材
武器维修器材
C 纺纱器材 →(10)
纺织器材 →(4)(9)(10)
体育器材 →(10)
织造器材 →(10)

器材装备
Y 设备

迁建
Y 建设

迁延性辐照
Y 慢性照射

迁移*
migration
ZT5
D 搬迁技术
F 放射性核素迁移
C 移动
运动

迁移(放射性核素)
Y 放射性核素迁移

牵引飞机
towing aircraft
V279
D 拖靶机
S 飞机*

牵引飞行
Y 拖曳飞行

牵引杆
draw bar
V351.3
S 牵引装置*

牵引高炮
towed antiaircraft guns
TJ35
D 牵引高射炮
S 高炮
C 牵引火炮
Z 武器

牵引高射炮
Y 牵引高炮

牵引火炮
towed gun
TJ399
D 牵引炮
牵引式火炮
S 火炮
F 牵引榴弹炮
轻型牵引火炮
C 牵引高炮
Z 武器

牵引加榴炮
towed gun-howitzers
TJ399
S 加榴炮
Z 武器

牵引救生装置
Y 救生设备

牵引空投
Y 空投

牵引榴弹炮
towed howitzers
TJ33
D 牵引式榴弹炮
S 牵引火炮
F 轻型牵引榴弹炮
Z 武器

牵引炮
Y 牵引火炮

牵引刹车
Y 飞机刹车

牵引升空伞
Y 降落伞

牵引式火箭发射架
Y 火箭发射装置

牵引式火箭发射装置
Y 火箭发射装置

牵引式火炮
Y 牵引火炮

牵引式榴弹炮
Y 牵引榴弹炮

牵引装置*
draught gear
TH2
F 牵引杆
C 机械装置 →(2)(3)(4)(12)
牵引系统 →(5)(12)
牵引重量 →(4)

牵制释放
hold-down and release
V554
S 释放*
C 减载缓释机构
运载火箭

铅冷快堆
lead cooled fast breeder reactor
TL4
S 液态金属冷却堆
Z 反应堆

铅同位素
lead isotopes
O6；TL92
S 同位素*

前表面反射镜
Y 反射镜

前冲机
soft-recoil mechanism
TJ303
D 浮动机
S 火炮构件*

前冲式自动机
Y 火炮自动机

前飞
translational flight
V323
D 小速度前飞
S 航空飞行
C 后飞
Z 飞行

前缝缝翼
Y 前缘缝翼

前护套
Y 护套

前机身
forebody
V223
S 机身*
C 后机身
机身中段
机头 →(4)

前掠机翼
Y 前掠翼

前掠叶片
forward swept blades
TH13；V232.4
S 掠叶片
Z 叶片

前掠翼
sweptforward wing
V224
D 前掠机翼
S 掠翼
F 变前掠翼
C 前掠翼飞机
Z 机翼

前掠翼飞机
swept-forward wing aircraft
V271
S 飞机*
C 前掠翼

前掠翼战斗机
forward-swept wing fighters
V271.41
S 歼击机
Z 飞机

前轮式起落架
Y 前三点式起落架

前起落架
nose landing gear
V226
S 起落架*

前三点起落架
Y 前三点式起落架

前三点式起落架
nose wheel type landing gear
V226
D 前轮式起落架
前三点起落架

S 起落架*
C 机身起落架
前轮系统 →(4)(12)

前视红外成像吊舱
Y 前视红外吊舱

前视红外吊舱
FLIR pods
V223
D 前视红外成像吊舱
前视红外热成像吊舱
前视热红外成像吊舱
先进瞄准前视红外吊舱
S 红外吊舱
Z 舱

前视红外热成像吊舱
Y 前视红外吊舱

前视热红外成像吊舱
Y 前视红外吊舱

前室
Y 稳定段

前庭-本体错觉
vestibulo-proprioceptive illusion
R；V32
S 飞行错觉*

前涂反光镜
Y 反射镜

前向像移补偿
Y 像移补偿

前翼
forward wing
V225
D 垂直鸭翼
水平鸭翼
小前翼
鸭翼
S 水平尾翼
C 升降舵
鸭式飞机
鸭式构型
Z 尾翼

前缘
leading edge
V224
D 超声速前缘
垂尾前缘
亚声速前缘
S 边缘*
F 钝前缘
叶片前缘
C 后缘
机翼

前缘分离
leading-edge separation
V211
S 分离*

前缘分离涡
leading-edge separated vortices
O3；V211
S 分离涡
前缘涡
Z 涡流

前缘缝翼
leading edge slat
V224
D 缝翼
前缝缝翼
S 襟翼
Z 操纵面

前缘机动襟翼
leading-edge manoeuvre flap
V224
S 前缘襟翼
Z 操纵面

前缘襟翼
leading edge flap
V224
D 克鲁格襟翼
克吕格尔襟翼
S 襟翼
F 前缘机动襟翼
C 开缝襟翼
增升机翼
Z 操纵面

前缘气膜冷却
leading edge gas film cooling
V231.1
S 气膜冷却
Z 冷却

前缘推力系数
Y 推力系数

前缘涡
leading edge vortex
V211
S 涡流*
F 前缘分离涡

前缘吸力系数
Y 推力系数

前缘效应
Y 气动效应

前缘形状
leading-edge profiles
TH4；V211
S 形状*

前置点导引
preposed point guidance
TJ765；V249.3；V448
D 按提前点引导
半前置角法导引
变前置角法导引
前置点导引法
前置点法导引
前置点法引导
前置法引导
前置角法导引
前置角法引导
S 导引*

前置点导引法
Y 前置点导引

前置点发射
Y 离轴发射

前置点法导引
Y 前置点导引

前置点法引导
Y 前置点导引

前置发动机
Y 发动机

前置发射
Y 离轴发射

前置法引导
Y 前置点导引

前置方位角
Y 提前方位角

前置角法导引
Y 前置点导引

前置角法引导
Y 前置点导引

潜地弹道导弹
submarine-to-ground ballistic missile
TJ761.3；TJ762.4
D 潜对地弹道导弹
S 潜射弹道导弹
C 水下发射
Z 武器

潜地导弹
submarine to surface missile
TJ76
D 潜地式导弹
潜地型导弹
潜对地导弹
水下对地导弹
水下对面导弹
S 潜射导弹
Z 武器

潜地导弹预警系统
Y 导弹预警系统

潜地式导弹
Y 潜地导弹

潜地型导弹
Y 潜地导弹

潜渡能力
Y 潜渡性能

潜渡性能
deep fording ability
TJ811
D 潜渡能力
S 载运工具特性*

潜对地弹道导弹
Y 潜地弹道导弹

潜对地导弹
Y 潜地导弹

潜对舰导弹

Y 潜舰导弹

潜对舰导弹武器系统
Y 潜舰导弹武器系统

潜对空导弹
Y 潜空导弹

潜对潜导弹
Y 潜舰导弹

潜舰导弹
submarine to ship missile
TJ76；V421
D 潜对舰导弹
潜对潜导弹
潜潜导弹
水下对舰导弹
水下对水下导弹
S 反舰导弹
C 水下点火
Z 武器

潜舰导弹武器系统
submarine-ship missile weapon system
TJ76
D 潜对舰导弹武器系统
S 导弹武器系统
Z 武器系统

潜空导弹
underwater-to-air missile
TJ76；V421
D 潜对空导弹
水下对空导弹
S 潜射导弹
Z 武器

潜力
Y 能力

潜潜导弹
Y 潜舰导弹

潜入喷管
Y 潜入式喷管

潜入式喷管
insert nozzle
V232.97
D 潜入喷管
S 火箭发动机喷管
Z 发动机零部件
喷管

潜射
submarine launching
TJ765
D 潜艇发射
S 导弹发射
C 出水 →(11)(13)
潜射装置
Z 飞行器发射

潜射弹道导弹
submarine launched ballistic missiles
TJ761.3；TJ762.4
S 海基弹道导弹
F 潜地弹道导弹
Z 武器

潜射导弹
submarine launched missile
TJ76
D 潜射式导弹
潜射型导弹
潜艇发射导弹
潜载导弹
水下导弹
水下发射导弹
S 导弹
F 潜地导弹
潜空导弹
C 发射深度
流体弹道学
水下点火
Z 武器

潜射导弹运载器
submarine launched missile carrier
TJ768
S 运载器*

潜射发射装置
Y 潜射装置

潜射反舰导弹
submarine launched anti ship missile
TJ76
S 反舰导弹
Z 武器

潜射防空导弹
submarine launched anti-aircraft missiles
TJ76；V421
S 舰空导弹
Z 武器

潜射式导弹
Y 潜射导弹

潜射无人机
submarine-launched unmanned aerial vehicles
V271.4；V279
S 舰载无人机
Z 飞机

潜射型导弹
Y 潜射导弹

潜射巡航导弹
submarine-launched cruise missile
TJ761.6；TJ762.4
S 海射巡航导弹
Z 武器

潜射鱼雷
submarine launched torpedo
TJ631
D 潜艇鱼雷
潜用鱼雷
S 舰载鱼雷
C 潜艇鱼雷管
Z 武器
鱼雷

潜射装置
submarine launcher
TJ768
D 潜射发射装置
潜艇导弹发射装置
潜艇发射装置
S 舰上发射装置
C 潜射
Z 发射装置

潜水电气设备
Y 电气设备

潜水飞机
submarine aircraft
V271
S 军用飞机
Z 飞机

潜水坦克
diving tanks
TJ811.8
S 特种坦克
Z 军用车辆
武器

潜艇布雷
submarine minelaying
TJ61
S 布雷（水雷）
Z 布雷

潜艇导弹发射装置
Y 潜射装置

潜艇发射
Y 潜射

潜艇发射导弹
Y 潜射导弹

潜艇发射装置
Y 潜射装置

潜艇鱼雷
Y 潜射鱼雷

潜艇鱼雷发射管
Y 潜艇鱼雷管

潜艇鱼雷管
submarine torpedo detonators
TJ635
D 潜艇鱼雷发射管
S 鱼雷发射管
C 潜射鱼雷
Z 发射装置

潜隐污染物
Y 污染物

潜用鱼雷
Y 潜射鱼雷

潜油电气设备
Y 电气设备

潜载导弹
Y 潜射导弹

潜在污染物
Y 污染物

潜在性污染物
Y 污染物

潜在照射

potential exposure
TL7
S 辐照*

浅层地下核爆炸
Y 地下核爆炸

浅层核爆炸
Y 地下核爆炸

浅地层处置
shallow land disposal
TL942；X7
D 地表处置
近地表处置
浅地层埋葬
S 陆地处置
Z 废物处理

浅地层埋葬
Y 浅地层处置

浅水反水雷
shallow naval mine countermeasure
TJ61
S 反水雷*

浅析
Y 分析

欠激励航天器
Y 航天器

堑壕炮
Y 迫击炮

嵌金属丝推进剂
Y 含金属推进剂

嵌入式大气数据传感器系统
Y 嵌入式大气数据传感系统

嵌入式大气数据传感系统
flush air data sensing systems
TK0；V247
D 大气数据传感系统
嵌入式大气数据传感器系统
嵌入式大气数据系统
S 大气数据系统
Z 数据系统

嵌入式大气数据系统
Y 嵌入式大气数据传感系统

嵌入膛线
Y 膛线

枪
Y 枪械

枪刺
Y 刺刀

枪弹*
bullet
TJ411
D 多头齐射枪弹
子弹
F 步枪弹
穿甲枪弹
大口径枪弹
防暴弹
辅助枪弹
钢芯枪弹
机枪弹
军用枪弹
灵巧子弹
埋头弹
民用枪弹
试验枪弹
手枪弹
双头弹
特种枪弹
小口径枪弹
制式枪弹
C 弹药

枪弹部件*
bullet component
TJ411
D 枪弹构件
子弹部件
F 弹芯
枪弹弹壳
枪弹弹头

枪弹弹壳
ball cartridge case
TJ411
D 底缘不凸出式弹壳
底缘弹壳
底缘凸出式弹壳
旧弹壳
子弹壳
S 枪弹部件*

枪弹弹头
bullet head
TJ411
D 子弹头
S 枪弹部件*
F 侵彻弹头
特殊枪弹弹头

枪弹弹心
Y 弹芯

枪弹底火
gun ammunition primers
TJ451
D 底缘底火
S 底火
Z 火工品

枪弹构件
Y 枪弹部件

枪弹试验
bullet tests
TJ01；TJ410.6
S 武器试验*

枪附件
rifle accessory
TJ203
S 附件*
F 弹夹
枪套
C 枪械构件

枪挂榴弹发射器
Y 枪挂式榴弹发射器

枪挂式榴弹发射器
rifle hanged grenade launcher
TJ29
D 枪挂榴弹发射器
S 榴弹发射器
Z 轻武器

枪管
firearm barrel
TJ203
D 枪身
枪筒
线膛枪管
S 枪械构件*
F 滑膛枪管

枪管冷却装置
barrel cooling device
TJ203
S 枪械构件*
C 枪管烧蚀

枪管烧蚀
barrel erosion
TJ203
S 烧蚀*
C 火炮寿命
枪管冷却装置
枪械寿命
烧蚀深度

枪管寿命
Y 枪械寿命

枪管提把
Y 枪械构件

枪击感度
Y 撞击感度

枪机
firearm bolt
TJ203
D 枪栓
S 枪械构件*

枪机框
Y 枪械构件

枪架
firearm mounts
TJ203
D 弹性枪架
高射枪架
S 枪械构件*

枪口冲击波
muzzle shock wave
TJ201
S 波*
C 喷口焰 →(5)

枪榴弹
rifle grenade
TJ29
S 榴弹*
F 多用途枪榴弹
发烟枪榴弹

反坦克枪榴弹
防暴枪榴弹
化学枪榴弹
教练枪榴弹
杀伤破甲枪榴弹
杀伤枪榴弹
C 榴弹武器

枪榴弹引信
rifle grenade fuze
TJ431
S 炮弹引信
Z 引信

枪内弹道
trajectory in barrel of rifle
TJ201
S 内弹道
C 枪炮内弹道学
Z 弹道

枪炮保险机构
Y 保险机构

枪炮内弹道学
gun interior ballistics
TJ201；TJ301
S 内弹道学
C 枪内弹道
Z 弹道学

枪炮外弹道学
gun exterior ballistics
TJ201；TJ301
S 外弹道学
C 弹丸运动 →(4)
Z 弹道学

枪身
Y 枪管

枪栓
Y 枪机

枪膛
gun bores
TJ203
S 枪械构件*
F 弹膛

枪套
rifle holsters
TJ203
S 枪附件
Z 附件

枪筒
Y 枪管

枪托
rifle butt
TJ203
S 枪械构件*

枪托用材
Y 武器材料

枪械*
firearms
TJ2
D 班用枪族
变型枪
多管枪
枪
枪械产品
枪族
轻武器枪族
F 班用枪
步枪
冲锋枪
反坦克枪
拐弯枪
滑膛枪
机枪
间谍用枪
警用枪械
军用枪械
民用枪械
试验枪
手枪
陶瓷枪
特种枪
微声枪械
无壳弹枪
霰弹枪
智能枪
转管枪
C 环境适应性
口径
轻武器
武器

枪械安全性
firearm safety
TJ20
S 安全性*
武器性能
C 枪械故障
枪械可靠性
Z 性能

枪械闭锁机构
Y 闭锁装置

枪械部件
Y 枪械构件

枪械材料
Y 武器材料

枪械产品
Y 枪械

枪械弹簧
rifle spring
TJ203
S 枪械构件*
F 复进簧

枪械复进不到位
Y 枪械故障

枪械构件*
rifle component
TJ203
D 枪管提把
枪机框
枪械部件
枪械零件
F 捕弹器
导气装置
发射机构
供弹机构
击发机构
击针
机匣
瞄准机构
枪管
枪管冷却装置
枪机
枪架
枪膛
枪托
枪械弹簧
枪械自动机
C 保险机构
枪附件

枪械故障
malfunction of firearm
TJ20
D 不抽壳
不击发
不取弹
顶弹
顶弹故障
枪械复进不到位
枪械后坐不到位
枪械射击故障
枪械输弹不到位
上双弹
S 设备故障*
C 枪械安全性
枪械可靠性

枪械后坐不到位
Y 枪械故障

枪械可靠性
firarms reliability
TJ20
S 可靠性*
武器性能
C 枪械安全性
枪械故障
Z 性能

枪械零件
Y 枪械构件

枪械瞄准具
Y 轻武器瞄准具

枪械瞄准装置
Y 轻武器瞄准具

枪械设计
firearms design
TJ202
S 武器设计*
C 枪械制造

枪械射击
firearm fire
TJ2
S 射击*
F 连续射击
C 初速 →(1)
后坐力

轻武器瞄准具

枪械射击故障
Y 枪械故障

枪械试验
firearm tests
TJ206
S 武器试验*
C 常规武器试验靶场
常规武器试验基地

枪械寿命
rifle service life
TJ20
D 枪管寿命
S 寿命*
C 枪管烧蚀

枪械输弹不到位
Y 枪械故障

枪械制造
firearms manufacturing
TJ205
S 武器制造
C 枪械设计
Z 制造

枪械自动机
firearm automata
TJ203
S 枪械构件*

枪用瞄准镜
Y 轻武器瞄准具

枪族
Y 枪械

腔靶
cavity targets
TL5
S 靶*
F 黑腔靶

強度
Y 强度

強度试验设备
Y 强度试验装置

強击机
Y 强击机

强磁场
high magnetic field
O4；TM1；V419
D 高磁场
高均匀度磁场
高空磁场
稳恒强磁场
行星磁场
S 磁场*
C 磁取向 →(5)
行星际空间

强度*
strength
TB2
D 強度
强度特性
强度特征
强度性能
强度性质
强度值
F 爆震强度
弹丸强度
弹性强度
飞机结构强度
飞行强度
喷淋强度
束流强度
紊流强度
C 刚度 →(1)(2)(3)(4)(9)(10)(11)(12)
抗力 →(1)(2)(3)(4)(11)
力学性能
强度比 →(1)
强度标准值 →(11)
强度补偿 →(7)
强度参数 →(11)
强度测试 →(4)
强度测试仪 →(4)
强度等级 →(1)
强度分析 →(1)
强度检测 →(11)
强度理论 →(3)(4)
强度试验
强度条件 →(11)

强度飞行试验
strength flight test
V217
D 过载飞行试验
载荷谱飞行试验
S 飞行试验
F 颤振飞行试验
阵风响应飞行试验
C 过载飞行
Z 飞行器试验

强度可靠性
strength reliability
V328.5
S 可靠性*

强度设计
strength design
TH13；V215
S 性能设计*
F 结构强度设计
C 强度标准值 →(11)

强度实验
Y 强度试验

强度试验
strength test
TB4；V216
D 强度实验
S 力学试验*
F 断裂性能试验
静强度试验
疲劳强度试验
C 强度

强度试验设备
Y 强度试验装置

强度试验装置
strength testing facility
TH7；V21
D 強度试验设备
强度试验设备
S 试验设备*
F 起落架试验设备

强度特性
Y 强度

强度特征
Y 强度

强度性能
Y 强度

强度性质
Y 强度

强度值
Y 强度

强放废液
Y 高放废液

强放射性废物
Y 高放废物

强辐射
high radiation
Q5；S；TL8
S 辐射*

强辐射武器
Y 中子弹

强光弹
Y 光学弹药

强光辐射弹
Y 光学弹药

强光辐射航弹
Y 光学弹药

强光辐射炸弹
Y 光学弹药

强光武器
Y 高能激光武器

强化混合
mixing enhancement
V2
S 混合*

强击轰炸机
Y 歼击轰炸机

强击机
attack aircraft
V271.43
D 攻击机
攻击型飞机
近距空中支援飞机
空中近距支援飞机
強击机
S 战术飞机
F 舰载强击机
C 低空飞机
攻击能力
Z 飞机

武器

强击炮
Y 自行火炮

强击直升机
Y 武装直升机

强激光武器
Y 高能激光武器

强流电子束加速器
Y 强流加速器

强流回旋加速器
Y 强流加速器

强流加速器
high-current accelerator
TL5
D 强流电子束加速器
强流回旋加速器
S 粒子加速器*
F 强流脉冲加速器
强流直线加速器

强流加速腔
accelerate cavity
TL5
S 加速腔
Z 设备

强流离子加速器
high current ion accelerator
TL5
S 离子加速器
Z 粒子加速器

强流脉冲
high current pulsed
TL5
S 脉冲*

强流脉冲电子束
high-current pulsed electron beam
TL5
S 脉冲电子束
Z 射束

强流脉冲加速器
high current pulsed accelerator
TL5
S 脉冲加速器
强流加速器
Z 粒子加速器

强流束
Y 束流强度

强流直线感应加速器
Y 强流直线加速器

强流直线加速器
high current linear accelerator
TL5
D 强流直线感应加速器
S 强流加速器
直线加速器
F 强流质子直线加速器
Z 粒子加速器

强流质子回旋加速器
high intensity cyclone
TL5
S 质子回旋加速器
Z 粒子加速器

强流质子加速器
intense current proton accelerator
TL5
S 质子加速器
F 强流质子直线加速器
Z 粒子加速器

强流质子直线加速器
high-current proton linac
TL5
S 强流直线加速器
强流质子加速器
质子直线加速器
Z 粒子加速器

强迫风冷
Y 气体冷却

强迫空气冷却
Y 气体冷却

强行起飞
Y 起飞

强旋湍流
strongly swirling turbulent flows
V211
S 湍流
Z 流体流

强制返回
Y 航天器返回

强制风冷
Y 气体冷却

强制空气冷却
Y 气体冷却

强制冷却装置
Y 冷却装置

强制跳伞
Y 跳伞

强制通风防毒衣
Y 防毒服

抢险救援*
rescues
TU99
D 抢险救援工作
F 海上搜救

抢险救援工作
Y 抢险救援

跷板式桨毂
Y 螺旋桨毂

跷板式旋翼
Y 半刚接式旋翼

跷跷扳式旋翼
Y 半刚接式旋翼

跷跷板式尾桨
Y 尾桨

跷跷板式旋翼
Y 半刚接式旋翼

跷跷板旋翼
Y 半刚接式旋翼

敲缸
cylinder knocking
TK0；V23
D 敲缸(汽车)
敲缸故障
敲缸现象
敲缸异响
S 发动机故障*

敲缸(汽车)
Y 敲缸

敲缸故障
Y 敲缸

敲缸现象
Y 敲缸

敲缸异响
Y 敲缸

橇装压缩机
Y 压缩机

桥带
bridge ribbon
TJ45
S 火工品零部件
Z 零部件

桥梁模型风洞试验
Y 节段模型风洞试验

桥丝
bridging fibril
TJ45
S 火工品零部件
Z 零部件

桥丝电底火
Y 电底火

桥丝式电底火
Y 电底火

桥丝式电火工品
bridgewire type initiating device
TJ45
D 桥丝式火工品
S 电火工品
Z 火工品

桥丝式火工品
Y 桥丝式电火工品

切断面
Y 截面

切尔诺贝利
Y 切尔诺贝利核事故

切尔诺贝利核电厂
Y 切尔诺贝利核事故

切尔诺贝利核事故

Chernobyl accident
TL732；X7
D 切尔诺贝利
切尔诺贝利核电厂
切尔诺贝利核泄漏事故
切尔诺贝利事故
S 核泄漏事故
Z 核事故

切尔诺贝利核泄漏事故
Y 切尔诺贝利核事故

切尔诺贝利事故
Y 切尔诺贝利核事故

切分工艺
Y 工艺方法

切割磁铁
septum magnet
O4；TL5
S 磁性材料*
F 涡流板型切割磁铁

切割面
Y 截面

切换波形
Y 波形

切伦科夫辐射
Y 契伦科夫辐射

切伦科夫辐照测量
Cerenkov irradiation measurement
TH7；TL8
S 辐射测量*

切伦科夫探测器
Y 辐射探测器

切剖面
Y 截面

切向进气道
tangential inlet passage
TK4；V232.97
D 切向气道
S 进气道*
C 内燃机 →(5)
涡流比 →(5)

切向气道
Y 切向进气道

切向驻涡燃烧室
tangential trapped vortex combustors
V232
S 驻涡燃烧室
Z 燃烧室

窃听弹
Y 窃听炮弹

窃听炮弹
eavesdropping projectiles
TJ412
D 窃听弹
S 侦察炮弹
Z 炮弹

亲肺军团杆菌
Y 细菌类生物战剂

亲骨同位素
bone-seeking isotope
O6；TL92
S 放射性同位素
C 钙同位素
镭同位素
Z 同位素

侵彻
penetration
TJ412
D 侵彻过程
侵彻技术
侵彻距离
S 弹药破坏作用
F 弹丸侵彻
高速碰撞侵彻
射弹侵彻
射流侵彻
水中侵彻
斜侵彻
硬目标侵彻
C 爆炸成型弹丸
Z 弹药作用

侵彻弹
penetration projectile
TJ412
D 混凝土破坏弹
S 炸弹*

侵彻弹头
penetration warheads
TJ411
S 枪弹弹头
C 侵彻战斗部
Z 枪弹部件

侵彻过程
Y 侵彻

侵彻技术
Y 侵彻

侵彻距离
Y 侵彻

侵彻能力
Y 侵彻性能

侵彻实验
penetration experiment
TJ01；TJ412
D 浸彻试验
侵彻试验
S 武器试验*

侵彻试验
Y 侵彻实验

侵彻体*
penetration bodies
TJ412
D 穿透物
F 杆式侵彻体
聚能侵彻体
异形侵彻体

侵彻威力
Y 侵彻性能

侵彻武器
penetration weapons
E；TJ0
S 武器*

侵彻效应
Y 侵彻性能

侵彻性能
penetration performance
TJ0
D 侵彻能力
侵彻威力
侵彻效应
侵彻作用
S 战术技术性能*

侵彻炸弹
Y 钻地弹

侵彻战斗部
penetration payload
TJ41；TJ76
S 杀伤战斗部
C 侵彻弹头
Z 战斗部

侵彻作用
Y 侵彻性能

侵蚀燃烧
erosive burning
V231.1
S 推进剂燃烧
C 超音速燃烧
Z 燃烧

秦山二期
Qinshan Phase II
TL3
S 时期*

勤务车辆
Y 机场特种车辆

轻便导弹
Y 便携式导弹

轻便生命保障系统
portable life support system
V444
D 便携式生命保障系统
轻便型生保系统
轻便型生命保障系统
携带式生命保障系统
S 生命保障系统*
C 应急生命维持系统

轻便型生保系统
Y 轻便生命保障系统

轻便型生命保障系统
Y 轻便生命保障系统

轻兵器
Y 轻武器

轻合金装甲

light alloy armor
TJ811
D 轻型装甲
轻装甲
S 装甲*
C 飞机装甲

轻机枪
light machine gun
TJ24
S 机枪
F 班用轻机枪
Z 枪械

轻气炮
light gas gun
TJ399
D 电热轻气炮
S 弹道试验炮
Z 武器

轻水堆
Y 水冷堆

轻水堆核电厂
Y 压水堆核电站

轻水堆核电站
Y 压水堆核电站

轻水反应堆
Y 水冷堆

轻水冷却堆
Y 水冷堆

轻水冷却石墨慢化型堆
LWGR type reactors
TL4
D LWGR 型堆
大功率沸腾管式型堆
水冷石墨慢化堆
S 石墨慢化堆
水冷堆
C 动力堆
Z 反应堆

轻水慢化堆
Y 水冷堆

轻水慢化剂
light-water moderator
TL3
S 慢化剂*
C 水冷堆

轻水慢化有机物冷却型堆
LWOR type reactor
TL4
D LWOR 型堆
水慢化有机冷却堆
S 水冷堆
有机冷却堆
C 动力堆
Z 反应堆

轻水型堆
Y 水冷堆

轻卫星
Y 小卫星

轻武器*
light weapon
E；TJ2
D 近战武器
轻兵器
轻型武器
F 班组支援武器
半自动武器
步兵武器
单兵武器
近程武器
军用制式轻武器
榴弹武器
突击武器
新概念轻武器
C 枪械
武器

轻武器材料
Y 武器材料

轻武器瞄准具
lightweight weapons sight
TJ2
D 枪械瞄准具
枪械瞄准装置
枪用瞄准镜
S 瞄准具
C 枪械射击
Z 瞄准装置

轻武器枪族
Y 枪械

轻小起重设备
Y 起重设备

轻小型飞机
light-small aircraft
V271
S 小型飞机
Z 飞机

轻小型起重设备
Y 起重设备

轻型冲锋枪
light submachine gun
TJ23
D 微型冲锋枪
S 冲锋枪
Z 枪械

轻型多用途直升机
light multirole helicopter
V275.1
S 轻型直升机
Z 飞机

轻型反坦克导弹
light antitank missile
TJ76
S 反坦克导弹
Z 武器

轻型防毒衣
Y 防毒服

轻型防化侦察车
Y 核生化侦察车

轻型防空武器
light anti-aircraft weapons
TJ0
D 轻型高射武器
S 武器*
C 近程防空导弹

轻型防空系统
light air defense system
E；TJ0
S 防御系统*

轻型飞机
light aircraft
V271
S 飞机*
C 超轻型飞机
滑橇
螺旋桨飞机

轻型飞行器
Y 飞行器

轻型高射武器
Y 轻型防空武器

轻型攻击车
Y 轻型突击车

轻型轰炸机
light bombers
V271.44
D 战术轰炸机
S 轰炸机
C 鱼雷机
战略轰炸机
Z 飞机

轻型火炮
light artillery
TJ31
S 火炮
F 轻型牵引火炮
C 轻型榴弹炮
Z 武器

轻型火炮系统
light artillery systems
TJ3
S 火炮系统
Z 武器系统

轻型两栖坦克
Y 轻型水陆坦克

轻型榴弹炮
light howitzer
TJ33
S 榴弹炮
F 轻型牵引榴弹炮
C 轻型火炮
Z 武器

轻型牵引火炮
light towed guns
TJ399
S 牵引火炮
轻型火炮
Z 武器

轻型牵引榴弹炮
light towed howitzers
TJ33
S 牵引榴弹炮
轻型榴弹炮
Z 武器

轻型水陆坦克
light amphibious tanks
TJ811.6
D 轻型两栖坦克
S 水陆坦克
Z 军用车辆
武器

轻型坦克
light tank
TJ811.1
S 坦克
Z 军用车辆
武器

轻型突击车
light assault vehicles
TJ811
D 轻型攻击车
S 突击车
Z 军用车辆

轻型卫星
Y 小卫星

轻型武器
Y 轻武器

轻型鱼雷
light torpedo
TJ631
D 小型鱼雷
S 鱼雷*

轻型战车
light duty chariot
TJ811
S 战车
F 轻型装甲战车
Z 军用车辆
武器

轻型战斗机
lightweight fighter
V271.41
S 歼击机
Z 飞机

轻型战术飞机
Y 战术飞机

轻型直升机
light helicopter
V275.1
S 直升机
F 轻型多用途直升机
Z 飞机

轻型装甲
Y 轻合金装甲

轻型装甲车
light armored car
TJ811
D 轻装甲机动车
S 装甲车辆
Z 军用车辆

轻型装甲战车
light armoured fighting vehicles
TJ811
S 轻型战车
Z 军用车辆
武器

轻于空气的飞行器
Y 轻于空气航空器

轻于空气航空器
lighter-than-air craft
V27
D 轻于空气的飞行器
S 航空器*
F 飞艇
浮空器
气球

轻质复合材料
lightweight composite materials
TB3；V25
S 复合材料*
C 超轻材料 →(1)

轻重两用机枪
Y 通用机枪

轻装甲
Y 轻合金装甲

轻装甲机动车
Y 轻型装甲车

氢 1
Y 氢-1

氢-1
protium
O6；TL92
D 氕
氢 1
S 同位素*

氢-2
Y 氘

氢-3
Y 氚

氢弹
hydrogen bomb
TJ912
D 聚变弹
聚变武器
S 核武器
C 氢弹头
Z 武器

氢弹试验
H-bomb test
TJ910.6
S 核试验
Z 武器试验

氢弹头
hydrogen warhead
TJ912
D 聚变弹头
热核弹头
S 核弹头
C 氢弹
Z 武器

氢氘比
hydrogen deuterium ratio
TL6
S 比*

氢化锆
zirconium hydride
TL34
S 氢化物慢化剂
Z 慢化剂

氢化物慢化堆
hydride moderated reactors
TL4
S 反应堆*
F 钠冷氢化锆慢化型堆
C 氢化物慢化剂

氢化物慢化剂
hydride moderators
TL34
S 慢化剂*
F 氢化锆
C 氢化物慢化堆

氢冷堆
hydrogen cooled reactor
TL4
S 气冷堆
C 航天推进堆
Z 反应堆

氢能
hydrogen energy
TK0；TK91；TL3
D 氢能源
氢源
S 能源*
C 氢能利用 →(5)

氢能源
Y 氢能

氢谱
Y 质子磁共振谱

氢气炮
Y 气炮

氢气燃烧
hydrogen combustion
TL3
S 燃烧*
C 富氧燃烧
氢氧燃烧

氢同位素
hydrogen isotopes
O6；TL6
S 同位素*
F 氚
氘

氢氧爆轰驱动激波风洞
hydrogen oxygen detonation driven shock tunnel
V211.74
S 激波风洞
Z 风洞

氢氧发动机
hydrogen oxygen engine
V434
D 氢氧火箭发动机
液氢液氧发动机
液氧-氢发动机
液氧-液氢发动机
液氧液氢火箭发动机
S 低温推进剂火箭发动机
Z 发动机

氢氧火箭发动机
Y 氢氧发动机

氢氧燃料电池
hydrogen-oxygen fuel cell
TM91；V442
D 氢-氧燃料电池
氢氧燃料电池系统
S 电池*
C 空间电源 →(7)
卫星电池 →(5)

氢-氧燃料电池
Y 氢氧燃料电池

氢氧燃料电池系统
Y 氢氧燃料电池

氢氧燃烧
hydrogen oxygen combustion
V231.1
S 燃烧*
C 氢气燃烧

氢源
Y 氢能

倾摆控制
tilting control
V249.122.2
S 摆动控制
Z 飞行控制

倾角发射
Y 倾斜发射

倾斜错觉
inclination illusion
R；V32
S 飞行错觉*
C 巨手现象

倾斜发射
oblique launching
TJ765；V55
D 倾角发射
S 导弹发射
Z 飞行器发射

倾斜轨道
inclined orbit
V529
S 卫星轨道
Z 飞行轨道

倾斜喷管
Y 斜切喷管

倾斜试验台
Y 试验台

倾斜旋翼
Y 倾转旋翼

倾斜叶片
inclined blade
TH13；V232.4
S 叶片*

倾斜转弯导弹
bank-to-turn missile
TJ76
D BTT 导弹
S 导弹
Z 武器

倾转机翼
tilting wings
V224
D 翻转机翼
S 机翼*
C 倾转翼飞机

倾转旋翼
tilting rotor
V275.1
D 倾斜旋翼
S 旋翼*
C 倾转旋翼机

倾转旋翼飞机
Y 倾转旋翼机

倾转旋翼飞行器
tilt rotor aircraft
V275
D 倾转旋翼航空器
转向旋翼航空器
S 旋翼飞行器
Z 飞行器

倾转旋翼航空器
Y 倾转旋翼飞行器

倾转旋翼机
tilt rotor crafts
V275.2
D 偏转旋翼飞机
倾转旋翼飞机
S 倾转翼飞机
旋翼机
C 倾转旋翼
Z 飞机
航空器

倾转翼飞机
tilt wing aircraft
V275.2
D 螺旋桨式短距起落飞机
偏转翼飞机
全动翼飞机
S 短矩起落飞机
F 倾转旋翼机
C 倾转机翼
Z 飞机

清冰除雪
Y 除冰雪

清除*
clearance
TG1；ZT5
D 清除方法
自清除
钻屑清除
F 去污
C 除尘 →(2)(3)(9)(11)(13)
清理 →(1)(3)(4)(10)(13)
清洗 →(1)(2)(3)(4)(5)(7)(8)(9)(10)(11)(12)(13)
脱除 →(1)(2)(3)(5)(7)(9)(10)(11)(13)

清除方法
Y 清除

清除设备
Y 清除装置

清除污染
Y 去污

清除装置*
removal device
ZT81
D 清除设备
去除装置
脱除装置
F 收集器
C 清洁装置 →(2)(4)(5)(8)(9)(10)(13)

清污
Y 去污

情报处理
Y 信息处理

情报处理系统
Y 信息处理系统

情报处置系统
Y 信息处理系统

情报卫星
Y 信号情报卫星

晴空颠簸
Y 飞机颠簸

晴空飞机颠簸
Y 飞机颠簸

晴空乱流
Y 晴空湍流

晴空湍流
clear air turbulence
P4；V321.2
D 晴空乱流
晴空紊流
S 大气湍流
C 风切变
Z 流体流

晴空紊流
Y 晴空湍流

球(燃料)
Y 燃料元件

球床堆
pebble bed reactors
TL4
D 卵石床堆
球床式反应堆
球床式高温气冷堆
球形堆
S 固体均匀堆
气冷堆
Z 反应堆

球床模块堆
pebble bed modular reactors
TL4
D 球床模块反应堆
S 模块式高温气冷堆
Z 反应堆

球床模块反应堆
Y 球床模块堆

球床式反应堆
Y 球床堆

球床式高温气冷堆
Y 球床堆

球马克装置
Y 球形托卡马克

球面半径
Y 半径

球面反射镜
spherical mirror
O4；TH7；V443
S 反射镜*
C 反射天线 →(7)

球形靶
spherical target
TL5
S 靶*

球形堆
Y 球床堆

球形发动机
Y 火箭发动机

球形反应器
Y 球形器

球形环
Y 球形器

球形壳体
spherical shell
V214
S 壳体*
F 薄壁球壳
单层球壳
耐压球壳

球形破片
spherical fragment
TJ41
S 破片*

球形器
spherators
TL3；TL63
D 球形反应器
球形环
S 内环装置
Z 热核装置

球形燃料元件
Y 燃料元件

球形燃烧室
Y 球型燃烧室

球形柔性桨毂
Y 螺旋桨毂

球形托卡马克
spherical tokamak
TL63
D 球马克装置
球形托卡马克装置
S 托卡马克
Z 热核装置

球形托卡马克装置
Y 球形托卡马克

球形压缩机
Y 压缩机

球型燃烧室
spherical combustion chamber
TK4；U2；V232
D 半球形燃烧室
球形燃烧室
S 燃烧室*

球型收敛调节片喷管
spherical convergent flap exhaust nozzle
V232.97
S 收敛喷管
Z 喷管

球压试验设备
Y 试验设备

球栅测量系统
Y 测量系统

区
Y 区域

区段
Y 区域

区划法
Y 区域规划

区外发射导弹
Y 防区外导弹

区域*
region
ZT74
D 区
区段
区域类型
位置区域
F 捕获域
导弹攻击区
飞行安全区
管制区
黑障区
机场区域
杀伤区
应急计划区
终端区
转换区
C 城区 →(11)
地理区域 →(1)(11)(12)
地区 →(1)(11)(12)(13)
地质构造区域 →(1)(2)(11)
工作区
居住区 →(7)(11)(13)
空域
矿区 →(2)(12)
流域 →(1)(11)
路域 →(12)
水功能区 →(11)(13)
水域 →(2)(11)(12)(13)
图形区域 →(1)(7)(8)(9)(11)
物理区域
异常区 →(1)(2)(3)(5)(11)(12)

区域导航
area navigation
V249.3
S 航空导航
C 星下点轨迹
Z 导航

区域导航系统
regional navigation system
V249.3
S 导航系统*
F 区域卫星导航系统

区域防御导弹
area defense missile
TJ76；V421
S 防空导弹
C 弹道导弹防御
野战防空武器
Z 武器

区域复盖天线
Y 点波束天线

区域覆盖天线
Y 点波束天线

区域管制
regional governance
V355
D 区域管制服务
S 空中交通管制
Z 交通控制

区域管制服务
Y 区域管制

区域管制室
Y 区域管制中心

区域管制中心
area control center
V355
D 区域管制室
区域控制中心

S 空管中心
Z 中心（机构）

区域规划*
regional planning
K；TU98
D 地区规划
地域性策略
分区方法
分区制
区划法
区域性规划
区域综合规划
行政区划调整
F 空域规划
C 城市布局 →(11)
带形城市 →(11)
规划
空间布局 →(11)

区域控制中心
Y 区域管制中心

区域类型
Y 区域

区域卫星导航系统
regional satellite navigation system
V249.3
S 区域导航系统
卫星导航系统
Z 导航系统
航天系统

区域性规划
Y 区域规划

区域综合规划
Y 区域规划

曲率
curvature
O1；TL4
S 比率*
F 几何曲率
C 曲率补偿 →(3)(7)
曲线 →(1)(2)(3)(4)(5)(7)(8)(9)(10)(11)(12)

曲率测量仪器
Y 测量仪器

曲射弹道
curved trajectory
TJ3
S 外弹道
Z 弹道

曲线坐标记录仪
Y 记录仪

驱动*
driving
TH13
D 驱动方式
驱动形式
F 多轮驱动
激光直接驱动
加速器驱动
间接驱动
履带驱动
气动
气动驱动
水力驱动
C 传动 →(3)(4)(5)(10)(11)(12)

驱动半径
Y 半径

驱动电路
Y 驱动器

驱动方式
Y 驱动

驱动器*
drive circuit
TH13；TN7；TP2
D 驱动电路
制动电路
F 惯性聚变驱动器
C 步进电机 →(5)
电热驱动 →(4)
缓冲电路 →(7)
驱动电源 →(7)
驱动放大器 →(7)
驱动模块 →(7)
驱动芯片 →(7)

驱动系统*
driving system
TH13
F 加速器驱动系统
C 动力系统

驱动效率
drive efficiency
TP1；U4；V448.2
S 效率*

驱动形式
Y 驱动

驱逐机
Y 歼击机

屈服负荷
Y 屈曲荷载

屈服荷载
Y 屈曲荷载

屈服力
Y 屈曲荷载

屈服载荷
Y 屈曲荷载

屈曲荷载
yield load
O3；V215
D 屈服负荷
屈服荷载
屈服力
屈服载荷
屈曲临界荷载
S 动载荷
Z 载荷

屈曲临界荷载
Y 屈曲荷载

屈曲试验
buckling test
TB1；V215
S 结构稳定性试验
Z 结构试验
性能试验

躯体失能剂
Y 失能性毒剂

躯体旋动错觉
somatogyral illusion
R；V32
D 反旋转错觉
旋转错觉
S 飞行错觉*
C 变叉耦合旋动错觉
科里奥利错觉
躯体重力错觉
自动运动错觉

躯体重力错觉
somatogravic illusion
R；V32
D 上仰错觉
S 飞行错觉*
C 躯体旋动错觉

渠槽
Y 流道

取套工艺
Y 工艺方法

取样
Y 采样

取样方法
Y 采样

取样飞行控制
sampled data flight control
V249.1
D 采样飞行控制
S 飞行控制*

去除装置
Y 清除装置

去偏光纤陀螺
depolarized fiber optic gyros
V241.5
S 光纤陀螺
Z 陀螺仪

去调制器
Y 解调器

去污
decontamination
TL94；TS97；X5
D 除污
除污机理
除污染
泡沫去污
清除污染
清污
去污方法
去污工艺
去污机理

去污技术
脱污
污染清除
污染物分离
污染物去除
污染消除
污物清除
消除污染
S 清除*
F 化学除垢
C 保护涂层 →(1)(3)
表面污染 →(13)
补救措施
进水口 →(11)
拦污
冷却剂净化系统
喷淋强度
去污因子
洗涤剂 →(9)
洗消
沾染

去污方法
Y 去污

去污废物
Y 废弃物

去污工艺
Y 去污

去污机理
Y 去污

去污技术
Y 去污

去污系数
Y 去污因子

去污因数
Y 去污因子

去污因子
decontamination factor
TL94；X5
D 净化系数
净化指数
去污系数
去污因数
去污指数
S 因子*
C 净化催化剂 →(9)
去污
去污力 →(9)
洗涤剂 →(9)
洗涤剂酶 →(9)

去污指数
Y 去污因子

全备弹
complete round
TJ412
S 炮弹*
C 全备弹药

全备弹药
complete ammunition
TJ41
D 实弹
实战弹药
整装弹药
S 弹药*
C 全备弹
全备地雷

全备地雷
complete-equipment land mine
TJ512
D 全备雷
S 地雷*
C 全备弹药

全备雷
Y 全备地雷

全波形
Y 波形

全部洗消
Y 洗消

全程弹道
overall trajectory
TJ01
D 全弹道
S 弹道*

全程飞行试验
full distance flight test
TJ760.6；V217
D 最大航程飞行试验
最大射程飞行试验
S 飞行试验
C 下靶场
Z 飞行器试验

全尺寸飞机
full-scale aircraft
V271
S 飞机*

全尺寸风洞
full scale wind tunnel
V211.74
D 巨型风洞
S 低速风洞
C 足尺模型
Z 风洞

全尺寸箭体
Y 火箭箭体

全尺寸模型
Y 足尺模型

全弹道
Y 全程弹道

全弹道仿真
Y 弹道仿真

全弹道模拟
Y 弹道仿真

全弹试验
whole missile test
TJ760.6；V416
S 导弹试验
Z 飞行器试验
武器试验

全导式多弹头
Y 多弹头

全电飞机
Y 多电飞机

全电控飞机
Y 多电飞机

全电刹车
electrical brake
V226
S 制动装置*

全电坦克
all electric propelled tanks
TJ811
S 坦克
Z 军用车辆
武器

全动平尾
Y 全动尾翼

全动水平尾翼
Y 全动尾翼

全动尾翼
all movable tail
V225
D 全动平尾
全动水平尾翼
S 水平尾翼
C 差动尾翼
微动尾翼
Z 尾翼

全动翼飞机
Y 倾转翼飞机

全飞行模拟机
Y 飞行模拟器

全飞行时间
Y 飞行时间

全封闭救生艇
Y 救生艇

全管理式表面张力贮箱
Y 表面张力贮箱

全惯性制导
Y 惯性制导

全光纤陀螺
Y 光纤陀螺

全过程
Y 过程

全加压服
Y 全压服

全铰接式旋翼
Y 铰接式旋翼

全斤斗
Y 全筋斗

全筋斗

complete loop
V323
D 全斤斗
S 飞机筋斗
Z 飞行

全静压管
Y 空速管

全局参数
Y 总体参数

全空泡螺旋桨
Y 空泡螺旋桨

全空泡水翼
Y 超空化水翼

全面环境管理
Y 环境管理

全模拟实验
Y 全模拟试验

全模拟试验
full simulation experiment
V216
D 全模拟实验
S 模拟试验*
C 全仿真 →(8)

全能峰效率
full energy peak efficiency
TL7
S 效率*

全能加速器
Y 同步加速器

全能量
Y 能量

全盘自动化
Y 自动化

全炮重
Y 火炮全重

全气膜冷却
full coverage film cooling
V231.1
S 气膜冷却
Z 冷却

全球导航
global navigation
TN96；V249.3
S 导航*

全球导航卫星
Y 导航卫星

全球导航系统
global navigation system
V249.3
D 全球轨道卫星导航系统
S 导航系统*
F INS/GPS 组合导航系统
北斗卫星导航系统

全球定位系统/惯性导航系统
Y INS/GPS 组合导航系统

全球定位系统-惯性组合导航
Y INS/GPS 组合导航

全球跟踪网
global tracking network
V556
S 跟踪网
Z 网络

全球轨道卫星导航系统
Y 全球导航系统

全球卫星系统
global satellite system
V44
S 卫星系统
Z 航天系统

全权限飞行控制
Y 飞行控制

全身中毒性毒剂
systemic toxic agent
TJ92
D B 毒剂
血液毒剂
血液性毒剂
血液中毒性毒剂
S 毒剂*

全数控
Y 数字控制

全天候飞机
all-weather aircraft
V271
S 飞机*
C 复杂气象飞行
航空导航

全天候飞行
all weather flight
V323
D 拂晓飞行
黄昏飞行
跨昼夜飞行
曙暮光飞行
昼间飞行
S 复杂气象飞行
C 航空导航
简单气象飞行
仪表飞行
Z 飞行

全天候空中导航
Y 航空导航

全天候空中领航
Y 航空导航

全天候直升机
Y 军用直升机

全推力器姿态控制系统
Y 姿态控制系统

全息弹
holographic projectiles
TJ412
D 全息炮弹
S 特种炮弹
Z 炮弹

全息炮弹
Y 全息弹

全系数自适应控制
all-coefficient adaptive control
TP1；V448.2
S 自动控制*

全系统定型
Y 定型

全系统试验
Y 系统试验

全向无线电信标
Y 全向信标

全向信标
non-directional beacon
TN8；U6；V249.3
D 多普勒全向信标
全向无线电信标
无方向性信标
中波导航台
自校准全向无线电信标
S 导航设备*
F 甚高频全向信标

全性能试验
Y 性能试验

全压服
full pressure suit
V244
D 高空密闭服
高压密闭服
密闭飞行服
密闭服
全加压服
增压飞行服
S 加压服
F 硬质加压服
C 部分加压服
航天服
Z 飞行服

全液压转向系统
full hydraulic steering system
TJ810.34；U2；U4
S 液压转向系统
Z 转向系统

全状态
total state
V32
S 状态*

全姿态捕获
Y 姿态捕获

全姿态角
whole attitude angle
V212
S 姿态角
C 飞机姿态角
Z 飞行参数

全姿态陀螺仪
all-attitude gyroscope

V241.5；V441
S 姿态陀螺仪
Z 陀螺仪

全姿态指示器
Y 全姿态指示仪

全姿态指示仪
all-attitude indicator
V241.4
D 全姿态指示器
S 姿态指示器
Z 指示器

全自动
Y 自动化

全自动步枪
Y 自动步枪

全自动化
Y 自动化

全自动火炮
Y 自动炮

全自动控制系统
Y 自动控制系统

全自动炮
Y 自动炮

全自动手枪
Y 自动手枪

雀降
flared landing
V32
S 着陆
C 降落伞
Z 操纵

确保安全
Y 安全

群众性洗消
Y 洗消

燃爆机构
Y 弹射动力装置

燃点
burning point
O6；TE6；TQ53；V231.2；V51
D 点燃温度
发火点
起火点
燃烧始点
闪点
推进剂闪点
油闪点
着火点
着火温度
S 燃烧温度
C 柴油 →(2)(9)
防火 →(11)(13)
起火部位
燃尽点 →(5)
燃烧特性 →(9)
油品
自燃点 →(4)(13)
阻燃 →(1)(9)
Z 转变温度

燃尽
Y 燃烧

燃料*
fuel
TK1；TQ51
D 燃料资源
新燃料
有机燃料
F 醇类燃料
高能燃料
航空航天燃料
航空燃油
合成燃料
核燃料
混合氧化物燃料
金属燃料
弥散型燃料
燃料浆
烃类燃料
吸热燃料
液氧煤油
C 燃料发动机 →(12)
燃料控制系统 →(5)
燃料炉 →(5)
燃料喷射系统 →(5)
燃料试验 →(1)(5)
重油 →(2)(9)

燃料(核)
Y 核燃料

燃料板
Y 板型燃料组件

燃料棒
fuel rods
TL2；TL35
D 棒(燃料)
核燃料棒
块(燃料)
燃料柱
S 燃料元件
C 燃料芯块
Z 反应堆部件

燃料棒包壳材料
Y 包壳材料

燃料棒束
fuel bundles
TL2；TL3
D 棒束
棒束(燃料元件)
燃料棒组件
燃料元件棒束
燃料元件束
束(燃料元件)
S 燃料元件
Z 反应堆部件

燃料棒组件
Y 燃料棒束

燃料包覆层
Y 燃料包壳

燃料包壳
fuel sheath
TL2
D 包壳(燃料)
燃料包覆层
燃料包壳管
燃料包套
燃料外壳
S 燃料元件
C 反应堆材料
封装 →(1)(4)(7)
Z 反应堆部件

燃料包壳管
Y 燃料包壳

燃料包套
Y 燃料包壳

燃料补给
fuel make-up
U6；V31；V51
S 补给*
F 在轨补给

燃料舱
fuel bunker
V223
S 舱*

燃料处理
Y 燃料生产

燃料电池发动机
fuel cell engine
TK0；V23
S 发动机*
F 质子交换膜燃料电池发动机

燃料调节
Y 燃料控制

燃料分散
Y 燃料分散剂

燃料分散剂
fuel dispersant
TJ5；TQ42
D 燃料分散
S 分散剂*
C 燃料空气炸药
燃料添加剂 →(9)

燃料改变
Y 燃料转换

燃料供给
fuel supply
V23
S 供需*

燃料供给系统
fuel feeding systems
TK2；TK4；V233
D 给料系统
S 燃料系统*
C 燃料控制系统 →(5)

燃料供应系统
fuel supply system
TK4；V23

S 供应系统*

燃料管道
Y 燃料通道

燃料管理
fuel management
TL24
S 管理*
F 乏燃料管理
核燃料管理
推进剂管理
C 燃料控制系统 →(5)

燃料后处理
fuel reprocessing
TL2
S 处理*
F 核燃料后处理

燃料计量
fuel metering
TP2；V21
D 燃油测量
燃油计量
燃油量测量
S 计量*
C 燃油流量 →(5)

燃料加工
Y 燃料生产

燃料浆
slurry fuel
O6；TQ51；V51
D 浆液(燃料)
燃料浆液
燃料悬浮液
悬浮燃料
悬浮液(燃料)
游浆燃料
淤浆燃料
S 燃料*
C 火箭燃料

燃料浆液
Y 燃料浆

燃料开发
Y 开发

燃料抗爆剂
fuel antiknock agents
V51
S 防护剂*
C 燃料添加剂 →(9)

燃料颗粒
fuel particles
TL2
D 燃料芯核
S 颗粒*
F 包覆燃料颗粒
C 高温气冷型堆
燃料元件

燃料空气弹
Y 燃料空气炸弹

燃料空气弹药
fuel-air-explosive ammunition
TJ41
S 弹药*
C 燃料空气火箭弹
燃料空气炸弹

燃料空气火箭弹
fuel-air-explosive rocket projectile
TJ415
D 云爆火箭弹
S 火箭弹
C 燃料空气弹药
Z 武器

燃料空气炸弹
fuel-air explosive bomb
TJ414
D 空气燃料爆破航弹
空气燃烧爆破炸弹
气浪弹
燃料空气弹
油气弹
油气炸弹
云雾爆震炸弹
窒息弹
S 爆破炸弹
C 燃料空气弹药
Z 炸弹

燃料空气炸药
fuel air explosive
TJ5；TQ56
S 火工药剂*
C 发射安全性
燃料分散剂
云雾爆轰

燃料空气炸药武器
Y 云爆武器

燃料孔道
Y 燃料通道

燃料控制
fuel control
V233.2
D 供油调节
燃料调节
燃油调节
燃油控制
S 动力控制*
F 空燃比控制
燃油蒸发控制
油耗控制
C 调节控制 →(8)
燃烧控制 →(9)
燃油流量 →(5)

燃料面密度
fuel areal density
O4；TL6
S 密度*

燃料喷吹
Y 燃料喷射

燃料喷射
fuel injection
V23
D 火焰喷射
喷吹燃料
燃料喷吹
燃料喷雾
燃料雾化
燃烧喷射
燃油喷雾
引燃喷射
S 喷射*
F 多点燃油喷射
燃气二次喷射
C 内燃机 →(5)
喷射混合流
燃料喷射系统 →(5)

燃料喷雾
Y 燃料喷射

燃料喷嘴
Y 喷油嘴

燃料球
Y 燃料元件

燃料软管
Y 燃油胶管

燃料扫描
fuel scanning
TL2
D 扫描(燃料)
S 扫描*

燃料生产
fuel processing
TL2
D 燃料处理
燃料加工
燃料制造
S 生产*
F 核燃料生产
C 核燃料循环
加工

燃料通道
fuel channel
TL2；TL3
D 燃料管道
燃料孔道
S 反应堆孔道
C 热流道 →(9)
稳流套
Z 反应堆部件

燃料外壳
Y 燃料包壳

燃料雾化
Y 燃料喷射

燃料系统*
fuel system
TK1；TK4；V233
F 发动机燃料系统
燃料供给系统
燃油系统
C 发动机系统
锅炉系统 →(4)(5)(8)(11)(13)
燃油管 →(5)
推进剂控制

油泵 →(4)
油箱

燃料消耗率
fuel consumption rate
TK1；U6；V31；V51
D 比耗
单位燃料消耗率
单位燃油消耗率
航程因子
耗油率
燃油消耗率
燃油效率
S 比率*

燃料芯核
Y 燃料颗粒

燃料芯块
fuel pellets
TL2
S 靶丸*
C 靶丸注入
燃料棒

燃料悬浮液
Y 燃料浆

燃料循环中心
fuel cycle centers
TL2；TL94
D 核燃料中心
S 核设施
C 钚再循环
乏燃料贮存
核燃料后处理厂
核燃料循环
核燃料制造厂
Z 设施

燃料氧化剂
Y 推进剂氧化剂

燃料油量调节器
Y 燃油调节器

燃料油系统
Y 燃油系统

燃料元件
fuel element
TL2
D 拆卸(燃料组件)
反应堆燃料元件
核燃料元件
核燃料组件
球(燃料)
球形燃料元件
燃料球
燃料元件装卸系统
燃料装卸
燃料装卸系统
燃料组件
燃料组件拆卸
S 反应堆部件*
F 板型燃料组件
板型元件
乏燃料元件
六角形燃料组件
燃料棒
燃料棒束
燃料包壳
热离子燃料元件
C 堆芯
反应堆
反应堆拆除
辐照后检验
核燃料制造厂
基材 →(9)
燃料颗粒
烧毁事故 →(13)

燃料元件棒束
Y 燃料棒束

燃料元件束
Y 燃料棒束

燃料元件装卸系统
Y 燃料元件

燃料运行探测
fuel motion detection
TL8
S 探测*

燃料制造
Y 燃料生产

燃料柱
Y 燃料棒

燃料转换*
fuel switching
TK1
D 燃料改变
F 核燃料转换

燃料装卸
Y 燃料元件

燃料装卸系统
Y 燃料元件

燃料资源
Y 燃料

燃料组件
Y 燃料元件

燃料组件拆卸
Y 燃料元件

燃气动力保险机构
Y 保险机构

燃气动力控制
gas dynamic control
TJ7；V433
S 动力控制*

燃气舵
gas rudder
V225；V245
D 喷流偏转舵
喷流偏转舵机
S 气动操纵面
C 舵偏角
Z 操纵面

燃气二次喷射
gas secondary injection
V430
S 气体二次喷射
燃料喷射
Z 喷射

燃气发生剂
Y 燃气发生器推进剂

燃气发生器
gasifier
V232
D 核心机
S 气体发生器
Z 发生器

燃气发生器点火具
Y 电点火具

燃气发生器推进剂
gas generator propellant
V51
D 气体发生器推进剂
燃气发生剂
S 固体推进剂
C 燃烧速度 →(5)
Z 推进剂

燃气发生器涡轮
Y 燃气涡轮

燃气发生器循环
fuel gas generator cycles
V231；V430
S 开式循环
Z 循环

燃气风洞
combustion-gas wind tunnel
V211.74
S 风洞*

燃气回吞
gas ingestion
V233
D 气体吞咽
气吞
燃气吸入
C 升力喷气发动机
推力换向喷气发动机

燃气流
combustion-gas flow
V211
S 气流
Z 流体流

燃气流仿真
Y 排气流模拟

燃气流模拟
Y 排气流模拟

燃气喷流试验
combustion-gas jet test
V211.74
S 喷流试验
Z 气动力试验

燃气喷嘴
Y 气体喷嘴

燃气平焰烧嘴
Y 气体喷嘴

燃气射流
gas jet flow
V211
S 射流*

燃气伺服系统
gas servo system
V245
D 燃气随动系统
S 伺服系统*
C 电力机车 →(12)
高速列车 →(12)
密封件 →(4)(9)
燃气电厂 →(5)
热能动力装置 →(5)

燃气随动系统
Y 燃气伺服系统

燃气透平
Y 燃气涡轮

燃气涡轮
gas turbine
V232.93
D 多级燃气涡轮
工业燃气涡轮
工业燃气涡轮机
煤气透平
燃气发生器涡轮
燃气透平
燃气涡轮机
燃汽涡轮
S 气体涡轮
C 动力机组 →(4)(5)
燃气轮机 →(5)(12)
燃气轮机装置 →(5)
燃气设备 →(11)
燃气设施 →(11)
燃气涡轮发动机
燃气涡轮盘
燃气涡轮起动机 →(5)
Z 涡轮

燃气涡轮发动机
turbine engine
TK0；V235.1
D 航空燃气涡轮发动机
航空涡轮发动机
燃气涡轮航空发动机
涡轮发动机
S 发动机*
C 喷气式飞机
燃气涡轮
数值仿真 →(4)
涡轮电机 →(5)
蒸汽发动机 →(5)

燃气涡轮航空发动机
Y 燃气涡轮发动机

燃气涡轮机
Y 燃气涡轮

燃气涡轮盘
gas turbine disks
TK0；V232
D 变形镍基合金涡轮盘
粉末冶金涡轮盘
S 盘*
C 燃气涡轮

燃气涡轮叶片
gas-turbine blade
TH13；V232.4
S 涡轮叶片
Z 叶片

燃气吸入
Y 燃气回吞

燃汽涡轮
Y 燃气涡轮

燃烧*
combustion
TK1；TQ0；V231.1
D 补充燃烧
常温空气无焰燃烧
超临界燃烧
火焰燃烧
起燃
燃尽
燃烧方法
燃烧方式
燃烧过程
燃烧特点
着火
F 爆燃
层流燃烧
超音速燃烧
催化燃烧
低频不稳定燃烧
低污染燃烧
低压燃烧
定容燃烧
对流燃烧
分级燃烧
焚烧
附面层燃烧
富氧燃烧
高频不稳定燃烧
航空发动机燃烧
激波诱导燃烧
金属燃烧
快速燃烧
两相燃烧
氢气燃烧
氢氧燃烧
烃类燃料燃烧
推进剂燃烧
紊流燃烧
稳定燃烧
无烟燃烧
亚音速燃烧
一次燃烧
助燃
驻涡燃烧
C 点火
点火性能
发动机熄火
发动机性能
滚流运动 →(5)
火箭发动机
火焰
火焰温度 →(1)
理论空气量
喷油嘴
燃料质量 →(5)(9)
燃烧产物
燃烧技术 →(5)(9)
燃烧试验 →(5)
燃烧温度
燃烧质量 →(5)
烧嘴 →(5)
温升 →(3)(4)(5)(9)(10)(11)
物理化学过程 →(9)

燃烧不稳定
Y 燃烧稳定性

燃烧不稳定性
Y 燃烧稳定性

燃烧残余物
Y 燃烧产物

燃烧测试
combustion testing
V51
S 测量*
F 燃速测试
C 燃烧试验 →(5)

燃烧产物*
combustion products
TQ0；TQ53；V231.2；X5
D 燃烧残余物
燃烧物
燃烧物质
终产物
F 积炭
C 大气污染 →(13)
废气
燃烧
燃烧排放 →(13)
生成特性 →(1)
碳氢化合物排放 →(13)
烟气 →(3)(5)(7)(9)(10)(13)

燃烧沉积物
Y 积炭

燃烧催化
Y 催化燃烧

燃烧弹
Y 燃烧炸弹

燃烧弹药
incendiary ammunition
TJ41
S 特种弹药
C 燃烧地雷
燃烧火箭弹
燃烧炮弹
燃烧枪弹
燃烧武器
燃烧炸弹
Z 弹药

燃烧地雷
incendiary land mine

TJ512
D 火焰地雷
燃烧雷
S 特种地雷
C 燃烧弹药
Z 地雷

燃烧发动机
Y 发动机

燃烧方法
Y 燃烧

燃烧方式
Y 燃烧

燃烧风洞
combustion wind tunnels
V211.74
S 风洞*
C 助燃风机 →(4)(5)

燃烧管
Y 火焰筒

燃烧过程
Y 燃烧

燃烧过程控制
combustion process control
TK3；V231.2
S 过程控制*
化学控制*

燃烧航弹
Y 燃烧炸弹

燃烧火箭
Y 燃烧火箭弹

燃烧火箭弹
incendiary rocket projectile
TJ415
D 燃烧火箭
纵火火箭弹
S 特种火箭弹
C 燃烧弹药
Z 武器

燃烧火焰
Y 火焰

燃烧机理
Y 燃烧理论

燃烧剂
incendiary agent
TJ531；TJ92
D 烧夷剂
纵火剂
S 烟火剂*
C 燃烧试验 →(5)

燃烧剂运输车
Y 推进剂燃烧剂运输槽车

燃烧雷
Y 燃烧地雷

燃烧理论
combustion theory
O6；V231.1
D 燃烧机理
燃烧学
燃烧原理
S 理论*
F 点火理论
C 燃烧技术 →(5)(9)

燃烧炮弹
incendiary shell
TJ412
D 穿甲爆炸燃烧弹
穿甲燃烧弹
穿甲纵火弹
高温燃烧弹
纵火弹
纵火炮弹
S 主用炮弹
F 杀伤燃烧弹
C 燃烧弹药
Z 炮弹

燃烧喷射
Y 燃料喷射

燃烧器*
burner
TK2；TQ0
D 大气式燃烧器
高速燃烧器
红外线燃烧器
浸没式燃烧器
扩散式燃烧器
脉冲燃烧器
燃烧器结构
新型燃烧器
引射式燃烧器
F 定容燃烧器
C 壁温特性 →(5)
给煤机 →(2)(5)
火焰长度 →(5)
配风 →(2)(5)
切圆直径 →(5)
燃烧技术 →(5)(9)
烧嘴 →(5)

燃烧器结构
Y 燃烧器

燃烧枪弹
incendiary cartridge
TJ411
S 特种枪弹
C 燃烧弹药
Z 枪弹

燃烧始点
Y 燃点

燃烧室*
combustion chamber
TK1；TK2；TK4
D 火室
F 爆震燃烧室
标准燃烧室
超音速燃烧室
冲压进气燃烧室
催化燃烧室
低污染燃烧室
分级燃烧室
罐式燃烧室
环形燃烧室
加力燃烧室
球型燃烧室
双燃烧室
突扩燃烧室
微燃烧室
涡轮级间燃烧室
旋转燃烧室
预燃室
直喷式燃烧室
主燃烧室
驻涡燃烧室
C 壁面散热 →(5)
低温燃烧合成 →(9)
短路开断 →(5)
多斜孔 →(3)(4)
密相区 →(5)
气缸
燃烧技术 →(5)(9)
推力室
稀相区 →(5)
熄火保护装置 →(5)
锌精馏 →(3)
蒸发管 →(5)

燃烧室构型
combustor configuration
TK0；V232
S 构型*

燃烧室火焰筒
combustion chamber flame tube
V232
S 装置结构*

燃烧室设计
combustion-chamber design
V232
S 发动机设计*

燃烧室压力
Y 燃烧室压强

燃烧室压强
combustion chamber pressure
V23
D 燃烧室压力
S 压强*

燃烧特点
Y 燃烧

燃烧温度
combustion temperature
O4；V231.2；V430
S 转变温度*
F 燃点
C 燃烧

燃烧稳定
Y 燃烧稳定性

燃烧稳定剂
combustion stabilizer
TQ0；V51
S 稳定剂*
F 推进剂燃烧稳定剂
C 燃料添加剂 →(9)

燃烧稳定性
combustion stability
TK4；TQ0；V231.2；V430
D 火焰稳定
火焰稳定度
火焰稳定性
耐火稳定性
燃烧不稳定
燃烧不稳定性
燃烧稳定
S 热学性能*
稳定性*
物理性能*
C 火焰检测 →(5)
稳定燃烧
压力脉动 →(4)

燃烧武器
incendiary weapon
TJ0
S 武器*
F 喷火武器
C 燃烧弹药
燃烧战斗部
热摧毁效应

燃烧物
Y 燃烧产物

燃烧物质
Y 燃烧产物

燃烧效率
combustion efficiency
TK4；TQ0；V231.2
S 效率*
C 燃料燃烧 →(5)
燃烧技术 →(5)(9)
推进效率
辛烷值 →(2)(9)

燃烧学
Y 燃烧理论

燃烧原理
Y 燃烧理论

燃烧炸弹
incendiary bomb
TJ414
D 0燃烧炸弹
低阻航空燃烧炸弹
低阻力燃烧炸弹
低阻燃烧炸弹
凝固汽油弹
凝固汽油炸弹
燃烧弹
燃烧航弹
S 炸弹*
F 爆破燃烧炸弹
C 燃烧弹药

燃烧战斗部
incendiary warhead
TJ76
S 特种战斗部
C 化学导弹
燃烧武器
Z 战斗部

燃烧装置*
burning installation
TK1
F 催化燃烧反应器
点火器
分层燃烧装置
火焰稳定器
C 装置

燃速测试
burning rate testing
V51
S 燃烧测试
性能测量*
Z 测量

燃速调节剂
burning rate modifier
V25
S 调节剂*
C 燃料添加剂 →(9)

燃速特性
burning rate characteristics
V231.2
S 热学性能*
物理性能*

燃油泵调节器
fuel pump regulator
V233
S 燃油调节器
Z 调节器

燃油测量
Y 燃料计量

燃油调节
Y 燃料控制

燃油调节器
fuel flow regulator
V233；V432
D 燃料油量调节器
燃油流量调节器
S 调节器*
F 燃油泵调节器

燃油分配器
fuel oil distributor
TK4；V23
S 分配器*

燃油供给系统
Y 飞机供油系统

燃油供应系统
Y 供油系统

燃油计量
Y 燃料计量

燃油加油机
fuel dispensers
V351.3
S 加油机
Z 油装置

燃油胶管
fuel hose
TH13；TQ33；V432
D 燃料软管
燃油软管
S 软管*
塑胶制品*
油管*
C 空调胶管 →(9)
制动胶管 →(9)

燃油控制
Y 燃料控制

燃油量测量
Y 燃料计量

燃油流量调节器
Y 燃油调节器

燃油密度
fuel density
V31
S 密度*

燃油喷咀
Y 喷油嘴

燃油喷雾
Y 燃料喷射

燃油喷嘴
Y 喷油嘴

燃油热稳定性
thermal stability of oil
V231.2
S 矿物特性*
热学性能*
稳定性*

燃油软管
Y 燃油胶管

燃油烧嘴
Y 喷油嘴

燃油雾化喷嘴
Y 喷油嘴

燃油系
Y 燃油系统

燃油系统
fuel system
TK1；TK4；V233
D 燃料油系统
燃油系
S 流体系统*
燃料系统*
F 飞机燃油系统
供油系统
主燃油系统
C 航空发动机附件

燃油消耗率
Y 燃料消耗率

燃油效率
Y 燃料消耗率

燃油压力
fuel pressure
U4；V23
S 压力*

燃油蒸发控制
evaporative emission control
TK3；V233.2
S 环境控制*
　燃料控制
Z 动力控制

染毒
Y 毒剂沾染

染菌物
Y 污染物

染色弹
colouring cartridge
TJ279
D 标志弹
　防暴染色弹
S 防暴弹
Z 枪弹

染色体武器
Y 基因武器

扰动*
disturbance
TP2
D 抗扰动
　扰动机理
　扰动效应
　扰动影响
　扰动状态
　扰动状态理论
　扰动作用
　损伤扰动
　外界扰动
　无扰动
　有效扰动
F 大气扰动
　弹道扰动
　轨道扰动
　起始扰动
　气流扰动
　姿态扰动
C 扰动区 →(2)(5)
　扰动试验 →(5)

扰动机理
Y 扰动

扰动模型
disturbance model
V211.78
S 力学模型*

扰动效应
Y 扰动

扰动影响
Y 扰动

扰动运动
disturbed motion
V32
S 运动*

扰动状态
Y 扰动

扰动状态理论
Y 扰动

扰动作用
Y 扰动

扰流
Y 湍流

扰流板
Y 扰流器

扰流片
Y 扰流器

扰流器
vortex generator
V222
D 扰流板
　扰流片
S 气动操纵面
C 边界层分离
　分离流
　襟副翼
　襟翼
　气动减速板
　阵风缓和系统
Z 操纵面

绕地探测器
orbiting detector
V476
S 空间探测器
Z 航天器

绕飞
Y 月球飞行

绕接
Y 连接

绕流
detour flow
V211
S 流体流*
F 大迎角绕流
　高超声速绕流
　肋板绕流
　黏性绕流
　翼型绕流

绕流特性
analyze around flow characteristics
V211
S 流体力学性能*

绕月飞行
Y 月球飞行

绕月轨道
Y 环月轨道

绕月探测
circumlunar exploration
V476
S 月球探测
Z 探测

绕月探测工程
lunar exploration project
V419；V476
S 探测工程
Z 工程

绕月探测器
circumlunar probes
V476
S 月球探测器
Z 航天器

绕月探测卫星
Y 环月卫星

绕月卫星
Y 环月卫星

绕越飞行任务
fly-by mission
V4
D 飞越任务
S 飞行任务
　航天任务
C 行星际飞行
Z 任务

绕组线圈
Y 线圈

热安全性
thermal safety performance
TJ5
S 安全性*
　热学性能*
C 储能材料 →(1)

热边界层
thermal boundary layer
V211
D 热附面层
S 边界层
Z 流体层

热兵器
thermal weapon
E；TJ0
S 武器*

热补偿设计
thermal compensation design
V221；V423
S 设计*
C 热补偿 →(11)

热沉设计
heat sink design
V221；V423
S 设计*

热沉试验
Y 热工试验

热成象导引头
Y 热成像导引头

热成像导引头
thermal imaging seekers
TJ765
D 红外成像导引头
　热成象导引头
S 成像导引头
　红外导引头
Z 制导设备

热冲击试验
Y 温度冲击试验

热处理试验
Y 热工试验

热传导模型
heat conduction model
TL3；TL6
S 热模型*

热摧毁效应
thermal destruction effect
TJ92
S 核武器毁伤效应
C 燃烧武器
Z 武器效应

热带电气设备
Y 电气设备

热带救生包
Y 救生包

热弹流计算
Y 热流计算

热导引头
Y 红外导引头

热电堆探测器
Y 热探测器

热电发电机
Y 温差发电器

热电发电器
Y 温差发电器

热电偶中子探测器
Y 中子探测器

热电探测器
thermoelectric detector
TH7；TL81；TN95
S 半导体探测器
C 热电材料 →(1)(7)
Z 探测器

热电装置
Y 温差发电器

热动力试验
Y 热工试验

热动力推进系统
Y 热动力系统

热动力系统
thermo-motive systems
TJ630.3
D 热动力推进系统
热动力装置
S 动力系统*
F 鱼雷热动力系统
C 热动力 →(5)
热动力润滑 →(4)
热动力推进 →(5)
热动力鱼雷
太阳能发电系统 →(5)
太阳能热动力 →(5)

热动力鱼雷
thermal propulsion torpedo
TJ631
S 鱼雷*
C 热动力系统

热动力装置
Y 热动力系统

热堆
Y 热中子堆

热发光剂量测定法
Y 热释光剂量学

热发射
hot launching
TJ765；V55
S 导弹发射
Z 飞行器发射

热防护系统
Y 防热结构

热废液
Y 废液

热分离
thermal separation
TJ765；V47
S 分离*

热风洞
thermal wind tunnel
V211.74
D 高温度风洞
热结构试验风洞
S 风洞*
C 高温风机 →(4)
热天线试验

热辐射计
Y 辐射热计

热辐射延期点火具
Y 延期点火具

热辐射仪
Y 辐射热计

热附面层
Y 热边界层

热工故障*
thermal faults
TK0
F 爆震
C 故障

热工况试验
Y 热工试验

热工实验
Y 热工试验

热工试验*
thermal strength test
TK3；TU1
D 负温差试验
热沉试验
热处理试验
热动力试验
热工况试验
热工实验
热工性能试验
热强度试验
热性能试验
热学试验
热应力试验
F 绝热试验
热模拟试验
热疲劳试验
热平衡试验
烧蚀试验
C 热工测量 →(4)(5)
热工性能 →(3)(5)
热工学 →(5)
热工仪表 →(1)(2)(4)(5)(7)(9)

热工性能试验
Y 热工试验

热固性固体推进剂
Y 固体推进剂

热固性推进剂
Y 固体推进剂

热管*
heat pipe
TK1
D 温控热管
F 传热管
C 供热管道 →(5)(11)
化学热储存 →(5)
回热 →(1)(3)
螺旋槽管 →(4)
热能回收 →(13)
微沟槽 →(7)

热管冷却
heat pipe cooling
TK1；V231.1
S 冷却*
C 散热器 →(1)(4)(5)(7)(8)(11)(12)

热管理技术
thermal management technology
TB6；V231.1；V430
S 技术*

热管式蒸汽发生器
Y 蒸汽发生器

热核靶
Y 核聚变靶

热核爆炸
Y 核爆炸

热核弹头
Y 氢弹头

热核堆
thermonuclear reactor
TL64
D 核聚变堆
核聚变反应堆
聚变堆
聚变发电反应堆
聚变反应堆
聚变核能

聚变能
热核反应堆
热核聚变堆
热核聚变反应堆
稳态聚变堆
稳态聚变反应堆
S 反应堆*
F 磁镜型堆
氘氚堆
电子束聚变堆
仿星器型堆
聚变增殖堆
离子束聚变堆
脉冲聚变堆
慢爆聚衬筒堆
热核实验反应堆
直线箍缩型堆
C 得失相当
惯性约束聚变
核聚变能 →(5)
混合堆
聚变产额
聚变堆材料
热核装置
液态包层
增殖区
增殖芯块
质量平衡

热核堆材料
Y 聚变堆材料

热核反应
Y 聚变反应

热核反应堆
Y 热核堆

热核聚爆
Y 内爆

热核聚变
Y 聚变反应

热核聚变堆
Y 热核堆

热核聚变反应堆
Y 热核堆

热核燃料
thermonuclear fuels
TL2; TL3
D 反应堆燃料(聚变)
聚变燃料
S 核燃料
Z 燃料

热核实验堆
Y 热核实验反应堆

热核实验反应堆
thermonuclear experimental reactors
TL64
D 热核实验堆
热核试验堆
热核试验反应堆
S 热核堆
F 国际热核聚变实验堆
Z 反应堆

热核试验堆
Y 热核实验反应堆

热核试验反应堆
Y 热核实验反应堆

热核推进
Y 核推进

热核武器
Y 核武器

热核装置*
thermonuclear devices
TL63
D 受控核反应装置
受控核聚变装置
受控聚变装置
受控热核反应装置
F 闭合等离子体装置
磁约束装置
箍缩装置
惯性约束聚变装置
核聚变装置
开式等离子体装置
孔栏
C 等离子加热 →(9)
热核堆
增殖区
质量平衡
装置

热化学模型
thermochemical model
V21
S 热模型*

热化学烧蚀
thermochemical ablation
V25
S 烧蚀*

热环境试验
thermal environmental test
V216
S 环境试验*

热毁伤
thermal destruction
TJ0
S 毁伤
Z 弹药作用

热加工缺陷
Y 制造缺陷

热交换管
Y 传热管

热结构试验
Y 结构热试验

热结构试验风洞
Y 热风洞

热解点火器
Y 点火发动机

热解模拟实验
pyrolytic simulation experiment
V216
S 热模拟试验
Z 模拟试验
热工试验

热空气气球
Y 热气球

热空气球
Y 热气球

热控机构
thermal control mechanisms
V474
D 热控制机构
S 卫星机构
C 热控设备 →(5)
Z 航天器机构

热控设计
thermal control design
V221
S 设计*

热控制机构
Y 热控机构

热控制计算
Y 温度计算

热库
Y 热源

热离子堆
thermionic reactors
TL4
D 堆内热离子堆
热离子实验堆
S 动力堆
C 核火箭发动机
可移动堆
热离子燃料元件
Z 反应堆

热离子燃料元件
thermionic fuel elements
TL35
S 燃料元件
C 热离子堆
Z 反应堆部件

热离子实验堆
Y 热离子堆

热量探测器
Y 热探测器

热裂变
thermal fission
TL3
S 核反应*
C 热裂变因子
热中子

热裂变因子
thermal fission factor
TL32
S 因子*
C 热裂变
增殖系数

热流计算

heat flow calculation
O3；TV21；V231.1
D 热弹流计算
热流值计算
S 流量计算*

热流模拟
thermal flux simulation
O4；V211.7
S 仿真*
F 外热流模拟

热流值计算
Y 热流计算

热敏电阻探测器
Y 热探测器

热敏探测器
Y 热探测器

热模拟实验
Y 热模拟试验

热模拟试验
thermal simulating test
TE1；TH7；V216
D 热模拟实验
S 模拟试验*
热工试验*
F 热解模拟实验
热压模拟实验
C 热仿真 →(8)

热模型*
thermal model
TG1
D 热学模型
F 动态热模型
火焰面模型
热传导模型
热化学模型
稳态燃烧模型
亚网格 EBU 燃烧模型
C 电气模型 →(5)(7)(8)(9)
热力学模型 →(1)
物理模型

热喷流
thermojet
V211
S 射流*

热喷流试验
Y 喷流试验

热疲劳试验
thermal fatigue test
TH7；V216.3
S 疲劳试验
热工试验*
Z 力学试验

热平衡测试
Y 热平衡试验

热平衡试验
heat balance test
TK1；V216
D 热平衡测试
S 热工试验*

热屏蔽
thermal shield
TK1；V231.1；V445
D 防热板
防热层
防热罩
隔热屏
隔热屏蔽
可多次使用防热层
可重复使用防热层
热屏蔽层
旋转关节罩
旋转组件罩
重复使用防热层
S 屏蔽*
F 航天器隔热屏蔽
回收热屏蔽

热屏蔽层
Y 热屏蔽

热气飞艇
hot air dirigible airship
V274
S 飞艇
Z 航空器

热气球
hot air balloon
V273
D 热空气气球
热空气球
热气球运动
S 气球
Z 航空器

热气球运动
Y 热气球

热强度试验
Y 热工试验

热区
hot spot
TL27；TL35
S 物理区域*

热燃气增压系统
Y 增压系统

热射风洞
hotshot wind tunnels
V211.74
D 放电风洞
放电加热风洞
脉冲放电风洞
S 高超音速风洞
C 下吹式风洞
Z 风洞

热声不稳定
Y 稳定

热试
heat test
V216.2
S 发动机试验*

热试车
heat run
V216；V433.9
D 大推力长程试车
发动机极限工况试车
稳定性评定试车
子级整机试车
S 车辆*

热室
hot cell
O6；TL27；TL7
S 安全设施*
C 辐射防护
机械手 →(8)
屏蔽
手套箱

热释电流固体剂量计
Y 剂量计

热释电热固体剂量计
Y 剂量计

热释电探测器
pyroelectric detector
TH7；TL8；TP2
S 热探测器
F 钽酸锂热释电探测器
C 热释电红外探测器 →(7)
Z 探测器

热释电子累积剂量计
Y 剂量计

热释电子累计剂量计
Y 剂量计

热释光剂量测量系统
Y 热释光剂量计

热释光剂量计
thermoluminescent dosimeter
TL8
D 热释光剂量测量系统
热释光剂量计读数器
热释光剂量计系统
热释光剂量片
热释光剂量仪
S 辐射光致发光剂量计
Z 仪器仪表

热释光剂量计读数器
Y 热释光剂量计

热释光剂量计系统
Y 热释光剂量计

热释光剂量片
Y 热释光剂量计

热释光剂量学
thermoluminescent dosimetry
TL7
D 热发光剂量测定法
S 剂量学*

热释光剂量仪
Y 热释光剂量计

热释光探测器

thermoluminescent detector
TH7；TL8
D 热释光中子探测器
S 中子探测器
Z 探测器

热释光中子探测器
Y 热释光探测器

热水火箭发动机
Y 火箭发动机

热探测器
thermal detector
TB9；TH7；V248
D 热电堆探测器
热量探测器
热敏电阻探测器
热敏探测器
热线探测器
S 探测器*
F 热释电探测器
C 测温元件 →(1)(4)(5)(7)(8)(9)(10)(11)

热特性
Y 热学性能

热天线试验
hot antenna test
V211.74
S 风洞试验
C 热风洞
Z 气动力试验

热通道因子
hot channel factor
TL33
S 因子*
C 反应堆安全
热流道 →(9)

热通量密度
Y 热学性能

热尾流
thermal wakes
TJ76；V211
S 尾流
Z 流体流

热物性能
Y 热学性能

热物性质
Y 热学性能

热系统
Y 热学系统

热线探测器
Y 热探测器

热校测风洞
Y 风洞

热心轴试验设备
Y 试验设备

热性能
Y 热学性能

热性能试验
Y 热工试验

热性质
Y 热学性能

热学模型
Y 热模型

热学试验
Y 热工试验

热学特性
Y 热学性能

热学系统*
thermotics system
O4
D 热系统
F 发动机集中控制系统
温控系统
C 物理系统 →(1)(5)(7)

热学性能*
thermal properties
TB9；TK1
D 热特性
热通量密度
热物性能
热物性质
热性能
热性质
热学特性
实际热值
释热
自发热
F 点火性能
防辐射热性能
高频燃烧不稳定性
燃烧稳定性
燃速特性
燃油热稳定性
热安全性
推进剂燃烧性能
熄火特性
C 木棉纤维 →(10)
热辐射系数 →(5)
物理性能
吸收系数 →(8)
性能

热寻的
Y 红外制导

热压模拟实验
heating and pressing simulation experiment
V216
S 热模拟试验
Z 模拟试验
热工试验

热压武器
Y 温压弹

热烟气点火
Y 点火

热-液-力耦合模型
coupled thermo-hydro-mechanical model
TL94
S 模型*

热应力试验
Y 热工试验

热原子化学
Y 放射化学

热源*
heat source
TK1
D 热库
热源形式
F 放射性同位素热源
C 储能 →(5)(11)
地热能 →(5)
锅炉房 →(5)(11)
冷源 →(1)
热能 →(5)

热源(放射性同位素)
Y 放射性同位素热源

热源形式
Y 热源

热渣点火
Y 点火

热障
thermal barrier
V231.1
S 现象*
C 超高温材料 →(1)
高超音速飞行
气动加热
热颤振 →(4)

热真空试验
Y 真空热试验

热震实验
Y 热震试验

热震试验
thermal shock test
V216
D 热震实验
S 振动试验
Z 力学试验

热值测量系统
Y 测量系统

热制导
Y 红外制导

热致不平衡
Y 平衡

热中子
thermal neutron
O4；TL
C 热裂变
热柱

热中子堆
thermal neutron reactor
TL4
D 热堆
热中子反应堆
S 反应堆*
F 超热中子堆

热中子反应堆
Y 热中子堆

热柱
thermal plume
P5；TL35
D 反应堆热柱
柱(热)
S 柱*
C 慢化剂
热中子
热轴 →(4)

人防设施
people's air-defense installation
TJ9
D 防化设施
三防设施
S 安全设施*

人感系统
artificial feel system
V245
D 弹簧式加载机构
人工感觉系统
载荷感觉机构
S 感知系统*
C 卸荷机构 →(3)

人工操纵
manual steering
U2；U6；V323.1
D 手操纵
S 操纵*

人工放射性核素
artificial radioactive isotope
O6；TL8
S 核素*

人工飞行操纵系统
Y 飞行操纵系统

人工辐射带
Y 人造辐射带

人工感觉系统
Y 人感系统

人工环境腐蚀试验
Y 环境腐蚀试验

人工耐候性试验
Y 气候试验

人工配平
Y 飞机配平系统

人工引导台风
manual guided typhoon
TJ9
S 气象武器
Z 武器

人工智能武器
Y 智能武器

人工转捩
artificial transition
V211
S 转捩*
C 流体流

人机安全
man-machine safety
V328；V357
S 航空安全
Z 航空航天安全

人机闭环
Y 人机闭环系统

人机闭环系统
pilot-aircraft closed loop system
V249
D 人机闭环
人-机闭环系统
S 飞机系统
自动控制系统*
Z 航空系统

人-机闭环系统
Y 人机闭环系统

人机环境系统工程
man-machine-environment system engineering
V37
D 人-机-环境系统工程
S 工程*
环境工程*
C 人机工程学 →(8)

人-机-环境系统工程
Y 人机环境系统工程

人机设计
man-machines design
V221；V423
S 计算机设计*

人机振荡
Y 驾驶员诱发振荡

人机组合
Y 驾驶员诱发振荡

人力飞机
man-powered aircraft
V271
S 螺旋桨飞机
C 扑翼机
Z 飞机

人力空投
Y 空投

人命救助
Y 救生

人素试验室
Y 人因工程实验室

人体模拟装置
Y 假人

人体模型
Y 假人

人体热调节系统
human body heat regulation systems
V444
S 调节系统*
航天员系统
Z 航天系统

人为环境污染物
Y 污染物

人为污染物
Y 污染物

人卫观测
Y 卫星观测

人椅分离
man-seat separation
V244
D 人-椅分离
人椅分离器
座椅自动解脱装置
S 分离*

人-椅分离
Y 人椅分离

人椅分离器
Y 人椅分离

人因工程实验室
human factors laboratory
V216
D 人素试验室
S 实验室*
C 人机工程学 →(8)

人用降落伞
Y 人用伞

人用伞
personnel parachute
V244.2
D 空降伞
人用降落伞
S 降落伞*
F 救生伞
C 弹射救生
盘缝带伞

人用振动台
Y 振动试验设备

人员*
personnel
ZT88
F 航空航天人员
引航员
铀矿工

人员监测
personnel monitoring
R；TL7
D 个人监测
S 检测*
F 内照射个人监测

人员全面洗消装备
personnel all-around decontaminating equipment
TJ9
S 人员洗消装备
F 淋浴车
C 人员染毒
洗消

Z 军事装备

人员染毒
personnel chemical contamination
TJ92
S 毒剂沾染
C 人员全面洗消装备
Z 污染

人员逃生
Y 逃生

人员洗消
Y 洗消

人员洗消装备
personnel decontaminating equipment
TJ9
S 洗消装备
F 人员全面洗消装备
Z 军事装备

人造臭氧空洞
artificial ozone hole
TJ9
S 气象武器
Z 武器

人造地球卫星
Y 人造卫星

人造地球卫星运行轨道
Y 卫星轨道

人造飞碟
Y 碟形飞行器

人造辐射带
artificial radiation belt
V419
D 人工辐射带
S 辐射带
C 放射性沉降物 →(13)
核爆炸
核爆炸效应
Z 环境

人造航天器
Y 航天器

人造洪水
artificial flood
TJ9
S 气象武器
Z 武器

人造燃料
Y 合成燃料

人造卫星
artificial satellites
V474
D 地球卫星
电力传输卫星
多模卫星
高轨道卫星
高轨卫星
核动力卫星
核辅助能源卫星
人造地球卫星
卫星(人造)
整星
S 卫星*
无人航天器
F 伴随卫星
充液卫星
多体卫星
多用途卫星
返回式卫星
分布式卫星
环月卫星
机动卫星
极轨卫星
近地卫星
军用卫星
科学卫星
空间卫星
挠性卫星
偏置动量卫星
三轴稳定卫星
商业卫星
试验卫星
数字卫星
太阳能卫星
同步卫星
卫星(阶段产品)
系留卫星
小卫星
应用卫星
用户星
在轨卫星
自旋卫星
C 轨道 →(4)(12)
卫星管理
卫星通信 →(7)(12)
Z 航天器

人造卫星导航
Y 卫星导航

人造卫星发射
Y 卫星发射

人造卫星跟踪
Y 卫星跟踪

人造卫星工程
Y 卫星工程

人造卫星观测
Y 卫星观测

人造卫星设计
Y 卫星设计

人造卫星天线
Y 卫星天线

人造雾
artificial fog
TJ9
S 气象武器
Z 武器

认星
Y 星体识别

认证*
certification
C；TP3
D 认证方法
F 飞机合格认证
C 验证 →(1)(7)(8)(9)

认证方法
Y 认证

任务*
task
ZT81
D 使命
F 发射任务
飞行任务
攻击任务
航天任务
空投任务
试验任务
探测任务
C 任务管理 →(8)

任务成功概率
probability of mission success
TJ0
S 概率*

任务飞行
Y 飞行

任务计算机
mission computer
V247
S 机载计算机
Z 计算机

任务适应机翼
Y 自适应机翼

任务载荷
mission loads
V215
S 载荷*

任意荷载
Y 动载荷

任意载荷
Y 动载荷

韧致辐射(磁)
Y 同步辐射

韧致辐射靶
bremsstrahlung target
TL5
S 靶*

韧致辐射能谱
Y 韧致辐射谱

韧致辐射谱
bremsspectrum
O4；TL81
D 韧致辐射能谱
S 能谱
Z 谱

日地空间
sun-earth space
V419
S 太空
Z 空间

日地空间环境
solar-terrestrial space environment
V419
S 航天环境
Z 航空航天环境

日历寿命
calendar life
V215.7
S 寿命*

日心轨道
Y 环日轨道

容错飞行控制系统
fault tolerant flight control system
V249
D 多数表决系统
S 飞行控制系统
Z 飞行系统

容错滤波
fault-tolerant filtering
TN7；V243
S 滤波技术*

容弹具
cartridge container
TJ2
D 供弹具
S 供弹机构
F 弹鼓
弹链
弹匣
Z 枪械构件

容积
Y 容量

容量*
capacity
O1；O4；ZT3
D 容积
容量确定
F 储箱容积
空域容量
跑道容量
C 含量 →(1)(2)(3)(5)(9)(10)(11)(12)(13)
环境容量 →(11)(13)
库容 →(11)
容器
卧式罐 →(2)(4)
泄漏
信息容量 →(1)(7)(8)
蓄热器 →(5)

容量确定
Y 容量

容器*
container
TB4；TH13
F 反应堆容器
核压力容器
屏蔽容器
气瓶
C 封头 →(4)
容量

容器(反应堆)
Y 反应堆容器

容许荷载
Y 极限荷载

容许剂量
permissible dose
R；TL84
D 超致死剂量
容许照射剂量
允许剂量
最大放射性吸入量
最大容许放射性浓度
最大容许放射性强度
最大容许放射性摄入量
最大容许放射性水平
最大容许辐照量
最大容许剂量
最大容许摄入量
最大容许水平
最大容许体内沉积量
最大容许体内积存量
最大容许吸收剂量
最大容许照射量
最大吸入量
最大允许剂量
最大允许照射量
最高容许量
S 毒害剂量
辐射剂量
F 最大容许活度
C 放射性
积分剂量
剂量监测
剂量限值
Z 剂量

容许照射剂量
Y 容许剂量

溶采
Y 溶浸

溶出
Y 浸出

溶出工艺
Y 浸出

溶剂抽提
Y 溶剂萃取

溶剂萃取
solvent extraction
TF1；TL；TQ0
D 萃取(溶剂)
溶剂抽提
溶剂萃取法
溶剂萃取分离
溶剂萃取技术
溶剂法萃取
溶液淬取
溶液萃取
液-液萃取
液-液萃取分离
有机溶剂萃取
S 萃取*
C 抽出油 →(2)
抽余油 →(2)
萃取剂 →(3)
核燃料后处理
浸出剂 →(3)(9)
溶剂回收塔 →(9)
溶剂热压方法 →(9)
再加工 →(4)

溶剂萃取法
Y 溶剂萃取

溶剂萃取分离
Y 溶剂萃取

溶剂萃取技术
Y 溶剂萃取

溶剂法萃取
Y 溶剂萃取

溶解采矿
Y 溶浸

溶解采矿法
Y 溶浸

溶解开采
Y 溶浸

溶浸
solution leaching mining
TL2
D 浸出采矿
溶采
溶解采矿
溶解采矿法
溶解开采
溶浸采矿
溶浸采矿法
溶浸法
溶浸法开采
溶浸工艺
溶浸技术
溶浸开采
溶液采矿
溶液采矿法
S 采矿*
F 地浸
C 钾矿资源 →(2)
铀矿石 →(3)

溶浸采矿
Y 溶浸

溶浸采矿法
Y 溶浸

溶浸采铀
Y 原地浸出采铀

溶浸法
Y 溶浸

溶浸法开采
Y 溶浸

溶浸工艺
Y 溶浸

溶浸技术
Y 溶浸

溶浸开采

Y 溶浸

溶液采矿
Y 溶浸

溶液采矿法
Y 溶浸

溶液淬取
Y 溶剂萃取

溶液萃取
Y 溶剂萃取

熔毁
Y 堆芯熔化事故

熔融精炼过程
Y 核燃料后处理

熔盐堆
molten salt reactors
TL3；TL4
S 反应堆*

融冰化雪
Y 除冰雪

融合体布局
Y 气动构型

融雪化冰
Y 除冰雪

柔壁风洞
flexible walled wind tunnels
V211.74
S 风洞*

柔壁喷管
Y 风洞喷管

柔性飞机
flexibility aircraft
V271
S 飞机*
F 大柔性飞机

柔性飞艇
Y 软式飞艇

柔性航天器
Y 挠性航天器

柔性机翼
Y 挠性翼型

柔性结构
flexible structure
TU3；U4；V214
D 挠性结构
S 力学结构*
F 复合柔性结构

柔性空间结构
flexible space structures
V214
D 空间柔性结构
挠性空间结构
S 航天结构
Z 工程结构

柔性控制系统
Y 软式操纵系统

柔性喷管
flexible nozzle
V431
D 挠性喷管
S 可动喷管
Z 发动机零部件
喷管

柔性扑翼
flexible flapping wing
V276
S 扑翼
Z 机翼

柔性伞翼
Y 翼伞

柔性试验设备
Y 试验设备

柔性物体
flexible object
V221
S 物体*

柔性悬挂
flexible suspension
S；TJ810.3；U4
S 悬挂*

柔性旋翼
Y 铰接式旋翼

柔性翼
Y 挠性翼型

柔性翼肋
flexible wing ribs
Q91；V224
S 翼肋
Z 飞机结构件

柔性翼型
Y 挠性翼型

铷同位素
rubidium isotopes
O6；TL92
S 同位素*

乳化安定性
Y 稳定性

乳胶
Y 胶乳

乳胶迭
Y 核乳胶

入轨
orbit injection
V474
D 二级入轨
进入轨道
进入走廊
两级入轨
月外入轨
S 轨道控制
C 大气再入
轨道飞行
航天器轨道
入轨点
Z 轨迹控制

入轨点
injection point
V526
S 轨道位置
C 入轨
Z 位置

入轨精度
orbit injection accuracy
V526
S 精度*
C 航天器发射
卫星轨道

入轨控制
Y 轨道控制

入流
Y 来流

入射表面
Y 表面

入射角
Y 攻角

入水
water entry
G；TJ6

入水弹道
water entry trajectory
TJ63
S 鱼雷弹道
Z 弹道

软 X 光能谱
Y 软 X 射线能谱

软 X 光能谱仪
Y 软 X 射线探测器

软 X 射线能谱
soft X-ray energy spectra
O4；TH7；TL81
D 软 X 光能谱
S 能谱
Z 谱

软 X 射线能谱仪
Y 软 X 射线探测器

软 X 射线探测器
soft X-ray detectors
TH7；TL8
D 软 X 光能谱仪
软 X 射线能谱仪
S X 射线探测器
Z 探测器

软发射
soft launching
TJ765；V55
D 投放发射
投放式发射
S 导弹发射

C 机载导弹
Z 飞行器发射

软管*
hose
TH13；TH3；TQ32
D 放燃油软管
工业软管
F 燃油胶管

软件
Y 计算机软件

软件编程
Y 程序设计

软件产品
Y 计算机软件

软件程序
Y 计算机软件

软件化设计
Y 程序设计

软件平台*
software platform
TP3
F 卫星轨道软件平台
C 平台
平台软件 →(8)

软件设计
Y 程序设计

软件设计方法
Y 程序设计

软件无线电引信
software radio fuzes
TJ434
D 软件引信
S 无线电引信
Z 引信

软件武器
Y 计算机病毒武器

软件引信
Y 软件无线电引信

软件注册
Y 计算机软件

软件资产
Y 计算机软件

软降落
Y 软着陆

软杀伤
soft killing
TJ0；TN97
D 软杀伤技术
S 杀伤
Z 弹药作用

软杀伤弹
soft kill bomb
TJ414
S 杀伤炸弹
Z 炸弹

软杀伤弹药
Y 非致命弹药

软杀伤激光武器
Y 激光致盲武器

软杀伤技术
Y 软杀伤

软杀伤武器
Y 非致命轻武器

软杀伤信息武器
Y 软杀伤性信息武器

软杀伤性信息武器
soft lethal information weapon
TJ99
D 软杀伤信息武器
S 杀伤性信息武器
F 光电子干扰武器
计算机网络武器
Z 武器

软式操纵系统
flexible control system
TH13；TP2；V227
D 钢索操纵系统
柔性控制系统
S 操纵系统*
C 柔性控制 →(8)

软式传动机构
Y 传动装置

软式飞艇
taut airship
V274
D 柔性飞艇
S 飞艇
Z 航空器

软式救生包
Y 救生包

软式起落装置
Y 气垫式起落装置

软油箱
flexible tank
V245
D 飞机软油箱
S 飞机油箱
Z 油箱

软质防弹衣
Y 防弹衣

软着陆
soft landing
V32；V525
D 软降落
软着落
S 着陆
F 月球软着陆
C 航天器着陆
硬着陆
着陆缓冲装置
Z 操纵

软着陆飞行器
Y 航天器

软着陆航天器
Y 航天器

软着落
Y 软着陆

瑞利数
Rayleigh number
V211
S 无量纲数*

润滑脉冲计数器
Y 计数器

润滑系统*
lubrication system
TH11
D 机油系统
F 发动机滑油系统
C 航空发动机附件
机械系统 →(1)(2)(4)(5)(7)(8)(9)(11)
摩擦系统 →(4)
润滑油路 →(4)(5)
润滑站 →(2)(12)
润滑装置 →(2)(4)
系统
油挡 →(5)
油气分离器 →(2)(4)
注油器 →(4)

润滑性试验
lubricity test
V216
S 性能试验*

润滑油压
Y 机油压力

润滑油压力
Y 机油压力

弱耦合模型
weak coupling models
O4；TL3
S 核模型*

弱扰动理论
Y 小扰动理论

弱剩余辐射弹
Y 减少剩余放射性弹

弱重力实验
Y 微重力试验

撒布布雷
Y 抛撒布雷

撒布地雷
Y 可撒布地雷

撒布器
spreader
TJ516；TN97
S 机载武器投放装置
Z 发射装置

撒粉器
Y 布撒器

萨尔特克斯过程
Y 核燃料后处理

萨格纳克效应
Sagnac effect
V241.0
D Sagnac 效应
S 光效应*

塞式喷管
Y 环形喷管

塞式喷管发动机
Y 塞式喷管火箭发动机

塞式喷管火箭发动机
plug nozzle rocket engine
V439
D 塞式喷管发动机
S 火箭发动机
Z 发动机

三次行程
Y 行程

三点起爆
Y 三点引爆

三点引爆
three-point initiation
TJ51
D 三点起爆
S 起爆*

三防
Y 核化生防护

三防工艺
three-proofing technology
TJ9
D 三防技术
三防设计
S 工艺方法*

三防技术
Y 三防工艺

三防设计
Y 三防工艺

三防设施
Y 人防设施

三废
Y 废弃物

三废处理
Y 废物处理

三废防治
Y 废物处理

三废治理
Y 废物处理

三化设计
threefold synthesis design
V221；V423
S 设计*

三级航空维修
Y 三级维修

三级维修
three level maintenance
TH17；TN0；V267
D 后方维修
三级航空维修
S 维修*

三角机翼
Y 三角翼

三角翼
delta wing
V224
D 平板三角翼
三角机翼
无尾三角翼
S 后掠翼
C 大迎角
箭形机翼
三角翼飞机
Z 机翼

三角翼飞机
delta wing aircraft
V271
S 飞机*
C 变后掠翼飞机
三角翼

三角翼绕流
delta wing flow around
V211
S 翼型绕流
F 双三角翼绕流
Z 流体流

三轮式涡轮冷却器
Y 涡轮冷却器

三轮装置
Y 涡轮冷却器

三模复合导引头
tri-mode composite seeker
TJ765
S 复合导引头
Z 制导设备

三栖飞机
Y 地效飞行器

三声速风洞
Y 三音速风洞

三速风洞
Y 三音速风洞

三维边界层
three dimensional boundary layer
V211
D 三维附面层
S 边界层
C 三维流
Z 流体层

三维导航
three dimension navigation
TN8；V249.3
S 导航*
三维技术*

三维非定常流
three dimensional unsteady flow
V211
S 非恒定流
F 三维非定常湍流
Z 流体流

三维非定常湍流
three dimensional unsteady turbulent flow
V211
S 非定常湍流
三维非定常流
Z 流体流

三维附面层
Y 三维边界层

三维高精度
Y 精度

三维航迹规划
three dimensional route planning
V32
D 三维航路规划
S 航迹规划
Z 规划

三维航路规划
Y 三维航迹规划

三维机翼
three dimensional wing
V224
S 机翼*

三维技术*
3D technology
TP3
D 3D 技术
F 三维导航
C 三维存储 →(8)
三维模型 →(8)
三维设计 →(1)(4)(7)(8)(11)
四维技术 →(8)

三维流
three dimensional flow
V211
D 三维流动
三元流
三元流动
S 流体流*
C 二维流
三维边界层
一维流

三维流动
Y 三维流

三维气动技术
Y 气动

三维涡结构
3D vortex structure
V214
S 涡系结构
Z 物理化学结构

三维制导
three dimensional guidance

TJ765；V448
S 制导*

三维制导模型
three dimensional guidance model
V249.3
S 足尺模型
Z 数学模型

三线阵相机
three-line array camera
TB8；V447
S 航天相机
Z 照相机

三相故障
Y 电气故障

三星星座
three-satellite constellation
V474
S 星座*

三翼面布局
three airfoil layout
V221
S 飞机构型
Z 构型

三翼面飞机
three surface aircraft
V271
S 飞机*

三音速风洞
trisonic wind tunnel
V211.74
D 三声速风洞
三速风洞
S 风洞*
C 超音速风洞
开缝壁风洞
跨音速风洞
亚音速风洞

三元合金系
ternary alloy systems
TG1；TL
S 体系*

三元流
Y 三维流

三元流动
Y 三维流

三元推进剂
tripropellant
V51
D 三组元推进剂
S 液体推进剂
Z 推进剂

三重调制遥测系统
Y 遥测系统

三轴发动机
Y 多转子喷气发动机

三轴激光陀螺
Y 激光陀螺仪

三轴控制
three-axis control
V249.122.2
D 三轴姿态控制
S 姿态控制
Z 飞行控制

三轴流变
Y 三轴流变试验

三轴流变试验
tri-axial rheological test
TU4；V211.7
D 三轴流变
S 流变试验
Z 气动力试验

三轴平台
three-axis platform
TN96；V448
D 三轴陀螺稳定平台
三轴稳定平台
S 导航平台
Z 导航设备
平台

三轴数字罗盘
triaxial digital compasses
U6；V241.6
S 数字罗盘
Z 导航设备

三轴陀螺稳定平台
Y 三轴平台

三轴稳定
three axis stabilization
V448
D 三轴姿态稳定
S 稳定*
C 卫星姿态
稳定平台

三轴稳定平台
Y 三轴平台

三轴稳定卫星
three axis stabilized satellite
V474
S 人造卫星
Z 航天器
卫星

三轴转台
three axis table
V216
S 转台
Z 工作台

三轴姿态控制
Y 三轴控制

三轴姿态稳定
Y 三轴稳定

三转子喷气发动机
Y 多转子喷气发动机

三组元发动机
Y 三组元液体火箭发动机

三组元火箭发动机
Y 三组元液体火箭发动机

三组元推进剂
Y 三元推进剂

三组元推进剂火箭发动机
Y 三组元液体火箭发动机

三组元液体火箭发动机
tripropellant liquid rocket engine
V434
D 三组元发动机
三组元火箭发动机
三组元推进剂火箭发动机
S 液体火箭发动机
Z 发动机

伞包
Y 降落伞包

伞兵突击车
paratrooper assault vehicles
TJ811
S 突击车
Z 军用车辆

伞兵战车
paratrooper fighting vehicle
TJ811.8
D 伞兵战斗车
S 特种坦克
Z 军用车辆
武器

伞兵战斗车
Y 伞兵战车

伞舱
Y 飞机机舱

伞弹系统
parachute-projectile system
TJ412
D 降落伞-炮弹系统
伞-弹系统
S 弹药系统
Z 武器系统

伞-弹系统
Y 伞弹系统

伞刀
gravity knife
TJ28
S 军刀
Z 冷兵器

伞分离器
Y 脱伞器

伞绳
parachute cord
V244.2
S 降落伞部件
Z 零部件

伞系
Y 降落伞

伞箱

Y 降落伞包

伞衣
parachute canopy
V244.2
S 降落伞部件
C 降落伞包
Z 零部件

伞翼
Y 翼伞

伞翼飞机
Y 伞翼机

伞翼机
parasol wing aircraft
V271
D 伞翼飞机
S 飞机*
C 翼伞

散布
Y 分布

散开(粒子束)
Y 束流动力学

散热肋
Y 冷却叶片

散热片
Y 冷却叶片

散射裂变截面
scattering-fission cross section
TL3
S 截面*
C 反应堆

操纵响应
Y 操纵性

扫雷*
mine clearing
E；TJ518；TJ6
D 排雷
排雷方法
排雷技术
扫雷方式
扫雷技术
F 爆破扫雷
非接触扫雷
海上扫雷
接触扫雷
猎雷
灭雷
C 地雷
水雷

扫雷兵器
Y 扫雷武器

扫雷车
mine clearance vehicles
TJ518
S 扫雷机械
特种军用车辆
F 火箭扫雷车
综合扫雷车
Z 军事装备
军用车辆

扫雷方式
Y 扫雷

扫雷火箭弹
mine clearing rocket projectile
TJ415
D 火箭扫雷弹
S 火箭弹
C 接触扫雷
Z 武器

扫雷机械
mine-sweeping machine
TJ518
S 扫雷装备
F 扫雷车
Z 军事装备

扫雷技术
Y 扫雷

扫雷具
minesweeping gear
TJ617
D 排雷器
S 军事装备*
扫雷武器
F 非接触扫雷具
接触扫雷具
声扫雷具
永磁扫雷具
Z 水中武器

扫雷器
paravane
TJ518；TJ617
D 扫雷器材
S 扫雷装备
F 地雷扫雷器
水雷扫雷器
Z 军事装备

扫雷器(地雷)
Y 地雷扫雷器

扫雷器材
Y 扫雷器

扫雷设备
Y 扫雷装备

扫雷坦克
flail tank
TJ518；TJ811.8
S 特种坦克
Z 军用车辆
武器

扫雷武器
minesweeping weapon
TJ61
D 扫雷兵器
S 反水雷武器
F 扫雷具
Z 水中武器

扫雷系统
mine clearing systems
TJ518
S 武器装备系统
F 非触发扫雷系统
高压水流扫雷系统
光学扫雷系统
机载扫雷系统
激光扫雷系统
快速扫雷系统
猎雷系统
灭雷系统
遥控扫雷系统
Z 武器系统

扫雷装备
mine-clearing equipment
TJ518；TJ617
D 扫雷设备
S 军事装备*
F 扫雷机械
扫雷器

扫描*
scanning
TH7；TN8；TN99
D 扫描法
扫描技术
F γ扫描
γ透射扫描
光子发射扫描
燃料扫描
闪烁扫描
扇形扫描
微扫描
C 监视
扫描体 →(8)
搜索 →(1)(7)(8)(12)

扫描(放射性同位素)
Y 放射性同位素扫描

扫描(燃料)
Y 燃料扫描

扫描测量系统
Y 测量系统

扫描磁铁
scanning magnet
TL5
S 磁性材料*

扫描地球敏感器
Y 地平仪

扫描法
Y 扫描

扫描机
Y 扫描设备

扫描激光距离探测器
Y 激光探测器

扫描技术
Y 扫描

扫描平衡记录仪
Y 记录仪

扫描器
Y 扫描设备

扫描扇形
Y 扇形扫描

扫描设备*
scanner
TN8
D 二维扫描系统
扫描机
扫描器
扫描输入器
扫描系统
扫描仪
F 微波扫描仪
C 光学字符识别 →(8)
扫描电路 →(7)
扫描模式 →(7)
扫描软件 →(8)
扫描头 →(3)

扫描式激光引信
Y 激光引信

扫描输入器
Y 扫描设备

扫描系统
Y 扫描设备

扫描仪
Y 扫描设备

扫平仪
swingers
TH7；V241
S 高度表
Z 测绘仪
航空仪表

色品指数
Y 指数

铯 134
cesium 134
O6；TL92
D 铯-134
S 铯同位素
Z 同位素

铯-134
Y 铯 134

铯-138
cesium 138
O6；TL92
D ^{138}Cs
S 分寿命放射性同位素
负β衰变放射性同位素
内转换放射性同位素
铯同位素
Z 同位素

铯同位素
cesium isotopes
O6；TL92
S 同位素*
F 铯 134
铯-138

森林脑炎病毒
Y 病毒类生物战剂

杀爆弹
explosive ammunition
TJ412
D 杀伤爆破弹
S 爆破弹
Z 炮弹

杀伤
killing
TJ0；TJ41
D 杀伤作用
S 弹药破坏作用
F 粒子束杀伤
软杀伤
硬杀伤
Z 弹药作用

杀伤半径
Y 毁伤半径

杀伤爆破弹
Y 杀爆弹

杀伤爆破弹引信
Y 炮弹引信

杀伤爆破炮弹引信
Y 炮弹引信

杀伤弹
Y 预制破片炮弹

杀伤弹头
Y 杀伤战斗部

杀伤弹药
antipersonnel ammunition
TJ41
D 高爆弹药
S 弹药*
F 定向杀伤弹药
遥感杀伤性弹药
C 杀伤火箭弹
杀伤榴弹
杀伤榴霰弹
杀伤破甲枪榴弹
杀伤枪榴弹
杀伤燃烧弹
杀伤炸弹
杀伤子母弹
杀伤子母炮弹

杀伤范围
Y 杀伤区

杀伤飞行器
kill vehicle
TJ86；V47
S 航天武器*

杀伤概率
kill probability
TJ0
D 目标杀伤概率
S 毁伤概率
F 单发杀伤概率
C 杀伤武器
Z 概率

杀伤航弹
Y 杀伤炸弹

杀伤航弹引信
Y 炸弹引信

杀伤火箭弹
anti-personnel rocket projectiles
TJ415
S 爆破火箭弹
C 杀伤弹药
Z 武器

杀伤机理
Y 毁伤机理

杀伤机制
Y 毁伤机理

杀伤剂量
Y 伤害剂量

杀伤距离
Y 杀伤区

杀伤空域
Y 拦截空域

杀伤力
lethality
TJ9
S 能力*

杀伤榴弹
antipersonnel grenade
TJ412
S 榴弹*
C 杀伤弹药

杀伤榴霰弹
sharpnel cartridges
TJ412
D 弹子榴霰弹
杀伤群子弹
柱子榴霰弹
S 榴霰弹
C 杀伤弹药
Z 炮弹

杀伤面积
Y 杀伤区

杀伤能力
kill capability
TJ0
D 杀伤性
杀伤性能
S 摧毁能力
C 杀伤性信息武器
Z 战术技术性能

杀伤评估
kill assessment
TJ0
S 战损评估
C 杀伤效应估算
Z 评价

杀伤破坏半径
Y 毁伤半径

杀伤破坏效应

kill and damage effects
TJ0
S 武器效应*

杀伤破甲枪榴弹
antipersonnel-antitank rifle grenade
TJ29
D 破甲杀伤两用枪榴弹
破甲杀伤枪榴弹
杀伤-破甲枪榴弹
S 枪榴弹
C 杀伤弹药
Z 榴弹

杀伤-破甲枪榴弹
Y 杀伤破甲枪榴弹

杀伤破甲子母弹
Y 杀伤破甲子母炮弹

杀伤破甲子母炮弹
antipersonnel shaped-charge cartridge with ammunition
TJ412
D 杀伤破甲子母弹
S 杀伤子母弹
F 杀伤子母炮弹
Z 炮弹

杀伤枪榴弹
antipersonnel rifle grenade
TJ29
S 枪榴弹
C 杀伤弹药
Z 榴弹

杀伤区
lethal zone
TJ410
D 杀伤范围
杀伤距离
杀伤面积
S 区域*
C 舰空导弹
杀伤武器

杀伤群子弹
Y 杀伤榴霰弹

杀伤燃烧弹
anti-personnel incendiary shells
TJ412
D 杀伤纵火弹
S 燃烧炮弹
C 杀伤弹药
Z 炮弹

杀伤武器
antipersonnel weapon
E；TJ0
D 杀伤性武器
S 武器*
F 大规模杀伤武器
C 杀伤概率
杀伤区
杀伤效能

杀伤效果
Y 杀伤效能

杀伤效能
kill effectiveness
TJ0
D 杀伤效果
S 武器效能
C 杀伤武器
杀伤性信息武器
Z 效能

杀伤效应估算
casualty effectiveness estimation
TJ91
S 估算*
C 杀伤评估

杀伤性
Y 杀伤能力

杀伤性能
Y 杀伤能力

杀伤性武器
Y 杀伤武器

杀伤性信息武器
lethal information weapon
TJ99
S 信息武器
F 软杀伤性信息武器
硬杀伤性信息武器
C 杀伤能力
杀伤效能
Z 武器

杀伤炸弹
antipersonnel bomb
TJ414
D 杀伤航弹
S 炸弹*
F 软杀伤弹
C 杀伤弹药

杀伤战斗部
antipersonnel warhead
TJ41；TJ76
D 杀伤弹头
S 常规战斗部
F 定向战斗部
杆式战斗部
含能破片战斗部
破片战斗部
侵彻战斗部
Z 战斗部

杀伤子母弹
anti-personnel cargo shell
TJ412
S 子母炮弹
F 杀伤破甲子母炮弹
C 杀伤弹药
Z 炮弹

杀伤子母炮弹
anti-personnel cartridge with ammunition
TJ412
S 杀伤破甲子母炮弹
C 杀伤弹药
Z 炮弹

杀伤纵火弹
Y 杀伤燃烧弹

杀伤作用
Y 杀伤

杀生剂*
biocide
TQ45
D 杀生物剂
生物杀灭剂
生物杀伤剂
F 狄氏剂
C 生物促生剂 →(13)

杀生物剂
Y 杀生剂

沙尘颗粒
Y 粉尘

沙尘试验
Y 砂尘试验

沙林
sarin
TJ92
D GB 毒剂
甲氟膦酸异丙酯
S 神经性毒剂
Z 毒剂

沙漠救生包
Y 救生包

刹车动盘
Y 飞机刹车组件

刹车副
Y 飞机刹车副

刹车钢圈
Y 起落架构件

刹车静盘
Y 飞机刹车组件

刹车控制
brake control
V249.1
D 制动控制
S 载运工具控制*
着陆控制
Z 飞行控制

刹车联动装置
Y 飞机刹车组件

刹车扭力管
Y 飞机刹车组件

刹车伞
Y 阻力伞

刹车弯块
Y 飞机刹车组件

刹车压紧盘
Y 飞机刹车组件

刹车主控制作动筒
Y 飞机刹车组件

砂尘试验

sand and dust test
V216
D 防尘试验
沙尘试验
扬尘试验
S 环境试验*
C 尘污染 →(13)
沙尘粒子 →(13)

筛网过滤器
mesh filter
TL3
S 过滤装置*

山区机场
airport in mountain region
V351
S 机场
Z 场所

钐同位素
samarium isotopes
O6；TL92
S 同位素*

钐效应
Y 钐振荡

钐振荡
samarium oscillations
TL32
D 钐效应
钐中毒
S 振荡*
C 核毒物

钐中毒
Y 钐振荡

栅格翼
lattice fin
V421
S 弹翼*

栅式测量系统
Y 测量系统

栅元
Y 反应堆栅元

栅元(反应堆)
Y 反应堆栅元

栅元计算
Y 反应堆栅元

闪点
Y 燃点

闪电成像仪
lightning imager
P4；TH7；V241
S 光学仪器*

闪电计数器
Y 计数器

闪光 X 射线
flash X-ray
O4；TL8
S 射线*

闪光测地卫星
Y 测地卫星

闪光弹
flash cartridge
TJ41
D 闪光弹药
S 防暴弹
Z 枪弹

闪光弹药
Y 闪光弹

闪光剂
glitter agent
TJ535
S 烟火剂*

闪燃
Y 快速燃烧

闪烁光纤
scintillating fiber
TL8
S 光纤*

闪烁谱仪
Y 闪烁探测器

闪烁扫描
scintigraphy
R；TL8
D 闪烁扫描术
闪烁照相法
S 扫描*
F 放射性同位素扫描
C 标记化合物
闪烁探测器
双同位素相减技术

闪烁扫描术
Y 闪烁扫描

闪烁室
Y 闪烁探测器

闪烁探测
scintillation detecting
TL8
D 闪烁探测技术
S 辐射探测
Z 探测

闪烁探测技术
Y 闪烁探测

闪烁探测器
scintillation detector
O4；TL81
D 闪烁谱仪
闪烁室
闪烁体探测器
S 辐射探测器
F 固体闪烁探测器
液体闪烁探测器
C 闪烁扫描
Z 探测器

闪烁体*
scintillator
O4；TB9；TL81
D 磷光体
F 玻璃闪烁体
塑料闪烁体
无机闪烁体
液体闪烁体

闪烁体探测器
Y 闪烁探测器

闪烁照相法
Y 闪烁扫描

闪速燃烧
Y 快速燃烧

扇扫
Y 扇形扫描

扇形扫描
sector scanning
TN95；V443
D 扫描扇形
扇扫
S 扫描*
C 扇区天线 →(7)

扇型压缩机
Y 压缩机

嬗变
Y 核嬗变

伤肺性毒剂
Y 窒息性毒剂

伤害半径
Y 破坏半径

伤害剂量
injurious dose
TJ92
D 杀伤剂量
S 毒害剂量
Z 剂量

伤损
Y 损伤

商务飞机
Y 商业飞机

商务喷气飞机
Y 喷气式飞机

商业成像卫星
commercial imaging satellite
V474
D 商用成像卫星
S 成像卫星
Z 航天器
卫星

商业发射
commercial launch
V55
S 卫星发射
Z 飞行器发射

商业飞机
commercial aircraft
V271.3
D 商务飞机

商用飞机
S 民用飞机
F 干线飞机
旅客机
支线飞机
Z 飞机

商业航天器
Y 民用航天器

商业通信卫星
commercial communication satellite
V474
D 民用通信卫星
商用通信卫星
S 通信卫星
Z 航天器
卫星

商业卫星
commercial satellite
V474
D 民用卫星
商用卫星
S 人造卫星
Z 航天器
卫星

商业遥感卫星
Y 遥感卫星

商用成像卫星
Y 商业成像卫星

商用飞机
Y 商业飞机

商用观测卫星
Y 对地观测卫星

商用通信卫星
Y 商业通信卫星

商用卫星
Y 商业卫星

商用遥感卫星
Y 遥感卫星

商用运载火箭
commercial launch vehicle
V475.1
S 运载火箭
Z 火箭

商用直升机
Y 民用直升机

上表面吸气襟翼
Y 吸气襟翼

上吹襟翼
Y 吹气襟翼

上单翼
Y 机翼

上翻角
Y 上反角

上反V形尾翼
anti V tail
V225
S V形尾翼
Z 尾翼

上反角
anhedral
V224
D 上翻角
下反角
S 角*

上反角效应
Y 横向稳定性

上风向
Y 迎风

上浮水雷
rising mine
TJ61
S 特种水雷
F 火箭上浮水雷
Z 水雷

上机测试
Y 计算机测试

上面级
upper stage
V421
Y 末级火箭发动机

上面级火箭发动机
Y 末级火箭发动机

上翘后体
upswept afterbody
V221
S 后体
Z 物体

上升
Y 爬升

上升弹道
ascent trajectory
TJ765
S 外弹道
C 交会轨道
Z 弹道

上升段
rising section
V32；V421
D 爬升段
S 助推段
Z 导弹飞行段

上升率
Y 爬升率

上升限度
Y 升限

上升转弯
Y 转弯飞行

上双弹
Y 枪械故障

上洗流
upwash
V211
S 洗流
C 干扰升力
Z 流体流

上下滩装置
beaching gear
V226
S 水上飞机水上设备
C 水上飞机
Z 设备

上仰错觉
Y 躯体重力错觉

烧融
Y 烧蚀

烧蚀*
erosion
TG1；V421
D 烧融
烧蚀模式
烧蚀现象
F 表面烧蚀
底部烧蚀
喷管烧蚀
枪管烧蚀
热化学烧蚀
身管烧蚀
头部烧蚀
驻点烧蚀
C 激光点火
激光推进 →(7)

烧蚀靶
ablation target
TL5
S 靶*

烧蚀材料
ablation material
TB3；V25
D 超级绝热材料
低密度烧蚀材料
低温烧蚀材料
高温烧蚀材料
绝热烧蚀材料
消融材料
S 功能材料*
C 热沉 →(5)
烧蚀机理 →(1)
头部烧蚀
驻点烧蚀

烧蚀风洞
Y 电弧加热风洞

烧蚀率
ablation rate
TJ76；V47
S 比率*
F 线烧蚀率

烧蚀模式
Y 烧蚀

烧蚀深度
ablation depth
V211.1

S 深度*
C 表面烧蚀
底部烧蚀
枪管烧蚀
头部烧蚀

烧蚀试验
ablation test
V211.7
S 热工试验*
C 驻点烧蚀

烧蚀特性
Y 烧蚀性能

烧蚀头锥
Y 头锥

烧蚀现象
Y 烧蚀

烧蚀性
Y 烧蚀性能

烧蚀性能
ablation property
TB3；TQ32；V23
D 烧蚀特性
烧蚀性
S 材料性能*

烧夷剂
Y 燃烧剂

梢隙
Y 叶顶间隙

少废料
Y 废料

少无废料
Y 废料

少烟推进剂
reduced smoke propellant
V51
D 微烟推进剂
S 固体推进剂
Z 推进剂

少油点火
Y 微油点火

少油电气设备
Y 电气设备

蛇形进气道
Y S形进气道

设备*
apparatus
TH
D 常规设备
常规装备
复杂装备
高科技装备
技术装备
结构设备
器材装备
设备分级
设备分类
设备类型
设备器材
设备仪器
使用设备
系列设备
系统装备
现代装备
新技术装备
选用设备
装备
装备现况
装备现状
F 靶场设备
保养设备
测控设备
弹载设备
地面保障设备
发射控制设备
飞机显示设备
风洞设备
供气装置
供氧设备
航空设备
核设备
机载设备
记录设备
加速器设备
捷联惯性测量单元
空管设备
拦阻装置
探测设备
维修设备
遥测设备
C 采油设备 →(2)
电气设备
辅具 →(3)(10)
环保设备 →(13)
环境监测设备
机械 →(1)(2)(3)(4)(5)(7)(8)(9)(10)(11)(12)
加工设备 →(1)(2)(3)(4)(5)(9)(10)
检测设备
能源设备 →(3)(4)(5)(8)(12)
上下料装置 →(2)(3)(4)(5)(9)(10)(11)(12)
设备工艺 →(1)
设备基础 →(11)
设备接地 →(11)
视听设备 →(1)(7)(8)(10)
试验设备
水下设备 →(1)(4)(7)(8)(11)(12)
医疗设备 →(1)(4)(8)
支架 →(1)(2)(4)(5)(9)(11)(12)
装置

设备(加速器)
Y 加速器设备

设备保障
Y 装备保障

设备参数*
plant parameter
TH11
D 机构参数
机械参量
机械参数
机械特性参数
F 发动机参数
叶栅参数
C 齿轮参数 →(4)
工程参数 →(1)
机构设计 →(1)(4)
机械规格 →(4)

设备舱
equipment compartment
V223
D 电源设备舱
特设舱
仪器舱
S 舱*
F 电子舱
军械舱

设备分级
Y 设备

设备分类
Y 设备

设备故障*
equipment failure
TH17
D 工程机械故障
机器故障
机械故障
装备故障
F 枪械故障
C 故障
设备缺陷管理 →(5)

设备管理*
equipment management
F；TB4
D 工程设备监理
设备监理
设备监理制度
设备可靠度
设备控制级
设备明细表
设备能力验证
装置管理
F 导弹管理
外挂物管理
卫星管理
C 管理
设备工艺 →(1)

设备监理
Y 设备管理

设备监理制度
Y 设备管理

设备结构
Y 装置结构

设备结构特点
Y 装置结构

设备可靠度
Y 设备管理

设备控制级
Y 设备管理

设备类型
Y 设备

设备明细表
Y 设备管理

设备能力验证
Y 设备管理

设备器材
Y 设备

设备系统*
equipment system
TB4
D 装备系统
F 舵系统
天线自动跟踪系统
C 发动机系统
机电系统 →(4)(8)

设备性能*
equipment performance
TH
D 装置特点
装置性能
F 陀螺稳定性
装备完好性
C 部件特性
工程性能
现场性能 →(1)(7)
性能

设备仪器
Y 设备

设备振动*
equipment vibration
O3；TH17
D 机器振动
机械振动
机械震动
F 发动机振动
机翼振动
C 振动

设备装置
Y 装置

设计*
design
TB2；TH12；TS94
D 变异设计
动态设计方法
简易设计法
解析设计法
纳米级设计
设计处理
设计法
设计法则
设计方法
设计方法论
设计方法学
设计分类
设计感
设计关键
设计过程
设计环节
设计计算方法
设计技法
设计技术
设计技术方法
设计阶段
设计进程
设计进展
设计实践
设计实现
设计手段
设计手法
设计说明
设计探讨
设计体系
设计问题
设计系数法
设计选材
设计学
设计研发
设计要点
设计要领
设计余量
设计知识
特殊设计
先进设计
先进设计技术
现代化设计
现代设计法
现代设计方法
现代设计方法学
现代设计技术
预设计
预先设计
专业化设计
F 变量化设计
操作设计
弹道设计
多学科集成设计
非定常设计
根轨迹设计
几何外形设计
控制律设计
气动设计
热补偿设计
热沉设计
热控设计
三化设计
损伤容限设计
通流设计
稳健设计
无纸设计
星座设计
隐身设计
总体参数设计
C 布置
材料设计
产品设计
场地设计
车辆设计 →(4)(12)
城市设计 →(1)(11)(12)
程序设计
船舶设计 →(12)
电气设计 →(1)(5)(11)
电子设计 →(1)(4)(5)(7)(8)(11)
纺织设计 →(10)
服饰设计 →(10)
工程结构设计 →(1)(11)
工程设计
工具设计 →(1)(3)(4)(8)
工业建筑设计 →(11)
工艺模型 →(1)(4)
工艺设计
功能设计 →(1)(4)(8)(11)(12)
管线设计 →(12)
规划设计 →(1)(11)(12)
化工设计 →(1)(4)(9)
环境设计 →(1)(4)(11)(13)
机械设计
基础设计 →(1)
计算机辅助设计 →(8)
计算机设计
加固设计 →(2)(4)(11)
建筑设计 →(1)(2)(4)(5)(8)(11)(12)
交通设计
景观设计 →(11)(12)
矿山设计 →(2)
模具设计 →(3)
桥涵设计 →(8)(11)(12)
三维设计 →(1)(4)(7)(8)(11)
设计规范 →(1)(11)
设计计算 →(4)
设计精度 →(4)
设计系统 →(1)(3)(4)(8)(12)
设计原理 →(1)
市政工程设计 →(1)(2)(5)(7)(11)(12)
试验设计
水利工程设计 →(11)
系统设计 →(1)(3)(4)(7)(8)(11)
线路设计 →(2)(5)(7)(11)(12)
性能设计
印刷设计 →(10)

设计布局
Y 布置

设计布置
Y 布置

设计产品
Y 产品设计

设计处理
Y 设计

设计点
design point
V23
D 设计工况点
S 点*
C 非设计点
航空发动机设计

设计定型
design typification
TB2；TH12；TJ02
D 武器装备设计定型
装备设计定型
S 定型*
C 设计定型试验

设计定型试验
design type approval test
[TJ07]；V21
D 产品设计定型试验
S 试验*
C 设计定型

设计法
Y 设计

设计法则
Y 设计

设计方法
Y 设计

设计方法论
Y 设计

设计方法学
Y 设计

设计分类
Y 设计

设计负荷
Y 设计荷载

设计负载
Y 设计荷载

设计感
Y 设计

设计工况点
Y 设计点

设计关键
Y 设计

设计过程
Y 设计

设计荷载
design load
V221
D 设计负荷
设计负载
设计载荷
S 载荷*

设计环节
Y 设计

设计基准事故
design basis accident
TL36；X5；X9
D 反应堆设计基准事故
S 反应堆事故
F 未能紧急停堆的预计瞬变
最大可信事故
Z 核事故

设计计算方法
Y 设计

设计技法
Y 设计

设计技术
Y 设计

设计技术方法
Y 设计

设计阶段
Y 设计

设计进程
Y 设计

设计进展
Y 设计

设计实践
Y 设计

设计实现
Y 设计

设计手段
Y 设计

设计手法
Y 设计

设计寿命
design life
TB2；TH12；V221
S 寿命*

设计说明
Y 设计

设计探讨
Y 设计

设计体系
Y 设计

设计问题
Y 设计

设计系数法
Y 设计

设计选材
Y 设计

设计学
Y 设计

设计研发
Y 设计

设计要点
Y 设计

设计要领
Y 设计

设计余量
Y 设计

设计载荷
Y 设计荷载

设计知识
Y 设计

设施*
facility
ZT
D 设施配套
F 导弹阵地设施
地面设施
地下设施
发射设施
辐照设施
核设施
应急救生设施
贮存设施

设施(地下)
Y 地下设施

设施(核)
Y 核设施

设施(维修)
Y 维修设备

设施(贮存)
Y 贮存设施

设施配套
Y 设施

射表*
firing table
TJ01
F 靶场使用射表
通用射表

射表射击试验
firing tests for compiling firing table
TJ01
S 射击试验
Z 武器试验

射程
firing range
TJ0
D 射击距离
S 空间性
射击性能
数学特征*
F 射程偏差
有效射程
直射距离
最大射程
C 剂量深度分布 →(1)
距离
Z 时空性能
战术技术性能

射程偏差
range deviation
TJ0
D 射程散布
S 射程
C 射程修正
Z 时空性能
数学特征
战术技术性能

射程散布
Y 射程偏差

射程修正
range adjustment
TJ01
S 射击校正
C 射程偏差
射程预测
Z 校正

射程修正引信
range correction fuzes
TJ43
S 引信*

射程预测
range prediction
TJ0
S 预测*
C 射程修正

射程装定
range setting
TJ765
S 诸元装定
C 导弹诸元准备
Z 装定

射弹
Y 炮弹

射弹弹道
projectile trajectory
TJ410
S 弹道*
F 内弹道
外弹道
C 弹道测量
弹丸运动 →(4)

射弹飞行时间
projectile time of flight
TJ410
S 飞行时间
Z 航行诸元

射弹目标偏差
Y 射弹偏差

射弹偏差
deviation of projectile
TJ410
D 弹目偏差
射弹目标偏差
射击偏差
S 误差*

射弹侵彻
projectile penetration
TJ0；TJ410
S 侵彻
Z 弹药作用

射弹散布
projectile dispersion
TJ410
D 着发散布
S 落点散布
Z 战术技术性能

射钉弹
nail shooting pill
TJ411
S 民用枪弹
Z 枪弹

射高
firing height
TJ0
D 射击高度
S 射击性能
Z 战术技术性能

射击*
firing
TJ2；TJ3
D 射击方法
射击方式
F 靶场射击
火炮射击
枪械射击
实弹射击
水上射击
坦克射击
C 瞄准
射击安全性
射速
装定

射击安全性
shooting safety
TJ3
S 安全性*
射击性能
C 射击
射击故障
Z 战术技术性能

射击靶
gunnery target
TJ01
S 靶*
F 靶板
靶雷
活动靶
立靶
水下靶

射击靶场
Y 靶场

射击保险器
Y 保险机构

射击方法
Y 射击

射击方式
Y 射击

射击概率
Y 命中概率

射击高度
Y 射高

射击公算
Y 命中概率

射击故障
gun stoppage
TJ2
D 断壳
S 故障*
F 膛炸
C 射击安全性

射击轰炸瞄准具
Y 航空瞄准具

射击迹线
firing trajectories
TJ2
S 外弹道
Z 弹道

射击精度
firing accuracy
TJ0
D 射击误差
射击准确度
S 精度*
C 立靶精度
射击性能

射击精度评估
firing accuracy assessment
TJ01
S 性能评价*

射击距离
Y 射程

射击开始诸元
initial firing data
TJ30
S 射击诸元
C 射击准备
Z 诸元

射击控制系统
Y 火控系统

射击密集度
shooting intensity
TJ30
D 立靶密集度
立靶散布
S 射击性能
Z 战术技术性能

射击命中率
hit rate of shoot
TJ30
S 射击性能
Z 战术技术性能

射击模拟器
firing simulator
E；TJ0
D 射击训练器
S 训练模拟器
C 射击效力仿真 →(8)
Z 模拟器

射击能力
fire capability
TJ30
S 能力*
C 射速

射击偏差
Y 射弹偏差

射击试验
firing test
TJ01
S 武器试验*
F 射表射击试验
试射
跳弹试验
C 靶场

射击速度
Y 射速

射击提前量
firing lead
E；TJ30
D 提前量
S 射击校正量
C 命中

Z 数量

射击条件修正量
Y 射击校正量

射击稳定性
firing stability
TJ0
S 射击性能
稳定性*
Z 战术技术性能

射击武器
firing weapon
E；TJ0
S 攻击武器
F 低后坐力武器
直射武器
转管武器
C 射击诸元
射击准备
Z 武器

射击误差
Y 射击精度

射击系统
Y 发射装置

射击效力
Y 射击效能

射击效率
firing efficiency
TJ20；TJ30；TJ7
S 效率*
C 射速

射击效率评定
assessment of fire efficiency
E；TJ20；TJ30
S 评定*

射击效能
firing efficiency
E；TJ0
D 射击效力
S 武器效能
Z 效能

射击校正
fire correction
E；TJ20；TJ30
S 校正*
F 射程修正

射击校正量
firing condition corrections
E；TJ20；TJ30
D 表定修正量
补加修正量
方向修正量
高低修正量
高角修正量
射击条件修正量
射击修正量
S 数量*
F 射击提前量

射击性能
firing performance
TJ0
S 战术技术性能*
F 射程
射高
射击安全性
射击密集度
射击命中率
射击稳定性
C 射击精度
射速

射击修正量
Y 射击校正量

射击训练器
Y 射击模拟器

射击员座椅
Y 飞行员座椅

射击指挥系统
Y 火控系统

射击指挥仪
Y 火控指挥仪

射击诸元
firing data
E；TJ0
S 诸元*
F 射击开始诸元
C 射击武器

射击准备
preparation for firing
E；TJ20；TJ30
D 射击准备工作
S 准备*
F 弹道准备
C 射击开始诸元
射击武器

射击准备工作
Y 射击准备

射击准确度
Y 射击精度

射流*
jet flow
TP6
D 流控技术
射流技术
F 侧向喷流
超音速射流
单微射流
底部喷流
反向喷流
杆式射流
合成射流
后缘喷流
聚能射流
孔隙射流
控制射流
冷气射流
零质量射流
燃气射流
热喷流
矢量喷流
液体喷射流
撞击射流
自由表面射流
C 流控制传输协议 →(7)
喷气
喷射
射流风机 →(4)
射流喷嘴
射流偏转 →(8)

射流飞行控制
fluidics flight control
V249.1
S 飞行控制*

射流火焰稳定器
jet flame holders
V232
S 火焰稳定器
Z 燃烧装置

射流技术
Y 射流

射流喷管
jet flow nozzles
V232.97
S 喷管*
C 喷射混合流
射流喷嘴

射流喷嘴
jet injector
TH13；TK2；V232
D 射流式喷嘴
双射流喷嘴
S 喷嘴*
F 脉冲射流喷嘴
C 气流成网 →(10)
射流
射流喷管
射流式自吸喷灌泵 →(4)
射流装置 →(8)
自吸时间 →(4)

射流破碎
jet-fragmentation
TJ410
S 破碎*

射流侵彻
jet penetration
TJ410
S 侵彻
Z 弹药作用

射流式喷嘴
Y 射流喷嘴

射流陀螺
Y 射流陀螺仪

射流陀螺仪
fluidic gyros
V241.5；V441
D 射流陀螺
S 陀螺仪*

射频感度
RF sensitivity

TJ41；TJ45
S 感度*

射频离子发动机
radiofrequency ion engines
V439
S 离子发动机
C 等离子体发动机
Z 发动机

射频四极
Y 四极直线加速器

射频四极加速器
Y 四极直线加速器

射频四极直线加速器
Y 四极直线加速器

射频武器
Y 微波武器

射频直线加速器
RF linac
TL5
S 直线加速器
Z 粒子加速器

射频制导弹药
radio frequency ammunitions
TJ41
S 制导弹药
Z 弹药
武器

射伞
Y 开伞装置

射束*
beams
O4；TL5
D 束
F 超热中子束
超声分子束
带电粒子束
氘束
对撞束
高功率离子束
脉冲电子束
脉冲离子束
硼-10 束
窄束
C 束流脉冲发生器

射束武器
Y 粒子束武器

射速
firing rate
E；TJ20；TJ30
D 发射速度
射击速度
战斗射速
S 速度*
C 射击
射击能力
射击频率 →(5)
射击效率
射击性能
实弹射击
坦克射击

射线*
ray
O4；TL7
D 辐射线
F β射线
γ射线
高能X射线
闪光X射线
双能X射线
宇宙射线
C 辐射
线

射线成像
radial imaging
TL8
S 成像*

射线防护
ray protection
R；TL7
D 辐照防护
S 放射防护
F X射线防护
激光防护
Z 防护

射线检测
ray inspection
TL73
D 放射性测定
放射性检测
放射性检验
射线检测技术
射线检验
射线探测
射线透照
S 理化检测*
F 放射性年龄测定

射线检测技术
Y 射线检测

射线检验
Y 射线检测

射线探测
Y 射线检测

射线探测器
Y 辐射探测器

射线透照
Y 射线检测

射线武器
Y 定向能武器

射线显微摄影
microradiography
R；TL
D 射线显微照相术
射线照相术(显微)
显微射线照相术
S 显微摄影
C 工业CT
Z 摄影

射线显微照相术
Y 射线显微摄影

射线源
Y 辐射源

射线照射量(剂量)
Y 辐射剂量

射线照相术(显微)
Y 射线显微摄影

射线装置
ray equipments
TL7
S 装置*

摄动制导
perturbation guidance
TJ765；V448
D 线性制导
S 惯性制导
Z 制导

摄相机
Y 摄像机

摄相技术
Y 摄影

摄象机
Y 摄像机

摄像机*
video cameras
TN94
D 拍摄机
摄相机
摄象机
摄像设备
摄像装置
摄影机
F 高速摄像机
航空摄像机
照相枪
侦察摄影机
C 跟踪系统
航空摄影 →(1)
镜头质量 →(1)(4)
录像 →(1)(7)
摄像管 →(7)
摄影设备 →(1)

摄像技术
Y 摄影

摄像设备
Y 摄像机

摄像装置
Y 摄像机

摄影*
photography
TB8
D 背面放映合成摄影
变速摄影
弹道摄影
弹载摄影
等偏摄影
等倾摄影

合成摄影
红外线银幕合成摄影
快动作摄影
快速摄影
蓝银幕合成摄影
慢动作摄影
慢速摄影
摄相技术
摄像技术
摄影方式
同期录音摄影
同期摄影
正面放映合成摄影
F 显微摄影
C 彩色合成 →(1)
曝光时间 →(1)
闪光指数 →(1)
摄影功能 →(1)

摄影测图卫星
Y 对地观测卫星

摄影方式
Y 摄影

摄影机
Y 摄像机

摄影技法
Y 拍摄技术

摄影技术
Y 拍摄技术

摄影术
Y 拍摄技术

摄影照明剂
Y 照明剂

摄影侦察航天器
Y 侦察航天器

摄影侦察卫星
Y 照相侦察卫星

伸缩机尾
telescopic tail
V222
S 机尾
Z 飞机零部件

伸缩气缸
telescopic cylinder
TH13；V232
S 气缸
Z 发动机零部件

伸展动力学
deployment dynamics
V212
S 动力学*

身管
gun barrels
TJ303
D 火炮身管
炮管
炮身
S 火炮构件*
F 复合材料身管
自紧身管

身管材料
Y 武器材料

身管长
Y 身管长度

身管长度
gun tube length
TJ303
D 炮管长
身管长
S 火炮性能
Z 战术技术性能

身管火炮
Y 单管炮

身管烧蚀
gun barrel erosion
TJ303
D 炮管烧蚀
S 烧蚀*

身管寿命
Y 火炮寿命

身管膛线
Y 膛线

身管武器
barrel weapons
E；TJ0
S 武器*
C 火炮

身体局部辐照
partial body irradiation
TL7
D 部分身体辐照
屏蔽器官
受屏蔽器官
S 局部辐照
Z 辐照

深部地质处置
Y 深地质处置

深弹
depth charge
TJ651
D 深弹武器
深水炸弹
S 炸弹*
F 常规装药深弹
火箭深弹
悬浮式深弹
C 弹药

深弹部件
depth charge components
TJ651
D 深水炸弹部件
S 弹药零部件*

深弹发射装置
depth charge launcher
TJ655
D 舰艇深水炸弹发射装置
深水炸弹发射炮
深水炸弹发射装置
S 发射装置*
C 武器发射

深弹攻击
depth charge attack
E；TJ65
D 深水炸弹攻击
S 攻击*
C 打击效果
深弹探测

深弹水中弹道
depth charge underwater trajectories
TJ650
D 深水航弹弹道
S 弹道*
C 水下弹道测量

深弹探测
depth charge detection
E；TJ65
D 深水炸弹探测
S 武器探测
C 深弹攻击
Z 探测

深弹武器
Y 深弹

深地层处置
Y 深地质处置

深地质处理
Y 深地质处置

深地质处置
deep geological disposal
TL942；X7
D 深部地质处置
深地层处置
深地质处理
S 陆地处置
Z 废物处理

深度*
depth
TB9；ZT2
D 当量深度
F 发射深度
烧蚀深度
C 高度
焊缝熔深 →(3)
厚度
深度测量 →(8)

深度测量系统
Y 测量系统

深度定位
depth localization
TJ63；U6
S 定位*

深度自动操舵仪
Y 自动驾驶仪

深空
deep space
V419

S 太空
F 太阳系空间
星际空间
C 物理环境 →⒀
Z 空间

深空测控
deep space measurement and control
V556
S 航天测控
Z 测控

深空测量站
deep space instrumentation facility
V476
S 航天测控站
C 跟踪网
航天器跟踪
Z 台站

深空跟踪
deep space tracking
V249.3
S 航天器跟踪
Z 跟踪

深空跟踪网
Y 深空网

深空探测
space exploration
V11；V4
D 深空探测技术
太空探测
太空探险
S 空间探测
Z 探测

深空探测车
planetary rover
V476
S 星球车
Z 车辆

深空探测技术
Y 深空探测

深空探测器
deep space probe
V476
S 空间探测器
Z 航天器

深空网
deep space network
V556
D 深空跟踪网
S 跟踪网
Z 网络

深空自主导航
deep space autonomous navigation
V249.3；V448
S 航天器导航
自主导航
Z 导航

深冷分离装置
Y 分离设备

深冷试验
Y 耐寒试验

深失速
deep stall
V212
S 气动失速
C T 型尾翼
平尾失速
水平尾翼
Z 失速

深水航弹弹道
Y 深弹水中弹道

深水炸弹
Y 深弹

深水炸弹部件
Y 深弹部件

深水炸弹发射炮
Y 深弹发射装置

深水炸弹发射装置
Y 深弹发射装置

深水炸弹攻击
Y 深弹攻击

深水炸弹探测
Y 深弹探测

深钻地武器
deepth earth-penetration weapons
E；TJ9
S 钻地武器
Z 武器

神经网络水雷
neural network naval mines
TJ61
S 智能水雷
Z 水雷
武器

神经性毒剂
nerve agent
TJ92
D G 类毒剂
V 类毒剂
含磷毒剂
精神性毒剂
S 毒剂*
F 沙林
梭曼
塔崩
维埃克斯
C 失能性毒剂

甚高频全向信标
very high frequency omnidirectional range
TN96；U6；V249.3
D 多普勒伏尔
多普勒甚高频全向信标
伏尔
精密伏尔
精密甚高频全向信标
S 全向信标
Z 导航设备

甚高频数据链
VHF data link
V243.1
S 链路*
C 时分多址 →(7)

甚小天线地面站
Y 小口径天线地球站

甚小天线地球站
Y 小口径天线地球站

升华表面
Y 表面

升华火箭推进剂
Y 火箭推进剂

升桨
lifting rotor
V275.1
D 升力桨
升力螺旋桨
S 旋翼*
F 无轴承旋翼

升降(航天)
Y 起落

升降舵
elevator
V225
D 方向升降舵
俯仰舵
水平舵
S 主操纵面
C 前翼
Z 操纵面

升降舵舵机
Y 舵机

升降付翼舵机
Y 舵机

升降副翼
elevon
V224；V225
S 副翼
C 安定面
横向控制
无尾飞机
Z 操纵面

升降机构
Y 升降机械

升降机械*
hoisting machinery
TH2
D 升降机构
升降设备
升降装置
F 飞机升降机
C 工程机械 →(1)(2)(3)(4)⑽⑾⑿

升降平台车
Y 机场特种车辆

升降设备
Y 升降机械

升降速度表
Y 飞行速度指示器

升降速度指示器
Y 飞行速度指示器

升降装置
Y 升降机械

升交点赤经
right ascension of ascending node
V526
D 升交点经度
S 轨道参数*

升交点经度
Y 升交点赤经

升力
lift
O3；V211
D 表面升力分布
操纵面升力
举力
升力分布
S 力*
F 干扰升力
高升力
零升力
气动升力
涡升力
C 舵偏角
机翼
升力面
升力面理论

升力发动机
Y 升力喷气发动机

升力发动机垂直起落飞机
Y 喷气式垂直起落飞机

升力分布
Y 升力

升力风扇
lift fan
V232.93
D 升力风扇系统
S 风扇*
C 管道风扇
涡轮风扇
旋翼

升力风扇垂直起落飞机
Y 喷气式垂直起落飞机

升力风扇系统
Y 升力风扇

升力干扰因子
Y 干扰因子

升力航空发动机
Y 升力喷气发动机

升力桨
Y 升桨

升力控制
lift control
V249.1
S 力学控制*

升力螺旋桨
Y 升桨

升力面
lifting surface
V211
D 举力面
S 结构面*
C 机翼
升力
升力面理论
升力体飞行器
增升装置

升力面理论
lifting surface theory
V211
D 举力面理论
举力线理论
升力线理论
S 螺旋桨环流理论
C 升力
升力面
Z 理论

升力喷气发动机
lift jet engines
V235
D 垂直推力发动机
升力发动机
升力航空发动机
S 涡轮喷气发动机
C 喷气式垂直起落飞机
燃气回吞
推力换向喷气发动机
Z 发动机

升力曲线
Y 升力系数

升力伞
Y 降落伞

升力式再入飞行器
lifting reentry vehicle
V47
D 滑翔再入飞行器
升力再入飞行器
再入滑翔机
S 再入飞行器
Z 飞行器

升力体
Y 升力体飞行器

升力体飞行器
lifting body aircraft
V27
D 升力体
S 飞行器*
C 气动构型
升力面

升力系数
coefficient of lift
V211
D 配平升力系数
升力曲线
S 系数*

升力线理论
Y 升力面理论

升力巡航喷气发动机
Y 推力换向喷气发动机

升力再入飞行器
Y 升力式再入飞行器

升限
ceiling
V32
D 单发升限
上升限度
战斗飞行升限
战斗升限
S 飞行高度
F 静升限
C 爬升
Z 飞行参数
高度

升限飞行试验
Y 性能飞行试验

升限试飞
Y 性能飞行试验

升压
Y 增压

升压系统
Y 增压系统

升致阻力
Y 诱导阻力

升阻比
lift-drag ratio
V211
D 举阻比
空气动力效率
气动效率
巡航升阻比
最大升阻比
S 比*
C 乘波构型
气动力系数
气动平衡
压力比 →(4)
压力系数 →(11)

升阻特性
lift drag characteristic
V211
S 力学性能*

生保系统
Y 生命保障系统

生产*
production
F
D 生产过程
生产环节
生产类型
F 燃料生产
武器装备生产

生产参数
Y 工艺参数

生产厂
Y 工厂

生产定型试验
production type approval test
[TJ07]；TJ01
D 产品生产定型试验
S 试验*

生产堆
production reactor
TL2；TL3；TL4
S 反应堆*
F 钚生产堆
医用同位素生产堆

生产工厂
Y 工厂

生产工业
Y 工业

生产工艺过程
Y 工艺方法

生产过程
Y 生产

生产环节
Y 生产

生产类型
Y 生产

生产流程平衡
Y 平衡

生产设计
Y 产品设计

生产物料
Y 物料

生长(气泡)
Y 沸腾

生成器
Y 发生器

生存式飞行控制
survivable flight control
V249.1
D 多重飞行控制
余度飞行控制
S 飞行控制*
C 余度飞行控制系统

生存式飞行控制系统
Y 余度飞行控制系统

生存性分析
survivability analysis
TJ0
S 性能分析*

生化防护服
biochemical protective clothing
TJ9；TS94
S 防护服
F 防毒服
防辐射服
Z 安全防护用品
服装

生化武器
chemical and biological weapons
E；TJ93
D 生物化学武器
S 武器*
F 化学武器
生物武器

生化战剂
Y 生物战剂

生活舱
Y 客舱

生活舱室
Y 客舱

生活用舱
Y 客舱

生理监测系统
physiological monitoring system
R；TB4；V527
S 监测系统*

生理遥测术
Y 生物遥测

生理应激
Y 应激

生命保障
life support
V244；V444
S 保障*

生命保障技术
Y 生命保障系统

生命保障系统*
life support system
V244；V444
D 生保系统
生命保障技术
生命维持系统
F 航空航天生保系统
环控生保系统
救援系统
轻便生命保障系统
C 安全系统
航空系统
航天服
航天系统
航天学
空间居住舱
氧气面罩
应急系统

生命科学卫星
Y 科学卫星

生命探测
life detection
V249.3；V476
S 探测*

生命探测器
life detectors
V476
S 空间探测器
C 地外生命
生物卫星
Z 航天器

生命维持系统
Y 生命保障系统

生态环境质量动态变化
Y 环境控制

生物舱
biopack
V423
S 有效载荷舱
Z 舱
航天器部件

生物弹药
biological ammunition
TJ41；TJ93
S 特种弹药
C 生物火箭弹
生物炮弹
生物炸弹
生物战剂
Z 弹药

生物防护
biological protection
E；TJ93
D 防细菌
细菌防护
S 防护*

生物航天轨道系统
Y 生物卫星

生物航天学
bioastronautics
V41
D 生物宇宙航行学
S 航天学
C 航天医学
空间生物学
生物卫星
月球学
Z 航空航天学

生物合成标记
Y 同位素标记

生物化学武器
Y 生化武器

生物火箭弹
biological rocket projectile
TJ93
S 生物武器
特种火箭弹
C 生物弹药
生物战剂
Z 武器

生物炮弹
biological shell
TJ412；TJ93
S 特种炮弹

C 生物弹药
生物战斗部
生物战剂
Z 炮弹

生物屏蔽层
Y 回收热屏蔽

生物杀灭剂
Y 杀生剂

生物杀伤剂
Y 杀生剂

生物钛合金
bio-titanium alloys
TG1；V25
S 钛合金
Z 合金

生物探测
biological detection
Q81；V476
S 探测*

生物卫星
biosatellite
V474
D 生物航天轨道系统
生物研究卫星
S 科学卫星
C 地外生命
生命探测器
生物航天学
Z 航天器
卫星

生物污染物
biological pollutant
TJ93；X1；X5
D 活性污染物
生物性污染物
需氧污染物
S 污染物*

生物武器
biological weapon
TJ93
D 细菌武器
S 生化武器
F 生物火箭弹
生物炸弹
生物战剂
微型生物武器
Z 武器

生物武器防护
protection against biological weapon
TJ93
D 防生物武器
防生物战
细菌武器防护
S 核化生防护
Z 防护

生物洗消法
Y 洗消

生物性污染物
Y 生物污染物

生物研究卫星
Y 生物卫星

生物遥测
biological telemetering
R；TP8；V556
D 生理遥测术
生物遥测术
生物医学遥测
S 遥测*

生物遥测术
Y 生物遥测

生物医学遥测
Y 生物遥测

生物宇宙航行学
Y 生物航天学

生物炸弹
biological bomb
TJ93
D 细菌航弹
细菌炸弹
S 生物武器
特种炸弹
C 生物弹药
生物战剂
Z 武器
炸弹

生物沾染物
biological contaminant
TJ93
S 沾染物*

生物战斗部
biological warhead
TJ41；TJ93
S 特种战斗部
C 生物炮弹
Z 战斗部

生物战剂
biological warfare agent
TJ93
D 生化战剂
细菌战剂
S 生物武器
F 病毒类生物战剂
立克次体类生物战剂
细菌类生物战剂
衣原体类生物战剂
C 毒剂
生物弹药
生物火箭弹
生物炮弹
生物炸弹
Z 武器

生氧面具
Y 防毒面具

声爆
Y 音爆

声波武器
acoustic weapon
TJ96
D 声能武器
声武器
声学武器
噪声武器
S 非致命武器
Z 武器

声差动引信
Y 声引信

声弹
acoustic bomb
TJ414；TJ96
D 声音炸弹
声炸弹
音响航弹
音响炸弹
噪声炸弹
S 特种炸弹
Z 炸弹

声导航
acoustic navigation
TN8；V249.3
D 声学导航
音响导航
音响航法
S 导航*
F 声呐导航

声光弹
acoustooptic ammuition
TJ411
S γ射线弹
Z 武器

声级记录计
Y 记录仪

声级记录仪
Y 记录仪

声呐*
sonar
U6
D 声呐技术
F 航空声呐
C 海底光缆 →(7)
声学测量仪器 →(1)(2)(4)

声呐传动机构
Y 传动装置

声呐导航
sonar navigation
TN8；V249.3
S 声导航
C 声呐探测 →(1)
Z 导航

声呐浮标水雷
sonobuoy naval mines
TJ61
S 定向攻击水雷
Z 水雷

声呐技术
Y 声呐

声能武器

Y 声波武器

声频引信
Y 声引信

声器件
Y 声学设备

声扫雷具
acoustic minesweeping gear
TJ617
D 音响扫雷具
S 扫雷具
Z 军事装备
水中武器

声设备
Y 声学设备

声试验
Y 声学试验

声探测
acoustic detection
TN95；V556
D 非声探测
S 探测*
F 被动声探测
C 声检测 →(1)
声隐身材料 →(1)

声梯度引信
Y 声引信

声武器
Y 声波武器

声学导航
Y 声导航

声学器件
Y 声学设备

声学设备*
acoustic equipment
TB5
D 声器件
声设备
声学器件
声学仪器
F 座舱消音器
C 声波导 →(7)
声学测量仪器 →(1)(2)(4)
声学工程 →(1)
水下通信 →(7)
音频设备 →(7)

声学试验
acoustic experiment
V216
D 声试验
S 物理试验*
F 噪声试验

声学试验风洞
acoustic wind tunnel
V211.74
D 音爆风洞
噪声风洞
噪音风洞
S 风洞*

C 声学材料 →(1)(11)(13)

声学武器
Y 声波武器

声学仪器
Y 声学设备

声学引信
Y 声引信

声音炸弹
Y 声弹

声引信
acoustic fuze
TJ434
D 超声引信
次声引信
动声引信
静声引信
声差动引信
声频引信
声梯度引信
声学引信
音响引信
主动声非触发引信
主动声引信
S 近炸引信
Z 引信

声隐身
acoustic stealth
TB3；TN97；V218
D 声隐身技术
S 隐身技术*

声隐身技术
Y 声隐身

声炸弹
Y 声弹

声震
Y 音爆

声自导
acoustic homing
TJ630
S 鱼雷自导
Z 制导

声自导鱼雷
acoustic homing torpedo
TJ631
D 音响鱼雷
S 自导鱼雷
Z 鱼雷

绳拉开伞
Y 开伞装置

绳拉开伞跳伞
Y 跳伞

绳系卫星
Y 系留卫星

绳系卫星动力学
Y 卫星动力学

绳系卫星系统
tethered satellite system
V474
S 卫星系统
Z 航天系统

省电性能
Y 电性能

剩余不平衡
Y 平衡

剩余飞行时间
flight remaining time
V32；V529
S 时间*

剩余寿命
residual life
TH11；TM6；V214
S 寿命*
C 时变可靠性 →(11)
休止期 →(1)

剩余推进剂
Y 推进剂剩余量

剩余油量
innage
TE8；U4；V31
D 余油量
S 油量*
C 油罐 →(2)

剩余阻力
residual drag
V211；V212
D 废阻
废阻力
寄生阻力
零升阻力
S 阻力*

失超保护
quench protection
TL6
S 保护*

失控功率激增
Y 功率激增

失控上升(堆事故)
Y 功率激增

失流
Y 失流事故

失流事故
loss-of-flow accident
TL36
D 流量丧失事故
失流
S 反应堆事故
C 失水事故
Z 核事故

失能弹药
Y 非致命弹药

失能剂
Y 失能性毒剂

失能武器
Y 反人员非致命武器

失能型非致命武器
Y 反人员非致命武器

失能性毒剂
incapacitating agent
TJ92
D 化学失能剂
精神失能剂
躯体失能剂
失能剂
S 毒剂*
F 毕兹
C 半数失能剂量
神经性毒剂

失水(核)
Y 失水事故

失水事故
loss-of-coolant accident
TL36
D 失水(核)
S 反应堆事故
F 破口失水事故
C 堆芯应急冷却系统
冷却介质
失流事故
Z 核事故

失水事故工况
loss of coolant accident condition
TL36
S 事故工况
Z 工况

失速*
stall
V212
D 半失速
半失速状态
低速失速
失速速度
失速先兆
F 动态失速
飞机失速
过失速
静态失速
平尾失速
气动失速
旋转失速
延时失速
主动失速
C 发动机故障
防失速控制系统
临界迎角
失速边界
速度
迎角效应
轴流风机 →(4)

失速边界
stall margin
U6；V323
S 边界*
C 失速
失速裕度 →(4)

失速飞行控制
stall flight control
V249.1
D 过失速机动控制
S 飞行控制*
失速控制
C 失速警告指示器
Z 速度控制

失速飞行试验
stall flight test
V217
D 飞行器失速飞行试验
失速试飞
S 飞行试验
F 失速尾旋试飞
Z 飞行器试验

失速告警系统
stall warning system
V249；V35
D 失速警告系统
S 报警系统*
C 尾涡回避控制

失速告警指示器
Y 失速警告指示器

失速攻角
Y 失速迎角

失速角
Y 失速迎角

失速警告设备
Y 失速警告指示器

失速警告系统
Y 失速告警系统

失速警告指示器
stall warning indicator
V241.4
D 失速告警指示器
失速警告设备
失速指示器
S 飞行速度指示器
C 飞行控制系统
失速飞行控制
Z 指示器

失速控制
stall control
V212
S 速度控制*
F 失速飞行控制

失速试飞
Y 失速飞行试验

失速速度
Y 失速

失速特性
Y 飞机失速

失速尾旋试飞
stall trail spin test flight
V217
D 尾旋试飞
S 失速飞行试验
尾旋试验
Z 飞行器试验

失速先兆
Y 失速

失速迎角
stalling angle
V211
D 超失速攻角
临界攻角
失速攻角
失速角
S 攻角
Z 角

失速指示器
Y 失速警告指示器

失稳*
destabilization
TH11；TU5
D 失稳形式
F 颤振失稳
气动失稳
整体失稳
C 临界失稳强度 →(4)
失稳边界
失稳变形 →(1)
失稳临界力 →(4)
失稳转速 →(4)
稳定性

失稳边界
instability boundary
TB3；V212.12
S 边界*
C 失稳
失稳临界力 →(4)

失稳形式
Y 失稳

失效*
failure
ZT5
D 失效现象
失效行为
F 产品失效
单点失效
发动机失效
共因失效
贮存失效
C 可靠性优化 →(4)
漂移误差 →(3)(4)
完全补偿 →(5)(8)

失效物理模型
lost efficiency physical model
V328.5；V445
S 模型*

失效现象
Y 失效

失效行为
Y 失效

失效预测
Y 故障预测

失谐叶盘
detuning blisk
V232
S 叶盘
Z 盘

失真*
distortion
TN91
F 幅度失真
C 失真度测量 →(3)

失重
weightlessness
O3；V419
D 零重力
失重量
失重状态
C 航天飞行
航天器环境
空间环境试验
空间试验
失重速率 →(1)
微重力

失重仿真
Y 失重模拟

失重仿真试验
Y 失重模拟

失重飞机
Y 失重试验飞机

失重飞行
weightless flight
V323
D 零过载飞行
S 航空飞行
C 失重模拟
Z 飞行

失重飞行试验
weightlessness flight test
V217
D 航空器失重飞行试验
失重试飞
S 飞行试验
C 失重模拟
Z 飞行器试验

失重环境
weightlessness environment
V419.2
S 重力环境
Z 航空航天环境
环境

失重量
Y 失重

失重模拟
weightlessness simulation
V416
D 失重仿真
失重仿真试验
失重条件模拟
S 仿真*
C 失重飞行
失重飞行试验
失重速率 →(1)

失重试飞
Y 失重飞行试验

失重试验飞机
zero gravity test aircraft
V271.3
D 失重飞机
S 试验飞机
Z 飞机

失重条件
zero gravity conditions
O3；V41
S 条件*

失重条件模拟
Y 失重模拟

失重训练
weightlessness training
V527
S 航空航天训练*

失重状态
Y 失重

失准角
misalignment angle
V249.3
S 角*
C 捷联惯导系统

施工作业*
construction operation
TU7
F 反应堆拆除
C 施工计划 →(11)
施工作业区 →(11)
作业

施控系统
Y 控制器

施特鲁哈尔数
Y 斯特劳哈尔数

湿热试验
wet heat test
V216
D 温热试验
S 潮湿试验
环境试验*
C 湿度影响 →(13)

湿热试验设备
Y 试验设备

湿试验
Y 潮湿试验

湿蒸气叶栅风洞
Y 风洞

十二相发电机
Y 发电机

十进计数管
Y 计数管

石棉垫板
Y 板

石墨弹
Y 石墨炸弹

石墨电阻加热器
Y 电阻加热器

石墨航弹
Y 石墨炸弹

石墨慢化堆
graphite moderated reactors
TL3；TL4
D MR 堆
固体慢化堆
S 反应堆*
F 高温气冷型堆
钠冷石墨型堆
轻水冷却石墨慢化型堆
C 石墨材料 →(5)(9)

石墨潜能释放事故
Y 反应堆事故

石墨纤维弹
Y 石墨炸弹

石墨炸弹
graphite bombs
TJ414；TJ99
D 电力干扰弹
断电弹
石墨弹
石墨航弹
石墨纤维弹
S 特种炸弹
C 非致命弹药
Z 炸弹

石英音叉陀螺
quartz tuning fork gyroscope
V241.5
S 陀螺仪*
F 微石英音叉陀螺

石英柱体反射镜
Y 反射镜

石油型液压油
Y 液压油

时标分离
time-scale separation
V421
S 分离*

时分制遥测系统
Y 遥测系统

时计
Y 时间测量仪

时间*
time
P1；ZT73
D 时刻
F 暴露时间
穿透时间
导弹响应时间
点火时间

发光衰减时间
发射时间
辐照时间
轨道面覆盖间隔时间
滑行时间
换料时间
加油时间
留空时间
落棒时间
剩余飞行时间
死时间
锁定时间
同步时间
推进剂燃烧时间
星间覆盖间隔时间
续航时间
炸弹落下时间
自毁时间
最佳起爆延迟时间
作用时间
C 反应时间 →(1)(2)(3)(7)(9)(10)
计时 →(4)
时差 →(1)
时间法 →(5)
实时 →(7)(8)
寿命

时间测定仪
Y 时间测量仪

时间测量仪*
time measuring instrument
P1；TH7
D 测时仪器
时计
时间测定仪
时间测量仪表
时间测量仪器
时间定值器
时间计
时间计量仪器
时间检定仪
F 星载钟
C 测量仪器
时间测量 →(4)

时间测量仪表
Y 时间测量仪

时间测量仪器
Y 时间测量仪

时间调整
Y 时间修正

时间定值器
Y 时间测量仪

时间计
Y 时间测量仪

时间计量仪器
Y 时间测量仪

时间剂量分布
Y 瞬时剂量分布

时间检定仪
Y 时间测量仪

时间控制水雷
Y 定时水雷

时间谱
time spectra
O4；TL8
S 谱*

时间统一设备
Y 时统设备

时间统一通信方案
Y 时统通信方案

时间统一通信系统
Y 时统通信系统

时间统一系统
Y 时统系统

时间统一信号
Y 时统信号

时间校正
Y 时钟校正

时间校准
time calibration
TJ765；TN94
D 对时
对时方式
时钟校准
校时
S 校准*
C 定时精度
计时 →(4)
时间同步 →(4)(7)
时统通信方案
时钟偏差 →(1)
同步 →(1)(4)(5)(7)(8)

时间修正
settling time
V557.2
D 调正时间
时间调整
校正时间
S 修正*

时间序列谱
time series spectrum
TL8
S 序列谱
Z 谱

时间延误
Y 时滞

时间引信
Y 定时引信

时间滞后
Y 时滞

时间装定
time fixing
E；TJ4
S 装定*

时刻
Y 时间

时空动力学
spatio-temporal dynamics
TL31
S 动力学*

时空配准
space time registration
V249.3
S 配准*

时空校准
spatio-temporal calibration
TJ765；TP1
S 校准*

时空性能*
space-time characteristics
TB2；TP1
F 空间性
C 性能

时控水雷
Y 定时水雷

时期*
period
ZT73
F 半衰期
发火期
秦山二期
无维修工作期
C 周期

时统精度
Y 定时精度

时统设备
time-standard equipment
TJ768
D 时间统一设备
S 地面测试设备
Z 测试装置
地面设备

时统通信方案
time-standard communication scheme
TJ01；TJ760.6
D 时间统一通信方案
S 技术方案*
C 时间校准

时统通信系统
time-standard communication system
TJ768；V443
D 时间统一通信系统
S 时统系统*
通信系统*
C 时统信号

时统系统*
time-standard system
V556
D 标时系统
时间统一系统
F 时统通信系统

时统信号
time-standard signal
TJ01；TJ760.6
D 时间统一信号

S 信号*
C 时统通信系统

时延差别
Y 时滞

时延差异
Y 时滞

时延受限
Y 时滞

时延限制
Y 时滞

时滞*
time delay
TN7；TP1；TP2
D 迟滞性
时间延误
时间滞后
时延差别
时延差异
时延受限
时延限制
延迟
延时
滞后
F 点火延迟
可变时延
起爆延时
C 纯滞后控制 →(8)
时延均衡 →(7)
实时 →(7)(8)
延迟时间 →(1)
滞后特性 →(1)

时钟*
clock
TH7
D 报时钟
时钟节拍
F 卫星时钟
C 标准时间 →(1)
时钟电路 →(7)
钟表 →(4)

时钟节拍
Y 时钟

时钟校正
clock calibration
TJ760.6；TN91
D 时间校正
S 校正*

时钟校准
Y 时间校准

识别*
recognition
TP1；TP3
D 结构识别
识别方法
F 边界识别
尺度识别
核素识别
跑道识别
气动力参数辨识
星体识别
C 计算机识别 →(4)(8)
鉴别 →(1)(2)(7)(8)(10)(11)(12)(13)
目标识别
判别 →(1)(2)(4)(5)(8)(11)
信息识别 →(1)(4)(7)(8)(12)

识别方法
Y 识别

实弹
Y 全备弹药

实弹测试
live ammunition testing
TJ01；TJ760.6
S 武器测试
Z 测试

实弹发射试验
Y 实弹试验

实弹射击
live shooting
E；TJ2；TJ3
S 射击*
F 速射
C 射速

实弹射击试验
Y 实弹试验

实弹试验
live ammunition test
TJ01
D 实弹发射试验
实弹射击试验
S 武器试验*
C 试验靶场

实航爆炸试验
Y 爆炸试验

实航试验
practice seagoing tests
TJ630.6
S 水中武器试验
C 试验航路
Z 武器试验

实际表面
Y 表面

实际废水
Y 废水

实际热值
Y 热学性能

实际循环
practical cycle
V23
S 循环*

实际应用
Y 应用

实况记录系统
Y 记录设备

实例词
ZT
Y 弹道相机

实时定轨
real time orbital determination
V526；V556
S 轨道确定*

实时飞行仿真
real time flight simulation
V211.8
D 飞行实时仿真
S 飞行仿真
Z 仿真

实时跟踪系统
real-time tracking system
V249.3；V556
S 实时系统*
遥测跟踪系统
C 遥测数据处理系统 →(8)
Z 跟踪系统
远程系统

实时故障检测
real-time fault detection
V328.5
S 检测*
异常检测*

实时轨迹修正
real-time trajectory correction
V526
S 轨迹修正
Z 修正

实时航迹规划
real-time routes planning
V32
S 航迹规划
Z 规划

实时模型
real time model
V21
S 物理模型*

实时系统*
real-time system
TP2
F 实时跟踪系统
C 反射内存网 →(8)
控制系统
软件容错 →(8)
时间 Petri 网 →(8)
时间系统 →(1)(8)
时间自动机 →(8)
实时系统软件 →(8)

实时遥测
Y 自适应遥测

实时影像跟踪定位
real-time video tracking and positioning
TN96；V556
S 定位*

实体保护
entity protection
TL36
D 实体防护
实物保护
S 保护*

C 安全措施

实体防护
Y 实体保护

实体模型
Y 足尺模型

实物保护
Y 实体保护

实物模型
Y 物理模型

实习鱼雷
Y 操演用鱼雷

实验*
experiment
TB4
D 实验研究
F 串级实验
浸出实验
聚变实验
C 试验

实验包层模块
test blanket module
TL6
S 模块*

实验弹道学
experimental ballistics
TJ01
S 弹道学*
C 内弹道试验

实验堆
experimental reactor
TL3；TL4
D 实验反应堆
S 研究与试验堆
F 次临界装置
低功率堆
快中子临界装置
零功率堆
气冷实验堆
实验快堆
C 反应产物运输系统
Z 反应堆

实验反应堆
Y 实验堆

实验空气动力学
experimental aerodynamics
V211.7
S 空气动力学
Z 动力学
科学

实验空域
Y 空域

实验孔道
experimental channels
TL3；TL7
D 辐照孔道
S 反应堆孔道
C 堆内回路
Z 反应堆部件

实验快堆
experimental fast reactor
TL4
S 快堆
实验堆
Z 反应堆

实验气冷堆
Y 气冷实验堆

实验设计
Y 试验设计

实验室*
laboratory
TU2
D 试验室
F 爆室
氡室
飞行实验室
空间实验室
人因工程实验室
压力试验室
C 恒温培养箱 →(4)
科学建筑 →(11)
试验电源 →(7)

实验数据
Y 试验数据

实验台
Y 试验台

实验台架
Y 试验台

实验条件
Y 试验条件

实验卫星
Y 试验卫星

实验研究
Y 实验

实验研究堆
Y 研究与试验堆

实验装备
Y 试验设备

实验装置
Y 试验设备

实验装置(反应堆)
Y 反应堆实验装置

实用飞机
aircraft in utility category
V271
D 实用类飞机
S 飞机*

实用分析方法
Y 分析方法

实用航程
Y 飞行距离

实用类飞机
Y 实用飞机

实用稳定
Y 稳定

实战弹药
Y 全备弹药

实战效能
actual fighting effectiveness
TJ0
S 武器效能
Z 效能

拾亿级加速器
Y 同步加速器

矢量发动机
Y 推力换向喷气发动机

矢量观测
vector observations
V21
D 观测向量
S 观测*

矢量控制*
vector control
TK0；TP1；TP2
D 矢量控制方式
向量控制
F 磁场定向矢量控制
定子磁链定向矢量控制
推力矢量控制
C 力学控制
数学控制

矢量控制方式
Y 矢量控制

矢量喷管
vectoring nozzle
V232.97
D 矢量喷管控制
S 喷管*
F 气动矢量喷管
推力矢量喷管
轴对称矢量喷管
C 气动矢量角

矢量喷管控制
Y 矢量喷管

矢量喷流
vectored jet
V211
S 射流*

矢量推力
vectored thrust
V231
S 推力*

矢量脱靶量
vector target missing distance
E；TJ0
S 脱靶量*

矢量脱靶量测量
Y 脱靶量测量

矢通量分裂
flux vector splitting
V211

S 分裂*

使命
Y 任务

使用
Y 应用

使用荷载
Y 极限荷载

使用可靠性
operating reliability
V328.5
D 运用可靠性
S 可靠性*
使用性能*

使用领域
Y 应用

使用设备
Y 设备

使用寿命期
Y 寿命

使用特性
Y 使用性能

使用稳定性
Y 稳定性

使用效能
operations efficiency
TJ0
D 作战使用效能
S 战术技术性能*

使用性
Y 使用性能

使用性能*
service performance
ZT4
D 使用特性
使用性
使用性质
应用性能
F 使用可靠性
作战能力
C 产品性能 →(1)(8)(10)
工程寿命 →(1)
性能

使用性质
Y 使用性能

示波记录仪
Y 记录仪

示范堆
demonstration reactor
TL4
S 反应堆*

示范性试验
Y 验证试验

示踪化合物
Y 标记化合物

示踪技术
tracer techniques
TL99
S 技术*
F 标记代谢库技术
双同位素相减技术
同位素标记
C 放射性核素迁移
示踪法 →(1)(11)

示踪剂*
tracer agent
TQ42
F 放射性示踪剂
C 光转换剂 →(9)
生产测井 →(2)

示踪粒子
tracer particles
O3；TL5
S 放射性药物
Z 放射性物质

世界航空工业
world aviation industr
V2
S 航空工业
Z 航空航天工业

世界航空史
Y 航空史

世界航天史
Y 航天史

势切安定性
Y 稳定性

事故*
accident
X9
D 常见事故
事故发生
事故分类
事故经过
事故类别
事故类型
事故特点
事故现象
事故种类
灾害事故
灾害事件
灾难事故
灾难性事故
F 毒剂中毒
推进剂爆炸
C 车辆事故 →(2)(12)(13)
承灾体 →(13)
航空航天事故
核事故
交通运输事故
矿山事故 →(2)(4)(12)(13)
事故地点 →(12)(13)
事故分析 →(13)
事故原因分析 →(13)
事件 →(1)(2)(4)(8)
冶金事故 →(3)
钻井事故 →(2)(13)
钻具事故 →(2)(3)(13)

事故棒
Y 紧急停堆棒

事故发生
Y 事故

事故分类
Y 事故

事故工况
emergency condition
TL36
S 工况*
F 失水事故工况

事故后热量导出
Y 非能动余热排出系统

事故记录器
Y 事故记录仪

事故记录仪
event recorder
TH7；V248
D 事故记录器
事故自动记录器
事故自动记录仪
事件记录器
事件记录仪
S 记录仪*
F 黑匣子

事故经过
Y 事故

事故类别
Y 事故

事故类型
Y 事故

事故淋洗器
Y 喷淋强度

事故特点
Y 事故

事故停堆
Y 紧急停堆

事故现象
Y 事故

事故泄漏
Y 泄漏

事故性泄漏
Y 泄漏

事故种类
Y 事故

事故自动记录器
Y 事故记录仪

事故自动记录仪
Y 事故记录仪

事后维护
Y 事后维修

事后维修
maintenance after failure

TH17；U4；V267
D 补救维修
事后维护
事后修理
S 维修*

事后修理
Y 事后维修

事件记录器
Y 事故记录仪

事件记录仪
Y 事故记录仪

事务*
transaction
ZT81
F 航空机务
C 事务管理 →(8)

饰面*
ornamental surface
TU7
D 壁板
饰面工程
饰面技术
饰面效果
镶板
镶面(建筑物)
F 航空器壁板
加筋壁板
整体壁板
C 面 →(1)(3)(4)(11)
饰面层 →(11)

饰面工程
Y 饰面

饰面技术
Y 饰面

饰面效果
Y 饰面

试车
Y 车辆试验

试车台
car test bench
V216
S 试验台*
F 发动机试车台
露天试车台
模拟试车台

试车台点火试验
Y 静态点火试验

试飞
Y 飞行试验

试飞安全
flight test safety
V328
S 航空飞行安全
Z 航空航天安全

试飞测试
testing of the flight test
V217
S 测试*
飞行试验
Z 飞行器试验

试飞方法
Y 飞行试验大纲

试飞飞行员
Y 试飞员

试飞管理
Y 飞行试验管理

试飞计划
test flight program
V217；V417
D 飞行试验计划
S 飞行计划
Z 航天计划

试飞记录系统
Y 飞行数据记录器

试飞技术
Y 飞行试验

试飞任务
test flight mission
V217
S 飞行任务
Z 任务

试飞数据
test flight data
V217
D 飞行试验数据
S 试验数据
Z 数据

试飞验证
Y 飞行试验

试飞员
test pilot
V32
D 试飞飞行员
S 飞行员
C 引航员
Z 人员

试射
trial fire
E；TJ01
D 试验射击
试验性射击
S 射击试验
Z 武器试验

试水
Y 水工试验

试验*
trial
TB4
D 过试验
试验操作
试验成果
试验工程
试验结果
试验施工
试验性
综合试验
F 地面试验
辐照试验
腐蚀疲劳试验
复合环境试验
环境腐蚀试验
畸变试验
结冰试验
可靠性鉴定试验
空化试验
冷态试验
联合试验
临界试验
流量试验
内爆实验
批检试验
设计定型试验
生产定型试验
随机振动试验
系统试验
行驶试验
虚拟振动试验
选型试验
演示试验
验收试验
验证试验
油试验
约束试验
真空试验
直连式试验
装备试验
C 测试
测试工况 →(1)
调试
工程试验
化学试验 →(1)(3)(4)(9)
力学试验
模型试验
实验
试验炉 →(5)
试验条件
试制 →(4)
武器试验
物理试验
性能试验

试验(核爆炸)
Y 核爆炸

试验靶场
test range
TJ01；TJ768；V417
S 靶场
F 常规武器试验靶场
导弹试验靶场
航空弹道试验靶场
室内靶场
C 靶场设备
靶场试验
实弹试验
Z 试验设施

试验波形
Y 波形

试验舱
test chambers

TJ760.6；V423
D 试验舱室
S 舱*
F 高空试验舱
模拟舱

试验舱室
Y 试验舱

试验操作
Y 试验

试验操作规程
Y 试验规程

试验厂
Y 中试厂

试验场
testing field
TJ01；U4；V21；V41
D 车辆试验场
车辆试验站
军用车辆试验场
试验场地
试验场区
试验现场
S 试验设施*
F 海上试验场
航天器试验场
核试验场

试验场地
Y 试验场

试验场区
Y 试验场

试验场试验
Y 靶场试验

试验成果
Y 试验

试验弹
Y 试验导弹

试验弹头
Y 导弹弹头

试验弹药
test ammunition
TJ41
S 弹药*
C 试验火箭弹
试验炮弹
试验枪弹
装甲试验弹

试验导弹
test missile
TJ761.9
D 抽检弹
试验弹
S 导弹
F 储存试验弹
定型试验弹
Z 武器

试验段
experiment chamber
TH13；V211.74
S 风洞部件*

试验堆
test reactors
TL3；TL4
S 研究与试验堆
F 高通量工程试验堆
聚变试验堆
Z 反应堆

试验发动机
Y 发动机

试验发射
Y 导弹试射

试验方案设计
test scheme design
V21；V41
S 试验设计*

试验飞船
Y 飞船

试验飞机
test aircraft
V271.3
D 试验研究机
S 飞机*
F 弹射试验机
失重试验飞机
C 研究机
验证机

试验飞行
Y 飞行试验

试验飞行器
test air vehicle
V27；V47
D 初期试验飞行器
控制试验飞行器
试验运载具
S 飞行器*
C 弹道式飞行器
高空试验

试验工程
Y 试验

试验工作台
Y 试验台

试验管理
test management
TJ01
S 管理*
F 飞行试验管理

试验规程
test regulations
TJ01；ZT82
D 试验操作规程
S 规范*

试验航路
test route
TJ01；V249.4
D 试验航线
S 航道*
C 实航试验

试验航线
Y 试验航路

试验环境条件
Y 环境条件

试验火箭
test rocket
V471
S 火箭*

试验火箭弹
test rocket projectiles
TJ415
S 火箭弹
C 试验弹药
Z 武器

试验火炮
Y 弹道试验炮

试验机构
testing organizations
V21
S 机构*

试验基地
test base
TJ01
S 基地*
F 核试验基地
武器试验基地

试验计划
test plan
TJ01；V21；V41
D 靶标布放计划
布靶计划
S 计划*
F 试验实施计划

试验技术*
experimental technique
V1；V21
F 地面试验技术
动态试验技术
飞行器试验技术
航空试验技术
模拟试验技术
虚拟试验技术

试验结果
Y 试验

试验炮
test gun
TJ399
S 火炮
F 弹道试验炮
Z 武器

试验炮弹
test projectile
TJ412
D 弹道试验弹
S 辅助炮弹
C 试验弹药
Z 炮弹

试验平台
Y 试验台

试验气动力
testing aerodynamical forces
TH4；V211
S 气动力
Z 动力

试验器
Y 试验设备

试验枪
test rifle
TJ2
D 弹道枪
精度枪
S 枪械*
F 样枪

试验枪弹
test cartridges
TJ411
D 密集度参照弹
S 枪弹*
C 试验弹药

试验任务
test task
TJ01；V21
S 任务*

试验设备*
trial equipment
TB4
D 摆锤冲击试验设备
参试设备
串联谐振试验设备
带电作业检测试验设备
弹簧冲击试验设备
发动机试验设备
防滴试验设备
防溅试验设备
防喷试验设备
工频试验设备
理化试验设备
落锤冲击试验设备
球压试验设备
热心轴试验设备
柔性试验设备
湿热试验设备
实验装备
实验装置
试验器
试验装备
试验装置
性能试验系统
性能试验装置
压力试验设备
液压试验设备
自动试验设备
F 飞行试验设备
航天试验设备
模拟试验设备
强度试验装置
旋转试验机
振动试验设备
C 测量装置
测试系统 →(4)(8)
设备
试验炉 →(5)
探测器
探针 →(7)(8)
液压测试系统 →(4)

试验设计*
experimental design
TB2；V21；V41
D DOE 试验设计
实验设计
试验设计法
试验设计技术
F 风洞设计
试验方案设计
C 设计
试验工艺 →(1)
序贯设计 →(1)(4)

试验设计法
Y 试验设计

试验设计技术
Y 试验设计

试验设施*
test facilities
TJ01
F 靶场
航空水池
火箭橇
气炮
试验场
C 风洞
核设施
核设施退役
太阳模拟器

试验射击
Y 试射

试验施工
Y 试验

试验实施方案
test execution scheme
TJ01
S 技术方案*
C 试验实施计划

试验实施计划
test executive plans
TJ01
S 试验计划
C 试验实施方案
Z 计划

试验室
Y 实验室

试验束
test beam
TL5
C 多丝正比室 →(4)
阴极感应

试验束流
test beam current
TL5
S 束流*

试验数据
experimental data
V247.5
D 实验数据
S 数据*
F 风洞试验数据
试飞数据
C 实验数据处理系统 →(8)

试验数据处理
test data processing
N95；TJ01
S 数据处理*

试验台*
bedstand
TH7
D 测试工作台
测试架
测试台架
垂直起落试验台
垂直试验台
地平仪试验台
动态响应试验台
飞机电源试验台
高度表试验台
航空地平仪试验台
航空罗盘试验台
航空瞄准具试验台
加速度试验台
静强度试验台
空速表试验台
罗盘试验台
瞄准具试验台
倾斜试验台
实验台
实验台架
试验工作台
试验平台
试验台架
水平试验台
特技试验台
卧式试验台
自动驾驶仪试验台
F 弹射试验台
对接仿真试验台
高空试验台
试车台
寿命试验台
振动台
制动试验台
C 测试板 →(7)
工作台
台站
台座 →(1)(2)(4)(11)(12)
特技飞行

试验台架
Y 试验台

试验台试验
Y 台架试验

试验条件
test condition
TB4；TJ01；TU7

D 测试条件
实验条件
S 条件*
C 计量标准 →(1)
试验
试验参数 →(1)(11)
试验测量 →(11)
试验流程 →(1)

试验跳伞
Y 跳伞

试验卫星
experimental satellite
V474
D 实验卫星
S 人造卫星
F 科学试验卫星
Z 航天器
卫星

试验系统*
experimental arrangement
N94
F 存储测试系统
导弹测试系统
地面测试系统
地面实验系统
发射测试系统
飞行试验数据处理系统
C 工程系统

试验现场
Y 试验场

试验性
Y 试验

试验性射击
Y 试射

试验研究机
Y 试验飞机

试验运载具
Y 试验飞行器

试验载荷谱
Y 载荷谱

试验转台
test turntable
V216
S 转台
Z 工作台

试验装备
Y 试验设备

试验装置
Y 试验设备

视错觉
optical illusion
R；V32
D 视觉错觉
透视错觉
S 飞行错觉*

视景模拟器
visual simulators
V216；V245.3
D 视景系统
S 环境模拟器
C 规则网格 →(8)
视景仿真 →(8)
Z 模拟器

视景系统
Y 视景模拟器

视觉错觉
Y 视错觉

视觉导航
visual navigation
V249.3；V448
D 目视导航
目视领航
S 导航*

视觉飞行
Y 简单气象飞行

视觉火灾探测
Y 火灾探测

视觉控制
visual control
TP2；V249
D 可视控制
目视控制
S 控制*
C 视觉伺服系统 →(8)

视频跟踪
television tracking
TJ768；TN95；V556.8
D 电视跟踪
视频图像跟踪
S 跟踪*
C 电视跟踪器 →(7)
电视技术 →(7)
电视监控 →(8)
视频跟踪系统
数字图像处理 →(8)

视频跟踪系统
video tracking systems
TJ768；V556.8
S 跟踪系统*
C 视频跟踪

视频记录器
Y 记录仪

视频图像跟踪
Y 视频跟踪

视频遥测
video telemetry
TJ765；TP8；V556
S 遥测*

视情维护
Y 视情维修

视情维修
on-condition maintenance
TN0；U4；V267
D 视情维护
S 维修*

视线*
line of vision
TB1
F 瞄准线
C 线

视线角速度
line-of-sight angualr verocity
TJ7；V21
D 目标视线角速度
视线角速率
S 速度*
C 目标姿态

视线角速率
Y 视线角速度

视线指令制导
LOS guidance
TJ765；V448
S 指令制导
Z 制导

视轴稳定平台
visual axis stabilized platforms
TN96；V448
S 稳定平台
Z 导航设备
平台

适海性试验
Y 适航性飞行试验

适航标准
airworthiness standard
T-6；V19
S 航空标准
C 适航性飞行试验
Z 标准

适航试飞
Y 适航性飞行试验

适航试验
Y 适航性飞行试验

适航条例
airworthiness regulations
V2
S 航空法
Z 法律法规

适航性
airworthiness
V32
D 适航性能
S 适性*
载运工具特性*
C 飞行安全

适航性飞行试验
airworthiness flight tests
V217
D 适海性试验
适航试飞
适航试验
适航性试飞
适航性试验
水上适航性试验
S 性能飞行试验

C 适航标准
Z 飞行器试验

适航性能
Y 适航性

适航性试飞
Y 适航性飞行试验

适航性试验
Y 适航性飞行试验

适航噪声
Y 飞机噪声

适航指令
airworthiness directive
V32
S 指令*

适毁性
Y 耐坠毁性

适时监控
Y 监控

适性*
appropriateness
TS8；ZT4
F 环境适应性
拦截适宜性
适航性
行车舒适性
运输适应性
C 性能

适应飞行控制
Y 自适应飞行控制

适应式制导
Y 自适应制导

适用期
Y 储存寿命

适装性
mounting adaptability
TJ0
S 战术技术性能*

适坠性
Y 耐坠毁性

室内靶场
indoor range
TJ01
D 室内靶道
S 试验靶场
C 弹道靶
Z 试验设施

室内靶道
Y 室内靶场

室温核辐射探测器
nuclear radiation detector
TH7；TL81；TN95
S 辐射探测器
C 室温红外探测
Z 探测器

室温红外探测
room-temperature infrared detection
TN2；V249.3
S 红外探测
C 室温核辐射探测器
室温红外探测器 →(7)
Z 探测

铈同位素
cerium isotopes
O6；TL92
S 同位素*

释放*
liberation
ZT5
D 释放方式
F 核能释放
牵制释放
质能释放
C 酸雨 →(11)(13)
吸附

释放方式
Y 释放

释放机构
Y 空投系统

释放气体
Y 排气

释放源
Y 污染源

释放装置
Y 空投系统

释热
Y 热学性能

收藏方法
Y 储藏

收发机
Y 收发器

收发两用机
Y 收发器

收发器*
transceiver
TN8
D 收发机
收发两用机
收发设备
收发系统
收发信机
无线电收发两用机
F 测控应答机
C 采集器 →(8)
收发开关 →(5)
收发前端 →(7)
收发天线 →(7)
收发芯片 →(8)
无线电台

收发设备
Y 收发器

收发系统
Y 收发器

收发信机
Y 收发器

收放机构
retraction jack
V226
D 起落架收放机构
S 操作机构
C 飞行操纵系统
起落架舱
Z 机构

收集器
collector
TL35；TQ0
S 清除装置*

收集效率
collection efficiency
TL8
S 效率*

收扩喷管
Y 拉瓦尔喷管

收敛-扩散喷管
Y 拉瓦尔喷管

收敛-扩张喷管
Y 拉瓦尔喷管

收敛喷管
convergent nozzle
TK0；V232.97
D 不可调收敛喷管
收敛形喷管
收缩喷管
锥形喷管
S 喷管*
F 球型收敛调节片喷管

收敛形喷管
Y 收敛喷管

收缩爆炸
Y 内爆

收缩段
constricted section
TH13；V211.74
D 风洞收缩段
S 风洞部件*

收缩激波管
Y 激波管

收缩喷管
Y 收敛喷管

收缩式后体
Y 后体

手操纵
Y 人工操纵

手动飞行操纵系统
Y 飞行操纵系统

手动跟踪
manual tracking
TJ765；V556
D 手控跟踪

S 跟踪*

手动起重机
Y 起重设备

手段
Y 措施

手机导航
phone navigation
TN8；V249.3
S 导航*
C 手机测试 →(7)
手机定位 →(7)
手机软件 →(8)

手控跟踪
Y 手动跟踪

手拉开伞
Y 开伞装置

手拉开伞跳伞
Y 跳伞

手雷
Y 手榴弹

手雷引信
Y 手榴弹引信

手榴弹
hand grenade
TJ511
D 手雷
S 榴弹*
F 多用途手榴弹
拉发火手榴弹
特种手榴弹
C 榴弹武器
投掷式弹药

手榴弹保险机构
Y 保险机构

手榴弹部件
hand grenade component
TJ511
D 手榴弹构件
S 弹药零部件*
C 保险机构

手榴弹构件
Y 手榴弹部件

手榴弹引信
hand grenade fuze
TJ431
D 手雷引信
S 武器引信
Z 引信

手枪
pistol
TJ21
D 驳壳枪
盒子炮
毛瑟手枪
匣子枪
自来得手枪
S 枪械*
F 半自动手枪
标准手枪
冲锋手枪
国产手枪
警用手枪
军用手枪
特种手枪
微型手枪
新型手枪
制式手枪
智能手枪
转轮手枪
自动手枪
自卫手枪
C 单兵武器

手枪弹
pistol cartridge
TJ411
D 冲锋枪弹
手枪子弹
中心发火手枪弹
S 枪弹*

手枪式机枪
Y 冲锋枪

手枪子弹
Y 手枪弹

手套枪
Y 间谍用枪

手套箱
glove boxes
TL7
D 小室
S 箱*
C 安全壳
辐射防护
屏蔽
热室

手提机枪
Y 冲锋枪

手杖枪
Y 间谍用枪

手掷模型滑翔机
Y 模型滑翔机

首次临界
Y 初始临界

首次装载核燃料
Y 核燃料

首都国际机场
Y 首都机场

首都机场
capital airport
V351
D 首都国际机场
S 民用机场
Z 场所

首发命中
first round hit
E；TJ760.6
S 命中*

首发命中概率
first round hit probability
TJ0
D 首发命中率
S 命中概率
C 诸元精度
Z 概率

首发命中率
Y 首发命中概率

首飞
first flight
V323
S 航空飞行
Z 飞行

首要污染物
Y 污染物

寿命*
lifespan
Q4；ZT73
D 使用寿命期
寿命期
寿命时间
F 安全寿命
半寿命
储存寿命
导弹延寿
短寿命
发动机使用寿命
翻修寿命
飞机使用寿命
飞机寿命
飞机延寿
飞行寿命
服役寿命
轨道寿命
技术寿命
加速寿命
裂纹扩展寿命
枪械寿命
日历寿命
设计寿命
剩余寿命
束流寿命
卫星寿命
状态寿命
C 长寿技术 →(3)
破坏分析 →(1)
时间
衰变

寿命估算
Y 寿命计算

寿命计算
life estimation
O3；TH13；V215.7
D 寿命估算
寿命系数
S 计算*

寿命可靠性
life reliability
V328.5

S 可靠性*
性能*
C 服役性能 →(3)(11)

寿命期
Y 寿命

寿命时间
Y 寿命

寿命试验台
life test stand
V21
D 老化台
S 试验台*

寿命系数
Y 寿命计算

寿命预报
life forecast
V328.5
S 预报*

寿命预测
life prediction
TH11；V328.5
S 预测*
C 老化试验 →(1)
寿命分析 →(3)(4)
寿命试验 →(1)

受弹器
Y 装填机

受控飞行
Y 遥控飞行

受控航天器
Y 航天器

受控核反应装置
Y 热核装置

受控核聚变
Y 受控热核反应

受控核聚变装置
Y 热核装置

受控机构
Y 控制机构

受控结构
Y 结构控制

受控聚变
Y 受控热核反应

受控聚变装置
Y 热核装置

受控空间
Y 飞行间隔

受控热核反应
controlled fusion
TL6
D 可控核聚变
可控热核聚变
受控核聚变
受控聚变
受控热核聚变
S 聚变反应
Z 核反应

受控热核反应装置
Y 热核装置

受控热核聚变
Y 受控热核反应

受屏蔽器官
Y 身体局部辐照

受损
Y 损伤

受损评估
Y 损伤评估

受污染水
Y 废水

受油机
receiving aircraft
V271
S 飞机*

受载
Y 承载

舒勒周期振荡
Schuler periodic oscillations
V211
S 振荡*

输出轴角加速度漂移率
Y 漂移率

输弹机
ammunition conveyer
TJ303
D 火炮输弹机
输弹机构
S 供输弹装置
Z 火炮构件

输弹机构
Y 输弹机

输电性能
Y 电性能

输配系统*
transmission and distribution system
TU99
F 导弹电源配电系统
引气系统
C 工程系统
供配电系统 →(5)
管道系统 →(2)(4)(5)(11)(12)
生产系统 →(1)(2)(3)(4)(5)(8)(9)(10)(11)(13)
输配电系统 →(5)
运输系统 →(12)

输入记录器
Y 记录仪

输水阻力
Y 流动阻力

输运*
transportation
O4；ZT5
F 辐射输运
粒子输运
束流输运

输运(带电粒子)
Y 带电粒子输运

输运(辐射)
Y 辐射输运

输运(光子)
Y 光子输运

输运(束)
Y 束流输运

输运(中子)
Y 中子输运

输运理论
transport theory
TL31
S 理论*
F 中子输运理论
C 辐射输运

曙暮光飞行
Y 全天候飞行

束
Y 射束

束(燃料元件)
Y 燃料棒束

束包络
beam envelope
TL5
S 包络*

束发射度
Y 束流发射度

束管
Y 管束

束流*
beam current
O4；TL5
D 束流位置
束晕
束晕-混沌
F 放射性束流
光子束流
脉冲束流
试验束流
质子束流
C 磁中心
电流密度
束流监测

束流包络
beam envelop
TL5
S 包络*

束流崩溃不稳定性
beam breakup instabilities
TL5
S 离子不稳定性
流动稳定性

束流特性
Z 化学性质
流体力学性能
稳定性

束流测量
beam measurement
TL5
S 测量*

束流传输
Y 束流输运

束流传输效率
beam transmission efficiency
TL5
S 效率*

束流动力学
beam dynamics
TL501；TL6
D 粒子动力学
散开(粒子束)
束散开
S 动力学*

束流发射度
beam emittance
O4；TL5；TL8
D 发射度
发射度(束流)
束发射度
S 程度*
束流特性
Z 物理性能

束流监测
beam monitoring
TL65
S 检测*
C 束流
束流强度

束流聚焦
beam focusing
TL5
Y 束流强度

束流脉冲发生器
beam pulser
O4；TL5
D 束流脉冲器
S 发生器*
F 中子选择器
C 脉冲辐照
射束

束流脉冲器
Y 束流脉冲发生器

束流能谱
beam energy spectrum
TL5
S 能谱
Z 谱

束流品质
quality of beam
O4；TL5
S 质量*

束流剖面
Y 束剖面

束流强度
beam intensity
O4；TL5
D 强流束
束流亮度
S 强度*
束流特性
C 电子冷却
对撞束
束流监测
Z 物理性能

束流寿命
beam lifetime
TL5
S 寿命*

束流输运
beam transport
O4；TL5
D 输运(束)
束流传输
S 输运*

束流损失
beam loss
TL5
S 损失*

束流特性
beam characteristics
TL5
D 束流性能
S 物理性能*
F 束流崩溃不稳定性
束流发射度
束流强度

束流位置
Y 束流

束流位置监测器
beam position monitor
TL5
S 监测仪器*

束流性能
Y 束流特性

束流注入
Y 束注入

束能武器
Y 粒子束武器

束偏滤器
bundle divertor
TL6
S 偏滤器*

束剖面
beam profile
O1；TL5
D 束流剖面
S 截面*
C 注入器

束散开
Y 束流动力学

束团长度
bunch length
TL5
S 长度*
C 电子直线加速器
粒子加速器

束团长度测量
bunch length diagnosis
TL5
S 测量*

束晕
Y 束流

束晕-混沌
Y 束流

束注入
beam injection
O4；TL5
D 束流注入
注入束流
S 注入*
F 簇束注入
离子束注入
中性束注入
C 粒子加速器
注入系统 →(12)

树胶
Y 树脂

树叶雷
Y 特种地雷

树脂*
resin
TQ32
D 树胶
树脂材料
树脂体系
F 废树脂
C 单体 →(1)(9)
胶粘剂
树脂切片 →(9)
塑料

树脂材料
Y 树脂

树脂产品
Y 塑胶制品

树脂体系
Y 树脂

树脂制品
Y 塑胶制品

竖井发射
Y 地下井发射

竖井核试验
Y 地下核试验

竖式冷却器
Y 冷却装置

竖向控制

Y 垂直度控制

数据*
data
TP3
D 数据类型
F 弹道数据
飞行数据
核数据
气动数据
试验数据
外测数据
C 数据分类 →(8)
数据类型转换 →(8)
图像比对 →(7)

数据包发生器
data packet generator
TJ534
S 发生器*
C 数据采集器 →(8)

数据操作
Y 数据处理

数据测量记录仪
Y 记录仪

数据处理*
data processing
TP2
D 数据操作
数据处理技术
F 飞行数据处理
试验数据处理
遥测数据处理
C 处理
数据备份 →(8)
数据处理功能 →(8)
数据处理软件 →(8)
数据处理系统 →(8)
数据特性 →(7)(8)

数据处理分析
Y 数据分析

数据处理技术
Y 数据处理

数据分析*
data analysis
TP3
D 数据处理分析
数据分析方法
F 核独立成分分析
C 数据处理器 →(8)
数据分析处理 →(8)
数据分析软件 →(8)

数据分析方法
Y 数据分析

数据库*
databases
TP3
D 计算机化数据库
计算机数据库
数据库产品
数据库方式
数据库机
信息数据库
F 导航星库
C 表空间 →(8)
模块功能 →(8)
数据库技术 →(7)(8)
数据库模型 →(8)
信息库 →(1)(7)(8)(10)

数据库产品
Y 数据库

数据库方式
Y 数据库

数据库机
Y 数据库

数据类型
Y 数据

数据系统*
data system
TP2
F 大气数据系统
地面数据系统
飞行试验数据处理系统
飞行数据采集系统
机载数据系统
空间数据系统
C 数据库系统 →(8)
信息系统

数据中继卫星
Y 跟踪与数据中继卫星

数控
Y 数字控制

数控化
Y 数字控制

数控技能
Y 数字控制

数控技术
Y 数字控制

数量*
quantity
O1；TB9；ZT3
D 数字量
F 机场吞吐量
理论空气量
汽蚀余量
射击校正量
滞留量
装药量
C 尺寸
当量
服装号型 →(10)
面积 →(1)(2)(3)(4)(5)(7)(9)(11)(12)
数值
缩尺模型
体积 →(1)(2)(3)(9)

数码控制
Y 数字控制

数显测高仪
digital display altimeter
TH7；V241
S 高度表
Z 测绘仪
航空仪表

数学控制*
mathematic controlled
TP1
F 爆高控制
定深控制
离散滑模变结构控制
剖面控制
炸高控制
C 比例控制
参数控制
控制
模糊控制 →(5)(8)(12)
模型控制
矢量控制
数量控制 →(1)(3)(4)(7)(8)(9)(10)(13)
预测控制 →(1)(5)(8)(11)

数学模型*
mathematical models
O1
F 零次近似模型
缩尺模型
足尺模型
C 模型

数学特征*
mathematical characteristics
O1
F 非线性气动特性
高度特性
结合性
射程
鱼雷航程
自导作用距离
作战距离

数值*
numerical values
O1；TB9；ZT3
D 量值
值
F 保护整定值
剂量限值
探测限
细节疲劳额定值
最低可接受值
C 数量

数值波浪港池
Y 数值波浪水槽

数值波浪水槽
numerical wave tank
V211.76
D 数值波浪港池
S 水槽*
C 流体体积方法 →(11)

数值仿真试验
numerical simulation test
V216
S 模拟试验*

数值风洞
numerical wind tunnel

V211.74
S 风洞*

数值流场显示
numerical flow visualization
V211
S 流场显示
Z 显示

数值模拟器
numerical simulator
V216
S 模拟器*

数值优化
numerical optimization
V37
D 数值优选
S 优化*

数值优选
Y 数值优化

数字磁罗经
Y 数字磁罗盘

数字磁罗盘
digital magnetic compass
U6；V241.61
D 数字磁罗经
S 磁罗经
Z 导航设备

数字导弹
Y 数字化导弹

数字导航
digital navigation
TN8；V249.3
D 数字式导航
S 导航*

数字点火系统
digital ignition system
TK0；V233.3
S 点火系统*

数字飞行控制系统
Y 数字式飞行控制系统

数字辐射成像
digital radiography
TL8
S 成像*

数字缸
Y 数字气缸

数字化导弹
digital missile
TJ76
D 数字导弹
S 导弹
Z 武器

数字化控制
Y 数字控制

数字化坦克
digitalized tanks
TJ811
S 坦克
Z 军用车辆
武器

数字记录器
Y 记录设备

数字记录系统
Y 记录设备

数字记录仪表
Y 记录仪

数字控制*
digital control
TP1；TP2
D CNC 控制
DataSocket 技术
高速数控
全数控
数控
数控化
数控技能
数控技术
数码控制
数字化控制
数字控制技术
F 气动数字伺服控制
数字式飞行控制
C 计算机控制
金属加工 →(3)(4)
数控编程 →(4)
数控改造 →(3)(4)
数控加工 →(3)(4)
数控切割 →(4)
数控切削 →(3)(4)
数控设备 →(3)(4)
数控原理 →(3)(4)

数字控制技术
Y 数字控制

数字量
Y 数量

数字率表
Y 剂量计

数字罗盘
digital compass
U6；V241.6
S 罗盘
F 三轴数字罗盘
Z 导航设备

数字模拟试验
digital emulation tests
V216
D 计算机模拟试验
S 模拟试验*

数字气缸
number air cylinder
TH13；V232
D 数字缸
S 气缸
Z 发动机零部件

数字式测量仪器
Y 测量仪器

数字式导航
Y 数字导航

数字式发电机
Y 发电机

数字式飞行控制
digital flight control
V249.1
S 飞行控制*
数字控制*

数字式飞行控制系统
digital flight control systems
V249
D 飞机数字式飞行控制系统
数字飞行控制系统
S 飞行控制系统
控制系统*
Z 飞行系统

数字式记录系统
Y 记录设备

数字式景像匹配区域相关制导
Y 景像匹配制导

数字式太阳敏感器
digital sun sensor
TP2；V441
D 数字太阳敏感器
S 太阳传感器
Z 传感器

数字太阳敏感器
Y 数字式太阳敏感器

数字卫星
digital satellite system
V474
D 数字卫星系统
S 人造卫星
Z 航天器
卫星

数字卫星系统
Y 数字卫星

数字选择呼叫设备
Y 救生联络设备

数字选择呼叫系统
Y 救生联络设备

数字遥测系统
Y 遥测系统

数字引导
digit guidance
V55
S 引导*

数字再平衡回路
digital rebalance loop
V241
S 再平衡回路
Z 回路

刷涂包覆
Y 推进剂包覆

衰变

decay
O4；TL
D 碎片(衰变)
S 变化*
C γ辐射
寿命
自热 →(9)

衰变产物
Y 子体产物

衰变热排出
Y 非能动余热排出系统

衰减*
attenuation
O4；TN91
D 退化
F 轨道衰减
激波衰减
速度衰减
C 材料性能
性能可靠性 →(1)

衰竭式开发
Y 开发

摔机
Y 坠毁

摔机着陆
crash landing
V328
D 紧急迫降
摔机着落
S 飞机着陆
C 航空安全
航空事故
Z 操纵

摔机着落
Y 摔机着陆

双 35 高炮
Y 高炮

双半径
Y 半径

双保险开伞器
Y 开伞装置

双臂空间机器人
dual-arm space robot
TP2；V44；V462
D 双臂空间机器人系统
S 漂浮基双臂空间机器人
Z 机器人

双臂空间机器人系统
Y 双臂空间机器人

双标记
double labelling
TL92
S 标志*
C 标记化合物

双槽形喷嘴
double-slotted nozzle
TH13；TK2；V232
S 双喷嘴
Z 喷嘴

双层防御
dual-layer defense
E；TJ76
S 反导弹防御
Z 防御

双层复合材料
laminated composites
TB3；V25
D 层叠复合材料
叠层复合材料
微叠层复合材料
S 复合材料*

双层药型罩
dual-layer cavity liners
TJ412
S 药型罩
Z 弹药零部件

双冲量
double pulse
V430
S 冲量*

双垂尾
Y 双立尾

双垂尾抖振
twin-vertical-tails buffe
O3；V225
S 颤振
Z 振动

双棱形机翼
Y 菱形机翼

双发飞机
twin-engine aircraft
V271
S 飞机*
C 单发飞机
多发动机飞机

双发飞机延程飞行
Y 远程飞行

双发延程飞行
ETOPS flight
V323
S 航空飞行
Z 飞行

双缸发动机
Y 二冲程发动机

双缸压缩机
Y 压缩机

双功率流传动装置
Y 传动装置

双管高炮
Y 双管高射炮

双管高射炮
double-barreled antiaircraft gun
TJ35
D 双管高炮
S 高炮
Z 武器

双管火炮
Y 双管炮

双管炮
twin-barrel gun
TJ399
D 双管火炮
S 火炮
Z 武器

双弧形翼剖面
Y 翼型

双弧形翼型
Y 超音速翼型

双机编队
two-plane formation
V32
S 飞机编队
Z 空中编队

双机身飞机
twin-fuselage aircraft
V271
S 飞机*
C 尾撑式飞机

双基固体推进剂
Y 双基推进剂

双基火箭推进剂
Y 双基推进剂

双基推进剂
double base propellant
V51
D 双基固体推进剂
双基火箭推进剂
双基系推进剂
S 固体火箭推进剂
F 改性双基推进剂
Z 推进剂

双基系推进剂
Y 双基推进剂

双级推力火箭发动机
Y 双推力火箭发动机

双极天线
Y 偶极子天线

双桨交叉直升机
cross double rotor helicopters
V275.1
S 直升机
C 共轴式直升机
横列式直升机
Z 飞机

双进气道
bi-inlet
V232.97
S 进气道*

双框架控制力矩陀螺

double gimbal control moment gyroscopes
V241.5
S 控制力矩陀螺
Z 陀螺仪

双立垂尾
Y 双立尾

双立尾
double fins
V225
D 双垂尾
双立垂尾
S 垂直尾翼
C V 形尾翼
Z 尾翼

双列叶栅
double cascade
TH13；TK0；V232
S 叶栅*
C 导向叶片

双流体喷嘴
twin fluid nozzle
TH13；TK2；V232
S 双喷嘴
Z 喷嘴

双路供弹机
Y 双路供弹机构

双路供弹机构
duplex feed mechanism
TJ203
D 双路供弹机
S 供弹机构
Z 枪械构件

双路离心喷嘴
Y 离心喷嘴

双路式发动机
Y 涡扇发动机

双脉冲固体火箭发动机
double pulse solid rocket motor
V435
S 脉动式火箭发动机
Z 发动机

双模冲压喷气发动机
dual-mode ramjets
V235；V434
D 双模态超燃冲压发动机
双模态冲压发动机
S 冲压发动机
Z 发动机

双模导引头
dual-mode seeker
TJ765
S 导引头
Z 制导设备

双模复合制导
dual-mode complex guidance
TJ765；V448
S 复合制导
Z 制导

双模式火箭发动机
Y 火箭发动机

双模态超燃冲压发动机
Y 双模冲压喷气发动机

双模态冲压发动机
Y 双模冲压喷气发动机

双模推进
Y 混合推进

双模制导
dual mode guidance
TJ765；V448
D 双模制导方式
S 复合制导
Z 制导

双模制导方式
Y 双模制导

双目标优化
bi-objective optimization
V37
S 优化*

双能 X 射线
dual-energy X-ray
O4；TL8
S 射线*

双能 γ 射线
dual energy gamma-ray
O4；TL8
S γ 射线
Z 射线

双盘冷却机
Y 冷却装置

双喷嘴
double jet
TH13；TK2；V232
D 单组元喷嘴
双组元喷嘴
S 喷嘴*
F 双槽形喷嘴
双流体喷嘴
C 喷动压降 →(9)
双喷射 →(5)
双喷射系统 →(5)

双腔起落架
Y 起落架

双桥电点火器
Y 电点火具

双曲线导航
hyperbolic navigation
TN8；V249.3
D 双曲线领航
S 导航*
C 双曲线定位 →(7)

双曲线轨道
hyperbolic trajectory
V529
S 圆锥曲线轨道
Z 飞行轨道

双曲线领航
Y 双曲线导航

双曲型网格
hyperbolic grids
V247
S 网格*

双燃料烧嘴
Y 气体喷嘴

双燃烧室
double combustion chamber
V232
S 燃烧室*

双燃烧室冲压发动机
Y 冲压发动机

双三角机翼
Y S 形前缘翼

双三角翼
Y S 形前缘翼

双三角翼绕流
double delta wing flow around
V211
S 三角翼绕流
Z 流体流

双色导引头
bichromatic seeker
TJ765；V24；V44
D 双色引导头
S 光学导引头
Z 制导设备

双色引导头
Y 双色导引头

双射程导弹
dual-range missiles
TJ76
S 导弹
Z 武器

双射程空对空导弹
Y 双射程空空导弹

双射程空空导弹
dual-range air-to-air missiles
TJ762.2
D 双射程空对空导弹
S 空空导弹
Z 武器

双射流喷嘴
Y 射流喷嘴

双时间步
Y 双时间步方法

双时间步方法
dual-time stepping method
V211
D 双时间步

双时间法
dual time method
V21
D 双时间方法

S 方法*

双时间方法
Y 双时间法

双体气垫船
Y 侧壁气垫船

双通道光学引信
Y 光引信

双同位素相减技术
dual-isotope subtraction technique
TL92；TL99
S 示踪技术
C 放射性药物
闪烁扫描
Z 技术

双头弹
duplex head projectiles
TJ411
D 双头枪弹
S 枪弹*

双头枪弹
Y 双头弹

双推力发动机
Y 双推力火箭发动机

双推力固体火箭发动机
Y 双推力火箭发动机

双推力火箭发动机
dual thrust rocket engine
V435
D 双级推力火箭发动机
双推力发动机
双推力固体火箭发动机
S 固体火箭发动机
Z 发动机

双尾撑飞机
Y 尾撑式飞机

双温法
Y 双温过程

双温过程
dual-temperature process
O6；TL2
D gs 过程
双温法
S 同位素交换
C 重水慢化剂
Z 交换技术

双文丘里管
Y 文丘里管

双涡轮增压
twin turbo
V23
S 涡轮增压
Z 增压

双相钛合金
dual phase titanium alloy
TG1；V25
D 两相钛合金
S 钛合金
Z 合金

双向计数器
Y 计数器

双向探测器
bi directional detector
TH7；TL8
S 探测器*

双楔形机翼
Y 菱形机翼

双楔形翼剖面
Y 翼型

双楔形翼型
Y 超音速翼型

双楔翼型剖面
Y 翼型

双信标着陆系统
Y 着陆导航系统

双星发射
Y 卫星发射

双星计划
double star project
V52
D 双星探测计划
S 空间探测计划
F 地球空间双星探测计划
Z 航天计划
探测计划

双星探测计划
Y 双星计划

双旋翼
twin rotor
V275.1
S 旋翼*
F 共轴双旋翼

双旋翼共轴式直升机
Y 共轴式直升机

双旋翼横列式直升机
Y 横列式直升机

双旋翼纵列式直升机
Y 纵列式直升机

双压缩机
Y 压缩机

双叶片
double-vane
TH13；V232.4
S 叶片*

双翼机
biplane
V271
S 飞机*
C 单翼机

双元推进剂
bipropellant
V51
D 非自燃推进剂
双组元推进剂
双组元液体火箭推进剂
双组元液体推进剂
自燃推进剂
自燃液体推进剂
S 液体推进剂
Z 推进剂

双元推进剂火箭发动机
bipropellant rocket engine
V434
D 双组元发动机
双组元推进剂火箭发动机
S 液体火箭发动机
F 液氧/甲烷发动机
液氧煤油火箭发动机
Z 发动机

双圆弧翼型
Y 超音速翼型

双轴速率陀螺
two-axis rate gyro
V241.5
S 速率陀螺仪
Z 陀螺仪

双轴速率陀螺仪
Y 速率陀螺仪

双轴涡轮喷气发动机
Y 双转子涡喷发动机

双转子发动机
Y 双转子涡喷发动机

双转子喷气发动机
Y 双转子涡喷发动机

双转子涡轮喷气发动机
Y 双转子涡喷发动机

双转子涡喷发动机
dual spool turbojet engine
V235
D 双轴涡轮喷气发动机
双转子发动机
双转子喷气发动机
双转子涡轮喷气发动机
S 涡轮喷气发动机
Z 发动机

双子座飞船
gemini spacecraft
V476
S 载人飞船
C 双子座计划
Z 航天器

双子座飞行
Y 载人航天飞行

双子座计划
gemini project
V11；V4
S 美国航天计划
C 双子座飞船
水星计划
载人航天飞行

Z 航天计划

双自旋航天器
Y 航天器

双自旋稳定
dual spin stabilization
TP2；V448
S 自旋稳定
C 航天器
航天器稳定性
Z 稳定

双自旋稳定航天器
Y 航天器

双自旋姿态控制系统
Y 姿态控制系统

双组元发动机
Y 双元推进剂火箭发动机

双组元喷嘴
Y 双喷嘴

双组元推进剂
Y 双元推进剂

双组元推进剂火箭发动机
Y 双元推进剂火箭发动机

双组元液体火箭推进剂
Y 双元推进剂

双组元液体推进剂
Y 双元推进剂

双作用气缸
double acting pneumatic cylinder
TH13；V232
S 气缸
Z 发动机零部件

双作用压缩机
Y 压缩机

双座战斗机
two-seater fighter
V271.41
S 歼击机
Z 飞机

水/金属燃料发动机
Y 水反应金属燃料发动机

水波阻力
wave resistance of water
V211
S 波阻
Z 阻力

水槽*
flume
TH13；TV6；U6
F 数值波浪水槽
直壁式量水槽
C 渡槽 →(11)
平均流速分布 →(4)
水槽试验

水槽模型试验
Y 水槽试验

水槽试验
flume experiment
V211；V211.74
D 水槽模型试验
S 水工试验*
C 水槽

水道
Y 航道

水滴撞击特性
droplet impingement property
V244
S 力学性能*

水垫层
Y 垫层

水堆
Y 水冷堆

水反应金属燃料
hydroreactive metal fuels
V51
S 金属燃料
C 推进系统
Z 燃料

水反应金属燃料发动机
water reaction metal fuel engine
V436
D 水/金属燃料发动机
S 固液混合火箭发动机
Z 发动机

水反应燃料
Y 火箭燃料

水分布
water distribution
TL；TM91
S 流动分布
Z 分布

水工试验*
hydrological experiment
TV1
D 试水
水力实验
水力试验
水力学实验
水力学试验
水文实验
F 水槽试验
柱浸试验
C 工程试验

水鼓
Y 浮筒

水柜
Y 水箱

水基发射
Y 海上发射

水雷*
naval mine
TJ61
D 水雷武器
水下水雷
F 沉底水雷
触发水雷
大型水雷
导弹式水雷
反潜水雷
非触发水雷
教练水雷
空投水雷
控发水雷
联网水雷
锚雷
漂雷
特种水雷
拖曳水雷
制式水雷
智能水雷
自动跟踪水雷
组合水雷
C 反舰弹药
反水雷能力
扫雷
水雷可靠性
水雷探测
武器

水雷布放装置
naval mine laying device
TJ615
S 布雷装置
Z 军事装备

水雷部件*
sea mine component
TJ61
F 雷体
水雷定深机构

水雷定深机构
mine depth setting mechanisms
TJ61
D 水雷定深装置
S 水雷部件*
F 定深器

水雷定深装置
Y 水雷定深机构

水雷对抗
naval mine countermeasures
E；TJ61
S 武器对抗
C 反水雷能力
Z 对抗

水雷对抗系统
naval mine countermeasure systems
TJ61
S 反水雷系统
军事系统*
Z 武器系统

水雷壳体
Y 雷体

水雷可靠性
naval mine reliability
TJ61
S 可靠性*
C 水雷

水雷雷体
Y 雷体

水雷扫雷器
mine paravane
TJ617
S 扫雷器
Z 军事装备

水雷探测
naval mine detection
E；TJ61
D 探测水雷
S 探雷*
C 布雷（水雷）
水雷

水雷探测器
Naval mine detector
TJ617
S 探雷器*
F 水下电视探雷器

水雷武器
Y 水雷

水雷引信
naval mine fuze
TJ431
D 可控水雷引信
S 武器引信
Z 引信

水雷鱼雷机
Y 鱼雷机

水雷战
naval mine warfare
E；TJ61
C 反水雷
反水雷能力
海上布雷
水雷障碍
水中武器

水雷障碍
mine barrage
E；TJ61
S 障碍物*
C 水雷战

水冷堆
water-cooled reactor
TL3；TL4
D 轻水堆
轻水反应堆
轻水冷却堆
轻水慢化堆
轻水型堆
水堆
水冷反应堆
水慢化堆
S 反应堆*
F 超临界水冷堆
池式堆
沸水型堆
六角形轻水堆
轻水冷却石墨慢化型堆
轻水慢化有机物冷却型堆
微型中子源反应堆
先进轻水堆
压水型堆
重水慢化水冷型堆
C 轻水慢化剂
蒸汽冷却堆

水冷反应堆
Y 水冷堆

水冷石墨慢化堆
Y 轻水冷却石墨慢化型堆

水力驱动
water hydraulic driving
TL33
S 驱动*

水力实验
Y 水工试验

水力试验
Y 水工试验

水力学实验
Y 水工试验

水力学试验
Y 水工试验

水力引信
Y 压力引信

水流通道
Y 流道

水流显形技术
Y 流场显示

水流阻力
Y 流动阻力

水陆空三栖汽车
Y 两栖登陆车

水陆两栖车
Y 两栖登陆车

水陆两栖飞机
Y 水陆两用飞机

水陆两栖汽车
Y 两栖登陆车

水陆两用车
Y 两栖登陆车

水陆两用车辆
Y 两栖登陆车

水陆两用防毒面具
Y 防毒面具

水陆两用飞机
amphibious aircraft
V271.5
D 两栖飞机
水陆两栖飞机
水陆两用机
S 水上飞机
C 浮筒式起落架
Z 飞机

水陆两用机
Y 水陆两用飞机

水陆两用坦克
Y 水陆坦克

水陆坦克
amphibious tank
TJ811.6
D 两栖坦克
两栖突击坦克
水陆两用坦克
S 坦克
F 轻型水陆坦克
Z 军用车辆
武器

水轮机部件*
hydraulic turbine parts
TK7
D 叶轮机械部件
F 水轮机叶片
C 水轮机 →(5)

水轮机叶片
hydraulic turbine blade
TH13；V232.4
S 水轮机部件*
叶片*

水慢化堆
Y 水冷堆

水慢化有机冷却堆
Y 轻水慢化有机物冷却型堆

水面发射
Y 面发射

水面核爆炸
Y 核爆炸

水面滑行
hydroplaning
V32
D 海上滑行
滑水
水上飞机海上滑行
水上飞机起飞滑行
水上飞机水面滑行
水上飞机水上滑行
水上飞机着水滑行
水上滑行
S 滑行
Z 运动

水面机场
Y 水上机场

水面舰艇布雷
surface ship minelaying
E；TJ61
S 布雷（水雷）
Z 布雷

水面舰艇发射
Y 海上发射

水面起降
Y 水上起落

水能动力装置
Y 动力装置

水泥胶砂振动台
Y 振动台

水平*
level
O1；V249；ZT4
F 辐射水平
干预水平

水平安定面
tailplane
V225
D 可调安定面
S 安定面
C 水平尾翼
Z 操纵面

水平测量
level survey
V21
S 测量*

水平舵
Y 升降舵

水平发射
horizontal launch
TJ765
S 导弹发射
Z 飞行器发射

水平飞行
Y 巡航飞行

水平起飞
Y 起飞

水平试验台
Y 试验台

水平尾翼
horizontal tail
V225
D 飞机平尾
飞机水平尾翼
平尾
S 尾翼*
F 差动尾翼
前翼
全动尾翼
微动尾翼
C 方向舵
深失速
水平安定面

水平鸭翼
Y 前翼

水平直飞
Y 巡航飞行

水平直线飞行
Y 巡航飞行

水平指示器
horizontal indicator
V241.4
S 姿态指示器
F 微型方位水平仪
Z 指示器

水平转台
Y 转台

水汽尾迹
Y 飞机尾迹

水橇
hydro-ski
V226
D 滑水橇
滑水撬
划水板
水上飞机滑橇
水上滑橇
水上滑撬
S 起落架构件
C 水上飞机
水翼
Z 飞机结构件

水色探测
water-color detections
V249.3
S 探测*

水上飞机
hydroplane
V271.5
D 船身式水上飞机
短距起落水上飞机
浮筒式水上飞机
海上飞机
螺旋浆式水上飞机
喷气式水上飞机
气垫式水上飞机
涡轮螺旋浆式水上飞机
S 飞机*
F 超轻型水上飞机
水陆两用飞机
C 海上救生
气垫式起落装置
上下滩装置
水橇
水上起落
水上侦察机

水上飞机船身
Y 水上飞机船体

水上飞机船身断阶
Y 机身构件

水上飞机船身线型
Y 水上飞机船体线型

水上飞机船体
seaplane hull
V223
D 水上飞机船身
水上飞机机身
S 机身*
C 水上飞机船体线型

水上飞机船体线型
seaplane hull form
V221
D 水上飞机船身线型
S 机身结构
C 水上飞机船体
Z 工程结构

水上飞机浮筒
Y 浮筒式起落架

水上飞机海上滑行
Y 水面滑行

水上飞机海上起降
Y 水上起落

水上飞机海上起落
Y 水上起落

水上飞机滑橇
Y 水橇

水上飞机机身
Y 水上飞机船体

水上飞机起飞滑行
Y 水面滑行

水上飞机水面滑行
Y 水面滑行

水上飞机水面起降
Y 水上起落

水上飞机水面起落
Y 水上起落

水上飞机水上滑行
Y 水面滑行

水上飞机水上起降
Y 水上起落

水上飞机水上起落
Y 水上起落

水上飞机水上设备
seaplane water facilities
V24
D 抛锚漂浮设备
S 航空设备
F 上下滩装置
水上拖曳装置
Z 设备

水上飞机水洗系统
Y 飞机系统

水上飞机着水滑行
Y 水面滑行

水上飞机着水载荷测量
Y 着水载荷测量

水上个体救生具
water individual life preserver
V244.2
S 个人救生装备
Z 救援设备

水上滑橇
Y 水橇

水上滑撬
Y 水橇

水上滑行

Y 水面滑行

水上机场
marine airport
V351
D 海上航空港
海上机场
水面机场
S 机场
Z 场所

水上降落
Y 水上起落

水上降落撞击
Y 着陆冲击

水上迫降
ditching
V32
D 飞行器海上迫降
海上迫降
S 迫降
Z 操纵
航空航天事故

水上起降
Y 水上起落

水上起落
take-off and landing on water
V32
D 海上起降
海上起落
溅落
水面起降
水上飞机海上起降
水上飞机海上起落
水上飞机水面起降
水上飞机水面起落
水上飞机水上起降
水上飞机水上起落
水上降落
水上起降
S 起落
C 水上飞机
自动着陆控制
Z 操纵

水上射击
fire on water surface
E；TJ3
S 射击*

水上适航性试验
Y 适航性飞行试验

水上推进装置
water propelling device
TJ811
S 坦克行动装置
Z 装置

水上拖曳飞行
Y 拖曳飞行

水上拖曳装置
water trailing equipment
V24
S 水上飞机水上设备
C 拖曳飞行
Z 设备

水上性能
water performance
TJ811
S 坦克战术技术性能
Z 战术技术性能

水上引导航行
Water navigation
TN8；V249.3
S 导航*

水上运输方式
Y 运输

水上侦察飞机
Y 水上侦察机

水上侦察机
scouting seaplane
V271.46
D 水上侦察飞机
S 侦察机
C 反潜搜索机
水上飞机
Z 飞机

水上着陆撞击
Y 着陆冲击

水文实验
Y 水工试验

水雾隐身
water fog stealth
TN97；V218
S 隐身技术*

水下靶
underwater target
TJ01
S 射击靶
Z 靶

水下爆炸
underwater explosion
TL91
S 爆炸*

水下兵器
Y 水中武器

水下垂直发射
underwater vertical launching
TJ765
S 垂直发射
水下发射
Z 飞行器发射

水下弹道
underwater trajectory
TJ01；TJ63
D 水中弹道
S 鱼雷弹道
F 螺旋弹道
Z 弹道

水下弹道测量
underwater trajectory measurement
E；TJ01
S 弹道测量
C 深弹水中弹道
鱼雷弹道
Z 测量

水下弹道学
underwater ballistics
E；TJ01
D 水中弹道学
S 流体弹道学
C 鱼雷弹道
Z 弹道学

水下导弹
Y 潜射导弹

水下导航
underwater navigation
TN8；V249.3
S 导航*
F 水下辅助导航

水下点火
underwater ignition
TK1；V233
S 点火*
C 潜舰导弹
潜射导弹
水下发射
水下发射装置
推力

水下电视探雷器
underwater television mine detector
TJ617
S 水雷探测器
Z 探雷器

水下对地导弹
Y 潜地导弹

水下对舰导弹
Y 潜舰导弹

水下对空导弹
Y 潜空导弹

水下对面导弹
Y 潜地导弹

水下对水下导弹
Y 潜舰导弹

水下发射
underwater launching
E；TJ765
D 导弹水下发射
水下发射技术
S 导弹发射
F 水下垂直发射
C 出水 →(11)(13)
发射深度
潜地弹道导弹
水下点火
Z 飞行器发射

水下发射导弹
Y 潜射导弹

水下发射技术

Y 水下发射

水下发射器
Y 水下发射装置

水下发射试验
underwater launching test
E；TJ01；TJ760.6
S 发射试验
Z 武器试验

水下发射装置
underwater launcher
TJ635；TJ768
D 水下发射器
S 发射装置*
C 水下点火

水下飞机
underwater aircraft
V271.5
S 飞机*

水下辅助导航
underwater aided navigation
TN8；V249.3
S 水下导航
Z 导航

水下高速武器
underwater high velocity weapons
TJ6
S 水中武器*

水下核爆炸
Y 核爆炸

水下枪
Y 水下枪械

水下枪弹
underwater cartridge
TJ411
S 特种枪弹
Z 枪弹

水下枪械
underwater firearms
TJ27
D 水下枪
S 特种枪
Z 枪械

水下水雷
Y 水雷

水下突击步枪
underwater assault rifles
TJ22
S 突击步枪
Z 枪械

水下武器
Y 水中武器

水下武器系统
undersea weapon system
E；TJ6
S 武器系统*

水下续航力
Y 续航能力

水箱*
water box
TU8
D 水柜
F 重水箱
C 箱
蓄水 →(11)
液位控制系统 →(4)(8)

水星地质
Y 空间地质学

水星飞行
Y 载人火星飞行

水星计划
mercury program
V11；V4
S 行星探测计划
C 双子座计划
载人火星飞行
Z 航天计划
探测计划

水星探测
exploration of mercury
V476
S 行星探索
Z 探测

水星探测器
Mercury probe
V476
S 行星探测器
Z 航天器

水压保险机构
Y 保险机构

水压缸
water hydraulic cylinder
TL3
S 液压缸*

水压引信
Y 压力引信

水翼*
hydroflap
U6；V226
F 超空化水翼
C 机翼
起落架
水橇

水鱼雷机
Y 鱼雷机

水中兵器
Y 水中武器

水中兵器试验
Y 水中武器试验

水中冲击波
underwater shock wave
TJ91
S 波*

水中弹道
Y 水下弹道

水中弹道学
Y 水下弹道学

水中漂雷
Y 漂雷

水中侵彻
underwater penetration
TJ0
S 侵彻
Z 弹药作用

水中武器*
underwater weapon
TJ6
D 水下兵器
水下武器
水中兵器
F 超空泡武器
反水雷武器
反鱼雷武器
水下高速武器
C 常规装药深弹
常规装药鱼雷
超大型鱼雷
超高速鱼雷
超空泡鱼雷
大型水雷
大型鱼雷
水雷战
武器

水中武器试验
underwater weapon test
TJ01；TJ6
D 水中兵器试验
S 武器试验*
F 出水试验
实航试验

水阻力
Y 流动阻力

顺桨
Y 顺桨机构

顺桨机构
feathering mechanism
V232
D 反桨
顺桨
S 螺旋桨部件*
C 推进器

顺行轨道
direct orbit
V529
S 卫星轨道
Z 飞行轨道

顺序*
sequence
ZT74
F 点火次序
发射顺序

顺序计数器

Y 计数器

瞬变负荷
instantaneous changeable load
V215；V415
D 瞬变载荷
S 动载荷
Z 载荷

瞬变管流
transient pipe flow
V211
S 非恒定流
流体流*

瞬变燃烧
Y 快速燃烧

瞬变载荷
Y 瞬变负荷

瞬变振荡
Y 振荡

瞬变状态
Y 瞬时状态

瞬发γ辐射
Y γ辐射

瞬发γ射线
prompt gamma
O4；TL8
S γ射线
Z 射线

瞬发电雷管
instantaneous electric detonator
TJ452
D 即发电雷管
S 电雷管
Z 火工品

瞬发辐射
transient radiation
O4；TL7
D 瞬态辐射
S 核辐射
Z 辐射

瞬发灵敏度
Y 引信灵敏度

瞬发延期引信
Y 延期引信

瞬时核辐射
Y 早期核辐射

瞬时剂量分布
temporal dose distribution
TL7
D 时间剂量分布
S 辐射剂量分布
C 分次辐照
积分剂量
脉冲辐照
慢性照射
时间相关性 →(7)
Z 分布

瞬时延期引信
Y 延期引信

瞬时状态
transient state
TL3
D 过渡状态
瞬变状态
瞬态
瞬态状况
暂态
S 状态*
F 点火瞬态
电瞬态
C 峰
燃油喷射 →(5)
瞬态超功率事故
瞬态电场 →(5)
未能紧急停堆的预计瞬变

瞬态
Y 瞬时状态

瞬态超功率事故
transient overpower accident
TL36
D top 事故
功率-冷却失配事故
S 反应堆事故
C 瞬时状态
Z 核事故

瞬态辐射
Y 瞬发辐射

瞬态辐射效应
transient radiation effect
TL
S 辐射效应*

瞬态燃烧
Y 快速燃烧

瞬态状况
Y 瞬时状态

丝阵负载
wire-array load
TL6
S 载荷*

司法武器
Y 警用武器

私人飞机
Y 专机

私人航天器
Y 航天器

斯坦福直线对撞机探测器
Y 辐射探测器

斯特劳哈尔数
Strouhal number
V211
D 施特鲁哈尔数
斯特劳赫数
S 无量纲数*
C 非恒定流

斯特劳赫数
Y 斯特劳哈尔数

锶 85
Y 锶-85

锶-85
strontium 85
O6；TL92
D 锶 85
S 电子俘获放射性同位素
碱土金属同位素
天寿命放射性同位素
同质异能跃迁同位素
Z 同位素

死时间
dead time
O6；TL8
S 时间*
C 定时电路 →(7)
灵敏度
时间测量 →(4)

四冲程发动机
four-stroke engine
TK0；V234
D 四缸发动机
S 活塞式发动机
F 直列四缸发动机
C 四冲程 →(5)
四冲程柴油机 →(5)
四冲程内燃机 →(5)
Z 发动机

四缸发动机
Y 四冲程发动机

四极磁铁
quadrupole magnet
TL5
S 磁性材料*

四极直线加速器
quadrupole linacs
TL5
D 射频四极
射频四极加速器
射频四极直线加速器
S 直线加速器
C 医疗照射π介子发生器装置
Z 粒子加速器

四框架平台
Y 四轴平台

四频差动激光陀螺
four-frequency differential ring laser gyroscope
V241.5
S 四频激光陀螺
Z 陀螺仪

四频激光陀螺
four-frequency laser gyroscope
V241.5
S 激光陀螺仪
F 四频差动激光陀螺
Z 陀螺仪

四维导引
four-dimensional guidance
TJ765；V249.3
D 4D 导引
S 导引*

四象限探测器
four-quadrant detector
TH7；TL8；TP2
S 探测器*

四旋翼
quad-rotor
V275.1
S 旋翼*

四旋翼飞行器
Y 四旋翼直升机

四旋翼直升机
quadrotor helicopter
V275.1
D 四旋翼飞行器
S 旋翼直升机
Z 飞机

四余度舵机
four-redundancy steering engine
V233；V432
S 余度舵机
Z 舵机

四轴平台
four-axis platform
TN96；V448
D 四框架平台
四轴稳定平台
S 稳定平台
Z 导航设备
平台

四轴稳定平台
Y 四轴平台

伺服舵机
Y 舵机

伺服机构
servo
TH13；V245；V444
D 调整片伺服机构
伺服机械
伺服机械手臂
伺服装置
随动机构
S 操作机构
F 导弹电液伺服机构
电动伺服机构
C 伺服参数 →(4)
伺服电机 →(5)
伺服阀 →(4)
伺服系统
Z 机构

伺服机械
Y 伺服机构

伺服机械手臂
Y 伺服机构

伺服系统*
servo
TH11；TP1；TP2
D 比例伺服系统
变频伺服系统
电动伺服系统
电动随动系统
随动控制系统
随动系统
F 跟踪伺服系统
滑环伺服系统
火炮伺服系统
气动伺服系统
燃气伺服系统
推力矢量电液位置伺服系统
C 反馈控制系统 →(8)
流速控制 →(8)
配料控制 →(8)
配料控制器 →(8)
伺服电机 →(5)
伺服机构
伺服信号 →(8)
随动运动控制 →(4)
液压技术 →(3)(4)
自动增益控制 →(7)(8)

伺服装置
Y 伺服机构

伺服作动器
servo actuator
V245
D 伺服作动筒
S 作动器*
F 电液伺服作动器

伺服作动筒
Y 伺服作动器

送风
Y 通风

送风方式
Y 通风

送风形式
Y 通风

搜救设备
search and rescue equipments
V244.2
S 救生设备
C 海上搜救
搜救 →(12)(13)
搜救通信 →(12)
Z 救援设备

搜救系统
search and rescue system
U6；V351.3
D 搜寻救助系统
S 救援系统
Z 生命保障系统

搜索救援飞机
Y 救护飞机

搜索救援直升机
Y 救援直升机

搜索营救电子设备
Y 救生联络设备

搜索直升机
Y 救援直升机

搜寻救助系统
Y 搜救系统

速差
Y 速度差

速度*
velocity
TB9
F 颤振速度
超低速
超音速
弹丸速度
飞片速度
飞散速度
高超声速
轨道速度
降落速度
空速
跨音速
临界速度
目标角速度
目标速度
炮口初速
炮口速度
偏航角速度
破片初速
破片速度
射速
视线角速度
逃逸速度
同时加速
推进剂燃速
下沉速度
亚声速
宇宙速度
撞击速度
C 比转速 →(4)
测速仪 →(1)(4)
车速 →(12)
调速 →(1)(2)(3)(4)(5)(8)(12)
风速 →(2)(5)
加工速度 →(1)(3)(9)(10)(11)(12)
流速 →(1)(5)(9)(11)
失速
速比 →(4)
速度标定 →(1)
速度表 →(4)
速度测量 →(1)(3)
速度计量 →(1)
速度控制
速率 →(1)(2)(3)(5)(7)(8)(9)(10)(11)(12)(13)
转速 →(4)

速度差
speed difference
O3；U4；V23
D 速差
S 差值*

速度场
velocity field

O3；V211
S 场*
C 气流分布 →(11)
送风角度 →(11)

速度分析器
Y 粒子分离器

速度跟踪系统
Y 多普勒跟踪系统

速度积分陀螺仪
Y 积分陀螺仪

速度级叶片
Y 调节级叶片

速度开伞器
Y 开伞装置

速度控制*
speed control
TP1；U4
D H∞速度控制
速度控制法
速度限制
F 发动机转速控制
失速控制
C 调速 →(1)(2)(3)(4)(5)(8)(12)
间隔控制 →(8)
交通管理 →(12)(13)
力学控制
速度

速度控制法
Y 速度控制

速度衰减
velocity attenuation
P3；TJ4
S 衰减*

速度稳定性
speed stability
O4；V212
S 稳定性*
物理性能*
F 低速稳定性

速度限制
Y 速度控制

速率积分陀螺
rate integrating gyro
V241.5
S 单自由度陀螺仪
Z 陀螺仪

速率积分陀螺仪
Y 积分陀螺仪

速率捷联式惯性制导系统
Y 捷联惯导系统

速率偏频
Y 速率偏频技术

速率偏频技术
rate bias technology
V1；V241.01
D 速率偏频
S 航空制造技术
C 激光陀螺仪
速率 →(1)(2)(3)(5)(7)(8)(9)(10)(11)(12)(13)
Z 航空航天技术

速率陀螺
Y 速率陀螺仪

速率陀螺仪
rate gyroscope
V241.5；V441
D 半液浮速率陀螺仪
测速陀螺仪
二自由度测速陀螺
反馈式速率陀螺仪
计算陀螺
计算陀螺仪
角加速度陀螺
角速度陀螺
角速度陀螺仪
角速率陀螺
扭杆式速率陀螺仪
双轴速率陀螺仪
速率陀螺
微分陀螺
微分陀螺仪
阻尼陀螺
阻尼陀螺仪
S 陀螺仪*
F 光纤速率陀螺
双轴速率陀螺
液浮速率陀螺
C 转弯倾斜仪

速燃推进剂
Y 高燃速推进剂

速射
quick fire
E；TJ2；TJ3
D 加速射
S 实弹射击
Z 射击

速射火炮
Y 速射炮

速射瞄准具
Y 瞄准具

速射炮
rapid-firing gun
TJ399
D 速射火炮
S 火炮
F 小口径速射火炮
Z 武器

速射武器
rapid-fire weapon
E；TJ0
S 武器*

塑胶
Y 塑料

塑胶产品
Y 塑胶制品

塑胶制品*
plastics and rubber product
TQ32；TQ33
D 树脂产品
树脂制品
塑胶产品
橡塑制品
F 燃油胶管
C 吹塑 →(9)
胶带 →(2)(9)
韧脆转变温度 →(4)
树脂污染 →(9)(13)
制品 →(1)(3)(4)(5)(9)(10)(11)

塑料*
plastics
TQ32
D 塑胶
塑料材料
塑料聚合物
塑料树脂
特种塑料
通用塑料
新型塑料
F 复合泡沫塑料
C 弹性体 →(1)(9)
挤出成型 →(9)
胶料 →(9)(11)(12)
耐油性 →(1)
树脂
塑料护套 →(9)
压延 →(3)(9)
注射成型 →(3)(9)

塑料材料
Y 塑料

塑料弹带
plastic bearing band
TJ410.3；TJ412
S 弹带
Z 弹药零部件

塑料弹托
plastic sabot
TJ410.3
S 弹托
Z 弹药零部件

塑料地雷
plastic land mine
TJ512
D 塑料雷
S 非金属地雷
Z 地雷

塑料聚合物
Y 塑料

塑料雷
Y 塑料地雷

塑料枪弹
Y 辅助枪弹

塑料闪烁计数器
Y 塑料闪烁探测器

塑料闪烁探测器
plastic scintillation
TH7；TL8

D 塑料闪烁计数器
S 固体闪烁探测器
C 塑料闪烁体
Z 探测器

塑料闪烁体
plastic scintillator
TL8
S 闪烁体*
C 塑料闪烁探测器

塑料树脂
Y 塑料

塑料推进剂
Y 固体推进剂

塑料微球
plastic microsphere
TL6
S 颗粒*

塑性传动机构
Y 传动装置

塑性推进剂
Y 固体推进剂

酸法地浸
acid in-situ leaching
TL2
S 地浸
Z 采矿

算法*
algorithm
O1
D 建模算法
F 并行子空间算法
航迹融合算法
空间推进算法
无网格算法
星跟踪算法
星图识别算法
选星算法
圆锥补偿算法
制导算法
姿态算法
C 查找长度 →(1)
函数 →(1)(8)
孔洞填充 →(11)
模型辨识 →(8)
模型识别 →(8)

随动机构
Y 伺服机构

随动控制系统
Y 伺服系统

随动平台
follow-up platform
V416
S 平台*

随动系统
Y 伺服系统

随队空投
Y 空投

随机采样
Y 随机抽样

随机抽样
random sampling
O4；TL3；TP2
D 随机采样
S 采样*

随机发生器
Y 随机序列发生器

随机飞行控制
Y 飞行控制

随机冷却
stochastic cooling
TL5
S 冷却*

随机鲁棒设计
Y 稳健设计

随机漂移率
Y 漂移率

随机漂移误差
random drift error
O1；V241.5；V441
S 误差*

随机谱
random spectrum
V215
S 疲劳载荷谱
C 裂纹
Z 谱

随机起爆
Y 随机引爆

随机数产生器
Y 随机序列发生器

随机数发生器
Y 随机序列发生器

随机数生成器
Y 随机序列发生器

随机序列发生器
random number generator
TJ534
D 随机发生器
随机数产生器
随机数发生器
随机数生成器
S 发生器*
F 真随机数发生器
C 随机码 →(7)

随机引爆
random detonation
TJ51
D 随机起爆
S 起爆*

随机振动试验
random vibration test
TH11；V216
S 试验*
振动试验
Z 力学试验

随控布局
control-configured
V221
S 气动构型
Z 构型

随控布局飞机
control configured aircraft
V271
D 可控品态飞机
S 飞机*
C 随控布局飞机控制系统

随控布局飞机控制系统
random control aircraft control system
V249
D 颤振模态飞行控制系统
颠振模态飞行控制系统
飞机颤振模态飞行控制系统
机动载荷飞行控制系统
直接力飞行控制系统
主动控制飞机控制系统
S 飞机控制系统
C 防颠簸飞行控制
随控布局飞机
Z 飞行系统
航空系统

随控布局飞行控制
control configured vehicle control
V249.1
S 飞行控制*
F 颤振模态飞行控制
防颠簸飞行控制
机动载荷飞行控制
结构模态控制
静稳补偿飞行控制

随控布局飞行器
control configured vehicle
V27
S 飞行器*
C 飞机构型
飞机设计
飞行器控制

随行波
traveling waves
TJ6
S 波*

随意轨道飞行器
Y 机动航天器

随意轨道航天器
Y 机动航天器

碎甲弹
Y 碎甲炮弹

碎甲炮弹
high explosive plastic projectile
TJ412
D 碎甲弹
S 主用炮弹
C 药型罩
Z 炮弹

碎甲试验
armor sauash test
TJ01；TJ410.6
S 武器试验*
C 反装甲能力

碎片（衰变）
Y 衰变

碎片云
pannus
V321.2
C 超高速碰撞
高速撞击模拟试验

碎片撞击
Y 空间碎片

损管自动操纵系统
Y 操纵系统

损害半径
Y 半径

损害管制自动操纵系统
Y 操纵系统

损害评估
Y 损伤评估

损坏*
damage
TH17；X9；ZT5
D 破损
破损过程
破损形式
损坏现象
损坏形式
损毁
F 叶片损坏

损坏程度评估
Y 损伤评估

损坏现象
Y 损坏

损坏形式
Y 损坏

损毁
Y 损坏

损伤*
injury
ZT5
D 伤损
受损
损伤缺陷
F 等效损伤
堆芯损伤
飞机结构损伤
辐射损伤
附带损伤
广布疲劳损伤
环境损伤
鸟撞损伤
叶片损伤
C 磨损 →(1)(2)(3)(4)(5)(9)(12)
疲劳断裂 →(1)(3)
缺陷 →(1)(2)(3)(4)(5)(7)(8)(9)(10)(11)(12)
损耗 →(1)(2)(3)(4)(5)(7)(9)(10)(11)(12)(13)
损失

损伤极限
Y 损伤容限设计

损伤模式
pattern of damage
V271
S 模式*

损伤判别
Y 损伤评估

损伤评估
damage assessment
E；TJ01；TU3
D 破损评估
受损评估
损害评估
损坏程度评估
损伤判别
损伤评价
损伤状态评估
损失程度综合评估
S 评价*
F 堆芯损伤评价
C 事故统计分析 →(13)
损伤指标 →(11)

损伤评价
Y 损伤评估

损伤缺陷
Y 损伤

损伤扰动
Y 扰动

损伤容限
Y 损伤容限设计

损伤容限设计
damage tolerance design
V221
D 破坏容限
损伤极限
损伤容限
S 设计*
C 结构可靠性 →(11)
疲劳裂纹扩展速率 →(1)(3)

损伤状态评估
Y 损伤评估

损伤准则
damage criterion
TJ01
S 准则*

损失*
losses
ZT5
F 混合损失
束流损失
叶栅损失
C 开采损失 →(2)
损伤

损失程度综合评估
Y 损伤评估

损失落后角模型
loss and deviation angle model
V21
S 模型*

损失系数
loss coefficients
V231.1
D 出口压力损失系数
进口压力损失系数
轮盘摩擦能量损失系数
喷咀环能量损失系数
涡轮盘摩擦相对能量损失
叶端损失系数
S 系数*
F 局部损失系数

梭曼
Soman
TJ92
D GD 毒剂
甲氟膦酸异己酯
S 神经性毒剂
Z 毒剂

羧基二氯
Y 光气

缩比模型
Y 缩尺模型

缩比模型试验
scale model test
V216
D 缩比试验
S 模型试验*

缩比试验
Y 缩比模型试验

缩尺模型
scale model
V221
D 比例模型
标度模型
尺寸模型
模型（比例）
缩比模型
S 数学模型*
C 数量

缩尺效应
Y 尺度效应

缩放喷管
zoom nozzles
V232.97
S 喷管*

索类火工品
explosive fuze cord
TJ457
D 导爆索连接器
S 引爆火工品
F 爆炸桥丝
导爆索
导爆索组件
点火线
C 传爆
Z 火工品

锁定时间
lock time
TN91；V249
S 时间*

锁口叶片
Y 末级叶片

铊-201
thallium 201
O6；TL92
S 铊同位素
Z 同位素

铊同位素
thallium isotopes
O6；TL92
S 同位素*
F 铊-201

塔*
tower
TH2；TU2
D 塔形构筑物
F 落塔
炮塔
C 塔器

塔崩
tabun
TJ92
D GA 毒剂
二甲胺基氰磷酸乙酯
二甲胺基氰膦酸乙酯
S 神经性毒剂
Z 毒剂

塔康
Y 塔康导航

塔康导航
Tacan navigation
TN96；V249.3
D 塔康
战术空中导航
战术空中领航
S 导航*

塔康导航系统
TACAN system
TN96；V249.3
D 塔康系统
S 导航系统*
无线电系统*

塔康系统
Y 塔康导航系统

塔类设备
Y 塔器

塔内填料
Y 柱填料

塔器*
columns
TQ0
D 工业塔
化工塔器
塔类设备
塔设备
F 脉冲萃取柱
C 塔
脱硫塔 →(13)

塔设备
Y 塔器

塔台
airport tower
TN8；TN92；V351.1
D 机场管理电台
机场塔台
机场指挥电台
起飞线指挥电台
塔台电台
指挥塔台
S 机场建筑*
C 机场
机场监视雷达
机场信标
平台模拟器

塔台电台
Y 塔台

塔台管制
tower control
V249.1
D 控制塔
S 着陆控制
Z 飞行控制

塔台模拟机
Y 平台模拟器

塔形构筑物
Y 塔

台背回填
Y 回填

台架疲劳试验
test-rig fatigue test
TG1；V216.3
S 疲劳试验
台架试验
Z 结构试验
力学试验

台架实验
Y 台架试验

台架试车
rig test run
V216.2
D 地面台架试车
S 发动机试验*

台架试验
bench test
TB4；V216；V416
D 试验台试验
台架实验
S 结构试验*
F 台架疲劳试验
C 地面试车台

台式振动器
Y 振动台

台体
stable element
V221
S 物体*

台站*
station
ZT74
D 多站点
站点
F 测控站
导航站
地面站
观测台
C 泵站 →(2)(4)(11)(13)
变电站 →(2)(5)(11)(12)
车站 →(12)
工作台
工作站
供应站 →(11)
观测站
基站 →(7)
控制台 →(8)
试验台
网站 →(8)(11)

太空
outerspace
V4
D 太空间
外层空间
宇宙空间
S 空间*
F 地球空间
近太空
日地空间
深空
C 地外环境
航天技术

太空舱
Y 航天器舱

太空产业
Y 航天工业

太空城
cosmograd
V419
D 太空城市
太空岛
太空港
S 空间基地
Z 基地

太空城市
Y 太空城

太空船
Y 飞船

太空岛
Y 太空城

太空电站
Y 卫星太阳能电站

太空对接
Y 航天器对接

太空发电站
space power stations
V419
S 电厂*
空间基地
Z 基地

太空发射
Y 航天器发射

太空飞船
Y 飞船

太空飞机
Y 航天飞机

太空飞行
Y 航天飞行

太空飞行器
Y 航天器

太空服
Y 航天服

太空辐射
Y 空间辐射

太空港
Y 太空城

太空工厂
space factory
V419
S 空间基地
Z 基地

太空工业
Y 航天工业

太空工作
Y 航天员作业

太空观测
Y 航天观测

太空观测站
space observatories
V476
D 红外空间观测站
S 观测站*

太空轨道
Y 航天器轨道

太空航行
Y 航天飞行

太空航行训练
Y 航天飞行训练

太空核动力
Y 空间核动力

太空轰炸机
space bombers
V419；V47
S 航天武器*

太空环境
Y 航天环境

太空活动
Y 航天活动

太空机器人
Y 空间机器人

太空基地
Y 空间基地

太空激光武器
space laser weapons
V419；V47
S 航天武器*

太空计划
Y 宇宙计划

太空技术
Y 航天技术

太空间
Y 太空

太空结构
Y 航天结构

太空军事
Y 军事航天活动

太空军事活动
Y 军事航天活动

太空军事能力
Y 军事航天活动

太空开发
Y 空间资源开发

太空科技
Y 航天技术

太空科学
Y 空间科学

太空科学实验
Y 空间科学试验

太空科学试验
Y 空间环境试验

太空雷达
Y 航天雷达

太空旅馆
space hotels
V419
S 空间基地
Z 基地

太空漫步
Y 航天活动

太空平台
Y 空间平台

太空气象预报
space weather forecast
V419.4
S 预报*

太空人
Y 航天员

太空任务
Y 航天任务

太空实验
Y 空间试验

太空试验
Y 空间环境试验

太空碎片
Y 空间碎片

太空碎片防护
Y 空间碎片防护

太空碎片环境
Y 空间碎片环境

太空探测
Y 深空探测

太空探测器
Y 空间探测器

太空探索
Y 空间探测

太空探索活动
space exploration activities
V419
S 航天活动
F 探月活动
Z 活动

太空探险
Y 深空探测

太空推进技术
space propulsion technology
V43
S 推进技术
Z 航空航天技术

太空拖船
Y 空间拖船

太空污染
Y 航天器沾染

太空系留
tethering in space
V11；V4
D 空间系绳
S 系留*
C 系留卫星

太空行业
Y 航天工业

太空行走
spacewalk
V419
S 舱外活动
Z 活动

太空研究
space research
V419
D 航天研究
空间技术研究
空间科学研究
空间研究
外层空间研究
S 研究*
C 航天器

太空遥感
Y 航天遥感

太空衣
Y 航天服

太空医院
space hospital
V419
S 空间基地
C 航空航天医学
Z 基地

太空移民
space migration
V11；V4
D 空间移民
S 工程*

太空运输
Y 航天运输

太空运输工具
Y 航天运输系统

太空站
Y 空间站

太空侦察
Y 航天侦察

太空资源
space resources
V419
D 地外资源
空间环境资源
空域资源
S 自然资源*
C 空间探测

太空资源开发
Y 空间资源开发

太空作业
Y 航天员作业

太平洋航线
trans pacific trade
U6；V355
S 航线*

太阳传感器
sun sensor
TP2；V441
D 太阳敏感器
S 传感器*
F CCD 太阳敏感器
数字式太阳敏感器
微型太阳敏感器

太阳电力卫星
Y 太阳能卫星

太阳帆
solar sail
V476
D 太阳帆船
太阳帆飞船
S 空间探测器
C 航天
Z 航天器

太阳帆板
solar cell sailboard
V443
D 太阳能电池帆板
太阳能帆板
卫星帆板
卫星太阳能帆板
S 航天器构件
C 光伏材料 →(5)
光伏发电 →(5)
太阳电池 →(5)
Z 飞行器构件

太阳帆板定向控制
solar sail orientation control
V249.122.2
S 定向控制
Z 方向控制
飞行控制

太阳帆船
Y 太阳帆

太阳帆飞船
Y 太阳帆

太阳帆航天器
solar sail spacecrafts
V47
D 光帆航天器
S 行星际探测器
Z 航天器

太阳仿真器
Y 太阳模拟器

太阳跟踪器
sun follower
V447
S 跟踪器*

太阳观测卫星
solar satellite
V474
D 太阳卫星
S 天文卫星
Z 航天器
卫星

太阳罗经
Y 天文罗盘

太阳罗盘
Y 天文罗盘

太阳敏感器
Y 太阳传感器

太阳模拟
solar simulation
V524
S 仿真*
C 太阳模拟器

太阳模拟器
solar simulator
V41
D 太阳仿真器
S 环境模拟器
C 空间环境模拟器
试验设施
太阳模拟
Z 模拟器

太阳能电池帆板
Y 太阳帆板

太阳能发电器
Y 发电机

太阳能发电卫星
Y 太阳能卫星

太阳能帆板
Y 太阳帆板

太阳能飞机
solar powered aircraft
V272
S 螺旋桨飞机
C 太阳能热机 →(5)
太阳能推进
Z 飞机

太阳能飞艇
solar airship
V274
S 飞艇
Z 航空器

太阳能飞行器
Y 飞行器

太阳能火箭
Y 太阳能火箭发动机

太阳能火箭发动机
solar energy rocket engine
V439
D 太阳能火箭
太阳能推进火箭
S 非化学火箭发动机
Z 发动机

太阳能热推进
solar thermal propulsion
V43
S 太阳能推进
Z 推进

太阳能推进
solar propulsion
V43
S 小推力推进
F 太阳能热推进
C 太阳能飞机
Z 推进

太阳能推进火箭
Y 太阳能火箭发动机

太阳能卫星
solar power satellite
V474
D 发电卫星
太阳电力卫星
太阳能发电卫星
S 人造卫星
Z 航天器
卫星

太阳能无人机
Y 无人机

太阳能无人驾驶飞机
Y 无人机

太阳屏
solar shield
V423
S 航天器部件*
屏*

太阳器
Y 等离子体装置

太阳探测
solar detections
V476
S 星球探测
Z 探测

太阳探测器
solar probe
V476
S 恒星探测航天器
Z 航天器

太阳同步轨道
sun-synchronous orbit
V529
S 环日轨道
Z 飞行轨道

太阳同步轨道卫星
Y 太阳同步卫星

太阳同步回归轨道
sun synchronization regressive orbit
V529
S 回归轨道
Z 飞行轨道

太阳同步极轨道
Y 环日轨道

太阳同步卫星
sun-synchronous satellite
V474
D 太阳同步轨道卫星
S 同步卫星
Z 航天器
卫星

太阳卫星
Y 太阳观测卫星

太阳吸收比
Y 太阳吸收率

太阳吸收率
solar absorptance
V419
D 太阳吸收比
C 热控涂层 →(3)(9)

太阳系化学
chemistry of the solar system
V419
S 宇宙化学
Z 科学

太阳系空间
solar system space
V419
S 深空
C 行星学
Z 空间

钛钒合金
titanium vanadium alloy
TG1；V25
D 钛-钒合金
S 钛合金
Z 合金

钛-钒合金
Y 钛钒合金

钛铬合金
titanium chromium alloy
TG1；V25
S 钛合金
Z 合金

钛合金
titanium alloy
TG1；V25
D Ti 合金
钛基合金
S 合金*
F 船用钛合金
粉末钛合金
高温钛合金
耐磨损钛合金
耐蚀钛合金
生物钛合金
双相钛合金
钛钒合金
钛铬合金
钛铝钒合金
钛镍合金
钛铜合金
细晶粒钛合金
阻燃钛合金
C TA 极性 →(5)
不锈钢网 →(3)
扩散连接 →(3)
钛材 →(3)
钛风机 →(4)

钛合金舱体
Y 舱

钛合金叶片
titanium alloy blade
TH13；V232.4
S 叶片*

钛基合金
Y 钛合金

钛铝钒合金
titanium aluminum vanadium alloy
TG1；V25
S 钛合金
Z 合金

钛膜
titanium film
TL93
S 膜*

钛镍
Y 钛镍合金

钛镍合金
titanium-nickel alloy
TG1；V25
D Ti-Ni 合金
钛镍
S 钛合金
Z 合金

钛燃烧
titanium combustion
V231.1
S 金属燃烧
Z 燃烧

钛铜合金
titanium copper alloy
TG1；V25
S 钛合金
Z 合金

弹簧冲击试验设备
Y 试验设备

弹簧喷嘴
spring spray injector
TH13；TK2；V232
S 喷嘴*
C 除氧器 →(5)
弹簧 →(4)(5)(10)(12)

弹簧式加载机构
Y 人感系统

弹射*
ejection
V244；V55
D 敞开式弹射
带盖弹射
带离弹射
弹射程序
弹射发射
封闭式弹射
抛射
向下弹射
F 穿盖弹射
电磁弹射
火箭弹射
C 弹射装置
弹射座椅
发射
逃生
应急逃生

弹射程序
Y 弹射

弹射弹
catapult cartridge
TJ45
D 弹射试验弹
抛放弹
S 动力源火工品
Z 火工品

弹射动力系统

ejection gun
V228
S 动力系统*
C 弹射动力装置

弹射动力装置
ejection propulsion unit
V244
D 弹射筒
燃爆机构
S 动力装置*
C 弹射动力系统
弹射座椅

弹射发射
Y 弹射

弹射发射装置
Y 弹射装置

弹射仿真
Y 弹道仿真

弹射轨迹
Y 弹道

弹射机构
Y 弹射装置

弹射假人
ejection dummy
V216；V244
D 假人弹射
S 假人*
C 弹射救生设备
弹射试验

弹射救生
ejection survival
V244.2
D 弹射逃逸
S 航空航天救生
C 弹道
人用伞
Z 救生

弹射救生舱
Y 弹射座舱

弹射救生技术
ejection survival techniques
V244.2
S 救生技术
Z 防救技术

弹射救生设备
ejection life saving equipment
V244.2
D 弹射救生系统
弹射救生装置
机载弹射救生装置
S 航空救生装备
C 弹射假人
Z 救援设备

弹射救生系统
Y 弹射救生设备

弹射救生装置
Y 弹射救生设备

弹射救生装置试验台
Y 弹射试验台

弹射榴弹发射器
Y 榴弹弹射器

弹射模型飞机
ejection model aircraft
V278
S 飞机模型
Z 工程模型

弹射起飞
catapult-assisted take-off
V32
D 舰载机弹射起飞
S 起飞
Z 操纵

弹射器
Y 弹射装置

弹射器拖车
Y 机场特种车辆

弹射试验
ejection tests
V216；V217
D 地面弹射试验
飞行弹射试验
空中弹射试验
S 飞行试验
C 弹射假人
火箭橇试验
Z 飞行器试验

弹射试验弹
Y 弹射弹

弹射试验机
ejection test aircraft
V271.3
S 试验飞机
Z 飞机

弹射试验台
ejection test bed
V21
D 弹射救生装置试验台
S 试验台*

弹射逃逸
Y 弹射救生

弹射筒
Y 弹射动力装置

弹射系统
Y 弹射装置

弹射装置
catapult installation
TJ765；V244
D 弹射发射装置
弹射机构
弹射器
弹射系统
S 发射装置*
F 导弹弹射装置
电磁式弹射装置
C 弹射

弹射姿态
Y 姿态

弹射座舱
ejection cockpit capsule
V223
D 弹射救生舱
分离式座舱
分离座舱
S 飞机座舱
C 弹射座椅
密闭座舱
Z 舱

弹射座椅
ejection seat
V223；V244
D 背枢式弹射座椅
肩枢式弹射座椅
降落锥弹射座椅
立姿自导弹射座椅
立姿自导式弹射座椅
椅盆
自适应弹射座椅
S 座椅*
F 飞行弹射座椅
航空弹射座椅
火箭弹射座椅
C 弹道
弹射
弹射动力装置
弹射座舱
可投弃座舱
逃生舱
逃逸系统

弹性传动机构
Y 传动装置

弹性导弹
Y 弹性体导弹

弹性反冲探测
elastic recoil detection
TL8
S 探测*

弹性飞行器
elastic aircraft
V27；V47
S 飞行器*

弹性隔振器
Y 减振器

弹性环式挤压油膜阻尼器
Y 阻尼器

弹性机翼
Y 挠性翼型

弹性开发
Y 开发

弹性枪架
Y 枪架

弹性强度
elastic strength
V215

S 强度*

弹性体导弹
elastic body missiles
TJ76
D 弹性导弹
S 导弹
Z 武器

弹性悬挂
elastic suspending
S；TJ810.3；U4
S 悬挂*

弹性约束漂移率
Y 漂移率

坦克
tank
TJ811
D 步兵坦克
S 战车
F 超轻型坦克
超重型坦克
轻型坦克
全电坦克
数字化坦克
水陆坦克
特种坦克
无人坦克
巡洋坦克
隐身坦克
中型坦克
重型坦克
主战坦克
C 炮塔系统
装甲
Z 军用车辆
武器

坦克柴油机
tank diesel engine
TJ811
S 装甲车辆柴油机
Z 柴油机
发动机

坦克车辆
Y 装甲车辆

坦克乘员防毒面具
Y 防毒面具

坦克传动机构
Y 传动装置

坦克传动装置
Y 传动装置

坦克弹药
tank ammunition
TJ41
S 弹药*
C 穿甲炮弹
反坦克炮弹
破甲弹
破甲火箭弹
坦克炮弹

坦克底盘
tank chassis
TJ811
D 装甲车辆底盘
装甲底盘
S 装甲车辆部件
Z 车辆零部件

坦克电磁兼容性
tank electromagnetic compatibility
TJ811
S 电性能*
坦克战术技术性能
Z 战术技术性能

坦克动力舱
tank engine compartment
TJ811
S 战车舱室
Z 车辆零部件

坦克动力装置
Y 动力装置

坦克发动机
tank engine
TJ811
S 装甲车辆发动机
Z 发动机

坦克发展史
tank development history
TJ811
S 武器装备发展史
Z 历史

坦克防护
tank protection
TJ811
S 武器防护
Z 防护

坦克火控系统
tank fire control system
TJ811
D 坦克火力控制系统
S 战车火控系统
F 坦克炮控系统
Z 武器系统

坦克火力控制系统
Y 坦克火控系统

坦克火力性能
tank firepower performance
TJ811
S 坦克战术技术性能
C 坦克破坏力
Z 战术技术性能

坦克火炮
Y 坦克炮

坦克机动力
Y 坦克机动性

坦克机动能力
Y 坦克机动性

坦克机动性
tank mobility
TJ811
D 坦克机动力
坦克机动能力
坦克机动性能
S 坦克战术技术性能
C 坦克通过性
Z 战术技术性能

坦克机动性能
Y 坦克机动性

坦克机枪
tank machine gun
TJ26
S 车载机枪
Z 枪械
武器

坦克架桥车
Y 装甲架桥车

坦克歼击车
tank destroyer
TJ811
D 歼击车
歼击坦克
S 战车
Z 军用车辆
武器

坦克模型
tank model
TJ811；TS95
D 战车模型
S 工程模型*

坦克扭力轴
tank torsion shafts
TH13；TJ811
S 轴*

坦克炮
tank gun
TJ38
D 坦克火炮
S 火炮
F 顶置火炮
高膛压坦克炮
滑膛坦克炮
线膛坦克炮
Z 武器

坦克炮弹
tank gun cartridges
TJ412
S 主用炮弹
C 坦克弹药
Z 炮弹

坦克炮控系统
tank gun control system
TJ811
D 坦克炮控制系统
S 炮控系统
坦克火控系统
F 坦克稳像火控系统
Z 武器系统

坦克炮控制系统
Y 坦克炮控系统

坦克炮塔
tank turret
TJ811
D 扁平炮塔
焊接炮塔
摇摆式炮塔
铸造炮塔
装甲车炮塔
S 炮塔
Z 塔

坦克平板拖车
Y 坦克运输车

坦克破坏力
tank destructive power
TJ811
S 坦克战术技术性能
C 坦克火力性能
Z 战术技术性能

坦克器材
Y 装甲武器

坦克抢救车
tank recovery vehicle
TJ819
D 坦克抢救牵引车
S 装甲抢修车
Z 保障车辆
军用车辆

坦克抢救牵引车
Y 坦克抢救车

坦克设计
tank design
TJ811
S 武器设计*

坦克射击
tank firing
TJ811
S 射击*
C 射速
行进间射击

坦克试验
tank test
TJ01；TJ811
D 坦克试验台试验
坦克台架试验
坦克现场试验
坦克野外试验
S 武器试验*

坦克试验台试验
Y 坦克试验

坦克台架试验
Y 坦克试验

坦克通过性
tank trafficability
TJ811
D 坦克通行能力
S 坦克战术技术性能
C 坦克机动性
Z 战术技术性能

坦克通行能力
Y 坦克通过性

坦克退役
tank decommissioning
[TJ07]；TJ811
S 武器装备退役
Z 退役

坦克稳定器
tank stabilizer
TJ811
S 装甲车辆部件
Z 车辆零部件

坦克稳像火控系统
tank image-stablized fire control systems
TJ811
S 坦克炮控系统
Z 武器系统

坦克武器系统
tank weapon system
TJ811
S 武器系统*

坦克现场试验
Y 坦克试验

坦克行动部分
Y 坦克行动装置

坦克行动装置
tank running gear
TJ811
D 坦克行动部分
S 装置*
F 履带张紧装置
水上推进装置

坦克性能
Y 坦克战术技术性能

坦克野外试验
Y 坦克试验

坦克运输车
tank transport vehicle
TJ812
D 坦克平板拖车
S 武器运输车
Z 军用车辆

坦克战术技术性能
tank tactical and technical performance
TJ811
D 坦克性能
S 战术技术性能*
F 水上性能
坦克电磁兼容性
坦克火力性能
坦克机动性
坦克破坏力
坦克通过性
战场生存能力
战斗全重
最大爬坡度

坦克支援车
tank support vehicles
TJ819
D 坦克支援战斗车
S 战车
Z 军用车辆
武器

坦克支援战斗车
Y 坦克支援车

坦克装甲
tank armor
TJ811
S 装甲*

坦克装甲车
Y 装甲车辆

坦克装甲车辆
Y 装甲车辆

坦克装甲类装备
Y 装甲武器

钽酸锂热释电探测器
lithium tantalate pyroelectric detector
TH7；TL8；TP2
S 热释电探测器
Z 探测器

炭/陶复合材料
Y 碳化硅陶瓷基复合材料

炭疽病毒
bacillus virus
TJ93
S 病毒类生物战剂
Z 武器

探测*
exploration
V249.3
D 探测度
探测方式
F 表面探测
超视距探测
冲突探测
磁探测
弹性反冲探测
定向探测
辐射探测
感温探测
光学探测
航空探测
核爆炸探测
火箭探测
火灾探测
镜头探测
科学探测
空间探测
目标探测
破损元件探测
气象探测
燃料运行探测
生命探测
生物探测
声探测
水色探测
湍流探测
无线电探测

无源探测
武器探测
泄漏探测
遥感探测
隐患探测
预警探测
远程探测
在线探测
阵列探测
智能探测
主动探测
资源探测
综合探测
C 跟踪
回声声呐 →(12)
目标识别
探测极限 →(1)
探测系统
探伤 →(1)(3)(4)(7)(8)(12)

探测车
probe vehicles
V476
S 技术保障车辆
Z 保障车辆

探测度
Y 探测

探测方式
Y 探测

探测工程
exploration projects
V249.3；V476
S 航天工程
F 绕月探测工程
探月工程
Z 工程

探测火箭
Y 探空火箭

探测计划*
explorer program(me)
V11；V4
D 地球探测计划
探索计划
F 空间探测计划

探测能力
Y 可探测性

探测气球
balloon-sonde
V273
D 有线探测气球
S 气球
F 气象探测气球
Z 航空器

探测器*
detector
TH7；TL82；V248
D 探测仪
探测仪器
F CCD 探测器
SPRITE 探测器
半导体光电探测器
半导体探测器
成像探测器
垂直探测仪
磁探测器
碲镉汞探测器
电荷耦合探测器
发射探测器
辐射探测器
化学探测器
惠更斯探测器
激光探测器
金属探测器
脉冲探测器
热探测器
双向探测器
四象限探测器
探管仪
位置敏感探测器
星载探测器
巡视探测器
样本探测器
移动探测器
阵列探测器
C 测量仪器
测量装置
观测仪器
检测仪器 →(1)(3)(4)(5)(7)(8)(10)(12)(13)
球管 →(4)
试验设备
探头 →(8)
微通道板 →(4)(7)
微通道板像增强器 →(7)

探测器(辐射)
Y 辐射探测器

探测器(辐照)
Y 辐射探测器

探测器列阵
Y 探测器阵列

探测器阵
Y 探测器阵列

探测器阵列
detector array
TL81
D 探测器列阵
探测器阵
探测阵列
S 阵列*

探测任务
explorer mission
V11；V4
S 任务*
F 无人探测任务

探测设备
detection equipment
TH7；V248
D 探测装置
S 设备*
C 探测系统

探测水雷
Y 水雷探测

探测卫星
Y 卫星探测

探测系统*
detection system
TH7；TN97
F 弹载探测系统
分布式探测系统
风切变探测系统
机载探测系统
目标探测系统
泄漏探测系统
C 工程系统
探测
探测设备
探测声呐 →(12)

探测下限
lower limit of detection
TL8
S 探测限
C 探测极限 →(1)
Z 数值

探测限
detection limit
TL8
S 数值*
F 探测下限

探测效率
detection efficiency
P5；TB9；TL8
S 效率*
F γ探测效率
中子探测效率

探测仪
Y 探测器

探测仪器
Y 探测器

探测阵列
Y 探测器阵列

探测装置
Y 探测设备

探管仪
pipe finder
TH7；TL8
S 探测器*

探空火箭
sounding rocket
V471
D 高空探测火箭
控空火箭
探测火箭
S 火箭*
C 火箭探测

探空火箭回收
Y 航天器回收

探雷*
mine detection
TJ512；TJ61
D 探雷技术

F 地雷探测
电磁探雷
红外探雷
激光探雷
雷达探雷
水雷探测
鱼雷探测
C 布雷

探雷车
mine detection vehicles
TJ517
S 专用特种车
Z 军用车辆

探雷技术
Y 探雷

探雷器*
mine detector
TJ517
D 探雷器材
探雷装备
F 地雷探测器
水雷探测器

探雷器材
Y 探雷器

探雷装备
Y 探雷器

探索计划
Y 探测计划

探月
Y 月球探测

探月工程
lunar exploration engineering
V476
D 月球探测工程
月球探测工程系统
月球探测技术
S 探测工程
Z 工程

探月轨道
moon exploration orbit
V529
D 月球探测轨道
月球探测器轨道
S 航天器轨道
Z 飞行轨道

探月活动
lunar exploration activities
V419
S 太空探索活动
Z 活动

探月计划
lunar landing program
V11
D 登月计划
月球计划
月球探测计划
S 行星探测计划
C 载人登月
Z 航天计划
探测计划

探月卫星
Y 环月卫星

碳/陶
Y 碳化硅陶瓷基复合材料

碳/陶复合材料
Y 碳化硅陶瓷基复合材料

碳-13
carbon-13
O6；TL92
S 碳同位素
Z 同位素

碳 14
carbon 14
O6；TL92
S 碳同位素
Z 同位素

碳-14 衰变放射性同位素
carbon 14 decay radioisotopes
O6；TL92
S 重离子衰变放射性同位素
F 镭-226
Z 同位素

碳化硅陶瓷基
Y 碳化硅陶瓷基复合材料

碳化硅陶瓷基复合材料
silicon carbide cemaric matrix composite
TB3；V25
D 3D C/SiC 复合材料
C/SiC 陶瓷基复合材料
SiCf/SiC 复合材料
炭/陶复合材料
碳/陶
碳/陶复合材料
碳化硅陶瓷基
碳陶瓷
碳-陶瓷复合材料
陶瓷/炭
S 复合材料*

碳氢燃料
Y 烃类燃料

碳刹车
carbon brake
V226
S 飞机刹车
Z 制动装置

碳陶瓷
Y 碳化硅陶瓷基复合材料

碳-陶瓷复合材料
Y 碳化硅陶瓷基复合材料

碳同位素
carbon isotopes
O6；TE1；TL92
S 同位素*
F 碳-13
碳 14

碳纤维弹
carbon fiber bombs
TJ99
D 电力系统破坏弹
碳纤维航弹
碳纤维炸弹
S 特种炸弹
Z 炸弹

碳纤维航弹
Y 碳纤维弹

碳纤维炸弹
Y 碳纤维弹

碳酰二氯
Y 光气

碳酰氯
Y 光气

唐瑞原型快堆
Y 原型快堆

膛口
bouche
TJ303
S 部位*
C 膛压

膛口制退器
Y 炮口制退器

膛口装置
muzzle device
TJ303
D 炮口抽气装置
炮口防尘帽
炮口帽
炮口灭火罩
炮口装置
S 火炮构件*
F 炮口消焰器
炮口制退器

膛内参数测试
Y 内弹道试验

膛内气体动力学
In-bore gas dynamics
O3；V211
S 气体动力学
Z 动力学
科学

膛内炸
Y 膛炸

膛线*
rifling
TJ203；TJ303
D 渐速膛线
来福线
来复线
嵌入膛线
身管膛线
膛线类型
F 混合膛线
C 线

膛线类型
Y 膛线

膛压
chamber pressure
TJ31
S 压力*
C 内弹道性能
膛口

膛压测量
chamber pressure measurement
TJ306
D 膛压测试
S 测量*

膛压测试
Y 膛压测量

膛炸
bore premature
TJ2
D 膛内炸
S 射击故障
Z 故障

逃生
escape
V244.2
D 人员逃生
逃生策略
逃生对策
逃生方法
逃生技能
逃生技巧
逃生指南
逃生自救
逃逸
S 自救
F 安全逃生
发射逃逸
C 弹射
人员疏散 →(13)
逃逸系统
Z 救生

逃生舱
escape capsule
V423
D 救生舱
逃逸舱
逃逸救生舱
S 航天器舱
C 弹射座椅
逃生塔
逃逸火箭
逃逸系统
Z 舱
航天器部件

逃生策略
Y 逃生

逃生动力装置
Y 动力装置

逃生对策
Y 逃生

逃生方法
Y 逃生

逃生火箭
Y 逃逸火箭

逃生技能
Y 逃生

逃生技巧
Y 逃生

逃生塔
escape tower
V244.2
D 救生塔
逃逸塔
S 逃生装置
C 逃生舱
逃逸火箭
Z 救援设备

逃生系统
Y 逃逸系统

逃生信标
Y 救生信标

逃生指南
Y 逃生

逃生装置
in-orbit escape device
V445
D 轨道逃生装置
S 自救设备
F 逃生塔
Z 救援设备

逃生自救
Y 逃生

逃逸
Y 逃生

逃逸舱
Y 逃生舱

逃逸动力装置
Y 动力装置

逃逸发动机
escape motors
V439
D 高空逃逸发动机
S 火箭发动机
Z 发动机

逃逸飞行
escape flight
V529
S 航天飞行
Z 飞行

逃逸飞行器
escape vehicle
V47
S 飞行器*

逃逸峰
escape peak
O6；TH7；TL8
S 峰*
C γ谱

逃逸轨道
escape trajectory
V529
S 航天器轨道
Z 飞行轨道

逃逸火箭
escape rocket
V471
D 逃生火箭
S 救生火箭
C 逃生舱
逃生塔
Z 火箭

逃逸火箭发动机
Y 火箭发动机

逃逸救生舱
Y 逃生舱

逃逸救生系统
Y 逃逸系统

逃逸速度
escape velocity
V244.2
D 抛物线速度
S 速度*
C 轨道速度

逃逸塔
Y 逃生塔

逃逸系统
escape system
V244.2；V445
D 航空航天逃逸系统
逃生系统
逃逸救生系统
应急离机系统
S 救生系统
C 弹射座椅
逃生
逃生舱
应急逃生
Z 生命保障系统

陶瓷/炭
Y 碳化硅陶瓷基复合材料

陶瓷发动机
Y 发动机

陶瓷复合装甲
ceramic composite armor
TJ811
S 复合装甲
Z 装甲

陶瓷固化
ceramic solidification
TL94；X5
S 固化*

陶瓷喷嘴
ceramic nozzle
TH13；TK2；V232
S 喷嘴*
C 冲蚀磨损 →(4)
功能梯度材料 →(1)

陶瓷 →(1)(3)(5)(7)(9)(10)(11)
陶瓷部件 →(4)
陶瓷构件 →(4)

陶瓷枪
ceramic rifles
TJ2
S 枪械*

陶瓷装甲
ceramic armor
TJ811
S 特种装甲
Z 装甲

套件*
external member
TH13
F 网套
C 工件 →(3)(4)
构件
零部件

套井回填
Y 回填

套筒式结构
telescoping structure
TH13；V214
S 力学结构*

套装工艺
Y 装配

套准技术
Y 对准

特超声速流
Y 高超声速流

特点
Y 性能

特点性能
Y 性能

特技飞机
acrobatic aircraft
V271
D 特技类飞机
S 飞机*

特技飞行
aerobatic flight
V323
D 半滚倒转
飞机半滚倒转
飞机急跃升倒转
飞机跃升倒转
特技飞行表演
跃升倒转
S 机动飞行
F 飞机筋斗
转弯飞行
C 飞行运动
过载飞行
试验台
Z 飞行

特技飞行表演
Y 特技飞行

特技飞行试验
aerobatic flight test
V217
D 特技试飞
S 飞行试验
Z 飞行器试验

特技飞行员
acrobat
V32
S 飞行员
Z 人员

特技类飞机
Y 特技飞机

特技模型飞机
stunt model aircraft
V278
S 飞机模型
Z 工程模型

特技试飞
Y 特技飞行试验

特技试验台
Y 试验台

特情处置
special situations disposal
V355
S 处置*

特设舱
Y 设备舱

特殊场所
Y 场所

特殊车辆
Y 特种军用车辆

特殊废物
Y 废弃物

特殊合金
Y 特种合金

特殊结构
Y 结构

特殊枪弹弹头
special bullet heads
TJ411
S 枪弹弹头
F 曳光弹头
Z 枪弹部件

特殊设计
Y 设计

特殊生理选拔
special physiological selection
R；V527
D 特种生理选拔
S 飞行员医学选拔
C 飞行员保留标准
飞行员选拔标准
航天员选拔标准
Z 选择

特殊土*
special soil
TU4；TU5
D 特殊性土
特殊性岩土
特种土
F 活性白土

特殊污染物
Y 污染物

特殊性能
Y 性能

特殊性能核武器
special performance nuclear weapons
TJ91
S 核武器
F 低当量核武器
核辐射武器
减少剩余放射性弹
贫铀武器
中子弹
Z 武器

特殊性土
Y 特殊土

特殊性岩土
Y 特殊土

特殊压缩机
Y 压缩机

特殊用途枪
Y 特种枪

特殊用途枪弹
Y 特种枪弹

特型喷管
unconventional nozzle
V232.97
S 喷管*

特性
Y 性能

特性参数
Y 参数

特性测量
Y 性能测量

特性测试
Y 性能测量

特性分析
Y 性能分析

特性计算
Y 性能计算

特性控制
Y 性能控制

特性设计
Y 性能设计

特性试验
Y 性能试验

特异性能
Y 性能

特征
Y 性能

特征γ射线
characteristic γ-ray
O4；TL2
S γ射线
Z 射线

特征参数
Y 参数

特征测度
Y 性能测量

特征测量
Y 性能测量

特征方向
Y 方向

特征构造
Y 结构

特征结构
Y 结构

特征设计
Y 性能设计

特征污染物
Y 污染物

特征指标
Y 参数

特种兵器
Y 特种武器

特种车
Y 特种军用车辆

特种弹
Y 特种弹药

特种弹药
special ammunition
TJ41
D 特种弹
宣传弹药
S 弹药*
F 电子对抗弹药
动能弹药
钝感弹药
发烟弹药
非致命弹药
核弹药
化学弹药
目标指示弹药
燃烧弹药
生物弹药
侦察弹药
C 特种地雷
特种炮弹
特种枪弹
特种手榴弹
特种水雷
特种炸弹
宣传火箭弹

特种地雷
special land mine
TJ512
D 蝙蝠雷
布袋雷
树叶雷
特种雷
信号地雷
信号雷
S 地雷*
F 诡计地雷
核地雷
化学地雷
燃烧地雷
C 特种弹药

特种发动机
Y 发动机

特种防毒面具
Y 防毒面具

特种飞行
Y 飞行

特种工业
Y 工业

特种航弹
Y 特种炸弹

特种航空炸弹
Y 特种炸弹

特种合金
special alloy
TG1；V25
D 特殊合金
S 合金*
F 高温钛合金
高温形状记忆合金
精密合金
耐蚀钛合金
镍基高温合金

特种火箭弹
special rocket projectile
TJ415
S 火箭弹
F 发烟火箭弹
干扰火箭弹
化学火箭弹
燃烧火箭弹
生物火箭弹
宣传火箭弹
照明火箭弹
侦察火箭弹
Z 武器

特种结构
Y 结构

特种军用车辆
special military vehicle
TJ768；TJ812
D 特殊车辆
特种车
特种汽车
S 军用车辆*
F 布雷车
导弹测试车
导弹瞄准车
登陆车
发射控制车
起竖车
扫雷车
通用特种车
推进剂加注泵车
推进剂运输车
推进剂转注泵车
武器运输车
专用特种车
装填车
C 工程保障车辆
技术保障车辆
战斗保障车辆
装甲保障车辆

特种雷
Y 特种地雷

特种榴弹
Y 榴弹

特种炮弹
special projectile
TJ412
D 催眠弹
校靶炮弹
S 炮弹*
F 布雷炮弹
反辐射炮弹
干扰炮弹
光弹
化学炮弹
礼花弹
目标指示弹
破障弹
全息弹
生物炮弹
宣传炮弹
悬浮弹
遥感炮弹
曳光炮弹
照明炮弹
侦察炮弹
致盲弹
致痒弹
装甲试验弹
阻燃弹
C 特种弹药

特种汽车
Y 特种军用车辆

特种枪
special purpose rifle
TJ27
D 特殊用途枪
特种用途枪
S 枪械*
F 匕首枪
电击枪
激光枪
水下枪械
致热枪

特种枪弹
special purpose bullet

TJ411
D 特殊用途枪弹
特种子弹
洗膛弹
洗膛枪弹
S 枪弹*
F 燃烧枪弹
水下枪弹
信号枪弹
曳光枪弹
C 特种弹药

特种生理选拔
Y 特殊生理选拔

特种手榴弹
special hand grenade
TJ511
S 手榴弹
F 发烟手榴弹
化学手榴弹
C 特种弹药
Z 榴弹

特种手枪
special pistols
TJ21
S 手枪
F 微声手枪
Z 枪械

特种水雷
special naval mine
TJ61
S 水雷*
F 核水雷
上浮水雷
鱼水雷
侦察水雷
自导水雷
自航水雷
C 特种弹药

特种塑料
Y 塑料

特种坦克
special tank
TJ811.8
S 坦克
F 空降坦克
喷火坦克
潜水坦克
伞兵战车
扫雷坦克
Z 军用车辆
武器

特种土
Y 特殊土

特种推进系统
special propulsion systems
V43
S 推进系统*

特种武器
special weapon
TJ9
D 特种兵器
S 武器*
F 超声武器
次声武器
高技术武器装备
光学武器
基因武器
C 新概念武器

特种性能
Y 性能

特种用途防毒面具
Y 防毒面具

特种用途枪
Y 特种枪

特种炸弹
special bomb
TJ414
D 特种航弹
特种航空炸弹
S 炸弹*
F 电磁炸弹
发烟炸弹
反物质炸弹
灭火炸弹
目标指示炸弹
生物炸弹
声弹
石墨炸弹
碳纤维弹
宣传炸弹
烟幕干扰弹
诱惑炸弹
C 特种弹药
微波炸弹

特种粘合剂
Y 胶粘剂

特种战斗部
special warhead
TJ41；TJ76
S 战斗部*
F 发烟战斗部
燃烧战斗部
生物战斗部
宣传战斗部

特种装甲
special armor
TJ811
D 表面硬化装甲
S 装甲*
F 电磁装甲
电装甲
反应装甲
复合装甲
贫铀装甲
陶瓷装甲

特种子弹
Y 特种枪弹

特种作战飞机
Y 作战飞机

特种作战直升机
Y 武装直升机

梯恩梯当量
Y TNT 当量

梯形机翼
Y 梯形翼

梯形尾翼
Y T 型尾翼

梯形翼
tapered airfoil
V224
D T 形机翼
梯形机翼
S 后掠翼
C 小展弦比机翼
Z 机翼

锑化铟半导体探测器
InSb semiconductor detector
TH7；TL8
D 锑化铟探测器
S 半导体探测器
Z 探测器

锑化铟探测器
Y 锑化铟半导体探测器

提浓
Y 浓缩

提前发射
Y 离轴发射

提前方位角
advance azimuth angle
TJ765
D 前置方位角
S 方位角
C 防空导弹
Z 角

提前量
Y 射击提前量

提取分离
Y 萃取

提升安全装置
Y 安全装置

提铀
uranium extraction
TL2
D 提铀工艺
铀提取
S 金属提取*

提铀工艺
Y 提铀

体积活度
volumic activity
TL8
S 活度*

体模型
Y 足尺模型

体外辐照

extracorporeal irradiation
TL7
D 离体辐照
S 外辐照
Z 辐照

体涡
body vortex
O3；V211
S 涡流*

体系*
system
ZT6
D 体系特点
F 三元合金系
C 安全体系 →(7)(8)(10)(11)(12)(13)
化学体系 →(2)(3)(9)
体制 →(1)(7)(11)(12)(13)
系统
坐标系 →(1)(3)(5)(8)

体系特点
Y 体系

体液沸腾
Y 沸腾

体育运动飞机
sports aircraft
V271.3
S 通用飞机
C 滑翔机
Z 飞机

替代工艺
Y 工艺方法

替代武器
replaced weapons
E；TJ0
S 武器*

天车防撞
Y 避碰

天地往返系统
Y 天地往返运输系统

天地往返运输
earth-to-orbit space transportation
V525
S 航天运输
C 航天器转运
Z 运输

天地往返运输系统
earth-orbit transportation system
V475.9
D 天地往返系统
S 航天运输系统
Z 航天系统
交通运输系统

天地往返运载器
space shuttles launch vehicle
V475.9
S 航天运载器
Z 运载器

天基
Y 空间基地

天基测控
space-based measurement and control
V556
D 天基测向
S 航天测控
Z 测控

天基测控网
space-based monitoring and control network
V556
S 航天测控网
Z 网络

天基测控系统
space-based measurement and control systems
V556
S 测控系统*

天基测向
Y 天基测控

天基动能拦截器
space-based kinetic energy interceptors
TJ866；V47
D 天基动能杀伤飞行器
S 动能拦截器
Z 航天武器

天基动能杀伤飞行器
Y 天基动能拦截器

天基动能武器
space-based kinetic energy weapons
TJ866；V47
S 动能武器
天基武器
F 天基对地打击动能武器
Z 航天武器
武器

天基对地打击动能武器
space-based ground attack kinetic energy weapons
TJ866；V47
S 天基动能武器
天基对地打击武器
Z 航天武器

天基对地打击武器
space-based ground strike weapons
TJ86；V47
S 天基武器
F 天基对地打击动能武器
Z 航天武器

天基对地攻击武器
space-based ground attack weapons
TJ86
S 攻击武器
Z 武器

天基观测
space-based observation
V419
S 航天观测
Z 观测

天基光学监视
space-based optical surveillance
V447
S 天基监视
Z 监视

天基红外导弹预警系统
Y 导弹预警系统

天基红外低轨卫星
space-based infrared low earth orbit satellite
V474
S 低轨道卫星
Z 航天器
卫星

天基红外系统
space-based infrared system
V448
S 红外系统*
空间光学系统
Z 光学系统
航天系统
空间系统

天基激光武器
space-based lasers weapon
TJ86
S 激光武器
C 天基武器
Z 武器

天基激光武器系统
space-based laser weapon systems
TJ86；TJ864
S 激光武器系统
天基武器系统
Z 激光系统
武器系统

天基监视
space based surveillance
V447
S 空间监视
F 天基光学监视
Z 监视

天基拦截弹
space based intercept missiles
TJ866
D 天基拦截器
S 导弹拦截器
C 天基武器
Z 武器

天基拦截器
Y 天基拦截弹

天基武器
space-based weapon
TJ86；V47
S 航天武器*
F 天基动能武器
天基对地打击武器
C 天基激光武器
天基拦截弹

天基武器系统
space-based weapon systems
TJ86

S 武器系统*
F 天基激光武器系统

天基信息系统
space-based information system
V247
S 空间信息系统
Z 航天系统
空间系统
信息系统

天基预警系统
space based early warning systems
V448
S 空间预警系统
Z 预警系统

天空实验室
Y 空间实验室

天气探测
Y 气象探测

天然辐射
natural radiation
TL7；X5
S 辐射*
F 天然贯穿辐射

天然贯穿辐射
natural penetration radiation
TL73；X8
S 天然辐射
Z 辐射

天然矿物材料
natural mineral materials
V254
S 材料*

天然类似物
natural analogue
TL94
S 物质*

天然气烧嘴
Y 气体喷嘴

天然铀堆
natural uranium reactors
TL3；TL4
S 反应堆*
F 核动力示范堆
镁诺克斯型堆
C 工艺发展堆

天然源
Y 自然资源

天人驾驶飞机
Y 无人机

天寿命放射性同位素
days living radioisotopes
O6；TL92
S 放射性同位素
F 氡-222
钴-57
锶-85
锗-68
C 半衰期
Z 同位素

天体摄影机
Y 航空摄像机

天王星大气
Y 行星大气

天文导航
celestial navigation
TN8；V249.3
D 天文航海
S 导航*
F 星光导航
自主天文导航
C 星敏感器
星图识别

天文观测卫星
Y 天文卫星

天文航海
Y 天文导航

天文罗经
Y 天文罗盘

天文罗盘
celestial compass
U6；V241.6
D 太阳罗经
太阳罗盘
天文罗经
S 罗盘
Z 导航设备

天文摄影机
Y 航空摄像机

天文卫星
astronomy satellite
V474
D 天文观测卫星
小天文卫星
S 科学卫星
F 红外天文卫星
太阳观测卫星
Z 航天器
卫星

天文制导
celestial guidance
TJ765；V448
D 星光制导
S 自主制导
F 星体跟踪制导
星图匹配制导
C 星际飞行
星敏感器
Z 制导

天线*
antenna
TN8
D 天线设备
F 点波束天线
飞行器天线
偶极子天线
天线组阵
窄波束天线
C 天线结构 →(7)
天线开关 →(5)
天线系统 →(7)
相位中心 →(7)

天线定向控制
antenna orientation control
V249.122.2
S 定向控制
Z 方向控制
飞行控制

天线辐射器
Y 辐射器

天线设备
Y 天线

天线自动跟踪系统
antenna auto-tracking systems
TJ765；TN95；V556
S 设备系统*
自动跟踪系统
Z 跟踪系统
自动化系统

天线组阵
antenna arraying
V243.1
S 天线*

添加剂*
additives
TQ0
D 高效添加剂
加剂
添加助剂
新型添加剂
F 推进剂添加剂
助燃剂
C 表面活性剂 →(2)(9)(10)
催化剂 →(3)(9)(13)
敏化 →(2)(3)(5)(7)(9)
助剂 →(2)(3)(7)(9)(10)(11)

添加助剂
Y 添加剂

填充
Y 充填

填充材料
Y 填料

填充方法
Y 充填

填充过程
Y 充填

填充料
Y 填料

填充体系
Y 充填

填充物
Y 填料

填加剂
Y 填料

填料*
packing material
TS7；TU5
D 鞍型填料
充填材料
充填料
充填物料
充填原料
多孔形填料
固体填料
规则填料
弧鞍填料
立体填料
粒状填料
填充材料
填充料
填充物
填加剂
填料形式
网状填料
F 柱填料
C 膨胀土 →(9)(11)
陶粒 →(4)(9)(11)
填充改性 →(9)
填料因子 →(9)
尾砂充填 →(2)

填料形式
Y 填料

填装机构
Y 装填机构

调节*
conditioning
ZT5
D 调节方式
调整
调整方法
调整方式
F 姿态调整
C 调节级喷嘴
调节计算 →(11)
调速电动机 →(5)
调蓄 →(11)
机械调节 →(3)(4)(5)(8)

调节方式
Y 调节

调节机构
Y 调节器

调节级喷嘴
control stage nozzle
TH13；TK2；V232
S 喷嘴*
C 调节
调节器
调节系统

调节级叶片
regulating stage blades
TH13；V232.4
D 速度级叶片
S 可调节叶片
Z 叶片

调节剂*
conditioner
TQ0
D 调变剂
调整剂
F 燃速调节剂

调节模型
governor model
TL3
S 核模型*
C 推转模型

调节器*
regulator
TP2
D 调节机构
调节设备
调节装置
调理器
F 功率调节器
燃油调节器
氧气调节器
张力调节器
C 调节级喷嘴
调节门 →(4)(11)
调速 →(1)(2)(3)(4)(5)(8)(12)
空调 →(1)(2)(5)(8)(10)(11)(12)
作动器

调节设备
Y 调节器

调节系统*
regulating system
TP2
F 功率调节系统
人体热调节系统
C 调节级喷嘴
调速系统
空调系统
控制系统

调节装置
Y 调节器

调距桨
Y 可调螺距螺旋桨

调距螺旋桨
Y 可调螺距螺旋桨

调理器
Y 调节器

调频比率引信
Y 调频引信

调频边带引信
Y 调频引信

调频测距引信
Y 调频引信

调频-调频遥测系统
Y 无线遥测

调频回旋加速器
Y 同步回旋加速器

调频无线电引信
Y 调频引信

调频引信
frequency modulation fuze
TJ434
D 调频比率引信
调频边带引信
调频测距引信
调频无线电引信
S 无线电引信
Z 引信

调平机构
leveling mechanism
TH2；V55
D 发射架调平装置
发射装置调平器
S 机构*

调试*
debugging
TH17；TP3
D 调试法
调试方法
调试方式
调试工艺
调试过程
调试技巧
调试模式
调校
调校方法
可调试
F 反应堆调试
自动调平
C 试验

调试(反应堆)
Y 反应堆调试

调试法
Y 调试

调试方法
Y 调试

调试方式
Y 调试

调试工艺
Y 调试

调试过程
Y 调试

调试技巧
Y 调试

调试模式
Y 调试

调速机
Y 调速装置

调速机构
Y 调速装置

调速器系统
Y 调速装置

调速驱动器
Y 调速装置

调速设备

Y 调速装置

调速系统*
speed-governing system
TH13
F 自动变速操纵系统
C 调节系统
调速 →(1)(2)(3)(4)(5)(8)(12)
调速控制装置 →(8)
调速装置
速度控制系统 →(4)(8)

调速装置*
speed regulating device
TH13
D 变输入转速机构
调速机
调速机构
调速器系统
调速驱动器
调速设备
F 直升机减速器
C 变速操纵系统 →(4)(8)
变速传动装置 →(4)(12)
变速器结构 →(4)
传动装置
调速 →(1)(2)(3)(4)(5)(8)(12)
调速功能 →(4)
调速控制装置 →(8)
调速系统
动力换挡 →(4)(12)
机械装置 →(2)(3)(4)(12)

调相轨道
phasing orbits
V529
S 航天器轨道
Z 飞行轨道

调校
Y 调试

调校方法
Y 调试

调谐
tuning
TB1；TL6；TN7
D 调谐方法
调谐技术
固频调谐
C 调谐电压 →(7)
调谐器 →(7)
调谐收音机 →(7)

调谐方法
Y 调谐

调谐技术
Y 调谐

调谐陀螺
Y 调谐陀螺仪

调谐陀螺仪
tuned gyroscope
V241.5；V441
D 调谐陀螺
S 陀螺仪*
F 调谐音叉陀螺仪

调谐音叉陀螺
Y 调谐音叉陀螺仪

调谐音叉陀螺仪
tuning fork gyroscope
V241.5；V441
D 调谐音叉陀螺
音叉陀螺
音叉陀螺仪
S 调谐陀螺仪
Z 陀螺仪

调整
Y 调节

调整方法
Y 调节

调整方式
Y 调节

调整剂
Y 调节剂

调整片
tab
V222
S 气动操纵面
F 配平片
C 补偿片
Z 操纵面

调整片伺服机构
Y 伺服机构

调正时间
Y 时间修正

调制不稳定
Y 稳定

调制掺杂
modulation doping
O4；TJ0；TN3
S 半导体工艺*
掺杂*

调准设备
Y 校准设备

调姿
Y 姿态调整

条件*
condition
ZT84
F 超临界条件
磁绝缘临界条件
低氧条件
发射条件
飞行条件
环境条件
气象条件
失重条件
试验条件
微重力条件
真空壁条件

条件疲劳极限
Y 低周疲劳

跳弹试验
ricochet test
TJ01；TJ410.6
S 射击试验
C 穿甲炮弹
Z 武器试验

跳飞
Y 起飞

跳角试验
jump firing
TJ01；TJ410.6
D 定起角试验
S 外弹道试验
Z 武器试验

跳伞
parachuting
V244.2
D 被迫跳伞
海上跳伞
开双伞跳伞
强制跳伞
绳拉开伞跳伞
试验跳伞
手拉开伞跳伞
延迟开伞跳伞
应急跳伞
S 航空救生
C 降落伞
应急逃生
Z 救生

跳跃弹道
Y 跳跃式弹道

跳跃式弹道
saltatory trajectory
TJ760.1
D 跳跃弹道
S 导弹弹道
Z 弹道

贴壁浇铸药柱
Y 壳体粘接药柱

贴地飞行
Y 超低空飞行

铁同位素
iron isotopes
O6；TL92
S 同位素*

铁屑置换器
Y 分离设备

烃类燃料
hydrocarbon fuel
V51
D 碳氢燃料
烃燃料
S 燃料*
F 高密度烃
C 泡点 →(1)(4)
液体火箭推进剂

烃类燃料燃烧
hydrocarbon fuel combustion

V231.1
S 燃烧*

烃燃料
Y 烃类燃料

烃氧发动机
hydrocarbons-oxygen engine
V434
D 烃氧火箭发动机
S 低温推进剂火箭发动机
Z 发动机

烃氧火箭发动机
Y 烃氧发动机

停泊轨道
parking orbit
V529
D 等待轨道
暂停轨道
中间轨道
驻留轨道
S 航天器轨道
Z 飞行轨道

停堆
reactor shutdown
TL36；TL38
D 停止运行(反应堆)
S 反应堆运行
F 紧急停堆
冷停堆
Z 运行

停堆工况
shutdown condition
TL36
S 核电厂运行工况
Z 工况

停放刹车
Y 飞机刹车

停飞
suspension of flying
V32
D 永久停飞
暂时停飞
S 飞行状态
C 飞行
起飞
Z 状态

停风
Y 通风

停缸
cutting out cylinder
TK0；V23
S 发动机故障*

停机坪
parking apron
V351
D 站坪
S 机坪
C 机场
Z 机场建筑

停机坪安全
Y 机场安全

停机坪灯
Y 机场灯

停机位分配
gate assignment
V351.11
S 分配*

停机载荷
Y 地面载荷

停留精度
Y 精度

停止运行(反应堆)
Y 停堆

通道*
pathway
TL35
D 通道形状
F 环形窄缝通道
矩形通道
平行通道
微通道
C 道路
流道
路径 →(1)(3)(4)(7)(8)(12)(13)
隧道 →(11)(12)(13)
线路 →(5)(7)(8)(11)(12)
巷道 →(2)
信道 →(1)(4)(5)(7)(8)

通道电子倍增器
Y 电子倍增器

通道涡
passage vortex
V211
S 涡流*

通道形状
Y 通道

通风*
ventilation
TD7；TU8
D 供风
供风方式
送风
送风方式
送风形式
停风
通风措施
通风方法
通风方式
通风技术
F 防护通风
C 风机 →(2)(3)(4)(5)(9)
换气 →(1)(11)
配风 →(2)(5)
通风排烟系统 →(13)
通风系统 →(2)(11)
轴流风机 →(4)

通风措施
Y 通风

通风方法
Y 通风

通风方式
Y 通风

通风技术
Y 通风

通风冷却
Y 气体冷却

通风式增压座舱
Y 增压舱

通风头盔
Y 飞行头盔

通缝拼装
Y 装配

通过性试验
Y 行驶试验

通航河道
Y 航道

通航水道
Y 航道

通量守恒托卡马克
Y 托卡马克

通量限制器
flux limiters
V2
S 限制器*

通流设计
throughflow design
V221
S 设计*

通气管*
gas pipe
TU8
D 透气管
F 排气波纹管
旋风管
C 立管 →(2)(9)

通勤飞机
Y 支线飞机

通勤类飞机
Y 支线飞机

通信*
communication
TN91
F 测控通信
地外通信
航空卫星通信
卫星移动通信

通信产品
Y 通信设备

通信导航
communication and navigation
V249.3；V448
S 导航*

通信导航监视
communication navigation surveillance
V249.3
S 监视*

通信电台
Y 无线电台

通信电源车
communication power vehicle
TJ812；TM91；TN8
S 车辆*
技术保障车辆
通用特种车
Z 保障车辆
军用车辆

通信飞机
communication aircraft
V271
S 飞机*
C 联络机

通信分系统
Y 通信系统

通信干扰飞机
communication jamming aircraft
V271.491
D 电子干扰飞机
无线电通信干扰飞机
S 电子对抗飞机
干扰飞机
C 反电子措施飞机
无线电通信干扰系统 →(7)
Z 飞机
军事装备

通信广播卫星
Y 广播卫星

通信机
Y 通信设备

通信技术*
communication technology
TN91
D 电信技术
通讯技术
F 通信中继
C 通信编码 →(7)
通信传输 →(1)(7)(8)(11)
通信平台 →(7)(8)
通信手段 →(7)

通信器材
Y 通信设备

通信设备*
communication equipment
TN91
D 电信设备
通信产品
通信机
通信器材
通信装置
通讯机
通讯器材
通讯设备
通讯装置
F 航空通信设备
星载转发器
C 交换机
通信参数 →(7)
通信单元 →(7)
通信机房 →(7)
通信平台 →(7)(8)

通信网*
communication network
TN91
D 电信网
电信网络
通信网络
通讯网
通讯网络
F 航空电信网
C 端到端性能 →(7)(8)
光通信网 →(7)
交换网络 →(7)(8)
宽带网 →(7)(8)
网络
无线网络 →(7)(8)
移动通信网 →(7)(8)

通信网络
Y 通信网

通信网络体系
Y 通信系统

通信卫星
communication satellite
V474
D 低轨通信卫星
低频穿越电离层通信卫星
地面通信卫星
电信卫星
轨道通信卫星
国内通信卫星
宽带通信卫星
通讯卫星
小型通信卫星
S 应用卫星
F 跟踪与数据中继卫星
广播卫星
国防通信卫星
国际海事卫星
国际通信卫星
海洋卫星
航空卫星
航天卫星
军事通信卫星
商业通信卫星
同步通信卫星
移动通信卫星
有源卫星
C 输入输出特性 →(8)
Z 航天器
卫星

通信卫星发射
Y 卫星发射

通信卫星平台
communication satellite platforms
V476
S 卫星平台
Z 平台

通信卫星系统
communication satellite system
TN92；V4
S 卫星系统
Z 航天系统

通信系统*
communication systems
TN91
D 电信系统
通信分系统
通信网络体系
通讯网络系统
通讯系统
信息通讯系统
F 测控通信系统
航空通信系统
时统通信系统
C 工程系统
通信理论 →(7)
通信平台 →(7)(8)
网络系统 →(1)(4)(7)(8)(11)
远程系统

通信指挥车
communication command vehicle
TJ812
S 指挥车
Z 车辆
军用车辆

通信中继
communication relay
V243.1
S 通信技术*

通信装置
Y 通信设备

通讯机
Y 通信设备

通讯技术
Y 通信技术

通讯器材
Y 通信设备

通讯设备
Y 通信设备

通讯网
Y 通信网

通讯网络
Y 通信网

通讯网络系统
Y 通信系统

通讯卫星
Y 通信卫星

通讯系统
Y 通信系统

通讯装置
Y 通信设备

通用测试方舱

universal test cabins
V223
S 舱*

通用弹药
common ammunition
TJ41
S 弹药*
C 通用导弹
通用炸弹

通用导弹
general purpose missile
TJ76
S 导弹
F 联合通用导弹
C 通用弹药
Z 武器

通用飞机
utility aviation
V271.3
D 多任务飞机
多用途飞机
通用航空器
S 民用飞机
F 航测飞机
救护飞机
农林飞机
气象飞机
体育运动飞机
消防飞机
医疗飞机
游览飞机
Z 飞机

通用航弹
Y 通用炸弹

通用航空
general aviation
V2
D 专业飞行
专业航空
S 民用航空
F 林业航空
农业航空
Z 航空航天

通用航空飞机
Y 专机

通用航空飞行器
general aviation aircraft
V27
S 飞行器*

通用航空器
Y 通用飞机

通用航空炸弹
Y 通用炸弹

通用机枪
general purpose machine gun
TJ24
D 两用机枪
轻重两用机枪
S 机枪
Z 枪械

通用检测设备
Y 测试装置

通用瞄准具
Y 瞄准具

通用模型控制
Y 模型控制

通用射表
general firing table
E；TJ01
S 射表*

通用塑料
Y 塑料

通用特种车
general purpose special vehicle
TJ812
S 特种军用车辆
F 电子维修车
航空电源车
通信电源车
Z 军用车辆

通用炸弹
general purpose bomb
TJ414
D 通用航弹
通用航空炸弹
S 炸弹*
C 通用弹药

通用直升机
Y 多用途直升机

通用轴承
Y 轴承

通用转台
Y 转台

同步地球轨道环境
Y 地球轨道环境

同步辐射
synchrotron radiation
O4；TL5
D 磁韧致辐射
韧致辐射(磁)
同步加速器辐射
S 辐射*
C 摆动磁铁
同步辐射光源
同步加速器

同步辐射光
Y 同步辐射光源

同步辐射光束线
Y 同步辐射光源

同步辐射光源
synchrotron radiation source
TL5；TL92
D 同步辐射光
同步辐射光束线
同步辐射源
同步光
同步光源
S 辐射光源
C 储存环
同步辐射
Z 辐射源
光源

同步辐射加速器
synchrotron radiation accelerator
TL5
S 同步加速器
Z 粒子加速器

同步辐射源
Y 同步辐射光源

同步辐射装置
synchrotron radiation facility
TL5；TL92
S 辐射装置
同步装置*

同步跟踪
synchronous tracking
V55
S 跟踪*

同步光
Y 同步辐射光源

同步光源
Y 同步辐射光源

同步轨道
Y 静止轨道

同步轨道卫星
Y 同步卫星

同步回旋加速器
synchro-cyclotron
TL5
D 调频回旋加速器
稳相加速器
S 环形加速器
F 回旋加速器
同步加速器
Z 粒子加速器

同步机构
Y 同步装置

同步记录系统
Y 记录设备

同步加速器
synchrotron accelerator
TL5
D 高能同步加速器
高能质子同步加速器
全能加速器
拾亿级加速器
同步稳相加速器
质子同步加速器
S 同步回旋加速器
F 电子同步加速器
同步辐射加速器
重离子直线高能同步加速器
C 同步辐射
Z 粒子加速器

同步加速器辐射

Y 同步辐射

同步控制发电器
Y 发电机

同步起爆
Y 同步引爆

同步起爆网络
synchronous explosive circuits
TJ51
S 起爆器材
Z 器材

同步气象卫星
Y 静止轨道气象卫星

同步时间
synchronizing time
V249；V44
S 时间*

同步提取金属
Y 金属提取

同步通信卫星
synchronous communication satellite
V474
D 地球同步通信卫星
静止通信卫星
S 通信卫星
Z 航天器
卫星

同步卫星
synchronous satellite
V474
D 赤道轨道卫星
赤道卫星
静止轨道卫星
静止卫星
同步轨道卫星
S 人造卫星
F 地球同步卫星
太阳同步卫星
C 地球同步轨道
静止轨道
Z 航天器
卫星

同步卫星轨道
Y 地球同步轨道

同步稳相加速器
Y 同步加速器

同步引爆
simultaneous initiation
TJ51
D 同步起爆
S 起爆*

同步装置*
synchronizing linkage
TG3；TH13；TK7
D 同步机构
F 同步辐射装置
C 机械装置 →(2)(3)(4)(12)
同步电路 →(7)
同步发动机 →(5)

同期控制
Y 过程控制

同期录音摄影
Y 摄影

同期摄影
Y 摄影

同时加速
simultaneous acceleration
TL5
S 速度*

同位素*
isotopes
O6；TL92
D 碱金属同位素
F 铂同位素
钚同位素
氮同位素
碘同位素
氡同位素
多组分同位素
锇同位素
放射性同位素
氟同位素
锆同位素
镉同位素
铬同位素
汞同位素
钴同位素
硅同位素
铪同位素
氦同位素
镓同位素
碱土金属同位素
锎同位素
氪同位素
铼同位素
镧同位素
锂同位素
磷同位素
硫同位素
镥同位素
铝同位素
氯同位素
镅同位素
氖同位素
铌同位素
镍同位素
钕同位素
硼-10
钋同位素
铅同位素
氢-1
氢同位素
铷同位素
铯同位素
钐同位素
铈同位素
铊同位素
碳同位素
铁同位素
铜同位素
钍同位素
稳定氮同位素
稳定同位素碳
钨同位素
无载体同位素
硒同位素
锡同位素
氙同位素
锌同位素
氩同位素
氧同位素
铱同位素
钇同位素
银同位素
铀同位素
锗同位素
子体产物
C 核素
气体离心法
同位素分离
同位素交换
指示剂法 →(9)

同位素靶
isotopic target
TL5
S 靶*
F 氚靶
氘靶
铀靶

同位素比
isotope ratio
O6；TL92
D 丰度(同位素)
同位素分析(定量)
同位素组分(定量)
S 比*

同位素标记
isotope labeling
O6；R；TL92
D 化学合成标记
生物合成标记
S 示踪技术
F 同位素双标记
C 标记代谢库技术
标记化合物
同位素交换
无载体同位素
Z 技术

同位素分离
isotope separation
O6；TL2；TL92
D 同位素分离法
同位素分离技术
S 分离*
F 激光同位素分离
激光原子法
C 超级离心机
等离子体离心机
放射化学
富集 →(2)(3)(9)(13)
离心分离
气体离心机
同位素
同位素浓缩材料

同位素分离法

Y 同位素分离

同位素分离工厂
isotope separation plant
TL2
D 铀富集厂
铀浓缩厂
S 核设施
F 氚提取厂
离心浓缩厂
C 同位素分离器
Z 设施

同位素分离技术
Y 同位素分离

同位素分离器
isotope-separation apparatus
TL92
D 同位素分析器
S 分离设备*
F 在线同位素分离器
C 料位计 →(4)
同位素测灰仪 →(4)
同位素分离工厂

同位素分析(定量)
Y 同位素比

同位素分析器
Y 同位素分离器

同位素交换
isotopic exchange
O6；TL2；TL92
D 交换(同位素)
同位素取代
S 交换技术*
F 双温过程
C 标志
同位素
同位素标记
同位素浓缩材料
同位素效应

同位素浓缩
isotope enrichment
O6；TL2；TL92
S 浓缩*
C 富集度

同位素浓缩材料
isotopically enriched material
TL2；TL34；TL92
D 浓缩材料(同位素)
S 核材料*
C 气体离心法
同位素分离
同位素交换

同位素取代
Y 同位素交换

同位素生产堆
isotope production reactors
TL2；TL3；TL4
S 辐照堆
Z 反应堆

同位素双标记
isotope double labelling
O6；TL92
S 同位素标记
Z 技术

同位素效应
isotope effect
O4；TL92
S 效应*
C 分离系数
同位素交换

同位素仪表
isotope instrument
TL82
S 核仪器
Z 测量仪器

同位素组分(定量)
Y 同位素比

同温层飞行
Y 飞行

同心弹筒发射装置
Y 同心筒式发射装置

同心筒发射装置
Y 同心筒式发射装置

同心筒式发射装置
concentric cylindrical launcher
TJ768
D 同心弹筒发射装置
同心筒发射装置
S 导弹发射装置
C 筒射导弹
Z 发射装置

同质异能跃迁同位素
isomeric transition isotopes
O6；TL92
S 放射性同位素
F 氪-85
锶-85
Z 同位素

同质装甲
Y 均质装甲

同轴度测量仪
Y 测量仪器

同轴负载
coaxial load
TL53
D 同轴线干负载
S 载荷*

同轴喷嘴
coaxial nozzle
TH13；TK2；V232
S 喷嘴*
C 同轴结构 →(4)
同轴射流 →(8)
同轴式喷注器

同轴式喷注器
concentric inspirator
V431
S 喷注器*
C 同轴喷嘴

同轴线干负载
Y 同轴负载

铜弹带
copper rotating band
TJ412
S 弹带
Z 弹药零部件

铜钛合金
copper-titanium alloy
TG1；V25
S 合金*

铜同位素
copper isotopes
O6；TL92
S 同位素*

统一测控
unified measurement and control
V556
S 航天测控
Z 测控

统一式燃烧室
Y 直喷式燃烧室

统一推进系统
unified propulsion system
V43
S 推进系统*

筒射导弹
tube launched missiles
TJ76
D 筒装导弹
S 导弹
C 同心筒式发射装置
筒式发射
Z 武器

筒式发射
canister launching
TJ765
S 导弹发射
C 发射筒
筒射导弹
Z 飞行器发射

筒型压缩机
Y 压缩机

筒中弹道
Y 初始弹道

筒装导弹
Y 筒射导弹

头部保护
Y 头部防护

头部点火
Y 推进剂点火

头部防护
head protection
TJ92；X9
D 头部保护

S 个体防护
C 安全帽 →(10)(13)
Z 防护

头部偏角
warhead deflection angles
TJ76
S 角*

头部烧蚀
nose ablation
TJ76
S 烧蚀*
C 大气再入
烧蚀材料
烧蚀深度

头部无线电引信
Y 弹头引信

头部引信
Y 弹头引信

头戴式显示器
Y 头盔显示器

头戴显示器
Y 头盔显示器

头靠伞箱
Y 降落伞包

头盔瞄准具
helmet sight
V24
D 头盔式瞄准具
头盔显示
S 瞄准具
C 头盔显示器
Z 瞄准装置

头盔枪
helmet-mounted rifles
TJ2
S 间谍用枪
Z 枪械

头盔式瞄准具
Y 头盔瞄准具

头盔式显示器
Y 头盔显示器

头盔显示
Y 头盔瞄准具

头盔显示器
helmet mounted display
TN2；V243.6
D 头戴式显示器
头戴显示器
头盔式显示器
头盔显示系统
S 显示器*
C 头盔瞄准具

头盔显示系统
Y 头盔显示器

头体对接
Y 弹体对接

头体分离
nose-body separation
TJ765
D 弹头弹体分离
导弹头体分离
S 分离*
C 导弹发射
导弹分离系统
卫星发射

头罩分离
head and cover separating
V421
S 分离*

头锥
nose cone
V421；V423
D 导弹头锥
端头
端头帽
端头体
火箭头锥
截头锥
烧蚀头锥
头锥顶尖
头锥端部
弯曲头锥
锥形头部
S 导弹部件*
飞行器头部*
C 钝度效应
再入飞行器

头锥顶尖
Y 头锥

头锥端部
Y 头锥

投弹瞄准具
Y 航空瞄准具

投弹器
bomb-release control
V24
S 轰炸设备
Z 发射装置

投放*
embarking
TJ01
D 投放方式
F 空投
外挂物投放
武器投放

投放发射
Y 软发射

投放方式
Y 投放

投放风洞试验
drop wind tunnel test
V211.74
D 风洞投放试验
S 风洞试验
Z 气动力试验

投放区
putting area
E；TJ414
D 投放域
S 工作区*
C 激光制导炸弹

投放式弹药
Y 投掷式弹药

投放式发射
Y 软发射

投放试验
throwing test
V217
D 空投试验
空中投放试验
投物试验
投掷法试验
S 飞行试验
C 航空弹道试验靶场
空投系统
投物伞
Z 飞行器试验

投放系统
Y 空投系统

投放域
Y 投放区

投射装置
projecting device
V24
S 武器装挂发射装置
C 投射灯 →(5)(10)
Z 发射装置

投物伞
cargo parachute
V244.2
D 物用降落伞
物用伞
S 降落伞*
C 投放试验

投物试验
Y 投放试验

投掷法试验
Y 投放试验

投掷式弹药
dropped ammunition
TJ41
D 投放式弹药
S 弹药*
C 手榴弹

投掷重量
throw-weight
TJ760
S 导弹战术技术性能
Z 战术技术性能

透波材料
wave transmitting material
TB3；V25
D 高性能透波材料

透微波材料
S 功能材料*
C 透波性能 →(1)

透明件(航空器)
Y 航空透明件

透平
Y 涡轮

透平风扇发动机
Y 涡扇发动机

透平火箭发动机
Y 涡轮火箭发动机

透平机
Y 涡轮

透平机械
Y 涡轮

透平螺旋桨发动机
Y 涡桨发动机

透平喷气发动机
Y 涡轮喷气发动机

透平型发电机
Y 发电机

透平叶片
Y 涡轮叶片

透平叶栅
Y 涡轮叶栅

透平增压
Y 涡轮增压

透平轴发动机
Y 涡轴发动机

透平转子
Y 涡轮转子

透气防毒服
Y 防毒服

透气管
Y 通气管

透气式防毒服
Y 防毒服

透气式防毒衣
Y 防毒服

透视错觉
Y 视错觉

透微波材料
Y 透波材料

凸肩叶片
shoulder blade
TH13；V232.4
S 叶片*

凸轮传动机构
Y 传动装置

凸轮传动装置
Y 传动装置

凸轮活塞发动机
cam piston engine
TK0；V234
S 活塞式发动机
Z 发动机

凸缘炮弹
Y 锥膛弹

突防
defense penetration
E；TJ76
D 突防技术
S 防御*
F 导弹突防
低空突防
飞机突防
高空突防
协同突防
C 拦截
诱饵

突防飞行
penetration flight
V323
S 航空飞行
Z 飞行

突防概率
penetration probability
E；TJ76
D 突防几率
S 概率*
C 导弹突防
飞机突防

突防几率
Y 突防概率

突防技术
Y 突防

突防模型
penetration models
E；TJ76
S 模型*

突防能力
defense penetration ability
E；TJ76
D 突防效能
S 作战能力
C 导弹突防
飞机突防
Z 使用性能
战术技术性能

突防效能
Y 突防能力

突防诱饵
penetration decoy
E；TJ76
S 诱饵*
C 导弹突防
飞机突防

突风风洞
Y 阵风风洞

突风缓和
Y 阵风缓和系统

突风响应
Y 阵风响应

突击步枪
assault rifle
TJ22
S 自动步枪
F 水下突击步枪
无托突击步枪
C 突击武器
Z 枪械

突击车
assault vehicles
TJ811
S 军用车辆*
F 快速突击车
两栖登陆车
两栖突击车
轻型突击车
伞兵突击车

突击火炮
Y 突击炮

突击炮
assault gun
TJ399
D 突击火炮
S 火炮
C 突击武器
Z 武器

突击枪
Y 自动步枪

突击武器
assault weapons
E；TJ0
S 轻武器*
C 突击步枪
突击炮
战车

突击战斗车辆
Y 战车

突扩角
sudden enlargement angle
V430
S 角*

突扩扩压器
dump diffuser
TK0；V232
D 短突扩扩压器
S 扩压器
Z 发动机零部件

突扩燃烧室
dump combustion chamber
V232；V43
S 燃烧室*

突片
small tabs
V2

D 小突片
S 装置*
C 涡系结构

突燃
Y 爆燃

图*
graph
O1
D 图样
图纸
F 导航图
功能表图
模线
C 工程图 →(1)(2)(3)(4)(5)(7)(8)(10)(11)(12)
绘图 →(1)
机械图 →(3)(4)(12)
图表处理 →(8)
图表分析 →(1)
图表绘制 →(8)
图表设计 →(8)
图表制作 →(8)
图档管理 →(8)
图像结构 →(7)

图表记录仪
Y 记录仪

图枚举
Y 图像

图片
Y 图像

图谱*
map
G；O1；Q3；TH11
F XRD 图谱
C 谱
特征视图 →(8)
图像分类 →(1)(8)

图像*
image
TP3
D 图枚举
图片
图像细节
图像形式
影象
映像
F 卫星图像
C 成像
镜像 →(7)(8)
图像补偿 →(7)
图像功能 →(7)
影像 →(1)(8)
映像寄存器 →(8)

图像导航
image-based navigation
TN8；V249.3
S 导航*

图像导引头
image seekers
TJ765
S 导引头
Z 制导设备

图像跟踪系统
picture tracking system
TN95；V556
S 跟踪系统*
图像系统*
C 图像监测系统 →(1)(8)

图像功率谱
image power spectrum
V248
S 谱*

图像探测器
Y 成像探测器

图像系统*
image system
TN94；TP3
D 影像系统
F 机载成像系统
图像跟踪系统
C 视频系统 →(1)(7)(8)
图像编辑 →(7)
图像合成 →(8)
影音文件 →(7)

图像细节
Y 图像

图像形式
Y 图像

图像运动补偿
Y 像移补偿

图像侦察卫星
Y 成像侦察卫星

图像制导
image guidance
TJ765；V448
S 制导*

图像制导导弹
image guided missiles
TJ76
S 精确制导导弹
Z 武器

图样
Y 图

图纸
Y 图

涂层*
coating
TG1；TQ63
D 涂层体系
涂敷层
涂覆层
F 高温抗氧化涂层
隐身涂层
C 表层
防水 →(2)(11)(12)(13)
胶乳
金属载体 →(9)
漏油 →(2)(13)
涂料 →(1)(3)(9)(10)(11)(12)

涂层燃料颗粒
Y 包覆燃料颗粒

涂层体系
Y 涂层

涂敷层
Y 涂层

涂覆层
Y 涂层

涂硼电离室
Y 中子探测器

涂装金属
Y 金属材料

土方回填
Y 回填

土拉弗氏杆菌
Y 细菌类生物战剂

土拉杆菌
Y 细菌类生物战剂

土壤腐蚀试验
Y 环境腐蚀试验

土星大气
Y 行星大气

土星探测
saturn's exploration
V476
S 行星探索
Z 探测

土星探测器
Saturn detector
V476
S 行星探测器
Z 航天器

钍-232
thorium-232
O6；TL92
S α 衰变放射性同位素
年寿命放射性同位素
钍同位素
自发裂变放射性同位素
C 钍循环
Z 同位素

钍堆
thorium reactor
TL2；TL3；TL4
D 钍反应堆
S 反应堆*
C 零功率堆

钍反应堆
Y 钍堆

钍基先进 CANDU 堆
Y 钍基先进重水堆

钍基先进重水堆
thorium based advanced candu reactor
TL3；TL4
D 钍基先进 CANDU 堆

S 坎杜型堆
Z 反应堆

钍雷克斯过程
Y 核燃料后处理

钍燃料
thorium fuel
TL2
S 金属核燃料
Z 燃料

钍同位素
thorium isotopes
O6；TL92
S 同位素*
F 钍-232

钍循环
thorium cycle
TL22
S 核燃料循环*
C 钍-232

钍-铀燃料
thorium-uranium fuel
TL2
S 合金核燃料
Z 燃料

湍流
turbulence
P4；TV1；V211
D 乱流
扰流
湍流流动
伪湍流
紊流
S 流体流*
F 非定常湍流
空腔流
气相湍流
强旋湍流
旋转湍流
C 气动干扰
水动力系数 →(12)
湍流度
湍流积分尺度
涡流
涡破裂

湍流边界层
turbulent boundary layer
V211
D 湍流附面层
紊流附面层
S 边界层
C 混合长流动理论
Z 流体层

湍流边界层分离
turbulent boundary layer separation
V211
S 边界层分离
Z 分离

湍流传质扩散系数
turbulent mass transfer diffusivity
V211
S 紊流扩散系数
Z 扩散系数

湍流大气
turbulent atmosphere
V211；V321.2
S 大气*

湍流度
turbulivity
O3；V211
D 大气湍流度
湍流度因子
紊流度
S 程度*
C 流场品质
湍流

湍流度因子
Y 湍流度

湍流反应流
turbulent reacting flow
O3；V211
S 流体流*

湍流风洞
turbulence wind tunnel
V211.74
S 风洞*

湍流附面层
Y 湍流边界层

湍流混合
turbulent mixing
V211
S 流体混合
Z 物质混合

湍流积分尺度
turbulent integral scale
V211
S 尺度*
C 湍流

湍流扩散系数
Y 紊流扩散系数

湍流流动
Y 湍流

湍流黏性
Y 涡黏度

湍流黏性应力
Y 雷诺应力

湍流燃烧
Y 紊流燃烧

湍流探测
turbulence detection
V211；V249.3
S 探测*

湍流尾流
turbulent wake
V211
D 紊流尾流
S 尾流
Z 流体流

湍流应力
Y 雷诺应力

推动器
Y 推进器

推动算式冷却机
Y 冷却装置

推进*
propulsion
TK0；V228；V43
D 推进方式
F 导弹推进
等离子体推进
电推进
飞机推进
航天器推进
核推进
化学推进
火箭推进
激光水推进
离子推进
喷气推进
微波推进
微推进
小推力推进
C 推进器

推进舱
propulsion module
V223；V423；V43
S 航天器舱
Z 舱
航天器部件

推进堆
propulsion reactors
TL4
S 动力堆
F 航天推进堆
Z 反应堆

推进方式
Y 推进

推进分系统
Y 推进系统

推进技术
propulsion technology
V43
D 推进能力
S 航天技术
F 激光推进技术
离子推进技术
太空推进技术
微推进技术
吸气式推进技术
C 气动-推进性能
Z 航空航天技术

推进剂*
propellant
V51
D 化学推进剂
F 低特征信号推进剂
富燃料推进剂

富氧推进剂
高能推进剂
固体推进剂
固液混合推进剂
火箭推进剂
液体推进剂

推进剂安定剂
Y 推进剂燃烧稳定剂

推进剂包覆
propellant cladding
V51
D 耐烧蚀包覆
刷涂包覆
S 包覆*
航天工艺
C 固体推进剂
Z 工艺方法

推进剂爆轰
Y 推进剂爆炸

推进剂爆炸
propellant explosion
V51；X9
D 推进剂爆轰
S 爆炸*
事故*

推进剂储存
propellant storage
V51
S 存储*
C 火箭燃料
火箭推进剂
可储存火箭推进剂

推进剂储箱
Y 推进剂贮箱

推进剂点火
propellant ignition
TK1；V430；V432
D 固体推进剂点火
头部点火
液体推进剂点火
S 火箭点火
C 点火延迟
推进剂火焰感度
推进剂燃烧
Z 点火

推进剂毒力
Y 推进剂毒性

推进剂毒性
propellant toxicity
R；V51
D 推进剂毒力
推进剂中毒
S 毒性*
推进剂性能
Z 材料性能

推进剂防老剂
propellant antioxidant
V51
S 防护剂*
C 端羟基聚丁二烯推进剂
推进剂添加剂

推进剂感度
propellant sensitivity
V51
S 感度*
F 推进剂火焰感度
C 推进剂相容性

推进剂工艺性能
propellant processing properties
V51
S 推进剂性能
Z 材料性能

推进剂公路运输槽车
propellant highway transport tank
TJ768；TJ812；V55
S 推进剂运输车
C 专用特种车
Z 保障车辆
军用车辆

推进剂供应系统
propellant feed system
V432
D 推进剂输送系统
S 供应系统*

推进剂固化
Y 推进剂固化剂

推进剂固化剂
propellant curing agent
V51
D 推进剂固化
S 固化剂*
C 推进剂添加剂

推进剂管理
propellant management
V51
S 燃料管理
Z 管理

推进剂管理系统
Y 推进剂管理装置

推进剂管理装置
propellant management system
V432
D 推进剂管理系统
S 装置*

推进剂火焰感度
propellant flame sensitivity
V231.1；V51
D 火焰感度
S 推进剂感度
C 推进剂点火
Z 感度

推进剂加注
propellant filling
V432；V55
D 液体推进剂加注
S 加注*
C 附件

推进剂加注泵车
Propellant perfusion pump vehicle
TJ；TJ768；TJ812；V55
S 特种军用车辆
Z 军用车辆

推进剂加注设备
propellent filling equipment
V55
D 液体推进剂储存设备
液体推进剂储运加注设备
液体推进剂加注设备
液体推进剂运输设备
S 加注设备
Z 地面设备
设备

推进剂加注诸元*
propellant filling data
V51
F 晃动质量
起飞质量
推进剂剩余量
增压气体量
C 诸元

推进剂浇注
propellant casting
V51
S 浇注*

推进剂可储存性
propellant storability
V51
S 推进剂性能
性能*
C 可储存火箭推进剂
Z 材料性能

推进剂可混用性
Y 推进剂相容性

推进剂控制
propellant control
V51
S 发动机控制
C 燃料系统
Z 动力控制

推进剂利用系统
propellant utilization system
V432
S 航天器系统
专用系统*
Z 航天系统

推进剂流变性
propellant rheology
V51
D 推进剂流平性
药浆流变性
药浆流动性
药浆流平性
S 变性*
流体力学性能*
推进剂性能
C 推进剂黏性
Z 材料性能

推进剂流动性

propellant flow characteristic
V51
S 流体力学性能*
C 推进剂黏性

推进剂流量
propellant flow
V51
Y 推进剂流变性

推进剂黏性
propellant viscosity
V51
S 推进剂性能
物理性能*
C 推进剂流变性
推进剂流动性
Z 材料性能

推进剂配方
propellant formulation
V51
S 配方*

推进剂配伍性
Y 推进剂相容性

推进剂燃料
Y 火箭燃料

推进剂燃烧
propellant combustion
V231.1；V51
D 内孔燃烧
S 燃烧*
F 表面燃烧
平台燃烧
侵蚀燃烧
增面燃烧
C 推进剂点火

推进剂燃烧剂运输槽车
propellant fuel transport tank
TJ768；TJ812；V55
D 燃烧剂运输车
S 推进剂运输车
C 专用特种车
Z 保障车辆
军用车辆

推进剂燃烧时间
propellant burning time
V51
S 时间*

推进剂燃烧速度
Y 推进剂燃速

推进剂燃烧速率
Y 推进剂燃速

推进剂燃烧稳定剂
propellant burning stabilizer
V51
D 推进剂安定剂
S 燃烧稳定剂
C 推进剂添加剂
Z 稳定剂

推进剂燃烧性能
propellant combustion property
V231.1；V51
S 热学性能*
推进剂性能
Z 材料性能

推进剂燃速
propellant burning rate
V51
D 推进剂燃烧速度
推进剂燃烧速率
推进剂燃速系数
S 速度*
C 推进剂药柱

推进剂燃速系数
Y 推进剂燃速

推进剂闪点
Y 燃点

推进剂剩余量
propellant residual
V51
D 剩余推进剂
推进剂余量
S 推进剂加注诸元*

推进剂输送
propellant transfer
V432
S 货运作业*

推进剂输送系统
Y 推进剂供应系统

推进剂添加剂
propellant additive
V51
D 固体推进剂金属添加剂
固体推进剂添加剂
S 添加剂*
C 复合推进剂
推进剂防老剂
推进剂固化剂
推进剂燃烧稳定剂
推进剂氧化剂
推进剂粘合剂

推进剂铁路运输槽车
propellant rail transport tank
TJ768；TJ812；U2；V55
S 推进剂运输车
C 专用特种车
Z 保障车辆
军用车辆

推进剂污染
propellant pollution
V51；X5
S 环境污染*

推进剂雾化
propellant atomization
V51
S 雾化*
C 火箭推进剂

推进剂线膨胀系数
Y 推力系数

推进剂相容性
propellant compatibility
V51
D 推进剂可混用性
推进剂配伍性
S 推进剂性能
性能*
C 推进剂感度
Z 材料性能

推进剂箱
Y 推进剂贮箱

推进剂性能
propellant property
V51
S 材料性能*
F 推进剂毒性
推进剂工艺性能
推进剂可储存性
推进剂流变性
推进剂黏性
推进剂燃烧性能
推进剂相容性

推进剂氧化剂
propellant oxidizer
V51
D 火箭燃料氧化剂
火箭氧化剂
燃料氧化剂
S 化学剂*
F 高能氧化剂
C 火箭燃料
推进剂添加剂

推进剂药浆
propellant slurry
V51
S 药浆
C 复合推进剂
推进剂药柱
Z 浆液

推进剂药柱
propellant grain
V51
D 侧面燃烧药柱
发动机药柱
固体推进剂药柱
固体推进剂装药
固体药柱
火箭推进剂药柱
火箭药柱
推进剂装药
S 药柱*
F 端燃药柱
壳体粘接药柱
内孔燃烧药柱
C 固体火箭推进剂
固体推进剂
推进剂燃速
推进剂药浆
药柱肉厚

推进剂余量
Y 推进剂剩余量

推进剂运输车

propellant transport vehicle
TJ768；TJ812；V55
S 技术保障车辆
特种军用车辆
F 推进剂公路运输槽车
推进剂燃烧剂运输槽车
推进剂铁路运输槽车
C 导弹运输
Z 保障车辆
军用车辆

推进剂增压系统
Y 增压装置

推进剂粘合剂
propellant binder
TG4；V51
D 固体火箭推进剂粘合剂
固体火箭推进剂粘接剂
固体火箭粘合剂
固体火箭粘接剂
固体推进剂粘结剂
推进剂粘接剂
推进剂粘结剂
S 胶粘剂*
C 复合推进剂
聚醚推进剂
推进剂添加剂

推进剂粘接剂
Y 推进剂粘合剂

推进剂粘结剂
Y 推进剂粘合剂

推进剂质量比
propellant mass ratio
TQ0；V51
S 比*

推进剂中毒
Y 推进剂毒性

推进剂贮罐
Y 推进剂贮箱

推进剂贮箱
propellant tank
V432
D 火箭推进剂贮箱
推进剂储箱
推进剂箱
推进剂贮罐
贮囊贮箱
S 贮箱*
F 表面张力贮箱
低温推进剂贮箱
C 金属膜片贮箱
液体晃动

推进剂转注泵车
propellant transfer pump vehicle
TJ768；TJ812；V55
S 技术保障车辆
特种军用车辆
C 专用特种车
Z 保障车辆
军用车辆

推进剂装药
Y 推进剂药柱

推进控制
propulsion control
V249；V433
D 飞行/推进综合控制
飞行/推力综合控制
飞行-推进控制
综合飞行/推进控制
综合飞行-推力控制
S 推力控制
F 二次喷射控制
C 推进变压器 →(5)
Z 动力控制

推进能力
Y 推进技术

推进喷管
Y 排气喷管

推进器*
thruster
U6；V23；V43
D 胶体推力器
推动器
推进设备
推进装置
推力器
推力装置
主推进装置
F 等离子体推进器
电推力器
固体推进器
霍尔推进器
激光推进器
空间推进器
离子推力器
脉冲推力器
微推进器
卫星推力器
自由分子流推力器
C 操纵效能
发动机
顺桨机构
推进
推进系统

推进设备
Y 推进器

推进特性
Y 推进性能

推进系数
Y 推力系数

推进系统*
propulsion system
V23；V430
D 推进分系统
推力系统
F 电力推进系统
动力推进系统
辅助推进系统
航空航天推进系统
冷气推进系统
离子推进系统
喷气推进系统
特种推进系统
统一推进系统
微型推进系统
主推进系统
C 动力系统
动力装置
发动机系统
水反应金属燃料
推进器

推进系统构型
propulsion system configuration
V221
S 气动构型
C 辅助推进系统
航天器构型
Z 构型

推进效率
propulsive efficiency
V430
D 准推进系数
S 效率*
C 螺旋桨效率
喷管效率
燃烧效率
推进性能
推力系数

推进性能
propulsion quality
V228；V43
D 推进特性
S 发动机动力性能
C 推进效率
Z 动力装置性能

推进装置
Y 推进器

推进阻力
resistance to propulsion
TH11；V43
S 阻力*

推力*
thrust
O3；V43
F 比推力
大推力
电弧推力
发动机推力
反推力
飞行推力
火箭推力
静推力
螺旋桨推力
喷气推力
平均推力
矢量推力
小推力
有限推力
制动推力
最大推力
C 发动机
力
水下点火

推力不对称飞行

asymmetric thrust flight
V323
D 不对称推力飞行
S 航空飞行
Z 飞行

推力测量控制系统
Y 推力向量控制系统

推力负荷
Y 推力载荷

推力后效冲量
Y 后效冲量

推力换向发动机
Y 推力换向喷气发动机

推力换向飞机
Y 喷气式垂直起落飞机

推力换向航空发动机
Y 推力换向喷气发动机

推力换向喷气发动机
thrust vectoring jet engines
V235.15
D 喷口转向喷气发动机
升力巡航喷气发动机
矢量发动机
推力换向发动机
推力换向航空发动机
推力矢量发动机
推力转向发动机
S 涡轮喷气发动机
C 喷气式垂直起落飞机
燃气回吞
升力喷气发动机
Z 发动机

推力换向式飞机
Y 直升机

推力控制
thrust control
TP1；V433
S 动力控制*
F 反作用控制
推进控制
推力矢量控制
小推力控制
直接推力控制

推力模型
propulsive force model
V21；V41
S 力学模型*

推力喷管
Y 排气喷管

推力偏心角
thrust misalignment angle
V430
S 角*

推力器
Y 推进器

推力器配置
thruster configuration
V431
S 配置*

推力燃烧室
Y 推力室

推力矢量电液位置伺服系统
thrust vector electrohydraulic servo control system
TB4；V431
S 测量仪器*
电液系统*
定位系统*
伺服系统*

推力矢量发动机
Y 推力换向喷气发动机

推力矢量飞机
thrust vector aircraft
V271
S 飞机*

推力矢量控制
thrust vector control
V228；V433
D 推力向量控制
S 航天器控制
矢量控制*
推力控制
F 气动力/推力矢量控制
C 二次喷射
喷管推力系数
Z 动力控制
载运工具控制

推力矢量控制技术
thrust vector control technology
V249；V43
S 航天技术
Z 航空航天技术

推力矢量控制系统
Y 推力向量控制系统

推力矢量喷管
thrust vector nozzle
V232.97
S 矢量喷管
Z 喷管

推力室*
thrust chamber
V431
D 波纹板式推力室
等压推力室
电热肼推力室
推力燃烧室
铣槽式推力室
压坑式推力室
增强型肼推力室
F 层板推力室
C 燃烧室

推力室头部
Y 喷注器

推力系数
thrust coefficient
V43
D 理论推力系数
前缘推力系数
前缘吸力系数
推进剂线膨胀系数
推进系数
推力系数因子
真空推力系数
最佳推力系数
S 系数*
F 喷管推力系数
C 推进效率

推力系数因子
Y 推力系数

推力系统
Y 推进系统

推力向量控制
Y 推力矢量控制

推力向量控制系统
thrust vector control systems
V249
D 推力测量控制系统
推力矢量控制系统
S 控制系统*

推力载荷
thrust load
O3；V430
D 推力负荷
S 动载荷
C 火箭推力
Z 载荷

推力终止
Y 发动机关机

推力重量比
Y 推重比

推力转向发动机
Y 推力换向喷气发动机

推力转向飞机
Y 喷气式垂直起落飞机

推力转向喷管
thrust steering nozzle
V232.97
S 排气喷管
Z 喷管

推力装置
Y 推进器

推台
Y 转台

推重比
thrust-weight ratio
V23
D 发动机推力重量比
发动机推质比
发动机推重比
飞机推重比
推力重量比
重推比
S 比*
C 火箭发动机

火箭发动机燃料系统

推转模型
cranking model
TL3
S 核模型*
C 调节模型

退弹机构
Y 闭锁装置

退化
Y 衰减

退偏陀螺
Y 消偏光纤陀螺

退役*
retirement
E; TL94
F 核设施退役
装备退役

退役安全
Y 核设施退役

退役材料
Y 核设施退役

退役处理
Y 核设施退役

退役废物
decommissioning waste
TL94
S 废弃物*

退役技术
Y 核设施退役

退役设备
Y 核设施退役

退役治理
Y 核设施退役

吞水试验
water ingestion test
V216.2
S 发动机试验*

托卡马克
Tokamak
TL63
D 工程试验装置托卡马克
环流器
环流器二号 A 装置
通量守恒托卡马克
托卡马克堆
托卡马克反应堆
托卡马克聚变堆
托卡马克聚变装置
托卡马克实验
托卡马克实验装置
托卡马克系统
托卡马克型堆
托卡马克型工程试验装置
托卡马克装置
托克马克装置
托马克装置
S 闭合等离子体装置
F HL-1M 装置
HL-1 装置
HT-7 装置
JET 装置
超导托卡马克
点火球形环
极向偏滤器设备
普林斯顿 β 实验装置
球形托卡马克
先进托卡马克
C 锯齿振荡
偏滤器
Z 热核装置

托卡马克堆
Y 托卡马克

托卡马克反应堆
Y 托卡马克

托卡马克聚变堆
Y 托卡马克

托卡马克聚变装置
Y 托卡马克

托卡马克实验
Y 托卡马克

托卡马克实验装置
Y 托卡马克

托卡马克系统
Y 托卡马克

托卡马克型堆
Y 托卡马克

托卡马克型工程试验装置
Y 托卡马克

托卡马克装置
Y 托卡马克

托克马克装置
Y 托卡马克

托马克装置
Y 托卡马克

拖靶
towed target
TJ01
D 拖体
S 活动靶
F 航空拖靶
C 阻力伞
Z 靶

拖靶机
Y 牵引飞机

拖体
Y 拖靶

拖曳飞行
towed flight
V323
D 牵引飞行
水上拖曳飞行
S 航空飞行
C 飞机刹车
水上拖曳装置
Z 飞行

拖曳式空中发射系统
Y 空中发射

拖曳试验
towing test
O3; V216
D 火箭拖曳试验
S 力学试验*

拖曳水雷
towed mine
E; TJ512; TJ6
S 水雷*

脱靶
Y 命中概率

脱靶弹
miss projectiles
TJ412
S 炮弹*

脱靶方位
miss azimuth
E; P2; TJ760
S 方位*
C 引战配合

脱靶距离
miss-distance
TJ01
S 距离*
C 导弹精度
落点偏差
战术技术性能

脱靶量*
target missing quantity
E; TJ01
D 理论脱靶量
F 零控脱靶量
矢量脱靶量
预测脱靶量
允许脱靶量

脱靶量测量
target miss value measuring
TJ0
D 矢量脱靶量测量
S 靶场测量
Z 测量

脱层
Y 剥离

脱除装置
Y 清除装置

脱弹器
Y 装填机

脱壳穿甲弹
sabot armor-piercing projectile
TJ412
D 脱壳穿甲炮弹
脱壳炮弹
S 穿甲炮弹
F 尾翼稳定脱壳穿甲弹

钨合金脱壳穿甲弹
Z 炮弹

脱壳穿甲炮弹
Y 脱壳穿甲弹

脱壳弹
Y 脱壳枪弹

脱壳废液
Y 废液

脱壳炮弹
Y 脱壳穿甲弹

脱壳枪弹
discarding small arms ammunition
TJ411
D 脱壳弹
S 穿甲枪弹
Z 枪弹

脱离锁
Y 脱伞器

脱伞器
parachute separator
V244.2
D 降落伞脱离锁
伞分离器
脱离锁
主伞脱离锁
自动脱伞装置
S 降落伞附件
C 开伞装置
Z 附件

脱体涡
body-shedding vortex
V211
D 非对称脱体涡
S 涡流*
C 涡环

脱体涡模拟
detached-eddy simulation
V2
S 旋涡模拟
Z 仿真

脱污
Y 去污

陀螺
Y 陀螺仪

陀螺表
Y 陀螺仪

陀螺磁罗盘
Y 磁罗经

陀螺盘
Y 陀螺仪

陀螺漂移
Y 陀螺稳定性

陀螺漂移率
Y 陀螺稳定性

陀螺平台
Y 陀螺稳定器

陀螺设计
gyro design
U6；V241.5
S 产品设计*

陀螺式传感器
Y 陀螺仪

陀螺稳定
Y 陀螺稳定性

陀螺稳定平台
Y 稳定平台

陀螺稳定器
gyrostabilizer
V241.5
D 陀螺平台
S 制导设备*
C 稳定平台

陀螺稳定性
gyroscopic stability
U6；V241.5；V441
D 陀螺漂移
陀螺漂移率
陀螺稳定
陀螺稳性
陀螺仪漂移
S 设备性能*
稳定性*
C 瞄准线
稳定平台

陀螺稳性
Y 陀螺稳定性

陀螺仪*
gyroscope
V241.5；V441
D 回转仪
陀螺
陀螺表
陀螺盘
陀螺式传感器
陀螺仪表
F 波动陀螺
超导陀螺仪
单自由度陀螺仪
调谐陀螺仪
二自由度陀螺仪
固态陀螺
惯性陀螺
光学陀螺仪
机电陀螺
机械陀螺仪
激光陀螺指北仪
捷联式陀螺仪
力矩陀螺仪
挠性陀螺仪
射流陀螺仪
石英音叉陀螺
速率陀螺仪
微机械陀螺仪
微陀螺仪
悬浮陀螺仪
压电陀螺仪
振动陀螺仪
姿态陀螺仪
C 惯性导航
惯性导航系统
漂移率
陀螺力矩 →(4)
自动驾驶仪

陀螺仪表
Y 陀螺仪

陀螺仪漂移
Y 陀螺稳定性

陀螺仪漂移预测
Y 漂移预测

陀螺转台
Y 转台

陀螺转子
gyrorotor
TH13；V241.5
S 转子*

陀螺阻尼器
Y 阻尼器

驼峰航线
hump route
V355
S 飞行航线
Z 航线

椭圆参考轨道
ellipse reference orbits
V526
S 椭圆轨道
Z 飞行轨道

椭圆弹道
ellipse trajectory
TJ01
S 弹道*

椭圆轨道
elliptical orbit
V526
D 椭圆形轨道
S 航天器轨道
F 大椭圆轨道
椭圆参考轨道
异面椭圆轨道
Z 飞行轨道

椭圆轨道编队飞行
Y 编队飞行

椭圆形风洞
Y 低速风洞

椭圆形轨道
Y 椭圆轨道

椭圆形截面风洞
Y 低速风洞

椭圆翼型
elliptic airfoil
V221
S 翼型*

拓扑构造
Y 拓扑结构

拓扑结构*
topological structure
TN91
D 拓扑构造
拓朴结构
系统拓扑结构
F 空域拓扑结构
C 拓扑 →(1)(7)(8)
拓扑设计 →(7)(8)
拓扑网络 →(7)

拓朴结构
Y 拓扑结构

瓦斯弹
Y 催泪弹

瓦维洛夫-契伦科夫辐射
Y 契伦科夫辐射

外部泄漏量
external leakage
TH12；V233
D 外泄漏
S 泄漏量*

外测
Y 外弹道测量

外测数据
exterior measuring data
V247.5
S 数据*

外测系统
Y 弹道测量系统

外层空间
Y 太空

外层空间核爆炸
Y 高空核试验

外层空间核试验
Y 高空核试验

外层空间研究
Y 太空研究

外层空间侦察
Y 航天侦察

外场测试设备
field test measure equipment
TJ06；TJ768
S 地面测试设备
C 靶场测量
Z 测试装置
地面设备

外场级维修
Y 外场维修

外场检测
field checkout
TJ06
S 检测*
C 地面检测设备

外场降落
Y 起落

外场可靠性
external field reliability
V328.5
S 可靠性*

外场设备
Y 机场设备

外场维护
Y 外场维修

外场维修
field maintenance
V267
D 航线维护
航线维修
外场级维修
外场维护
一级航空维修
一级维修
S 航空维修
Z 维修

外吹襟翼
Y 外吹气襟翼

外吹气襟翼
externally blown flap
V224
D 外吹襟翼
S 吹气襟翼
C 增升装置
展向吹气
Z 操纵面

外弹道
external trajectory
TJ01；TJ412
D 二次抛射弹道
高抛物线弹道
光测弹道
雷测弹道
S 射弹弹道
F 标准弹道
理想弹道
曲射弹道
上升弹道
射击迹线
下降弹道
质点弹道
C 高速 →(1)
外弹道测量
Z 弹道

外弹道参数
external trajectory parameters
TJ01；TJ412
S 弹道参数
C 外弹道设计
外弹道学
Z 参数

外弹道测量
exterior trajectory measurement
TJ06
D 外测
S 弹道测量
F 弹丸速度测量
C 外弹道
Z 测量

外弹道测量系统
Y 弹道测量系统

外弹道模型
exterior trajectory models
TJ01
S 弹道模型
Z 模型

外弹道设计
exterior ballistic design
TJ01
S 弹道设计
C 外弹道参数
外弹道学
Z 设计

外弹道试验
exterior ballistic test
TJ06
D 外弹道性能试验
S 弹道试验
F 跳角试验
Z 武器试验

外弹道特性
external ballistic character
TJ01
S 弹道性能
Z 战术技术性能

外弹道性能试验
Y 外弹道试验

外弹道学
exterior ballistics
TJ01
S 弹道学*
F 导弹外弹道学
枪炮外弹道学
中间弹道学
C 外弹道参数
外弹道设计

外辐射
Y 外辐照

外辐照
external irradiation
R；TL7
D 外辐射
外照射
S 辐照*
F 体外辐照
C 表面污染 →(13)
放射性沉降物 →(13)
辐射加工
局部辐照

外挂*
external hanging
TH13
D 外挂系统
外挂装置
F 半埋外挂

保形外挂
C 飞机挂架
外挂物
悬挂装置

外挂干扰
store interference
V211.46
D 外挂物气动力干扰
S 气动干扰*
C 飞机挂架
悬挂装置

外挂架
pylon
V245
S 挂架*
C 飞机外挂物

外挂武器
external ordnance
E；TJ0
S 武器*

外挂物*
external store
V245
F 飞机外挂物
C 吊舱
外挂

外挂物分离
external store separation
V221
S 分离*

外挂物管理
management of external stores
V223
S 设备管理*
C 外挂物管理系统

外挂物管理系统
store management system
V24
D 悬挂物管理系统
S 机载系统*
C 外挂物管理

外挂物气动力干扰
Y 外挂干扰

外挂物投放
external load jettison
V24
S 投放*

外挂系统
Y 外挂

外挂装置
Y 外挂

外涵燃烧
Y 航空发动机燃烧

外混式喷嘴
nozzle of outer mixing
TH13；TK2；V232
S 喷嘴*

外界扰动
Y 扰动

外壳
Y 壳体

外壳体
Y 壳体

外空侦察
Y 航天侦察

外来废物
Y 废弃物

外冷却
external cooling
V231.1
S 冷却*

外力发射
Y 冷发射

外流干扰
external flow interferences
V211.46
S 气动干扰*

外露翼
Y 弹翼

外热流模拟
external heat flow simulation
V417
S 热流模拟
Z 仿真

外事飞行工作细则
Y 飞行规则

外推临界
extrapolation criticality
TL32
S 临界*

外泄漏
Y 外部泄漏量

外星文明
Y 地外生命

外形隐身
shaping stealth
V218
S 隐身技术*

外形隐身设计
shape stealth design
V218
S 隐身设计
Z 设计

外型结构
Y 形貌结构

外逸电子剂量计
Y 剂量计

外翼
Y 翼段

外照射
Y 外辐照

外支撑起落架
Y 起落架

弯管枪
Y 拐弯枪

弯掠叶片
swept-curved blade
TH13；V232.4
D 弯扭掠叶片
S 掠叶片
C 扩压叶栅
Z 叶片

弯扭机翼
cambered wing
V224
D 非对称翼型翼
弧形机翼
挠曲机翼
扭转机翼
扭转翼
S 机翼*
C 无弯度机翼

弯扭掠叶片
Y 弯掠叶片

弯扭叶片
Y 弯叶片

弯曲静叶
bowed static blade
TH13；V232.4
S 静叶片
Z 叶片

弯曲头锥
Y 头锥

弯曲叶片
Y 弯叶片

弯曲叶栅
Y 弯叶栅

弯叶片
curved blade
TH13；V232.4
D 变弯度叶片
弯扭叶片
弯曲叶片
圆弧叶片
S 叶片*
C 弯叶栅

弯叶栅
curving cascade
TH13；TK0；V232
D 弯曲叶栅
S 叶栅*
C 弯叶片

完全光滑表面
Y 表面

完全混合
Y 混合

完善系数
Y 悬停

完整性控制
integrity control
V421
S 计算机控制*
C 数据库管理系统 →(8)

万能转台
Y 转台

万向接头式桨毂
Y 螺旋桨毂

网格*
grid
TP3
D 测量网格
积分网格
网格系统
网格形式
F 多块网格
非结构网格
双曲型网格
运动嵌套网格
直角网格
C 网格操作系统 →(8)

网格系统
Y 网格

网格形式
Y 网格

网络*
network
TN92；TP3
D 多网合一
网络方式
网络形式
F 测量控制网
多点同步起爆网络
跟踪网
C 电路网络 →(7)(8)
电网 →(2)(5)(7)(12)
管网 →(2)(4)(5)(11)
光通信网 →(7)
广电网络 →(7)(8)
计算机网络 →(5)(7)(8)(11)
交换网络 →(7)(8)
交通网络 →(12)
井网 →(2)
宽带网 →(7)(8)
人工神经网络 →(7)(8)
通信网
网 →(2)(3)(4)(5)(7)(9)(10)(11)
网络标准 →(8)
网络测量 →(1)(3)(7)(8)
网络策略 →(7)
网络端口 →(7)
网络仿真 →(8)
网络检测 →(8)
网络扩展 →(7)
网络密度 →(8)
网络拓扑 →(7)
网络制播 →(7)
无线网络 →(7)(8)
移动通信网 →(7)(8)

网络安全风险
Y 网络风险

网络安全威胁
Y 网络风险

网络安全问题
Y 网络风险

网络安全隐患
Y 网络风险

网络方式
Y 网络

网络防御武器
Y 计算机网络防御武器

网络风险*
networks risks
TP3
D 网络安全风险
网络安全威胁
网络安全问题
网络安全隐患
网络威胁
网络问题
F 电子邮件炸弹
C 信息安全风险 →(7)(8)

网络监听器
Y 计算机网络嗅探武器

网络能力
Y 网络性能

网络威胁
Y 网络风险

网络问题
Y 网络风险

网络形式
Y 网络

网络性能*
network capacity
TN91
D 网络能力
F 可信赖性
C 工程性能
网络参数 →(8)
网络测量 →(1)(3)(7)(8)
网络性能测量 →(8)
网络性能分析 →(8)
网络性能评估 →(8)
网络性能优化 →(7)(8)
性能
异构性 →(1)

网络嗅探武器
Y 计算机网络嗅探武器

网络鱼雷
net torpedoes
TJ631
S 鱼雷*

网络战武器
network warfare weapons
TJ99
S 信息武器
F 电子邮件炸弹
计算机网络武器
Z 武器

网套
net
TH13；V353
S 套件*
C 金属软管 →(4)

网状填料
Y 填料

往返飞行轨道
Y 返回轨道

往返飞行时间
Y 飞行时间

往返行程
Y 行程

往复惯性力
reciprocating inertia force
TH4；V228
S 内力*
F 二阶往复惯性力

往复活塞式发动机
Y 活塞式发动机

往复式发动机
Y 活塞式发动机

望远镜计数器
Y 计数器

危害*
hazard
ZT84
D 危害度
F 辐射危害
C 隐患 →(5)(11)(13)

危害度
Y 危害

危害预测
Y 安全预测

危险材料
Y 危险物质

危险品
Y 危险物质

危险物品
Y 危险物质

危险物质*
hazardous substances
TQ0；X3
D 危险材料
危险品
危险物品
F 可燃毒物
C 产品 →(1)(2)(3)(4)(7)(8)(9)(10)(11)(13)
放射性物质
环境风险 →(13)
危险品管理 →(13)
物质
有害杂质 →(9)(13)

危险性预测

Y 安全预测

威力半径
Y 毁伤半径

威力计算
power calculation
TJ01
S 计算*

威力试验
power test
TJ01
D 爆炸威力试验
S 武器试验*
F 爆炸试验
静爆试验

威胁*
threat
X9
F 核生化威胁
激光威胁

威胁估计
threat assessment
TJ01
S 估计*

威胁规避
Y 威胁回避

威胁回避
threat avoidance
V328
D 威胁规避
S 避让*

微波等离子体推力器
Y 微波等离子推力器

微波等离子推力器
microwave plasma thruster
V434
D 微波等离子体推力器
S 离子推力器
Z 推进器

微波电热推力器
microwave electrothermal thruster
V434
S 电推力器
Z 推进器

微波辐射
microwave irradiation
O4；R；TL81
D 极高频辐射
微波辐照
微波辐照法
微波辐照技术
S 辐射*

微波辐射效应
effect of microwave radiation
TL
S 辐射效应*

微波辐照
Y 微波辐射

微波辐照法
Y 微波辐射

微波辐照技术
Y 微波辐射

微波功率源
microwave power source
TL5
D 固体微波功率源
S 功率源*

微波加速器
Y 粒子加速器

微波炮
microwave artillery
TJ399；TJ864
D 高功率微波发射系统
S 新概念火炮
Z 武器

微波扫描仪
microwave scanner
TP7；V241；V441
S 扫描设备*

微波束武器
Y 微波武器

微波探测
microwave sounding
V249.3
S 无线电探测
F 毫米波探测
Z 探测

微波统一测控系统
microwave united measurement and control system
TP2；V556
S 测控系统*

微波推进
microwave propulsion
V43
S 推进*

微波无线电引信
microwave radio fuze
TJ434
D 微波引信
S 无线电引信
Z 引信

微波武器
microwave weapon
TJ864
D 高功率微波武器
高能微波武器
射频武器
微波束武器
S 新概念武器
F 微波炸弹
Z 武器

微波引信
Y 微波无线电引信

微波炸弹
microwave bomb
TJ864
S 微波武器
C 特种炸弹
Z 武器

微波制导
microwave guidance
TJ765；V448
D 毫米波制导
S 无线电制导
C 毫米波导引头
Z 制导

微波着陆系统
microwave landing system
V249
S 自动着陆系统
C 进场控制
Z 导航系统
飞行系统
自动化系统
自动控制系统

微槽道
Y 微通道

微冲量
micro impulse
V23
S 冲量*

微叠层复合材料
Y 双层复合材料

微定位
micro positioning
TH11；TL8
D 微观定位
S 定位*

微动尾翼
light movable tail
V225
S 水平尾翼
C 全动尾翼
Z 尾翼

微堆
mini-reactor
TL4
D 微型堆
微型反应堆
S 反应堆*
F 原型微堆

微飞行器
Y 微型飞行器

微分陀螺
Y 速率陀螺仪

微分陀螺仪
Y 速率陀螺仪

微观不稳定性
microscopic instability
O4；TL6
S 稳定性*
性能*

微观定位

Y 微定位

微观摄影
Y 显微摄影

微惯性导航系统
Y 微型惯性导航系统

微光瞄准镜
shimmer sighting telescope
E；TH7；TJ203
S 瞄准具
Z 瞄准装置

微光学陀螺
micro-optic gyro
V241.5
S 光学陀螺仪
Z 陀螺仪

微硅陀螺
Y 硅微陀螺仪

微机测量系统
Y 测量系统

微机电陀螺
Y 微机械陀螺仪

微机电陀螺仪
Y 微机械陀螺仪

微机式发电机
Y 发电机

微机械陀螺
Y 微机械陀螺仪

微机械陀螺仪
micromechanical gyroscope
V241.5；V441
D MEMS 陀螺
MEMS 陀螺仪
微机电陀螺
微机电陀螺仪
微机械陀螺
微型机械陀螺仪
S 陀螺仪*
F 硅微机械陀螺仪
振动轮式微机械陀螺仪
C 调整电路 →(5)(7)

微机械振动陀螺
micro mechanical vibration gyroscopes
V241.5
S 振动陀螺仪
Z 陀螺仪

微加工
Y 微细加工

微加工工艺
Y 微细加工

微孔材料*
microporous materials
TB3
D 多微孔材料
F 离子微孔膜
C 多孔材料 →(1)(3)
微孔 →(3)
微孔结构 →(2)

微粒摄影
Y 显微摄影

微量成分*
microconstituents
P5；TS2
D 微量成份
微量组分
微组分
F 微量铀
C 白酒 →(10)
勾调 →(10)

微量成份
Y 微量成分

微量铀
trace uranium
O6；TL2
S 微量成分*

微量组分
Y 微量成分

微流星防护服
Y 航天服

微流星屏蔽
micrometeoroid shielding
V419
D 微流星体防护
S 屏蔽*
C 航天器屏蔽
空间碎片防护

微流星体防护
Y 微流星屏蔽

微滤分离膜
micro-filtration membrane separation
TL2；TQ0
S 膜*
C 膜分离 →(9)

微米级空间碎片
Y 空间碎片

微秒
microsecond
TL5
S 计量单位*

微纳卫星
micro-nano satellite
V474
S 纳卫星
Z 航天器
卫星

微喷管
micro effuser
V232.97
S 喷管*
C 微喷嘴 →(3)(5)

微扑翼飞行器
flapping-wing micro air vehicle
V27
D 扑翼微型飞行器
微型扑翼飞行器
S 扑翼飞行器
Z 飞行器

微气泡减阻
microbubble drag reduction
O3；V211
S 减阻*

微燃烧室
micro combustor
TK1；V232
D 微小燃烧室
微型燃烧室
S 燃烧室*
C 环形翅片 →(1)

微扫描
microscanning
TJ765
S 扫描*

微射流作动器
micro jet actuator
TH13；V245
S 作动器*

微声冲锋枪
silenced submachine gun
TJ23
D 无声冲锋枪
S 冲锋枪
C 微声枪械
Z 枪械

微声枪
Y 微声枪械

微声枪械
silenced firearms
TJ2
D 微声枪
S 枪械*
C 微声冲锋枪
微声手枪

微声手枪
silenced pistol
TJ21
D 无声手枪
S 特种手枪
C 微声枪械
Z 枪械

微石英音叉陀螺
micro quartz tuning fork gyroscope
V241.5
S 石英音叉陀螺
Z 陀螺仪

微通道
microchannel
TL35
D 微槽道
微细通道
S 通道*
F 矩形微通道

微推进
micro propulsion

V43
S 推进*

微推进技术
micro propulsion technology
V43
S 推进技术
Z 航空航天技术

微推进器
micro-thruster
U6；V23；V43
D 微推力器
微小型推进器
微型推进器
S 推进器*
F 激光微推力器

微推进系统
Y 微型推进系统

微推力
microthrust
V43
S 小推力
Z 推力

微推力测量
micro thrust measurement
V448.25
S 测量*
力学测量*

微推力器
Y 微推进器

微陀螺
Y 微陀螺仪

微陀螺仪
micro gyroscope
V241.5；V441
D 微陀螺
微型陀螺
微型陀螺仪
S 陀螺仪*
F 硅微陀螺仪
微型半球陀螺仪

微涡喷发动机
Y 微型涡轮喷气发动机

微系统*
microsystem
TP2
D 微型系统
F 微型惯性导航系统
微型推进系统
C 微机系统 →(8)
系统

微细加工
micromachining
TH16；TN0；V26
D 超细加工
微加工
微加工工艺
微细加工技术
微小型加工
微型加工
细化技术
细微加工
S 精加工*
C 微机电系统 →(7)
微切削 →(3)
准分子激光 →(7)

微细加工技术
Y 微细加工

微细通道
Y 微通道

微小飞行器
Y 微型飞行器

微小航天器
Y 微型航天器

微小气候(飞机座舱)
Y 座舱微小气候

微小燃烧室
Y 微燃烧室

微小碎片
Y 空间碎片

微小卫星
small and micro satellite
V474
D 现代微小卫星
S 微型航天器
小卫星
F 纳卫星
皮卫星
Z 航天器
卫星

微小卫星编队
microsatellite formation
V474；V52
S 小卫星编队
Z 空中编队

微小型飞行器
Y 微型飞行器

微小型航天器
Y 微型航天器

微小型加工
Y 微细加工

微小型推进器
Y 推进器

微小型卫星
Y 小卫星

微小型无人机
microminiature unmanned aerial vehicles
V279.2
S 小型无人机
Z 飞机

微小型无人直升机
Y 微型无人直升机

微小重力
Y 微重力

微型半导体探测器
micro-semiconductor detector
TH7；TL81
S 半导体探测器
Z 探测器

微型半球陀螺仪
miniature hemisphere gyroscope
V241.5；V441
S 微陀螺仪
Z 陀螺仪

微型冲锋枪
Y 轻型冲锋枪

微型导弹
mini-missile
TJ76
S 导弹
微型武器
Z 武器

微型地球站
Y 小口径天线地球站

微型堆
Y 微堆

微型反应堆
Y 微堆

微型方位水平仪
miniature azimuth level detector
V241
S 水平指示器
Z 指示器

微型飞机
micro-aircraft
V271
S 小型飞机
Z 飞机

微型飞行器
micro air vehicle
V27
D 微飞行器
微小飞行器
微小型飞行器
微型空中飞行器
微型无人飞行器
S 飞行器*
F 纳米飞行器
微型旋翼飞行器
C 扑翼机

微型惯性测量单元
micro-miniature inertial sensor
V249.31
S 单元*

微型惯性导航系统
micro inertial navigation system
TN96；U6；V249.3；V448
D 微惯性导航系统
S 惯性导航系统
微系统*
Z 导航系统

微型航空器
micro aircraft

V27
S 重于空气航空器
Z 航空器

微型航天器
miniature spacecraft
V47
D 微小航天器
微小型航天器
S 航天器*
F 微小卫星

微型核武器
micro nuclear weapons
TJ91
S 核武器
微型武器
F 微型原子弹
Z 武器

微型火箭
microrocket
V471
S 火箭*

微型火箭发动机
microrocket engine
V439
S 火箭发动机
Z 发动机

微型机械陀螺仪
Y 微机械陀螺仪

微型加工
Y 微细加工

微型空中飞行器
Y 微型飞行器

微型雷管
Y 小型雷管

微型脉冲推力器
miniature impulse thruster
V434
S 脉冲推力器
Z 推进器

微型扑翼
micro-flapping wing
V276
S 扑翼
Z 机翼

微型扑翼飞行器
Y 微扑翼飞行器

微型扑翼机
Y 扑翼机

微型燃烧室
Y 微燃烧室

微型人造卫星
Y 小卫星

微型扫描激光距离探测器
micro-scanning laser range finder
TH7；TL8；TP2
S 激光探测器
Z 光学仪器
探测器

微型生物武器
micro biological weapons
TJ93
S 生物武器
微型武器
Z 武器

微型手枪
micro-pistols
TJ21
S 手枪
F 钢笔手枪
袖珍手枪
Z 枪械

微型太阳敏感器
miniature sun sensors
TP2；V441
S 太阳传感器
Z 传感器

微型推进器
Y 微推进器

微型推进系统
miniature propulsion systems
V43
D 微推进系统
S 推进系统*
微系统*

微型陀螺
Y 微陀螺仪

微型陀螺仪
Y 微陀螺仪

微型卫星
Y 小卫星

微型涡流发生器
micro vortex generators
V211；V211.7
S 涡流发生器
Z 发生器

微型涡轮喷气发动机
micro-turbine jet engine
V235
D 微涡喷发动机
微型涡喷发动机
S 涡轮喷气发动机
Z 发动机

微型涡喷发动机
Y 微型涡轮喷气发动机

微型无人飞行器
Y 微型飞行器

微型无人机
micro unmanned aerial vehicles
V279
D 微型无人驾驶飞机
S 无人机
Z 飞机

微型无人驾驶飞机
Y 微型无人机

微型无人驾驶侦察机
Y 无人侦察机

微型无人直升机
micro unmanned helicopters
V275.13
D 微小型无人直升机
S 无人直升机
Z 飞机

微型武器
micro-weapons
TJ9
S 武器*
F 微型导弹
微型核武器
微型生物武器

微型系统
Y 微系统

微型旋翼
micro helicopter rotors
V275.1
S 旋翼*

微型旋翼飞行器
miniature rotor aircraft
V275.1
D 微型旋翼机
S 微型飞行器
旋翼飞行器
Z 飞行器

微型旋翼机
Y 微型旋翼飞行器

微型压缩机
Y 压缩机

微型引信
Y 微引信

微型元件
Y 元件

微型原子弹
micro atomic bombs
TJ911
S 微型核武器
原子弹
Z 武器

微型直升机
micro helicopter
V275.1
S 直升机
F 自主式微直升机
Z 飞机

微型中子源堆
Y 微型中子源反应堆

微型中子源反应堆
miniature neutron source reactor
TL4
D 微型中子源堆
微型中子源型堆
S 浓缩铀堆

水冷堆
箱式堆
研究堆
Z 反应堆

微型中子源型堆
Y 微型中子源反应堆

微烟推进剂
Y 少烟推进剂

微引信
micro-fuze
TJ43
D 微型引信
S 引信*

微油
Y 微油点火

微油点火
lean fuel ignition
V23
D 贫油点火
贫油熄火
少油点火
微油
微油点火技术
S 点火*
C 火焰筒
煤粉燃烧器 →(5)
稳定燃烧

微油点火技术
Y 微油点火

微重力
microgravity
O3；P3；V419
D 低重力
微小重力
S 力*
C 失重

微重力环境
microgravity environment
V419.2
S 重力环境
Z 航空航天环境
环境

微重力科学
microgravity science
V419
D 微重力流体物理
S 空间科学
Z 科学

微重力流体物理
Y 微重力科学

微重力实验
Y 微重力试验

微重力试验
microgravity test
V416；V417
D 弱重力实验
微重力实验
约化重力实验
S 空间环境试验
Z 航天试验
环境试验

微重力条件
microgravity conditions
V419
S 条件*

微重力应用
microgravity applications
P3；V419
S 航天应用
C 航天工业
Z 航空航天应用

微组分
Y 微量成分

围带
Y 发动机叶片

维埃克斯
VX agent
TJ92
D VX 毒剂
S 神经性毒剂
Z 毒剂

维护等级
Y 维修等级

维护检修
Y 维修

维护设备
Y 维修设备

维护维修
Y 维修

维护修理等级
Y 维修等级

维护修理训练
Y 维修训练

维修*
maintenance
ZT83
D 保养维修
维护检修
维护维修
维修保养
维修方法
维修方式
维修工艺
维修工作
维修过程
维修活动
维修技术
维修经验
维修能力
维修维护
维修作业
修理
修理方法
修理工艺
修缮
养护维修
F 部件检修
发动机维修
轨道维修
航空维修
航天维修
机务维修
计划性维修
加速器维修
军械维修
三级维修
事后维修
视情维修
武器装备抢修
野战维修
战场维修
装备拆拼修理
装甲装备维修
C 保养 →(1)(4)(5)(9)(12)
工程维修 →(1)(2)(5)(8)(11)(12)
故障诊断 →(4)(8)
可靠性
平均修复时间 →(1)
维护 →(1)(3)(4)(5)(7)(8)(12)(13)
维护管理 →(4)(11)
维修电工 →(5)

维修保养
Y 维修

维修保障
maintenance support
[TJ07]
S 后勤保障
C 设备维修 →(1)
维修设备
Z 保障

维修等级
maintenance level
[TJ07]
D 维护等级
维护修理等级
维修水平
修理级别
S 等级*

维修对策
maintenance game
TH17；V267
S 对策*

维修方法
Y 维修

维修方式
Y 维修

维修工程
maintenance engineering
[TJ07]；TH17；V267
D 可修工程系统
维修工程系统
维修性工程
S 工程*

维修工程系统
Y 维修工程

维修工艺

Y 维修

维修工作
Y 维修

维修管理系统
maintenance management systems
[TJ07]；TH17
S 管理系统*

维修过程
Y 维修

维修活动
Y 维修

维修技术
Y 维修

维修技术设备
Y 维修设备

维修间隔
Y 维修周期

维修间隔期
Y 维修周期

维修检测设备
Y 维修设备

维修经验
Y 维修

维修理论
maintenance theory
V267
D 维修思想
S 理论*

维修能力
Y 维修

维修培训
Y 维修训练

维修器材
Y 维修设备

维修人时
Y 维修周期

维修设备
maintenance equipment
[TJ07]；TH17；U2
D 保修设备
检修设备
检修系统
检修装置
设施(维修)
维护设备
维修技术设备
维修检测设备
维修器材
维修体系
维修系统
维修装备
S 设备*
F 校准设备
C 设备维修 →(1)
维修保障
战场维修

维修水平
Y 维修等级

维修思想
Y 维修理论

维修体系
Y 维修设备

维修维护
Y 维修

维修系统
Y 维修设备

维修性工程
Y 维修工程

维修性指标
maintainability index
V267

维修训练
maintenance training
E；V267.3
D 维护修理训练
维修培训
S 训练*
C 通信车 →(12)

维修周期
repair cycle
TH17；V267.3
D 维修间隔
维修间隔期
维修人时
S 周期*
F 预防维修周期

维修装备
Y 维修设备

维修作业
Y 维修

伪控制变量
pseudo control variable
TJ765
Y 扩散

伪码调相引信
Y 伪码引信

伪码体制引信
Y 伪码引信

伪码引信
pseudo code fuzes
TJ434
D 伪码调相引信
伪码体制引信
伪随机码引信
S 雷达引信
Z 引信

伪随机码引信
Y 伪码引信

伪湍流
Y 湍流

伪装器材
camouflage equipment
TJ53；TN97
S 器材*

尾部点火
tail ignition
TK1；V430；V432
S 火箭点火
C 固体火箭发动机
尾部烟道再燃烧 →(5)
Z 点火

尾部螺旋桨
Y 尾桨

尾舱
stern room
V223
S 弹药舱
Z 舱

尾场
wake field
TL5
S 场*

尾撑
Y 尾橇

尾撑式飞机
tail boom aircraft
V271
D 双尾撑飞机
S 飞机*
C 双机身飞机

尾翅
Y 尾翼

尾段
final segment
V423
S 弹体组件
Z 导弹部件

尾段结构
end piece structures
V214
S 飞机结构
Z 工程结构

尾钩
Y 起落架构件

尾迹*
wake
V32
F 飞机尾迹
非定常尾迹
固定尾迹
广义动态尾迹
近尾迹
真尾迹
自由尾迹

尾迹结构
Y 尾流结构

尾迹流动
Y 尾流

尾迹弯曲参数
wake bending parameters
V211
S 飞行参数*

尾迹效应
Y 气动效应

尾桨
Y 尾桨

尾桨
tail rotor
V275.1
D 半无铰式尾桨
铰接式尾桨
跷跷板式尾桨
尾部螺旋桨
尾浆
无铰式尾桨
直升机尾桨
S 旋翼*
F 涵道尾桨
剪刀式尾桨
无轴承尾桨
C 飞行操纵
尾桨毂

尾桨变距机构
Y 尾桨部件

尾桨部件
tail rotor component
V225；V232；V275.1
D 尾桨变距机构
S 直升机部件*
F 尾桨毂
尾桨叶

尾桨传动机构
Y 传动装置

尾桨毂
tail rotor hub
V232；V275.1
S 螺旋桨毂
尾桨部件
C 尾桨
Z 螺旋桨部件
直升机部件

尾桨桨叶
Y 尾桨叶

尾桨涡环
Y 涡环

尾桨叶
tail rotor blade
TH13；V232.4
D 尾桨桨叶
S 螺旋桨桨叶
尾桨部件
Z 螺旋桨部件
叶片
直升机部件

尾矿料
tailings material
TL35；X7

尾梁
tail booms
TU2；V226
S 梁*

尾流
wake flow
V211
D 近尾迹流动
尾迹流动
S 流体流*
F 飞机尾流
近场尾流
排气尾流
热尾流
湍流尾流
尾喷流
旋翼尾迹
叶栅尾流
自由尾流
C 底流
气蚀 →(3)
尾涡回避控制

尾流干扰
wake interference
V211.46
S 气动干扰*
C 滑流干扰

尾流结构
wake structure
V211；V214
D 尾迹结构
S 流场结构
Z 物理化学结构

尾流模型
wake model
V211
S 力学模型*

尾流制导
Y 尾流自导

尾流撞击效应
Y 气动效应

尾流自导
wake flow homing
TJ630
D 尾流制导
S 鱼雷自导
Z 制导

尾流自导鱼雷
backwash homing torpedo
TJ631.5
S 自导鱼雷
Z 鱼雷

尾流阻塞效应
Y 气动效应

尾轮
tail wheel
V226
S 飞机机轮
Z 飞机结构件

尾喷管
Y 排气喷管

尾喷管-飞机匹配
Exhaust nozzle-aircraft match
V228；V232.97
S 匹配*

尾喷口
Y 排气喷管

尾喷流
tail jet flow
V211
S 尾流
Z 流体流

尾起落架
Y 起落架

尾气透平
Y 废气涡轮

尾橇
tail skid
V226
D 尾撑
尾撬
尾支撑
S 起落架构件
C 着陆辅助设备
Z 飞机结构件

尾撬
Y 尾橇

尾裙稳定弹
Y 尾翼稳定炮弹

尾随涡
Y 尾涡

尾涡
trailing vortex
V211
D 尾随涡
尾涡流
S 涡流*

尾涡回避
Y 尾涡回避控制

尾涡回避飞行控制
Y 尾涡回避控制

尾涡回避控制
trailing vortex avoidance
V249.1
D 尾涡回避
尾涡回避飞行控制
S 飞行控制*
C 失速告警系统
尾流

尾涡流
Y 尾涡

尾斜梁
Y 直升机尾梁

尾旋风洞
Y 立式风洞

尾旋风洞试验
spin wind tunnel test
V211.74
S 风洞试验
Z 气动力试验

尾旋试飞
Y 失速尾旋试飞

尾旋试验
spin test
V217
D 螺旋试验
S 气动力飞行试验
F 失速尾旋试飞
Z 飞行器试验

尾旋试验风洞
Y 立式风洞

尾旋特性
spin characteristics
V32
S 飞行性能
Z 载运工具特性

尾翼*
empennage
V225
D U 形尾翼
飞机尾翼
尾翅
尾翼组
尾翼组件
F T 型尾翼
V 形尾翼
垂直尾翼
导弹尾翼
固定尾翼
后掠尾翼
火箭弹尾翼
火箭尾翼
水平尾翼
C 后缘操纵面
机翼
尾锥

尾翼弹
Y 尾翼稳定炮弹

尾翼结构
empennage structures
V214
S 机翼结构
Z 工程结构

尾翼式稳定弹
Y 尾翼稳定炮弹

尾翼稳定弹
Y 尾翼稳定炮弹

尾翼稳定炮弹
fin stabilized ammunition
TJ412
D 尾裙稳定弹
尾翼弹
尾翼式稳定弹
尾翼稳定弹
尾翼稳定式弹药
尾翼稳定式炮弹
S 炮弹*

尾翼稳定式弹药
Y 尾翼稳定炮弹

尾翼稳定式炮弹
Y 尾翼稳定炮弹

尾翼稳定脱壳穿甲弹
fin-stabilized sabot armor-piercing projectile
TJ412
D 长杆式穿甲弹
S 脱壳穿甲弹
Z 炮弹

尾翼组
Y 尾翼

尾翼组件
Y 尾翼

尾缘吹气
trailing edge blowing
V225
S 鼓风*

尾缘吹气稳定器
trailing edge blowing stabilizers
V232
S 火焰稳定器
Z 燃烧装置

尾支撑
Y 尾橇

尾锥
tail cone
V222
S 飞机部件
C 后体
尾翼
Z 飞机零部件

尾锥喷管
Y 排气喷管

委马病毒
Y 病毒类生物战剂

委内瑞拉马脑脊髓炎病毒
Y 病毒类生物战剂

卫导
Y 卫星导航

卫片
Y 卫星照片

卫生飞机
Y 医疗飞机

卫星*
satellite
V474
F 人造卫星
卫星群

卫星（阶段产品）
satellites(phase products)
V474
D 卫星阶段产品
S 人造卫星
F 样星
Z 航天器
卫星

卫星（人造）
Y 人造卫星

卫星编队
Y 卫星编队飞行

卫星编队飞行
satellite formation flying
V529
D 编队飞行卫星
编队飞行卫星群
编队卫星
卫星编队
S 航天器编队飞行
F 小卫星编队飞行
Z 飞行

卫星材料
satellite material
V25
S 航天材料
F 卫星结构材料
星用非金属材料
Z 材料

卫星参数
satellite parameter
V423；V474
S 参数*
F 卫星星历参数

卫星舱
satellite capsules
V423
D 卫星公用舱
S 航天器舱
Z 舱
航天器部件

卫星测轨
satellite orbit measurement
V526；V556
S 轨道确定*
C 卫星轨道确定

卫星测控
satellite measurement and control
V556
S 航天测控
F 多星测控
C 卫星管理
Z 测控

卫星测控技术
Y 卫星技术

卫星测控网
satellite measurement and control network
V556
D 卫星测控网路
卫星测量控制网
S 航天测控网
Z 网络

卫星测控网路

Y 卫星测控网

卫星测控系统
satellite measurement and control system
V474
D 卫星侦察系统
S 测控系统*
卫星系统
F 卫星姿态测量系统
C 卫星管理
Z 航天系统

卫星测控中心
Y 航天测控中心

卫星测量控制网
Y 卫星测控网

卫星测试
satellite testing
V556
S 测试*
F 卫星地面测试

卫星测试设备
Y 测试装置

卫星产品
satellite products
V46
S 航天产品
Z 航空航天产品

卫星成像
satellite imagery
TN2；V474
D 卫星成像技术
S 成像*
C 卫星观测

卫星成像技术
Y 卫星成像

卫星初轨
Y 卫星轨道

卫星大气
satellite atmosphere
V419
S 大气*
F 月球大气

卫星导航
satellite navigation
TN96；V249.3
D 人造卫星导航
卫导
卫星导航技术
卫星定位导航
S 导航*
F 卫星自主导航
C 导航卫星
全球定位系统 →(7)
卫星传输 →(7)
卫星定位 →(7)
卫星定位系统 →(7)
卫星固定业务 →(7)
卫星接入 →(7)
卫星信号 →(7)

卫星导航技术
Y 卫星导航

卫星导航系统
satellite navigation system
TN96；U6；V448
S 导航系统*
卫星分系统
F 北斗卫星导航系统
区域卫星导航系统
C 地面控制
Z 航天系统

卫星地面保障设备
satellite ground support equipment
V55
D 卫星地面设备
S 地面保障设备
C 卫星地面系统
卫星发射场
Z 地面设备

卫星地面测试
satellite ground testing
V55
S 地面测试
卫星测试
Z 测试

卫星地面电源
ground power supply for satellite
V442
S 卫星电源
Z 电源

卫星地面接收站
Y 地面接收站

卫星地面径迹
Y 星下点轨迹

卫星地面设备
Y 卫星地面保障设备

卫星地面系统
satellite ground system
V551
D 地球资源卫星地面系统
气象卫星地面系统
卫星通信地面系统
S 卫星系统
C 卫星地面保障设备
Z 航天系统

卫星地质
Y 空间地质学

卫星电力系统
Y 轨道太阳能电站

卫星电源
satellite power supply
V442
S 电源*
F 卫星地面电源
C 卫星电源系统

卫星电源分系统
satellite power subsystems
V442
S 卫星电源系统
卫星分系统
Z 航天系统

卫星电源系统
satellite power system
V442
S 卫星系统
F 卫星电源分系统
C 卫星电源
Z 航天系统

卫星电子设备
Y 星载电子设备

卫星电子系统
Y 星载电子设备

卫星定位导航
Y 卫星导航

卫星定向
Y 卫星姿态控制

卫星动力学
satellite dynamics
V47
D 绳系卫星动力学
S 航天器动力学
Z 航空航天学

卫星对地观测
Y 对地观测

卫星发射
satellite launching
V55
D 多星发射
发射卫星
海上卫星发射
人造卫星发射
双星发射
通信卫星发射
S 航天器发射
F 商业发射
C 发射时间
发射试验
头体分离
星箭分离
Z 飞行器发射

卫星发射场
satellite launch site
V55
D 卫星发射基地
S 航天器发射场
C 卫星地面保障设备
Z 场所

卫星发射基地
Y 卫星发射场

卫星发射计划
satellite launching plans
V474
S 卫星计划
Z 航天计划

卫星发射技术
Y 卫星技术

卫星帆板
Y 太阳帆板

卫星返回舱
satellite reentry modules
V423
S 返回舱
Z 舱
航天器部件

卫星方位控制
Y 卫星姿态控制

卫星仿真器
Y 卫星模拟器

卫星分系统
satellite subsystem
V474；V525
D 回收着陆分系统
回收着陆子系统
卫星子系统
S 卫星系统
F 卫星导航系统
卫星电源分系统
卫星跟踪系统
Z 航天系统

卫星跟踪
satellite tracking
V556
D 人造卫星跟踪
S 航天器跟踪
F 星-星跟踪
C 轨道确定
Z 跟踪

卫星跟踪数据网
satellite tracking and data network
V556
S 跟踪网
Z 网络

卫星跟踪系统
satellite tracking system
V556
S 跟踪系统*
卫星分系统
F 跟踪与数据中继卫星系统
Z 航天系统

卫星工程
satellite engineering
V474
D 人造卫星工程
S 航天工程
Z 工程

卫星工具包
satellite tool kit
TP3；V446
D 卫星工具包软件
S 航天软件
Z 计算机软件

卫星工具包软件
Y 卫星工具包

卫星工作寿命
Y 卫星寿命

卫星公用舱
Y 卫星舱

卫星公用平台
satellite common platforms
V476
S 卫星平台
Z 平台

卫星构形
Y 卫星构型

卫星构型
satellite configuration
V423
D 卫星构形
卫星总体布局
S 航天器构型
C 卫星结构
Z 构型

卫星故障
satellite failure
V445
D 整星二级故障
整星三级故障
整星一级故障
S 航天器故障
F 星蚀
Z 故障

卫星观测
satellite observation
V419
D 人卫观测
人造卫星观测
卫星海洋观测
S 航天观测
F 对地观测
C 对地观测卫星
航空摄影 →(1)
卫星成像
Z 观测

卫星管理
satellite management
V474
S 设备管理*
C 人造卫星
卫星测控
卫星测控系统

卫星轨道
satellite orbit
V529
D 轨道卫星
人造地球卫星运行轨道
卫星初轨
卫星运行轨道
S 航天器轨道
F 伴随轨道
地球同步轨道
冻结轨道
发射轨道
非静止轨道
高轨道
回归轨道
极轨道
近圆轨道
静止轨道
逆行轨道
倾斜轨道
顺行轨道
相对轨道
运行轨道
周期轨道
C 轨道分配
入轨精度
Z 飞行轨道

卫星轨道分配
Y 轨道分配

卫星轨道高度
Y 轨道高度

卫星轨道机动
satellite orbital maneuver
V526
S 机动*

卫星轨道控制
Y 轨道控制

卫星轨道确定
satellite orbit determination
V526；V556
S 轨道确定*
C 卫星测轨

卫星轨道软件平台
software platform of satellite orbit
V526
S 软件平台*

卫星轨道寿命
Y 卫星寿命

卫星海洋观测
Y 卫星观测

卫星航天系统
Y 卫星系统

卫星回收
Y 航天器回收

卫星回收技术
Y 卫星技术

卫星机动飞行
Y 航天器机动飞行

卫星机构
satellite mechanism
V474
S 航天器机构*
F 热控机构

卫星计划
satellite program
V474
S 航天计划*
F 间谍卫星计划
卫星发射计划

卫星技术
satellite technology
V1；V4
D 卫星测控技术

卫星发射技术
卫星回收技术
卫星研制技术
星上处理技术
星上再生处理技术
S 航天技术
F 小卫星技术
Z 航空航天技术

卫星技术应用
Y 卫星应用

卫星交会
satellites rendezvous
V526
S 航天交会
Z 交会

卫星阶段产品
Y 卫星(阶段产品)

卫星结构
satellite structure
V423
D 星体结构
S 航天器结构
C 卫星构型
Z 工程结构

卫星结构材料
satellite structure material
V25
S 航天器结构材料
卫星材料
Z 材料

卫星军事应用
satellite military application
V474
S 卫星应用
Z 航空航天应用

卫星可靠性设计
Y 卫星设计

卫星控制中心
Y 航天测控中心

卫星拦截器
Y 反卫星卫星

卫星模拟器
satellite simulator
V41
D 卫星仿真器
S 航天模拟器
Z 模拟器

卫星配重
Y 配重

卫星平台
satellite platform
V474
S 平台*
F 通信卫星平台
卫星公用平台
小卫星平台

卫星平台振动
satellite platform vibration
O3；V474
S 振动*

卫星群
satellite group
V474
S 卫星*
C 小卫星编队

卫星任务
satellite mission
V4
S 航天任务
Z 任务

卫星任务调度
satellite mission scheduling
V4
S 调度*

卫星任务规划
satellites mission planning
V4
S 规划*

卫星设计
satellite design
V423
D 人造卫星设计
卫星可靠性设计
S 航天器设计
F 卫星总体设计
Z 飞行器设计

卫星设计寿命
Y 卫星寿命

卫星摄影机
Y 星载相机

卫星时钟
satellite clock
V474
S 时钟*

卫星式武器
satellite weapon
TJ86；V47
S 航天武器*
C 轨道武器

卫星试验
satellite experiment
V416；V417
S 航天器试验
C 反卫星技术
反卫星卫星
Z 飞行器试验
航天试验

卫星寿命
satellite lifetime
V474
D 卫星工作寿命
卫星轨道寿命
卫星设计寿命
S 寿命*
C 轨道寿命
轨道衰减

卫星碎片
Satellite fragmentation
V4
S 空间碎片*

卫星太阳能电站
satellite solar power station
V476
D 空间太阳电站
空间太阳能电站
太空电站
S 轨道太阳能电站
C 发电 →(5)(13)
Z 电厂
航天器

卫星太阳能帆板
Y 太阳帆板

卫星探测
satellite sounding
V474；V476
D 航天器探测
探测卫星
S 空间探测
Z 探测

卫星体系
Y 卫星系统

卫星天线
satellite antennas
TN8；V443
D 人造卫星天线
S 航天器天线
F 单址天线
点波束天线
窄波束天线
C 卫星接收机 →(7)
卫星信道 →(7)
Z 天线

卫星通信地面系统
Y 卫星地面系统

卫星头部
Y 飞行器头部

卫星图像
satellite image
TP7；V447；V474
D 卫星遥感图像
卫星影象
卫星影像
S 图像*
F SPOT 图像
C 卫星遥感

卫星推进系统
satellite propulsion system
V43
S 航天推进系统
Z 航天系统
推进系统

卫星推力器
satellite thrusters
V434
S 推进器*
C 火箭

卫星-卫星跟踪
Y 星-星跟踪

卫星-卫星跟踪技术
Y 星-星跟踪

卫星系统
satellite system
V423；V474
D 卫星航天系统
卫星体系
星载系统
综合卫星系统
S 航天器系统
F 低轨卫星系统
分布式卫星系统
全球卫星系统
绳系卫星系统
通信卫星系统
卫星测控系统
卫星地面系统
卫星电源系统
卫星分系统
卫星着陆系统
卫星姿态控制系统
小卫星系统
星务系统
侦察卫星系统
中继卫星系统
Z 航天系统

卫星系统工程
satellite systems engineering
V57
S 航天系统工程
Z 工程

卫星相机
Y 星载相机

卫星相片
Y 卫星照片

卫星像片
Y 卫星照片

卫星星历参数
satellite ephemeris parameters
V474
S 卫星参数
Z 参数

卫星星座
satellite constellation
P1；V474
D 卫星族
S 星座*
F 低轨卫星星座
小卫星星座

卫星研制
satellite development
V423
D 小卫星研制
S 航天器研制
Z 研制

卫星研制技术
Y 卫星技术

卫星仰角
satellite elevation angle
V211
S 角*

卫星样机
Y 样星

卫星遥测
satellite telemetry
TP8；V556
S 空间遥测
F 再入遥测
Z 遥测

卫星遥感
satellite remote sensing
TP7；V443
D 卫星遥感技术
星载遥感
S 航天遥感
C 卫星摄影 →(1)
卫星图像
姿态控制
Z 遥感

卫星遥感技术
Y 卫星遥感

卫星遥感图像
Y 卫星图像

卫星遥控
satellite remote control
V448；V474
S 航天器控制
自动控制*
Z 载运工具控制

卫星仪表
Y 星载仪器

卫星仪器
Y 星载仪器

卫星移动通信
mobile satellite communication
TN92；V443
D 移动卫星通信
移动卫星通信系统
移动卫星业务通信
移动业务卫星通信
S 通信*
C 移动通信业务 →(7)
移动卫星网络 →(7)

卫星应用
satellite application
V474
D 卫星技术应用
卫星应用技术
卫星应用系统
S 航天应用
F 卫星军事应用
小卫星应用
Z 航空航天应用

卫星应用技术
Y 卫星应用

卫星应用系统
Y 卫星应用

卫星影象
Y 卫星图像

卫星影像
Y 卫星图像

卫星有效载荷
Satellite payload
V4；V474
S 有效载荷
Z 载荷

卫星运输
satellite transportation
V474
D 卫星转运
S 货物运输*
C 航天器转运
卫星运输车

卫星运输车
satellite transporter
V55
S 技术保障车辆
C 卫星运输
Z 保障车辆

卫星运行轨道
Y 卫星轨道

卫星运载火箭
satellite launching vehicle
V475.1
S 运载火箭
F 地球静止卫星运载火箭
极轨卫星运载火箭
Z 火箭

卫星－运载火箭分离
Y 星箭分离

卫星运载器
satellite launch vehicle
V475.9
S 航天运载器
Z 运载器

卫星载雷达
Y 星载雷达

卫星载试验
Y 空间试验

卫星在轨测试
Y 在轨测量

卫星照片
satellite photograph
TP7；V474
D 卫片
卫星相片
卫星像片
S 照片*

卫星侦察
satellite reconnaissance
V474
S 航天侦察

Z 侦察

卫星侦察系统
Y 卫星测控系统

卫星振动
satellite vibration
O3；V474
S 振动*

卫星整流罩
satellite fairing
V423
S 整流罩*

卫星制导
satellite guidance
V448
S 航天器制导
F GPS 制导
Z 制导

卫星制导炸弹
satellite guided bombs
TJ414
S 制导炸弹
Z 炸弹

卫星专用测试设备
Y 测试装置

卫星转运
Y 卫星运输

卫星着陆系统
satellite landing systems
V525
S 卫星系统
Z 航天系统

卫星姿态
satellite attitude
V212
S 飞行器姿态
F 离轨姿态
C 飞机姿态角
三轴稳定
姿态参数
姿态测量
Z 姿态

卫星姿态测量
satellite attitude measurement
V556
D 卫星姿态确定
S 姿态测量
Z 航天测量

卫星姿态测量系统
satellite attitude measurement system
V448
S 卫星测控系统
姿态测量系统
Z 测控系统
测量系统
航天系统

卫星姿态控制
satellite attitude control
V249.122.2
D 卫星定向
卫星方位控制
S 航天器姿态控制
F 小卫星姿态控制
Z 飞行控制
载运工具控制

卫星姿态控制系统
satellite attitude control systems
V448
D 被动卫星姿态控制系统
混合卫星姿态控制系统
主动卫星姿态控制系统
S 卫星系统
专用系统*
姿态控制系统
Z 飞行系统
航天系统
控制系统

卫星姿态敏感器
satellite attitude sensor
TP2；V441
S 航天器姿态敏感器
Z 传感器

卫星姿态确定
Y 卫星姿态测量

卫星子系统
Y 卫星分系统

卫星自主导航
satellite autonomous navigation
V448
S 卫星导航
Z 导航

卫星自主定轨
autonomous orbit determination for satellites
V526；V556
D 卫星自主轨道确定
S 自主定轨
Z 轨道确定

卫星自主轨道确定
Y 卫星自主定轨

卫星总测设备
Y 测试装置

卫星总体布局
Y 卫星构型

卫星总体设计
satellite overall design
V423
S 卫星设计
总体设计*
Z 飞行器设计

卫星总装
satellite assembly
V462
S 航天器总装
Z 装配

卫星族
Y 卫星星座

卫星阻力
satellite drag
V4
S 气动阻力
Z 阻力

未爆弹
unexploded projectiles
TJ412
S 炮弹*
C 未爆弹药

未爆弹药
dud ammunition
TJ41
D 哑弹
S 弹药*
C 未爆弹

未来武器
future weapons
TJ0；TJ9
S 武器*
C 新概念武器

未来战斗系统
future combat system
E；TJ0
S 武器系统*

未命中靶
Y 命中概率

未能紧急停堆的预计瞬变
anticipated transient without scram
TL4
S 设计基准事故
C 紧急停堆
瞬时状态
Z 核事故

位标器
position marker
TJ765
S 导引头
Z 制导设备

位敏探测器
Y 位置敏感探测器

位式控制
Y 姿态控制

位移效应
displacement effect
TJ91

位置*
position
ZT74
F 发射位置
轨道位置
炮位
有效射击阵位
C 部位
定位
定向 →(1)(2)(5)(7)(8)(12)
位置点 →(1)
位置开关 →(5)

位置保持

Y 轨道控制

位置测定系统
Y 定位系统

位置测量仪
Y 测量仪器

位置跟踪系统
position tracking system
TJ768；V556
S 定位系统*
跟踪系统*
F 单站无源定位跟踪系统

位置捷联式惯性制导系统
Y 捷联惯导系统

位置控制*
position control
TP2
D 定位控制
F 气动位置控制
炸点控制
转位控制
C 控制
轮对 →(4)(12)

位置灵敏半导体探测器
Y 位置敏感探测器

位置灵敏粒子探测器
Y 位置敏感探测器

位置灵敏平行板雪崩探测器
Y 位置敏感探测器

位置灵敏气体探测器
Y 位置敏感探测器

位置灵敏探测器
Y 位置敏感探测器

位置敏感探测器
position-sensitive detector
TH7；TL8；TP2
D 位敏探测器
位置灵敏半导体探测器
位置灵敏粒子探测器
位置灵敏平行板雪崩探测器
位置灵敏气体探测器
位置灵敏探测器
S 探测器*
C 半导体探测器
位置敏感器件 →(8)

位置区域
Y 区域

位置显示器
Y 位置指示器

位置校正
position calibration
P；TP7；V249
S 校正*

位置指示器
position indicator
V241.4
D 位置显示器
S 指示器*
F 电子指南针
C 飞行仪表
平视显示
无线电测向设备 →(7)

位置转台
Y 转台

位置姿态系统
position attitude systems
V249；V448
S 定位系统*

位姿
Y 姿态控制

位姿控制
Y 姿态控制

温差发电器
thermoelectric generator
TM3；TM91；V242
D 热电发电机
热电发电器
热电装置
S 发电机*
C 发电设备 →(5)
冷端温度 →(1)
热端温度 →(1)
温差电器件 →(7)
温差发电 →(5)

温场测量
Y 温度测量

温度边界层
temperature boundary layer
V211
D 温度附面层
S 边界层
Z 流体层

温度测定
Y 温度测量

温度测量*
temperature measurement
O4；TB9；TH7
D 测温
测温法
测温方法
测温方式
测温技术
测温原理
温场测量
温度测定
温度测量方法
温度测试
温度量测
温度特性测试
F 飞行温度测量
C 测量
感温探测器 →(4)(11)
高温计 →(4)
环境温度 →(1)
热电偶 →(4)
热工测量 →(4)(5)
热量表 →(4)
温度计 →(4)
温度检测 →(1)(13)
温度巡检仪 →(4)

温度测量方法
Y 温度测量

温度测试
Y 温度测量

温度冲击试验
thermal shock test
V216
D 热冲击试验
S 动力试验
环境试验*
Z 力学试验

温度反馈
temperature feedback
TL3
S 反馈*

温度分布
temperature distribution
TH7；TL33
D 斜温层
S 分布*
C 温度检测 →(1)(13)
温度裂缝 →(11)
温度应力 →(1)

温度附面层
Y 温度边界层

温度畸变发生器
temperature distortion generator
V245.3
S 发生器*

温度计算
temperature calculation
V231.1
D 热控制计算
S 性能计算*

温度控制系统
Y 温控系统

温度量测
Y 温度测量

温度湿度控制
Y 温湿度控制

温度特性测试
Y 温度测量

温度循环
temperature cycling
V231；V430
D 高低温度循环
S 循环*

温控热管
Y 热管

温控系统
temperature-control system
TP2；V245.3；V444
D 控温系统

温度控制系统
S 环境系统*
热学系统*
专用系统*
F 座舱温度控制系统
C 温度控制 →(5)
温度控制器 →(4)
温控仪表 →(4)

温启动
warm start
P2；V44
D 温起动
S 启动*

温起动
Y 温启动

温热试验
Y 湿热试验

温湿度控制*
temperature and humidity control
TP1
D 温度湿度控制
温湿控制
F 座舱温度控制
C 单点控制 →(8)
物理控制
新风系统 →(11)

温湿控制
Y 温湿度控制

温压弹
thermobaric bombs
TJ414
D 热压武器
温压武器
温压炸弹
S 炸弹*

温压武器
Y 温压弹

温压炸弹
Y 温压弹

温压战斗部
thermobaric warheads
TJ9
S 战斗部*

文都利管
Y 文丘里管

文丘里管
Venturi tube
TH7；V241
D 双文丘里管
文都利管
文丘利管
文氏管
S 测试管*
C 水力空化 →(11)
文丘里除尘器 →(5)(13)

文丘里喷嘴
Y 文丘利喷嘴

文丘利管
Y 文丘里管

文丘利喷嘴
Venturi nozzle
TH13；TK2；V232
D 文丘里喷嘴
S 喷嘴*
F 临界流文丘利喷嘴
音速文丘利喷嘴
C 文丘利燃烧器 →(5)
音速喷嘴

文氏管
Y 文丘里管

纹影干涉仪
schlieren-interferometer
TH7；V556
D 偏振光干涉仪
S 干涉仪*

吻切锥乘波构型
osculating cone derived waverider
V221
S 乘波构型
Z 构型

紊动结构
Y 紊流结构

紊动扩散系数
Y 紊流扩散系数

紊动应力
Y 雷诺应力

紊流
Y 湍流

紊流度
Y 湍流度

紊流附面层
Y 湍流边界层

紊流结构
turbulence structure
O3；TV3；V211
D 紊动结构
S 流场结构
Z 物理化学结构

紊流扩散系数
turbulent diffusivity
V211
D 湍流扩散系数
紊动扩散系数
S 扩散系数*
F 湍流传质扩散系数

紊流强度
intensity of turbulence
TV1；V211
S 强度*
C 紊流系数 →(2)(5)

紊流燃烧
turbulent combustion
V231.1
D 湍流燃烧
S 燃烧*

紊流尾流
Y 湍流尾流

稳定*
stabilization
TU3
D 调制不稳定
多摆稳定
非稳定
分散稳定
进化稳定
能量稳定
热声不稳定
实用稳定
稳定程度
稳定方式
稳固
F 高度稳定
气动稳定
三轴稳定
无源稳定
增稳
重力梯度稳定
姿态稳定
自旋稳定
C 紧固 →(2)(3)(4)(8)(12)

稳定表面
Y 安定面

稳定补偿系统
Y 增稳系统

稳定程度
Y 稳定

稳定氮同位素
stable nitrogen isotopes
TL
S 同位素*

稳定度
Y 稳定性

稳定段
settling chamber
TH13；V211.74
D 前室
S 风洞部件*

稳定方式
Y 稳定

稳定工作裕度
stability operation margin
V231
S 稳定裕度
C 空气压缩机 →(4)
涡轮喷气发动机
Z 裕度

稳定回路
stable loop
V243
S 回路*
C 稳定平台

稳定剂*
stabilizing agent
TQ0

D 安定剂
助稳定剂
F 燃烧稳定剂
C 活化剂 →(9)
稳定化 →(1)

稳定减速伞
Y 稳定伞

稳定降落伞
Y 稳定伞

稳定角
stable angle
TJ811；U4
S 角*

稳定控制*
stable control
TP1
D 稳定控制技术
稳定性控制
F 变稳定性飞行控制
姿态稳定控制
自旋稳定控制
C 自动控制

稳定控制技术
Y 稳定控制

稳定流动空气动力学
Y 定常空气动力学

稳定面
Y 安定面

稳定模型
Y 稳定性模型

稳定平台
stabilized platform
TN96；V448
D 惯性平台
陀螺稳定平台
稳定运动平台
S 导航平台
F 惯导平台
惯性稳定平台
光电稳定平台
视轴稳定平台
四轴平台
C 惯性系统
三轴稳定
陀螺稳定器
陀螺稳定性
稳定回路
旋转导向钻井系统 →(2)
Z 导航设备
平台

稳定燃烧
stable combustion
V231.1
D 表面稳定燃烧
稳燃技术
S 燃烧*
C 表面点火 →(5)
锅炉 →(5)(13)
燃烧稳定性
微油点火
稳燃器 →(5)

稳定伞
stabilizing parachute
V244.2
D 稳定减速伞
稳定降落伞
S 降落伞*
F 座椅稳定伞

稳定特性
Y 稳定性

稳定同位素碳
stable carbon isotope
TL
S 同位素*

稳定下降
Y 下降飞行

稳定性*
stability
ZT4
D 安定性
安定性能
表面安定性
玻璃稳定性
步态稳定性
步行稳定性
存储稳定性
独立稳定性
多项式稳定性
胶体安定性
可靠稳定性
绿洲稳定性
乳化安定性
使用稳定性
势切安定性
稳定度
稳定特性
稳定性能
稳性
物理安定性
行走稳定性
形貌稳定性
形稳性
压蒸安定性
F Robinson 不稳定性
边界层稳定性
导弹稳定性
动力稳定性
动态稳定性
发动机稳定性
放宽静稳定性
辐照稳定性
高频燃烧不稳定性
亥姆霍兹不稳定性
航向稳定性
横流不稳定性
滑行稳定性
静态稳定性
控制稳定性
离子不稳定性
零偏稳定性
流动稳定性
密度波不稳定性
气动稳定性
燃烧稳定性
燃油热稳定性
射击稳定性
速度稳定性
陀螺稳定性
微观不稳定性
运动稳定性
转子稳定性
姿态稳定性
C 保险机构
不稳定状态 →(11)
船宽 →(12)
临界车速 →(12)
平衡
失稳
稳定安全系数 →(13)
稳定化 →(1)
稳定性分析 →(2)(8)
稳固性 →(1)(2)
系统性能
压重 →(4)

稳定性(飞行力学)
Y 飞行稳定性

稳定性补偿
stability compensation
V211
S 补偿*
C 增稳系统

稳定性操纵性飞行试验
Y 稳定性飞行试验

稳定性操纵性试飞
Y 稳定性飞行试验

稳定性导数
stability derivatives
V211；V212
S 气动导数*
C 气动稳定性
阻尼导数

稳定性飞行试验
stability flight test
V217
D 操纵性飞行试验
飞行稳定性试验
飘摆试验
稳定性操纵性飞行试验
稳定性操纵性试飞
S 性能飞行试验
Z 飞行器试验

稳定性控制
Y 稳定控制

稳定性模型
stability model
V21
D 稳定模型
S 模型*

稳定性能
Y 稳定性

稳定性评定试车
Y 热试车

稳定性裕度
Y 稳定裕度

稳定翼气动力特性
Y 弹丸气动特性

稳定翼气动力特性(弹丸)
Y 弹丸气动特性

稳定裕度
stability margin
O4；TM7；V231
D 不稳定裕度
稳定性裕度
稳定裕量
S 裕度*
F 广义稳定裕度
静稳定裕度
稳定工作裕度
C 通用先导阀 →(4)
先导压力阀 →(4)

稳定裕量
Y 稳定裕度

稳定运动空气动力学
Y 工业空气动力学

稳定运动平台
Y 稳定平台

稳固
Y 稳定

稳恒强磁场
Y 强磁场

稳健设计
robust design
TH12；TP2；V221
D 健壮设计
健壮性设计
鲁棒模型
鲁棒设计
随机鲁棒设计
稳健性设计
S 设计*
C 自适应调节器 →(8)

稳健性设计
Y 稳健设计

稳流套
shroud
TL35
S 反应堆冷却剂系统
C 燃料通道
Z 反应堆部件

稳谱
spectrum stabilization
TL8
S 谱*

稳燃技术
Y 稳定燃烧

稳态参数
steady-state parameter
V43；ZT3
S 参数*

稳态等离子体推进器
stationary plasma thruster
V43
S 等离子体推进器
Z 推进器

稳态计算
steady state calculation
TL3；TP
D 非稳态计算
S 计算*

稳态聚变堆
Y 热核堆

稳态聚变反应堆
Y 热核堆

稳态流阻
Y 流体阻力

稳态燃烧模型
steady combustion models
V231.1
S 热模型*

稳态特性
steady-state characteristic
TP2；V228；ZT4
D 稳态性能
S 物理性能*

稳态性能
Y 稳态特性

稳态转向特性
steady state steering characteristic
TJ811；U4
S 方向性*
机械性能*
物理性能*
载运工具特性*

稳相加速器
Y 同步回旋加速器

稳象式火控系统
Y 指挥仪式火力控制系统

稳像火控系统
Y 指挥仪式火力控制系统

稳像式火控系统
Y 指挥仪式火力控制系统

稳性
Y 稳定性

问题废物
Y 废弃物

嗡鸣
buzz
V211.4；V211.46
S 噪声*
C 颤振

挝瓦尔喷管
Y 拉瓦尔喷管

涡
Y 涡流

涡产生器
Y 涡流发生器

涡动
Y 涡流

涡动扩散系数
Y 涡流扩散系数

涡动切应力
Y 雷诺应力

涡发生器
Y 涡流发生器

涡干扰
vortex interference
V211.46
S 气动干扰*
F 激波涡干扰
桨涡干扰
C 流场显示
鸭式构型

涡格法
vortex lattice method
V211
S 方法*

涡管燃烧室
Y 旋流燃烧室

涡环
vortex ring
TH7；V211
D 尾桨涡环
旋流环
旋翼涡环
S 涡流*
C 脱体涡
涡环状态

涡环状态
vortex ring state
V211
S 状态*
C 涡环

涡激
Y 涡激振动

涡激振动
vortex-induced
V23
D 涡激
S 振动*

涡浆发动机
Y 涡桨发动机

涡桨发动机
propeller-turbine engine
V235.12
D 透平螺旋桨发动机
涡浆发动机
涡轮螺桨发动机
涡轮螺旋浆发动机
涡轮螺旋桨
涡轮螺旋桨发动机
涡轮螺旋桨航空发动机
S 涡轮喷气发动机

Z 发动机

涡桨飞机
Y 涡轮螺旋桨飞机

涡襟翼
vortex flaps
V224；V225
D 旋涡襟翼
S 开缝副翼
C 后缘
Z 操纵面

涡卷式压缩机
Y 压缩机

涡控制
vortices control
V249
D 涡流控制
S 流体控制*
F 旋涡破裂控制

涡扩散系数
Y 涡流扩散系数

涡流*
vortex
O3
D 出口旋流
大气涡流
螺旋流
涡
涡动
涡旋流
涡旋流动
旋流
旋流型
旋涡
旋涡流
旋涡流动
旋转流
旋转流体
漩流
漩涡
漩涡作用
有涡流动
有旋流
有旋流动
转动流体
F 边条涡
非对称涡
分离涡
附着涡
桨尖涡
角区旋涡
进气涡流
前缘涡
体涡
通道涡
脱体涡
尾涡
涡环
泄漏涡
翼端涡
自由涡
C 流体流
湍流
涡流分级机 →(2)(9)
涡流加热 →(9)
旋流反应器 →(9)
旋流喷嘴
液体晃动

涡流板型切割磁铁
eddy-current septum magnet
TL5
S 切割磁铁
Z 磁性材料

涡流边条
Y 边条翼

涡流测量
eddy current measurement
V21
S 流体测量*

涡流发生器
vortex generator
V23
D 涡产生器
涡发生器
涡流器
涡旋发生器
旋流发生器
旋涡发生器
旋涡发生体
旋涡流发生器
漩涡发生器
有旋流发生器
S 发生器*
F 微型涡流发生器
C 旋流器 →(2)(4)(5)(9)

涡流控制
Y 涡控制

涡流扩散系数
coefficient of eddy diffusion
V211
D 涡动扩散系数
涡扩散系数
S 扩散系数*

涡流理论
vortex theory
V211
S 流动理论
Z 理论

涡流黏度
Y 涡黏度

涡流器
Y 涡流发生器

涡流燃烧室
Y 旋流燃烧室

涡流式喷嘴
Y 旋流喷嘴

涡流式燃烧室
Y 旋流燃烧室

涡流室
Y 旋流燃烧室

涡流室式燃烧室
Y 旋流燃烧室

涡流运动
Y 旋涡运动

涡轮*
turbine
V232.94
D 透平
透平机
透平机械
涡轮机
涡轮机械
F 变几何涡轮
冲压涡轮
低压涡轮
动力涡轮
对转涡轮
高温涡轮
高压涡轮
高载荷涡轮
径流式涡轮
跨声速涡轮
膨胀涡轮
气冷涡轮
气体涡轮
鱼雷涡轮
增压涡轮
整体涡轮
轴流涡轮
C 轮 →(4)(5)
涡轮泵 →(4)
涡轮导向器 →(4)
涡轮电机 →(5)
涡轮风扇
涡轮流量 →(2)(4)
涡轮盘 →(5)
涡轮叶片
涡轮叶栅

涡轮冲压发动机
turboramjet engine
V235.21
D 涡轮冲压喷气发动机
涡轮冲压式喷气发动机
S 冲压发动机
组合发动机
C 涡轮电机 →(5)
Z 发动机

涡轮冲压喷气发动机
Y 涡轮冲压发动机

涡轮冲压式喷气发动机
Y 涡轮冲压发动机

涡轮导向器叶片
Y 涡轮导向叶片

涡轮导向叶片
turbine guide vanes
TH13；V232.4
D 涡轮导向器叶片
涡轮导叶
S 导向叶片
涡轮叶片
Z 叶片

涡轮导叶
Y 涡轮导向叶片

涡轮动力模拟器
turbine powered simulator
TK0；V23
S 模拟器*

涡轮发动机
Y 燃气涡轮发动机

涡轮风扇
turbofans
V232.93
D 变距风扇
变栅距风扇
S 风扇*
C 管道风扇
可调螺距螺旋桨
升力风扇
透平压缩机 →(4)(5)
涡轮
涡轮冷却器
涡轮叶片
涡轮叶栅
涡扇发动机

涡轮风扇发动机
Y 涡扇发动机

涡轮风扇航空发动机
Y 涡扇发动机

涡轮风扇喷气发动机
Y 涡扇发动机

涡轮-风扇式涡轮冷却器
Y 涡轮冷却器

涡轮复合发动机
turbocompound engine
V235
S 组合发动机
Z 发动机

涡轮工作叶片
Y 涡轮转子叶片

涡轮火箭发动机
turborocket engine
V439
D 透平火箭发动机
S 火箭发动机
F 空气涡轮火箭发动机
C 涡轮电机 →(5)
Z 发动机

涡轮机
Y 涡轮

涡轮机械
Y 涡轮

涡轮机叶片
Y 涡轮叶片

涡轮基组合循环发动机
turbine based combined cycle engines
V235
S 组合发动机
Z 发动机

涡轮级间燃烧室
turbine stage chamber
V232.95
S 燃烧室*

涡轮加压
Y 涡轮增压

涡轮静叶
turbine stator blades
TH13；V232.4
D 涡轮静子叶片
S 静叶片
C 涡轮叶栅
Z 叶片

涡轮静叶栅
turbine stator cascade
TH13；TK0；V232
S 静叶栅
涡轮叶栅
Z 叶栅

涡轮静子叶片
Y 涡轮静叶

涡轮冷却器
turbine cooler
TK0；V232
D 滚珠轴承涡轮冷却器
径流式涡轮冷却器
可调喷咀涡轮冷却器
空气循环机
气体轴承涡轮冷却器
三轮式涡轮冷却器
三轮装置
涡轮-风扇式涡轮冷却器
涡轮-压气机式涡轮冷却器
轴流式涡轮冷却器
S 冷却装置*
C 涡轮风扇

涡轮螺桨发动机
Y 涡桨发动机

涡轮螺桨飞机
Y 涡轮螺旋桨飞机

涡轮螺旋浆发动机
Y 涡桨发动机

涡轮螺旋桨
Y 涡桨发动机

涡轮螺旋桨发动机
Y 涡桨发动机

涡轮螺旋桨飞机
turboprop aircraft
V271
D 涡桨飞机
涡轮螺桨飞机
涡轮螺旋桨式飞机
S 螺旋桨飞机
Z 飞机

涡轮螺旋桨航空发动机
Y 涡桨发动机

涡轮螺旋桨式飞机
Y 涡轮螺旋桨飞机

涡轮螺旋桨式水上飞机
Y 水上飞机

涡轮盘摩擦相对能量损失
Y 损失系数

涡轮喷气发动机
turbojet engine
V235
D 单涵道涡轮喷气发动机
单轴发动机
单轴军用涡轮喷气发动机
单转子发动机
单转子涡轮喷气发动机
单转子轴流式涡轮喷气发动机
透平喷气发动机
涡轮喷气航空发动机
涡喷发动机
综合高性能涡轮发动机
综合高性能涡轮发动机技术
S 喷气发动机
F 变循环喷气发动机
弹用涡喷发动机
多转子喷气发动机
桨扇发动机
升力喷气发动机
双转子涡喷发动机
推力换向喷气发动机
微型涡轮喷气发动机
涡桨发动机
涡扇发动机
涡轴发动机
C 稳定工作裕度
Z 发动机

涡轮喷气发动机控制
turbojet engine control
V433
D 涡喷发动机控制
S 喷气发动机控制
Z 动力控制

涡轮喷气航空发动机
Y 涡轮喷气发动机

涡轮起动机
turbo-starter
TK0；TM5；V23
S 起动器*
C 涡轮电机 →(5)

涡轮设计
turbine design
TH12；V23
S 机械设计*

涡轮性能
turbine performance
V232.94
S 动力装置性能*

涡轮-压气机式涡轮冷却器
Y 涡轮冷却器

涡轮压缩机
Y 压缩机

涡轮叶片
turbine blade
TH13；V232.4

D 透平叶片
涡轮机叶片
S 叶片*
F 高压涡轮叶片
燃气涡轮叶片
涡轮导向叶片
C 涡轮
涡轮风扇
涡轮叶栅

涡轮叶栅
turbine cascade
TH13；TK0；V232
D 透平叶栅
S 叶栅*
F 超音出口涡轮叶栅
涡轮静叶栅
C 涡轮
涡轮风扇
涡轮静叶
涡轮叶片

涡轮增压
turbocharging
V23
D 透平增压
涡轮加压
S 增压*
F 变截面涡轮增压
双涡轮增压

涡轮增压器
turbocharger
V232
S 增压装置
Z 压力设备

涡轮轴发动机
Y 涡轴发动机

涡轮轴航空发动机
Y 涡轴发动机

涡轮转子
turbine rotor
TH13；V232.94
D 透平转子
S 转子*
F 动力涡轮转子

涡轮转子叶片
turbine rotor blades
TH13；V232.4
D 涡轮工作叶片
S 转子叶片
Z 叶片

涡黏度
eddy viscosity
V211
D 湍流黏性
涡流黏度
涡黏性
旋涡黏度
旋涡黏性
S 黏度*

涡黏性
Y 涡黏度

涡喷发动机
Y 涡轮喷气发动机

涡喷发动机控制
Y 涡轮喷气发动机控制

涡破裂
vortex breakdown
O3；V211
S 断裂*
F 旋涡破裂
C 湍流

涡破碎
vortex breakdown
V211
S 破碎*

涡扇发动机
turbofan engines
V235.13
D 串联风扇发动机
大风扇发动机
风扇发动机
航空涡轮风扇发动机
航空涡扇发动机
内外函喷气发动机
内外涵发动机
内外涵喷气发动机
双路式发动机
透平风扇发动机
涡轮风扇发动机
涡轮风扇航空发动机
涡轮风扇喷气发动机
S 涡轮喷气发动机
F 高涵道比涡轮风扇发动机
军用涡扇发动机
C 部件特性
飞行包线
加速性能 →(12)
民用发动机 →(5)
涡轮电机 →(5)
涡轮风扇
Z 发动机

涡升力
vortex lift
O3；V211
S 升力
Z 力

涡室
Y 旋流燃烧室

涡稳定性
stability of vortex flow
V211
S 流动稳定性
Z 流体力学性能
稳定性

涡系结构
vortical structures
V214
S 流场结构
F 三维涡结构
C 突片
Z 物理化学结构

涡旋发生器
Y 涡流发生器

涡旋流
Y 涡流

涡旋流动
Y 涡流

涡旋模拟
Y 旋涡模拟

涡翼干扰
vortex wing interferences
V211.46
S 气动干扰*

涡轴发动机
turboshaft engine
V235.12
D 航空涡轮轴发动机
航空涡轴发动机
透平轴发动机
涡轮轴发动机
涡轮轴航空发动机
S 涡轮喷气发动机
Z 发动机

蜗杆压缩机
Y 压缩机

蜗轮型腔
Y 型腔

卧式试验台
Y 试验台

卧式压缩机
Y 压缩机

污废水
Y 废水

污染*
pollution
X5
D 零污染
污染分类
污染类型
污染种类
无污染
F 羽流污染
沾染
C 环境污染
零污染排放 →(13)
清洁生产 →(4)(13)
水污染 →(11)(13)
行业污染 →(2)(5)(10)(13)

污染标志
Y 环境污染

污染残留物
Y 污染物

污染发生源
Y 污染源

污染方式
Y 环境污染

污染防范

Y 污染防治

污染防护
Y 污染防治

污染防止
Y 污染防治

污染防制
Y 污染防治

污染防治*
pollution prevention and control
X5
D 防污
防污技术
防污染
防污染技术
防污设计
防污治污
防治污染
光污染防护
环境污染防治
污染防范
污染防护
污染防止
污染防制
污染防治方法
污染防治技术
F 放射性污染清除
C 防治 →(1)(2)(3)(4)(11)(12)(13)
环境修复 →(11)(13)
清洁能源 →(13)
生物农药 →(9)
污染分析 →(13)
污染控制 →(13)

污染防治方法
Y 污染防治

污染防治技术
Y 污染防治

污染分类
Y 污染

污染根源
Y 污染源

污染过程
Y 环境污染

污染机率
Y 环境污染

污染结构
Y 环境污染

污染来源
Y 污染源

污染类型
Y 污染

污染历时
Y 环境污染

污染排放物
Y 污染物

污染清除
Y 去污

污染全球化
Y 环境污染

污染受体
Y 环境污染

污染物*
pollutant
X5
D 暴露污染物
残留污染物
城市污染物
持久性污染物
刺激性污染物
非持久性污染物
关键性污染物
环境首要污染物
环境污染物质
环境优先污染物
潜隐污染物
潜在污染物
潜在性污染物
染菌物
人为环境污染物
人为污染物
首要污染物
特殊污染物
特征污染物
污染残留物
污染排放物
污染物表征
污染物持久性
污染物渗透
污染物生成
污染物特征
污染物项目
污染物形态
污染物性质
污染物质
污染质
污浊物
无污染物
一次污染物
营养性污染物
原发污染物
原发性污染物
原生污染物
原污染物
沾污物
重点污染物
主要污染物
自然污染物
F 生物污染物
C 废水
腐植酸 →(9)
环境归趋 →(13)
环境微界面 →(13)
环境物质 →(13)
排放标准 →(13)
排放控制 →(13)
铅污染 →(13)
污染源
重点污染源 →(13)

污染物表征
Y 污染物

污染物持久性
Y 污染物

污染物分离
Y 去污

污染物来源
Y 污染源

污染物去除
Y 去污

污染物渗透
Y 污染物

污染物生成
Y 污染物

污染物特征
Y 污染物

污染物项目
Y 污染物

污染物形态
Y 污染物

污染物性质
Y 污染物

污染物源
Y 污染源

污染物质
Y 污染物

污染消除
Y 去污

污染行为
Y 环境污染

污染形式
Y 环境污染

污染性状
Y 环境污染

污染源*
pollution source
X5
D 表面污染源
释放源
污染发生源
污染根源
污染来源
污染物来源
污染物源
污染源类型
污染源搜索
污染源项
主要污染源
F 放射性污染源
扩散源
C 污染途径 →(13)
污染物
污染因子 →(13)
污染源监测 →(13)
污染源控制 →(13)
噪声源 →(1)(7)

污染源废气

Y 废气

污染源类型
Y 污染源

污染源搜索
Y 污染源

污染源项
Y 污染源

污染质
Y 污染物

污染种类
Y 污染

污水溶液
Y 废液

污水特性
Y 废水

污物清除
Y 去污

污渣
Y 废渣

污浊物
Y 污染物

钨合金穿甲弹
tungsten alloy armor-piercing projectiles
TJ412
D 钨合金穿甲炮弹
S 穿甲炮弹
Z 炮弹

钨合金穿甲炮弹
Y 钨合金穿甲弹

钨合金破片
tungsten alloy fragments
TJ412
S 破片*

钨合金脱壳穿甲弹
tungsten alloy discarding sabot armor-piercing projectile
TJ412
D 钨心脱壳穿甲弹
钨芯弹
S 脱壳穿甲弹
Z 炮弹

钨同位素
tungsten isotopes
O6；TL92
S 同位素*

钨心脱壳穿甲弹
Y 钨合金脱壳穿甲弹

钨芯弹
Y 钨合金脱壳穿甲弹

屋架拼装
Y 装配

无变形
Y 变形

无尺度
Y 尺度

无触点点火装置
non-contact ignition devices
TJ454；V232
S 点火器
Z 燃烧装置

无导叶对转涡轮
vaneless counter-rotating turbine
V232.93
S 对转涡轮
Z 涡轮

无地效静升限
Y 静升限

无地效悬停高度
Y 悬停高度

无地效悬停升限
Y 静升限

无定位
Y 定位

无动力飞行器
unpowered vehicle
V27
S 飞行器*

无动力滑翔弹
unpowered glide bombs
TJ414
S 炸弹*

无动力推进飞行
Y 滑翔

无洞壁干扰风洞
Y 自适应壁风洞

无反射镜
Y 反射镜

无方向性信标
Y 全向信标

无废料
Y 废料

无风弹道
no wind trajectory
TJ01
S 弹道*

无杆气缸
rodless cylinder
TH13；V232
S 气缸
Z 发动机零部件

无隔爆爆炸序列
Y 直列式爆炸序列

无隔道进气道
diverterless inlet
V232.97
S 进气道*

无固次数
Y 无量纲数

无后坐力炮
Y 无坐力炮

无后坐力炮弹
Y 无坐力炮弹

无后坐炮
Y 无坐力炮

无厚叶片
no thick leaves
TH13；V232.4
S 叶片*

无机离子交换
inorganic ion exchange
TL94
S 离子交换*

无机闪烁体
inorganic scintillator
TL8
S 闪烁体*

无机身飞机
Y 无尾飞机

无基础压缩机
Y 压缩机

无激波跨音速翼型
Y 超临界翼型

无间隙
Y 间隙

无铰链旋翼
Y 刚接式旋翼

无铰式尾桨
Y 尾桨

无铰式旋翼
Y 刚接式旋翼

无铰旋翼
Y 刚接式旋翼

无结构三角形网格
Y 非结构网格

无结构网格
Y 非结构网格

无壳弹
Y 无壳弹药

无壳弹枪
caseless rifle
TJ2
S 枪械*

无壳弹药
caseless ammunition
TJ41
D 可燃弹壳弹药
可燃弹壳枪弹
无壳弹
无壳炮弹
无壳枪弹
S 弹药*
C 无壳地雷

无壳地雷
non-case land mine
TJ512
D 无壳雷
S 地雷*
C 无壳弹药

无壳雷
Y 无壳地雷

无壳炮弹
Y 无壳弹药

无壳枪弹
Y 无壳弹药

无壳体火箭发动机
Y 火箭发动机

无框架惯性导航
Y 捷联惯性导航

无框架惯性制导
Y 捷联惯导系统

无量纲量
Y 无量纲数

无量纲数*
non-dimensional number
O1
D 无固次数
无量纲量
无因次数
F 弗劳德数
格拉晓夫数
克努森数
雷诺数
马赫数
努塞尔数
普朗特数
瑞利数
斯特劳哈尔数

无掠角翼
Y 非掠翼

无膜激波管
diaphragm less shock tube
V211.7
S 激波管
Z 发生器

无黏流
inviscid flow
V211
D 无黏性流动
S 流体流*

无黏性流动
Y 无黏流

无泡发射
Y 武器发射

无喷管发动机
Y 固体火箭发动机

无喷管固体火箭发动机
Y 固体火箭发动机

无喷管火箭发动机
nozzleless rocket engine
V439
S 火箭发动机
Z 发动机

无喷管助推发动机
Y 无喷管助推器

无喷管助推器
nozzleless booster
V439
D 无喷管助推发动机
S 助推火箭发动机
C 动态网格 →(8)
Z 发动机

无碰撞
Y 避碰

无平尾飞机
Y 无尾飞机

无破坏测试
Y 无损测试

无穷元
Y 有限元法

无曲轴压缩机
Y 压缩机

无扰动
Y 扰动

无人靶机
Y 靶机

无人地面车
Y 无人地面车辆

无人地面车辆
unmanned ground vehicle
TJ811
D 无人地面车
无人地面战车
S 车辆*

无人地面战车
Y 无人地面车辆

无人飞船
unmanned spaceship
V476
D 不载人飞船
无人航天飞船
无人驾驶飞船
无人试验飞船
S 飞船
无人航天器
F 货运飞船
Z 航天器

无人飞机
Y 无人机

无人飞行器
unmanned aerial vehicle
V279
D 无人驾驶飞行器
S 飞行器*
F 无人自主飞行器
小型无人飞行器
C 撞地概率

无人攻击机
unmanned attack aircraft
V279.33
D 攻击无人机
攻击型无人机
无人驾驶攻击机
S 无人作战飞机
Z 飞机

无人航空器
Y 无人机

无人航天飞船
Y 无人飞船

无人航天器
unmanned spacecraft
V47
D 不载人航天器
S 航天器*
F 空间探测器
人造卫星
无人飞船
无人驾驶航天飞机
行星际航天器

无人轰炸机
Y 军用无人机

无人机
unmanned aircraft
V279
D 变形无人机
多用途无人驾驶飞机
太阳能无人机
太阳能无人驾驶飞机
天人驾驶飞机
无人飞机
无人航空器
无人驾驶飞机
无人驾驶航空器
无人驾驶机
S 飞机*
F 车载无人机
飞翼无人机
军用无人机
民用无人驾驶飞机
微型无人机
无人旋翼机
小型无人机
遥控飞机
自主飞行无人机
C 靶机
舵系统

无人机编队
unmanned aerial vehicle formation
V32
S 飞机编队
F 无人战斗机编队
Z 空中编队

无人机舱
unmanned machinery space
V223
D 无人值班机舱

S 飞机机舱
Z 舱

无人机导航
UAV navigation
V249.3
S 航空导航
Z 导航

无人机发动机
Y 航空发动机

无人机技术
unmanned air vehicle technology
V279
S 航空技术
Z 航空航天技术

无人机平台
unmanned aerial vehicle platforms
V279
S 飞机平台
Z 承载平台

无人机系统
unmanned aerial vehicle systems
V279
D 联合无人空战系统
无人系统
无人战斗机系统
无人作战
无人作战系统
S 飞机刹车系统
Z 航空系统

无人机遥感
UAV remote sensing
TP7；V243.1
S 航空遥感
Z 遥感

无人机着陆
unmanned aerial vehicle landing
V32
S 飞机着陆
Z 操纵

无人驾驶靶机
Y 靶机

无人驾驶飞船
Y 无人飞船

无人驾驶飞机
Y 无人机

无人驾驶飞机靶
Y 靶机

无人驾驶飞艇
pilotless airship
V274
S 飞艇
Z 航空器

无人驾驶飞行器
Y 无人飞行器

无人驾驶攻击机
Y 无人攻击机

无人驾驶航空器
Y 无人机

无人驾驶航天飞机
unmanned space shuttles
V475.2
S 无人航天器
Z 航天器

无人驾驶机
Y 无人机

无人驾驶坦克
Y 无人坦克

无人驾驶系统
unmanned driving system
TP；U4；V32
S 驾驶系统*

无人驾驶遥控飞行器
Y 遥控飞机

无人驾驶战车
Y 无人坦克

无人驾驶战斗飞行器
Y 无人作战飞机

无人驾驶战斗机
Y 无人作战飞机

无人驾驶侦察机
Y 无人侦察机

无人驾驶直升机
Y 无人直升机

无人驾驶作战飞机
Y 无人作战飞机

无人驾驶作战飞行器
Y 无人作战飞机

无人试验飞船
Y 无人飞船

无人坦克
unmanned tank
TJ811
D 无人驾驶坦克
无人驾驶战车
遥控坦克
S 坦克
无人武器
C 无人装备
Z 军用车辆
武器

无人探测器
unmanned detectors
V476
S 空间探测器
Z 航天器

无人探测任务
unmanned exploration missions
V11；V4
S 探测任务
Z 任务

无人武器
unmanned weapons
TJ9
S 武器*
F 无人坦克
无人作战车辆

无人系统
Y 无人机系统

无人旋翼机
unmanned rotorcrafts
V275.1；V279
D 无人作战旋翼机
S 无人机
旋翼机
F 超小型无人旋翼机
Z 飞机

无人战斗车辆
Y 无人作战车辆

无人战斗机
Y 无人作战飞机

无人战斗机编队
unmanned fighter formation
V32
D UCAV 编队
S 无人机编队
Z 空中编队

无人战斗机系统
Y 无人机系统

无人战机
Y 无人作战飞机

无人侦察机
pilotless reconnaissance aircraft
V279.31
D 微型无人驾驶侦察机
无人驾驶侦察机
侦察无人机
中空长航时无人机
S 军用无人机
F 高空长航时无人机
Z 飞机

无人直升机
unmanned helicopter
V275.13
D 共轴式无人驾驶直升机
无人驾驶直升机
S 军用直升机
F 军用无人驾驶直升机
微型无人直升机
小型无人直升机
Z 飞机

无人值班机舱
Y 无人机舱

无人装备
unmanned equipment
E；TJ0
S 军事装备*
C 无人坦克
无人作战车辆

无人自主飞行器

unmanned autonomous aerial vehicles
V27
S 无人飞行器
Z 飞行器

无人作战
Y 无人机系统

无人作战车辆
unmanned combat vehicle
TJ811
D 无人战斗车辆
S 无人武器
战车
C 无人装备
Z 军用车辆
武器

无人作战飞机
unmanned combat aerial vehicles
V279.33
D 无人驾驶战斗飞行器
无人驾驶战斗机
无人驾驶作战飞机
无人驾驶作战飞行器
无人战斗机
无人战机
无人作战飞行器
作战无人机
S 军用无人机
F 无人攻击机
Z 飞机

无人作战飞行器
Y 无人作战飞机

无人作战系统
Y 无人机系统

无人作战旋翼机
Y 无人旋翼机

无伤害测试
Y 无损测试

无升力飞行器
Y 弹道式飞行器

无升力式再入
Y 弹道式再入

无声冲锋枪
Y 微声冲锋枪

无声手枪
Y 微声手枪

无损测试
non-destructive testing
TB4；V216
D 非破坏试验
非破坏性测试
无破坏测试
无伤害测试
S 测试*

无损分析
non-destructive analysis
O6；TL2
D 非破坏分析
非破坏性分析
无损化学分析
S 分析方法*

无损化学分析
Y 无损分析

无图纸设计
Y 无纸设计

无托步枪
non-butt rifles
TJ22
S 步枪
F 无托突击步枪
Z 枪械

无托突击步枪
non-butt assault rifles
TJ22
S 突击步枪
无托步枪
Z 枪械

无拖把飞机牵引车
Y 飞机牵引车

无陀螺惯性测量组合
non-gyro inertial measurement unit
V241
S 惯性测量装置
Z 测量装置
力学测量仪器

无陀螺惯性导航系统
gyro-free inertial navigation system
TN96；V249.3
S 惯性导航系统
Z 导航系统

无陀螺捷联惯导
non-gyro strapdown inertial nagivation
TJ765
S 捷联惯性导航
Z 导航

无陀螺捷联惯导系统
gyro free SINS
V249.3；V448
S 捷联惯导系统
Z 导航系统

无弯度机翼
uncambered wings
V224
D 对称翼型翼
平翼
S 机翼*
C 弯扭机翼

无网格算法
mesh-free algorithm
V247
S 算法*

无维修工作期
maintenance free operating period
V267
S 时期*

无尾
Y 无尾式构型

无尾布局
Y 无尾式构型

无尾飞机
tailless aircraft
V271
D 飞翼飞机
无机身飞机
无平尾飞机
无尾三角翼飞机
S 飞机*
C 升降副翼
鸭式飞机

无尾桨直升机
Y 直升机

无尾三角翼
Y 三角翼

无尾三角翼飞机
Y 无尾飞机

无尾式
Y 无尾式构型

无尾式构型
tail-less configuration
V221
D 无尾
无尾布局
无尾式
S 无尾翼构型
Z 构型

无尾翼构型
no tail configuration
V221
S 气动构型
F 无尾式构型
Z 构型

无尾战斗机
tailless fighters
V271.41
S 歼击机
Z 飞机

无污染
Y 污染

无污染物
Y 污染物

无线测控
wireless measurement and control
TP2；V556
D 无线电测控
S 测控*
C 无线测温 →(1)(4)

无线测控网
wireless monitoring network
V556
S 航天测控网
Z 网络

无线测控系统
wireless measurement and control system
TJ765；V556
S 测控系统*

无线电系统*

无线电半罗盘
Y 无线电罗盘

无线电测高计
Y 雷达高度表

无线电测高仪
Y 雷达高度表

无线电测距
Y 雷达测距

无线电测控
Y 无线测控

无线电测向器
Y 无线电罗盘

无线电导航设备
radio navigation equipment
TN96；V241.6；V441
D 无线电导航仪
无线电领航设备
S 导航设备*
F 近程无线电导航设备

无线电导航台
radio beacon station
V249.3；V448
D 无线电信标台
S 导航站
Z 台站

无线电导航信标
navigational radio beacon
TN96；V249.3
D 定向无线电信号台
无线电归航信标
无线电航向信标
无线电示位标
无线电信标
无线电指向标
S 导航信标
C 无线发射机 →(7)
Z 导航设备

无线电导航仪
Y 无线电导航设备

无线电高度表
radio altimeter
TH7；V241.42；V441
S 高度表
F 高空无线电高度表
Z 测绘仪
航空仪表

无线电跟踪
radio tracking
TJ765；V249.3；V556
D 无线跟踪
S 跟踪*
F 多普勒跟踪
C 无线电跟踪系统

无线电跟踪系统
radio tracking systems
TJ765；TN95；V556
S 跟踪系统*
无线电系统*
F 多普勒跟踪系统
距离跟踪系统
C 无线电跟踪

无线电归航信标
Y 无线电导航信标

无线电航向信标
Y 无线电导航信标

无线电近炸引信
Y 无线电引信

无线电领航设备
Y 无线电导航设备

无线电罗经
Y 无线电罗盘

无线电罗盘
radiogoniometer
TN96；V249.3
D 电罗盘
无线电半罗盘
无线电测向器
无线电罗经
S 罗盘
C 无线电测向 →(7)
Z 导航设备

无线电设备
Y 电子设备

无线电示位标
Y 无线电导航信标

无线电收发两用机
Y 收发器

无线电台*
radio station
TN92
D 电台
通信电台
F 航空电台
C 电台广播 →(7)
甚高频 →(5)
收发器
通信发射机 →(7)
无线接收 →(7)

无线电探测
radio detection
V249.3
S 探测*
F 雷达探测
微波探测

无线电通信干扰飞机
Y 通信干扰飞机

无线电系统*
radio systems
TN0
F 塔康导航系统
无线测控系统
无线电跟踪系统
无线遥测系统
C 无线通信系统 →(7)

无线电信标
Y 无线电导航信标

无线电信标台
Y 无线电导航台

无线电遥测
Y 无线遥测

无线电遥测术
Y 无线遥测

无线电遥控模型飞机
Y 遥控模型飞机

无线电引信
radio fuze
TJ434
D 比相引信
电视引信
米波引信
无线电近炸引信
S 近炸引信
F 电子引信
调频引信
多普勒引信
毫米波引信
雷达引信
脉冲多普勒引信
软件无线电引信
微波无线电引信
C 引信启动概率
Z 引信

无线电指令制导
Y 无线电制导

无线电指向标
Y 无线电导航信标

无线电制导
radio guidance
TJ765；V448
D 无线电指令制导
无线电制导系统
S 指令制导
F 雷达制导
微波制导
主动雷达制导
Z 制导

无线电制导系统
Y 无线电制导

无线电装置
Y 电子设备

无线跟踪
Y 无线电跟踪

无线设备
Y 电子设备

无线随钻测量系统
Y 测量系统

无线遥测
radiotelemetry
TJ765
D 调频-调频遥测系统
无线电遥测

无线电遥测术
S 遥测*
C 无线遥控 →(8)
远程无线监控 →(8)

无线遥测系统
radiotelemetry system
V556
S 无线电系统*
遥测系统
Z 远程系统

无线装置
Y 电子设备

无限航区
unlimited navigation areas
U6；V355
S 航区
Z 空域

无限翼展机翼
infinite span wings
V224
D 无限翼展翼
S 细长翼
C 薄翼型
Z 机翼

无限翼展翼
Y 无限翼展机翼

无限元
Y 有限元法

无烟 XLDB 推进剂
Y 无烟改性双基推进剂

无烟改性双基推进剂
smokeless modified double-base propellants
V51
D 无烟 XLDB 推进剂
无烟交联改性双基推进剂
S 改性双基推进剂
无烟推进剂
Z 推进剂

无烟交联改性双基推进剂
Y 无烟改性双基推进剂

无烟燃烧
nonflame combustion
TK1；V231.1
D 无烟燃烧技术
S 燃烧*

无烟燃烧技术
Y 无烟燃烧

无烟推进剂
smokeless propellant
V51
S 固体推进剂
F 无烟改性双基推进剂
Z 推进剂

无焰烧嘴
Y 气体喷嘴

无叶扩压器
vaneless diffuser
TH4；TK0；V232
S 扩压器
Z 发动机零部件

无叶喷嘴
non-blade nozzles
TH13；TK2；V232
S 喷嘴*

无因次数
Y 无量纲数

无源导引头
Y 被动导引头

无源探测
passive detection
TN2；V249.3
D 被动探测
S 探测*
C 海底光缆 →(7)
时差定位 →(7)

无源稳定
passive stabilization
V448
D 被动稳定
S 稳定*

无载体同位素
carrier-free isotopes
O6；TL92
S 同位素*
C 标记化合物
标志
同位素标记

无纸设计
paperless design
V221
D 无图纸设计
S 设计*

无轴承式尾桨
Y 无轴承尾桨

无轴承式旋翼
Y 无轴承旋翼

无轴承尾桨
bearing-less tail rotor
V275.1
D 无轴承式尾桨
S 尾桨
Z 旋翼

无轴承旋翼
bearingless rotor
V275.1
D 无轴承式旋翼
S 升桨
C 刚接式旋翼
Z 旋翼

无坐力炮
recoilless gun
TJ399
D 无后坐力炮
无后坐炮
无座力炮
S 火炮
C 无坐力炮弹
Z 武器

无坐力炮弹
recoilless projectile
TJ412
D 无后坐力炮弹
S 炮弹*
C 无坐力炮

无座力炮
Y 无坐力炮

武警装备
armed police equipment
E；TJ0
D 警用装备
S 军事装备*
C 防暴枪

武器*
weapons
TJ0
D 兵器
兵器装备
超级武器
国产武器
尖端武器
武器设备
武器装备
先进武器
现代兵器
现代武器
新式武器
新型武器
F 常规武器
超高速武器
车载导弹
车载机枪
车载激光武器
导弹
低空防空武器
地面武器
反导武器
反舰武器
反坦克武器
防空激光武器
防御武器
辐射武器
高精度武器
攻击武器
海战武器
核武器
火箭武器
火炮
机载武器
舰空武器
舰载武器
控暴武器
灵巧武器
陆军武器
侵彻武器
轻型防空武器
燃烧武器
热兵器
杀伤武器

身管武器
生化武器
速射武器
特种武器
替代武器
外挂武器
微型武器
未来武器
无人武器
新概念武器
压制武器
野战防空武器
异型防空武器
隐身武器
远程武器
云爆武器
战略武器
战术武器
制导武器
制式武器
智能武器
主战武器
装甲武器
自动武器
钻地武器
C 地雷
航天武器
冷兵器
枪械
轻武器
水雷
水中武器
鱼雷
炸弹
战斗部

武器搬运车
Y 武器运输车

武器材料
weapon materials
TJ04
D 兵器材料
火炮材料
枪托用材
枪械材料
轻武器材料
身管材料
S 材料*

武器舱
Y 军械舱

武器操作
weapon operation
TJ0
S 操作*
F 起竖

武器测试
weapon testing
TJ06
S 测试*
F 导弹测试
高炮测试
军械测试
实弹测试
C 武器试验

武器储存
weapon storage
[TJ07]
S 存储*
F 弹药储存
导弹储存
核武器库存
化学武器储存
C 储存策略
封存包装 →(1)

武器摧毁力
weapons destructive power
TJ0
S 武器系统效能
C 武器效应
Z 性能

武器弹药
Y 弹药

武器定型
weapon typification
E；TJ0
D 导弹定型
S 定型*

武器对抗
weapon countermeasure
TJ0
S 对抗*
F 水雷对抗
鱼雷对抗

武器发射
weapon launching
E；TJ65；TJ765
D 多管发射
发射管发射
管道发射
降条件发射
无泡发射
鱼雷射击
S 发射*
F 鱼雷发射
C 导弹发射
导弹发射管
发射安全性
发射参数
深弹发射装置
液压发射
鱼雷发射管
装定

武器发展计划
weapon development program
E；TJ0
S 武器计划
Z 计划

武器防护
weapon protection
E；TJ9
S 防护*
F 地雷防护
核化生防护
坦克防护
装甲防护
C 隐蔽性 →(1)

武器工业
weaponry industry
TJ
D 兵器工业
S 国防工业
F 导弹工业
Z 工业

武器挂架
bomb rack
V24
D 复式挂弹架
挂弹架
航空火箭挂架
航空鱼雷挂架
机载火箭挂架
炸弹架
S 飞机挂架
轰炸设备
C 半埋外挂
Z 发射装置
飞机结构件

武器挂载短翼
Y 短翼

武器火控系统
Y 火控系统

武器计划
weapon plans
TJ0
D 军事装备计划
装备计划
S 计划*
F 导弹计划
核武器计划
武器发展计划
武器研制计划

武器开发
Y 开发

武器控制系统
weapon control system
TJ0
S 武器系统*
F 导弹控制系统
发射控制系统
火控系统
炮控系统
鱼雷控制系统
C 控制系统

武器命中
weapons hit
TJ01
S 命中*
F 鱼雷命中

武器-目标分配
weapon-target assignment
E；TJ0
D 武器系统目标分配
S 目标分配
Z 分配

武器配备
Y 武器配置

武器配置
weapons configuration
E；TJ0
D 武器配备
S 装备配置
Z 配置

武器平台
weapon platform
E；TJ0
D 武器系统平台
武器系统试验载机
武器系统试验载舰
S 承载平台*
F 发射平台
反潜平台
空间武器平台

武器设备
Y 武器

武器设计*
weapon design
TJ02
F 弹药设计
导弹设计
火炮设计
枪械设计
坦克设计
鱼雷设计
战斗部设计
C 武器研究
装备设计 →(1)

武器试验*
weapon test
TJ01
D 兵器试验
武器效应试验
F Steven 试验
靶场试验
穿甲试验
弹道试验
导弹试验
发射试验
感度试验
核试验
火工品试验
火炮试验
拦截试验
破甲试验
枪弹试验
枪械试验
侵彻实验
射击试验
实弹试验
水中武器试验
碎甲试验
坦克试验
威力试验
武器系统试验
引信试验
战斗使用试验
C 试验
武器测试
武器控制 →(8)

武器试验基地
weapon test bases
TJ01；TJ06
S 试验基地
F 常规武器试验基地
Z 基地

武器探测
weapon detecting
E；V249.3
S 探测*
F 弹道探测
导弹探测
深弹探测

武器投放
weapon delivery
TJ01；V24
D 发射武器
武器投放系统
S 投放*

武器投放系统
Y 武器投放

武器维修器材
weapon maintenance equipment
[TJ07]
S 器材*

武器系统*
weapon system
TJ0
D 兵器系统
F 导弹武器系统
反水雷系统
反坦克武器系统
反鱼雷系统
防御武器系统
飞机武器系统
复杂武器系统
高炮武器系统
海军武器系统
核武器系统
火箭武器系统
火力系统
火炮武器系统
激光武器系统
近程反导武器系统
近程防空武器系统
精确杀伤武器系统
水下武器系统
坦克武器系统
天基武器系统
未来战斗系统
武器控制系统
武器装备系统
制导武器系统
综合武器系统
C 电子战系统 →(7)
军事系统
鱼雷系统
制导系统

武器系统分析
weapon system analysis
TJ02
S 工程分析*

武器系统工程
weapon system engineering
TJ0
S 工程*

武器系统目标分配
Y 武器-目标分配

武器系统平台
Y 武器平台

武器系统试验
weapons systems test
TJ01
S 武器试验*
C 武器系统性能评价

武器系统试验载机
Y 武器平台

武器系统试验载舰
Y 武器平台

武器系统效能
weapon system effectiveness
TJ0
S 武器性能
F 武器摧毁力
C 武器效能
武器效能指标
Z 性能

武器系统效能评估 WSEIAC 模型
weapon system effectiveness evaluation WSEIAC model
TJ0
D WSEIAC 模型
S 工程模型*

武器系统性能评价
weapon system performance evaluation
TJ0
S 性能评价*
C 武器系统试验

武器系统研制
Y 武器研制

武器销毁
weapon disposal
TJ089
S 销毁*
F 导弹销毁
C 弹药销毁
武器装备报废

武器效能
weapon effectiveness
TJ0
S 效能*
F 攻击效能
杀伤效能
射击效能
实战效能
C 武器系统效能

武器效能指标
weapon efficiency index
TJ0
S 效能指标
C 武器系统效能

Z 指标

武器效应*
weapon effect
E；TJ0
F 穿甲效应
弹头效应
对消效应
核武器效应
毁伤效应
杀伤破坏效应
战斗部效应
终点效应
C 武器摧毁力
效应

武器效应试验
Y 武器试验

武器型号
weapon types
TJ0
S 型号*
F 导弹型号

武器性能
weapon performance
E；TJ0
S 性能*
F 核武器可靠性
枪械安全性
枪械可靠性
武器系统效能
C 战术技术性能

武器研究
weapon research
TJ0
S 研究*
C 武器设计
武器研制计划

武器研制
weapon reserch and development
E；TJ0
D 武器系统研制
武器装备研制
S 研制*
F 导弹研制
鱼雷研制
C 武器制造

武器研制计划
weapon research and development plan
E；TJ0
S 武器计划
C 武器研究
Z 计划

武器引信
weapon fuzes
TJ431
D 爆破筒引信
近战武器引信
S 引信*
F 导弹引信
地雷引信
炮弹引信
手榴弹引信
水雷引信
鱼雷引信
炸弹引信
子母弹引信

武器运输车
weapon carrier vehicle
TJ812
D 武器搬运车
S 特种军用车辆
F 导弹运输车
坦克运输车
C 弹药运输
Z 军用车辆

武器运用方案
weapon application proposals
E；TJ0
S 技术方案*
F 布雷方案

武器制造
weapon manufacturing
TJ05
S 制造*
F 导弹制造
枪械制造
C 武器研制

武器装备
Y 武器

武器装备报废
discard of weapon and equipment
TJ089
S 处理*
C 报废指标 →(4)(12)
武器销毁

武器装备发展史
weapons and equipment development history
TJ0
S 历史*
F 坦克发展史

武器装备抢修
weapon and equipment emergency repair
[TJ07]
D 装备抢修
S 维修*
C 战场维修

武器装备设计定型
Y 设计定型

武器装备生产
weapons and equipment production
TH16；TJ
S 生产*
F 弹药生产
核武器生产

武器装备退役
weapon and equipment retirement
TJ0
S 装备退役
F 坦克退役
Z 退役

武器装备洗消
Y 洗消

武器装备系统
weapon and equipment system
E；TJ0
S 武器系统*
F 布雷系统
弹药系统
扫雷系统

武器装备研制
Y 武器研制

武器装挂发射装置
weapon suspension unit and launcher
TJ765；V24
S 发射装置*
F 投射装置

武装无人机
Y 军用无人机

武装侦察直升机
armed reconnaissance helicopters
V275.13
D 海军武装侦察直升机
S 侦察直升机
Z 飞机

武装直升飞机
Y 武装直升机

武装直升机
armed helicopter
V275.131
D 攻击直升机
空军直升机
强击直升机
特种作战直升机
武装直升飞机
战斗直升机
侦察攻击直升机
作战直升机
S 军用直升机
F 反舰直升机
反潜直升机
反坦克直升机
Z 飞机

物理安定性
Y 稳定性

物理比率*
physical ratio
O4
F 空泡率
漂移率
C 比率
分辨率
功率
频率 →(1)(2)(5)(7)(12)
速率 →(1)(2)(3)(5)(7)(8)(9)(10)(11)(12)(13)
吸收率 →(1)(5)(7)

物理分析*
physical analysis
O6
F 光机热分析
离子束分析
脉冲幅度分析

振动响应分析
C 分析
谱分析
时间分析 →(1)(7)(8)(11)

物理辐射效应
physical radiation effects
TL36；TL7
S 辐射效应*
C 中子溅射

物理改性
F 辐射改性

物理化学结构*
physical-chemical structure
O6；TQ0
F 流场结构

物理控制*
physical control
O4
F 被动热控制
磁场定向控制
过热控制
航天器热控制
主动磁控
主动热控
C 波控制 →(1)(3)(5)(7)(8)
控制
脉冲控制 →(5)(7)(8)
模态控制
频率控制
温湿度控制

物理模拟实验
Y 物理模拟试验

物理模拟试验
physical simulation tests
TH11；TU1；V216
D 光弹物理模拟实验
物理模拟实验
S 模拟试验*
物理试验*
F 半物理模拟试验

物理模型*
physical model
O4
D 实物模型
F 起动模型
实时模型
C 模型
热模型
物理模型试验 →(1)

物理启动
physical start-up
TL4
S 启动*

物理区域*
physical region
O4
F 核场区
热区
C 区域

物理试验*
physical testing
O4
F 声学试验
物理模拟试验
C 试验

物理特性
Y 物理性能

物理吸附型透气服
Y 防毒服

物理吸收型透气服
Y 防毒服

物理洗消法
Y 洗消

物理性能*
physical properties
O4
D 物理特性
物理性质
F 超机动性
超音速特性
低速气动特性
动态气动特性
动态稳定性
发动机加速性
防辐射性
放射性
辐射敏感性
辐照特性
高机动性
高频燃烧不稳定性
机敏性
浸出性能
静态稳定性
跨音速特性
雷达散射特性
慢衰减特性
密度波不稳定性
目标散射特性
耐波性
能量特性
耦合束团不稳定性
燃烧稳定性
燃速特性
束流特性
速度稳定性
推进剂黏性
稳态特性
稳态转向特性
运动稳定性
中子性能
姿态稳定性
C 不确定性 →(1)(3)(4)(5)(8)(13)
磁性质 →(1)(3)(5)(7)
电性能
电子性能 →(1)(7)(13)
分散性 →(1)(2)(9)(11)
各向异性 →(1)(2)(3)(5)(11)
光学性质 →(1)(3)(5)(7)(8)(9)(10)(11)
理化性质 →(1)(2)(3)(9)(10)(11)(13)
迁移特性 →(9)
热学性能
声学特性 →(1)(4)(7)(11)(12)(13)
物理改性 →(9)
性能

物理性质
Y 物理性能

物料*
supplies
TH2
D 生产物料
F 精料
C 冶金物料 →(2)(3)

物料搬运工业
Y 工业

物料操作*
Materials handling
TD5
F 弹丸加料

物料分离
Y 物质分离

物料混合
Y 物质混合

物料混匀
Y 物质混合

物料搅混
Y 物质混合

物伞系统
Y 降落伞

物体*
objects
O4；ZT81
F 钝头体
后体
柔性物体
台体
细长体
消旋体
旋翼锥体
有翼体
C 结构体
模拟物
物质

物位测量系统
Y 测量系统

物用降落伞
Y 投物伞

物用伞
Y 投物伞

物质*
matter
ZT81
F 可燃毒物
天然类似物
C 导电物质 →(1)(9)
放射性物质
生物质 →(5)
危险物质
物体
游离化学物质 →(1)(9)

物质分离*
material separation
TQ0
D 产品分离
物料分离
F 铀钚分离
C 分离
物质混合

物质混合*
material mixing
TQ0
D 物料混合
物料混匀
物料搅混
F 流体混合
C 钢铁料 →(3)
物质分离

误差*
error
O1；TG8
D 偏差
偏差值
误差均化
误差均化原理
误差均化作用
误差值
F 弹道偏差
方向误差
跟踪误差
落点偏差
射弹偏差
随机漂移误差
圆概率偏差
C 防偏 →(2)
精度
误差辨识 →(3)(4)
误差标定 →(4)
误差补偿
误差参数 →(1)(3)(4)
误差测量 →(3)(4)
误差处理
误差计算 →(3)(4)
误差控制 →(7)(8)
误差率 →(7)
误差系数 →(3)
误差校准 →(1)

误差补偿
error compensation
O1；TJ765.3；V448.23
D 误差补偿点
误差补偿法
误差补偿方法
误差补偿技术
误差补偿器
误差补偿算法
误差补偿系统
误差补偿性能
S 补偿*
误差处理*
F 动态误差补偿
C 间隙补偿 →(3)
矢高 →(11)
误差

误差补偿点
Y 误差补偿

误差补偿法
Y 误差补偿

误差补偿方法
Y 误差补偿

误差补偿技术
Y 误差补偿

误差补偿器
Y 误差补偿

误差补偿算法
Y 误差补偿

误差补偿系统
Y 误差补偿

误差补偿性能
Y 误差补偿

误差处理*
error processing
O1；TP3
D 偏差处理
F 误差补偿
C 处理
误差

误差均化
Y 误差

误差均化原理
Y 误差

误差均化作用
Y 误差

误差值
Y 误差

误废
Y 废弃物

雾化*
fogging
TH；TQ46
D 雾化工艺
雾化过程
雾化技术
压力雾化
F 推进剂雾化
C 内混式喷嘴
喷雾 →(2)(5)
射流长度 →(8)
雾化喷嘴

雾化工艺
Y 雾化

雾化过程
Y 雾化

雾化技术
Y 雾化

雾化喷嘴
atomizing nozzle
TH13；TK2；V232
D 空气雾化喷油嘴
空气雾化喷嘴
气动喷嘴
气动雾化喷嘴
气流雾化喷嘴
气碎喷油咀
气碎喷油嘴
气雾喷嘴
S 气流式喷嘴
F 气动旋流喷嘴
气泡雾化喷嘴
细密雾化喷嘴
旋转型气-液雾化喷嘴
C 喷雾性能 →(5)
雾化
雾化喷射泵 →(4)
雾化射流 →(5)
雾化性能 →(9)
雾化装置 →(9)
Z 喷嘴

雾化整流装置
atomization flow straightener
V55
S 发射架转塔
Z 发射装置构件

雾冷堆
fog cooled reactors
TL3；TL4
S 反应堆*
C 堆芯应急冷却系统
喷雾冷却 →(1)

西阿尔
Y 刺激剂

西部马脑脊髓炎病毒
Y 病毒类生物战剂

西部试验靶场
Y 导弹试验靶场

西德电子同步加速器
Y 电子同步加速器

西马病毒
Y 病毒类生物战剂

西门子直线加速器
Siemens linear accelerator
TH7；TL5
S 直线加速器
Z 粒子加速器

吸波剂
wave absorber
V259
S 吸收剂*
F 复合吸波剂
C 吸波材料 →(5)

吸波结构
absorbent structure
V214
S 功能结构*

吸波隐形材料
wave absorbing stealth materials
V25
S 隐身材料

Z 功能材料

吸附*
adsorption
O6；TQ42
D 表面吸附
可吸附
吸附处理
吸附法
吸附反应
吸附方法
吸附工艺
吸附过程
吸附技术
吸咐
F 边界层吸附
C 螯合纤维 →(9)
表层
超微孔 →(9)
大孔树脂 →(9)
大孔吸附树脂 →(9)
多孔质沸石颗粒 →(9)
沸石 →(9)
附着机理 →(9)
回热 →(1)(3)
活性炭 →(9)
活性炭纤维 →(9)(10)
界面传质 →(9)
净水剂 →(11)
颗粒
离子交换纤维 →(9)(10)
砂岩表面 →(2)
释放
水泥比表面积 →(9)
涂铁石英砂 →(11)
脱附 →(7)(9)
微滤 →(9)(11)
吸附剂 →(2)(9)(10)(11)(13)
吸附器 →(9)
吸附势垒 →(9)
吸附树脂 →(9)(13)
吸附温度 →(1)
吸附性能 →(9)
吸附值 →(9)
吸附指数 →(9)
粘合增进剂 →(9)

吸附处理
Y 吸附

吸附法
Y 吸附

吸附反应
Y 吸附

吸附方法
Y 吸附

吸附工艺
Y 吸附

吸附过程
Y 吸附

吸附技术
Y 吸附

吸咐
Y 吸附

吸空气发动机
Y 空气喷气发动机

吸内份额
Y 空间剂量分布

吸纳废物
Y 废弃物

吸气发动机
Y 空气喷气发动机

吸气襟翼
suction flap
V224
D 上表面吸气襟翼
S 襟翼
C 增升装置
Z 操纵面

吸气式导弹
air-breathing missile
TJ76
S 导弹
C 吸气式火箭发动机
Z 武器

吸气式发动机
Y 空气喷气发动机

吸气式风洞
Y 暂冲式风洞

吸气式高超飞行器
Y 吸气式高超声速飞行器

吸气式高超声速飞行器
air-breathing hypersonic vehicles
V27
D 吸气式高超飞行器
S 高超音速飞行器
Z 飞行器

吸气式火箭发动机
air-breathing rocket engines
V439
S 火箭发动机
C 吸气式导弹
Z 发动机

吸气式推进技术
airbreathing propulsion technology
V43
S 推进技术
Z 航空航天技术

吸气式推进系统
Y 喷气推进系统

吸氢
hydrogen absorption
O4；TL27
S 吸收*
C 吸氢性能 →(3)

吸热燃料
endothermic fuel
V51
S 燃料*
C 火箭推进剂

吸入压力
Y 进气压力

吸收*
absorption
O4；O6；TQ0
D 吸收过程
吸收技术
F 吸氢
C 精制 →(2)(9)(10)
硫 →(9)
清洗 →(1)(2)(3)(4)(5)(7)(8)(9)(10)(11)(12)(13)
吸收剂
吸收装置 →(9)

吸收份额
Y 空间剂量分布

吸收过程
Y 吸收

吸收技术
Y 吸收

吸收剂*
absorbent
TB3；TQ42
D 吸收体
吸收质
吸着剂
F 吸波剂
C 脱除剂 →(1)(2)(3)(5)(7)(9)(10)(11)(13)
吸波涂层 →(1)(3)
吸附剂 →(2)(9)(10)(11)(13)
吸收
吸收装置 →(9)

吸收剂量
absorbed dose
R；TL7；TL84
D 空气吸收剂量率
吸收剂量 D
吸收剂量单位
S 剂量*

吸收剂量 D
Y 吸收剂量

吸收剂量单位
Y 吸收剂量

吸收剂量分布
Y 辐射剂量分布

吸收体
Y 吸收剂

吸收质
Y 吸收剂

吸氧武器
Y 云爆武器

吸着剂
Y 吸收剂

析出率
precipitation rate
R；TL94

C 析出粒子 →(3)

硒同位素
selenium isotopes
O6；TL92
S 同位素*

稀薄空气动力学
Y 稀薄气体动力学

稀薄气流
rarefied gas flow
V211
D 稀薄气体流动
S 气流
Z 流体流

稀薄气流风洞
Y 低密度风洞

稀薄气体
rarefied gas
V211
D 低密度气体
S 气体*

稀薄气体动力学
rarefied gas dynamics
O3；V211
D 超越空气动力学
稀薄空气动力学
稀薄气体力学
S 气体动力学
Z 动力学
科学

稀薄气体风洞
Y 低密度风洞

稀薄气体力学
Y 稀薄气体动力学

稀薄气体流动
Y 稀薄气流

稀薄气体效应
rarefied effect
V211
S 效应*

锡 126
Y 锡-126

锡-126
tin 126
O6；TL92
D 锡 126
S 负β衰变放射性同位素
年寿命放射性同位素
锡同位素
Z 同位素

锡同位素
tin isotopes
O6；TL92
S 同位素*
F 锡-126

熄火故障
flame quenching
TK0；U4；V23
D 淬熄
发动机熄火故障
熄火脱档滑行
S 发动机故障*
F 发动机熄火
C 发动机点火 →(5)

熄火特性
extinction characteristics
U4；V23
S 热学性能*

熄火脱档滑行
Y 熄火故障

洗流
wash flow
V211
S 流体流*
F 上洗流
下洗流

洗膛弹
Y 特种枪弹

洗膛枪弹
Y 特种枪弹

洗消
decontamination
R；TJ91；TJ92
D CBR 洗消
车辆洗消
彻底洗消
毒剂消毒
放射性去污
放射性洗消
飞机冲洗
飞机洗消
飞机消毒
服装装具洗消
辐射去污
固定洗消
核生化洗消技术
化生放洗消
化学去污(放射性)
化学-生物-核消毒
化学洗消法
机动洗消
机械法(洗消)
机械洗消法
舰船洗消
舰艇洗消
紧急洗消
局部洗消
军事设施洗消
粮秣饮水洗消
全部洗消
群众性洗消
人员洗消
生物洗消法
武器装备洗消
物理洗消法
洗消法
洗消方法
洗消技术
洗消站洗消
应急洗消
专业分队洗消
装备洗消
装具洗消
S 消毒*
C 去污
人员全面洗消装备
座舱卫生学

洗消车
decontamination vehicle
TJ92
D 飞机清洗车
跑道清扫车
气洗车
消防清洗车
液压系统清洗车
S 洗消装备
Z 军事装备

洗消法
Y 洗消

洗消方法
Y 洗消

洗消技术
Y 洗消

洗消站洗消
Y 洗消

洗消装备
decontaminating equipment
TJ91；TJ92
S 防化装备
F 人员洗消装备
洗消车
Z 军事装备

铣槽式推力室
Y 推力室

系泊浮筒
Y 浮筒

系泊配重
Y 配重

系船浮筒
Y 浮筒

系船水鼓
Y 浮筒

系缆气球
Y 系留气球

系列化开发
Y 开发

系列设备
Y 设备

系留*
moor
V226
D 系留系统
F 飞机系留
太空系留
C 舱外活动
轨道交会

系留点火试验
Y 静态点火试验

系留浮筒
Y 浮筒

系留平台
tethered platform
V476
S 空间平台
Z 航天器

系留气球
tethered balloon
V273
D 风筝气球
系缆气球
S 气球
C 气象探测气球
Z 航空器

系留试验
Y 挂飞试验

系留水雷
Y 锚雷

系留卫星
tethered satellite
V474
D 绳系卫星
系绳卫星
S 人造卫星
C 太空系留
Z 航天器
卫星

系留系统
Y 系留

系绳卫星
Y 系留卫星

系数*
modulus
O1
F 动力系数
防护系数
分离系数
功率系数
加速度系数
进气道流量系数
升力系数
损失系数
推力系数
氧系数
增殖系数
总压恢复系数
C 安全系数 →(1)(2)(3)(4)(11)(12)(13)
电气系数 →(5)
扩散系数
力学系数 →(1)(2)(3)(4)(9)(11)(12)
性能系数 →(1)(2)(4)(5)(7)(8)(10)(11)(12)(13)

系统*
system
TP3
D 系统核心
系统类型
系统形式
系统组合
F 乘员约束系统
非能动余热排出系统
俯仰修正系统
辅助系统
加载系统
加注系统
瞄准系统
旋翼/机身耦合系统
应急生命维持系统
C 安全系统
采集系统 →(2)(4)(5)(7)(8)(13)
出版系统 →(8)(10)
传输系统 →(4)(5)(7)(8)
分析系统 →(1)(4)(5)(8)
服务系统 →(1)(5)(7)(8)(12)
复杂系统 →(1)(4)(5)(8)
工程系统
管理系统
回用系统 →(13)
机械系统 →(1)(2)(4)(5)(7)(8)(9)(11)
集中式系统
教育系统 →(1)(8)
军事系统
力学系统
喷射系统
润滑系统
生物系统 →(1)(13)
数学系统 →(1)(8)
水文系统 →(1)(11)
体系
微系统
信息系统
专用系统
状态系统
资源系统 →(1)(2)(7)(8)(11)
综合系统

系统测试
Y 系统试验

系统核心
Y 系统

系统计划
Y 计划

系统检验
Y 系统试验

系统类型
Y 系统

系统实验
Y 系统试验

系统试验
system testing
V216
D 分系统试验
全系统试验
系统测试
系统检验
系统实验
S 试验*

系统特点
Y 系统性能

系统特性
Y 系统性能

系统拓扑结构
Y 拓扑结构

系统形式
Y 系统

系统性能*
system performance
ZT4
D 系统特点
系统特性
F 控制稳定性
C 工程性能
控制性能
冗余性 →(1)(8)
稳定性
性能
油气悬挂 →(12)

系统性漂移率
Y 漂移率

系统装备
Y 设备

系统组合
Y 系统

细长弹体
slender missile body
TJ760.3
S 弹体
Z 导弹部件

细长机身
slender fuselage
V223
S 机身*
C 蜂腰式机身

细长机翼
Y 细长翼

细长体
slender body
V221
S 物体*
C 大迎角
气动构型

细长体理论
slender body theory
V211
S 理论*

细长体旋成体
Y 细长旋成体

细长旋成体
slender revolution body
V221
D 细长体旋成体
S 旋成体
C 非对称涡
Z 几何形体

细长翼
slender wings

V224
D 大展弦比机翼
细长机翼
狭窄机翼
S 机翼*
F S 形前缘翼
无限翼展机翼

细化技术
Y 微细加工

细节疲劳额定值
detail fatigue rating
V215.5
S 数值*

细晶粒钛合金
fine grained titanium alloy
TG1；V25
S 钛合金
Z 合金

细菌防护
Y 生物防护

细菌航弹
Y 生物炸弹

细菌浸铀
bacteria leaching of uranium
TD9；TL21
S 浸出*

细菌类生物战剂
bacteria type biological agent
TJ93
D 波浪热病原体
布氏杆菌
马鼻疽杆菌
马鼻疽假单胞菌
马尔他热病原体
亲肺军团杆菌
土拉弗氏杆菌
土拉杆菌
野兔热杆菌
S 生物战剂
Z 武器

细菌武器
Y 生物武器

细菌武器防护
Y 生物武器防护

细菌炸弹
Y 生物炸弹

细菌战剂
Y 生物战剂

细密雾化喷嘴
fine mist nozzles
TH13；TK2；V232
S 雾化喷嘴
Z 喷嘴

细微加工
Y 微细加工

匣子枪
Y 手枪

狭义工业设计
Y 产品设计

狭窄机翼
Y 细长机翼

下靶场
downrange
TJ01；TJ760.6；V417
S 导弹试验靶场
C 全程飞行试验
Z 试验设施

下靶场测量
downrange measurement
TJ760.6
S 靶场测量
C 终点弹道
Z 测量

下沉弹道
Y 下降弹道

下沉速度
sinking velocity
O3；V32
D 沉速
S 速度*
C 下沉 →(11)

下吹风洞
Y 下吹式风洞

下吹式风洞
blowdown tunnel
V211.74
D 放气式风洞
下吹风洞
S 风洞*
C 低速风洞
热射风洞
暂冲式风洞

下吹吸风洞
Y 暂冲式风洞

下垂副翼
Y 襟副翼

下单翼
Y 机翼

下单翼飞机
low wing aircraft
V271
S 飞机*
C 单翼机
飞机构型

下蹲式起落架
Y 起落架

下反 V 形尾翼
inverse V-shaped tail
V225
S V 形尾翼
Z 尾翼

下反角
Y 上反角

下滑
glide
V323
D 飞机下滑
航空器下滑
下滑飞行
自转下滑
S 航空飞行
C 下滑控制
下滑速度
Z 飞行

下滑弹道
gliding trajectory
TJ760
S 飞行弹道
Z 弹道

下滑道信标
Y 下滑信标

下滑飞行
Y 下滑

下滑航迹控制
Y 下滑控制

下滑航迹控制系统
Y 飞机下滑航迹控制系统

下滑航迹着陆控制
Y 下滑控制

下滑航迹着陆控制系统
Y 飞机下滑航迹控制系统

下滑航线控制系统
Y 飞机下滑航迹控制系统

下滑控制
gliding control
V249.1
D 飞机下滑控制
进场耦合器
下滑航迹控制
下滑航迹着陆控制
S 着陆控制
C 滑翔
下滑
Z 飞行控制

下滑速度
gliding speed
O4；V32
S 飞行速度
C 下滑
Z 飞行参数
航行诸元

下滑信标
glide path beacon
V249.3
D 下滑道信标
下滑信标台
S 机场信标
Z 导航设备

下滑信标台
Y 下滑信标

下滑着陆控制系统

Y 飞机下滑航迹控制系统

下降弹道
descent trajectory
TJ760
D 下沉弹道
下降轨迹
S 外弹道
Z 弹道

下降飞行
descending flight
V323
D 不放襟翼下降
垂直下降
等速下降
飞机急盘旋下降
飞机下降
航空器下降
机降
机降行动
急盘旋下降
稳定下降
应急下降
自转下降
S 航空飞行
Z 飞行

下降轨迹
Y 下降弹道

下壳体
lower casing
V214
S 壳体*

下洗
Y 下洗流

下洗角
angle of downwash
V211
S 角*
C 翼端涡

下洗流
downwash
V211
D 下洗
S 洗流
F 下洗气流
旋翼下洗流
C 地面效应
Z 流体流

下洗气流
downwash gas flow
V211
S 下洗流
Z 流体流

先导性风洞
pilot wind tunnel
V211.74
S 风洞*
C 模型风洞

先进靶场测量飞机
advanced range survey aircraft
V271
S 测量飞机
C 遥测
Z 飞机

先进堆
Y 先进反应堆

先进反应堆
advanced reactor
TL3；TL4
D 先进堆
先进核能系统
S 反应堆*

先进沸水堆
advanced boiling water reactor
TL4
S 先进轻水堆
Z 反应堆

先进核能系统
Y 先进反应堆

先进瞄准前视红外吊舱
Y 前视红外吊舱

先进轻水堆
advanced light water reactors
TL4
S 水冷堆
F 先进沸水堆
先进压水堆
Z 反应堆

先进设计
Y 设计

先进设计技术
Y 设计

先进托卡马克
advanced tokamak
TL63
S 托卡马克
Z 热核装置

先进武器
Y 武器

先进型压水堆
Y 先进压水堆

先进压水堆
advanced pressurized water reactor
TL4
D 先进型压水堆
S 先进轻水堆
Z 反应堆

先进运载系统
Y 航天运输系统

先进战斗机
Y 歼击机

先进战术战斗机
Y 歼击机

先期导引
early guidance
TJ765；V448
S 导引*

先驱者空间探测器
Y 空间探测器

纤维缠绕壳体
filament winding shell
V214
S 壳体*

纤维光学陀螺
Y 光纤陀螺

纤维光学陀螺仪
Y 光纤陀螺

纤维光学制导
Y 光纤制导

纤维陀螺
Y 光纤陀螺

氙离子火箭发动机
xenon ion rocket engines
V439
S 离子发动机
Z 发动机

氙同位素
xenon isotopes
O6；TL92
S 同位素*

氙振荡
xenon oscillation
TL3；TL4
D 氙中毒
氙中毒法
S 振荡*
C 核毒物

氙中毒
Y 氙振荡

氙中毒法
Y 氙振荡

衔接方式
Y 连接

舷窗
Y 机身构件

舷外挂机
Y 飞机外挂物

显模型跟踪
show model tracking
V249.3
S 跟踪*

显模型跟踪控制
explicit model tracking control
V249.1
S 跟踪控制*
模型控制*

显示*
display
TH7；TN2
D 电子显示技术
显示技术
F 流场显示
平视显示

C 显示器
演示 →(1)(4)(7)(8)(10)

显示板
Y 显示屏

显示技术
Y 显示

显示模块
Y 显示器

显示屏*
display board
TN8；TP3
D 电子屏幕
电子显示牌
电子显示屏
屏幕
显示板
显示屏幕
F 冷屏
C 屏
屏幕共享 →(8)
屏幕刷新 →(7)(8)
显示设备 →(4)(5)(7)

显示屏幕
Y 显示屏

显示器*
displays
TN1；TN8
D 电子显示器
屏幕显示器
屏显
显示模块
显示器产品
显示器技术
F 机载显示器
头盔显示器
座舱显示器
C 屏幕显示 →(7)
显示
显示材料 →(7)
显示电路 →(7)
显示对比度 →(7)
显示设备 →(4)(5)(7)
显示终端 →(7)
显像管 →(7)

显示器产品
Y 显示器

显示器技术
Y 显示器

显示系统*
display systems
TN8
F 航班信息显示系统
综合显示系统
C 视频系统 →(1)(7)(8)
显示存储器 →(8)
显示接口 →(8)

显式制导
explicit guidance
TJ765；V448
S 制导*

显微镜反射镜
Y 反射镜

显微射线照相术
Y 射线显微摄影

显微摄影
photomicrography
TB8；TL
D 低倍放大摄影
微观摄影
微粒摄影
显微摄影技术
显微照相
显微照相法
显微照相术
S 摄影*
F 射线显微摄影
C 显微术 →(4)

显微摄影技术
Y 显微摄影

显微照相
Y 显微摄影

显微照相法
Y 显微摄影

显微照相术
Y 显微摄影

现场
Y 场所

现场拼装
Y 现场组装

现场示踪试验
field tracing test
TL94
S 工程试验*

现场装配
Y 现场组装

现场组装
field assembly
TJ51；TU7
D 现场拼装
现场装配
S 装配*

现代兵器
Y 武器

现代化设计
Y 设计

现代火炮
modern guns
TJ399
S 火炮
Z 武器

现代结构
Y 结构

现代控制技术
Y 控制

现代设计法
Y 设计

现代设计方法
Y 设计

现代设计方法学
Y 设计

现代设计技术
Y 设计

现代微小卫星
Y 微小卫星

现代武器
Y 武器

现代小卫星
Y 小卫星

现代鱼雷
modern torpedoes
TJ63
S 鱼雷*

现代战斗机
Y 歼击机

现代装备
Y 设备

现象*
phenomena
ZT5
F 巨手现象
热障
C 碘坑
动力现象 →(2)
光学现象 →(1)(4)(7)

限制器*
limiter
TH13
D 极限状态限制器
F 回转限制器
通量限制器
C 反应堆冷却剂系统

线*
line
O1
F 发射包线
飞行包线
C 岸线 →(1)(12)
标志线 →(8)(12)(13)
场线 →(1)(11)
点
定线 →(12)
防线 →(11)(13)
股线 →(9)(10)
航线
基线
绞线 →(2)(3)(5)(7)(11)(12)
接线 →(5)(12)
结构线
控制线 →(11)(12)
流线
路线 →(1)(9)(12)
面 →(1)(3)(4)(11)
纱线 →(10)

射线
视线
膛线
位置线 →(7)(10)(12)
选线 →(1)(5)(12)
中心线 →(1)(2)(3)
轴线 →(3)(11)(12)

线操纵
line operation
V278.1
S 操纵*

线操纵模型飞机
control line model aircraft
V278
D 线操纵特技模型飞机
S 飞机模型
Z 工程模型

线操纵特技模型飞机
Y 线操纵模型飞机

线导鱼雷
wire-guided torpedo
TJ631
D 电动线导鱼雷
有线制导鱼雷
S 制导鱼雷
Z 鱼雷

线控转向
Y 线控转向系统

线控转向系统
steering by wire system
TJ810.34；U2；U4
D 线控转向
S 转向系统*
C 主动转向 →(4)(12)

线路飞行
Y 航线飞行

线圈*
coiler
TM5
D 绕组线圈
线圈匝数
匝数
F 旋转长线圈
纵场线圈
C 磁路 →(5)(7)
电感器 →(5)
电机参数 →(5)
电抗器 →(5)
短路 →(5)
接触器 →(5)
绕组 →(5)
绕组极性 →(5)
线圈绝缘 →(5)

线圈炮
coilgun
TJ399；TJ9
D 电磁线圈炮
S 电炮
Z 武器

线圈匝数
Y 线圈

线烧蚀率
linear ablative rate
V430
S 烧蚀率
Z 比率

线膛炮
rifled gun
TJ399
S 火炮
F 线膛坦克炮
Z 武器

线膛枪管
Y 枪管

线膛坦克炮
rifled tank guns
TJ38
S 坦克炮
线膛炮
Z 武器

线型感烟火灾探测
Y 火灾探测

线性计数率计
Y 剂量计

线性记录仪
Y 记录仪

线性加速器
Y 直线加速器

线性率表
Y 剂量计

线性相位记录仪
Y 记录仪

线性制导
Y 摄动制导

线振动台
Y 振动台

霰弹
canister cartridge
TJ411
S 猎枪弹
C 防暴弹
Z 枪弹

霰弹枪
shotgun
TJ2
S 枪械*
F 警用霰弹枪
军用霰弹枪
战术霰弹枪

霰弹式多弹头
Y 多弹头

相对弹道
Y 弹道

相对导航
relative navigation
TN8；V249.3
S 导航*

相对飞行高度
Y 飞行高度

相对轨道
relative orbit
V526；V529
S 卫星轨道
Z 飞行轨道

相对轨道根数
relative orbit elements
V526
D 相对轨道要素
S 轨道参数*

相对轨道构形
relative orbital configuration
V526
S 轨道构型
Z 构型

相对轨道控制
relative orbit control
V448
S 轨道控制
Z 轨迹控制

相对轨道确定
relative orbit determination
V526；V556
S 轨道确定*

相对轨道要素
Y 相对轨道根数

相对位置测量
relative location measurement
V448.25
S 测量*

相对压力
relative pressure
O3；U4；V23
S 压力*

相对叶高
Y 展弦比

相对姿态
relative attitude
V212
S 姿态*

相对姿态控制
relative attitude control
V249.122.2
S 姿态控制
Z 飞行控制

相对姿态确定
relative attitude determination
V556
S 姿态测量
Z 航天测量

相对自主导航
relative autonomous navigation
V249.3；V448

S 自主导航
Z 导航

相干管模型
coherent tube model
O4；TL3
D 管模型
集体管模型
S 核模型*
C 核反应

相干加速器
coherent accelerators
TL5
S 粒子加速器*
C 集团加速器

相关标准
Y 标准

相关制导
correlation guidance
TJ765；V448
S 自主制导
F 地磁匹配制导
地图匹配制导
景像匹配制导
Z 制导

相关制导系统
correlation guidance systems
TJ765
S 制导系统*
F 景象匹配系统

相互干扰空气动力学
Y 工业空气动力学

相互作用*
interaction
O4；TB1
F 非定常相互作用
喷流/主流相互作用
气液相互作用
C 作用

相互作用空气动力学
Y 工业空气动力学

相容性设计
compatibility design
V221
D 兼容性设计
S 性能设计*

箱*
cases
TH
D 箱体
F 弹药箱
导弹包装箱
手套箱
C 冰箱 →(1)(5)(10)
齿轮箱 →(4)
电阻箱 →(5)
机箱 →(4)(7)(8)
集装箱
水箱
箱体零件 →(4)
油箱
贮箱

箱梁拼装
Y 装配

箱式堆
tank type reactors
TL4
S 反应堆*
F 微型中子源反应堆

箱式发射
container launching
E；TJ76
S 导弹发射
C 发射箱
Z 飞行器发射

箱式发射装置
Y 发射箱

箱式火箭炮
container launched rocket guns
TJ393
S 火箭炮
Z 武器

箱体
Y 箱

镶板
Y 饰面

镶面(建筑物)
Y 饰面

镶拼式型腔
Y 型腔

响应*
response
O3；ZT5
F 低频响应
剂量响应
角响应
能量响应
平响应
气弹响应
气动响应
阵风响应
撞击响应
C 反馈
音量 →(1)

向量控制
Y 矢量控制

向下弹射
Y 弹射

向心式透平
Y 向心式涡轮

向心式涡轮
centripetal turbine
V232.93
D 向心式透平
向心透平
向心涡轮
S 径流式涡轮
Z 涡轮

向心透平
Y 向心式涡轮

向心涡轮
Y 向心式涡轮

相机
Y 照相机

相控阵雷达导引头
Y 雷达导引头

相控阵雷达预警机
phased array radar early warning aircraft
V271.4；V271.47
S 预警机
Z 飞机

相位*
phasing
O4；TN7
D 相位截断
相位累加
相位舍位
相位重合点
F 选择相位
C 相角测量 →(5)
相位编码 →(7)
相位关系 →(3)
相位检测 →(1)
相位均衡 →(7)
相位控制 →(8)
相位累加器 →(8)
相位同步 →(7)
直接数字频率合成 →(7)

相位记录仪
Y 记录仪

相位截断
Y 相位

相位精度
phase accuracy
V442
S 精度*

相位累加
Y 相位

相位舍位
Y 相位

相位重合点
Y 相位

象限探测导引头
Y 激光导引头

像移
image motion
TN2；V448
S 移动*
C 偏流角

像移补偿
image motion compensation
V248
D 前向像移补偿
图像运动补偿
S 补偿*

C 像移速度 →(1)(8)

橡胶弹
Y 橡皮弹

橡胶基推进剂
Y 固体推进剂

橡胶胶乳
Y 胶乳

橡筋模型飞机
elastic ribbon model aircraft
V278
S 飞机模型
Z 工程模型

橡皮弹
rubber bullet
TJ411
D 橡胶弹
橡皮枪弹
S 防暴弹
控暴武器
Z 枪弹
武器

橡皮救生艇
Y 救生艇

橡皮枪弹
Y 橡皮弹

橡塑制品
Y 塑胶制品

消除*
elimination
ZT5
F 隐藏线消除
C 噪声抑制 →(1)

消除放射性沾染
Y 放射性污染清除

消除污染
Y 去污

消除沾染
Y 放射性污染清除

消毒*
disinfection
R；TU99
D 消毒工艺
消毒技术
F 洗消

消毒工艺
Y 消毒

消毒技术
Y 消毒

消防飞机
air tanker
V271.3
D 灭火飞机
S 通用飞机
Z 飞机

消防检测
Y 火灾探测

消防清洗车
Y 洗消车

消耗*
consumption
ZT5
F 比油耗

消耗油箱
Y 主油箱

消极防护
Y 被动防护

消灭水雷
Y 灭雷

消偏光纤陀螺
fiber-optic depolarized gyro
V241.5
D 退偏陀螺
S 光纤陀螺
Z 陀螺仪

消融材料
Y 烧蚀材料

消声喷管
Y 排气喷管

消息处理
Y 信息处理

消旋体
racemate
V221
S 物体*
C 右旋 →(4)
左旋 →(4)

消焰帽
Y 炮口消焰器

消焰器
Y 炮口消焰器

消音喷管
Y 排气喷管

消隐
Y 反隐身

消隐技术
Y 反隐身

消振装置
Y 减振器

硝铵推进剂
Y 固体推进剂

硝胺改性双基推进剂
nitramine modified double base propellant
V51
S 改性双基推进剂
Z 推进剂

硝胺推进剂
nitramine propellant
V51
S 复合推进剂
Z 推进剂

硝化纤维素基推进剂
Y 固体推进剂

硝化纤维素推进剂
Y 固体推进剂

销毁*
destroy
TJ410.89
D 销毁技术
F 弹药销毁
武器销毁

销毁技术
Y 销毁

小高炮
Y 高炮

小机枪
Y 冲锋枪

小科学卫星
Y 科学卫星

小颗粒
Y 颗粒

小口径弹
Y 小口径枪弹

小口径弹药
small caliber ammunition
TJ41
S 弹药*
C 小口径榴弹
小口径炮弹
小口径枪弹

小口径高炮
small-caliber anti-aircraft gun
TJ35
D 小口径高射炮
S 高炮
小口径火炮
Z 武器

小口径高射炮
Y 小口径高炮

小口径火炮
small caliber gun
TJ399
D 小口径炮
S 火炮
F 小口径高炮
小口径舰炮
小口径速射火炮
Z 武器

小口径舰炮
small caliber naval gun
TJ391
D 小口径舰用火炮
S 舰炮
小口径火炮
Z 武器

小口径舰用火炮

Y 小口径舰炮

小口径榴弹
minor-calibre grenades
TJ412
S 榴弹*
C 小口径弹药

小口径炮
Y 小口径火炮

小口径炮弹
small-caliber cartridge
TJ412
S 炮弹*
C 小口径弹药

小口径枪弹
small caliber cartridge
TJ411
D 小口径弹
S 枪弹*
C 小口径弹药

小口径速射火炮
small-caliber snap-shoot guns
TJ399
S 速射炮
小口径火炮
Z 武器

小口径天线地球站
very small aperture antenna earth stations
V551
D 甚小天线地面站
甚小天线地球站
微型地球站
小型卫星通信地球站
S 地面站
C 卫星通信 →(7)(12)
Z 台站

小口径引信
small caliber fuze
TJ43
S 引信*

小口径炸弹
Y 小型炸弹

小口径自动步枪
small caliber automatic rifles
TJ22
S 自动步枪
Z 枪械

小流量加注
Y 加注

小流量压缩机
Y 压缩机

小偏心率轨道
Y 大偏心率轨道

小破口
Y 小破口失水事故

小破口失水事故
small break loca
TL36；TL73
D 小破口
S 破口失水事故
Z 核事故

小前翼
Y 前翼

小扰动理论
small perturbation theory
V211.46
D 弱扰动理论
S 理论*

小时寿命放射性同位素
hour life radioisotopes
O6；TL92
S 放射性同位素
F 镓-68
镧-142
C 半衰期
Z 同位素

小室
Y 手套箱

小速度前飞
Y 前飞

小天体探测
small celestial body exploration
V476
S 星球探测
F 小行星探测
Z 探测

小天文卫星
Y 天文卫星

小突片
Y 突片

小推力
low thrust
V43
S 推力*
F 微推力

小推力变轨
low thrust orbit transfer
V526
S 变轨
Z 运行

小推力控制
low-thrust control
V433
S 推力控制
Z 动力控制

小推力推进
low thrust propulsion
TK0；V43
S 推进*
F 太阳能推进

小推力转移轨道
low thrust transfer orbits
V529
S 转移轨道
Z 飞行轨道

小卫星
small satellite
V474
D 光学小卫星
轻卫星
轻型卫星
微小型卫星
微型人造卫星
微型卫星
现代小卫星
小型人造卫星
小型卫星
S 人造卫星
小型航天器
F 编队飞行小卫星
超小型卫星
对地观测小卫星
军用小卫星
科学实验小卫星
微小卫星
Z 航天器
卫星

小卫星编队
small satellites formation
V474；V52
S 空中编队*
F 微小卫星编队
C 卫星群

小卫星编队飞行
small satellites formation flying
V529
S 卫星编队飞行
Z 飞行

小卫星技术
small satellite technology
V474
S 卫星技术
Z 航空航天技术

小卫星平台
small satellite platform
V476
S 卫星平台
Z 平台

小卫星群
Y 小卫星系统

小卫星系统
small satellite systems
V474
D 小卫星群
S 卫星系统
Z 航天系统

小卫星星座
small satellite constellation
V419；V474
S 卫星星座
Z 星座

小卫星研制
Y 卫星研制

小卫星应用
small satellite application

V474
S 卫星应用
Z 航空航天应用

小卫星姿态控制
small satellite attitude control
V249.122.2
S 卫星姿态控制
Z 飞行控制
载运工具控制

小行星交会
asteroids rendezvous
V526
S 交会*

小行星探测
asteroid exploration
V476
D 小行星探索
S 小天体探测
行星探索
Z 探测

小行星探测器
asteroid detectors
V476
S 行星探测器
Z 航天器

小行星探索
Y 小行星探测

小型磁镜新型研究堆
minimars reactor
TL4
S 磁镜型堆
C 磁镜新型研究堆
Z 反应堆

小型导弹
small missile
TJ76
S 导弹
F 小型战术导弹
Z 武器

小型低轨道卫星
Y 低轨道卫星

小型反应堆
Y 反应堆

小型飞机
diminutive aircraft
V271
S 飞机*
F 轻小型飞机
微型飞机

小型飞行器
small air vehicles
V27
S 飞行器*
F 超小型飞行器
小型无人飞行器

小型风洞
Y 风洞

小型航天器
small spacecraft
V47
S 航天器*
F 小卫星

小型核弹
small nuclear bombs
TJ91
S 核武器
Z 武器

小型回旋加速器
mini-cyclotron
TL5
S 回旋加速器
Z 粒子加速器

小型近距遥测系统
Y 遥测系统

小型雷管
small detonator
TJ452
D 微型雷管
S 雷管
Z 火工品

小型灵巧炸弹
Y 精确制导炸弹

小型汽油发电机
Y 发电机

小型人造卫星
Y 小卫星

小型通信卫星
Y 通信卫星

小型卫星
Y 小卫星

小型卫星通信地球站
Y 小口径天线地球站

小型无人飞行器
small unmanned aerial vehicle
V279
S 无人飞行器
小型飞行器
Z 飞行器

小型无人机
minitype unmanned aircraft
V279.2
S 无人机
F 超小型无人机
微小型无人机
Z 飞机

小型无人直升机
small unmanned helicopters
V275.13
S 无人直升机
F 超小型无人驾驶直升机
Z 飞机

小型鱼雷
Y 轻型鱼雷

小型月球探测器
small lunar prospector
V476
S 月球探测器
Z 航天器

小型运载火箭
small launch vehicle
V475.1
S 运载火箭
Z 火箭

小型炸弹
small bombs
TJ414
D 小口径炸弹
S 炸弹*

小型战术导弹
small tactical missiles
TJ761.1
S 小型导弹
Z 武器

小型直升机
small scale helicopter
V275.1
S 直升机
Z 飞机

小翼
winglet
V224
D 端翼
翼尖小翼
翼梢小翼
S 机翼*
C 减阻

小展弦比
low aspect ratio
V222；V224
S 展弦比
Z 比

小展弦比薄翼
small aspect ratio thin wing
V224
S 薄翼
Z 机翼

小展弦比飞翼
small aspect ratio wing
V224
S 飞翼
Z 机翼

小展弦比机翼
low aspect ratio wings
V224
D 小展弦比翼
S 机翼*
C 菱形机翼
梯形翼

小展弦比翼
Y 小展弦比机翼

小直径炸弹
small-diameter bombs
TJ414

S 炸弹*

效果*
effect
ZT84
F 爆破效果
打击效果
烟幕效果
隐身效果
C 结果 →(1)(8)
效率
药剂

效力射
Y 压制射击

效率*
efficiency
ZT84
D 平均效率
平均有效度
轴系传动装置效率
轴系效率
F 操纵效率
电荷收集效率
封锁效率
峰效率
辐射效率
积分衍射效率
控制棒效率
螺旋桨效率
配合效率
喷管效率
气膜冷却效率
驱动效率
全能峰效率
燃烧效率
射击效率
收集效率
束流传输效率
探测效率
推进效率
C 桅杆 →(12)
效果
效能
性能系数 →(1)(2)(4)(5)(7)(8)(10)(11)(12)(13)
应用研究 →(1)

效能*
efficiency
ZT84
D 效用
F 靶场效能
封锁效能
拦截效能
武器效能
训练效能
隐身效能
侦察效能
C 效率

效能模型
effectiveness model
TJ0
S 模型*

效能评定
Y 效能评估

效能评估
effectiveness evaluation
TJ0
D 效能评定
S 评价*

效能指标
effectiveness index
TJ0
D 效能指数
S 战术指标
F 武器效能指标
作战效能指标
Z 指标

效能指数
Y 效能指标

效应*
influence
ZT84
D 作用效应
F 壁面效应
边界层效应
航向效应
同位素效应
稀薄气体效应
真实气体效应
C 爆炸效应
辐射效应
光效应
化学效应 →(1)(9)
环境效应
金属效应 →(1)(3)(9)
气动效应
热效应 →(1)(3)(5)(9)
武器效应
物理效应 →(1)(2)(3)(5)(7)(9)(11)

效用
Y 效能

啸声
whistle
V21
S 信号噪声*

楔传动机构
Y 传动装置

楔式炮闩
wedge breech-block
TJ303
S 炮闩
Z 火炮构件

楔式炮尾
Y 炮尾

楔形机翼
Y 楔形翼

楔形喷管
Y 喷管

楔形翼
wedge wing
V224
D 楔形机翼
S 机翼*
C 菱形机翼

协调加载
coordinated loading
TP2；V214
S 加载*

协调转弯
coordinate turn
V323
S 转弯飞行
Z 飞行

协同反导
synergy anti-missile
E；TJ76
S 反导弹防御
Z 防御

协同航迹规划
coordinated path planning
V32
D 协同航路规划
S 航迹规划
Z 规划

协同航路规划
Y 协同航迹规划

协同突防
coordinative penetration
E；TJ76
S 突防
Z 防御

协同制导
coordinated guidance
TJ765；V448
S 制导*

斜摆式悬吊
Y 悬挂

斜板滑跃起飞
oblique slide running take-off
V32
D 斜板起飞
S 滑跃起飞
Z 操纵

斜板起飞
Y 斜板滑跃起飞

斜程能见度
slant visibility
P4；V321.2
S 能见度
Z 程度

斜机翼
Y 反对称机翼

斜筋斗
Y 飞机斜筋斗

斜聚能战斗部
Y 聚能战斗部

斜流压缩机
Y 压缩机

斜切喷管

oblique cut nozzle
V232.97
D 倾斜喷管
斜置喷管
S 喷管*

斜侵彻
oblique penetration
TJ410
S 侵彻
Z 弹药作用

斜温层
Y 温度分布

斜翼机
Y 反对称机翼飞机

斜置飞翼
oblique flight wing
V224
S 飞翼
Z 机翼

斜置喷管
Y 斜切喷管

斜置尾翼
Y 固定尾翼

斜置翼
Y 反对称机翼

谐波发电机
Y 发电机

谐振腔光纤陀螺
Y 谐振式光纤陀螺

谐振式光纤陀螺
resonant fiber optic gyro
V241.5
D 谐振腔光纤陀螺
谐振型光纤陀螺
S 光纤陀螺
Z 陀螺仪

谐振陀螺
Y 谐振陀螺仪

谐振陀螺仪
resonant gyroscope
V241.5；V441
D 谐振陀螺
S 振动陀螺仪
F 半球谐振陀螺仪
Z 陀螺仪

谐振型光纤陀螺
Y 谐振式光纤陀螺

携带式生命保障系统
Y 轻便生命保障系统

泄漏*
leakage
TH4；TL73；X9
D 漏失
漏失量
漏泄
事故泄漏
事故性泄漏
泄漏故障
泄漏事故
泄露
泄露事故
意外泄漏
溢漏
溢漏事故
F 放射性泄漏
C 抽油泵 →(2)(4)
核泄漏事故
容量

泄漏(中子)
Y 中子泄漏

泄漏故障
Y 泄漏

泄漏量*
leakage quantity
TE8；TH17
D 泄漏流量
F 外部泄漏量
C 渗漏 →(2)(10)(11)(12)
泄漏检测 →(2)(11)
泄漏量计算 →(2)(4)

泄漏流
leakage flow
V211
D 泄漏流动
S 流体流*
F 叶顶泄漏流

泄漏流动
Y 泄漏流

泄漏流量
Y 泄漏量

泄漏事故
Y 泄漏

泄漏探测
leak detection
TL4
S 探测*

泄漏探测系统
leak detection system
TL4
S 探测系统*

泄漏涡
leakage vortex
V211
D 间隙泄漏涡
S 涡流*
F 叶尖泄漏涡

泄露
Y 泄漏

泄露事故
Y 泄漏

芯(反应堆)
Y 堆芯

芯部
core
TL6
S 部位*
C 皮芯结构 →(10)

芯-壳结构
Y 壳-芯结构

芯块
Y 靶丸

芯块密度
skin-to-skin density
TL3
S 密度*
C 靶丸

芯模
die mandrel
TG7；V512
D 浮动模芯
模仁
模芯
S 模具结构*
C 管壁厚度 →(4)
型芯 →(3)

芯片武器
chip weapons
TJ99
S 计算机网络武器
Z 武器

锌同位素
zinc isotopes
O6；TL92
S 同位素*

锌铜钛合金
zinc-copper-titanium alloy
TG1；V25
S 合金*

锌蒸馏过程
Y 核燃料后处理

新概念火炮
new concept guns
TJ399
S 火炮
F 激光炮
膨胀波火炮
微波炮
新能源火炮
智能炮
Z 武器

新概念轻武器
new concept light weapons
E；TJ99
S 轻武器*
新概念武器
F 化学刺激性武器

新概念武器
new concept weapon
TJ99
D 新机理武器
S 武器*
F 超导武器

传感器引爆武器
地球物理武器
电能武器
定向能武器
动能武器
反物质武器
非致命武器
纳米武器
微波武器
新概念轻武器
信息武器
C 特种武器
未来武器

新工艺技术
Y 工艺方法

新航行系统
new aviation system
V355
S 航行系统
Z 交通运输系统

新回路
Y 回路

新机理武器
Y 新概念武器

新机试飞
new aircraft test flight
V217
S 定型飞行试验
C 定型试验大纲
飞行数据记录器
Z 飞行器试验

新机研制
new aircraft development
V2
S 研制*

新技术装备
Y 设备

新结构
Y 结构

新能源火炮
new energy guns
TJ399
S 新概念火炮
F 电炮
液体发射药火炮
Z 武器

新燃料
Y 燃料

新式武器
Y 武器

新型传感器
Y 传感器

新型导弹
new type missiles
TJ76
S 导弹
Z 武器

新型动力系统
Y 动力系统

新型分散剂
Y 分散剂

新型功能材料
Y 功能材料

新型固化剂
Y 固化剂

新型胶粘剂
Y 胶粘剂

新型结构
Y 结构

新型结构体系
Y 结构

新型燃烧器
Y 燃烧器

新型手枪
new type pistols
TJ21
S 手枪
Z 枪械

新型塑料
Y 塑料

新型添加剂
Y 添加剂

新型武器
Y 武器

新型压缩机
Y 压缩机

新型粘合剂
Y 胶粘剂

新型粘结剂
Y 胶粘剂

新型装置
Y 装置

新药剂
Y 药剂

新一代运载火箭
Y 运载火箭

新应用
Y 应用

信标防撞系统
beacon collision avoidance system
V355
S 空中交通系统
C 雷达信标系统
Z 交通运输系统

信标台
Y 导航站

信管
Y 引信

信号*
signal
TN91
D 信号量
信号形式
讯号
F 触发信号
导航信号
点火信号
时统信号
指令信号
C 信号标准 →(7)
信号管理 →(7)
信号机 →(12)
信号量机制 →(8)

信号弹
Y 信号枪弹

信号地雷
Y 特种地雷

信号环境
signal environment
V444
S 航天器环境
Z 航空航天环境

信号雷
Y 特种地雷

信号量
Y 信号

信号枪弹
signal cartridge
TJ411
D 发令弹
信号弹
S 特种枪弹
Z 枪弹

信号情报卫星
intelligence satellite
V474
D 情报卫星
信号情报侦察卫星
S 侦察卫星
Z 航天器
卫星

信号情报侦察卫星
Y 信号情报卫星

信号形式
Y 信号

信号噪声*
signal noise
TN91
F 啸声
C 抗干扰电路 →(7)
抗干扰分析 →(8)
抗干扰设计 →(7)
抗干扰通信 →(7)
抗干扰性能 →(7)
信噪比 →(1)(7)
信噪分离 →(7)
噪声过滤 →(7)
噪声抑制 →(1)

信息采集系统*
Information acquisition system
TP3
F 飞行数据采集系统
C 采集系统 →(2)(4)(5)(7)(8)(13)
信息系统

信息处理*
information processing
TN91
D 情报处理
消息处理
信息处理方法
信息处理技术
信息加工
F 航迹融合
C 处理
计算机技术 →(3)(7)(8)(9)(10)
数据消息处理系统 →(7)(8)
消息通信 →(7)
消息系统 →(7)
信息策略 →(7)(8)
信息处理机制 →(7)(8)
信息处理模式 →(7)
信息处理模型 →(8)
信息处理平台 →(8)
信息处理器 →(8)
信息处理设备 →(8)
信息处理系统
信息数字化 →(7)
信息压缩 →(1)(7)(8)

信息处理方法
Y 信息处理

信息处理技术
Y 信息处理

信息处理系统*
information processing system
TP2
D 情报处理系统
情报处置系统
F 飞行试验数据处理系统
C 信息处理
信息处理机制 →(7)(8)
信息处理器 →(8)
信息传输 →(7)
信息系统

信息存储系统
Y 存储系统

信息化体系
Y 信息系统

信息化系统
Y 信息系统

信息加工
Y 信息处理

信息数据库
Y 数据库

信息通讯系统
Y 通信系统

信息武器
information weapons
TJ99
D 反信息武器
反信息武器装备
S 新概念武器
F 非杀伤性信息武器
杀伤性信息武器
网络战武器
Z 武器

信息系统*
information systems
G；TP3
D 信息化体系
信息化系统
资讯系统
F 航班信息显示系统
机载信息系统
空间信息系统
C 地理信息系统 →(1)(8)(12)(13)
管理信息系统 →(1)(8)(12)
环境信息系统 →(8)(13)
检索系统 →(7)(8)
交通信息系统 →(12)(13)
识别系统 →(7)(8)(11)(12)
数据系统
系统
信号系统 →(2)(7)(8)(12)
信息采集系统
信息处理系统
信息管理系统 →(1)(8)(12)

星跟踪
Y 星体跟踪

星跟踪器
Y 星敏感器

星跟踪算法
star tracking algorithms
V446
S 算法*

星跟踪仪
Y 星敏感器

星光导航
starlight navigation
U6；V249.3；V448
S 天文导航
Z 导航

星光仿真器
Y 星模拟器

星光仰角
starlight elevation angles
V211
S 角*

星光制导
Y 天文制导

星际飞船
Y 行星际飞船

星际飞行
interstellar flight
V529
D 航宇
恒星际飞行
恒星际航行
恒星际宇宙飞行
星际航行
S 航天飞行
F 行星际飞行
C 天文制导
Z 飞行

星际飞行探测器
interstellar flight detectors
V476
S 星际探测器
Z 航天器

星际航行
Y 星际飞行

星际航行动力学
Y 航天动力学

星际航行学
Y 航天学

星际航行员
Y 航天员

星际空间
interstellar space
V11；V4
S 深空
F 行星际空间
C 空间辐射
行星学
Z 空间

星际空间探测器
Y 空间探测器

星际空间探索
Y 星球探测

星际雷达
Y 航天雷达

星际漫游车
Y 行星表面车辆

星际探测
Y 星球探测

星际探测器
interstellar probe
V476
S 空间探测器
F 星际飞行探测器
星系演化探测器
Z 航天器

星际站
Y 空间站

星间测量
inter-satellite measurement
V556
S 航天测量*
F 星间相对测量

星间覆盖间隔时间
intersatellite coverage interval time
V11
S 时间*

星间基线
inter-satellite baseline
V4
S 基线*

星间相对测量
inter-satellite relative measurement
V556
S 星间测量
Z 航天测量

星箭分离
satellite rocket separation
V423；V52
D 卫星－运载火箭分离
S 分离*
C 分离点
分离面
卫星发射

星孔药柱
Y 内孔燃烧药柱

星孔装药
Y 内孔燃烧药柱

星敏感器
star sensor
V556
D 恒星敏感器
星跟踪器
星跟踪仪
星体跟踪器
星体跟踪仪
星体敏感器
组合大视场星敏感器
S 制导设备*
F 星座跟踪器
C 惯性导航
天文导航
天文制导
星图识别

星模拟器
star simulator
V41
D 星光仿真器
S 航天模拟器
Z 模拟器

星球车
planet roving vehicles
V476
S 车辆*
F 深空探测车
行星表面车辆
月球车

星球探测
interplanetary space exploration
V476
D 星际空间探索
星际探测
S 空间探测
F 太阳探测
小天体探测
行星探索
月球探测
C 行星际飞行
Z 探测

星球探测机器人
Y 月球机器人

星上处理技术
Y 卫星技术

星上再生处理技术
Y 卫星技术

星识别
Y 星体识别

星蚀
occultation
V474
S 卫星故障
C 卫星通信 →(7)(12)
Z 故障

星体跟踪
star tracking
V556
D 星跟踪
S 跟踪*

星体跟踪器
Y 星敏感器

星体跟踪仪
Y 星敏感器

星体跟踪制导
star tracking guidance
TJ765；V448
D 星座跟踪制导
S 天文制导
Z 制导

星体结构
Y 卫星结构

星体敏感器
Y 星敏感器

星体识别
star identification
V447
D 认星
星识别
S 识别*
F 星图识别

星图匹配
star chart matching
V474
S 匹配*
C 星图匹配制导

星图匹配制导
stellar map matching guidance
TN96；V44
S 天文制导
C 星图匹配
Z 制导

星图识别
star map identification
V447
S 星体识别
C 导航星库
天文导航
星敏感器
Z 识别

星图识别算法
star pattern recognition algorithm
V446
S 算法*

星务管理软件
housekeeping software
TP3；V446
S 航天软件
Z 计算机软件

星务管理系统
satellite on-board management system
V44
S 星务系统
Z 航天系统

星务计算机
Y 星载计算机

星务系统
satellited system
V44
S 卫星系统
F 星务管理系统
Z 航天系统

星系演化探测器
galaxy evolution explorers
V476
S 星际探测器
Z 航天器

星下点轨迹
track of subsatellite point
V474；V529
D 卫星地面径迹
子轨迹
S 地面径迹
C 轨道 →(4)(12)
区域导航
Z 轨迹

星-星跟踪
satellite-satellite tracking
V556
D 卫星-卫星跟踪
卫星-卫星跟踪技术
S 卫星跟踪
Z 跟踪

星形喷嘴
star-shaped nozzle
TH13；TK2；V232
S 喷嘴*

星形柔性桨毂
Y 螺旋桨毂

星形药柱
Y 内孔燃烧药柱

星形装药
Y 内孔燃烧药柱

星型压缩机

Y 压缩机

星用非金属材料
satellite nonmetallic materials
V25
S 卫星材料
Z 材料

星载
spaceborne
V443
S 运载*
C 机载

星载 GPS 接收机
Y 航天 GPS 接收机

星载 ScanSAR
satellite borne ScanSAR
V443
S 雷达*
星载雷达
Z 航天设备

星载成像雷达
spaceborne imaging radar
V443
S 雷达*
星载雷达
Z 航天设备

星载电子设备
spaceborne electronic equipment
V443
D 卫星电子设备
卫星电子系统
星载电子系统
S 星载设备
F 星载雷达
Z 航天设备

星载电子系统
Y 星载电子设备

星载干涉 SAR
spaceborne interferometric SAR
V443
S 雷达*
星载雷达
Z 航天设备

星载高度计
spaceborne altimeter
V441
S 高度表
F 星载激光高度计
Z 测绘仪
航空仪表

星载光学系统
Y 星载设备

星载光学遥感器
Y 星载设备

星载激光高度计
satellite borne laser altimeter
V441
S 星载高度计
Z 测绘仪
航空仪表

星载激光雷达
spaceborne lidar
V443
S 雷达*
星载雷达
Z 航天设备

星载计算机
satellite computer
V446
D 星务计算机
星载计算机系统
S 计算机*

星载计算机系统
Y 星载计算机

星载寄生式 InSAR
satellite borne parasitic InSAR
V443
S 星载寄生式 SAR
Z 航天设备
雷达

星载寄生式 SAR
satellite borne parasitic SAR
V443
S 雷达*
星载雷达
F 星载寄生式 InSAR
Z 航天设备

星载交换机
satellite borne switchboard
V44
S 交换机*
星载设备
Z 航天设备

星载雷达
spaceborne radar
TN95；V443
D 卫星载雷达
S 航天雷达
星载电子设备
F 星载 ScanSAR
星载成像雷达
星载干涉 SAR
星载激光雷达
星载寄生式 SAR
星载双基地雷达
星载双站合成孔径雷达
星载相控阵雷达
C 星载智能天线 →(7)
Z 航天设备
雷达

星载平台
satellite borne platforms
V443
S 星载设备
Z 航天设备

星载设备
satellite borne equipment
V444
D 星载光学系统
星载光学遥感器
星载天线反射器
星载微波散射计
星载致冷器
S 航天设备*
F 星载电子设备
星载交换机
星载平台
星载探测器
星载钟
星载转发器

星载双基地 SAR
Y 星载双站合成孔径雷达

星载双基地雷达
satelliteborne bistatic radar
V443
S 雷达*
星载雷达
Z 航天设备

星载双站合成孔径雷达
satellite-borne double station synthetic aperture radar
TN95；V443
D 星载双基地 SAR
S 雷达*
星载雷达
Z 航天设备

星载探测器
satellite-borne detector
V443
S 探测器*
星载设备
Z 航天设备

星载天线
satellite antenna
TN8；V443
S 航天器天线
F 构架式天线
可展桁架天线
Z 天线

星载天线反射器
Y 星载设备

星载微波散射计
Y 星载设备

星载系统
Y 卫星系统

星载系统软件
on-board system software
TP3；V446
S 航天软件
Z 计算机软件

星载相机
satellite camera
TB8；V447
D 卫星摄影机
卫星相机
S 航天相机
Z 照相机

星载相控阵雷达

satellite-borne phased-array radar
V443
S 雷达*
星载雷达
Z 航天设备

星载遥感
Y 卫星遥感

星载遥感光谱仪
satellite-borne remote sensing spectrometer
V443
S 谱仪*
星载仪器
Z 仪器仪表

星载遥感器
spaceborne remote-sensor
TP7；V443
S 航天遥感器
C 卫星摄影 →(1)
星载微波辐射计 →(8)
Z 遥感设备

星载仪表
Y 星载仪器

星载仪器
satellite-borne instruments
V441
D 卫星仪表
卫星仪器
星载仪表
S 航天器仪表
F 星载遥感光谱仪
Z 仪器仪表

星载致冷器
Y 星载设备

星载钟
space-borne clock
V44
S 时间测量仪*
星载设备
Z 航天设备

星载转发器
satellite borne repeaters
V443
S 通信设备*
星载设备
Z 航天设备

星座*
constellation
P1；V419
F 编队星座
导航星座
三星星座
卫星星座

星座跟踪器
constellation trackers
V249.3；V556
S 星敏感器
F CCD 星跟踪器
Z 制导设备

星座跟踪制导
Y 星体跟踪制导

星座设计
constellation design
V423
S 设计*

星座自主导航
constellation autonomous navigation
V448
S 自主导航
Z 导航

行波电子直线加速器
travelling wave electron linear accelerator
TL5
S 电子直线加速器
Z 粒子加速器

行波加速器
travelling-wave accelerator
TL5
S 粒子加速器*
C 直线加速器

行车试验
Y 行驶试验

行车舒适性
ride comfort
U2；U4；V35
D 操控舒适性
操纵舒适性
乘车舒适性
乘坐舒适度
乘坐舒适性
乘座舒适性
驾乘舒适性
驾驶适性
驾驶适宜性
驾驶舒适度
驾驶舒适性
汽车乘坐舒适性
汽车舒适性
S 适性*
载运工具特性*
C 半主动悬架 →(12)
人体舒适性 →(10)
体压分布 →(1)
走行安全性 →(12)(13)

行程*
stroke
TH11；TH13；TK4
D 齿杆行程
储备行程
惯性超行程
机床行程
计行程
连续行程
慢行程
平均自由行程
气动行程
三次行程
往返行程
制导行程
柱塞预行程
F 长冲程
C 行程开关 →(5)

行程测量
Y 测距

行进间发射
Y 机动发射

行进间射击
marching fire
E；TJ3
D 火炮行进间射击
行军中射击
S 火炮射击
C 坦克射击
Z 射击

行军中射击
Y 行进间射击

行李舱
baggage compartment
V223
S 舱*

行李处理系统
baggage handling system
V351.3
D 行李分拣系统
行李分检系统
S 行李系统
C 机场设备
Z 交通运输系统

行李传送车
Y 机场特种车辆

行李分拣系统
Y 行李处理系统

行李分检系统
Y 行李处理系统

行李系统
luggage system
V351.3
S 交通运输系统*
F 行李处理系统

行人防护
Y 个体防护

行驶车辆
Y 车辆

行驶试验
running test
TJ810.6；U4
D 通过性试验
行车试验
越野试验
S 试验*
F 滑行试验
C 货车 →(12)
行驶参数 →(12)
行驶工况 →(12)
行驶里程 →(12)
行驶速度 →(12)

行星边界层
planetary boundary layer
V211
S 边界层

Z 流体层

行星表面车辆
planetary surface vehicle
V476
D 星际漫游车
S 星球车
F 火星表面车
火星漫游车
火星探测车
C 行星着陆
Z 车辆

行星磁场
Y 强磁场

行星大气
planetary atmospheres
P4；V419
D 海王星大气
金星大气
木星大气
天王星大气
土星大气
S 大气*
F 火星大气

行星航天飞船
Y 行星际飞船

行星航天器
Y 行星际航天器

行星化学
Y 宇宙化学

行星环境
planetary environment
V419
S 地外环境
F 火星环境
C 长期航天飞行
行星学
Z 航空航天环境

行星际飞船
interstellar spaceships
V476
D 星际飞船
行星航天飞船
行星际航天飞船
S 载人飞船
F 载人火星飞船
Z 航天器

行星际飞行
interplanetary flight
V529
S 星际飞行
F 长期航天飞行
C 绕越飞行任务
星球探测
行星着陆
月球飞行
重返地球航天飞行
Z 飞行

行星际轨道
interplanetary orbit
V529
S 航天器轨道
C 地球-火星轨道
地球-金星飞行轨道
地球月球飞行轨道
Z 飞行轨道

行星际过渡轨道
Y 行星际转移轨道

行星际航天飞船
Y 行星际飞船

行星际航天器
interplanetary spacecraft
V47
D 行星航天器
S 无人航天器
C 空间探测器
Z 航天器

行星际空间
interplanetary space
P1；V419
S 星际空间
C 强磁场
Z 空间

行星际空间模拟
Y 空间环境模拟

行星际探测
Y 行星探索

行星际探测器
interplanetary probes
V476
S 空间探测器
F 彗星探测器
太阳帆航天器
Z 航天器

行星际转移轨道
interplanetary transfer orbit
V529
D 行星际过渡轨道
S 转移轨道
C 气动力辅助变轨
Z 飞行轨道

行星检疫
planetary quarantine
R；V4
S 航天检疫*

行星降落
Y 行星着陆

行星空间环境模拟
Y 空间环境模拟

行星探测
Y 行星探索

行星探测计划
planetary exploration plan
V11；V4
S 空间探测计划
F 火星探测计划
水星计划
探月计划
Z 航天计划
探测计划

行星探测器
planetary probe
V476
S 空间探测器
F 火星探测器
金星探测器
冥王星探测器
木星探测器
水星探测器
土星探测器
小行星探测器
Z 航天器

行星探测器轨道
Y 航天器轨道

行星探索
planetary exploration
V476
D 航天行星探测
行星际探测
行星探测
S 星球探测
F 彗星探测
火星探测
金星探测
木星探测
水星探测
土星探测
小行星探测
Z 探测

行星卫星探测器
planetary satellite probe
V476
D 木卫二探测器
木卫一探测器
S 空间探测器
F 月球探测器
Z 航天器

行星学
planetology
V419
S 空间科学
C 太阳系空间
星际空间
行星环境
Z 科学

行星着陆
planetary landing
V525
D 行星降落
行星着落
S 航天器着陆
C 轨道力学
行星表面车辆
行星际飞行
Z 操纵

行星着落
Y 行星着陆

行政勤务飞机
Y 专机

行政区划调整
Y 区域规划

行走稳定性
Y 稳定性

形变
Y 变形

形貌结构*
morphology structure
O4；P5；TB3
D 外型结构
形态结构
F 夹层结构

形貌稳定性
Y 稳定性

形面设计
Y 型面设计

形态结构
Y 形貌结构

形稳性
Y 稳定性

形状*
shape
ZT2
F 前缘形状

形状阻力
Y 翼型阻力

型材*
section material
TG1
F 蜂窝板
装甲板

型号*
model number
ZT71
F 发动机型号
飞机型号
武器型号
C 服装号型 →(10)
号型标准 →(10)
号型覆盖率 →(10)
型号规格 →(1)

型号产品*
model product
V23；V27；V47
F 航天型号产品

型号工程
model engineering
V2
S 航空工程
Z 工程

型号合格审定
type certification
V2
S 评定*

型号合格审定试飞
Y 型号试飞

型号设计
Y 型号研制

型号试飞
certification flight test
V217
D 型号合格审定试飞
S 定型飞行试验
Z 飞行器试验

型号研制
type development
V2
D 型号设计
S 研制*
C 型号研制项目
研制试验 →(1)
自主研制 →(1)

型号研制项目*
model development project
V2
F 大飞机项目
航天项目
C 型号研制

型号验证机
Y 验证机

型架
Y 装配型架

型面*
rotary helicoid
ZT6
F 喷管型面
C 表面
工作平面 →(3)
加工余量 →(3)(4)

型面设计
structural profile design
V221
D 形面设计
S 结构设计*
C 汽车覆盖件 →(12)

型面优化
face optimization
V221
S 优化*
F 叶型优化
翼型优化

型腔*
cavity
TG2；TG7
D Z 型腔
凹模型腔
半圆柱型腔
定模型腔
定形型腔
锻模型腔
非主干型腔
矩形型腔
模型腔
平面型腔
蜗轮型腔
镶拼式型腔
型腔结构
型腔轮廓
圆形型腔
主干型腔
F 凹腔
C 型腔加工 →(4)
型腔模具 →(3)(9)
型芯 →(3)

型腔结构
Y 型腔

型腔轮廓
Y 型腔

型阻
Y 翼型阻力

型阻力
Y 翼型阻力

性能*
performance
ZT4
D 功能特点
基本性能
特点
特点性能
特殊性能
特性
特异性能
特征
特种性能
性能表征
性能极限
性能描述
性能认定
性能势
性能水平
性能特点
性能要求
性质
重要特性
主要性能
F 产品可制造性
储存可靠性
弹道一致性
非定常性
非平行性
非致命性
感生放射性
固有安全性
火炮寿命
模糊可靠性
目标特性
平顺性
寿命可靠性
推进剂可储存性
推进剂相容性
微观不稳定性
武器性能
易损性
C 安全性
保护性能 →(1)(2)(5)(7)(8)(9)(10)(11)
变性
表面性质 →(1)(2)(3)(4)(9)(10)(11)(12)
材料性能
操作性能

测试性
产品性能 →(1)(8)(10)
磁性质 →(1)(3)(5)(7)
电气性能 →(1)(4)(5)(7)(8)(10)(12)
电性能
电子性能 →(1)(7)(13)
动力装置性能
毒性
方向性
防护性能
纺织品性能 →(10)
改性
高性能 →(1)(2)(3)(5)(8)(9)(11)(12)
工程性能
光电性能 →(1)(7)
光学性质 →(1)(3)(5)(7)(8)(9)(10)(11)
化学性质
环境性能
活性
机械性能
计算机性能 →(1)(7)(8)
技术性能 →(1)(11)(13)
金属性能 →(1)(2)(3)(9)(12)
均匀性
抗性 →(1)(2)(3)(4)(5)(7)(8)(9)(10)(11)(12)(13)
可行性 →(1)(11)
控制性能
理化性质 →(1)(2)(3)(9)(10)(11)(13)
力学性能
流体力学性能
敏感性
耐性
染色性能 →(9)(10)
热学性能
设备性能
渗透性能 →(1)(2)(3)(9)(10)(11)
生物特征 →(1)(3)(7)(9)(10)(11)(12)(13)
声学特性 →(1)(4)(7)(11)(12)(13)
时空性能
使用性能
适性
网络性能
物理性能
吸收性 →(1)(5)(9)(10)(11)
系统性能
相关性 →(1)(3)(4)(7)(8)(11)
冶金性能 →(3)(9)(13)
战术技术性能
属性 →(1)(2)(4)(8)(10)(11)
综合性能 →(1)(2)(3)(5)(7)(8)(9)(10)(11)(12)(13)
阻隔性 →(1)(2)(3)(5)(7)(9)(10)(11)(12)

性能(力学)
Y 力学性能

性能比较
Y 性能分析

性能表征
Y 性能

性能测度
Y 性能测量

性能测量*
performance measurement
TG8
D 功能测试
功能性测试
特性测量
特性测试
特征测度
特征测量
性能测度
性能测试
性能测试方法
性能度量
F 多普勒测速
活度测量
燃速测试
转子速度测量
C 测量
性能标准 →(1)
性能计算
性能检测 →(1)(2)(3)(4)(7)(8)(9)(10)(11)(12)(13)
性能劣化 →(5)
性能试验

性能测试
Y 性能测量

性能测试方法
Y 性能测量

性能调节
Y 性能控制

性能度量
Y 性能测量

性能对比
Y 性能分析

性能飞行试验
performance flight test
V217
D 起飞着陆试飞
起飞着陆试验
升限飞行试验
升限试飞
性能试飞
S 飞行试验
F 低空高速飞行试验
适航性飞行试验
稳定性飞行试验
C 飞行高度
Z 飞行器试验

性能分析*
performance analysis
TB2
D 功能比较
功能分析
功能分析法
特性分析
性能比较
性能对比
性能化分析
性质分析
F 放射性分析
生存性分析
C 弹塑性分析 →(11)
分析
可靠性分析 →(8)
物质分析 →(1)(2)(3)(4)(9)(10)(11)(13)
性能劣化 →(5)
性能评测 →(1)

性能管理系统
Y 飞行管理系统

性能化分析
Y 性能分析

性能化评估
Y 性能评价

性能化设计
Y 性能设计

性能换算
Y 性能计算

性能极限
Y 性能

性能计算*
performance calculation
TH3
D 特性计算
性能换算
F 温度计算
C 计算
性能测量

性能考核试验
Y 性能试验

性能控制*
performance control
TP1
D 特性控制
性能调节
F 跟踪保性能控制
惯性控制
C 控制

性能描述
Y 性能

性能评价*
performance evaluation
ZT0
D 功能评价
功能性评价
性能化评估
性能综合评价
F 保障性评估
射击精度评估
武器系统性能评价

性能认定
Y 性能

性能设计*
performance design
TB2
D 特性设计
特征设计
性能化设计
总体性能设计
F 安全设计
抗冰设计
抗坠毁设计
可测性设计
强度设计

相容性设计
C 功能设计 →(1)(4)(8)(11)(12)
设计

性能实验
Y 性能试验

性能势
Y 性能

性能试飞
Y 性能飞行试验

性能试验*
performance test
TB4
D 功能性试验
全性能试验
特性试验
性能考核试验
性能实验
F 安定性试验
包容性试验
加速疲劳试验
加速寿命试验
加速贮存试验
结构性能试验
精度试验
可靠性试验
密集度试验
耐久性试验
疲劳寿命试验
润滑性试验
制动试验
C 试验
性能测量

性能试验风洞
Y 风洞

性能试验系统
Y 试验设备

性能试验装置
Y 试验设备

性能水平
Y 性能

性能特点
Y 性能

性能校飞
Y 校飞

性能要求
Y 性能

性能综合评价
Y 性能评价

性质
Y 性能

性质分析
Y 性能分析

休克手枪
Y 电击枪

修船浮筒
Y 浮筒

修复*
restore
TB4
D 改正性维护
纠正性维护
修复改造
修复工艺
修复工作
修复加工
修复性维修
F 自修复
C 表面缺陷
环境修复 →(11)(13)

修复改造
Y 修复

修复工艺
Y 修复

修复工作
Y 修复

修复加工
Y 修复

修复性维修
Y 修复

修改
Y 修正

修理
Y 维修

修理方法
Y 维修

修理工艺
Y 维修

修理级别
Y 维修等级

修缮
Y 维修

修缮加固
Y 加固

修形工艺
Y 工艺方法

修正*
modification
P2；TB4
D 改正
修改
F 弹道修正
电波折射修正
轨迹修正
激波修正
时间修正
C 校正

修正弹药
corrected ammunitions
TJ41
D 弹道修正弹药
末修正弹药
S 高新技术弹药
C 弹道修正弹
Z 弹药

修正罗德里格参数
modified Rodrigues parameters
V41
S 参数*

修正片
Y 补偿片

袖珍手枪
pocket pistol
TJ21
S 微型手枪
Z 枪械

嗅觉扫雷仪
smell mine detectors
TJ517
S 非接触扫雷器
Z 军事装备

虚拟靶场
virtual shooting ranges
TJ01；TJ768
S 靶场
Z 试验设施

虚拟测试
Y 测控

虚拟测试技术
Y 测控

虚拟导引头
Y 激光导引头

虚拟动态试验技术
virtual dynamic test technologies
V1；V21
S 动态试验技术
虚拟试验技术
Z 试验技术

虚拟风洞
virtual wind tunnel
V211.74
S 风洞*

虚拟航天器
virtual spacecrafts
V47
S 航天器*

虚拟机舱
virtual engine room
V223
S 飞机机舱
Z 舱

虚拟目标
virtual object
TJ765
S 目标*
C 大空域变轨弹道

虚拟目标比例导引
virtual target's proportional guidance
TJ765
S 比例导引

Z 导引

虚拟试验技术
virtual test techniques
V1；V21
S 试验技术*
F 虚拟动态试验技术

虚拟卫星
virtual satellite
V474
S 遥感卫星
Z 航天器
卫星

虚拟校射
virtual corrected firing
E；TJ3
S 校射*

虚拟振动试验
virtual vibration test
V21
S 试验*
振动试验
Z 力学试验

虚拟座舱
virtual cockpit
V223
S 座舱
Z 舱

需氧污染物
Y 生物污染物

需用功率
power demand
V228
S 功率*

许用功率
Y 额定功率

序列谱
sequence profile
TL8
S 谱*
F 时间序列谱

畜冰设备
Y 冷却装置

续程航班
Y 航班运营管理

续航点火具
Y 电点火具

续航发动机
Y 主火箭发动机

续航力
Y 续航能力

续航能力
endurance
U6；V32
D 水下续航力
续航力
续航性
S 能力*
C 船舶辅机 →(12)
舵 →(12)
舵属具 →(12)
飞机机舱
飞机生存力
飞行能力

续航时间
cruising duration
V32
D 航时
S 时间*

续航性
Y 续航能力

蓄电池舱
Y 蓄电池室

蓄电池室
accumulator plant
U6；V223
D 蓄电池舱
S 电源舱
Z 舱

蓄压油箱
oil pressure reservoir
V24
S 飞机油箱
Z 油箱

宣传弹
Y 宣传炮弹

宣传弹药
Y 特种弹药

宣传火箭弹
leaflet rocket projectile
TJ415
S 特种火箭弹
C 特种弹药
宣传战斗部
Z 武器

宣传炮弹
leaflet projectile
TJ412
D 宣传弹
S 特种炮弹
C 宣传战斗部
Z 炮弹

宣传炸弹
leaflet bomb
TJ414
S 特种炸弹
C 宣传战斗部
Z 炸弹

宣传战斗部
leaflet warheads
TJ410.3
S 特种战斗部
C 宣传火箭弹
宣传炮弹
宣传炸弹
Z 战斗部

悬吊
Y 悬挂

悬吊方式
Y 悬挂

悬浮*
suspension
O3；O6；TH4；TS2
F 气球悬浮
C 无轴承异步电机 →(5)
悬浮接地 →(5)
悬浮物 →(13)

悬浮弹
floated type projectiles
TJ412
S 特种炮弹
Z 炮弹

悬浮电位
floating potential
O4；TL6；TM1
D 电位悬浮
S 电位*
C 悬浮导体 →(5)
悬浮接地 →(5)

悬浮燃料
Y 燃料浆

悬浮式深弹
floated depth charges
TJ651
S 深弹
Z 炸弹

悬浮推进剂
Y 液体推进剂

悬浮陀螺
Y 悬浮陀螺仪

悬浮陀螺仪
floated type gyroscopes
V241.5；V441
D 磁悬浮液浮陀螺仪
悬浮陀螺
悬浮陀仪螺
悬浮型陀螺
S 陀螺仪*
F 磁悬浮陀螺
静电陀螺仪
气浮陀螺仪
液浮陀螺仪

悬浮陀仪螺
Y 悬浮陀螺仪

悬浮型陀螺
Y 悬浮陀螺仪

悬浮液(燃料)
Y 燃料浆

悬挂*
hanging
S；U2
D 吊挂
链式悬吊
斜摆式悬吊

悬吊
悬吊方式
悬挂方式
悬挂形式
F 弹性悬挂
独立悬挂
非独立悬挂
刚性悬挂
柔性悬挂
C 悬挂装置
悬置 →(12)

悬挂方式
Y 悬挂

悬挂滑翔机
Y 滑翔机

悬挂机构
Y 悬挂装置

悬挂式结构
Y 悬挂装置

悬挂物管理系统
Y 外挂物管理系统

悬挂系统
Y 悬挂装置

悬挂形式
Y 悬挂

悬挂装置*
suspension system
TJ810.3；U2；U4
D 被动式悬挂系统
变阻尼悬挂系统
独立式悬挂系统
独立式悬挂装置
复合式悬挂系统
混合式悬挂系统
混合式悬挂装置
可调式悬挂系统
汽车悬挂系统
悬挂机构
悬挂式结构
悬挂系统
悬置系统
F 半主动悬挂装置
钢板弹簧悬架
机载悬挂装置
平衡悬挂装置
液气悬挂装置
C 车辆分系统 →(12)
吊舱
吊挂系统 →(4)
吊架 →(2)(4)
飞机外挂物
挂架
机械装置 →(2)(3)(4)(12)
机翼油箱
可投放油箱
汽车悬挂 →(12)
外挂
外挂干扰
悬挂
悬挂结构 →(11)
悬挂式避雷器 →(5)
悬挂特性 →(4)
悬架系统 →(4)

悬停
hovering
V323
D 垂直起落飞机悬停
完善系数
悬停飞行
悬停效率
直升机悬停
自动悬停
S 机动飞行
C 垂直飞行
飞行操纵
悬停试验
悬停指示器
Z 飞行

悬停飞行
Y 悬停

悬停飞行控制
Y 悬停控制

悬停高度
hovering height
V32
D 无地效悬停高度
有地效悬停高度
直升机悬停高度
S 飞行高度
C 悬停指示器
Z 飞行参数
高度

悬停回转
turning in hover
V323
D 定点回转
直升机定点回转
S 航空飞行
C 直升机
Z 飞行

悬停控制
hover control
V249.1
D 悬停飞行控制
自动悬停控制
S 直升机控制
C 定点控制 →(8)
总距油门控制
Z 载运工具控制

悬停升限
Y 静升限

悬停试飞
Y 悬停试验

悬停试验
hovering tests
V217
D 悬停试飞
直升机悬停试验
S 直升机飞行试验
C 悬停
直升机
Z 飞行器试验

悬停效率
Y 悬停

悬停直升机
hovering helicopter
V275.1
S 直升机
Z 飞机

悬停指示器
hovering indicator
V241.4
D 直升机悬停指示器
S 指示器*
C 悬停
悬停高度

悬停状态
hovering condition
V323
S 状态*

悬置系统
Y 悬挂装置

旋成弹体空气动力学
Y 弹丸空气动力学

旋成体
body of revolution
V221
S 对称体
F 细长旋成体
C 非对称涡
Z 几何形体

旋流
Y 涡流

旋流发生器
Y 涡流发生器

旋流环
Y 涡环

旋流结构
swirl structures
V211
S 流场结构
Z 物理化学结构

旋流喷头
Y 旋流喷嘴

旋流喷嘴
swirl nozzle
TH13；TK2；V232
D 涡流式喷嘴
旋流喷头
旋流式喷嘴
S 喷嘴*
F 气动旋流喷嘴
旋流压力式喷嘴
C 空心旋转射流 →(8)
湿法脱硫 →(13)
涡流

旋流破裂控制
Y 旋涡破裂控制

旋流燃烧室
swirl combustion chamber
TK4；V232
D 涡管燃烧室
涡流燃烧室
涡流式燃烧室
涡流室
涡流室式燃烧室
涡室
旋涡燃烧室
S 旋转燃烧室
C 起动孔 →(5)
竖井 →(2)
Z 燃烧室

旋流式喷嘴
Y 旋流喷嘴

旋流型
Y 涡流

旋流压力式喷嘴
swirl pressure nozzle
TH13；TK2；V232
S 旋流喷嘴
压力喷嘴
Z 喷嘴

旋流叶片
Y 旋转叶片

旋涡
Y 涡流

旋涡发生器
Y 涡流发生器

旋涡发生体
Y 涡流发生器

旋涡襟翼
Y 涡襟翼

旋涡流
Y 涡流

旋涡流动
Y 涡流

旋涡流发生器
Y 涡流发生器

旋涡模拟
eddy simulation
V211.74
D 涡旋模拟
S 仿真*
F 脱体涡模拟

旋涡黏度
Y 涡黏度

旋涡黏性
Y 涡黏度

旋涡破裂
vortex breakdown
V211
S 涡破裂
Z 断裂

旋涡破裂控制
vortex breakdown control
V249
D 旋流破裂控制
S 涡控制
Z 流体控制

旋涡气流光整加工
Y 精加工

旋涡燃烧室
Y 旋流燃烧室

旋涡运动
swirling motion
V211
D 涡流运动
S 运动*
C 大迎角

旋压药型罩
Y 药型罩

旋翼*
rotor
V275.1
D 大升力旋翼
大弦长旋翼
单旋翼
单叶旋翼
低速旋翼
后掠桨尖旋翼
喷气直升机旋翼
旋转翼
鸭式旋翼
直升机旋翼
F 半刚接式旋翼
电控旋翼
刚接式旋翼
共轴式旋翼
环量控制旋翼
桨尖喷气旋翼
铰接式旋翼
倾转旋翼
升桨
双旋翼
四旋翼
微型旋翼
尾桨
折叠式旋翼
智能旋翼
自转旋翼
C 动叶片
机翼
桨距控制 →(8)
嵌套网格 →(8)
升力风扇
旋翼部件
旋翼机
叶型
运动嵌套网格
直升机

旋翼/机身耦合系统
rotor/body coupled system
V24
S 系统*
直升机系统
Z 航空系统

旋翼部件
rotor wing components
V232；V275.1
D 变距铰
桨叶大梁
旋翼大梁
旋翼减振器
旋翼吸振器
S 直升机部件*
F 桨叶减摆器
旋翼桨毂
旋翼桨叶
旋翼轴
C 旋翼

旋翼大梁
Y 旋翼部件

旋翼单人飞行器
Y 单人飞行器

旋翼飞机
Y 旋翼机

旋翼飞行器
rotorcraft
V275.1
S 飞行器*
F 超小型旋翼飞行器
倾转旋翼飞行器
微型旋翼飞行器
C 直升机
自转旋翼

旋翼挥舞动力学
rotor flapping dynamics
V212
S 直升机飞行力学
C 直升机
Z 航空航天学

旋翼机
rotorcraft
V271；V275.1
D 旋翼飞机
旋转机翼飞机
自转旋翼机
S 重于空气航空器
F 倾转旋翼机
无人旋翼机
C 稳定转速 →(4)
旋翼
直升机
Z 航空器

旋翼机构
rotor mechanisms
TJ430.3
D 减速轮系旋翼机构
螺杆旋翼机构
S 引信机构
Z 引信部件

旋翼机身
rotor wing fuselages
V223
S 机身*

旋翼-机身组合体

Y 翼身组合体

旋翼技术
rotor technologies
V275.1
S 航空技术
Z 航空航天技术

旋翼减振器
Y 旋翼部件

旋翼桨叶
Y 旋翼桨叶

旋翼桨毂
rotor hub
V232；V275.1
D 主桨毂
S 旋翼部件
Z 直升机部件

旋翼桨叶
rotor blades
TH13；V232.4
D 旋翼桨叶
旋翼接头
直升机桨叶
S 螺旋桨桨叶
旋翼部件
转子叶片
Z 螺旋桨部件
叶片
直升机部件

旋翼接头
Y 旋翼桨叶

旋翼空气动力学
rotor aerodynamics
V211.52
D 直升机空气动力学
直升机旋翼空气动力学
S 空气动力学
Z 动力学
科学

旋翼模型
rotor model
V221
S 模型旋翼机
Z 工程模型

旋翼气动理论
rotor aerodynamic theory
V211
D 直升机旋翼气动理论
S 气动理论
F 叶素理论
Z 理论

旋翼设计
rotor wing design
V221
S 直升机设计
Z 飞行器设计

旋翼失速
rotor stalling
V212
S 气动失速
Z 失速

旋翼式飞行座椅
Y 飞行弹射座椅

旋翼尾迹
rotor wake
V211
D 旋翼尾流
S 尾流
Z 流体流

旋翼尾流
Y 旋翼尾迹

旋翼涡环
Y 涡环

旋翼吸振器
Y 旋翼部件

旋翼系统
rotor wing system
V24
S 直升机系统
Z 航空系统

旋翼下洗
Y 旋翼下洗流

旋翼下洗流
rotor downwash
V211
D 旋翼下洗
S 下洗流
Z 流体流

旋翼折叠
Y 折叠式旋翼

旋翼直升机
heligyro
V275.1
S 直升机
F 刚性旋翼直升机
四旋翼直升机
Z 飞机

旋翼轴
rotor shaft
TH13；V224；V275.1
S 旋翼部件
轴*
Z 直升机部件

旋翼转速表
rotor speed meters
V241
S 飞行速度指示器
Z 指示器

旋翼锥体
rotor cone
V221
S 物体*

旋转长线圈
rotating long coil
TL5
S 线圈*

旋转冲压发动机
rotating ramjets
V434
S 冲压发动机
Z 发动机

旋转传感器
rotation sensor
TP2；V241
S 传感器*

旋转错觉
Y 躯体旋动错觉

旋转弹
Y 旋转导弹

旋转弹体
rotary missile body
TJ760.3
S 弹体
C 旋转导弹
Z 导弹部件

旋转弹体导弹
Y 旋转导弹

旋转弹丸
spinning projectile
TJ412
S 弹丸
F 高速旋转弹丸
Z 弹药零部件

旋转导弹
rotary missiles
TJ76
D 旋转弹
旋转弹体导弹
S 导弹
C 旋转弹体
Z 武器

旋转飞行器
rotary spacecraft
V27
S 飞行器*

旋转缸
Y 旋转气缸

旋转工作台
Y 转台

旋转固体火箭发动机
spinning solid rocket motor
V435
S 固体火箭发动机
Z 发动机

旋转关节罩
Y 热屏蔽

旋转火箭弹
spinning rocket projectiles
TJ415
D 自旋火箭弹
S 火箭弹
Z 武器

旋转机翼

rotor blade
V224
S 机翼*

旋转机翼飞机
Y 旋翼机

旋转流
Y 涡流

旋转流体
Y 涡流

旋转气缸
rotating cylinder
TH13；V232
D 旋转缸
S 气缸
Z 发动机零部件

旋转燃烧室
revolving combustion chamber
TJ6
S 燃烧室*
F 旋流燃烧室

旋转失速
rotating stall
V212
D 旋转脱离
S 失速*
C 边界层分离

旋转式发动机
Y 发动机

旋转式分离器
Y 离心机

旋转试验机
Rotary testing machine
TH7；V416.8
S 试验设备*

旋转湍流
rotating turbulent
V211
S 湍流
C 切圆特性 →(5)
Z 流体流

旋转脱离
Y 旋转失速

旋转稳定弹
Y 旋转稳定炮弹

旋转稳定炮弹
spin stabilized projectile
TJ412
D 旋转稳定弹
旋转稳定式炮弹
S 炮弹*

旋转稳定式炮弹
Y 旋转稳定炮弹

旋转稳定卫星
Y 自旋稳定卫星

旋转型气-液雾化喷嘴
swirling gas-liquid spray atomizers
TH13；TK2；V232
S 雾化喷嘴
Z 喷嘴

旋转叶片
rotating paddle
TH13；V232.4
D 旋流叶片
S 叶片*

旋转翼
Y 旋翼

旋转组件罩
Y 热屏蔽

旋转作动器
Y 作动器

漩流
Y 涡流

漩涡
Y 涡流

漩涡发生器
Y 涡流发生器

漩涡脱落
vortex shedding
V2
S 剥离*

漩涡作用
Y 涡流

选频
frequency selecting
TL6；TN7
D 频率选取
频率选择
S 频率技术*
C 频率选择性衰落 →(7)
频率选择性信道 →(7)

选星算法
satellite selection algorithm
V247；V446
S 算法*

选型试验
type selection test
TJ01
S 试验*

选用设备
Y 设备

选择*
selection
ZT5
F 航空航天人员选拔
航线选择
C 通信选择 →(7)
选线 →(1)(5)(12)
选择开关 →(5)
选址

选择相位
selected phase
TL5
S 相位*

选址*
site selection
TU2；TU98
D 择址
F 核电厂选址
机场选址
C 地址 →(1)(7)(11)(12)
选择

旋风管
tornadotron
V243
D 螺旋风管
S 通气管*
C 对旋风机 →(4)
分离机理 →(9)
升气管 →(2)(3)

旋进型储存环
Y 储存环

雪崩探测器
avalanche detector
TH7；TL8
D 雪崩型探测器
S 半导体探测器
Z 探测器

雪崩型探测器
Y 雪崩探测器

雪上起降
Y 冰上起落

雪上起落
Y 冰上起落

血液毒剂
Y 全身中毒性毒剂

血液性毒剂
Y 全身中毒性毒剂

血液中毒性毒剂
Y 全身中毒性毒剂

寻的
Y 寻的制导

寻的导弹
Y 寻的制导导弹

寻的导引头
Y 激光导引头

寻的器
Y 导引头

寻的水雷
Y 自导水雷

寻的头
Y 导引头

寻的位标器
Y 导引头

寻的鱼雷
Y 自导鱼雷

寻的制导

homing guidance
TJ765.3
D 寻的
自导
自动导引制导
自动寻的
S 末制导
F 半主动寻的制导
被动制导
红外成像寻的制导
捷联寻的制导
C 捕获域
Z 制导

寻的制导导弹
homing guidance missiles
TJ76
D 寻的导弹
S 精确制导导弹
F 自寻的导弹
Z 武器

寻的制导头
Y 导引头

寻的制导系统
homing guidance system
TJ765
S 末制导系统
Z 制导系统

寻的装置
Y 导引头

寻迹
Y 跟踪

寻线
Y 跟踪

巡测仪(放射性)
Y 剂量计

巡飞弹
Y 炮射巡飞弹

巡飞导弹
loitering attack missile
TJ76
S 导弹
Z 武器

巡航
Y 巡航飞行

巡航导弹
cruise missile
TJ761.6
D 飞弹
飞航导弹
飞航式导弹
巡航式导弹
S 导弹
F 超声速巡航导弹
高超声速巡航导弹
海射巡航导弹
空射巡航导弹
远程飞航导弹
战略巡航导弹
战术巡航导弹
C 地形跟踪
隐身巡航导弹
撞地概率
Z 武器

巡航导弹防御
cruise missile defense
E；TJ76
S 导弹防御
Z 防御

巡航导弹系统
cruise missile systems
TJ76
D 飞航导弹系统
S 导弹系统*
巡航系统
Z 交通运输系统

巡航导弹预警系统
Y 导弹预警系统

巡航飞行
cruising flight
V323
D 平飞
水平飞行
水平直飞
水平直线飞行
巡航
S 航空飞行
F 超音速巡航
C 航线飞行
平飞速度
巡航速度
Z 飞行

巡航飞行器
cruising aircraft
V27
S 飞行器*

巡航高度
cruising altitude
V32
D 飞行巡航高度
S 飞行高度
Z 飞行参数
高度

巡航工况
cruising condition
V23
D 巡航状态
S 工况*

巡航控制系统
cruise control system
TP2；U6；V249
D 巡行控制系统
S 交通运输系统*
巡航系统

巡航升阻比
Y 升阻比

巡航式导弹
Y 巡航导弹

巡航速度
cruising speed
V32
D 飞行巡航速度
经济速度
S 飞行速度
C 巡航飞行
Z 飞行参数
航行诸元

巡航特性
Y 空气动力特性

巡航系统
cruising system
V32
S 航行系统
F 定速巡航系统
巡航导弹系统
巡航控制系统
Z 交通运输系统

巡航状态
Y 巡航工况

巡检记录仪
Y 记录仪

巡逻飞机
Y 巡逻机

巡逻机
patrol aircraft
V271.4
D 巡逻飞机
S 军用飞机
F 反潜巡逻机
海上巡逻机
C 反潜搜索机
联络机
预警机
侦察机
Z 飞机

巡视探测器
exploration rover
TH7；V248
S 探测器*

巡行控制系统
Y 巡航控制系统

巡洋坦克
cruise tanks
TJ811
D 骑兵坦克
S 坦克
Z 军用车辆
武器

循环*
cycle
ZT5
D 反循环工艺
非循环
良性循环处理
循环处理
循环法
循环方式
循环工艺
F 变循环

补燃循环
钚再循环
超临界循环
低循环
碘硫循环
火箭基组合循环
开式循环
两相自然循环
膨胀循环
实际循环
温度循环
杂质循环
蒸发循环
直接循环
C 热力循环 →(1)(4)(5)
循环变流器 →(5)
循环反应器 →(9)
循环风机 →(4)
循环液 →(9)
制冷循环 →(1)

循环测试
loop test
TB4；TH7；V216
D 循环检验
S 测试*

循环处理
Y 循环

循环法
Y 循环

循环方式
Y 循环

循环工艺
Y 循环

循环加速器
Y 回旋加速器

循环检验
Y 循环测试

循环水冷却装置
Y 冷却装置

循环系统*
circulatory system
Q4；R；ZT6
F 开式循环冷却系统
空气循环制冷系统
C 除尘系统 →(3)(5)(13)
流体系统
热工系统 →(5)
制冷系统

循迹误差
Y 跟踪误差

训练*
training
G
F 防救训练
雷达模拟训练
维修训练

训练弹
training missile
TJ761.9
D 教练导弹
训练导弹
S 导弹
F 模拟弹
Z 武器

训练弹头
Y 导弹弹头

训练弹药
Y 教练弹药

训练导弹
Y 训练弹

训练仿真器
Y 训练模拟器

训练飞行
training flight
V323
S 航空飞行
C 飞行训练
Z 飞行

训练模拟器
training simulator
TP3；V21
D 仿真培训器
仿真训练器
练习器
模拟训练器
培训仿真机
培训仿真器
培训模拟机
训练仿真器
S 模拟器*
F 导弹训练仿真器
飞机维修训练模拟器
飞行训练模拟器
驾驶训练模拟器
射击模拟器
C 飞行员训练
计算机辅助训练 →(8)
虚拟训练 →(8)
训练仿真 →(8)

训练枪弹
Y 辅助枪弹

训练水雷
Y 教练水雷

训练效能
training effectiveness
V32
D 训练有效性
S 效能*

训练有效性
Y 训练效能

训练鱼雷
Y 操演用鱼雷

训练炸弹
Y 教练炸弹

讯号
Y 信号

迅速减压
rapid decompression
V245.3；V444
S 压力处理*
C 增压舱

殉爆试验
sympathetic detonation test
TJ410.6；TQ56
S 安定性试验
Z 性能试验

压弹机
Y 供弹机构

压电发电机
Y 发电机

压电角速率传感器
Y 压电振动陀螺仪

压电晶体陀螺
Y 压电陀螺仪

压电陀螺
Y 压电陀螺仪

压电陀螺仪
piezoelectric gyroscope
V241.5；V441
D 压电晶体陀螺
压电陀螺
S 陀螺仪*

压电振动陀螺
Y 压电振动陀螺仪

压电振动陀螺仪
piezoelectric gyrocrons
V241.5；V441
D 压电角速率传感器
压电振动陀螺
S 振动陀螺仪
Z 陀螺仪

压锻件
Y 锻件

压坑式推力室
Y 推力室

压控系统
Y 压力控制系统

压力*
pressure
O3；TB1
D 表压力
F 爆轰压力
爆破压力
爆炸压力
壁面压力
底部压力
点火峰压
辐射压力
缸内压力
公称压力
挤进压力
绝对压力
控制压力
脉动压力

气动压力
燃油压力
膛压
相对压力
滞止压力
C 超高压设备 →(9)
辊间压力 →(3)
矿山压力 →(2)
离解平衡 →(9)
力
流体压力
压差 →(1)
压力凝胶 →(9)

压力(辐射)
Y 辐射压力

压力保险机构
Y 保险机构

压力波传播
pressure wave propagation
TL4
S 传播*

压力舱
barochamber
V423
D 气压舱
S 舱*
F 高压舱

压力处理*
pressure treatment
TG3; TH16; TQ0
D 压力技术
F 爆炸减压
迅速减压
C 处理
压力缓冲 →(4)
压力加工 →(1)(3)(4)(9)(10)(12)
压力试验 →(3)

压力分布测量系统
Y 测量系统

压力服
pressure garment
TS94; V244; V445
S 防护服
Z 安全防护用品
服装

压力高频振荡
high-frequency pressure oscillation
V211
S 振荡*

压力管
Y 压力管道

压力管道
pressure pipelines
TL35
D 承压管
承压管道
带压管道
压力管
压力管路
压力管网
压力管线
压力主管
有压管道
S 管道*
F 超高压管道
C 反应堆冷却剂系统

压力管路
Y 压力管道

压力管式堆
pressure tube reactor
TL4
S 动力堆
F 坎杜型堆
Z 反应堆

压力管网
Y 压力管道

压力管线
Y 压力管道

压力技术
Y 压力处理

压力加油
pressure oiling
V245
D 闭式加油
S 加油*
F 地面压力加油

压力加油系统
pressure fueling system
V245
D 飞机地面压力加油系统
飞机压力加油系统
S 加油系统
F 地面压力加油系统
Z 流体系统

压力控制泵
Y 控制泵

压力控制分系统
Y 压力控制系统

压力控制系统
pressure control system
TP2; V444
D 压控系统
压力控制分系统
S 力控制系统*
F 气动压力伺服系统

压力喷嘴
pressure nozzle
TH13; TK2; V232
D 压力式喷嘴
S 喷嘴*
F 旋流压力式喷嘴
C 雾化角 →(5)
雾化压力 →(3)
压力喷雾 →(10)
压力设备

压力驱动风洞
storage compressed-air driven wind tunnel
V211.74
S 风洞*

压力设备*
pressure equipment
TQ0
D 压力装置
F 增压装置
C 电气设备
压力安全 →(13)
压力加工设备 →(3)(4)(9)(10)(11)
压力喷嘴
压力容器 →(4)
液压设备

压力式喷嘴
Y 压力喷嘴

压力试验设备
Y 试验设备

压力试验室
pressure test chambers
V216
S 实验室*

压力雾化
Y 雾化

压力引信
pressure fuze
TJ434
D 气压引信
水力引信
水压引信
S 近炸引信
Z 引信

压力中心
center of pressure
O3; V211
S 中心*
C 冲模 →(3)

压力重水冷却慢化堆
Y 加压重水堆

压力重水型堆
Y 加压重水堆

压力主管
Y 压力管道

压力装置
Y 压力设备

压气缸
pressure cylinder
TH13; V232
S 气缸
F 低压缸
Z 发动机零部件

压气机部件*
compressor components
TH4; TK4; V232.92
D 压气机机匣
压气机静子
压气机匣
F 压气机盘
压气机叶轮
压气机叶片

C 零件 →(4)
涡轮增压汽油机 →(5)

压气机机匣
Y 压气机部件

压气机静子
Y 压气机部件

压气机轮盘
Y 压气机盘

压气机盘
compressor disks
TH4；V232.92
D 压气机轮盘
S 压气机部件*

压气机特性
compressor characteristics
TH4；V231；V232
S 机械性能*

压气机透平
Y 压气涡轮

压气机涡轮
Y 压气涡轮

压气机匣
Y 压气机部件

压气机性能
compressor performance
V232
S 机械性能*

压气机叶轮
compressor impellers
TH13；TH4；V232.92
S 压气机部件*
叶轮*
C 压气机叶栅

压气机叶片
compressor blades
TH13；V232.4
D 压缩机叶片
S 压气机部件*
叶片*
F 压气机转子叶片
C 透平压缩机 →(4)(5)
压气机叶栅

压气机叶栅
compressor cascade
TH13；TK0；V232
S 叶栅*
C 端壁翼刀
空气压缩机 →(4)
压气机叶轮
压气机叶片

压气机增压比
Y 增压比

压气机转子叶片
compressor rotor blades
TH13；V232.4
S 压气机叶片
转子叶片
Z 压气机部件
叶片

压气涡轮
compressor turbine
V232.93
D 压气机透平
压气机涡轮
S 气体涡轮
Z 涡轮

压强*
intensity of pressure
O4
D 关机压强
F 极限压强
燃烧室压强

压强振荡
pressure oscillations
V211
S 振荡*

压水堆
Y 压水型堆

压水堆核电厂
Y 压水堆核电站

压水堆核电站
PWR nuclear power plant
TL4
D 沸水堆核电厂
轻水堆核电厂
轻水堆核电站
压水堆核电厂
S 核电站
Z 电厂

压水堆应急堆芯冷却系统
Y 堆芯应急冷却系统

压水反应堆
Y 压水型堆

压水冷却慢化堆
Y 压水型堆

压水型堆
PWR type reactors
TL4
D 压水堆
压水反应堆
压水冷却慢化堆
S 动力堆
浓缩铀堆
水冷堆
F 船用压水堆
改进型压水堆
欧洲压水堆
C 二次电路 →(5)
Z 反应堆

压缩*
compression
O3；O4；ZT5
D 非压缩
压缩处理
压缩法
压缩方法
压缩过程
压缩技术
压缩现象
压缩行为
F 激波压缩
内爆压缩
C 信息压缩 →(1)(7)(8)
压缩试验 →(1)

压缩处理
Y 压缩

压缩点火
compressed ignition
TK4；V231；V430
S 点火*
C 压缩燃烧 →(5)

压缩法
Y 压缩

压缩方法
Y 压缩

压缩过程
Y 压缩

压缩机*
compressor
TH4
D DH 型压缩机
H 型压缩机
L 型压缩机
M 型压缩机
V 型压缩机
W 型压缩机
摆式压缩机
变级压缩机
大流量压缩机
单动式压缩机
单缸压缩机
单级压缩机
单列压缩机
单作用压缩机
等温型压缩机
低压压缩机
电磁式压缩机
动力用压缩机
对动式压缩机
对动型压缩机
对动压缩机
对置式压缩机
对置压缩机
多缸压缩机
多列压缩机
多轴压缩机
复合压缩机
干式压缩机
高速压缩机
高效压缩机
固定式压缩机
合成压缩机
回收压缩机
混冷式压缩机
混流式压缩机
级差式压缩机
角度式压缩机
角式压缩机

径流式压缩机
理想压缩机
立式压缩机
联合压缩机
两级压缩机
两列压缩机
膜片式压缩机
膜片压缩机
摩托压缩机
橇装压缩机
球形压缩机
扇型压缩机
双缸压缩机
双压缩机
双作用压缩机
特殊压缩机
筒型压缩机
微型压缩机
涡卷式压缩机
涡轮压缩机
蜗杆压缩机
卧式压缩机
无基础压缩机
无曲轴压缩机
小流量压缩机
斜流压缩机
新型压缩机
星型压缩机
压缩机械
移动式压缩机
英格索兰压缩机
增压压缩机
罩式压缩机
真空压缩机
整体压缩机
中压压缩机
F 低速压气机
低压压气机
对转压气机
高压空压机
航空压气机
跨音速压气机
离心压气机
轴流压气机
组合压气机
C 出口温度 →(1)
反向角 →(4)
复叠式制冷 →(1)
滚动活塞 →(1)
混合设备 →(9)
跨临界循环 →(1)
冷却器 →(1)
膨胀机 →(1)(2)(4)(5)
涡轮分级机 →(2)
涡轮搅拌桨 →(9)
压力机 →(3)
压缩机油 →(2)(4)
注油量 →(4)

压缩机械
Y 压缩机

压缩机叶片
Y 压气机叶片

压缩技术
Y 压缩

压缩空气分离器
Y 分离设备

压缩逆温
Y 绝热温比

压缩现象
Y 压缩

压缩行为
Y 压缩

压缩性效应
compressibility effect
V211
D M数效应
马赫数效应
S 气动效应*
C 高超声速流

压蒸安定性
Y 稳定性

压制兵器
Y 压制武器

压制火炮
Y 火炮

压制射击
neutralization fire
E；TJ3
D 火炮压制射击
效力射
S 火炮射击
Z 射击

压制武器
neutralize weapon
E；TJ0
D 压制兵器
S 武器*
C 火炮

鸭式布局
Y 鸭式构型

鸭式布局飞机
Y 鸭式飞机

鸭式飞机
canard aircraft
V271
D 鸭式布局飞机
S 飞机*
C 前翼
无尾飞机
鸭式构型

鸭式构型
canard configuration
V221
D 飞机鸭式构型
鸭式布局
鸭式气动布局
鸭翼式构型
S 气动构型
C 前翼
涡干扰
鸭式飞机
Z 构型

鸭式气动布局
Y 鸭式构型

鸭式旋翼
Y 旋翼

鸭翼
Y 前翼

鸭翼式构型
Y 鸭式构型

哑弹
Y 未爆弹药

亚表面
Y 表面

亚额定状态
Y 额定工况

亚轨道
Y 亚轨道弹道

亚轨道弹道
suborbital trajectory
V212
D 亚轨道
S 弹道*

亚轨道飞行
suborbital flight
V529
S 轨道飞行
C 火箭飞行
载人航天飞行
Z 飞行

亚轨道飞行器
suborbital launch vehicle
V47
S 轨道飞行器
Z 航天器

亚轨道航天器
Y 航天器

亚跨声速风洞
Y 亚跨音速风洞

亚跨音速风洞
sub-transonic wind tunnels
V211.74
D 亚跨声速风洞
S 风洞*

亚燃冲压发动机
subsonic combustion ramjet engines
V235.21
S 冲压发动机
Z 发动机

亚声速
subsonic velocity
O3；V21
D 亚音速
S 速度*
C 超音速

亚声速飞机
Y 亚音速飞机

亚声速飞行
subsonic flight
V323
D 亚音速飞行
S 航空飞行
C 超音速飞行
跨音速飞行
亚音速飞机
亚音速特性
Z 飞行

亚声速风洞
Y 亚音速风洞

亚声速后缘
Y 后缘

亚声速空气动力学
Y 亚音速空气动力学

亚声速流
Y 亚音速流

亚声速喷管
Y 超音速喷管

亚声速前缘
Y 前缘

亚声速燃烧
Y 亚音速燃烧

亚声速特性
Y 亚音速特性

亚网格 EBU 燃烧模型
EBU combustion sub-grid scale model
V231.1
S 力学模型*
热模型*

亚音速
Y 亚声速

亚音速靶机
Y 靶机

亚音速颤抖
Y 亚音速颤振

亚音速颤振
subsonic flutter
V211.46
D 亚音速颤抖
S 颤振
Z 振动

亚音速反舰导弹
subsonic anti-ship missile
TJ761.9
S 反舰导弹
Z 武器

亚音速飞机
subsonic aircraft
V271
D 亚声速飞机
S 飞机*
C 跨音速飞机
亚声速飞行
亚音速进气道

亚音速飞行
Y 亚声速飞行

亚音速风洞
subsonic wind tunnel
V211.74
D 亚声速风洞
S 高速风洞
C 跨音速风洞
三音速风洞
亚音速流
Z 风洞

亚音速进气道
Subsonic inlet
V232.97
S 进气道*
C 亚音速飞机

亚音速空气动力特性
Y 亚音速特性

亚音速空气动力学
Subsonic aerodynamics
V211
D 亚声速空气动力学
S 空气动力学
Z 动力学
科学

亚音速流
subsonic flow
V211
D 亚声速流
亚音速气流
S 高速气流
C 亚音速风洞
Z 流体流

亚音速喷管
Y 超音速喷管

亚音速气动特性
Y 亚音速特性

亚音速气流
Y 亚音速流

亚音速燃烧
subsonic combustion
V231.1
D 亚声速燃烧
S 燃烧*

亚音速特性
subsonic characteristics
V211
D 亚声速特性
亚音速空气动力特性
亚音速气动特性
S 空气动力特性
C 亚声速飞行
Z 流体力学性能

亚致死辐照
Y 亚致死性辐照

亚致死性辐照
sublethal irradiation
TL7
D 亚致死辐照
S 辐照*
C 辐射剂量
剂量-效应关系
致死剂量

亚洲/美国航线
Asian/American airline
U6；V355
S 航线*

亚洲/欧洲航线
Y 亚洲-欧洲航线

亚洲航线
Asian airline
U6；V355
S 航线*

亚洲-欧洲航线
Asia/Europe airline
U6；V355
D 亚洲/欧洲航线
S 航线*

氩离子轰击
argon ion bombardment
TG1；TL
D Ar 离子轰击
背面 Ar^+轰击
S 轰击*

氩同位素
argon isotopes
O6；TL92
S 同位素*

烟囱处置（放射性废物）
TL94；X5

烟风洞
smoke wind tunnel
V211.74
S 低速风洞
Z 风洞

烟火工业
Y 工业

烟火技术
pyrotechnics
TJ5
S 技术*

烟火剂*
pyrotechnic compound
TJ536
F 发烟剂
可燃剂
燃烧剂
闪光剂
曳光剂
照明剂

烟火模仿器材
Y 烟火装置

烟火模拟剂
Y 烟火装置

烟火器材

Y 烟火装置

烟火效应
Y 烟幕效果

烟火信号器材
Y 烟火装置

烟火照明器材
Y 烟火装置

烟火装置
pyrotechnic device
TJ53
D 模仿剂
烟火模仿器材
烟火模拟剂
烟火器材
烟火信号器材
烟火照明器材
曳光器材
曳光器材(烟火器材)
曳光药柱
S 装置*
F 发烟器材

烟幕*
smoke screen
TN97
D 烟幕遮蔽
F 红外烟幕
C 遮蔽指数

烟幕弹
smoke shell
TJ412
D 发烟弹
发烟炮弹
S 化学炮弹
F 红色发烟弹
C 发烟弹药
烟幕弹药
Z 炮弹

烟幕弹药
smoke ammunitions
TJ41
S 化学弹药
C 烟幕弹
烟幕武器
烟幕炸弹
Z 弹药

烟幕干扰弹
smoke jamming bombs
TJ414
S 特种炸弹
Z 炸弹

烟幕罐
Y 发烟罐

烟幕剂
Y 发烟剂

烟幕武器
smoke weapons
TJ92
S 化学武器
C 烟幕弹药
Z 武器

烟幕物理效果
Y 烟幕效果

烟幕效果
smoke screen effectiveness
TJ536
D 烟火效应
烟幕物理效果
烟幕效应
烟幕心理效果
烟幕作用
S 效果*

烟幕效应
Y 烟幕效果

烟幕心理效果
Y 烟幕效果

烟幕炸弹
smoke bomb
TJ414
S 发烟炸弹
C 烟幕弹药
Z 炸弹

烟幕遮蔽
Y 烟幕

烟幕装置
Y 发烟器材

烟幕作用
Y 烟幕效果

烟气透平
Y 烟气涡轮

烟气涡轮
smoke gas turbines
V232.93
D 烟气透平
S 气体涡轮
C 烟气膨胀机 →(2)(5)
Z 涡轮

烟雾干扰
smoke interference
TJ7
S 干扰*

烟雾罐
Y 发烟罐

烟雾剂
Y 发烟剂

延程飞行
Y 远程飞行

延迟
Y 时滞

延迟点火
Y 点火延迟

延迟点火时间
Y 点火延迟时间

延迟计数器
Y 计数器

延迟开伞
Y 开伞装置

延迟开伞跳伞
Y 跳伞

延期点火具
delay igniter
TJ454
D 隔板点火具
热辐射延期点火具
延时点火具
S 点火具
延期火工品
C 热点火 →(9)
Z 火工品

延期管
delay tube
TJ455
D 延期药管
S 爆炸延迟元件
延期火工品
Z 火工品

延期火工品
delay initiating explosive device
TJ459
S 火工品*
F 延期点火具
延期管
延期雷管
延期装置

延期机构
Y 引信延期机构

延期解除保险时间
Y 解除保险时间

延期精度
Y 延时精度

延期雷管
delay detonator
TJ452
D 长延期雷管
电子延期雷管
短延期雷管
段发雷管
非电半秒延期雷管
非电毫秒延期雷管
非电秒延期雷管
工业延期雷管
拉发延期雷管
秒延期雷管
延期起爆雷管
延时雷管
针刺延期雷管
S 雷管
延期火工品
F 毫秒延期雷管
Z 火工品

延期起爆雷管
Y 延期雷管

延期时间精度
Y 延时精度

延期体
delay element
TJ430.3
D 延期元件
延期元件(火工品)
S 引信部件*

延期药管
Y 延期管

延期引信
delay fuze
TJ432
D 长延期引信
固定延期引信
过载延期引信
可调延期引信
瞬发延期引信
瞬时延期引信
延时引信
中延期引信
自调延期引信
S 触发引信
Z 引信

延期元件
Y 延期体

延期元件(火工品)
Y 延期体

延期元件(炸药)
Y 爆炸延迟元件

延期装置
time delay device
TJ455
D 延期组合件
S 爆炸延迟元件
延期火工品
Z 火工品

延期组合件
Y 延期装置

延伸喷管
extendible nozzle
V431
D 可延伸出口锥喷管
可延伸喷管
喷管延伸段
S 可动喷管
Z 发动机零部件
喷管

延伸运行
stretch operation
TL3；TM6
S 运行*

延时
Y 时滞

延时点火具
Y 延期点火具

延时精度
delay accuracy
TD2；TJ430
D 延期精度
延期时间精度
S 精度*
C 电子雷管 →(2)
起爆器材
延期药 →(9)

延时雷管
Y 延期雷管

延时失速
delayed stall
V212
S 失速*

延时遥测
Y 自适应遥测

延时引信
Y 延期引信

严重飞行事故频数
Y 航空事故

沿海航区
coastal navigation areas
U6；V355
S 航区
Z 空域

研发方案
Y 研制

研究*
research
G
D 研究方法
F 航空科研
太空研究
武器研究

研究堆
research reactor
TL3；TL4
D 研究反应堆
S 研究与试验堆
F 微型中子源反应堆
中国先进研究堆
中子源热堆
Z 反应堆

研究反应堆
Y 研究堆

研究方法
Y 研究

研究飞机
Y 研究机

研究飞行器
Y 研究机

研究机
research aircraft
V271.3
D 研究飞机
研究飞行器
S 飞机*
F 变稳定性飞机
飞行平台
C 气象飞机
试验飞机

研究试验堆
Y 研究与试验堆

研究性飞行试验
research test flight
V217
D 科研试飞
研究性试飞
研制性飞行试验
S 飞行试验
Z 飞行器试验

研究性试飞
Y 研究性飞行试验

研究与试验堆
research and test reactors
TL3；TL4
D 实验研究堆
研究试验堆
S 反应堆*
F 实验堆
试验堆
研究堆

研制*
research and development
ZT5
D 研发方案
研制方案
研制方法
研制工艺
研制进展
F 飞机研制
航天器研制
民机研制
武器研制
新机研制
型号研制
C 研制过程 →(1)

研制方案
Y 研制

研制方法
Y 研制

研制工艺
Y 研制

研制进展
Y 研制

研制性飞行试验
Y 研究性飞行试验

盐层贮存
Y 放射性废物储存

盐矿储存
Y 放射性废物储存

盐转移过程
Y 核燃料后处理

掩埋水雷
Y 自掩埋水雷

演示飞行

Y 表演飞行

演示试验
demonstration and experiment
V216
S 试验*

验收*
receiving
TB
D 验收方法
验收工作
F 产品验收
C 检测

验收方法
Y 验收

验收工作
Y 验收

验收试飞
Y 飞行试验

验收试验
acceptance test
TB4；TJ01；V21
D 复核试验
合格鉴定试验
合格试验
交验试验
S 试验*
F 可靠性验收试验

验证测试
Y 验证试验

验证飞行
Y 校飞

验证机
demonstration engine
V21；V23
D 技术验证机
型号验证机
S 发动机*
C 试验飞机

验证试飞
Y 飞行试验

验证试验
verification test
V216
D 示范性试验
验证测试
验证性试验
S 试验*

验证性试验
Y 验证试验

扬尘试验
Y 砂尘试验

仰角指示器(迫击炮)
Y 高低机

仰角指示器(追击炮)
Y 高低机

养护维修
Y 维修

氧化氘
Y 重水慢化剂

氧化剂增压系统
Y 增压装置

氧化铀燃料厂
Y 核燃料制造厂

氧化运行
oxidation operation
TL4
S 运行*

氧气调节器
oxygen regulator
V245.3
S 调节器*

氧气面具
Y 氧气面罩

氧气面罩
oxygen mask
TJ92；TS94；V244
D 闭式回路供氧面罩
供氧面罩
气密供氧面罩
氧气面具
S 安全防护用品*
F 敞开式供氧面罩
加压供氧面罩
C 供氧系统
生命保障系统

氧气系统
Y 供氧系统

氧同位素
oxygen isotopes
O6；TL92
S 同位素*

氧系数
oxygen coefficient
V51
S 系数*

样本探测器
sample detector
TH7；TL8
S 探测器*

样机设计
prototyping design
TB2；TH12；V423
D 初样设计
S 产品设计*
机械设计*

样品采集
Y 采样

样品稀释
sample dilution
TL94

样枪
prototype rifles
TJ2
S 试验枪
Z 枪械

样条模型
spline model
V21
S 模型*

样星
satellite prototype
V423
D 卫星样机
S 卫星(阶段产品)
Z 航天器
卫星

要求*
challenge
ZT82
F 测试性要求
作战要求

摇摆式炮塔
Y 坦克炮塔

摇摆试验
Y 颠簸试验

摇动梁架式起落架
Y 起落架

遥测*
telemetry
TJ768；V243.5；V556.1
D 遥测技术
遥测术
远程测量
远程测试
远距离测量
F 光学遥测
空间遥测
生物遥测
视频遥测
无线遥测
自适应遥测
C 测量
四遥 →(8)
先进靶场测量飞机
遥测数据处理系统 →(8)
遥测遥控 →(8)
遥感检测 →(8)
远动技术 →(8)

遥测弹道
Y 内弹道

遥测弹头
Y 导弹弹头

遥测地面接收站
Y 遥测站

遥测地面站
telemetry ground stations
V551
D 遥测接收站
遥测终端
S 地面站
遥测站

C 导航传感器 →(8)
遥测发射机 →(7)
Z 台站

遥测分系统
Y 遥测系统

遥测跟踪系统
telemetry tracking system
V249.3；V556
D 遥测-跟踪系统
S 跟踪系统*
遥测系统
F 实时跟踪系统
Z 远程系统

遥测-跟踪系统
Y 遥测跟踪系统

遥测技术
Y 遥测

遥测接收站
Y 遥测地面站

遥测设备
telemetering equipment
TJ768
S 设备*
C 遥测系统

遥测术
Y 遥测

遥测数据处理
telemetered data reduction
TP3；V446
S 数据处理*

遥测系统
telemetry system
TP7；V556
D 闭环遥测系统
单路遥测系统
分布式遥测系统
高G遥测系统
航天遥测系统
回收遥测系统
箭上遥测系统
开环遥测系统
可编程序遥测系统
可编程遥测系统
脉码调制遥测系统
脉位键控遥测系统
频分制遥测系统
三重调制遥测系统
时分制遥测系统
数字遥测系统
小型近距遥测系统
遥测分系统
遥测仪系统
再入遥测系统
S 远程系统*
F 多路遥测系统
无线遥测系统
遥测跟踪系统
自动遥测系统
C 闭环极点 →(8)
导航传感器 →(8)
多步预测 →(8)
计算机远程控制 →(8)
监控
可编程序遥测 →(8)
遥测设备
遥感信息系统 →(8)

遥测仪系统
Y 遥测系统

遥测站
telemetering station
TJ768；V55
D 遥测地面接收站
S 测控站
F 遥测地面站
Z 台站

遥测终端
Y 遥测地面站

遥调系统
Y 遥感

遥感*
remote sensing
TP7；V243.1；V443
D 遥调系统
遥感分系统
遥感技术
遥感原理
遥科学
F 航空遥感
航天遥感
C 水体指数 →(8)
四遥 →(8)
图像融合 →(7)
遥感尺度 →(8)
远动技术 →(8)

遥感地雷
remote-sensing land mine
TJ512
D 遥感电磁地雷
S 非触发地雷
C 遥感杀伤性弹药
Z 地雷

遥感电磁地雷
Y 遥感地雷

遥感分系统
Y 遥感

遥感技术
Y 遥感

遥感炮弹
remote sensing projectiles
TJ412
D 自寻的子母弹
S 特种炮弹
C 遥感杀伤性弹药
Z 炮弹

遥感器
Y 遥感设备

遥感杀伤性弹药
remote sensing lethal ammunitions
TJ41
D 遥感性杀伤弹药
S 杀伤弹药
C 遥感地雷
遥感炮弹
遥感水雷
Z 弹药

遥感设备*
remote sensing equipment
TP7
D 遥感器
遥感仪
遥感仪器
F 航空遥感器
航天遥感器
空间遥感器
C 遥感成像 →(1)
遥感检测 →(8)
遥感图像 →(8)
遥感图像处理系统 →(8)

遥感水雷
remote sensing naval mine
TJ61
S 控发水雷
C 遥感杀伤性弹药
Z 水雷

遥感探测
remote sounding
TP7；V249.3
S 探测*

遥感卫星
remote sensing satellite
V474
D 地球遥感卫星
地球资源遥感卫星
对地遥感卫星
返回式遥感卫星
商业遥感卫星
商用遥感卫星
S 应用卫星
F 地球资源观测卫星
光学遥感卫星
雷达卫星
虚拟卫星
资源卫星
Z 航天器
卫星

遥感系统
remote sensing systems
TP7；V243.1；V443
S 远程系统*

遥感性杀伤弹药
Y 遥感杀伤性弹药

遥感仪
Y 遥感设备

遥感仪器
Y 遥感设备

遥感原理
Y 遥感

遥科学

Y 遥感

遥控靶机
Y 靶机

遥控地雷
remote control land mine
TJ512
D 操纵地雷
S 非触发地雷
Z 地雷

遥控电动模型飞机
Y 遥控模型飞机

遥控发射
telecontrol launch
V55
S 发射*
C 遥控发射机 →(7)
遥控接收机 →(7)

遥控飞机
remotely-controlled aircraft
V279
D 无人驾驶遥控飞行器
遥控飞行器
遥控驾驶飞行器
S 无人机
C 遥控飞行
Z 飞机

遥控飞机靶
Y 靶机

遥控飞艇
remote controlled airship
V274
S 飞艇
Z 航空器

遥控飞行
remote control flight
V323
D 可控飞行
受控飞行
有控飞行
S 航空飞行
C 遥控飞机
Z 飞行

遥控飞行器
Y 遥控飞机

遥控分系统
Y 遥控系统

遥控航弹
Y 制导炸弹

遥控驾驶飞行器
Y 遥控飞机

遥控猎雷系统
remote control minehunting systems
TJ617
S 猎雷系统
遥控系统
Z 控制系统
武器系统
远程系统
专用系统

遥控灭雷具
remotely controlled mine disposal vehicle
TJ617
S 灭雷具
Z 水中武器

遥控模型飞机
remote-control model aircraft
V278
D 无线电遥控模型飞机
遥控电动模型飞机
S 飞机模型
Z 工程模型

遥控模型直升机
remote control model helicopters
V278
S 模型直升机
Z 工程模型

遥控扫除水雷
Y 遥控扫雷

遥控扫雷
remote control minesweeping
TJ617
D 遥控扫除水雷
S 非接触扫雷
Z 扫雷

遥控扫雷系统
remote control minesweeping system
TJ518；TJ617
S 扫雷系统
遥控系统
Z 控制系统
武器系统
远程系统
专用系统

遥控式指令制导
Y 指令制导

遥控水雷
remote control mine
TJ61
S 控发水雷
Z 水雷

遥控坦克
Y 无人坦克

遥控系统
telechirics
TP7；TP8；V556
D 闭环遥控系统
分布式遥控系统
航标遥测遥控系统
航天遥控系统
驾驶台遥控系统
开环遥控系统
遥控分系统
助航标志遥测遥控系统
S 控制系统*
远程系统*
专用系统*
F 红外遥控系统
遥控猎雷系统
遥控扫雷系统
遥控制导系统
C 闭环极点 →(8)
分布式人工智能 →(8)
遥操作系统 →(8)
遥控指令
远程操作 →(8)

遥控炸弹
Y 制导炸弹

遥控直升机
remotely piloted helicopter
V275.1
S 直升机
Z 飞机

遥控指令
remote-control command
TP8；V448
S 指令*
C 遥控系统

遥控制导
remote control guidance
TJ765；V448
S 制导*
C 遥控制导站

遥控制导系统
remote control guidance system
TJ765；V448
S 遥控系统
制导系统*
C 遥控制导站
Z 控制系统
远程系统
专用系统

遥控制导站
remote control guidance stations
TJ765；V448
S 导航站
C 遥控制导
遥控制导系统
Z 台站

药剂*
drugs
R；TQ46
D 新药剂
药物
药物制剂
F 肽胺
C 剂型 →(1)(9)(10)(13)
聚羧酸 →(9)
吸附体积 →(9)
效果
制药原料 →(9)

药浆
slurry
TQ56；V51；V55
S 浆液*
F 推进剂药浆

药浆流变性
Y 推进剂流变性

药浆流动性

Y 推进剂流变性

药浆流平性
Y 推进剂流变性

药室
powder chamber
TJ412
S 炮弹部件
Z 弹药零部件

药筒
cartridge case
TJ412
D 弹药筒
炮弹壳
炮弹壳体
S 炮弹部件
F 非金属药筒
金属药筒
Z 弹药零部件

药物
Y 药剂

药物制剂
Y 药剂

药形设计
Y 装药设计

药形罩
Y 药型罩

药型罩
cavity liner
TJ412
D 旋压药型罩
药形罩
S 弹药零部件*
F W 型罩
大锥角药型罩
粉末药型罩
双层药型罩
C 爆炸成型弹丸
穿甲炮弹
聚能破甲效应
碎甲炮弹

药柱*
grain
TJ41；V51
D 火药柱
F 弹丸药柱
推进剂药柱
C 固体推进剂
柱

药柱肉厚
grain web thickness
V512
S 厚度*
C 固体推进剂
推进剂药柱

要害部位
Y 部位

要塞炮
Y 岸炮

钥匙手枪
Y 间谍用枪

鹞式飞机
harrier
V271.41
S 歼击机
Z 飞机

野炮
Y 野战炮

野兔热杆菌
Y 细菌类生物战剂

野外试验
field experiment
V216
S 自然环境试验
C 现场性能 →(1)(7)
Z 环境试验

野战弹药
field operations ammunitions
TJ41
S 弹药*
C 野战火箭弹

野战防毒面具
Y 防毒面具

野战防空火控系统
Y 防空火控系统

野战防空武器
field anti-aircraft weapons
E；TJ0
S 武器*
C 点防御导弹
区域防御导弹

野战火箭弹
battlefield rocket projectiles
TJ415
D 战术火箭弹
S 火箭弹
C 野战弹药
Z 武器

野战火炮
Y 野战炮

野战火炮系统
field gun systems
TJ3
S 火炮系统
Z 武器系统

野战机场
field airdrome
V351
S 军用机场
Z 场所

野战军弹道导弹
Y 弹道导弹

野战炮
field gun
TJ399
D 地面火炮
地面炮
地炮
野炮
野战火炮
S 地面武器
火炮
Z 武器

野战维修
field maintenance
TH17；TH7；V267
D 二级航空维修
二级维修
两级维修
S 维修*

叶顶间隙
blade tip clearance
V430
D 梢隙
叶尖间隙
叶片间隙
S 间隙*
C 动叶片

叶顶泄漏流
blade-tip leakage flow
V211
D 叶顶泄漏涡
S 泄漏流
Z 流体流

叶顶泄漏涡
Y 叶顶泄漏流

叶端
Y 叶片

叶端损失系数
Y 损失系数

叶尖
Y 叶片

叶尖间隙
Y 叶顶间隙

叶尖间隙流
blade tip clearance flow
V211
S 间隙流动
Z 流体流

叶尖泄漏
Y 叶尖泄漏涡

叶尖泄漏涡
blade tip leakage vortex
V211
D 叶尖泄漏
叶梢涡流
S 泄漏涡
Z 涡流

叶列
Y 叶栅

叶轮*
impeller
TH13
F 压气机叶轮

C 混流式风机 →(4)
冷风机 →(4)
轮 →(4)(5)
罗茨风机 →(4)
排烟风机 →(4)
叶轮给煤机 →(2)(5)
叶轮机械
叶轮切削量 →(4)
叶轮型线 →(4)
叶栅
杂质清除 →(3)
轴面流线 →(4)

叶轮机
Y 叶轮机械

叶轮机械*
turbomachinery
TH11；TK0
D 轮机
叶轮机
叶片机
叶片机械
F 氦气轮机
航空燃气轮机
C 动力机械 →(3)(5)(11)
叶轮

叶轮机械部件
Y 水轮机部件

叶轮叶片
impeller vane
TH13；V232.4
S 叶片*
F 风轮叶片

叶盘
bladed disk
TH4；V232
S 盘*
F 闭式叶盘
失谐叶盘
整体叶盘

叶片*
blade
TH13；V232.4
D 变速调制盘叶片
浆叶
叶端
叶尖
F 板型叶片
背叶片
长短叶片
串列叶片
带冠叶片
单晶叶片
导向叶片
动叶片
发动机叶片
非光滑叶片
分流叶片
风机叶片
机翼型叶片
静叶片
可调节叶片
空间叶片
空心叶片
冷却叶片
离心泵叶片
流线型叶片
掠叶片
螺旋桨桨叶
末级叶片
扭曲叶片
汽轮机叶片
倾斜叶片
双叶片
水轮机叶片
钛合金叶片
凸肩叶片
弯叶片
涡轮叶片
无厚叶片
旋转叶片
压气机叶片
叶轮叶片
圆柱形叶片
转子叶片
阻尼叶片
C 导流装置 →(11)
电机构件 →(3)(4)(5)
发动机零部件
气体压缩机 →(4)(9)
水轮机 →(5)
叶片尾缘
叶片型线 →(1)(4)(5)
叶栅

叶片测量
blade measurement
V21
S 机械测量*

叶片故障
blade faults
TK0；V232
S 发动机故障*

叶片机
Y 叶轮机械

叶片机械
Y 叶轮机械

叶片间隙
Y 叶顶间隙

叶片角
vane angle
TK0；V232
S 角*
C 混流泵 →(4)

叶片前缘
blade leading edge
TH13；TK0；V232
S 前缘
Z 边缘

叶片式减振器
Y 桨叶减摆器

叶片损坏
blades damage
V232.4
S 损坏*

叶片损伤
blade damage
TK0；V231；V232
S 损伤*

叶片尾缘
turbine blade trailing edge
TH13；TK0；V232
S 边缘*
C 叶片

叶片叶型
Y 叶型

叶片翼型
Y 叶型

叶片造型
Y 叶型

叶片展弦比
Y 展弦比

叶梢涡流
Y 叶尖泄漏涡

叶素理论
blade element theory
V211.41
S 旋翼气动理论
Z 理论

叶型
blade profile
V221
D 不稳定叶型
超临界叶型
超声速叶型
超声速振动叶型
超音速叶型
大焓降叶型
大流量叶型
高压比叶型
跨音速叶型
抛物线叶型
叶片叶型
叶片翼型
叶片造型
圆弧叶型
S 翼型*
F 多圆弧叶型
后部加载叶型
桨叶叶型
可控扩散叶型
C 旋翼

叶型设计
blade shape design
V221
S 发动机设计*

叶型优化
blade profile optimization
V232
S 型面优化
Z 优化

叶栅*

cascade
TH13；TK0；V232
D 叶列
F 串列式叶栅
导向叶栅
动叶栅
后加载叶栅
环形叶栅
回流叶栅
静叶栅
矩形叶栅
跨音速叶栅
扩压叶栅
平面叶栅
双列叶栅
弯叶栅
涡轮叶栅
压气机叶栅
振荡叶栅
轴流叶栅
组合叶栅
C 叶轮
叶片

叶栅参数
cascade parameters
TK0；V231；V232
S 设备参数*

叶栅风洞
cascade wind tunnel
V211.74
S 高超音速风洞
F 平面叶栅风洞
C 叶栅流
Z 风洞

叶栅流
cascade flow
V211
D 叶栅流动
S 流体流*
C 端壁翼刀
叶栅风洞

叶栅流动
Y 叶栅流

叶栅损失
cascade loss
TK0；V231；V232
S 损失*
F 叶栅尾迹损失

叶栅尾迹损失
cascade wake losses
V211
S 叶栅损失
Z 损失

叶栅尾流
cascade wake
V211
S 尾流
Z 流体流

叶栅性能
cascade performance
TK0；V232
S 机械性能*

曳光弹
Y 曳光枪弹

曳光弹头
tracer bullet heads
TJ411
S 特殊枪弹弹头
C 曳光剂
曳光枪弹
Z 枪弹部件

曳光剂
tracer mixture
TJ535；TJ537
D 曳迹剂
S 烟火剂*
C 曳光弹头
曳光炮弹

曳光炮弹
tracer projectile
TJ412
D 夜光弹
S 特种炮弹
C 曳光剂
Z 炮弹

曳光器材
Y 烟火装置

曳光器材（烟火器材）
Y 烟火装置

曳光枪弹
tracer bullet
TJ411
D 曳光弹
S 特种枪弹
C 曳光弹头
Z 枪弹

曳光药柱
Y 烟火装置

曳迹剂
Y 曳光剂

夜光弹
Y 曳光炮弹

夜航着陆
Y 夜间着陆

夜间驾驶仪
Y 驾驶仪

夜间降落
Y 夜间着陆

夜间着陆
night landing
V32
D 夜航着陆
夜间降落
夜间着落
S 着陆
C 仪表飞行
Z 操纵

夜间着陆系统
Y 仪表着陆系统

夜间着落
Y 夜间着陆

液传飞行操纵
Y 液传飞行控制

液传飞行控制
fly by tube flight control
V249.1
D 液传飞行操纵
S 飞行控制*

液弹阻尼器
liquid bomb damper
V229
S 阻尼器*

液氮加注测控系统
Y 航天测控系统

液氮加注系统
Y 加注系统

液氮加注液路系统
Y 加注系统

液浮积分陀螺仪
liquid floated integral gyro
V241.5；V441
D 液浮积分仪
S 液浮陀螺仪
Z 陀螺仪

液浮积分仪
Y 液浮积分陀螺仪

液浮喷管
Y 喷管

液浮速率陀螺
floated rate gyroscope
V241.5
S 速率陀螺仪
Z 陀螺仪

液浮陀螺
Y 液浮陀螺仪

液浮陀螺仪
floated gyro
V241.5；V441
D 二自由度液浮陀螺仪
浮子陀螺仪
液浮陀螺
液体悬浮陀螺
液体悬浮陀螺仪
S 悬浮陀螺仪
F 液浮积分陀螺仪
Z 陀螺仪

液固混合火箭发动机
Y 固液混合火箭发动机

液固混合推进剂
Y 固液混合推进剂

液固耦合振动
solid-liquid coupled oscillation
O3；V43

S 振动*

液冷
Y 液体冷却

液冷头盔
Y 飞行头盔

液力传动机构
Y 传动装置

液力传动装置
hydraulic transmission gear
TH13；TJ810.3
D 动液传动装置
液体传动装置
液压传动机械
液压传动设备
液压传动装置
S 传动装置*
C 液力机械 →(5)

液流
fluid flow
O3；TV1；V211
D 液体流
液体流动
液相流动
S 流体流*

液膜冷却
liquid film cooling
V231.1
S 冷却*

液气悬挂系统
Y 液气悬挂装置

液气悬挂装置
hydro-pneumatic suspension system
TJ810.3；TJ811；U2；U4
D 液气悬挂系统
油气悬挂系统
S 悬挂装置*

液氢加注测控系统
Y 航天测控系统

液氢加注监测系统
Y 加注系统

液氢加注系统
Y 加注系统

液氢加注液路系统
Y 加注系统

液氢液氧发动机
Y 氢氧发动机

液态包层
liquid cladding
TL6
S 表层*
C 热核堆

液态金属快增殖型堆
LMFBR type reactors
TL46
D LMFBR 堆
LMFBR 型堆
S 快堆
液态金属冷却堆
F 凤凰堆
原型快堆
Z 反应堆

液态金属冷却堆
liquid metal cooled reactors
TL3；TL4
D 液态金属冷却反应堆
S 反应堆*
F 锂冷堆
钠冷堆
铅冷快堆
液态金属快增殖型堆
C 液态金属 →(3)

液态金属冷却反应堆
Y 液态金属冷却堆

液态均匀堆
liquid homogeneous reactors
TL4
S 均匀堆
液态燃料堆
Z 反应堆

液态锂铅
liquid lithium lead
O6；TG1；TL6
S 包壳材料
Z 反应堆材料

液态燃料堆
liquid-fuel reactor
TL3；TL4
D 粉末燃料堆
S 反应堆*
F 气体燃料堆
液态均匀堆
C 流化床反应器 →(9)

液体测量
Y 流体测量

液体冲压发动机
liquid fuel ramjet engine
V434
D 液体火箭冲压发动机
液体燃料冲压发动机
S 冲压火箭发动机
Z 发动机

液体传动装置
Y 液力传动装置

液体弹道导弹
liquid ballistic guided missiles
TJ761.3
S 弹道导弹
液体导弹
C 液体火箭发动机
Z 武器

液体导弹
liquid propellant missile
TJ76
D 液体推进导弹
液体推进剂导弹
S 导弹
F 液体弹道导弹
Z 武器

液体发动机
Y 液体火箭发动机

液体发动机火箭
Y 液体推进剂火箭

液体发射药火炮
liquid propellant gun
TJ399
D 液体发射药炮
液体炮
液体药火炮
S 新能源火炮
Z 武器

液体发射药炮
Y 液体发射药火炮

液体放射性废物
Y 放射性废液

液体废料
Y 废液

液体废弃物
Y 废液

液体废物
Y 废液

液体晃动
liquid sloshing
V51
D 流体晃动
S 运动*
C 航天器稳定性
晃动频率 →(5)
推进剂贮箱
涡流

液体火箭
Y 液体推进剂火箭

液体火箭冲压发动机
Y 液体冲压发动机

液体火箭发动机
liquid propellant rocket engine
V434
D 变推力液体火箭发动机
非自燃推进剂火箭发动机
可贮存推进剂火箭发动机
液体发动机
液体燃料火箭发动机
液体推进剂发动机
液体推进剂火箭发动机
自燃推进剂火箭发动机
S 化学火箭发动机
F 补燃发动机
触变推进剂火箭发动机
单组元推进剂火箭发动机
低温推进剂火箭发动机
挤压式火箭发动机
三组元液体火箭发动机
双元推进剂火箭发动机
C 低温推进剂
液体弹道导弹

Z 发动机

液体火箭发动机控制
liquid propellant rocket engine control
V432
S 火箭发动机控制
Z 动力控制

液体火箭发动机试验
liquid rocket engine test
V433.9
S 火箭发动机试验
Z 发动机试验

液体火箭燃料
Y 液体火箭推进剂

液体火箭推进
liquid rocket propulsion
V43
S 火箭推进
Z 推进

液体火箭推进剂
liquid rocket propellant
V51
D 液体火箭燃料
S 火箭推进剂
液体推进剂
F 肼类推进剂
可储存火箭推进剂
自燃火箭推进剂
C 烃类燃料
液体燃料 →(9)
Z 推进剂

液体火箭推进系统
liquid rocket propulsion systems
V43
D 液体推进系统
S 火箭推进系统
Z 航天系统
推进系统

液体冷却
liquid cooling
V228
D 液冷
S 冷却*

液体流
Y 液流

液体流出物
Y 废液

液体流动
Y 液流

液体炮
Y 液体发射药火炮

液体喷射流
liquid jet
TL3
S 射流*
C 集束性 →(9)

液体燃料冲压发动机
Y 液体冲压发动机

液体燃料火箭发动机
Y 液体火箭发动机

液体闪烁探测器
liquid scintillation detector
TH7；TL8
S 闪烁探测器
C 液体闪烁体
Z 探测器

液体闪烁体
liquid scintillator
TL8
S 闪烁体*
C 液体闪烁探测器

液体推进导弹
Y 液体导弹

液体推进剂
liquid propellant
V51
D 多元推进剂
多组元推进剂
氟化合物推进剂
流体推进剂
悬浮推进剂
预包装推进剂
S 推进剂*
F 单元推进剂
低温推进剂
三元推进剂
双元推进剂
液体火箭推进剂
C 加注系统

液体推进剂储存设备
Y 推进剂加注设备

液体推进剂储运加注设备
Y 推进剂加注设备

液体推进剂导弹
Y 液体导弹

液体推进剂点火
Y 推进剂点火

液体推进剂发动机
Y 液体火箭发动机

液体推进剂火箭
liquid propellant rocket
V471
D 液体发动机火箭
液体火箭
液体药火箭
S 火箭*

液体推进剂火箭发动机
Y 液体火箭发动机

液体推进剂加注
Y 推进剂加注

液体推进剂加注设备
Y 推进剂加注设备

液体推进剂运输设备
Y 推进剂加注设备

液体推进系统
Y 液体火箭推进系统

液体悬浮陀螺
Y 液浮陀螺仪

液体悬浮陀螺仪
Y 液浮陀螺仪

液体药火箭
Y 液体推进剂火箭

液体药火炮
Y 液体发射药火炮

液体远地点发动机
liquid apogee engine
V434
S 远地点发动机
Z 发动机

液体运载火箭
liquid launch vehicles
V475.1
S 运载火箭
Z 火箭

液相流动
Y 液流

液相渗透连接
liquid phase penetration connection
TB3；V261
S 连接*

液压操舵装置
Y 液压舵机

液压传动机构
Y 传动装置

液压传动机械
Y 液力传动装置

液压传动器
Y 传动装置

液压传动设备
Y 液力传动装置

液压传动装置
Y 液力传动装置

液压动力转向
Y 液压转向

液压舵机
hydraulic steering engine
TH13；V227
D 液压操舵装置
S 舵机*

液压发电机
Y 发电机

液压发射
hydraulic launching
V55
S 发射*
C 导弹发射
武器发射

液压仿真转台

hydraulic simulator
V21；V245.1
S 转台
Z 工作台

液压负载模拟器
hydraulic load simulators
V21；V245.1
S 模拟器*

液压复合舵机
Y 舵机

液压缸*
hydraulic cylinder
TH13
D 工程油缸
液压缸体
液压缸筒
油缸
油缸筒
F 超高压油缸
水压缸
C 缓冲 →(4)(7)(8)
液压机 →(4)
液压装置 →(2)(3)(4)(5)(11)
油缸推力 →(4)

液压缸体
Y 液压缸

液压缸筒
Y 液压缸

液压气动系统
hydropneumatic system
TH13；V245
S 气动系统*

液压设备*
hydraulic equipment
TG3
F 液压助力器
C 压力设备

液压试验设备
Y 试验设备

液压伺服加载
hydraulic servo loading
V245.1
S 加载*

液压系统工作液
Y 液压油

液压系统清洗车
Y 洗消车

液压液
Y 液压油

液压液体
Y 液压油

液压油*
hydraulic oil
TE6；TH13；V51
D 石油型液压油
液压系统工作液
液压液
液压液体
液压油液
F 航空液压油
合成液压油
C 机油 →(2)(4)
矿物油 →(2)
液压机 →(4)
液压胶管 →(9)
液压系统 →(4)
液压注塑机 →(9)
油品

液压油液
Y 液压油

液压助力器
hydraulic booster
TH13；V245
S 机械机构*
液压设备*

液压助力转向
Y 液压转向

液压助力转向系统
hydraulic power steering system
TJ810.34；U2；U4
S 液压转向系统
Z 转向系统

液压转向
hydraulic steering
S；TJ810
D 液压动力转向
液压助力转向
S 转向*
C 履带车辆

液压转向系统
hydraulic steering system
TJ810.34；U2；U4
S 转向系统*
F 全液压转向系统
液压助力转向系统

液压自由活塞发动机
hydraulic free piston engine
TK0；V234
S 自由活塞发动机
Z 发动机

液氧/甲烷发动机
lox/methane engines
V434
S 双元推进剂火箭发动机
Z 发动机

液氧/煤油
Y 液氧煤油

液氧/煤油补燃发动机
lox/kerosene afterburning engines
V434
S 补燃发动机
Z 发动机

液氧/煤油发动机
Y 液氧煤油火箭发动机

液氧加注
lox loading
V55
S 加注*

液氧加注测控系统
Y 航天测控系统

液氧加注系统
Y 加注系统

液氧加注液路系统
Y 加注系统

液氧煤油
liquid oxygen kerosen
V51
D 液氧/煤油
S 燃料*
油品*

液氧煤油火箭发动机
liquid oxygen/kerosene rocket engine
V434
D 液氧/煤油发动机
S 双元推进剂火箭发动机
Z 发动机

液氧-氢发动机
Y 氢氧发动机

液氧-液氢发动机
Y 氢氧发动机

液氧液氢火箭发动机
Y 氢氧发动机

液-液萃取
Y 溶剂萃取

液-液萃取分离
Y 溶剂萃取

液状废物
Y 废液

一般废弃物
Y 废弃物

一般工业
Y 工业

一般工业过程
Y 工艺方法

一次冷却剂回路
Y 一回路系统

一次冷却剂系统
Y 一回路系统

一次燃烧
primary combustion
V231.1
D 初次燃烧
S 燃烧*

一次污染物
Y 污染物

一次性返回器
Y 返回器

一次性灭雷具

disposable mine neutralization vehicles
TJ617
S 灭雷具
Z 水中武器

一次性使用运载火箭
Y 一次性使用运载器

一次性使用运载器
expendable launch vehicle
V475.9
D 渐近一次性运载器
一次性使用运载火箭
一次性运载火箭
S 航天运载器
C 一次点火 →(9)
Z 运载器

一次性运载火箭
Y 一次性使用运载器

一次性运载火箭技术
Y 运载火箭技术

一次元件
Y 元件

一贯计量单位制
Y 计量单位

一回路
Y 一回路系统

一回路系统
primary coolant system
TL35
D 反应堆一回路
反应堆主回路
一次冷却剂回路
一次冷却剂系统
一回路
S 反应堆冷却剂系统
回路系统
F 冷却剂净化系统
钠回路
Z 反应堆部件

一级航空维修
Y 外场维修

一级维修
Y 外场维修

一体化*
integration
ZT71
F 机体/推进一体化
制导一体化

一体化堆
Y 一体化反应堆

一体化反应堆
integral reactor
TL3；TL4
D 一体化堆
一体化压水堆
S 反应堆*

一体化高超声速飞行器
integration hypersonic flight vehicles
V27
S 高超音速飞行器
Z 飞行器

一体化喷嘴
integrated nozzles
TH13；TK2；V232
S 喷嘴*

一体化压水堆
Y 一体化反应堆

一体化优化
integration optimization
TH-39；V37
S 优化*

一体化优化设计
Y 优化设计

一维弹道修正
one dimension trajectory correction
TJ412
S 弹道修正
Z 修正

一维弹道修正引信
Y 弹道修正引信

一维流
one-dimensional flow
O3；V211
S 流体流*
C 三维流
一维传热 →(5)

衣服
Y 服装

衣物
Y 服装

衣原体类生物战剂
chlamydia type biological agent
TJ93
D 鸟疫衣原体
鹦鹉热衣原体
S 生物战剂
Z 武器

衣装
Y 服装

医疗飞机
medical aircraft
V271.3
D 卫生飞机
医疗救护飞机
医务飞机
S 通用飞机
C 航空医疗后送
Z 飞机

医疗救护飞机
Y 医疗飞机

医疗照射π介子发生器
Y 医疗照射π介子发生器装置

医疗照射π介子发生器装置
pigmi facilities
R；TL
D 医疗照射π介子发生器
S 介子工厂
C 辐照装置
四极直线加速器
Z 粒子加速器

医务飞机
Y 医疗飞机

医学应急
medical emergency
TL7
S 应急*

医学资源
medical resources
R；TL7
Y 医用辐射源

医用辐射源
medical radiation
TH7；TL929
D 医用放射源
S 辐射源*
F 辐射源植入物

医用回旋加速器
medical cyclotron
TL5
S 回旋加速器
医用加速器
Z 粒子加速器

医用加速器
medical accelerators
TL5
S 粒子加速器*
F 医用回旋加速器

医用同位素生产堆
medical isotope production reactor
TL4
S 生产堆
Z 反应堆

铱同位素
iridium isotopes
O6；TL92
S 同位素*

仪表(测量)
Y 测量仪器

仪表导航
blind navigation
V249.3；V448
D 仪表领航
仪表引航
S 航空导航
C 仪表放大器 →(7)
仪表辐射效应
Z 导航

仪表飞行
instrument flight
V323
D 暗舱飞行
海上仪表飞行
盲目飞行

仪表进场
S 航空飞行
C 飞行仪表
进场控制
全天候飞行
夜间着陆
Z 飞行

仪表飞行规则
instrument flight rules
V32
S 飞行规则
C 飞行轨迹
飞行仪表
航空导航
进场控制
目视飞行规则
仪表着陆
Z 规则

仪表辐射效应
instrument radiation effects
TL7；TL81
S 辐射效应*
C 仪表导航

仪表工业
Y 工业

仪表降落
Y 仪表着陆

仪表降落系统
Y 仪表着陆系统

仪表进场
Y 仪表飞行

仪表空速
Y 飞行速度

仪表领航
Y 仪表导航

仪表引航
Y 仪表导航

仪表着舰
Y 仪表着陆

仪表着陆
instrument landing
V32
D 暗舱着陆
飞机盲目降落
飞机盲目着陆
飞机夜间降落
飞机夜间着陆
飞机仪表降落
飞机仪表着陆
舰载机仪表着舰
盲降
盲目着舰
盲目着陆
仪表降落
仪表着舰
仪表着落
S 飞机着陆
C 仪表飞行规则
自动着陆
Z 操纵

仪表着陆设备
instrument landing equipment
TN96；V241.6；V441
D 盲降设备
盲目着陆设备
S 降落装置
Z 起落架

仪表着陆系统
instrument landing system
V249
D 盲降系统
盲目着陆系统
夜间着陆系统
仪表降落系统
仪表着落系统
S 自动着陆系统
Z 导航系统
飞行系统
自动化系统
自动控制系统

仪表着落
Y 仪表着陆

仪表着落系统
Y 仪表着陆系统

仪器舱
Y 设备舱

仪器仪表*
instrumentation
TH7
D 仪器仪表设备
F 电离真空计
多路定标器
发动机仪表
辐射仪器
航天仪表
机载仪器
气泡探测器
C 电测量仪器仪表 →(1)(4)(5)(7)(8)(12)
航空仪表
热工仪表 →(1)(2)(4)(5)(7)(9)

仪器仪表设备
Y 仪器仪表

仪器中子活化分析
Y 中子活化分析

移动*
movement
O4；TH11
D 移动方式
F 像移
C 滑移 →(1)(2)(3)(4)(11)
机械运动 →(3)(4)(5)(8)(11)(12)(13)
偏移
漂移 →(1)(4)(7)(8)
迁移
输移 →(11)
位移 →(1)(2)(3)(4)(5)(7)(8)(11)(12)
运移 →(2)
转移 →(1)(5)(12)(13)

移动地球站
Y 移动式卫星地面站

移动方式
Y 移动

移动机器人导航
Y 机器人导航

移动控制
Y 运动控制

移动目标检测
Y 动目标检测

移动式地面站
Y 移动式卫星地面站

移动式地球站
Y 移动式卫星地面站

移动式发射装置
Y 机动发射装置

移动式平台
mobile platform
S；V55
D 活动发射台
活动平台
S 平台*

移动式卫星地面站
transportable satellite earth station
V551
D 搬运式地面站
可搬运式地面站
可搬运式地球站
可搬运式卫星通信地面站
可搬运式卫星通信地球站
移动地球站
移动式地面站
移动式地球站
移动式卫星地球站
移动式卫星通信地面站
移动式卫星通信地球站
S 地面站
Z 台站

移动式卫星地球站
Y 移动式卫星地面站

移动式卫星通信地面站
Y 移动式卫星地面站

移动式卫星通信地球站
Y 移动式卫星地面站

移动式压缩机
Y 压缩机

移动探测器
travelling detector
TH7；TL8；TP7
S 探测器*

移动通信卫星
moving communication satellite
V474
D 国际移动卫星
活动通信卫星
机动通信卫星
S 通信卫星

Z 航天器
卫星

移动卫星通信
Y 卫星移动通信

移动卫星通信系统
Y 卫星移动通信

移动卫星业务通信
Y 卫星移动通信

移动业务卫星通信
Y 卫星移动通信

遗传工程武器
Y 基因武器

遗传武器
Y 基因武器

遗传有效剂量
Y 有效遗传剂量

遗弃化学武器
chemical weapon abandonment
TJ92
S 化学武器
Z 武器

乙炔弹
Y 乙炔反坦克弹

乙炔反坦克弹
anti-tank acetylene projectiles
TJ412；TJ99
D 乙炔弹
S 反物质弹药
Z 弹药

钇-90
yttrium 90
O6；TL92
S 钇同位素
Z 同位素

钇同位素
yttrium isotopes
O6；TL92
S 同位素*
F 钆 153
钇-90

椅盆
Y 弹射座椅

异常监测
Y 异常检测

异常检测*
anomaly detection
TB4
D 异常监测
F 氦检漏
实时故障检测
在线故障检测
C 异常 →(1)(2)(5)(8)(12)

异面椭圆轨道
bifacial elliptical orbits
V526
S 椭圆轨道
Z 飞行轨道

异形穿甲弹
special-shape armor-piercing projectiles
TJ411
S 穿甲枪弹
Z 枪弹

异形侵彻体
special type penetration bodies
TJ410.3
D 异型侵彻体
S 侵彻体*

异型弹芯
special type bullet cores
TJ410.3；TJ411
S 弹芯
Z 枪弹部件

异型防空武器
special type anti-aircrat weapons
E；TJ0
S 武器*

异型喷嘴
shaped nozzle
TH13；TK2；V232
S 喷嘴*
C 异形零件 →(4)
异型 →(3)

异型侵彻体
Y 异形侵彻体

异质推进剂
heterogeneous propellant
V51
D 多相推进剂
非均质推进剂
S 固体推进剂
Z 推进剂

抑制*
suppression
ZT86
F 主动振动抑制
C 控制
信号抑制 →(1)(5)(7)(8)

易裂变核素
Y 裂片核素

易损面积
vulnerable area
V328.5

易损性
vulnerability
V215
D 可穿透性
S 性能*

意外泄漏
Y 泄漏

溢漏
Y 泄漏

溢漏事故
Y 泄漏

翼刀
wing fence
V224
S 机翼构件
F 端壁翼刀
C 翼尖
Z 飞机结构件

翼端涡
wing-tip vortexes
V211
D 翼尖涡
翼梢涡
S 涡流*
C 下洗角

翼段
wing panel
V224
D 内翼
外翼
中翼
S 机翼构件
C 机翼
翼根
翼尖
翼身组合体
Z 飞机结构件

翼根
wing butt
V224
S 机翼构件
C 机翼
翼段
翼尖
Z 飞机结构件

翼盒
Y 盒形机翼

翼尖
wing tip
V224
D 浮动翼尖
翼梢
S 机翼构件
C 翼刀
翼段
翼根
Z 飞机结构件

翼尖涡
Y 翼端涡

翼尖小翼
Y 小翼

翼肋
wing rib
Q91；V224
D 承载翼肋
S 机翼构件
F 柔性翼肋
Z 飞机结构件

翼梁
wing beam
V224

D 机翼前梁
S 机翼构件
F 机翼主梁
C 机翼
Z 飞机结构件

翼面
Y 翼型

翼面结构
Y 机翼结构

翼剖面
Y 翼型

翼伞
parafoil
V244.2
D 冲压式翼伞
帆式翼伞
龙骨式翼伞
柔性伞翼
伞翼
翼形降落伞
翼形伞
S 降落伞*
C 伞翼机

翼伞式飞行弹射座椅
Y 飞行弹射座椅

翼梢
Y 翼尖

翼梢控制面
Y 气动操纵面

翼梢涡
Y 翼端涡

翼梢小翼
Y 小翼

翼身干扰
wing-body interference
V211.46
D 飞机机翼机身干扰
机翼机身干扰
机翼尾翼干扰
S 气动干扰*

翼身融合
Y 翼身组合体

翼身融合体
Y 翼身组合体

翼身尾组合体
Y 机身-机翼-尾翼构型

翼身组合体
wing-body combination
V211；V221
D 弹身-弹翼-尾翼组合体
弹翼-弹身组合体
机身-尾翼组合体
机翼-机身融合体
机翼-机身组合体
旋翼-机身组合体
翼身融合
翼身融合体
翼-身组合体
S 组合体
C 飞机构型
机身
翼段
Z 结构体

翼-身组合体
Y 翼身组合体

翼式导弹
Y 有翼导弹

翼下挂架
Y 飞机挂架

翼形
Y 翼型

翼形降落伞
Y 翼伞

翼形伞
Y 翼伞

翼型*
wing section
V221
D 不对称翼剖面
层流翼剖面
超临界翼剖面
超音速翼剖面
对称翼剖面
非对称翼剖面
机翼平面形状
机翼剖面
机翼翼型
尖峰翼剖面
跨音速翼剖面
菱形翼剖面
流体翼型
双弧形翼剖面
双楔形翼剖面
双楔翼型剖面
翼面
翼剖面
翼形
翼型剖面
F 薄翼型
层流翼型
超音速翼型
对称翼型
多段翼型
二维翼型
飞机翼面
非对称翼型
环量控制翼型
跨音速翼型
椭圆翼型
叶型
自适应翼型
C 安定面
机翼
气动干扰
气动构型
翼型阻力
展弦比
组合叶栅

翼型风洞
airfoil wind tunnel
V211.74
S 风洞*

翼型剖面
Y 翼型

翼型绕流
flow around airfoil
V211.41
D 机翼绕流
S 绕流
F 三角翼绕流
Z 流体流

翼型设计
airfoil design
V221
S 机翼设计
Z 飞行器设计

翼型失速
wing section stall
V212
S 气动失速
Z 失速

翼型试验
airfoil testing
V211.74
S 风洞试验
Z 气动力试验

翼型弯度
Y 非对称翼型

翼型性能
wing section performance
V221
S 飞机性能
Z 载运工具特性

翼型优化
airfoil profile optimization
V224
S 型面优化
Z 优化

翼型振荡
airfoil oscillation
V211.46
D 气动力面振荡
S 振荡*
F 机翼振荡
C 钝前缘

翼型阻力
profile drag
V231
D 形状阻力
型阻
型阻力
S 气动阻力
C 翼型
Z 阻力

翼载
Y 翼载荷

翼载荷
wing loading
V212；V215
D 飞机机翼负载
机翼负载
翼载
S 气动载荷
C 后掠效应
Z 载荷

翼展
wing span
V224
S 距离*
C 弹翼
机翼

因数
Y 因子

因素*
factor
ZT3
F 安全因素

因子*
factor
O1；TB1
D 分舱因数
回复因子
因数
F 标度因数
不连续因子
动力因数
干扰因子
快中子裂变因子
屏蔽因子
去污因子
热裂变因子
热通道因子
滞留因子
C 维修策略 →(4)

阴极感应
cathode induction
TL8
S 感应*
C 试验束

阴离子交换
anion exchange
O6；TF8；TL2
D 阴离子交换法
S 离子交换*

阴离子交换法
Y 阴离子交换

音爆
sonic boom
TB5；V23
D 轰声
声爆
声震
S 噪声*

音爆风洞
Y 声学试验风洞

音叉陀螺
Y 调谐音叉陀螺仪

音叉陀螺仪
Y 调谐音叉陀螺仪

音速流
Y 跨音速流

音速喷管
Y 超音速喷管

音速喷嘴
sonic nozzle
TH13；TK2；V232
S 喷嘴*
F 超音速喷嘴
C 超音速喷管
跨音速流
文丘利喷嘴

音速文丘利喷嘴
critical ventri nozzle flowmeter
TH13；TK2；V232
S 文丘利喷嘴
Z 喷嘴

音响导航
Y 声导航

音响航弹
Y 声弹

音响航法
Y 声导航

音响扫雷具
Y 声扫雷具

音响引信
Y 声引信

音响鱼雷
Y 声自导鱼雷

音响炸弹
Y 声弹

银河系辐射
Y 空间辐射

银河噪声
Y 宇宙噪声

银同位素
silver isotopes
O6；TL92
S 同位素*

引爆
Y 起爆

引爆火工品
initiating pyrotechnics
TJ45
D 导爆装置
起爆火工品
S 火工品*
F 点火元件
接力元件
雷管
索类火工品

引爆控制
Y 起爆控制

引爆器
Y 起爆器

引爆系统
Y 引爆装置

引爆线
Y 导爆索

引爆装置
initiation device
TD2；TJ51
D 并联引爆系统
串并联引爆系统
引爆系统
S 起爆器材
Z 器材

引出管
extraction tube
TL5
S 管*

引导*
leading
G；P2；TN96；TP3
F 程序引导
激波诱导
数字引导

引导控制
Y 制导控制

引导伞
pilot parachute
V244.2
D 导引伞
S 降落伞*

引导头
Y 导引头

引导系统
Y 制导系统

引导性风洞
Y 风洞

引导站
Y 导航站

引风道
Y 风洞

引航
Y 导航

引航员
pilot
U6；V527
D 领航员
引水员
S 人员*
C 导航
试飞员
引航船 →(12)

引火线
Y 点火线

引气系统
bleed-air systems
V245.3
S 输配系统*

引擎
Y 发动机

引擎故障
Y 发动机故障

引擎控制
Y 发动机控制

引擎设计
Y 发动机设计

引擎试验
Y 发动机试验

引燃
Y 点火

引燃火工品
Y 点火火工品

引燃喷射
Y 燃料喷射

引入装置
Y 电缆引入装置

引射掺混补燃室
Y 加力燃烧室

引射放气式风洞
Y 引射式风洞

引射火箭
rocket ejector
V471
S 火箭*

引射模态
ejector mode
V231；V430
S 模式*
C 组合发动机

引射喷管
nozzles with injector
V232.97
D 涵道喷管
S 喷管*

引射器
Y 喷射器

引射式冲压发动机
ejector ramjet engine
V235.21
S 冲压发动机
Z 发动机

引射式风洞
ejection type wind tunnel
V211.74
D 引射放气式风洞
S 风洞*

引射式燃烧器
Y 燃烧器

引水员
Y 引航员

引信*
fuse
TJ41
D GPS 引信
MEMS 引信
信管
引信技术
F 触发引信
弹道修正引信
定时引信
多模引信
复合引信
固态引信
近炸引信
灵巧引信
射程修正引信
微引信
武器引信
小口径引信
硬目标侵彻引信
噪声引信
智能引信
自毁引信
自适应引信

引信(雷管)
Y 导爆索

引信安全
Y 引信可靠性

引信安全系统
fuze safety systems
TJ430.3
S 安全系统*
引信系统
Z 武器系统

引信安全性
fuze safety
TJ430
S 安全性*
引信性能
C 引信可靠性
Z 战术技术性能

引信保险机构
Y 保险机构

引信保险装置
Y 保险机构

引信部件*
fuze component
TJ430.3
D 引信构件
引信零部件
引信体
F 延期体
引信电路
引信机构
引信雷管
引信天线
C 引信电源 →(7)

引信触发机构
fuze triggering device
TJ430.3
D 触发装置
引信碰炸装置
S 引信机构
Z 引信部件

引信电路
fuze circuit
TJ430.3
S 引信部件*

引信定时机构
fuze timing mechanism
TJ430.3
D 定时机构
定时机构(引信)
引信定时器
引信定时装置
S 引信机构
Z 引信部件

引信定时器
Y 引信定时机构

引信定时装置
Y 引信定时机构

引信定向天线
Y 引信天线

引信发火机构
fuze firing device
TJ430.3
D 电发火机构
发火机构
发火装置
碰击发火机构
碰击式发火机构
引信发火装置
着发机构(引信)
S 引信机构
C 发火能量
Z 引信部件

引信发火性
Y 引信灵敏度

引信发火装置
Y 引信发火机构

引信防雨装置
Y 引信机构

引信辅助机构
Y 引信装定机构

引信功能
Y 引信性能

引信构件
Y 引信部件

引信火药延期机构
Y 引信延期机构

引信机构
fuze mechanism
TJ430.3
D 引信防雨装置
S 引信部件*

F 保险机构
旋翼机构
引信触发机构
引信定时机构
引信发火机构
引信延期机构
引信执行机构
引信装定机构

引信激光装定
fuze laser setting
TJ43
S 引信装定
Z 装定

引信技术
Y 引信

引信可靠性
fuze reliability
TJ430
D 解除保险可靠性
引信安全
引信作用可靠性
S 可靠性*
引信性能
F 发火可靠性
C 引信安全性
引信灵敏度
引信密封性
引信失效率
Z 战术技术性能

引信雷管
fuze detonator
TJ430.3
S 雷管
引信部件*
Z 火工品

引信例行试验
Y 引信试验

引信灵敏度
fuze sensitivity
TJ430
D 惯性灵敏度
绝对灵敏度
碰击灵敏度
启动灵敏度
瞬发灵敏度
引信发火性
引信瞬发度
状态灵敏度
S 灵敏度*
引信性能
C 引信可靠性
引信启动概率
Z 战术技术性能

引信零部件
Y 引信部件

引信密封性
fuze sealing capability
TH13；TJ430
S 工艺性能*
引信性能
C 引信可靠性
Z 战术技术性能

引信模拟器
fuse simulator
TJ43
S 模拟器*

引信碰炸装置
Y 引信触发机构

引信启动概率
probability of fuze actuation
TJ430
S 概率*
C 无线电引信
引信灵敏度
引信试验

引信全向天线
Y 引信天线

引信设计
fuze design
TJ430.2
S 弹药设计
Z 武器设计

引信失效率
fuze failure rate
TJ430
D 引信瞎火率
S 引信性能
C 引信可靠性
Z 战术技术性能

引信试验
fuze test
TJ430.6
D 引信例行试验
S 武器试验*
C 引信启动概率

引信瞬发度
Y 引信灵敏度

引信体
Y 引信部件

引信天线
fuze antenna
TJ430.3；TN8
D 可变波束引信天线
引信定向天线
引信全向天线
引信主天线
S 弹载天线
引信部件*
C 波束形成 →(7)
Z 天线

引信系统
fuze system
TJ430.3
S 弹药系统
F 引信安全系统
Z 武器系统

引信瞎火率
Y 引信失效率

引信性能
fuze performance
TJ430
D 引信功能
S 战术技术性能*
F 解除保险时间
引信安全性
引信可靠性
引信灵敏度
引信密封性
引信失效率

引信延期机构
fuze delay mechanism
TJ430.3
D 火药延期机构
可调延期机构
气体动力延期机构
延期机构
引信火药延期机构
引信延期装置
引信延时机构
引信延时装置
引信钟表延期机构
自动调整延期机构
S 引信机构
Z 引信部件

引信延期装置
Y 引信延期机构

引信延时机构
Y 引信延期机构

引信延时装置
Y 引信延期机构

引信遥控装定机构
Y 引信装定机构

引信战斗部配合
Y 引战配合

引信执行电路
Y 引信执行机构

引信执行机构
fuze functioning element
TJ430.3
D 安全执行机构
引信执行电路
S 引信机构
Z 引信部件

引信钟表延期机构
Y 引信延期机构

引信主天线
Y 引信天线

引信装定
fuze setting
TJ43
S 装定*
F 引信激光装定
C 火炮射击

引信装定机构
fuze setting device
TJ430.3
D 感应装定器

引信辅助机构
引信遥控装定机构
引信装定器
引信装定装置
S 引信机构
Z 引信部件

引信装定器
Y 引信装定机构

引信装定装置
Y 引信装定机构

引信自毁
fuze self destruction
TJ430
S 自毁*

引信作用可靠性
Y 引信可靠性

引战配合
fuze warhead matching
TJ43；TJ765
D 引信战斗部配合
引一战配合
S 配合*
C 脱靶方位

引一战配合
Y 引战配合

引战配合效率
Y 配合效率

引战系统
fuze warhead system
TJ760.3
S 导弹分系统
Z 导弹系统

隐藏线消除
hidden line elimination
TP3；V241
D 隐线消除
S 消除*

隐患探测
hidden danger detection
TN97；V249.3
S 探测*

隐身
Y 隐身技术

隐身兵器
Y 隐身武器

隐身材料
stealth material
TB3；V218；V25
D 材料隐身
隐身材料技术
隐身吸波材料
隐形材料
S 功能材料*
F 红外隐身材料
吸波隐形材料
智能隐身材料
C 纳米吸波材料 →(1)

隐身材料技术
Y 隐身材料

隐身措施
Y 隐身技术

隐身导弹
stealth missile
TJ76
D 隐形导弹
S 导弹
隐身武器
F 隐身反舰导弹
隐身巡航导弹
Z 武器

隐身反舰导弹
stealth antiship missiles
TJ761.9
S 隐身导弹
C 反舰导弹
Z 武器

隐身方法
Y 隐身技术

隐身飞机
invisible planes
V271.4
D 隐身飞行器
隐身飞行体
隐身机
隐形飞机
S 军用飞机
隐身武器
F 隐身攻击机
隐身运输机
隐身战斗机
隐形轰炸机
C 隐身技术
隐身结构
Z 飞机
武器

隐身飞行器
Y 隐身飞机

隐身飞行体
Y 隐身飞机

隐身攻击机
stealth attack aircraft
V271.4
D 隐形歼击机
S 隐身飞机
Z 飞机
武器

隐身轰炸机
Y 隐形轰炸机

隐身火炮
stealth guns
TJ399
D 隐形火炮
S 火炮
隐身武器
Z 武器

隐身机
Y 隐身飞机

隐身机理
camouflage mechanism
V218
D 隐身原理
S 机理*

隐身技术*
stealth technology
TN97；V218
D 隐身
隐身措施
隐身方法
隐形
隐形技术
F 弹道隐身
等离子体隐身技术
低可探测技术
反隐身
飞机隐身技术
复合隐身
光电隐身
红外隐身
激光隐身
雷达隐身技术
声隐身
水雾隐身
外形隐身
主动隐身技术
C 雷达截面 →(7)
吸波材料 →(5)
隐身飞机

隐身舰炮
stealth naval guns
TJ391
S 舰炮
隐身武器
Z 武器

隐身结构
low observable structures
V218
S 飞机结构
C 隐身飞机
Z 工程结构

隐身能力
Y 隐身性能

隐身设计
stealth design
V218
D 隐形设计
S 设计*
F 外形隐身设计

隐身坦克
stealth tank
TJ811
D 隐形坦克
S 坦克
隐身武器
Z 军用车辆
武器

隐身特性
Y 隐身性能

隐身涂层
invisible coating
TG1；V218；V25
S 涂层*
F 红外隐身涂层
C 涂层肥料 →(9)

隐身无人机
stealth unmanned aerial vehicles
V279.35
S 军用无人机
Z 飞机

隐身武器
stealth weapon
E；TJ9
D 隐身兵器
隐形武器
S 武器*
F 隐身导弹
隐身飞机
隐身火炮
隐身舰炮
隐身坦克

隐身吸波材料
Y 隐身材料

隐身效果
cloaking effects
V218
S 效果*

隐身效能
stealthy effectiveness
TJ0
S 效能*

隐身性
Y 隐身性能

隐身性能
stealth performance
V218
D 低可探测性
隐身能力
隐身特性
隐身性
隐形性
隐形性能
S 战术技术性能*

隐身巡航导弹
stealth cruise missiles
TJ761.6
S 隐身导弹
C 巡航导弹
Z 武器

隐身原理
Y 隐身机理

隐身运输机
stealth transport aircraft
V218；V271.493
D 隐形运输机
S 军用运输机
隐身飞机
Z 飞机
武器

隐身战斗机
stealth fighters
V271.4
D 隐身战机
隐形战斗机
S 隐身飞机
Z 飞机
武器

隐身战机
Y 隐身战斗机

隐身直升机
stealth helicopter
V275.1
D 隐形直升机
S 军用直升机
Z 飞机

隐线消除
Y 隐藏线消除

隐形
Y 隐身技术

隐形材料
Y 隐身材料

隐形导弹
Y 隐身导弹

隐形飞机
Y 隐身飞机

隐形飞行器
stealth aircraft
V27
S 飞行器*

隐形轰炸机
stealth bomber
V271.44
D 隐身轰炸机
隐形战斗轰炸机
S 轰炸机
隐身飞机
Z 飞机
武器

隐形火炮
Y 隐身火炮

隐形技术
Y 隐身技术

隐形歼击机
Y 隐身攻击机

隐形设计
Y 隐身设计

隐形坦克
Y 隐身坦克

隐形武器
Y 隐身武器

隐形性
Y 隐身性能

隐形性能
Y 隐身性能

隐形运输机
Y 隐身运输机

隐形战斗轰炸机
Y 隐形轰炸机

隐形战斗机
Y 隐身战斗机

隐形直升机
Y 隐身直升机

英格索兰压缩机
Y 压缩机

鹦鹉热衣原体
Y 衣原体类生物战剂

迎风
dead wind
V321.2
D 顶风
逆风
上风向
S 方向*
C 风力发电机 →(5)

迎风面
luvside
V321.2
S 结构面*

迎角
Y 攻角

迎角效应
angle of incidence effect
V211
D 冲角效应
攻角效应
S 气动效应*
C 失速

迎角指示器
angle of attack indicator
V241.4
D 飞机迎角指示器
功角指示器
攻角指示器
S 指示器*
C 迎角传感器 →(4)(8)

营救
Y 救生

营救设备
Y 救生设备

营养性污染物
Y 污染物

营运
Y 运营

营运管理
Y 运输管理

影响*
influence
ZT84
F 故障影响
C 环境影响

影象
Y 图像

影像系统
Y 图像系统

应变*
straining
TB3
D 应变关系
应变类型
应变效应
应变状态
F 风切变
C 变形
泊松比 →(1)
力学性能
应变弛豫 →(11)
应变增量 →(11)
应力-应变关系 →(1)(4)

应变关系
Y 应变

应变类型
Y 应变

应变效应
Y 应变

应变状态
Y 应变

应答器信标
Y 雷达应答信标

应答着陆系统
Y 着陆导航系统

应激*
stress
Q4；R
D 生理应激
应激反应
F 飞行应激
加速度应激
C 缺氧环境 →(13)

应激反应
Y 应激

应急*
emergency
X9
D 应急准备
F 核应急
医学应急
C 应急标志灯 →(5)(10)
应急灯 →(5)(10)(11)

应急操纵性
Y 操纵性

应急动力装置
Y 动力装置

应急堆芯冷却系统
Y 堆芯应急冷却系统

应急返回
emergency reentry
V525
S 返回*

应急飞行操纵系统
Y 飞行操纵系统

应急公路飞机跑道
emergency aircraft highway runway
V351.1
S 公路飞机跑道
Z 道路

应急关机
Y 紧急关机

应急回收
Y 航天器回收

应急回收程序
Y 航天软件

应急计划区
emergency planning zone
TL7；TM6
S 区域*

应急降落伞
Y 救生伞

应急救生
emergency lifesaving
V244.2
S 救生*

应急救生分系统
Y 应急救生系统

应急救生设施
facility for first-aid
V244.2
D 应急救生站
应急救生装置
应急救援设备
应急救援设施
S 设施*
C 应急救援 →(13)

应急救生系统
emergency survival system
V244.2
D 应急救生分系统
应急救生子系统
S 救生系统
应急系统*
F 应急生命维持系统
C 航天救生
Z 生命保障系统

应急救生站
Y 应急救生设施

应急救生装置
Y 应急救生设施

应急救生子系统
Y 应急救生系统

应急救援设备
Y 应急救生设施

应急救援设施
Y 应急救生设施

应急离机
Y 应急逃生

应急离机系统
Y 逃逸系统

应急模式
contingency mode
V44
S 模式*

应急伞
Y 救生伞

应急生保系统
Y 应急生命维持系统

应急生命保护系统
Y 应急生命维持系统

应急生命保障系统
Y 应急生命维持系统

应急生命维持系统
emergency life sustaining systems
V244；V444
D 应急生保系统
应急生命保护系统
应急生命保障系统
S 系统*
应急救生系统
C 供氧系统
救生设备
轻便生命保障系统
Z 生命保障系统
应急系统

应急逃生
emergency escape
V244.2
D 紧急离机
应急离机
S 航空救生
C 弹射
逃逸系统
跳伞
Z 救生

应急体系
Y 应急系统

应急跳伞
Y 跳伞

应急洗消
Y 洗消

应急系统*
emergency system
TN99；X9
D 应急体系
F 堆芯应急冷却系统
应急救生系统
C 安全疏散 →(13)
生命保障系统
应急处理 →(1)
灾害系统 →(8)(11)(13)
指挥系统 →(1)(8)(11)(12)

应急下降
Y 下降飞行

应急准备
Y 应急

应急着陆
Y 迫降

应力*
stress
O3；TB1
D 应力状态
F 复杂应力
雷诺应力
C 弹性模量 →(1)
环境应力筛选 →(1)
极限深度 →(12)
力
受力 →(1)(3)(11)(12)
应变诱导析出 →(9)
应力试验 →(11)
应力速率 →(1)(3)
应力-应变关系 →(1)(4)
应力增量 →(11)
预应力 →(1)(2)(11)(12)

应力状态
Y 应力

应用*
application
ZT83
D 典型应用
具体应用
实际应用
使用
使用领域
新应用
应用方式
应用类型
运用方式
F 辐射应用
C 航空航天应用
计算机应用 →(7)(8)
技术应用
通信应用 →(7)(8)(10)
网络应用 →(4)(7)(8)(11)

应用方式
Y 应用

应用技术卫星
Y 应用卫星

应用空气动力学
Y 工业空气动力学

应用类型
Y 应用

应用卫星
application satellite
V474
D 应用技术卫星
S 人造卫星
F 成像卫星
导航卫星
观测卫星
气象卫星
通信卫星
遥感卫星
Z 航天器
卫星

应用系统
Y 计算机应用系统

应用性能
Y 使用性能

映像
Y 图像

硬摧毁
hard destruction
TJ0
S 弹药破坏作用
C 硬杀伤
Z 弹药作用

硬化校正
beam hardening correction
TL
S 校正*

硬降落
Y 硬着陆

硬目标侵彻
hard target penetration
TJ0
S 侵彻
Z 弹药作用

硬目标侵彻引信
hard target penetrating fuze
TJ43
S 引信*

硬杀伤
hard killing
TJ0
S 杀伤
F 破片杀伤
直接碰撞杀伤
C 硬摧毁
Z 弹药作用

硬杀伤信息武器
Y 硬杀伤性信息武器

硬杀伤性信息武器
hard lethal information weapon
TJ99
D 硬杀伤信息武器
S 杀伤性信息武器
F 超高射频武器
大功率微波武器
战略电磁脉冲武器
C 电磁炸弹
Z 武器

硬式操纵系统
Y 操纵系统

硬式传动机构
Y 传动装置

硬式飞艇
rigid airship
V274
D 半硬式飞艇
S 飞艇
Z 航空器

硬式航天服
Y 航天服

硬式加油
boom refuelling systems
V271
S 空中加油
Z 加油

硬式救生包
Y 救生包

硬质加压服
hard pressure suits
V244；V445
S 全压服
Z 飞行服

硬着陆
hard landing
V32
D 粗猛着陆
硬降落
硬着落
重着陆
S 着陆
C 飞机着陆
航天器着陆
软着陆
Z 操纵

硬着落
Y 硬着陆

永磁过滤器
Y 电磁过滤器

永磁扫雷具
permanent-magnetic minesweeping gear
TJ617
D 永磁扫雷装置
永久磁铁扫雷具
S 扫雷具
Z 军事装备
水中武器

永磁扫雷装置
Y 永磁扫雷具

永久磁铁扫雷具
Y 永磁扫雷具

永久辐射效应
permanent radiation effect
Q6；TL7
S 辐射效应*

永久停飞
Y 停飞

用户星
user satellite
V474
S 人造卫星
Z 航天器
卫星

优化*

optimization
O1；TP2
D 优化法
优化技术
优化设定
优化准则法
优化准则算法
最佳化
最优
最优方法
F 并行子空间优化
尺寸优化
弹道优化
低自由度协同优化
多学科设计优化
多约束优化
轨迹优化
航线优化
结构设计优化
数值优化
双目标优化
型面优化
一体化优化
C 参数优化设计 →(8)
计算机优化 →(8)
网络优化 →(7)(8)(11)(12)
优化变量 →(1)
优化方案 →(1)
优化控制算法 →(8)
优化筛选 →(1)
智能优化算法 →(8)
最优控制 →(4)(5)(8)(11)

优化调度系统
Y 调度系统

优化法
Y 优化

优化技术
Y 优化

优化没计
Y 优化设计

优化设定
Y 优化

优化设计*
optimal design
TB2；TH12
D Matlab 优化设计
传统优化设计
概率优化设计
一体化优化设计
优化没计
优化设计法
优化设计系统
优良设计
优势设计
优秀设计
最佳化设计
最佳设计
最优化设计
最优设计
F 不确定性优化设计
气动优化设计
总体优化设计
最佳结构设计

优化设计法
Y 优化设计

优化设计系统
Y 优化设计

优化准则法
Y 优化

优化准则算法
Y 优化

优良设计
Y 优化设计

优势设计
Y 优化设计

优秀设计
Y 优化设计

幽浮
Y 飞碟

尤雷克斯过程
Y 核燃料后处理

邮件炸弹
Y 电子邮件炸弹

油
Y 油品

油泵供油式飞机燃油系统
Y 飞机燃油系统

油泵油嘴
oil pump and oil mouth
TH13；TK2；V232
S 喷油嘴
Z 喷嘴

油动机
Y 发动机

油缸
Y 液压缸

油缸筒
Y 液压缸

油管*
oil pipe
TE9
F 回油管
燃油胶管
C 采油设备 →(2)
电磁无损检测 →(4)
输油管道 →(2)
油管悬挂器 →(12)

油耗控制
fuel consumption control
TP1；V233.2
S 燃料控制
Z 动力控制

油量*
oil quantity
TK0
F 出油量
加油量
剩余油量
C 油气显示 →(2)

油量测量系统
Y 量油系统

油料箱
Y 油箱

油门特性
Y 发动机节流特性

油品*
oil
TE6；TQ64；TS2
D 油
油状物
总油
F 航空燃油
液氧煤油
C 硅油 →(2)(9)
机油 →(2)(4)
焦油 →(2)(9)(10)(13)
倾点 →(1)
燃点
润滑剂 →(2)(4)(9)
生物油 →(9)(10)
石油 →(2)
石油加工 →(2)(9)(11)
液压油
油料 →(2)(9)(10)
油品检测 →(2)
油品密度 →(2)
油品性质 →(2)
专用油

油气比调节
Y 空燃比控制

油气弹
Y 燃料空气炸弹

油气悬挂系统
Y 液气悬挂装置

油气炸弹
Y 燃料空气炸弹

油燃烧嘴
Y 喷油嘴

油闪点
Y 燃点

油设备
Y 油装置

油试验
oil test
V21
S 试验*

油箱*
oil tank
TK1
D 储油箱
集油箱
油料箱
F 飞机油箱
C 燃料系统

箱

油箱通风系统
Y 飞机燃油系统

油箱通风增压系统
Y 飞机燃油系统

油装置*
oil device
TK1
D 油设备
F 挡油装置
加油机
C 炼油装置 →(2)(9)(12)
油气处理装置 →(2)(3)(4)(13)
装置

油状物
Y 油品

油嘴
Y 喷油嘴

铀-232 靶
Y 铀靶

铀-233 靶
Y 铀靶

铀-234 靶
Y 铀靶

铀 235
Y 铀-235

铀-235
uranium 235
O6；TL92
D 铀 235
S α 衰变放射性同位素
铀同位素
Z 同位素

铀-235 靶
Y 铀靶

铀-236 靶
Y 铀靶

铀-237 靶
Y 铀靶

铀-238
uranium 238
O6；TL92
S α 衰变放射性同位素
年寿命放射性同位素
铀同位素
自发裂变放射性同位素
Z 同位素

铀-239 靶
Y 铀靶

铀-240 靶
Y 铀靶

铀-243 靶
Y 铀靶

铀靶
uranium target
TL5
D 铀-232 靶
铀-233 靶
铀-234 靶
铀-235 靶
铀-236 靶
铀-237 靶
铀-239 靶
铀-240 靶
铀-243 靶
S 同位素靶
Z 靶

铀钚分离
separation of Pu from U
TL2
D 铀-钚分离
S 物质分离*

铀-钚分离
Y 铀钚分离

铀富集厂
Y 同位素分离工厂

铀工厂
Y 核燃料制造厂

铀工业
uranium industry
TL2
S 核工业
Z 工业

铀合金穿甲炮弹
uranium alloy armor piercing shell
TJ412
D 贫铀穿甲弹
S 穿甲炮弹
Z 炮弹

铀矿床
uranium deposit
P5；TL

铀矿工
uranium miners
R；TD8；TL7
S 人员*

铀矿物
uranium minerals
TL2
S 放射性矿物
Z 放射性物质

铀矿冶
Y 炼铀

铀浓度
uranium concentration
TL2
S 浓度*

铀浓缩
uranium enrichment
O6；TL2；TL92
S 浓缩*
C 富集度

铀浓缩厂
Y 同位素分离工厂

铀氢锆
uranium-zirconium hydride
TL2
D 铀氢锆燃料
S 合金核燃料
Z 燃料

铀氢锆燃料
Y 铀氢锆

铀燃料
uranium fuel
TL2
S 金属核燃料
Z 燃料

铀溶液
uranium solution
TL2
Y 核燃料制造厂

铀钛合金
U-Ti alloy
TG1；V25
D 铀-钛合金
S 合金*

铀-钛合金
Y 铀钛合金

铀提取
Y 提铀

铀同位素
uranium isotopes
O6；TL92
S 同位素*
F 铀-235
铀-238

游浆燃料
Y 燃料浆

游览飞机
touring aircraft
V271.3
D 游览机
S 通用飞机
C 游览直升机
Z 飞机

游览机
Y 游览飞机

游览直升机
touring helicopter
V275.11
S 民用直升机
C 游览飞机
Z 飞机

游泳池堆
Y 池式堆

游泳池反应堆
Y 池式堆

游泳池式反应堆
Y 池式堆

游泳池式轻水反应堆
　Y 池式堆

有地效静升限
　Y 静升限

有地效悬停高度
　Y 悬停高度

有地效悬停升限
　Y 静升限

有毒制剂
　Y 毒剂

有害废气
　Y 废气

有回力助力操纵系统
　Y 飞行操纵系统

有机冷却堆
organic cooled reactors
TL3；TL4
　S 反应堆*
　F 轻水慢化有机物冷却型堆
　　有机冷却慢化堆

有机冷却慢化堆
organic cooled and moderated reactor
TL4
　D OMR 型堆
　　有机冷却慢化型堆
　S 有机冷却堆
　　有机慢化堆
　C 动力堆
　Z 反应堆

有机冷却慢化型堆
　Y 有机冷却慢化堆

有机慢化堆
organic moderated reactors
TL3；TL4
　S 反应堆*
　F 有机冷却慢化堆
　C 有机慢化剂

有机慢化剂
organic moderator
TL3
　S 慢化剂*
　C 有机慢化堆

有机燃料
　Y 燃料

有机溶剂萃取
　Y 溶剂萃取

有机物废气
　Y 废气

有控弹道
powered-flight trajectories
TJ760
　D 动力飞行弹道
　　动力飞行段弹道
　　发射段弹道
　　有控段弹道
　　主动段弹道
　S 导弹弹道
　Z 弹道

有控段弹道
　Y 有控弹道

有控飞行
　Y 遥控飞行

有控飞行力学
controlled flight mechanics
V212
　S 飞行力学
　Z 航空航天学

有理映照动力系统
　Y 动力系统

有利迎角
advantageous angle of attack
V211
　S 攻角
　Z 角

有色光照明剂
　Y 照明剂

有色金属冶炼*
non-ferrous smelting
TF8
　D 有色冶金冶炼
　　有色冶炼
　F 炼铀
　C 冶炼 →(3)

有色冶金冶炼
　Y 有色金属冶炼

有色冶炼
　Y 有色金属冶炼

有尾翼体
　Y 有翼体

有涡流动
　Y 涡流

有线电传飞行控制
　Y 电传飞行控制

有线探测气球
　Y 探测气球

有线指令制导
　Y 有线制导

有线制导
wire guidance
TJ765
　D 有线指令制导
　S 指令制导
　Z 制导

有线制导导弹
wire-guided missile
TJ76
　S 精确制导导弹
　Z 武器

有线制导鱼雷
　Y 线导鱼雷

有限推力
finite thrust
V41
　S 推力*

有限翼展机翼
　Y 机翼

有限元
　Y 有限元法

有限元法*
finite element method
O1；TB1
　D FEM 分析
　　单元法
　　无穷元
　　无限元
　　有限元
　　有限元分析
　　有限元分析法
　　有限元技术
　　有限元理论
　F 边界元法
　C 动力有限元法 →(1)
　　集总参数模型 →(8)
　　静强度 →(1)
　　数学分析 →(1)(3)(4)(5)(8)(11)
　　有限元仿真 →(8)

有限元仿真模拟试验
finite element simulation test
V216
　S 模拟试验*

有限元分析
　Y 有限元法

有限元分析法
　Y 有限元法

有限元技术
　Y 有限元法

有限元理论
　Y 有限元法

有效负荷
　Y 有效载荷

有效负载
　Y 有效载荷

有效工艺
　Y 工艺方法

有效荷载
　Y 有效载荷

有效毁伤
effective demage
TJ0
　S 毁伤
　Z 弹药作用

有效剂量
effective dose
TL7
　S 毒害剂量
　F 年有效剂量
　Z 剂量

有效能量(内辐照)
Y 空间剂量分布

有效扰动
Y 扰动

有效射程
effective distance
TJ0
S 射程
Z 时空性能
数学特征
战术技术性能

有效射击阵位
effective shooting positions
E；TJ635
S 位置*

有效使用年限
effective using year limit
TJ0
S 战术指标
Z 指标

有效遗传剂量
genetically significant dose
TL7
D 遗传有效剂量
S 辐射剂量
Z 剂量

有效载荷
useful load
V4；V415
D 有效负荷
有效负载
有效荷载
S 载荷*
F 航天飞机有效载荷
航天器搭载
空间实验室有效载荷
空间站有效载荷
卫星有效载荷
C 舱外活动
航天飞机轨道器
航天运输
空间实验室
空间试验

有效载荷部署取回系统
Y 有效载荷展开回收系统

有效载荷舱
payload module
V423
D 航天飞机有效载荷辅助舱
有效载荷辅助舱
有效载荷助推舱
S 航天器舱
F 生物舱
Z 舱
航天器部件

有效载荷辅助舱
Y 有效载荷舱

有效载荷回收
Y 航天器回收

有效载荷控制
payload control
V444
S 航天器控制
Z 载运工具控制

有效载荷系统
Payload System
V4
S 力学系统*
F 有效载荷展开回收系统

有效载荷展开回收系统
payload deployment and recovery system
V525
D 有效载荷部署取回系统
S 航天回收系统
有效载荷系统
Z 航天系统
力学系统

有效载荷整流罩
payload fairing
V423
S 整流罩*

有效载荷质量比
Payload mass ratio
O3；V423
S 比*
C 多级运载火箭

有效载荷助推舱
Y 有效载荷舱

有旋流
Y 涡流

有旋流动
Y 涡流

有旋流发生器
Y 涡流发生器

有压管道
Y 压力管道

有翼导弹
winged missile
TJ76
D 翼式导弹
S 导弹
Z 武器

有翼导弹预警系统
Y 导弹预警系统

有翼飞行器
winged vehicle
V27
D 有翼航天飞行器
S 飞行器*

有翼航天飞行器
Y 有翼飞行器

有翼体
finned body
V221
D 带翅体
有尾翼体
S 物体*
C 气动构型

有源探测
Y 主动探测

有源通信卫星
Y 有源卫星

有源卫星
active satellite
V474
D 有源通信卫星
主动卫星
S 通信卫星
C 测地卫星
导航卫星
Z 航天器
卫星

诱导阻力
induced resistance
V211
D 感应阻力
举致阻力
升致阻力
S 气动阻力
C 引风机 →(4)
Z 阻力

诱饵*
decoy
TN97
F 突防诱饵
C 突防

诱饵弹
decoy cartridges
TJ412
D 诱饵炮弹
S 干扰炮弹
Z 炮弹

诱饵炮弹
Y 诱饵弹

诱惑弹药
decoy ammunition
TJ41
S 电子对抗弹药
C 诱惑炸弹
Z 弹药

诱惑炸弹
decoy bomb
TJ414
S 特种炸弹
C 诱惑弹药
Z 炸弹

淤浆燃料
Y 燃料浆

余摆管
Y 计数管

余度
redundancy
V212；V328.5
S 程度*

F 非相似余度
解析余度

余度舵机
redundant actuator
V227
S 舵机*
F 四余度舵机

余度飞行控制
Y 生存式飞行控制

余度飞行控制系统
redundant flight control system
V249
D 多重飞行控制系统
飞机多重飞行控制系统
飞机生存式飞行控制系统
飞机余度飞行控制系统
高生存力飞行控制系统
生存式飞行控制系统
S 飞行控制系统
C 生存式飞行控制
Z 飞行系统

余度管理
redundancy management
V249
S 管理*

余度配置
redundancy configuration
V2
S 配置*

余度作动器
Y 作动器

余热导出
Y 非能动余热排出系统

余热排出
Y 非能动余热排出系统

余热排出系统
residual heat removal system
TL3
D 残热排出系统
余热排除系统
余热排放系统
S 反应堆冷却剂系统
C 非能动余热排出系统
Z 反应堆部件

余热排除系统
Y 余热排出系统

余热排放系统
Y 余热排出系统

余油量
Y 剩余油量

鱼雷*
torpedo
TJ631
D 鱼雷技术
鱼雷武器
F 操演用鱼雷
常规装药鱼雷
超大型鱼雷
超高速鱼雷
超空泡鱼雷
触发鱼雷
大型鱼雷
电动鱼雷
多用途鱼雷
反舰鱼雷
反鱼雷鱼雷
高速鱼雷
舰载鱼雷
空投鱼雷
轻型鱼雷
热动力鱼雷
网络鱼雷
现代鱼雷
制导鱼雷
智能鱼雷
助飞鱼雷
组合式鱼雷
C 武器

鱼雷靶
Y 靶雷

鱼雷报警
torpedo warning
E；TJ631
S 报警*
C 鱼雷对抗

鱼雷变深机构
torpedo depth varying mechanism
TJ630.3
S 鱼雷部件*
C 鱼雷定深器

鱼雷部件*
torpedo component
TJ630.3
D 鱼雷结构
F 操雷段
雷头
鱼雷变深机构
鱼雷定深器
鱼雷记录装置
鱼雷壳体
鱼雷寻深机构
自导装置

鱼雷单平自导系统
Y 鱼雷自导系统

鱼雷弹道
torpedo trajectory
TJ630
S 弹道*
F 攻击弹道
入水弹道
水下弹道
C 水下弹道测量
水下弹道学

鱼雷导引系统
Y 鱼雷自导系统

鱼雷定深器
depth setting device of torpedo
TJ630.3
S 鱼雷部件*
C 鱼雷变深机构

鱼雷动力系统
torpedo power system
TJ630.3
S 动力系统*
鱼雷系统*
F 鱼雷热动力系统
C 鱼雷动力电池 →(5)
鱼雷动力装置

鱼雷动力装置
torpedo powerplant
TJ630.3
S 动力装置*
F 鱼雷热动力装置
C 鱼雷动力电池 →(5)
鱼雷动力系统

鱼雷对抗
torpedo countermeasure
E；TJ631；TN97
S 武器对抗
F 反鱼雷
C 鱼雷报警
鱼雷攻击
鱼雷诱饵 →(7)
Z 对抗

鱼雷发射
torpedo launching
E；TJ631
S 武器发射
C 鱼雷投射装置
Z 发射

鱼雷发射管
torpedo launch tube
TJ635
D 鱼雷管
S 鱼雷发射装置
F 潜艇鱼雷管
自航式鱼雷发射管
C 武器发射
Z 发射装置

鱼雷发射器
Y 鱼雷发射装置

鱼雷发射装置
torpedo launcher
TJ635
D 鱼雷发射器
S 发射装置*
F 气动鱼雷发射装置
鱼雷发射管
C 鱼雷投射装置

鱼雷飞机
Y 鱼雷机

鱼雷工作可靠度
torpedo operation reliability
TJ630
S 可靠性*
鱼雷战术技术性能
运行特性*
Z 战术技术性能

鱼雷攻击

torpedo attack
E；TJ631
S 攻击*
C 打击效果
鱼雷对抗

鱼雷管
Y 鱼雷发射管

鱼雷航程
torpedo range
TJ630
D 鱼雷航行距离
鱼雷航行最大距离
S 空间性
数学特征*
鱼雷战术技术性能
载运工具特性*
Z 时空性能
战术技术性能

鱼雷航深
torpedo running depth
TJ630
S 鱼雷战术技术性能
载运工具特性*
C 鱼雷深度记录装置
鱼雷深度误差
Z 战术技术性能

鱼雷航速
torpedo speed
TJ630
S 鱼雷战术技术性能
C 鱼雷速度记录装置
鱼雷速度误差
Z 战术技术性能

鱼雷航行距离
Y 鱼雷航程

鱼雷航行最大距离
Y 鱼雷航程

鱼雷轰炸机
Y 鱼雷机

鱼雷机
torpedo aircraft
V271.4
D 水雷鱼雷机
水鱼雷机
鱼雷飞机
鱼雷轰炸机
鱼水雷机
S 海军飞机
C 轻型轰炸机
Z 飞机

鱼雷记录装置
torpedo recording device
TJ630.3
S 鱼雷部件*
F 鱼雷深度记录装置
鱼雷速度记录装置

鱼雷技术
Y 鱼雷

鱼雷结构
Y 鱼雷部件

鱼雷壳体
torpedo shells
TJ630.3
S 鱼雷部件*

鱼雷控制系统
torpedo control system
TJ630.3
S 武器控制系统
鱼雷系统*
Z 武器系统

鱼雷命中
torpedo hit
E；TJ631
S 武器命中
Z 命中

鱼雷破坏作用
torpedo damage effects
TJ630
S 鱼雷战术技术性能
C 弹药破坏作用
Z 战术技术性能

鱼雷前段
Y 雷头

鱼雷热动力系统
torpedo thermal power system
TJ630.3
S 热动力系统
鱼雷动力系统
C 水下热动力推进 →(5)
Z 动力系统
鱼雷系统

鱼雷热动力装置
torpedo thermal power plant
TJ630.3
S 鱼雷动力装置
Z 动力装置

鱼雷设计
torpedo design
TJ630.2
S 武器设计*
F 鱼雷总体设计

鱼雷射击
Y 武器发射

鱼雷深度记录装置
depth recording device of torpedo
TJ630.3
S 鱼雷记录装置
C 鱼雷航深
Z 鱼雷部件

鱼雷深度误差
torpedo depth error
TJ760
S 鱼雷战术技术性能
C 鱼雷航深
Z 战术技术性能

鱼雷声靶
torpedo acoustic target
TJ630.6
S 靶雷
Z 靶

鱼雷式水雷
Y 鱼水雷

鱼雷速度记录装置
torpedo speed recording device
TJ630.3
S 鱼雷记录装置
C 鱼雷航速
Z 鱼雷部件

鱼雷速度误差
torpedo speed error
TJ630
S 鱼雷战术技术性能
C 鱼雷航速
Z 战术技术性能

鱼雷探测
torpedo detection
E；TJ631
S 探雷*

鱼雷投射装置
torpedo projecting device
TJ635
S 机载武器投放装置
C 鱼雷发射
鱼雷发射装置
Z 发射装置

鱼雷涡轮
torpedo turbine
V232.93
D 鱼雷涡轮发动机
鱼雷涡轮机
S 涡轮*

鱼雷涡轮发动机
Y 鱼雷涡轮

鱼雷涡轮机
Y 鱼雷涡轮

鱼雷武器
Y 鱼雷

鱼雷武器系统
torpedo weapon system
TJ0；TJ6
S 鱼雷系统*

鱼雷系统*
torpedo system
TJ630.3
F 反鱼雷系统
鱼雷动力系统
鱼雷控制系统
鱼雷武器系统
鱼雷制导系统
鱼雷自导系统
C 武器系统

鱼雷寻深机构
torpedo depth following mechanism
TJ630.3
S 鱼雷部件*

鱼雷研制
torpedo development
TJ631
S 武器研制
Z 研制

鱼雷引信
torpedo fuze
TJ431
D 反潜鱼雷引信
S 武器引信
Z 引信

鱼雷噪声
torpedo noise
TJ630
S 鱼雷战术技术性能
Z 战术技术性能

鱼雷战斗部
torpedo warhead
TJ630.3
D 战雷头
S 战斗部*

鱼雷战术技术性能
tactical and technical performance of torpedo
TJ630
S 战术技术性能*
F 鱼雷工作可靠度
鱼雷航程
鱼雷航深
鱼雷航速
鱼雷破坏作用
鱼雷深度误差
鱼雷速度误差
鱼雷噪声
自导作用距离

鱼雷制导
torpedo guidance
TJ631
S 制导*
F 鱼雷自导

鱼雷制导系统
torpedo guidance systems
TJ630.3
S 鱼雷系统*
制导系统*

鱼雷自导
torpedo homing
TJ631
D 磁力自导
鱼雷自导技术
S 鱼雷制导
F 被动自导
低频自导
声自导
尾流自导
Z 制导

鱼雷自导技术
Y 鱼雷自导

鱼雷自导系统
torpedo homing system
TJ630.3
D 鱼雷单平自导系统
鱼雷导引系统
鱼雷自导装置
自导系统
S 鱼雷系统*
C 自导装置

鱼雷自导装置
Y 鱼雷自导系统

鱼雷总体设计
torpedo general design
TJ630.2
S 鱼雷设计
Z 武器设计

鱼水雷
torpedo mines
TJ61
D 鱼雷式水雷
S 特种水雷
Z 水雷

鱼水雷机
Y 鱼雷机

予收缩起落架
Y 起落架

宇航
Y 航天

宇航标准
Y 航天标准

宇航材料
Y 航天材料

宇航电子学
Y 航天电子学

宇航飞行器
Y 航天器

宇航服
Y 航天服

宇航工程
Y 航天工程

宇航工业
Y 航天工业

宇航基地
Y 空间基地

宇航技术
Y 航天技术

宇航结构
Y 航天结构

宇航科学
Y 航天学

宇航训练
Y 航天飞行训练

宇航业
Y 航天工业

宇航应用
Y 航天应用

宇航元器件
Y 航天器部件

宇航员
Y 航天员

宇航员舱外活动
Y 舱外活动

宇航员飞行训练
Y 航天飞行训练

宇航员系统
Y 航天员系统

宇航员训练
Y 航天员训练

宇航站
Y 空间站

宇宙飞船
Y 飞船

宇宙飞行
Y 航天飞行

宇宙飞行服
Y 航天服

宇宙飞行器
Y 航天器

宇宙飞行训练
Y 航天飞行训练

宇宙服
Y 航天服

宇宙辐射
Y 空间辐射

宇宙航行
Y 航天飞行

宇宙航行学
Y 航天学

宇宙航行员
Y 航天员

宇宙航行站
Y 空间站

宇宙黑体辐射
Y 黑体辐射

宇宙化学
cosmochemistry
V419
D 空间化学
行星化学
S 空间科学
F 太阳系化学
宇宙线化学
Z 科学

宇宙环境
Y 航天环境

宇宙计划
universal programs
V11；V4
D 太空计划

S 航天计划*

宇宙开发
Y 航天开发

宇宙科学
Y 空间科学

宇宙空间
Y 太空

宇宙空间开发
Y 空间利用

宇宙空间探索
Y 空间探测

宇宙空间站
Y 空间站

宇宙气体动力学
Y 气体动力学

宇宙射线
cosmic rays
TL7；V419
D 空间粒子
S 射线*
C 空间辐射

宇宙射线探测
Y 宇宙线探测

宇宙生物学
Y 空间生物学

宇宙速度
cosmic velocity
V419
S 速度*
F 第三宇宙速度

宇宙探测器
Y 空间探测器

宇宙探索
Y 空间探测

宇宙微波本底辐射
Y 残余辐射

宇宙线化学
cosmic-ray chemistry
V419
S 放射化学
宇宙化学
Z 科学

宇宙线探测
cosmic ray detection
P1；V476
D 宇宙射线探测
S 辐射探测
C 辐射探测器
空间辐射
Z 探测

宇宙线装置
Y 辐射探测器

宇宙噪声
cosmic noise
V21
D 银河噪声
S 噪声*

宇宙站
Y 空间站

羽流
plume flow
V23；V430
S 流体流*
F 等离子体羽流
高空羽流
真空羽流
C 喷气发动机
尾焰 →(5)

羽流试验
plume testing
V216.2
S 发动机试验*

羽流污染
plume flow contamination
V328
S 污染*

羽焰
exhaust plume
V231；V430
D 排气羽流
S 火焰*
C 火箭排气

预案*
plan
ZT0
D 预定方案
预先方案
F 发射预案
C 方案 →(1)(2)(7)(8)(10)(11)(12)(13)
预测

预包装推进剂
Y 液体推进剂

预报*
prediction
ZT
F 轨道预报
航空天气预报
空间环境预报
落点预报
寿命预报
太空气象预报
C 水文预报 →(11)

预备机场
Y 备降机场

预测*
prediction
TB4
D 预测技术
F 初速预测
弹道预测
航迹预测
可靠性预测
漂移预测
射程预测
寿命预测
C 安全预测
预案
预估 →(1)(4)(11)

预测点制导
Y 预测制导

预测技术
Y 预测

预测检修
Y 预防性维修

预测命中点
Y 命中

预测命中点制导
Y 预测制导

预测破片炮弹
Y 预制破片炮弹

预测脱靶量
predictive miss distance
E；TJ765
S 脱靶量*

预测维修
Y 预知维修

预测性检修
Y 预防性维修

预测性维修
Y 预防性维修

预测制导
predictive guidance
TJ765；V448
D 预测点制导
预测命中点制导
预测制导法
S 制导*

预测制导法
Y 预测制导

预定方案
Y 预案

预定轨道
pre-selected orbits
V529
S 航天器轨道
C 定轨精度
Z 飞行轨道

预防检修
Y 预防性维修

预防维修
Y 预防性维修

预防维修周期
preventive maintenance period
TH17；V267
S 维修周期
Z 周期

预防系统
Y 防护系统

预防性检修

Y 预防性维修

预防性维修
preventive maintenance
TH17；V267
D 预测检修
预测性检修
预测性维修
预防检修
预防维修
预防性检修
S 计划性维修
F 预先维修
预知维修
Z 维修

预混合火焰
Y 预混火焰

预混火焰
premixed flame
TQ0；TQ56；V231.2
D 非预混火焰
预混合火焰
S 火焰*

预警飞机
Y 预警机

预警飞艇
Y 军用飞艇

预警机
early warning aircraft
V271.47
D 空中警戒指挥系统
空中预警指挥飞机
空中预警指挥机
预警飞机
预警机系统
预警指挥飞机
预警指挥机
S 军用飞机
F 舰载预警机
空中预警机
相控阵雷达预警机
C 空中指挥机
联络机
巡逻机
预警雷达 →(7)
预警系统
侦察机
Z 飞机

预警机系统
Y 预警机

预警监视
early warning surveillance
V249
S 监视*
C 预警系统

预警控制
warning control
V249
S 安全控制*

预警设备
Y 报警装置

预警探测
early warning detection
TN97；V249.3
S 探测*

预警卫星
early warning satellite
V474
D 预警卫星系统
预先警报卫星
S 侦察卫星
F 导弹预警卫星
C 预警系统
Z 航天器
卫星

预警卫星系统
Y 预警卫星

预警系统*
early warning system
E；TN95
F 导弹预警系统
机载预警系统
空间预警系统
C 安全系统
报警系统
监测系统
预警机
预警监视
预警救援机制 →(13)
预警卫星
预警直升机

预警直升机
early warning helicopter
V275.13
S 军用直升机
F 舰载预警直升机
C 预警系统
Z 飞机

预警指挥飞机
Y 预警机

预警指挥机
Y 预警机

预警装置
Y 报警装置

预扭导流片
Y 导流片

预扭设计
pre-twist design
TH12；V221；V423
S 机械设计*

预燃燃烧室
Y 预燃室

预燃烧室
Y 预燃室

预燃室
preignition chamber
TK0；V232
D 预燃燃烧室
预燃烧室
预燃室燃烧室
S 燃烧室*
C 预燃烧器 →(5)

预燃室燃烧室
Y 预燃室

预设计
Y 设计

预算*
budget
F
F 功率预算
空间预算
C 计算

预维修
Y 预知维修

预先方案
Y 预案

预先警报卫星
Y 预警卫星

预先设计
Y 设计

预先维修
proactive maintenance
TH17；TN0；V267
S 预防性维修
Z 维修

预知检修
Y 预知维修

预知维修
predicting maintenance
TH17；TN0；V267
D 预测维修
预维修
预知检修
预知性维修
S 预防性维修
Z 维修

预知性维修
Y 预知维修

预制破片
controlled fragment
TJ41
S 破片*

预制破片弹
Y 预制破片炮弹

预制破片炮弹
pre-fragmented projectile
TJ412
D 杀伤弹
预测破片炮弹
预制破片弹
S 主用炮弹
C 破片作用
Z 炮弹

预制缺陷
Y 制造缺陷

预置射角
preset firing angle
E；TJ76
S 角*

预置制导
Y 程序制导

阈剂量
threshold dose
TL7
S 辐射剂量
Z 剂量

阈探测器
threshold detector
TH7；TL8
S 中子探测器
Z 探测器

御寒服
Y 防寒服

裕度*
margin
TM7
D 充裕度
F 稳定裕度

元部件
Y 零部件

元件*
elements
TH13；TN6
D 机构元件
激励元件
记忆元件
微型元件
校正元件
一次元件
F 薄膜元件
催化元件
复合材料元件
C 弹簧件 →(4)
电子电路 →(5)(7)(8)
仪器结构 →(4)

元件结构
Y 装置结构

元件破损探测
Y 破损元件探测

原表面
Y 表面

原地浸出
Y 地浸

原地浸出采铀
leaching uranium
TD8；TL21
D 浸出采铀
浸铀
浸铀试验
溶浸采铀
原地浸铀
S 采矿*
地浸

原地浸铀
Y 原地浸出采铀

原动机
Y 发动机

原发污染物
Y 污染物

原发性污染物
Y 污染物

原废水
Y 废水

原辅材料
Y 材料

原理*
principle
ZT0
D 原理特点
F 发射原理
C 机理
理论

原理特点
Y 原理

原器
Y 基准

原生废水
Y 废水

原生污染物
Y 污染物

原污染物
Y 污染物

原型快堆
prototype fast reactor
TL4
D 唐瑞原型快堆
S 动力堆
钠冷堆
液态金属快增殖型堆
C 钚堆
Z 反应堆

原型微堆
prototype miniature reactors
TL3；TL4
S 微堆
Z 反应堆

原子爆炸
Y 核爆炸

原子弹
atomic bomb
TJ911
D 裂变弹
裂变武器
S 核武器
F 微型原子弹
Z 武器

原子弹爆炸
Y 核爆炸

原子弹试验
atomic bomb tests
TJ01；TJ911
S 核试验
Z 武器试验

原子地雷
Y 核地雷

原子动力
Y 核动力

原子法激光同位素分离
atomic vapor laser isotope separation
TL92
D 原子蒸气激光同位素分离
S 激光同位素分离
Z 分离

原子反应堆
Y 反应堆

原子核反应堆
Y 反应堆

原子火箭发动机
Y 核火箭发动机

原子能电厂
Y 核电站

原子能电站
Y 核电站

原子能发电厂
Y 核电站

原子能发电站
Y 核电站

原子能反应堆
Y 反应堆

原子能反应堆运行
Y 反应堆运行

原子能飞机
Y 核动力飞机

原子能工程
Y 核工程

原子能工业
Y 核工业

原子能工业废物
atomic energy industry wastes
TL94；X7
S 工业废弃物*

原子能火箭发动机
Y 核火箭发动机

原子能燃料制造厂
Y 核燃料制造厂

原子炮
atomic gun
TJ399；TJ91
D 核炮
S 火炮
C 核炮弹
Z 武器

原子炮弹
Y 核炮弹

原子嬗变
Y 核嬗变

原子云
Y 放射性烟云

原子蒸气激光同位素分离
Y 原子法激光同位素分离

原子转变
Y 核反应

圆半径
Y 半径

圆概率偏差
circular error probable
TJ0
D 圆概率误差
S 误差*

圆概率误差
Y 圆概率偏差

圆轨道
circular orbit
V529
D 圆形轨道
S 航天器轨道
C 轨道力学
锥束重建 →(8)
Z 飞行轨道

圆弧叶片
Y 弯叶片

圆弧叶型
Y 叶型

圆弧折叠尾翼
Y 导弹尾翼

圆角多边形风洞
Y 低速风洞

圆截面风洞
Y 低速风洞

圆盘冷却机
Y 冷却装置

圆盘形记录仪
Y 记录仪

圆图记录仪
Y 记录仪

圆形轨道
Y 圆轨道

圆形型腔
Y 型腔

圆圆系统
Y 测距系统

圆柱形叶片
straight blade
TH13；V232.4
D 等截面叶片
圆柱叶片
直叶片
柱面叶片
S 叶片*

圆柱叶片
Y 圆柱形叶片

圆转台
Y 转台

圆锥
cone
V221
S 几何形体*

圆锥补偿算法
coning compensation algorithm
V247；V249.3
S 算法*

圆锥曲线轨道
conic orbit
V526
S 飞行轨道*
F 双曲线轨道

圆锥扫描地球敏感器
Y 地平仪

圆锥扫描式红外地球敏感器
Y 红外地平仪

援助救生
Y 救生

源项
Y 放射性源项

源项调查
source term investigation
TL7；TL93；TL94
S 调查*

源项控制
Y 放射性源项

远程操纵
remote handling
U6；V323.1
S 操纵*

远程测控系统
remote measurement and control system
TP2；V556
S 远程系统*
C 远程诊断 →(4)(8)

远程测量
Y 遥测

远程测试
Y 遥测

远程弹
Y 增程弹

远程弹道导弹
Y 洲际弹道导弹

远程弹药
long range ammunitions
TJ41
S 弹药*

远程导弹
Y 洲际弹道导弹

远程导引
long distance guidance
TJ765；V249.3；V448.23
S 导引*

远程对地攻击导弹
Y 远程空地导弹

远程多管火箭
Y 远程多管火箭炮

远程多管火箭炮
long range multibarrel rocket guns
TJ393
D 远程多管火箭
S 多管火箭炮
Z 武器

远程反舰导弹
long range anti-ship missiles
TJ761.9
S 反舰导弹
Z 武器

远程反坦克导弹
long range anti-tank missiles
TJ761.9
S 反坦克导弹
Z 武器

远程防空导弹
long range antiaircraft missile
TJ761.9
S 防空导弹
Z 武器

远程飞航导弹
long range cruise missile
TJ761.6
D 远程巡航导弹
S 巡航导弹
Z 武器

远程飞行
long-distance flight
V323
D 长距离飞行
双发飞机延程飞行
延程飞行
S 航空飞行
Z 飞行

远程攻击武器
long range attack weapons
E；TJ0
S 攻击武器
远程武器
F 远程精确打击武器
Z 武器

远程轰炸机
Y 战略轰炸机

远程火箭
Y 远程火箭弹

远程火箭弹
long range rocket projectiles
TJ415
D 远程火箭
S 火箭弹
C 增程弹药
Z 武器

远程火箭炮
long-range rocket gun
TJ393
S 火箭炮
Z 武器

远程火炮
Y 火炮

远程精确打击武器
long range precision attack weapons
E；TJ0
S 远程攻击武器
Z 武器

远程客机
Y 旅客机

远程空地导弹
long range air to ground missiles
TJ762.2；V27
D 远程对地攻击导弹
S 空地导弹
Z 武器

远程空对空导弹
Y 远程空空导弹

远程空空导弹
long range air-to-air missile
TJ762.2
D 远程空对空导弹
远距空空导弹
S 空空导弹
Z 武器

远程拦截
long range interception
E；TJ76
S 导弹拦截
Z 拦截

远程猎雷系统
long range minehunting systems
TJ617
S 猎雷系统
远程系统*
Z 武器系统

远程炮弹
Y 增程弹

远程气象服务
remote meteorological service
V321.2
S 航空气象服务
Z 服务

远程探测
remote probe
TN97；V249.3
S 探测*

远程武器
long range weapon
E；TJ0
S 武器*
F 远程攻击武器

远程系统*
remote system
TP8
F 遥测系统
遥感系统
遥控系统
远程测控系统
远程猎雷系统
C 控制系统
通信系统

远程巡航导弹
Y 远程飞航导弹

远程战略轰炸机
long-range strategic bombers
V271.44
S 战略轰炸机
Z 飞机
武器

远地点发动机
apogee engine
V439
D 远地点火箭
远地点火箭发动机
S 变轨发动机
F 液体远地点发动机
Z 发动机

远地点火箭
Y 远地点发动机

远地点火箭发动机
Y 远地点发动机

远地点注入
Y 轨道控制

远读磁罗盘
Y 磁罗经

远海飞行
Y 海上飞行

远红外探测
far infrared detection
TN2；V249.3
S 红外探测
Z 探测

远距空空导弹
Y 远程空空导弹

远距离布雷
Y 机动布雷

远距离布设地雷
Y 机动布雷

远距离测量
Y 遥测

远期辐射效应
Y 缓发辐射效应

远天探测器
Y 空间探测器

约化重力实验
Y 微重力试验

约束*
constraints
O1
D 约束模式
约束问题
F 磁约束
等离子体约束
惯性约束
轨道约束
粒子约束
C 约束传播 →(8)
约束模型 →(8)
约束条件 →(4)

约束磁场
confined magnetic field
O4；TL61；TM1
S 磁场*

约束模式
Y 约束

约束试验
constraint test
TB4；V4
S 试验*
C 干燥收缩 →(11)

约束问题
Y 约束

月面车辆
Y 月球车

月面学
Y 月球学

月面巡视探测器
lunar exploration rover
V476
D 月球巡视探测器
S 月球探测器
Z 航天器

月面着陆
Y 月球着陆

月球表面环境
Y 月球环境

月球舱
Y 登月舱

月球车
lunar roving vehicle
V476
D 月面车辆
月球漫游车
载人月面车
S 星球车
C 空间实验室
越障能力 →(1)
自主导航
Z 车辆

月球尘埃
lunar dust
V419
S 空间粉尘
Z 粉尘

月球大气
lunar atmosphere
V419
S 卫星大气
Z 大气

月球登陆器
Y 月球着陆器

月球地球飞行轨道
Y 月球地球轨道

月球地球轨道
Moon-Earth orbit
V529
D 月球地球飞行轨道
月球-地球轨道
S 环月轨道
C 转移轨道
Z 飞行轨道

月球-地球轨道
Y 月球地球轨道

月球飞船
Y 月球航天器

月球飞行
lunar flight
V529
D 奔月飞行
登月飞行
环月飞行
绕飞
绕月飞行
S 航天飞行
C 环月轨道
行星际飞行
月球基地
Z 飞行

月球轨道
Y 环月轨道

月球航天飞船
Y 月球航天器

月球航天器
moonship
V476
D 登月飞船
登月飞行器
月球飞船
月球航天飞船
S 航天器*
F 环月航天器
月球探测器
月球卫星
C 轨道月球站

月球航天探测器
Y 空间探测器

月球环境
lunar environments
V419
D 月球表面环境
S 地外环境
C 空间生物学
Z 航空航天环境

月球机动实验室
Y 空间实验室

月球机器人
lunar robots
TP2；V462
D 星球探测机器人
S 空间机器人
F 月球探测机器人
C 越障能力 →(1)
Z 机器人

月球基地
lunar base
V476
S 空间基地
C 月球飞行
Z 基地

月球计划
Y 探月计划

月球降落
Y 月球着陆

月球开发
lunar development
V11；V419
S 航天开发
Z 开发

月球勘探
Y 月球探测

月球漫游车
Y 月球车

月球软着陆
soft lunar landing
V52
S 软着陆
月球着陆
Z 操纵

月球收集实验室
Y 空间实验室

月球探测
lunar exploration
V419；V476
D 航天月球探测
探月
月球勘探
月球探索
月球物理测量
S 星球探测
F 绕月探测
C 环月航天器
月球卫星
载人登月
Z 探测

月球探测工程
Y 探月工程

月球探测工程系统
Y 探月工程

月球探测轨道
Y 探月轨道

月球探测机器人
lunar exploration robots
TP2；V462
S 月球机器人
Z 机器人

月球探测计划
Y 探月计划

月球探测技术
Y 探月工程

月球探测器
moonshot
V476
S 行星卫星探测器
月球航天器
F 绕月探测器
小型月球探测器
月面巡视探测器
月球着陆器
C 发射时间
航天器
越障能力 →(1)
Z 航天器

月球探测器轨道
Y 探月轨道

月球探测卫星
lunar exploration satellite
V474
S 空间探测卫星
Z 航天器
卫星

月球探索
Y 月球探测

月球卫星
lunar satellites
V474
S 月球航天器
C 地月转移轨道
月球探测
Z 航天器

月球卫星轨道
lunar satellite orbit
V529
S 环月轨道
Z 飞行轨道

月球物理测量
Y 月球探测

月球学
selenology
V419
D 月面学
月球引力效应
月球影响
月球重力影响

S 空间科学
C 生物航天学
Z 科学

月球巡视探测器
Y 月面巡视探测器

月球引力
lunar gravitation
O3；V419
S 力*

月球引力效应
Y 月球学

月球影响
Y 月球学

月球重力影响
Y 月球学

月球着陆
lunar landing
V529
D 登陆月球
月面着陆
月球降落
月球着落
S 航天器着陆
F 月球软着陆
C 登月舱
Z 操纵

月球着陆舱
Y 登月舱

月球着陆器
lunar lander
V419；V476
D 月球登陆器
S 月球探测器
Z 航天器

月球着落
Y 月球着陆

月球着落舱
Y 登月舱

月球资源开发
lunar resources development
V419
S 空间资源开发
Z 开发

月外入轨
Y 入轨

跃迁辐射探测器
Y 辐射探测器

跃升
zoom
V323
D 飞机急跃升
飞机跃升
急跃升
S 机动飞行
Z 飞行

跃升倒转
Y 特技飞行

越肩发射
over-the-shoulder launch
E；TJ765
D 擦肩发射
S 导弹发射
Z 飞行器发射

越洋飞行
Y 海上飞行

越野
Y 越野机动性

越野机动性
off-road mobility
TJ810；U4
D 越野
S 载运工具特性*

越野试验
Y 行驶试验

云爆弹头
Y 导弹弹头

云爆火箭弹
Y 燃料空气火箭弹

云爆剂
cloud detonation agent
TJ45
S 火工药剂*
C 战斗部

云爆武器
fuel air explosive weapon
TJ99
D 燃料空气炸药武器
吸氧武器
S 武器*

云室
Y 云雾室

云雾爆轰
cloud detonation
TJ41
S 爆轰*
C 燃料空气炸药

云雾爆震炸弹
Y 燃料空气炸弹

云雾室
cloud chamber
TH7；TL8
D 磁云室
多板云室
高压云室
云室
S 粒子探测器
气体径迹探测器
Z 探测器

匀度
Y 均匀性

匀熵流
Y 均熵流

匀质性
Y 均匀性

允许残留不平衡
Y 平衡

允许发射区
allowable launching area
E；TJ765
S 发射区
Z 工作区

允许负荷量
Y 极限荷载

允许剂量
Y 容许剂量

允许脱靶量
allowable miss distance
E；TJ765
S 脱靶量*

运动*
motion
O3；TH11
D 运动方案
运动原理
F 飞行运动
非定常运动
俯仰
滑行
粒子运动
扰动运动
旋涡运动
液体晃动
C 迁移
运动仿真 →(8)

运动步枪
Y 比赛用枪

运动步枪弹
Y 比赛枪弹

运动步枪子弹
Y 比赛枪弹

运动参数平滑
Y 命中

运动方案
Y 运动

运动仿真器
Y 运动模拟器

运动分析*
motion analysis
O4
F 颤振分析
弹道分析
轨道分析
振动响应分析
C 减速位置角 →(4)
力学分析 →(1)(2)(3)(4)(8)(11)(12)

运动荷载
Y 动载荷

运动滑翔机

Y 滑翔机

运动控制*
motion control
TP2
D 移动控制
运动控制技术
F 颤振模态飞行控制
机动控制
气动伺服控制
运动姿态控制
振动反馈控制
C 方向控制
飞行控制
轨迹控制
航行控制 →(8)
力学控制

运动控制技术
Y 运动控制

运动模拟器
motion simulator
V216
D 加速度模拟器
运动仿真器
S 模拟器*
F 六自由度运动模拟器
C 加速度仿真
运动仿真系统 →(8)

运动目标检测
Y 动目标检测

运动嵌套网格
moving embedded grids
V247
D 动态嵌套网格
S 网格*
C 旋翼

运动枪
Y 比赛用枪

运动枪弹
Y 比赛枪弹

运动稳定性
kinetic stability
O3；TH11；V212
S 机械性能*
稳定性*
物理性能*
F 飞行稳定性
横滚稳定性

运动学弹道
Y 导引弹道

运动原理
Y 运动

运动载荷
Y 动载荷

运动姿态
motion gestures
V212
S 姿态*
F 飞行姿态
再入姿态

运动姿态控制
motion attitude control
V249.122.2
S 运动控制*
姿态控制
Z 飞行控制

运货飞船
Y 货运飞船

运输*
transport
U
D 场到场
场到门
场到站
交通运输
联运方式
水上运输方式
运输方式
运输过程
运输特点
运载方式
装运
F 航空客运
航空运输
航天运输
军事空运
C 驳船 →(12)
城市交通 →(12)
乘客 →(12)
道路管理 →(12)
货物运输
交通调查 →(12)
交通规划 →(12)
交通网络 →(12)
索道 →(2)(4)(11)(12)
运输功能 →(12)
运输管理
运输量 →(1)(12)

运输(反应产物)
Y 反应产物运输系统

运输方式
Y 运输

运输飞机
Y 运输机

运输管理*
transportation management
U
D 营运管理
运输系统管理
运输指挥
F 航班运营管理
C 道路管理 →(12)
管理
交通规划 →(12)
交通拥挤 →(12)
运输
运输系统 →(12)

运输过程
Y 运输

运输机
transporters
V271.2
D 货运飞机
巨型运输机
运输飞机
运输类飞机
运载飞机
S 飞机*
F 超音速运输机
大型运输机
短程飞机
高亚声速运输机
货运机
军用运输机
跨音速运输机
民用运输机
重型运输机
C 宽机身
宽体飞机

运输类飞机
Y 运输机

运输起竖车
Y 导弹起竖车

运输事故
Y 交通运输事故

运输适应性
transportation adaptability
TJ0
S 适性*
载运工具特性*

运输竖起车
Y 导弹起竖车

运输特点
Y 运输

运输系统管理
Y 运输管理

运输直升机
transport helicopter
V275.111
D 货运直升机
S 直升机
F 中型运输直升机
重型运输直升机
Z 飞机

运输指挥
Y 运输管理

运输装填车
transport-loading vehicle
TJ812
S 装填车
Z 保障车辆
军用车辆

运行*
running
ZT5
D 运行方式
运行情况
运行水平

运转
F 长期运行
反应堆运行
轨道运行
航班运行
延伸运行
氧化运行
C 电气运行
设备运行 →(4)(5)(8)(10)(11)(12)
运行调度 →(12)
运行管理 →(1)
运行试验 →(4)
运行水位 →(11)
运行条件 →(1)

运行(反应堆)
Y 反应堆运行

运行(裂变堆)
Y 反应堆运行

运行次数计数器
Y 计数器

运行方式
Y 运行

运行轨道
operation orbits
V529
S 卫星轨道
Z 飞行轨道

运行剖面
operational profile
V421
S 截面*

运行情况
Y 运行

运行水平
Y 运行

运行特点
Y 运行特性

运行特性*
operating characteristic
TH
D 运行特点
运行性
运行性能
运转特性
F 鱼雷工作可靠度
C 泵
工程性能

运行性
Y 运行特性

运行性能
Y 运行特性

运营*
operating
U
D 可运营
营运
F 航空运营

运用方式
Y 应用

运用可靠性
Y 使用可靠性

运载*
carrying
U
F 搭载
机载
星载
C 装载 →(4)(12)

运载方式
Y 运输

运载飞机
Y 运输机

运载工具
Y 运载器

运载火箭
launch vehicle
V475.1
D 动载火箭
火箭运载具
火箭运载器
新一代运载火箭
运载火箭系统
S 火箭*
F 单级入轨运载火箭
多级运载火箭
固体运载火箭
可回收运载火箭
空射运载火箭
商用运载火箭
卫星运载火箭
小型运载火箭
液体运载火箭
载人运载火箭
重复使用运载火箭
重型运载火箭
C 弹道式飞行器
发射装置
隔振 →(1)
航天运载器
火箭发射
牵制释放
运载器
助推火箭发动机

运载火箭吊装
launch vehicle hoisting
V475.1
S 作业*

运载火箭发动机
Y 火箭发动机

运载火箭构型
launch vehicle configuration
V421
D 箭体构型
S 气动构型
C 导弹构型
Z 构型

运载火箭技术
launch vehicle technology
V475
D 一次性运载火箭技术
S 火箭技术
C 一次点火 →(9)
Z 航空航天技术

运载火箭结构
launch vehicle structures
V475.1
S 航天器结构
F 箭体结构
Z 工程结构

运载火箭空气动力特性
Y 空气动力特性

运载火箭气动特性
Y 空气动力特性

运载火箭系统
Y 运载火箭

运载器*
launch vehicle
V475.9
D 运载工具
载运工具
F 航天运载器
潜射导弹运载器
C 航天飞机
运载火箭

运载系统
Y 航天运输系统

运转
Y 运行

运转特性
Y 运行特性

晕轨道
halo orbit
V529
S 航天器轨道
Z 飞行轨道

匝数
Y 线圈

杂音
Y 噪声

杂质辐射
impurity radiation
TL6
S 辐射*

杂质循环
impurity recycling
TL6
S 循环*

灾害事故
Y 事故

灾害事件
Y 事故

灾难事故
Y 事故

灾难性事故
Y 事故

载荷*
load
O3；TH11；TU3
D 负荷
负荷方式
负荷分类
负荷类型
负荷模式
负载
荷载
荷载历史
荷载模式
荷载形式
荷载压力
载荷力
F 承载
地面载荷
动载荷
发射载荷
法向过载
飞机荷载
非对称循环载荷
非均匀分布载荷
高热负载
功率载荷
管制工作负荷
惯性载荷
横向过载
极限荷载
任务载荷
设计荷载
丝阵负载
同轴负载
有效载荷
噪声载荷
轴向过载
C 承压能力 →(2)(11)
负荷管理 →(5)
负荷试验 →(5)
负载管理 →(8)
环境容量 →(11)(13)
结构设计
污染负荷 →(3)(11)(13)

载荷(动态)
Y 动载荷

载荷感觉机构
Y 人感系统

载荷计算
Y 负荷计算

载荷加载
Y 加载

载荷力
Y 载荷

载荷历程
Y 载荷谱

载荷谱
load spectrum
V215
D 负荷谱
荷载谱
谱载
谱载荷
试验载荷谱
载荷历程
S 谱*
F 飞行载荷谱
疲劳载荷谱
C 飞行载荷测量

载荷谱飞行试验
Y 强度飞行试验

载荷施加
Y 加载

载荷稳定系统
Load Stabilization System
V249
S 力学系统*
状态系统*

载机
aerial carrier
V27
S 重于空气航空器
Z 航空器

载机导引
guidance of fighter
V249.3
S 导引*

载冷剂
Y 冷却介质

载人登月
manned lunar landing
V476
S 载人航天工程
C 登月活动
探月计划
月球探测
Z 工程

载人动力飞行
manned powered flight
V323
S 航空飞行
Z 飞行

载人飞船
manned spaceship
V47
D 载人航天飞船
载人太空飞船
载人宇宙飞船
S 飞船
载人航天器
F 阿波罗飞船
双子座飞船
行星际飞船
C 空间通信 →(7)
载人航天飞行
Z 航天器

载人飞船工程
Y 载人航天工程

载人飞船航天工程
Y 载人航天工程

载人飞船系统
manned spacecraft system
V444
S 载人航天系统
Z 航天系统

载人飞艇
manned airships
V274
S 飞艇
Z 航空器

载人飞行
Y 载人航天飞行

载人飞行器
Y 载人航天器

载人轨道航天站
Y 轨道空间站

载人轨道实验室
manned orbiting laboratory
V476
D 载人轨道研究实验室
S 空间实验室
Z 航天器
实验室

载人轨道研究实验室
Y 载人轨道实验室

载人航天
Y 载人航天飞行

载人航天发射场
launch site for manned space flight
V55
S 航天器发射场
Z 场所

载人航天飞船
Y 载人飞船

载人航天飞机
Y 载人航天器

载人航天飞行
manned space flight
V529
D 双子座飞行
载人飞行
载人航天
载人宇宙飞行
S 航天飞行
F 航天飞机飞行
载人火星飞行
C 舱内活动
长期航天飞行
航天服
航天救生
交会
双子座计划
亚轨道飞行
载人飞船
载人航天器
载人再入
Z 飞行

载人航天飞行历史
Y 载人航天史

载人航天飞行任务
manned space flight mission
V4
S 飞行任务
航天任务
Z 任务

载人航天跟踪
Y 航天器跟踪

载人航天跟踪网
manned space flight tracking network
V556
S 跟踪网
Z 网络

载人航天工程
manned spaceflight engineering
V4
D 载人飞船工程
载人飞船航天工程
S 航天工程
F 载人登月
Z 工程

载人航天工程系统
manned space engineering system
V444
S 工程系统*
载人航天系统
Z 航天系统

载人航天环境模拟器
Y 空间环境模拟器

载人航天活动
manned space activities
V52
D 载人空间活动
S 航天活动
Z 活动

载人航天计划
Y 航天计划

载人航天技术
manned space technology
V1；V4
D 在轨技术
S 航天技术
Z 航空航天技术

载人航天器
manned spacecraft
V47
D 载人飞行器
载人航天飞机
载人火箭
S 航天器*
F 空天飞行器
载人飞船
载人机动装置
载人空间站
载人探测飞行器
C 航天器座舱模拟器
载人航天飞行

载人航天器回收
Y 航天器回收

载人航天器仪表
Y 航天器仪表

载人航天生命保障
manned speceflight life support
V52
D 载人航天生命保障技术
S 保障*
F 航天饮食保障

载人航天生命保障技术
Y 载人航天生命保障

载人航天史
manned astronautics history
V4
D 载人航天飞行历史
S 航天史
Z 历史

载人航天事业
Y 航天事业

载人航天系统
manned space flight system
V444
D 载人航天运载火箭系统
S 航天系统*
F 载人飞船系统
载人航天工程系统
C 飞船系统

载人航天运载火箭系统
Y 载人航天系统

载人滑翔机
Y 滑翔机

载人火箭
Y 载人航天器

载人火星飞船
mars spacecraft
V476
D 火星飞船
S 行星际飞船
C 火星旅行舱
载人火星飞行
Z 航天器

载人火星飞行
mercury flights
V529
D 水星飞行
S 载人航天飞行
C 水星计划
载人火星飞船
Z 飞行

载人火星探测
manned mars detection
V476
S 火星探测
Z 探测

载人机动装置
manned maneuvering unit
V47
D 航天员机动飞行设备
航天员机动装置
自机动装置
S 机动航天器
载人航天器
F 舱外机动装置
C 舱外活动
Z 航天器

载人空间活动
Y 载人航天活动

载人空间站
manned space station
V476
S 空间站
载人航天器
F 国际空间站
Z 航天器

载人离心机
Y 离心机

载人太空飞船
Y 载人飞船

载人太空实验室
manned space laboratories
V524
S 空间实验室
Z 航天器
实验室

载人探测飞行器
manned detecting spacecrafts
V47
S 载人航天器
Z 航天器

载人宇宙飞船
Y 载人飞船

载人宇宙飞行
Y 载人航天飞行

载人月面车
Y 月球车

载人运载火箭
manned launch vehicle
V475.1
S 运载火箭
Z 火箭

载人再入
manned reentry
V525
S 大气再入*
C 载人航天飞行

载运工具
Y 运载器

载运工具控制*
vehicle control
X9
F 摆起控制
飞行器控制
航迹控制
航向控制
刹车控制

C 工程控制

载运工具特性*
vehicle characteristics
V
F 飞机性能
飞行性能
风车特性
公路机动性
航天器性能
航向稳定性
潜渡性能
适航性
稳态转向特性
行车舒适性
鱼雷航程
鱼雷航深
越野机动性
运输适应性
C 工程性能

载重
Y 承载

载重量系数
Y 承载

载重指数
Y 承载

再掺杂
Y 掺杂

再点火
relight
V233
S 点火*
C 触变推进剂火箭发动机
凝胶推进剂

再流工艺
Y 工艺方法

再平衡回路
rebalance loop
V2
S 回路*
F 数字再平衡回路
C 动力调谐陀螺仪

再入
Y 大气再入

再入舱
Y 航天器舱

再入测量
reentry measurement
V556
S 航天测量*

再入大气
Y 大气再入

再入大气层
Y 大气再入

再入大气层防护屏蔽
Y 航天器隔热屏蔽

再入弹道
reentry trajectories
E；TJ765
D 再入段弹道
S 导弹弹道
C 终点弹道
Z 弹道

再入弹头
reentry warhead
TJ760.3
D 导弹子弹头
再入机动弹头
S 导弹弹头
F 多弹头
Z 飞行器头部
战斗部

再入段
reentry phase
V525
D 再入阶段
S 导弹飞行段*

再入段弹道
Y 再入弹道

再入段遥测
Y 再入遥测

再入段遥控
re-entry phase remote control
V44
D 再入遥控
S 自动控制*
C 再入遥测

再入段制导
Y 再入制导

再入方式
Y 大气再入

再入防热屏
Y 航天器隔热屏蔽

再入飞船
Y 再入飞行器

再入飞行
reentry flight
V529
S 航天飞行
Z 飞行

再入飞行器
reentry vehicle
V47
D 慢旋再入体
再入飞船
再入航天器
再入体
重返大气层飞行器
S 飞行器*
F 弹道式再入飞行器
多弹头分导再入飞行器
机动再入飞行器
升力式再入飞行器
C 大气再入
弹道式飞行器
航天器舱
可回收航天器
头锥

再入飞行走廊
Y 再入轨道

再入风洞试验
reentry wind tunnel test
V211.74
D 大气再入风洞试验
S 风洞试验
C 再入模拟
Z 气动力试验

再入轨道
re-entry orbits
V529
D 标准再入轨道
大气再入轨道
再入飞行走廊
再入轨迹
再入角
再入走廊
S 返回轨道
C 环月轨道
Z 飞行轨道

再入轨迹
Y 再入轨道

再入轨迹优化
reentry trajectory optimization
V525；V526
S 轨迹优化
Z 优化

再入航天器
Y 再入飞行器

再入黑障区
Y 黑障区

再入滑翔机
Y 升力式再入飞行器

再入机动
reentry maneuvering
E；TJ765
S 机动*

再入机动弹头
Y 再入弹头

再入机动飞行器
Y 机动再入飞行器

再入加热
Y 气动加热

再入角
Y 再入轨道

再入阶段
Y 再入段

再入空气动力学
Y 高超音速空气动力学

再入控制
reentry control
V249.1
D 再入制动

S 飞行控制*

再入模拟
re-entry simulation
V417
D 大气再入模拟
进入大气层模拟
S 排气流模拟
C 再入风洞试验
Z 仿真

再入目标
reentry target
V525
S 目标*

再入屏蔽
Y 航天器隔热屏蔽

再入气体动力学
Y 高超音速空气动力学

再入式导弹
Y 弹道导弹

再入式光纤陀螺
re-entrant fiber optic gyroscope
V241.5
S 光纤陀螺
Z 陀螺仪

再入体
Y 再入飞行器

再入效应
reentry effect
TJ765；V211
S 气动效应*
C 气动加热

再入型遥测
Y 再入遥测

再入遥测
reentry telemetry
TP8；V556
D 再入段遥测
再入型遥测
S 卫星遥测
C 再入段遥控
Z 遥测

再入遥测系统
Y 遥测系统

再入遥控
Y 再入段遥控

再入制导
reentry guidance
V448
D 进入制导
再入段制导
S 航天器制导
Z 制导

再入制动
Y 再入控制

再入姿态
reentry attitude
V212
S 运动姿态
Z 姿态

再入走廊
Y 再入轨道

再生冷却
regenerative cooling
V231.1
S 冷却*

再生区
Y 增殖区

再现*
representation
TB8
F 故障再现

再循环(核燃料)
Y 核燃料循环

再制造设计
Y 产品设计

在轨标定
on-orbit calibration
TH7；V249.329
S 标定*

在轨补给
on-orbit supply
V526
S 燃料补给
Z 补给

在轨测量
in orbit measurement
V417
D 卫星在轨测试
在轨测试
在轨试验
S 测量*

在轨测试
Y 在轨测量

在轨飞行
Y 轨道飞行

在轨服务
on orbit service
V4
S 服务*

在轨航天器
orbit spacecraft
V47
S 航天器*

在轨技术
Y 载人航天技术

在轨检测
on orbit test
V448.25
S 检测*

在轨试验
Y 在轨测量

在轨卫星
on-orbit satellite
V474
S 人造卫星
Z 航天器
卫星

在轨性能
on-orbit performance
V526
S 航天器性能
Z 载运工具特性

在线故障检测
on-line fault detection
TP2；V267.2
S 检测*
异常检测*

在线探测
on line detection
V249.3
S 探测*

在线同位素分离器
isotope-separator-on-line
TL2；TL92
S 同位素分离器
Z 分离设备

在役检查
Y 战场维修

在役检修
Y 战场维修

暂冲式风洞
intermittent wind tunnel
V211.74
D 吹气式风洞
吹吸式风洞
吹引式风洞
间歇式风洞
吸气式风洞
下吹吸风洞
S 风洞*
C 下吹式风洞

暂时停飞
Y 停飞

暂态
Y 瞬时状态

暂停轨道
Y 停泊轨道

脏弹
dirty bomb
TJ414；TJ91
S 战术核武器
Z 武器

早期核辐射
initial nuclear radiation
TJ91；TL7
D 初期核辐射
初始核辐射
瞬时核辐射
S 核辐射

Z 辐射

早炸
premature explosion
TJ41
D 弹道炸
S 弹药故障
Z 故障

噪声*
noise
TB5
D 杂音
噪音
F 测量噪声
发射噪声
飞机噪声
风洞噪声
螺旋桨噪声
气动噪声
嗡鸣
音爆
宇宙噪声
中子噪声
C 公害 →(13)
鸣音
声学工程 →(1)
噪声管理 →(1)

噪声风洞
Y 声学试验风洞

噪声激励
noise stimulation
O4；V21
S 激励*

噪声雷达引信
Y 雷达引信

噪声试验
noise test
V216
D 噪音试验
S 声学试验
Z 物理试验

噪声武器
Y 声波武器

噪声引信
noise fuze
TJ43
S 引信*

噪声载荷
noise loading
V215.1
S 载荷*

噪声炸弹
Y 声弹

噪音
Y 噪声

噪音风洞
Y 声学试验风洞

噪音试验
Y 噪声试验

择址
Y 选址

增程
Y 增程技术

增程弹
extended range projectiles
TJ412
D 远程弹
远程炮弹
增程炮弹
S 炮弹*
F 超远程炮弹
底凹弹
复合增程弹
滑翔增程弹
火箭增程弹
增程制导炮弹
C 增程弹药

增程弹药
extended range ammunitions
TJ41
S 弹药*
C 远程火箭弹
增程弹

增程技术
extended range
TJ410
D 增程
S 技术*
F 滑翔增程

增程炮弹
Y 增程弹

增程制导弹药
extended range guided ammunitions
TJ41
S 制导弹药
C 增程制导炮弹
Z 弹药
武器

增程制导炮弹
extended-range guided projectile
TJ412
S 末制导炮弹
增程弹
C 增程制导弹药
Z 炮弹

增控系统
Y 飞机控制增稳系统

增控增稳系统
Y 飞机控制增稳系统

增面燃烧
progressive combustion
V231.1
D 渐增性燃烧
S 推进剂燃烧
Z 燃烧

增强辐射弹
Y 中子弹

增强辐射武器
Y 中子弹

增强型辐射武器
Y 中子弹

增强型近地警告系统
Y 近地告警系统

增强型肼推力室
Y 推力室

增升机翼
lift rising wing
V224
D 高井力机翼
高升飞机翼
高升力机翼
S 机翼*
C 吹气襟翼
喷气襟翼
前缘襟翼
增升装置

增升装置
high lift devices
V245
S 装置*
C 升力面
外吹气襟翼
吸气襟翼
增升机翼

增稳
stability augmentation
V212
D 飞机增稳
S 稳定*
C 飞机控制增稳系统
飞行控制

增稳飞行控制
Y 飞机控制增稳系统

增稳系统
stability augmentation system
V249
D 稳定补偿系统
增稳装置
S 控制系统*
F 自动增稳系统
C 稳定性补偿

增稳装置
Y 增稳系统

增压*
boost pressure
TK1；V23
D 升压
增压方式
增压技术
F 冷氦增压
涡轮增压
贮箱增压
C 倍压器 →(5)
调压风机 →(4)
加压 →(1)(3)(7)(9)(10)
增压发动机 →(5)
增压器 →(4)(5)(8)

增压比
supercharging ratio
V231
D 压气机增压比
S 比*
C 调压风机 →(4)

增压舱
pressurized cabin
V223
D 飞机增压座舱
非增压座舱
密封座舱
通风式增压座舱
增压座舱
S 座舱
C 密闭座舱
迅速减压
Z 舱

增压方式
Y 增压

增压飞行服
Y 全压服

增压风洞
supercharging wind tunnel
V211.74
S 风洞*

增压机
Y 增压装置

增压技术
Y 增压

增压客舱
Y 客舱

增压连续式跨声速风洞
Y 跨音速风洞

增压气体量
pressurized gas quantity
V421
D 关机点增压气体量
S 推进剂加注诸元*
C 调压风机 →(4)

增压器涡轮
Y 增压涡轮

增压设备
Y 增压装置

增压涡轮
charging turbine
V232.93
D 增压器涡轮
S 涡轮*
C 增压器 →(4)(5)(8)

增压系统
pressurizing system
TH13；TH4；V233
D 补压系统
惰性气体增压系统
化学增压系统
加压系统
热燃气增压系统
升压系统
自生增压系统
S 力学系统*

增压压缩机
Y 压缩机

增压装置
supercharging device
TH4；V233
D 二级增压装置
加压机构
加压设备
加压提升设备
加压装置
气动加压装置
推进剂增压系统
氧化剂增压系统
增压机
增压设备
重锤加压装置
S 压力设备*
F 涡轮增压器
C 采油 →(2)
增压泵 →(4)
增压发动机 →(5)
增压站 →(2)

增压座舱
Y 增压舱

增殖
breeding
TL4
S 核燃料转换
Z 燃料转换

增殖靶丸
Y 增殖芯块

增殖比
breeding ratio
TL3
S 比*
F 氚增殖比
C 增殖堆

增殖材料
breeding material
TL34；TL6
D 可转换材料
增殖剂
S 核材料*
C 核燃料转换
增殖区

增殖弹丸
Y 增殖芯块

增殖堆
breeder reactor
TL3
D 增殖反应堆
S 反应堆*
F 加速器增殖堆
快堆
C 增殖比
增殖区
增殖芯块

增殖反应堆
Y 增殖堆

增殖剂
Y 增殖材料

增殖区
breeding blanket
TL35；TL6
D 堆殖区
再生区
转换区（增殖）
S 反应堆部件*
C 氟锂铍熔盐
热核堆
热核装置
增殖材料
增殖堆
增殖芯块

增殖系数
breeding coefficient
TL32
S 系数*
C 快中子裂变因子
临界
热裂变因子

增殖芯块
breeding pellet
TL35
D 增殖靶丸
增殖弹丸
增殖元件
增殖组件
S 靶丸*
C 热核堆
增殖堆
增殖区

增殖元件
Y 增殖芯块

增殖组件
Y 增殖芯块

增阻装置
drag devices
V226
D 减阻装置
S 装置*
C 起落架

炸侧甲地雷
side attack anti-tank mine
TJ512
D 反侧甲地雷
反侧甲雷
反坦克侧甲地雷
反坦克侧甲雷
路旁地雷
路旁雷
S 反坦克地雷
Z 地雷
武器

炸车底地雷
antichassis mine
TJ512

S 反坦克地雷
Z 地雷
　武器

炸弹*
bomb
TJ414
D 航弹
　航空炸弹
　机载炸弹
F 爆破炸弹
　穿甲炸弹
　定时炸弹
　反飞机炸弹
　反辐射炸弹
　反跑道炸弹
　反潜炸弹
　反坦克炸弹
　集束炸弹
　教练炸弹
　巨型炸弹
　气球炸弹
　侵彻弹
　燃烧炸弹
　杀伤炸弹
　深弹
　特种炸弹
　通用炸弹
　温压弹
　无动力滑翔弹
　小型炸弹
　小直径炸弹
　制导炸弹
　智能炸弹
　子母弹
　钻地弹
C 弹药
　武器

炸弹标准落下时间
Y 炸弹落下时间

炸弹舱
Y 弹药舱

炸弹弹道
bomb trajectory
TJ410.1；TJ414
D 航弹弹道
S 弹道*
F 轰炸弹道
C 航空弹道学

炸弹架
Y 武器挂架

炸弹落下时间
bomb fall time
TJ414
D 炸弹标准落下时间
S 时间*
C 瞄准具

炸弹引信
bomb fuze
TJ431
D 低阻力炸弹引信
　低阻炸弹引信
　航弹引信
　航空炸弹电引信
　航空炸弹引信
　横向引信
　杀伤航弹引信
S 武器引信
F 空炸引信
Z 引信

炸点
point of burst
TJ412
S 点*

炸点控制
burst point control
TJ412
S 位置控制*

炸高
burst height
TJ91；TL91
D 爆高
　爆炸高度
　核爆炸高度
S 高度*
F 比例爆高
C 核爆炸
　落角

炸高控制
burst height control
TJ41
S 爆炸控制
　数学控制*
Z 安全控制
　军备控制

炸毁指令
Y 自毁指令

炸药量
Y 装药量

炸药蒙皮
Y 蒙皮

炸药用量
Y 装药量

窄波束天线
narrow beam antenna
TN8；V443
S 天线*
　卫星天线

窄束
narrow beam
O4；TL5
S 射束*

窄体飞机
Y 单通道飞机

沾染
contamination
TJ9
D 沾污
S 污染*
F 毒剂沾染
　放射性沾染
　航天器沾染
C 放射性
　去污

沾染物*
Contaminant
TJ9
D 沾染物质
　沾污物质
F 放射性沾染物
　化学沾染物
　生物沾染物

沾染物质
Y 沾染物

沾污
Y 沾染

沾污物
Y 污染物

沾污物质
Y 沾染物

展弦比
span chord ratio
V221
D 机翼展弦比
　相对叶高
　叶片展弦比
S 比*
F 大展弦比
　小展弦比
C 后掠角
　翼型

展向吹气
spanwise blowing
V211.4
S 鼓风*
C 外吹气襟翼

战场监视弹
Y 电视侦察弹

战场生存能力
battlefield survivability
TJ810
S 坦克战术技术性能
Z 战术技术性能

战场维修
battlefield maintenance
[TJ07]；TN0
D 在役检查
　在役检修
S 维修*
C 维修设备
　武器装备抢修

战车
combat vehicle
TJ811
D 突击战斗车辆
　战斗车
　战斗车辆
　作战车辆
S 军用车辆*
　陆军武器

F 步兵战车
火力支援车
空降战车
两栖战车
轮式战车
骑兵战车
轻型战车
坦克
坦克歼击车
坦克支援车
无人作战车辆
战术攻击车
装甲输送车
装甲战车
C 突击武器
作战能力
Z 武器

战车舱室
combat vehicle compartment
TJ810.3
S 装甲车辆部件
F 坦克动力舱
Z 车辆零部件

战车火控系统
combat vehicle fire control systems
TJ810.3
S 装甲车辆火控系统
F 坦克火控系统
Z 武器系统

战车模型
Y 坦克模型

战车装备
Y 装甲武器

战刀
saber
TJ28
D 指挥刀
S 军刀
Z 冷兵器

战斗保障车辆
fighting support vehicle
TJ812
S 保障车辆*
装甲车辆
F 装甲通信车
装甲侦察车
装甲指挥车
C 特种军用车辆
Z 军用车辆

战斗编队
combat formation
E；V32
D 战斗群
S 空中编队*

战斗部*
warhead
TJ410.3
D 弹头
F 常规战斗部
导弹弹头
特种战斗部
温压战斗部
鱼雷战斗部
C 武器
云爆剂

战斗部结构
structure of warhead
TJ410.3
S 装置结构*
F 战斗部壳体

战斗部壳体
warhead body tube
TJ410.3
S 战斗部结构
Z 装置结构

战斗部设计
warhead design
TJ410.2
S 武器设计*

战斗部威力
warhead power
TJ410
D 弹头威力
S 作战能力
C 破甲性能
战斗部效应
Z 使用性能
战术技术性能

战斗部效应
warhead effect
E；TJ410
S 武器效应*
F 冲击波效应
聚能效应
C 战斗部威力

战斗车
Y 战车

战斗车辆
Y 战车

战斗飞机
Y 歼击机

战斗飞行
combat flight
V323
S 军事飞行
C 歼击机
Z 飞行

战斗飞行升限
Y 升限

战斗工程车
Y 装甲工程保障车辆

战斗轰炸机
Y 歼击轰炸机

战斗机
Y 歼击机

战斗机发动机
Y 军用航空发动机

战斗机飞行员
fighter aviation
V32
S 飞行员
Z 人员

战斗机设计
warcraft design
V221
S 飞机设计
Z 飞行器设计

战斗机座舱
Y 座舱

战斗能力
Y 作战能力

战斗起飞
Y 起飞

战斗全重
total combat weight
TJ810
S 坦克战术技术性能
Z 战术技术性能

战斗群
Y 战斗编队

战斗射速
Y 射速

战斗升限
Y 升限

战斗使用试验
combat operation test
TJ01
D 作战试验
S 武器试验*

战斗手枪
Y 自动手枪

战斗损伤评估
Y 战损评估

战斗坦克
Y 主战坦克

战斗卫星通信基地站
Y 战术卫星基地站

战斗霰弹枪
Y 军用霰弹枪

战斗侦察车
Y 装甲侦察车

战斗直升机
Y 武装直升机

战斗转弯
Y 转弯飞行

战防炮
Y 反坦克炮

战防枪
Y 反坦克枪

战毁评估

Y 战损评估

战机发动机
Y 军用航空发动机

战技性能
Y 战术技术性能

战技指标
Y 战术技术指标

战剂
Y 化学战剂

战雷头
Y 鱼雷战斗部

战略弹道导弹
strategic ballistic missiles
TJ761.2；TJ761.3
S 弹道导弹
战略导弹
Z 武器

战略导弹
strategic missile
TJ761.2
S 导弹
战略武器
F 战略弹道导弹
战略巡航导弹
Z 武器

战略电磁脉冲武器
strategic electromagnetic pulse weapon
TJ864
D 核电磁脉冲弹
S 电磁脉冲武器
硬杀伤性信息武器
战略武器
C 核电磁脉冲
Z 武器

战略核武器
strategic nuclear weapon
TJ91
S 核武器
战略武器
Z 武器

战略轰炸机
strategic bomber
V271.44
D 超音速战略轰炸机
远程轰炸机
重型轰炸机
S 轰炸机
战略武器
F 远程战略轰炸机
C 母机
轻型轰炸机
重型运输机
Z 飞机
武器

战略激光武器
strategic laser weapons
TJ864
S 激光武器
战略武器
Z 武器

战略加油机
strategic tanker aircraft
V271.494
D 战略空中加油机
S 空中加油机
Z 飞机

战略空中加油机
Y 战略加油机

战略通信卫星
Y 军事通信卫星

战略武器
strategic weapon
E；TJ0
S 武器*
F 战略导弹
战略电磁脉冲武器
战略核武器
战略轰炸机
战略激光武器

战略巡航导弹
strategic cruise missile
TJ761.2；TJ761.6
S 巡航导弹
战略导弹
Z 武器

战略运输机
Y 军用运输机

战略侦察机
strategic reconnaissance aircraft
V271.46
S 侦察机
Z 飞机

战区弹道导弹
theatre ballistic missiles
TJ761.3
S 弹道导弹
Z 武器

战区导航
Theater navigation
TN8；V249.3
D 作战地区导航
S 导航*

战术步枪
tactical rifles
TJ22
S 步枪
战术武器
Z 枪械
武器

战术弹
Y 战术导弹

战术弹道导弹
tactical ballistic missiles
TJ761.1；TJ761.3
S 弹道导弹
战术导弹
Z 武器

战术导弹
tactical missile
TJ761.1
D 战术弹
S 导弹
战术武器
F 常规战术导弹
地地战术导弹
地地战役战术导弹
海防战术导弹
海军战术导弹
陆军战术导弹
战术弹道导弹
战术防空导弹
Z 武器

战术导弹武器系统
Y 战术导弹系统

战术导弹系统
tactical missile system
TJ76
D 战术导弹武器系统
S 导弹系统*
F 陆军战术导弹系统

战术地对地导弹
Y 战术防空导弹

战术防空导弹
tactical anti-aircraft missiles
TJ761.9
D 战术地对地导弹
S 防空导弹
战术导弹
Z 武器

战术飞机
tactical aircraft
V271.43
D 轻型战术飞机
S 军用飞机
战术武器
F 强击机
C 侦察机
Z 飞机
武器

战术飞行
tactical flying
V323
S 军事飞行
Z 飞行

战术飞行管理系统
tactical flight management system
V32
S 飞行管理系统
Z 飞行系统
管理系统

战术飞行航程
Y 飞行距离

战术高能激光武器
Y 战术激光武器

战术攻击车
tactical assault vehicle
TJ811

S 战车
Z 军用车辆
武器

战术航程
Y 飞行距离

战术核武器
tactical nuclear weapon
TJ91
D 战役战术核武器
S 核武器
战术武器
F 脏弹
Z 武器

战术轰炸机
Y 轻型轰炸机

战术火箭
tactical rocket
V471
S 火箭*

战术火箭弹
Y 野战火箭弹

战术激光武器
tactical laser weapon
TJ864
D 战术高能激光武器
S 激光武器
战术武器
F 固体战术激光武器
Z 武器

战术技术特点
Y 战术技术性能

战术技术性能*
tactical and technical performance
TJ0
D 战技性能
战术技术特点
战术性能
F 穿透能力
摧毁能力
弹道性能
弹丸性能
导弹战术技术性能
低易损性
反装甲能力
防弹性能
飞机生存力
攻击性
航天器生存力
火力性能
火炮性能
可信赖性
拦截能力
落点分布
落点散布
命中精度
目标易损性
起爆能力
侵彻性能
射击性能
使用效能
适装性
坦克战术技术性能
引信性能
隐身性能
鱼雷战术技术性能
装甲性能
作用可靠性
作战能力
C 工程性能
脱靶距离
武器性能
性能

战术技术要求
Y 战术技术指标

战术技术指标
tactical and technical index
TJ0
D 战技指标
战术技术要求
S 战术指标
Z 指标

战术歼击机
tactical fighter planes
V271.41
S 歼击机
Z 飞机

战术空中导航
Y 塔康导航

战术空中领航
Y 塔康导航

战术通信卫星
Y 军事通信卫星

战术卫星
tactical satellite
V474
S 军用卫星
Z 航天器
卫星

战术卫星基地站
tactical satellite base stations
V551
D 战斗卫星通信基地站
S 地面站
C 星基增强系统 →(7)
Z 台站

战术无人机
tactical unmanned aircraft
V271.4；V279
D 陆军战术无人机
战术无人驾驶飞机
S 军用无人机
Z 飞机

战术无人驾驶飞机
Y 战术无人机

战术武器
tactical weapon
E；TJ0
S 武器*
F 战术步枪
战术导弹
战术飞机
战术核武器
战术激光武器

战术霰弹枪
tactical shotguns
TJ2
S 霰弹枪
Z 枪械

战术性能
Y 战术技术性能

战术性能指标
tactical performance index
TJ0
S 战术指标
Z 指标

战术需求
tactical requirement
TJ
S 供需*

战术巡航导弹
tactical cruise missile
TJ761.1；TJ761.6
S 巡航导弹
Z 武器

战术运输机
Y 军用运输机

战术侦察机
tactical reconnaissance aircraft
V271.46
S 侦察机
Z 飞机

战术指标
tactical index
TJ0
S 指标*
F 毁伤效果指标
效能指标
有效使用年限
战术技术指标
战术性能指标

战损评估
combat damage evaluation
TJ0
D 战斗损伤评估
战毁评估
S 评价*
F 毁伤评估
杀伤评估
C 作战能力

战役战术核武器
Y 战术核武器

站点
Y 台站

站点布局
Y 布站

站点布设
Y 布站

站坪
Y 停机坪

张力调节器
tension adjuster
V245
S 调节器*

张力射
Y 火炮射击

章动角
nutation angle
V249.3
S 角*

章动控制
Y 主动章动控制

章动阻尼器
Y 阻尼器

障碍清除车
Y 装甲工程车

障碍物*
barrier
ZT81
F 水雷障碍

着发机构(引信)
Y 引信发火机构

着发散布
Y 射弹散布

着发引信
Y 触发引信

着火
Y 燃烧

着火点
Y 燃点

着火点试验
Y 点火试验

着火过程
Y 点火

着火温度
Y 燃点

着火延迟
Y 点火延迟

找正
Y 对准

兆高斯电子感应加速器
Y 直线箍缩装置

照明*
illumination
TM92
D 采光技术
照明灯光
照明方法
照明方式
照明技巧
照明技术
照明模式
照明品质
照明设计方法
F 航空照明
助航灯光
C 灯
灯光 →(11)
局部照明 →(11)
人工光源 →(5)(11)
艺术照明 →(1)(5)
照明功率密度 →(11)
照明光源 →(5)(11)

照明灯
Y 灯

照明灯光
Y 照明

照明灯泡
Y 灯

照明方法
Y 照明

照明方式
Y 照明

照明火箭弹
light rocket
TJ415
S 特种火箭弹
C 照明弹药 →(9)
Z 武器

照明技巧
Y 照明

照明技术
Y 照明

照明剂
illuminant
TJ535
D 红外照明剂
摄影照明剂
有色光照明剂
S 烟火剂*

照明炬
illuminant canister
TJ410.3
S 炮弹部件
Z 弹药零部件

照明模式
Y 照明

照明炮弹
illuminating projectile
TJ412
S 特种炮弹
C 照明弹药 →(9)
Z 炮弹

照明品质
Y 照明

照明设计方法
Y 照明

照片*
photograph
TB8
F 卫星照片
C 拍摄技术
衣片 →(10)
照相机

照射剂量
Y 辐射剂量

照射量(辐射剂量)
Y 辐射剂量

照射量计
Y 剂量计

照射试验
Y 辐照试验

照相机*
camera
TB8
D X 射线分幅相机
X 射线相机
X 射线衍射照相机
X 射线照相机
彩色照相机
粉末衍射照相机
粉末照相机
黑白照相机
回摆照相机
相机
织构测角仪
织构照相机
F 测绘相机
航空航天相机
航空数码相机
C 曝光指数 →(1)
摄影设备 →(1)
相机结构 →(1)
照片

照相胶片剂量计
Y 剂量计

照相胶片探测器
Y 径迹探测器

照相枪
camera guns
TB8；V248
S 摄像机*

照相侦察航天器
Y 侦察航天器

照相侦察卫星
photoreconnaissance satellite
V474
D 摄影侦察卫星
照像侦察卫星
S 侦察卫星
Z 航天器
卫星

照像侦察卫星
Y 照相侦察卫星

罩式压缩机
Y 压缩机

遮蔽剂
Y 发烟剂

遮蔽指数
screening index
TJ536
S 指数*
C 烟幕

折叠弹翼
folding missile wings
TJ760.3
S 导弹弹翼
Z 弹翼
导弹部件

折叠机翼
Y 折叠翼

折叠式机翼
Y 折叠翼

折叠式太阳电池阵
Y 折叠状太阳电池阵

折叠式旋翼
folding rotors
V275.1
D 旋翼折叠
S 旋翼*
C 复合式直升机
舰载直升机
折叠翼

折叠尾翼
folding fin
TJ415
S 火箭弹尾翼
Z 弹药零部件
弹翼
尾翼

折叠翼
folding wing
V224
D 可折叠机翼
可折叠翼
折叠机翼
折叠式机翼
S 机翼*
C 舰载飞机
折叠式旋翼

折叠状太阳电池阵
folded solar array
TM91；V442
D 折叠式太阳电池阵
S 电池组*

折断现象
Y 断裂

锗 68
Y 锗-68

锗-68
germanium 68
O6；TL92
D 锗 68
S 电子俘获放射性同位素
天寿命放射性同位素
锗同位素
Z 同位素

锗半导体探测器
germanium semiconductor detector
TH7；TL8
D 锗探测器
S 半导体探测器
F 高纯锗探测器
Z 探测器

锗探测器
Y 锗半导体探测器

锗探测器(高纯)
Y 高纯锗探测器

锗同位素
germanium isotopes
O6；TL92
S 同位素*
F 锗-68

针刺雷管
stab detonator
TJ452
S 雷管
Z 火工品

针刺延期雷管
Y 延期雷管

针阀式喷嘴
Y 针型喷嘴

针式记录仪
Y 记录仪

针拴式喷注器
pintle injector
V431
S 喷注器*

针形喷嘴
Y 针型喷嘴

针型喷嘴
needle nozzle
TH13；TK2；V232
D 针阀式喷嘴
针形喷嘴
S 喷嘴*
C 水射流 →(8)(11)

侦察*
reconnaissance
E
F 高空侦察
航空侦察
航天侦察
化学侦察

侦察车
reconnaissance car
E；TJ812
D 工程侦察车
S 军用车辆*
F 轮式侦察车
装甲侦察车

侦察弹
Y 侦察炮弹

侦察弹药
reconnaissance ammunitions
TJ41
S 特种弹药
C 侦察导弹
侦察火箭弹
侦察炮弹
侦察水雷
Z 弹药

侦察导弹
reconnaissance missile
TJ761.9
S 导弹
C 侦察弹药
Z 武器

侦察吊舱
reconnaissance pod
V223
D 航空侦察吊舱
空中侦察吊舱
S 吊舱
F 电子侦察吊舱
Z 舱

侦察飞机
Y 侦察机

侦察攻击直升机
Y 武装直升机

侦察航天器
reconnaissance spacecraft
V47
D 摄影侦察航天器
照相侦察航天器
S 军用航天器
C 侦察卫星
Z 航天器

侦察火箭弹
reconnaissance rocket projectiles
TJ415
S 特种火箭弹
C 侦察弹药
Z 武器

侦察机
reconnaissance aircraft
V271.46
D 观测飞机
观察机
侦察飞机
S 军用飞机
F 成像侦察机
电子侦察飞机
高空侦察机
雷达侦察机
水上侦察机
战略侦察机
战术侦察机
C 低空飞机
反潜机
巡逻机
预警机

战术飞机
侦察直升机
Z 飞机

侦察炮弹
reconnaissance projectiles
TJ412
D 炮射侦察弹
侦察弹
S 特种炮弹
F 电视侦察弹
窃听炮弹
C 侦察弹药
Z 炮弹

侦察摄影机
reconnaissance cameras
TB8；V248
D 侦察相机
S 摄像机*
F 航空侦察摄影机

侦察水雷
reconnaissance naval mines
TJ61
S 特种水雷
C 侦察弹药
Z 水雷

侦察卫星
reconnaissance satellite
V474
D 间谍卫星
监视卫星
军事侦察卫星
军用侦察卫星
S 军用卫星
F 成像侦察卫星
电子侦察卫星
光学侦察卫星
海洋监视卫星
雷达侦察卫星
信号情报卫星
预警卫星
照相侦察卫星
C 轨道机动
轨道控制
侦察航天器
Z 航天器
卫星

侦察卫星系统
reconnaissance satellite system
V474
S 军事系统*
卫星系统
Z 航天系统

侦察无人机
Y 无人侦察机

侦察相机
Y 侦察摄影机

侦察效能
reconnaissance efficiency
V2
S 效能*

侦察校射直升机
Y 军用直升机

侦察直升机
reconnaissance helicopter
V275.13
D 观察直升机
S 军用直升机
F 武装侦察直升机
C 侦察机
Z 飞机

侦毒
Y 化学侦察

侦毒方法
Y 化学侦察

侦检
Y 化学侦察

真空保护
vacuum protection
TL5
S 保护*

真空壁条件
vacuum wall conditions
TL6
S 条件*

真空舱
vacuum chambers
V244；V445
D 低压舱
S 舱*

真空电弧离心机
Y 等离子体离心机

真空电子器件
Y 电真空器件

真空分离器
Y 分离设备

真空排气机
Y 排气系统

真空热试验
thermal vacuum test
V216
D 热真空试验
S 环境试验*
真空试验
Z 试验

真空试验
vacuum test
V21
S 试验*
F 真空热试验

真空速表
Y 飞行速度指示器

真空推力系数
Y 推力系数

真空压缩机
Y 压缩机

真空羽流
vacuum plume
V211
S 羽流
Z 流体流

真空紫外辐照
vacuum ultraviolet radiation
V11
S 辐射*

真实飞行高度
Y 飞行高度

真实气体效应
real gas effect
V211
S 气动效应*
效应*

真速
Y 飞行速度

真随机数产生器
Y 真随机数发生器

真随机数发生器
true random number generator
TJ534
D 真随机数产生器
S 随机序列发生器
Z 发生器

真尾迹
true wake
V211
S 尾迹*

诊断*
diagnosis
TH17；ZT5
D 技术诊断
诊断(工程)
诊断(工业)
诊断功能
F 发动机故障诊断
故障自动诊断
C 策略
层次诊断模型 →(8)
无损检测 →(1)(4)
无损探伤 →(4)
诊断规则 →(8)

诊断(工程)
Y 诊断

诊断(工业)
Y 诊断

诊断功能
Y 诊断

诊断系统*
diagnostic system
TH17
F 故障诊断系统
C 监测系统
检测系统
诊断设备 →(4)

阵地*

position
E
F 导弹阵地
发射阵地

阵风风洞
gust wind tunnel
V211.74
D 突风风洞
S 低速风洞
C 立式风洞
Z 风洞

阵风干扰
gust interference
V211.46
S 风干扰
Z 气动干扰

阵风缓和
Y 阵风缓和系统

阵风缓和控制
Y 阵风缓和系统

阵风缓和器
Y 阵风缓和系统

阵风缓和系统
gust alleviation system
V249
D 防颠簸飞行控制系统
飞机防颠波飞行控制系统
负载减轻状态稳定系统
突风缓和
阵风缓和
阵风缓和控制
阵风缓和器
阵风减缓
S 飞行控制系统
C 扰流器
阵风响应飞行试验
Z 飞行系统

阵风减缓
Y 阵风缓和系统

阵风扰动
gust disturbances
V211.46
S 气流扰动
C 飞机颠簸
Z 扰动

阵风响应
gust response
V211.4
D 突风响应
S 响应*

阵风响应飞行试验
gust response flight test
V217
D 飞行器阵风响应飞行试验
阵风响应试飞
S 强度飞行试验
C 阵风缓和系统
Z 飞行器试验

阵风响应试飞
Y 阵风响应飞行试验

阵列*
array
TB2；TN91
D 列阵
阵列流形
阵列式
F 探测器阵列
C 测向精度 →(7)
阵列乘法器 →(8)

阵列检测器
Y 阵列探测器

阵列流形
Y 阵列

阵列式
Y 阵列

阵列探测
array detection
TL8
S 探测*

阵列探测器
array detector
TH7；TL8
D 列阵探测器
阵列检测器
S 探测器*

阵面*
front
TN8
F 冲击波阵面

振颤
Y 颤振

振荡*
oscillation
TN7
D 流激振荡
瞬变振荡
振荡技术
F 单自由度振荡
俯仰振荡
傅科周期振荡
高空振荡
极限环振荡
驾驶员诱发振荡
锯齿振荡
流动振荡
钐振荡
舒勒周期振荡
氙振荡
压力高频振荡
压强振荡
翼型振荡
纵向振荡
C 振荡电机 →(5)
振荡频率 →(5)
振荡器 →(7)
振荡叶栅
振动

振荡技术
Y 振荡

振荡叶栅
oscillating cascade
TH13；TK0；V232
S 叶栅*
C 振荡
振动稳定性 →(4)

振动*
vibration
O3
D 抗振动
振动方式
振动技术
振动现象
振动形式
震动
震动现象
F 颤振
超音速颤振
飞机振动
卫星平台振动
卫星振动
涡激振动
液固耦合振动
C 摆动 →(3)(4)(5)(12)
固有频率 →(5)
减振 →(1)(4)
平衡
设备振动
振荡
振动分析 →(4)
振动频率 →(5)
振动试验
振动特性 →(4)
振幅 →(4)

振动弹头
Y 导弹弹头

振动反馈控制
vibration feedback control
TH13；V448.2
S 环路控制*
开闭环控制*
鲁棒控制*
运动控制*

振动方式
Y 振动

振动仿真器
Y 振动模拟器

振动负荷
Y 振动荷载

振动荷载
vibratory load
V215
D 抖振载荷
振动负荷
振动载荷
震动荷载
S 动载荷
Z 载荷

振动环境试验
vibration environmental test
TH11；V216

D 环境振动试验
S 环境试验*
振动试验
Z 力学试验

振动机翼
oscillating airfoil
V224
S 机翼*

振动技术
Y 振动

振动减阻
resistance reduction by vibration
V211
S 减阻*

振动可靠性
vibration reliability
V328.5
S 可靠性*
力学性能*

振动轮式微机械陀螺
Y 振动轮式微机械陀螺仪

振动轮式微机械陀螺仪
vibratory wheel micromechanical gyroscope
V241.5；V441
D 振动轮式微机械陀螺
S 微机械陀螺仪
振动陀螺仪
Z 陀螺仪

振动模拟器
vibration simulators
TB2；V216
D 振动仿真器
S 模拟器*
C 振动能量采集器 →(4)

振动模拟试验
vibration simulation test
O3；V216
S 模拟试验*
振动试验
Z 力学试验

振动实验台
Y 振动台

振动试验
vibration test
TB4；V216
D 减振试验
耐震性试验
震动实验
S 力学试验*
F 摆振试验
颤振试验
地面振动试验
颠簸试验
多轴振动试验
模态振动试验
热震试验
随机振动试验
虚拟振动试验
振动环境试验
振动模拟试验
C 振动
振动台试验 →(11)

振动试验机
Y 振动台

振动试验设备
vibration test equipment
TH7；V216
D 人用振动台
振动试验装置
S 试验设备*
F 振动台

振动试验台
Y 振动台

振动试验装置
Y 振动试验设备

振动台
shaking table
TH7；TV5；V216
D 磁致伸缩振动台
低频线振动台
电磁式振动台
电动式振动台
共振振动台
惯性式机械振动台
混凝土振动台
气动振动台
水泥胶砂振动台
台式振动器
线振动台
振动实验台
振动试验机
振动试验台
直接驱动机械振动台
S 试验台*
振动试验设备
F 角振动台
C 磁致伸缩仪 →(4)
Z 试验设备

振动陀螺
Y 振动陀螺仪

振动陀螺仪
vibratory gyroscope
V241.5；V441
D 振动陀螺
S 陀螺仪*
F 哥氏振动陀螺仪
微机械振动陀螺
谐振陀螺仪
压电振动陀螺仪
振动轮式微机械陀螺仪

振动现象
Y 振动

振动响应分析
vibration response analysis
V216
S 物理分析*
运动分析*

振动效应*
vibration effect
O3；TD2
D 震动效应
F 爆破震动效应

振动形式
Y 振动

振动载荷
Y 振动荷载

振动阻尼器
Y 阻尼器

振鸣
Y 鸣音

振实密度
tap density
TL35
S 密度*
C 振实台 →(3)

振翼机
Y 扑翼机

振子天线
Y 偶极子天线

震动
Y 振动

震动荷载
Y 振动荷载

震动实验
Y 振动试验

震动现象
Y 振动

震动效应
Y 振动效应

震源弹
hypocentrum cartridge
TJ51
D 震源药柱
S 爆破器材
动力源火工品
Z 火工品
器材

震源药柱
Y 震源弹

蒸发模型
evaporation model
O4；TL
D 核蒸发
S 核模型*

蒸发排放物
Y 排放物

蒸发式火焰稳定器
evaporated flame holder
V232
S 火焰稳定器
Z 燃烧装置

蒸发循环
evaporating circulation
V231
S 循环*

蒸馏回收
distillation recovery
TL33；X7
S 回收*

蒸气风洞
Y 风洞

蒸汽发生器
steam generator
TL352
D 发生器(蒸汽)
热管式蒸汽发生器
S 气体发生器
F 核蒸汽发生器
螺旋管蒸汽发生器
直流蒸汽发生器
C 反应堆冷却剂系统
虚假水位 →(5)
Z 发生器

蒸汽回收
vapor recovery
TL33；X7
S 回收*
C 物理净化 →(13)

蒸汽冷却堆
steam cooled reactors
TL4
S 反应堆*
C 气冷堆
水冷堆

整车
Y 车辆

整流罩*
fairing
TJ760.3；V222；V475.1
D 半圆头部整流罩
流线形整流罩
整流罩(力学)
F 导弹整流罩
发动机整流罩
红外整流罩
机头罩
机尾罩
卫星整流罩
有效载荷整流罩
C 座舱盖

整流罩(力学)
Y 整流罩

整流锥喷管
Y 排气喷管

整体壁板
integral panel
V25
S 饰面*
C 飞机蒙皮

整体防护服
Y 防护服

整体流动
Y 流体流

整体屈曲
Y 整体失稳

整体设计
Y 总体设计

整体失稳
overall instability
V214
D 整体屈曲
总体失稳
S 失稳*

整体式固体火箭冲压发动机
integnal solid propellant rocket ramjet engine
V435
S 固体火箭冲压发动机
整体式火箭冲压发动机
Z 发动机

整体式火箭冲压发动机
integral rocket ramjet engine
V439
D 整体式液体火箭冲压发动机
S 冲压火箭发动机
F 整体式固体火箭冲压发动机
Z 发动机

整体式液体火箭冲压发动机
Y 整体式火箭冲压发动机

整体式助推器
Y 助推火箭发动机

整体涡轮
integral turbine
V232.93
S 涡轮*
C 整体涡轮盘 →(4)
整体叶轮 →(4)

整体性设计
Y 总体设计

整体压缩机
Y 压缩机

整体叶盘
whole blisk
V232
S 叶盘
F 开式整体叶盘
Z 盘

整体油箱
integral tank
V24；V245.3
D 飞机整体油箱
S 飞机油箱
F 机翼整体油箱
Z 油箱

整体转移反应
Y 不完全熔合反应

整体装甲
Y 飞机装甲

整星
Y 人造卫星

整星二级故障
Y 卫星故障

整星三级故障
Y 卫星故障

整星一级故障
Y 卫星故障

整形*
reshaping
ZT2
D 整形方法
F 频域整形

整形方法
Y 整形

整修工艺
Y 工艺方法

整装弹药
Y 全备弹药

正β衰变放射性同位素
beta-plus decay radioisotopes
O6；TL92
D 正电子发射核素
S β衰变放射性同位素
F 镓-68
Z 同位素

正常返回
Y 返回

正常工况
normal condition
TH17；TK0；TL94
S 工况*

正常回收程序
Y 航天软件

正常式布局
Y 气动构型

正常式构型
Y 导弹构型

正常姿态
Y 姿态

正冲波位置调节
normal-shock position control
V430
S 发动机控制
Z 动力控制

正电子发射核素
Y 正β衰变放射性同位素

正电子探测
Y 电子探测

正反向计数器
Y 计数器

正交加速度漂移率
Y 漂移率

正面放映合成摄影
Y 摄影

正压型电气设备
Y 电气设备

支撑表面
Y 表面

支撑干扰
Y 支架干扰

支承载荷
Y 承载

支架干扰
support interference
V211.46
D 低架干扰
支撑干扰
支架干扰(风洞)
支座干扰
S 气动干扰*
C 洞壁干扰

支架干扰(风洞)
Y 支架干扰

支线飞机
regional aircraft
V271.3
D 喷气支线飞机
通勤飞机
通勤类飞机
支线机
支线喷气机
S 商业飞机
Z 飞机

支线机
Y 支线飞机

支线客机
Y 支线运输机

支线喷气机
Y 支线飞机

支线运输机
feeder liner
V271.2
D 支线客机
S 民用运输机
Z 飞机

支援直升机
Y 救援直升机

支座干扰
Y 支架干扰

织构表面
Y 表面

织构测角仪
Y 照相机

织构照相机
Y 照相机

织女航天探测器
Y 空间探测器

直壁式量水槽
metrical flume with straight wall
V211.76
S 水槽*

直播电视卫星
Y 电视直播卫星

直播卫星
Y 广播卫星

直播卫星系统
Y 广播卫星

直机翼
straight wing
V224
D 平直翼
S 机翼*

直角网格
cartesian grid
V247
D 笛卡尔网格
直角坐标网格
S 网格*
C 八叉树结构 →(8)

直角坐标网格
Y 直角网格

直接边界元法
Y 边界元法

直接侧力控制
Y 直接力飞行控制

直接测力控制
Y 直接力飞行控制

直接动作记录仪
Y 记录仪

直接攻击弹药
direct attack ammunitions
TJ41
S 空射弹药
F 联合直接攻击弹药
Z 弹药

直接横摆力矩控制
direct yaw moment control
V249.122.2
S 横摆力矩控制
直接控制*
Z 飞行控制
力学控制

直接进入法返回
Y 航天器返回

直接控制*
direct control
TP3
F 直接横摆力矩控制
直接力/气动力复合控制
直接力飞行控制
直接推力控制
C 控制

直接力/气动力复合控制
direct force/aerodynamic force compound control
TH4；TP1；V233.7
S 电气控制*
力学控制*
气动控制
直接控制*
综合控制*
Z 动力控制
流体控制

直接力飞行控制
direct force flight control
V249.1
D 直接侧力控制
直接测力控制
直接升力飞行控制
直接升力控制
S 飞行控制*
力学控制*
直接控制*

直接力飞行控制系统
Y 随控布局飞机控制系统

直接瞄准射击
direct fire
E；TJ3
D 火炮直接瞄准射击
直瞄射击
S 火炮射击
Z 射击

直接命中
direct hit
E；TJ01
D 直接中靶
S 命中*

直接喷射燃烧室
Y 直喷式燃烧室

直接喷射式燃烧室
Y 直喷式燃烧室

直接碰撞杀伤
directly impact killing
TJ0
S 硬杀伤
Z 弹药作用

直接驱动惯性约束聚变
direct drive ICF
TL61
S 惯性约束聚变
Z 核反应

直接驱动机械振动台
Y 振动台

直接驱动式记录仪
Y 记录仪

直接升力飞行控制
Y 直接力飞行控制

直接升力控制
Y 直接力飞行控制

直接推力控制
direct thrust control
TM3；V433
S 力学控制*

推力控制
直接控制*
Z 动力控制

直接物理模拟
direct physical simulation
V2
S 仿真*

直接循环
direct cycle
Q4；TL424
S 循环*

直接中靶
Y 直接命中

直结工艺
Y 工艺方法

直连式试验
direct-connect test
V216
S 试验*

直列爆炸序列
Y 直列式爆炸序列

直列式爆炸序列
in-line explosive train
TJ456
D 无隔爆爆炸序列
直列爆炸序列
直列式传爆系列
S 爆炸序列
Z 火工品

直列式传爆系列
Y 直列式爆炸序列

直列四缸发动机
inline four cylinders engine
TK0；V234
S 四冲程发动机
Z 发动机

直列药包
line charge
TJ515
D 直列装药
S 爆破药包
Z 火工品

直列装药
Y 直列药包

直流喷咀
Y 直流喷嘴

直流喷嘴
spray injector
V232
D 直流喷咀
直流式喷嘴
S 喷嘴*
C 直流设备 →(5)

直流实验装置
Y 磁镜

直流式喷嘴
Y 直流喷嘴

直流蒸发器
Y 直流蒸汽发生器

直流蒸汽发生器
once-through steam generator
TL352
D 直流蒸发器
S 发生器*
蒸汽发生器

直瞄射击
Y 直接瞄准射击

直喷式燃烧室
direct injection combustion chamber
U2；U4；V232
D 统一式燃烧室
直接喷射燃烧室
直接喷射式燃烧室
S 燃烧室*
C 直接喷射汽油机 →(5)

直射距离
point-blank range
TJ0
S 射程
Z 时空性能
数学特征
战术技术性能

直射武器
direct fire weapon
TJ0
S 射击武器
Z 武器

直升飞机
Y 直升机

直升飞机场
heliport
V351
D 直升飞机机场
直升机场
直升机机场
直升机起降场
直升机起落场
S 机场
Z 场所

直升飞机机场
Y 直升飞机场

直升机
helicopter
V275.1
D 垂直短距起落飞机
垂直起飞飞机
垂直起降飞机
垂直起降飞行器
垂直起落飞机
陡梯度起落飞机
短距起落飞机
高速直升机
推力换向式飞机
无尾桨直升机
直升飞机
S 飞机*
F 垂直起降战斗机
多用途直升机
复合式直升机
共轴式直升机
横列式直升机
环翼机
救援直升机
军用直升机
民用直升机
喷气式垂直起落飞机
喷气直升机
轻型直升机
双桨交叉直升机
微型直升机
小型直升机
悬停直升机
旋翼直升机
遥控直升机
运输直升机
重型直升机
自主直升机
纵列式直升机
C 垂直起落
地面效应
过渡飞行
拉降
拉降装置
喷气襟翼
平台起落
悬停回转
悬停试验
旋翼
旋翼飞行器
旋翼挥舞动力学
旋翼机
最大垂直爬升率
最大后飞速度

直升机部件*
helicopter component
V225；V232；V275.1
F 尾桨部件
旋翼部件
直升机减速器

直升机舱
Y 飞机机舱

直升机操纵
Y 飞行操纵

直升机操纵机构
Y 飞行操纵系统

直升机产业
Y 直升机工业

直升机场
Y 直升飞机场

直升机吊挂系统
helicopter sling systems
V245
D 拉降装置(直升机)
S 直升机系统
C 飞机挂架
舰上起落
Z 航空系统

直升机定点回转
Y 悬停回转

直升机动部件
Y 直升机系统

直升机动力学
Y 直升机飞行力学

直升机动力装置
Y 航空动力装置

直升机短翼
Y 短翼

直升机防撞
Y 飞行防撞

直升机飞行控制
Y 直升机控制

直升机飞行控制系统
helicopter flight control system
V249
S 飞行控制系统
直升机系统
Z 飞行系统
航空系统

直升机飞行力学
flight dynamics of helicopter
V212
D 直升机动力学
S 飞行力学
F 旋翼挥舞动力学
C 空中共振
Z 航空航天学

直升机飞行试验
helicopter flight test
V217
D 直升机试飞
S 飞行试验
F 悬停试验
Z 飞行器试验

直升机辅助机翼
Y 短翼

直升机辅助翼
Y 短翼

直升机工业
helicopter industry
V275.1
D 直升机产业
S 航空工业
Z 航空航天工业

直升机构件
helicopter structural element
V275.1
D 末尾关节
直升机着水装置
轴向关节
S 航空结构件
F 直升机尾梁
Z 飞行器构件

直升机挂架
Y 飞机挂架

直升机机场
Y 直升飞机场

直升机技术
telicopter technology
V275.1
S 航空技术
Z 航空航天技术

直升机减速器
helicopter retarder
TH13；V232；V275.1
S 调速装置*
直升机部件*
C 减速板

直升机建模
helicopter modeling
V275.1
S 建模*

直升机桨叶
Y 旋翼桨叶

直升机桨叶减摆器
Y 桨叶减摆器

直升机结构
helicopter structure
V275.1
S 航空器结构
C 直升机尾梁
Z 工程结构

直升机静升限
Y 静升限

直升机空气动力学
Y 旋翼空气动力学

直升机控制
helicopter control
V249
D 直升机飞行控制
自动过渡控制
S 飞行器控制
F 悬停控制
Z 载运工具控制

直升机排气系统
helicopter exhaust systems
V228.7
S 排气系统
直升机系统
Z 发动机系统
航空系统
排放系统

直升机迫降
Y 迫降

直升机起飞
Y 起飞

直升机起降
Y 起落

直升机起降场
Y 直升飞机场

直升机起落
Y 起落

直升机起落场
Y 直升飞机场

直升机起落装置
Y 起落架

直升机设计
helicopter design
V221
S 航空器设计
F 旋翼设计
Z 飞行器设计

直升机试飞
Y 直升机飞行试验

直升机头部
Y 飞行器头部

直升机尾桨
Y 尾桨

直升机尾桨传动机构
Y 传动装置

直升机尾梁
helicopter tail boom
V226
D 尾斜梁
直升机尾斜梁
直升机斜梁
S 直升机构件
C 直升机结构
Z 飞行器构件

直升机尾斜梁
Y 直升机尾梁

直升机系留试验
Y 挂飞试验

直升机系统
helicopter systems
V275.1
D 直升机动部件
S 航空系统*
F 飞行操纵系统
旋翼/机身耦合系统
旋翼系统
直升机吊挂系统
直升机飞行控制系统
直升机排气系统

直升机斜梁
Y 直升机尾梁

直升机悬停
Y 悬停

直升机悬停高度
Y 悬停高度

直升机悬停试验
Y 悬停试验

直升机悬停指示器
Y 悬停指示器

直升机旋翼
Y 旋翼

直升机旋翼空气动力学
Y 旋翼空气动力学

直升机旋翼气动理论
Y 旋翼气动理论

直升机研制
helicopter development
V275.1
S 飞机研制
Z 研制

直升机仪表
Y 航空仪表

直升机噪声
Y 飞机噪声

直升机装备
helicopter equipments
V275.1
S 机载设备
Z 设备

直升机装甲
Y 飞机装甲

直升机着舰装置
helicopter decklanding devices
U6；V32
D 舰载直升机着舰装置
S 装置*

直升机着水装置
Y 直升机构件

直升机座舱
Y 飞机座舱

直升机座椅
Y 飞机座椅

直视光学系统
Y 光学系统

直视瞄准具
Y 瞄准具

直线 Z 箍缩装置
linear Z pinch devices
O4；TL6
D Z 箍缩
Z 箍缩靶
Z 箍缩装置
纵向箍缩装置(直线)
S 直线箍缩装置
Z 热核装置

直线对撞机
linear colliders
TL5
D 对撞机
S 直线加速器
C 对撞束
Z 粒子加速器

直线感应加速器
Y 感应直线加速器

直线箍缩型堆
linear pinch type reactors
TL63
S 热核堆
C 直线箍缩装置
Z 反应堆

直线箍缩装置
linear pinch devices
TL53
D 兆高斯电子感应加速器
S 箍缩装置
开式等离子体装置
F 直线 Z 箍缩装置
C 直线箍缩型堆
Z 热核装置

直线加速器
linear accelerator
TL53
D HELAC 直线加速器
线性加速器
直线性加速器
S 粒子加速器*
F 超导直线加速器
辐照电子直线加速器
感应直线加速器
拍波加速器
强流直线加速器
射频直线加速器
四极直线加速器
西门子直线加速器
直线对撞机
质子直线加速器
重离子直线加速器
C 漂移管
行波加速器
驻波加速器

直线进近着陆
Y 着陆

直线性加速器
Y 直线加速器

直线振动发电机
Y 发电机

直线坐标记录仪
Y 记录仪

直焰烧嘴
Y 气体喷嘴

直叶片
Y 圆柱形叶片

值
Y 数值

职业性照射
occupational exposure
R；TL7
S 辐照*
C 电离辐射
辐射剂量

植入源
Y 辐射源植入物

止浆垫
Y 垫层

指标*
index
C
F 战术指标
钻头工作指标
C 城市绿地 →(11)
计划
建筑密度 →(11)
建筑面积 →(11)
性能指标 →(1)(2)(5)(7)(8)(9)(10)(11)(12)

指标论证
index demonstration
E；TJ0
S 论证*

指挥车
command vehicle
E；TJ812
S 车辆*
军用车辆*
F 通信指挥车
指挥控制车
装甲指挥车

指挥刀
Y 战刀

指挥调度系统
Y 调度指挥系统

指挥火控系统
Y 指挥仪式火力控制系统

指挥机
Y 空中指挥机

指挥控制车
command and control vehicle
TJ812
S 指挥车
Z 军用车辆

指挥控制飞机
Y 空中指挥机

指挥塔
Y 炮塔

指挥塔台
Y 塔台

指挥信号
Y 指令信号

指挥仪式火控系统
Y 指挥仪式火力控制系统

指挥仪式火力控制系统
director type fire control system
TJ3；TJ811
D 稳象式火控系统
稳像火控系统
稳像式火控系统
指挥火控系统
指挥仪式火控系统
指挥仪型火力控制系统
S 火控系统
Z 武器系统

指挥仪型火力控制系统
Y 指挥仪式火力控制系统

指挥引导雷达
command guide radar
V351.3
D 机场雷达系统
S 雷达*
C 机场设备

指挥直升机
command helicopter
V275.13
D 空中指挥直升机
S 军用直升机
C 空中指挥机
Z 飞机

指廊型航站楼
Y 航站楼

指令*
instruction
TP3
D 口令
命令
命令行
指令表
指令语言式
F 安控指令
适航指令
遥控指令
C 口令认证 →(7)(8)

指令表
Y 指令

指令信号
command signal
V55
D 指挥信号
指令信息
S 信号*

指令信息
Y 指令信号

指令-寻的制导
command-homing guidance
TJ765；V448
D TVM 制导
S 复合制导
Z 制导

指令语言式
Y 指令

指令增稳系统
Y 自动增稳系统

指令执行机构
command execution unit
V55
S 操作机构
Z 机构

指令制导
command guidance
TJ765；V448
D 遥控式指令制导
S 制导*
F 视线指令制导
无线电制导
有线制导
C 指令制导系统

指令制导系统
command guidance system
TJ765；V448
S 制导系统*
C 指令制导

指南
manual
G；TL
C 手册 →(1)

指示表
Y 指示器

指示计
Y 指示器

指示空速
Y 飞行速度

指示空速表
Y 飞行速度指示器

指示器*
indicator
TH7
D 表示盘
表示设备
指示表
指示计
指示仪
指示仪表
指示仪器
指示仪器仪表
F 侧滑指示器
飞行速度指示器
航向指示器
激光指示器
接近指示器
位置指示器
悬停指示器
迎角指示器
姿态指示器

指示式测量仪器
Y 测量仪器

指示仪
Y 指示器

指示仪表
Y 指示器

指示仪器
Y 指示器

指示仪器仪表
Y 指示器

指数*
index
O1；ZT3
D 色品指数
指数形式
F 畸变指数
遮蔽指数
作战能力指数
C 污染指数 →(13)

指数堆
Y 次临界装置

指数形式
Y 指数

指向精度
pointing accuracy
V249.3；V448
S 精度*

指向器
Y 导航站

指向稳定性
Y 航向稳定性

指向性
Y 方向性

制备工艺参数
Y 工艺参数

制冰设备
Y 冷却装置

制成
Y 制造

制导*
guidance
TJ765；V448
D 制导方法
制导方式
制导技术
制导模式
制导原理
F 成像制导
地磁制导
地形跟踪制导
迭代制导
飞行器制导
复合制导
光学制导
驾束制导
精确制导
末制导
三维制导
图像制导
显式制导
协同制导
遥控制导
鱼雷制导
预测制导
指令制导
中继制导
自适应制导
自主制导
纵向制导
最优制导

制导兵器
Y 制导武器

制导兵器系统
Y 制导武器

制导弹道
Y 导引弹道

制导弹药

guidance ammunition
TJ41
S 高新技术弹药
制导武器
F 精确制导弹药
末制导弹药
射频制导弹药
增程制导弹药
C 制导火箭弹
制导炮弹
制导鱼雷
制导炸弹
Z 弹药

制导方法
Y 制导

制导方式
Y 制导

制导航弹
Y 制导炸弹

制导航空炸弹
Y 制导炸弹

制导滑翔炸弹
guided glided bombs
TJ414
S 制导炸弹
Z 炸弹

制导火箭弹
guided rocekt projectiles
TJ415
S 火箭弹
C 制导弹药
Z 武器

制导技术
Y 制导

制导精度
guidance accuracy
TJ765
D 制导误差
S 精度*
C 反导弹导弹
复合制导
切换时间 →(1)

制导控制
guidance control
TJ765
D 导向控制
导引控制
引导控制
S 控制*
F 定深控制

制导控制系统
guidance and control system
TJ765；V448
S 制导系统*
专用系统*

制导控制一体化
Y 制导一体化

制导模式
Y 制导

制导炮弹
guided projectile
TJ412
D 灵巧弹
自动寻的炮弹
S 炮弹*
F 末制导炮弹
C 制导弹药

制导设备*
guidance equipment
TN96；V241.6；V441
D 制导装置
F 导引头
陀螺稳定器
星敏感器

制导水雷
Y 自导水雷

制导算法
guidance algorithm
V249.3
S 算法*

制导体制
Y 制导系统

制导头
Y 导引头

制导武器
guided weapon
E；TJ0
D 制导兵器
制导兵器系统
S 武器*
F 电视制导武器
红外制导武器
机载制导武器
激光制导武器
精确制导武器
制导弹药
C 飞行器

制导武器系统
guided weapons system
E；TJ0
S 武器系统*
制导系统*
F 精确制导武器系统

制导误差
Y 制导精度

制导系统*
guidance system
TJ765；V448
D 导引系统
引导系统
制导体制
F 成像制导系统
程序制导系统
导弹制导系统
复合制导系统
惯性制导系统
红外制导系统
激光制导系统
捷联制导系统
精确制导系统
末制导系统
相关制导系统
遥控制导系统
鱼雷制导系统
指令制导系统
制导控制系统
制导武器系统
自主式制导系统
C 导弹系统
导航系统
武器系统

制导行程
Y 行程

制导一体化
guidance and control integration
TJ765
D 制导控制一体化
S 一体化*

制导鱼雷
guided torpedo
TJ631
S 鱼雷*
F 线导鱼雷
自导鱼雷
C 制导弹药

制导原理
Y 制导

制导炸弹
guided bomb
TJ414
D 航空制导炸弹
遥控航弹
遥控炸弹
制导航弹
制导航空炸弹
S 炸弹*
F GPS 制导炸弹
电视制导炸弹
复合制导炸弹
红外制导炸弹
激光制导炸弹
简易制导炸弹
精确制导炸弹
卫星制导炸弹
制导滑翔炸弹
制导子母弹
C 防区外发射
制导弹药

制导站
Y 导航站

制导装置
Y 制导设备

制导子弹
Y 制导子母弹

制导子弹药
Y 制导子母弹

制导子母弹
guided cluster bombs

TJ414
D 制导子弹
　制导子弹药
S 制导炸弹
　子母弹
Z 炸弹

制动冲击环境
Y 冲击环境

制动传动机构
Y 传动装置

制动电路
Y 驱动器

制动机
Y 制动装置

制动机构
Y 制动装置

制动结构
Y 制动装置

制动控制
Y 刹车控制

制动器
Y 制动装置

制动设备
Y 制动装置

制动试验
brake test
TJ810.6；U2
D 制动性能试验
S 性能试验*
C 制动 →(2)(4)(5)(12)
　制动件 →(4)(12)

制动试验台
braking bench
V21
S 试验台*

制动推力
brake thrust
O3；V43
S 推力*
C 发动机

制动系
Y 制动装置

制动系统
Y 制动装置

制动系统结构
Y 制动装置

制动性能试验
Y 制动试验

制动装置*
arresting gear
TH13；U4
D 制动机
　制动机构
　制动结构
　制动器
　制动设备
　制动系
　制动系统
　制动系统结构
F 飞机刹车
　全电刹车
　自动刹车
C 操纵系统
　单回路调节器 →(8)
　单回路控制器 →(8)
　机械装置 →(2)(3)(4)(12)
　空气管路 →(12)
　连续反馈 →(8)
　制动件 →(4)(12)
　制动效能因数 →(4)(12)

制剂*
preparations
TQ42
D 加工剂
　制剂工艺
F 降速剂
C 剂型 →(1)(9)(10)(13)

制剂工艺
Y 制剂

制空战斗机
Y 空中优势战斗机

制冷工业
Y 工业

制冷机械
Y 冷却装置

制冷器具
Y 冷却装置

制冷设备
Y 冷却装置

制冷系统*
refrigerating system
TB6
F 堆芯应急冷却系统
　开式循环冷却系统
　空气循环制冷系统
C 工程系统
　循环系统

制冷装置
Y 冷却装置

制式弹药
service ammunition
TJ41
S 弹药*
C 制式地雷
　制式水雷

制式地雷
standard land mine
TJ512
S 地雷*
　制式武器
C 制式弹药
Z 武器

制式机枪
standard machine guns
TJ24
S 机枪
Z 枪械

制式枪弹
standard bullets
TJ411
D 北约制式枪弹
S 枪弹*
　制式武器
C 子弹药

制式手枪
standard pistols
TJ21
S 手枪
Z 枪械

制式水雷
standard naval mine
TJ61
S 水雷*
　制式武器
C 制式弹药
Z 武器

制式武器
standard arm
E；TJ0
S 武器*
F 军用制式轻武器
　制式地雷
　制式枪弹
　制式水雷

制退复进机
Y 反后坐装置

制退机
Y 反后坐装置

制退器
recoil mechanisms
TJ303
S 反后坐装置
Z 火炮构件

制造*
fabrication
TH16；ZT5
D 加工制造技术
　制成
　制造法
　制造方法
　制造工程技术
　制造过程
　制造技术
　制造加工
F 飞行器制造
　空间制造
　武器制造
C 操作
　成组技术 →(7)
　锻造 →(3)
　工艺方法
　加工
　模具制造 →(1)(2)(3)(4)(9)
　酿造 →(10)

生产工艺 →(1)(2)(3)(4)(7)(9)(10)
织造 →(10)
制备 →(1)(2)(3)(4)(9)(10)(13)
制药 →(9)
制造工程 →(4)
制造科学 →(4)
制造缺陷
制造系统 →(1)(2)(3)(4)(5)(8)(9)(11)
制造资源 →(4)
制造资源管理 →(13)
制作 →(1)(3)(4)(7)(8)(10)(11)(12)
铸造 →(1)(3)(4)

制造厂
Y 工厂

制造法
Y 制造

制造方法
Y 制造

制造工程技术
Y 制造

制造过程
Y 制造

制造技术
Y 制造

制造加工
Y 制造

制造缺陷*
manufacturing defect
TH16
D 机加工缺陷
加工缺陷
金属加工缺陷
热加工缺陷
预制缺陷
F 粘接缺陷
C 凹坑 →(3)
斑点缺陷 →(3)(4)
齿轮缺陷 →(4)
焊接缺陷 →(3)
加工变形 →(1)(3)(4)(9)(11)
金属材料缺陷 →(3)
缺陷 →(1)(2)(3)(4)(5)(7)(8)(9)(10)(11)(12)
轧辊缺陷 →(3)(4)
制造

制造设计
Y 产品设计

质点弹道
particle ballistic trajectory
TJ410
S 外弹道
Z 弹道

质点弹道模型
particle ballistic trajectory model
TJ410
S 弹道模型
C 弹道分析
Z 模型

质量*
quality
F
D 品质
质量水平
质量特点
质量要求
F 乘坐品质
导弹质量
飞行品质
火箭质量
临界质量
流场品质
束流品质
C 产品质量 →(1)(2)(3)(4)(5)(8)(9)(10)(12)
纺织加工质量 →(10)
工程质量 →(1)(2)(11)(12)
工艺质量 →(1)(2)(3)(4)(7)(8)(9)(10)(11)
环境质量 →(11)(13)
食品质量 →(10)
体积 →(1)(2)(3)(9)
性能规格 →(1)
冶金质量 →(3)
重量

质量补偿
Y 舵面配重

质量不平衡
mass unbalance
TK0；V249
S 质量平衡
Z 平衡

质量分辨率
mass resolution
TH7；TL8
S 分辨率*

质量分配
mass distribution
V37
S 分配*

质量估计
mass estimation
TL37
S 估计*

质量平衡
mass balance
TL6
S 平衡*
F 质量不平衡
C 热核堆
热核装置

质量水平
Y 质量

质量特点
Y 质量

质量要求
Y 质量

质量转换
Y 传质

质能释放
mass and energy release
TL3
S 释放*

质心定位
centroid localization
V214.1；V221.5；V414.1
S 定位*

质子比
proton ratio
TL5
S 比*

质子磁共振谱
proton magnetic resonance spectrum
O6；R；TL
D 核磁共振氢谱
氢谱
S 谱*

质子反冲探测器
Y 中子探测器

质子－反质子对撞机
Y 高能加速器

质子辐照效应
proton radiation effects
O4；TL99
S 辐射效应*

质子轰击
proton bombardment
TG1；TL
S 轰击*

质子回旋加速器
proton cyclotron
TL5
S 回旋加速器
F 强流质子回旋加速器
Z 粒子加速器

质子激发 X 射线荧光分析
proton-induced X-ray fluorescence analysis
TL99
S 分析方法*

质子剂量学
proton dosimetry
TL7
S 剂量学*
C 粒子探测

质子加速器
proton accelerators
TL5
S 粒子加速器*
F 强流质子加速器
质子直线加速器

质子交换膜燃料电池发动机
proton-exchange-membrane fuel
TK0；V23
S 燃料电池发动机
Z 发动机

质子扫描器（断层照相术）
Y 计算机层析成像

质子束流

proton beam current
TL5
S 束流*

质子同步加速器
Y 同步加速器

质子型计算机断层照相术
Y 计算机层析成像

质子诱发γ射线分析
Y 核分析技术

质子直线加速器
proton linear accelerator
TL5
S 直线加速器
　质子加速器
F 强流质子直线加速器
Z 粒子加速器

治安武器
Y 警用武器

致动器
Y 作动器

致冷剂
Y 冷却介质

致冷设备
Y 冷却装置

致冷系统
Y 冷却装置

致裂
Y 断裂

致盲弹
grow blind projectiles
TJ412
S 特种炮弹
C 非致命弹药
Z 炮弹

致盲激光武器
Y 激光致盲武器

致密多孔壁冷却
dense porous wall cooling
V231.1
S 冷却*

致密微孔壁冷却
dense micropore wall cooling
V231.1
S 冷却*

致命性辐照
Y 致死性辐照

致热枪
pyrogenicity rifles
TJ27
S 特种枪
Z 枪械

致死辐射剂量
Y 致死剂量

致死辐照
Y 致死性辐照

致死概率
lethal probability
TJ9
S 概率*

致死剂量
fatal dose
R；TJ92；TL7
D 剂量(致死)
　致死辐射剂量
S 毒害剂量
F 半致死剂量
C 亚致死性辐照
　致死性辐照
Z 剂量

致死浓度
lethal concentration
TJ92
S 浓度*

致死性毒剂
lethal agent
TJ92
D 致死性战剂
S 毒剂*
F 光气

致死性辐照
lethal irradiation
TB9；TL7
D 超致死辐照
　超致死性辐照
　致命性辐照
　致死辐照
S 辐照*
C 辐射剂量
　剂量-效应关系
　生存时间 →(1)
　致死剂量

致死性战剂
Y 致死性毒剂

致痒弹
tickling projectiles
TJ412
S 特种炮弹
Z 炮弹

掷弹筒
Y 榴弹发射器

窒息弹
Y 燃料空气炸弹

窒息性毒剂
choking agent
TJ92
D 肺刺激剂
　肺刺激性毒剂
　肺损伤剂
　伤肺性毒剂
S 毒剂*

智慧生物
Y 地外生命

智能弹药
intelligent munition
TJ41
S 高新技术弹药
C 智能地雷
　智能炮弹
　智能鱼雷
　智能炸弹
Z 弹药

智能导弹
intelligent missile
TJ76；TJ99
S 导弹
　智能武器
Z 武器

智能地雷
intelligent land mine
TJ512；TJ99
D 灵巧地雷
　智能封锁雷
S 地雷*
　智能武器
F 反直升机智能地雷
C 灵巧弹药
　智能弹药
　智能雷场

智能调节
Y 智能控制

智能调控
Y 智能控制

智能发动机
intelligent engine
TK0；V23；V43
S 发动机*
C 智能电动机控制器 →(8)
　智能机械 →(4)(8)

智能反坦克武器
intelligent anti-tank weapons
TJ99
S 反坦克武器
　智能武器
C 智能反坦克炸弹
Z 武器

智能反坦克炸弹
smart anti-tank bomb
TJ414；TJ99
S 反坦克炸弹
　智能炸弹
C 智能反坦克武器
Z 武器
　炸弹

智能反坦克子弹药
intelligent anti-tank sub-munitions
TJ41；TJ99
S 子弹药
Z 弹药

智能反直升机地雷
Y 反直升机智能地雷

智能防撞
Y 避碰

智能飞机

intelligent aircraft
V271
S 飞机*

智能封锁雷
Y 智能地雷

智能化电器设备
Y 电气设备

智能化控制
Y 智能控制

智能火炮
Y 智能炮

智能检测设备
intelligent checkout equipments
V24
S 检测设备*

智能控制*
intelligent control
TP1
D 电脑智能控制
喷头智能控制
智能调节
智能调控
智能化控制
智能控制论
智能式
智能优化控制
智能自动化
F 自学习飞行控制
C 计算机控制
自动控制

智能控制论
Y 智能控制

智能雷场
intelligent minefields
E；TJ512
S 地雷场
C 智能地雷
Z 场所

智能蒙皮
smart skin
V222
S 飞机蒙皮
C 灵巧结构 →(1)
Z 板件
飞机结构件

智能炮
intelligent gun
TJ399；TJ99
D 机器人炮
智能火炮
S 新概念火炮
智能武器
Z 武器

智能炮弹
intelligent projectile
TJ412；TJ99
S 炮弹*
F 灵巧炮弹
C 智能弹药

智能枪
intelligent rifles
TJ2；TJ99
S 枪械*
智能武器

智能式
Y 智能控制

智能手枪
intelligent pistols
TJ21；TJ99
S 手枪
Z 枪械

智能水雷
intelligent naval mines
TJ61；TJ99
S 水雷*
智能武器
F 神经网络水雷
自掩埋水雷
Z 武器

智能探测
intelligent detect
V249.3
S 探测*

智能武器
intelligent weapon
TJ99
D 人工智能武器
S 武器*
F 智能导弹
智能地雷
智能反坦克武器
智能炮
智能枪
智能水雷
智能鱼雷
智能炸弹

智能旋翼
smart rotor
V275.1
S 旋翼*

智能引信
intelligent fuze
TJ43
S 引信*

智能隐身材料
intelligent stealth matcrial
TB3；V218
S 隐身材料
Z 功能材料

智能优化控制
Y 智能控制

智能鱼雷
intelligent torpedo
TJ631；TJ99
S 鱼雷*
智能武器
C 智能弹药

智能炸弹
intelligent bombs
TJ414；TJ99
S 炸弹*
智能武器
F 智能反坦克炸弹
C 智能弹药
Z 武器

智能子弹
intelligent bullets
TJ411
S 灵巧子弹
Z 枪弹

智能子弹药
intelligent sub-munitions
TJ41；TJ99
S 子弹药
Z 弹药

智能自动化
Y 智能控制

滞后
Y 时滞

滞留量
holdup
TE3；TL24；TL27
D 滞留率
S 数量*

滞留率
Y 滞留量

滞留性能
Y 滞留因子

滞留因子
retention factor
TL94
D 滞留性能
S 因子*
C 硅酸盐水泥 →(9)

滞止压力
stagnation pressure
O3；V211
D 驻点压力
S 压力*

中半径
Y 半径

中波导航台
Y 全向信标

中波电磁辐射
Y 中波辐射

中波辐射
medium wave radiation
TL7；TL81；TN93
D 中波电磁辐射
S 辐射*

中程弹道导弹
intermediate range ballistic missile
TJ761.3
S 弹道导弹
中程导弹

Z 武器

中程导弹
medium-range missile
TJ761.2
D 中程面空导弹
S 导弹
F 中程弹道导弹
中远程导弹
Z 武器

中程地空导弹
Y 中程防空导弹

中程防空导弹
intermediate range antiaircraft missiles
TJ761.9
D 中程地空导弹
S 防空导弹
Z 武器

中程防空导弹系统
intermediate range anti-aircraft missile systems
TJ76
S 防空导弹系统
Z 导弹系统
防御系统

中程空对地导弹
medium range air-to-surface missile
TJ762.2；V27
S 空地导弹
Z 武器

中程空对空导弹
Y 中程空空导弹

中程空空导弹
intermediate range air to air missiles
TJ76
D 中程空对空导弹
中距空对空导弹
中距空空导弹
S 空空导弹
Z 武器

中程面空导弹
Y 中程导弹

中程增程防空系统
intermediate-range extended range anti-aircraft systems
E；TJ0
S 防御系统*

中单翼
Y 机翼

中等燃速推进剂
Y 固体推进剂

中等失能剂量
Y 半数失能剂量

中低放废物
Y 中放废物

中低放废液
low to intermediate radioactive waste solution
TL94；X5
S 中放废液
Z 废液

中低轨道卫星
Y 近地卫星

中段弹道
Y 中间弹道

中段弹道学
Y 中间弹道学

中段制导
Y 中制导

中断起飞
rejected take-off
V32
S 起飞
C 飞行故障
Z 操纵

中断起飞极限速度
Y 起飞速度

中放废物
intermediate level radioactive waste
TL94；X7
D 中低放废物
中放射性废物
S 废弃物*
C 低放废物
高放废物

中放废液
intermediate radioactive waste solution
TL94；X5
S 放射性废液
F 中低放废液
Z 废液

中放射性
intermediate-level radioactive
TL7
S 放射性
Z 物理性能

中放射性废物
Y 中放废物

中高空靶机
Y 靶机

中高空飞机靶
Y 靶机

中轨道卫星
medium earth orbit satellite
V474
S 近地卫星
Z 航天器
卫星

中国航空工业
Chinese aviation industrial
V2
S 航空工业
Z 航空航天工业

中国航空史
Y 航空史

中国航天
china's space activities
V4
D 中国载人航天
S 航天
Z 航空航天

中国航天史
Y 航天史

中国先进研究堆
China advanced research reactor
TL4
S 研究堆
Z 反应堆

中国载人航天
Y 中国航天

中级废物
Y 废弃物

中级滑翔伞
Y 滑翔伞

中继卫星
Y 跟踪与数据中继卫星

中继卫星系统
relay-satellite system
V474
S 卫星系统
F 跟踪与数据中继卫星系统
Z 航天系统

中继星
Y 跟踪与数据中继卫星

中继制导
relay guidance
TJ765；V448
S 制导*

中间弹道
midcourse trajectory
V212；V421
D 弹道中段
中段弹道
S 导弹弹道
F 助推-滑翔弹道
Z 弹道

中间弹道试验
Y 内弹道试验

中间弹道学
intermediate ballistics
TJ01
D 中段弹道学
S 外弹道学
C 内弹道试验
Z 弹道学

中间工厂
Y 中试厂

中间轨道
Y 停泊轨道

中间试验厂
Y 中试厂

中距空对空导弹
Y 中程空空导弹

中距空空导弹
Y 中程空空导弹

中空长航时无人机
Y 无人侦察机

中空飞行
Y 飞行

中控室
Y 中央控制室

中口径火炮
intermediate-caliber gun
TJ399
D 中口径炮
S 火炮
F 中口径舰炮
Z 武器

中口径舰炮
medium calibre naval gun
TJ391
D 中口径舰用火炮
S 舰炮
中口径火炮
Z 武器

中口径舰用火炮
Y 中口径舰炮

中口径炮
Y 中口径火炮

中日航线
Sino-Japanese routes
U6；V355
S 航线*

中试厂
pilot plant
TL2
D 工厂(中间)
试验厂
中间工厂
中间试验厂
S 核燃料后处理厂
Z 工厂
设施

中心*
centers
ZT99
D 中心位置
F 磁中心
压力中心

中心（机构）*
centre
ZT87
F 测控中心
空管中心

中心传动装置
Y 传动装置

中心发火手枪弹
Y 手枪弹

中心控制室
Y 中央控制室

中心位置
Y 中心

中心柱
center pole
TL6；TU2
S 柱*

中型机枪
Y 重机枪

中型榴弹炮
medium-sized howitzers
TJ33
S 榴弹炮
Z 武器

中型坦克
medium tank
TJ811
S 坦克
Z 军用车辆
武器

中型运输直升机
medium transport helicopter
V275.111
S 运输直升机
Z 飞机

中性束注入
neutral beam injection
TL5；TL6
D 中性原子束注入
S 束注入
Z 注入

中性束注入器
neutral beam injector
TL6
D 中性束注入系统
S 注入器
Z 热核装置

中性束注入系统
Y 中性束注入器

中性原子束注入
Y 中性束注入

中压电器设备
Y 电气设备

中压压缩机
Y 压缩机

中延期引信
Y 延期引信

中央控制室
central control room
TL36；TM6；TV7
D 集中控制室
中控室
中心控制室
主控室
主控制室
总控制室
S 控制室
C 中央控制器 →(8)
Z 控制机构

中翼
Y 翼段

中远程导弹
medium-long range guided missiles
TJ761.2
S 中程导弹
Z 武器

中远程防空导弹
medium-long range anti-aircraft missiles
TJ761.9
S 防空导弹
Z 武器

中远程舰空导弹
medium-long range ship-to-air missiles
TJ761.9
S 舰空导弹
Z 武器

中远程空空导弹
medium-long range air-to-air missiles
TJ762.2
S 空空导弹
Z 武器

中制导
midcourse guidance
TJ765；V448
D 捷联中制导
中段制导
S 导弹制导
F 惯性中制导
最优中制导
Z 制导

中置发动机
Y 发动机

中子倍增
Y 次临界装置

中子倍增公式
Y 次临界装置

中子倍增装置
Y 次临界装置

中子产额
neutron yield
O4；TL8
S 核反应产额
Z 产额

中子弹
neutron bomb
TJ913
D 强辐射武器
增强辐射弹
增强辐射武器
增强型辐射武器
中子辐射武器

中子武器
S 特殊性能核武器
C 中子破坏作用
Z 武器

中子动力学
neutron dynamics
O4；TL31
D 中子动力学方程
中子动力学模型
S 动力学*
F 点堆中子动力学

中子动力学方程
Y 中子动力学

中子动力学模型
Y 中子动力学

中子反射层
neutron reflectors
O4；TL32
D 惰层
反射层(中子)
S 反射层
C 铍 →(3)
石墨材料 →(5)(9)
Z 反应堆部件

中子反射谱仪
neutron reflectance spectrum
TL4
S 中子谱仪
Z 谱仪

中子反应
neutron reactions
TL3
S 核反应*
C 快堆
中子溅射

中子辐射
neutron irradiation
TL7；TL8
D 中子辐照
中子轰击
中子照射
S 辐射*

中子辐射武器
Y 中子弹

中子辐射效应
neutron radiation effects
Q6；TJ91；TL7
D 中子辐照效应
中子束效应
中子效应
S 辐射效应*

中子辐照
Y 中子辐射

中子辐照效应
Y 中子辐射效应

中子-伽马谱
neutron gamma spectra
O4；TL99
S γ谱
中子谱
Z 谱

中子轰击
Y 中子辐射

中子活化分析
neutron activation analysis
O6；TL99
D 分析(中子活化)
仪器中子活化分析
S 分析方法*
F 脉冲快热中子分析
C γ辐射

中子剂量
Y 中子剂量学

中子剂量测量
Y 核谱测量

中子剂量当量率仪
Y 中子剂量计

中子剂量计
neutron dosimeter
TL8
D 中子剂量当量率仪
中子剂量仪
S 剂量计
Z 仪器仪表

中子剂量学
neutron dosimetry
TL7
D 中子剂量
S 剂量学*
C 中子探测
中子探测器

中子剂量仪
Y 中子剂量计

中子监测器
neutron monitors
TL81
S 辐射监测仪
Z 监测仪器

中子溅射
neutron sputtering
O4；TL32
S 半导体工艺*
C 物理辐射效应
中子反应

中子灵敏度
neutron sensitivity
TL8
S 灵敏度*
中子性能
Z 物理性能

中子漏泄
Y 中子泄漏

中子慢化剂
Y 慢化剂

中子慢化理论
neutron slowing-down theory
O4；TL31；TL32
S 工程理论*
C 慢化剂
中子谱

中子能谱
neutron energy spectrum
O4；TH7；TL81
S 能谱
Z 谱

中子能谱测量法
Y 核谱测量

中子能谱测量学
Y 核谱测量

中子炮弹
neutron shell
TJ412；TJ91
S 核炮弹
C 中子破坏作用
Z 炮弹

中子屏蔽
neutron shielding
TL3；TL7
D 中子屏蔽体
中子屏蔽组件
S 辐射屏蔽
Z 屏蔽

中子屏蔽体
Y 中子屏蔽

中子屏蔽组件
Y 中子屏蔽

中子破坏效应
Y 中子破坏作用

中子破坏作用
neutron damage effect
TJ91
D 中子破坏效应
S 核爆炸破坏作用
C 中子弹
中子炮弹
Z 弹药作用

中子谱
neutron spectra
O4；TL4
D 谱(中子)
S 谱*
F 中子-伽马谱
C 中子慢化理论
中子谱仪
中子探测

中子谱仪
neutron spectrometers
TH7；TL81
D 帮纳球谱仪
快中子谱仪
S 谱仪*
F 脉冲中子能谱仪
中子反射谱仪
C 中子谱

中子探测
中子选择器

中子输运
neutron transport
O4；TL32
D 输运(中子)
S 粒子输运
C 中子输运理论
Z 输运

中子输运方程
Y 中子输运理论

中子输运计算
Y 中子输运理论

中子输运理论
neutron transport theory
O4；TL31；TL32
D 海伍德模型
中子输运方程
中子输运计算
S 输运理论
F 多群理论
C 中子输运
中子泄漏
Z 理论

中子束效应
Y 中子辐射效应

中子探测
neutron detection
TL27；TL8
D 中子探询
S 粒子探测
F 快中子探测
C 中子剂量学
中子谱
中子谱仪
中子探测器
Z 探测

中子探测器
neutron detector
TL4；TL82；TP2
D 反冲质子探测器
空腔谐振探测器
快中子探测器
裂变箔探测器
裂变热电偶探测器
慢化探测器
热电偶中子探测器
涂硼电离室
质子反冲探测器
自给能γ探测器
自给能探测器
自给能中子探测器
S 粒子探测器
F 热释光探测器
阈探测器
C 中子剂量学
中子探测
Z 探测器

中子探测效率
neutron detection efficiency
TL8
S 探测效率
Z 效率

中子探雷器
neutron mine detectors
TJ517
S 地雷探测器
Z 探雷器

中子探询
Y 中子探测

中子武器
Y 中子弹

中子吸收体
neutron absorbers
TL34
S 反应堆部件*

中子效应
Y 中子辐射效应

中子泄漏
neutron leakage
TL3；TL7
D 泄漏(中子)
中子漏泄
S 核泄漏
C 中子输运理论
Z 泄漏

中子性能
neutron property
TL3
S 物理性能*
F 中子灵敏度

中子选择器
neutron choppers
O4；TL8
D 转子选择器(中子)
S 束流脉冲发生器
C 中子谱仪
Z 发生器

中子源反应堆
Y 中子源热堆

中子源热堆
neutron source thermal reactor
TL4
D UKAEA-内斯特堆
内斯特堆
中子源反应堆
S 研究堆
Z 反应堆

中子噪声
neutron noise
TL3
S 噪声*

中子增殖
Y 次临界装置

中子照射
Y 中子辐射

终产物
Y 燃烧产物

终点弹道
terminal trajectory
TJ760.1
D 末段弹道
最终段弹道
S 导弹弹道
C 下靶场测量
再入弹道
Z 弹道

终点弹道学
terminal ballistics
TJ01
D 穿甲弹道学
末段弹道学
S 弹道学*
C 弹道极限

终点效应
terminal effect
E；TJ0
S 武器效应*

终端区
termination environment
V2
D 终端区域
S 区域*
C 飞机排序
空中交通管制

终端区域
Y 终端区

钟形喷管
Y 喷管

种族基因武器
racial gene weapons
TJ99
S 基因武器
Z 武器

中毒剂量
Y 毒害剂量

中毒量
Y 毒害剂量

重锤加压装置
Y 增压装置

重点部位
Y 部位

重点污染物
Y 污染物

重荷载
Y 承载

重火箭筒
Y 重型火箭筒

重机枪
heavy machine gun
TJ24
D 中型机枪
S 机枪
Z 枪械

重机枪弹
heavy machine gun cartridges
TJ411
S 机枪弹
Z 枪弹

重离子储存环
heavy ion storage ring
TL594
D 重离子加速器冷却储存环
重离子冷却储存环
S 储存环*

重离子加速器
heavy ion accelerators
TL56
S 离子加速器
F 兰州重离子加速器
重离子直线加速器
Z 粒子加速器

重离子加速器冷却储存环
Y 重离子储存环

重离子聚变
heavy-ion fusion
TL5; TL6
D 重离子束聚变
S 聚变反应
Z 核反应

重离子冷却储存环
Y 重离子储存环

重离子束聚变
Y 重离子聚变

重离子衰变放射性同位素
heavy ion decay radioisotopes
O6; TL92
S 放射性同位素
F 硅-32 衰变放射性同位素
碳-14 衰变放射性同位素
Z 同位素

重离子探测器
heavy ions detectors
TH7; TL8
S 离子探测器
Z 探测器

重离子直线高能同步加速器
heavy ion linear high-energy synchrotron
TL5
S 同步加速器
重离子直线加速器
C 超级重离子直线加速器
Z 粒子加速器

重离子直线加速器
heavy-ion linear accelerator
TL5
S 直线加速器
重离子加速器
F 超级重离子直线加速器
重离子直线高能同步加速器
Z 粒子加速器

重力供油式飞机燃油系统
Y 飞机燃油系统

重力荷载
Y 承载

重力环境
gravity environgment
V41
S 航天环境
F 失重环境
微重力环境
Z 航空航天环境

重力空投
Y 空投

重力生理学
Y 航天生理医学

重力梯度稳定
gravity gradient stabilization
TN92; V448
S 稳定*

重力梯度姿态控制系统
Y 姿态控制系统

重量*
weight
O3; TH7
F 飞机重量
起飞重量
C 称重
衡器
质量
重量不匀率 →(10)
重量复杂度 →(7)
重量计 →(4)
重量计量 →(4)
重量控制 →(8)
重量偏差 →(1)

重量测量
Y 称重

重量测量设备
Y 衡器

重量计量仪
Y 衡器

重量计量仪器
Y 衡器

重水
Y 重水慢化剂

重水堆
heavy-water reactor
TL4
D 重水反应堆
S 反应堆*
F 重水冷却堆
重水慢化堆
C 重水慢化剂

重水堆核电厂
Y 重水堆核电站

重水堆核电站
heavy water reactor power station
[TL48]
D 重水堆核电厂
S 核电站
Z 电厂

重水反应堆
Y 重水堆

重水减速剂
Y 重水慢化剂

重水冷却堆
heavy water cooled reactors
TL4
S 重水堆
F 沸腾重水型堆
工艺发展堆
加压重水堆
Z 反应堆

重水冷却剂
Y 重水慢化剂

重水零功率堆
heavy water zero power reactors
TL3; TL4
S 零功率堆
Z 反应堆

重水慢化堆
heavy water moderated reactors
TL4
S 重水堆
F 沸腾重水型堆
工艺发展堆
加压重水堆
坎杜型堆
重水慢化气冷型堆
重水慢化水冷型堆
Z 反应堆

重水慢化剂
heavy-water moderator
TL34
D 氘化水
氧化氘
重水
重水减速剂
重水冷却剂
S 慢化剂*
C 氘提取厂
双温过程
重水堆

重水慢化气冷堆
Y 重水慢化气冷型堆

重水慢化气冷型堆
HWGCR type reactors
TL4
D HWGCR 型堆
重水慢化气冷堆
S 气冷堆
重水慢化堆
C 动力堆
Z 反应堆

重水慢化水冷堆
Y 重水慢化水冷型堆

重水慢化水冷型堆
HWLWR type reactors

TL4
D HWLWR 型堆
重水慢化水冷堆
S 水冷堆
重水慢化堆
C 动力堆
Z 反应堆

重水箱
heavy water tank
TL4
S 水箱*

重推比
Y 推重比

重型反坦克导弹
heavy antitank missile
TJ761.9
S 反坦克导弹
Z 武器

重型反坦克导弹系统
heavy anti-tank missile systems
TJ76
S 反坦克导弹系统
Z 导弹系统

重型防毒衣
Y 防毒服

重型飞机
heavy aircraft
V271
S 飞机*

重型轰炸机
Y 战略轰炸机

重型火箭发射器
Y 重型火箭筒

重型火箭筒
heavy bazookas
E；TJ71
D 重火箭筒
重型火箭发射器
S 火箭筒
Z 轻武器

重型机枪
Y 大口径机枪

重型坦克
heavy tank
TJ811
S 坦克
装甲武器
Z 军用车辆
武器

重型鱼雷
Y 大型鱼雷

重型运输机
heavy transports
V271
S 运输机
C 货运机
母机
战略轰炸机
Z 飞机

重型运输直升机
heavy-lift helicopter
V275.111
S 运输直升机
Z 飞机

重型运载火箭
heavy launch vehicle
V475.1
D 大型运载火箭
S 运载火箭
Z 火箭

重型战斗机
heavy weight fighter
V271.41
S 歼击机
Z 飞机

重型支援桥
Y 架桥车

重型直升机
heavy helicopter
V275.1
D 超重型直升机
S 直升机
Z 飞机

重型装甲输送车
heavy armored carrier vehicle
TJ811.92
S 装甲输送车
Z 军用车辆
武器

重型装甲装备
Y 装甲武器

重要特性
Y 性能

重于空气航空器
heavier-than-air craft
V27
D 比空气重的飞行器
基准航空器
S 航空器*
F 靶机
复合旋翼航空器
滑翔机
军用航空器
扑翼机
微型航空器
旋翼机
载机

重着陆
Y 硬着陆

周边式对接机构
peripheral docking mechanism
V526
S 机构*

周边式桁架可展开天线
circular-truss deployable antenna
V443
S 可展桁架天线
Z 天线

周期*
period
ZT73
F 换料周期
检定周期
交点周期
维修周期
C 时期

周期法
periodic method
TL32
S 方法*

周期轨道
periodic orbit
V529
S 卫星轨道
Z 飞行轨道

周围剂量当量
ambient dose equivalent
TL7
S 剂量当量
Z 当量

洲际弹道导弹
intercontinental ballistic missile
TJ761.2；TJ761.3
D 远程弹道导弹
远程导弹
洲际导弹
S 弹道导弹
Z 武器

洲际导弹
Y 洲际弹道导弹

轴*
shafts
TH13
D 轴类
F 螺旋桨轴
平尾大轴
坦克扭力轴
旋翼轴
C 传动装置
曲轴 →(4)(5)(12)
轴结构 →(4)
轴类工件 →(4)

轴承*
bearing
TH13
D 成品轴承
通用轴承
轴承力矩
轴承性能
轴承组
轴承组结构
F 航空轴承
C 轴承参数 →(4)
轴承刚度 →(4)
轴承规格 →(4)
轴承精度 →(4)
轴承寿命 →(4)

轴承力矩
Y 轴承

轴承性能
Y 轴承

轴承组
Y 轴承

轴承组结构
Y 轴承

轴对称进气道
axialsymmetrical inlets
V232.97
S 进气道*
F 超声速轴对称进气道

轴对称流动
axisymmetric flow
V211
S 流体流*

轴对称喷管
axisymmetric nozzle
V232.97
S 喷管*

轴对称矢量喷管
axisymmetric vectoring nozzles
V232.97
S 矢量喷管
Z 喷管

轴角测量系统
Y 测量系统

轴类
Y 轴

轴流式透平
Y 轴流涡轮

轴流式涡轮
Y 轴流涡轮

轴流式涡轮冷却器
Y 涡轮冷却器

轴流式压气机
Y 轴流压气机

轴流透平
Y 轴流涡轮

轴流涡轮
axial flow turbines
V232.93
D 轴流式透平
轴流式涡轮
轴流透平
S 涡轮*
F 多级涡轮
二级涡轮
C 轴流泵 →(4)

轴流压气机
axial flow compressor
TH4；V232
D 单级压气机
单级轴流压气机
单级轴流压缩机
单转子压气机
单转子轴流压气机
单转子轴向式压气机
轴流式压气机
S 压缩机*
F 多级轴流压气机
C 机匣处理
响应特性 →(4)(8)
轴流风机 →(4)

轴流压气机驱动风洞
axial compressor driven wind tunnel
V211.74
S 风洞*
C 轴流风机 →(4)

轴流叶栅
axial cascade
TH13；TK0；V232
S 叶栅*
C 轴流风机 →(4)
轴流式叶轮 →(4)

轴系传动装置
Y 传动装置

轴系传动装置效率
Y 效率

轴系效率
Y 效率

轴向关节
Y 直升机构件

轴向过载
axial over-loading
V215
S 载荷*

轴向稳定性
Y 纵向稳定性

宙斯盾系统
Aegis system
TJ0
S 海军武器系统
Z 武器系统

昼间飞行
Y 全天候飞行

诸元*
characteristic data
TJ0
F 发射诸元
射击诸元
C 航行诸元
推进剂加注诸元

诸元计算
set of data computation
E；TJ01
S 计算机计算*

诸元精度
data accuracy
E；TJ01
D 诸元偏差
诸元误差
S 精度*
C 密集度 →(1)
首发命中概率

诸元偏差
Y 诸元精度

诸元误差
Y 诸元精度

诸元装定
data set(firing)
E；TJ01
S 装定*
F 目标参数装定
射程装定
C 导弹发射

逐跨拼装
Y 装配

主被动复合制导
active-passive combined guidance
TJ765；V448
S 复合制导
Z 制导

主被动控制*
active and passive control
TP1
F 被动热控制
被动姿态控制
主动热控
主动章动控制
主动姿态控制
C 控制

主操纵面
primary control surface
V225
D 飞机舵面
S 气动操纵面
F 方向舵
副翼
升降舵
Z 操纵面

主操纵系统
Y 飞机主操纵系统

主传动器
Y 传动装置

主动保护
Y 主动防护

主动成像制导
active imaging guidance
TJ765；V448
S 成像制导
Z 制导

主动磁控
initiative magnetic control
V249
S 物理控制*

主动弹支干摩擦阻尼器
Y 阻尼器

主动导引头
Y 主动雷达导引头

主动电磁引信
Y 磁引信

主动电磁装甲
active electromagnetic armor
TJ811
S 电磁装甲
Z 装甲

主动段
Y 助推段

主动段弹道
Y 有控弹道

主动段拦截
boost-phase interception
E；TJ866
D 助推段截击
助推段拦截
S 导弹拦截
Z 拦截

主动段制导
Y 初制导

主动防护
active protection
TJ811；X9
D 主动保护
主动防护技术
主动式防护
S 防护*

主动防护技术
Y 主动防护

主动防护装甲
active protective armors
TJ810.3
D 主动式装甲
S 防护装甲
Z 装甲

主动攻击水雷
active attack naval mines
TJ61
S 触发水雷
Z 水雷

主动红外瞄准镜
Y 瞄准具

主动控制飞机控制系统
Y 随控布局飞机控制系统

主动控制技术
Y 飞机随控布局技术

主动雷达导引头
active radar seeker
TJ765；V448
D 主动导引头
主动寻的头
主动寻的装置
主动引导头
主动制导头
S 雷达导引头
Z 制导设备

主动雷达型空空导弹
active radar guided air to air missile
TJ762.2
S 空空导弹
Z 武器

主动雷达制导
active radar guidance
TJ765；V448
S 无线电制导
Z 制导

主动热控
active thermal control
V245.3；V249；V444.3
D 主动热控制
主动式热控制
S 流场控制
物理控制*
主被动控制*
Z 流体控制

主动热控制
Y 主动热控

主动声非触发引信
Y 声引信

主动声引信
Y 声引信

主动失速
deliberate speed loss
V212
S 失速*

主动式测地卫星
Y 测地卫星

主动式导引头
Y 导引头

主动式防护
Y 主动防护

主动式热控制
Y 主动热控

主动式转向系统
Y 转向系统

主动式装甲
Y 主动防护装甲

主动探测
active detection
E；V249.3
D 有源探测
S 探测*

主动卫星
Y 有源卫星

主动卫星姿态控制系统
Y 卫星姿态控制系统

主动寻的头
Y 主动雷达导引头

主动寻的装置
Y 主动雷达导引头

主动引导头
Y 主动雷达导引头

主动隐身技术
active stealth technologies
V218
S 隐身技术*

主动战略防御
Y 弹道导弹防御

主动章动控制
active nutation control
V448
D 章动控制
S 航天器控制
流场控制
主被动控制*
Z 流体控制
载运工具控制

主动振动抑制
active vibration suppression
V448.22
S 抑制*

主动制导
Y 自主制导

主动制导头
Y 主动雷达导引头

主动转向系统
active steering system
TJ810.34；U2；U4
S 转向系统*

主动装甲
Y 反应装甲

主动姿控
Y 主动姿态控制

主动姿态控制
active attitude control
V249.122.2
D 主动姿控
自主姿态控制
S 流场控制
主被动控制*
姿态控制
Z 飞行控制
流体控制

主动姿态控制系统
Y 姿态控制系统

主动姿态稳定
Y 姿态稳定

主发动机
Y 主火箭发动机

主飞行操纵系统
Y 飞行操纵系统

主飞行显示器
primary flight display
V243.6
D 垂直状态显示仪
主飞行显示仪
S 机载显示器
Z 显示器

主飞行显示仪
　Y 主飞行显示器

主辐射器
　Y 辐射器

主干型腔
　Y 型腔

主管道
main pipe line
TL3
　D 主管路
　S 管道*

主管路
　Y 主管道

主滑行道
　Y 机场跑道

主火箭发动机
sustainer rocket engines
V439
　D 冲压式主发动机
　　续航发动机
　　主发动机
　S 火箭发动机
　C 混合推进剂火箭发动机
　Z 发动机

主机轴带发电机
　Y 发电机

主桨毂
　Y 旋翼桨毂

主降落场
　Y 主着陆场

主控室
　Y 中央控制室

主控制室
　Y 中央控制室

主控制系统
　Y 飞机主操纵系统

主梁拼装
　Y 装配

主轮
main wheels
V226
　S 飞机机轮
　Z 飞机结构件

主炮
main battery
TJ391
　D 主用炮
　S 舰炮
　Z 武器

主喷管
main nozzle
V232.97
　S 喷管*

主喷嘴
main jet
TH13；TK2；V232
　S 喷嘴*

主漂移室
main drift chamber
TH7；TL8
　S 计数器*

主起落架
main landing gear
V226
　S 起落架*

主燃烧室
main chamber
U4；V232
　S 燃烧室*

主燃油系统
main engine fuel system
V233
　S 燃油系统
　Z 流体系统
　　燃料系统

主伞脱离锁
　Y 脱伞器

主推进系统
main propulsion systems
V430
　S 推进系统*

主推进装置
　Y 推进器

主信标
　Y 导航信标

主要表面
　Y 表面

主要辅助设备
　Y 辅助设备

主要污染物
　Y 污染物

主要污染源
　Y 污染源

主要性能
　Y 性能

主液压系统
　Y 飞机液压系统

主翼
main wing
V224
　S 弹翼*

主用弹
　Y 主用炮弹

主用炮
　Y 主炮

主用炮弹
main projectile
TJ412
　D 主用弹
　S 炮弹*
　F 爆破弹
　　穿甲炮弹
　　加榴炮弹
　　加农炮弹
　　榴弹炮弹
　　榴霰弹
　　迫击炮弹
　　破甲弹
　　燃烧炮弹
　　碎甲炮弹
　　坦克炮弹
　　预制破片炮弹
　　子母炮弹

主油
　Y 航空煤油

主油箱
main tank
V245
　D 飞机消耗油箱
　　飞机主油箱
　　消耗油箱
　S 飞机油箱
　Z 油箱

主战坦克
main battle tank
TJ811
　D 战斗坦克
　S 坦克
　　主战武器
　F 第三代主战坦克
　　第四代主战坦克
　Z 军用车辆
　　武器

主战武器
major combat weapon and equipment
E；TJ0
　D 主战武器装备
　　主战装备
　S 武器*
　F 主战坦克

主战武器装备
　Y 主战武器

主战装备
　Y 主战武器

主着陆场
major landing site
V351；V55
　D 主降落场
　S 着陆场
　Z 场所

助飞段弹道
　Y 初始弹道

助飞鱼雷
booster-assistant torprdo
TJ631
　S 鱼雷*
　F 火箭助飞鱼雷

助分散剂
　Y 分散剂

助航标志遥测遥控系统
Y 遥控系统

助航灯
navigation light
TM92；TS95；V242
S 航行灯
F 机场助航灯
Z 灯

助航灯光
navigational lighting aid
V351.3
S 照明*

助航灯光系统
airfield lighting system
V35
S 导航系统*
光学系统*
交通运输系统*

助力飞行操纵系统
Y 飞行操纵系统

助力飞行操纵液压系统
Y 飞机液压系统

助力器
Y 粒子加速器

助力液压系统
Y 飞机液压系统

助燃
combustion supporting
TK1；V231.1
S 燃烧*
C 助燃剂

助燃剂
combustion adjuvant
TJ5；TQ42
D 助燃添加剂
助烧剂
S 添加剂*
C 催化燃烧
喷煤 →(3)
未燃煤粉 →(3)
助燃

助燃添加剂
Y 助燃剂

助烧剂
Y 助燃剂

助推段
boost phase
V212；V421
D 程序飞行段
动力飞行段
火箭弹主动段
加速段
主动段
S 导弹飞行段*
F 上升段

助推段截击
Y 主动段拦截

助推段拦截
Y 主动段拦截

助推段拦截器
boost phase interceptors
TJ866
S 导弹拦截器
Z 武器

助推发动机分离
Y 助推器分离

助推发射
boost launching
V55
S 航天器发射
Z 飞行器发射

助推-滑翔弹道
boost-gliding trajectories
E；TJ765
S 中间弹道
Z 弹道

助推-滑翔导弹
boost-gliding missiles
TJ76
S 导弹
Z 武器

助推火箭
booster rockets
V471
S 火箭*

助推火箭发动机
booster rocket engine
V439
D 并列助推器发动机
串联式助推器
串列助推发动机
串列助推器
导弹助推器
第二级火箭发动机
第三级火箭发动机
第四级火箭发动机
固体火箭助推器
固体助推器
火箭助推
火箭助推器
可重复使用助推器
内置助推器
起飞火箭助推器
整体式助推器
助推火箭助推器
S 火箭发动机
F 可回收助推火箭发动机
无喷管助推器
C 混合推进剂火箭发动机
运载火箭
Z 发动机

助推火箭助推器
Y 助推火箭发动机

助推器
Y 粒子加速器

助推器分离
booster separation
V43；V529
D 助推发动机分离
S 分离*

助推器回收
Y 航天器回收

助推器装填车
booster loading vehicle
TJ768
S 装填车
Z 保障车辆
军用车辆

助推式滑翔飞行器
Y 飞行器

助稳定剂
Y 稳定剂

贮藏
Y 储藏

贮存
Y 存储

贮存(乏燃料)
Y 乏燃料贮存

贮存场地
Y 贮存设施

贮存场址
Y 贮存设施

贮存过程
Y 存储

贮存环
Y 储存环

贮存可靠性
Y 储存可靠性

贮存库
Y 贮存设施

贮存设施
storage facilities
TE6；TJ；TL
D 储藏库
储存设施
设施(贮存)
贮存场地
贮存场址
贮存库
贮油站
S 设施*
C 乏燃料贮存
核设施

贮存失效
shelf failure
TJ0
S 失效*

贮存试验
Y 储存试验

贮存寿命
Y 储存寿命

贮存衰减法

Y 放射性废物储存

贮存系统
Y 存储系统

贮囊贮箱
Y 推进剂贮箱

贮箱*
conduit head
V245；V432
D 储备箱
储箱
F 火箭贮箱
金属膜片贮箱
推进剂贮箱
C 燃料储存 →(2)
箱

贮箱气垫增压火箭发动机
Y 挤压式火箭发动机

贮箱增压
tank pressurization
V430
S 增压*

贮油站
Y 贮存设施

贮运发射箱
storage-transport-launching containers
TJ768
D 储存-运输-发射箱
储运发射箱
贮运箱式发射器
S 发射箱
Z 发射装置

贮运箱式发射器
Y 贮运发射箱

注量率
fluence rate
O6；TL8
S 比率*

注入*
injection
TB4
D 充注
注入法
注入方法
注入方式
注入工艺
注入技术
F 靶丸注入
束注入
C 边缘注水 →(2)
增注 →(2)
注气 →(2)
注入参数 →(2)
注入机 →(7)
注入井 →(2)
注入量 →(2)
注入剖面 →(2)
注入试验 →(1)(2)(4)

注入法
Y 注入

注入方法
Y 注入

注入方式
Y 注入

注入工艺
Y 注入

注入技术
Y 注入

注入器
injectors(thermonuclear devices)
TL5
S 磁约束装置
F 弹丸注入器
光阴极注入器
中性束注入器
C 束剖面
Z 热核装置

注入束流
Y 束注入

注氧隔离
separation by implanted oxygen
TL5
S 隔离*
C 绝缘体上硅 →(7)
总剂量辐射效应

驻波加速管
Y 驻波加速器

驻波加速器
standing-wave accelerator
TL5
D 驻波加速管
S 粒子加速器*
C 直线加速器

驻点烧蚀
stagnation point ablation
V231.1
S 烧蚀*
C 电弧加热器 →(11)
烧蚀材料
烧蚀试验

驻点压力
Y 滞止压力

驻留轨道
Y 停泊轨道

驻退复进机
Y 反后坐装置

驻涡燃烧
standing vortex combustion
V231.1
S 燃烧*

驻涡燃烧室
trapped vortex combustor
V232
S 燃烧室*
F 切向驻涡燃烧室

柱*
column
TU2
D 柱子
F 热柱
中心柱
C 管柱 →(2)(11)
混凝土柱 →(11)
建筑构件 →(1)(4)(11)
矿柱 →(2)
煤柱 →(2)
牛腿 →(11)
无梁楼板 →(11)
陷落柱 →(2)
岩柱 →(2)
药柱
柱帽 →(11)

柱(热)
Y 热柱

柱浸试验
column leaching tests
TH7；TL2
S 水工试验*

柱面叶片
Y 圆柱形叶片

柱塞喷管
Y 环形喷管

柱塞预行程
Y 行程

柱填料
column packing
TL
D 贝尔鞍形填料
塔内填料
S 填料*

柱子
Y 柱

柱子榴霰弹
Y 杀伤榴霰弹

铸锻件
Y 锻件

铸造炮塔
Y 坦克炮塔

专机
private plane
V271
D 私人飞机
通用航空飞机
行政勤务飞机
专项任务飞机
专用飞机
S 飞机*
F 公务飞机

专机飞行安全
Y 航空安全

专项任务飞机
Y 专机

专业飞行

Y 通用航空

专业分队洗消
Y 洗消

专业航空
Y 通用航空

专业航空事故
Y 航空事故

专业化设计
Y 设计

专用传感器
Y 传感器

专用飞机
Y 专机

专用特种车
special type vehicle for special use
TJ812
S 特种军用车辆
F 发烟车
探雷车
C 推进剂公路运输槽车
推进剂燃烧剂运输槽车
推进剂铁路运输槽车
推进剂转注泵车
Z 军用车辆

专用系统*
special purpose system
TN92
F 测试发射控制系统
导航飞控系统
发动机控制系统
风洞控制系统
轨道控制系统
航天器电源系统
火箭控制系统
推进剂利用系统
卫星姿态控制系统
温控系统
遥控系统
制导控制系统
座舱环境控制系统
C 计算机应用系统
系统

专用油*
specialized oil
TE6
F 航空燃油
C 油品

转变层
Y 转捩层

转变温度*
transition temperature
O4；TB9；TH7
D 转化温度
转折温度
F 过冷沸腾起始点
净蒸汽产生点
燃烧温度
C 温度 →(1)(2)(3)(4)(7)(9)(11)(12)

转场飞行
ferrying flight
V323
S 航空飞行
Z 飞行

转场航程
Y 飞行距离

转化温度
Y 转变温度

转换*
conversion
ZT5
F 模态转换
C 变换
换能器 →(1)(7)(12)
能量转换 →(2)(5)
切换 →(1)(4)(5)(7)(8)(12)
置换 →(1)(7)(11)(13)
转化 →(1)(5)(9)(13)

转换屏
conversion screen
TG1；TL8
S 屏*

转换区
switch region
TL4；TU98
D 转换区域
S 区域*

转换区(增殖)
Y 增殖区

转换区域
Y 转换区

转角半径
Y 半径

转角精度
Y 精度

转捩*
transition
V211
F 边界层转捩
流动转捩
人工转捩

转捩层
transition layer
V211
D 转变层
S 流体层*
C 边界层转捩
激波层

转捩模型
transition model
V211.78
S 力学模型*

转让营救
Y 救生

转弯操纵控制系统
Y 操纵系统

转弯飞行
turning flight
V323
D 飞机急上升转弯
飞机战斗转弯
急上升转弯
上升转弯
战斗转弯
S 特技飞行
F 协调转弯
C 横向控制
横向稳定性
盘旋
气动平衡
转弯倾斜仪
Z 飞行

转弯倾斜仪
turn and bank indicators
V241
D 转弯仪
S 飞行仪表
C 速率陀螺仪
转弯飞行
Z 航空仪表

转弯仪
Y 转弯倾斜仪

转向*
turning
TH11；U4
D 铰接转向
转向差
转向沉重
转向工况
转向条件
F 液压转向
C 方向
换向 →(1)(4)(5)(9)
转向器 →(4)

转向半径
Y 转弯半径

转向差
Y 转向

转向沉重
Y 转向

转向工况
Y 转向

转向控制系统
Y 转向系统

转向条件
Y 转向

转向系
Y 转向系统

转向系统*
steering system
TJ810.34；U2；U4
D 汽车转向系统
主动式转向系统
转向控制系统
转向系

F 电动转向系统
电液转向系统
动力转向系统
辅助转向系统
线控转向系统
液压转向系统
主动转向系统
C 操纵系统
电动助力转向 →(4)(12)
电动转向器 →(4)
运动控制系统 →(4)(8)
转向控制器 →(4)
转向装置 →(4)(12)

转向旋翼航空器
Y 倾转旋翼飞行器

转向指示器
Y 航向指示器

转向阻尼器
Y 阻尼器

转移轨道
transfer orbit
V529
D 超地球同步转移轨道
过渡轨道
霍曼轨道
霍曼转移轨道
S 航天器轨道
F 地月转移轨道
小推力转移轨道
行星际转移轨道
C 地球-火星轨道
地球-金星飞行轨道
地球-水星飞行轨道
轨道发射
轨道转移
环日轨道
月球地球轨道
Z 飞行轨道

转移轨道三轴稳定
Y 姿态稳定

转移轨道自旋稳定
Y 自旋稳定

转折温度
Y 转变温度

转动流体
Y 涡流

转动台
Y 转台

转管机枪
Y 大口径机枪

转管炮
revolving barrel gun
TJ399
S 火炮
C 转管武器
Z 武器

转管枪
rotating barrel rifles
TJ2
S 枪械*

转管式自动机
Y 火炮自动机

转管武器
barrels revolving weapon
E；TJ0
S 射击武器
C 转管炮
Z 武器

转轮手枪
revolver pistol
TJ21
D 左轮手枪
S 手枪
Z 枪械

转轮叶片
runner blade
TH13；V232.4
D 可转动叶
S 动叶片
Z 叶片

转塔
Y 炮塔

转台
turn table
TG5；V216
D 超精密端面齿盘转台
单轴转台
低速转台
高速转台
光学回转工作台
光学圆转台
光学转台
回转工作台
回转平台
回转台
立卧转台
水平转台
通用转台
推台
陀螺转台
万能转台
位置转台
旋转工作台
圆转台
转动台
转台结构
综合转台
S 工作台*
F 飞行模拟转台
三轴转台
试验转台
液压仿真转台
C 机床工作台 →(3)

转台结构
Y 转台

转膛式自动机
Y 火炮自动机

转弯半径
turning radius
U4；V32
D 转向半径
S 航行诸元*
C 转向力矩 →(4)

转位不平衡
Y 平衡

转位控制
transposition control
V249.122.2
S 位置控制*
C 刀库 →(3)
激光陀螺仪

转子*
rotor
TH13
F 发动机转子
风机转子
陀螺转子
涡轮转子
C 定子 →(5)
轮槽 →(4)
推力盘 →(4)
一点接地 →(5)
转子冲片 →(5)
转子电机 →(5)
转子发动机 →(5)
转子绝缘 →(5)
转子频率 →(5)
转子体 →(5)
转子系统 →(4)
转子型面 →(4)
转子型线 →(4)
转子叶片

转子磁场定向控制
rotor flux oriented control
V249.122.2
S 磁场定向控制
Z 方向控制
飞行控制
物理控制

转子平衡
rotor balancing
TH11；V232
S 平衡*

转子速度测量
rotor speed measurement
V231.9
S 性能测量*

转子稳定性
rotor stability
TH13；TL2
S 部件特性*
稳定性*

转子选择器(中子)
Y 中子选择器

转子叶片
rotor vane
TH13；V232.4
S 叶片*

F 泵轮
涡轮转子叶片
旋翼桨叶
压气机转子叶片
C 转子
转子冲片 →(5)
转子动力 →(4)(5)
转子片 →(5)
转子叶轮 →(4)

装备
Y 设备

装备保障
equipment support
[TJ07]；E
D 军事装备保障
设备保障
S 保障*
F 航空装备保障
C 设备维修 →(1)

装备拆配修理
Y 装备拆拼修理

装备拆拼修理
equipment repair by cannibalization
TH17；V267
D 装备拆配修理
S 维修*

装备故障
Y 设备故障

装备计划
Y 武器计划

装备配备
Y 装备配置

装备配置
equipments configuration
E；TJ0
D 装备配备
S 配置*
F 武器配置

装备抢修
Y 武器装备抢修

装备设计定型
Y 设计定型

装备试验
military equipment test
E；TJ01
D 军事装备试验
S 试验*

装备退役
equipment retirement
TJ089
S 退役*
F 武器装备退役

装备完好性
equipments integrity
TJ0
S 设备性能*

装备洗消
Y 洗消

装备系统
Y 设备系统

装备现况
Y 设备

装备现状
Y 设备

装弹机
Y 供弹机构

装定*
setting
E；TJ0
D 装定技术
F 感应装定
时间装定
引信装定
诸元装定
C 射击
武器发射

装定技术
Y 装定

装甲*
armor
TJ810.3
D 装甲技术
F 防护装甲
飞机装甲
附加装甲
钢装甲
格栅装甲
集成装甲
均质装甲
模块化装甲
轻合金装甲
坦克装甲
特种装甲
C 坦克

装甲板
armor plate
TJ810.3
D 防弹钢板
装甲钢板
S 型材*
C 装甲车辆
装甲厚度

装甲保障车辆
armoured support vehicle
TJ812
S 保障车辆*
装甲车辆
F 装甲工程保障车辆
装甲后勤保障车辆
装甲技术保障车辆
C 特种军用车辆
Z 军用车辆

装甲补给车
armored supply vehicle
TJ812
D 装甲器材补给车
装甲物资输送车
S 装甲后勤保障车辆
F 装甲弹药补给车
Z 保障车辆
军用车辆

装甲车
Y 装甲车辆

装甲车辆
armored vehicle
TJ811
D 坦克车辆
坦克装甲车
坦克装甲车辆
装甲车
S 军用车辆*
F 电动装甲车
两栖装甲车
履带式装甲车辆
轮式装甲车
模块化装甲车
轻型装甲车
战斗保障车辆
装甲保障车辆
装甲战车
C 履带车辆
装甲板

装甲车辆部件
armored vehicle component
TJ810.3
S 车辆零部件*
F 坦克底盘
坦克稳定器
战车舱室

装甲车辆柴油机
armored vehicle diesel engines
TJ810.31；TK4
S 柴油机*
装甲车辆发动机
F 坦克柴油机
Z 发动机

装甲车辆底盘
Y 坦克底盘

装甲车辆动力装置
Y 动力装置

装甲车辆发动机
armored vehicle engines
TJ810.31
S 军用发动机
F 坦克发动机
装甲车辆柴油机
Z 发动机

装甲车辆火控系统
armored vehicles fire control systems
TJ810.3
D 装甲车辆简单火控系统
装甲车辆稳象式火控系统
装甲车辆自动跟踪火控系统
S 火控系统
F 战车火控系统
Z 武器系统

装甲车辆简单火控系统

Y 装甲车辆火控系统

装甲车辆试验
armored vehicle test
TJ810.6
S 车辆试验*

装甲车辆维修
armored vehicle maintenance
[TJ810.7]
D 装甲车辆修理
S 装甲装备维修
Z 维修

装甲车辆稳象式火控系统
Y 装甲车辆火控系统

装甲车辆修理
Y 装甲车辆维修

装甲车辆自动跟踪火控系统
Y 装甲车辆火控系统

装甲车炮塔
Y 坦克炮塔

装甲弹药补给车
armored ammunition supply vehicle
TJ812
D 弹药补给车
弹药车
弹药输送车
装甲供弹车
S 装甲补给车
Z 保障车辆
军用车辆

装甲登陆输送车
Y 装甲输送车

装甲底盘
Y 坦克底盘

装甲防护
armor protection
TJ811
D 装甲防护技术
S 武器防护
Z 防护

装甲防护技术
Y 装甲防护

装甲防护力
Y 装甲防护性能

装甲防护能力
Y 装甲防护性能

装甲防护性能
armor protective performance
TJ811
D 装甲防护力
装甲防护能力
S 装甲性能
Z 战术技术性能

装甲防化侦察车
Y 核生化侦察车

装甲钢板
Y 装甲板

装甲工程保障车辆
armored engineering support vehciles
TJ812.2
D 军事工程保障车辆
战斗工程车
S 装甲保障车辆
F 装甲工程车
装甲扫雷车
Z 保障车辆
军用车辆

装甲工程车
armored engineering vehicle
TJ812.2
D 工兵坦克
工程坦克
障碍清除车
装甲工程作业车
装甲破障车
装甲清障车
S 装甲工程保障车辆
F 装甲架桥车
Z 保障车辆
军用车辆

装甲工程作业车
Y 装甲工程车

装甲供弹车
Y 装甲弹药补给车

装甲后勤保障车辆
armoured logistic support vehicles
TJ819
S 装甲保障车辆
F 装甲补给车
装甲救护车
装甲医疗车
Z 保障车辆
军用车辆

装甲厚度
armor thickness
TJ810.3
S 厚度*
C 装甲板

装甲火炮
armored guns
TJ399
S 火炮
Z 武器

装甲技术
Y 装甲

装甲技术保障车辆
armoured technical support vehicles
TJ819
S 装甲保障车辆
F 装甲抢修车
Z 保障车辆
军用车辆

装甲架桥车
armored bridgelaying vehicles
TJ812.2
D 冲击桥
架桥坦克
坦克架桥车
S 装甲工程车
Z 保障车辆
军用车辆

装甲救护车
armored ambulance vehicle
TJ819
S 装甲后勤保障车辆
Z 保障车辆
军用车辆

装甲类装备
Y 装甲武器

装甲履带车辆
Y 履带式装甲车辆

装甲破障车
Y 装甲工程车

装甲器材
Y 装甲武器

装甲器材补给车
Y 装甲补给车

装甲牵引车
Y 装甲抢修车

装甲抢救车
Y 装甲抢修车

装甲抢救牵引车
Y 装甲抢修车

装甲抢修车
armored recovery vehicle
TJ812.3
D 装甲牵引车
装甲抢救车
装甲抢救牵引车
S 装甲技术保障车辆
F 坦克抢救车
Z 保障车辆
军用车辆

装甲清障车
Y 装甲工程车

装甲人员输送车
armored personnel carrier
TJ811.92
D 兵员装甲运输车
步兵输送车
装甲运兵车
S 装甲输送车
F 轮式装甲人员输送车
Z 军用车辆
武器

装甲扫雷车
armoured mine clearance vehicle
TJ518；TJ819
S 装甲工程保障车辆
Z 保障车辆
军用车辆

装甲试验弹
armor test projectile
TJ412

S 特种炮弹
C 试验弹药
Z 炮弹

装甲输送车
armored carrier vehicle
TJ811.92
D 装甲登陆输送车
装甲运输车
S 战车
F 轮式装甲输送车
重型装甲输送车
装甲人员输送车
Z 军用车辆
武器

装甲通信车
armoured communication vehicle
TJ819
S 车辆*
战斗保障车辆
Z 保障车辆
军用车辆

装甲武器
armoured weapons
E；TJ0
D 坦克器材
坦克装甲类装备
战车装备
重型装甲装备
装甲类装备
装甲器材
装甲装备
装甲装备器材
S 武器*
F 重型坦克
装甲战车

装甲物资输送车
Y 装甲补给车

装甲性能
armour performance
TJ810
S 战术技术性能*
F 装甲防护性能

装甲医疗车
armored medical treatment vehicle
TJ819
S 装甲后勤保障车辆
Z 保障车辆
军用车辆

装甲运兵车
Y 装甲人员输送车

装甲运输车
Y 装甲输送车

装甲战车
armored fighting vehicle
TJ811
D 装甲战斗车
装甲战斗车辆
S 战车
装甲车辆
装甲武器
C 步兵战车
Z 军用车辆
武器

装甲战斗车
Y 装甲战车

装甲战斗车辆
Y 装甲战车

装甲战斗侦察车
Y 装甲侦察车

装甲侦察车
armored reconnaissance vehicle
TJ812.8
D 战斗侦察车
装甲战斗侦察车
S 战斗保障车辆
侦察车
F 核生化侦察车
两栖装甲侦察车
轮式装甲侦察车
Z 保障车辆
军用车辆

装甲指挥车
armored command vehicle
TJ819
D 装甲终端指挥车
S 战斗保障车辆
指挥车
Z 保障车辆
军用车辆

装甲终端指挥车
Y 装甲指挥车

装甲装备
Y 装甲武器

装甲装备器材
Y 装甲武器

装甲装备维修
armored equipment maintenance
[TJ810.7]
S 维修*
F 装甲车辆维修

装具洗消
Y 洗消

装料机(裂变堆)
Y 反应堆装料机

装配*
assembly
TG9；TU7
D 错缝拼装
多段悬臂拼装
挂篮拼装
管片拼装
模块化组装
配装质量
拼装
拼装焊接
套装工艺
通缝拼装
屋架拼装
箱梁拼装
逐跨拼装
主梁拼装
装配倒角
装配方法
装配方式
装配分析
装配工艺
装配工艺性
装配过程
装配技术
装配流程
装配模式
装配式
装配顺序
装配顺序规划
装配特征
装配条件
装配线平衡
装配形式
装配性
装配要求
装配周期
装配组合
组装
组装方法
组装工艺
组装设计
组装行为
组装形式
F 飞机装配
现场组装
总装
C 安装 →(1)(3)(4)(5)(7)(8)(11)(12)
拆卸 →(3)(4)
拆装 →(3)(4)
螺丝刀 →(3)(10)
装配尺寸链 →(3)(4)
装配工具 →(3)(4)
装配公差 →(3)(4)
装配机 →(3)(4)
装配结构 →(3)(4)
装配设计 →(1)(4)
装配生产线 →(3)

装配倒角
Y 装配

装配方法
Y 装配

装配方式
Y 装配

装配分析
Y 装配

装配工房
assemble workshop
TJ768
S 导弹阵地设施
Z 设施

装配工艺
Y 装配

装配工艺性
Y 装配

装配过程
Y 装配

装配技术
Y 装配

装配架
Y 装配型架

装配流程
Y 装配

装配模式
Y 装配

装配式
Y 装配

装配顺序
Y 装配

装配顺序规划
Y 装配

装配特征
Y 装配

装配条件
Y 装配

装配线平衡
Y 装配

装配形式
Y 装配

装配型架
assembly jig
TG9；V262
D 型架
装配架
S 工具*
F 飞机装配型架

装配性
Y 装配

装配要求
Y 装配

装配周期
Y 装配

装配组合
Y 装配

装填车
loading vehicle
TJ768；V55
S 技术保障车辆
特种军用车辆
F 运输装填车
助推器装填车
Z 保障车辆
军用车辆

装填机
cartridge loading mechanisms
TJ303
D 受弹器
脱弹器
S 供输弹装置
F 半自动机
自动装填机构
Z 火炮构件

装填机构
loading mechanisms
TJ303
D 填装机构
S 机械机构*

装填率
filling rate
TJ410
S 比率*
C 填充密度 →(9)
装药 →(2)(9)

装药工艺
charge processing technique
TJ410.5
D 装药过程
装药技术
S 工艺方法*
F 自动压药

装药过程
Y 装药工艺

装药技术
Y 装药工艺

装药量
explosive payload
TD2；V51
D 炸药量
炸药用量
S 数量*
C 单位炸药消耗量 →(2)
炮眼间距 →(2)

装药设计
charge design
V51
D 药形设计
S 工艺设计*
C 装药结构 →(2)

装运
Y 运输

装置*
unit
TB4
D 工作装置
设备装置
新型装置
装置特性
装置型式
作业装置
F 闭合装置
补气装置
充气装置
底排装置
对接装置
辐射装置
辐照装置
金属履带
排气装置
射线装置
坦克行动装置
突片
推进剂管理装置
烟火装置
增升装置
增阻装置
直升机着舰装置
自毁装置
C 安全装置
补偿装置 →(4)(5)(7)(8)
测量装置
电能计量装置 →(5)
定位装置
发射装置
感应装置 →(3)(4)(5)(7)(8)
过滤装置
化工装置 →(2)(4)(5)(9)(10)(11)(13)
回收装置 →(2)(3)(4)(5)(9)(10)(11)(12)(13)
机械装置 →(2)(3)(4)(12)
净化装置 →(2)(3)(5)(7)(9)(10)(11)(13)
瞄准装置
喷射装置
平衡装置 →(4)
清洁装置 →(2)(4)(5)(8)(9)(10)(13)
燃烧装置
热核装置
设备
水处理装置 →(2)(4)(5)(9)(11)(13)
温控装置 →(1)(4)(5)(8)
油装置
蒸发装置 →(1)(3)(5)(8)(9)(10)
装置结构
自动装置 →(4)(5)(8)(12)

装置管理
Y 设备管理

装置结构*
equipment structure
TH12
D 设备结构
设备结构特点
元件结构
F 加速器结构
联焰管
燃烧室火焰筒
战斗部结构
C 机械结构 →(2)(3)(4)(5)(8)(10)(11)
装置
装置设计 →(1)(4)

装置特点
Y 设备性能

装置特性
Y 装置

装置型式
Y 装置

装置性能
Y 设备性能

状态*
state
ZT5
F 飞行状态
极化状态
临界状态
全状态

瞬时状态
涡环状态
悬停状态
C 产状 →(2)(3)(11)
松弛 →(1)(3)(5)(7)(11)

状态变量模型
state-variable model
V21
S 模型*

状态灵敏度
Y 引信灵敏度

状态寿命
state lifetime
V2
S 寿命*

状态系统*
state system
O4；ZT6
F 飞机状态监控系统
载荷稳定系统
C 系统

状态选择器
mode selector
V249.3
D 模式选择器
S 计算机电路部件*
控制器*
C 状态控制 →(8)

撞地概率
strike ground probability
E；V221
S 概率*
C 无人飞行器
巡航导弹

撞发锚雷
Y 锚雷

撞击底火
percussion primer
TJ451
S 底火
Z 火工品

撞击感度
impact sensitivity
TJ410
D 冲击感度
枪击感度
S 感度*

撞击射流
collision jet
V211
S 射流*

撞击式喷注器
Y 撞击式喷嘴

撞击式喷嘴
impinging injector
V232；V43
D 撞击式喷注器
S 喷嘴*

撞击速度
impact velocity
TJ0
S 速度*
C 穿甲炮弹
穿甲枪弹

撞击响应
knock response
V244
S 响应*

撞机
Y 空中相撞

追踪
Y 跟踪

追踪航天器
Y 航天器

追踪系统
Y 跟踪系统

锥孔装药破甲炮弹
Y 破甲弹

锥裙体
Y 飞行器头部

锥群体
Y 飞行器头部

锥膛弹
coned bore gun cartridges
TJ412
D 凸缘炮弹
锥膛炮弹
S 炮弹*
C 锥膛炮

锥膛炮
coned-bore gun
TJ399
S 火炮
C 锥膛弹
Z 武器

锥膛炮弹
Y 锥膛弹

锥形喷管
Y 收敛喷管

锥形头部
Y 头锥

锥形战斗部
Y 聚能战斗部

坠毁
crash
V328
D 飞机坠毁
摔机
坠毁事故
坠毁原因
坠机事故
坠机事件
坠机原因
S 飞机事故
C 飞机失火
耐坠毁性
Z 航空航天事故

坠毁记录器
Y 黑匣子

坠毁事故
Y 坠毁

坠毁试验
crash test
V217
D 飞行器坠毁试验
S 飞行试验
C 航空事故
坠毁模拟 →(1)
Z 飞行器试验

坠毁原因
Y 坠毁

坠机事故
Y 坠毁

坠机事件
Y 坠毁

坠机原因
Y 坠毁

准备*
preparation
ZT
F 导弹发射准备
导弹技术准备
射击准备

准电传飞行操纵系统
Y 电传飞行控制系统

准电传飞行控制系统
Y 电传飞行控制系统

准定常流
quasi-steady flow
O3；TL
S 恒定流
Z 流体流

准静不平衡
Y 平衡

准粒子-声子模型
quasiparticle-phonon model
O4；TL3
S 核模型*

准推进系数
Y 推进效率

准星
sight bead
TJ203
S 瞄准机构
Z 枪械构件

准则*
formula
ZT0
F 毁伤准则
极大似然准则

损伤准则
C 标准
规范
规则
原则 →(1)(2)(3)(4)(5)(7)(8)(10)(11)(12)(13)

准直测量
alignment measurement
TH7；TL5
S 光学测量*

着舰
carrier landing
V32
D 舰载机拦阻着舰
拦阻着舰
S 飞行操纵
F 舰载机着舰
自动着舰
C 舰载飞机
着舰飞行试验
Z 操纵

着舰导引
carrier landing guidance
V249.3
D 着舰导引系统
S 飞机导引
Z 导引

着舰导引系统
Y 着舰导引

着舰飞行试验
landing on ship flight test
V217
D 着舰试飞
着舰试验
S 飞行试验
C 着舰
Z 飞行器试验

着舰试飞
Y 着舰飞行试验

着舰试验
Y 着舰飞行试验

着舰速度
shipboard landing speed
V32
S 飞行速度
Z 飞行参数
航行诸元

着陆
landing
V32；V525
D 降落
直线进近着陆
着陆点散布范围
着陆散布度
着落
S 飞行操纵
F 侧风着陆
垂直着陆
飞机着陆
航天器着陆
精确着陆
雀降
软着陆
夜间着陆
硬着陆
自主着陆
C 场内飞行
滑跑距离
滑行控制
空中交通管制
拉平
着陆冲击
阻力伞
Z 操纵

着陆安全
landing safety
V328
S 航空飞行安全
Z 航空航天安全

着陆舱
Y 着陆器

着陆场
landing area
V351；V525
D 降落场
降落点
降落区
空降场
着陆地点
着陆点
着陆区
着陆位置
S 场所*
F 航天着陆场
主着陆场

着陆冲击
landing impact
V328
D 落地冲击
水上降落撞击
水上着陆撞击
着陆撞击
着陆撞击系统
着落冲击
着水撞击
S 冲击*
C 缓冲器 →(4)(8)
着陆

着陆导航
Y 着陆导航系统

着陆导航系统
landing navigation system
V249.3
D 地面导引着陆系统
地面控制进近系统
地面指挥引进系统
飞机进场着陆系统
飞机着陆系统
进场着陆
双信标着陆系统
应答着陆系统
着陆导航
着陆分系统
着陆进场
着陆系统
自动导引着陆系统
S 导航系统*
飞行系统*
F 自动着陆系统
C 着陆控制

着陆灯
landing light
TM92；TS95；V242
D 触陆区灯
飞机着陆灯
降落导向灯
目视着陆斜度指示灯
着陆区投光灯
S 机场灯
Z 灯

着陆地点
Y 着陆场

着陆地面板
Y 着陆辅助设备

着陆点
Y 着陆场

着陆点精度
Y 精度

着陆点散布范围
Y 着陆

着陆动载
Y 着陆载荷

着陆方向标
Y 机场信标

着陆方向灯
Y 着陆辅助设备

着陆分系统
Y 着陆导航系统

着陆辅助设备
landing aids
V226
D 着陆地面板
着陆方向灯
着陆加固垫
着陆减震垫
着陆铺垫
S 航空地面装备
F 着陆缓冲装置
C 飞机着陆
航空安全
航天器着陆
后机身
进场控制
尾橇
Z 地面设备

着陆钩
Y 拦阻装置

着陆荷载
Y 着陆载荷

着陆滑跑距离

distance of landing run
V32
D 飞机降落滑跑距离
飞机着陆滑跑距离
S 滑跑距离
C 着陆速度
Z 距离

着陆缓冲装置
impact attenuation device
V226；V525
S 缓冲装置*
着陆辅助设备
C 软着陆
Z 地面设备

着陆加固垫
Y 着陆辅助设备

着陆减速伞
Y 阻力伞

着陆减震垫
Y 着陆辅助设备

着陆进场
Y 着陆导航系统

着陆进近
Y 地面控制进场系统

着陆精度
Y 精度

着陆控制
landing control
V249.1
D 飞机降落控制
飞机着陆控制
降落控制
着落控制
S 飞行控制*
F 滑行控制
进场控制
拉平控制
雷达着陆控制
刹车控制
塔台管制
下滑控制
自动着陆控制
C 地面控制
空管系统
着陆导航系统
着陆速度
自动着陆

着陆拉平
Y 拉平

着陆拉平控制
Y 拉平控制

着陆模拟机
Y 着陆模拟器

着陆模拟器
landing simulators
V216；V217
D 降落模拟机
降落模拟器
着陆模拟机
着落模拟机
着落模拟器
S 飞行模拟器
C 着陆模拟 →(1)
Z 模拟器

着陆铺垫
Y 着陆辅助设备

着陆器
lander
V423
D 登陆器
降落舱
着陆舱
S 航天器舱
F 登月舱
火星旅行舱
Z 舱
航天器部件

着陆区
Y 着陆场

着陆区投光灯
Y 着陆灯

着陆散布度
Y 着陆

着陆设备
Y 降落装置

着陆事故
landing accident
V328；V528
D 可控飞行撞地事故
S 航空航天事故*

着陆速度
landing speed
V32
D 飞机降落速度
飞机着陆速度
接地速度
落陆速度
S 飞行速度
C 着陆滑跑距离
着陆控制
着陆载荷
Z 飞行参数
航行诸元

着陆位置
Y 着陆场

着陆系统
Y 着陆导航系统

着陆性能
landing performance
V2
S 飞行性能
Z 载运工具特性

着陆载荷
landing loads
V215
D 航空器着陆动载
航空器着陆荷载
着陆动载
着陆荷载
着落载荷
S 飞机荷载
C 着陆速度
Z 载荷

着陆载荷测量
landing load measurement
V21；V249
D 飞机着陆载荷测量
S 飞行载荷测量
Z 航空测量
力学测量

着陆装置
Y 降落装置

着陆撞击
Y 着陆冲击

着陆撞击系统
Y 着陆冲击

着落
Y 着陆

着落冲击
Y 着陆冲击

着落控制
Y 着陆控制

着落模拟机
Y 着陆模拟器

着落模拟器
Y 着陆模拟器

着落载荷
Y 着陆载荷

着水载荷测量
water landing load measurement
V21；V249
D 水上飞机着水载荷测量
S 飞行载荷测量
C 浮筒式起落架
Z 航空测量
力学测量

着水撞击
Y 着陆冲击

咨询空域
Y 空域

姿控
Y 姿态控制

姿控发动机
Y 姿控火箭发动机

姿控分系统
Y 姿态控制系统

姿控火箭发动机
attitude control rocket engine
V439
D 姿控发动机
姿态发动机

姿态控制发动机
姿态控制火箭发动机
S 喷气发动机
F 脉冲姿控发动机
Z 发动机

姿控系统
Y 姿态控制系统

姿态*
attitude
TB1；V212
D 出水姿态
初始姿态
弹射姿态
弹头姿态
点火姿态
空间定向
零姿态
正常姿态
姿态反馈
姿态基准状态
姿态解耦
姿态描述
姿态约束
F 分离姿态
轨道姿态
空间姿态
力矩平衡姿态
目标姿态
平台姿态
相对姿态
运动姿态
C 空间定向训练

姿态安定性
Y 姿态稳定性

姿态保持
Y 姿态控制

姿态变化
Y 姿态角变换

姿态补偿
Y 姿态调整

姿态补偿喷管
Y 喷管

姿态捕获
attitude acquisition
V212；V32
D 初始姿态捕获
俯仰姿态捕获
滚动姿态捕获
偏航姿态捕获
全姿态捕获
姿态再次捕获
S 捕获*
C 姿态控制

姿态参考
Y 姿态航向参考系统

姿态参数
attitude parameter
V212
S 参数*
C 卫星姿态

姿态测定
Y 姿态测量

姿态测量
attitude measurement
TJ760.6；V556
D 姿态测定
姿态测试
姿态确定
自主姿态确定
S 航天测量*
F 卫星姿态测量
相对姿态确定
C 卫星姿态

姿态测量系统
attitude measurement system
V249.122.2；V556
S 测量系统*
F GPS 姿态测量系统
卫星姿态测量系统

姿态测试
Y 姿态测量

姿态传感器
attitude sensor
TP2；V241
D 姿态角传感器
姿态敏感器
S 传感器*
F 航天器姿态敏感器

姿态传感系统
Y 姿态系统

姿态调节
Y 姿态调整

姿态调整
attitude regulating
TP2；V249.122.2
D 调姿
飞行姿态调整
姿态补偿
姿态调节
姿态角修正
姿态修正
S 调节*
C 姿态控制

姿态动力学
attitude dynamics
V212
S 航空力学
Z 航空航天学

姿态发动机
Y 姿控火箭发动机

姿态反馈
Y 姿态

姿态飞行控制
Y 姿态控制

姿态干扰
Y 姿态扰动

姿态跟踪
Y 姿态跟踪控制

姿态跟踪控制
attitude tracking control
V249.122.2
D 姿态跟踪
S 跟踪控制*
姿态控制
Z 飞行控制

姿态航向参考系统
attitude and heading reference system
V249；V448
D 姿态参考
S 姿态系统
Z 飞行系统

姿态航向基准系统
Y 航姿系统

姿态机动
attitude maneuver
V249.1；V448
S 机动*
F 大角度姿态机动
姿态快速机动

姿态基准状态
Y 姿态

姿态计算
attitude computation
V212
S 计算*

姿态检测
attitude detection
TJ760.6；V249.122.2
S 监测*

姿态角
attitude angle
V212
S 飞行状态参数
F 飞机姿态角
模型姿态角
欧拉姿态角
全姿态角
Z 飞行参数

姿态角变换
attitude angle variation
V212
D 姿态变化
S 变换*
C 姿态稳定

姿态角传感器
Y 姿态传感器

姿态角速度
attitude angular velocity
V212
D 姿态角速率
S 飞行速度
Z 飞行参数
航行诸元

姿态角速率
Y 姿态角速度

姿态角修正

Y 姿态调整

姿态解耦
Y 姿态

姿态控制
attitude control
V249.122.2
D 点位控制
飞机姿态控制
飞行姿态控制
位式控制
位姿
位姿控制
姿控
姿态保持
姿态飞行控制
姿态校正
S 飞行控制*
F 摆动控制
被动姿态控制
侧向控制
垂直度控制
单轴姿态控制
弹头姿态控制
导弹姿态控制
定向控制
航空器姿态控制
空间飞行器姿态控制
平衡姿态控制
三轴控制
相对姿态控制
运动姿态控制
主动姿态控制
姿态跟踪控制
姿态稳定控制
自旋稳定控制
C 操纵律
反作用轮 →(4)
返回控制
横向控制
卫星遥感
位姿精度 →(8)
姿态捕获
姿态调整
纵向控制

姿态控制(飞船)
Y 航天器姿态控制

姿态控制发动机
Y 姿控火箭发动机

姿态控制分系统
Y 姿态控制系统

姿态控制火箭发动机
Y 姿控火箭发动机

姿态控制器
attitude controllers
V249；V448
S 控制器*

姿态控制系统
attitude control systems
V249；V448
D 本体稳定姿态控制系统
偏置动量姿态控制系统
全推力器姿态控制系统
双自旋姿态控制系统
重力梯度姿态控制系统
主动姿态控制系统
姿控分系统
姿控系统
姿态控制分系统
S 控制系统*
姿态系统
F 卫星姿态控制系统
纵向控制系统
Z 飞行系统

姿态快速机动
rapid speed attitude maneuver
V249；V448
S 姿态机动
Z 机动

姿态描述
Y 姿态

姿态敏感器
Y 姿态传感器

姿态匹配
attitude matching
V212
S 匹配*

姿态确定
Y 姿态测量

姿态确定系统
attitude determination system
V249；V448
S 姿态系统
Z 飞行系统

姿态扰动
attitude disturbance
V212
D 姿态干扰
S 扰动*

姿态算法
attitude algorithms
V212
S 算法*
F 航姿算法
捷联姿态算法

姿态陀螺
Y 姿态陀螺仪

姿态陀螺仪
attitude gyro
V241.5；V441
D 姿态陀螺
S 陀螺仪*
F 全姿态陀螺仪

姿态稳定
attitude stabilization
V249；V448
D 半主动姿态稳定
被动姿态稳定
单轴姿态稳定
主动姿态稳定
转移轨道三轴稳定
姿态稳定度
姿态稳定系统
S 稳定*
C 姿态角变换

姿态稳定度
Y 姿态稳定

姿态稳定控制
attitude stabilization control
V249.122.2
S 稳定控制*
姿态控制
Z 飞行控制

姿态稳定系统
Y 姿态稳定

姿态稳定性
attitude stability
O3；V212
D 飞机姿态安定性
飞机姿态稳定性
姿态安定性
S 稳定性*
物理性能*

姿态系统
attitude system
V249；V448
D 姿态传感系统
S 飞行系统*
F 俯仰系统
捷联姿态系统
姿态航向参考系统
姿态控制系统
姿态确定系统

姿态校正
Y 姿态控制

姿态修正
Y 姿态调整

姿态约束
Y 姿态

姿态再次捕获
Y 姿态捕获

姿态指示器
attitude indicator
V241.4
D 航姿仪
S 指示器*
F 地平仪
偏航表
全姿态指示仪
水平指示器

资讯系统
Y 信息系统

资源化利用
Y 资源利用

资源化利用技术
Y 资源利用

资源化应用
Y 资源利用

资源化综合利用
Y 资源利用

资源利用*
resource utilization
F；P9；X3
D 二次资源利用
重新利用
资源化利用
资源化利用技术
资源化应用
资源化综合利用
F 空间利用
C 利用 →(1)(2)(5)(11)(13)
向量负载指数 →(8)
循环利用 →(1)(13)
再生 →(1)(2)(3)(5)(9)(10)(11)(12)(13)

资源探测
resource detection
TN97；V249.3
S 探测*
C 地球资源观测卫星

资源卫星
earth resources satellite
V474
D 地球资历源卫星
地球资源卫星
国土资源卫星
陆地卫星
陆地资源卫星
S 遥感卫星
Z 航天器
卫星

子弹
Y 枪弹

子弹(炮弹)
Y 子母炮弹

子弹爆炸
bullets explosion
TJ410
S 弹药爆炸
Z 爆炸

子弹部件
Y 枪弹部件

子弹壳
Y 枪弹弹壳

子弹头
Y 枪弹弹头

子弹药
submunition
TJ41
S 弹药*
F 智能反坦克子弹药
智能子弹药
C 制式枪弹

子弹引信
bullet fuzes
TJ431
S 子母弹引信
Z 引信

子轨迹
Y 星下点轨迹

子机
Y 母机

子级整机试车
Y 热试车

子母催泪弹
cluster tear gas projectiles
TJ412；TJ92
S 催泪弹
Z 炮弹

子母弹
container bomb unit
TJ414
D 菠萝弹
菠萝弹(航弹)
低阻子母炸弹
钢珠弹
钢珠弹(航弹)
航空子母弹
子母弹(航弹)
子母炸弹
S 炸弹*
F 末敏子母弹
末修子母弹
制导子母弹
C 封锁概率
子母弹药

子母弹(航弹)
Y 子母弹

子母弹分离
sub-munition separation
TJ414
S 分离*

子母弹药
dispenser ammunitions
TJ41
S 弹药*
C 子母弹
子母火箭弹
子母炮弹

子母弹引信
dispenser fuse
TJ431
D 子母炸弹引信
S 武器引信
F 母弹引信
子弹引信
Z 引信

子母火箭弹
cluster rocket projectiles
TJ415
S 火箭弹
C 子母弹药
Z 武器

子母炮弹
cargo-carrying projectile
TJ412
D 反装甲子母炮弹
子弹(炮弹)
S 主用炮弹
F 布雷子母弹
火箭子母弹
杀伤子母弹
C 子母弹药
Z 炮弹

子母式多弹头
Y 多弹头

子母炸弹
Y 子母弹

子母炸弹引信
Y 子母弹引信

子母战斗部
cluster warhead
TJ410.3
D 集束战斗部
S 常规战斗部
Z 战斗部

子体产物
daughter product
O6；TL
D 衰变产物
S 同位素*
F 氡子体

子午流道
meridian flowpath
V23
S 流道*

紫外告警
ultraviolet warning
V249.3
S 报警*

紫外探测
ultraviolet detection
TN2；V249.3
S 光学探测
C 紫外探测器 →(7)
Z 探测

紫外线记录仪
Y 记录仪

自保护
self-protection
V244.1；X9
D 自防护
S 保护*

自爆机理
Y 起爆

自爆系统
Y 自毁装置

自备式导航
Y 自主导航

自猝灭计数器
Y 计数器

自导
Y 寻的制导

自导段

self-guided phase
V212；V421
D 弹道自导段
S 导弹飞行段*

自导段制导
Y 初制导

自导技术
self-navigation technology
TJ630.1
S 技术*

自导水雷
homing mine
TJ61
D 寻的水雷
制导水雷
S 特种水雷
C 自动跟踪水雷
Z 水雷

自导系统
Y 鱼雷自导系统

自导向
Y 自动导引

自导鱼雷
homing torpedo
TJ631
D 寻的鱼雷
S 制导鱼雷
F 反潜自导鱼雷
声自导鱼雷
尾流自导鱼雷
Z 鱼雷

自导装置
automatic homing device
TJ630.3
S 鱼雷部件*
C 鱼雷自导系统

自导作用距离
homing operating distance
TJ630.1
S 空间性
数学特征*
鱼雷战术技术性能
Z 时空性能
战术技术性能

自点火
Y 自动点火

自调延期引信
Y 延期引信

自动保护
Y 保护自动化

自动保护功能
Y 保护自动化

自动保险机构
Y 保险机构

自动变速操纵系统
automatic shift control system
TH13；TJ810.3；TP2
S 操纵系统*
调速系统*

自动步枪
automatic rifle
TJ22
D 全自动步枪
突击枪
自动装填步枪
S 步枪
F 突击步枪
小口径自动步枪
Z 枪械

自动操舵系统
Y 自动驾驶仪

自动操舵仪
Y 自动驾驶仪

自动操舵装置
Y 自动驾驶仪

自动操作*
automatic operation
TP2
D 自动操作过程
自动化操作
F 自动铺带
C 操作
过程自动化 →(8)
自动化应用 →(8)

自动操作过程
Y 自动操作

自动测试技术
Y 测控

自动导航
Y 自主导航

自动导航装置
Y 平台惯导系统

自动导向
Y 自动导引

自动导引
homing
TJ630
D 自导向
自动导向
自动引导
S 导引*

自动导引头
Y 导引头

自动导引制导
Y 寻的制导

自动导引着陆系统
Y 着陆导航系统

自动地形跟踪系统
automatic terrain following systems
TJ765
S 地形跟踪系统
自动跟踪系统
Z 跟踪系统

自动化系统

自动点火
autoignition
TK1；V430；V432
D 半自动点火
自点火
S 火箭点火
Z 点火

自动点火系统
automatic ignition system
TK0；V233.3
S 点火系统*

自动调平
self-leveling
TN95；V249.122.2；V55
S 调试*

自动调整延期机构
Y 引信延期机构

自动舵机
Y 舵机

自动防撞
Y 避碰

自动飞行控制
automatic flight control
V249.12
D 自主飞行控制
S 飞行控制*
F 地形跟踪飞行控制
反潜控制
自动滑行控制
自适应飞行控制
综合火力/飞行控制
C 无线电导航 →(7)
自主导航

自动飞行控制系统
automatic flight control system
V249
D 变传动比自动飞行控制系统
自动飞行系统
自动抗偏流系统
自动起飞控制系统
自动油门杆控制系统
自动油门控制系统
综合自动飞行控制系统
S 飞行控制系统
自动控制系统*
F 自动拉平控制系统
自动配平系统
自动着舰系统
自动着陆系统
自修复飞控系统
C 抗偏流控制
Z 飞行系统

自动飞行系统
Y 自动飞行控制系统

自动复位
automatic reset
TL3；TM5；TP2
D 自动回位
自复位

S 复位*

自动跟踪
automatic tracking
TN95；V249.3；V55
D 自动寻迹
自动追踪
自跟踪
S 跟踪*
F 多模式跟踪
光电自动跟踪
目标自动跟踪
C 跟踪接收机 →(7)
遥测接收机 →(7)
自动跟踪系统

自动跟踪水雷
automatic tracking mine
TJ61
S 水雷*
C 自导水雷

自动跟踪系统
automatic tracking system
TJ765；V249.3；V556
D 半自动跟踪系统
跟踪自动化系统
自动化跟踪系统
S 跟踪系统*
自动化系统*
F 天线自动跟踪系统
自动地形跟踪系统
C 自动跟踪

自动共振加速器
Y 集团加速器

自动轨道转移
automatic orbit transfer
V526
S 轨道转移
Z 运行

自动过程
Y 自动控制

自动过渡控制
Y 直升机控制

自动滑行控制
automatic roll-out con trol
V249.12
S 自动飞行控制
Z 飞行控制

自动化*
automation
TP1
D 全盘自动化
全自动
全自动化
自动化技术
自动化水平
F 保护自动化
C 自动化处理 →(8)
自动化分析 →(8)
自动化管理 →(8)

自动化操作
Y 自动操作

自动化测试技术
Y 测控

自动化飞行管制系统
Y 空管自动化系统

自动化跟踪系统
Y 自动跟踪系统

自动化机舱
automated engine room
V223
S 飞机机舱
Z 舱

自动化技术
Y 自动化

自动化驾驶系统
Y 自动驾驶系统

自动化控制
Y 自动控制

自动化控制技术
Y 自动控制

自动化控制系统
Y 自动控制系统

自动化水平
Y 自动化

自动化通用轨道站
automatic universal orbiting stations
V476
S 轨道空间站
C 航天器环境
空间平台
Z 航天器

自动化系统*
automatic systems
TP2
D 自动系统
F 多路遥测系统
空管自动化系统
自动跟踪系统
自动驾驶系统
自动瞄准系统
自动配平系统
自动遥测系统
自动增稳系统
自动着舰系统
自动着陆系统
C 机器人系统 →(4)(8)(12)
智能系统 →(1)(4)(5)(7)(8)(10)(11)(12)(13)
自动控制系统

自动回位
Y 自动复位

自动活塞式发动机
Y 自由活塞发动机

自动火控系统
automatic fire control system
TJ303；TJ810.3
D 自动火力控制系统
S 火控系统
自动控制系统*
Z 武器系统

自动火力控制系统
Y 自动火控系统

自动火炮
Y 自动炮

自动机动攻击系统
Y 攻击系统

自动驾驶系统
automatic pilot system
TP；U4；V32
D 自动化驾驶系统
自动驾驶仪系统
S 驾驶系统*
自动化系统*

自动驾驶仪
autopilot
U6；V241.48
D 船舶自动舵
飞机自动驾驶仪
航向自动操舵仪
深度自动操舵仪
自动操舵系统
自动操舵仪
自动操舵装置
自动驾驶仪器
自动驾驶装置
自动领航仪
自适应操舵仪
S 驾驶仪*
C 操纵性
平台惯导系统
陀螺仪

自动驾驶仪器
Y 自动驾驶仪

自动驾驶仪试验台
Y 试验台

自动驾驶仪系统
Y 自动驾驶系统

自动驾驶装置
Y 自动驾驶仪

自动检测技术
Y 测控

自动降落
Y 自动着陆

自动降落系统
Y 自动着陆系统

自动交会
Y 自主交会

自动开伞
Y 开伞装置

自动开伞器
Y 开伞装置

自动抗偏流系统
Y 自动飞行控制系统

自动控制*

automatic control
TP1；TP2
D 宽度自动控制
自动过程
自动化控制
自动化控制技术
自动控制方法
自动控制方式
自动控制过程
自动控制技术
自动控制手段
自控
自控方式
自控技术
F 程序飞行控制
反推自适应控制
非线性动态逆控制
滑模变结构控制
气动逻辑控制
气动伺服控制
全系数自适应控制
卫星遥控
再入段遥控
自适应变结构控制
自适应飞行控制
自适应重构控制
C 采集控制 →(8)
复杂控制 →(8)
工程控制
控制逻辑 →(8)
模糊控制 →(5)(8)(12)
模态控制
数模混合控制 →(8)
稳定控制
系统控制 →(3)(4)(5)(8)(11)(13)
预测控制 →(1)(5)(8)(11)
约束控制 →(8)
智能控制
最优控制 →(4)(5)(8)(11)

自动控制方法
Y 自动控制

自动控制方式
Y 自动控制

自动控制过程
Y 自动控制

自动控制技术
Y 自动控制

自动控制手段
Y 自动控制

自动控制系统*
automatic control system
TP2
D 全自动控制系统
自动化控制系统
自控系统
自主控制系统
F 闭环火控系统
空管自动化系统
人机闭环系统
自动飞行控制系统
自动火控系统
C 控制系统
自动化系统
自动检测 →(7)
自动控制器 →(5)

自动拉平控制系统
autoflare system
V249
D 飞机自动拉平控制系统
S 自动飞行控制系统
C 拉平控制
Z 飞行系统
自动控制系统

自动领航仪
Y 自动驾驶仪

自动榴弹发射器
automatic grenade launcher
TJ29
D 连发榴弹发射器
榴弹机枪
S 榴弹发射器
Z 轻武器

自动瞄准系统
automatic aiming system
TJ303；TJ810.3
S 瞄准系统
自动化系统*
Z 系统

自动目标识别
automatic target recognition
TP3；V249.3
S 目标识别*

自动排气机
Y 排气系统

自动炮
automatic gun
TJ399
D 机关炮
链式炮
全自动火炮
全自动炮
自动火炮
S 火炮
F 车载机关炮
高射机关炮
C 航空机枪
Z 武器

自动配平
Y 自动配平系统

自动配平系统
automatic trim system
V249
D 自动配平
自动微调
S 自动飞行控制系统
自动化系统*
C 配平控制
Z 飞行系统
自动控制系统

自动平衡记录仪
Y 记录仪

自动平衡式记录仪
Y 记录仪

自动迫击炮
Y 自行迫击炮

自动铺带
automated tape laying
V261
S 自动操作*

自动起飞控制
Y 起飞控制

自动起飞控制系统
Y 自动飞行控制系统

自动刹车
autobrake
U2；U4；V226
D 自动刹车系统
S 制动装置*

自动刹车系统
Y 自动刹车

自动式火箭发动装置
Y 火箭发射装置

自动式火箭发射装置
Y 火箭发射装置

自动试验设备
Y 试验设备

自动手枪
automatic pistol
TJ21
D 全自动手枪
战斗手枪
S 手枪
Z 枪械

自动贴地飞行
Y 超低空飞行

自动途中空中交通管制
Y 空中交通管制

自动脱伞装置
Y 脱伞器

自动微调
Y 自动配平系统

自动武器
automatic weapon
TJ
S 武器*

自动系统
Y 自动化系统

自动相关监视
automatic dependent surveillance
V249
S 空间监视
Z 监视

自动悬停
Y 悬停

自动悬停控制

Y 悬停控制

自动寻的
Y 寻的制导

自动寻的导弹
Y 自寻的导弹

自动寻的炮弹
Y 制导炮弹

自动寻的头
Y 导引头

自动寻的装置
Y 导引头

自动寻迹
Y 自动跟踪

自动压药
automatic powder press
TJ410.5
S 装药工艺
Z 工艺方法

自动遥测系统
automated telemetry system
V556
S 遥测系统
自动化系统*
Z 远程系统

自动引导
Y 自动导引

自动油门杆控制系统
Y 自动飞行控制系统

自动油门控制系统
Y 自动飞行控制系统

自动运动错觉
autokinetic illusion
R；V32
S 飞行错觉*
C 躯体旋动错觉

自动增稳系统
automatic augmentation stability systems
V249
D 飞行控制增稳
横向阻尼器
控制增稳系统
偏航阻尼器
指令增稳系统
自动增稳装置
纵向阻尼器
S 增稳系统
自动化系统*
Z 控制系统

自动增稳装置
Y 自动增稳系统

自动转移飞行器
automated transfer vehicles
V47
S 轨道转移飞行器
Z 航天器

自动装弹机
automatic ammunition feed mechanism
TJ303
S 供输弹装置
Z 火炮构件

自动装弹系统
Y 自动装填机构

自动装填步枪
Y 自动步枪

自动装填机构
self-loading mechanisms
TJ303
D 火炮自动装弹机
火炮自动装填机
自动装弹系统
自动装填系统
S 装填机
C 填充密度 →(9)
装药 →(2)(9)
Z 火炮构件

自动装填手枪
Y 半自动手枪

自动装填系统
Y 自动装填机构

自动追踪
Y 自动跟踪

自动着舰
automatic carrier landing
V32
S 着舰
Z 操纵

自动着舰系统
automatic carrier landing system
V249
S 自动飞行控制系统
自动化系统*
Z 飞行系统
自动控制系统

自动着陆
automatic landing
V32
D 飞机自动降落
飞机自动着陆
自动降落
自动着落
S 飞机着陆
C 仪表着陆
着陆控制
Z 操纵

自动着陆控制
automatic landing control
V249.1
S 着陆控制
C 舰上起落
水上起落
Z 飞行控制

自动着陆控制系统
Y 自动着陆系统

自动着陆系统
automatic landing system
V249
D 飞机自动油门降落系统
飞机自动着陆系统
自动降落系统
自动着陆控制系统
自动着落系统
S 着陆导航系统
自动飞行控制系统
自动化系统*
F 微波着陆系统
仪表着陆系统
Z 导航系统
飞行系统
自动控制系统

自动着落
Y 自动着陆

自动着落系统
Y 自动着陆系统

自锻弹丸
self-forge pill
TJ410.3
S 弹丸
Z 弹药零部件

自锻破片
self-forging fragment
TJ41
S 破片*

自发裂变放射性同位素
spontaneous fission radioisotope
O6；TL92
S 放射性同位素
F 钚-238
钚-239
钚-240
钍-232
铀-238
Z 同位素

自发热
Y 热学性能

自防护
Y 自保护

自辐照
self-irradiation
TL
S 辐照*

自复位
Y 自动复位

自给能γ探测器
Y 中子探测器

自给能探测器
Y 中子探测器

自给能中子探测器
Y 中子探测器

自跟踪
Y 自动跟踪

自供空气救生艇

Y 救生艇

自航模试验
self-propelled model test
V216
S 飞行试验
Z 飞行器试验

自航式水雷
Y 自航水雷

自航式鱼雷发射管
torpedo self-propelled launch tube
TJ635
D 自航式鱼雷发射装置
S 鱼雷发射管
Z 发射装置

自航式鱼雷发射装置
Y 自航式鱼雷发射管

自航水雷
self-propelled mine
TJ61
D 自航式水雷
S 特种水雷
Z 水雷

自毁*
self-destruction
TJ43；TJ765
D 自炸
F 导弹自毁
引信自毁
C 安全自毁系统
自毁时间
自毁引信
自毁指令
自毁装置

自毁动令
Y 自毁指令

自毁机构
Y 自毁装置

自毁时间
self-destruction time
E；V525
D 自炸时间
S 时间*
C 时间精度 →(1)
自毁

自毁试令
Y 自毁指令

自毁系统
Y 安全自毁系统

自毁引信
self-destroying fuse
TJ43
D 自炸引信
S 引信*
C 自毁

自毁预令
Y 自毁指令

自毁指令
self-destruction command
E；TJ765；V525
D 炸毁指令
自毁动令
自毁试令
自毁预令
S 安控指令
C 自毁
Z 指令

自毁装置
self-destroying device
TJ760.3
D 安全自毁装置
电子自毁机构
火药自毁机构
自爆系统
自毁机构
S 装置*
F 导弹自毁装置
C 自毁

自机动装置
Y 载人机动装置

自激脉冲射流喷嘴
self-excitation pulse jet nozzle
TH13；TK2；V232
S 脉冲射流喷嘴
Z 喷嘴

自交联型粘合剂
Y 胶粘剂

自紧炮管
Y 自紧身管

自紧身管
autofrettaged tube
TJ303
D 自紧炮管
S 身管
Z 火炮构件

自救
self-aid
V244.2
D 自救方法
自救互救能力
自救知识
S 救生*
F 逃生

自救方法
Y 自救

自救互救能力
Y 自救

自救设备
self-saving equipment
V244.2
S 救生设备
F 逃生装置
Z 救援设备

自救知识
Y 自救

自控
Y 自动控制

自控弹
self-guided missile
TJ76
S 导弹
Z 武器

自控段制导
Y 初制导

自控方式
Y 自动控制

自控技术
Y 自动控制

自控系统
Y 自动控制系统

自来得手枪
Y 手枪

自律式程序制导
Y 程序制导

自屏
Y 自屏蔽

自屏蔽
self-shielding
O4；TL3
D 自屏
自屏因子
S 辐射屏蔽
Z 屏蔽

自屏因子
Y 自屏蔽

自清除
Y 清除

自然层流翼型
Y 层流翼型

自然辐射源
Y 辐射源

自然环境管理
Y 环境管理

自然环境试验
natural environmental test
V216
S 环境试验*
F 避雷试验
潮湿试验
霉菌试验
耐寒试验
气候试验
野外试验

自然结冰
natural icing
V244
S 结冰*

自然污染物
Y 污染物

自然源
Y 自然资源

自然资源*
natural resources
P9；X3
D 公有自然资源
天然源
自然源
F 铜源
太空资源
C 储量参数 →(2)
向量负载指数 →(8)
再生资源 →(13)
资源 →(1)(2)(7)(8)(13)
自然资源管理 →(13)

自燃点火
spontaneous ignition
TK1；V430；V432
S 点火*
C 自燃 →(2)(5)

自燃火箭推进剂
hypergolic rocket propellant
V51
S 液体火箭推进剂
Z 推进剂

自燃式火箭燃料
Y 火箭燃料

自燃推进剂
Y 双元推进剂

自燃推进剂火箭发动机
Y 液体火箭发动机

自燃液体推进剂
Y 双元推进剂

自生增压系统
Y 增压系统

自适应壁风洞
adaptive wall wind tunnels
V211.74
D 无洞壁干扰风洞
自修正风洞
S 自适应风洞
Z 风洞

自适应变结构控制
adaptive variable structure control
TP1；TP2；V249
D 变结构自适应控制
S 结构控制*
自动控制*

自适应操舵仪
Y 自动驾驶仪

自适应弹射座椅
Y 弹射座椅

自适应反射镜
Y 反射镜

自适应飞行控制
adaptive flight control
V249.12
D 适应飞行控制
最佳飞行控制
最优飞行控制
S 自动飞行控制
自动控制*
F 自修复飞行控制
自学习飞行控制
自组织飞行控制
Z 飞行控制

自适应风洞
adaptive wind tunnel
V211.74
S 风洞*
F 自适应壁风洞

自适应跟踪
adaptive tracking
TN95；V249.3；V556
S 跟踪*

自适应机翼
adaptive wing
V224
D 任务适应机翼
S 机翼*

自适应遥测
adaptive telemetry
TJ765；V556.1
D 实时遥测
延时遥测
S 遥测*
C 结构自适应 →(8)
鲁棒自适应 →(8)
模糊自适应 →(8)
自适应辨识 →(8)
自适应调节 →(8)
自适应概率 →(1)
自适应修正 →(8)

自适应翼型
adaptive aerofoil
V221
S 翼型*

自适应引信
self-adaptive fuze
TJ43
S 引信*

自适应制导
adaptive guidance
TJ765；V448
D 适应式制导
S 制导*

自适应重构控制
adaptive reconfigurable control
V249.1
S 自动控制*

自卫手枪
self-defense pistols
TJ21
S 手枪
Z 枪械

自相摧毁效应
fratricidal effect
TJ91
D 自相毁伤效应
S 核武器毁伤效应
Z 武器效应

自相毁伤效应
Y 自相摧毁效应

自校准
self-calibration
TG8；V448.25
D 自校准技术
S 校准*

自校准技术
Y 自校准

自校准全向无线电信标
Y 全向信标

自行反坦克炮
self-propelled anti-tank gun
TJ37；TJ818
S 自行火炮
F 履带式自行反坦克炮
Z 武器

自行防空系统
self-propelled air defense systems
TJ0
S 防御系统*

自行高炮
self-propelled antiaircraft gun
TJ35；TJ818
D 自行高炮系统
自行高射炮
S 高炮
自行火炮
Z 武器

自行高炮系统
Y 自行高炮

自行高射炮
Y 自行高炮

自行火箭炮
self-propelled rocket guns
TJ393；TJ818
D 火箭发射车
S 火箭炮
自行火炮
Z 武器

自行火炮
self-propelled artillery
TJ818
D 车载式自行火炮
车载自行火炮
强击炮
自行火炮系统
自行炮
自行式火炮
自行武器
S 火炮
F 轮式自行火炮
自行反坦克炮
自行高炮
自行火箭炮
自行加榴炮
自行加农炮
自行榴弹炮

自行迫击炮
自行迫榴炮
Z 武器

自行火炮发动机
self-propelled gun engine
TJ31；TK0
S 军用发动机
Z 发动机

自行火炮系统
Y 自行火炮

自行加榴炮
self-propelled gun howitzer
TJ818
S 加榴炮
自行火炮
Z 武器

自行加农炮
self-propelled cannon
TJ34；TJ818
S 加农炮
自行火炮
Z 武器

自行榴弹炮
carriage motor howitzer
TJ33；TJ818
D 自行榴弹炮系统
S 榴弹炮
自行火炮
Z 武器

自行榴弹炮系统
Y 自行榴弹炮

自行炮
Y 自行火炮

自行迫击炮
self-propelled mortar
TJ31；TJ818
D 自动迫击炮
S 自行火炮
Z 武器

自行迫榴炮
self-propelled mortar-howitzers
TJ818
S 自行火炮
Z 武器

自行式火炮
Y 自行火炮

自行武器
Y 自行火炮

自修复
self-healing
TH11；TP2；V328.5
D 自修复技术
自修正
S 修复*
C 润滑添加剂 →(3)(4)
自调整 →(8)

自修复飞控系统
self repairing flight control system
V249
D 自修复飞行控制系统
S 自动飞行控制系统
Z 飞行系统
自动控制系统

自修复飞行控制
self-repairing flight control
V249.12
S 自适应飞行控制
Z 飞行控制
自动控制

自修复飞行控制系统
Y 自修复飞控系统

自修复技术
Y 自修复

自修正
Y 自修复

自修正风洞
Y 自适应壁风洞

自旋导弹
spinning missile
TJ76
D 滚转弹
滚转导弹
S 导弹
Z 武器

自旋火箭弹
Y 旋转火箭弹

自旋扫描地球敏感器
Y 地平仪

自旋卫星
spinning satellite
V474
S 人造卫星
F 自旋稳定卫星
Z 航天器
卫星

自旋稳定
spin stabilization
TP2；V448
D 转移轨道自旋稳定
自旋稳定性
S 稳定*
F 双自旋稳定

自旋稳定控制
spin stability control
V249.122.2
S 稳定控制*
姿态控制
Z 飞行控制

自旋稳定卫星
spin stabilized satellite
V474
D 旋转稳定卫星
S 自旋卫星
Z 卫星

自旋稳定性
Y 自旋稳定

自学习飞行控制
self-learning flight con trol
V249.12
S 智能控制*
自适应飞行控制
C 自学习系统 →(8)
Z 飞行控制
自动控制

自寻的导弹
homing missile
TJ76；V421
D 自动寻的导弹
S 寻的制导导弹
Z 武器

自寻的子母弹
Y 遥感炮弹

自掩埋水雷
self-buried sea mines
TJ61
D 掩埋水雷
S 智能水雷
Z 水雷

自移机尾
auto-mobile tail
V222
S 机尾
Z 飞机零部件

自由半径
Y 半径

自由表面射流
free surface jet flow
TL6
S 射流*

自由段弹道
Y 自由飞行弹道

自由飞
free flight
V323
D 航空器自由飞行
航器自由飞
自由飞行
S 航空飞行
C 滑翔
滑翔机
Z 飞行

自由飞弹道靶
Y 弹道靶

自由飞风洞
Y 风洞

自由飞模型
free flight model
V221
S 气动模型
Z 力学模型

自由飞试验
free flight test
V217
D 模型自由飞

自由飞试验设备
自由飞行试验
S 飞行试验
Z 飞行器试验

自由飞试验设备
Y 自由飞试验

自由飞行
Y 自由飞

自由飞行弹道
free-flight trajectory
TJ760
D 自由段弹道
S 导弹弹道
C 弹道飞行
Z 弹道

自由飞行机器人
Y 空间机器人

自由飞行计划
free flight plans
V32
S 飞行计划
Z 航天计划

自由飞行空间机器人
free- flight space robot
TP2；V26
D 自由空间飞行机器人
S 飞行机器人
Z 机器人

自由飞行时间
free time of flight
V32
S 飞行时间
Z 航行诸元

自由飞行试验
Y 自由飞试验

自由分子流
free molecular flow
TL；V211
D 克努森流
S 流体流*

自由分子流风洞
Y 低密度风洞

自由分子流推力器
free molecular flow thrusters
V434
D 自由分子流微电热推力器
S 推进器*

自由分子流微电热推力器
Y 自由分子流推力器

自由活塞发动机
free piston engine
TK0；V234
D 自动活塞式发动机
自由活塞式发动机
S 活塞式发动机
F 液压自由活塞发动机
Z 发动机

自由活塞式发动机
Y 自由活塞发动机

自由机翼
Y 自由翼

自由空间飞行机器人
Y 自由飞行空间机器人

自由离子流风洞
Y 低密度风洞

自由漂浮空间机器人
Y 空间机器人

自由飘浮空间机器人
Y 空间机器人

自由气球
Y 气球

自由射流式风洞
free jet wind tunnels
V211.74
S 风洞*

自由射流试验
free jet test
V216.2
S 发动机试验*

自由透平
Y 动力涡轮

自由尾迹
free-wake
V211
S 尾迹*

自由尾流
free wakes
V211
S 尾流
Z 流体流

自由涡
free vortex
V32
S 涡流*

自由涡轮
Y 动力涡轮

自由涡轮恒速器
Y 传动装置

自由翼
free wing
V224
D 自由机翼
S 机翼*

自由转子陀螺
Y 自由转子陀螺仪

自由转子陀螺仪
free rotor gyros
V241.5；V441
D 自由转子陀螺
S 二自由度陀螺仪
Z 陀螺仪

自炸
Y 自毁

自炸时间
Y 自毁时间

自炸引信
Y 自毁引信

自折撑杆
Y 起落架构件

自主编队飞行器
autonomous formation flyer
V27
S 飞行器*

自主弹道
Y 方案弹道

自主导航
autonomous navigation
TN8；V249.3
D 独立导航
自备式导航
自动导航
自主领航
自主式导航
自主式领航
自助式导航
自足式导航
S 导航*
F 惯性导航
深空自主导航
相对自主导航
星座自主导航
自主光学导航
自主组合导航
C 多普勒导航 →(7)
鲁棒滤波 →(7)
月球车
自动导航系统 →(7)
自动飞行控制

自主定轨
autonomous orbit determination
V526；V556
D 自主轨道
自主轨道确定
S 轨道确定*
F 卫星自主定轨

自主定姿定轨
autonomous attitude and orbit determination
V526；V556
S 轨道确定*

自主对接
Y 自主交会对接

自主飞艇
autonomous airship
V274
S 飞艇
Z 航空器

自主飞行
autonomous flight
V323
S 航空飞行
Z 飞行

自主飞行控制
Y 自动飞行控制

自主飞行无人机
autonomous flight unmanned aerial vehicles
V279
S 无人机
Z 飞机

自主光学导航
autonomous optical navigation
V249.3；V448
D 光学自主导航
S 自主导航
Z 导航

自主轨道
Y 自主定轨

自主轨道确定
Y 自主定轨

自主降落
Y 自主着陆

自主交会
automatic rendezvous
V526
D 自动交会
S 交会*

自主交会对接
autonomous rendezvous and docking
V526
D 自主对接
S 交会对接
Z 连接

自主控制系统
Y 自动控制系统

自主领航
Y 自主导航

自主式导航
Y 自主导航

自主式舵机
Y 舵机

自主式领航
Y 自主导航

自主式微直升机
autonomous micro helicopters
V275.1
S 微型直升机
自主直升机
Z 飞机

自主式制导
Y 自主制导

自主式制导系统
autonomous guidance system
TJ76；V448
S 制导系统*
C 自主制导

自主天文导航
autonomous celestial navigation
V448
S 天文导航
Z 导航

自主直升机
autonomous helicopter
V275.1
S 直升机
F 自主式微直升机
Z 飞机

自主制导
autonomous guidance
TJ765；V448
D 主动制导
自主式制导
S 制导*
F 程序制导
惯性制导
天文制导
相关制导
C 自主式制导系统

自主着陆
autonomous landing
V32
D 自主降落
S 着陆
Z 操纵

自主姿态控制
Y 主动姿态控制

自主姿态确定
Y 姿态测量

自主组合导航
independently integrated navigation
V249.3；V448
S 自主导航
组合导航
Z 导航

自助式导航
Y 自主导航

自转(旋翼)
Y 自转旋翼

自转下滑
Y 下滑

自转下降
Y 下降飞行

自转旋翼
autorotating rotor
V275.1
D 自转(旋翼)
自转旋翼机旋翼
S 旋翼*
C 旋翼飞行器

自转旋翼机
Y 旋翼机

自转旋翼机旋翼
Y 自转旋翼

自转着陆
autorotational landing
V32
S 飞机着陆
Z 操纵

自足式导航
Y 自主导航

自组织飞行控制
self-organizing flight control
V249.12
S 自适应飞行控制
Z 飞行控制
自动控制

综合测量仪器
Y 测量仪器

综合传动装置
integrated transmission devices
TJ810.3；U4
S 传动装置*

综合导航
Y 组合导航

综合电子显示系统
Y 机载综合显示系统

综合发射场
complex launching site
TJ768；V55
S 发射场
C 导弹阵地工程
发射基地
Z 场所

综合飞行
Y 组合飞行

综合飞行/火力控制
Y 综合火力/飞行控制

综合飞行/推进控制
Y 推进控制

综合飞行-推力控制
Y 推进控制

综合高性能涡轮发动机
Y 涡轮喷气发动机

综合高性能涡轮发动机技术
Y 涡轮喷气发动机

综合管理
Y 管理

综合航电火控系统
integrated avionics fire control systems
V24
D 航空综合火控系统
S 综合航电系统
综合火控系统
Z 电子系统
武器系统
综合系统

综合航电系统
integrated avionics system
V243
D 航电综合系统
航空电子综合系统
航空综合电子设备

航空综合电子系统
综合航空电子系统
S 电子系统*
综合系统*
F 机载综合数据系统
机载综合显示系统
综合航电火控系统
C 航空电机 →(5)

综合航空电子系统
Y 综合航电系统

综合环境试验
combined environmental test
V216
S 环境试验*

综合环境原理
Y 环境

综合回收技术
Y 回收

综合火控系统
integrated fire control system
V24
D 综合火力飞行控制系统
S 火控系统
综合系统*
F 综合航电火控系统
Z 武器系统

综合火力/飞行控制
integrated fire/flight control
V249.12
D 综合飞行/火力控制
S 航空火力控制
自动飞行控制
综合控制*
Z 飞行控制
军备控制

综合火力飞行控制系统
Y 综合火控系统

综合精度
Y 精度

综合控制*
comprehensive control
TP1
F 直接力/气动力复合控制
综合火力/飞行控制
C 计算机控制
综合监控 →(13)

综合罗盘
synthetic compass
U6；V241.6
D 航向系统
S 罗盘
Z 导航设备

综合模块化航空电子
Y 航空电子学

综合扫雷车
synthetical mine clearance vehicles
TJ518
S 扫雷车
Z 军事装备
军用车辆

综合射频传感器
integrated rf sensors
TP2；V241
S 传感器*

综合探测
integrated detection
TD1；V249.3
S 探测*

综合卫星系统
Y 卫星系统

综合武器系统
integrated weapons system
V24
S 武器系统*
综合系统*

综合系统*
synthetical system
TP1
F INS/GPS 组合导航系统
北斗/罗兰组合导航系统
复合制导系统
火箭基组合循环推进系统
综合航电系统
综合火控系统
综合武器系统
综合显示系统
C 集成系统 →(1)(4)(8)
集中式系统
系统

综合显示系统
integrated display system
V243
S 显示系统*
综合系统*
F 机载综合显示系统

综合校飞
Y 校飞

综合制导
Y 复合制导

综合转台
Y 转台

综合自动飞行控制系统
Y 自动飞行控制系统

综合作战效能
Y 作战能力

综台试验
Y 试验

总成
Y 总装

总成装配
Y 总装

总段组装
Y 总装

总环境
Y 环境

总剂量辐射
total dose radiation
TL
S 辐射*

总剂量辐射效应
total dose radiation effect
TL
D 总剂量辐照效应
S 辐射效应*
C 注氧隔离

总剂量辐照效应
Y 总剂量辐射效应

总距油门控制
collective pitch-throttle control
V249
S 发动机控制
C 悬停控制
Z 动力控制

总控制室
Y 中央控制室

总能量控制
Y 飞行控制

总体布局
Y 总体构型

总体布置方案
Y 布置

总体参数
parameter of population
V2；V4；ZT3
D 全局参数
S 参数*
C 发动机参数

总体参数设计
population parameter design
V423
S 设计*
总体设计*

总体构型
general planning
V221
D 总体布局
S 气动构型
Z 构型

总体结构
Y 结构

总体设计*
overall design
V221
D 整体设计
整体性设计
总体设计技术
总体设计思想
总体设计要求
F 导弹总体设计
飞机总体设计
卫星总体设计
总体参数设计

总体外形设计
总体优化设计

总体设计技术
Y 总体设计

总体设计思想
Y 总体设计

总体设计要求
Y 总体设计

总体失稳
Y 整体失稳

总体外形设计
integral shape design
V423
S 总体设计*
F 飞机总体外形设计

总体性能设计
Y 性能设计

总体优化设计
globally optimal design
TB2；TH12；V423
S 优化设计*
总体设计*

总污染
Y 环境污染

总线*
busbar
TP3
D 标准总线
传输总线
公共总线
互联总线
汇流条
总线方式
总线系统
F 1553B 总线
ARINC429 总线
C 标准接口 →(8)
传输线 →(1)(2)(3)(4)(5)(7)(8)(11)
公共接口 →(7)
接口 →(1)(4)(7)(8)
控制协议 →(7)
通信协议 →(7)
总线编码 →(7)
总线传输 →(7)
总线结构 →(8)
总线开关 →(5)
总线耦合器 →(7)
总线适配器 →(8)
总线收发器 →(8)
总线拓扑 →(8)
总线协议 →(7)
总线仲裁器 →(8)

总线方式
Y 总线

总线系统
Y 总线

总压恢复
total pressure recovery
V231
S 恢复*

总压恢复系数
total pressure recovery coefficient
V228
S 系数*
F 进气道总压恢复系数
C 畸变指数

总压损失
pitot loss
V231
S 能量损失*

总油
Y 油品

总装
final assembly
TG9；TH16；V46
D 总成
总成装配
总段组装
总装工艺
总装配
总组装
S 装配*
F 航天器总装

总装工艺
Y 总装

总装配
Y 总装

总组装
Y 总装

纵场线圈
toroidal field coil
TL6
S 线圈*

纵横比
Y 环径比

纵火弹
Y 燃烧炮弹

纵火火箭弹
Y 燃烧火箭弹

纵火剂
Y 燃烧剂

纵火炮弹
Y 燃烧炮弹

纵列式双旋翼直升机
Y 纵列式直升机

纵列式直升机
tandem helicopter
V275.1
D 串翼式飞机
串翼式直升机
双旋翼纵列式直升机
纵列式双旋翼直升机
纵列旋翼直升机
S 直升机
C 共轴式直升机
Z 飞机

纵列旋翼直升机
Y 纵列式直升机

纵剖计数器
Y 计数器

纵稳性
Y 纵向稳定性

纵向不稳定性
Y 纵向稳定性

纵向操纵性
Y 操纵性

纵向防撞
Y 避碰

纵向飞行控制
longitudinal flight control
V249.1
S 飞行控制*
纵向控制
Z 方向控制

纵向飞行品质
Y 飞行品质

纵向箍缩装置(直线)
Y 直线 Z 箍缩装置

纵向静稳定性
longitudinal static stability
V212
S 纵向稳定性
Z 方向性
稳定性
载运工具特性

纵向控制
longitudinal control
TH11；V249.1；V448
D 飞机俯仰姿态控制
飞机纵向控制
俯仰姿态控制
S 方向控制*
F 纵向飞行控制
C 俯仰
姿态控制

纵向控制系统
longitudinal control system
V249
D 飞机纵向控制系统
S 姿态控制系统
Z 飞行系统
控制系统

纵向耦合振动效应
Y 颤动效应

纵向稳定性
longitudinal stability
V212
D 俯仰安定性
俯仰稳定性
舰艇纵稳性
轴向稳定性

纵稳性
纵向不稳定性
S 航向稳定性
F 纵向静稳定性
Z 方向性
稳定性
载运工具特性

纵向振荡
longitudinal oscillation
V211
S 振荡*

纵向制导
lengthways guidance
TJ765；V448
S 制导*

纵向阻尼器
Y 自动增稳系统

足尺模型
full scale model
V221
D 全尺寸模型
实体模型
体模型
S 数学模型*
F 三维制导模型
C 全尺寸风洞

阻爆
Y 爆炸控制

阻挡装置
Y 拦阻装置

阻隔剂
Y 防护剂

阻拦网
Y 拦阻装置

阻拦装置
Y 拦阻装置

阻力*
reaction
O3
D 阻尼力
F 波阻
飞行阻力
流动阻力
气动阻力
剩余阻力
推进阻力
C 减阻
力
示功特性 →(1)

阻力(空气动力学)
Y 气动阻力

阻力板
Y 减速板

阻力撑杆
Y 起落架构件

阻力降落伞
Y 阻力伞

阻力伞
drag parachute
V244.2
D 减速降落伞
减速伞
减速伞(着陆)
流锚
刹车伞
着陆减速伞
阻力降落伞
S 降落伞*
C 飞机刹车
拦阻装置
拖靶
着陆

阻尼导数
damping derivative
V211
S 气动导数*
F 俯仰阻尼导数
C 水动力导数 →(12)
稳定性导数
阻尼 →(1)

阻尼舵机
Y 舵机

阻尼机构
Y 阻尼器

阻尼结构
damping structure
V214
S 力学结构*

阻尼力
Y 阻力

阻尼器*
damper
TH13
D 操纵转向阻尼器
颤振阻尼器
弹性环式挤压油膜阻尼器
反弹阻尼器
俯仰阻尼器
缓冲阻尼器
空气阻尼器
气动阻尼器
陀螺阻尼器
章动阻尼器
振动阻尼器
主动弹支干摩擦阻尼器
转向阻尼器
阻尼机构
阻尼装置
F 挤压油膜阻尼器
减摆阻尼器
液弹阻尼器

阻尼陀螺
Y 速率陀螺仪

阻尼陀螺仪
Y 速率陀螺仪

阻尼叶片
damping vane
TH13；V232.4
S 叶片*

阻尼装置
Y 阻尼器

阻燃弹
flame retarded projectiles
TJ412
S 特种炮弹
Z 炮弹

阻燃钛合金
burn resistant titanium alloy
TG1；V25
S 钛合金
Z 合金

组成配方
Y 配方

组合*
grouping
ZT71
D 配套组合
F 惯测组合
惯性组合
C 排列 →(1)(7)
施工机械 →(2)(3)(4)(5)(11)(12)

组合表面
Y 表面

组合大视场星敏感器
Y 星敏感器

组合导航
integrated navigation
TN96；V249.3
D 复合导航
混合导航
混合式导航
综合导航
组合式导航
S 导航*
F INS/GPS 组合导航
INS/SAR 组合导航
自主组合导航
C 导航精度
复合干扰 →(7)
组合导航定位
组合导航系统 →(7)

组合导航定位
integrated navigation and location
TN96；V249.3
S 定位*
C 组合导航

组合导引
combined steering
TJ765；V249.3；V448
S 导引*

组合电池组
Y 电池组

组合动力
combined dynamic
TH11；TK0；V228

D 复合动力
S 动力*

组合舵机
Y 舵机

组合发动机
compound engine
TK0；V236；V43
D 差速复合发动机
复合发动机
复合式发动机
混合发动机
混合式发动机
组合式发动机
S 发动机*
F 混合脉冲爆震发动机
涡轮冲压发动机
涡轮复合发动机
涡轮基组合循环发动机
C 火箭发动机
引射模态
组合喷气发动机
组合压气机

组合飞行
comprehensive flight
V323
D 综合飞行
S 航空飞行
Z 飞行

组合喷气发动机
composite jet engines
V235；V236
D 组合式喷气发动机
S 喷气发动机
F 火箭基组合循环发动机
C 组合发动机
Z 发动机

组合式导航
Y 组合导航

组合式发动机
Y 组合发动机

组合式空速表
Y 飞行速度指示器

组合式喷气发动机
Y 组合喷气发动机

组合式鱼雷
combined torpedoes
TJ631
S 鱼雷*

组合式战斗部
combined warheads
TJ410.3；TJ760.3
S 常规战斗部
Z 战斗部

组合式直升机
Y 复合式直升机

组合式制导
Y 复合制导

组合水雷
combined naval mines
TJ61
D 模块式水雷
模式水雷
S 水雷*

组合体
assembly
V221
S 结构体*
F 翼身组合体
C 气动构型

组合压气机
combined compressor
TH4；V232
D 混流式压气机
S 压缩机*
C 组合发动机

组合叶栅
combined cascade
TH13；TK0；V232
S 叶栅*
C 翼型

组合直升机
Y 复合式直升机

组合制导
Y 复合制导

组织机构*
organization
ZT87
F 国际民航组织

组装
Y 装配

组装方法
Y 装配

组装工艺
Y 装配

组装设计
Y 装配

组装式航天结构
compositional aerospace structures
V423
S 航天结构
C 航天器
Z 工程结构

组装行为
Y 装配

组装形式
Y 装配

钻地弹
earth-penetrating projectile
TJ414
D 穿地弹
穿透炸弹
侵彻炸弹
钻地炸弹
S 炸弹*
钻地武器

钻地弹头
earth penetrator warheads
TJ760.3
S 导弹弹头
Z 飞行器头部
战斗部

钻地核武器
earth-penetration nuclear weapons
TJ91
S 核武器
钻地武器
F 核钻地弹
Z 武器

钻地武器
earth-penetration weapons
E；TJ0
S 武器*
F 深钻地武器
钻地弹
钻地核武器

钻地炸弹
Y 钻地弹

钻头工作指标
bit working index
TJ
S 指标*
C 钻头磨损 →(3)(4)

钻屑清除
Y 清除

最大长度
Y 长度

最大垂直爬升率
maximum rate of vertical climb
V32
D 最大垂直上升率
S 爬升率
C 直升机
Z 比率

最大垂直上升率
Y 最大垂直爬升率

最大放射性吸入量
Y 容许剂量

最大风能捕获
maximal wind energy capture
TL6
S 捕获*
C 双馈风力发电机 →(5)

最大航程
Y 航程

最大航程飞行试验
Y 全程飞行试验

最大后飞速度
maximum backward speed
V32
S 飞行速度
C 直升机
Z 飞行参数
航行诸元

最大可信事故
maximum credible accident
TL36
D 反应堆最大可信事故
S 设计基准事故
Z 核事故

最大爬坡度
maximum grade ability
TJ811
D 最大上坡度
S 坦克战术技术性能
C 最高速度 →(1)(12)
Z 战术技术性能

最大平飞速度
Y 平飞速度

最大起飞重量
Y 起飞重量

最大容许放射性浓度
Y 容许剂量

最大容许放射性强度
Y 容许剂量

最大容许放射性摄入量
Y 容许剂量

最大容许放射性水平
Y 容许剂量

最大容许辐照量
Y 容许剂量

最大容许活度
maximum permissible activity
TL
D 最大容许活性
S 活性*
容许剂量
C 放射性
Z 剂量

最大容许活性
Y 最大容许活度

最大容许剂量
Y 容许剂量

最大容许摄入量
Y 容许剂量

最大容许水平
Y 容许剂量

最大容许体内沉积量
Y 容许剂量

最大容许体内积存量
Y 容许剂量

最大容许吸收剂量
Y 容许剂量

最大容许照射量
Y 容许剂量

最大上坡度
Y 最大爬坡度

最大射程
maximum firing range
TJ0
D 最小射程
S 射程
Z 时空性能
数学特征
战术技术性能

最大射程飞行试验
Y 全程飞行试验

最大升阻比
Y 升阻比

最大推力
maximum thrust
V43
S 推力*

最大吸入量
Y 容许剂量

最大允许飞行速度
Y 飞行速度

最大允许剂量
Y 容许剂量

最大允许照射量
Y 容许剂量

最大中值滤波
maximum median filtering
TN7；V243
S 滤波技术*

最大作用半径
Y 作用半径

最低安全高度
Y 最小安全高度

最低安全救生高度
Y 最小安全高度

最低可接受值
minimum acceptable value
V421
S 数值*

最高爆发压力
Y 爆破压力

最高容许量
Y 容许剂量

最佳弹道
optimum trajectory
TJ760
S 弹道*

最佳导引
Y 最优导引

最佳飞行
optimal flight
V323
D 飞行优化
飞行最优化
S 航空飞行
C 弹道优化
飞行计划
飞行距离
最优航迹
Z 飞行

最佳飞行控制
Y 自适应飞行控制

最佳轨道
optimal orbits
V529
D 最小耗能轨道
最优轨道
S 航天器轨道
Z 飞行轨道

最佳轨迹
Y 最优轨迹

最佳航迹
Y 最优航迹

最佳化
Y 优化

最佳化设计
Y 优化设计

最佳结构设计
optimum structural design
TB2；TH12；V221；V423
D 结构最优化设计
S 结构设计*
优化设计*

最佳起爆延迟时间
optimal initiating delay time
TJ43
S 时间*

最佳设计
Y 优化设计

最佳推力系数
Y 推力系数

最小安全高度
minimum safe altitude
V244
D 极限高度
最低安全高度
最低安全救生高度
S 安全高度
C 土钉支护 →(11)
有效固结应力法 →(11)
Z 飞行参数
高度

最小耗能轨道
Y 最佳轨道

最小机动飞行速度
Y 飞行速度

最小能量弹道
minimum energy trajectory
TJ760
S 弹道*

最小平飞速度
Y 平飞速度

最小起降带

minimum operating strip
V35
S 飞行场地
Z 机场建筑

最小射程
Y 最大射程

最小转向半径
Y 半径

最优
Y 优化

最优长度
Y 长度

最优导引
optimum homing
TJ765；V249.3；V448.23
D 最佳导引
S 导引*

最优方法
Y 优化

最优飞行控制
Y 自适应飞行控制

最优轨道
Y 最佳轨道

最优轨迹
optimal trajectory
O3；V32
D 最佳轨迹
S 轨迹*

最优航迹
optimal flight path
O3；V32
D 航迹优化
最佳航迹
S 轨迹*
C 航迹规划
最佳飞行

最优滑翔弹道
optimal glide trajectory
TJ414
S 滑翔弹道
Z 弹道

最优化设计
Y 优化设计

最优交会
optimized rendezvous
V526
S 交会*

最优爬升轨迹
optimal climbing trajectory
V32
S 飞行轨迹
Z 轨迹

最优设计
Y 优化设计

最优制导
optimal guidance
TJ765；V448
S 制导*
F 最优中制导

最优中制导
optimum mid-course guidance
TJ765；V448
S 中制导
最优制导
Z 制导

最终处置库
ultimate disposal repository
TL94
S 处置库
Z 设施

最终段弹道
Y 终点弹道

左轮手枪
Y 转轮手枪

左右互换起落架
Y 起落架

作动器*
actuator
TH7；V245
D 并联式作动器
并联致动器
并列作动器
拨转作动器
促动器
阀促动器
副作动器
激振器
旋转作动器
余度作动器
致动器
作动装置
座高调节作动器
F 电作动器
机电作动器
伺服作动器
微射流作动器
C 调节器
力学测量仪器
试验机 →(4)
天线主反射面 →(7)

作动系统
Y 操纵系统

作动装置
Y 作动器

作功火工品
Y 动力源火工品

作业*
operating
ZT5
D 作业方法
作业方式
作业过程
F 航天员作业
运载火箭吊装
C 采矿
操作
货运作业
矿井作业 →(2)(11)(12)
生产工艺 →(1)(2)(3)(4)(7)(9)(10)
施工作业
选矿工艺 →(2)(3)(9)(13)
油井作业 →(2)

作业方法
Y 作业

作业方式
Y 作业

作业工况
Y 工况

作业过程
Y 作业

作业装置
Y 装置

作用*
role
ZT84
F 爆炸作用
C 弹药作用
化学作用 →(1)(2)(9)(10)(11)(13)
力作用 →(1)(2)(3)(11)
物理作用 →(1)(3)(5)(9)(11)
相互作用

作用半径
action radius
TJ430
D 最大作用半径
S 半径*
C 作业半径 →(4)

作用可靠度
Y 发火可靠性

作用可靠性
function reliability
TJ410
S 战术技术性能*

作用时间
response time
TJ45
S 时间*

作用效应
Y 效应

作战车辆
Y 战车

作战地区导航
Y 战区导航

作战飞机
operational aircraft
V271.41
D 特种作战飞机
S 歼击机
Z 飞机

作战飞行程序
operational flight program
TP3；V247

D 作战飞行程序软件
S 飞行软件
F 飞行控制软件
Z 计算机软件

作战飞行程序软件
Y 作战飞行程序

作战高度
combat altitude
TJ0
S 高度特性
Z 时空性能
数学特征

作战距离
combat range
TJ0
S 空间性
数学特征*
Z 时空性能

作战能力
combat capability
E；TJ0
D 空战效能
战斗能力
综合作战效能
作战使用性能
作战威力
作战效能
作战性能
S 使用性能*
战术技术性能*
F 穿甲能力
攻击能力
火炮威力
破甲性能
突防能力
战斗部威力
C 歼击机
战车
战斗舰艇 →(12)
战损评估

作战能力指数
battle ability index
TJ0
S 指数*

作战使用效能
Y 使用效能

作战使用性能
Y 作战能力

作战试验
Y 战斗使用试验

作战威力
Y 作战能力

作战无人机
Y 无人作战飞机

作战效能
Y 作战能力

作战效能分析
operational effectiveness analysis
TJ0
S 分析*

作战效能指标
operational effectiveness index
TJ0
D 作战效能指数
S 效能指标
Z 指标

作战效能指数
Y 作战效能指标

作战性能
Y 作战能力

作战要求
military operational requirement
TJ0
S 要求*

作战直升机
Y 武装直升机

座舱
cockpit
V223
D 并联座舱
并列座舱
玻璃座舱
串联座舱
串列座舱
战斗机座舱
S 舱*
F 飞机座舱
航天器座舱
可投弃座舱
密闭座舱
虚拟座舱
增压舱
C 舱内大气
座舱盖
座舱天气信息系统
座椅

座舱玻璃
canopy glass
TB3；V223
S 玻璃*
座舱材料

座舱布局
cockpit layout
V22
S 布局*

座舱材料
cockpit materials
V25
S 机身材料
F 座舱玻璃
Z 材料

座舱大气
Y 舱内大气

座舱盖
canopy
V223
D 飞机座舱盖
座舱罩
S 机身构件
C 锁紧装置 →(3)(4)(7)(9)
整流罩
座舱
Z 飞机结构件

座舱盖操纵系统
cockpit canopy control system
TP2；V24
S 操纵系统*

座舱高度压差表
cabin altitude and pressure difference gage
V241
S 航空仪表*

座舱环境控制系统
cockpit environment control system
V245.3
S 飞机环控系统
航空航天生保系统
环境系统*
专用系统*
F 座舱温度控制系统
Z 飞行系统
航空系统
机载系统
生命保障系统

座舱加热系统
Y 座舱温度控制系统

座舱加热装置
Y 座舱温度控制系统

座舱模拟机
Y 座舱模拟器

座舱模拟器
cockpit simulators
V216
D 驾驶舱仿真器
模拟座舱
座舱模拟机
座舱模拟训练器
座舱系统模拟器
S 飞行模拟器
F 航天器座舱模拟器
Z 模拟器

座舱模拟训练器
Y 座舱模拟器

座舱设计
cabin design
V222
S 机舱设计
Z 飞行器设计

座舱天气信息系统
cockpit weather information systems
V24
S 机载信息系统
C 飞行气象条件
飞行仪表
机载设备
座舱
Z 机载系统
信息系统

座舱透明件
Y 航空透明件

座舱微小气候
cabin microclimate
V223；V245.3；V444
D 微小气候(飞机座舱)
S 舱内大气
C 舱内正常大气环境
飞机座舱
Z 大气

座舱卫生学
cabin hygiene
R；V21；V41
S 航空医学
航天卫生学
C 航空病理学
洗消
Z 航空航天学

座舱温度调节
Y 座舱温度控制

座舱温度调节系统
Y 座舱温度控制系统

座舱温度控制
cabin temperature control
V245.3
D 座舱温度调节
S 飞行器控制
温湿度控制*
Z 载运工具控制

座舱温度控制系统
cabin temperature control system
V245.3
D 座舱加热系统
座舱加热装置
座舱温度调节系统
S 温控系统
座舱环境控制系统
C 采暖设备 →(11)(12)
Z 飞行系统
航空系统
环境系统
机载系统
热学系统
生命保障系统
专用系统

座舱系统模拟器
Y 座舱模拟器

座舱显示
Y 座舱显示器

座舱显示器
cockpit display
V223
D 座舱显示
S 显示器*

座舱消声器
Y 座舱消音器

座舱消音器
cabin silencer
V245.3
D 飞机座舱消音器
座舱消声器
S 对消器*
声学设备*
C 飞机噪声

座舱罩
Y 座舱盖

座高调节作动器
Y 作动器

座式救生包
Y 救生包

座椅*
seat chair
U4；V223；V423
F 安全座椅
弹射座椅
飞机座椅
航天器座椅
缓冲座椅
耐坠毁座椅
C 安全带
背带 →(10)
乘坐品质
座舱
座椅稳定伞

座椅安全带
Y 安全带

座椅背带
Y 安全带

座椅稳定伞
seat stabilizing parachutes
V244.2
S 稳定伞
C 座椅
Z 降落伞

座椅自动解脱装置
Y 人椅分离

分类简表

A　马克思主义、列宁主义、毛泽东思想、邓小平理论

B　哲学、宗教

C　社会科学总论

D　政治、法律

E　军事

F　经济

G　文化、科学、教育、体育

H　语言、文字

I　文学

J　艺术

K　历史、地理

N　自然科学总论

N0　. 自然科学理论
N1　. 自然科学现状
N2　. 自然科学机构、自然科学团体、自然科学会议
N3　. 自然科学研究方法
N4　. 自然科学教育、自然科学普及
N5　. 自然科学丛书、自然科学文集、自然科学连续性出版物
N6　. 自然科学参考工具书
N79　. 自然科学非书资料、自然科学视听资料
N8　. 自然科学调查、自然科学考察
N91　. 自然研究、自然历史
N93　. 非线性科学
N94　. 系统科学、系统技术
N95　. 信息科学、信息技术
N96　. 控制理论、控制技术

O　数理科学、化学

O1　. 数学
O3　. 力学
O4　. 物理学
O6　. 化学
O7　. 晶体学

P　天文学、地球科学

P1　. 天文学
P2　. 测绘学
P3　. 地球物理学
P4　. 大气科学、气象学
P5　. 地质学
P7　. 海洋学
P9　. 自然地理学

Q　生物科学

Q-0　. 生物科学理论、生物科学方法
Q-1　. 生物科学现状、生物科学发展
Q-3　. 生物科学研究方法、生物科学研究技术
Q-4　. 生物科学教育
Q-9　. 生物资源调查
Q1　. 普通生物学
Q2　. 细胞生物学
Q3　. 遗传学
Q4　. 生理学
Q5　. 生物化学
Q6　. 生物物理学
Q7　. 分子生物学
Q81　. 生物工程学
Q91　. 古生物学
Q93　. 微生物学
Q94　. 植物学
Q95　. 动物学

Q96 . 昆虫学
Q98 . 人类学

R 医药、卫生

S 农业科学

T 工业技术

T-0 . 工业技术理论
T-1 . 工业技术现状
T-2 . 工业机构、工业团体、工业会议
T-6 . 工业参考工具书
[T-9] . 工业经济

TB 工程技术（总论）

TB1 . 工程基础科学
TB2 . 工程设计、工程测绘
TB3 . 材料科学
TB4 . 通用技术、通用设备
TB5 . 声学工程
TB6 . 制冷工程
TB7 . 真空技术
TB8 . 摄影技术
TB9 . 计量学

TD 矿业工程

[TD-9] . 矿山经济
TD1 . 矿山地质、矿山测量
TD2 . 矿山建设、矿山设计
TD3 . 矿山压力、矿山支护
TD4 . 矿山机械
TD5 . 矿山运输、矿山运输设备
TD6 . 矿山电气
TD7 . 矿山安全、矿山劳动保护
TD8 . 矿山开采
TD9 . 选矿
TD98 . 矿产资源综合利用
TD99 . 矿山环境保护

TE 石油、天然气工业

[TE-9] . 石油天然气工业经济
TE0 . 油气能源、油气节能
TE1 . 石油天然气地质、石油天然气勘探
TE2 . 钻井工程
TE3 . 油气田开发
TE4 . 油气田建设工程
TE5 . 海上油气田开发
TE6 . 石油天然气加工
TE8 . 石油天然气储运
TE9 . 石油机械设备
TE99 . 石油天然气综合利用

TF 冶金工业

TF0 . 冶金工业概论
TF1 . 冶金技术
TF3 . 冶金机械
TF4 . 钢铁冶炼
TF5 . 炼铁
TF6 . 铁合金冶炼
TF7 . 炼钢
TF79 . 其他黑色金属冶炼
TF8 . 有色金属冶炼

TG 金属工艺

TG1 . 金属学、热处理
TG2 . 铸造
TG3 . 金属压力加工
TG4 . 焊接、金属切割、金属粘接
TG5 . 金属切削加工
TG7 . 金属加工工具
TG8 . 公差测量、技术测量、机械量仪
TG9 . 钳工工艺、装配工艺

TH 机械、仪表工业

TH-39 . 机电一体化
[TH-9] . 机械仪表工业经济
TH11 . 机械学
TH12 . 机械设计、机械制图
TH13 . 机械零件、传动装置
TH14 . 机械制造用材料
TH16 . 机械制造工艺
TH17 . 机械运行、机械维修
TH18 . 机械工厂、机械车间
TH2 . 起重运输机械
TH3 . 泵
TH4 . 气体压缩、气体压缩机械
TH6 . 专用机械设备
TH7 . 仪器仪表

TJ 武器工业

[TJ-9] . 武器工业经济
TJ0 . 武器概论

TJ2 . 枪械
TJ3 . 火炮
TJ4 . 弹药、引信、火工品
TJ5 . 爆破器材、烟火器材
TJ6 . 水中武器
TJ7 . 军用火箭、导弹技术
TJ81 . 战车、军用车辆
[TJ83] . 战舰
[TJ85] . 战机
TJ86 . 航天武器
TJ9 . 特种武器、特种武器防护设备

TK 能源与动力工程

[TK-9] . 能源动力工业经济
TK0 . 能源概论、动力工程概论
TK1 . 热力工程、热机
TK2 . 蒸汽动力工程
TK3 . 热工量测、热工自动控制
TK4 . 内燃机
TK5 . 特殊热能、特殊热能机械
TK6 . 生物能、生物能机械设备
TK7 . 水能、水力机械
TK8 . 风能、风力机械
TK91 . 氢能、氢能利用

TL 原子能技术

[TL-9] . 原子能技术经济
TL1 . 原子能技术基础理论
TL2 . 核燃料、核燃料生产
TL3 . 核反应堆工程
TL4 . 反应堆、核电厂
TL5 . 加速器
TL6 . 受控热核反应
TL7 . 辐射防护
TL8 . 粒子探测技术、辐射探测技术、核仪器仪表
TL91 . 核爆炸
TL92 . 放射性同位素生产
TL929 . 辐射源
TL93 . 放射性物质储运
TL94 . 放射性废物、放射性废物管理
TL99 . 原子能技术应用

TM 电工技术

TM0 . 电工技术概论
TM1 . 电工基础理论
TM2 . 电工材料
TM3 . 电机
TM4 . 变压器
TM5 . 电器
TM6 . 发电、发电厂
TM7 . 输配电工程
TM8 . 高电压技术
TM91 . 独立电源技术
TM92 . 电气化、电能应用
TM93 . 电气测量技术、电气测量仪器

TN 电子技术、通信技术

TN0 . 电子技术概论
TN1 . 真空电子技术
TN2 . 光电子技术
TN3 . 半导体技术
TN4 . 微电子学、集成电路
TN6 . 电子元件、电子组件
TN7 . 电子电路
TN8 . 无线电设备、电信设备
TN91 . 通信
TN92 . 无线通信
TN93 . 广播
TN94 . 电视
TN95 . 雷达
TN96 . 无线电导航
TN97 . 电子对抗
TN99 . 电子技术应用

TP 自动化技术、计算机技术

[TP-9] . 自动化技术经济
TP1 . 自动化基础理论
TP2 . 自动化技术、自动化技术设备
TP3 . 计算技术、计算机技术
TP6 . 射流技术
TP7 . 遥感技术
TP8 . 远动技术

TQ 化学工业

[TQ-9] . 化学工业经济
TQ0 . 化学工业概论
TQ11 . 无机化学工业
TQ12 . 非金属元素化学工业、非金属无机化合物化学工业
TQ13 . 金属元素无机化合物化学工业
TQ15 . 电化学工业
TQ16 . 电热工业、高温制品工业

TQ17 . 硅酸盐工业
TQ2 . 有机化学工业
TQ31 . 高分子化合物工业
TQ32 . 合成树脂工业、塑料工业
TQ33 . 橡胶工业
TQ34 . 化学纤维工业
TQ35 . 纤维素化学工业
TQ39 . 精细化学工业
TQ41 . 溶剂生产、增塑剂生产
TQ42 . 化学试剂工业
TQ43 . 胶粘剂工业
TQ44 . 化肥工业
TQ45 . 农药工业
TQ46 . 制药化学工业
TQ51 . 燃料化学工业
TQ52 . 炼焦化学工业
TQ53 . 煤化学、煤的加工利用
TQ54 . 煤气工业
TQ55 . 燃料照明工业
TQ56 . 爆炸物工业
TQ57 . 感光材料工业
TQ58 . 磁记录材料工业
TQ59 . 光学记录材料工业
TQ61 . 染料工业
TQ62 . 颜料工业
TQ63 . 涂料工业
TQ64 . 油脂化学工业
TQ65 . 香料工业、化妆品工业
TQ91 . 农产物化学加工工业
TQ92 . 发酵工业
TQ93 . 蛋白质化学加工工业
TQ94 . 鞣料工业
TQ95 . 海洋化学工业

TS 轻工业、手工业、生活服务业

[TS-9] . 轻工业经济、手工业经济、生活服务业经济
TS0 . 轻工业生产概论
TS1 . 纺织工业、染整工业
TS2 . 食品工业
TS3 . 制盐工业
TS4 . 烟草工业
TS5 . 皮革工业
TS6 . 木材加工工业、家具制造工业
TS7 . 造纸工业
TS8 . 印刷工业
TS91 . 五金制品工业
TS93 . 工艺美术品工业
TS94 . 服装工业、制鞋工业
TS95 . 其他轻工业、手工业
TS97 . 生活服务技术

TU 建筑科学

TU-0 . 建筑理论
TU-8 . 建筑艺术
[TU-9] . 建筑经济
TU1 . 建筑基础科学
TU19 . 建筑勘测
TU2 . 建筑设计
TU3 . 建筑结构
TU4 . 地基基础工程
TU5 . 建筑材料工业
TU6 . 建筑机械
TU7 . 建筑施工
TU8 . 房屋建筑设备
TU9 . 地下建筑
TU97 . 高层建筑
TU98 . 区域规划、城乡规划
TU99 . 市政工程

TV 水利工程

[TV-09] . 水利经济
TV1 . 水利工程基础科学
TV21 . 水利调查、水利规划
TV22 . 水工勘测、水工设计
TV3 . 水工结构
TV4 . 水工材料
TV5 . 水利工程施工
TV6 . 水利枢纽、水工建筑物
TV7 . 水能利用、水电站工程
TV8 . 治河工程、防洪工程

U 交通运输

[U-9] . 交通运输经济
U1 . 综合运输
U2 . 铁路运输工程
U4 . 公路运输工程
U6 . 水路运输工程

V 航空、航天

V1 . 航空航天技术
V2 . 航空
V4 . 航天

X 环境科学、安全科学

X-0 . 环境科学理论
X-1 . 环境科学技术现状
X-2 . 环境保护组织、环境保护会议
X-4 . 环境保护宣传、环境保护教育
X-6 . 环境保护参考工具书
X1 . 环境科学基础理论
X2 . 社会与环境
X3 . 环境管理
X4 . 灾害、灾害防治
X5 . 环境污染、环境污染防治
X7 . 废物处理、废物综合利用
X8 . 环境质量管理
X9 . 安全科学

ZT 通用概念

ZT0 . 理论、技术、方法、研究、评价、策略
ZT2 . 形状、尺寸、尺度
ZT3 . 数量、数值、参数
ZT4 . 属性、性能
ZT5 . 状态、形态、现象、过程
ZT6 . 体系、结构、组成
ZT71 . 方式、形式、类型
ZT72 . 程度、规模、范围、等级
ZT73 . 时间、时期
ZT74 . 空间、位置、方位
ZT81 . 实体、物体、事物
ZT82 . 条例、规程、章程
ZT83 . 保护、维护、用途
ZT84 . 利益、因果、效率、条件
ZT86 . 趋势、进展
ZT87 . 组织机构、社会团体
ZT88 . 人物、人员、人群
ZT99 . 其他通用概念

分类详表

TJ 武器工业

[TJ-9] . **武器工业经济**
宜入 F 有关类。

TJ0 . **武器概论**

TJ01 .. 武器理论、武器试验
TJ011 ... 武器气体动力学
TJ012 ... 枪炮弹道学
TJ013 ... 火箭弹道学、导弹弹道学
TJ02 .. 武器设计
TJ03 .. 武器结构
TJ04 .. 武器材料
TJ05 .. 武器制造工艺、武器制造设备
TJ06 .. 武器测试技术、武器测试设施
[TJ07] .. 武器保养、武器维修
宜入 E9 有关类。
TJ08 .. 武器制造厂
TJ089 .. 武器储运、武器销毁

TJ2 . **枪械**

TJ20 .. 枪械概论
TJ201 ... 枪械基础理论
TJ202 ... 枪械设计、枪械计算
TJ203 ... 枪械结构
TJ204 ... 枪械材料
TJ205 ... 枪械制造工艺、枪械制造设备
TJ206 ... 枪械测试技术、枪械测试设备
[TJ207] ... 枪械保养、枪械检修
宜入 E9 有关类。
TJ208 ... 枪械工厂
TJ209 ... 枪械储运、枪械销毁
TJ21 .. 手枪、转轮枪
TJ22 .. 步枪、马枪
TJ23 .. 冲锋枪
TJ24 .. 机枪
TJ25 .. 高射机枪、大口径机枪
TJ26 .. 坦克机枪、舰用机枪、航空机枪
TJ27 .. 特种枪械
TJ279 .. 其他枪械
TJ28 .. 冷兵器
TJ29 .. 榴弹发射器

TJ3 . **火炮**

TJ30 .. 火炮概论
TJ301 ... 火炮理论
TJ302 ... 火炮设计
TJ303 ... 火炮结构
TJ304 ... 火炮材料
TJ305 ... 火炮制造工艺、火炮制造设备
TJ306 ... 火炮测试技术、火炮测试设备
[TJ307] ... 火炮保养、火炮维修
宜入 E 有关类。
TJ308 ... 火炮工厂
TJ308.9 .... 火炮储运、火炮销毁
TJ31 .. 迫击炮
TJ32 .. 无座力炮
TJ33 .. 榴弹炮
TJ34 .. 加农炮
TJ35 .. 高射炮、高射机关炮
TJ37 .. 反坦克炮
TJ38 .. 坦克炮

TJ391 .. 舰炮
TJ392 .. 航空炮
TJ393 .. 火箭炮
TJ399 .. 其他火炮

TJ4 . 弹药、引信、火工品

TJ41 .. 弹药
TJ410 ... 弹药概论
TJ410.1 .... 弹药理论
TJ410.2 .... 弹药设计
TJ410.3 .... 弹药结构
TJ410.4 .... 弹药材料
TJ410.5 .... 弹药制造工艺、弹药制造设备
TJ410.6 .... 弹药测试技术、弹药测试设备
[TJ410.7] .... 弹药保养、弹药维修
宜入E有关类。
TJ410.8 .... 弹药厂
TJ410.89 .... 弹药储运、弹药销毁
TJ411 ... 枪弹
TJ412 ... 炮弹
TJ414 ... 炸弹
TJ414.1 .... 杀伤炸弹、爆破炸弹
TJ414.2 .... 穿甲炸弹、破甲炸弹
TJ414.3 .... 混凝土破坏炸弹
TJ414.4 .... 练习炸弹、试验炸弹
TJ414.5 .... 子母弹
TJ414.6 .... 航空炸弹
TJ414.7 .... 特种炸弹
TJ415 ... 火箭弹
TJ43 .. 引信
TJ430 ... 引信概论
TJ430.1 .... 引信理论
TJ430.2 .... 引信设计
TJ430.3 .... 引信结构
TJ430.4 .... 引信材料
TJ430.5 .... 引信制造工艺、引信制造设备
TJ430.6 .... 引信测试技术、引信测试设备
[TJ430.7] .... 引信保养、引信维修
宜入E有关类。
TJ430.8 .... 引信工厂
TJ430.89 .... 引信储运、引信销毁
TJ431 ... 武器用引信
TJ431.1 .... 近战武器引信
TJ431.2 .... 地雷引信
TJ431.3 .... 炮弹引信
TJ431.4 .... 航弹引信
TJ431.5 .... 火箭弹引信
TJ431.6 .... 火箭导弹引信
TJ431.7 .... 水中兵器引信
TJ432 ... 触发引信
TJ432.1 .... 机械引信
TJ432.2 .... 机电引信
TJ432.3 .... 压电引信
TJ432.4 .... 磁引信
TJ432.5 .... 水力引信
TJ432.6 .... 化学引信、电化学引信
TJ432.7 .... 简易碰炸引信
TJ433 ... 时间引信
TJ434 ... 近炸引信
TJ438 ... 复合引信
TJ439 ... 其他引信
TJ45 .. 火工品
TJ450 ... 火工品概论
TJ450.2 .... 火工品设计、火工品计算
TJ450.3 .... 火工品结构
TJ450.4 .... 火工品材料
TJ450.5 .... 火工品制造工艺与设备
TJ450.6 .... 火工品测试技术与设备
[TJ450.7] .... 火工品保养、火工品维修
宜入E有关类。
TJ450.8 .... 火工品工厂
TJ450.89 .... 火工品储运、火工品销毁
TJ451 ... 火帽、底火
TJ452 ... 雷管
TJ454 ... 点火具、传火具
TJ455 ... 延期装置
TJ456 ... 传爆装置
TJ457 ... 索类火工品
TJ459 ... 特殊火工品

TJ5 . 爆破器材、烟火器材

TJ51 .. 爆破器材
TJ510 ... 爆破器材概论
TJ510.1 .... 爆破器材理论
TJ510.2 .... 爆破器材设计、爆破器材计算
TJ510.3 .... 爆破器材结构
TJ510.4 .... 爆破器材材料
TJ510.5 .... 爆破器材制造工艺、爆破器材制造设备
TJ510.6 .... 爆破器材测试技术、爆破器材测试设备
[TJ510.7] .... 爆破器材保养、爆破器材维修
宜入E有关类。
TJ510.8 .... 爆破器材工厂

TJ510.9 .... 爆破器材储运、爆破器材销毁
TJ511 ... 手榴弹
TJ512 ... 地雷
TJ512.1 .... 杀伤地雷
TJ512.2 .... 反坦克地雷
TJ512.3 .... 反登陆地雷、反渡河地雷
TJ512.4 .... 化学地雷
TJ512.5 .... 饵雷
TJ512.6 .... 简易地雷
TJ512.7 .... 练习地雷、演习地雷
TJ513 ... 滚雷、跳雷
TJ514 ... 爆破筒
TJ515 ... 爆破药包
TJ516 ... 地雷布雷器材
TJ517 ... 地雷探雷器材
TJ518 ... 地雷扫雷器材
TJ53 .. 烟火器材
TJ530 ... 烟火器材概论
TJ530.1 .... 烟火器材理论
TJ530.2 .... 烟火器材设计、烟火器材计算
TJ530.3 .... 烟火器材结构
TJ530.4 .... 烟火器材材料
TJ530.5 .... 烟火器材制造工艺、烟火器材制造设备
TJ530.6 .... 烟火器材测试技术、烟火器材测试设备
[TJ530.7] .... 烟火器材保养、烟火器材维修
宜入E有关类。
TJ530.8 .... 烟火器材工厂
TJ530.89 .... 烟火器材储运、烟火器材销毁
TJ531 ... 纵火器材
TJ532 ... 防火器材、防火衣
TJ533 ... 灭火器材
TJ534 ... 信号器材
TJ535 ... 照明器材
TJ536 ... 发烟器材
TJ537 ... 曳光器材

TJ6 . 水中武器

TJ61 .. 水雷
TJ610 ... 水雷概论
TJ611 ... 各种水雷
TJ615 ... 水雷布雷设备
TJ617 ... 水雷探雷设备、水雷扫雷设备
TJ63 .. 鱼雷、鱼雷发射装置
TJ630 ... 鱼雷概论
TJ630.1 .... 鱼雷理论
TJ630.2 .... 鱼雷设计
TJ630.3 .... 鱼雷结构
TJ630.4 .... 鱼雷材料
TJ630.5 .... 鱼雷制造工艺、鱼雷制造设备
TJ630.6 .... 鱼雷测试
[TJ630.7] .... 鱼雷保养、鱼雷维修
宜入E9有关类。
TJ630.8 .... 鱼雷工厂
TJ630.89 .... 鱼雷储运、鱼雷销毁
TJ631 ... 鱼雷
TJ631.1 .... 气动鱼雷
TJ631.2 .... 电动鱼雷
TJ631.3 .... 喷气鱼雷
TJ631.4 .... 有线制导鱼雷
TJ631.5 .... 寻的鱼雷
TJ631.6 .... 音响鱼雷
TJ631.7 .... 机载鱼雷
TJ631.8 .... 舰载鱼雷
TJ635 ... 鱼雷发射装置
TJ65 .. 深水炸弹、深水炸弹发射装置
TJ650 ... 深水炸弹概论
TJ651 ... 深水炸弹
TJ655 ... 深水炸弹发射设备
TJ67 .. 反潜武器

TJ7 . 军用火箭、导弹技术

TJ71 .. 军用火箭
TJ76 .. 导弹技术
TJ760 ... 导弹概论
TJ760.1 .... 导弹理论
TJ760.11 ..... 导弹空气动力学
TJ760.12 ..... 导弹飞行力学
TJ760.13 ..... 导弹发射动力学
TJ760.2 .... 导弹设计
TJ760.3 .... 导弹结构
TJ760.31 ..... 导弹战斗部
TJ760.32 ..... 导弹弹体
TJ760.33 ..... 导弹动力装置、导弹加速器
TJ760.34 ..... 导弹尾段、导弹翼面
TJ760.35 ..... 导弹操纵机构
TJ760.36 ..... 导弹分离机构
TJ760.37 ..... 导弹自毁系统
TJ760.4 .... 导弹制造材料
TJ760.5 .... 导弹制造工艺、导弹制造设备
TJ760.6 .... 导弹测试技术、导弹测试设施
TJ760.61 ..... 导弹地面测试
TJ760.62 ..... 导弹飞行测试

[TJ760.7] .... 导弹保养、导弹维修
宜入 E9 有关类。
TJ760.8 .... 导弹制造厂
TJ760.89 .... 导弹储运、导弹销毁
TJ761 ... 按功能作用分的导弹
TJ761.1 .... 战术导弹
TJ761.11 ..... 简易制导导弹
TJ761.12 ..... 反坦克导弹
TJ761.13 ..... 防空导弹
TJ761.14 ..... 反舰导弹
TJ761.15 ..... 反潜导弹
TJ761.2 .... 战略导弹
TJ761.3 .... 弹道式导弹
TJ761.4 .... 多弹头导弹
TJ761.6 .... 巡航式导弹
TJ761.7 .... 拦截导弹、反导弹导弹
TJ761.8 .... 反卫星导弹
TJ761.9 .... 其他按功能作用分的导弹
TJ762 ... 按发射方式分的导弹
TJ762.1 .... 陆基导弹
TJ762.11 .... 地对地导弹
TJ762.13 .... 地对空导弹
TJ762.14 .... 地对舰导弹
TJ762.2 .... 空基导弹
TJ762.21 .... 空对地导弹
TJ762.23 .... 空对空导弹
TJ762.24 .... 空对舰导弹
TJ762.25 .... 空对潜导弹
TJ762.3 .... 水面发射导弹
TJ762.31 .... 舰对地导弹
TJ762.33 .... 舰对空导弹
TJ762.34 .... 舰对舰导弹
TJ762.35 .... 舰对潜导弹
TJ762.4 .... 水下发射导弹
TJ762.41 .... 潜对地导弹
TJ762.44 .... 潜对舰导弹
TJ762.45 .... 潜对潜导弹
[TJ763] ... 导弹推进系统
宜入 V43。
TJ765 ... 导弹制导、导弹控制
TJ765.1 .... 导弹控制理论
TJ765.2 .... 导弹飞行控制系统
TJ765.21 ..... 导弹稳定、导弹稳定系统
TJ765.22 ..... 导弹导引、导弹导引系统
TJ765.23 ..... 导弹姿态控制系统
TJ765.3 .... 导弹制导、导弹制导系统
TJ765.31 ..... 导弹自主式制导
TJ765.32 ..... 导弹遥控制导
TJ765.33 ..... 导弹自动导引
TJ765.35 ..... 导弹导引头
TJ765.4 .... 导弹检测、导弹试验、导弹仿真
TJ765.5 .... 导弹隐身技术
TJ768 ... 导弹发射设备、导弹发射设施
TJ768.1 .... 导弹发射场、导弹靶场
TJ768.2 .... 导弹发射架、导弹发射台、导弹发射井、导弹发射车
TJ768.3 .... 导弹测试发射系统
TJ768.4 .... 导弹发射通讯系统、导弹发射指挥系统
TJ768.8 .... 导弹发射特装设备

TJ81 . 战车、军用车辆

TJ810 .. 战车概论
TJ810.1 ... 战车理论
TJ810.2 ... 战车设计
TJ810.3 ... 战车结构
TJ810.31 .... 战车发动机
TJ810.32 .... 战车传动装置
TJ810.34 .... 战车操纵装置
TJ810.35 .... 战车通讯设备
TJ810.36 .... 战车控制仪表
TJ810.37 .... 战车武器、战车武器控制系统
TJ810.38 .... 战车防护装置
TJ810.39 .... 战车特殊设备
TJ810.4 ... 战车制造用材料
TJ810.5 ... 战车制造工艺、战车制造设备
TJ810.6 ... 战车测试技术
[TJ810.7] ... 战车保养、战车维修
宜入 E 有关类。
TJ810.8 ... 战车工厂
TJ810.89 ... 战车储运、战车销毁
TJ811 .. 坦克、装甲车
TJ811.1 ... 轻型坦克
TJ811.2 ... 中型坦克
TJ811.3 ... 重型坦克
TJ811.6 ... 水陆两用坦克
TJ811.8 ... 特种坦克
TJ811.91 ... 步兵战车
TJ811.92 ... 装甲输送车
TJ812 .. 军用车辆
TJ812.1 ... 军用爆破车
TJ812.2 ... 军用工程车、军用架桥车
TJ812.3 ... 军用救援车

TJ812.7 ... 登陆车
TJ812.8 ... 侦察车
TJ818 .. 自行火炮
TJ819 .. 其他战车、其他军用车辆

[TJ83] . 战舰
宜入U674.7。

[TJ85] . 战机
宜入V271.4。

TJ86 . 航天武器

TJ861 .. 反卫星武器
TJ864 .. 定向能武器
TJ866 .. 动能武器

TJ9 . 特种武器、特种武器防护设备

TJ91 .. 核武器、核武器防护设备
TJ910 ... 核武器概论
TJ910.1 .... 核武器原理
TJ910.2 .... 核武器设计、核武器计算
TJ910.3 .... 核武器结构
TJ910.4 .... 核武器材料
TJ910.5 .... 核武器制造工艺与设备
TJ910.6 .... 核武器试验
[TJ910.7] .... 核武器保养、核武器维修
宜入E9有关类。
TJ910.8 .... 核武器工厂
TJ910.89 .... 核武器储运、核武器销毁
TJ911 ... 原子弹
TJ912 ... 氢弹
TJ913 ... 中子弹
TJ917 ... 核武器防护设备
TJ92 .. 化学武器、化学武器防护
TJ93 .. 生物武器、生物武器防护
TJ95 .. 激光武器、激光武器防护
TJ96 .. 声学武器、声学武器防护
TJ97 .. 等离子武器、等离子武器防护
TJ99 .. 其他特种武器

TL 原子能技术

[TL-9] . 原子能技术经济
宜入F有关类。

TL1 . 原子能技术基础理论

TL2 . 核燃料、核燃料生产

TL21 .. 铀燃料生产
TL22 .. 钍燃料生产
TL24 .. 乏燃料后处理
TL27 .. 核燃料分析

TL3 . 核反应堆工程

TL31 .. 反应堆基础理论
TL32 .. 反应堆物理
TL33 .. 反应堆热工水力学
TL34 .. 反应堆材料
TL35 .. 反应堆部件
TL351 ... 反应堆本体
TL352 ... 反应堆燃料元件、反应堆组件
TL353 ... 反应堆回路
TL36 .. 反应堆安全、反应堆控制
TL37 .. 反应堆设计、反应堆建造
TL371 ... 反应堆设计
TL372 ... 反应堆建造
TL374 ... 反应堆安装、反应堆调试
TL375 ... 反应堆实验、反应堆测量
TL38 .. 反应堆运行、反应堆维修

TL4 . 反应堆、核电厂

TL41 .. 按用途分的核反应堆

TL411 ... 研究堆、试验堆、实验堆
TL413 ... 动力堆
TL415 ... 增殖堆
TL416 ... 生产堆、转换堆
TL417 ... 两用及多用堆
TL42 .. 按冷却剂分的核反应堆
TL421 ... 普通水冷却反应堆
TL423 ... 重水冷却反应堆
TL424 ... 气冷堆
TL425 ... 液态金属冷却堆
TL426 ... 熔盐堆
TL427 ... 有机物冷却堆
TL43 .. 按中子能谱分的核反应堆
TL431 ... 热中子堆
TL432 ... 中能中子堆
TL433 ... 快中子反应堆
TL44 .. 按燃料分的核反应堆
TL45 .. 按结构分的核反应堆
TL46 .. 裂变聚变混合反应堆
[TL48] .. 核电站
宜入 TM623。

TL5 . 加速器

TL50 .. 加速器概论
TL501 ... 加速器理论
TL503 ... 加速器结构、加速器制造
TL503.1 .... 加速器本体
TL503.2 .... 加速器高频系统
TL503.3 .... 加速器注入装置
TL503.4 .... 加速器引出系统、加速器靶
TL503.5 .... 加速器电源系统
TL503.6 .... 加速器控制系统
TL503.7 .... 加速器真空系统
TL503.8 .... 加速器磁铁系统
TL503.91 .... 加速器冷却系统
TL503.92 .... 加速器靶室
TL505 ... 加速器安装、加速器调整
TL506 ... 加速器参数测量
TL507 ... 加速器运行、加速器维修
TL51 .. 高压型加速器
TL53 .. 直线加速器
TL54 .. 环形加速器
TL55 .. 电子束聚变加速器
TL56 .. 重离子加速器
TL57 .. 粒子工厂
TL58 .. 粒子束聚变加速器
TL594 .. 储存环（对撞机）

TL6 . 受控热核反应

TL61 .. 受控热核反应理论
TL613 ... 聚变中子学
TL614 ... 聚变装置动力学、聚变装置控制
TL615 ... 聚变用原子分子数据
TL62 .. 聚变工程技术
TL621 ... 聚变再生区工程
TL622 ... 聚变工程磁体、聚变工程线圈、聚变工程磁场
TL623 ... 聚变工程电源、聚变工程能量贮存
TL624 ... 聚变工程加热、聚变燃料添加系统
TL625 ... 聚变工程动力转换系统
TL626 ... 聚变工程装置部件
TL627 ... 聚变堆材料
TL628 ... 聚变真空技术、聚变真空设备
TL629 ... 聚变工程开关、聚变工程控制技术、聚变工程控制设备
TL63 .. 热核装置
TL631 ... 热核磁约束装置
TL632 ... 热核惯性约束装置
TL64 .. 热核反应堆
TL65 .. 热核反应堆等离子体诊断
TL67 .. 热核反应堆实验技术、热核反应堆实验设备
TL69 .. 热核反应堆安全

TL7 . 辐射防护

TL73 .. 辐射事故
TL731 ... 临界事故
TL732 ... 放射性污染事故
TL733 ... 外照射辐射事故
TL75 .. 核设施辐射监测、核设施辐射防护
TL76 .. 核试验防护
TL77 .. 辐射源防护
TL78 .. 核设施安全

TL8 . 粒子探测技术、辐射探测技术、核仪器仪表

TL81 .. 辐射探测技术、辐射探测仪器仪表
TL811 ... 气体电离探测技术、气体电离探测仪器
TL812 ... 闪烁探测技术、闪烁探测仪器
TL814 ... 辐射半导体探测器
TL815 ... 粒子径迹探测器
TL816 ... 中子探测器、射线探测器
TL816.1 .... X 射线探测器

TL816.2　.... α射线探测器、β射线探测器、γ射线探测器
TL816.3　.... 中子探测器
TL816.4　.... 裂变碎片探测器
TL816.5　.... 位置灵敏探测器
TL816.6　.... 自给能探测器
TL816.7　.... 热释光探测器
TL817　... 能谱仪
TL817.1　.... 宇宙射线谱仪
TL817.2　.... α探测谱仪、β探测谱仪、γ探测谱仪
TL817.3　.... 中子探测谱仪、质子探测谱仪、裂变碎片探测谱仪
[TL817.4]　.... 质谱仪
宜入TH843。
TL817.5　.... 磁谱仪
TL817.6　.... 重离子谱仪、多粒子谱仪
TL817.7　.... 丢失质量谱仪
TL817.8　.... 飞行时间谱仪
TL818　... 辐射剂量计
TL82　.. 核电子学仪器
TL821　... 核仪器放大器
TL822　... 核仪器脉冲计数电路、核仪器分析电路
TL824　... 核电子时间测量仪器
TL825　... 核仪器用稳压电源
TL84　.. 放射性计量

TL91　. 核爆炸

TL92　. 放射性同位素生产

TL929　. 辐射源

TL93　. 放射性物质储运

TL94　. 放射性废物、放射性废物管理

TL941　.. 放射性废物处理
TL941.1　... 液体放射性废物、液体放射性废物处理
TL941.2　... 放射性气体、放射性气体处理
TL941.3　... 固体放射性废物、固体放射性废物处理
TL942　.. 放射性废物处置
TL943　.. 核设施退役
TL944　.. 核设施去污

TL99　. 原子能技术应用

V 航空、航天

V1　. 航空航天技术

V11　.. 空间探索
V19　.. 航空航天应用

V2　. 航空

[V2-9]　.. 航空运输经济
宜入F有关类。
V21　.. 航空基础理论、航空试验
V211　... 空气动力学
V211.1　.... 理论空气动力学
V211.3　.... 计算空气动力学
V211.4　.... 飞机空气动力学
V211.41　..... 机翼空气动力学
V211.42　..... 机身空气动力学
V211.43　..... 航空器操纵面空气动力学
V211.44　..... 螺旋桨空气动力学
V211.45　..... 涵道风扇空气动力学
V211.46　..... 航空器空气动力干扰
V211.47　..... 气动弹性力学
V211.48　..... 进气道空气动力学
V211.5　.... 各类航空器空气动力学
V211.51　..... 水上飞机空气动力学
V211.52　..... 直升机空气动力学、旋翼机空气动

力学
V211.53 ..... 垂直起落飞机空气动力学
V211.54 ..... 飞艇空气动力学
V211.59 ..... 其他航空器空气动力学
V211.7 .... 实验空气动力学
V211.71 ..... 空气动力学实验理论
V211.72 ..... 空气动力学实验设备
V211.73 ..... 空气动力学模拟试验
V211.74 ..... 风洞、风洞试验
V211.76 ..... 空气动力学水槽
V211.78 ..... 空气动力学实验模型
V211.8 .... 飞行器计算机仿真
V212 ... 飞行力学
V212.1 .... 飞机飞行力学
V212.11 ..... 飞机气动力计算
V212.12 ..... 飞机飞行稳定性、飞机飞行操纵性
V212.13 ..... 飞行性能
V212.4 .... 直升机飞行力学
V212.5 .... 垂直起落飞机飞行力学
V214 ... 航空器结构力学
V214.1 .... 航空器结构分析、航空器结构计算
V214.2 .... 航空器杆系结构
V214.3 .... 航空器板结构、航空器壳结构、航空器梁结构
V214.4 .... 航空器薄壁结构
V214.5 .... 航空器整体结构
V214.6 .... 航空器蜂窝夹层结构
V214.7 .... 航空器胶结结构
V214.8 .... 航空器复合材料结构
V214.9 .... 航空器特殊结构
V215 ... 航空器强度计算
V215.1 .... 航空器外载荷、航空器安全系数
V215.2 .... 飞机强度计算
V215.4 .... 航空器热强度计算
V215.5 .... 航空器疲劳、航空器疲劳计算
V215.6 .... 航空器断裂力学
V215.7 .... 航空器可靠性分析
V216 ... 航空器地面试验
V216.1 .... 航空器静力试验
V216.2 .... 航空器动力试验
V216.3 .... 航空器疲劳试验
V216.4 .... 航空器热强度试验
V216.5 .... 航空器环境试验
V216.7 .... 航空器飞行模拟试验
V216.8 .... 航空器试验设备
V217 ... 航空器飞行试验
V217.1 .... 飞行试验理论
V217.2 .... 飞行试验设备
V217.3 .... 飞行试验项目
V217.4 .... 航空器飞行实验模型
V218 ... 航空器隐身技术、航空器反隐身技术
V219 ... 相关学科在航空器试验中的应用
V22 .. 飞机设计、飞机构造
V221 ... 飞机设计
V221.1 .... 飞机设计统计数据
V221.2 .... 飞机型式选择
V221.3 .... 飞机气动布局
V221.4 .... 飞机部位安排
V221.5 .... 飞机重量估算
V221.6 .... 飞机主要参数
V221.7 .... 飞机型号需求预测
V221.8 .... 飞机设计可行性研究
V221.91 .... 飞机设计使用技术要求
V221.92 .... 飞机计算机辅助设计
V222 ... 飞机部件构造、飞机部件设计
V223 ... 机身
V223.1 .... 飞机驾驶舱
V223.2 .... 飞机客舱、飞机货舱
V223.3 .... 飞机气密座舱
V223.4 .... 飞机应急离机设备
V223.5 .... 飞机炸弹舱
V223.6 .... 飞机座舱盖、飞机整流片、飞机整流罩
V223.7 .... 飞机上服务设施
V223.8 .... 水上飞机船身
V223.9 .... 飞机门窗
V224 ... 机翼
V225 ... 飞机稳定面
V225.1 .... 飞机平尾
V225.2 .... 飞机垂尾
V225.3 .... 飞机副翼
V225.4 .... 飞机减速板、飞机扰流器
V225.5 .... 飞机鸭翼
V226 ... 飞机起落装置
V226.1 .... 起落架参数
V226.2 .... 起落架减震器
V226.3 .... 主起落架
V226.4 .... 前起落架
V226.5 .... 飞机尾轮、飞机尾橇、飞机后支撑座
V226.6 .... 飞机机轮
V226.7 .... 飞机雪橇、飞机浮筒
V226.8 .... 飞机轮胎
V227 ... 飞机操纵系统

V228 ... 飞机动力装置
V228.1 .... 飞机燃料供给系统
V228.2 .... 飞机润滑系统
V228.3 .... 飞机冷却系统
V228.4 .... 飞机发动机安装、飞机发动机架
V228.5 .... 飞机发动机传动装置
V228.6 .... 飞机防火机构
V228.7 .... 飞机进气、排气系统
V229 ... 航空机械元件
V23 .. 航空发动机
V231 ... 航空发动机原理
V231.1 .... 航空发动机热力学与传热学
V231.2 .... 航空发动机燃烧理论
V231.3 .... 航空发动机气体力学
V231.9 .... 航空发动机结构力学
V232 ... 航空发动机零部件
V232.1 .... 航空发动机杆件
V232.2 .... 航空发动机轴件
V232.3 .... 航空发动机盘件
V232.4 .... 航空发动机叶片
V232.5 .... 航空发动机圆筒
V232.6 .... 航空发动机薄壳
V232.7 .... 航空发动机连接件
V232.8 .... 航空发动机齿轮
V232.91 .... 航空发动机套齿、航空发动机键
V232.92 .... 航空发动机压气机
V232.93 .... 航空发动机风扇
V232.94 .... 航空发动机涡轮
V232.95 .... 航空发动机燃烧室
V232.96 .... 航空发动机螺旋桨
V232.97 .... 航空发动机进气道与尾喷管
V232.98 .... 航空发动机整流罩
V232.99 .... 其他航空发动机零部件
V233 ... 航空发动机附件系统
V233.1 .... 航空发动机传动系统
V233.2 .... 航空发动机供油系统
V233.3 .... 航空发动机点火系统
V233.4 .... 航空发动机润滑系统
V233.5 .... 航空发动机冷却系统
V233.6 .... 航空发动机起动系统
V233.7 .... 航空发动机自动控制系统
V233.8 .... 航空发动机统一操纵系统
V233.91 .... 航空发动机液压系统
V233.93 .... 航空发动机冷气系统
V233.94 .... 发动机防冰系统
V233.95 .... 航空发动机防喘振系统
V234 ... 活塞式航空发动机
V235 ... 喷气式航空发动机
V235.1 .... 燃气涡轮发动机
V235.11 ..... 涡轮喷气发动机
V235.12 ..... 涡轮螺旋桨发动机、涡轮轴发动机
V235.13 ..... 涡轮风扇发动机
V235.14 ..... 燃气发生器
V235.15 ..... 推力换向发动机
V235.16 ..... 可变几何发动机
V235.2 .... 无压气机发动机
V235.21 ..... 冲压喷气发动机
V235.22 ..... 脉动式喷气发动机
V235.3 .... 升力风扇发动机
V235.4 .... 垂直推力发动机
V236 ... 组合式航空发动机
V237 ... 特种能源航空发动机
V239 ... 航空发动机应用
V24 .. 航空仪器、航空设备、飞行控制、飞行导航
V241 ... 航空仪表
V241.0 .... 航空仪表概论
V241.01 ..... 航空仪表理论
V241.02 ..... 航空仪表设计
V241.03 ..... 航空仪表结构
V241.04 ..... 航空仪表材料
V241.05 ..... 航空仪表制造
V241.06 ..... 航空仪表试验
V241.07 ..... 航空仪表使用
V241.4 .... 飞行仪表
V241.42 ..... 飞行高度表
V241.43 ..... 飞行速度表
V241.44 ..... 飞行综合仪表
V241.45 ..... 飞行加速度表
V241.46 ..... 飞行转弯指示器、飞行滑行指示器
V241.47 ..... 飞行迎角指示器
V241.48 ..... 飞行自动驾驶仪
V241.5 .... 航空陀螺仪表
V241.52 ..... 按自由度分的航空陀螺仪
V241.53 ..... 按功能分的航空陀螺仪
V241.54 ..... 按能源分的航空陀螺仪
V241.55 ..... 按原理分的航空陀螺仪
V241.59 ..... 其他航空陀螺仪
V241.6 .... 航空导航仪表、航空导航传感器
V241.61 ..... 航空航向仪表
V241.62 ..... 航空导航仪表、航空自动导航仪
V241.621 ...... 航空导航仪表

V241.622 ...... 航空惯性导航仪

V241.623 ...... 航空天文导航仪

V241.624 ...... 航空无线电导航仪

V241.625 ...... 航空组合式导航仪

V241.626 ...... 航空红外线导航仪、航空紫外线导航仪

V241.627 ...... 航空激光导航仪

V241.629 ...... 其他航空导航仪表

V241.7 .... 航空发动机仪表

V241.8 .... 航空仪表显示装置

V241.9 .... 其他航空仪表

V242 ... 航空电气设备

V242.1 .... 航空电气原理

V242.2 .... 航空电源系统

V242.3 .... 航空电网系统

V242.4 .... 航空电机、航空电气元件

V242.5 .... 航空电力拖动装置

V242.6 .... 航空照明装置

V242.7 .... 航空信号装置

V242.9 .... 其他航空电气设备

V243 ... 航空电子设备

V243.1 .... 航空通信设备

V243.2 .... 航空雷达

V243.3 .... 航空电视

V243.4 .... 航空天线

V243.5 .... 航空遥控、遥测设备，遥感设备

V243.6 .... 航空显示设备

V244 ... 航空防护设备、航空救生设备

V244.1 .... 航空防护设备

V244.2 .... 航空救生设备

V244.21 ..... 应急离机设备

V244.22 ..... 航空防惯性设备

V244.3 .... 航空飞行服

V244.4 .... 航空高空回收装置

V245 ... 航空辅助设备

V245.1 .... 航空液压设备

V245.2 .... 航空气压设备

V245.3 .... 航空环境控制设备

V245.4 .... 航空压力调节设备、航空增压供气设备

V245.5 .... 航空环境试验室

V245.6 .... 航空照相设备

V247 ... 航空计算装置

V247.1 .... 航空电子计算机

V247.11 ..... 航空导航计算机

V247.12 ..... 航空飞行控制计算机

V247.13 ..... 航空火力控制计算机

V247.14 ..... 空中交通管制计算机

V247.15 ..... 航空电子对抗计算机

V247.16 ..... 航空大气数据处理计算机

V247.17 ..... 航空地形跟随计算机

V247.19 ..... 其他航空电子计算机

V247.2 .... 航空计算机构

V247.4 .... 航空模拟计算装置

V247.5 .... 航空数据处理装置

V248 ... 航空探测设备

V248.1 .... 航空探测仪器

V248.2 .... 航空记录仪器

V248.3 .... 航空照相设备

V248.6 .... 其他航空电学仪器

V249 ... 飞行控制、飞行导航

V249.1 .... 飞行控制

V249.11 ..... 飞行人工操纵

V249.12 ..... 飞行自动控制

V249.121 ...... 飞行自动控制理论

V249.122 ...... 飞行自动控制系统

V249.122.1 .... 飞行高度控制系统、飞行速度控制系统

V249.122.2 .... 飞行姿态控制系统、飞行航向控制系统

V249.122.3 .... 飞行航迹控制系统

V249.122.4 .... 飞行控制增稳系统

V249.122.5 .... 自动着陆系统

V249.122.6 .... 地形跟随系统、地形回避系统

V249.3 .... 飞行导航

V249.31 ..... 飞行导航原理

V249.32 ..... 飞行导航系统

V249.321 ...... 仪表飞行导航系统

V249.322 ...... 惯性飞行导航系统

V249.323 ...... 天文飞行导航系统

V249.324 ...... 无线电飞行导航系统

V249.325 ...... 光学飞行导航系统

V249.326 ...... 红外飞行导航系统

V249.327 ...... 激光飞行导航系统

V249.328 ...... 组合飞行导航系统

V249.329 ...... 其他飞行导航系统

V249.4 .... 飞行控制模拟试验、飞行导航模拟试验

V25 .. 航空材料

V250 ... 航空材料概论

V250.1 .... 航空材料基础理论

V250.2 .... 航空材料试验及检验

V250.3 .... 航空材料性能
V250.4 .... 航空材料腐蚀与保护
V250.7 .... 航空材料成型基础与加工
V252 ... 航空用金属材料
V252.1 .... 航空用黑色金属材料
V252.2 .... 航空用有色金属材料
V252.3 .... 航空用贵重金属材料、航空用稀有金属材料
V253 ... 航空用密封材料
V254 ... 航空用非金属材料
V255 ... 航空用高分子材料
V256 ... 航空用粉末冶金材料
V257 ... 航空用复合材料
V258 ... 航空用树脂基复合材料
V259 ... 其他航空材料
V26 .. 航空制造工艺
V26-65 ... 航空制造规程
V260 ... 航空制造概论
V260.1 .... 航空制造基础理论
V260.2 .... 航空制造系统
V260.5 .... 计算机技术在航空制造中的应用
V260.6 .... 航空制造自动化
V261 ... 航空制造工艺过程、航空制造设备
V261.2 .... 航空制造冷加工
V261.3 .... 航空制造热加工
V261.4 .... 航空制造化学加工
V261.5 .... 航空制造电化学加工
V261.6 .... 航空制造电加工
V261.7 .... 航空制造高能成型加工
V261.8 .... 航空制造激光加工
V261.91 .... 航空制造射流加工
V261.92 .... 航空制造振动加工
V261.93 .... 航空制造表面处理
V261.94 .... 航空制造复合加工
V261.96 .... 航空塑料零件加工、航空橡胶零件加工
V261.97 .... 航空复合材料部件加工
V262 ... 飞机制造、飞机制造设备
V262.1 .... 飞机制造工艺准备
V262.2 .... 飞机制造互换协调
V262.3 .... 飞机零件制造
V262.4 .... 飞机装配
V262.7 .... 飞机成品检验
V263 ... 航空发动机制造、航空发动机制造设备
V263.1 .... 航空发动机零件制造
V263.2 .... 航空发动机装配
V263.3 .... 航空发动机试验
V263.4 .... 航空发动机试车、航空发动机试车设备
V263.5 .... 航空发动机延寿
V263.6 .... 航空发动机故障
V267 ... 航空器维护、航空器修理
V267.2 .... 飞机检查
V267.3 .... 航空器维护
V267.4 .... 飞机修理
V268 ... 航空制造工厂
V268.1 .... 航空制造工厂厂房规划
V268.11 ..... 飞机制造厂
V268.12 ..... 航空发动机厂
V268.13 ..... 航空仪表厂
V268.14 ..... 航空电器厂
V268.15 ..... 航空发动机附件厂
V268.2 .... 航空制造工厂设备
V268.3 .... 航空制造工厂力能供应
V268.6 .... 航空制造工厂安全技术
V268.7 .... 航空制造工厂生产技术
V27 .. 航空器
V271 ... 飞机
V271.1 .... 旅客机
V271.2 .... 运输机
V271.3 .... 专用飞机
V271.4 .... 军用飞机
V271.41 ..... 歼击机、战斗机
V271.42 ..... 截击机
V271.43 ..... 强击机、攻击机
V271.44 ..... 轰炸机
V271.45 ..... 歼击轰炸机
V271.46 ..... 侦察机
V271.47 ..... 预警机
V271.48 ..... 反潜机
V271.491 ..... 电子干扰飞机
V271.492 ..... 舰载飞机
V271.493 ..... 军用运输机
V271.494 ..... 空中加油机
V271.499 ..... 其他军用飞机
V271.5 .... 水上飞机
V271.6 .... 教练飞机
V271.7 .... 超轻型飞机
V271.9 .... 其他飞机
V272 ... 特殊能源飞机
V273 ... 气球
V274 ... 飞艇
V275 ... 垂直起落航空器

V275.1 .... 直升机
V275.11 ..... 民用直升机
V275.111 ...... 运输直升机
V275.112 ...... 旅客运升机
V275.113 ...... 公共服务直升机
V275.114 ...... 特种作业直升机
V275.115 ...... 教练直升机
V275.13 ..... 军用直升机
V275.131 ...... 武装直升机
V275.132 ...... 军用运输直升机
V275.133 ...... 战斗勤务直升机
V275.2 .... 垂直-短距起落飞机
V275.3 .... 特种垂直起落航空器
V276 ... 扑翼机
V277 ... 滑翔机
V278 ... 模型飞机、航空模型
V278.1 .... 模型飞机
V278.2 .... 航空器模型
V279 ... 无人驾驶飞机
V279.1 .... 靶机
V279.2 .... 微型无人机
V279.3 .... 军用无人机
V279.31 ..... 侦察无人机、预警无人机
V279.33 ..... 战斗无人机
V279.35 ..... 隐身无人机
V279.39 ..... 其他军用无人机
V279.4 .... 战斗无人机
V279.5 .... 测绘无人机
V279.9 .... 其他无人机
V31 .. 航空燃料、航空润滑剂
V311 ... 航空固体燃料
V312 ... 航空液体燃料
V313 ... 航空特种燃料
V317 ... 航空润滑剂、航空特种液
V32 .. 航空飞行
V321 ... 航空技术相关科学
V321.1 .... 航空天文学
V321.2 .... 航空气象学
V321.21 ..... 航空气象的组织管理
V321.22 ..... 影响航行的气象要素
V321.24 ..... 航行中的特殊气象
V321.25 ..... 航空预报服务手段
V321.3 .... 航空心理学
V323 ... 航空器飞行、航空器驾驶
V323.1 .... 飞机飞行、飞机驾驶
V323.3 .... 滑翔机飞行、滑翔机行驾驶
V323.9 .... 其他航空器飞行
V324 ... 飞行领航
V325 ... 专业航空
V328 ... 飞行安全
V328.1 .... 影响飞行安全的因素
V328.2 .... 飞行事故
V328.3 .... 飞行安全措施
V328.4 .... 飞行安全组织
V328.5 .... 飞行可靠性
V35 .. 航空港、航空运输技术
V351 ... 航空港、机场
V351.1 .... 航空港建筑物（机场建筑物）
V351.11 ..... 跑道、停机坪
V351.12 ..... 航空港指挥塔
V351.13 ..... 航空港瞭望台
V351.14 ..... 航空港系留塔
V351.15 ..... 航空港导航台
V351.16 ..... 航空港归航台
V351.17 ..... 候机楼
V351.18 ..... 航空港机库
V351.19 ..... 航空港油库
V351.2 .... 机场
V351.22 ..... 军用机场
V351.23 ..... 特殊机场
V351.27 ..... 世界各国机场
V351.272 ...... 中国机场
V351.273/.277 ...... 各国机场
V351.3 .... 航空港地面设备（机场地面设备）
V351.31 ..... 机场电力设备
V351.32 ..... 机场照明设备
V351.33 ..... 机场消音设备
V351.34 ..... 机场牵引设备
V351.35 ..... 机场起重运输设备
V351.36 ..... 机场通信设备
V351.37 ..... 机场导航设备
V351.38 ..... 机场标志设备
V351.391 ..... 机场装料设备
V351.392 ..... 机场辅助设备
V352 ... 航空港航行组织
V353 ... 航空货运技术、航空货运设备
V354 ... 航空客运技术、航空客运设备
V355 ... 空中交通管制、飞行调度
V355.1 .... 空中交通管制
V355.11 ..... 空中交通程序管制
V355.12 ..... 空中交通雷达管制
V355.2 .... 飞行调度

V357 ... 航空港安全管理
V37 .. 航空系统工程

V4 . 航天

V41 .. 航天基础理论、航天试验
V411 ... 航天空气动力学
V411.4 .... 航天器空气动力学
V411.8 .... 航天器计算机仿真
V412 ... 航天飞行力学
V412.1 .... 火箭飞行力学
V412.4 .... 航天器飞行力学
V412.41 ..... 航天器的轨道
V412.42 ..... 航天器姿态动力学
V412.44 ..... 再入动力学
V413 ... 航天器发射动力学
V414 ... 航天器结构力学
V414.1 .... 航天器结构分析、航天器结构计算
V414.2 .... 航天器杆系结构
V414.3 .... 航天器板、航天器壳、航天器梁
V414.4 .... 航天器薄壁结构
V414.5 .... 航天器整体结构
V414.6 .... 航天器蜂窝夹层结构
V414.7 .... 航天器胶结结构
V414.8 .... 航天器复合材料结构
V414.9 .... 其他航天器结构
V415 ... 航天器强度计算
V416 ... 航天器地面试验
V416.1 .... 航天器静力试验
V416.2 .... 航天器动力试验
V416.3 .... 航天器疲劳试验
V416.4 .... 航天器热强度试验
V416.5 .... 航天器环境模拟试验
V416.6 .... 航天器系统试验
V416.7 .... 航天器飞行模拟试验
V416.8 .... 航天器试验设备
V417 ... 航天器飞行试验
V417.1 .... 航天器测定空气动力数据
V417.2 .... 航天器飞行性能试验
V417.3 .... 航天器系统可靠性飞行试验
V417.4 .... 航天器结构强度飞行试验
V417.6 .... 航天器空间模拟试验
V417.7 .... 航天器飞行试验结果分析
V418 ... 航天器隐身技术
V419 ... 航天相关学科
V419.2 .... 太空物理学
V419.3 .... 太空化学
V419.4 .... 太空气象
V419.6 .... 空间生命科学
V42 .. 火箭构造、航天器构造
V421 ... 火箭构造、火箭设计
V421.1 .... 火箭总体设计
V421.3 .... 火箭舱段
V421.4 .... 火箭动力装置
V421.5 .... 火箭尾段、火箭尾翼
V421.6 .... 火箭操纵机构
V421.7 .... 火箭分离机构
V423 ... 航天器构造、航天器设计
V423.4 .... 人造卫星
V423.41 ..... 人造卫星总体设计
V423.42 ..... 人造卫星构造
V423.43 ..... 人造卫星仪器设备
V423.44 ..... 人造卫星电源设备
V423.45 ..... 人造卫星通信设备
V423.5 .... 宇宙飞船构造
V423.6 .... 空间探测器构造
V423.7 .... 空间站构造、天空实验室构造
V423.8 .... 航天飞机构造
V43 .. 航天器推进系统
V430 ... 航天发动机理论
V431 ... 航天发动机零部件
V432 ... 航天发动机附件系统
V433 ... 航天发动机控制系统
V433.9 ... 航天发动机试验
V434 ... 液体推进剂火箭发动机
V434.1 .... 液体火箭发动机原理
V434.2 .... 液体火箭发动机构造
V434.3 .... 液体火箭发动机试验
V435 ... 固体推进剂火箭发动机
V435.1 .... 固体火箭发动机原理
V435.2 .... 固体火箭发动机构造
V435.6 .... 固体火箭发动机试验
V436 ... 固液混合燃料火箭发动机
V437 ... 气体燃料火箭发动机
V438 ... 多管火箭发动机、组合式火箭发动机
V439 ... 特种航天发动机
V439.1 .... 离子发动机
V439.2 .... 等离子发动机
V439.3 .... 光子发动机
V439.4 .... 电推进火箭发动机
V439.5 .... 航天核发动机
V439.6 .... 太阳加热式火箭发动机
V439.7 .... 航天姿态控制发动机

V439.8 .... 远地点发动机
V44 .. 航天仪表、航天设备、航天器制导
V441 ... 航天仪表
V442 ... 航天电气设备
V443 ... 航天电子设备
V443.1 .... 空间通信设备
V443.2 .... 航天雷达
V443.3 .... 航天电视
V443.4 .... 航天器天线
V443.5 .... 航天遥感设备
V444 ... 航天辅助设备
V444.1 .... 航天器液压设备
V444.2 .... 航天器气压设备
V444.3 .... 航天器环境控制设备、航天器生命保障设备
V445 ... 航天防护设备、航天救生设备
V445.1 .... 航天防护设备
V445.2 .... 航天救生设备
V445.3 .... 航天飞行服
V445.4 .... 航天高空回收装置
V445.8 .... 航天器照相设备
V446 ... 航天计算装置
V446.1 .... 轨道控制计算机
V446.2 .... 航天姿态控制计算机
V446.3 .... 航天天线控制计算机
V446.4 .... 航天遥控计算机、航天遥测计算机
V446.5 .... 航天模拟计算装置
V446.9 .... 航天数据处理装置、航天数据回收装置
V447 ... 航天科学探索设备
V447.1 .... 航天探测仪器
V447.2 .... 航天记录仪器
V447.3 .... 航天器照相设备
V447.6 .... 其他航天电学仪器
V448 ... 航天制导、航天控制
V448.1 .... 火箭制导、火箭控制
V448.11 ..... 火箭控制基础理论
V448.12 ..... 火箭飞行控制、火箭飞行控制系统
V448.13 ..... 火箭制导、火箭制导系统
V448.15 ..... 火箭控制检测、试验与仿真
V448.2 .... 航天器制导与控制
V448.21 ..... 航天器控制基础理论
V448.22 ..... 航天器姿态控制、航天器姿态控制系统
V448.221 ...... 航天器被动姿态控制
V448.222 ...... 航天器主动姿态控制
V448.223 ...... 航天器自适应(自主)控制
V448.224 ...... 航天器自主导航
V448.23 ..... 航天器制导
V448.231 ...... 航天器入轨制导
V448.232 ...... 航天器中程制导
V448.233 ...... 航天器降落制导
V448.234 ...... 航天器会合制导
V448.235 ...... 航天器再入制导
V448.25 ..... 航天器控制检测、航天器控制试验
V46 .. 航天器制造技术
V460 ... 航天制造概论
V462 ... 航天器壳体制造
V463 ... 航天发动机制造
V464 ... 航天器设备制造、航天器仪表制造
V465 ... 航天器部件装配与总装配
V467 ... 航天器维护
V468 ... 航天器制造工厂
V47 .. 航天器及其运载工具
V471 ... 火箭
V474 ... 人造卫星
V474.0 .... 人造卫星概论
V474.01 ..... 人造卫星理论
V474.02 ..... 人造卫星设计
V474.03 ..... 人造卫星结构
V474.04 ..... 人造卫星材料
V474.05 ..... 人造卫星制造
V474.06 ..... 人造卫星测试
V474.07 ..... 人造卫星发射与回收
V474.08 ..... 人造卫星使用
V474.1 .... 科学卫星
V474.2 .... 应用卫星
V474.21 ..... 通信卫星
V474.22 ..... 跟踪中继卫星
V474.23 ..... 电视广播卫星
V474.24 ..... 气象卫星
V474.25 ..... 导航卫星
V474.26 ..... 测地卫星
V474.27 ..... 军用卫星
V474.291 ..... 地球资源勘测卫星
V474.292 ..... 多用途卫星
V474.3 .... 月球人造卫星
V474.9 .... 其他星体人造卫星
V475 ... 航天器运载工具
V475.1 .... 运载火箭
V475.2 .... 航天飞机
V475.4 .... 轨道间飞行器
V475.9 .... 其他航天器运载工具

V476 ... 航天站、空间探测器
V476.1 .... 航天站（空间站）
V476.2 .... 宇宙飞船
V476.3 .... 月球探测器
V476.4 .... 太阳探测器、行星探测器
V476.5 .... 空间平台
V51 .. 航天推进剂、航天润滑剂
V511 ... 航天液体推进剂
V512 ... 航天固体推进剂
V512.1 .... 航天用黑色火药
V512.2 .... 双基固体推进剂
V512.3 .... 复合固体推进剂
V512.5 .... 固体推进剂点火剂
V512.9 .... 其他固体推进剂
V513 ... 航天特种推进剂
V514 ... 其他能量的利用
V516 ... 航天混合推进剂
V519 ... 航天润滑剂、航天特种液体
V52 .. 航天术
V520 ... 航天术概论
V524 ... 航天研究试验
V524.1 .... 航天生物实验
V524.2 .... 航天太阳模拟
V524.3 .... 航天环境模拟
V524.7 .... 航天实验室
V525 ... 航天器发射、航天器发射控制、航天器返回
V526 ... 航天器对接
V527 ... 航天飞行员
V528 ... 航天飞行安全
V529 ... 航天器飞行
V529.1 .... 航天器在太阳系内的飞行
V529.2 .... 航天器在太阳系外的飞行
V55 .. 航天地面设备、航天发射
V551 ... 航天发射场、航天基地
V552 ... 航天发射场建筑
V553 ... 航天发射设施、航天发射试验
V553.1 .... 航天发射设施
V553.2 .... 航天发射试验
V554 ... 航天发射、航天发射地面维护
V555 ... 航天发射场安全、航天发射技术勤务保障
V556 ... 航天地面测量系统、航天地面控制系统
V556.1 .... 航天无线电遥测、航天无线电遥控
V556.2 .... 航天外弹道测量
V556.3 .... 航天轨道测量
V556.4 .... 航天再入测量
V556.5 .... 航天可见光学测量系统
V556.6 .... 航天雷达跟踪测量系统
V556.7 .... 航天激光跟踪测量系统
V556.8 .... 航天跟踪系统
V557 ... 航天数据处理
V557.1 .... 航天数据实时处理
V557.2 .... 航天数据自动化处理
V557.3 .... 航天遥测数据处理
V557.4 .... 航天光测数据处理
V557.5 .... 航天电子跟踪数据处理
V57 .. 航天系统工程